深圳山地植物群落结构与植物多样性

黄玉源　招康赛　杨立君
刘　念　梁　鸿　余欣繁　董安强　明　珠　等 著

深圳市人居环境委员会资助项目（SZGX2012118F-SCZJ）

科学出版社

北　京

内 容 简 介

本书第一部分介绍了对深圳市有代表性山地植物群落结构主要生态学特征的研究，含植物多样性特征的统计学分析研究内容，不仅阐述了种类的生物多样性，而且对科、属的组成及多样性也进行了论述；同时与其他地区的植物群落结构和多样性进行了比较分析，指出了该地区植被结构的特点及存在的不足，提出了一些改造和优化的对策。第二部分为这些区域的植物资源分布、形态学特征等内容；分析研究了5个区域研究地调查的共120科330属535种植物。所有研究的植物全部列有作者采集的凭证标本及采集号等资料，而且对与其他地区同种植物性状上的差异进行了细致的研究。这些为植物进化生物学、植物地理学和进化生态学的重要研究内容。本书的内容可为各地定期开展生态状况调查研究，跟踪开展生态系统安全监测，掌握各地生态与生物资源的状况及变化趋势，制定合理措施，加强对生态系统的保护，促进区域可持续发展，以及植物生态学、植物系统学和植物地理学等方面的研究提供理论依据和参考。

本书可作为生态学、植物学、环境科学与工程、城乡规划与管理等学科的研究人员、研究生等的参考用书。

图书在版编目（CIP）数据

深圳山地植物群落结构与植物多样性 / 黄玉源等著 . —北京：科学出版社，2017.6
ISBN 978-7-03-051853-8

Ⅰ.①深⋯　Ⅱ.①黄⋯　Ⅲ.①山地–植物群落–群落生态学–研究–深圳 ②山地–植物–生物多样性–研究–深圳　Ⅳ.①Q948.15

中国版本图书馆CIP数据核字（2017）第033567号

责任编辑：李秀伟　王　好　田明霞 / 责任校对：李　影
责任印制：肖　兴 / 封面设计：北京图阅盛世文化传媒有限公司

科 学 出 版 社 出版
北京东黄城根北街16号
邮政编码：100717
http://www.sciencep.com
中国科学院印刷厂 印刷
科学出版社发行　各地新华书店经销

*

2017年6月第 一 版　开本：787×1092　1/16
2017年6月第一次印刷　印张：35
字数：1 134 000

定价：480.00元
（如有印装质量问题，我社负责调换）

Plant Community Structure and Plant Diversity of Mountain Areas in Shenzhen

Yu-yuan Huang   Kang-sai Zhao   Li-jun Yang

Nian Liu   Hong Liang   Xin-fan Yu   An-qiang Dong   Zhu Ming   et al.

Science and Technology Project of Shenzhen Human Habitat Environment Committee

（SZGX2012118F-SCZJ）

Science Press

Beijing

《深圳山地植物群落结构与植物多样性》
撰 写 成 员

主要著者

黄玉源　招康赛　杨立君

刘　念　梁　鸿　余欣繁　董安强　明　珠

撰写成员

黄玉源	招康赛	杨立君	刘　念	梁　鸿	余欣繁
董安强	明　珠	卢云鹤	许　旺	王伟民	王贺银
邹雨锋	刘　浩	陈永恒	林仕珍	温海洋	陈惠如
莫庭坤	周志彬	何　龙	马　嵩	赖标汶	林灏宇
杨　威	陈剑辉	马斐颖	陈鸿辉	吴凯涛	李志伟
许立聪	赵　顺	林炎芬	洪继猛	廖栋耀	黄启聪
陈志洁	邱小波	王　帆	魏若宇	叶　蓁	李秋霞
李佳婷	王思琦	黄荣希	吴嘉琪	许俊宽	陈俊杰
叶向斌	刘劲柱	郭　微	梁玉姬	吴翠云	

Plant Community Structure and Plant Diversity of Mountain Areas in Shenzhen
Whole Authors

Leading author

Yu-yuan Huang   Kang-sai Zhao   Li-jun Yang

Nian Liu   Hong Liang   Xin-fan Yu   An-qiang Dong   Zhu Ming

Writer member

Yu-yuan Huang   Kang-sai Zhao   Li-jun Yang   Nian Liu   Hong Liang   Xin-fan Yu

An-qiang Dong   Zhu Ming   Yun-he Lu   Wang Xu   Wei-min Wang   He-yin Wang

Yu-feng Zou   Hao Liu   Yong-heng Chen   Shi-zhen Lin   Hai-yang Wen   Hui-ru Chen

Ting-kun Mo   Zhi-bin Zhou   Long He   Song Ma   Biao-wen Lai   Hao-yu Lin

Wei Yang   Jian-hui Chen   Fei-ying Ma   Hong-hui Chen   Kai-tao Wu   Zhi-wei Li

Li-cong Xu   Shun Zhao   Yan-fen Lin   Ji-meng Hong   Dong-yao Liao   Qi-cong Huang

Zhi-jie Chen   Xiao-bo Qiu   Fan Wang   Ruo-yu Wei   Zhen Ye   Qiu-xia Li   Jia-ting Li

Si-qi Wang   Rong-xi Huang   Jia-qi Wu   Jun-kuan Xu   Jun-jie Chen   Xiang-bin Ye

Jin-zhu Liu   Wei Guo   Yu-ji Liang   Cui-yun Wu

黄玉源，男，1959 年 1 月出生，广西钦州人。1978.9～1982.6 在广西农学院（现广西大学）本科学习，毕业，获农学学士学位，留校任教，植物学教研室，助教；1985.9～1987.1 在西南师范大学（现西南大学）生物系硕士课程助教进修班学习，毕业；1987.2～1995.8 在广西农业大学植物学教研室任教，讲师，副教授；1993.9～1996.7 在广西大学经济学院第二学历班，毕业；1995.9～1998.12 在中山大学生命科学学院攻读博士研究生，毕业，获理学博士学位。1999.1～2002.8 在广西大学任教；2001 年获教授职称，植物学教研室主任，广西教育厅学科带头人；生态学、植物学、作物栽培学等专业硕士生导师，南宁市政协委员；2002.9 至今，作为高层人才引进，在仲恺农业工程学院任教，园林植物与观赏园艺、森林培育等专业硕士生导师，森林培育学科带头人，生物科学系主任；中国植物学会苏铁分会理事，广东省生态学会理事、城市生态专业委员会副主任，中国野生植物保护协会苏铁保育委员会委员，深圳市环境监测中心站顾问。2005.1 前往墨西哥国民生态研究所、维拉克鲁斯大学访学；2011.7～2011.9 在澳大利亚达尔文植物园、达尔文大学访学、合作研究。

　　主要从事生态学、植物系统与进化方面的研究，主持 2 项、参加 6 项国家自然科学基金项目，同时主持 20 多项、参加 10 多项省市级及其他各类科研项目的研究，取得了许多研究成果。从 20 世纪 80 年代起，即主持植物叶片类型、结构与吸收净化大气污染物及抗性特点的研究项目；接着陆续开展了山地植物群落生态学、城市园林植物群落结构特征差异与其调节小气候、净化和消减大气污染物关系的研究；同时对多种植物进行了 SO_2、O_3、酸雨等污染物熏气等实验处理，对叶片的外部症状及内部组织结构伤害症状、抗性强度、吸收净化污染物能力、植物生理生化指标的变化规律进行测定与分析研究。在许多探索领域为国内率先开展研究的学者之一。在研究中提出了群落重要值的概念、计算方法及公式，对于掌握区域内各群落间的相对重要性及其发挥的作用等方面具有重要意义。在生态系统安全监测和评价方面提出了一些新的研究方法和策略。在植物和农作物对水、土壤重金属和其他污染物的吸收、受害程度、产品质量和净化效率等方面开展了较多深入的研究。在植物系统学与进化研究方面开展了较多研究，具有多项科学发现，如首次在现存最原始的种子植物苏铁类植物中发现了导管，这项发现立即引起国际学术界高度的重视；接着在银杏纲、松柏纲等除买麻藤纲以外的裸子植物门各纲植物中发现了导管。这一系列研究成果，对于以往认为只有进化的被子植物才有导管，而原始的裸子植物中仅有最进化的买麻藤纲才有较原始结构的导管，其他所有各纲的裸子植物均只有原始的管胞而没有导管的理论是一个重要突破。由于导管输送水溶液的能力是管胞的 50～100 倍，因此，这对揭示古老植物对逆境的适应和进化方面的机制等理论具有很重要的意义，对于植物学、生态学等研究方面也具有重要意义。同时，发现了维管植物新的中柱类型、新的维管束类型、孢子类型和木质部分化方式。这些发现对于植物系统发育及与结构的关系、生物多样性研究方面具有重要意义。在生态经济学方面，开展了多项深入的研究，在 1997 年初提交的"首届全国可持续发展研讨会"参会论文上首次系统、较全面地提出：把各城市混杂在市区内各处的各类工业企业大规模地搬迁出去，在符合生态学要求的地理位置建立大型的工业园，园内各企业按类型、物料与商品供给关系有机组合成链、环及网，工业园内建设大型集中处理工业废水的处理厂，各企业努力建成低污染、无污染的生态企业。把各街区大批工厂搬迁后让出的区域建成商业、文化、生活住宅、旅游及管理等部门运作的区域，从而大幅减少，甚至彻底消除原来城市中各方向均有工厂而造成的大气、水和废渣污染，进而把各城市建成为商业和旅游经济发达、文化丰富与繁荣、人居环境优美，同时工业企业又有更好发展空间、能取得更大经济效益和生态效益的生态型城市的重要策略，被全国各地及部分国家及地区陆续采纳和应用。并且多次提出方案和执笔撰写报告、政协提案给广东、广西省区最高层领导，在生态工业、区域产业布局调整和如何构建社会、经济和生态协调发展格局方面提出了重大的策略，均被全部采纳，取得了重大效益。上述大量研究获得了国际学术界的重视和好评。曾多次获得国际最权威学术团体主办的国际学术大会的邀请做学术报告，如受邀出席由国际生物科学联盟（IBUS）、国际植物学与真菌学联盟（IABMS）联合主办的"第 18 届国际植物学大会"（IBC）并在会议上做口头报告，由国际生物科学联盟主办的"第 31 届国际生物科学暨生物产业大会"并做口头报告，由世界自然保护联盟（IUCN）苏铁专家组主办的"国际苏铁生物学会议"并做口头报告等。获得政府、高校、学会等授予的奖励 22 项；作为主编和副主编，已出版著作 5 部，代表作有《中国苏铁科植物的系统分类与演化研究》《生态经济学》，发表论文近 150 篇。

招康赛，男，1962 年 6 月出生。现为深圳市环境监测中心站高级工程师，从事教学和环境监测工作 32 年，先后在国内外刊物发表论文 20 多篇。曾参加完成深圳市土壤微量元素背景含量研究（"七五"国家科技攻关项目：75-60-01-01-33）、深圳市洪湖富营养化调查及规划研究（"七五"国家科技攻关项目：75-60-02-01-7）、深圳市大鹏围海蓄淡工程环境现状调查监测、深圳湾流域污染源调查、深圳市沿海地区污染源调查（1999 年 10 月获广东省环境监测成果奖二等奖）、深圳市近岸海域环境质量调查（1999 年 12 月获深圳市科技成果奖，2000 年 9 月获国家环保总局科技成果奖）、深圳市生态安全监测站点（生物、土壤）生态基线调查研究（SZGX2012118F-SCZJ）和深圳市科技创新委员会的城市生态环境评估体系研究课题（RKX20140613150710935）等多项大型环境调查、监测课题研究工作。采集和制作动物、植物和土壤标本 2000 多份，牵头建立了深圳市动物、植物和土壤标本馆及标本数据库。在生态环境监测方面有独特见解和丰富的经验，主持开展的深圳市生态安全监测系统项目于 2007 年 7 月获得了深圳市发展和改革委员会批准立项，获得投资 1 亿多元。项目由 1 个生态安全监测中心站、4 个生态安全监测子站和 1 个海洋生态安全监测基地组成，主要是通过开展区域性的生态环境监测与研究，建立生态监测的指标体系和评价方法，监测和评估深圳市的生态环境质量。目前，深圳市生态安全监测系统《（一期工程）可行性研究报告》和《（二期工程）可行性研究报告》都已获得了深圳市发展和改革委员会批准，该系统项目正在加紧建设和运行中。

　　杨立君，男，1959 年 11 月生，辽宁海城人。1982 年 7 月毕业于长春地质学院（现吉林大学）环境水文地质专业。教授级高级工程师，国家环境监测一流专家，国家环保工作纪念章获得者（2016），中国环境科学学会高级会员。长期从事环境科学研究、环境工程设计及环境监测管理工作，曾先后任冶金工业部长沙冶金设计研究院环保分院副院长、院长，深圳市危险废物处理站站长助理、副站长，深圳市环境科学研究院副院长、院长等职；现任深圳市环境监测中心站站长，兼任深圳市环境监测协会会长和深圳市环境与发展综合决策委员会专家组组长。作为技术总负责人主持筹建了我国第一家用于地下水断代的 ^{14}C 实验室（1985），开辟了地下水研究示踪实验新路径；作为项目总设计师主持设计了我国第一座危险废物安全填埋场（1993），填补了国内环境工程设计领域空白；作为项目法人主持建设了深圳市生态环境安全监测系统（2013）和深圳市环境空气质量立体监测系统（2015），推动了环境监测业务的创新与发展；作为课题 / 项目总负责人主持过多项环境科学课题研究和环境工程设计，获省部级科技进步奖二等奖 2 项，获省部级优秀工程设计奖二等奖 2 项；作为第一发明人主持国家发明专利 1 项（ZL2008 1 0141960.4）；先后在各类专业期刊上发表学术论文 20 多篇，其中作为第一作者发表论文多篇。

深圳市地处我国南海之滨，地理位置为：22°23′21″N ~ 22°51′49″N，113°45′33″E ~ 114°37′20″E，属南亚热带海洋性季风气候，年均气温 22.4℃，1 月平均气温 14.1℃，7 月均温 28.3℃；夏无酷暑，时间长达 6 个月，春秋冬三季气候温暖，年均无霜期 355 天；5 ~ 9 月为雨季，年平均降雨量 1898.2mm，年平均湿度 78%；常年主导风向为东南风。土壤成土母岩主要是花岗岩和砂页岩，赤红壤是主要地带性土壤，pH 为 4.40 ~ 6.05，有机质含量低，土壤贫瘠。原生地带性植被为热带季雨林和南亚热带季风常绿阔叶林。深圳为我国经济、社会等各项事业运行模式改革试点地区之一，最近 30 多年来的经济发展和城市化进程，对生态环境构成了怎样的影响？生态系统处在何种状态？其中生物多样性状况如何？这些均是人们所关注的重点问题。一个地区的生态系统结构及人居环境的状态，主要依托于植物的组成、分布和所构成的植物群落结构的状态，以及其生物多样性的丰富程度。因为在一个区域的生态系统里，主要以植物作为第一生产者，产出可供动物食用和利用的各类具备能量和物质成分的产品，这样动物和微生物方能赖以生存和发展；植物种类越多，生物量越高，其构建的食物网则越丰富和复杂，因而形成了更为丰富的动物和微生物各科、属和种的多样性，这与各种动物的生物习性、对食物和养分的需求特点及生态位有关。而动植物多样性的提高，进一步形成了更为丰富和复杂的生态系统结构，在其中，植物是这个结构的主体和主要构架的核心成分。进而，好的植被系统也可构成当地区域好的土壤肥力与结构的状况。城市的生态系统同样在这个原理范畴内，虽然人口明显多于山地、草地等生态系统，但是，人类是这个系统中属于动物属性的部分，在生物学方面完全与其他动物的生物学习性相符，依赖植物，直接或间接地以植物为生，依托植物所构建的良好生态系统的庇护。

在同等面积的两个城市，人口数量与大气和水污染物排放量相近或相等前提下，具大量种类丰富植被的城市与具极少或很少植被的城市相比，前者在空气和水中污染物的吸收、消除的量比后者高出许多；而且前者空气中氧气量明显比后者多；同时，由于植被具备的"冬暖夏凉"的呵护含人类在内的动物的特性，大幅度地消减了热岛效应，给城市带来更为舒适的居住和生活环境。即植被在生态系统中涵养水源、净化水质、巩固堤岸、降低洪峰、培肥地力、保持水土、改善地方气候，以及固定二氧化碳、减少空气中温室气体、进而作为碳汇，在调节全球气候变化中起主要作用，以及释放大量氧气、大量吸收和净化污染物等重大的生态效益对每个城市生态系统的结构和状态都是极为关键和重要的。而且城市区域植物多样性的提高，会在各地城市化进程中不断加大，许多山地及自然林地被城市道路、房屋和其他设施占据及替代的前提下，能最大限度地把当地的、那些适合当地生长发育的植物种类保存下来，起到就地保护各地区生物多样性的作用。这是在现代经济、社会和城市建设较快发展的阶段，使经济、社会与生态三者能够协调共进、取得最好综合效益的一种重要途径。在人们力求用设备、化学工程处理等方法能逐渐最大限度地减少污染物排放（含汽车尾气等）的同时，具备结构良好、种类丰富、生物量高和丰茂植被的城市，则在上述各项重大生态效益的滋养下，会更加提升其繁花似锦、鸟语花香、景色宜人的效能，人们在大树密布的林荫大道及花园中享受着舒适、惬意的美好生活，这就是生态效益和景观效益都最好的宜居生态城市的意境和特征。因此，关注、研究城市区域的植物组成、结构和生物多样性状况是极为重要的任务。

2007 年,由深圳市环境监测中心站牵头,在仲恺农业工程学院部分专家于设计、技术层面积极参与和协作下,向深圳市人民政府申报建立城市生态系统安全监测网络站点及运作项目,获得批准;深圳市人民政府投入大量资金,在深圳市人居环境委员会的大力支持下,由深圳市环境监测中心站负责牵头,承担了上述城市生态系统安全监测网络站点的工程建设任务,同时联合仲恺农业工程学院对各站点的生态系统要素和指标进行了系统的调查、监测等运行和研究工作;这是我国最早开展的生态系统安全监测网络系统站点建设及运作的工程(范京蓉,2010;刘晶等,2010)。2013 年 1 月,两单位又联合申请获得配套的监测与研究同步进行的研究项目"深圳市生态安全监测站点(生物、土壤)生态基线调查研究项目"(SZGX2012118F-SCZJ),2013 年 1 月至 2014 年 10 月,对深圳市的福田、南山、坪山、大鹏、宝安等城区和新区生态安全监测网络站点的区域开展了植物群落组成、结构特征及植物多样性的研究,同时采集大量植物标本,对这些区域植物群落的生态学指标进行分析,同时对所调查的植物资源、分布及植物系统学、植物地理学和进化等方面内容进行深入系统的研究。这些成果,受到国家环境保护部门的重视,把深圳的生态安全监测工程积极向各地推介,2013 年,环境保护部环境监测总站联合各地环境监测中心站在全国的 10 多个省开始实施了"生态地面监测重点站"建设工程,有计划和系统地对我国这些区域进行森林、草原、灌丛、湿地和城市生态系统进行生态安全监测工作。

以往对深圳的植被结构与植物多样性方面也曾开展过一些研究,尹新民等(2013)开展了深圳公园绿地多样性研究,郭微等(2013)开展了深圳绿道沿线植物多样性的研究;在山地植被方面,开展了部分地点的植物群落结构研究,汪殿蓓等(2003)对深圳南山区部分天然林群落进行了多样性及演替现状研究,康杰等(2005)研究了深圳笔架山部分植被群落结构特征,刘敏等(2007)对深圳凤凰山马占相思林的多样性进行了研究,许建新等(2009)对深圳梧桐山风景区人工林群落进行了调查研究,刘军等(2010)对深圳大南山地区铁榄群落进行了研究,张永夏等(2007)对深圳大鹏半岛"风水林"香蒲桃群落特征及物种多样性进行了研究,廖文波等(2007)对马峦山郊野公园生物多样性进行了研究。以上的研究均为很窄范围的几个或 10 多个群落的测定和分析。陈勇等(2013)针对深圳市主要植被群落类型划分及物种多样性的方面开展了较多群落的调查,但是其主要目标是对几个阔叶林类型的划分,其所选样地主要是能代表这几个群落类型特点的群落。但深圳市范围很广,具有 10 多个城区和新区,山地较多,在城市化进程对深圳各区域生物多样性的影响和干扰、生物多样性的现状方面所开展的研究较少,仍需开展大量深入、系统的探索。一些作者发表了深圳部分区域植物调查情况的报道,如邢福武(2003)等,但是这些报道,均为一些地点的随机性植物分布的调查和记录,所涉及的植物种类较少,展示了少部分种类的图谱,介绍了部分种类的所属利用范围目录表,并列出了某区域范围的植物名录,含种类名称、生境一般描述、分布地概述,这部分写到国家、省,无形态特征阐述。少部分研究报道列出了种类的性状和特征。这些研究对于当地植物分布及资源的研究具有重要的作用。但是基本上所有的这些报道,均只是介绍某种类以往已发表的特征,而非专门研究深圳市地区植物的标本和其形态特征与其他地区同种类植物的差异性,也不研究以往漏阐述的特征。即在植物地理学、植物与环境的适应而形成特征上的演化等方面的问题未涉及。而这些问题是探究同种植物在随着不同个体(种子等)朝着不同方向扩散,当它们到达不同的地理环境后,在长期的适应过程中,形成了进化上的改变,不仅在遗传物质上已经有所改变,而且在外部特征上也发生了变化,形成了不同的生态型,部分可能已演化为不同生理小种,或者是分类学等级的变型等。这是非常重要的植物地理学、生态学和进化方面的内容。本研究选择几个主要城区地点,对七娘山杨梅坑、田心山赤坳、莲花山、羊台山应人石和小南山山地进行了植物群落结构和植物多样性特征的研究,比较了相互间的差异,进一步了解了造成其植被结构等现况的原因;同时对该区域植物资源进行分布及系统学等方面的研究,探究其与其他地区的性状差异。

　　本书研究了 534 种植物，全部列有作者采集和制作的凭证标本，以及采集号等资料，而且对与其他地区同种植物的性状上的差异进行了细致的研究，有 300 多个种类与其他地区同种植物的特征是有较明显差异的。这些为植物进化生物学、植物地理学和进化生态学的重要研究内容。旨在更为全面地掌握深圳这些区域的植物组成、群落结构、生物多样性状况及植物资源、系统学特征和与地理环境等因素的关系，以及进一步探究植物地理学、植物进化等方面的理论问题提供依据和理论参考。少数种类采用了民间及中草药、食品行业常用的中文名，便于更多读者能加深对这些植物的认识，不同地方的中文名有差异，本书不做统一。本书的内容作为在各国积极推进循环经济模式、建设生态文明、努力构建良好生态系统，保持经济、社会与生态的协调、可持续发展的前提下，在各地定期开展对当地生态状况调查研究，跟踪开展生态系统安全监测，掌握各地生态与生物资源的状况及变化趋势，制订合理措施，进而加强对生态与环境的保护，在建设生态文明区域措施的制订和实施等方面都具很好的理论参考价值和意义；也为各地区城市和乡镇建设经济繁荣、社会和谐、生态环境优美的生态文明区域提供理论参考；同时也为植物生态学、植物系统学和植物地理学等方面的研究提供理论依据和参考。

作　者

2016 年 8 月 3 日

目录 Contents

前言

第二篇　主要植物生物学特征、资源利用及地理分布研究

第一篇
生态学研究

第 1 章　七娘山植物群落结构特征研究

　　七娘山位于深圳大鹏半岛南端，属大鹏新区管辖，面朝大海；主峰海拔 869m，是深圳市内山脉中仅次于梧桐山的第二高峰，山中森林茂盛（图 1.1），保存着未经人为破坏的常绿阔叶林。七娘山雨量充沛，易于云雾形成，云峰在无边无际的云海中穿梭，景象瞬息万变、景色秀美。而不断推进的城市化与人类活动会导致原生植被分布锐减,群落类型和物种组成在外力作用下发生深刻变化。近年来，随着七娘山区域、尤其是杨梅坑社区范围旅游业的开发，沿海植被遭到不同程度的影响和破坏，且七娘山植物资源也未经详细的调研。因此，对于七娘山这个旅游业正在蓬勃发展的旅游观光海岸区域来说，深入开展生态学研究，有利于对其植被状况的跟踪，制订保护对策，使其能够保持生态系统的稳定和不断得到优化，从而可持续性地发展。本研究针对其植物群落结构与生物多样性问题，结合植物系统和生态环境两个角度，探究其植物资源状态和存在问题。

图 1.1　七娘山杨梅坑山地茂密的植被景象

Figure 1.1　The scene of thick vegetation in Yangmeikeng，Qiniang Mountain

1.1　研究对象与研究方法

1.1.1　研　究　对　象

本研究地位于深圳市南澳街道的杨梅坑沿海山地（图 1.2，图 1.3），2013 年 7 月至 2014 年 1 月，从夏季到冬季，不同时间总共对七娘山杨梅坑进行 3 个植物群落的野外调查。随机选择 3 个有代表性的植物群落进行研究，它们的地理位置如下。群落 1：鼎湖血桐 - 桃金娘 - 十字薹草群落（*Macaranga sampsonii-Rhodomyrtus tomentosa-Carex cruciata* community），114°35′0.95″E，22°32′25.23″N，海拔 110m。群落 2：绒毛润楠 - 九节 - 露兜草群落（*Machilus velutina-Psychotria rubra-Pandanus austrosinensis* community），114°34′53.73″E，22°32′18.69″N，海拔 125m。群落 3：鸭脚木 - 九节 - 铁线蕨群落（*Schefflera octophylla-Psychotria rubra-Adiantum capillus-veneris* community），114°35′0.02″E，22°32′34.69″N，海拔 180m，形成一个高度梯度。

图 1.2　七娘山杨梅坑山地海边的景象
Figure 1.2　The scene of beach of mountain area in Yangmeikeng，Qiniang Mountain

1.1.2　研　究　方　法

工具：皮尺、钢卷尺、GPS 仪、高度测定仪等。

选择具代表性的样地，共调查 3 个群落，每个群落面积达 600m² 以上。每个群落设 2～3 个样方，样方面积为 200～400m²，然后测定及记录样方内乔木植物的种类名称、数量，测定每个种的高度、胸径和盖度；而灌木层样方在乔木大样方内设 4～5 个 4m×4m 的小样方，草本样方在每个灌木的样方内设 4 个 1m×1m 的小样方。灌木和草本植物测定的指标为种类名称、数量，植株高度和盖度，即不需测定胸径。乔木幼苗归入灌木层植物统计。参照欧阳志云等（2002）的方法及植物在深圳

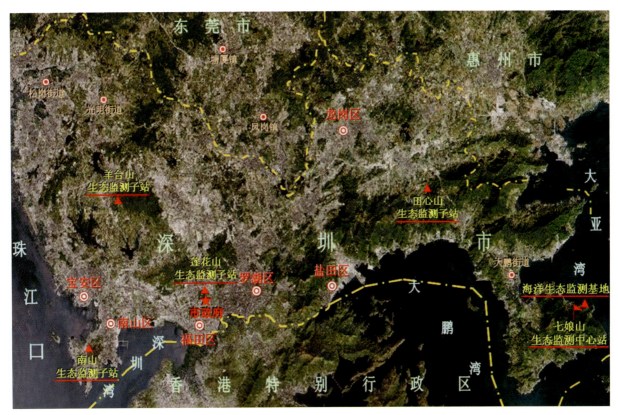

图 1.3　深圳市生态监测网络系统 5 研究地（站点）分布图
Figure 1.3　The geographical distributed map of 5 study areas in Ecological Monitoring System，Shenzhen

的生态习性，把成年植株高度大于 4m 的植物划分为乔木层，在 4m 以下的划分为灌木层。如为乔木的幼苗则按层次划分，归于灌木层，即这里不是按照生物学特性划分，而是按照组成群落的层次来考虑。

另外，样方的基本地理环境信息，如生境、海拔、时间等也进行记录。

盖度，表示植物树冠占据所研究区域面积的百分比，由于是计算每个种类各植株的树冠面积，因此，存在不同种类或同种类在同一面积范围的树冠重叠区，盖度之和的值会超过所研究的面积，即可相当于所测面积的 120%、150% 等，植物群落的层次越多，枝叶重叠部分越多，则其比例越高。胸径是指树木的胸高直径，为距地面 1.3～1.5m 处的树干直径。

1.1.3　计 算 公 式

重要值

（1）乔木层植物重要值计算公式：

$$重要值 = 相对密度 + 相对频度 + 相对显著度 \qquad (1.1)$$

（2）灌木层和草本层植物重要值计算公式：

$$重要值 = 相对密度 + 相对频度 + 相对盖度 \qquad (1.2)$$

其中，

$$相对密度 = \frac{某一种的个体数}{全部种的个体总数} \times 100 \qquad (1.3)$$

$$相对密度 = \frac{某一种的频度之和}{全部种的频度之和} \times 100 \qquad (1.4)$$

式中，频度为某个种出现样方数占所有样方数的比例。

$$相对显著度 = \frac{某一树种的胸高断面积之和}{所有树种的总胸高断面积} \times 100 \qquad (1.5)$$

$$相对盖度 = \frac{某一物种的盖度之和}{全部物种盖度之和} \times 100 \qquad (1.6)$$

1.2　结果与分析

群落结构是指群落的所有种类及其个体在空间中的配置状态。它包括层片结构、垂直结构、水平结构、时间结构等。重要值表示某个种在群落中的地位和作用的综合数量指标，因为它简单、明确，所以近年来得到普遍应用（吴敏等，2007）。

植物群落是在环境相对均一的地段内，有规律地共同生长在一起的各种植物种类的组合。例如，一片森林、一个生有水草或藻类的水塘等。每一相对稳定的植物群落都有一定的种类组成和结构。

植物群落一般在环境条件优越的地方，群落的层次结构较复杂，种类也丰富，如热带雨林等；而在严酷、恶劣的生境条件下，只有少数植物能适应，群落结构也简单。群落的重要特征，如外貌、结构、生产量主要取决于各个植物种的个体，也取决于每个种在群落中的个体数量、空间分布规律及发育能力。不同的植物群落的种类组成差别很大，相似的地理环境可以形成外貌、结构相似的植物群落，但其种类组成因形成历史不同而可能很不相同（吴敏等，2007）。

植物群落是自然界植物存在的实体，也是植物种或种群在自然界存在的一种形式和发展的必然结果。地球表面或某一地区全部植物群落的总和，称为植被。任何具有相似环境的地段上都会出现相似的植物群落。

1.2.1　鼎湖血桐 - 桃金娘 - 十字薹草群落

该群落位于一条小溪旁，空气湿润，坡度50°，海拔110m，测量面积600m²。

该群落乔木层的结构特征数量指标见表1.1。

表 1.1　鼎湖血桐 - 桃金娘 - 十字薹草群落乔木层结构特征
Table 1.1　The structural characteristcs of tree layer of *Macaranga sampsonii-Rhodomyrtus tomentosa-Carex cruciata* community

物种名称 Species name	株数 Number	平均胸径（m） Average DBH	平均高度（m） Average height	盖度（%） Coverage	相对密度 Relative density	相对显著度 Relative prominence	相对频度 Relative frequency	重要值 Important value
鼎湖血桐 *Macaranga sampsonii*	36	6.92	11.42	3.05	35.64	30.83	15.38	81.85
银柴 *Aporusa dioica*	24	8.05	11.7	1.44	23.76	23.91	15.38	63.05
鼠刺 *Itea chinensis*	13	8.8	11.98	0.17	12.87	14.16	15.38	42.41
泡花树 *Meliosma cuneifolia*	10	9.39	14.85	1	9.90	11.62	7.69	29.21
假苹婆 *Sterculia lanceolata*	7	10.17	12.07	0.5	6.93	8.81	7.69	23.43
山油柑 *Acronychia pedunculata*	4	10.75	8.75	0.26	3.96	5.32	7.69	16.97
猴耳环 *Pithecellobium clypearia*	2	10.9	12.5	0.05	1.98	2.70	7.69	12.37
山杜英 *Elaeocarpus sylvestris*	2	6.5	8.25	0.13	1.98	1.61	7.69	11.28
竹节树 *Carallia brachiata*	2	2.5	5	0.045	1.98	0.62	7.69	10.29
三桠苦 *Evodia lepta*	1	3.4	10.5	0.05	0.99	0.42	7.69	9.10

从表1.1可以看出，该群落植物乔木层中鼎湖血桐的重要值最大，为81.85，明显鼎湖血桐为优势物种；银柴次之，为63.05；三桠苦最小，为9.10。由乔木的种类及盖度等可以看出，该群落乔木

植被覆盖率较广，从表 1.1 中我们还可以了解到其他种类乔木在该群落中的株数、平均高度、平均胸径和盖度等指标。

灌木层的结构特征数量指标见表 1.2。

表 1.2　鼎湖血桐 - 桃金娘 - 十字薹草群落灌木层结构特征
Table 1.2　The structural characteristcs of shrub layer of *Macaranga sampsonii-Rhodomyrtus tomentosa-Carex cruciata* community

物种名称 Species name	株数 Number	平均高度（m） Average height	盖度（%） Coverage	相对盖度 Relative coverage	相对密度 Relative density	相对频度 Relative frequency	重要值 Important value
鼎湖血桐 *Macaranga sampsonii*	17	1.04	25.63	30.19	36.17	20	86.36
桃金娘 *Rhodomyrtus tomentosa*	2	2.3	25.00	29.45	4.26	15	48.71
紫玉盘 *Uvaria microcarpa*	7	0.6	11.88	13.99	14.89	15	43.88
水翁 *Cleistocalyx operculatus*	10	0.15	4.69	5.53	21.28	5	31.81
九节 *Psychotria rubra*	3	0.73	0.81	0.95	6.38	17.6	24.93
竹节树 *Carallia brachiata*	1	3	12.50	14.72	2.13	10	26.85
草珊瑚 *Sarcandra glabra*	4	0.15	0.47	0.55	8.51	10	19.06
毛果算盘子 *Glochidion eriocarpum*	2	0.38	2.34	2.76	4.26	5	12.12
类芦 *Neyraudia reynaudiana*	1	0.5	1.56	1.84	2.13	2.6	6.67

由表 1.2 数据可以看出，该群落的灌木层植物种类较丰富，尤其是鼎湖血桐幼苗的相对密度最高，达 36.17，显而易见鼎湖血桐的幼苗为该群落灌木层的优势种，鼎湖血桐生长的新陈代谢在该群落中体现得比较明显。重要值第二的是桃金娘，为 48.71。竹节树、类芦和毛果算盘子株数很少，相对密度小，说明这 3 个种为该群落的罕见种。

草本层的结构特征数量指标见表 1.3。

表 1.3　鼎湖血桐 - 桃金娘 - 十字薹草群落草本层结构特征
Table 1.3　The structural characteristcs of herb layer of *Macaranga sampsonii-Rhodomyrtus tomentosa-Carex cruciata* community

物种名称 Species name	株数 Number	平均高度（m） Average height	盖度（%） Coverage	相对盖度 Relative coverage	相对密度 Relative density	相对频度 Relative frequency	重要值 Important value
十字薹草 *Carex cruciata*	5	0.34	49.34	49.50	31.25	49.50	130.25
乌毛蕨 *Blechnum orientale*	3	0.46	16.45	16.50	18.75	16.45	51.70
果皂荚（幼苗） *Gleditsia microphylla*	4	0.27	8.55	8.58	25.00	8.44	42.01
异叶线蕨 *Colysis diversifolia*	2	0.24	8.22	8.25	12.5	8.20	28.95
淡竹叶 *Lophatherum gracile*	1	0.2	8.55	8.58	6.25	8.50	23.33
海金沙 *Lygodium japonicum*	1	0.18	8.55	8.58	6.25	8.47	23.30

从表 1.3 的数据中可知，该群落的草本植物单一稀少，原因可能为乔木层或灌木层植物的覆盖率高，底层草本见光度低。其中十字薹草的重要值最大，为主要物种。淡竹叶和海金沙的相对密度都比较小，说明淡竹叶和海金沙为该群落草本层的偶见种，乌毛蕨和异叶线蕨这两种蕨类，相对密度和重要值相对居中。

这个群落的乔木层优势种和次优势种所占比重稍微高一些，但不很明显。而灌木层次的种类基本上各占比重相对均等许多，说明此群落的灌木植物发育较好，而且均匀度会好。草本植物则优势种稍强。

　　杨梅坑山地茂密的森林景象见图 1.4 和图 1.5。

图 1.4　杨梅坑丛林内开展样方测定
Figure 1.4　The vegetation investigation and quadrat measure in Yangmeikeng

图 1.5　杨梅坑密闭的植物群落景致
Figure 1.5　The sight of closed vegetion community in Yangmeikeng

1.2.2 绒毛润楠 - 九节 - 露兜草群落

乔木层的结构特征数量指标见表 1.4。

表 1.4 绒毛润楠 - 九节 - 露兜草群落乔木层结构特征

Table 1.4 The structural characteristics of tree layer of *Machilus velutina-Psychotria rubra-Pandanus austrosinensis* community

物种名称 Species name	株数 Number	平均胸径（cm） Average DBH	平均高度（m） Average height	盖度（%） Coverage	相对密度 Relative density	相对显著度 Relative prominence	相对频度 Relative Frequency	重要值 Important value
绒毛润楠 *Machilus velutina*	27	7.67	7.7	20.99	27.27	25.88	9.52	62.67
山油柑 *Acronychia pedunculata*	12	10.26	7.96	30.88	12.12	15.39	9.52	37.03
山杜英 *Elaeocarpus sylvestris*	12	7.23	7.04	9.05	12.12	10.84	9.52	32.48
亮叶猴耳环 *Pithecellobium lucidum*	8	12.88	8.31	8.62	8.08	12.88	9.52	30.48
山乌桕 *Sapium discolor*	8	10.8	6.94	5.37	8.08	10.80	4.76	23.64
鼠刺 *Itea chinensis*	8	5.81	5.81	3.43	8.08	5.81	4.76	18.65
猴耳环 *Pithecellobium clypearia*	5	6.22	6.3	3.75	5.05	3.89	9.52	18.46
乌材 *Diospyros eriantha*	5	5.26	6.9	4.52	5.05	3.29	9.52	17.86
变叶榕 *Ficus variolosa*	6	6.07	6.5	4.73	6.06	4.55	4.76	15.37
腊肠树 *Cassia fistula*	2	8.85	7	1.59	2.02	2.21	9.52	13.75
假苹婆 *Sterculia lanceolata*	2	10.75	9.75	5.09	2.02	2.69	4.76	9.47
山鸡椒 *Litsea cubeba*	2	3.55	4.25	1.13	2.02	0.89	4.76	7.67
水团花 *Adina pilulifera*	1	4.6	6.5	0.78	1.01	0.58	4.76	6.35
油茶 *Camellia oleifera*	1	2.4	4	0.07	1.01	0.30	4.76	6.07

从表 1.4 中可知，该群落乔木层物种种类比较丰富，绒毛润楠的重要值、相对频度、相对显著度、相对密度都是该群落乔木层中最大的，水团花、油茶均只有 1 株，各项值都偏小。

该群落灌木层的结构特征数量指标见表 1.5。

表 1.5 绒毛润楠 - 九节 - 露兜草群落灌木层结构特征

Table 1.5 The structural characteristics of shrub layer of *Machilus velutina-Psychotria rubra-Pandanus austrosinensis* community

物种名称 Species name	株数 Number	平均高度（m） Average height	盖度（%） Coverage	相对盖度 Relative coverage	相对密度 Relative density	相对频度 Relative frequency	重要值 Important value
九节 *Psychotria rubra*	12	1.33	22.31	39.03	22.22	5.26	66.51
山栀子 *Gardenia jasminoides*	7	2.03	15.75	27.55	12.96	5.26	45.77
瓜馥木 *Fissistigma oldhamii*	13	0.54	4.31	7.54	24.07	13.16	44.77
毛鳞省藤 *Calamus thysanolepis*	3	1.37	3.66	6.40	5.56	13.16	25.12
铁包金 *Berchemia lineata*	3	1.07	2.03	3.55	5.56	13.16	22.27
绒毛润楠 *Machilus velutina*	2	0.6	0.72	1.26	3.70	15.79	20.75
冬青 *Ilex chinensis*	6	1.17	3.19	5.58	11.11	5.26	21.95
土沉香 *Aquilaria sinensis*	3	1.3	4.22	7.38	5.56	7.89	20.83
紫玉盘 *Uvaria microcarpa*	1	0.8	0.03	0.05	1.85	13.16	15.06
破布木 *Cordia dichotoma*	2	0.7	0.19	0.33	3.70	5.26	9.29
算盘子 *Glochidion puberum*	2	0.45	0.75	1.32	3.70	2.63	7.65

由表 1.5 可知，该群落灌木层种类相对其他群落比较少，九节和山栀子两种植物的重要值都比较高，达 66.51 和 45.77；其他植物除冬青和山栀子外，株数均为 1～3 株。平均高度大都在 1m 左右，山栀子平均高度最高，达 2.03m。大部分物种为九节，盖度为 22.31%。

该群落草本层的结构特征数量指标见表 1.6。

表 1.6 绒毛润楠 - 九节 - 露兜草群落草本层结构特征

Table 1.6 The structural characteristics of herb layer of *Machilus velutina-Psychotria rubra-Pandanus austrosinensis* community

物种名称 Species name	株数 Number	平均高度（m） Average height	盖度（%） Coverage	相对盖度 Relative coverage	相对密度 Relative density	相对频度 Relative frequency	重要值 Important value
露兜草 *Pandanus austrosinensis*	2	1.05	13.13	34.87	9.09	16.67	60.63
团羽铁线蕨 *Adiantum capillus-junonis*	7	0.13	1.63	4.33	31.82	16.67	52.82
乌毛蕨 *Blechnum orientale*	3	0.83	10.38	27.56	13.64	16.67	57.87
沿阶草 *Ophiopogon bodinieri*	2	0.17	2.13	5.67	9.09	16.67	31.43
芒萁 *Dicranopteris dichotoma*	2	0.56	7.00	18.59	9.09	8.33	30.01
铁线蕨 *Adiantum capillus-veneris*	3	0.1	1.25	3.32	13.64	8.33	25.29
海金沙 *Lygodium japonicum*	1	0.09	1.13	3.00	4.55	8.33	15.88
凤尾蕨 *Pteris cretica* var. *nervosa*	1	0.08	1.00	2.66	4.55	8.33	15.54
锡叶藤 *Tetracera asiatica*	1	—	—	—	4.55	—	—

从表 1.6 中看出，该群落草本层植物大部分为蕨类。其中主要为团羽铁线蕨，相对密度和重要值都较大。露兜草的平均高度最大，为 1.05m，其盖度也最大，为 13.13%。此外，还出现了藤本锡叶藤，凤尾蕨的重要值最小。

从表 1.1～表 1.6 可以看出，杨梅坑山上植物种类相对复杂，基本保持着良好的生物多样性。

1.2.3 鸭脚木 - 九节 - 铁线蕨群落

该群落位于一斜坡地，空气较干燥，坡度约 50°，海拔 180m，测量面积 600m²，该群落乔木层的结构特征数量指标见表 1.7。

表 1.7 鸭脚木 - 九节 - 铁线蕨群落乔木层结构特征

Table 1.7 The structural characteristics of tree layer of *Schefflera octophylla-Psychotria rubra-Adiantum capillus-veneris* community

物种名称 Species name	株数 Number	平均胸径（cm） Average DBH	平均高度（m） Average height	盖度（%） Coverage	相对密度 Relative density	相对显著度 Relative prominence	相对频度 Relative Frequency	重要值 Important value
鸭脚木 *Schefflera octophylla*	13	14.2	7.2	48.67	16.46	15.35	8.33	40.14
油茶 *Camellia oleifera*	17	4.9	5.2	9.50	21.52	5.30	8.33	35.15
蒲桃 *Syzygium jambos*	9	8.1	6	16.50	11.39	8.76	8.33	28.48
三桠苦 *Evodia lepta*	8	5.7	4.9	4.17	10.13	6.16	8.33	24.62
山乌桕 *Sapium discolor*	3	11.2	5.8	6.17	3.80	12.11	8.33	24.24
豺皮樟 *Litsea rotundifolia* var. *oblongifolia*	8	5.3	5.3	7.00	10.13	5.73	8.33	24.19
楝叶吴茱萸 *Evodia glabrifolia*	5	7.3	6.3	9.00	6.33	7.89	8.33	22.55
银柴 *Aporusa dioica*	5	6.4	5.9	10.33	6.33	6.92	8.33	21.58
鼠刺 *Itea chinensis*	3	6	5.2	1.67	3.80	6.49	8.33	18.62
降香 *Dalbergia odorifera*	2	6.2	6	3.00	2.53	6.70	8.33	17.57
水团花 *Adina pilulifera*	2	5.5	5.4	5.33	2.53	5.95	8.33	16.81
破布叶 *Microcos paniculata*	3	4.7	4.3	2.17	3.80	5.08	4.17	13.05
黄牛木 *Cratoxylum cochinchinensis*	1	7	4.5	1.00	1.27	7.57	4.17	13.00

由表 1.7 数据可知，在该群落的乔木层植物中，油茶的相对密度最大，而重要值却是鸭脚木的最大，原因是鸭脚木的相对显著度比油茶大得多。乔木层植物的高度比较均匀，最高的为鸭脚木，为 7.2m，最低的为破布叶，为 4.3m。盖度最大的为鸭脚木，为 48.67%。

　　这个群落的优势种为鸭脚木，其高度和盖度均是最高的，从重要值看，13 个种的乔木各自所占比重相差都不大，说明发育较好，分布较为均匀，其多样性较为丰富。

　　灌木层的结构特征数量指标见表 1.8。

表 1.8　鸭脚木 - 九节 - 铁线蕨群落灌木层结构特征

Table 1.8　The structural characteristics of shrub layer of *Schefflera octophylla-Psychotria rubra-Adiantum capillus-veneris* community

物种名称 Species name	株数 Number	平均高度（m） Average height	盖度(%) Coverage	相对盖度 Relative coverage	相对密度 Relative density	相对频度 Relative frequency	重要值 Important value
九节 *Psychotria rubra*	26	1.04	49.69	33.33	27.96	10.42	71.71
梅叶冬青 *Ilex asprella*	11	1.39	10.81	7.72	11.83	12.50	32.05
油茶 *Camellia oleifera*	4	2.5	20.94	14.95	4.30	4.17	23.42
土沉香（幼苗）*Aquilaria sinensis*	7	1.1	9.34	6.67	7.53	8.33	22.53
算盘子 *Glochidion puberum*	3	0.87	12.50	8.92	3.23	4.17	16.32
朱砂根 *Ardisia crenata*	3	1.33	8.13	5.80	3.23	4.17	13.22
竹节树 *Carallia brachiata*	5	0.84	1.56	1.11	5.38	8.33	14.82
小叶红叶藤 *Rourea microphylla*	7	0.45	3.28	2.34	7.53	4.17	14.04
瓜馥木 *Fissistigma oldhamii*	4	0.96	4.47	3.19	4.30	4.17	11.66
紫玉盘 *Uvaria microcarpa*	5	0.66	2.47	1.76	5.38	4.17	11.31
石斑木 *Rhaphiolepis indica*	3	0.87	1.34	0.96	3.23	6.25	10.40
桃金娘 *Rhodomyrtus tomentosa*	2	0.9	2.50	1.78	2.15	4.17	8.10
五指毛桃 *Ficus hirta*	2	0.5	1.75	1.25	2.15	4.17	7.57
山栀子 *Gardenia jasminoides*	3	1	1.59	1.13	3.23	2.08	6.44
鸭脚木 *Schefflera octophylla*	1	0.42	1.41	1.00	1.08	4.17	6.25
罗伞树 *Ardisia quinquegona*	1	1.3	3.44	2.46	1.08	2.08	5.62
鱼骨木 *Canthium dicoccum*	1	1.1	0.47	0.34	1.08	4.17	5.59
草珊瑚 *Sarcandra glabra*	2	0.61	1.19	0.84	2.15	2.08	5.07
华润楠 *Machilus chinensis*	1	0.8	1.88	1.34	1.08	2.08	4.50
箣榄花椒 *Zanthoxylum avicennae*	1	1.2	0.94	0.67	1.08	2.08	3.83
两广梭罗 *Reevesia thyrsoidea*	1	0.48	0.38	0.27	1.08	2.08	3.43

　　此群落的灌木层优势种为九节，其在 21 种灌木种类中所占的比重很高，比次优势种高出很多。但是这个群落的特点是灌木的种类多，均匀度相对较低。

　　从表 1.8 的数据我们可以看出，该群落灌木层植物丰富，达 21 种。其中九节和梅叶冬青的重要值相对最大，分别为 71.71 和 32.05。而箣榄花椒和两广梭罗的重要值最小，分别为 3.83 和 3.43。

　　草本层的结构特征数量指标见表 1.9。

表 1.9　鸭脚木 - 九节 - 铁线蕨群落草本层结构特征

Table 1.9　The structural characteristics of herb layer of *Schefflera octophylla-Psychotria rubra-Adiantum capillus-veneris* community

物种名称 Species name	株数 Number	平均高度（m） Average height	盖度（%） Coverage	相对盖度 Relative coverage	相对密度 Relative density	相对频度 Relative frequency	重要值 Important value
铁线蕨 *Adiantum capillus-veneris*	12	0.1	1.25	3.8	41.38	26.67	71.85
芒萁 *Dicranopteris dichotoma*	3	1.13	14.13	43	10.34	13.33	66.67
沿阶草 *Ophiopogon bodinieri*	4	0.22	2.75	9	13.79	20.00	42.79
金草 *Hedyotis acutangula*	3	0.39	4.88	15	10.34	13.33	38.67
团羽铁线蕨 *Iantum capillus-junonis*	3	0.12	1.50	5	10.34	13.33	28.67
五节芒 *Miscanthus floridulus*	2	0.5	6.25	19	6.90	6.67	32.57
海金沙 *Lygodium japonicum*	2	0.12	1.50	5	6.90	6.67	18.57

草本层植物的种类数不算多，为 7 种，从重要值看，各种类之间的差异不明显，显得各种类的发育较均衡。

由表 1.9 可见，该群落草本层植物种类较少，铁线蕨居多，其相对密度、相对频度和重要值都最大，是明显的草本层优势种。其他种的株数都相对较少，重要值也低。高度上，芒萁明显处于优势地位，平均高度为 1.13m，其他的平均高度基本不超过 0.5m。

1.3 讨 论

1.3.1 群落结构的特点

在调查中，我们发现，七娘山植物种类丰富，某些群落的物种生长时间比较长，但各类植物的幼苗也很多，具有典型自然植物群落所具有的乔木层、灌木层、草本层、层间植物等多种层次结构。

调查发现，某些群落结构复杂，彼此之间有着紧密的联系，林内枝叶茂密，乔木、灌丛、草本、藤本等枝叶形成很好或较好的镶嵌，这些导致植物种类的多样性，也保持了生态系统的稳定性；各个群落物种丰富度最高的地方，无论是乔木层、灌木层还是草本层都是结构复杂，层次感较突出的。但是，草本层的丰富度都比较低。这种自然山地植被的保护作为城市生态环境保护的主体，对于当地生态系统的稳定、平衡和产生良好的生态服务效益是非常重要的。

其各层次的种类数、植物高度、密度和盖度等指标都较为均匀，而非某个层次的指标明显高于其他层次，显得某层次占过高优势，如草本层。而乔木层则为稀疏的几棵植株分布的现象。从 3 个群落对比看，群落 1 的乔木层各种类的植株平均胸径指标及平均高度指标比其他 2 个群落的高，其次为群落 2，但群落 1 与群落 3 相差不多。可能随海拔的升高，植株高度受到一定的影响，但这还有待进一步深入研究。与其他地区相比，其各群落，尤其是群落 2 的种类数明显较高，而且乔木的高度也比深圳马峦山保护山地森林许多群落的偏高（廖文波等，2007），与羊台山森林公园相比也处在较高的水平（胡传伟等，2009），甚至与深圳建市初期，大部分山地受到人为开发影响较小的梧桐山森林群落乔木等层次的高度相比（范慧芬等，1984），也是处在大部分种类偏高的水平。说明七娘山受到较好的长期保护，而自然恢复的植物群落其生长发育的状况也相当好。

虽然每个群落各层次的优势种重要值偏高，但是与其他种类所占的各指标的比重差异不大。乔木和灌木的种类数很多。

1.3.2 建 议

对于七娘山这个旅游业正在蓬勃发展的优秀海岸来说，深入的植物生态研究，有利于其持续性发展。植被生态系统是生态系统的关键和主体，在有保护的前提下，可适度开发旅游；较低海拔的群落 1，受到较多的人为影响，显得其结构略差于其他 2 个群落。因此，必须加强保护。在此为优化当地植被与森林生态系统提出以下几个建议。

（1）加大科研工作力度，提高生态林地的总体管理水平。加强风景区街道绿化的基础研究和应用研究，建立健全园林绿化科研机构，加大科研投入，加强植物病虫害的防治研究。致力于形成街区植被与山地植被的协调统一，营造大区域良好生态环境和构建安全的生态系统。

（2）针对开放性旅游名胜地区游人较多的特点，政府及旅游地管理部门应采取措施，如树立温馨提示牌、宣传栏等，加大爱绿护绿宣传力度，强化广大市民保护生态环境的意识，以进一步增强全社会的文明素养，从而在旅游地形成爱护、保护森林植被的浓厚氛围。严禁游客在保护区重要区域出入及砍伐等行为，以保证保护区植被能更好地自然恢复、发育和演替，积极、主动地制止和纠正各种破坏绿化的行为。

第 2 章　田心山植物群落结构特征研究

　　田心山许多区域受到较多的人为干扰，许多范围为人工林，通过对该区域选点进行植物群落结构和物种多样性的研究，了解深圳市周围山地植物组成及结构状况，掌握山地植被的人工干扰和影响现状，对分析深圳生态系统组成及结构等方面具有理论参考意义。也可以直观地看出人们的生活行为对自然生态环境的影响，发现存在的问题，从而为进一步改善和恢复该地森林植被提出相应的对策。

2.1　研究对象与研究方法

2.1.1　研　究　对　象

　　田心山山脉是深圳市坪山新区街道、葵涌街道与惠阳淡水镇相连的山脉，主峰田心山高 689m，附近的东门寨高 585m，石桥坑高 529m。研究样地选择在田心山的赤坳水库旁的山地，位于深圳市坪山新区坪山河上游支流金龟水的中段；坝址以上的主流长 9km，集雨面积 14.6km²，总库容 1811 万 m³，是以供水为主，兼有防洪等综合效益的中型水利枢纽工程，枢纽工程由主坝、副坝、溢洪道等组成，工程始建于 1978 年 1 月，1983 年 10 月开始蓄水运行至今。

　　2013 年 7～8 月，取赤坳水库旁林地为研究地（图 2.1）。第一个植物群落为荔枝林（图 2.2），地理位置为：22°39′38.21″N，114°22′9.05″E，海拔 72m。第二个植物群落为桉树林，地理位置为：22°39′41.41″N，114°22′15.87″E，海拔 85m。

图 2.1　田心山赤坳山地植被

Figure 2.1　The vegetation of Chiao，Tianxin Mountain

图 2.2 在田心山赤坳进行样方测定
Figure 2.2 Made quadrat measure of community in Chiao，Tianxin Mountain

2.1.2 研 究 方 法

2.1.2.1 采样标准及样方方法

群落样方设置原则和基本方法同第 1 章。由于深圳市坪山新区属于亚热带海洋性气候，因此每个植物群落取样面积可在 510 ～ 1000m²。荔枝林群落分别测量 3 个面积为 200m² 的样方做群落调查，群落总面积为 600m²。桉树林群落分别测量 2 个面积为 300m² 的样方做群落调查，群落总面积为 600m²。

2.1.2.2 测定的指标

测定各层次植物的数量指标同第 1 章。

2.1.2.3 计算和统计方法

（1）乔木层植物重要值计算公式：

$$重要值＝（相对密度＋相对频度＋相对显著度）/3 \tag{2.1}$$

（2）灌木层和草本层植物重要值计算公式：

$$重要值＝（相对密度＋相对频度＋相对盖度）/3 \tag{2.2}$$

2.2 结果与分析

2.2.1 荔枝林群落

荔枝林群落即荔枝 - 鸭脚木 - 乌毛蕨群落（*Litchi chinensis-Schefflera octophylla-Blechnum orientale community*），此群落乔木层结构的数量指标见表 2.1。

表 2.1　荔枝 - 鸭脚木 - 乌毛蕨群落乔木层结构特征
Table 2.1　The structural characteristics of tree layer of *Litchi chinensis-Schefflera octophylla-Blechnum orientale* community

物种名称 Species name	株数 Number	平均高度（m） Average height	平均胸径（cm） Average DBH	盖度（%） Coverage	相对密度 Relative density	相对显著度 Relative prominence	相对频度 Relative frequency	重要值 Important value
荔枝 *Litchi chinensis*	79	6.37	10	195	79.00	83.69	30.00	64.23
鸭脚木 *Schefflera octophylla*	8	5.80	6	10	8.00	4.89	20.00	10.96
扁担杆 *Grewia biloba*	3	5.13	8	6	3.00	2.55	20.00	8.52
梅叶冬青 *Ilex asprella*	3	2.33	3	1	3.00	8.33	10.00	7.11
樟树 *Cinnamomum camphora*	5	16.20	11	6	5.00	6.09	10.00	7.03
变叶榕 *Ficus variolosa*	2	6.35	9	7	2.00	1.95	10.00	4.65

　　从表 2.1 我们可以看出，这是一个典型的人工种植林。其中，荔枝的重要值最大，为 64.23，鸭脚木次之，为 10.96；重要值最小的为变叶榕 4.65。从表 2.1 中还可以看出，整体树高均较小，大多数在 6.5m 的范畴，而少数植株较高，如樟树，近 17m。但是由于该种类的植株较少，因此，整个群落的冠层高度较小。
　　荔枝林群落灌木层结构特征数量指标见表 2.2。

表 2.2　荔枝 - 鸭脚木 - 乌毛蕨群落灌木层结构特征
Table 2.2　The structural characteristics of shrub layer of *Litchi chinensis-Schefflera octophylla-Blechnum orientale* community

物种名称 Species name	株数 Number	平均高度（m） Average height	盖度（%） Coverage	相对盖度 Relative coverage	相对密度 Relative density	相对频度 Relative frequency	重要值 Important value
鸭脚木 *Schefflera octophylla*	43	0.52	7.0	12.82	29.05	12.28	18.05
荔枝 *Litchi chinensis*	19	0.50	6.0	10.99	12.84	5.26	9.68
山乌桕 *Sapium discolor*	9	1.00	5.8	10.62	6.08	7.02	7.90
草珊瑚 *Sarcandra glabra*	18	0.29	1.5	2.75	12.16	8.77	7.88
箣榄花椒 *Zanthoxylum avicennae*	4	1.25	5.5	10.07	2.70	5.26	6.04
毛稔 *Melastoma sanguineum*	3	1.13	4.8	8.79	2.03	5.26	5.38
五指毛桃 *Ficus hirta*	5	1.24	2.9	5.31	3.38	7.02	5.23
豺皮樟 *Litsea rotundifolia* var. *oblongifolia*	2	1.05	5.8	10.62	1.35	3.51	5.17
桃金娘 *Rhodomyrtus tomentosa*	9	0.90	2.4	4.40	6.08	3.51	4.69
华润楠 *Machilus chinensis*	2	0.75	3.8	6.96	1.35	3.51	3.97
白花鬼灯笼 *Cardiospermum halicacabum*	5	0.70	0.6	1.10	3.38	7.02	3.84
梅叶冬青 *Ilex asprella*	6	1.20	1.1	2.01	4.05	5.26	3.79
阴香 *Cinnamomum burmannii*	4	0.65	1.1	2.01	2.70	5.26	3.33
九节 *Psychotria rubra*	6	0.47	0.7	1.28	4.05	3.51	2.96
石斑木 *Rhaphiolepis indica*	2	0.65	1.7	3.11	1.35	3.51	2.64
野牡丹 *Melastoma malabathricum*	4	0.78	0.5	0.92	2.70	3.51	2.35
假鹰爪 *Desmos chinensis*	1	1.50	1.5	2.75	0.68	1.75	1.73
盐肤木 *Rhus chinensis*	1	1.40	1.3	2.38	0.68	1.75	1.59
山芝麻 *Helicteres angustifolia*	2	0.80	0.1	0.18	1.35	1.75	1.07
猴耳环 *Pithecellobium clypearia*	1	1.50	0.3	0.55	0.68	1.75	1.01
毛果算盘子 *Glochidion eriocarpum*	1	0.40	0.1	0.18	0.68	1.75	0.87
银柴 *Aporusa dioica*	1	0.40	0.1	0.18	0.68	1.75	0.85

　　从表 2.2 我们可以看出，重要值最大的是鸭脚木，为 18.05；位居第二的是荔枝，为 9.68；其次是山乌桕及亚灌木的草珊瑚；重要值最小的是银柴，为 0.85，在群落中只出现 1 株。联合表 2.1 我们发现，部分乔木层植物在计算灌木时也出现，原因是这些鸭脚木、荔枝处于幼苗时期，高度在 4m 以下，所以在测量的时候把它们归入灌木层中。此灌木层高度不大，普遍为 0.5m，如鸭脚木和荔枝；也有较高的植物，如猴耳环、假鹰爪，其高度都为 1.50m，但由于该种的株数较少，因此，整个群落

的灌木层基本高度在 0.5m 左右。在相对密度方面，鸭脚木、荔枝、草珊瑚的值都超过了 10，分别为 29.05、12.84、12.16；相对应的其植株株数也较多，分别为 43 株、19 株、18 株，这也就从侧面体现了这 3 个物种在该植物群落中的重要性。

荔枝林草本层的结构特征数量指标见表 2.3。

表 2.3　荔枝 - 鸭脚木 - 乌毛蕨群落草本层结构特征

Table 2.3　The structural characteristics of herb layer of *Litchi chinensis-Schefflera octophylla-Blechnum orientale* community

物种名称 Species name	株数 Number	平均高度（m） Average height	盖度(%) Coverage	相对盖度 Relative coverage	相对密度 Relative density	相对频度 Relative frequency	重要值 Important value
乌毛蕨 *Blechnum orientale*	7	0.55	1.04	45.41	11.11	16.12	24.21
五节芒 *Miscanthus floridulus*	8	0.52	0.36	15.72	12.69	9.68	12.69
半边旗 *Pteris semipinnata*	10	0.37	0.21	9.17	15.87	9.67	11.54
凤尾蕨 *Pteris cretica* var. *nervosa*	10	0.34	0.12	5.24	15.87	12.90	11.33
芒萁 *Dicranopteris dichotoma*	6	0.52	0.19	8.29	9.55	12.90	10.24
铁线蕨 *Adiantum capillus-veneris*	5	0.32	0.05	2.18	7.94	9.68	6.60
华南毛蕨 *Cyclosorus parasiticus*	5	0.23	0.06	2.62	7.94	6.45	5.67
十字薹草 *Carex cruciata*	4	0.22	0.03	1.31	6.35	6.45	4.70
鳞始蕨 *Lindsaea odorata*	3	0.14	0.04	1.74	4.76	6.45	4.32
金草 *Hedyotis acutangula*	2	0.11	0.15	6.55	3.17	3.22	4.31
金毛狗 *Cibotium barometz*	2	0.40	0.03	1.31	3.17	3.23	2.57
山菅兰 *Dianella ensifolia*	1	0.37	0.01	0.43	1.58	3.23	1.75

从表 2.3 数据可以得到乌毛蕨为此草本层的优势种，其重要值为 24.21；次优势种是五节芒，重要值为 12.69；而半边旗和凤尾蕨的重要值相差不大，均为 11 以上。重要值最小的是山菅兰，为 1.75，在整个群落中只出现一株。看此草本层的盖度，其值普遍小于 1%，盖度较大的是乌毛蕨，为 1.04%。这就说明了该群落草本植物很少，在整个群落中盖度不明显。我们再看各物种的植株数，较多的是半边旗和凤尾蕨，平均高度在 0.3m 左右；也有平均高度较高的，如乌毛蕨、五节芒和芒萁，平均高度 0.5m 左右，但由于其株数较少，因此整个草本的平均高度在 0.3m 左右。从表 2.3 中我们还可以了解其他物种的株数、相对盖度、相对密度、相对频度等生物特征信息。

2.2.2　桉树林群落

桉树林群落即柳叶桉 - 桃金娘 - 芒萁群落（*Eucalyptus saligna-Rhodomyrtus tomentosa-Dicranopteris dichotoma* community），桉树林群落乔木层的结构特征见表 2.4。

表 2.4　桉树林群落乔木层结构特征

Table 2.4　The structural characteristics of tree layer of *Eucalyptus saligna-Rhodomyrtus tomentosa-Dicranopteris dichotoma* community

物种名称 Species name	株数 Number	平均胸径(cm) Average DBH	平均高度(m) Average height	盖度(%) Coverage	相对密度 Relative density	相对显著度 Relative prominence	相对频度 Relative frequency	重要值 Important value
柳叶桉 *Eucalyptus saligna*	37	0.06	8.21	14	71.15	59.10	28.57	52.94
马占相思 *Acacia mangium*	11	0.10	8.73	28	21.15	30.46	28.57	26.73
山乌桕 *Sapium discolor*	2	0.10	5.25	3	3.85	5.26	14.28	7.80
荷木 *Schima argentea*	1	0.14	7.00	2	1.92	3.88	14.29	6.70
鸭脚木 *Schefflera octophylla*	1	0.05	4.00	1	1.92	1.30	14.29	5.84

从表 2.4 可以看到，该群落的乔木层植物种类稀少，仅有 5 种，其中数量最多的是柳叶桉，重要值为 52.94；其次是马占相思，为 26.73；重要值最小的是鸭脚木，为 5.84。看该群落乔木层的盖度，柳叶桉的数量最多，37 株，其盖度较小，为 14%；而马占相思株数为 11，盖度为 28%，说明该群落

乔木的整体冠幅较小，没有茂密成林。再看该群落平均高度，普遍在 8m 左右，冠层较高，也有平均高度较低的植株鸭脚木，为 4m。从表 2.4 中我们还可以了解其他物种的株数、相对盖度、相对密度、相对频度等生物特征信息。

桉树林群落灌木层的结构特征见表 2.5。

表 2.5　桉树林群落灌木层结构特征

Table 2.5　The structural characteristics of shrub layer of *Eucalyptus saligna-Rhodomyrtus tomentosa-Dicranopteris dichotoma* community

物种名称 Species name	株数 Number	平均高度（m） Average height	盖度（%） Coverage	相对盖度 Relative coverage	相对密度 Relative density	相对频度 Relative frequency	重要值 Important value
桃金娘 *Rhodomyrtus tomentosa*	13	1.44	7.1	34.63	31.71	19.05	28.46
白花鬼灯笼 *Cardiospermum halicacabum*	12	0.99	0.1	0.52	29.27	28.57	19.45
荔枝 *Litchi chinensis*	8	0.86	2.7	13.16	19.51	14.29	15.65
马占相思 *Acacia mangium*	1	1.20	6.7	32.75	2.44	4.76	13.32
五指毛桃 *Ficus hirta*	1	1.74	0.1	0.61	2.44	4.76	2.60
豺皮樟 *Litsea rotundifolia* var. *oblongifolia*	1	1.60	1.7	8.19	2.44	4.76	5.13
盐肤木 *Rhus chinensis*	1	0.45	0.2	0.98	2.44	4.76	2.73
梅叶冬青 *Ilex asprella*	1	1.15	0.1	0.49	2.44	4.76	2.56
华润楠 *Machilus chinensis*	1	1.40	1.1	5.16	2.44	4.76	4.12
山乌桕 *Sapium discolor*	1	0.90	0.4	1.92	2.44	4.76	3.04
石斑木 *Rhaphiolepis indica*	1	1.50	0.3	1.40	2.44	4.76	2.87

从表 2.5 可以看出，该群落灌木层的优势种为桃金娘，重要值为 28.46；白花鬼灯笼次之，重要值为 19.45；重要值最小的是梅叶冬青，为 2.56。值得注意的是，表 2.5 中马占相思只有 1 株，本应属于乔木层植被，但因其树高才 1.2m（小于 4m，被计入灌木层），其冠幅较大，相对盖度为 32.75，所以在整个灌木层中其重要值也达到 13.32 之多。而其他植株，如五指毛桃、豺皮樟、盐肤木、梅叶冬青等也只有 1 株，但因其冠幅较小，所以重要值方面也较低。再比较白花鬼灯笼和荔枝（幼苗）树冠与株数相差不多，但白花鬼灯笼的相对密度与相对频度明显大于荔枝的值，所以在该灌木层中，白花鬼灯笼比荔枝较有优势。从表 2.5 中我们还可以了解其他物种的高度、盖度和数量等生物特征信息。

桉树林群落草本层的结构特征见表 2.6。

表 2.6　桉树林群落草本层结构特征

Table 2.6　The structural characteristics of herb layer of *Eucalyptus saligna-Rhodomyrtus tomentosa-Dicranopteris dichotoma* community

物种名称 Species name	株数 Number	平均高度（m） Average height	盖度（%） Coverage	相对盖度 Relative coverage	相对密度 Relative density	相对频度 Relative frequency	重要值 Important value
芒萁 *Dicranopteris dichotoma*	32	0.63	0.85	41.46	49.23	40.00	43.56
五节芒 *Miscanthus floridulus*	17	0.77	0.79	38.54	13.54	26.67	26.25
十字薹草 *Carex cruciata*	7	1.04	0.29	14.15	12.77	16.67	14.53
凤尾蕨 *Pteris cretica* var. *nervosa*	2	0.42	0.05	2.44	9.07	3.33	4.95
乌毛蕨 *Blechnum orientale*	1	0.60	0.03	1.46	5.08	3.33	3.29
半边旗 *Pteris semipinnata*	1	1.00	0.01	0.49	3.08	3.33	2.30
金草 *Hedyotis acutangula*	2	0.65	0.01	0.49	3.62	3.33	2.48
铁线蕨 *Adiantum capillus-veneris*	2	0.35	0.02	0.98	3.54	3.33	2.62

从表 2.6 数据我们可以得出，此草本层重要值最大的是芒萁，为 43.56；其次是五节芒 26.25；最小的是铁线蕨，为 2.62。草本层中芒萁平均高度为 0.63m，五节芒为 0.77m，也有较高的种类，如十字薹草和半边旗，平均高度为 1m 左右，但由于植株数量比例关系，整个草本层平均高度在 0.6m 左右。

除了这些还可以从表 2.6 中了解其他一些物种的高度、相对盖度、相对密度等生物特征信息。

从表 2.1～表 2.6 可看出，田心山赤坳山地经过人们的砍伐和破坏，种植经济林后，已经改变了其原有的植被面貌，变成了一个人工的种植林。山上植物种类数量较少，而且高度等指标较低，生物多样性较低，植被的群落结构遭到较明显破坏。

2.3　讨　　论

田心山赤坳水库山地植被主要以荔枝和柳叶桉为优势种，它们的重要值分别为 64.23、52.94，重要值占比达一半之多，是典型的人工种植林。桉树林群落中，乔木层植物种类只有 5 种，相对于荔枝林乔木层的丰富度低一点，整体处于多样性较低的水平。荔枝林灌木层的物种数量是所有群落层次多样性最高的，显示了其物种丰富度较高。可以看出，该荔枝林灌木层结构比其他层次的群落结构要复杂和稳定，不易受到破坏。

从赤坳山地荔枝林与桉树林的种类组成可以看出，荔枝林的植物群落比桉树林的植物群落要好些，物种的多样性较高。

纵观两个群落的结构特征表，可以发现，除乔木层优势种的重要值比较明显，表现出个别种的优势度明显高以外，桉树林草本层芒萁的重要值也比较大，为 43.56，即这个先锋种类占的比例相当高。可以推测，该群落原本的植物群落被破坏之后，群落正处于一个次生演替的前期状态，但由于人为因素的干扰，种植了桉树，加快了该群落的演替，所以就出现了这种垂直分层明显的情况，乔木层柳叶桉为优势种，草本层芒萁为优势种，而灌木层，则仍处于一个演替初期的发展状态。

从该区域两个群落的结构特征看，荔枝林乔木层的植株高度普遍较低，而且比杨梅坑 3 个群落的乔木层低较多，而灌木层的高度也较后者低。说明，人工干扰的群落，乔木层的发育处在初期，加上种植的荔枝这种果树，其植株高度也普遍低（荔枝的老树也有很高的），因此，构成其整个植物群落的高度是较低的，而乔木层下的灌木层等也较低的话，则其单位面积的生物量将较低。而桉树林群落的乔木层仅仅柳叶桉这一个种类的高度值明显高，这是由柳叶桉的特有生物学特性所决定的，其特点是枝下高的值很高，可以说是有叶片的部分树冠厚度很小，而无枝叶的主干很高。因此，如果这样的树种在群落里占据了很大的比例，则该群落的生物量，尤其是对吸收污染物、释放氧气、释放水蒸气、夏季林内降温等调节小气候等生态效益起到主要作用的叶的生物量比例会很少，因此，其生态效益会较低。因此在分析植物群落的结构优劣时，还需注重考虑单位空间茎叶率（ratio of stem and Leaf occupied space，RSLS）的情况，当两群落相比时，以某群落最高植株冠层高度为准，比较其同等空间内的茎、叶所占比率。同时桉树林群落马占相思的高度也较高，但其株数较少，仅 11 株，而其他的几个乔木种类的数量也很少，而且高度值也较小，因而构成其林下大部分空间为无树冠和枝叶的状况。从桉树林群落乔木层种类的盖度指标来看，大部分种类的盖度值是低的，而且有的种类的盖度值尤其低，仅为 2，说明其水平方向的覆盖程度也明显差。因而导致其单位空间的枝叶量明显比杨梅坑和其他群落的少；树冠厚度也小，因此，这些因素的综合作用，则构成桉树林群落的单位面积的生物量会比其他植物群落的明显低。

从这两个群落的组成来看，由于人为干扰很严重，以及种植了果树和经济林，因此，虽然其群落的种类数看似较多；但是，乔木种类很少，荔枝林群落仅有 6 种，而桉树林群落仅有 5 种，比七娘山的各群落少许多。并且，其灌木的种类则较多，草本植物也较多。这是人为干扰的植物群落特征。这两个群落的结构状况与七娘山的各群落相比形成很明显的对比，而且与其他地区处于半自然状态恢复的植被相比，也是反映出其乔木种类明显少，而灌木和草本植物明显偏多的现象（廖文波等，2007）。与专门进行人为保护的梧桐山森林公园的多个人工林群落相比，其乔木数量也显得较少，但是灌木和草本植物种类明显多于后者（许建新等，2009）。与羊台山森林公园相比，其灌木和草本种类的数量也明显多许多（胡传伟等，2009）。在高度方面，田心山的乔木高度略低于马峦山的多个群落，但要高于其他一些群落，而灌木的高度则比后者偏高（廖文波等，2007）。因此，在比较分析自然林和人工林多样性时，不能仅看其多样性指数，还必须看其层次和种类的组成，假如是人工林其草本或灌木种类较多的话，则整个群落生物量就低许多。而且，即便是乔木层乔木的高度值较大，也要看其植株的密度、冠幅盖度，以及枝下高的情况，如果某个群落仅乔木高度大，而其上述其他指标低，那么这个群落的组成也是差或较差的。因此，这些群落构成的系统其结构稳定性和生态效益就会明显较差。

分析荔枝林群落的结构特征表，可以发现，草本层中乌毛蕨、五节芒、半边旗、凤尾蕨、芒萁这 5 种植物的重要值之和为 70.17，这些植物中比较耐严酷环境的种类居多，说明该层次的生态结构还是不很稳定，处在受破坏后，次生演替的初期阶段。当然在自然恢复过程中，一些已经演替到较好阶段的植物群落里，也会有这些种类，但是它们基本不会是最主要的成分。

第3章　七娘山与田心山山地植物多样性比较研究

在生物多样性与其生态效益关系方面,目前还存在少量的争论,虽然少数学者,如 Huston(1997)认为,没有足够的证据表明增加了生物多样性就会促进生态系统功能, 如种类多样性的提高能提高生态系统的生产力。但是越来越多的研究证据表明,高植物多样性的群落有更多和更丰富的食物网及生物量,因而当地的动物种类比植物多样性低的要多,以及它们的生态系统结构更为复杂,因此,它们抵御外来力量侵扰的能力和抗性会更强。同时,生态系统的生产力和生态服务效能比植物多样性低的会更高。生物多样性与生态系统的生产力有着正的相关关系;而在较长时期里,它们之间的关系不仅仅是线性关系,随着植物群落发展时期的进程,植物多样性与生产力的关系可以呈现为"U"形、"S"形等,即当生物多样性提高时,其生产力提高,虽然有时也有波动,但是整体发展情况随着生物多样性的提高,生产力也随着向上提升。一些为二次指数增长的形式,一些为幂指数增长的模式。但是当群落演替到接近顶级演替时,则植物多样性与生产力几乎同时处在不再继续增长的饱和的水平(乌云娜和张云飞,1997;Bai et al.,2001;覃光莲等,2002;Shang et al.,2005;温远光等,2006;Li et al.,2008;金红喜,2012)。

金红喜(2012)的研究表明,在生态系统恢复的森林小于 20 年时,草本植物的多样性(x)和生产力(y)是指数增长的模式,即 $y=ax^b$,灌木种类多样性(x)与生产力(y)是二次方幂的曲线增长模式,即 $y=ab^2-bx+c$;当恢复期达到 20～40 年时,草本和灌木植物多样性(x)与生产力(y)也开始呈现指数增长模式,即 $y=ax^b$;当恢复期达到 40 年以上时,草本、灌木和乔木本层植物所有层次的种类多样性(x)与生产力(y)的关系都又开始呈现指数增长的模式,即 $y=ax^b$。这是一种正相关的上升的模式。覃光莲等(2002)的研究结果也证明了上述植物多样性与生产力提高的关系。

因此,我们认为,可能在一些小面积的实验结果或者测定数据中,尤其是大多数为草本植物的试验区域表现出植物群落的生物多样性与生产力的高低没有明显的规律性或相关性。原因为其测定的数据仅仅是草本植物在一个特殊的地理环境,如草地等中的数据,以及大多数的研究群落演替的时间跨度不足,其所测数值正好停留在生产力处在下降的阶段;但是当群落的生物多样性与生产力的关系处在指数增长的时期,即正相关的上升的时期时,则没有测定指标。因此,当研究测定植物多样性与生产力的关系及生态系统稳定性的指标值时,必须结合当地地理和小环境特征、物种的特征及演替的阶段,而且必须要有一个足够长的植物群落演替阶段的跨度才能获得更为可靠、客观和合理的评价结果。

本部分通过对深圳七娘山和田心山山地的植物多样性进行比较研究,分析人为因素对植物多样性的影响,对于了解深圳市周围山地植物组成及结构状况,掌握山地植被的人工干扰和影响现状;同时也为进一步探究是自然恢复的森林植物多样性高还是受到人工较多干扰的森林植物多样性高等目前仍存在一些争议的问题,以及为制订出更为科学、合理的深圳市生态建设策略,采取更有效的措施保护自然风景区的生物多样性方面提供科学依据。

3.1　研究对象与研究方法

3.1.1　研　究　对　象

深圳七娘山杨梅坑的研究地为第 1 章的 3 个植物群落,即鼎湖血桐 - 桃金娘 - 十字薹草群落、绒毛润楠 - 九节 - 露兜草群落、鸭脚木 - 九节 - 铁线蕨群落,3 个群落的分布形成一定的高度差。

田心山的研究地为第 2 章的赤坳水库旁林地的两个植物群落,即荔枝 - 鸭脚木 - 乌毛蕨群落和柳叶桉 - 桃金娘 - 芒萁群落。

3.1.2　研　究　方　法

测定的各样方面积、原则，各群落各层次测定的数量指标见第 1 章和第 2 章。

3.1.2.1　α- 多样性指数

生物多样性是指某区域生物组成中的多样化和变异性程度，也反映物种生境的生态复杂性；α- 多样性指数也含丰富度和均匀度等指标。

1. Simpson 物种多样性指数

$$D_s = 1 - \sum_{i=1}^{s} \frac{N_i(N_i - 1)}{N(N-1)} \quad (i = 1,\ 2,\ \cdots,\ n)（本章下同）\tag{3.1}$$

式中，s 为植物的种类数；N 为全部种类的个体数；N_i 为样地内某种类个体数。

2. 属的多样性指数

根据 Pielou（1975）关于科、属多样性统计的理论，属的多样性指数计算为（黄玉源等，2012，2014）

$$D_{g1} = 1 - \sum_{i=1}^{g} \frac{N_{gi}(N_{gi} - 1)}{N_g(N_g - 1)}\tag{3.2}$$

$$D_{g2} = 1 - \sum_{i=1}^{g} (\frac{N_{gi}}{N_g})^2\tag{3.3}$$

式中，g 为植物属的数目；N_g 为全部属的种类数；N_{gi} 为样地内某属的种类数。

3. 科的多样性指数

根据 Pielou（1975）关于科、属多样性统计的理论，科的多样性指数计算为（黄玉源等，2012，2014）

$$D_{f1} = 1 - \sum_{i=1}^{f} \frac{N_{fi}(N_{fi} - 1)}{N_f(N_f - 1)}\tag{3.4}$$

$$D_{f2} = 1 - \sum_{i=1}^{f} (\frac{N_{fi}}{N_f})^2\tag{3.5}$$

式中，f 为植物科的数目；N_f 为全部科的属总数目；N_{fi} 为样地内某个科的属数目。

4. Shannon-Wiener（香农 - 维纳）指数

$$H = -\sum_{i=1}^{s} P_i \ln P_i\tag{3.6}$$

式中，s 为植物的种类数；P_i 为种类 i 的个体数（N_i）与全部种类的个体数（N）的比值。

5. Pielou 均匀度指数

$$J = \frac{H}{\ln S}\tag{3.7}$$

式中，$H = -\sum [(N_i/N) \ln (N_i/N)]$，为 Shannon-Wiener（香农 - 维纳）指数；N_i 为种 i 的个体数；N 为样地中某层所有物种的个体数之和；S 为样地中物种的总数。

6. 丰富度指数

1）物种丰富度

Odum 指数：

$$R_1 = \frac{S}{\ln N}\tag{3.8}$$

Menhinnick 指数：

$$R_2 = \frac{\ln S}{\ln N}\tag{3.9}$$

式中，S 为物种数；N 为全部种的个体数。

2）属的丰富度

$$R_{g1} = G , \quad R_{g2} = G / \ln S \tag{3.10}$$

式中，G 为属的数量；S 为种的数量。

R_{g2} 公式表明，当两个群落内属的数量一样时，某个群落的每个属拥有的种类数量越多，则其属的丰富度将越低，反之则越高。

3）科的丰富度

$$R_{f1} = F , \quad R_{f2} = F / \ln G \tag{3.11}$$

式中，F 为科的数量；G 为属的数量。

R_{f2} 公式表明，当两个群落内科的数量一样时，某群落每个科所拥有属的数量越多，则其科的丰富度越低，反之则越高。

3.1.2.2 β- 多样性指数

1. Sorenson 物种相似性系数

$$C_s = \frac{2N_s}{(a_s + b_s)} \tag{3.12}$$

式中，a_s 为 A 群落中的种类数；b_s 为 B 群落中的种类数；N_s 为 A、B 群落共有的种类数。

2. 属的相似性系数（黄玉源等，2012，2014）

$$C_g = \frac{2N_g}{(a_g + b_g)} \tag{3.13}$$

式中，a_g 为 A 群落中属的总数目；b_g 为 B 群落中属的总数目；N_g 为 A、B 群落共有属的总数目。

3. 科的相似性系数（黄玉源等，2012，2014）

$$C_f = \frac{2N_f}{(a_f + b_f)} \tag{3.14}$$

式中，a_f 为 A 群落中科的总数目；b_f 为 B 群落中科的总数目；N_f 为 A、B 群落共有科的总数目。

4. 科、属、种的综合相似性系数（黄玉源等，2014）

$$\beta_c = \frac{2(N_f + N_g + N_s)}{(N_{fa} + N_{ga} + N_{sa}) + (N_{fb} + N_{gb} + N_{sb})} \tag{3.15}$$

式中，β_c 为综合相似性系数；N_f 为两个群落共有的科数量；N_g 为两个群落共有的属数量；N_s 为两个群落共有的种数量；N_{fa} 为群落 a 科的数量；N_{ga} 为群落 a 属的数量；N_{sa} 为群落 a 种的数量；N_{fb} 为群落 b 科的数量；N_{gb} 为群落 b 属的数量；N_{sb} 为群落 b 种的数量。

5. 科、属、种的综合多样性指数（黄玉源等，2014）

$$D_{c1} = D_{f1} + D_{g1} + D_s \tag{3.16}$$
$$D_{c2} = D_{f2} + D_{g2} + D_s \tag{3.17}$$

式中，D_{c1}、D_{c2} 为综合多样性指数；D_{f1}、D_{f2} 为科的多样性指数；D_{g1}、D_{g2} 为属的多样性指数；D_s 为种的多样性指数（这个指数不是某个层次的，而是所有层次统计的整体多样性指数值）。

当 D_c 较高时，整个群落水平的生物多样性指数高，同时，将显示出 D_{f1}、D_{f2}、D_{g1}、D_{g2} 和 D_s 值及它们各自的比例情况；只有当这些指标中的每一个指标值都高，以及各自的比例接近相等时，此群落的生物多样性才是最好的；否则，如果仅仅是物种水平的 D_s 值高，或者仅仅 D_g 值高，其他的值低或较低，其 D_c 值也会受到影响，其群落的生物多样性也是较低的。

3.2　结果与分析

　　杨梅坑所调查测定的 3 个植物群落与第 1 章同,即群落 1,鼎湖血桐 - 桃金娘 - 十字薹草群落；群落 2,绒毛润楠 - 九节 - 露兜草群落；群落 3,鸭脚木 - 九节 - 铁线蕨群落。田心山赤坳水库旁山地所调查的 2 个群落与第 2 章同,即群落 4（编号接上个群落）,荔枝 - 鸭脚木 - 乌毛蕨群落；群落 5,柳叶桉 - 桃金娘 - 芒萁群落。

3.2.1　群落科、属、种的构成状况

　　鼎湖血桐 - 桃金娘 - 十字薹草群落的植物组成见表 3.1。

表 3.1　鼎湖血桐 - 桃金娘 - 十字薹草群落的植物科、属、种组成情况

Table 3.1　The composition situation of family，genus and species of *Macaranga sampsonii-Rhodomyrtus tomentosa-Carex cruciata* community

种类数 Number of species	物种名 Species name	科名 Family name	科数量 Number of family	属名 Genus name	属数量 Number of genus
1	鼎湖血桐 *Macaranga sampsonii*	大戟科 Euphorbiaceae	1-1	血桐属 *Macaranga*	1
2	银柴 *Aporusa dioica*	大戟科 Euphorbiaceae	1-2	银柴属 *Aporusa*	2
3	毛果算盘子 *Glochidion eriocarpum*	大戟科 Euphorbiaceae	1-3	算盘子属 *Glochidion*	3
4	猴耳环 *Pithecellobium clypearia*	豆科 Leguminosae	2-1	猴耳环属 *Pithecellobium*	4
5	小果皂荚（幼苗）*Gleditsia australis*	豆科 Leguminosae	2-2	皂荚属 *Gleditsia*	5
6	三桠苦 *Evodia lepta*	芸香科 Rutaceae	3-1	吴茱萸属 *Evodia*	6
7	山油柑 *Acronychia pedunculata*	芸香科 Rutaceae	3-2	山油柑属 *Acronychia*	7
8	泡花树 *Meliosma cuneifolia*	清风藤科 Sabiaceae	4	泡花树属 *Meliosma*	8
9	鼠刺 *Itea chinensis*	虎耳草科 Saxifragaceae	5	鼠刺属 *Itea*	9
10	山杜英 *Elaeocarpus sylvestris*	杜英科 Elaeocarpaceae	6	杜英属 *Elaeocarpus*	10
11	竹节树 *Carallia brachiata*	红树科 Rhizophoraceae	7	竹节树属 *Carallia*	11
12	九节 *Psychotria rubra*	茜草科 Rubiaceae	8	九节属 *Psychotria*	12
13	桃金娘 *Rhodomyrtus tomentosa*	桃金娘科 Myrtaceae	9-1	桃金娘属 *Rhodomyrtus*	13
14	水翁 *Cleistocalyx operculatus*	桃金娘科 Myrtaceae	9-2	水翁属 *Cleistocalyx*	14
15	类芦 *Neyraudia reynaudiana*	禾本科 Gramineae	10-1	类芦属 *Neyraudia*	15
16	淡竹叶 *Lophatherum gracile*	禾本科 Gramineae	10-2	淡竹叶属 *Lophatherum*	16
17	紫玉盘 *Uvaria microcarpa*	番荔枝科 Annonaceae	11	紫玉盘属 *Uvaria*	17
18	十字薹草 *Carex cruciata*	莎草科 Cyperaceae	12	薹草属 *Carex*	18
19	乌毛蕨 *Blechnum orientale*	乌毛蕨科 Blechnaceae	13	乌毛蕨属 *Blechnum*	19
20	异叶线蕨 *Colysis diversifolia*	水龙骨科 Polypodiaceae	14	线蕨属 *Colysis*	20
21	假苹婆 *Sterculia lanceolata*	梧桐科 Sterculiaceae	15	苹婆属 *Sterculia*	21
22	海金沙 *Lygodium japonicum*	海金沙科 Lygodiaceae	16	海金沙属 *Lygodium*	22
23	草珊瑚 *Sarcandra glabra*	金粟兰科 Chloranthaceae	17	草珊瑚属 *Sarcandra*	23

　　由表 3.1 可知,该群落共有 17 科 23 属 23 种。其中大戟科含的物种最多,有 3 种,其他科都是仅有 1 种或 2 种；所有的属全都为仅有 1 种。说明其群落在这个等级上多样性高。

　　绒毛润楠 - 九节 - 露兜草群落的植物组成见表 3.2。

　　由表 3.2 可知,该群落的物种比较丰富,共有 25 科 31 属 33 种。其中豆科、茜草科这 2 科都含有 3 种,其他科基本仅有 1 种或 2 种；属的层面,除了猴耳环属和铁线蕨属含有 2 种外,基本是 1 属 1 种。

鸭脚木 - 九节 - 铁线蕨群落的植物组成见表 3.3。

表 3.2　绒毛润楠 - 九节 - 露兜草群落的植物科、属、种组成情况

Table 3.2　The composition situation of family，genus and species of *Machilus velutina-Psychotria rubra-Pandanus austrosinensis* community

种类数 Number of species	物种名 Species name	科名 Family name	科数量 Number of family	属名 Genus name	属数量 Number of genus
1	算盘子 *Glochidion puberum*	大戟科 Euphorbiaceae	1-1	算盘子属 *Glochidion*	1
2	山乌桕 *Sapium discolor*	大戟科 Euphorbiaceae	1-2	乌桕属 *Sapium*	2
3	猴耳环 *Pithecellobium clypearia*	豆科 Leguminosae	2-1	猴耳环属 *Pithecellobium*	3-1
4	亮叶猴耳环 *Pithecellobium lucidum*	豆科 Leguminosae	2-2	猴耳环属 *Pithecellobium*	3-2
5	腊肠树 *Cassia fistula*	豆科 Leguminosae	2-3	决明属 *Cassia*	4
6	山杜英 *Elaeocarpus sylvestris*	杜英科 Elaeocarpaceae	3	杜英属 *Elaeocarpus*	5
7	乌材 *Diospyros eriantha*	柿科 Ebenaceae	4	柿属 *Diospyros*	6
8	油茶 *Camellia oleifera*	山茶科 Theaceae	5	山茶属 *Camellia*	7
9	绒毛润楠 *Machilus velutina*	樟科 Lauraceae	6-1	润楠属 *Machilus*	8
10	山鸡椒 *Litsea cubeba*	樟科 Lauraceae	6-2	木姜子属 *Litsea*	9
11	山油柑 *Acronychia pedunculata*	芸香科 Rutaceae	7	山油柑属 *Acronychia*	10
12	假苹婆 *Sterculia lanceolata*	梧桐科 Sterculiaceae	8	苹婆属 *Sterculia*	11
13	变叶榕 *Ficus variolosa*	桑科 Moraceae	9	榕属 *Ficus*	12
14	毛鳞省藤 *Calamus thysanolepis*	棕榈科 Palmae	10	省藤属 *Calamus*	13
15	瓜馥木 *Fissistigma oldhamii*	番荔枝科 Annonaceae	11-1	瓜馥木属 *Fissistigma*	14
16	紫玉盘 *Uvaria microcarpa*	番荔枝科 Annonaceae	11-2	紫玉盘属 *Uvaria*	15
17	九节 *Psychotria rubra*	茜草科 Rubiaceae	12-1	九节属 *Psychotria*	16
18	山栀子 *Gardenia jasminoides*	茜草科 Rubiaceae	12-2	栀子属 *Gardenia*	17
19	水团花 *Adina pilulifera*	茜草科 Rubiaceae	12-3	水团花属 *Adina*	18
20	破布木 *Cordia dichotoma*	紫草科 Boraginaceae	13	破布木属 *Cordia*	19
21	土沉香 *Aquilaria sinensis*	瑞香科 Thymelaeaceae	14	沉香属 *Aquilaria*	20
22	铁包金 *Berchemia lineata*	鼠李科 Rhamnaceae	15	勾儿茶属 *Berchemia*	21
23	鼠刺 *Itea chinensis*	虎耳草科 Saxifragaceae	16	鼠刺属 *Itea*	22
24	乌毛蕨 *Blechnum orientale*	乌毛蕨科 Blechnaceae	17	乌毛蕨属 *Blechnum*	23
25	芒萁 *Dicranopteris dichotoma*	里白科 Gleicheniaceae	18	芒萁属 *Dicranopteris*	24
26	沿阶草 *Ophiopogon bodinieri*	百合科 Liliaceae	19	沿阶草属 *Ophiopogon*	25
27	海金沙 *Lygodium japonicum*	海金沙科 Lygodiaceae	20	海金沙属 *Lygodium*	26
28	凤尾蕨 *Pteris cretica* var. *nervosa*	凤尾蕨科 Pteridaceae	21	凤尾蕨属 *Pteris*	27
29	露兜草 *Pandanus austrosinensis*	露兜树科 Pandanaceae	22	露兜树属 *Pandanus*	28
30	铁线蕨 *Adiantum capillus-veneris*	铁线蕨科 Adiantaceae	23-1	铁线蕨属 *Adiantum*	29-1
31	团羽铁线蕨 *Adiantum capillus-junonis*	铁线蕨科 Adiantaceae	23-2	铁线蕨属 *Adiantum*	29-2
32	锡叶藤 *Tetracera asiatica*	五桠果科 Dilleniaceae	24	锡叶藤属 *Tetracera*	30
33	冬青 *Ilex chinensis*	冬青科 Aquifoliaceae	25	冬青属 *Ilex*	31

表 3.3　鸭脚木 - 九节 - 铁线蕨群落的植物科、属、种组成情况

Table 3.3　The composition situation of family，genus and species of *Schefflera octophylla-Psychotria rubra-Adiantum capillus-junonis* community

种类数 Number of species	物种名 Species name	科名 Family name	科数量 Number of family	属名 Genus name	属数量 Number of genus
1	华润楠 *Machilus chinensis*	樟科 Lauraceae	1-1	润楠属 *Machilus*	1
2	豺皮樟 *Litsea rotundifolia* var. *oblongifolia*	樟科 Lauraceae	1-2	木姜子属 *Litsea*	2
3	银柴 *Aporusa dioica*	大戟科 Euphorbiaceae	2-1	银柴属 *Aporusa*	3
4	山乌桕 *Sapium discolor*	大戟科 Euphorbiaceae	2-2	乌桕属 *Sapium*	4
5	算盘子 *Glochidion puberum*	大戟科 Euphorbiaceae	2-3	算盘子属 *Glochidion*	5
6	三桠苦 *Evodia lepta*	芸香科 Rutaceae	3-1	吴茱萸属 *Evodia*	6-1
7	楝叶吴茱萸 *Evodia glabrifolia*	芸香科 Rutaceae	3-2	吴茱萸属 *Evodia*	6-2

续表

种类数 Number of species	物种名 Species name	科名 Family name	科数量 Number of family	属名 Genus name	属数量 Number of genus
8	簕榄花椒 Zanthoxylum avicennae	芸香科 Rutaceae	3-3	花椒属 Zanthoxylum	7
9	蒲桃 Syzygium jambos	桃金娘科 Myrtaceae	4-1	蒲桃属 Syzygium	8
10	桃金娘 Rhodomyrtus tomentosa	桃金娘科 Myrtaceae	4-2	桃金娘属 Rhodomyrtus	9
11	鼠刺 Itea chinensis	虎耳草科 Saxifragaceae	5	鼠刺属 Itea	10
12	降香 Dalbergia odorifera	豆科 Leguminosae	6	黄檀属 Dalbergia	11
13	破布木 Cordia dichotoma	紫草科 Boraginaceae	7	破布木属 Cordia	12
14	黄牛木 Cratoxylum cochinchinense	藤黄科 Guttiferae	8	黄牛木属 Cratoxylum	13
15	土沉香（幼苗）Aquilaria sinensis	瑞香科 Thymelaeaceae	9	沉香属 Aquilaria	14
16	瓜馥木 Fissistigma oldhamii	番荔枝科 Annonaceae	10-1	瓜馥木属 Fissistigma	15
17	紫玉盘 Uvaria microcarpa	番荔枝科 Annonaceae	10-2	紫玉盘属 Uvaria	16
18	石斑木 Rhaphiolepis indica	蔷薇科 Rosaceae	11	石斑木属 Rhaphiolepis	17
19	九节 Psychotria rubra	茜草科 Rubiaceae	12-1	九节属 Psychotria	18
20	水团花 Adina pilulifera	茜草科 Rubiaceae	12-2	水团花属 Adina	19
21	山栀子 Gardenia jasminoides	茜草科 Rubiaceae	12-3	栀子属 Gardenia	20
22	鱼骨木 Canthium dicoccum	茜草科 Rubiaceae	12-4	鱼骨木属 Canthium	21
23	五指毛桃 Ficus hirta	桑科 Moraceae	13	榕属 Ficus	22
24	草珊瑚 Sarcandra glabra	金栗兰科 Chloranthaceae	14	草珊瑚属 Sarcandra	23
25	竹节树 Carallia brachiata	红树科 Rhizophoraceae	15	竹节树属 Carallia	24
26	朱砂根 Ardisia crenata	紫金牛科 Myrsinaceae	16-1	紫金牛属 Ardisia	25-1
27	罗伞树 Ardisia quinquegona	紫金牛科 Myrsinaceae	16-2	紫金牛属 Ardisia	25-2
28	梅叶冬青 Ilex asprella	冬青科 Aquifoliaceae	17	冬青属 Ilex	26
29	两广梭罗（幼苗）Reevesia thyrsoidea	梧桐科 Sterculiaceae	18	梭罗树属 Reevesia	27
30	铁线蕨 Adiantum capillus-veneris	铁线蕨科 Adiantaceae	19-1	铁线蕨属 Adiantum	28-1
31	团羽铁线蕨 Adiantum capillus-junonis	铁线蕨科 Adiantaceae	19-2	铁线蕨属 Adiantum	28-2
32	沿阶草 Ophiopogon bodinieri	百合科 Liliaceae	20	沿阶草属 Ophiopogon	29
33	五节芒 Miscanthus floridulus	禾本科 Gramineae	21	芒属 Miscanthus	30
34	芒萁 Dicranopteris dichotoma	里白科 Gleicheniaceae	22	芒萁属 Dicranopteris	31
35	乌毛蕨 Blechnum orientale	乌毛蕨科 Blechnaceae	23	乌毛蕨属 Blechnum	32
36	海金沙 Lygodium japonicum	海金沙科 Lygodiaceae	24	海金沙属 Lygodium	33
37	鸭脚木 Schefflera octophylla	五加科 Araliaceae	25	鹅掌柴属 Schefflera	34
38	油茶 Camellia oleifera	山茶科 Theaceae	26	山茶属 Camellia	35
39	小叶红叶藤 Rourea microphylla	牛栓藤科 Connaraceae	27	红叶藤属 Rourea	36

观察表 3.3 可知，该群落的物种非常丰富，共有 27 科 36 属 39 种。其中大戟科、芸香科、茜草科这 3 科分别含有 3 种、3 种和 4 种，其他科基本仅有 1 种或 2 种；属基本是 1 属 1 种，仅吴茱萸属、紫金牛属和铁线蕨属各含 2 种。

田心山赤坳水库山地荔枝 - 鸭脚木 - 乌毛蕨群落的植物组成状况见表 3.4。

表 3.4　荔枝 - 鸭脚木 - 乌毛蕨群落的植物、科、属、种的组成

Table 3.4　The composition situation of family，genus and species of *Litchi chinensis-Schefflera octophylla-Blechnum orientale* community

种类数 Number of species	物种名 Species name	科名 Family name	科数量 Number of family	属名 Genus name	属数量 Number of genus
1	荔枝 Litchi chinensis	无患子科 Sapindaceae	1-1	荔枝属 Litchi	1
2	鬼灯笼 Cardiospermum halicacabum	无患子科 Sapindaceae	1-2	倒地铃属 Cardiospermum	2
3	鸭脚木 Schefflera octophylla	五加科 Araliaceae	2	鹅掌柴属 Schefflera	3
4	变叶榕 Ficus variolosa	桑科 Moraceae	3-1	榕属 Ficus	4-1

续表

种类数 Number of species	物种名 Species name	科名 Family name	科数量 Number of family	属名 Genus name	属数量 Number of genus
5	五指毛桃 *Ficus hirta*	桑科 Moraceae	3-2	榕属 *Ficus*	4-2
6	梅叶冬青 *Ilex asprella*	冬青科 Aquifoliaceae	4	冬青属 *Ilex*	5
7	华润楠 *Machilus chinensis*	樟科 Lauraceae	5-1	润楠属 *Machilus*	6
8	樟树 *Cinnamomum camphora*	樟科 Lauraceae	5-2	樟属 *Cinnamomum*	7-1
9	阴香 *Cinnamomum burmannii*	樟科 Lauraceae	5-3	樟属 *Cinnamomum*	7-2
10	豺皮樟 *Litsea rotundifolia* var. *oblongifolia*	樟科 Lauraceae	5-4	木姜子属 *Litsea*	8
11	盐肤木 *Rhus chinensis*	漆树科 Anacardiaceae	6	盐肤木属 *Rhus*	9
12	山乌桕 *Sapium discolor*	大戟科 Euphorbiaceae	7-1	乌桕属 *Sapium*	10
13	毛果算盘子 *Glochidion eriocarpum*	大戟科 Euphorbiaceae	7-2	算盘子属 *Glochidion*	11
14	银柴 *Aporusa dioica*	大戟科 Euphorbiaceae	7-3	银柴属 *Aporusa*	12
15	草珊瑚 *Sarcandra glabra*	金栗兰科 Chloranthaceae	8	草珊瑚属 *Sarcandra*	13
16	九节 *Psychotria rubra*	茜草科 Rubiaceae	9-1	九节属 *Psychotria*	14
17	金草 *Hedyotis acutangula*	茜草科 Rubiaceae	9-2	耳草属 *Hedyotis*	15
18	猴耳环 *Pithecellobium clypearia*	豆科 Leguminosae	10	猴耳环属 *Pithecellobium*	16
19	假鹰爪 *Desmos chinensis*	番荔枝科 Annonaceae	11	假鹰爪属 *Desmos*	17
20	石斑木 *Rhaphiolepis indica*	蔷薇科 Rosaceae	12	石斑木属 *Rhaphiolepis*	18
21	山芝麻 *Helicteres angustifolia*	梧桐科 Sterculiaceae	13	山芝麻属 *Helicteres*	19
22	乌毛蕨 *Blechnum orientale*	乌毛蕨科 Blechnaceae	14	乌毛蕨属 *Blechnum*	20
23	五节芒 *Miscanthus floridulus*	禾本科 Gramineae	15	芒属 *Miscanthus*	21
24	半边旗 *Pteris semipinnata*	凤尾蕨科 Pteridaceae	16-1	凤尾蕨属 *Pteris*	22-1
25	凤尾蕨 *Pteris cretica* var. *nervosa*	凤尾蕨科 Pteridaceae	16-2	凤尾蕨属 *Pteris*	22-2
26	芒萁 *Dicranopteris dichotoma*	里白科 Gleicheniaceae	17	芒萁属 *Dicranopteris*	23
27	铁线蕨 *Adiantum capillus-veneris*	铁线蕨科 Adiantaceae	18	铁线蕨属 *Adiantum*	24
28	华南毛蕨 *Cyclosorus parasiticus*	金星蕨科 Thelypteridaceae	19	毛蕨属 *Cyclosorus*	25
29	十字薹草 *Carex cruciata*	莎草科 Cyperaceae	20	薹草属 *Carex*	26
30	鳞始蕨 *Lindsaea odorata*	鳞始蕨科 Lindsaeaceae	21	鳞始蕨属 *Lindsaea*	27
31	金毛狗 *Cibotium barometz*	蚌壳蕨科 Dicksoniaceae	22	金毛狗属 *Cibotium*	28
32	山菅兰 *Dianella ensifolia*	百合科 Liliaceae	23	山菅属 *Dianella*	29
33	簕欓花椒 *Zanthoxylum avicennae*	芸香科 Rutaceae	24	花椒属 *Zanthoxylum*	30
34	野牡丹 *Melastoma malabathricum*	野牡丹科 Melastomataceae	25-1	野牡丹属 *Melastoma*	31-1
35	毛稔 *Melastoma sanguineum*	野牡丹科 Melastomataceae	25-2	野牡丹属 *Melastoma*	31-2
36	桃金娘 *Rhodomyrtus tomentosa*	桃金娘科 Myrtaceae	26	桃金娘属 *Rhodomyrtus*	32

　　从表 3.4 可知，该群落中共有 26 科 32 属 36 种，其中无患子科、桑科、樟科、大戟科、茜草科、凤尾蕨科和野牡丹科每科含有多个物种，而其他科基本是 1 科 1 种；属方面，则有 4 个属各含 2 种，其他为 1 属 1 种。

　　柳叶桉 - 桃金娘 - 芒萁群落种类、科及属的组成见表 3.5。

表 3.5　柳叶桉 - 桃金娘 - 芒萁群落群落的植物科、属、种组成情况

Table 3.5　The composition situation of family，genus and species of *Eucalyptus robusta-Rhodomyrtus tomentosa-Dicranopteris dichotoma* community

种类数 Number of species	物种名 Species name	科名 Family name	科数量 Number of family	属名 Genus name	属数量 Number of genus
1	柳叶桉 *Eucalyptus saligna*	桃金娘科 Myrtaceae	1-1	桉属 *Eucalyptus*	1
2	桃金娘 *Rhodomyrtus tomentosa*	桃金娘科 Myrtaceae	1-2	桃金娘属 *Rhodomyrtus*	2
3	马占相思 *Acacia mangium*	含羞草科 Mimosaceae	2	金合欢属 *Acacia*	3
4	鸭脚木 *Schefflera octophylla*	五加科 Araliaceae	3	鹅掌柴属 *Schefflera*	4

续表

种类数 Number of species	物种名 Species name	科名 Family name	科数量 Number of family	属名 Genus name	属数量 Number of genus
5	山乌桕 *Sapium discolor*	大戟科 Euphorbiaceae	4	乌桕属 *Sapium*	5
6	荷木 *Schima argentea*	山茶科 Theaceae	5	木荷属 *Schima*	6
7	鬼灯笼 *Cardiospermum halicacabum*	无患子科 Sapindaceae	6-1	倒地铃属 *Cardiospermum*	7
8	荔枝 *Litchi chinensis*	无患子科 Sapindaceae	6-2	荔枝属 *Litchi*	8
9	五指毛桃 *Ficus hirta*	桑科 Moraceae	7	榕属 *Ficus*	9
10	豺皮樟 *Litsea rotundifolia* var. *oblongifolia*	樟科 Lauraceae	8-1	木姜子属 *Litsea*	10
11	华润楠 *Machilus chinensis*	樟科 Lauraceae	8-2	润楠属 *Machilus*	11
12	盐肤木 *Rhus chinensis*	漆树科 Anacardiaceae	9	盐肤木属 *Rhus*	12
13	梅叶冬青 *Ilex asprella*	冬青科 Aquifoliaceae	10	冬青属 *Ilex*	13
14	石斑木 *Rhaphiolepis indica*	蔷薇科 Rosaceae	11	石斑木属 *Rhaphiolepis*	14
15	芒萁 *Dicranopteris dichotoma*	里白科 Gleicheniaceae	12	芒萁属 *Dicranopteris*	15
16	五节芒 *Miscanthus floridulus*	禾本科 Gramineae	13	芒属 *Miscanthus*	16
17	十字薹草 *Carex cruciata*	莎草科 Cyperaceae	14	薹草属 *Carex*	17
18	凤尾蕨 *Pteris cretica* var. *nervosa*	凤尾蕨科 Pteridaceae	15-1	凤尾蕨属 *Pteris*	18-1
19	半边旗 *Pteris semipinnata*	凤尾蕨科 Pteridaceae	15-2	凤尾蕨属 *Pteris*	18-2
20	铁线蕨 *Adiantum capillus-veneris*	铁线蕨科 Adiantaceae	16	铁线蕨属 *Adiantum*	19
21	金草 *Hedyotis acutangula*	茜草科 Rubiaceae	17	耳草属 *Hedyotis*	20
22	乌毛蕨 *Blechnum orientale*	乌毛蕨科 Blechnaceae	18	乌毛蕨属 *Blechnum*	21

观察表 3.5 可知，该群落共有 18 科 21 属 22 种。其中桃金娘科、无患子科、樟科、凤尾蕨这 4 科各含有 2 种，其他科都是 1 科 1 种；除凤尾蕨属外，属基本是 1 属 1 种。

3.2.2 α-多样性指数

各群落各层次的多样性指数、丰富度指数、均匀度指数的分析见表 3.6。

表 3.6 各群落各层次物种多样性的生态学指标
Table 3.6 The ecological indices of every layer of species diversity

植物群落 Plant communities	层次 Layer	D_s	H	J	R_1	R_2
杨梅坑 Yangmeikeng						
群落 1 Community 1	乔木层 Tree layer	0.7906	1.7943	0.7793	2.1673	0.4992
	灌木层 Shrub layer	0.8033	1.7994	0.8189	2.3376	0.5713
	草本层 Herb layer	0.8332	1.6305	0.9100	2.1638	0.6457
	总体 Integral value	0.9037	2.6626	0.8272	4.7057	0.6234
群落 2 Community 2	乔木层 Tree layer	0.8774	2.2766	0.8976	3.0474	0.5743
	灌木层 Shrub layer	0.8667	2.1084	0.8427	2.7582	0.6012
	草本层 Herb layer	0.8703	1.9827	0.8792	2.9118	0.7108
	总体 Integral value	0.9792	3.1334	0.9000	6.5832	0.6822
群落 3 Community 3	乔木层 Tree layer	0.8908	2.3022	0.8627	4.6873	0.5872
	灌木层 Shrub layer	0.8908	2.5657	0.8793	4.6332	0.6724
	草本层 Herb layer	0.7967	1.7108	0.9024	2.0791	0.5783
	总体 Integral value	0.9565	3.3424	0.8886	7.7312	0.7001
赤坳水库 Chiao						
群落 4 Community 4	乔木层 Tree layer	0.3685	0.6307	0.3520	1.0453	0.3126
	灌木层 Shrub layer	0.8737	1.5343	0.4964	3.8329	0.5385
	草本层 Herb layer	0.9053	0.7937	0.3194	2.0907	0.4329
	总体 Integral value	0.9028	2.9584	0.8020	6.9689	0.6427
群落 5 Community 5	乔木层 Tree layer	0.4555	0.6467	0.4018	0.9889	0.3183
	灌木层 Shrub layer	0.7902	0.8125	0.3388	2.1756	0.4742
	草本层 Herb layer	0.6746	0.9347	0.4495	1.5822	0.4113
	总体 Integral value	0.8734	2.3940	0.7533	4.7467	0.6285

　　由表 3.6 可知，两个地点的植被组成状况为杨梅坑的明显比田心山赤坳水库的要好，其种类的两个多样性指数、均匀度和丰富度指标综合来看均高于后者；虽然群落 1 的指数接近群落 4 并略高于群落 5，但其乔木层的各指标值均明显高于群落 4 和群落 5。由于群落的乔木层生物量比灌木层及草本层明显大，因此，在维系该地点生态系统的作用等生态效益方面是具有主要作用的。杨梅坑的 3 个群落中群落 3 即"鸭脚木 - 九节 - 铁线蕨群落"（海拔最高处）的多样性最高，可能这个海拔更适合于多种植物的发育和繁衍。

　　各群落植物科、属的多样性指数见表 3.7。

表 3.7　各群落植物科、属的多样性指数

Table 3.7　The diversity indices of family，genus of every community

指标 Index	D_{f1}	D_{f2}	D_{g1}	D_{g2}	D_{c1}	D_{c2}	R_{f1}	R_{f2}	R_{g1}	R_{g2}
杨梅坑 Yangmeikeng										
群落 1 Community 1	0.9412	0.8622	1.0000	0.9582	2.8449	2.7281	17	5.4221	23	7.2371
群落 2 Community 2	0.9643	0.9104	0.9957	0.9612	2.9392	2.8508	25	6.9880	31	8.8659
群落 3 Community 3	0.9524	0.9001	0.9954	0.9654	2.9043	2.8220	27	7.5345	36	9.8265
赤坳水库 Chiao										
群落 4 Community 4	0.9569	0.9063	0.9919	0.9600	2.8516	2.7691	26	7.5011	32	8.9297
群落 5 Community 5	0.9804	0.9167	0.9952	0.9456	2.8490	2.7357	18	5.9123	21	6.7938

　　从表 3.7 可以看出，在科和属的多样性方面，杨梅坑的 3 个群落的指标稍低于赤坳水库，虽然科的数目尤其是群落 3 是最多的，但是，其科多样性指数的两个值均处在中等水平，而且比赤坳水库的群落 4 和群落 5 还略低，这主要是由于群落 3 每个科及属内所含的种类数较高，因而也会降低其多样性数值。本研究的结果表明，研究种类的多样性还不能较全面地反映当地群落的植物或动物在组成上的遗传差异大小及丰富程度，还应该从科和属的组成情况进行研究与分析。

　　从丰富度 R_{f1} 和 R_{g1} 看，显然是群落 3 最高，这个指标仅仅是实地个数的统计，但是其缺陷在于不能较好反映出其每个科及属所拥有的属或种类的情况。因此，采用 R_{f2} 和 R_{g2}，其能很好地反映出这些特征。群落 3 的 D_s 值均高于群落 4 及群落 5，而其 D_{g2}、R_{f1}、R_{f2} 和 R_{g1}、R_{g2} 值也高于后者。表现出这个群落的科、属和种的多样性状况均很好。

　　从综合多样性指数 D_{c1}、D_{c2} 来看，杨梅坑山地的群落普遍高，除了群落 1 与赤坳的群落 5 接近而略低于后者外，群落 2 和群落 3 均明显高于赤坳的群落 4 和群落 5。说明杨梅坑山地的群落在各等级的遗传结构差异水平上的多样性高。也说明自然林的多样性高不仅仅只是在物种水平上，还表现在很高遗传差异的等级水平上及小的遗传差异水平上，如物种的水平上都具有很好的组成。这是构成某地区生物多样性的重要特征及内容，是构成最好状态的生物多样性的标志。

　　各群落的植物种类数量见图 3.1。

　　从图 3.1 可以看出，杨梅坑的群落 1、群落 2、群落 3 的乔木种类数量明显高于赤坳水库山地的两个群落，群落 1 的数量为群落 5 的 2 倍，为群落 4 的 1.66 倍，群落 2 和群落 3 的数量均为群落 4、群落 5 的 2 倍以上。群落 2 几乎为群落 5 的 3 倍。在灌木方面，也显示出杨梅坑的 3 个群落的优势，即使数量较少的群落 1 也近于群落 5 的数量，仅少一个种；而群落 2 高于群落 5，群落 3 的数量均高于群落 4、群落 5。但从群落 4 看，灌木种类达到 19 种，虽然低于群落 3，但也比较多，高于杨梅坑的群落 1、群落 2，群落 4 的草本植物种类也最多，说明人为干扰的林地，其主要种类组成中灌木成分较多，尤其是草本植物占据了主要植被的成分。这从群落 5 的草本植物种类高于杨梅坑处的群落 1 的情况也能体现出来。

　　各群落科、属的数量见图 3.2，在两个地方科的数量方面，杨梅坑的群落 1 科的数量比赤坳水库的少 1～9 个科，群落 2 虽然比群落 4 低 1 个科，但比群落 5 高出 7 个科，群落 3 比群落 4、群落 5 均高。属的数量为杨梅坑仅群落 1 低于后者的群落 4，而其他两个群落中，群落 2 比群落 4 少一个属，但其比群落 5 整整多出 10 个属，群落 3 则均高于群落 4 和群落 5，表现出科与属均明显高于其他群落的特征。

　　从群落的结构特征看，由于杨梅坑是国家地质公园范围，有约 30 年均处在较好保护状态，人为

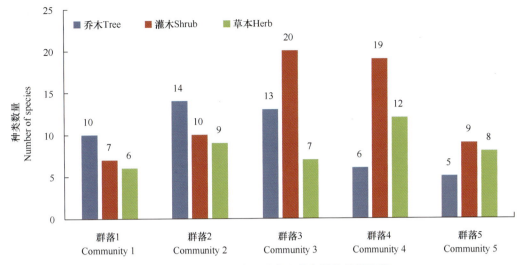

图 3.1　各群落的乔木、灌木和草本植物种类数量

Figure 3.1　The number of tree，shrub and herb in every community

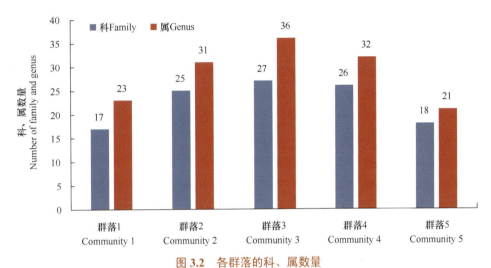

图 3.2　各群落的科、属数量

Figure 3.2　The number of family and genus in every community

干扰很少，因此，虽然少数地点其科与属的多样性比受到人为干扰较为严重的赤坳水库山地的低，但多数地点的科和属的多样性和丰富度指数是高于赤坳山地的，而且其种类数相对较多，每个种类的个体数较多，因而表现出其种类的多样性、均匀度、丰富度等指标基本都高于赤坳水库。

3.2.3　β-多样性指数

随着地理位置的不同，其群落所处环境有所不同，这样就给整个区域的生态系统在组成上的多样性提高提供了机会和途径。因而科、属和种的组成上可能会有较多的差异。假如不同地点群落相互间组成的科、属和种的差异较大，则说明在大区域的范围内生物多样性高，而非仅仅是某个群落内的多样性高。即虽然 α- 多样性所代表的某地区多个群落内的多样性指数均较高，但是，如果这些群落相互间的各等级水平上的组成相同的比例较高，那么其大区域范围内多样性也较低。为探明这方面的情况，需要计算和分析 β- 多样性指数的指标。只有当 α- 多样性和 β- 多样性均高时，该大区域的多样性才是最好的状态。各群落种类的相似性系数见表 3.8。

由表 3.8 可知，群落 1 与各群落之间的相似性系数基本都很低，一般在 0.1～0.3；而群落 2 则与群落 3 的值较高，达到 0.4722，说明两个群落虽然海拔不同，但是具有较多的共同种类，经过其过渡区，两群落的优势种等还是有较多变化的。群落 2 和与之相隔几十千米远的田心山赤坳水库的山地植被则相似性很小，与群落 4 之间的系数值只有 0.2319，与群落 5 系数值更低，只有

表 3.8 各群落植物种的相似性系数比较
Table 3.8 The similarity coefficient of species of communities

群落 Community	1	2	3	4	5
1	1.0000				
2	0.2857	1.0000			
3	0.2903	0.4722	1.0000		
4	0.2712	0.2319	0.7333	1.0000	
5	0.1333	0.1454	0.3607	0.4482	1.0000

0.1454。但是群落 3 的植物种则与相隔如此远的赤坳的群落 4 具有很高的相似性，系数值达到了 0.7333，这是很值得探讨的问题；而其与群落 5 的组成上也有相对比其他群落较高一些的相似性，其值达到了 0.3607。而赤坳山地相隔较近的两个群落之间的系数值也相对较高。

各个植物群落科、属相似性系数见表 3.9、表 3.10。

表 3.9 各群落植物科的相似性系数比较
Table 3.9 The similarity coefficient of family of communities

群落 Community	1	2	3	4	5
1	1.0000				
2	0.5426	1.0000			
3	0.4397	0.7064	1.0000		
4	0.4651	0.4400	0.6038	1.0000	
5	0.4857	0.5714	0.5333	0.7270	1.0000

表 3.10 各群落植物属的相似性系数比较
Table 3.10 The similarity coefficient of genus of communities

群落 Community	1	2	3	4	5
1	1.0000				
2	0.3332	1.0000			
3	0.3644	0.4486	1.0000		
4	0.2181	0.3492	0.4417	1.0000	
5	0.1363	0.3077	0.3859	0.7172	1.0000

各群落科、属、种的综合相似性系数（β_c）见表 3.11。

表 3.11 各群落科、属、种的综合相似性系数（β_c）比较
Table 3.11 Synthetical similarity coefficient (β_c) of family, genus and species of communities

群落 Community	1	2	3	4	5
1	1.0000				
2	0.3474	1.0000			
3	0.3146	0.4633	1.0000		
4	0.3037	0.3296	0.4490	1.0000	
5	0.1920	0.2250	0.4171	0.5841	1.0000

从表 3.8～表 3.11 看，相似性系数值大致情况为种的最低，科最高，属位于中间位置。但也有一些例外的情况。而科、属、种的综合相似性系数值则能很好地综合反映出各群落之间的组成上、遗传差异上的相近或差异程度。从两个地点 5 个群落的综合相似性系数值看，赤坳的两个群落之间的值偏高些，群落 3 与群落 4 和群落 5 的值略偏高些。其他值基本在 0.2～0.35。

3.3 讨 论

从本研究的 5 个群落看，七娘山杨梅坑的 3 个群落的各层次，尤其是乔木层次的种 Simpson 指

数（D_s）、Shannon-Wiener（H）指数值均明显高于田心山赤坳水库山地的 2 个群落。多样性指数值最高的为杨梅坑的群落 3，即鸭脚木 - 九节 - 铁线蕨群落，不仅其群落的种数达到了 39 个，而且说明其每个种的个体数、分布、密度和优势度等之间的差异不大，尤为珍贵的是，在一个群落里具备了 27 个科，但每个科具有相同属的情况稍多了一些，大戟科和茜草科具备了三四个属，还有几个科具有 2 个属；其他的科基本为每科只有 1 个属，情况也处于较好状态；而在属方面，几乎绝大多数的属都只有 1 个种，只有吴茱萸属、紫金牛属和铁线蕨属具有 2 个种，其他的均为每个属 1 个种。说明其组成上的遗传差异很大。这些也反映在了科和属的丰富度上，这个群落的科和属的几个丰富度值都是最高的。

从 5 个群落物种等级的多样性、丰富度和均匀度指标看，综合最高水平为群落 3，其次为群落 2，D_s、H、J、R_1、R_2 的整体统计值都普遍高。这说明长期受到保护的处在国家地质公园范畴的杨梅坑区域的植被经过 20 多年的自然恢复，得到了较好的发育，种的数量多，而且每个种类的个体数及分布等其他结构状况较好。而处在较强烈人为干扰的田心山赤坳水库山地的两个群落，其物种多样性、均匀度和丰富度等指标均显得较低。

例如，群落 4 荔枝 - 鸭脚木 - 乌毛蕨群落，其整个群落的种数似乎处在 5 个群落的第二位，为 36 种，但是其群落种的个体数组成及分布等状况较差，少数种占据了很大空间，优势度过强，其他种大多数处在零星分布或少量相伴随的状况。因此，其多样性等指标也同样比较低。其 D_s、H、J、R_1、R_2 的总体统计值为 0.9028、2.9584、0.8020、6.9689、0.6427，明显比群落 3 低许多，而且也比种数虽然少于此群落的群落 2 的各指标低很多。这充分说明了人为干扰对自然环境的破坏作用及对植被的生物多样性的严重破坏作用。而且，统计一个区域的多样性，不能仅仅统计其具有的种数，还必须进行各方面的多样性统计分析才能更为客观、全面地反映其多样性状况。

群落 5 也为田心山赤坳水库山地群落，其情况基本与群落 4 一样，而且此群落由于人为种植了桉树经济林，其多样性更低，首先从种的数量上就低于群落 4，仅有 22 个种，科的数量也低，只有 18 个科，这些指标更明显低于群落 3 和群落 2 等群落。而且 D_s、H、J、R_1、R_2 的总体统计值为 0.8734、2.394、0.7533、4.7467、0.6285，为所有群落里 D_s、H 值最低的，丰富度方面仅略高于群落 1。

另外，从各群落的植被层次看，杨梅坑的 3 个群落其乔木层次的多样性指数和均匀度、丰富度值均明显高于赤坳水库山地的两个群落。例如，处在海拔较低处、过去曾受人为影响较多一些的群落 1，经过了 20 多年的慢慢恢复，其乔木层次的 D_s、H、J、R_1、R_2 值为 0.7906、1.7943、0.7793、2.1673、0.4992，而赤坳水库的群落 4，种植了荔枝等经济林木，乔木层次的 D_s、H、J、R_1、R_2 值仅为 0.3685、0.6307、0.3520、1.0453、0.3126，很明显地低于前者。群落 3 乔木层的 D_s、H、J、R_1、R_2 值为 0.8908、2.3022、0.8627、4.6873、0.5872，与杨梅坑的群落 3 相比，更加显得群落 4 各指标差距很多，多样性明显低。说明人为干扰的林地，乔木层的多样性组成情况明显差于自然恢复状态下的植物群落。同为赤坳水库的群落 5 情况与群落 4 很类似。如果其在某种条件下，统计出的总体种多样性指数值也相对较高时，则其主要贡献一般为草本层，部分为灌木层。但是，这样的群落，其生物量是明显低于乔木层多样性高、结构好的群落的，因而其对生态系统结构的维护和良好运行的维持作用等生态效益也会明显地降低。

在科和属的多样性方面，从数值上看，D_{f1} 和 D_{f2} 值，均表现为群落 5 最高，但仅略微高出群落 3 很少一点，原因是群落 3 具有 27 个科里的 36 个属，而后者的 18 个科里仅具有 21 个属，因此，按照多样性的含义及统计方法计算，群落 5 会比处在物种等级多样性最高的群落 3 在科等级方面的多样性略高出一些。而科的丰富度方面，群落 3 的 R_{f2} 高于群落 4 和群落 5。群落 3 属层面的多样性指数略高于群落 4 和群落 5，而群落 3 丰富度的 R_{g1}、R_{g2} 值均明显高于群落 4，说明前者在属的层面上，其每个属所拥有的种数极少，而且比较均匀，不会出现一个属含了多个种的现象。

群落 2 与赤坳水库的群落 4、群落 5 的科、属多样性和丰富度关系也基本与上述群落 3 的情况类似。更有趣的是，群落 1 的科数量少，仅有 17 个科（但是木本的乔木层次多样性组成好于赤坳水库的两个群落），其属的多样性指数和丰富度也均高于赤坳水库的群落 5，说明其每个属内的种数极少，种之间的遗传差异较大。

虽然杨梅坑少数地点其科与属的多样性比受到人为干扰较为严重的赤坳山地的略低，但多数地点的科和属的多样性和丰富度指数是高于后者的，而且结合科、属和种的多样性指数特征的综合多样性指数指标值前者是明显比后者高的。

从综合多样性指数 D_{c1}、D_{c2} 值看，除群落 1 的值很微小地低于群落 4、群落 5 外，杨梅坑的群落 2、群落 3 均高于赤坳的群落 4 和群落 5。表现出自然和半自然林的整体多样性水平较明显高于人工林或人为干扰明显的林地的现象。

在 β- 多样性方面，种相似性系数值表现为：群落 1 与其他所有群落的相似性系数值都很低，或相当低，均在 0.1 ~ 0.3，这是很有趣的状况。可能这个最靠近海边，而且海拔也较低的位置，其较多的植物组成会与其他的地点不同。群落 2 与同一山脉区域的群落 3，虽然海拔相差几十米，但是其种的相似性系数值较高，达到 0.4722，说明，随着海拔的变化和地理位置差异程度的增加，在群落的种组成上已经有所不同，但是，其差异比不上群落 1 与其他群落的大。也表明，在这个坡向，海拔再高些则种的组成上会发生较多的变化。而很有趣的情况是，群落 3 与相隔 40 多千米的田心山赤坳水库的群落 4 在种上也有很多的相同之处，相似性系数达到了 0.7333，从海拔上看，前者为 180m，后者为 80m，垂直高度相差 100m，而水平距离相差几十千米，可能这样海拔的海边与距海边较远处的海拔较低地点，其环境特征较为相似，因而植物的适应程度也更为相近。这个问题还有待进一步探索。但是，群落 3 与群落 5 的相似性系数不算高，仅为 0.3607，但也高于与群落 1 之间的值。同为人为干扰较多的群落 4 和群落 5 之间其相似性系数也较高。当然，也有占多半的比率是不同的种。值得注意的是，如果一个小区域的几个群落之间其在距离不远的范围内，种的相似性不很高，则说明，该区域物种水平上的生物多样性高。

在科水平上，群落 1 与其他 4 个群落的相似性系数值普遍较低，但是也有高于其他群落相互间的值。而且其中几个值高于或很近于其他群落之间的指标。这与种水平的相似性系数形成较大的反差，说明，在科的水平上，其多样性程度与种水平不可能呈明显或较明显的相互关系。这与地区小区域的地形地貌构成的小环境的差异大小程度有关系，如各群落分布的环境差异很大，则可能种水平的差异程度与科水平的差异程度会呈现一定的正相关，这方面还有待今后开展深入的研究。

群落 2 同样与群落 3 反映出科水平的相似性程度较高，与种的情况近似；其与群落 5 的指标也较高，这与种水平的值为 0.1454 的低水平形成很大的反差，说明两群落种的不同是建立在较多科相同的前提下。这很类似于群落 1 与群落 5 的种相似性系数仅 0.1333，处在最低水平，而且科的指标在 0.4857 这样一个较高水平的情况一样。

群落 3 与赤坳水库群落 4 的科相似性系数值达到 0.6038，不像其种等级数值那样为最高值，比之群落 2 与群落 3，群落 4 与群落 5 之间都在 0.7 以上的情况还是相当低的，但是也处在第三的水平。这个结果也同样说明了物种水平的多样性指数的高低不能较全面地反映出科等其他水平的多样性结构组成状况。

在属的水平上，群落 1 与其他群落之间的值多数值低于其他群落相互间的指标，但也有 2 个值高于其他群落的，即群落 2 与群落 3。值得指出的是，群落 2 与群落 5 之间在种水平上处在很低的水平，指标值为 0.1454，处在所有指标值倒数第二的位置，但在属的水平上，其值却达到 0.3077，虽然其从低到高顺序为第三位，但是比前面的 0.1363 和 0.2181 是明显高出较多的。与 0.3332 和 0.3492 等值接近。这也说明了虽然这两个群落在种水平上相差很大，但是，其是建立在有相对多一些的相同属的基础上的。假如其属的水平也同样很低的话，则说明其多样性在这两个水平上都是较高的。

群落 3 与群落 4 的种相似性系数值很高，其值为最高水平，达到 0.7333（次高为 0.4722，大部分为 0.2 ~ 0.3 水平），然而，二者属等级上的相似性系数仅为 0.4417，处在第三的水平。而群落 4 与群落 5 属的指标达到 0.7172，处在最高水平，其物种相似性系数仅为 0.4482，排列第三位。说明其组成上虽然种有较多不同，但是两群落间的属相近程度相当大。

在综合相似性系数指标方面，群落 1 与各群落之间的值不是最低的，也不是较高的，基本恰好反映出了前面阐述的 3 个层面的差异情况；群落 4 和群落 5 虽然种等级的系数值仅在第三位，但是由于其科和属的因素影响，综合系数值为最高。说明两个群落在科、属和种的组成上达到相似程度最高水平。群落 3 与群落 4 的种相似性系数值为最高，但此处能够很好地综合科及属方面的组成及差异的因素，其相似性系数处在第三的水平，即反映了两个相隔较远的地点，其群落的各层面的遗传差异程度还是较多的。可见综合相似性系数能够较全面地反映出群落之间在科、属、种 3 个水平上的组成差异程度。

地处华北的百花山地区的植被状况（许彬等，2007），其 9 个群落乔木层的种类的 S（D_s）值为 0.3 ~ 0.7，60% 为 0.60 ~ 0.63，H 为 0.4 ~ 1.10，65% 为 0.6 ~ 0.7，J（E_1）为 0.7 ~ 1.14，60% 为 0.8 ~ 0.9。本研究的 5 个群落中杨梅坑的 3 个群落均高于此区域的指标，而田心山赤坳水库的 2 个群落的值则与其相当。灌木层的情况也类似于乔木层，而且赤坳水库山地的 2 个群落的指标值比百花山的略优。李秀芹等（2007）对位于安徽南端的岭南自然保护区山地植被的 4 个群落的研究表明，其物种的 D_s 值乔木层在 0.72 ~ 0.88，60% 在 0.75 ~ 0.79；灌木层 D_s 值在 0.85 ~ 0.88，多数在 0.86 ~ 0.87；草本层为 0.56 ~ 0.73，65% 在 0.65 ~ 0.72。本研究杨梅坑 3 个群落的乔木层的指标多数高于前者，而赤坳水库的 2 个群落均低于前文的研究，说明赤坳水库的人为干扰地带，其乔木层多样性明显低。而灌木层，则杨梅坑的群落 2、群落 3 及赤坳水库的群落 4 的值均较多地高于前者，其他 2 个群落略低于前者。尤其是群落 5 低较多，说明赤坳水库的人工林灌木发育状况较差。H 值方面，前者乔木层为 2.4573、2.1006、1.9225、1.9752，本研究的 5 个群落乔木层的值为 1.7943、2.2766、2.3022、0.6307、0.6467，可见杨梅坑的 3 个群落与前者相当，而赤坳水库的 2 群落则较多地低于前者。均匀度的 J 值，前者乔木层为 0.8247、0.7528、0.7882、0.7856，本研究的 5 个群落值为 0.7793、0.8976、0.8627、0.3520、0.4018，可见杨梅坑的 3 个群落仅群落 1 高于其群落 2，接近于前者的群落 3、群落 4；而群落 2、群落 3 均比前者的各群落值高较多。而赤坳水库的 2 个群落则低于前者的 4 个群落较多。同样说明了赤坳水库的植被受人为破坏的影响在均匀度方面的状况也是较差的。

本研究的 α- 物种多样性方面与其他部分深圳地区的研究结果进行比较，杨梅坑的种类等级的 D_s、H、J 值基本都要高于其他区域的群落，而田心山的 2 个群落则比许多公园的植被群落、路道周边的群落及部分半自然林山地群落的高，但是低于较多受保护状态较好的植被群落（尹新新等，2013；刘军等，2010；张永夏等，2007；汪殿蓓等，2003；陈勇等，2013）。

何东进等（2007）对武夷山地区的多个林地进行了多样性研究，其中马尾松近成熟林（群落Ⅰ）、经济林（群落Ⅱ）、阔叶林 1（群落Ⅲ）和阔叶林 2（群落Ⅳ）的乔木层种类 D_s 值为 0.4943、0.5182、0.8989、0.9209，Shannon-Wiener 指数 H 值为 1.1977、0.7944、2.7188、2.9262，均匀度 J 值为 0.4820、0.7231、0.7897、0.8443。与本研究各群落乔木层 D_s 值 0.7906、0.8774、0.8908、0.3685、0.4555 相比，其前面的 2 个经济林指标均低于本研究的杨梅坑群落 3，赤坳水库的群落 5 值也高于其马尾松林；本研究乔木层种类的 H 值为 1.7943、2.2766、2.3022、0.6307、0.6467，可见，其前 2 个经济林等人工林指标均低于杨梅坑的 3 个群落，但略高于赤坳水库的 2 个群落；其两个阔叶林的指标较好，高于本研究杨梅坑的 3 个群落。本研究乔木层的均匀度 J 值为 0.7793、0.8976、0.8627、0.3520、0.4018，均表现为杨梅坑的 3 个群落中群落 2、群落 3 优于前者的所有群落，群落 1 也高于其人工林，而与阔叶林 1 很接近，赤坳水库的 2 个群落也似前者，其指标较多地低于长时期处于自然状态下的植被群落，而且其 J 值还低于前者的人工林。

Burton 等（2005）研究了美国佐治亚地区沿岸木本植物林地的多样性状况，其 6 个群落乔木层种类的 Shannon-Wiener 指数 H 值为 2.26、2.45、2.92、2.48、2.50、2.19，与本研究乔木层 H 值相比，可以反映出，杨梅坑的 3 个群落只有群落 1 的值接近海边和道路旁，曾受到相对较多一些人为影响的群落其值略低，其他 2 个群落均基本与前者的相当，虽然比其中的部分群落的值低些，但也比部分其他群落的值高，表现出较好的水平。然而赤坳水库的 2 个群落均低于前者。前者的种类均匀度指数 J 值为 0.71、0.71、0.81、0.79、0.72、0.69；与本研究乔木层的 J 值相比，群落 1 高于前者的 4 个群落，而群落 2、群落 3 高于其所有的群落，而且高出数值较多；说明杨梅坑的植被均匀度状况是很好的。而赤坳水库情况则差于前者较多。说明人为种植经济林的地区，其多样性指数、均匀度等均受到很大的冲击和破坏。

Majumdar 等（2012）等对印度东北部 Tripura 地区的 4 个植物群落的调查研究表明，其乔木层种类的 Shannon-Wiener 指数（H）为 2.75、3.12、3.39、2.85；与本研究的 5 个群落乔木层的 H 值相比，基本都高于本研究的群落，但杨梅坑的群落 2 和群落 3 与其群落 1 和群落 4 相接近。说明印度此区域的植被人为干扰很少，结构组成处在较好的状态。

西双版纳热带雨林地区是我国植物群落结构最复杂的区域之一，其植物多样性应该是很丰富的。李宗善等（2004）对西双版纳地区热带山地雨林 6 个群落的研究表明，乔木层种类的 D_s 值为 0.5035、0.7769、0.9588、0.9606、0.9581、0.9695，与本研究的乔木层 D_s 值相比，受保护的杨梅坑 3 个群落的指标都比前者的前 2 个群落高，但低于后 4 个群落；而受较明显人工干扰的赤坳水库 2 个群落指标则明显或较明显地低于前者的所有群落指标值。说明杨梅坑受到保护后，其植被的恢复状况很好，植物多样性高，部分群落已超过热带的西双版纳地区热带雨林的群落。而人工干扰的负面作用在赤坳水库中得到了充分的反映。前者 6 个群落乔木层物种的 H 值为 1.6487、2.1808、3.5954、3.6267、3.7587、4.0491，本研究的 5 个群落乔木层的 H 值部分高于前者，主要是杨梅坑的 2 个群落高于前者的前 2 个群落，而低于前者其余的群落；而赤坳的 2 个群落则均低于前者。灌木层和草本层与乔木层的情况较为相似，如前者灌木层的 D_s 值为 0.7627、0.8700、0.9582、0.9159、0.9331、0.9414，而本研究的灌木层为 0.8033、0.8667、0.8908、0.8737、0.7902，可见大多数值本研究高于前者的前面 2 个群落，而低于后面的 4 个群落。前者灌木层的 H 值为 2.4132、2.8066、3.5738、2.8903、3.2432、3.7162，本研究灌木层的各群落 H 值为 1.7994、2.1084、2.5657、1.5343、0.8125，群落 3 高于前者其中的前 2 个群落接近于前者的第一个群落，其他均低于前者。可见，在灌木层方面，前者还是处在较好的发育状态或构成了更复杂的此层次的结构。

在均匀度 J 值上，前者灌木层指标为 0.6788、0.7558、0.8593、0.7835、0.8093、0.8279，本研究灌木层 J 值为 0.8189、0.8427、0.8793、0.4964、0.3388，可见，本研究在这个层次的均匀度上，杨梅坑的群落 3 都高于前者，群落 1 高于前者的 4 个群落，群落 2 高于前者的 5 个群落；群落 2 高于其群落 1，接近其群落 2；赤坳水库的 2 群落均低于前者。前者草本层均匀度（J）值为 0.7872、0.8382、0.8339、0.8078、0.8165、0.7293，本研究草本层的 J 值为 0.9100、0.8792、0.9024、0.3194、0.4495，可见，杨梅坑草本层的所有 3 个群落均高于前者的 6 个群落，而且高出范围较多。说明杨梅坑的草本层植物也具有很好的结构；而赤坳水库的群落 4 值则明显低，群落 5 也较低。说明这个山地植被被人为干扰强烈，以致草本植物的均匀度指标都受到很大的影响。从以上分析看，杨梅坑的 3 个群落的乔木层、灌木层及草本层等 α- 多样性的多个数量指标都比西双版纳上述热带雨林地区的多个群落的指标高，而赤坳山地的较多指标处在低于后者的状态。

在对美佐治亚地区的百喜草（*Paspalum natatu*）群落及长叶松（*Pinus palustris*）与百喜草混合群落的对比研究表明（Karki et al.，2013），长叶松 - 百喜草群落的不同年度 8 次测定的种类 H 值为 1.18、0.80、1.57、2.02、0.24、1.90、1.88、0.08，而百喜草群落为 0.55、1.10、1.41、2.03、1.09、2.16、1.70、0.77；但长叶松 - 百喜草群落在第 8 次的测定值为明显下降，仅为 0.08，与其他大部分值在 1.3 ～ 1.7 形成了很大差距。因此，可以说，此群落在开始种植长叶松的过程中，多样性较高，而后下降。由于其为各层次总体的测定指标，因此与本研究的各层次总体指标的 H 值 2.6626、3.1334、3.3424、2.9584、2.3940 相比，杨梅坑及赤坳水库的所有群落值均明显高于前者的两个群落各时期的测定值。前文两个群落的均匀度 J 值也类似，其 8 次测定值为 0.41、0.30、0.52、0.75、0.17、0.72、0.78、0.07，可见第 8 次的值明显下降。而百喜草群落则为 0.25、0.50、0.53、0.87、0.56、0.82、0.74、0.55，因此，后者的均匀度较高。与本研究的各层次总体指标的 J 值 0.8272、0.9000、0.8886、0.8020、0.7533 相比，杨梅坑的 3 个群落仅低于 0.87 这一个指标值，而均高于前者 2 个群落的各指标值；赤坳水库的群落 4 也高于其 2 个群落的 16 个值中的 14 个，仅低于其群落 2 其中 2 个值；群落 5 也类似群落 4 的情况。

Wale 等（2012）对非洲埃塞俄比亚阿姆哈拉贡德尔地区 3 个阔叶林群落的研究表明，其 3 个群落各层次总体的种类 H 值为 3.43、3.55、3.08，均处于较高的水平，说明此区域由于河流较多，该国家级自然保护区的环境和生物多样性保护状况较好。本研究的各层次总体的种类多样性 H 值为 2.6626、3.1334、3.3424、2.9584、2.3940，群落 2、群落 3 均高于前者的群落 3，其他群落低于前者。因此，深圳区域虽然受到保护的区域多样性比其他较多区域的高，但是仍有很大的提升空间。

第4章　羊台山植物群落结构特征研究

通过对深圳市羊台山的植物群落结构和物种多样性的研究，以及与深圳市田心山等地植物群落结构和物种多样性分析相比对，可以更直观地看出人为因素对环境生态系统的影响及作用，对于了解深圳市周围山地植物组成及结构状况，掌握山地植被的人工干扰和影响现状，为分析深圳生态系统组成及结构等方面提供理论参考；同时为深圳市自然保护区体系规划建设、自然风景区内生态社区的规划建设和生物多样性保护规划与行动计划的制定提供科学依据。

4.1　研究地与研究方法

4.1.1　研究地地理概况

深圳市羊台山位于深圳市宝安区，主峰位于石岩境内，海拔587.3m，位于北回归线以南南亚热带海洋性季风气候区，常年主导风向为东北风和东南风，全年日照时间长，雨量充沛，气候温和湿润，是深圳河流的重要发源地，山下分布着石岩、铁岗、西丽、高峰和赖屋山等10多个水库，羊台山有溪之谷、嫩七娘岇等名胜景点。羊台山下是客家人聚居地区，抗日战争期间，羊台山游击队从日寇占领下的香港，拯救出以茅盾、邹韬奋、何香凝等为首的数百名中外闻名的文化界人士和爱国民主人士，并将其安全转移、隐蔽到羊台山区，故羊台山有"英雄山"的美誉。2008年，"羊台叠翠"被评为深圳八景之一，成为中外游客和广大市民观光、旅游、休闲、健身的好去处。

4.1.2　研究地气候概况

羊台山属亚热带海洋性季风气候。全年无霜期长达353～355天，年平均温度22.4℃，最高温度36.6℃，最低温度1.4℃。年平均降雨量为1933mm。平均湿度为79%。常年主导风向为东南风，年平均日照数为2120h，太阳年辐射量5404.90MJ/m^2。夏秋季的台风因受山峦阻挡，直接袭击深圳市平均每年不到一次。

羊台山素有"深圳西部第一峰"之称，土壤以赤红壤为主，多呈酸性，成土母岩为花岗岩，在海拔低的地段有少部分冲积沙壤土，土壤条件良好，土层深厚，湿润疏松，有利于各种植物生长。有中小型水库5座，山泉溪流20余条。羊台山是深圳市石岩河、白芒河和麻山河的发源地，也是西丽、石岩和铁岗水库的上游水源地。

4.1.3　研究时间和数据分析方法

4.1.3.1　研究时间

在2013年6月至2014年3月，对羊台山应人石水库旁的山地做了2个有代表性的群落结构调查。每个群落一般都包含2个以上的样方，每个样方面积不小于300m^2。对生态绿地的不同物种进行高度、胸径、基面积、频度、树冠投影面积等数值的测量，通过这些数据计算出不同物种的平均胸径、盖度、相对盖度、相对密度、相对显著度、相对频度、重要值、相似性系数、丰富度、多样性指数、均匀度、香农-维纳指数等指标。

4.1.3.2 研究及测定方法

1. 样地设置

所测定的 2 个群落中，每个群落分别测定 2 个面积为 400m² 的样方，每个群落面积为 800m²，总林地面积为 1600m²。两群落为：①荔枝 - 梅叶冬青 - 乌毛蕨群落，22°39′19.73″N，113°55′49.61″E，海拔 108m，西北坡（图 4.1），此群落曾大片皆伐后种植荔枝，后荔枝树被废弃，林地处在半自然恢复状态 7 年多；②山乌桕 - 桃金娘 - 五节芒群落，22°39′20.84″N，113°55′47.91″E，海拔 94m，西北坡（图 4.2），此群落为处在几个大片荔枝林之间的受到部分人为干扰的次生林。

图 4.1 羊台山应人石山地植物群落 1
Figure 4.1 The plant community 1 of Yingrenshi Mountain area in Yangtai Mountain

2. 测定群落结构的仪器

采用皮尺、定长的绳索拉取样方；采用海拔仪测量样地海拔；采用布卷尺、钢尺测量样地物种的高度、胸径、基面积和盖度。

3. 测定的指标及部分概念

对羊台山的植物群落进行分类，并对每一个类区进行取样测量，调查内容包括植物的种类和株数，测定样地和样方的面积、株高、胸径、盖度等，测定的原则见第 1 章。通过这些数据计算出各群落的洛项植物群落结构指标，并作进一步的分析比对。

4. 计算方法

各植物群落种类的重要值。

图 4.2　羊台山应人石山地植物群落 2

Figure 4.2　The plant community 2 of Yingrenshi Mountain area in Yangtai Mountain

计算公式：

（1）乔木层植物重要值

重要值 =（相对密度 + 相对显著度 + 相对频度）/300

（2）灌木层和草本层植物重要值

重要值 =（相对盖度 + 相对密度 + 相对频度）/300

4.2　结果与分析

4.2.1　荔枝 - 梅叶冬青 - 乌毛蕨群落

群落中乔木植物 7 种，灌木植物 18 种，草本植物 11 种。乔木层以荔枝、山乌桕为主，灌木层以梅叶冬青为主，草本则以乌毛蕨和五节芒占据优势。

荔枝 - 梅叶冬青 - 乌毛蕨群落乔木层结构特征见表 4.1。

表 4.1　荔枝 - 梅叶冬青 - 乌毛蕨群落乔木层结构特征

Table 4.1　The structural characteristics of tree layer of *Litchi chinensis-Ilex asprella-Blechnum orientale* community

物种名称 Species name	株数 Number	平均胸径（m） Average DBH	平均高度（m） Average height	盖度（%） Coverage	相对密度 Relative density	相对显著度 Relative prominence	相对频度 Relative frequency	重要值 Important value
荔枝 *Litchi chinensis*	20	0.07	5.21	13.50	32.26	33.48	20.00	0.29
山乌桕 *Sapium discolor*	14	0.07	4.93	14.63	22.58	21.18	20.00	0.21
山油柑 *Acronychia pedunculata*	6	0.07	5.08	3.63	9.68	9.12	20.00	0.13
土蜜树 *Bridelia tomentosa*	9	0.07	4.93	10.13	14.52	15.18	10.00	0.13
簕欓花椒 *Zanthoxylum avicennae*	6	0.06	4.82	4.00	9.68	8.87	10.00	0.10
变叶榕 *Ficus variolosa*	4	0.09	4.75	3.75	6.45	8.09	10.00	0.08
银柴 *Aporusa dioica*	3	0.06	4.50	2.19	4.84	4.08	10.00	0.06

从表 4.1 我们可以看出，荔枝的重要值最大，为 0.29，山乌桕次之，为 0.21，与荔枝的重要值相差较小，重要值最小的为银柴 0.06。这个群落的整体树高均较小，大多数在 4.9m 的范畴，同时由于该种类的植株较少，因此，整个群落的冠层高度较小。整体的平均胸径为 0.07m，说明该群落乔木层处于刚发育阶段，整体胸径都较小。

荔枝 - 梅叶冬青 - 乌毛蕨群落灌木层结构特征见表 4.2。

表 4.2　荔枝 - 梅叶冬青 - 乌毛蕨群落灌木层结构特征

Table 4.2　The structural characteristics of shrub layer of *Litchi chinensis-Ilex asprella-Blechnum orientale* community

物种名称 Species name	株数 Number	平均高度（m） Average height	盖度(%) Coverage	相对盖度 Relative coverage	相对密度 Relative density	相对频度 Relative frequency	重要值 Important value
梅叶冬青 *Ilex asprella*	6	1.88	51.83	28.97	9.38	7.69	0.15
山乌桕 *Sapium discolor*	5	1.25	15.21	8.50	7.81	9.62	0.09
五色梅 *Lantana camara*	7	1.05	14.32	8.00	10.94	7.69	0.09
簕欓花椒 *Zanthoxylum avicennae*	4	1.83	23.98	13.41	6.25	5.77	0.08
毛稔 *Melastoma sanguineum*	5	1.30	13.53	7.56	7.81	9.62	0.08
桃金娘 *Rhodomyrtus tomentosa*	5	0.87	1.86	1.04	7.81	9.62	0.06
九节 *Psychotria rubra*	5	1.01	4.73	2.65	7.81	7.69	0.06
盐肤木 *Rhus chinensis*	5	0.71	4.81	2.69	7.81	5.77	0.05
星毛鸭脚木 *Schefflera minutistellata*	4	0.91	4.16	2.33	6.25	7.69	0.05
豺皮樟 *Litsea rotundifolia* var. *oblongifolia*	2	1.40	6.89	3.85	3.13	3.85	0.04
五指毛桃 *Ficus hirta*	4	3.40	2.95	1.65	6.25	3.85	0.04
土蜜树 *Bridelia tomentosa*	1	2.30	13.66	7.63	1.56	1.92	0.04
荔枝 *Litchi chinensis*	2	1.55	8.75	4.89	3.13	3.85	0.04
白背叶 *Mallotus apelta*	2	1.38	4.08	2.28	3.13	3.85	0.03
山芝麻 *Helicteres angustifolia*	3	1.00	0.26	0.15	4.69	3.85	0.03
异叶线蕨 *Colysis diversifolia*	2	0.74	2.34	1.31	3.13	3.85	0.03
柳叶桉 *Eucalyptus saligna*	1	2.90	5.25	2.93	1.56	1.92	0.02
毛果算盘子 *Glochidion eriocarpum*	1	0.47	0.26	0.15	1.56	1.92	0.01

从表 4.2 我们可以看出，梅叶冬青的盖度最高，为 51.83%，五指毛桃的高度最高，为 3.40m，但是，由于各种类的株数不同，因此，整个群落的灌木层的基本平均高度在 1.5m 左右。从相对密度上可以看出，多数植株的相对密度在 6 ~ 7，高于整体平均水平的 5.5，说明这个群落的灌木层植株相对密集，而且各物种间的重要值差距不大，表明该群落中灌木层没有明显的优势种。

荔枝 - 梅叶冬青 - 乌毛蕨群落草本层结构特征见表 4.3。

表 4.3　荔枝 - 梅叶冬青 - 乌毛蕨群落草本层结构特征

Table 4.3　The structural characteristics of herb layer of *Litchi chinensis-Ilex asprella-Blechnum orientale* community

物种名称 Species name	株数 Number	平均高度（m） Average height	盖度(%) Coverage	相对盖度 Relative coverage	相对密度 Relative density	相对频度 Relative frequency	重要值 Important value
乌毛蕨 *Blechnum orientale*	11	1.15	91.86	46.59	13.92	14.71	0.25
五节芒 *Miscanthus floridulus*	16	1.09	55.92	28.36	20.25	23.53	0.24
芒萁 *Dicranopteris dichotoma*	20	0.59	25.63	13.00	25.32	17.65	0.19
割鸡芒 *Hypolytrum nemorum*	12	0.47	11.09	5.63	15.19	14.71	0.12
铁线蕨 *Adiantum capillus-veneris*	8	0.19	0.75	0.38	10.13	8.82	0.06
金草 *Hedyotis acutangula*	4	0.43	0.58	0.29	5.06	5.88	0.04
凤尾蕨 *Pteris cretica* var. *nervosa*	1	0.65	8.13	4.12	1.27	2.94	0.03
十字薹草 *Carex cruciata*	1	0.65	0.88	0.44	1.27	2.94	0.02
类芦 *Neyraudia reynaudiana*	1	1.40	0.95	0.48	1.27	2.94	0.02
鳞始蕨 *Lindsaea odorata*	3	0.32	0.05	0.03	3.80	2.94	0.02
山菅兰 *Dianella ensifolia*	2	0.49	1.35	0.68	2.53	2.94	0.02

从表 4.3 可以看出，该群落样方内草本层有 79 株植株，整体平均高度 0.68m，总盖度为 197.18%，远大于 100%，说明草本层植物茂盛，其中乌毛蕨和五节芒在各方面数据均占优，重要值最高，分别达到 0.25 和 0.24，从表 4.3 中还能了解到其他草本植物在该群落中的株数、高度和盖度等指标情况。

4.2.2　山乌桕 - 桃金娘 - 五节芒群落

山乌桕 - 桃金娘 - 五节芒群落乔木层结构特征见表 4.4。

表 4.4　山乌桕 - 桃金娘 - 五节芒群落乔木层结构特征

Table 4.4　The structural characteristics of tree layer of *Sapium discolor-Rhodomyrtus tomentosa-Miscanthus floridulus* community

物种名称 Species name	株数 Number	平均胸径（m） Average DBH	平均高度（m） Average height	盖度（%） Coverage	相对密度 Relative density	相对显著度 Relative prominence	相对频度 Relative frequency	重要值 Important value
山乌桕 *Sapium discolor*	20	0.10	8.41	36.31	24.69	33.15	14.29	0.24
山杜英 *Elaeocarpus sylvestris*	12	0.07	9.00	12.38	14.81	14.94	7.14	0.12
星毛鸭脚木 *Schefflera minutistellata*	5	0.06	4.88	6.70	6.17	5.84	14.29	0.09
豺皮樟 *Litsea rotundifolia* var. *oblongifolia*	6	0.05	3.22	4.43	7.41	5.39	14.29	0.09
荔枝 *Litchi chinensis*	7	0.07	2.84	13.54	8.64	8.32	7.14	0.08
银柴 *Aporusa dioica*	7	0.05	4.00	5.50	8.64	5.91	7.14	0.07
樟树 *Cinnamomum camphora*	5	0.11	7.00	9.63	6.17	8.91	7.14	0.07
簕欓花椒 *Zanthoxylum avicennae*	7	0.05	1.13	1.55	8.64	5.37	7.14	0.07
变叶榕 *Ficus variolosa*	7	0.06	2.75	3.78	8.64	6.71	7.14	0.07
水团花 *Adina pilulifera*	3	0.05	1.13	1.55	3.70	2.38	7.14	0.04
土沉香 *Aquilaria sinensis*	2	0.09	3.38	4.64	2.47	3.07	7.14	0.04

从表 4.4 可以看出，该群落乔木层树木也不算茂密，只有 81 株，整体平均高度也只有 4m 左右，平均胸径为 0.07m，说明此乔木层乔木小树居多。另外，该群落乔木层中山乌桕的重要值最大，为 0.24，远高于其他植株，为该群落的优势种，而土沉香只有 2 棵，重要值最小，为 0.04，说明其数量及其他相对指标低。

山乌桕 - 桃金娘 - 五节芒群落灌木层结构特征见表 4.5。

表 4.5　山乌桕 - 桃金娘 - 五节芒群落灌木层结构特征

Table 4.5　The structural characteristics of shrub layer of *Sapium discolor-Rhodomyrtus tomentosa-Miscanthus floridulus* community

物种名称 Species name	株数 Number	平均高度（m） Average height	盖度（%） Coverage	相对盖度 Relative coverage	相对密度 Relative density	相对频度 Relative frequency	重要值 Important value
山乌桕 *Sapium discolor*	5	1.44	27.64	17.57	6.02	4.08	0.09
桃金娘 *Rhodomyrtus tomentosa*	8	1.07	10.91	7.94	10.26	6.12	0.08
盐肤木 *Rhus chinensis*	7	0.97	12.55	7.98	8.97	8.16	0.08
银柴 *Aporusa dioica*	3	1.89	15.48	9.84	3.85	6.12	0.07
白背叶 *Mallotus apelta*	4	1.67	12.86	8.18	5.13	8.16	0.07
梅叶冬青 *Ilex asprella*	2	2.13	24.30	15.45	2.56	4.08	0.07
九节 *Psychotria rubra*	7	0.30	1.84	1.17	8.97	10.20	0.07
毛果算盘子 *Glochidion eriocarpum*	6	0.66	4.55	2.89	7.69	6.12	0.06
五色梅 *Lantana camara*	4	0.76	6.21	3.95	5.13	6.12	0.05
星毛鸭脚木 *Schefflera minutistellata*	5	0.82	3.95	2.51	6.41	6.12	0.05
簕欓花椒 *Zanthoxylum avicennae*	5	0.76	3.00	1.91	6.41	8.16	0.05
假苹婆 *Sterculia lanceolata*	7	0.45	1.54	0.98	8.97	6.12	0.05
楝叶吴茱萸 *Evodia glabrifolia*	4	1.04	9.33	5.93	5.13	2.04	0.04
毛稔 *Melastoma sanguineum*	3	1.61	4.58	2.91	3.85	6.12	0.04
山栀子 *Gardenia jasminoides*	2	1.23	8.26	5.25	2.56	4.08	0.04
豺皮樟 *Litsea rotundifolia* var. *oblongifolia*	2	2.25	7.58	4.82	2.56	2.04	0.03
五指毛桃 *Ficus hirta*	2	0.94	0.91	0.58	2.56	4.08	0.02
朱砂根 *Ardisia crenata*	2	0.79	1.80	1.14	2.56	2.04	0.02

从表 4.5 的灌木层的数据看，其整体平均高度为 1.15m，整体盖度为 157.29%，都比群落 1 的灌木层略低，但植株数较多，说明该灌木层大部分植株都处于小幼苗小树的阶段。其他方面，山乌桕的重要值最大，为 0.09；桃金娘和盐肤木重要值居第二，而乔木层中山乌桕的重要值最大，说明该群落桃金娘的优势度很高。从相对频度看，九节在群落中出现的次数最多，相对频度最大，为 10.20，可以看出九节在灌木层中分布较广，但总株数不是最多的，比桃金娘略少。

山乌桕 - 桃金娘 - 五节芒群落草本层结构特征见表 4.6。

表 4.6　山乌桕 - 桃金娘 - 五节芒群落草本层结构特征

Table 4.6　The structural characteristics of herb layer of *Sapium discolor-Rhodomyrtus tomentosa-Miscanthus floridulus* community

物种名称 Species name	株数 Number	平均高度（m） Average height	盖度（%） Coverage	相对盖度 Relative coverage	相对密度 Relative density	相对频度 Relative frequency	重要值 Important value
五节芒 *Miscanthus floridulus*	16	0.93	63.76	47.32	28.57	25.93	0.34
乌毛蕨 *Blechnum orientale*	7	1.05	40.88	30.34	12.50	14.81	0.19
芒萁 *Dicranopteris dichotoma*	15	0.51	15.44	11.46	26.79	18.52	0.19
山菅兰 *Dianella ensifolia*	4	0.37	3.91	2.90	7.14	7.41	0.06
半边旗 *Pteris semipinnata*	4	0.59	6.02	4.47	7.14	7.41	0.06
铁线蕨 *Adiantum capillus-veneris*	3	0.12	0.18	0.13	5.36	7.41	0.04
割鸡芒 *Hypolytrum nemorum*	2	0.38	1.81	1.35	3.57	3.70	0.03
蔓九节 *Psychotria serpens*	2	0.40	0.94	0.70	3.57	3.70	0.03
鸡矢藤 *Paederia scandens*	1	0.12	1.25	0.93	1.79	3.70	0.02
鳞始蕨 *Lindsaea odorata*	1	0.40	0.26	0.19	1.79	3.70	0.02
异叶线蕨 *Colysis diversifolia*	1	0.45	0.28	0.21	1.79	3.70	0.02

从表 4.6 可以看出，该群落草本层有 56 株植株，整体平均高度 0.48m，整体盖度为 134.73%，这几个指标都比群落 1 的草本层低，说明该草本层茂盛度略低，植株较少。其中五节芒重要值最高，达到 0.34。鸡矢藤、鳞始蕨和异叶线蕨分别只有 1 株，说明其在群落统计的样方中分布极少。

4.3　讨　　论

4.3.1　群落结构的特点

在羊台山样地调查的所有群落中，由于较长时期里干扰较少，多年来植被的自然恢复状况较好，部分荔枝树被荒弃，已经成为林下的植物。与其他一些山坡的果树林等区域形成了较明显的对比。因此，这两个群落物种还是比较丰富的，保持着一定的生物多样性。在所调查的两个群落样地中共有植物 42 种，隶属于 25 科 40 属，其中单种的科、属较多，区系分化程度较高，群落中占优势的科主要是大戟科、茜草科、芸香科等；在种类组成方面，乔木优势种主要有山乌桕、荔枝、簕榄花椒等，荔枝多为人工种植树种，同时发现存在稀有种土沉香；而灌木则多以九节、盐肤木、桃金娘和梅叶冬青等为主；芒萁、五节芒和乌毛蕨是两个群落中最为常见的草本植物，蕨类植物种类也较多，包括铁线蕨、凤尾蕨和鳞始蕨等。

在群落结构方面，群落层次不多，优势种群的大多处于 3 级壮树阶段，部分群落中优势群落以 2 级壮树为主，4 级大树只见于个别群落，说明多数群落处于演替的前期。乔木层的优势种的重要值非常显著，说明其生态优势度高；而草本层中五节芒、乌毛蕨等蕨类植物的重要值也比较大，可以推测，大部分群落均处于次生演替状态初期阶段，灌木层的重要值则相对均匀，并有较多小树，反映出其在林下具有较好的自我更新能力。羊台山这 2 个群落的乔木层树种高度与七娘山 3 个群落的相比，大多数种类的高度较明显地低于后者的高度，尤其低于后者的群落 1 和群落 2。而与田心山的 2 个群落的乔木高度相对较接近，尤其与田心山群落 1 荔枝林群落乔木层各种类的高度较接近。在乔木的胸径方面，羊台山这 2 个群落也明显低于七娘山的 3 个群落，而近于田心山的 2 个群落的值。说明其乔木的发育处在初期，多数植株比较小，这是受到人为干预和破坏后，植被恢复的初期阶段的特征，因而也导致其生物量相对比高大乔木多、而同时林下灌木等发育也丰富的群落要低。在灌木层植株的高度方面，羊台山的 2 个群落比七娘山的 3 个群落的灌木层种类的高度都普遍低；而比田心山的 2 个群落的群落 1 略高，比其群落 2 的高度值要高较多。也说明，后者的桉树林，其灌木的发育也是较差的。在草本层高度方面，羊台山 2 个群落的草本层植物高度与七娘山的相近，综合看，甚至略高于其群落 1 的指标，也高于田心山群落 1 的值，而与其群落 2 即桉树林群落草本层植物的高度值相接近。显示出其处在半自然恢复状态的草本植物发育较好的状况。

总体上看，羊台山的这些林地，群落 1 为废弃约 8 年的荔枝林，群落 2 为种植荔枝周边的自然恢复林地，其生态条件为处在半自然恢复状态，因此群落结构还是比较复杂的，植物种类符合野外山地环境群落类型，但同时也遭受到了人为作用的影响，对林地的自然生态环境产生了破坏的作用。

4.3.2　建　　议

通过研究和调查，大致了解到了羊台山代表性区域的自然生态环境及其植物的群落结构特征，为配合深圳市自然风景区内自然保护小区的规划建设和生物多样性保护规划与行动计划的制定等工作，结合建设自然生态系统的科学性，我们对羊台山生态系统的保护提出了一些建议与看法。

（1）进一步加强山林地植被特征的基础研究和应用研究，建立健全对自然山地的管理与保护机制，加大科研力度，正确评估建设自然保护区的科学性和必要性，依照物种多样性及生态系统多样性原则，加大资金等方面投入，努力把该区域建成良好的城市生态系统维护区及保障区。

（2）对于羊台山林地存在较多人工种植荔枝林情况，当地政府应积极宣传保护山林地，加强对野外生态环境的监控与管理，尽可能减少人为的对荔枝林以外的自然生态环境的继续破坏，以进一步保障部分自然生态系统的稳定和发展。

（3）由于应人石水库周围山地，多数为果树和其他经济林，而在这些果林的人工林群落里，植被的灌木层和草本层植物种类少，密度低和盖度较低，容易造成水土流失。因此，需要加强对水库周围山地的管理，而且需要适当把人工果林还让给自然林，让植被慢慢进行自然恢复，增加自然林的面积，同时保护其植被不受破坏，进而提高群落的生物多样性和结构的复杂性与稳定性，防止水土流失，对保护该区域生态系统的多样性、稳定性和生态环境的优化具有重要的意义。

第 5 章　小南山植物群落结构特征研究

本研究通过对深圳市南山区小南山的植被系统进行研究和分析，旨在研究该区域植被结构状况、生态系统结构状况，为提出合适小南山区域规划和生态与经济的协调发展措施的制定和实施提供理论依据及参考。

5.1　研究地与研究方法

5.1.1　研究地点和时间

南山区位于广东省深圳经济特区西部，22°24′N ～ 22°39′N，113°53′E ～ 114°1′E。行政区域东起车公庙与福田区相邻，西至南头安乐村、赤尾村与宝安区毗连，北背羊台山与宝安区接壤，南临蛇口港、大铲岛和内伶仃岛与香港元朗相望。

南山区土地总面积 15 000hm²，林业用地 5894hm²，森林覆盖率 44%。南山区主要树种有马尾松、杉木、厚壳桂、华南栲槠、林荷、鸭脚木，还有榕树、大叶高山榕、凤尾葵、槟榔等。水果主要有木瓜、杨桃、番石榴、香蕉、橙子、龙眼、荔枝、菠萝，还有柑橘、柚子、桃、李、柿等。

本章的研究地点就在深圳市南山区的小南山，研究时间为 2013 年 6 月至 2014 年 4 月，随机选取有代表性的植物群落作为研究对象。

南山公园位于深圳市南头半岛，小南山主峰高 336m，登高远望，整个深圳湾畔尽收眼底；远可观深圳中心区楼群，香港流浮山脉；近可视南山半岛，宝安新城。人们可以登山、观景，按公园规划景区共 9 个，以线串点，紧扣公园主题而定，具体有南山明灯、天街揽胜、龟寿齐天、石景赏析、花溪幽谷、荔香徐来、万木竞秀、西隅闲趣、独立景点，目前已经成为深圳西部重要景点。

选取 3 个有代表性的群落。群落 1：布渣叶 - 瓜馥木 - 沿阶草（*Microcos paniculata-Fissistigma oldhamii-Ophiopogon bodinieri* community），22°29′29.89″N，113°52′52.84″E，海拔 82m，东北坡。群落 2：星毛鸭脚木 - 五指毛桃 - 乌毛蕨群落（*Schefflera minutistellata-Ficus hirta-Blechnum orientale* community），22°29′25.61″N，113°52′54.68″E，海拔 105m，东北坡。群落 3：降真香 - 假苹婆 - 芒萁群落（*Acronychia pedunculata Sterculia lanceolata-Dicranopteris dichotoma* community），22°39′20.84″N，113°55′47.91″E，海拔 94m，西北坡。群落 2 和群落 3 景象见图 5.1 和图 5.2。

5.1.2　研 究 方 法

选取 3 个植物群落，群落 1、群落 2 和群落 3 均为 600m²，每个群落均由 2 个 300m² 的样方组成。小南山站点的总面积为 1800m²。

测定各层次植物的种类、数目、高度、胸径（乔木）、基面积、盖度、频度等原始数据，然后计算出每种植物的平均高度、盖度、相对盖度、相对密度、相对显著度、相对频度等，进而计算出重要值。

各指标测定的其他原则和方法见第 1 章。

5.1.3　计算和数据分析方法

方法见第 4 章。

图 5.1　小南山植物群落 2

Figure 5.1　The plant community 2 of Xiaonan Mountain

图 5.2　小南山植物群落 3

Figure 5.2　The plant community 3 of Xiaonan Mountain

5.2　结果与分析

5.2.1　布渣叶 - 瓜馥木 - 沿阶草群落结构特征

布渣叶 - 瓜馥木 - 沿阶草群落所测定的数量指标见表 5.1 ～表 5.3。

表 5.1　布渣叶 - 瓜馥木 - 沿阶草群落乔木层结构特征

Table 5.1　The tree layer characteristics of *Microcos paniculata-Fissistigma oldhamii-Ophiopogon bodinieri* community

物种名称 Species name	株数 Number	平均高度（m）Average height	平均胸径（cm）Average DBH	盖度（%）Coverage	相对密度 Relative density	相对显著度 Relative prominence	相对频度 Relative frequency	重要值 Important value
布渣叶 *Microcos paniculata*	72	6.3	0.06	2.35	49.32	51.31	13	0.38
假苹婆 *Sterculia lanceolata*	4	7.8	0.10	0.21	32.88	4.59	13	0.17
潺槁树 *Litsea glutinosa*	1	10	0.10	0.08	2.74	1.75	7	0.03
印度鸡血藤 *Millettia pulchra*	48	5.6	0.14	1.37	0.68	29.91	13	0.15
山乌桕 *Sapium discolor*	1	4	7.7	0.01	0.68	0.22	7	0.02
猴耳环 *Pithecellobium clypearia*	1	6	13	0.03	0.68	0.66	7	0.03
香港鸡血藤 *Millettia oraria*	1	8	13	0.09	0.68	1.97	7	0.03
银柴 *Aporusa dioica*	2	5	5.8	0.04	1.37	0.87	7	0.03
糖胶树 *Alstonia scholaris*	9	4.7	9.6	0.19	6.16	4.15	7	0.06
木通 *Akebia quinata*	5	6.2	8.8	0.13	3.45	2.84	7	0.04
线枝蒲桃 *Syzygium araiocladum*	1	4.5	9.6	0.02	0.68	0.44	7	0.03
血桐 *Macaranga tanarius*	1	4.5	12	0.06	0.68	1.31	7	0.03

　　从表 5.1 可以看出，该群落中布渣叶的重要值最大，为 0.38，假苹婆次之，为 0.17，山乌桕最小，为 0.02。从株数、相对显著度、相对密度方面的数据来看，布渣叶都比其他植物种类大。从相对频度上来看，布渣叶、印度鸡血藤和假苹婆在所有样方中出现了两次，其他植物种类均出现一次。从表 5.1 我们还可以了解到，该群落植物的高度都不是很高，其中最高的是潺槁树，为 10m，并且由于该种类的植株较少，因此，整个群落的冠层高度较小。

表 5.2　布渣叶 - 瓜馥木 - 沿阶草群落灌木层结构特征

Table 5.2　The shrub layer characteristics of *Microcos paniculata-Fissistigma oldhamii-Ophiopogon bodinieri* community

物种名称 Species name	株数 Number	平均高度（cm）Average height	盖度（%）Coverage	相对盖度 Relative coverage	相对密度 Relative density	相对频度 Relative frequency	重要值 Important value
朱砂根 *Ardisia crenata*	3	50.67	0.06	1.71	6.82	6.06	0.05
簕欓花椒 *Zanthoxylum avicennae*	1	19.00	0.03	0.08	2.27	3.03	0.02
假苹婆 *Sterculia lanceolata*	6	59.67	0.19	5.41	13.64	12.12	0.10
九节 *Psychotria rubra*	3	99.67	0.28	7.98	6.82	9.09	0.08
银柴 *Aporusa dioica*	2	52.00	0.10	2.85	4.55	6.06	0.05
三桠苦 *Evodia lepta*	4	88.25	0.47	13.39	9.09	12.12	0.12
土蜜树 *Bridelia tomentosa*	1	145.00	0.04	1.14	2.27	3.03	0.02
五指毛桃 *Ficus hirta*	2	137.50	0.20	5.70	4.55	6.06	0.05
布渣叶 *Microcos paniculata*	1	240.00	0.04	1.14	2.27	3.03	0.02
星毛鸭脚木 *Schefflera minutistellata*	6	61.67	0.24	6.84	13.64	12.12	0.11
瓜馥木 *Fissistigma oldhamii*	5	170.00	1.03	29.34	11.36	9.09	0.17
岗松 *Baeckea frutescens*	1	179.00	0.11	3.13	2.27	3.03	0.03
豺皮樟 *Litsea rotundifolia* var. *oblongifolia*	1	122.00	0.05	1.42	2.27	3.03	0.02
朴树 *Celtis sinensis*	5	110.80	0.29	8.26	11.36	6.06	0.09
铁包金 *Berchemia lineata*	3	143.33	0.41	11.68	6.82	6.06	0.08

由表 5.2 可见，该群落中瓜馥木的重要值最高，为 0.17，三桠苦的次之，为 0.12；株数最多的是假苹婆和星毛鸭脚木，都为 6 株；高度最高的是布渣叶，为 240cm；盖度最大的是瓜馥木，为 1.03%；相对密度最大的是假苹婆和星毛鸭脚木，都为 13.64；相对频度最大的为假苹婆、三桠苦和星毛鸭脚木，均为 12.12。我们可以看到，在乔木层中出现的布渣叶、假苹婆等也出现在了灌木层中，这是因为这些植物是其幼苗，由于高度太矮而被计入灌木层中。

表 5.3　布渣叶 - 瓜馥木 - 沿阶草群落草本层结构特征

Table 5.3　The herb layer characteristics of *Microcos paniculata-Fissistigma oldhamii-Ophiopogon bodinieri* community

物种名称 Species name	株数 Number	平均高度（cm） Average height	盖度（%） Coverage	相对盖度 Relative coverage	相对密度 Relative density	相对频度 Relative frequency	重要值 Important value
沿阶草 *Ophiopogon bodinieri*	4	20.00	5.65	23.56	14.81	15	0.18
紫玉盘 *Uvaria microcarpa*	1	75.00	4.41	18.39	3.70	5	0.09
山麦冬 *Liriope spicata*	2	27.50	5.15	21.48	7.41	10	0.13
露兜 *Pandanus tectorius*	2	165.00	0.02	0.08	7.41	10	0.06
金毛狗 *Cibotium barometz*	1	75.00	0.05	0.21	3.70	5	0.03
菝葜 *Smilax china*	2	70.00	0.85	3.54	7.41	10	0.07
竹节草 *Chrysopogon aciculatus*	6	63.17	6.99	29.15	22.22	5	0.19
割鸡芒 *Hypolytrum nemorum*	2	58.00	0.71	2.96	7.41	10	0.07
两面针 *Zanthoxylum nitidum*	2	50.00	0.05	0.21	7.41	10	0.06
山银花 *Lonicera pampaninii*	2	27.50	0.04	0.17	7.41	10	0.06
野葛 *Wisteria sinensis*	1	10.00	0.04	0.17	3.70	5	0.03
珍珠茅 *Scleria hebecarpa*	2	41.00	0.02	0.08	7.41	5	0.04

由表 5.3 可见，该群落中竹节草的重要值最大，为 0.19；株数最多的是竹节草，为 6 株；平均高度最大的植物是露兜，为 165cm，其他植物都在 100cm 以下；盖度最大的植物是竹节草，为 6.99%；相对密度最大的也是竹节草，为 22.22；相对频度最大的植物是沿阶草。

5.2.2　星毛鸭脚木 - 五指毛桃 - 乌毛蕨群落结构特征

星毛鸭脚木 - 五指毛桃 - 乌毛蕨群落各层次结构特征见表 5.4 ～表 5.6。

表 5.4　星毛鸭脚木 - 五指毛桃 - 乌毛蕨群落乔木层结构特征

Table 5.4　The tree layer characteristics of *Schefflera minutistellata-Ficus hirta-Blechnum orientale* community

物种名称 Species name	株数 Number	平均高度（m） Average height	平均胸径（cm） Average DBH	盖度（%） Coverage	相对密度 Relative density	相对显著度 Relative prominence	相对频度 Relative frequency	重要值 Important value
对叶榕 *Ficus hispida*	1	7.50	15.00	3.33	1.06	1.03	4.35	0.02
阴香 *Cinnamomum burmannii*	20	7.45	6.63	35.21	14.1	12.02	4.35	0.10
三桠苦 *Melicope pteleifolia*	4	5.25	6.10	4.00	2.26	2.3	8.7	0.04
山乌桕 *Sapium discolor*	15	8.97	14.43	36.75	9.96	21.14	8.7	0.13
布渣叶 *Microcos paniculata*	5	6.00	6.62	7.33	4.32	3.41	8.7	0.05
假苹婆 *Sterculia lanceolata*	21	6.17	5.59	41.92	15.31	8.6	8.7	0.11
苹婆 *Sterculia monosperma*	11	7.09	9.00	20.25	9.7	9.47	4.35	0.08
木通 *Akebia quinata*	3	4.33	10.40	7.33	2.19	2.41	4.35	0.03
潺槁树 *Litsea glutinosa*	5	4.50	5.22	8.67	1.06	4.1	8.7	0.05
银柴 *Aporusa dioica*	1	5.00	4.60	1.00	1.06	0.12	4.35	0.02
星毛鸭脚木 *Schefflera minutistellata*	25	4.88	6.51	28.21	18.6	15.31	8.7	0.14
细齿叶柃 *Eurya nitida*	1	5.00	5.60	1.00	1.06	0.62	4.35	0.02
楝叶吴茱萸 *Euodia glabrifolia*	5	10.00	14.30	10.58	4.32	6.6	4.35	0.05
豺皮樟 *Litsea rotundifolia* var. *oblongifolia*	5	9.50	14.20	7.08	4.32	4.1	8.7	0.06
短序楠 *Phoebe brachythyrsa*	5	4.50	6.00	6.50	4.32	3.35	4.3	0.04
罗伞树 *Ardisia quinquegona*	7	5.60	5.50	13.25	6.36	5.42	4.35	0.05

由表 5.4 可知，该群落星毛鸭脚木的重要值最大，为 0.14，山乌桕次之，为 0.13；株数最多的植物是星毛鸭脚木，为 25，其次为假苹婆 21、阴香 20；平均胸径最大的是对叶榕，为 15.00，但是只有 1 株；盖度最大的是假苹婆，为 41.92%；相对密度最大的是星毛鸭脚木，为 18.6；相对显著度最大的是山乌桕，为 21.14。由于该群落取于山路边，因此人类对其影响比较大，栽种了较多的阴香。

表 5.5　星毛鸭脚木 - 五指毛桃 - 乌毛蕨群落灌木层结构特征
Table 5.5　The shrub layer characteristics of *Schefflera minutistellata-Ficus hirta-Blechnum orientale* community

物种名称 Species name	株数 Number	平均高度（cm） Average height	盖度（%） Coverage	相对盖度 Relative coverage	相对密度 Relative density	相对频度 Relative frequency	重要值 Important value
朱砂根 *Ardisia crenata*	9	55.56	0.19	3.50	12.86	9.09	0.08
铁包金 *Berchemia lineata*	5	116.60	1.09	20.07	7.14	9.09	0.12
假苹婆 *Sterculia lanceolata*	13	78.46	0.56	10.31	18.57	15.9	0.15
九节 *Psychotria rubra*	4	67.00	0.08	1.47	5.71	9.09	0.05
星毛鸭脚木 *Schefflera minutistellata*	9	54.22	0.14	2.58	12.86	13.64	0.10
三桠苦 *Melicope pteleifolia*	4	107.00	0.16	2.95	5.71	6.82	0.05
豺皮樟 *Litsea rotundifolia* var. *oblongifolia*	2	163.00	0.53	9.76	2.86	4.55	0.06
猴耳环 *Pithecellobium clypearia*	4	44.00	0.11	2.03	5.71	4.55	0.04
阴香 *Cinnamomum burmannii*	1	59.00	0.02	0.37	1.43	2.27	0.01
五指毛桃 *Ficus hirta*	8	125.50	1.63	30.02	11.43	9.09	0.17
瓜馥木 *Fissistigma oldhamii*	4	125.00	0.67	12.34	5.71	4.55	0.08
算盘子 *Glochidion puberum*	3	32.00	0.03	0.55	4.29	4.55	0.03
土蜜树 *Bridelia tomentosa*	2	36.00	0.04	0.74	2.86	2.27	0.02
布渣叶 *Microcos paniculata*	1	50.00	0.01	0.04	1.43	2.27	0.01
山黄皮 *Miliusa sinensis*	1	60.00	0.18	3.31	1.43	2.27	0.02

由表 5.5 可知，该群落中五指毛桃的重要值最大，为 0.17，假苹婆次之，为 0.15；平均高度最高的植物是豺皮樟，为 163.00cm，盖度最大的植物是五指毛桃，为 1.63%；相对密度最大的植物是假苹婆，为 18.57；相对频度最大的植物是假苹婆，为 15.9。

其草本层结构特征见表 5.6。

表 5.6　星毛鸭脚木 - 五指毛桃 - 乌毛蕨群落草本层结构特征
Table 5.6　The herb layer characteristics of *Schefflera minutistellata-Ficus hirta -Blechnum orientale* community

物种名称 Species name	株数 Number	平均高度（cm） Average height	盖度（%） Coverage	相对盖度 Relative coverage	相对密度 Relative density	相对频度 Relative frequency	重要值 Important value
乌毛蕨 *Blechnum orientale*	2	85.00	33.67	49.17	6.67	10	0.22
半边旗 *Pteris semipinnata*	2	23.33	2.88	4.21	6.67	10	0.07
沿阶草 *Ophiopogon bodinieri*	5	23.40	3.54	5.17	16.67	15	0.12
华南毛蕨 *Cyclosorus parasiticus*	1	8.00	1.31	1.91	3.33	5	0.03
芒萁 *Dicranopteris dichotoma*	2	108.00	13.09	19.12	6.67	5	0.10
割鸡芒 *Hypolytrum nemorum*	3	106.67	12.17	17.77	10.00	10	0.13
铁线蕨 *Adiantum capillus-veneris*	3	19.17	1.50	2.19	10.00	15	0.09
五节芒 *Miscanthus floridulus*	2	115.00	0.20	0.29	6.67	5	0.04
饭苞草 *Commelina benghalensis*	2	70.00	0.01	0.01	6.67	5	0.04
凤尾蕨 *Pteris cretica* var. *nervosa*	2	50.00	0.03	0.04	6.67	5	0.04
山麦冬 *Liriope spicata*	6	38.33	0.08	0.12	20.00	15	0.12

由表 5.6 可知，该群落中乌毛蕨的重要值最大，为 0.22，其次为割鸡芒，为 0.13，重要值最小的是华南毛蕨，为 0.03；平均高度最大的植物是五节芒，为 115.00cm，最小的是华南毛蕨，为 8.00cm；

盖度最大的植物是乌毛蕨，为 33.67%，盖度最小的是饭苞草，为 0.01%，并且该群落中草本层的各种植物的盖度偏小，可能是由于该群落中乔木层和灌木层的植物生长比较茂盛，阳光很难进入草本层。

5.2.3　降真香 - 假苹婆 - 芒萁群落结构特征

降真香 - 假苹婆 - 芒萁群落结构特征指标见表 5.7 ～表 5.9。

表 5.7　降真香 - 假苹婆 - 芒萁群落乔木层结构特征

Table 5.7　The characteristics of tree layer of *Acronychia pedunculata-Sterculia lanceolata-Dicranopteris dichotoma* community

物种名称 Species name	株数 Number	平均高度（m） Average height	平均胸径（cm） Average DBH	盖度（%） Coverage	相对密度 Relative density	相对显著度 Relative prominence	相对频度 Relative frequency	重要值 Important value
降真香 *Acronychia pedunculata*	24	5.06	7.18	48.17	25.26	26.52	11.76	0.21
细齿叶柃 *Eurya nitida*	21	6.00	5.40	49.83	22.11	23.32	11.76	0.19
银柴 *Aporusa dioica*	12	5.00	13.00	29.50	12.63	16.00	11.76	0.13
杨桐 *Adinandra millettii*	5	4.80	6.36	7.00	5.26	4.90	11.76	0.07
簕榄花椒 *Zanthoxylum avicennae*	4	4.88	6.50	5.83	4.21	4.00	11.76	0.07
山乌桕 *Sapium discolor*	3	7.50	13.93	6.83	3.16	6.44	11.76	0.07
豺皮樟 *Litsea rotundifolia* var. *oblongifolia*	12	4.33	4.26	15.25	12.63	8.41	11.76	0.11
铁包金 *Berchemia lineata*	12	4.33	4.57	9.75	12.63	8.44	11.76	0.11
楝叶吴茱萸 *Evodia glabrifolia*	2	4.50	5.20	3.50	2.11	1.97	5.92	0.03

由表 5.7 可知，该群落中降真香的重要值最大，为 0.21，其次为细齿叶柃，为 0.19，重要值最小的是楝叶吴茱萸，为 0.03；平均高度最大的植物是山乌桕，为 7.50m，最小的是豺皮樟和铁包金，为 4.33m；平均胸径最大的植物是山乌桕，为 13.93cm；盖度最大的植物是细齿叶柃，为 49.83%，盖度最小的是楝叶吴茱萸，为 3.50%。并且可以看出该群落中乔木层的植物都比较矮，平均都在 5.00m 左右。

表 5.8　降真香 - 假苹婆 - 芒萁群落灌木层结构特征

Table 5.8　The characteristics of shrub layer of *Acronychia pedunculata-Sterculia lanceolata-Dicranopteris dichotoma* community

物种名称 Species name	株数 Number	平均高度（cm） Average height	盖度（%） Coverage	相对盖度 Relative coverage	相对密度 Relative density	相对频度 Relative frequency	重要值 Important value
星毛鸭脚木 *Schefflera minutistellata*	10	78.50	0.26	5.98	15.63	11.63	0.11
假苹婆 *Sterculia lanceolata*	14	73.14	0.81	18.62	21.86	18.58	0.20
朱砂根 *Ardisia crenata*	3	60.00	0.07	1.61	4.69	4.65	0.04
潺槁树 *Litsea glutinosa*	1	58.00	0.03	0.69	1.56	2.33	0.02
瓜馥木 *Fissistigma oldhamii*	5	55.40	0.05	1.15	7.81	6.98	0.05
鸦胆子 *Brucea javanica*	3	66.00	0.02	0.46	4.69	4.65	0.03
铁包金 *Berchemia lineata*	5	64.40	0.15	3.45	7.81	6.98	0.06
簕榄花椒 *Zanthoxylum avicennae*	2	44.50	0.02	0.46	3.13	2.33	0.02
豺皮樟 *Litsea rotundifolia* var. *oblongifolia*	4	195.25	1.54	35.40	6.25	6.98	0.16
土蜜树 *Bridelia tomentosa*	1	35.00	0.01	0.23	1.56	2.33	0.01
刺葵 *Phoenix loureiroi*	1	152.00	0.39	8.97	1.56	2.33	0.04
猴耳环 *Pithecellobium clypearia*	2	48.00	0.03	0.69	3.13	4.65	0.03
九节 *Psychotria rubra*	5	84.20	0.29	6.67	7.81	9.3	0.08
三桠苦 *Melicope pteleifolia*	5	76.20	0.43	9.89	7.81	9.3	0.09
山黄皮 *Miliusa sinensis*	2	61.00	0.21	4.83	3.13	4.65	0.04
布渣叶 *Microcos paniculata*	1	240	0.04	0.92	1.59	2.33	0.02

由表 5.8 可知，该群落中重要值最大的是假苹婆，为 0.20，其次是豺皮樟，为 0.16，最小的是土蜜树，为 0.01；株数最多的植物是假苹婆，有 14 株；盖度最大的植物是豺皮樟，为 1.54%，盖度最

小的植物是土蜜树，为 0.01%；相对密度最大的植物是假苹婆，为 21.86；相对频度最大的是假苹婆，为 18.58。

表 5.9　降真香 - 假苹婆 - 芒萁群落草本层结构特征

Table 5.9　The characteristics of herb layer of *Acronychia pedunculata-Sterculia lanceolata-Dicranopteris dichotoma* community

物种名称 Species name	株数 Number	平均高度（cm） Average height	盖度（%） Coverage	相对盖度 Relative coverage	相对密度 Relative density	相对频度 Relative frequency	重要值 Important value
芒萁 *Dicranopteris dichotoma*	6	65.00	83.79	56.38	26.09	25.00	0.36
铁线蕨 *Adiantum capillus-veneris*	2	16.50	1.78	1.19	8.70	16.67	0.09
凤尾蕨 *Pteris cretica* var. *nervosa*	1	25.00	1.20	0.81	4.35	8.33	0.04
沿阶草 *Ophiopogon bodinieri*	1	8.00	0.26	0.17	4.35	8.33	0.04
五节芒 *Miscanthus floridulus*	2	135.00	27.70	18.64	8.70	8.33	0.12
山麦冬 *Liriope spicata*	7	37.14	24.42	16.43	30.43	16.67	0.21
割鸡芒 *Hypolytrum nemorum*	2	32.50	8.83	5.94	8.70	8.33	0.08
两面针 *Zanthoxylum nitidum*	2	33.50	0.63	0.42	8.70	8.33	0.06

由表 5.9 可知，该群落中重要值最大的植物是芒萁，为 0.36，其次为山麦冬，为 0.21，重要值最小的是凤尾蕨和沿阶草，均为 0.04；株数最多的植物是山麦冬，有 7 株；平均高度最大的植物是五节芒，为 135.00cm，平均高度最小的是沿阶草，为 8.00cm；盖度最大的植物是芒萁，为 83.79%，盖度最小的植物是沿阶草，为 0.26%；相对密度最大的是山麦冬，为 30.43，相对密度最小的是凤尾蕨和沿阶草，均为 4.35；相对频度最大的植物是芒萁。

5.3　讨　　论

5.3.1　群落结构的特点

公园由国家或地方市政或公共团体建设和经管作为自然或人文风景区、供公众游憩用的一片土地。公园绿地是城市绿地的主要组成部分，植物群落是绿地的基本构成单位，合理的群落结构是公园绿地稳定、持续和健康发展的基础，也是公园绿地发挥其最佳生态效益的保证。

本次调查研究的就是小南山公园，小南山公园在种类组成方面，乔木优势种主要有星毛鸭脚木、布渣叶、假苹婆、降真香、细齿叶柃、阴香，大多为野生物种，而阴香属于人工种植的物种。灌木则多以豺皮樟、瓜馥木、三桠苦、五指毛桃等为主，大多数为野生物种。群落中的草本植物常见的主要有芒萁、山麦冬、乌毛蕨、割鸡芒、沿阶草等，可能沿阶草和山麦冬为人工种植物种，其他则多为天然野生物种。小南山乔木层的植株高度其群落 1 和群落 2 小于七娘山的群落 1，与后者的群落 2、群落 3 相近；但是，群落 3 明显小于后者几个群落乔木层的高度值；灌木层的高度则群落 1 高于七娘山群落 1 的值，与其群落 2、群落 3 相近，而小南山的群落 2、群落 3 则略低于后者群落 2 和群落 3 的高度值；在草本层的高度方面，则小南山草本植物的高度普遍比七娘山的 3 个群落的值要高，表现出草本植物发育较好的状况。这方面，可能是因为七娘山的植被比小南山的植被自然恢复的过程时间长，乔木比较高大，草本在林下相对不算发达，而小南山的自然演替过程还是相对更为初期，草本植物、尤其是能够更多地接受强光照的植物种类比较多和发育得更好些。

5.3.2　建　　议

为进一步优化小南山的植被生态系统，特提出以下一些建议。

（1）加强法律法规的监管力度，以法律手段保护濒危的物种。特别要保护一些古木古树，因为它们已不仅仅是古木古树，更是我们当地文化组成的一部分。

（2）加强宣传。利用现代的传媒手段，宣传保护绿化、保护环境的思想。提高每个公民的环保素质。

（3）加大研究力度：加大对小南山的研究，可以更精细地研究出哪些方位需要采取措施保护当地野生物种，哪些地方的植物群落结构较差，生态系统结构不稳定，需要进行改造等，以确保能采取进一步的工程措施，构建出该区域良好的生态系统结构。

（4）定期维护：由于自然灾害发生比较频繁，需要定期对植物的生长状况进行检查，以确保植物能顺利的生存繁殖。在调查研究中发现当地管理部门曾经常大片砍伐树下灌木、草本植物，以此方法来同时砍掉外来入侵的物种薇甘菊及减少其攀爬物。对于外来入侵的薇甘菊植物应采取更多合理措施进行防控，但是注意不要再在防控中把其他山地植物也同时破坏了，如砍伐了其他植物的茎和更多的枝条，否则需要花费更多的工夫才能恢复当地植被，而且也不能有效消除此入侵植物对当地自然植被的影响。在这种外来入侵物种的防控方面，还是依靠当地植物繁茂的枝叶形成对其封堵、遮盖的自然抑制方法最为有效，同时也不应采取如喷农药的方法，因为农药喷过之后，许多其他本该保护的乔木、灌木、草本植物也被严重伤害，甚至枯萎了。但薇甘菊由于地下有许多种子及土表处的芽等，同样会又形成许多新的植株而爬满其他植物表面；而且受伤害或干枯的其他植物还不能与其竞争，造成其攀爬更快，影响面更宽。因此此类方法也不可用。应保持其自然的演替状态，靠吸引更多的鸟类等动物帮助其他地方的种类进入到此区域，以提高当地植物的多样性及对外来入侵种的抑制作用，维持和进一步提高生态系统的稳定性。

第6章 小南山与羊台山山地植物多样性比较研究

由于在植物群落的生物多样性方面，长期以来学术界存在着较多理论和实践方面的争论问题；因此，本研究特专门针对现阶段广泛争议的究竟是自然林的植物多样性高，还是人工干扰的植物多样性高的理论问题（毛志宏和朱教君，2006；王芸等，2013），选取深圳小南山的17年以上自然恢复森林，羊台山应人石山地曾被皆伐种植荔枝，被废弃后处在半自然恢复约7年的群落，以及在大片荔枝林之间的少数处在轻度人为干扰状态的林地进行比较研究，探究两地在受到不同程度人为干扰或破坏的前提下，植物多样性状况的差异。进而为该市及其他城市在植物多样性保护和生态系统维护及修复方面提供理论依据和参考。

6.1 研究地与研究方法

6.1.1 研究地点和时间

见第5章的小南山3个植物群落和第4章羊台山应人石山地2个群落的研究。

6.1.2 研 究 方 法

见第5章和第4章。

6.1.3 计 算 方 法

各植物群落种类的重要值，α-多样性指数，D_s、D_f、D_g、D_c、H 和丰富度指数 R_1、R_2、R_3、R_{f1}、R_{f2}、R_{g1}、R_{g2}，以及科、属、种的 β-多样性指数及综合相似性系数的计算方法见第3章。

6.2 结果与分析

6.2.1 科、属、种类组成特点

把小南山的3个群落布渣叶-瓜馥木-沿阶草群落、星毛鸭脚木-五指毛桃-乌毛蕨群落和降真香-假苹婆-芒萁群落给予编号为群落1、群落2、群落3；把应人石水库山地的荔枝-梅叶冬青-乌毛蕨群落和山乌桕-桃金娘-五节芒群落给予编号为群落4、群落5。小南山研究地为小南山森林公园内，植被17年内较少受到人为干扰和破坏；而应人石研究地植被的群落4为人工皆伐后种植荔枝的林地中已被废弃的荔枝林，有7年多为近自然的植被恢复状态；而群落5为基本没有种植过荔枝树，与荔枝林相距较近的一个山坡，植被较为茂密，但也常受到人为干扰的影响。

6.2.1.1 布渣叶-瓜馥木-沿阶草群落的种类、科、属的组成

布渣叶-瓜馥木-沿阶草群落的种类、科、属的组成见表6.1。

表 6.1　布渣叶 - 瓜馥木 - 沿阶草群落的植物科、属、种组成情况

Table 6.1　The composition of family，genus and species of *Microcos paniculata-Fissistigma oldhamii-Ophiopogon bodinieri* community

种数量 Number of species	物种名 Species name	科名 Family name	科数量 Number of family	属名 Genus name	属数量 Number of genus
1	布渣叶 *Microcos paniculata*	椴树科 Tiliaceae	1	破布叶属 *Microcos*	1
2	假苹婆 *Sterculia lanceolata*	梧桐科 Sterculiaceae	2	苹婆属 *Sterculia*	2
3	潺槁树 *Litsea glutinosa*	樟科 Lauraceae	3-1	木姜子属 *Litsea*	3-1
4	豺皮樟 *Litsea rotundifolia* var. *oblongifolia*	樟科 Lauraceae	3-2	木姜子属 *Litsea*	3-2
5	印度鸡血藤 *Millettia pulchra*	蝶形花科 Fabaceae	4-1	崖豆藤属 *Millettia*	4-1
6	香港鸡血藤 *Millettia oraria*	蝶形花科 Fabaceae	4-2	崖豆藤属 *Millettia*	4-2
7	紫藤 *Wisteria sinensis*	蝶形花科 Fabaceae	4-3	紫藤属 *Wisteria*	5
8	银柴 *Aporusa dioica*	大戟科 Euphorbiaceae	5-1	银柴属 *Aporusa*	6
9	血桐 *Macaranga tanarius*	大戟科 Euphorbiaceae	5-2	血桐属 *Macaranga*	7
10	山乌桕 *Sapium discolor*	大戟科 Euphorbiaceae	5-3	乌桕属 *Sapium*	8
11	土蜜树 *Bridelia tomentosa*	大戟科 Euphorbiaceae	5-4	土蜜树属 *Bridelia*	9
12	糖胶树 *Alstonia scholaris*	夹竹桃科 Apocynaceae	6	鸡骨常山属 *Alstonia*	10
13	木通 *Akebia quinata*	木通科 Lardizabalaceae	7	木通属 *Akebia*	11
14	线枝蒲桃 *Syzygium araiocladum*	桃金娘科 Myrtaceae	8-1	蒲桃属 *Syzygium*	12
15	岗松 *Baeckea frutescens*	桃金娘科 Myrtaceae	8-2	岗松属 *Baeckea*	13
16	朱砂根 *Ardisia crenata*	紫金牛科 Myrsinaceae	9	紫金牛属 *Ardisia*	14
17	簕樤花椒 *Zanthoxylum avicennae*	芸香科 Rutaceae	10-1	花椒属 *Zanthoxylum*	15-1
18	两面针 *Zanthoxylum nitidum*	芸香科 Rutaceae	10-2	花椒属 *Zanthoxylum*	15-2
19	三桠苦 *Evodia lepta*	芸香科 Rutaceae	10-3	吴茱萸属 *Evodia*	16
20	九节 *Psychotria rubra*	茜草科 Rubiaceae	11	九节属 *Psychotria*	17
21	五指毛桃 *Ficus hirta*	桑科 Moraceae	12	榕属 *Ficus*	18
22	星毛鸭脚木 *Schefflera minutistellata*	五加科 Araliaceae	13	鹅掌柴属 *Schefflera*	19
23	瓜馥木 *Fissistigma oldhamii*	番荔枝科 Annonaceae	14-1	瓜馥木属 *Fissistigma*	20
24	紫玉盘 *Uvaria mirocarpa*	番荔枝科 Annonaceae	14-2	紫玉盘属 *Uvaria*	21
25	朴树 *Celtis sinensis*	榆科 Ulmaceae	15	朴属 *Celtis*	22
26	铁包金 *Berchemia lineata*	鼠李科 Rhamnaceae	16	勾儿茶属 *Berchemia*	23
27	沿阶草 *Ophiopogon bodinieri*	百合科 Liliaceae	17-1	沿阶草属 *Ophiopogon*	24
28	山麦冬 *Liriope spicata*	百合科 Liliaceae	17-2	山麦冬属 *Liriope*	25
29	露兜 *Pandanus tectorius*	露兜树科 Pandanaceae	18	露兜树属 *Pandanus*	26
30	金毛狗 *Cibotium barometz*	蚌壳蕨科 Dicksoniaceae	19	金毛狗属 *Cibotium*	27
31	菝葜 *Smilax china*	菝葜科 Smilacaceae	20	菝葜属 *Smilax*	28
32	竹节草 *Chrysopogon aciculatus*	禾本科 Gramineae	21	金须茅属 *Chrysopogon*	29
33	割鸡芒 *Hypolytrum nemorum*	莎草科 Cyperaceae	22-1	割鸡芒属 *Hypolytrum*	30
34	珍珠茅 *Scleria hebecarpa*	莎草科 Cyperaceae	22-2	珍珠茅属 *Scleria*	31
35	山银花 *Lonicera pampaninii*	忍冬科 Caprifoliaceae	23	忍冬属 *Lonicera*	32

　　由表 6.1 可以看出，该植物群落中共有 23 科 32 属 35 种，其中大戟科 4 种，芸香科和蝶形花科都是 3 种，桃金娘科、樟科、番荔枝科、百合科和莎草科都是 2 种，而其他科基本是 1 科 1 种；属方面，除了木姜子属、花椒属、崖豆藤属是 2 种外，其他基本上都是 1 属 1 种。

6.2.1.2　星毛鸭脚木 - 五指毛桃 - 乌毛蕨群落的种类、科、属的组成

　　星毛鸭脚木 - 五指毛桃 - 乌毛蕨群落的种类、科、属的组成见表 6.2。

表 6.2　星毛鸭脚木 - 五指毛桃 - 乌毛蕨群落的植物科、属、种组成情况

Table 6.2　The composition of family，genus and species of *Schefflera minutistellata-Ficus hirta-Blechnum orientale* community

种类数 Number of species	物种名 Species name	科名 Family name	科数量 Number of family	属名 Genus name	属数量 Number of genus
1	对叶榕 *Ficus hispida*	桑科 Rhamnaceae	1-1	榕属 *Ficus*	1-1
2	五指毛桃 *Ficus hirta*	桑科 Moraceae	1-2	榕属 *Ficus*	1-2
3	阴香 *Cinnamomum burmannii*	樟科 Lauraceae	2-1	樟属 *Cinnamomum*	2
4	潺槁树 *Litsea glutinosa*	樟科 Lauraceae	2-2	木姜子属 *Litsea*	3-2
5	豺皮樟 *Litsea rotundifolia* var. *oblongifolia*	樟科 Lauraceae	2-3	木姜子属 *Litsea*	3-2
6	短序楠 *Phoebe brachythyrsa*	樟科 Lauraceae	2-4	楠属 *Phoebe*	4
7	三桠苦 *Melicope pteleifolia*	芸香科 Rutaceae	3-1	蜜茱萸属 *Melicope*	5
8	楝叶吴茱萸 *Euodia glabrifolia*	芸香科 Rutaceae	3-2	吴茱萸属 *Euodia*	6
9	黄皮 *Clausena lansium*	芸香科 Rutaceae	3-3	黄皮属 *Clausena*	7
10	山乌桕 *Sapium discolor*	大戟科 Euphorbiaceae	4-1	乌桕属 *Sapium*	8
11	银柴 *Aporusa dioica*	大戟科 Euphorbiaceae	4-2	银柴属 *Aporusa*	9
12	算盘子 *Glochidion puberum*	大戟科 Euphorbiaceae	4-3	算盘子属 *Glochidion*	10
13	土蜜树 *Bridelia tomentosa*	大戟科 Euphorbiaceae	4-4	土蜜树属 *Bridelia*	11
14	布渣叶 *Microcos paniculata*	椴树科 Tiliaceae	5	破布叶属 *Microcos*	12
15	假苹婆 *Sterculia lanceolata*	梧桐科 Sterculiaceae	6-1	苹婆属 *Sterculia*	13-1
16	苹婆 *Sterculia monosperma*	梧桐科 Sterculiaceae	6-2	苹婆属 *Sterculia*	13-2
17	木通 *Akebia quinata*	木通科 Lardizabalaceae	7	木通属 *Akebia*	14
18	罗伞树 *Ardisia quinquegona*	紫金牛科 Myrsinaceae	8-1	紫金牛属 *Ardisia*	15-1
19	朱砂根 *Ardisia crenata*	紫金牛科 Myrsinaceae	8-2	紫金牛属 *Ardisia*	15-2
20	星毛鸭脚木 *Schefflera minutistellata*	五加科 Araliaceae	9	鹅掌柴属 *Schefflera*	16
21	细齿叶柃 *Eurya nitida*	山茶科 Theaceae	10	柃木属 *Eurya*	17
22	铁包金 *Berchemia lineata*	鼠李科 Rhamnaceae	11	勾儿茶属 *Berchemia*	18
23	九节 *Psychotria rubra*	茜草科 Rubiaceae	12	九节属 *Psychotria*	19
24	猴耳环 *Pithecellobium clypearia*	豆科 Leguminosae	13	猴耳环属 *Pithecellobium*	20
25	瓜馥木 *Fissistigma oldhamii*	番荔枝科 Annonaceae	14	瓜馥木属 *Fissistigma*	21
26	乌毛蕨 *Blechnum orientale*	乌毛蕨科 Blechnaceae	15	乌毛蕨属 *Blechnum*	22
27	半边旗 *Pteris semipinnata*	凤尾蕨科 Pteridaceae	16-1	凤尾蕨属 *Pteris*	23-1
28	凤尾蕨 *Pteris cretica* var. *nervosa*	凤尾蕨科 Pteridaceae	16-2	凤尾蕨属 *Pteris*	23-2
29	沿阶草 *Ophiopogon bodinieri*	百合科 Liliaceae	17-1	沿阶草属 *Ophiopogon*	24
30	山麦冬 *Liriope spicata*	百合科 Liliaceae	17-2	山麦冬属 *Liriope*	25
31	华南毛蕨 *Cyclosorus parasiticus*	金星蕨科 Thelypteridaceae	18	毛蕨属 *Cyclosorus*	26
32	芒萁 *Dicranopteris dichotoma*	里白科 Gleicheniaceae	19	芒萁属 *Dicranopteris*	27
33	割鸡芒 *Hypolytrum nemorum*	莎草科 Cyperaceae	20	割鸡芒属 *Hypolytrum*	28
34	铁线蕨 *Adiantum capillus-veneris*	铁线蕨科 Adiantaceae	21	铁线蕨属 *Adiantum*	29
35	五节芒 *Miscanthus floridulus*	禾本科 Gramineae	22	芒属 *Miscanthus*	30
36	饭苞草 *Commelina benghalensis*	鸭跖草科 Commelinaceae	23	鸭跖草属 *Commelina*	31

由表 6.2 可以看出，该植物群落中共有 23 科 31 属 36 种，其中樟科 4 种，大戟科 4 种，芸香科 3 种，梧桐科、紫金牛科、桑科、凤尾蕨科、百合科都是 2 种，而其他科基本是 1 科 1 种；属方面，榕属、苹婆属、木姜子属、紫金牛属、凤尾蕨属都是 2 种，其他物种基本上都是 1 属 1 种。

6.2.1.3　降真香 - 假苹婆 - 芒萁群落的种类、科、属的组成

降真香 - 假苹婆 - 芒萁群落的种类、科、属的组成见表 6.3。

表 6.3　降真香 - 假苹婆 - 芒萁群落的科、属、种组成情况

Table 6.3　The composition of family，genus and species of *Acronychia pedunculata-Sterculia lanceolata-Dicranopteris dichotoma* community

种类数 Number of species	物种名 Species name	科名 Family name	科数量 Number of family	属名 Genus name	属数量 Number of genus
1	银柴 *Aporusa dioica*	大戟科 Euphorbiaceae	1-1	银柴属 *Aporusa*	1
2	山乌桕 *Sapium discolor*	大戟科 Euphorbiaceae	1-2	乌桕属 *Sapium*	2
3	土蜜树 *Bridelia tomentosa*	大戟科 Euphorbiaceae	1-3	土蜜树属 *Bridelia*	3
4	杨桐 *Adinandra millettii*	山茶科 Theaceae	2-1	杨桐属 *Adinandra*	4
5	细齿叶柃 *Eurya nitida*	山茶科 Theaceae	2-2	柃木属 *Eurya*	5
6	箭榄花椒 *Zanthoxylum avicennae*	芸香科 Rutaceae	3-1	花椒属 *Zanthoxylum*	6-1
7	两面针 *Zanthoxylum nitidum*	芸香科 Rutaceae	3-2	花椒属 *Zanthoxylum*	6-2
8	楝叶吴茱萸 *Euodia glabrifolia*	芸香科 Rutaceae	3-3	吴茱萸属 *Euodia*	7-1
9	三桠苦 *Melicope pteleifolia*	芸香科 Rutaceae	3-4	吴茱萸属 *Melicope*	7-2
10	黄皮 *Clausena lansium*	芸香科 Rutaceae	3-5	黄皮属 *Clausena*	8
11	降真香 *Acronychia pedunculata*	芸香科 Rutaceae	3-6	山油柑属 *Acronychia*	9
12	豺皮樟 *Litsea rotundifolia* var. *oblongifolia*	樟科 Lauraceae	4-1	木姜子属 *Litsea*	10-1
13	潺槁树 *Litsea glutinosa*	樟科 Lauraceae	4-2	木姜子属 *Litsea*	10-2
14	铁包金 *Berchemia lineata*	鼠李科 Rhamnaceae	5	勾儿茶属 *Berchemia*	11
15	星毛鸭脚木 *Schefflera minutistellata*	五加科 Araliaceae	6	鹅掌柴属 *Schefflera*	12
16	假苹婆 *Sterculia lanceolata*	梧桐科 Sterculiaceae	7	苹婆 *Sterculia*	13
17	朱砂根 *Ardisia crenata*	紫金牛科 Myrsinaceae	8	紫金牛属 *Ardisia*	14
18	瓜馥木 *Fissistigma oldhamii*	番荔枝科 Annonaceae	9	瓜馥木属 *Fissistigma*	15
19	鸦胆子 *Brucea javanica*	苦木科 Simaroubaceae	10	鸦胆子属 *Brucea*	16
20	刺葵 *Phoenix loureiroi*	棕榈科 Palmae	11	刺葵属 *Phoenix*	17
21	猴耳环 *Pithecellobium clypearia*	豆科 Leguminosae	12	猴耳环属 *Pithecellobium*	18
22	九节 *Psychotria rubra*	茜草科 Rubiaceae	13	九节属 *Psychotria*	19
23	布渣叶 *Microcos paniculata*	椴树科 Tiliaceae	14	破布叶属 *Microcos*	20
24	芒萁 *Dicranopteris dichotoma*	里白科 Gleicheniaceae	15	芒萁属 *Dicranopteris*	21
25	铁线蕨 *Adiantum capillus-veneris*	铁线蕨科 Adiantaceae	16	铁线蕨属 *Adiantum*	22
26	凤尾蕨 *Pteris cretica* var. *nervosa*	凤尾蕨科 Pteridaceae	17	凤尾蕨属 *Pteris*	23
27	割鸡芒 *Hypolytrum nemorum*	莎草科 Cyperaceae	18	割鸡芒属 *Hypolytrum*	24
28	五节芒 *Miscanthus floridulus*	禾本科 Gramineae	19	芒属 *Miscanthus*	25
29	沿阶草 *Ophiopogon bodinieri*	百合科 Liliaceae	20-1	沿阶草属 *Ophiopogon*	26
30	山麦冬 *Liriope spicata*	百合科 Liliaceae	20-2	山麦冬属 *Liriope*	27

由表 6.3 可以看出，该植物群落中共有 20 科 27 属 30 种，其中芸香科 6 种，大戟科 3 种，山茶科、樟科、百合科都是 2 种，而其他科基本是 1 科 1 种；属方面，花椒属、木姜子属、吴茱萸属都是 2 种，其他属基本上都是 1 属 1 种。

6.2.1.4　荔枝 - 梅叶冬青 - 乌毛蕨群落的种类、科及属的组成

荔枝 - 梅叶冬青 - 乌毛蕨群落的种类、科及属的组成见表 6.4。

表 6.4　荔枝 - 梅叶冬青 - 乌毛蕨群落的科、属、种组成情况

Table 6.4　The composition of family，genus and species of *Litchi chinensis-Ilex asprella-Blechnum orientale* community

种类数 Number of species	物种名 Species name	科名 Family name	科数量 Number of family	属名 Genus name	属数量 Number of genus
1	五指毛桃 *Ficus hirta*	桑科 Moraceae	1-1	榕属 *Ficus*	1-1
2	变叶榕 *Ficus variolosa*	桑科 Moraceae	1-2	榕属 *Ficus*	1-2
3	山油柑 *Acronychia pedunculata*	芸香科 Rutaceae	2-1	山油柑属 *Acronychia*	2

续表

种类数 Number of species	物种名 Species name	科名 Family name	科数量 Number of family	属名 Genus name	属数量 Number of genus
4	箣榄花椒 *Zanthoxylum avicennae*	芸香科 Rutaceae	2-2	花椒属 *Zanthoxylum*	3
5	土蜜树 *Bridelia tomentosa*	大戟科 Euphorbiaceae	3-1	土蜜树属 *Bridelia*	4
6	山乌桕 *Sapium discolor*	大戟科 Euphorbiaceae	3-2	乌桕属 *Sapium*	5
7	白背叶 *Mallotus apelta*	大戟科 Euphorbiaceae	3-3	野桐属 *Mallotus*	6
8	毛果算盘子 *Glochidion eriocarpum*	大戟科 Euphorbiaceae	3-4	算盘子属 *Glochidion*	7
9	银柴 *Aporusa dioica*	大戟科 Euphorbiaceae	3-5	银柴属 *Aporusa*	8
10	荔枝 *Litchi chinensis*	无患子科 Sapindaceae	4	荔枝属 *Litchi*	9
11	桃金娘 *Rhodomyrtus tomentosa*	桃金娘科 Myrtaceae	5-1	桃金娘属 *Rhodomyrtus*	10
12	柳叶桉 *Eucalyptus saligna*	桃金娘科 Myrtiflorae	5-2	桉树属 *Eucalyptus*	11
13	梅叶冬青 *Ilex asprella*	冬青科 Aquifoliaceae	6	冬青属 *Ilex*	12
14	豺皮樟 *Litsea rotundifolia* var. *oblongifolia*	樟科 Lauraceae	7	木姜子属 *Litsea*	13
15	山芝麻 *Helicteres angustifolia*	梧桐科 Sterculiaceae	8	山芝麻属 *Helicteres*	14
16	盐肤木 *Rhus chinensis*	漆树科 Anacardiaceae	9	盐肤木属 *Rhus*	15
17	毛稔 *Melastoma sanguineum*	野牡丹科 Melastomataceae	10	野牡丹属 *Melastoma*	16
18	九节 *Psychotria rubra*	茜草科 Rubiaceae	11-1	九节属 *Psychotria*	17
19	金草 *Hedyotis acutangula*	茜草科 Rubiaceae	11-2	耳草属 *Hedyotis*	18
20	星毛鸭脚木 *Schefflera minutistellata*	五加科 Araliaceae	12	鹅掌柴属 *Schefflera*	19
21	异叶线蕨 *Colysis diversifolia*	水龙骨科 Polypodiaceae	13	线蕨属 *Colysis*	20
22	五色梅 *Lantana camara*	马鞭草科 Verbenaceae	14	马缨丹属 *Lantana*	21
23	铁线蕨 *Adiantum capillus-veneris*	铁线蕨科 Adiantaceae	15	铁线蕨属 *Adiantum*	22
24	割鸡芒 *Hypolytrum nemorum*	莎草科 Cyperaceae	16-1	割鸡芒属 *Hypolytrum*	23
25	十字薹草 *Carex cruciata*	莎草科 Cyperaceae	16-2	薹草属 *Carex*	24
26	凤尾蕨 *Pteris cretica* var. *nervosa*	凤尾蕨科 Pteridaceae	17	凤尾蕨属 *Pteris*	25
27	乌毛蕨 *Blechnum orientale*	乌毛蕨科 Blechnaceae	18	乌毛蕨属 *Blechnum*	26
28	五节芒 *Miscanthus floridulus*	禾本科 Gramineae	19-1	芒属 *Miscanthus*	27
29	类芦 *Neyraudia reynaudiana*	禾本科 Gramineae	19-2	类芦属 *Neyraudia*	28
30	芒萁 *Dicranopteris dichotoma*	里白科 Gleicheniaceae	20	芒萁属 *Dicranopteris*	29
31	鳞始蕨 *Lindsaea odorata*	鳞始蕨科 Lindsaeaceae	21	鳞始蕨属 *Lindsaea*	30
32	山菅兰 *Dianella ensifolia*	百合科 Liliaceae	22	山菅兰属 *Dianella*	31

　　从表 6.4 可以看出，荔枝 - 梅叶冬青 - 乌毛蕨群落的物种较为丰富，共有 22 科 31 属 32 种，其中大戟科含有较多物种，为 5 种，而桑科、芸香科、桃金娘科、茜草科、莎草科和禾本科均为 2 种，而其他科基本是 1 科 1 种；属方面，仅榕属存在 1 属多种，其他属都是 1 属 1 种。

6.2.1.5　山乌桕 - 桃金娘 - 五节芒群落的种类、科及属的组成

　　山乌桕 - 桃金娘 - 五节芒群落的种类、科及属的组成见表 6.5。

表 6.5　山乌桕 - 桃金娘 - 五节芒群落的科、属、种组成

Table 6.5　The composition of family，genus and species of *Sapium discolor-Rhodomyrtus tomentosa-Miscanthus floridulus* community

种类数 Number of species	物种名 Species name	科名 Family name	科数量 Number of family	属名 Genus name	属数量 Number of genus
1	银柴 *Aporusa dioica*	大戟科 Euphorbiaceae	1-1	银柴属 *Aporusa*	1
2	山乌桕 *Sapium discolor*	大戟科 Euphorbiaceae	1-2	乌桕属 *Sapium*	2
3	白背叶 *Mallotus apelta*	大戟科 Euphorbiaceae	1-3	野桐属 *Mallotus*	3
4	毛果算盘子 *Glochidion eriocarpum*	大戟科 Euphorbiaceae	1-4	算盘子属 *Glochidion*	4

续表

种类数 Number of species	物种名 Species name	科名 Family name	科数量 Number of family	属名 Genus name	属数量 Number of genus
5	豺皮樟 Litsea rotundifolia var. oblongifolia	樟科 Lauraceae	2-1	木姜子属 Litsea	5
6	樟树 Cinnamomum camphora	樟科 Lauraceae	2-2	樟属 Cinnamomum	6
7	水团花 Adina pilulifera	茜草科 Rubiaceae	3-1	水团花属 Adina	7
8	九节 Psychotria rubra	茜草科 Rubiaceae	3-2	九节属 Psychotria	8-1
9	蔓九节 Psychotria serpens	茜草科 Rubiaceae	3-3	九节属 Psychotria	8-2
10	鸡矢藤 Paederia scandens	茜草科 Rubiaceae	3-4	鸡矢藤属 Paederia	9
11	山栀子 Gardenia jasminoides	茜草科 Rubiaceae	3-5	栀子属 Gardenia	10
12	簕欓花椒 Zanthoxylum avicennae	芸香科 Rutaceae	4-1	花椒属 Zanthoxylum	11
13	楝叶吴茱萸 Evodia glabrifolia	芸香科 Rutaceae	4-2	吴茱萸属 Evodia	12
14	变叶榕 Ficus variolosa	桑科 Moraceae	5-1	榕属 Ficus	13-1
15	五指毛桃 Ficus hirta	桑科 Moraceae	5-2	榕属 Ficus	13-2
16	土沉香 Aquilaria sinensis	瑞香科 Thymelaeaceae	6	沉香属 Aquilaria	14
17	山杜英 Elaeocarpus sylvestris	杜英科 Elaeocarpaceae	7	杜英属 Elaeocarpus	15
18	桃金娘 Rhodomyrtus tomentosa	桃金娘科 Myrtaceae	8	桃金娘属 Rhodomyrtus	16
19	荔枝 Litchi chinensis	无患子科 Sapindaceae	9	荔枝属 Litchi	17
20	星毛鸭脚木 Schefflera minutistellata	五加科 Araliaceae	10	鹅掌柴属 Schefflera	18
21	盐肤木 Rhus chinensis	漆树科 Anacardiaceae	11	盐肤木属 Rhus	19
22	五色梅 Lantana camara	马鞭草科 Verbenaceae	12	马缨丹属 Lantana	20
23	梅叶冬青 Ilex asprella	冬青科 Aquifoliaceae	13	冬青属 Ilex	21
24	毛稔 Melastoma sanguineum	野牡丹科 Melastomataceae	14	野牡丹属 Melastoma	22
25	假苹婆 Sterculia lanceolata	梧桐科 Sterculiaceae	15	苹婆属 Sterculia	23
26	朱砂根 Ardisia crenata	紫金牛科 Myrsinaceae	16	紫金牛属 Ardisia	24
27	乌毛蕨 Blechnum orientale	乌毛蕨科 Blechnaceae	17	乌毛蕨属 Blechnum	25
28	芒萁 Dicranopteris dichotoma	里白科 Gleicheniaceae	18	芒萁属 Dicranopteris	26
29	山菅兰 Dianella ensifolia	百合科 Liliaceae	19	山菅兰属 Dianella	27
30	割鸡芒 Hypolytrum nemorum	莎草科 Cyperaceae	20	割鸡芒属 Hypolytrum	28
31	五节芒 Miscanthus floridulus	禾本科 Gramineae	21	芒属 Miscanthus	29
32	铁线蕨 Adiantum capillus-veneris	铁线蕨科 Adiantaceae	22	铁线蕨属 Adiantum	30
33	半边旗 Pteris semipinnata	凤尾蕨科 Pteridaceae	23	凤尾蕨属 Pteris	31
34	鳞始蕨 Lindsaea odorata	鳞始蕨科 Lindsaeaceae	24	鳞始蕨属 Lindsaea	32
35	异叶线蕨 Colysis diversifolia	水龙骨科 Polypodiaceae	25	线蕨属 Colysis	33

从表 6.5 可以看出，山乌桕 - 桃金娘 - 五节芒群落的物种比荔枝 - 梅叶冬青 - 乌毛蕨群落的稍微丰富一些，共有 25 科 33 属 35 种，其中茜草科有 5 种，是含有最多物种的一个科，大戟科次之，含4 种，樟科、芸香科和桑科分别有 2 种，而其他科基本是 1 科 1 种；属方面，较群落 1 丰富，九节属和榕属都存在 1 属多种，其他属则是 1 属 1 种。

各群落科、属、种的数量组成情况见图 6.1。

由图 6.1 可知，小南山的 3 个植物群落的群落 1 和群落 2 的科、属和种的数量均较高；群落 3 的科、属数量略低；羊台山群落 4 的科数量低于前者的群落 1、群落 2，属的数量等于群落 2，低于群落 1；其种类数均低于群落 1 和群落 2；群落 5 的科数量最高，属和种的数量也较高。

6.2.1.6　各层次种类的组成特点

各群落各层次的种类组成情况见图 6.2。

由图 6.2 可知，小南山的群落 1 和群落 2 的乔木种类数量均较高，群落 2 最高；而灌木种类数量则相对较低；群落 3 的乔木种类数量虽然略低，但高于羊台山的群落 4，而低于群落 5，但其灌木种类数量则高于群落 1 和群落 2。羊台山的群落 4 和群落 5 的灌木种类数量均处在最高的水平，类似于

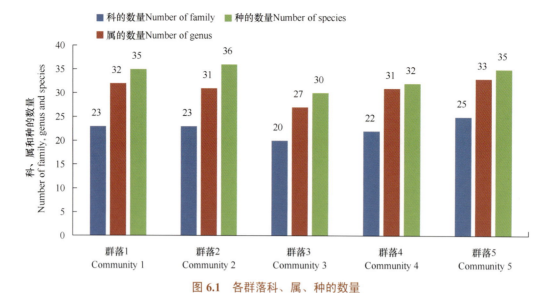

图 6.1　各群落科、属、种的数量

Figure 6.1　Number of family，genus and species of each community

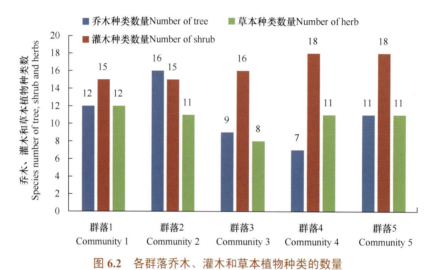

图 6.2　各群落乔木、灌木和草本植物种类的数量

Figure 6.2　Species number of tree，shrub and herb plant in each community

小南山的群落 3，其乔木的种类数量较低，但是其灌木的种类数较高，而且它们的草本植物种类数也是处在较明显地高于群落 3，而接近于群落 2、低于群落 1 的状态。

上述的种类数量，为丰富度的其中一个直观、简约的指标：$R= S$（张金屯，2011），即丰富度值为种类数的状况；此生物多样性特征两个地点是有差异的，表现为小南山的 3 个群落里群落 1 和群落 2 明显各层次的种类数量之和均高于羊台山的群落 4、群落 5；而多样性的统计不能仅看种类的数量情况，还需要根据每个种类所含个体数的比例等情况进行数理统计，这样才更为全面与合理。

6.2.2　各群落的 α- 多样性指数

各群落的多样性、丰富度指数见表 6.6。

表 6.6　各植物群落的生物多样性指数

Table 6.6　The biodiversity indexes of communities

群落 Community	植物层次 Layer of plant	D	H	R_1	R_2	R_3
	乔木层 Tree layer	0.6470	0.3486	0.7213	0.4986	2.2072
1	灌木层 Shrub layer	0.8874	2.8753	3.9639	0.4253	3.6996
	草本层 Herb layer	0.9202	1.9998	3.6409	0.7539	3.0212
	整体 Integral value	0.8365	5.2237	8.3261	1.6778	8.9280

续表

群落 Community	植物层次 Layer of plant	D	H	R_1	R_2	R_3
2	乔木层 Tree layer	0.8488	4.0685	3.2667	0.5661	3.0626
	灌木层 Shrub layer	0.8988	3.5157	3.5307	0.6374	3.2953
	草本层 Herb layer	0.9570	2.0844	3.2342	0.7050	2.9401
	整体 Integral value	0.9562	9.6686	10.0316	1.9085	9.298
3	乔木层 Tree layer	0.9046	2.5662	1.9763	0.4825	1.7567
	灌木层 Shrub layer	0.8502	3.4024	3.8472	0.6667	3.6067
	草本层 Herb layer	0.8889	1.4816	2.5541	0.6632	2.2325
	整体 Integral value	0.9433	7.4502	8.3776	1.8124	7.5959
4	乔木层 Tree layer	0.8117	1.7565	1.6961	0.4715	1.4538
	灌木层 Shrub layer	0.9449	2.7513	4.3281	0.6950	4.0876
	草本层 Herb layer	0.8478	1.9981	2.5175	0.5488	2.2886
	整体 Integral value	0.6045	6.5059	6.7631	0.6732	6.5752
5	乔木层 Tree layer	0.8830	2.2247	2.5032	0.5457	2.2756
	灌木层 Shrub layer	0.9451	2.7855	4.1316	0.6634	3.9020
	草本层 Herb layer	0.8292	1.9582	2.7327	0.5957	2.4843
	整体 Integral value	0.6573	6.9685	7.4479	0.6869	7.2617

　　由表 6.6 可见，在两研究地的 5 群落中，乔木层种类多样性 D 值最高的为群落 3，其物种多样性 H 值也居第二；虽然其看起来整个群落的各层次的种类数量较少，但是其乔木层的多样性指数是较高的。因此，也可以说此群落的发育是较为成熟的。而群落 1 乔木层的多样性 D 值和 H 值在 5 个群落均最低，其灌木和草本层的多样性指数值居中。从丰富度 R_1、R_2、R_3 的整体值和 H 的整体值看，群落 2 为最高，群落 3 第二，群落 1 第三；而羊台山的群落 4 和群落 5，其整体的 D、H、各项 R 值均小于小南山的群落 2 和群落 3，而且差异较大，其整体的 D 值及各 R 值也均小于小南山的群落。说明羊台山虽然在种类的数量上比小南山群落 1 和群落 2 的少一些，而高于其群落 3，但是，其每个科、属及种类的各低一等级的数量在结构及分布特点上，造成其多样性明显比小南山各群落的低，也说明其少数科内的属数量、少数属的种类数量及少数种类的个体数均过多，优势种的优势度过于明显所造成。说明其受到人为干扰影响较为明显，即便群落 5 不是原来的荔枝林，而是处在半自然恢复状态，然而周边较多的人为干扰和影响，也造成其生物多样性明显较低。而且它们的主要种类为灌木及草本，也说明该群落处在恢复的初期或中间状态的演替过程中，乔木层植被还远没有得到较好的发育。如果此类群落再度继续重复了以往的人为干扰，如人们继续不定期地进入林内间伐木本和草本植物等，则此植被结构和组成将长期地循环往复，处在波动的较差的状态。

6.2.3　各群落种类的相似性系数

　　各群落乔木层的物种相似性系数值见表 6.7。

表 6.7　群落乔木层种类的相似性系数
Table 6.7　Species similarity coefficient of tree layer of communities

群落 Community	1	2	3	4	5
1	1.0000				
2	0.3571	1.0000			
3	0.1905	0.4000	1.0000		
4	0.2105	0.1818	0.3750	1.0000	
5	0.0869	0.2308	0.4000	0.5556	1.0000

各群落灌木层的物种相似性系数值见表 6.8。

表 6.8　群落灌木层种类的相似性系数
Table 6.8　Species similarity coefficient of shrub layer of communities

群落 Community	1	2	3	4	5
1	1.0000				
2	0.5833	1.0000			
3	0.5926	0.6667	1.0000		
4	0.3636	0.3030	0.1765	1.0000	
5	0.4242	0.3636	0.3636	0.6667	1.0000

各群落草本层的物种相似性系数值见表 6.9。

表 6.9　群落草本层种类的相似性系数
Table 6.9　Species similarity coefficient of herb layer of communities

群落 Community	1	2	3	4	5
1	1.0000				
2	0.1818	1.0000			
3	0.4000	0.7368	1.0000		
4	0.0869	0.5455	0.5263	1.0000	
5	0.0869	0.4545	0.4211	0.6364	1.0000

由表 6.7～表 6.9 可见，两个研究地的各群落其乔木层的种类相似性系数是最低的，而且不论是同一个山地的小南山的不同群落之间，以及羊台山的 2 个群落之间，还是相隔几十千米的两个研究地之间，各群落之间均为此特点。两研究地的几个群落之间，草本层只是群落 1 与各群落之间的差异较大，相同的种类极少或很少，其他的群落之间植物的相似性系数均很高或较高，而灌木层植物次之，但是其指标值也不算高。

6.3　讨　　论

6.3.1　群落的科、属、种及各层次种类的组成特点

从小南山和羊台山 2 个研究地 5 个植物群落的科、属、种数量指标情况看，可考虑将此 3 项指标作为 3 项科、属和种的丰富度指标：$R_f = F$，$R_g = G$，$R_s = S$，（F、G、S 分别为科、属和种的数量）。根据 Pielou（1975）科、属、种多样性及综合多样性统计原理，其综合丰富度指数可以为：$R_c = R_f + R_g + R_s$，则 5 个群落综合丰富度指标的大小顺序为群落 1、群落 4 ＞群落 2 ＞群落 5 ＞群落 3。从此直接统计数量的指标进行综合看，似乎看不出哪个地点山地群落科、属、种的组成更好。羊台山虽然受到过人为干扰，一个为被丢弃的荔枝林及几片荔枝林空隙之间的植被，但是已经有约 7 年时间处在人为干扰很少的自然和半自然恢复的状态，因此其科、属和种的组成情况已经与前者较接近了。说明像深圳这样的亚热带地区，如果对山地不进行人工经济林和大片用材林的种植，则约 7 年植物的多样性恢复还是较快的，很多不同科和属的植物种子能够进入到群落中，使得群落的遗传结构组成丰富，层次丰富，群落结构得到很好的发育。但从总体上看，小南山的群落还是在属和种的数量上高于后者。

从 2 个地点 5 群落的乔木、灌木和草本植物种类的组成情况看，则小南山的群落 1 和群落 2 乔木层次植物种类明显多，接近于灌木层的种类数，而草本植物的发育也很好，具有很多的种类，也超过了羊台山的群落 4 和群落 5。本研究表明，不受到人为干扰的植被群落的种类数量比受到人为干扰的群落略高，尤其是乔木层的种类数明显高于后者，而非人为干扰的群落其植物多样性有提高的现象（江小蕾等，2003；毛志宏和朱教君，2006；黄志霖等，2011）。

群落 3 的乔木层种类也较多，高于羊台山的群落 4，但后者灌木层次数量较高，多于群落 1 和群

落 2，其草本植物的数量则最少；群落 5 的乔木层种类数量处于 5 个群落中的第三位，灌木层种类与群落 4 一样，处在最多的位置，而其草本层种类也处在与群落 2 及群落 4 相当的位置。说明羊台山处在自然恢复状态的这些群落，其乔木层植物的种类还不多，而其灌木层种类（这其中并非是乔木低于4m 的种类，而是在生物学特性上属于灌木植物的种类，占约 85%）是最为丰富的，草本层植物也很多。这是植物群落在次生演替过程中一种处在较好的发育中间过程的状态；显然小南山的植被发育比应人石山地的更好。

6.3.2　物种多样性分析

小南山各群落的植物种类多样性指数 D、H、R_1、R_2、R_3 值为：群落 2＞群落 3＞群落 1，而羊台山的 2 个群落的 D、H、R_1、R_2、R_3 值为群落 5＞群落 4；小南山的 3 个群落上述各多样性指数值均高于羊台山的 2 个群落。

虽然在乔木层、灌木层和草本层的指标值上有一些是羊台山 2 个群落高于小南山的某些群落，但是在种类 α- 多样性各指标值的整体指标方面均表现为小南山的高于羊台山的各群落，而且数值相差较大。这说明小南山不仅多数群落（群落 1、群落 2）在乔木层、灌木层和草本层的种类数量，而且其科和草本植物种类的数量也基本高于羊台山的各群落，它们的灌木层种类数也较高。说明小南山的植物群落的发育比羊台山的要好许多，而且物种多样性明显高于后者。这个结果进一步表明，不是以往人们较为普遍认为的进行人工干扰后，尤其是中度干扰后，群落的植物多样性会较多地提高（江小蕾等，2003；毛志宏和朱教君，2006；黄志霖等，2011；黄丹等，2012），而是不受干扰或极少受到干扰的群落其乔木层、灌木层和草本层的多样性指数都高于受到人为干扰的群落，即便是后者已经处在自然和半自然恢复达七八年之久。这与各层次种类数量比较的结果也类似，而且还更加客观和全面地综合反映了这些群落在各自受到不同人为干扰影响条件下发育的群落其生物多样性的特征。

这表明建立森林公园，实现封育条件下的保护所体现出的保护山地植被明显提高生物多样性和群落各层次种类发育的效果。

在各群落乔木层的相似性系数指标方面，群落 1 与同属于一个区域的小南山其他各群落及不同区域群落的相似性系数均相当低，仅与群落 2 之间的值稍高一些，为 0.3571，其他的值均在 0.22 以下。说明群落 1 的种类组成成分与多数群落相差很大；尤其是与相隔几十千米的羊台山的 2 个群落具有共同的种类很少或极少。群落 2 与群落 3 之间的相似性系数值稍高一些，达到 0.4000，但与羊台山的群落 4、群落 5 相似性系数值很低。群落 3 与群落 4、群落 5 的系数值稍高一些，为 0.3750 和 0.4000。但是从整体上看，两地植被的各群落之间在乔木层的种类组成上还是具有很大或较大的差异的。这对于深圳大区域的多样性的提高是有利的。也可以形成更具有差异和丰富的乔木植被景观。而且对于生态系统结构的变化、复杂性和稳定性的提高是很有益的。

在灌木层种类的相似性系数方面，群落 1 与群落 2、群落 3 的值均偏高，分别为 0.5833、0.5926，而与羊台山的 2 个群落之间的值则较低，分别为 0.3636、0.4242，说明各群落之间很多种类还是不同的。群落 2 与群落 3 之间的值较高，达到了 0.6667，说明两个同属一个区域的不同群落在这个层次上有较多种类是相同的。而与群落 1 一样，群落 2、群落 3 与羊台山的 2 个群落之间的值均很低，说明小南山的各群落灌木层的种类组成与羊台山的各群落还是很不相同的。这就较好地反映了水平距离上的差异形成了较多不同的种类分布因而构成较高多样性的格局。羊台山 2 个群落之间的指数值达到0.6667，处于偏高的状态。也说明其在人工干扰之后，处于自然和半自然恢复的前期阶段的特点。

在草本植物方面，群落 1 与群落 2 之间的值很小，而与群落 3 的值较高，但与群落 4、群落 5 的值极小，仅为 0.0869，群落 2 与群落 3 之间的值达到 0.7368，较高，但是与群落 4、群落 5 则相对较低，为 0.5455、0.4545，处于中等偏高的水平。群落 3 与群落 4、群落 5 的情况也类似群落 2，而同为羊台山的群落 4 和群落 5 之间的值则相对较高，达到 0.6364。这也说明受到较多人为干扰的羊台山各群落间植物组成的相同比例较高，植物多样性是较低的。这进一步证明，并非受到人为干扰的植物群落其生物多样性就会高，实际上许多情况是相反的。本研究的草本植物的情况表明，多数群落之间的种类组成还是存在差异，但是差异又不很大，处在接近 40% 的状态。这说明该地区草本植物的大区域多样性方面可能会比灌木和乔木层植物的低。

　　上述分析也表明，深圳这个处在亚热带的地区，如果不是较多的人为干扰，在一定距离的范围内，是会有较为丰富的种类组成差异的；因此，保持当地植被的自然恢复和发育对于当地生物多样性的提高是具有重要意义的。

　　虽然一些研究的结果表明，在受到人工干扰后，一些植物群落的植物种类多样性比未受到干扰的有所提高了。但是，本研究的结果证明，关于这方面的问题必须进行较为广泛和深入的研究；同时，对环境及植被处在何种发育的程度和干扰的程度、间隔时间和频率等都必须进行严格的考量和分析。不能一概而论，认为只要人为干扰的植物群落其生物多样性就会提高。这可能会导致许多错误的理念和行为，甚至为人为破坏良好的自然植被系统提供借口。作者认为，当一个地区的植被系统处在自然条件下发育的状态时，其植物多样性明显比人工林、受到人工干扰的自然林要好，尤其是在乔木层方面；而当几个群落均处在顶级演替的最高层次的群落结构时，这些群落已经都达到其与当地环境适应的最高的生物多样性水平了，如此时对其中一个群落进行小范围的、适当的人工干扰的话，则可能会增加了林内的空隙，让部分新的种类进入，而这些种类主要是草本植物和少部分的灌木植物（毛志宏和朱教君，2006；于立忠等，2006；黄志霖等，2011；黄丹等，2012），乔木的种类不会多。黄丹等（2012）的研究结果表明，人工干扰后不同强度间伐的林地之间木本植物种类的差异不明显，优势种未发生变化，而是草本植物的 Simpson 和 Shannon-Wiener 多样性指数均高于对照样地。这与本研究的结果相吻合。从过去许多这方面的研究结果看，基本都是受到干扰的群落，所增加的种类主要为草本植物，部分为灌木植物。而这种方式的多样性的增加，必须建立在各个群落自然演替达到顶级状态后进行才可能是有意义的。否则，就可能是对处于发育良好状态、多样性在逐渐增加的植被的人为破坏。另外，即便是这种形式的增加草本等植物的多样性，不见得是可以维持的；因为，这些在被人为砍伐让出林地较多的林内空间中入侵的植物一般都属于耐旱和需要接受全日照的植物种类，一旦这些新种类入侵稳定后，被伐的原林地内的乔木和灌木等种类枝叶生长、盖度的增加，以及这些乔木和灌木的种子萌发形成的强大的树林遮盖作用，这些新进入的林下不耐阴蔽的种类将逐渐地被清除出去，而自然消失。

　　再者，假如在人为干扰中，对乔木进行砍伐的话，即便暂时增加了一些林地新的草本等植物种类，但是乔木的多样性被较多或大幅降低，同时造成该群落结构的破坏和生物量明显减少。因为众所周知，乔木的生物量和所能产生的生态效益比草本和灌木高出十几倍至几十倍（何柳静和黄玉源，2012），因而也就对植被在当地发挥重要的保持和涵养水土、提高大气湿度、吸收 CO_2、维系当地食物网的物质循环、能量流动关系等生态效益起到严重的破坏作用。这是不可取的。

　　吕浩荣等（2009）的研究表明，沿着对植物群落干扰由弱至强的梯度，呈现出中生性植物减少、阳生植物递增的趋势。人为干扰有利于阳生物种在风水林内定居生长，并明显地改变了林下木本植物组成，但未能引起物种多样性的显著差异。

　　王芸等（2013）的研究表明，对于 3 类进行人工干扰式恢复和自然恢复 20 年植被的研究表明，在科、属、种的数量上，自然恢复的天然次生林有 226 种植物，隶属 86 科 160 属；而人工恢复的两个林地——湿地松人工林有 155 种，隶属 66 科 118 属，马尾松人工林有 137 种植物，隶属 59 科 97 属；可见自然恢复的森林明显高于人工恢复的森林。而且恢复方式对植物群落的多样性指数有显著影响，自然恢复的天然次生林的物种丰富度、Simpson 指数明显高于马尾松人工林和湿地松人工林。陈美高（1998）的研究结果也充分表明，17 年人工种植的米槠林与米槠自然林相比，自然林处在发育的增长期状态，而前者处在衰退的状态，而且科、属、种的数量及各层次的多样性指数自然林均明显高于人工林。

　　鲁绍伟等（2008）对不同封育程度的森林进行多样性比较研究，结果也表明，不同封育强度下人工针叶林林下草本植被差距较大，较强封育区油松林和落叶松林比非封育区的物种数分别多 33 种和 21 种，高度大 2.49 倍和 3.28 倍，盖度值大 52.21% 和 54.87%；而木本植物的密度、盖度差距等不明显。各封育强度下植被反映物种多样性的 Simpson 和 Shannon-Wiener 指数值均表现为封育程度高的系数值高。随着封育强度的变弱，相同树种各标准地间的林下物种组成差异增大。油松林和落叶松林林下植物在较强封育下物种种类和群落结构相似程度不大，表明各群落相互间的种类组成差异明显，区域性的多样性也高；但在非封育的极强干扰胁迫下，两个不同的建群种林下植物种类和群落结构表现出较为接近的特征。外界的严重干扰影响人工针叶林林下植被，人为干扰一旦停止，针叶林林下植被的恢复较快。因此指出，限制人、畜对林下植被的干扰，加强封育，可有效恢复和增加林下植被的物种多样性。这说明对人工林群落加强封育、减少干扰能直接明显提高群落的生物多样性及其生态效益。

对九寨沟旅游景区的研究结果表明（朱珠等，2006），旅游干扰显著改变了林下植物物种组成，耐阴喜湿的乡土植物局部消失，而喜旱耐扰动的植物种群扩大，外来和伴人植物种群侵入。在原始森林景点，较重的旅游干扰更明显降低了灌木与苔藓植物的频度和盖度，显著抑制了灌木与苔藓植物发育（高度、密度降低）；在草海景点，较轻度的干扰只抑制了苔藓植物盖度，而灌木与草本植物没有受到显著影响，但并没有增加其多样性；表明苔藓对旅游干扰强度更为敏感。综合分析表明，九寨沟旅游干扰与世界自然遗产保护目标即生物多样性保护有明显冲突，需要进一步强化管理，限制人为干扰的影响。

从于立忠等（2006）探讨辽宁东部地区人为干扰（不同间伐强度）对红松人工林下植物多样性的影响的结果看，人为干扰改变林下光照环境，促进植物生长，对红松人工林下高等维管植物的物种多样性产生较大影响；这些也基本为草本和部分灌木植物种类；随着干扰（间伐）强度增加，红松人工林下植物种类、数量明显增加；不同干扰强度区林下植物种类明显高于对照区；不同干扰强度红松人工林下植物种类的丰富度和多样性明显高于对照区；人为经营干扰虽然改变了红松人工林下植物组成，但是随干扰强度增加，各不同研究地共有物种增加，且人为干扰林分的共有种和相似系数明显高于对照。这表明，在新被伐区，能够入侵的种类逐渐形成了相同的特征，虽然对于局部林地而言种类是增加了，但是对于这个较广的区域而言，多样性增加程度放缓，而接近达到饱和状态。因而在广域范围内的多样性逐渐趋向低于不受干扰的林地；因为评价生物多样性不能仅评价某个局部地点或群落，因为即便多个群落内的多样性指数高，也不能代表 β- 多样性所反映的各地点物种组成差异的较大区域的多样性特征。这个研究结果还证明了，在乔木优势种为人工纯林的前提下，适当间伐，会让出林地的空间，减少优势种的竞争强度和对其他外来种的抑制作用，因而会阶段性地增加一些类似于先锋种那样的喜阳林下植物种类进入；但再往后的情况，可能便会出现如上所述的状况。但是这与在自然林里，乔木种类很多或较多的前提下，伐掉原有的高大乔木和灌木，而去增加那些草本、灌木的维管植物种类，以及少部分乔木种类，但是这些新进入林地的少部分乔木或部分灌木种类还需要经过10 多年、几十年，甚至更为长久的年代方能达到原来被砍伐的那些乔木和灌木的高度和生物量，而且生物多样性经过一段时间的演替，那些入侵种大部分或极大部分被逐渐淘汰和消失，还是基本会恢复到原来砍伐前的水平。因此这样的做法，无疑是一种对原有良好植物群落结构和生态效益的严重破坏，是必须要引起注意和严格制止的。

本研究的 α- 多样性指数与部分其他深圳地区研究结果的 D、H 值比较看（汪殿蓓等，2003；刘军等，2010；尹新新等，2013；陈勇等，2013），小南山的群落 2 和群落 3 的值基本高于后者大部分群落，而群落 1 的稍低一些。应人石群落 4、群落 5 的乔木层稍低于后者，但基本上高于许多公园的植被群落、道路周边群落及部分半自然林山地群落，但是低于一些受保护状态较好的植被群落。

Burton 等（2005）研究了美国佐治亚地区沿岸木本植物林地的多样性状况，其 6 个群落乔木层种类的 Shannon-Wiener 指数（H）为 2.26、2.45、2.92、2.48、2.50、2.19，与本研究乔木层 H 值相比，小南山的 2 个群落及应人石的 1 个群落乔木层指标高于前者，而只有 2 个指标低于前者。说明在乔木层方面，深圳两研究地的这个指标也处于较好的状态。

Majumdar 等（2012）等对印度东北部 Tripura 地区自然林的 4 个植物群落调查研究表明，其乔木层种类的 Shannon-Wiener 指数（H）为 2.75、3.12、3.39、2.85；与本研究相比，小南山的群落 2 高于前者所有群落的各指标，群落 3 接近其群落 1 和群落 4，但较多地低于其群落 2 和群落 3，本研究其他的几个群落值均低于前者。表明印度的此区域植被乔木层的结构较好，多样性较高。

6.3.3　小　　结

（1）深圳小南山的自然林比应人石山地的人工果树林废弃后恢复约 7 年的林地乔木层的多样

性高；灌木层则后者稍高一些，但草本层两地区林地的多样性相近。

（2）本研究结果表明，在人工林废弃后，即便是自然恢复7～8年后，其群落内的种类主要还是灌木和草本层的种类占主要比例，因此，对于人为干扰的林地，如果出现植物多样性有所提高的话，则基本上是草本植物或灌木的植物，部分为乔木的幼苗。但是，假如在多样性指数一样的前提下，由于乔木层植物种类多的自然林群落显然比仅灌木层种类多的群落其生物量会高许多，因而自然林的生态效益会比后者高许多。所以作者认为这是探究多样性指数过程中必须注重考虑的因素，以便为指导地区植被的保护、构建的对策制定方面提供依据。

（3）从科、属的丰富度指标看，两地区山地植物群落的指标相近。

（4）在整体的多样性、丰富度指标方面，均表现为小南山的自然林比应人石人工林明显高。这对于探究究竟是自然林或者自然恢复林地还是人为干扰或人工林植物多样性高的理论问题提供了佐证与参考。

（5）从两区域各群落的植物不同层次及整体各种类的相似性系数看，乔木层的系数值最低，其次为草本层，各群落间的指标值均相当低；灌木层的系数值相对较高，但也处在中等偏低的水平。说明深圳这些区域的植被组成差异性还是比较大的，整个区域范围的植物多样性处在较高的水平。

第7章　莲花山植物群落结构特征研究

对莲花山公园的研究主要侧重于物种多样性的研究，我们通过测量样方和计算生物多样性指数等方法对莲花山公园内具有代表性的植物群落进行调查。同时从植被系统的结构状态与生态环境的相互关系角度出发，探究莲花山公园植物多样性及深圳市在利用植物改善和优化生态环境方面的状态和存在问题，旨在为提升公园的植被景观价值、生态价值及城市建设方面提供参考依据，并为提高深圳市的城市绿化水平提供理论参考。

7.1　研究地与研究方法

7.1.1　研究地地理概况

深圳莲花山因山形似莲花而得名，海拔 532m，位于深圳市中心区北端，南临红荔路，北到莲花路，东起彩田路，西至新洲路，是市中心一个极为重要的绿地系统。

莲花山公园筹建于 1992 年 10 月，1997 年 6 月 23 日正式对外局部开放，迄今已开发并向游人开放区域的面积为 80 多公顷，共设有东、南、西、北 4 个入口。公园占地面积 194hm²，是中心区最大的公共绿色空间，曲径通幽，绿草如茵。内有人工湖、风筝广场、疏林草地、椰风林大草地和休闲茶馆等，景观丰富，山水灵秀，在山顶可以俯瞰中心区全貌。东部和东南部形成两片以大面积草地和微地形为主的 20 万 m² 的草坪广场；南部是以草坪、棕榈科植物为主的具有热带、亚热带风情的 8 万 m² 的椰风林草坪；椰风林草坪的北侧是面积为 5 万 m² 的人工湖景区（其中湖面积 3 万 m²，湖边绿地面积 2 万 m²）；西部已建成了约 2 万 m² 的绿地；东北部与彩田村仅隔一条马路，是两片共约 14 万 m² 的疏林草地；西北部与莲花北村相对，面积约 6 万 m² 的草地上种植有许多珍奇树种。

在莲花山各区域选取 5 个植物群落。其地理位置为群落 1：22°33′19.15″N，114°03′20.15″E；坡向为东南坡。群落 2：22°33′22.36″N，114°03′17.72″E，坡向为东南坡。群落 3：22°33′25.68″N，114°03′19.61″E，坡向为南坡。群落 4：22°33′28.82″N，114°03′27.63″E，南坡。群落 5：22°33′26.95″N，114°03′16.74″E，坡向为北坡。

7.1.2　研究地气候概况

莲花山公园地处南亚热带海洋性季风气候区。夏季受东南季风影响，高温多雨；冬季受东北季风和东北信风及北方寒流的共同影响，干旱，有时稍冷。年均气温 22.4℃，最高月均温 28.1℃，最低月均温 12.1℃，绝对高温 36.6℃，绝对低温 1.4℃。每年 5～9 月为雨季，又是台风季节，有 3～5 次台风，最大风力可达 12 级。年最大降雨量 2662.2mm，日最大降雨量 354.0mm。全年相对湿度较大，年均 80% 以上。蒸发量较大，年均 150 010～180 010mm。全年日照时数较长，达 228 110h，辐射热丰富，高达 523 135kJ/m²。气候环境适宜热带、亚热带植物的生长。

7.1.3　研究时间和数据分析方法

7.1.3.1　研究时间

在 2013 年 7 月 30 日至 2013 年 8 月 21 日，从莲花山公园不同侧面选择了 5 个有代表性的样地作群落结构调查。

7.1.3.2 样方规格与标准

样地的测定方法及原则与第 1 章同。各个群落样地选取的样方数和样方总面积如下。

群落 1：垂叶榕 + 细叶榕 - 杜鹃 - 半边旗群落，样方 2 个，样方总面积 700m²。群落 2：台湾相思 + 两粤黄檀 - 九节 - 半边旗群落，样方 3 个，样方总面积 700m²。群落 2 景象见图 7.1。群落 3：台湾相思 - 梅叶冬青 - 半边旗群落，样方 2 个，样方总面积 600m²。群落 3 景象见图 7.2。群落 4：南洋楹 - 九节 - 乌毛蕨群落，样方 2 个，样方总面积 600m²。群落 4 景象见图 7.3。群落 5：台湾相思 - 鸭脚木 - 肾蕨群落，样方 2 个，样方总面积 600m²。群落 5 景象见图 7.4。虽然 5 个群落中，有 3 个乔木的优势种有台湾相思，但是，这 3 个群落相隔数百米，部分相隔 1km，中间有其他植物为优势种的群落，而且有山岭相隔。

图 7.1   莲花山植物群落 2
Figure 7.1   The plant community 2 of Lianhua Mountain

7.1.3.3 数据分析方法

1. 测定群落结构的仪器

采用皮尺、定长的绳索拉取样方；采用海拔仪测量样地海拔；采用布卷尺、钢尺测量样地物种的高度、胸径、基面积和盖度。

2. 测定的指标及部分概念

其中胸径是指树木的胸高直径，在距地面 1.3 ~ 1.5m 处的树干直径，但胸径小于 5cm 以下的则不测量，以灌木类型计算，当断面畸形时，测取最大值和最小值的平均值。乔木幼苗归入灌木层植物统计。参照欧阳志云等（2002）的方法及植物在深圳的生态习性，把成年植株高度大于 4m 的植物划分为乔木层，4m 以下的划分为灌木或草本（根据植物的木质化程度划分）。即便分同一个种类，如果其成年植株高于 4m，则划入乔木层；如果是乔木的幼苗，则按层次划分，归于灌木层，即这里不是按照生物学特性划分的，而是按照组成群落的层次来考虑的。

图 7.2　莲花山植物群落 3
Figure 7.2　The plant community 3 of Lianhua Mountain

图 7.3　莲花山植物群落 4
Figure 7.3　The plant community 4 of Lianhua Mountain

图 7.4　莲花山植物群落 5
Figure 7.4　The plant community 5 of Lianhua Mountain

其中，基面积也常以胸径替代，频度为某个种出现的样方数占所有的样方数比例，盖度为某个种的植株冠幅的投影盖度，以占样方的百分比计算；由于有多个植株重叠的现象，因此所有植株的盖度之和有可能大于 100%。

$$相对高度 = 某个种的平均高度 / 所有种的平均高度 \times 100 \qquad (7.1)$$
$$相对盖度 = 某个种的所有植株的盖度之和 / 所有种的盖度之和 \times 100 \qquad (7.2)$$

3. 计算方法

各植物群落种类的重要值：乔木层重要值同第 1 章。灌木层和草本层重要值为：重要值 = 相对密度 + 相对频度；或重要值 = 相对密度 + 相对频度 + 相对盖度。

α- 多样性指数 D_s、D_f、D_g、D_c、H，均匀度指数 J 和丰富度指数 R_1、R_2、R_3、R_{f1}、R_{f2}、R_{g1}、R_{g2}，以及 β- 多样性指数的科、属、种和综合相似性系数的计算方法见第 3 章。

7.1.3.4　优势种群的年龄结构评价

根据各种群植物优势种群的胸径大小，采用 4 级立木分级年龄结构划分标准（郑群瑞等，1995）。

1 级：苗木，胸径 ≤ 2.5cm。

2 级：小树，胸径 2.5 ～ 7.5cm。

3 级：壮树，胸径 7.5 ～ 22.5cm。

4 级：大树，胸径 ≥ 22.5cm。

7.2　结果与分析

7.2.1　垂叶榕 + 细叶榕 - 杜鹃 - 半边旗群落

该群落样地合计 700m²，样地中乔木植物 13 种，灌木植物 20 种，草本植物 8 种。乔木层以垂叶榕、细叶榕为主，灌木层以杜鹃为主。

　　垂叶榕 + 细叶榕林 - 杜鹃 - 半边旗群落的植物物种比较丰富，共有植物种类 40 种。乔木层的密度比较大，郁郁葱葱，绿树成荫；灌木层物种丰富，具有多样性；草本层相对较少。群落总体保持了较好的自然性，植物多样性高，说明人为破坏相对少，公园应继续保障植物群落的自然生长。该群落的乔木层结构特征分析见表 7.1。

表 7.1　垂叶榕 + 细叶榕 - 杜鹃 - 半边旗群落乔木层植物结构特征

Table 7.1　The structural characteristics of tree layer of *Ficus benjamina+Ficus microcarpa-Rhododendron simsii-Pteris semipinnata* community

物种名称 Species name	株数 Number	平均高度（m） Average height	平均胸径（cm） Average DBH	盖度（%） Coverage	相对显著度 Relative prominence	相对密度 Relative density	相对频度 Relative frequency	重要值 Important value
垂叶榕 *ficus benjamina*	54	9.9	9.14	98.25	27.28	26.73	10.53	64.54
细叶榕 *Ficus microcarpa*	46	7.6	5.67	50.39	16.01	22.77	10.53	49.31
罗浮锥 *Castanopsis faberi*	30	6.3	4.60	39.93	7.64	14.85	10.53	33.02
凤凰木 *Delonix regia*	13	16.3	20.93	82.54	15.05	6.44	10.53	32.02
毛麻楝 *Chukrasia tabularis* var. *velutina*	17	10.9	10.24	44.82	9.63	8.42	10.53	28.58
白兰 *Michelia alba*	13	12.5	9.06	38.93	6.51	6.44	5.26	18.21
高山榕 *Ficus altissima*	4	16.5	30.75	27.79	6.80	1.98	5.26	14.04
假苹婆 *Sterculia lanceolata*	4	4.1	3.25	2.21	0.72	1.98	10.53	13.23
台湾相思 *Acacia confusa*	5	15.1	16.36	17.71	4.52	2.48	5.26	12.26
荔枝 *Litchi chinensis*	8	5.8	4.83	18.71	2.13	3.96	5.26	11.35
杧果 *Mangifera indica*	6	5.6	8.67	7.86	2.88	2.97	5.26	11.11
盐肤木 *Rhus chinensis*	1	12	8	2.86	0.44	0.50	5.26	6.20
阴香 *Cinnamomum burmannii*	1	8.0	7.00	1.29	0.39	0.50	5.26	6.15

　　从表 7.1 可以看出，该群落乔木层树木数量多，有 202 株，整体平均高度达到 10.0m，平均胸径为 10.65cm，盖度远大于 100%，达到 433.29%，说明该群落乔木密度大，生长茂盛；另外，该群落乔木层中垂叶榕的重要值最大，为 64.54，其株数、相对密度、相对显著度、相对频度等各方面数据均最大，是该群落的优势种，细叶榕各方面数据次之，重要值为 49.31，阴香重要值最小，为 6.15；从相对频度上来看，垂叶榕、细叶榕、凤凰木、罗浮锥、假苹婆在所有样方中均出现了两次，其他植物种类均出现一次。

　　该群落灌木层的结构特征见表 7.2。

表 7.2　垂叶榕 + 细叶榕 - 杜鹃 - 半边旗群落灌木层植物结构特征

Table 7.2　The structural characteristics of shrub layer of *Ficus benjamina+Ficus microcarpa-Rhododendron simsii-Pteris semipinnata* community

物种名称 Species name	株数 Number	平均高度（m） Average height	盖度（%） Coverage	相对盖度 Relative coverage	相对密度 Relative density	相对频度 Relative frequency	重要值 Important value
杜鹃 *Rhododendron simsii*	16	1.19	8.21	39.15	25.82	7.5	72.47
九节 *Psychotria rubra*	9	0.75	1.75	8.34	14.52	15	37.86
豺皮樟 *Litsea rotundifolia* var. *oblongifolia*	8	0.66	1.10	5.25	12.9	12.5	30.65
檵木 *Loropetalum chinense*	3	1.12	3.69	17.60	4.84	5	27.44
银柴 *Aporusa dioica*	5	0.674	1.14	5.44	8.06	7.5	21.00
土蜜树 *Bridelia tomentosa*	4	0.43	0.44	2.10	6.45	10	18.55
红锥 *Castanopsis hystrix*	3	1.26	1.22	5.82	4.84	7.5	18.16
鸭脚木 *Schefflera octophylla*	2	1.05	0.75	3.58	3.23	5	11.81
锦绣杜鹃 *Rhododendron pulchrum*	1	0.58	0.68	3.24	1.62	2.5	7.36
梅叶冬青 *Ilex asprella*	1	0.74	0.68	3.24	1.61	2.5	7.35
光叶子花 *Bougainvillea glabra*	1	0.8	0.52	2.48	1.61	2.5	6.59

续表

物种名称 Species name	株数 Number	平均高度（m） Average height	盖度（%） Coverage	相对盖度 Relative coverage	相对密度 Relative density	相对频度 Relative frequency	重要值 Important value
针葵 *Phoenix canariensis*	1	0.8	0.19	0.91	1.61	2.5	5.02
血桐 *Macaranga tanarius*	1	0.7	0.15	0.71	1.61	2.5	4.81
厚叶算盘子 *Glochidion hirsutum*	1	0.6	0.13	0.62	1.61	2.5	4.73
五指毛桃 *Ficus hirta*	1	0.7	0.12	0.57	1.61	2.5	4.68
罗伞树 *Ardisia quinquegona*	1	0.93	0.08	0.38	1.61	2.5	4.49
海南榄仁 *Terminalia hainanensis*	1	0.9	0.05	0.24	1.61	2.5	4.35
潺槁树 *Litsea glutinosa*	1	0.75	0.04	0.19	1.62	2.5	4.31
两面针 *Zanthoxylum nitidum*	1	0.33	0.02	0.10	1.61	2.5	4.21
阴香 *Cinnamomum burmannii*	1	0.18	0.01	0.05	1.61	2.5	4.16

从表 7.2 中可以看出，在灌木层中，一共有植株 62 株，整体平均高度为 0.76m，整体盖度远小于乔木层，为 20.97%。从表中可知，此灌木层中杜鹃重要值最大，为 72.47，为该群落灌木优势种，九节次之，为 37.86；从盖度看，檵木大于九节仅次于杜鹃，可见檵木的冠幅相对较大；从相对频度看，九节在群落中出现的次数最多，为 6 次，而潺槁树、厚叶算盘子、海南榄仁等只出现一次。另外，较多乔木层植物在灌木层计算中出现是由于它们还属于幼苗时期，高度较低，都在 4m 以下，测量时将它们归入到灌木层中。

该群落的草本层结构特征见表 7.3。

表 7.3　垂叶榕 + 细叶榕 - 杜鹃 - 半边旗草本层植物结构特征

Table 7.3　The structural characteristics of herb layer of *Ficus benjamina* +*Ficus microcarpa-Rhododendron simsii-Pteris semipinnata* community

物种名称 Species name	株数 Number	平均高度（m） Average height	盖度（%） Coverage	相对盖度 Relative coverage	相对密度 Relative density	相对频度 Relative frequency	重要值 Important value
半边旗 *Pteris semipinnata*	14	0.52	66.23	51.61	38.89	30	120.50
海芋 *Alocasia macrorrhiza*	9	0.16	8.79	6.85	25	20	51.85
傅氏凤尾蕨 *Pteris fauriei*	2	0.80	32.20	25.09	5.56	10	40.65
凤尾蕨 *Pteris cretica* var. *nervosa*	3	0.53	9.30	7.25	8.33	15	30.58
珍珠菜 *Pogostemon auricularius*	3	0.43	9.15	7.13	8.33	5	20.46
五节芒 *Miscanthus floridulus*	2	0.41	2.48	1.93	5.56	10	17.49
火炭母 *Polygonum chinense*	2	0.07	0.05	0.04	5.56	5	10.60
芒萁 *Dicranopteris dichotoma*	1	0.35	0.13	0.10	2.78	5	7.88

从表 7.3 可以看出，该群落草本层有 36 株植物，整体平均高度 0.4m，总盖度为 128.33%，其中半边旗在各方面数据均占优，重要值达到 120.50，较于第二的海芋两倍有余；芒萁只有 1 株，各项值都是最低的。

7.2.2　台湾相思 + 两粤黄檀 - 九节 - 半边旗群落

该群落样地合计 700m²，样地中乔木植物 18 种，灌木植物 14 种，草本植物 11 种。乔木层以台湾相思、两粤黄檀为主，灌木层以九节为主。

台湾相思 + 两粤黄檀 - 九节 - 半边旗群落的植物物种比较丰富，花草树木皆有。各层次植株比较平均、结构组成相对合理，群落总体保持了较好的自然性，植物多样性高，说明人为破坏相对少，公园应继续保障植物群落的自然生长。该群落的乔木层结构特征见表 7.4。

表 7.4　台湾相思 + 两粤黄檀 - 九节 - 半边旗群落乔木层植物结构特征

Table 7.4　The structural characteristics of tree layer of *Acacia confusa+Dalbergia benthami-Psychotria rubra-Pteris semipinnata* community

物种名称 Species name	株数 Number	平均高度 （m） Average height	平均胸径 （cm） Average DBH	盖度（%） Coverage	相对显著度 Relative prominence	相对密度 Relative density	相对频度 Relative frequency	重要值 Important value
台湾相思 *Acacia confusa*	49	14.55	17.17	263.07	50.51	37.40	10.71	98.62
两粤黄檀 *Dalbergia benthami*	36	12.26	11.95	159.14	25.83	27.48	10.71	64.02
凤凰木 *Delonix regia*	11	10.32	8.13	17.93	5.37	8.40	10.71	24.48
紫檀 *Pterocarpus indicus*	5	10.90	12.36	16.00	3.71	3.82	10.71	18.24
银柴 *Aporusa dioica*	3	4.83	5.90	2.86	1.06	2.29	10.71	14.06
白兰 *Michelia alba*	6	8.08	6.25	18.36	2.25	4.58	3.57	10.40
洋蒲桃 *Syzygium samarangense*	4	6.15	7.60	10.00	1.82	3.05	3.57	8.44
南洋楹 *Albizia falcataria*	2	16.00	16.50	14.00	1.98	1.53	3.57	7.08
醉香含笑 *Michelia macclurei*	3	6.00	5.57	3.57	1.00	2.29	3.57	6.86
大花紫薇 *Lagerstroemia speciosa*	2	7.75	9.05	8.86	1.09	1.53	3.57	6.19
毛麻楝 *Chukrasia tabularis* var. *velutina*	2	7.25	8.30	7.71	1.00	1.53	3.57	6.10
幌伞枫 *Heteropanax fragrans*	2	7.00	6.45	2.57	0.77	1.53	3.57	5.87
杜英 *Elaeocarpus decipiens*	1	17.00	19.00	6.86	1.14	0.76	3.57	5.47
假苹婆 *Sterculia lanceolata*	1	10.00	10.50	4.29	0.63	0.76	3.57	4.96
杧果 *Mangifera indica*	1	4.50	9.50	0.86	0.57	0.76	3.57	4.90
土蜜树 *Bridelia tomentosa*	1	9.00	8.80	3.43	0.53	0.76	3.57	4.86
鼎湖血桐 *Macaranga sampsonii*	1	9.00	7.80	2.57	0.47	0.76	3.57	4.80
细叶榕 *Ficus microcarpa*	1	5.00	4.50	1.29	0.27	0.76	3.57	4.60

从表 7.4 可以看出，该群落乔木层树木较垂叶榕 + 细叶榕林少，有 131 株，整体平均高度、平均胸径均比垂叶榕 + 细叶榕林略低，分别为 9.20m、9.74cm，但其总盖度为 543.37%，是群落 1 的 128.33% 的 4 倍多，说明该群落乔木茂盛，覆盖率高；其中台湾相思的重要值最大，为 98.62，其株数、盖度、相对密度、相对显著度、相对频度等各方面数据均最大，很明显是该群落的优势种，两粤黄檀各方面数据次之，重要值为 64.02，细叶榕最小，为 4.60；从相对频度上来看，只有台湾相思、凤凰木、两粤黄檀、银柴、紫檀在所有样方中出现了两次，其他植物种类均出现一次。

该群落的灌木层植物结构特征见表 7.5。

表 7.5　台湾相思 + 两粤黄檀 - 九节 - 半边旗群落灌木层植物结构特征

Table 7.5　The structural characteristics of shrub layer of *Acacia confusa+Dalbergia benthami-Psychotria rubra-Pteris semipinnata* community

物种名称 Species name	株数 Number	平均高度（m） Average height	盖度（%） Coverage	相对盖度 Relative coverage	相对密度 Relative density	相对频度 Relative frequency	重要值 Important value
九节 *Psychotria rubra*	30	0.449	2.62	11.23	29.13	19.57	59.93
银柴 *Aporusa dioica*	16	0.724	4.21	18.05	15.53	13.04	46.62
鸭脚木 *Schefflera octophylla*	16	0.787	2.20	9.43	15.53	15.22	40.18
豺皮樟 *Litsea rotundifolia* var. *oblongifolia*	4	1.035	5.56	23.84	3.88	8.70	36.42
土蜜树 *Bridelia tomentosa*	21	0.447	1.22	5.23	20.39	10.87	36.49
牛耳枫 *Daphniphyllum calycinum*	1	2.72	3.04	13.03	0.97	2.17	16.17
锦绣杜鹃 *Rhododendron pulchrum*	3	1.15	1.68	7.21	2.91	4.35	14.47
檵木 *Loropetalum chinense*	2	1.063	1.01	4.33	1.94	6.52	12.79
粗叶榕 *Ficus hirta*	3	0.753	0.54	2.31	2.91	4.35	9.57
蒲桃 *Syzygium jambos*	2	1.045	0.56	2.40	1.94	4.35	8.69
铁包金 *Berchemia lineata*	2	0.555	0.28	1.20	1.94	4.35	7.49
大花紫薇 *Lagerstroemia speciosa*	1	0.95	0.30	1.28	0.97	2.17	4.42
梅叶冬青 *Ilex asprella*	1	0.24	0.06	0.26	0.97	2.17	3.40
罗伞树 *Ardisia quinquegona*	1	0.38	0.04	0.17	0.97	2.17	3.31

　　从表 7.5 灌木层的数据看，植株多达 103 棵，密度较大，其整体平均高度为 0.88m，较垂叶榕 + 细叶榕林略低，整体盖度则相比较高，为 23.32%；其他方面，九节重要值最大，为 59.93，为该群落灌木优势种，银柴次之，为 46.62；从相对盖度看，豺皮樟大于九节和银柴，可见豺皮樟的冠幅相对较大；从相对频度看，九节在群落中出现的次数最多，为 9 次，而大花紫薇、罗伞树等少量灌木只出现一次。另外，较多土蜜树、银柴等乔木层植物在灌木层计算中出现是由于它们还属于幼苗时期，高度较低，都在 4m 以下，我们测量时将它们归入灌木层中。

　　该群落的草本层植物结构特征见表 7.6。

表 7.6　台湾相思 + 两粤黄檀 - 九节 - 半边旗群落草本层植物结构特征

Table 7.6　The structural characteristics of herb layer of *Acacia confusa+Dalbergia benthami-Psychotria rubra-Pteris semipinnata* community

物种名称 Species name	株数 Number	平均高度（m） Average height	盖度（%） Coverage	相对盖度 Relative coverage	相对密度 Relative density	相对频度 Relative frequency	重要值 Important value
海芋 *Alocasia macrorrhiza*	11	0.27	19.57	16.02	20.37	24.13	60.52
半边旗 *Pteris semipinnata*	12	0.53	71.00	58.11	22.22	17.24	97.57
蟛蜞菊 *Wedelia chinensis*	5	0.30	1.08	0.08	9.26	10.34	19.68
合果芋 *Syngonium podophyllum*	4	0.50	2.53	2.07	7.41	3.45	12.93
火炭母 *Polygonum chinense*	2	0.30	3.70	3.03	3.70	6.90	13.63
铁线蕨 *Adiantum capillus-veneris*	3	0.27	1.73	1.42	5.56	10.34	17.32
山菅兰 *Dianella ensifolia*	2	0.58	1.42	1.16	3.70	6.90	11.76
牛筋草 *Eleusine indica*	6	0.47	6.38	5.22	11.11	6.90	23.23
十字薹草 *Carex cruciata*	7	0.17	7.40	6.06	12.96	6.90	25.92
华南毛蕨 *Cyclosorus parasiticus*	1	0.50	6.42	5.25	1.85	3.45	10.55
傅氏凤尾蕨 *Pteris fauriei*	1	0.26	0.95	0.07	1.85	3.45	5.37

　　由表 7.6 可见，草本层植株有 54 株，明显比垂叶榕 + 细叶榕 - 杜鹃 - 半边旗群落草本层植株种类多，其整体平均高度 0.37m，盖度则占样方面积的 122.18%，与群落 1 基本持平；从草本物种数据看，半边旗在各方面数据均占优，重要值达到 97.57，海芋次之，为 60.52；傅氏凤尾蕨最低，只有 5.37，其和凤尾蕨、合果芋在群落中都只出现了一次。

　　从表 7.4、表 7.5 和表 7.6 中我们还可以了解到其他种类乔木、灌木、草本植物在该群落中的株数、高度、胸径和频度等指标。

7.2.3　台湾相思 - 梅叶冬青 - 半边旗群落

　　该群落样地合计 600m²，样地中乔木植物 14 种，灌木植物 18 种，草本植物 10 种。乔木层以台湾相思为主，灌木层以梅叶冬青为主。

　　台湾相思 - 梅叶冬青 - 半边旗群落的植物植株密度相对较低，但物种相对均匀，结构组成较好，群落总体说明群落间差异是存在的，属正常自然性现状，其人为破坏相对少，公园应继续保障植物群落的自然生长。该群落乔木层植物结构特征见表 7.7。

表 7.7　台湾相思 - 梅叶冬青 - 半边旗群落乔木层结构特征

Table 7.7　The structural characteristics of tree layer of *Acacia confusa-Ilex asprella-Pteris semipinnata* community

物种名称 Species name	株数 Number	平均高度（m） Average height	平均胸径（cm） Average DBH	盖度（%） Coverage	相对显著度 Relative prominence	相对密度 Relative density	相对频度 Relative frequency	相对盖度 Relative coverage	重要值 Important value
台湾相思 *Acacia confusa*	24	12.96	13.54	51.08	42.10	31.17	11.76	29.22	85.03
南洋楹 *Albizia falcataria*	10	9.65	8.52	17.83	11.04	12.99	11.76	10.20	35.79
海南蒲桃 *Syzygium cumini*	9	5.94	5.72	8.83	6.67	11.69	11.76	5.05	30.12

续表

物种名称 Species name	株数 Number	平均高度（m） Average height	平均胸径（cm） Average DBH	盖度（%） Coverage	相对显著度 Relative prominence	相对密度 Relative density	相对频度 Relative frequency	相对盖度 Relative coverage	重要值 Important value
山杜英 Elaeocarpus sylvestris	9	9.06	10.5	20.17	12.24	11.69	5.88	11.53	29.81
白兰 Michelia alba	8	14.04	10.56	21.00	10.95	10.39	5.88	12.01	27.22
荔枝 Litchi chinensis	7	4.86	8.74	19.83	7.93	9.09	5.88	11.34	22.90
乌榄 Canarium pimela	2	18.45	11.5	19.17	2.98	2.60	5.88	10.96	11.46
簕欓花椒 Zanthoxylum avicennae	2	5.25	4.65	2.00	1.20	2.60	5.88	1.14	9.68
长芒杜英 Elaeocarpus apiculatus	1	12.50	9.8	6.42	1.27	1.30	5.88	3.67	8.45
醉香含笑 Michelia macclurei	1	6.00	8	0.50	1.04	1.30	5.88	0.29	8.22
梅叶冬青 Ilex asprella	1	13.00	6	2.00	0.78	1.30	5.88	1.14	7.96
狗骨柴 Diplospora dubia	1	8.30	5.50	2.67	0.71	1.30	5.88	1.53	7.89
土蜜树 Bridelia tomentosa	1	7.20	5	1.33	0.65	1.30	5.88	0.76	7.83
豺皮樟 Litsea rotundifolia var. oblongifolia	1	6.00	3.5	2.00	0.45	1.30	5.88	1.14	7.63

　　从表 7.7 可以看出，台湾相思 - 梅叶冬青 - 半边旗群落乔木层植株数 77 株，较群落 1、群落 2 大大减少，整体平均高度及胸径分别为 9.52m、7.97cm，出入不大，而盖度为 174.83%，相对小很多，原因明显为植株数相对少；该乔木层中，台湾相思的重要值最大，为 85.03，其株数、盖度、相对密度、相对显著度、相对频度等各方面数据均最大，很明显是该群落的优势种，南洋楹各方面数据次之，重要值为 35.79，豺皮樟最小，为 7.63；从相对频度上来看，只有台湾相思、南洋楹、海南蒲桃在所有样方中出现了两次，其他植物种类均出现一次。

　　该群落灌木层植物结构见表 7.8。

表 7.8　台湾相思 - 梅叶冬青 - 半边旗群落灌木层植物结构特征

Table 7.8　The structural characteristics of shrub layer of *Acacia confusa-Ilex asprella-Pteris semipinnata* community

物种名称 Species name	株数 Number	平均高度（m） Average height	盖度(%) Coverage	相对盖度 Relative coverage	相对密度 Relative density	相对频度 Relative frequency	重要值 Important value
梅叶冬青 Ilex asprella	2	3.50	25.00	58.34	3.28	5	66.62
九节 Psychotria rubra	12	0.40	1.74	4.06	19.67	15	38.72
羊角拗 Strophanthus divaricatus	12	0.61	1.49	3.47	19.67	12.5	35.64
豺皮樟 Litsea rotundifolia var. oblongifolia	3	2.30	6.03	14.07	4.92	5	24.00
鸭脚木 Schefflera octophylla	4	0.61	1.96	4.57	6.56	10	21.15
银柴 Aporusa dioica	6	0.46	0.74	1.72	9.84	5	16.56
桃金娘 Rhodomyrtus tomentosa	4	1.26	1.53	3.57	6.56	5	15.14
粗叶榕 Ficus hirta	3	1.23	0.33	0.77	4.92	7.5	13.19
狗骨柴 Diplospora dubia	2	1.30	1.29	3.01	3.28	5	11.30
大青 Clerodendrum cyrtophyllum	3	0.46	0.15	0.35	4.92	5	10.27
簕欓花椒 Zanthoxylum avicennae	2	0.79	0.48	1.12	3.28	5	9.40
铁包金 Berchemia lineata	2	0.42	0.11	0.26	3.28	5	8.54
牛耳枫 Daphniphyllum calycinum	1	2.20	0.84	1.96	1.64	2.5	6.11
石斑木 Rhaphiolepis indica	1	2.30	0.66	1.54	1.64	2.5	5.67
海红豆 Adenanthera microsperma	1	0.75	0.20	0.47	1.64	2.5	4.61
土蜜树 Bridelia tomentosa	1	1.30	0.19	0.44	1.64	2.5	4.58
龙眼 Dimocarpus longan	1	0.85	0.09	0.21	1.64	2.5	4.35
山乌桕 Sapium discolor	1	0.35	0.02	0.05	1.64	2.5	4.19

　　台湾相思 - 梅叶冬青 - 半边旗群落灌木层样方有 61 株植物，整体平均高度 1.17m，整体盖度占样地面积 6.12%，较群落 1、群落 2 略高；根据灌木层内物种数据，梅叶冬青重要值最大，为 66.62，为该群落灌木优势种，九节次之，为 38.72；从相对频度看，九节在群落中出现的次数最多，为 6 次，

而石斑木、山乌桕等少量灌木只出现一次。另外，较多土蜜树、银柴等乔木层植物在灌木层计算中出现是由于它们还属于幼苗时期，高度较低，都在 4m 以下，测量时将它们归入到灌木层中。

该群落的草本层植物结构特征见表 7.9。

表 7.9　台湾相思 - 梅叶冬青 - 半边旗群落草本层植物结构特征
Table 7.9　The structural characteristics of herb layer of *Acacia confusa-Ilex asprella-Pteris semipinnata* community

物种名称 Species name	株数 Number	平均高度 （m） Average height	盖度(%) Coverage	相对盖度 Relative coverage	相对密度 Relative density	相对频度 Relative frequency	重要值 Important value
半边旗 *Pteris semipinnata*	14	0.47	69.50	49.51	40	22.22	111.73
珍珠菜 *Pogostemon auricularius*	1	0.40	1.50	1.07	2.86	5.56	9.49
傅氏凤尾蕨 *Pteris fauriei*	3	0.67	42.75	30.45	8.57	11.11	50.13
海金沙 *Lygodium japonicum*	1	4.00	11.25	8.01	2.86	5.56	16.43
凤尾蕨 *Pteris cretica* var. *nervosa*	3	0.37	7.59	5.40	8.57	16.67	30.64
地毯草 *Axonopus compressus*	5	0.45	0.83	0.59	14.29	11.11	25.99
银边麦冬 *Ophiopogon jaburan* cv. 'Argenteivittatus'	1	0.20	0.75	0.53	2.86	5.56	8.95
钱币石韦 *Pyrrosia nummulariifolia*	1	0.25	0.10	0.07	2.86	5.56	8.49
芒萁 *Dicranopteris dichotoma*	5	0.23	4.84	3.45	14.29	11.11	28.85
五节芒 *Miscanthus floridulus*	1	1.20	1.28	0.91	2.86	5.56	9.33

由表 7.9 可见，草本层方面，植物株数为 35，整体平均高度 0.82m；在盖度方面，140.39% 的整体盖度，均高于群落 1 和群落 2；该草本层中半边旗在各方面数据均占优，重要值达到 111.73，傅氏凤尾蕨次之，为 50.13；钱币石韦最低，只有 8.49，其和珍珠菜、银边麦冬等较多草本在群落中都只出现了一次，可看出此群落草本的多样性较低。

从表 7.7、表 7.8、表 7.9 中我们还可以了解到其他种类乔木、灌木、草本植物在该群落中的胸径和频度等指标。

7.2.4　南洋楹 - 九节 - 乌毛蕨群落

样地中乔木植物 12 种，灌木植物 21 种，草本植物 5 种。乔木层以南洋楹为主，灌木层以九节为主。

南洋楹 - 九节 - 乌毛蕨群落乔木普遍较高大，可能是该群落乔木有一定的人为选择，使得保留的乔木较为高大；灌木方面则物种丰富，可能是后期自然生长的结果；而草本多样性相对低，可能是群落偏公园路道，受人为影响，公园应多立提醒牌，保护公园植物多样性人人有责。该群落的乔木层、灌木层和草本层植物结构特征见表 7.10。

从表 7.10 可以看出，该群落乔木层植株数目较台湾相思 - 梅叶冬青 - 半边旗群落还少，已统计数仅有 68 株；乔木整体较高，平均高度为 12.25m，胸径为 14.03cm，整体盖度为 179.73%，与台湾相思 - 梅叶冬青 - 半边旗群落非常接近；其中南洋楹的重要值最大，为 62.30，其株数、盖度、相对密度、相对显著度、相对频度等各方面数据均最大，很明显是该群落的优势种，山杜英、荔枝、高山榕、复羽叶栾树、长芒杜英等重要值非常接近，均稍高于 30，簕榄花椒、海南蒲桃相对小，为 7.5 左右；从相对频度上来看，只有南洋楹、山杜英、荔枝、高山榕、复羽叶栾树、长芒杜英在所有样方中出现了两次，其他植物种类均出现一次。

灌木层则有 21 个种 63 株植物，整体平均高度为 0.86m，盖度 18.60%；其中九节重要值最大，为 51.59，含笑花次之，为 46.27；从相对频度看，九节在群落中出现的次数最多，为 8 次，而鸭脚木、血桐等灌木只出现一次。另外，复羽叶栾树等乔木层植物在灌木层计算中出现是由于它们还属于灌木幼苗时期，高度较低，都在 4m 以下，我们测量时将它们归入灌木层中。

草本层方面，植株数为 25，整体平均高度 0.37m；冠幅整体占比 114.35%；均低于群落 1、群落 2 和群落 3。其中乌毛蕨在各方面数据均占优，重要值达到 121.73，海芋次之，为 63.19；从种类来看，群落 4 只有 5 个草本植物，可见此群落草本的多样性非常低。

表 7.10 南洋楹 - 九节 - 乌毛蕨群落结构特征

Table 7.10 The structural characteristics of *Albizia falcataria-Psychotria rubra-Blechnum orientale* community

	物种名称 Species name	株数 Number	平均高度 （m） Average height	平均胸径 （cm） Average DBH	盖度 （%） Coverage	相对 显著度 Relative prominence	相对 密度 Relative density	相对频度 Relative frequency	相对 盖度 Relative coverage	重要值 Important value
乔木层 Tree layer	南洋楹 *Albizia falcataria*	16	11.88	12.88	39.50	28.24	23.53	10.53	21.98	62.30
	山杜英 *Elaeocarpus sylvestris*	7	10.50	10.06	23.08	9.65	10.29	10.53	12.84	30.47
	荔枝 *Litchi chinensis*	9	4.72	10.46	25.83	12.90	13.24	10.53	14.37	36.67
	高山榕 *Ficus altissima*	6	11.08	15.60	27.40	12.83	8.82	10.53	15.24	32.18
	复羽叶栾树 *Koelreuteria bipinnata*	9	7.50	7.06	17.67	8.70	13.24	10.53	9.83	32.47
	台湾相思 *Acacia confusa*	4	10.13	14.68	8.33	8.04	5.88	5.26	4.64	19.18
	长芒杜英 *Elaeocarpus apiculatus*	6	12.83	15.00	19.25	12.33	8.82	10.53	10.71	31.68
	鼎湖血桐 *Macaranga sampsonii*	3	6.67	3.80	3.67	1.56	4.41	10.53	2.04	16.50
	箣榄花椒 *Zanthoxylum avicennae*	1	13	8.00	3.33	1.10	1.47	5.26	1.85	7.83
	海南蒲桃 *Syzygium hainanense*	1	6.50	5.20	1.00	0.71	1.47	5.26	0.56	7.44
	阴香 *Cinnamomum burmannii*	3	7.00	5.17	6.67	2.12	4.41	5.26	3.71	11.79
	垂叶榕 *Ficus benjamina*	3	6.33	4.40	4.00	1.81	4.41	5.26	2.23	11.48
	整体值 Integral value	68	10.03	9.36	179.73	100	100	100	100	300
灌木层 Shrub layer	铁包金 *Berchemia lineata*	3	0.41	—	0.39	—	4.76	4.76	2.09	11.63
	九节 *Psychotria rubra*	13	0.65	—	2.22	—	20.63	19.05	11.92	51.59
	秤星树 *Ilex asprella*	3	1.06	—	4.66	—	4.76	7.14	25.03	36.90
	鸭脚木 *Schefflera octophylla*	1	0.32	—	0.12	—	1.59	2.38	0.64	4.61
	含笑花 *Michelia figo*	13	0.87	—	2.56	—	20.63	11.90	13.74	46.27
	豺皮樟 *Litsea rotundifolia* var. *oblongifolia*	2	0.39	—	0.19	—	3.17	4.76	1.02	8.94
	血桐 *Macaranga tanarius*	3	2.00	—	1.64	—	4.76	2.38	8.81	15.95
	粗叶榕 *Ficus hirta*	7	0.95	—	1.06	—	11.11	4.76	5.69	21.58
	箣榄花椒 *Zanthoxylum avicennae*	2	1.35	—	0.86	—	3.17	4.76	4.61	12.54
	复羽叶栾树 *Koelreuteria bipinnata*	1	0.80	—	0.49	—	1.59	7.14	2.63	11.37
	九里香 *Murraya exotica*	3	0.57	—	0.76	—	4.76	2.38	4.08	11.23
	两面针 *Zanthoxylum nitidum*	2	0.36	—	0.06	—	3.17	4.76	0.30	8.23
	大青 *Clerodendrum cyrtophyllum*	1	1.40	—	0.47	—	1.59	2.38	2.52	6.49
	牛耳枫 *Daphniphyllum calycinum*	2	1.60	—	1.03	—	3.17	4.76	5.53	13.47
	土蜜树 *Bridelia tomentosa*	1	0.40	—	0.03	—	1.59	2.38	0.16	4.10
	罗伞树 *Ardisia quinquegona*	1	0.80	—	0.01	—	1.59	2.38	0.05	4.03
	银柴 *Aporusa dioica*	1	1.30	—	0.56	—	1.59	2.38	3.01	6.99
	桃金娘 *Rhodomyrtus tomentosa*	1	0.8	—	0.49	—	1.59	2.38	2.63	6.61
	红锥 *Castanopsis hystrix*	1	0.45	—	0.28	—	1.59	2.38	1.50	5.48
	南洋楹 *Albizia falcataria*	1	0.83	—	0.56	—	1.59	2.38	3.01	6.99
	阴香 *Cinnamomum burmannii*	1	0.80	—	0.18	—	1.59	2.38	0.97	4.95
	整体值 Integral value	63	0.86	—	18.62	—	100	100	100	300
草本层 Herb layer	海芋 *Alocasia macrorrhiza*	8	0.09	—	0.48	—	32	30.77	0.42	63.19
	麦冬 *Ophiopogon japonicus*	7	0.22	—	4.39	—	28	15.38	3.84	47.22
	山菅兰 *Dianella ensifolia*	2	0.32	—	2.38	—	8	15.38	2.08	25.46
	乌毛蕨 *Blechnum orientale*	4	0.99	—	94.50	—	16	23.08	82.64	121.73
	十字薹草 *Carex cruciata*	4	0.25	—	12.60	—	16	15.38	11.02	42.40
	整体值 Integral value	25	0.37	—	114.35	—	100	100	100	300

7.2.5 台湾相思 - 鸭脚木 - 肾蕨群落

群落 5 的样地中乔木植物 6 种，灌木植物 12 种，草本植物 9 种。乔木层以台湾相思为主，灌木层以鸭脚木为主。台湾相思 - 鸭脚木 - 肾蕨群落中灌木较多，而乔木多样性相对低，仅有 6 种，盖度也最小，说明人工改造林通过人为定向选择，台湾相思有绝对的优势，物种分布明显不均匀，群落植物多样性低。该群落的植物结构特征见表 7.11。

表 7.11　台湾相思 - 鸭脚木 - 肾蕨群落结构特征

Table 7.11　The structural characteristics of *Acacia confusa-Schefflera octophylla-Nephrolepis auriculata* community

	物种名称 Species name	株数 Number	平均高度 （m） Average height	平均胸径 （cm） Average DBH	盖度（%） Coverage	相对显 著度 Relative prominence	相对密度 Relative density	相对频度 Relative frequency	相对盖度 Relative coverage	重要值 Important value
乔 木 层 Tree layer	荔枝 *Litchi chinensis*	18	5.44	6.55	23.67	15.18	22.78	18.18	20.20	56.14
	台湾相思 *Acacia confusa*	37	11.49	13.38	62.00	63.73	46.84	18.18	52.92	128.75
	豺皮樟 *Litsea rotundifolia* var. *oblongifolia*	9	4.89	5.66	11.17	6.55	11.39	18.18	9.53	36.12
	山杜英 *Elaeocarpus sylvestris*	6	5.17	5.62	6.00	4.34	7.59	18.18	5.12	30.12
	鸭脚木 *Schefflera octophylla*	7	6.00	10.40	13.00	9.37	8.86	18.18	11.10	36.41
	土蜜树 *Bridelia tomentosa*	2	5.25	3.25	1.33	0.84	2.53	9.09	1.14	12.46
	整体值 Integral value	79	6.37	7.48	117.17	100	100	100	100	300
灌 木 层 Shrub layer	大青 *Clerodendrum cyrtophyllum*	4	1.08	—	0.33	—	5.88	6.45	2.99	15.32
	鸭脚木 *Schefflera octophylla*	21	0.56	—	2.88	—	30.88	22.58	26.05	79.51
	九节 *Psychotria rubra*	20	0.53	—	1.62	—	29.41	22.58	14.65	66.64
	梅叶冬青 *Ilex asprella*	3	1.71	—	2.75	—	4.41	6.45	24.87	35.73
	银柴 *Aporusa dioica*	2	2.00	—	1.55	—	2.94	6.45	14.00	23.39
	粗叶榕 *Ficus hirta*	4	1.08	—	0.29	—	5.88	6.45	2.60	14.93
	铁包金 *Berchemia lineata*	5	0.48	—	0.11	—	7.35	9.68	1.03	18.06
	含笑花 *Michelia figo*	3	0.68	—	0.66	—	4.41	6.45	5.98	16.84
	豺皮樟 *Litsea rotundifolia* var. *oblongifolia*	1	0.70	—	0.04	—	1.47	3.23	0.40	5.10
	大花紫薇 *Lagerstroemia speciosa*	1	0.90	—	0.44	—	1.47	3.23	3.96	8.66
	九里香 *Murraya exotica*	1	0.68	—	0.09	—	1.47	3.23	0.78	5.48
	毛果算盘子 *Glochidion eriocarpum*	3	0.45	—	0.30	—	4.41	3.23	2.69	10.33
	整体值 Integral value	68	0.90	—	11.06	—	100	100	100	300
草 本 层 Herb layer	肾蕨 *Nephrolepis auriculata*	13	0.22	—	9.37	—	36.11	25	5.50	66.61
	芒萁 *Dicranopteris dichotoma*	5	0.33	—	9.82	—	13.89	6.25	5.76	25.90
	海芋 *Alocasia macrorrhiza*	3	0.06	—	0.04	—	8.33	6.25	0.02	14.60
	铁线蕨 *Adiantum capillus-veneris*	5	0.22	—	1.93	—	13.89	12.5	1.13	27.52
	金毛狗 *Cibotium barometz*	2	1.30	—	71.38	—	5.56	12.5	41.85	59.91
	半边旗 *Pteris semipinnata*	2	0.50	—	10.47	—	5.56	12.5	6.14	24.20
	山麦冬 *Liriope spicata*	2	0.35	—	4.91	—	5.56	12.5	2.88	20.94
	凤尾蕨 *Pteris cretica* var. *nervosa*	1	0.35	—	5.78	—	2.78	6.25	3.39	12.42
	乌毛蕨 *Blechnum orientale*	3	0.88	—	56.86	—	8.33	6.25	33.34	47.92
	整体值 Integral value	36	0.47	—	170.56	—	100	100	100	300

从表 7.11 可以看出，该群落中乔木层乔木物种少，植物共 79 株，整体平均高度、胸径分别为 6.37m、7.48cm，整体盖度也在 5 个群落中最小，为 117.17%；该群落乔木层中台湾相思的重要值最大，达到 128.75，相对显著度达到 63.73，其株数、盖度、相对密度、相对频度等各方面数据均最大，很明显是该群落的优势种，荔枝次之，重要值为 56.14，土蜜树最小，为 12.46；从相对频度上来看，只有土蜜树在所有样方中出现一次，其他植物种类均出现两次。

灌木层有 68 株植物，整体平均高度 0.90m，盖度为 11.06%；其中鸭脚木重要值最大，为 79.51，九节次之，为 66.64；从相对频度看，鸭脚木、九节在群落中出现的次数最多，为 7 次，而豺皮樟、九里香等灌木只出现一次。

草本层方面，植株数为 36，整体平均高度 0.47m，盖度为 170.56%，在草本层盖度方面为各群落最高的；其中肾蕨重要值最大，为 66.61，金毛狗次之，为 59.91；从相对频度来看，出现最多次的肾蕨也仅出现 4 次，其他植物出现 1～2 次，可见此群落草本的重复度不高，相似性低。

在优势种群的立木等级及年龄结构特征方面，南亚热带成熟森林高度一般可达 25～30m，莲花山各群落的乔木高度一般在 10m 左右，高度在 10m 以上的群落主要有群落 2、群落 3、群落 4。由各样地群落结构特征可见，高度在 10m 以上的群落优势种多以 3 级壮树为主，在群落 2、群落 3、群落 5 中其优势种出现个别 4 级大树，显示群落发展至壮年期，但这些优势种缺少 1 级苗木则反映出人工种植树种在自然状态下更新较困难；高度在 10m 以下的群落一些人工林及一些次生林，群落优势种多处于 2 级小树阶段，人工种植的如荔枝等 2 级小树也较多，而次生性的树种如鸭脚木、豺皮樟等则具有较多的 1 级苗木，反映出其在林下具有较好的自我更新能力。

7.3 讨 论

莲花山公园在种类组成方面，乔木优势种主要有垂叶榕、细叶榕、台湾相思、两粤黄檀、南洋楹、荔枝、白兰、杧果等，多为人工种植树种。灌木则多以九节、豺皮樟、粗叶榕、羊角拗、梅叶冬青、土蜜树、鸭脚木等为主，其中九节、豺皮樟、粗叶榕、羊角拗为群落自然演替种，其余则部分为人工植树种，前者在群落中表现出较好的自我更新能力，而后者显示出更新能力较差。群落中的草本植物常见的主要有半边旗、傅氏凤尾蕨、海芋、乌毛蕨等。

在群落结构方面，一般群落层次不多，优势种大多处于 3 级壮树阶段，部分群落中优势群落以 2 级壮树为主，4 级大树只见于个别群落，说明多数群落处于演替的前期，与深圳市笔架山公园的群落年龄结构大致相同。群落层次数据可见乔木层的优势种的重要值非常显著，草本层中半边旗、乌毛蕨等蕨类植物的重要值也比较大，可以推测，大部分群落均处于次生演替状态，灌木层则相对均匀，并有较多 2 级小树，反映出其在林下具有较好的自我更新能力。但该区域的各群落的特点是乔木的高度、密度和盖度普遍高，而且灌木和草本植物种类数量少，且高度、密度和盖度都明显低。说明其林下植被发育较差，进而也影响到多样性的状况。

从这 5 个植物群落的结构特征看，其乔木层的高度和胸径比较普遍偏高，与其他山地的群落相比，多个群落的乔木层高度与七娘山的群落 1 相当，甚至有的略偏高一些。而比后者的群落 2、群落 3 要偏高，也基本高于田心山的极大部分乔木种类的高度和胸径，也高于羊台山和小南山的许多群落的乔木层的高度值。而原因主要是莲花山相当部分可能为人工营林过程中种植的构成群落主要乔木层成分的杜英、凤凰木、南洋楹、细叶榕、高山榕、台湾相思等种类，其生物学特性为植株较高大的特点所致。当然，其中的一些树种也是自然状态恢复过程中，外来种子的进入而形成的乔木植株，但是，可能其高度及胸径处在与七娘山和小南山等山地群落中乔木层种类相近或略低的状态。但也有相当部分自然演替发育形成的乔木种类，如长芒杜英、乌榄、黄檀、假苹婆和毛麻楝等高度值高于本研究其他山地的群落。从群落 5 看，其乔木层的种类植株高大的仅有台湾相思等，大部分的乔木种类高度相对较低。可能是这个人工林其优势种的优势度过高，对其他乔木层的种类有一定抑制作用，或者其处在半自然恢复状态的初期状态，其他自然进入的种类还在发育的中间初期状态。从各群落的灌木层植物的高度、密度、盖度值看，几个群落，尤其是群落 1 和群落 2 的值比七娘山、羊台山和小南山的多个群落值低，群落 3 也略低；与田心山的 2 个群落相当。从莲花山各群落草本层的高度和密度看，比其他区域的相对低，说明乔木发育好的群落，可能会对林下的草本植物有一定的抑制作用。因而，如何提高这类群落耐阴草本植物种类的数量也是值得进一步研究的问题。

莲花山今后在各区域的植被结构改善方面应该注重逐渐地减少人为干预，而且把较多过去种植的人工林，尤其是北坡较大面积的桉树林，这种乔木层优势度过高，且种类枝下高的值过高，灌木层及草本层植物又受到许多抑制，导致群落的空间茎叶所占比率低的群落逐渐被淘汰，让植被进行自然的演替和恢复。其他的已经是人工林与自然恢复过程而形成的次生林，应逐渐分析林下植被即灌木种类和草本植物较少的问题，可以适当采取一些人工措施，尤其是草本植物，可以引进一些耐阴的和适合于本地生长的草本植物种植，以适当增加这部分林下的生物量，提高景观和生态效益。

第 8 章　莲花山植物多样性研究

过去对于莲花山植物多样性的研究还很少，廖文波等（2002）开展了一些研究，但是，已经过去了 10 多年，他们的研究主要集中在对公园植物种类的调查，对农田杂草、人工栽培的观赏植物等均做记录。但是，对于其自然和半自然分布的山地植被中的多样性的数量生态学的分析研究还涉及很少。并且 10 多年以后，对该区域的植物多样性的动态状况也不了解。因此，很有必要对莲花山公园开展进一步的植物多样性研究，同时对于其科、属层面的多样性现状进行探究，掌握莲花山目前的山地植物群落的结构组成及多样性构成状况，为进一步发挥城市大型公园的野生、珍稀物种的栖息地和迁地保护地的作用而制定更为科学合理的保护和优化措施，也为提升公园的植被景观价值、生态价值和城市林业生态与园林生态研究等方面提供理论参考。

8.1　研究地与研究方法

8.1.1　研究地地理概况

地理概况及在莲花山各区域 5 个植物群落的地理位置见第 7 章。

8.1.2　研究时间、数据测定与分析方法

研究时间、数据测定与分析方法见第 3 章。

8.2　结果与分析

8.2.1　植物群落结构特征及其组成

各植物群落均属于常绿阔叶林植被类型。

8.2.1.1　垂叶榕 + 细叶榕 - 杜鹃 - 半边旗群落的科、属、种的组成

群落中乔木植物 13 种，灌木植物 20 种，草本植物 8 种。乔木层以垂叶榕、细叶榕为主，灌木层以杜鹃为主。物种比较丰富，花草树木皆有。乔木层的密度比较大，灌木层物种也较丰富，草本层种类相对较少。群落总体保持了较好的自然性，说明人为破坏相对少。

群落的种类、科及属的组成情况见表 8.1。从表 8.1 中可见，植物共有 26 科 32 属 40 种，其中大戟科、凤尾蕨科、桑科、樟科每个科 3 ~ 4 种，豆科、杜鹃花科、壳斗科、漆树科次之，每科 2 种，而其他科基本是 1 科 1 种；属方面，杜鹃属、榕属、凤尾蕨属、木姜子属、锥属存在每属多种，其他属则是1 属 1 种。

8.2.1.2　台湾相思 + 两粤黄檀 - 九节 - 半边旗群落的科、属、种的组成

该群落的种类、科、属的组成见表 8.2。

台湾相思 + 两粤黄檀 - 九节 - 半边旗群的植物共有 29 科 36 属 40 种，其中豆科 5 种，大戟科 3 种，凤尾蕨科、木兰科、桑科、桃金娘科、天南星科次之，每科 2 种，而其他科为 1 科 1 种；在属方面，凤尾蕨属、含笑属、榕属、蒲桃属为每属 2 种，其他属则为 1 属 1 种。说明在属的等级上多样性相对较好。

表 8.1　垂叶榕 + 细叶榕 - 杜鹃 - 半边旗群落植物的种类、科及属组成

Table 8.1　The composition situation of family，genus and species of *Ficus benjamina* +*Ficus microcarpa-Rhododendron simsii-Pteris semipinnata* community

种类数 Number of species	物种名 Species name	科名 Family name	科数量 Number of family	属名 Genus name	属数量 Number of genus
1	珍珠菜 *Pogostemon auricularius*	唇形科 Labiatae	1	刺蕊草属 *Pogostemon*	1
2	厚叶算盘子 *Glochidion hirsutum*	大戟科 Euphorbiaceae	2-1	算盘子属 *Glochidion*	2
3	银柴 *Aporusa dioica*	大戟科 Euphorbiaceae	2-2	银柴属 *Aporusa*	3
4	血桐 *Macaranga tanarius*	大戟科 Euphorbiaceae	2-3	血桐属 *Macaranga*	4
5	土蜜树 *Bridelia tomentosa*	大戟科 Euphorbiaceae	2-4	土蜜树属 *Bridelia*	5
6	梅叶冬青 *Ilex asprella*	冬青科 Aquifoliaceae	3	冬青属 *Ilex*	6
7	凤凰木 *Delonix regia*	豆科 Leguminosae	4-1	凤凰木属 *Delonix*	7
8	台湾相思 *Acacia confusa*	豆科 Leguminosae	4-2	金合欢属 *Acacia*	8
9	杜鹃 *Rhododendron simsii*	杜鹃花科 Ericaceae	5-1	杜鹃属 *Rhododendron*	9-1
10	锦绣杜鹃 *Rhododendron pulchrum*	杜鹃花科 Ericaceae	5-2	杜鹃属 *Rhododendron*	9-2
11	半边旗 *Pteris semipinnata*	凤尾蕨科 Pteridaceae	6-1	凤尾蕨属 *Pteris*	10-1
12	傅氏凤尾蕨 *Pteris fauriei*	凤尾蕨科 Pteridaceae	6-2	凤尾蕨属 *Pteris*	10-2
13	凤尾蕨 *Pteris cretica* var. *nervosa*	凤尾蕨科 Pteridaceae	6-3	凤尾蕨属 *Pteris*	10-3
14	五节芒 *Miscanthus floridulus*	禾本科 Gramineae	7	芒属 *Miscanthus*	11
15	鸭脚木 *Schefflera octophylla*	五加科 Araliaceae	8	鹅掌柴属 *Schefflera*	12
16	檵木 *Loropetalum chinense*	金缕梅科 Hamamelidaceae	9	檵木属 *Loropetalum*	13
17	罗浮锥 *Castanopsis faberi*	壳斗科 Fagaceae	10-1	锥属 *Castanopsis*	14-1
18	红锥 *Castanopsis hystrix*	壳斗科 Fagaceae	10-2	锥属 *Castanopsis*	14-2
19	芒萁 *Dicranopteris dichotoma*	里白科 Gleicheniaceae	11	芒萁属 *Dicranopteris*	15
20	毛麻楝 *Chukrasia tabularis* var. *velutina*	楝科 Meliaceae	12	麻楝属 *Chukrasia*	16
21	火炭母 *Polygonum chinense*	蓼科 Polygonaceae	13	蓼属 *Polygonum*	17
22	白兰 *Michelia alba*	木兰科 Magnoliaceae	14	含笑属 *Michelia*	18
23	杧果 *Mangifera indica*	漆树科 Anacardiaceae	15-1	杧果属 *Mangifera*	19
24	盐肤木 *Rhus chinensis*	漆树科 Anacardiaceae	15-2	盐肤木属 *Rhus*	20
25	九节 *Psychotria rubra*	茜草科 Rubiaceae	16	九节属 *Psychotria*	21
26	垂叶榕 *Ficus benjamina*	桑科 Moraceae	17-1	榕属 *Ficus*	22-1
27	高山榕 *Ficus altissima*	桑科 Moraceae	17-2	榕属 *Ficus*	22-2
28	细叶榕 *Ficus microcarpa*	桑科 Moraceae	17-3	榕属 *Ficus*	22-3
29	粗叶榕 *Ficus hirta*	桑科 Moraceae	17-4	榕属 *Ficus*	22-4
30	海南榄仁 *Terminalia hainanensis*	使君子科 Combretaceae	18	诃子属 *Terminalia*	23
31	海芋 *Alocasia macrorrhiza*	天南星科 Araceae	19	海芋属 *Alocasia*	24
32	荔枝 *Litchi chinensis*	无患子科 Sapindaceae	20	荔枝属 *Litchi*	25
33	假苹婆 *Sterculia lanceolata*	梧桐科 Sterculiaceae	21	苹婆属 *Sterculia*	26
34	两面针 *Zanthoxylum nitidum*	芸香科 Rutaceae	22	花椒属 *Zanthoxylum*	27
35	阴香 *Cinnamomum burmannii*	樟科 Lauraceae	23-1	樟属 *Cinnamomum*	28
36	潺槁树 *Litsea glutinosa*	樟科 Lauraceae	23-2	木姜子属 *Litsea*	29-1
37	豺皮樟 *Litsea rotundifolia* var. *oblongifolia*	樟科 Lauraceae	23-3	木姜子属 *Litsea*	29-2
38	罗伞树 *Ardisia quinquegona*	紫金牛科 Myrsinaceae	24	紫金牛属 *Ardisia*	30
39	光叶子花 *Bougainvillea glabra*	紫茉莉科 Nyctaginaceae	25	叶子花属 *Bougainvillea*	31
40	针葵 *Phoenix canariensis*	棕榈科 Palmae	26	刺葵属 *Phoenix*	32

8.2.1.3　台湾相思 - 梅叶冬青 - 半边旗群落的科、属、种的组成

　　样地中乔木植物 14 种，灌木植物 18 种，草本植物 10 种。乔木层以台湾相思为主，灌木层以梅叶冬青为主。群落的种类、科、属的组成情况见表 8.3。

表 8.2　台湾相思 + 两粤黄檀 - 九节 - 半边旗群落植物的种类、科及属组成

Table 8.2　The composition situation of family，genus and species of *Acacia confusa+Dalbergia benthami-Psychotria rubra-Pteris semipinnata* community

种类数 Number of species	物种名 Species name	科名 Family name	科数量 Number of family	属名 Genus name	属数量 Number of genus
1	山菅兰 *Dianella ensifolia*	百合科 Liliaceae	1	山菅属 *Dianella*	1
2	鼎湖血桐 *Macaranga sampsonii*	大戟科 Euphorbiaceae	2-1	血桐属 *Macaranga*	2
3	银柴 *Aporusa dioica*	大戟科 Euphorbiaceae	2-2	银柴属 *Aporusa*	3
4	土蜜树 *Bridelia tomentosa*	大戟科 Euphorbiaceae	2-3	土蜜树属 *Bridelia*	4
5	梅叶冬青 *Ilex asprella*	冬青科 Aquifoliaceae	3	冬青属 *Ilex*	5
6	凤凰木 *Delonix regia*	豆科 Leguminosae	4-1	凤凰木属 *Delonix*	6
7	两粤黄檀 *Dalbergia benthami*	豆科 Leguminosae	4-2	黄檀属 *Dalbergia*	7
8	南洋楹 *Albizia falcataria*	豆科 Leguminosae	4-3	合欢属 *Albizia*	8
9	台湾相思 *Acacia confusa*	豆科 Leguminosae	4-4	金合欢属 *Acacia*	9
10	紫檀 *Pterocarpus indicus*	豆科 Leguminosae	4-5	紫檀属 *Pterocarpus*	10
11	锦绣杜鹃 *Rhododendron pulchrum*	杜鹃花科 Ericaceae	5	杜鹃属 *Rhododendron*	11
12	杜英 *Elaeocarpus decipiens*	杜英科 Elaeocarpaceae	6	杜英属 *Elaeocarpus*	12
13	半边旗 *Pteris semipinnata*	凤尾蕨科 Pteridaceae	7-1	凤尾蕨属 *Pteris*	13-1
14	傅氏凤尾蕨 *Pteris fauriei*	凤尾蕨科 Pteridaceae	7-2	凤尾蕨属 *Pteris*	13-2
15	牛筋草 *Eleusine indica*	禾本科 Gramineae	8	穇属 *Eleusine*	14
16	牛耳枫 *Daphniphyllum calycinum*	虎皮楠科 Daphniphyllaceae	9	虎皮楠属 *Daphniphyllum*	15
17	鸭脚木 *Schefflera octophylla*	五加科 Araliaceae	10	鹅掌柴属 *Schefflera*	16
18	檵木 *Loropetalum chinense*	金缕梅科 Hamamelidaceae	11	檵木属 *Loropetalum*	17
19	华南毛蕨 *Cyclosorus parasiticus*	金星蕨科 Thelypteridaceae	12	毛蕨属 *Cyclosorus*	18
20	蟛蜞菊 *Wedelia chinensis*	菊科 Compositae	13	蟛蜞菊属 *Wedelia*	19
21	毛麻楝 *Chukrasia tabularis* var. *velutina*	楝科 Meliaceae	14	麻楝属 *Chukrasia*	20
22	火炭母 *Polygonum chinense*	蓼科 Polygonaceae	15	蓼属 *Polygonum*	21
23	白兰 *Michelia alba*	木兰科 Magnoliaceae	16-1	含笑属 *Michelia*	22-1
24	醉香含笑 *Michelia macclurei*	木兰科 Magnoliaceae	16-2	含笑属 *Michelia*	22-2
25	杧果 *Mangifera indica*	漆树科 Anacardiaceae	17	杧果属 *Mangifera*	23
26	大花紫薇 *Lagerstroemia speciosa*	千屈菜科 Lythraceae	18	紫薇属 *Lagerstroemia*	24
27	九节 *Psychotria rubra*	茜草科 Rubiaceae	19	九节属 *Psychotria*	25
28	粗叶榕 *Ficus hirta*	桑科 Moraceae	20-1	榕属 *Ficus*	26-1
29	细叶榕 *Ficus microcarpa*	桑科 Moraceae	20-2	榕属 *Ficus*	26-2
30	十字薹草 *Carex cruciata*	莎草科 Cyperaceae	21	薹草属 *Carex*	27
31	铁包金 *Berchemia lineata*	鼠李科 Rhamnaceae	22	勾儿茶属 *Berchemia*	28
32	蒲桃 *Syzygium jambos*	桃金娘科 Myrtaceae	23-1	蒲桃属 *Syzygium*	29-1
33	洋蒲桃 *Syzygium samarangense*	桃金娘科 Myrtaceae	23-2	蒲桃属 *Syzygium*	29-2
34	海芋 *Alocasia macrorrhiza*	天南星科 Araceae	24-1	海芋属 *Alocasia*	30
35	合果芋 *Syngonium podophyllum*	天南星科 Araceae	24-2	合果芋属 *Syngonium*	31
36	铁线蕨 *Adiantum capillus-veneris*	铁线蕨科 Adiantaceae	25	铁线蕨属 *Adiantum*	32
37	假苹婆 *Sterculia lanceolata*	梧桐科 Sterculiaceae	26	苹婆属 *Sterculia*	33
38	幌伞枫 *Heteropanax fragrans*	五加科 Araliaceae	27	幌伞枫属 *Heteropanax*	34
39	豺皮樟 *Litsea rotundifolia* var. *oblongifolia*	樟科 Lauraceae	28	木姜子属 *Litsea*	35
40	罗伞树 *Ardisia quinquegona*	紫金牛科 Myrsinaceae	29	紫金牛属 *Ardisia*	36

　　台湾相思 - 梅叶冬 - 半边旗青群落的植物共有 24 科 33 属 37 种，其中大戟科、豆科、凤尾蕨科每科 3 种，杜英科、茜草科、禾本科、木兰科、桃金娘科、无患子科次之，每科 2 种，而其他科为 1 科 1 种；属方面，凤尾蕨属每属 3 种、含笑属、杜英属每属 2 种，其他属则是 1 属 1 种。

表 8.3 台湾相思 - 梅叶冬青 - 半边旗群落植物的种类、科及属组成

Table 8.3 The composition situation of family，genus and species of *Acacia confusa-Ilex asprella-Pteris semipinnata* community

种类数 Number of species	物种名 Species name	科名 Family name	科数量 Number of family	属名 Genus name	属数量 Number of genus
1	银边麦冬 *Ophiopogon jaburan* cv. 'Argenteivittatus'	百合科 Liliaceae	1	沿阶草属 *Ophiopogon*	1
2	珍珠菜 *Pogostemon auricularius*	唇形科 Labiatae	2	刺蕊草属 *Pogostemon*	2
3	山乌桕 *Sapium discolor*	大戟科 Euphorbiaceae	3-1	乌桕属 *Sapium*	3
4	银柴 *Aporusa dioica*	大戟科 Euphorbiaceae	3-2	银柴属 *Aporusa*	4
5	土蜜树 *Bridelia tomentosa*	大戟科 Euphorbiaceae	3-3	土蜜树属 *Bridelia*	5
6	梅叶冬青 *Ilex asprella*	冬青科 Aquifoliaceae	4	冬青属 *Ilex*	6
7	海红豆 *Adenanthera microsperma*	豆科 Leguminosae	5-1	海红豆属 *Adenanthera*	7
8	南洋楹 *Albizia falcataria*	豆科 Leguminosae	5-2	合欢属 *Albizia*	8
9	台湾相思 *Acacia confusa*	豆科 Leguminosae	5-3	金合欢属 *Acacia*	9
10	山杜英 *Elaeocarpus sylvestris*	杜英科 Elaeocarpaceae	6-1	杜英属 *Elaeocarpus*	10-1
11	长芒杜英 *Elaeocarpus apiculatus*	杜英科 Elaeocarpaceae	6-2	杜英属 *Elaeocarpus*	10-2
12	半边旗 *Pteris semipinnata*	凤尾蕨科 Pteridaceae	7-1	凤尾蕨属 *Pteris*	11-1
13	凤尾蕨 *Pteris cretica*	凤尾蕨科 Pteridaceae	7-2	凤尾蕨属 *Pteris*	11-2
14	傅氏凤尾蕨 *Pteris fauriei*	凤尾蕨科 Pteridaceae	7-3	凤尾蕨属 *Pteris*	11-3
15	乌榄 *Canarium pimela*	橄榄科 Burseraceae	8	橄榄属 *Canarium*	12
16	海金沙 *Lygodium japonicum*	海金沙科 Lygodiaceae	9	海金沙属 *Lygodium*	13
17	地毯草 *Axonopus compressus*	禾本科 Gramineae	10-1	地毯草属 *Axonopus*	14
18	五节芒 *Miscanthus floridulus*	禾本科 Gramineae	10-2	芒属 *Miscanthus*	15
19	牛耳枫 *Daphniphyllum calycinum*	虎皮楠科 Daphniphyllaceae	11	虎皮楠属 *Daphniphyllum*	16
20	鸭脚木 *Schefflera octophylla*	五加科 Araliaceae	12-1	鹅掌柴属 *Schefflera*	17
21	羊角拗 *Strophanthus divaricatus*	夹竹桃科 Apocynaceae	12-2	羊角拗属 *Strophanthus*	18
22	芒萁 *Dicranopteris dichotoma*	里白科 Gleicheniaceae	13	芒萁属 *Dicranopteris*	19
23	大青 *Clerodendrum cyrtophyllum*	马鞭草科 Verbenaceae	14	大青属 *Clerodendrum*	20
24	白兰 *Michelia alba*	木兰科 Magnoliaceae	15-1	含笑属 *Michelia*	21-1
25	醉香含笑 *Michelia macclurei*	木兰科 Magnoliaceae	15-2	含笑属 *Michelia*	21-2
26	狗骨柴 *Diplospora dubia*	茜草科 Rubiaceae	16-1	狗骨柴属 *Diplospora*	22
27	九节 *Psychotria rubra*	茜草科 Rubiaceae	16-2	九节属 *Psychotria*	23
28	粗叶榕 *Ficus hirta*	桑科 Moraceae	17	榕属 *Ficus*	24
29	铁包金 *Berchemia lineata*	鼠李科 Rhamnaceae	18	勾儿茶属 *Berchemia*	25
30	钱币石韦 *Pyrrosia nummulariifolia*	水龙骨科 Polypodiaceae	19	石韦属 *Pyrrosia*	26
31	海南蒲桃 *Syzygium hainanense*	桃金娘科 Myrtaceae	20-1	蒲桃属 *Syzygium*	27
32	桃金娘 *Rhodomyrtus tomentosa*	桃金娘科 Myrtaceae	20-2	桃金娘属 *Rhodomyrtus*	28
33	荔枝 *Litchi chinensis*	无患子科 Sapindaceae	21-1	荔枝属 *Litchi*	29
34	龙眼 *Dimocarpus longan*	无患子科 Sapindaceae	21-2	龙眼属 *Dimocarpus*	30
35	箭橙花椒 *Zanthoxylum avicennae*	芸香科 Rutaceae	22	花椒属 *Zanthoxylum*	31
36	豺皮樟 *Litsea rotundifolia* var. *oblongifolia*	樟科 Lauraceae	23	木姜子属 *Litsea*	32
37	石斑木 *Rhaphiolepis indica*	蔷薇科 Rosaceae	24	石斑木属 *Rhaphiolepis*	33

8.2.1.4 南洋楹 - 九节 - 乌毛蕨群落的科、属、种的组成

在此群落中有乔木植物 12 种，灌木植物 21 种，草本植物 5 种。乔木层以南洋楹为主，灌木层以九节为主。群落的种类、科及属的组成见表 8.4。

由表 8.4 可知，共有 21 科 29 属 34 种，其中大戟科含较多种，桑科、芸香科次之，大部分科含 2 ~ 3 种，仅约 30% 的科为 1 科 1 种的；在属方面，榕属每属 3 种，血桐属、杜英属、花椒属为每属 2 种，其他属则是 1 属 1 种。可见这个群落的多样性相对较低。

表 8.4　南洋楹 - 九节 - 乌毛蕨群落植物的种类、科及属组成

Table 8.4　The composition situation of family，genus and species of *Albizia falcataria-Psychotria rubra-Blechnum orientale* community

种类数 Number of species	物种名 Species name	科名 Family name	科数量 Number of family	属名 Genus name	属数量 Number of genus
1	麦冬 *Ophiopogon japonicus*	百合科 Liliaceae	1-1	沿阶草属 *Ophiopogon*	1
2	山菅兰 *Dianella ensifolia*	百合科 Liliaceae	1-2	山菅属 *Dianella*	2
3	鼎湖血桐 *Macaranga sampsonii*	大戟科 Euphorbiaceae	2-1	血桐属 *Macaranga*	3-1
4	血桐 *Macaranga tanarius*	大戟科 Euphorbiaceae	2-2	血桐属 *Macaranga*	3-2
5	银柴 *Aporusa dioica*	大戟科 Euphorbiaceae	2-3	银柴属 *Aporusa*	4
6	土蜜树 *Bridelia tomentosa*	大戟科 Euphorbiaceae	2-4	土蜜树属 *Bridelia*	5
7	秤星树 *Ilex asprella*	冬青科 Aquifoliaceae	3	冬青属 *Ilex*	6
8	南洋楹 *Albizia falcataria*	豆科 Leguminosae	4-1	合欢属 *Albizia*	7
9	台湾相思 *Acacia confusa*	豆科 Leguminosae	4-2	金合欢属 *Acacia*	8
10	长芒杜英 *Elaeocarpus apiculatus*	杜英科 Elaeocarpaceae	5-1	杜英属 *Elaeocarpus*	9-1
11	山杜英 *Elaeocarpus sylvestris*	杜英科 Elaeocarpaceae	5-2	杜英属 *Elaeocarpus*	9-2
12	牛耳枫 *Daphniphyllum calycinum*	虎皮楠科 Daphniphyllaceae	6	虎皮楠属 *Daphniphyllum*	10
13	鸭脚木 *Schefflera octophylla*	五加科 Araliaceae	7	鹅掌柴属 *Schefflera*	11
14	红锥 *Castanopsis hystrix*	壳斗科 Fagaceae	8	锥属 *Castanopsis*	12
15	大青 *Clerodendrum cyrtophyllum*	马鞭草科 Verbenaceae	9	大青属 *Clerodendrum*	13
16	含笑花 *Michelia figo*	木兰科 Magnoliaceae	10	含笑属 *Michelia*	14
17	九节 *Psychotria rubra*	茜草科 Rubiaceae	11	九节属 *Psychotria*	15
18	垂叶榕 *Ficus benjamina*	桑科 Moraceae	12-1	榕属 *Ficus*	16-1
19	高山榕 *Ficus altissima*	桑科 Moraceae	12-2	榕属 *Ficus*	16-2
20	粗叶榕 *Ficus hirta*	桑科 Moraceae	12-3	榕属 *Ficus*	16-3
21	十字薹草 *Carex cruciata*	莎草科 Cyperaceae	13	薹草属 *Carex*	17
22	铁包金 *Berchemia lineata*	鼠李科 Rhamnaceae	14	勾儿茶属 *Berchemia*	18
23	海南蒲桃 *Syzygium hainanense*	桃金娘科 Myrtaceae	15-1	蒲桃属 *Syzygium*	19
24	桃金娘 *Rhodomyrtus tomentosa*	桃金娘科 Myrtaceae	15-2	桃金娘属 *Rhodomyrtus*	20
25	海芋 *Alocasia macrorrhiza*	天南星科 Araceae	16	海芋属 *Alocasia*	21
26	乌毛蕨 *Blechnum orientale*	乌毛蕨科 Blechnaceae	17	乌毛蕨属 *Blechnum*	22
27	复羽叶栾树 *Koelreuteria bipinnata*	无患子科 Sapindaceae	18-1	栾树属 *Koelreuteria*	23
28	荔枝 *Litchi chinensis*	无患子科 Sapindaceae	18-2	荔枝属 *Litchi*	24
29	九里香 *Murraya exotica*	芸香科 Rutaceae	19-1	九里香属 *Murraya*	25
30	簕欓花椒 *Zanthoxylum avicennae*	芸香科 Rutaceae	19-2	花椒属 *Zanthoxylum*	26-1
31	两面针 *Zanthoxylum nitidum*	芸香科 Rutaceae	19-3	花椒属 *Zanthoxylum*	26-2
32	豺皮樟 *Litsea rotundifolia* var. *oblongifolia*	樟科 Lauraceae	20-1	木姜子属 *Litsea*	27
33	阴香 *Cinnamomum burmannii*	樟科 Lauraceae	20-2	樟属 *Cinnamomum*	28
34	罗伞树 *Ardisia quinquegona*	紫金牛科 Myrsinaceae	21	紫金牛属 *Ardisia*	29

8.2.1.5　台湾相思 - 鸭脚木 - 肾蕨群落的科、属、种的组成

群落中的乔木 6 种，灌木 12 种，草本植物 9 种。乔木层以台湾相思为主，灌木层以鸭脚木为主。该群落的植物种类、科及属的组成见表 8.5。

该群落的植物共有 22 科 24 属 25 种，其中大戟科 3 种，凤尾蕨科 2 种，其他科都是 1 科 1 种；属方面，仅凤尾蕨属 2 种，其他属均为 1 属 1 种。可见这个群落的多样性相当高，尤其在科和属的等级方面。

8.2.2　各群落的 *α*-多样性指数

各植物群落种类的多样性、丰富度和均匀度指数指标见表 8.6。

表 8.5　台湾相思 - 鸭脚木 - 肾蕨群落植物的种类、科及属组成
Table 8.5　The composition situation of family，genus and species of *Acacia confusa-Schefflera octophylla-Nephrolepis auriculata* community

种类数 Number of species	物种名 Species name	科名 Family name	科数量 Number of family	属名 Genus name	属数量 Number of genus
1	山麦冬 *Liriope spicata*	百合科 Liliaceae	1	山麦冬属 *Liriope*	1
2	金毛狗 *Cibotium barometz*	蚌壳蕨科 Dicksoniaceae	2	金毛狗属 *Cibotium*	2
3	毛果算盘子 *Glochidion eriocarpum*	大戟科 Euphorbiaceae	3-1	算盘子属 *Glochidion*	3
4	银柴 *Aporusa dioica*	大戟科 Euphorbiaceae	3-2	银柴属 *Aporusa*	4
5	土蜜树 *Bridelia tomentosa*	大戟科 Euphorbiaceae	3-3	土蜜树属 *Bridelia*	5
6	梅叶冬青 *Ilex asprella*	冬青科 Aquifoliaceae	4	冬青属 *Ilex*	6
7	台湾相思 *Acacia confusa*	豆科 Leguminosae	5	金合欢属 *Acacia*	7
8	山杜英 *Elaeocarpus sylvestris*	杜英科 Elaeocarpaceae	6	杜英属 *Elaeocarpus*	8
9	半边旗 *Pteris semipinnata*	凤尾蕨科 Pteridaceae	7-1	凤尾蕨属 *Pteris*	9-1
10	凤尾蕨 *Pteris cretica* var. *nervosa*	凤尾蕨科 Pteridaceae	7-2	凤尾蕨属 *Pteris*	9-2
11	鸭脚木 *Schefflera octophylla*	五加科 Araliaceae	8	鹅掌柴属 *Schefflera*	10
12	芒萁 *Dicranopteris dichotoma*	里白科 Gleicheniaceae	9	芒萁属 *Dicranopteris*	11
13	大青 *Clerodendrum cyrtophyllum*	马鞭草科 Verbenaceae	10	大青属 *Clerodendrum*	12
14	含笑花 *Michelia figo*	木兰科 Magnoliaceae	11	含笑属 *Michelia*	13
15	大花紫薇 *Lagerstroemia speciosa*	千屈菜科 Lythraceae	12	紫薇属 *Lagerstroemia*	14
16	九节 *Psychotria rubra*	茜草科 Rubiaceae	13	九节属 *Psychotria*	15
17	粗叶榕 *Ficus hirta*	桑科 Moraceae	14	榕属 *Ficus*	16
18	肾蕨 *Nephrolepis auriculata*	肾蕨科 Nephrolepidaceae	15	肾蕨属 *Nephrolepis*	17
19	铁包金 *Berchemia lineata*	鼠李科 Rhamnaceae	16	勾儿茶属 *Berchemia*	18
20	海芋 *Alocasia macrorrhiza*	天南星科 Araceae	17	海芋属 *Alocasia*	19
21	铁线蕨 *Adiantum capillus-veneris*	铁线蕨科 Adiantaceae	18	铁线蕨属 *Adiantum*	20
22	乌毛蕨 *Blechnum orientale*	乌毛蕨科 Blechnaceae	19	乌毛蕨属 *Blechnum*	21
23	荔枝 *Litchi chinensis*	无患子科 Sapindaceae	20	荔枝属 *Litchi*	22
24	九里香 *Murraya exotica*	芸香科 Rutaceae	21	九里香属 *Murraya*	23
25	豺皮樟 *Litsea rotundifolia* var. *oblongifolia*	樟科 Lauraceae	22	木姜子属 *Litsea*	24

表 8.6　各植物群落种类生物多样性指数
Table 8.6　The species biodiversity indices of communities

群落 Community	层次	D_s	H	R_1	R_2	J
1	乔木 Tree	0.8395	2.0660	2.4490	0.4614	0.8055
	灌木 Shrub	0.8905	2.4765	4.8460	0.7259	0.8267
	草本 Herb	0.7841	2.7093	2.2324	0.5803	1.3029
	整体 Integral value	0.9197	2.9500	7.0129	0.6320	0.7944
2	乔木 Tree	0.8000	1.9549	3.6922	0.5929	0.6763
	灌木 Shrub	0.8287	2.0038	3.0207	0.5694	0.7593
	草本 Herb	0.8756	2.1329	2.7576	0.6011	0.8895
	整体 Integral value	0.9262	2.9961	7.0634	0.6514	0.7966
3	乔木 Tree	0.8483	2.1116	3.2230	0.6075	0.8001
	灌木 Shrub	0.9060	2.5222	4.3786	0.7031	0.8726
	草本 Herb	0.8034	1.8516	2.8127	0.6476	0.8041
	整体 Integral value	0.9499	3.2085	7.1799	0.7007	0.8584
4	乔木 Tree	0.8054	2.5811	3.0370	0.6289	1.0387
	灌木 Shrub	0.9012	2.5711	5.0686	0.7348	0.8445
	草本 Herb	0.7933	1.5095	1.5533	0.5000	0.9379
	整体 Integral value	0.9551	3.2072	6.7329	0.6983	0.8817
5	乔木 Tree	0.7105	1.4433	1.3732	0.4101	0.8055
	灌木 Shrub	0.8104	1.9510	2.8439	0.5889	0.7851
	草本 Herb	0.8302	1.9116	2.5115	0.6131	0.8700
	整体 Integral value	0.9047	2.6706	4.7989	0.6179	0.8103

注：群落 1 为垂叶榕 + 细叶榕林 - 杜鹃 - 半边旗群落；群落 2 为台湾相思 + 两粤黄檀 - 九节 - 半边旗群落；群落 3 为台湾相思 - 梅叶冬青 - 半边旗群落；群落 4 为南洋楹 - 九节 - 乌毛蕨群落；群落 5 为台湾相思 - 鸭脚木 - 肾蕨群落（下同）

从表 8.6 我们可看出，在群落的 3 个层次上，群落 3 的灌木层的种类等级的多样性指数值最高，其多样性指数高达 0.9060，其次为群落 4，最低的是群落 5 的 0.8104。值得一提的是，各群落灌木层的多样性指数、丰富度和均匀度值多数高于其他层次，说明莲花山灌木层的种类多样性在每个群落内还是较高的。但是还要看其各群落间的灌木层组成的相似性情况，如果也较高，则说明各群落的组成差异大，大区域范围的这个层次的多样性才是高的。否则，从大范围来讲，其多样性也不能算高。从表 8.7 看，科与属之间的多样性和丰富度各群落间的大小顺序不很一致，最可以反映其综合特征的是科、属和种的综合多样性指数，结果为自然恢复的群落 3、群落 4 的指标高，其他几个人为干扰较多的群落则较低。

表 8.7　各群落科、属多样性与丰富度及综合多样性指数情况

Table 8.7　The indices of diversity，richness and composite diversity of family，genus in every community

群落 Community	D_f	D_g	D_c	R_{f1}	R_{f2}	R_{g1}	R_{g2}
1	0.9323	0.9758	2.8278	26	7.5020	32	8.6747
2	0.9411	0.9970	2.8643	29	8.0312	36	10.0302
3	0.9423	0.9905	2.8827	24	6.8639	33	9.1390
4	0.9286	0.9852	2.8689	21	6.2365	29	8.2238
5	0.9441	0.9967	2.8455	22	6.9225	24	7.4562

8.2.3　各群落结构层次相似性系数

相似度系数或相似性系数是利用物种的定量数据来比较多个群落里每两个群落之间的相似程度，可以分析大区域内各群落的种类组成的相同程度，如此系数值越高，则其反映出该区域的多样性越低，反之亦然。相似性系数由波兰学者 Zekanowski 于 1913 年提出。本研究同时采用属和科相似性系数进行分析，不仅可以了解各群落之间植物组成种类层面的相似程度，还可以了解在科和属水平上的组成相似程度，以了解该区域内这个层面的多样性情况。

8.2.3.1　各群落乔木层种类的相似性系数

各群落乔木层种类的相似性系数见表 8.8。各群落乔木层相似性最高的是群落 3 与群落 4，相似性系数为 0.5385；群落 3 与群落 5 次之，系数为 0.4762；乔木层相似性最低的是群落 2 与群落 5，仅为 0.1601。说明各群落间乔木层的相同种类极少，存在很大的差异性。群落 1 与群落 3 及群落 5 之间的系数值也很低。这是因为莲花山公园中有自然保护群落、路道旁人为影响群落及人工次生群落。这样反映出该区域的不同地点之间的乔木植物的多样性还属较高的水平。

表 8.8　各群落乔木层种类的相似性系数

Table 8.8　The similarity coefficient of species of tree layer in communities

群落 Community	1	2	3	4	5
1	1.0000				
2	0.3871	1.0000			
3	0.2222	0.3125	1.0000		
4	0.4002	0.2001	0.5385	1.0000	
5	0.2002	0.1601	0.4762	0.3158	1.0000

8.2.3.2　各群落灌木层种类的相似性系数

各群落灌木层种类的相似性系数见表 8.9。各群落灌木层相似性最高的是群落 2 与群落 5，相似性系数高达 0.9333，说明两群落灌木组成基本一样；群落 3 与群落 1 最低，系数为 0.3684；其他组灌木层相似性系数大多为 0.4～0.6。说明各群落间灌木层存在一定差异，但相似性相对较高。这说明该区域此层次的植物多样性明显偏低。

表 8.9　各群落灌木层种类的相似性系数

Table 8.9　The similarity coefficient of species of shrub layer in communities

群落 Community	1	2	3	4	5
1	1.0000				
2	0.5294	1.0000			
3	0.3684	0.4375	1.0000		
4	0.5854	0.4571	0.6154	1.0000	
5	0.3871	0.9333	0.4828	0.5625	1.0000

　　从各群落灌木植物种类的相似性系数看，总体比乔木植物的值高许多，多数在 0.40 以上。说明莲花山的灌木植物各地点之间的差异性较小，许多为共有的种类。这反映出了整个区域的该层次的物种多样性是比较偏低的。

8.2.3.3　各群落草本层种类的相似性系数

　　各群落草本层种类的相似性系数见表 8.10。各群落草本层相似性最高的是群落 1 与群落 3，相似性系数为 0.5556；群落 3 与群落 4 最低，系数为 0.0000，即两群落间没有相同的草本植物种类；其他组草本层相似性系数也不高，说明各群落间草本层存在较大的差异。这是一种有利于在同等面积区域内增加多样性的途径和格局。

表 8.10　各群落草本层种类的相似性系数

Table 8.10　The similarity coefficient of species of herb layer in communities

群落 Community	1	2	3	4	5
1	1.0000				
2	0.4211	1.0000			
3	0.5556	0.1905	1.0000		
4	0.1538	0.3750	0.0000	1.0000	
5	0.3529	0.3000	0.3158	0.2857	1.0000

8.2.3.4　各群落所有层次种类相似性系数

　　各群落所有层次种类的相似性系数见表 8.11。

表 8.11　各群落所有层次种类的相似性系数

Table 8.11　The similarity coefficient of species of all layer in communities

群落 Community	1	2	3	4	5
1	1.0000				
2	0.5250	1.0000			
3	0.4156	0.3896	1.0000		
4	0.4324	0.4324	0.5070	1.0000	
5	0.4001	0.4002	0.4839	0.5424	1.0000

　　各群落植物种类相似性最高的是群落 5 与群落 4，相似性系数为 0.5424；群落 3 与群落 2 最低，系数为 0.3896；其他组植物种类相似性系数相对居中，基本保持在 0.4 ~ 0.5，说明各群落间植物种类既存在差异又有较大的相似性，莲花山区域的种类多样性水平处在中等偏低状态。

8.2.3.5　各群落植物科、属相似性系数及综合相似性系数

1. 各群落植物科相似性系数比较

　　各群落植物科的相似性系数见表 8.12。

表 8.12　各群落植物科的相似性系数
Table 8.12　The similarity coefficient of family in communities

群落 Community	1	2	3	4	5
1	1.0000				
2	0.6545	1.0000			
3	0.5714	0.5385	1.0000		
4	0.5532	0.6400	0.7727	1.0000	
5	0.5417	0.5098	0.7111	0.7442	1.0000

各群落植物科相似性最高的是群落 3 与群落 4，相似性系数高达 0.7727；群落 5 与群落 2 最低，其系数也达到 0.5098；其他组植物种类相似性系数相对居中，基本保持在 0.54 以上，说明系数值偏高，莲花山整体植物科的多样性还稍偏低一些。

2. 各群落植物属相似性系数比较

各群落植物属相似性系数的比较见表 8.13。

表 8.13　各群落植物属的相似性系数
Table 8.13　The similarity coefficient of genus in communities

群落 Community	1	2	3	4	5
1	1.0000				
2	0.5797	1.0000			
3	0.5357	0.4918	1.0000		
4	0.5246	0.5152	0.7170	1.0000	
5	0.3684	0.4918	0.6250	0.6038	1.0000

各群落植物属相似性最高的是群落 3 与群落 4，相似性系数高达 0.7170；群落 5 与群落 1 最低，系数为 0.3684；其他组植物种类相似性系数相对居中，基本保持在 0.49～0.62。大致的系数值比科的水平要低，但高于种类的水平。说明在属的等级上，莲花山的属多样性还是偏高的。

3. 各群落植物科、属、种综合相似性系数比较

各群落植物科、属、种综合相似性系数的比较见表 8.14。各群落植物科、属、种综合相似性最高的是群落 3 与群落 4，相似性系数高达 0.8810；群落 5 与群落 1 最低，系数为 0.5820；其他组的综合相似性系数在 0.64～0.82。

表 8.14　各群落植物科、属、种的综合相似性系数
Table 8.14　The synthetical similarity coefficient of family，genus and species of in communities

群落 Community	1	2	3	4	5
1	1.0000				
2	0.7647	1.0000			
3	0.6484	0.6211	1.0000		
4	0.6703	0.7053	0.8810	1.0000	
5	0.5820	0.6554	0.7871	0.8258	1.0000

结合表 8.12～表 8.14 可看出，各群落间的相似性系数在综合多样性指数值方面是普遍较高的，基本保持在 0.58～0.88，说明该区域的整体多样性水平还处在偏低的状态；而科层面次之，系数值在 0.5098 以上；随后是属层面，种类层面的相似性系数相对低，最高的仅为 0.5424。说明莲花山公园各群落间植物相同的科较多，值得一提的是，各群落间综合相似性系数情况与属相似性情况有一些同步性，即属相似性高的两个群落其综合相似性系数值也相对较高。

8.3　讨　　论

在莲花山公园山地的 5 个植物群落中，在其种类组成方面，乔木优势种主要有垂叶榕、细叶榕、台湾相思、两粤黄檀、凤凰木、南洋楹、荔枝、白兰、鸭脚木、山杜英、复羽叶栾树等，多为人工种植树种。灌木则多以九节、豺皮樟、粗叶榕、羊角拗、梅叶冬青、土蜜树等为主，其中九节、豺皮樟、粗叶榕、羊角拗为群落自然演替种，其余则部分为人工植树种，前者在群落中表现出较好的自我更新能力。群落中的草本植物常见的主要有半边旗、傅氏凤尾蕨、海芋、乌毛蕨、山麦冬等。

从群落整体上来看，种类的多样性（D_s）大小顺序为群落 4 ＞群落 3 ＞群落 2 ＞群落 1 ＞群落 5。从 5 个群落种类的 Shannon-Wiener 指数 H、丰富度 R_1 和 R_2 及均匀度 J 来看，大致的顺序为群落 3 ＞群落 4 ＞群落 2 ＞群落 1 ＞群落 5；基本与多样性指数 D_s 顺序一致。群落 3 和群落 4 为最高和次高，群落 5 最低；群落 3 和群落 4 为该莲花山公园区域基本处在自然及半自然保护与恢复约 20 年的状态、人为干扰很少的群落；群落 1、群落 2 为靠近路边，常有人进入的区域；而群落 5 为明显的人工相思树林。因此，本研究结果表明，处在自然状态恢复的群落，物种多样性高，而且其乔木层的多样性也高，这与人为干扰的群落其植物多样性就一定提高，或者普遍都会提高的观点不同（江小蕾等，2003；毛志宏和朱教君，2006；黄志霖等，2011），而与自然恢复的天然林植物比人工林或人为干扰的林地多样性高的研究结果一致（陈美高，1998；于立忠等，2006；鲁绍伟等，2008；王芸等，2013）。尤其值得指出的是，当人工干扰的林地只增加了灌木和较多的草本植物种类，而自然和半自然恢复的林地其乔木群落的物种多样性指数值均较多地高于前者时，由于乔木植物的单位面积生物量明显高于灌木和草本植物，甚至高出几十倍（何柳静和黄玉源，2012），因而对于植物群落对所在区域的生态服务功能及效益而言，自然植物群落的作用是高出很多、甚至是数倍以上的。这是必须要给予很大的关注和保证的。即不能仅仅看某个群落的种类多样性的高低，还要看组成这些种类是乔木的多，还是灌木或草本的多。要考虑在同等程度、甚至低一些的多样性水平的群落条件下，兼顾好以乔木种类占多数为基本原则，而非仅仅过度地追求种类的多样性高，而用大多数的草本植物去取代原来高大的乔木种类形成新的群落，这是不合理的，甚至是错误的。当乔木层植物较多时，其多样性水平也较高的状态，对于区域生态系统结构而言才是最为理想的群落结构。

从种类灌木层次的 α- 多样性指数的各项指标即多样性指数、丰富度和均匀度指标看，灌木层的偏高得多，但是灌木种类的相似性系数也比乔木、草本种类高，而此系数值与各群落内的 α- 多样性指数 D、H、R 值等相比，其概念为相反的，即其值越高，说明该大区域的各个群落之间种类构成相同的多，因而其区域范围的多样性则低；原因可能是前者指标值按照层次计算，即部分属于乔木的种类因低于 4m，而划入了灌木层。后者的指数值只要是乔木种类，不管高度如何，均按照种类数进行统计。另一个原因是，按照每个群落内的灌木层种类统计，其多样性是较高的。但是，其大范围的各群落之间的灌木层种类的组成相同的种类较多。这个因素也较多地把其多样性的程度给降低了。

科的多样性指数 D_f、丰富度系数 R_{f2}（R_{f1} 为科的数量，代表性不够，因而可不讨论）和属的多样性 D_g 及丰富度系数 R_{g2} 值的顺序与种的多样性顺序有较多的不同；同时，科与属的多样性指数值及丰富度值的顺序也不同。科的多样性 D_f 值，群落 5 ＞群落 3 ＞群落 2 ＞群落 1 ＞群落 4；表现为群落 5 和群落 3 的多样性最高，而群落 2 处在中间地位，群落 4 最低。D_g 值为群落 2 ＞群落 5 ＞群落 3 ＞群落 4 ＞群落 1，表现出群落 2 多样性最高，群落 5 次之，群落 3 居中，而群落 1 的最低。因而表明自然恢复状态的群落 3 的科、属多样性是处在中等较好水平的，群落 4 则适当偏低，而部分人工干扰较强的群落 1 基本是处在较低或最低的状态，而群落 2 和群落 5 是较好的水平。这些可能是因为受到人为干扰较多的群落，可接受外来植物入侵的空间较多，不同科与属的草本植物的种类较多一些。但是这些差异从数量上看（R_{f1}、R_{g1}）是不明显的。科的丰富度与科的多样性指数顺序不很一致，属的丰富度系数值也与属的多样性值顺序不一致。仅仅是由于在自然和半自然恢复的群落里，同一个科所含的属、或者同一个属所含的种类数偏高而已。

这意味着，虽然有的群落的种类等级的多样性及丰富度等指标高，但是，其科或属等级的多样性可能较低或中等水平。而有的群落在科和属的等级上多样性较高，但其种类等级的多样性及丰富度等却较低或很低。原因可能是上述 2 个自然恢复的植被群落从演替的时间上看还处于从原来的人工化很强的林场向自然植被恢复的初期阶段或者还受到部分的人为影响的状态。如果科、属与种的多样性均高则为最好，但如果当科的多样性偏低或低时，属的多样性较高，也能适当弥补群落的多样性偏低的不足，从而起到提高其生物多样性的作用。

与深圳其他几个公园及莲花山其他几个样地的研究结果相比（整体数值，其不分析层次的数值），其 D_s 值基本相当及略偏高，H 值则与前者相近，约 60% 高于前者，但也有部分低于后者。J 值也与 H 值情况相近（尹新新等，2013）；与深圳杨梅坑和赤坳山地植被多样性相比（黄玉源等，2014），D_s 值基本上低于杨梅坑群落，而高于受到人为严重干扰的赤坳山地的两植物群落；H 值杨梅坑的大部分在 3.1～3.3，而莲花山各群落 65% 的值低于 3.0，有的值为 2.67；因此都低于杨梅坑受到长期保护的各群落，比赤坳山地群落 2 个值中的一个值高，但其中个别值也低于后者；J 值方面，杨梅坑的大多数在 0.83 以上，其中 70% 的值在 0.88 以上，赤坳山地的植被 J 值基本为 0.8020、0.7533，而本研究的 J 值中，2 个值为 0.7970 以下，1 个为 0.8103，其他 2 个值为 0.8584、0.8817。可见，杨梅坑的群落较明显高于后者，而莲花山的几群落值 65% 高于赤坳山地。

比较深圳笔架山部分群落结构的研究（康杰等，2005），莲花山本研究的多样性指数 D_s 值和均匀度 J 值 70% 高于前者；与深圳凤凰山马占相思林的研究相比较（刘敏等，2007），其 Shannon-Wiener 多样性指数 H（SW）约 65% 高于莲花山的各群落值。张永夏等（2007）开展了深圳大鹏湾风水林某香蒲桃群落的多样性探究，结果显示，在 D_s 值方面，本研究的乔木层和灌木层均有 2 个群落高于前者，其他几个群落的此二层次低于前者；而在草本层次的多样性上，均高于前者，说明莲花山的草本植物多样性较高。在整体的 D_s 值方面，群落 3 和群落 4 的整体系数值高于前者。比较 Shannon-Wiener 指数 H 值，莲花山的群落 3、群落 4 的乔木层和灌木层的指数值均较多地高于前者，其他几个群落则低于前者；草本层，除群落 4 略低于前者外，其他所有群落的值均较多地高于前者。在整体的系数值上，也是群落 3、群落 4 高于前者。其他 3 个群落略低于后者。可见群落 3 和群落 4 的各层次及整体的多样性指数处在相当高的水平。本研究的所有丰富度指数 R_2 值均高于前者较多；在均匀度指数 J 值方面，莲花山的所有群落的各层次及整体值均高于前者。说明莲花山的各群落均匀度方面状况是较好的。与 10 多年前廖文波等（2002）对莲花山其他一些群落的结构及多样性研究结果相比，本研究的 5 个植物群落 H 值高于前者的 5 个群落值的 3 个，而低于后者的 2 个。说明该区域的多样性指数情况变化不大，稍有增加，可能种类上会有一些差异。从前文的研究看，在 5 个群落中，优势种中也有 2 个群落有台湾相思，而本研究所调查的群落地点与前文并不重复，但是也有 3 个群落的优势种是台湾相思，说明此区域该种类分布较为普遍。

在科和属的多样性（D_f、D_g）方面，与前文相比（黄玉源等，2014），科的多样性比深圳杨梅坑和赤坳山地的相近和略偏高，而属的多样性则偏低，即每个属内的植物种类偏多。例如，群落 3、群落 4 的属多样性 D_g 低于杨梅坑的群落 1、群落 2、群落 3，也低于赤坳山地的 2 个群落；R_{f2} 的值约 50% 低于前文两地点的 5 群落，而其他的则高于前者的各群落。在种类水平的多样性方面，与杨梅坑的 3 个 20 多年处于自然恢复状态的群落相比，其 D 值普遍稍低于前者，尤其较多地低于前者的群落 2、群落 3，但 H 值则基本与前者相当，R 值、J 值方面则前者的普遍较高；与赤坳的 2 个人工林的群落相比，则约 60% 群落的 D、H、R 及 J 值比前者高，其他的值低于前者。在 β- 多样性方面，莲花山的 5 个群落的科、属和种的指标整体上高于杨梅坑的 3 个群落，部分高于赤坳山地的 2 个人工林群落。说明，虽然莲花山每个群落内的科、属和种多样性处在中等偏低水平，灌木层的多样性较高，但是从大区域的角度看，这些群落的组成成分相同的比例较多，因而构成整个大区域的生物多样性是较低的。

与山地的部分苏铁林的科、属和种类多样性指数相比（黄玉源等，2012），莲花山各群落的 β- 多样性各等级指标均显得明显高，说明在一个较广范围内，其各植物群落组成的多样性水平还是较低的，还有较多的提升空间；在各植物群落内的多样性 D 值方面，D_f、D_g、D_s 值均低于前者的 9 个苏铁林。与小南山和应人石的山地植物种类多样性比较，则莲花山的 5 群落的多样性 D、H 值均低于前者，尤其是灌木层和草本层的指标相差数值更明显；在均匀度方面也明显低于前者。小南山虽然也类似于莲花山，为人为保护的林地，但人为干扰很少，基本是让其处在自然发育的状态；应人石的 2 个群落也为被废弃的荔枝林，而 8 ～ 10 年基本处在自然恢复状态。可见，这些人为干扰极少林地的多样性比处于较多人为干扰的林地群落多样性高（黄玉源等，2014）。

　　综合多样性指数十分重要，能很综合地把一个群落的科、属和种的多样性情况反映出来，能表现出各群落各层次的遗传物质组成上的差异性特征。从 D_c 值看，其大小顺序为群落 3 ＞群落 4 ＞群落 2 ＞群落 5 ＞群落 1。说明本研究的 2 个处在自然和半自然恢复状态的植物群落即群落 3 和群落 4 的综合多样性是高的，比其他的人为干扰较多的群落 1、群落 2 和群落 5 的多样性水平高。这也与认为人为干扰的群落其植物多样性会提高，或者普遍都会提高的观点不同（江小蕾等，2003；黄志霖等，2011），而支持自然恢复的天然林植物比人工林或人为干扰的林地多样性普遍高的观点（于立忠等，2006；鲁绍伟等，2008；王芸等，2013）。

　　Karki 等（2003）对美国佐治亚地区的长叶松及两个群落进行了 8 个不同时期的多样性指数分析，与其相比，本研究莲花山各群落的 H 值都超出前者很多，有的值超出近 2 倍；而均匀度 J 值方面，各群落的值也有 80% 的值高于前者；在种类的相似性系数 C_s 方面，90% 的值明显低于前者，即各群落间的差异性比前者高较多。Lotfalian 等（2012）对于 Neka-Zalemrood，Hyrcanian 地区的林地与道路距离的多样性变化研究的结果与本研究的各群落相比，本研究比前者即便是距道路很远的群落及近道路的群落的 D_s 值和 H 值都高出较多，尤其是 H 值，比距道路较近的群落高出 30% ～ 40%，有的近 2 倍；R_2 值也明显高于前者，多数值可达 2 ～ 3 倍。Burton 等（2005）研究了美国哥伦比亚州 Muscogee 和 Harris 地区的森林植物多样性与城市距离的关系，莲花山的所有群落的 H 值均高于前者各类型的群落，部分值高出较多范围；在 J 值方面，本研究的各群落也高出前者各群落较多。Wale 等（2012）研究表明，埃塞俄比亚的自然保护区林地 3 个群落各层次总体的种类 H 值为 3.43、3.55、3.08，均处于较高的水平，说明该国家级自然保护区的环境和生物多样性保护状况较好。与本研究的 5 群落相比，基本都略高于莲花山的各群落的值。

　　由表 8.12 ～表 8.14 可见，综合相似性系数指标值高于属的水平，且略高于科的水平；与杨梅坑及赤坳的群落相比（黄玉源等，2014），其基本所有指标明显高于后者。说明，莲花山区域的各群落之间的科、属和种类的各等级综合的遗传差异相对较低，显示其整个区域的多样性偏低。

　　整体上看，莲花山公园生态绿地群落的植物多样性还是处在中等偏低的水平，植物种类与野外山地环境群落相比还显得较少，这与人们的生活行为方式对公园生态群落有着影响有关，但是也与人为干预有关。当然较多区域由于经过 10 多年的人工保护，处在半自然恢复的状态，部分野生植物已经进入，演替的过程处在半自然的状态，从整个山地处在周围均是街道的状况看，野外种子的进入主要以鸟类携带为主，群落科、属、种的各类多样性指数与其他的城市公园相比是较好的，具备了较好的野生植物栖息地和保护地的作用，也为人们观赏丰富的景观及为城市提供较好的生态效益发挥了好的作用。但是，在植物多样性方面，乔木层的种类还较多为人工种植种类，各群落草本层植物明显较少。在大区域多样性方面，各群落间科、属、种的组成相同的成分还较多。因而其多样性的提高还有很多改造、优化和提升的空间，尤其是乔木植物的自然更新和演替应受到重视，力求少些人为干预和种植小范围的纯林，以提高其整个区域的乔木及与其相联系的草本植物的多样性，以优化群落结构和提高其生态效益。

第9章　五研究地植物群落结构和组成分析

对深圳 5 个研究地的各植物群落进行综合性对比分析，进而从整体上掌握各研究地大致的植物群落结构综合特征和组成上的差异及所处状况。也为进一步采取科学、有效的措施改善和优化这些地区的植被系统提供理论依据。

9.1　材料和方法

运用上述 5 个研究地点共 15 个植物群落的测定数据，对各研究地的所有群落的一些主要指标进行综合计算和统计，计算各研究地所有群落的以下指标：①所有群落所涵盖的科、属和种的数目；②每个群落各层次的平均株高；③各层次植物的平均密度；④各层次的平均总盖度；⑤各层次的综合指标。

其中，高度和密度指标中，乔木、灌木和草本层的权重分别为 0.6、0.3、0.1；盖度值为 3 个层次指标之和。

进而对各研究地进行各指标及综合分析与评价。

9.2　结果与讨论

5 个研究地所涵盖的科、属和种的数量见表 9.1 和图 9.1。

表 9.1　5 个研究地群落内的科、属和种类数
Table 9.1　Number of family，genus and species in communities of 5 study areas

地点 Sites	科 Family	属 Genus	种 Species
杨梅坑 Yangmeikeng	37	55	65
赤坳 Chiao	28	35	39
莲花山 Lianhua Mountain	45	67	86
应人石 Yingrenshi	25	40	43
小南山 Xiaonan Mountain	33	50	57

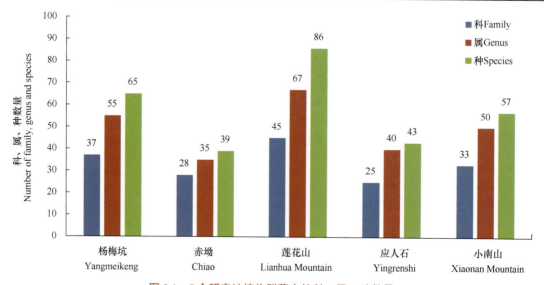

图 9.1　5 个研究地植物群落内的科、属、种数量
Figure 9.1　Number of family，genus and species in 5 study areas

由表 9.1 和图 9.1 可见，具有最多科的是在国家地质公园内受到 20 多年保护的自然保护区范围内的杨梅坑山地的调查群落，共 38 科，虽然次于莲花山的值，但应该注意的是，杨梅坑仅仅为 3 个群落，各群落面积之和比莲花山 5 个群落的小。当然，根据最小面积法，当一个群落的面积增加到一定值时，面积再增加对种类的增加基本不起作用，种类数维持在一个稳定的状态，但是，后者高于前者的一些原因可能主要在于群落的数量有所增加，因为不同优势种的群落，其结构和组成差异会比在同一群落内，加大面积所增加的种类的比率会高。因此，假如在同等面积内比较则可能情况不同。因而其属和种所占的比例也均属于较高水平。当然，莲花山围建公园后，近 17 年来一直受到很好的保护，山地植被几乎处在适当的人为干预和影响条件下，但是基本还是自然恢复的状态，因此，其科、属和种的多样性也较高。说明，深圳地区，在受到较好保护的区域，如让其自然恢复，其植物多样性是相当高的。这对于一些认为要在人为干扰的状态下，植物多样性才可能更高的观点是一个相反的证据，很好地支持了在自然状态下恢复的植被，其多样性会比经常受到人为干扰的植被高的观点。

赤坳水库山地为部分种植荔枝和桉树的人工林，受到人为干预相当严重，因而，其仅有 28 科；由于应人石水库山地也为荔枝林荒弃七八年、半自然恢复的植被群落，其依然表现出受到当时种植荔枝林对植物多样性严重破坏的影响，因此赤坳山地科的数量仅高于应人石山地植被，为次少的；仅为杨梅坑科数量的 73.68%。同时，两个人为干扰较严重地点的属和种类数都是最少的，如赤坳山地的种仅为杨梅坑受到较好保护和自然恢复区域的 61.53%，是受到较好保护的小南山半自然状态的植物群落的 68.96%。这进一步说明，即使像深圳这样水热等自然条件如此好的南亚热带地区，如果受到人为的干扰，尤其是种植了部分的人工林的情况下，那么其多样性也必然大幅下降。即使像应人石这样，已经给予其近 10 年的自然恢复，其植被的多样性也依然很低。这是对于人们在城市周围及市区内所含山地应该如何进行山地植被保护、维护和增加生物多样性、构建良好生态系统的重要启示。

5 个研究地植物群落内单位面积的科、属、种数量见表 9.2。

表 9.2 各研究地群落内单位面积的科、属、种数量（单位：个/100m²）
Table 9.2 Number of family，genus and species of per unit area in study areas（ind/100m²）

研究地 Study area	样地总面积（m²）Total sample area	科 Family	属 Genus	种 Species
杨梅坑 Yangmeikeng	1800	2.11	2.94	3.61
赤坳 Chiao	1200	2.33	2.91	3.33
莲花山 Lianhua Mountain	3200	1.43	2.09	2.75
应人石 Yingrenshi	1600	1.56	2.50	2.88
小南山 Xiaonan Mountain	1800	2.00	2.61	3.22

由表 9.2 可见，每 100m² 内科的数量为赤坳的最高，杨梅坑次之，小南山第三，莲花山最低；属的数量为杨梅坑最高，赤坳次之，小南山第三，莲花山最低；种的数量则是杨梅坑最高，赤坳次之，赤坳与小南山很近，前者略高于后者，也是莲花山的最低。这是仅仅看丰富度的一个指标，即 R_1，是数目的直接计数，没有考虑科内、属内所含的属或种类数，以及种内所含的个体数及兼顾其数目两方面统计的多样性指数和丰富度的其他计算的值的因素，因此，这是比较表层的特征。实际还是以后者的计算为更为全面和合理。

从莲花山的科、属、种在单位面积内数量都很低的情况看，与其群落数和各群落面积总数明显高于其他群落是有关的。说明，研究地增加近 1 倍的面积，会影响其科、属和种类的多样性统计值比其他群落高一些。但是即便这样，其单位面积内的科、属、种的数量还是处在较低状态。说明，即便在受到很好保护状态下，人为的干预和影响，还是会较明显地导致其多样性的增加缓慢或降低。而杨梅坑虽然也是处在 20 多年的自然恢复状态，其计数值有的低于受到较多人为干扰的群落，如科的数量比赤坳的低一点，每 100m² 低 0.22，基本相同；而属比赤坳的高 0.03，即每 100m² 的属数量也接近的。但是其种类数是所有地点最高的，加上科、属也与最高值基本一致，说明即便在这个指标上，杨梅坑这个受到较长时间保护而处于自然恢复状态的植被，其多样性综合情况也是最好的。

从各研究地的多样性 D_s、D_f、D_g、H 及科、属、种的丰富度和种类均匀度指标看，也是受到自然保护的杨梅坑和小南山的指标较高，而莲花山的处于中等偏高的水平。尤其是在种类的多样性、属的多样性及科、属的丰富度上，赤坳和应人石山地虽然有的科的多样性值较高，但是其属的多样性及科和属的丰富度均较低。在种类的多样性方面，由于是按照每个种拥有的个体数及种类数两个因子相关的关系计算的，因此，在群落内，假如每个种类的个体数明显少的话，即便种类数与另一群落的相当或偏少，也会导致其多样性指数稍偏高。因此需要结合丰富度等指标进行综合评价则更为全面些。

另外，一个很值得重视的是，过去的一些研究认为，人为干预可能会提升群落的植物多样性，但是本研究结果表明，凡是人为干预和影响的群落其植物多样性均低。虽然其整体的种类等级的多样性个别数值较高，但是其主要是草本植物和灌木植物的种类多所引起的。而这些群落的乔木层次的种类均比自然恢复状态的植被明显低许多。表明，今后在分析两个群落植物多样性时，必须分析其种类构成的成分，自然恢复状态的群落其乔木的种类占了很大的比重，而受到人为干扰的群落，草本和较小灌木为主要组成成分。但是这是具有很大区别的，因为乔木的生物量和生态效益可以是草本的50多倍（何柳静和黄玉源，2010），为灌木的20多倍，甚至更多。因此，比较生物多样性，还要兼顾整个植被结构的组成、构架和生物量，在生物种类多，而且结构也好的条件下，才是更为理想和好的区域生态系统的结构组成。

5个研究地群落各层次株高、密度和盖度及其综合指标见表9.3和图9.2～图9.4。

表 9.3　深圳 5 研究地植物群落主要综合指标
Table 9.3　The major synthetical indices of plant communities in 5 study areas

研究地 Study area	层次 Layer	平均高度（m）Average height	密度（株/m²）Density（ind./m²）	盖度（%）Coverage
杨梅坑 Yangmeikeng	乔木 Tree	7.41	0.16	77.06
	灌木 Shrub	0.98	0.51	78.77
	草本 Herb	0.35	2.79	56.52
	综合指标 Synthetical value	1.60	0.17	212.35
赤坳水库 Chiao	乔木 Tree	6.58	0.13	48.75
	灌木 Shrub	1.03	0.49	37.50
	草本 Herb	0.51	5.29	21.71
	综合指标 Synthetical value	1.43	0.75	107.96
莲花山 Lianhua Mountain	乔木 Tree	9.47	0.16	280.67
	灌木 Shrub	0.91	0.50	5.33
	草本 Herb	0.42	3.37	1.92
	综合指标 Synthetical value	1.99	0.19	287.92
应人石 Yingrenshi	乔木 Tree	5.01	0.11	62.26
	灌木 Shrub	1.29	0.56	168.08
	草本 Herb	0.58	5.19	156.95
	综合指标 Synthetical value	1.15	0.25	387.29
小南山 Xiaonan Mountain	乔木 Tree	5.85	0.21	286.02
	灌木 Shrub	0.92	0.46	4.42
	草本 Herb	0.53	3.33	80.35
	综合指标 Synthetical value	1.28	0.20	370.79

由表9.2及图9.2～图9.4可知，在乔木的高度方面，受到保护而自然恢复的杨梅坑及受到严格较长时间保护、处于相对人为影响的莲花山的高度最高，而小南山的乔木高度仅高于应人石山地及略低于赤坳这两个人为影响区域的群落。而这两个人为严重影响的群落灌木和草本的高度均高于其他3个受到人为保护、处于自然恢复和半自然恢复状态区域的群落，从这个层面也进一步说明部分种植了人工林的植被群落，其灌木和草本植物的长势明显好于处在自然状态生长的植物群落，也呼应了上述的，这类群落的灌木和草本植物的种类会比后者的高一些的现象。这也反映在各层次植物的密度上，2个人为干扰的群落，其密度的贡献主要是灌木和草本植物，其密度值较明显地比其他3个受到保护的自然恢复和发育的群落高。

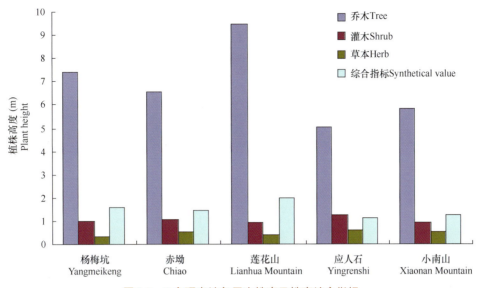

图 9.2　5 个研究地各层次株高及株高综合指标

Figure 9.2　The plant height and their compositive indices in 5 study areas

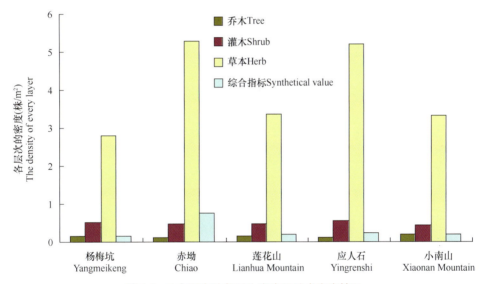

图 9.3　5 个研究地各层次密度及综合密度情况

Figure 9.3　The density of every layer and their compositive indices in 5 study areas

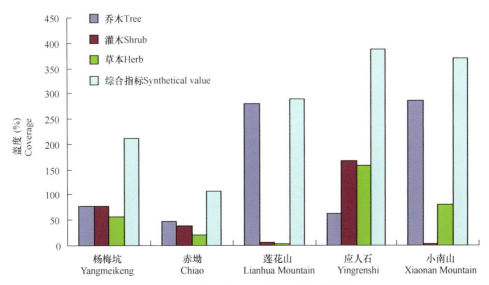

图 9.4　5 个研究地各层次盖度及综合盖度情况

Figure 9.4　Coverage values of every layer and their compositive indices in 5 study areas

　　在盖度方面（图 9.4），为莲花山乔木层植物的盖度明显高，但是其林下的灌木和草本植物的盖度值很小，这是莲花山山地植物群落存在的较为普遍的特点，林下的植被少，密度和盖度都显得少。杨梅坑的盖度也显得偏低，仅比赤坳高，但是高出近一倍；其各层次的盖度值均较为均匀，表现出各层次和种类的发育均较好。应人石山地的盖度明显较高，但其乔木的盖度较小，而其灌木和草本植物的盖度值相当高。同样说明，这类受到人为影响的植物群落，由于废弃了继续的果树的管理，成为处在自然恢复近 10 年状态的丛林，其灌木和草本的恢复较好，盖度很大。这反映出这些群落正慢慢由密集的草本植物，到灌丛，再陆续到乔木为主要支配地位的群落演替的过程。

　　小南山的乔木高度虽然不算高，但是其盖度值很高，说明其受到人为保护作为山地森林公园的作用较好地显现了，乔木植物正较好地发育。其草本植物的盖度也很高，但是灌木的盖度相当低，接近于莲花山的值。由于前二者的贡献，该区域植被的盖度值整体很高。而且是乔木为主要贡献者，处在较好的状态。

　　对 5 个研究地的研究表明，深圳一些受到保护的处在自然恢复状态，和处在人为影响下但受到严格保护的植物群落，其植物群落的组成、结构、生物学在长势和发育上的主要指标，以及科、属、种的 α- 多样性、丰富度和种类的均匀度等指标均较明显地优于受到人为干扰的植物群落，而且它们的科、属和种类的 β- 多样性指数（相似性系数）明显偏低，说明其整个区域内单位面积的科、属、种的差异性高，生物多样性高。本研究的结果与深圳其他一些地区的植物群落相比，多数值高于后者，尤其是人工林和半人工林。与其他的一些省和国家的植物群落相比，受到保护的 3 个区域的植物群落的多数指标均高于后者，部分甚至比亚热带自然状态下发育的阔叶林及热带山地雨林的多样性和丰富度、均匀度等指标都高。说明深圳地区的水热条件很好，适合多种植物的生长和发育，如果不进行人为破坏、种植果树和经济林等，则其在自然状态下恢复和发育，会形成很好的群落结构和科、属、种的组成成分，多样性会相当高。但是由于深圳在过去的几十年里，长期进行山地的大面积开垦，种植了大面积的荔枝等果树，周围和其中的山地还种植了较大面积的桉树林作为造纸等原料的经济林，这样可以想象深圳市内如此广阔的山地中，植被的组成和结构还是存在很大问题的，多样性状况依然会处在较差状态，生态系统的结构会处在简单化、系统构架相对脆弱，食物网络简单化，部分山地可能存在较明显的地力下降、甚至水土流失的状况。系统的稳定性、运行的高效性等会相对较差，植物整个城市的生态服务作用会处在中等偏低状态。这是今后必须高度重视和需要采取措施积极改进的。

第二篇
主要植物生物学特征、资源利用及地理分布研究

引　言

在深圳5个研究地进行植物资源的调查，在上述各研究地植物群落的样方调查基础上，进行周围植物种类的调查，标本的采集、制作和鉴定工作；分析5研究定点植物群落的周围区域的植物的分布、种类，进而对深圳的植物多样性、各类植物的分布及利用价值进行研究。为进一步掌握周围植物组成与这些已测定植物群落的关系，以及相互的影响作用，掌握这5个研究地较广区域内的植物科、属、种的分布状况、数量及今后的动态变化，为深圳市的植物分类、资源学、植物生态学和生态安全监测等方面提供理论依据。

此部分介绍作者对深圳5地点所调查和采集标本的种类的形态学特征、作者对标本进行的形态学研究的指标，以及与其他地区同种植物的特征差异的研究。这是过去深圳市及许多其他地区极少开展的研究。这些是本研究很重要的创新性的研究成果，是植物进化生物学、植物地理学和进化生态学的重要研究内容；为植物生物学提供了新的数据，也为植物种类居群在不同地理环境的特征变化动态及演化趋势提供证据。

经对5研究地的小范围调查及采集标本的研究，调查和统计的数据为：共167科522属861种；本书介绍120科330属535种植物的生物学特征等。其中蕨类植物14科20属31种；裸子植物6科6属7种；被子植物100科304属497种。这个数据是很有价值的。因为，本研究的调查范围限制在5个研究地，而且每个研究地也仅为较小的范围，一般占当地按地名的行政管辖范围（城区）面积的6%～8%，杨梅坑约占其行政管辖区域面积的3%，小南山约占6%。而且仅对山地野生状态或人工林种类进行调查和统计，极少部分为采自园林绿化植物、田间杂草及路边常见的杂草等种类。与深圳已知的科、属、种情况相比（深圳市城市管理局，2007），所调查到的科数已达到深圳市已知的257科的64.98%，1304属的40.03%，全部含各类栽培和外来引进的种类在内约2980种的28.89%。但据其他研究报道，在深圳目前统计的和记录的植物中，包括了深圳有分布并已采集到标本的野生植物，在深圳已归化的外来植物；也包含了在深圳有悠久栽培历史的植物（古树名木、外来植物或本地植物），以及在深圳被普遍栽培的园林植物和其他经济植物（李沛琼等，2011）。因此，深圳市山地等野外自然状态分布的实际植物种类数会较多地低于上述的数量。可见本研究涵盖深圳市科和属的范畴已相当广；种类数所占比例，与其调查的面积占深圳市的面积的比例相比，是密度很高的，所占比例也很高。而且上述的全市2980种植物含了许多的外来引进的栽培种，而本研究基本为调查的野生种，仅莲花山公园、七娘山附近和小南山有很少的一些栽培种。因此，如除去上述深圳市统计的栽培引进种外，则本研究种类所占全市种类比例还会更高。这在理论研究上具有很重要的意义，即其他地区种类及科属的分布是否也有类似这样的情况，如面积增加，是否科、属和种的数目也能如此高比例地增加，到怎样的面积接近深圳市已知共有的科、属和种的最高值？那么，这个面积是否可以作为深圳植物多样性分布区的最小面积值等。这些是值得深入研究的。一方面，说明是因为其地处亚热带地区，水热条件好而且具有较多的山地、平地、河流，还有沿海的滩涂区域，这些丰富的地理环境条件，也就造就了深圳的植物分布的多样性；另一方面，说明深圳市人民政府和民众在近30多年的快速经济发展的过程中，一直坚持把保护植被和生物多样性放在重要的位置，给予了其积极、较好的保护。其在种类数量上，已经达到我国许多省的全省的种数，如华北地区的较多省的所有种数。虽然说，华北地区的气候对于种类的多样性水平有一定的限制性，但是，相对而言，那些省域范围的面积很宽，是深圳市辖区面积的几十倍，而且这些省的地形地貌变化也极为丰富。因此，注重在开发中对自然植被的保护，同时适当引进部分外来种是一项改善当地植被结构组成、提高生物多样性和生态效益的重要任务。

本篇各种类的"主要形态特征"、"分布地"部分主要引自《中国植物志》（2013），作为与本研究数据、资料对比研究、分析的内容。"用途"简介方面，由于属于不可更改的一致内容，因此主要也引自《中国植物志》（2013）。

　　本篇所有 534 种植物全部列有作者采集和制作的凭证标本及采集号等资料 [所有标本均存于深圳市环境监测中心标本馆（SECH）]，而且对与其他地区同种植物性状上的差异进行了细致的研究，有较多的种类与其他地区的同种类植物的特征是有较明显差异的。这些为植物进化生物学、植物地理学和进化生态学的重要研究内容。这些特征可能是这些种类随着所分的地理环境的差异，其生态适应的作用，已经在遗传物质和表型上都有所改变，是进化的特征。这对于植物系统学、进化生物学领域及植物资源的性状差异性的研究和利用、保护等方面都具有重要的意义。本篇还增加了较多种类新的具体的分布地点，为植物的区系地理研究提供了新的证据和资料。本篇内容对于研究深圳市生物多样性状况，资源的分布及利用价值的评价，采取进一步科学、高效的措施，保护和进一步提高深圳市生物多样性，优化城市生态系统结构和功能，改善当地生态环境具有十分重要的意义。

蕨 类 植 物

石松科 Lycopodiaceae

石松（石松属）

Lycopodium japonicum Thunb. ex Murray, Syst. Veg. ed. 14. 944. 1784 (May-Jul.): B. Ollg. in Opera Bot. 92: 171. 1987, et Index Lycop. 52. 1989; 中国植物志 6(3): 63. 2004.

别名　伸筋草、过山龙、宽筋藤、玉柏

主要形态特征　多年生土生植物。匍匐茎地上生，二至三回分叉，侧枝直立，高达 40cm，多回二叉分枝，稀疏，压扁状（幼枝圆柱状），枝连叶直径 5～10mm。叶螺旋状排列，密集，上斜，披针形或线状披针形，长 4～8mm，宽 0.3～0.6mm，基部楔形，下延，无柄，先端渐尖，具透明发丝，边缘全缘，草质，中脉不明显。孢子囊穗（3～）4～8 个集生于长达 30cm 的总柄，总柄上苞片螺旋状稀疏着生，薄草质，形状如叶片；孢子囊穗不等位着生（即小柄不等长），直立，圆柱形，长 2～8cm，直径 5～6mm，具 1～5cm 长的长小柄；孢子叶阔卵形，长 2.5～3.0mm，宽约 2mm，先端急尖，具芒状长尖头，边缘膜质，啮蚀状，纸质；孢子囊生于孢子叶腋，略外露，圆肾形，黄色。

凭证标本　深圳应人石，林仕珍，周志彬（178）。

分布地　生于海拔 100～3300m 的林下、灌丛下、草坡、路边或岩石上。产全国除东北、华北以外的其他各省区。日本、印度锡金、缅甸、不丹、尼泊尔、越南、老挝、柬埔寨及南亚诸国有分布。

本研究种类分布地　深圳应人石。

主要经济用途　祛风除湿、通经活络、消肿止痛，还可治疗风湿腰腿痛、关节疼痛、屈伸不利、跌打损伤、刀伤、烫火伤。

石松 *Lycopodium japonicum*

垂穗石松（垂穗石松属）

Palhinhaea cernua (L.) Vasc. et Franco in Bol. Soc. Brot. ser. 2, 41: 25. 1967U; Sen et T. Sen in Fern Gaz. 11(6): 423, f. 4: k-u. 1978; L. B. Zhang et H. S. Kung in Acta Phytotax. Sin. 38(3): 271. 2000; 中国植物志 6(3): 70. 2004.

别名　过山龙（植物名实学大词典）、灯笼草（浙江植物志）

主要形态特征　中型至大型土生植物，主茎直立，高达 60cm，圆柱形，中部直径 1.5～2.5mm，光滑无毛，多回不等位二叉分枝；叶螺旋状排列，稀疏，钻形至线形，长约 4mm，宽约 0.3mm，通直或略内弯，基部圆形，下延，无柄，先端渐尖，边缘全缘，中脉不明显，纸质。侧枝上斜，多回不等位二叉分枝；侧枝及小枝上的叶密集，略上弯，钻形至线形，长 3～5mm，宽约 0.4mm，基

部下延，无柄，先端渐尖，边缘全缘，表面有纵沟，光滑，纸质。孢子囊穗单生于小枝顶端，短圆柱形，成熟时通常下垂，长 3～10mm，直径 2.0～2.5mm，无柄；孢子叶卵状菱形，覆瓦状排列，长约 0.6mm，宽约 0.8mm，先端急尖，尾状，边缘膜质，具不规则锯齿；孢子囊生于孢子叶腋，内藏，圆肾形，黄色。

凭证标本 ①深圳杨梅坑，余欣繁，招康赛（261）；林仕珍，黄玉源（261）；王贺银（357）。②深圳小南山，邹雨锋，招康赛（202）；陈永恒（086）；王贺银（211）。③深圳应人石，王贺银（171）；余欣繁，招康赛（127）。

分布地 生于海拔 100～1800m 的林下、林缘及灌丛下荫处或岩石上。产浙江、江西、福建、台湾、湖南、广东、香港、广西、海南、四川、重庆、贵州、云南等，亚洲其他热带地区及亚热带地区、大洋洲、南美洲中部有分布。

本研究种类分布地 深圳小南山、应人石、杨梅坑。

主要经济用途 祛风湿，舒筋络，活血，止血。治风湿骨痛麻木，肝炎，痢疾，风疹，赤目，吐血，衄血，便血，跌打损伤，汤、火烫伤。

垂穗石松 *Palhinhaea cernua*

卷柏科 Selaginellaceae

深绿卷柏（卷柏属）

Selaginella doederleinii Hieron. in Hedwigia 43: 41. 1904; Alston in Bull. Fan Mem. Inst. Biol. 5: 279. 1934: et in Lecomte, Fl. Gen. Indo-Chine 7(2): 566. 1951; S. H.Fu, Ill. Important Chinese Pl., Pterid. 8, f. 11. 1957: Tagawa, Sci. Rep. TohokuUniv. ser. 4, Biol. 29: 313. 1963: Fl. Hainan. 1: 12. 1964: De Vol et H. W. Chen inTaiwania 12: 79, f. 7. 1966; Reed, Index Selaginellarum, in Mem. Soc. Brot. 18: 102. 1966; Sa. Kurata et Nakaike, Ill. Pterid. Jap. 6: 130, cum photo. fig. et map. 1990; P. S. Wang in Pterid. Fanjing Mt. Nat. Res. 23. 1992; Fl. Zhejiang 1: 14, f. 1-14. 1993; Fl. Jiangxi 1: 34, f. 20. 1993; J. L. Tsai et W. C. Shieh in T. C. Huang, Fl. Taiwan 2nd. ed. 1: 48, Pl. 10. 1994: P. S. Wang et X. Y. Wang, Pterid. Fl. Guizhou 629. 2001. —— *S. atroviridis* auct. non Spring: Baker, Handb. Fern-Allies 77, 1887. P. P.; Warb. in Monsunia 1: 103, 114. 1900, P. P. quoad pl. Futschau; Hayata, IC. Pl. Formos. 7: 99, f. 62. 1918. ——*Lycopodioides doederleinii* (Heron.) H. S. Kung, Fl. Sichuan. 6: 73, Pl. 23, f. 1-6. 1988, syn. Nov; 中国植物志 6(3): 136. 2004.

别名 过山龙（植物名实学大词典）、灯笼草（浙江植物志）

主要形态特征 土生，近直立，基部横卧，高 25～45cm。根托达植株中部，通常由茎上分枝的腋处下面生出，偶有同时生 2 个根托，1 个由上面生出，长 4～22cm，直径 0.8～1.2mm。主茎自下部开始羽状分枝，不呈"之"字形，无关节，禾秆色，主茎下部直径 1～3mm，茎卵圆形或近方形，光滑，维管束 1 条；侧枝 3～6 对，三至三回羽状分枝，分枝稀疏，主茎上相邻分枝相距 3～6cm，分枝背腹压扁，主茎在分枝部分中部连叶宽 0.7～1mm，末回分枝连叶宽 4～7mm。叶全部交互排列，二型，纸质，表面光滑。主茎上的腋叶较分枝上的大，卵状三角形，基部钝，分枝上的腋叶对称，狭卵圆形到三角形，1.8～3.0mm×0.9～1.4mm，边缘有细齿。中叶不对称或多少对称，主茎上的略大于分枝上的，边缘有细齿，先端具芒或尖头，基部钝，分枝上的中叶长圆状卵形或卵状椭圆形或窄卵形，1.1～2.7mm×0.4～1.4mm，覆瓦状排列，先端与轴平行，具尖头或芒，基部楔形或斜近心形，边缘具细齿。侧叶不对称，分枝上的侧叶长圆状镰形，略斜升，排列紧密或相互覆盖，2.3～4.4mm×1.0～1.8mm，先端平或近尖或具短尖头，具细齿，上侧基部扩大，加宽，覆盖小枝，上侧基部边缘有细齿，基部下侧略膨大，下侧边近全缘，基部具细齿。孢子叶穗紧密，四棱柱形，单个或成对生于小枝末端，5～30mm×1～2mm；孢子叶一形，卵状三角形，边缘有细齿，先端渐尖，龙骨状；孢子叶穗上大、小孢子叶相间排列，或大孢子叶分布于基部的下侧。大孢子白色；小孢子橘黄色。

凭证标本 ①深圳杨梅坑，陈永恒，招康赛（128）。②深圳赤坳，余欣繁（053）；陈惠如，招康赛（047）。

分布地 重庆、安徽、福建、贵州、四川。

本研究种类分布地 深圳杨梅坑、赤坳。

深绿卷柏 Selaginella doederleinii

翠云草（卷柏属）

Selaginella uncinata (Desv.) Spring in Bull. Acad. Brux. 10: 141. 1843, et Monogr. Lycopod. II, Mem. Acad. Roy. Sci. Belgique 24: 109. 1850: Baker, Handb. Fern-Al-lies 48. 1887; Warb. in Monsunia 1: 103. 1900; Alderw., Malayan Fern Allies 68. 1915; Alston in Bull. Fan Mem. Inst. Biol. 5: 275. 1934, et in Lecomte, Fl. Gen. Indo-Chine 7 (2): 583. 1951: S. H. Fu, Ill. Important Chinese Pl., Pterid. 8, f. 10. 1957; Fl. Fujian. 1: 13, f. 10. 1982; K. Iwats., Ferns Fern Allies Japan 54, pl. 11, photo. 3-4. 1992; Nakaike, New Fl. Jap. Pterid. f: 51. 1992; P. S. Wang, Pterid. Fanjing Mt. Nat. Res. 26. 1992; C. F.Zhang, Fl. Zhejiang 1: 12, f. 1-12. 1993; P. S. Wang et X. Y. Wang, Pterid. Fl. Guizhou 644, Pl. 156, f. 12-18. 2001. ——*Lycopodioides uncinata* (Desv.) Kuntze, Revis. Gen. Pl. 1: 825. 1891; Rothm in Fedde, Repert. Sp. Nov. Regni Veg. 54: 69. 1944; H. S. Kung, Fl. Sichuanica 6: 64, Pl. 19, f. 6-9. 1988. ——*Lycopodium uncinatum* Desv. in Poir. inLam., Encycl. Suppl. 3: 558. 1813. ——*S. eurystachw* Warb. in Monsunia 1: 119. 1900; Reed, Index Selaginellarum, in Mem. Soc. Brot. 18: 109. 1966; 中国植物志 6(3): 145. 2004.

别名 龙须、蓝草、剑柏、蓝地柏、地柏叶、伸脚草、绿绒草、烂皮蛇

主要形态特征 土生，主茎先直立而后攀援状，长50～100cm或更长，无横走地下茎。根托只生于主茎的下部或沿主茎断续着生，自主茎分叉处下方生出，长3～10cm，直径0.1～0.5mm，根少分叉，被毛。主茎自近基部羽状分枝，不呈"之"字形，无关节，禾秆色，主茎下部直径1～1.5mm，茎圆柱状，具沟槽，主茎先端鞭形，侧枝5～8对，二回羽状分枝，小枝排列紧密，主茎上相邻分枝相距5～8cm，分枝无毛，背腹压扁，末回分枝连叶宽3.8～6mm。叶全部交互排列，二型，草质，表面光滑，具虹彩，边缘全缘，明显具白边。主茎上的腋叶明显大于分枝上的，肾形，或略心形，3mm×4mm，分枝上的腋叶对称，宽椭圆形或心形，2.2～2.8mm×0.8～2.2mm，边缘全缘，基部近心形。中叶不对称，主茎上的明显大于侧枝上的，侧枝上的叶卵圆形，1.0～2.4mm×0.6～1.0mm，接近到覆瓦状排列，背部不呈龙

骨状，先端与轴平行或交叉或常向后弯，长渐尖，基部钝，边缘全缘。侧叶不对称，主茎上的明显大于侧枝上的，分枝上的长圆形，外展，紧接，2.2～3.2mm×1.0～1.6mm，先端急尖或具短尖头，边缘全缘，上侧基部不扩大，不覆盖小枝，上侧边缘全缘，下侧基部圆形，下侧边缘全缘。孢子叶穗紧密，四棱柱形，单生于小枝末端，5.0～25mm×2.5～4.0mm；孢子叶一型，卵状三角形，边缘全缘，具白边，先端渐尖，龙骨状；大孢子叶分布于孢子叶穗下部的下侧或中部的下侧或上部的下侧。大孢子灰白色或暗褐色；小孢子淡黄色。

凭证标本　深圳杨梅坑，邹雨锋，赖标汶（341）。

分布地　产安徽（黄山、宁国、潜山、歙县、休宁）、重庆（城口、奉节、合川、缙云山、南川、酉阳、万县）、福建（崇安、福州）、广东（梅县、汕头、深圳）、广西（巴马、凤山、桂林、凌乐、龙胜、龙州、罗城、南靖、南宁、融水、兴安）、贵州（岑巩、长顺、赤水、丹寨、独山、贵定、贵阳、黄平、惠水、剑河、江口、雷山、黎平、荔波、清镇、榕江、三穗、施秉、松桃、台江、天柱、铜仁、万山、望谟、西秀、兴义、印江、玉屏、镇宁）、湖北（房县、宜昌、兴山）、湖南（昌宁、凤凰、古丈、石门、桃源、新晃、新宁、永顺、沅陵、芷江）、江西（分宜、九江、庐山、武宁）、陕西（平利）、四川（安县、都江堰、高县、古蔺、广元、合江、江油、筇连、临安、南充、南溪、平武、天全、通江、雅安）、香港、云南（贡山）、浙江（淳安、杭州、江山、开化、乐清、临安、龙泉、宁波、磐安、平阳、遂昌、泰顺、天台、温岭、文成、仙居）。

翠云草 *Selaginella uncinata*

本研究种类分布地　深圳杨梅坑。

主要经济用途　观赏价值；以全草入药，全年可采，鲜用或晒干，清热利湿，止血，止咳。用于急性黄疸型传染性肝炎，胆囊炎，肠炎，痢疾，肾炎水肿，泌尿系统感染，风湿关节痛，肺结核咯血；外用治疖肿，烧烫伤，外伤出血，跌打损伤。

紫萁科 Osmundaceae

华南紫萁（紫萁属）

Osmunda vachellii Hook., Ic. Pl. (1837) t. 15; in London Journ. Bot. I (1842) 476; Diels in Engl. u. Prantl, Nat. Pflanzenfam. I, iv (1899) 379; C. Chr. Ind. Fil. (1905) 475. Tard.-Blot et C. Chr. in Fl. Indo-Chine VII, ii (1939) 31; 傅书遐，中国主要植物图说（蕨类植物门）(1957) 27 育，31 图——*Osmunda javanica* Benth., Fl. Hongk. (1861) 441, non Bl. 1828; 中国植物志 2: 84. 1959.

主要形态特征　植株高达 1m，坚强挺拔。根状茎直立，粗肥，成圆柱状的主轴。叶簇生于顶部；柄长 20～40cm，粗逾 5mm，棕禾秆色，略有光泽，坚硬；叶片长圆形，长 40～90cm，宽20～30cm，一型，但羽片为二型，一回羽状；羽片 15～20 对，近对生，斜向上，相距 2cm，有短柄，以关节着生于叶轴上，长 15 ～ 20cm，宽 1 ～ 1.5cm，披针形或线状披针形，向两端渐变狭，长渐尖头，基部为狭楔形，下部的较长，向顶部稍短，顶生小羽片有柄，边缘遍体为全缘，或向顶端略为浅波状。叶脉粗健，两面明显，二回分歧，小脉平行，达于叶边，叶边稍向下卷。叶为厚纸质，两面光滑。下部数对（多达 8 对，通常 3 ～ 4 对）羽片为能育，生孢子囊，羽片紧缩为线形，宽仅 4mm，中肋两侧密生圆形的分开的孢子囊穗，深棕色。

凭证标本　深圳杨梅坑，余欣繁（036）；陈永恒，许旺（034）。

分布地　生草坡上和溪边荫处酸性土上，最耐火烧。本种为我国亚热带常见的植物。产香港、海南、广东、广西、福建、贵州及云南南部。也分布于印度、缅甸、越南。为美丽的庭院观赏植物，终冬不凋。

本研究种类分布地　深圳杨梅坑。

主要经济用途　可供庭院中栽植或室内盆栽观赏。药用，清热解毒、止血生肌。用于外感、风热、头痛等症；可治疗外伤出血、烫火伤、痈疖及腮腺炎。

华南紫萁 *Osmunda vachellii*

里白科 Gleicheniaceae

芒萁（芒萁属）

Dicranopteris dichotoma (Thunb.) Bernh. in Schrad. Journ. I (1806) 38; H. Ito, Fil. Jap. Illustr. (1944) t. 483——*Polypodium dichotomum* Thunb. Fl. Jap. (1784)338, t. 37——*Mertensia dichotom* Willd. Vet. Ak. Nga Handl. (1804) 167——*Gleichenia dichotoma* Hook. Sp. Fil I (1844) 12; Benth. Fl. Hong. (1861) 442; Bedd. Ferns S. Ind. (1863) t. 74: Dunn & Tutch. Fl. Kwangt. & Hongk. in Kew Bull. Add. Ser. X (1912) 334——*Gleichenia lanigera* Don Prod. Fl. Nepal. (1825) 17——*Gleichenia linearis* Clarke in Trans. Linn. Soc. II, Bot. I(1880) 428, quoadplant. Ind. ; Bedd. Handb. Ferns Brit. Ind. (1883) 4; Ogata, Ic. Fil. Jap. IV (1913) 180; Tard. -Blot et C. Chr. in Fl. Indo-Chine VII, ii (1939) 49, pro parte; DeVol, Ferns East. Centr. China in Notes Bot. Chin. Mus. Heude No. 7 (1945) 54; 傅书遐 , 中国主要植物图说 (蕨类植物门) (1957) 31 页 , 36 图 ; 中国植物志 2: 120. 1959.

别名　铁狼萁

主要形态特征　植株通常高 45 ～ 90（～ 120）cm。根状茎横走，粗约 2mm，密被暗锈色长毛。叶远生，柄长 24 ～ 56cm，粗 1.5 ～ 2mm，棕禾秆色，光滑，基部以上无毛；叶轴一至二（三）回二叉分枝，一回羽轴长约 9cm，被暗锈色毛，渐变光滑，有时顶芽萌发，生出的一回羽轴，长 6.5 ～ 17.5cm，二回羽轴长 3 ～ 5cm；各回分叉处两侧均各有一对托叶状的羽片，平展，宽披针形，生于一回分叉处的长 9.5 ～ 16.5cm，宽 3.5 ～ 5.2cm，生于二回分叉处的较小，长 4.4 ～ 11.5cm， 宽 1.6 ～ 3.6cm；末 回 羽 片 长 16 ～ 23.5cm，宽 4 ～ 5.5cm，披针形或宽披针形，尾状，基部上侧变狭，篦齿状深裂几达羽轴；裂片 35 ～ 50 对，线状披针形，长 1.5 ～ 2.9cm，宽 3 ～ 4mm，顶钝，常微凹，侧脉两面隆起，明显，斜展，每组有 3 ～ 4（～ 5）条并行小脉，直达叶缘。叶为纸质，上面黄绿色或绿色，沿羽轴被锈色毛，后变无毛，下面灰白色，沿中脉及侧脉疏被锈色毛。孢子囊群圆形，一列，着生于基部上侧或上下两侧小脉的弯弓处，由 5 ～ 8 个孢子囊组成。

特征差异研究　①深圳应人石（标本采集地，下同）：二回分叉处托叶状羽片长 8.1 ～ 10.5cm，宽 2.5 ～ 2.6cm，末回羽片长 12 ～ 22.5cm，宽 2 ～ 7cm；裂片平展，29 ～ 48 对，长 0.5 ～ 3.2cm，宽 0.1 ～ 0.4cm。与上述特征描述相比，末回羽片长的最小值偏小 4cm，宽的最小值偏小 2cm；末回裂片长的最小值偏小 1cm，长的最大值偏大 0.3cm，宽的最小值偏小 0.2cm。②深圳杨梅坑，二回分叉处托叶状羽片长 5 ～ 10.5cm，宽 1.5 ～ 2.3cm，末回羽片长 14.5 ～ 17.6cm，宽 2.5 ～ 3cm，裂片平展，22 ～ 37 对，长 0.5 ～ 1.5cm，宽 0.2 ～ 0.35cm，与上述特征描述相比，末回羽片长的最小值偏小 1.5cm，宽的最小值偏小 1.5cm；末回裂片长的最小值偏小 1cm，宽的最小值偏小 0.1cm。

凭证标本 ①深圳杨梅坑，王贺银，周志斌（013）；邹雨锋，招康赛（018）。②深圳应人石，王贺银，招康赛（156）；邹雨锋（172）。

分布地 生强酸性土的荒坡或林缘，在森林砍伐后或放荒后的坡地上常成优势的中草群落。产江苏南部、浙江、江西、安徽、湖北、湖南、贵州、四川、西藏、福建、台湾、广东、香港、广西、云南。日本、印度、越南都有分布。

芒萁 *Dicranopteris dichotoma*

本研究种类分布地 深圳杨梅坑、小南山、应人石。

主要经济用途 药用。

铁芒萁（芒萁属）

Dicranopteris linearis (Burm.) Underw. in Bull. Torr. Club XXXIV (1907) 250; Ching in Sunyatsenia V (1940) 247——*Polypodium lineare* Burm. Fl. Ind. (1768) 235——*Gleichenia linearis* Clarke in Trans. Linn. Soc. II, Bot. I (1880) 428; Tard. -Blot et C. Chr. in Fl. Indo-Chine VII, ii (1939) 49, pro parte——*Mertensia linearis* Fristsh in Bull. Herb. Boiss. ser. 2, I(1901) 1092; 中国植物志 2: 118. 1959.

主要形态特征 植株高达 3 ～ 5m，蔓延生长。根状茎横走，粗约 3mm，深棕色，被锈毛。叶远生；柄长约 60cm，粗约 6mm，深棕色，幼时基部被棕色毛，后变光滑；叶轴五至八回二叉分枝，一回叶轴长 13 ～ 16cm，粗约 3.4mm，二回以上的羽轴较短，末回叶轴长 3.5 ～ 6cm，粗约 1mm，上面具 1 纵沟；叶轴第一回分叉处无侧生托叶状羽片，其余各回分叉处两侧均有一对托叶状羽片，斜向下，下部的长 12 ～ 18cm，宽 3.2 ～ 4cm，上部的变小，末回的长仅 3cm，披针形或宽披针形；末回羽片形似托叶状的羽片，长 5.5 ～ 15cm，宽 2.5 ～ 4cm，篦齿状深裂几达羽轴；裂片平展，15 ～ 40 对，

铁芒萁 *Dicranopteris linearis*

披针形或线状披针形，通常长 10～19mm，宽 2～3mm，顶端钝，微凹，基部上侧的数对极小，三角形，长 4～6mm，全缘，中脉下面凸起，侧脉上面相当明显，下面不太明显，斜展，每组有小脉 3 条。叶坚纸质，上面绿色，下面灰白色，无毛。孢子囊群圆形，细小，一列，着生于基部上侧小脉的弯弓处，由 5～7 个孢子囊组成。

凭证标本 深圳应人石，余欣繁，周志彬（139）。

分布地 生于疏林下，或成密不可入的钝群，生火烧迹地上。产我国热带：广东（高安，鼎湖山）、海南、云南（河口）。本种广泛分布于马来群岛、斯里兰卡、泰国、越南、印度南部。

本研究种类分布地 深圳应人石。

主要经济用途 具有观赏用途，编织手工艺品的材料，水土保持及改良土壤。药用，根茎及叶可治冻伤；枝叶具有清热解毒、祛瘀消肿、散瘀止血功效；治痔疮，血崩，鼻衄，小儿高热，跌打损伤，痈肿，风湿搔痒，毒蛇咬伤，烫烧伤，外伤出血，毒虫咬伤。

海金沙科 Lygodiaceae

海金沙（海金沙属）

Lygodium japonicum (Thunb.) Sw. in Schrad. Journ. (1801) 106; Bedd. \Ferns S. Ind. (1863) t. 64; Hook. et Bak. Syn. Fil. (1864) 439; Clarke in Trans.Linn. Soc. II, Bot. I (1880) 584; Prantl, Schiz. (1881) 68; Bedd. Handb. Ferns Brit. Ind. (1883) 457; Christ, Farnkr. d. Erde (1897) 356; Diels in Engl. u. Prantl, Nat. Pflanzenfam. I, iv (1899) 366; C. Chr. Ind. Fil. (1905) 412; Dunn & Tutch. Fl. Kwungt. & Hongk. in Kew Bull. Add. Ser. X (1912) 356 ; Ogata，Ic. Fil. Jap. Vll (1936) t. 322; Tard. -Blot et C. Chr. in Fl. Indo-Chine VII, ii (1939)37; H. Ito, Fil. Jap. Illustr. (1944) t. 488 ; DeVol, Ferns East. Centr. China in Notes Bot. Chin. Mus. Heude No. (1945) 48; 傅书遐，中国主要植物图说（蕨类植物门）(1957) 29 页，34 图——*Ophioglossum japonicum* Thunb. Fl. Jap. (1784) 328——*Hydroglossum japonicum* Willd. in Schr. Akad. Erfurt (1802) 26; 中国植物志 2: 113. 1959.

别名 金沙藤、左转藤、蛤蟆藤、罗网藤、铁线藤、吐丝草、猛古藤

主要形态特征 植株高攀达 1～4m。叶轴上面有两条狭边，羽片多数，相距 9～11cm，对生于叶轴上的短距两侧，平展。距长达 3mm。端有一丛黄色柔毛覆盖腋芽。不育羽片尖三角形，长宽几相等，10～12cm 或较狭，柄长 1.5～1.8cm，同羽轴一样多少被短灰毛，两侧并有狭边，二回羽状；一回羽片 2～4 对，互生，柄长 4～8mm，和小羽轴都有狭翅及短毛，基部一对卵圆形，长 4～8cm。宽 3～6cm，一回羽状；二回小羽片 2～3 对，卵状三角形，具短柄或无柄，互生，掌状三裂；末回裂片短阔，中央一条长 2～3cm，宽 6～8mm，基部楔形或心脏形，先端钝，顶端的二回羽片长 2.5～3.5cm，宽 8～10mm，波状浅裂；向上的一回小羽片近掌状分裂或不分裂，较短，叶缘有不规则的浅圆锯齿。主脉明显，侧脉纤细，从主脉斜上，一至二回二叉分歧，直达锯齿。叶纸质，干后绿褐色。两面沿中肋及脉上略有短毛。能育羽片卵状三角形，长宽几相等，12～20cm，二回羽状；一回小羽片 4～5 对，互生，相距 2～3cm，长圆披针形，

海金沙 *Lygodium japonicum*

长 5 ～ 10cm，基部宽 4 ～ 6cm、一回羽状，二回小羽片 3 ～ 4 对。卵状三角形，羽状深裂。孢子囊穗长 2 ～ 4mm，往往长远超过小羽片的中央不育部分，排列稀疏，暗褐色，无毛。

凭证标本 ①深圳杨梅坑，赵顺（001）；余欣繁，黄玉源（266）。②深圳赤坳，邹雨锋（045）；林仕珍，招康赛（045）。

分布地 产于江苏、浙江、安徽南部、福建、台湾、广东、香港、广西、湖南、贵州、四川、云南、陕西南部。日本、斯里兰卡、印度尼西亚（爪哇）、菲律宾、印度、热带澳大利亚都有分布。

本研究种类分布地 深圳杨梅坑、赤坳。

主要经济用途 据李时珍《本草纲目》，本种"甘寒无毒。主治：通利小肠，疗伤寒热狂，治湿热肿毒，小便热淋膏淋血淋石淋经痛，解热毒气"。又四川用之治筋骨疼痛。

小叶海金沙（海金沙属）

Lygodium scandens (Linn.) Sw. in Schrad. Journ. (1801) 106; Bedd. Ferns S. Ind. (1861) t. 61; Hook. et Bak. Syn. Fil. (1864) 437, pro parte; Prantl, Schiz. (1881) 61; Christ, Farnkr. d. Erde (1897) 354; Diels in Engl. u. Prantl,. Nat. Pflanzenfam. I, iv (1899) 366; H. Ito, Fil. Jap. Illustr. (1944) t. 490; Holt. Fl. Mal. II, Ferns Mal. (1954) 58; 傅书遐，中国主要植物图说 (蕨类植物门) (1957) 29; 中国植物志 2: 109. 1959.

主要形态特征 植株蔓攀，高达 5 ～ 7m。叶轴纤细如铜丝，二回羽状；羽片多数，相距 7 ～ 9cm，羽片对生于叶轴的距上，距长 2 ～ 4mm，顶端密生红棕色毛。不育羽片生于叶轴下部，长圆形，长 7 ～ 8cm，宽 4 ～ 7cm，柄长 1 ～ 1.2cm，奇数羽状，或顶生小羽片有时两叉，小羽片 4 对，互生，有 2 ～ 4mm 长的小柄，柄端有关节，各片相距约 8mm，卵状三角形、阔披针形或长圆形，先端钝，基部较阔，心脏形，近平截或圆形。边缘有矮钝齿，或锯齿不甚明显。叶脉三出，小脉二至三回二叉分歧，斜向上，直达锯齿。叶薄草质，两面光滑。能育羽片长圆形，长 8 ～ 10cm，宽 4 ～ 6cm，通常奇数羽状，小羽片的柄长 2 ～ 4mm，柄端有关节，9 ～ 11 片，互生，各片相距 7 ～ 10mm，三角形或卵状三角形，钝头，长 1.5 ～ 3cm，宽 1.5 ～ 2cm。孢子囊穗排列于叶缘，到达先端，5 ～ 8 对，线形，一般长 3 ～ 5mm，最长的达 8 ～ 10mm，黄褐色，光滑。

凭证标本 深圳杨梅坑，林仕珍，黄玉源（010）。

分布地 产于福建（永定）、台湾（台北）、广东（惠阳、英德）、香港、海南（儋州、乐平）、广西（临桂、瑶山）、云南（蒙自、河口）。产溪边灌木丛中，海拔 110 ～ 152m。也分布于印度南部、缅甸、马来群岛、菲律宾。

本研究种类分布地 深圳杨梅坑。

小叶海金沙 Lygodium scandens

金毛狗蕨科 Dicksoniaceae

金毛狗（金毛狗属）

Cibotium barometz (Linn.) J. Sm. in London Journ. Bot. (1842) 437; Christ,Farnkr. d. Erde (1897) 315; Diels in Engl. u. Prantl, Nat. Pflanzenfam. I, iv (1899)121; C. Chr. Ind. Fil. (1905) 183; Tard. -Blot et C. Chr. in Fl. Indo-Chine VII, ii(1939) 78, f. 10, 6-7; Holt. Fl. Mal. II, Ferns Mal. (1954) 114, f. 45; 傅书遐，中国主要植物图说 (蕨类植物门) (1957) 48 页，60 图；中国植物志 2: 197. 1959.

别名　黄毛狗、猴毛头

主要形态特征　根状茎卧生，粗大，顶端生出一丛大叶，柄长达 120cm，粗 2～3cm，棕褐色，基部被有一大丛垫状的金黄色茸毛，长逾 10cm，有光泽，上部光滑；叶片大，长达 180cm，宽约相等，广卵状三角形，三回羽状分裂；下部羽片为长圆形，长达 80cm，宽 20～30cm，有柄（长 3～4cm），互生，远离；一回小羽片长约 15cm，宽 2.5cm，互生，开展，接近，有小柄（长 2～3mm），线状披针形，长渐尖，基部圆截形，羽状深裂几达小羽轴；末回裂片线形略呈镰刀形，长 1～1.4cm，宽 3mm，尖头，开展，上部的向上斜出，边缘有浅锯齿，向先端较尖，中脉两面凸出，侧脉两面隆起，斜出，单一，但在不育羽片上分为二叉。叶几为革质或厚纸质，或小羽轴上下两面略有短褐毛疏生；孢子囊群在每一末回能育裂片 1～5 对，生于下部的小脉顶端，囊群盖坚硬，棕褐色，横长圆形，两瓣状，内瓣较外瓣小，成熟时张开如蚌壳，露出孢子囊群；孢子为三角状的四面形，透明。

凭证标本　①深圳杨梅坑，林仕珍，黄玉源（064）；林仕珍（063）；余欣繁（057）；邹雨锋，招康赛（074）。②深圳赤坳，陈永恒（051）；刘浩，招康赛（040）；刘浩（041）；王贺银（063）。

分布地　生于山麓沟边及林下阴处酸性土上。产云南、贵州、四川南部、广东、广西、福建、台湾、海南、浙江、江西和湖南南部。印

金毛狗 *Cibotium barometz*

度、中南半岛、琉球群岛及印度尼西亚都有分布。

本研究种类分布地　深圳杨梅坑、赤坳。

主要经济用途　根状茎顶端的长软毛作为止血剂，亦可作为填充物，也可栽培为观赏植物。

保护级别　国家二级保护植物。

碗蕨科 Dennstaedtiaceae

碗蕨（碗蕨属）

Dennstaedtia scabra (Wall.) Moore, Ind. Fil. (1861) 307; Christ, Farnkr. (d. Erde (1897) 312; Diels in Engl. u. Prantl, Nat. Pflanzenfam. I, iv (1899) 218; C. Chr. Ind. Fil. (1905) 218; Cop. Polyp. Philip. (1905) 58; Tard.-Blot et C. Chr. in Fl. Indo-Chine VII, ii (1939) 91; Ogata, Ic. Fil. Jap. VIII (1940) t. 370; H. Ito, Fil. Jap. Illustr. (1944) t. 8; DeVol, Ferns East Centr. China in Notes Bot. Chin. Mus. Heude No. 7 (1945) 85; 傅书遐, 中国主要植物图说 (蕨类植物门) (1957) 43 页 , 52 图; 中国植物志 2: 204. 1959.

主要形态特征　根状茎长而横走，红棕色，密被棕色透明的节状毛，叶疏生；柄长 20～35cm，粗 2～3mm，红棕色或淡栗色，稍有光泽，下面圆形，上面有沟，叶轴密被与根状茎同样的长毛，老时几变光滑。叶片长 20～29（～50）cm，宽 15～20cm，三角状披针形或长圆形，下部三至四回羽状深裂，中部以上三回羽状深裂，羽片 10～20 对，长圆形或长圆状披针形，先

端渐尖，几互生，斜向上，基部一对最大，一般长 10 ～ 14cm，基部宽 4.5 ～ 6cm，有长约 1cm 的柄，距第二对 6mm 左右，二至三回羽状深裂；一回小羽片 14 ～ 16 对，一般长 2.5 ～ 5cm，宽 1 ～ 2cm，向上渐短，长圆形，具有狭翅的短柄，开展，上先出，基部上方一片几与叶轴平行或覆盖叶轴，二回羽状深裂；二回小羽片阔披针形，基部有狭翅相连，先端钝或短尖，羽状深裂达中肋 1/2 ～ 2/3 处；末回小羽片全裂或 1 ～ 2 裂，小裂片钝头，边缘无锯齿。叶脉羽状分叉，小脉不达到叶边，每个小裂片有小脉一条。先端有纺锤形水囊。叶坚草质，两面沿各羽轴及叶脉均被灰色透明的节状长毛。孢子囊群圆形，位于裂片的小脉顶端；囊群盖碗形，灰绿色，略有毛。

凭证标本　①深圳杨梅坑，陈永恒（041）。②深圳赤坳，林仕珍（052）。

分布地　生林下或溪边，海拔 1000 ～ 2400m。产台湾、广西、贵州、云南、四川、湖南、江西、浙江。广布于日本、朝鲜、越南、老挝、印度、菲律宾、马来西亚、斯里兰卡。

本研究种类分布地　深圳杨梅坑、赤坳。

碗蕨 *Dennstaedtia scabra*

华南鳞盖蕨（鳞盖蕨属）

Microlepia hancei Prantl in Arb. Bot. Gard. Breslau I (1892) 35; C. Chr. Ind. Fil. (1905) 426; Ching in Bull. Dept. Biol, Sun Yatsen Univ. No. 6 (1933) 24; 傅书遐，中国主要植物图说（蕨类植物门）(1957) 47页, 58图; 中国植物志2: 236. 1959.

别名　鳞盖蕨、凤尾千金草

主要形态特征　根状茎横走，灰棕色，密被灰棕色透明节状长茸毛。叶远生，柄长 30 ～ 40cm，基部粗 2.5 ～ 4mm，棕禾秆色或棕黄色，除基部外无毛。叶片长 50 ～ 60cm，中部宽 25 ～ 30cm，先端渐尖，卵状长圆形，三回羽状深裂，羽片 10 ～ 16 对，互生，柄短（长 3mm），两侧有狭翅，相距 8 ～ 10cm，几平展，基部一对略短，长约 10cm，基部宽 5cm 左右，长三角形，中部的长 13 ～ 20cm，宽 5 ～ 8cm，阔披针形，二回羽状深裂，一回小羽片 14 ～ 18 对，基部等宽，上先出，上侧一片和叶轴平行，下侧的稍偏斜，长约 2.5cm，宽 1 ～ 1.4cm，阔披针形，渐尖头，端钝，基部较阔，不对称，上侧平截与羽轴平行或覆盖羽轴，下侧楔形，无柄；

华南鳞盖蕨 *Microlepia hancei*

向上渐短，相距 1.5cm，羽状深裂几达小羽轴；小裂片 5～7 对，基部上侧的长 7mm，宽 4～5mm，长圆形，下侧的长 5mm，宽 3mm，近卵形；向上渐短，先端钝圆，基部下延，多少合生，有狭细缺刻分开，更向上侧汇合成为羽状深裂的短尖头，有钝圆锯齿。叶脉上面不太明显，下面稍隆起，侧脉纤细，羽状分枝，不达叶边。叶草质，两面沿叶脉有刚毛疏生。孢子囊群圆形，生小裂片基部上侧近缺刻处；囊群盖近肾形，膜质，灰棕色，偶有毛。

凭证标本　①深圳杨梅坑, 余欣繁, 黄玉源 (334)；余欣繁, 黄玉源 (335)。②深圳小南山, 陈永恒 (090)；陈永恒 (091)。

分布地　生林中或溪边湿地。产福建（厦门）、台湾（台北）、广东（大埔）、香港、海南（儋州）。日本、印度东北部、中南半岛均有分布。

本研究种类分布地　深圳杨梅坑、小南山。

主要经济用途　药用，清热除湿，用于肝胆湿热、身面发黄诸症。

鳞始蕨科 Lindsaeaceae

华南鳞始蕨（鳞始蕨属）

Lindsaea austro-sinica Ching in Bull. Fan Mem. Inst. Biol., new asr. I (1949) 297; 中国植物志 2: 266. 1959.

主要形态特征　植株高 50cm。根状茎横走，直径 3mm，密被鳞片，鳞片深棕色，有光泽，线状披针形，长达 3mm。叶近生；叶柄长 25～30cm，深栗色，或上部为栗棕色，有光泽，下面圆形，有沟，基部被鳞片，通体光滑；叶片长圆状卵圆形，长达 15～20cm，宽 15cm，二回羽状；羽片为 3 对。近互生，距离 4～5cm，开展，有柄，阔披针形，长 10～12cm，宽 2.7～3cm，先端渐尖，近尾头，柄长 5mm，一回羽状；小羽片 10～12 对，长圆状肾形，长 1.4～1.6cm，宽 7～9mm，基部楔形，有短柄，先端圆，下缘稍弓，内缘几平直，常搭在羽轴上，上缘稍为弧形，在能育的小羽片上常有 2～3 个浅缺刻，或在不育的小羽片上有 7～9 个缺刻。叶脉二叉分枝，每小羽片上有 12～15 条细脉，下面可见，上面不明显。叶纸质，叶轴钝四方形。孢子囊群横线形，沿上缘及外缘连续着生，或为 2～3 个浅缺刻所中断；囊群盖线形，全缘，棕灰色，膜质，与边缘等阔。

凭证标本　深圳应人石，邹雨锋，招康赛 (159)。

分布地　广西、海南。越南、柬埔寨。

本研究种类分布地　深圳应人石。

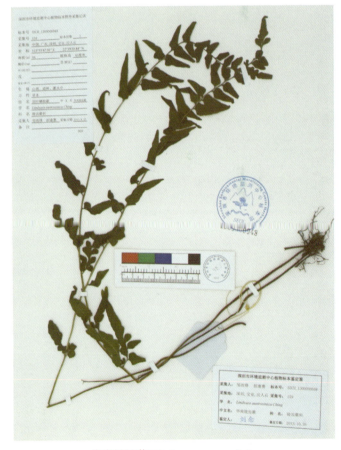

华南鳞始蕨 *Lindsaea austro-sinica*

鳞始蕨（鳞始蕨属）

Lindsaea odorata Roxb. in Calc. Journ. Hist. 4: 511. 1844; 中国植物志 2: 260. 1959.

别名　刀叶林蕨

主要形态特征　根状茎短而横走，或长而蔓生，具原始中柱，有陵齿蕨型的"鳞片"（即仅由 2～4 行大而有厚壁的细胞组成，或基部为鳞片状，上面变为长针毛状）。叶同型，有柄，与根状茎之间不以关节相连，羽状分裂，或少有为二型的，草质，光滑。叶脉分离，或少有为稀疏的网状，形成斜长六角形的网眼而并不具分离的内藏细脉。孢子囊群为叶缘生的汇生囊群，着生在2至多条细脉的结合线上，或单独生于脉顶，位于叶边或边内，有盖，少为无盖。囊群盖为两层，里层为膜质，外层即为绿色叶边，少有变化，里层的以基部着生，或有时两侧也部分着生叶肉，向外开口；孢子囊为水龙骨型，柄长而细，有3行细胞；孢子四面形或两面形，不具周壁。

凭证标本 ①深圳杨梅坑，林仕珍，许旺（131）。②深圳应人石，邹雨锋，招康赛（159）。

分布地 福建、广东、广西、贵州、海南、湖南、江西、四川、台湾、西藏、云南、浙江。

本研究种类分布地 深圳杨梅坑、应人石。

鳞始蕨 *Lindsaea odorata*

团叶鳞始蕨（鳞始蕨属）

Lindsaea orbiculata (Lam.) Mett. ex Kuhn in Ann. Mus. Bot. Lugd. Bat. IV (1869) 297; C. Chr. Ind. Fil. (1905) 396 et Suppl. III (1934) 123; Ogata, Ic. Fil. Jap. I (1928) t. 34; C. Chr. in Gard. Bull. Str. Settl. IV (1929) 397; C. Chr. et Tard.-Blot in Lecomte, Not. Syst. V (1936) 264; Tagawa in Acta Phytotax. et Geobot. VI (1937) 33, f. 3 D-E; Tard.-Blot et C. Chr. in Fl. Indo-Chine VI, ii (1939) 125; 傅书遐，中国主要植物图说 (蕨类植物门) (1957) 50页, 61图; 中国植物志 2: 264. 1959.

别名 圆叶林蕨

主要形态特征 植株高达30cm。根状茎短而横走，先端密被红棕色的狭小鳞片。叶近生；叶柄长 5～11cm，栗色，基部近栗褐色，上部色泽渐淡，上面有沟，下面稍圆，光滑；叶片线状披针形，长 15～20cm，宽 1.8～2cm，一回羽状，下部往往二回羽状；羽片 20～28 对，下部各对羽片对生，远离，中上部的互生而接近，开展，有短柄；对开式，近圆形或肾圆形，长 9mm，宽约 6mm，基部广楔形，先端圆，下缘及内缘凹入或多少平直，外缘圆形，在着生孢子囊群的边缘有不整齐的齿牙，在不育的羽片有尖齿牙；在二回羽状植株上，其基部一对或数对羽片伸出成线形，长可达 5cm，一回羽状，其小羽片与上部各羽片相似而较小。叶脉二叉分枝，小脉20条左右，紧密，下面稍明显，上面不显。叶草质，干后灰绿色，叶轴禾秆色至棕栗色，有四棱。孢子

团叶鳞始蕨 *Lindsaea orbiculata*

囊群连续不断成长线形，或偶为缺刻所中断；囊群盖线形，狭，棕色，膜质，有细齿牙，几达叶缘。

凭证标本 深圳杨梅坑，王贺银，招康赛（322）。

分布地 台湾、福建（武夷山以南）、广东、海南、广西、贵州、四川东南部到达云南南部。

本研究种类分布地 深圳杨梅坑。

主要经济用途 药用。

双唇蕨（双唇蕨属）

Schizoloma ensifolium (Sw.) J. Sm. in Journ. Bot. III (1841) 414; C. Chr. Ind. Fil. (1905) 618; v. A. v. R. Handb. Mal. Ferns (1908) 280; Ching, Ic. Fil. Sinic. III (1935) t. 142; Ogata, Ic. Fil. Jap. VI (1935) t. 293; Tard.-Blot et C. Chr. in Fl. Indo-Chine VII, ii (1939) 129; Holt. Fl. Mal. II, Ferns Mal. (1954) 346; 傅书遐, 中国主要植物图说 (蕨类植物门) (1957) 51页, 63图; 中国植物志 2: 273. 1959.

别名 拟凤尾蕨

主要形态特征 植株高40cm。根状茎横走，粗2～3mm，密被赤褐色的钻形鳞片。叶近生；叶柄长15cm，禾秆色至褐色，四棱，上面有沟，稍有光泽，通体光滑，叶片长圆形，长约25cm，宽11cm，一回奇数羽状；羽片4～5对，基部近对生，上部互生，相距4cm，斜展，有短柄，线状披针形，长7～11.5cm，宽8mm，基部广楔形，先端渐尖，全缘，或在不育羽片上有锯齿，向上的各羽片略缩短，顶生羽片分离，与侧生羽片相似。中脉显著，细脉沿中脉联结成2行网眼，网眼斜长，为不整齐的四边形至多边形，向叶缘分离。叶草质。孢子囊群线形，连续，沿叶缘联结各细脉着生；囊群盖两层，灰色，膜质，全缘，里层较外层的叶边稍狭，向外开口。

双唇蕨 *Schizoloma ensifolium*

凭证标本 深圳应人石，余欣繁（137）。

分布地 台湾、广东、海南及云南南部。

本研究种类分布地 深圳应人石。

异叶双唇蕨（双唇蕨属）

Schizoloma heterophyllum (Dry.) J. Sm. in Journ. Bot. III (1841) 414; Bedd. Handb. Ferns Brit. Ind. (1883) t. 80; Diels in Engl. u. Prantl, Nat. Pflanzenfam. I, iv (1899) 219; C. Chr. Ind. Fil. (1905) 618; v. A. v. R. Handb. Mal. Ferns (1908) 281; Ogata, Ic. Fil. Jap. III (1930) t. 148; Holt. Fl. Mal. II, Ferns Mal. (1954) 345; 傅书遐, 中国主要植物图说 (蕨类植物门) (1957) 52 页 ; 中国植物志 2: 273. 1959.

主要形态特征 植株高36cm。根状茎短而横走，直径约2mm，密被赤褐色的钻形鳞片。叶近生；叶柄长12～22cm，有四棱，暗栗色，光滑；叶片阔披针形或长圆三角形，向先端渐尖，长15～30cm，宽5～15cm，一回羽状或下部常为二回羽状；羽片11对左右，基部近对生，上部互生，远离，相距约2cm，斜展，披针形，长3～5cm，宽约1cm，渐尖，基部为阔楔形而斜截形，近对称，边缘有啮蚀状的锯齿，向上部的羽片逐渐缩短，但不合生；基部一二对羽片常多少为一回羽状，较长，达7cm，宽2.3cm，先端渐尖，不分裂，其下有2～5对小羽片，下部的卵圆形、斜方形或三角状披针形。叶脉可见，中脉显著，侧脉羽状二叉分枝，沿中脉两边各有一行不整齐多边形的斜长网眼。叶草质，干后淡灰绿色，两面光滑；叶轴有四棱，禾秆色，下部栗色，光滑。孢子囊群线形，从顶端至基部连续不断，囊群盖线形，棕灰色，连续不断，全缘，较啮蚀锯齿状的叶缘为狭。

特征差异研究　深圳杨梅坑：叶长 18 ~ 32cm，叶柄长 12 ~ 24cm，基部一回羽片，长 7.5cm，宽 3.7cm。与上述特征描述相比，叶长的最大值偏大 2cm；叶柄长的最大值偏大 2cm；基部一回羽片长偏大 0.5cm，宽偏大 1.4cm。

凭证标本　深圳杨梅坑，邹雨锋，招康赛（032）。

分布地　生林下溪边湿地，海拔 120 ~ 600m。产台湾、福建、广东、海南、香港、广西及云南（河口）。琉球群岛、菲律宾、马来西亚、越南、缅甸至印度等地也有分布。

本研究种类分布地　深圳杨梅坑。

乌蕨（乌蕨属）

Stenoloma chusanum Ching in Sinensia III (1933) 338; C. Chr. Ind. Fil. Suppl. III (1934.) 173; Tagawa in Acta Phytotax. et Geobot. VI (1937) 227; Tard.-Blot. et C. Chr. in Fl. Indo-Chine VII, ii (1939) 130; H. Ito, Fil. Jap. Illustr. (1944) t. 17; DeVol, Ferns East Centr. China in Notes Bot. Chin. Mus. Heude, No. 7 (1945) 87; 傅书遐, 中国主要植物图说 (蕨类植物门) (1957) 53页, 64图; 中国植物志 2: 275. 1959.

别名　乌韭

主要形态特征　植株高达 65cm。根状茎短而横走，粗壮，密被赤褐色的钻状鳞片。叶近生，叶柄长达 25cm，禾秆色至褐禾秆色，有光泽，直径 2mm，圆，上面有沟，除基部外，通体光滑；叶片披针形，长 20 ~ 40cm，宽 5 ~ 12cm，先端渐尖，基部不变狭，四回羽状；羽片 15 ~ 20 对，互生，密接，下部的相距 4 ~ 5cm，有短柄，斜展，卵状披针形，长 5 ~ 10cm，宽 2 ~ 5cm，先端渐尖，基部楔形，下部三回羽状；一回小羽片在一回羽状的顶部下有 10 ~ 15 对，连接，有短柄，近菱形，长 1.5 ~ 3cm，先端钝，基部不对称，楔形，上先出，一回羽状或基部二回羽状；二回（或末回）小羽片小，倒披针形，先端截形，有齿牙，基部楔形，下延，其下部小羽片常再分裂成具有一、二条细脉的短而同形的裂片。在小裂片上为二叉分枝。叶坚草质，干后棕褐色，通体光滑。孢子囊群边缘着生，每裂片上一枚或二

异叶双唇蕨 *Schizoloma heterophyllum*

乌蕨 *Stenoloma chusanum*

枚，顶生 1 ～ 2 条细脉；囊群盖灰棕色，革质，半杯形，宽，与叶缘等长，近全缘或多少啮蚀，宿存。

凭证标本　深圳赤坳，余欣繁，黄玉源（316）；余欣繁，黄玉源（317）。

分布地　浙江南部、福建、台湾、安徽南部、江西、广东、海南、香港、广西、湖南、湖北、四川、贵州及云南。

本研究种类分布地　深圳赤坳。

主要经济用途　药用。

凤尾蕨科 Adiantaceae

团羽铁线蕨（铁线蕨属）

Adiantum capillus-junonis Rupr. Distr. Crypt. Vasc. Ross. 49. 1845; Milde in Dot. Zeit. 148. 1867 et Fil. Europ. Atalant. 29. 1867; Hook. et Bak. Syn. Fil. 114. 1874; Franch. Pl. Davdid. 1:348. 1884; Diels in Engl. u. Prantl, Nat. Pflanzenfam. 1(4): 283. 1899 et in Engl. Bot. Jahrb. 29: 200. 1900; Christ in Warbrug, Monsunia 67. 1900 et Bull. Soc. Bot. France 52. Mem. 1:61. 1905; C. Chr. Ind. Fil. 24. 1906; Acta Hort. Gothob. 1:93. 1924; Matsum. et Hay. Enum. Pl. 615. 1906; Dunn et Tutch. in Kew Bull. Add Ser. 10: 338. 1912; Hand.-Mazz. Symb. Sin. 6:38. 1929; Tagawa in Acta Phytotax. Geobot. 1: 101, 311. 1932 et Journ; Jap. Bot. 14: 312. 1938; Kitagawa in Rep. First Sci. Exped. Manch. 4(2): 87. 1935 et Linearn. Fl. Manch. 26. 1939; Ching in Acta Phytotax. Sinica. 6: 317. 1957 et Ic. Fil. Sin. 5: t. 213. 1958; 侯宽昭等，广州植物志，45. 1956; 傅书遐，中国主要植物图说 蕨类植物门92，图113. 1957; Tagawa, Col. Illustr. Jap. Pterid. 65, t. 20, f. 142. 1959; 北京植物志. 上册: 98, 图 32. 1962; Grubov, Pl. Asiae. Centr. 1: 76. 1963; Ohwi, Fl. Japan 46. 1965; Ic. Corm. Sin. 1:165, f. 329. 1972; Fl. Tsinling. 2:73, t. 19, f. 1-3. 1974; Y. L. Chang et al. Sporae Pterid. Sin. 174, t. 35, 16-17. 1976. ——*Adiantum cantonense* Hance in Ann. Sci. Nat. Ser. 4, 15: 129. 1861; Hook. et Bak Syn. Fil. 114. 1867; 中国植物志 3(1): 189. 1990.

别名　团叶铁线蕨（植物分类学报）、翅柄铁线蕨（中国主要植物图说 蕨类植物门）

主要形态特征　植株高 8 ～ 15cm。根状茎短而直立，被褐色披针形鳞片。叶簇生；柄长 2 ～ 6cm，粗约 0.5cm，纤细如铁丝，深栗色，有光泽，基部被同样的鳞片，向上光滑；叶片披针形，长 8 ～ 15cm，宽 2.5 ～ 3.5cm，奇数一回羽状；羽片 4 ～ 8 对，下部的对生，上部的近对生，斜向上，具明显的柄，长约 3cm，柄端具关节，羽片干后易从柄端脱落而柄宿存，两对羽片相距 1.5 ～ 2cm，彼此疏离，下部数对羽片大小几相等，长 1.1 ～ 1.6cm，宽 1.5 ～ 2cm，团扇形或近圆形，基部对称，圆楔形或圆形，两侧全缘，上缘圆形，能育羽片具 2 ～ 5 个浅缺刻，不育部分具细齿牙；不育羽片上缘具细齿牙；上部羽片、顶生羽片均与下部羽片同形而略小。叶脉多回二歧分叉，直达叶边，两面均明显。羽轴及羽柄均为栗色，有光泽，叶轴先端常延伸成鞭状，能着地生根，行无性繁殖。孢子囊群每羽片 1 ～ 5 枚；囊群盖长圆形或肾形，上缘平直，纸质，棕色，宿存。孢子周壁具粗颗粒状纹饰。染色体 $2n=60, 120$。

凭证标本　①深圳杨梅坑，邹雨锋（027）。②深圳莲花山，余欣繁（084）。③深圳小南山，邹雨锋，招康赛（323）；邹雨锋，明珠（285）。

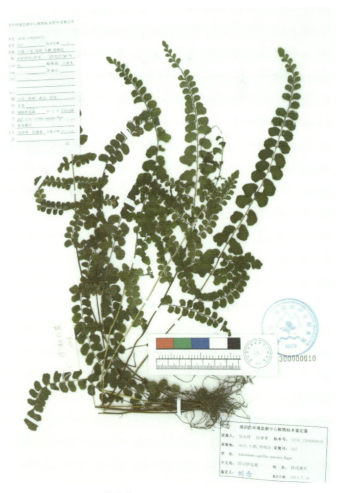

团羽铁线蕨 *Adiantum capillus-junonis*

分布地 群生于湿润石灰岩脚、阴湿墙壁基部石缝中或荫蔽湿润的白垩土上，海拔 300～2500m。产台湾、山东（济南）、河南（太行山）、北京（房山、妙峰山、昌平、西山）、河北（易县）、甘肃（文县）、四川（屏山、冕宁、雷波、平武、泸定、雅安、峨边、昭化、汉源）、云南（宾川、漾濞、昆明、中甸、永胜、永仁、丽江、禄劝）、贵州（安龙、兴仁）、广西（靖西）、广东（广州、乳源、翁源）。也产日本。

本研究种类分布地 深圳杨梅坑、小南山、莲花山。

主要经济用途 全草入药，有清热利尿、舒筋活络、补肾止咳之效，用于治疗痢疾、咳嗽、乳腺炎、颈淋巴结核、血淋、遗精、毒蛇咬伤等。

铁线蕨（铁线蕨属）

Adiantum capillus-veneris L. Sp. Pl. 2: 1096. 1753; Sw. Syn. Fil. 124. 1806 Hook. Gen. Fil. t. 60B. 1838 et Sp. Fil. 2: 36. 1851; Hook. et Bak. Syn. Fil. 123. 1867; Bedd. Ferns S. Ind. t. 4. 1863 et Handb. Ferns Brit. Ind. 34. 1883; 中国植物志 3(1): 214. 1990.

别名 铁丝草、少女的发丝、铁线草、水猪毛土

主要形态特征 植株高 15～40cm。根状茎细长横走，密被棕色披针形鳞片。叶远生或近生；柄长 5～20cm，粗约 1mm，纤细，栗黑色，有光泽，基部被与根状茎上同样的鳞片，向上光滑，叶片卵状三角形，长 10～25cm，宽 8～16cm，尖头，基部楔形，中部以下多为二回羽状，中部以上为一回奇数羽状；羽片 3～5 对，互生，斜向上，有柄（长可达 1.5cm），基部一对较大，长 4.5～9cm，宽 2.5～4cm，长圆状卵形，圆钝头，一回（少二回）奇数羽状，侧生末回小羽片 2～4 对，互生，斜向上，相距 6～15mm，大小几相等或基部一对略大，对称或不对称的斜扇形或近斜方形，长 1.2～2cm，宽 1～1.5cm，上缘圆形，具 2～4 浅裂或深裂成条状的裂片，不育裂片先端钝圆形，具阔三角形的小锯齿或具啮蚀状的小齿，能育裂片先端截形、直或略下陷，全缘或两侧具有啮蚀状的小齿，两侧全缘，基部渐狭成偏斜的阔楔形，具纤细栗黑色的短柄（长 1～2mm），顶生小羽片扇形，基部为狭楔形，往往大于其下的侧生小羽片，柄可达 1cm；第二对羽片距基部一对 2.5～5cm，向上各对均与基部一对羽片同形而渐变小。叶脉多回二歧分叉，直达边缘，两面均明显。叶干后薄草质，草绿色或褐绿色，两面均无毛；叶轴、各回羽轴和小羽柄均与叶柄同色，往往略向左右曲折。孢子囊群每羽片 3～10 枚，横生于能育的末回小羽片的上缘；囊群盖长形、长肾形成圆肾形，上缘平直，淡黄绿色，老时棕色，膜质，全缘，宿存。孢子周壁具粗颗粒状纹饰。

凭证标本 ①深圳杨梅坑，林仕珍，黄玉源（023）。②深圳小南山，邹雨锋，黄玉源（320）；李志伟（016）。③深圳马峦山，赵顺（035）。

分布地 台湾、福建、广东、广西、湖南、湖北、江西、贵州、云南、四川、甘肃、陕西、山西、河南、河北、北京。

本研究种类分布地 深圳杨梅坑、小南山、马峦山。

主要经济用途 药用。

铁线蕨 *Adiantum capillus-veneris*

扇叶铁线蕨（铁线蕨属）

Adiantum flabellulatum L. Sp. P1. 2: 1095. 1753; Sw. Syn. Fil. 121. 1806; Hook. Sp. Fil. 2: 30. 1851 et in Journ. Bot. 330. 1875; Benth. Fl. Hongk. 447. 1861; Henry, List Pl. Form. 110. 1896; Diels in Engl. u. Prantl, Nat. Pflanzenfam. 1(4): 284. 1899. Matsum. et Hay. Enum. Pl. Form. 617. 1906; C. Chr. Ind. Fil. 26. 1906 et in Acta Hort. Gothob. 1: 95. 1924; v. A. v. R. Handb. Mal. Ferns 334. 1908; Hand.-Mazz. Symb. Sin. 6: 39. 1929; Ogata, Ic. Fil. Jap. 2: t. 52. 1924; Wu, Wong et Pong in Bull. Dept. Biol. Sun Yatsen Univ. No. 3: 226.t. 104. 1932; DeVol, Ferns East Centr. China in NotesBot. Chin. Mus. Heude No. 7. 116. 1945; Holttum, Fl. Mal. 2. Ferns Mal. 603, f. 354. 1954; 侯宽昭等，广州植物志 45. 图 3, 1956; Ching in Acta Phytotag. Sinica 6: 326. 1957 et Ic. Fil. Sin. 5: t. 223. 1958, 傅书遐，中国主要植物图说 蕨类植物门 94. 图 116. 1957; Ching et al., in W. Y. Chunet al Fl. Hainan. 1: 84. 1964; Ohwi, Fl. Japan 47. 1965; Ic. Cormoph. Sinic. 1: 167, f. 333. 1972; Shieh in H. L. Li et al. Fl. Taiwan 1: 305. 1975; Y. L. Chang et al Sporae Pterid. Sin. 175. t. 36, 1-2. 1976; 中国植物志 3(1): 195. 1990.

别名 铁线蕨（岭南采药录），过坛龙（植物名实图考）

主要形态特征 植株高 20 ～ 45cm。根状茎短而直立，密被棕色、有光泽的钻状披针形鳞片。叶簇生；柄长 10 ～ 30cm，粗 2.5mm，紫黑色，有光泽，基部被有和根状茎上同样的鳞片，向上光滑，上面有纵沟 1 条，沟内有棕色短硬毛；叶片扇形，长 10 ～ 25cm，二至三回不对称的二叉分枝，通常中央的羽片较长，两侧的与中央羽片同形而略短，长可达 5cm，中央羽片线状披针形，长 6 ～ 15cm，宽 1.5 ～ 2cm，奇数一回羽状；小羽片 8 ～ 15 对，互生，平展，具短柄（长 1 ～ 2mm），相距 5 ～ 12mm，中部以下的小羽片长 6 ～ 15mm，宽 5 ～ 10mm，对开式的半圆形（能育的）或为斜方形（不育的），内缘及下缘直而全缘，基部为阔楔形或扇状楔形，外缘和上缘近圆形或圆截形，能育部分具浅缺刻，裂片全缘，不育部分具细锯齿，顶部小羽片与下部的同形而略小，顶生，小羽片倒卵形或扇形，与其下的小羽片同大或稍大。叶脉多回二歧分叉，直达边缘，两面均明显。叶干后近革质，绿色或常为褐色，两面均无毛；各回羽轴及小羽柄均为紫黑色，有光泽，上面均密被红棕色短刚毛，下面光滑。孢子囊群每羽片 2 ～ 5 枚，横生于裂片上缘和外缘，以缺刻分开；囊群盖半圆形或长圆形，上缘平直，革质，褐黑色，全缘，宿存。孢子具不明显的颗粒状纹饰。染色体 2n=116。

凭证标本 ①深圳杨梅坑，余欣繁，黄玉源（278）。②深圳小南山，王贺银（242）。

分布地 生于阳光充足的酸性红黄壤上，海拔 100 ～ 1100m。产我国台湾（台北）、福建、江西、广东、海南、湖南（江永、黔阳）、浙江（雁荡山、青田）、广西、贵州、云南。日本（九州）、琉球群岛、越南、缅甸、印度、斯里兰卡及马来群岛均有分布。

本研究种类分布地 深圳杨梅坑、小南山。

主要经济用途 本种全草入药，清热解毒、舒筋活络、利尿、化痰、消肿、止血、止痛，治跌打内伤，外敷治烫火伤、毒蛇、蜈蚣咬伤及疮痈初起；还治乳猪下痢、猪丹毒及牛瘟。此外，它生于 pH 为 4.5 ～ 5.0 的灰化红壤和红黄壤上，是酸性土的指示植物。

（仲恺农业工程学院硕士研究生　林亿雪）

扇叶铁线蕨 *Adiantum flabellulatum*

凤尾蕨（凤尾蕨属）

Pteris cretica L. var. *nervosa* (Thunb.) Ching et S. H. Wu, stat. nov. Pteris nervosa Thunb, Fl. Jap. 332. 1784; Ogata, Ic. Fil. Jap. 5:t. 247. 1933; 中国植物志 3(1): 28. 1990.

别名　大叶井口边草（中国主要植物图说　蕨类植物门）

主要形态特征　植株高 50～70cm。根状茎短而直立或斜升，粗约 1cm，先端被黑褐色鳞片。叶簇生，二型或近二型；柄长 30～45cm（不育叶的柄较短），基部粗约 2mm，禾秆色，有时带棕色，偶为栗色，表面平滑；叶片卵圆形，长 25～30cm，宽 15～20cm，一回羽状；不育叶的羽片（2）3～5 对（有时为掌状），通常对生，斜向上，基部一对有短柄并为二叉（罕有三叉），向上的无柄，狭披针形或披针形（第二对也往往二叉），长 10～18（24）cm，宽 1～1.5（2）cm，先端渐尖，基部阔楔形，叶缘有软骨质的边并有锯齿，锯齿往往粗而尖，也有时具细锯齿；能育叶的羽片 3～5（8）对，对生或向上渐为互生，斜向上，基部一对有短柄并为二叉，偶有三叉或单一，向上的无柄，线形（或第二对也往往二叉），长 12～25cm，宽 5～12mm，先端渐尖并有锐锯齿，基部阔楔形，顶生三叉羽片的基部不下延或下延。主脉下面强度隆起，禾秆色，光滑；侧脉两面均明显，稀疏，斜展，单一或从基部分叉。叶干后纸质，绿色或灰绿色，无毛；叶轴禾秆色，表面平滑。

凭证标本　深圳小南山，邹雨锋，周志彬（251）；王贺银（216）。

分布地　生石灰岩地区的岩隙间或林下灌丛中，海拔 400～3200m。产河南西南部、陕西南部、湖北、江西、福建（南平）、浙江西部、广东（连县）、广西、贵州、四川、云南、西藏。也广布于日本、菲律宾、越南、老挝、柬埔寨、印度、尼泊尔、斯里兰卡、斐济、夏威夷群岛

凤尾蕨 *Pteris cretica* var. *nervosa*

等地。

本研究种类分布地　深圳小南山。

主要经济用途　药用价值：凤尾蕨全株含麦角甾醇、胆碱、鞣质、苷类等。其全株均可入药，具有降血压、驱虫、防癌等作用，对头晕失眠、高血压、慢性腰酸背痛、关节炎、慢性肾炎、肺病诸症也有较好疗效。可食用。

刺齿半边旗（凤尾蕨属）

Pteris dispar Kze. in Bot. Zeit. 6: 539. 1848; Cop. Polypod. Philip. 101. 1905; v. A. v. R. Handb. Mal. Ferns 362. 1908; Rosenst. in Fedde, Repert. Sp. Nov. 13:121. 1914; H. Ito, Fil. Jap. Illustr. 46. 1944; Ohwi, Fl. Jap. 42. 1965. ——*Pteris semipinnata* L. var. *dispar* Hook. et Bak. Syn. Fil. 157. 1865; Ogata, Ic. Fil. Jap. 4: Pl. 196. 1931; Shieh in H. L. Li et al., Fl. Taiwan I: 295. 1975; Edie, Ferns Hong Kong 232, f. 132. 1978. ——*Pteris semipinnata* sensu DeVol, Ferns East Centr. China in Notes Bot. Chin. Mus. Heude No. 7, 109. 1945, pro parte; 中国植物志 3(1): 45. 1990.

主要形态特征　植株高 30～80cm。根状茎斜向上，粗 7～10mm，先端及叶柄基部被黑褐色鳞片，鳞片先端纤毛状并稍卷曲。叶簇生（10～15 片），近二型；柄长 15～40cm，基部

粗约 2m，与叶轴均为栗色，有光泽；叶片卵状长圆形，长 25～40cm，宽 15～20cm，二回深裂或二回半边深羽裂；顶生羽片披针形，长 12～18cm，基部宽 2～3cm，先端渐尖，基部圆形，篦齿状或深羽状几达叶轴，裂片 12～15 对，对生，开展，彼此接近，阔披针形或线披针形，略呈镰刀状，长 1～2cm，宽 3～5mm，先端钝或有时急尖，基部下侧不下延或略下延，不育叶缘有长尖刺状的锯齿；侧生羽片 5～8 对，与顶生羽片同形，对生或近对生斜展，下部的有短柄，长 6～12cm，基部宽 2.5～4cm，先端尾状渐尖，基部偏斜，两侧或仅下侧深羽裂几达羽轴，裂片与顶生羽片同形同大，但下侧的较上侧的略长，并且基部下侧一片最长，斜向下，有时在下部 1～2 对羽片上再一次篦齿状羽裂。羽轴下面隆起基部栗色；上部禾秆色，上面有浅栗色的纵沟，纵沟两旁有啮蚀状的浅灰色狭翅状的边，侧脉明显，斜向上，二叉，小脉直达锯齿的软骨质刺尖头。叶干后草质，绿色或暗绿色，无毛。

凭证标本　深圳杨梅坑，陈惠如，明珠（017）。

分布地　生山谷疏林下，海拔 300～950m。产江苏（宜兴）、安徽（祁门）、浙江（杭州、镇海、天台山、昌化、建德、龙泉）、江西、福建（厦门、南靖、连城、闽侯、延平、崇安）、台湾、广东、广西（藤县、临桂）、湖南（长沙洞口、宜章、宁远、安江）、贵州（江口、榕江、泪潭、罗甸、独山）、四川（重庆、泸县、峨眉山）。越南、马来西亚、

刺齿半边旗 *Pteris dispar*

菲律宾、日本（九州、四国、本州）、琉球群岛、朝鲜（济州岛）。

本研究种类分布地　深圳杨梅坑。

傅氏凤尾蕨（凤尾蕨属）

Pteris fauriei Hieron. in Hedwigia 55:345. 1914; *Pteris linearis* Poir. var. *fauriri* C. Chr. et Tard.-Blot in Fl. Indo-Chine 7 (2): 159. 1939; Edie, Ferns Hong Kong 237, f. 136. 1978; 中国植物志 3(1): 67. 1990.

别名　百越凤尾蕨

主要形态特征　植株高 50～90cm。根状茎短，斜升，粗约 1cm，先端密被鳞片；鳞片线状披针形，长约 3mm，深褐色，边缘棕色。叶簇生；柄长 30～50cm，下部粗 2～4mm，暗褐色并被鳞片，向上与叶轴均为禾秆色，光滑，上面有狭纵沟；叶片卵形至卵状三角形，长 25～45cm，宽 17～24（～30）cm，二回深羽裂（或基部三回深羽裂）；侧生羽片 3～6（～9）对，下部的对生，相距 4～8cm，斜展，偶或略斜向上，向上的无柄，镰刀状披针形，长 13～23cm，宽 3～4cm，先端尾状渐尖，具 2～3（～4.5）cm 长的线状尖尾，基部渐狭，阔楔形，篦齿状深羽裂达到羽轴两侧的狭翅，顶生羽片较宽，且有 2～4cm 长的柄，最下一对羽片的基部下侧有 1 片篦齿状深羽裂的小羽片；裂片 20～30 对，互生或对生，毗连或间隔宽约 1mm（通常能育裂片的间隔略较宽，达 2mm），斜展，镰刀状阔披针形，中部的长 1.5～2.2cm，宽 4～6mm，通常下侧的裂片比上侧的略长，基部一对或下部数对缩短，顶部略狭，先端钝，基部略扩大，全缘。羽轴下面隆起，禾秆色，光滑，上面有狭纵沟，纵沟两旁有针状扁刺，裂片的主脉上面有少数小刺。侧脉两面均明显，斜展，自基部以上二叉，裂片基部下侧一脉出自羽轴，上侧一脉出自主脉基部，基部相对的两脉斜向上到达缺刻上面的边缘。叶干后纸质，浅绿色

至暗绿色，无毛（幼时偶为近无毛）。孢子囊群线形，沿裂片边缘延伸，仅裂片先端不育；囊群盖线形，灰棕色，膜质，全缘，宿存。

凭证标本 ①深圳小南山，邹雨锋，周志彬（252）。②深圳莲花山，余欣繁，招康赛（072）；刘浩，招康赛（054）；陈永恒，明珠（063）；邹雨锋（092）。

分布地 生林下沟旁的酸性土壤上，海拔 50 ～ 800m。产台湾、浙江（天台山、南汇）、福建（崇安、邵武）、江西（会昌、大余、寻乌、安远、崇义、宁都）、湖南（宜章）、广东（广州、高要、英德、蕉岭、大埔）、广西（都安）、云南（河口）。越南北部及日本（伊豆诸岛、纪伊半岛、四国、九州）、琉球群岛均有分布。

本研究种类分布地 深圳小南山、莲花山。

半边旗（凤尾蕨属）

Pteris semipinnata L. Sp. Pl. 2: 1076. 1753; Ettingsh. Farnkr. d. Jetztwelt. 92, t. 62, f. 2, 7. 1864; Hook. et Bak. Syn. Fil. 157. 1864; v. A. v. R. Handb. Mal. Ferns. 362. 1908; Merr. in Lingnan Sci. Journ. 5: 17. 1927. Ogata, Ic. Fil. Jap. 4:t. 195. 1931; Wu Wong et Pong in Bull. Dept. Biol. Sun Yatsen Univ. No. 3. 232, t. 107. 1932: Tard.-Blot et C. Chr. in. Fl. Indo-Chine 7(2): 151. 1940; H. Ito, Fil. Jap. Illustr. t. 47. 1944; DeVol, Ferns East Centr. China in Notes Bot. Chin. Mus. Heude No. 7: 109, f. 59. 1945, pro parte; Holttum, Fl. Mal. 2. Ferns Mal. 401. 1954; 傅书遐，中国主要植物图说 蕨类植物门 68, 图 81. 1957; Tagawa, Col. Illustr. Jap. Pterid. 58, p1. 16, f. 97. 1959; Ching et al. in W. Y. Chun et al., Fl. Hainan. 1:73. 1964; Ohwi, Fl. Japan 42. 1965; Shieh in H. L. Li et al., Fl. Taiwan I: 298. 1975; Edie, Ferns Hong Kong 232. f. 131. 1978, pro parte; 中国植物志3(1): 46. 1990.

主要形态特征 植株高35 ～ 80（～ 120）cm。根状茎长而横走，粗 1 ～ 1.5cm，先端及叶柄基部被褐色鳞片。叶簇生，近一型；叶柄长 15 ～ 55cm，粗 1.5 ～ 3mm，连同叶轴均为栗红色，有光泽，光滑；叶长 40（60）cm，宽 6 ～ 15（～ 18）cm，二回半边深裂；顶生羽片阔披针形至长三角形，长 10 ～ 18cm，基部宽 3 ～ 10cm，先端尾状，篦齿状，深羽裂几达叶轴，裂片 6 ～ 12 对，对生，开展，间隔宽 3 ～ 5mm，镰刀状阔披针形，长 2.5 ～ 5cm，向上渐短，宽 6 ～ 10mm，先端短渐尖，基部下侧呈倒三角形的阔翅沿叶轴下延达下一对裂片；侧生羽片 4 ～ 7 对，对生或近对生，开展，下部的有短柄，向上无柄，半三角形而略

傅氏凤尾蕨 *Pteris fauriei*

半边旗 *Pteris semipinnata*

呈镰刀状，长 5 ～ 10（～ 18）cm，基部宽 4 ～ 7cm，先端长尾头，基部偏斜，两侧极不对称，上侧仅有一条阔翅，宽 3 ～ 6mm，不分裂或很少在基部有一片或少数短裂片，下侧篦齿状深羽裂几达羽轴，裂片 3 ～ 6 片或较多，镰刀状披针形，基部一片最长，1.5 ～ 4（～ 8.5）cm，宽 3 ～ 6（～ 11）mm，向上的逐渐变短，先端短尖或钝，基部下侧下延，不育裂片的叶：有尖锯齿，能育裂片仅顶端有一尖刺或具 2 ～ 3 个尖锯齿。羽轴下面隆起，下部栗色，向上禾秆色，上面有纵沟，纵沟两旁有啮蚀状的浅灰色狭翅状的边。侧脉明显，斜上，二叉或多回二叉，小脉通常伸达锯齿的基部。叶干后草质，灰绿色，无毛。

凭证标本　①深圳杨梅坑，王贺银，周志彬（002）。

②深圳小南山，邹雨锋，招康赛（196）；刘浩（063）；邹雨锋，招康赛（197）；林仕珍，明珠（187）。
③深圳莲花山，邹雨锋（086）；邹雨锋（087）；余欣繁，许旺（068）；林仕珍，黄玉源（079）。

分布地　生疏林下阴处、溪边或岩石旁的酸性土壤上，海拔 850m 以下。产台湾、福建（福州、厦门、南靖、华安、延平）、江西（安远、寻乌）、广东、广西、湖南（衡山、黔阳、会同、城步、宜章）、贵州南部（册亨、三都）、四川（乐山）、云南（富宁、屏边、河口、西双版纳）。见于琉球群岛、菲律宾、越南、老挝、泰国、缅甸、马来西亚、斯里兰卡及印度北部。

本研究种类分布地　深圳杨梅坑、小南山、莲花山。

蹄盖蕨科 Athyriaceae

假蹄盖蕨（假蹄盖蕨属）

Athyriopsis japonica (Thunb.) Ching in Acta Phytotax. Sin. 9 (1): 65. 1964; Ic. Corm. Sin. 1: 185, f. 370. 1972; Fl. Tsinling. 2: 98, t. 25, f. 8-11. 1974; DeVol et C. M. Kuo in H. L. Li et al., Fl. Taiwan 1: 444. 1975, pro parte excl. pl. 158 et syn. *Athyrium oshimense*, *Asplenium conilii*; Y. L. Chang et al., Sporae Pterid. Sin. 202, t. 47, f. 5-6. 1976; 江苏植物志上册：40, 图 51. 1977; 河南植物志 1: 59, 图 75. 1981; 中国植物志 3(2): 333. 1999.

形态学特征　夏绿植物。根状茎细长横走，直径 2 ～ 3mm，先端被黄褐色阔披针形或披针形鳞片；叶远生至近生。能育叶长可达 1m；叶柄长 10 ～ 50cm，直径 1 ～ 2mm，禾秆色，基部被与根状茎上同样的鳞片，并略有黄褐色节状柔毛，向上鳞片较稀疏而小，披针形，色较深，有时呈浅黑褐色，也有稀疏的节状柔毛；叶片矩圆形至矩圆状阔披针形，有时呈三角形，长 15 ～ 50cm，宽 6 ～ 22（～ 30）cm，基部略缩狭或不缩狭，顶部羽裂长渐尖或略急缩长渐尖；侧生分离羽片 4 ～ 8 对，通常以约 60° 的夹角向上斜展，少见平展，通直或略向上呈镰状弯曲，长 3 ～ 13cm，宽 1 ～ 3（～ 4.5）cm，先端渐尖至尾状长渐尖，基部阔楔形，两侧羽状半裂至深裂，基部 1（2）对常较阔，长椭圆披针形，其下侧常稍阔，其余的披针形，两侧对称；侧生分离羽片的裂片 5 ～ 18 对，以 40° ～ 45° 的夹角向上斜展，略向上偏斜的长方形或矩圆形，或为镰状披针形，先端近平截或钝圆至急尖，边缘有疏锯齿或波状，罕见浅羽裂；裂片上羽状脉的小脉 8 对以下，极斜向上，二叉或单一，上面常不明显，下面略可见。叶草质，叶轴疏生浅褐色披针形小鳞片及节状柔

假蹄盖蕨 Athyriopsis japonica

毛，羽片上面仅沿中肋有短节毛，下面沿中肋及裂片主脉疏生节状柔毛。孢子囊群短线形，通直，大多单生于小脉中部上侧，在基部上出1脉有时双生于上下两侧；囊群盖浅褐色，膜质，背面无毛，边缘撕裂状，在囊群成熟前内弯。孢子赤道面观半圆形，周壁表面具刺状纹饰。染色体数目 $n=120(6x)$。

凭证标本　①深圳杨梅坑，余欣繁，招康赛（252）。②深圳赤坳，邹雨锋（046）；陈惠如，黄玉源（043）。③深圳小南山，林仕珍（199）。

分布地　河南、甘肃、山东、江苏、上海、安徽、浙江、江西、福建、台湾、河南、湖北、湖南、广东、广西、四川、重庆、贵州、云南。

本研究种类分布地　深圳杨梅坑、赤坳、小南山。

菜蕨（菜蕨属）

Callipteris esculenta (Retz.) J. Sm. ex Moore et Houlst. in Gard. Mag. Bot. 3: 265. 1851——*Hemionitis esculenta* Retz., Ohs. Bot.: 38. 1791; 安徽植物志 1: 110. 图 103. 1985; 傅书遐，中国主要植物图说 蕨类植物门 121，图 199. 1957; 中国植物志 3(2): 476. 1999.

主要形态特征　根状茎直立，高达15cm，密被鳞片；鳞片狭披针形，长约1cm，宽约1mm，褐色，边缘有细齿；叶簇生。能育叶长 60～120cm；叶柄长 50～60cm，基部直径 3～5mm，褐禾秆色，基部疏被鳞片，向上光滑；叶片三角形或阔披针形，长 60～80cm 或更长，宽 30～60cm，顶部羽裂渐尖，下部一回或二回羽状；羽片12～16对，互生，斜展，下部的有柄，阔披针形，长 16～20cm，宽 6～9cm，羽状分裂或一回羽状，上部的近无柄，线状披针形，长 6～10cm，宽 1～2cm，先端渐尖，基部截形，边缘有齿或浅羽裂（裂片有小齿）；小羽片 8～10对，互生，相距 1～1.5cm，平展，近无柄，狭披针形，长 4～6cm，阔 6～10mm，先端渐尖，基部截形，两侧稍有耳，边缘有锯齿或浅羽裂（裂片有小锯齿）；叶脉在裂片上羽状，小脉 8～10对，斜向上，下部 2～3对通常联结。叶坚草质，两侧均无毛，叶轴平滑，无毛，羽轴上面有浅沟，光滑或偶被浅褐色短毛。孢子囊群多数，线形，稍弯曲，几生于全部小脉上，达叶缘；囊群盖线形，膜质，黄褐色，全缘。孢子表面具大颗粒状或小瘤状纹饰。染色体数目 $2n=82$。

凭证标本　深圳小南山，刘浩，黄玉源（064）。

分布地　生于山谷林下湿地及河沟边，海拔 100～1200m。分布于江西、安徽、浙江、福建、台湾、广东、海南、香港、湖南、广西、四川、贵州、云南东南部和南部至西南部热带地区。亚洲热带和亚热带及热带波利尼西亚也有分布。

本研究种类分布地　深圳小南山。

主要经济用途　嫩叶可作野菜。

菜蕨 *Callipteris esculenta*

金星蕨科 Thelypteridaceae

华南毛蕨（毛蕨属）

Cyclosorus parasiticus (L.) Farwell. in Amer. Midl. Naturalist 12: 259. 1931; H. Ito in Bot. Mag. Tokyo 51: 725. 1937. in Nakai et Honda, Nova Fl. Jap. No. 4: 176. 1939 et. Fil. Jap. Illustr. t. 356. 1944; Ching in Bull. Fan Mem. Inst. Biol. Bot. ser. 8: 201. 1938; in W. Y. Chun et al., Fl. Hainan 1: 126. 1964 et inY. L. Zhang et al. , Sporae Pterid Sin. 274. t. 61: 11-12. 1976; Tard.-Blot in Lecomte, Not. Bot. Syst. 7: 75. 1938; Tard.-Blot et C. Chr., Fl. Indo-Chine 7(2): 381. 1941; Holtt., Fl. Mal. 2: Ferns Mal. 281 f. 162. 1945; 傅书遐，中国主要植物图说（蕨类植物门）141. f. 185. 1957; Holtt. in Kew Bull. 31(2): 309. 1976. pro parte et Fl. Males. ser 2, 1 (5): 559. f. 20 f. 1981; Kuo in Fl. Taiwan 1: 406. 1975; Edie, Ferns Hongk. 156. 1978; v. A. v. R., Handb. Mal. Ferns211. 1908. pro parte. ——*Cyclosorus procurrens* (Mett.) Cop., Fern Fl. Philip. 340. 1960. nom. tantum. ——*Thelypteris procurrens* (Mett.) Reed in Phytologia 17: 306. 1968. ——*Dryopteris parasitica* var. *aureo-glandulosa* Bonap., Not. Pterid. Pt.7: 149. 1918 et pt. 14: 94. 1923; 中国植物志 4(1): 206. 1999.

别名　密毛毛蕨

主要形态特征　植株高达 70cm。根状茎横走，粗约 4mm，连同叶柄基部有深棕色披针形鳞片。叶近生；叶柄长达 40cm，粗约 2mm，深禾秆色，基部以上偶有一二柔毛；叶片长 35cm，长圆披针形，先端羽裂，尾状渐尖头，基部不变狭，二回羽裂；羽片 12～16 对，无柄，顶部略向上弯弓或斜展，中部以下的对生，相距 2～3cm，向上的互生，彼此接近，相距约 1.5cm，中部羽片长 10～11cm，中部宽 1.2～1.4cm，披针形，先端长渐尖，基部平截，略不对称，羽裂达 1/2 或稍深；裂片 20～25 对，斜展，彼此接近，基部上侧一片特长，6～7mm，其余的长 4～5mm，长圆形，钝头或急尖头，全缘。叶脉两面可见，侧脉斜上，单一，每裂片 6～8 对，基部上侧裂片有 9 对，偶有二叉，基部一对出自主脉基部以上，其先端交接成一钝三角形网眼，并自交接点伸出一条外行小脉直达缺刻，第二对侧脉均伸达缺刻以上的叶边。叶草质，干后褐绿色，上面除沿叶脉有一二伏生的针状毛外，脉间疏生短糙毛，下面沿叶轴、羽轴及叶脉密生具一二分隔的针状毛，脉上并饰有橙红色腺体。孢子囊群圆形，生侧脉中部以上，每裂片（1～2）4～6 对；囊群盖小，膜质，棕色，上面密生柔毛，宿存。染色体 $2n=144$。

凭证标本　①深圳赤坳，王贺银（042）。②深圳小南山，邹雨锋，黄玉源（305）。③深圳莲花山，邹雨锋，招康赛（111）；林仕珍（092）。

分布地　生山谷密林下或溪边湿地，海拔 90～1900m。产浙江南部及东南部、福建（崇安、福州）、台湾（台北、新竹、台中、南投、台南、高雄、台东、屏东）、广东（罗浮山、惠阳、怀集、信宜、鼎湖、大埔、徐闻、云浮）、海南（昌江、崖县）、湖南（宜章）、江西（井冈山、寻乌、定南）、重庆（缙云山）、广西（武鸣、大明山、龙州、百色、梧州）、云南（河口）。日本、韩国、印度锡金和南部、尼泊尔、缅甸、斯里兰卡、越南、泰国、印度尼西亚（爪哇）、菲律宾均有分布。

本研究种类分布地　深圳赤坳、小南山、莲花山。

主要经济用途　药用，清热除湿，用于治疗风湿筋骨痛、风寒感冒、痢疾发热诸症。

华南毛蕨 *Cyclosorus parasiticus*

乌毛蕨科 Blechnaceae

乌毛蕨（乌毛蕨属）

Blechnum orientale L. Sp. Pl. 2: 1077. 1753, occidentale ex err.; ed. II. 2: 1535. 1764; Hook. Sp. Fil. 3: 52. 1860; Benth. Fl. Hongkong. 444. 1861; C. Chr. Ind. Fil. 157. 1905; Y. C. Wu et al. in Bull. Dept. Biol. Sun Yatsen Univ. No. 3. 204, pl. 93. 1932; Holtt. Fl. Mal. 2: 446, f. 262. 1954; Ching et al. in Fl. Hainan. 1: 133, f. 58. 1964; DeVol in Fl. Taiwan 1: 151. 1975; W. L. Chiou et al. in T. C.Huang, Fl. Taiwan, sec. ed. 1: 268, pl. 113. 1994. ——*Blechnopsis orientalis* Presl, Epim. Bot. 117. 1849; H. Ito in Bot. Mag. Tokyo 53: 24. 1939 et Fil. Jap. Illustr. f. 101. 1944; 中国植物志 4(1): 193. 1999.

别名 龙船蕨（广州）

主要形态特征 植株高 0.5～2m。根状茎直立，粗短，木质，黑褐色，先端及叶柄下部密被鳞片；鳞片狭披针形，长约 1cm，先端纤维状，全缘，中部深棕色或褐棕色，边缘棕色，有光泽。叶簇生于根状茎顶端；柄长 3～80cm，粗 3～10mm，坚硬，基部往往为黑褐色，向上为棕禾秆色或棕绿色，无毛；叶片卵状披针形，长达 1m 左右，宽 20～60cm，一回羽状；羽片多数，二型，互生，无柄，下部羽片不育，极度缩小为圆耳形，长仅数毫米，彼此远离，向上羽片突然伸长，疏离，能育，至中上部羽片最长，斜展，线形或线状披针形，长 10～30cm，宽 5～18mm，先端长渐尖或尾状渐尖，基部圆楔形，下侧往往与叶轴合生，全缘或呈微波状，干后反卷，上部羽片向上逐渐缩短，基部与叶轴合生并沿叶轴下延，顶生羽片与其下的侧生羽片同形，但长于其下的侧生羽片。叶脉上面明显，主脉两面均隆起，上面有纵沟，小脉分离，单一或二叉，斜展或近平展，平行，密接。叶近革质，干后棕色，无毛；叶轴粗壮，棕禾秆色，无毛。孢子囊群线形，连续，紧靠主脉两侧，与主脉平行，仅线形或线状披针形的羽片能育（通常羽片上部不育）；囊群盖线形，开向主脉，宿存。染色体 2*n*=66。

凭证标本 ①深圳杨梅坑，余欣繁，许旺（009）；李志伟（036）。②深圳小南山，邹雨锋，黄玉源（325）。

分布地 生长于较阴湿的水沟旁及坑穴边缘，也生长于山坡灌丛中或疏林下，海拔 300～800m。产广东、广西、海南、台湾、福建及西藏（墨脱）、四川（峨眉山、屏山、乐山、江安）、重庆、云南（思茅、河口、孟连、镇康、西双版纳）、贵州（三都、册亨）、湖南（江华、宜章、靖县）、江西（永丰、遂川、兴国、全南、宜丰、萍乡）、浙江（遂昌、南雁荡）。也分布于印度、斯里兰卡、东南亚、日本至波利尼西亚。

本研究种类分布地 深圳杨梅坑、小南山。

主要经济用途 食用，药用，园林绿化。

乌毛蕨 *Blechnum orientale*

肾蕨科 Nephrolepidaceae

肾蕨（肾蕨属）

Nephrolepis auriculata (L.) Trimen in Journ. Linn. Soc. Bot. 24: 152. 1887; Alston et Bonner in Candollea 15: 209. 1956; Tagawa, Col. Illustr. Jap. Pterid. 68, Pl. 21, f. 124. 1959; Pichi-Serm. Ind. Fil. Suppl. 4: 209. 1965; Ohwi, Fl. Jap. 48. 1965; Nakai, Enum. Pterid. Jap. 124. 1975; DeVol et C. M. Kuo in H. L. Li et al., Fl. Taiwan 1: 320, Pl. 113. 1975; Ching et al. in C. Y. Wu, Fl. Xizang. 1: 280. 1983; W. C. Shieh et al. in Fl. Taiwan, sec. ed. 1: 201, pl. 82. 1994. ——*Polypodium auriculatum* L. Sp. Pl. 2: 1089. 1753. ——*Nephrolepis cordifolia* auct. non Presl, 1836: Hook. et Bak. Syn. Fil. 300. 1874; Christ, Farnkr. d. Erde 288. 1897; Diels in Engl. u. Prand, Nat. Pflanzenfam. 1(4): 206. 1899; C. Chr. Ind. Fil. 453. 1905; Dunn et Tutch. in Kew Bull. Misc. lnf. Add. Ser. 10: 349. 1912; Tard. -Blot et C. Chr. in Fl. Indo-Chine 7(2): 289. 1941; H. Ito, Fil. Jap. Illustr. f. 32. 1944; DeVol in Notes Bot. Chin. Mus. Heude No. 7. 82. 1945; Holtt. Fl. Mal. 2: 379. 1954; 傅书遐，中国主要植物图说（蕨类植物门）59, f. 71. 1957; Cop. Fern Fl. Philip. 1: 186. 1958; Ching in Chien et Chun, Fl. Reip. Pop. Sin. 2: 315, Pl. 28, f. 7-8. 1959. Ching et al. in Chun et al.,Fl. Hainan. 1: 64, f. 30. 1964: Icon. Corm. Sin. 1: 146, f. 291. 1972; Edie, Ferns Hong Kong 164, f. 84. 1977: Tagawa et Iwatsuki in Fl. Thailand 3(2): 172. 1985; 中国植物志 6(1): 315. 1999.

别名 蜈蚣草、圆羊齿、篦子草、石黄皮

主要形态特征 附生或土生。根状茎直立，被蓬松的淡棕色长钻形鳞片，下部有粗铁丝状的匍匐茎向四方横展，匍匐茎棕褐色，粗约 1mm，长达 30cm，不分枝，疏被鳞片，有纤细的褐棕色须根；匍匐茎上生有近圆形的块茎，直径 1～1.5cm，密被与根状茎上同样的鳞片。叶簇生，柄长 6～11cm，粗 2～3mm，暗褐色，略有光泽，上面有纵沟，下面圆形，密被淡棕色线形鳞片；叶片线状披针形或狭披针形，长 30～70cm，宽 3～5cm，先端短尖，叶轴两侧被纤维状鳞片，一回羽状，羽状多数，45～120 对，互生，常密集而呈覆瓦状排列，披针形，中部的一般长约 2cm，宽 6～7mm，先端钝圆或有时为急尖头，基部心脏形，通常不对称，下侧为圆楔形或圆形，上侧为三角状耳形，几无柄，以关节着生于叶轴，叶缘有疏浅的钝锯齿，向基部的羽片渐短，常变为卵状三角形，长不及 1cm。叶脉明显，侧脉纤细，自主脉向上斜出，在下部分叉，小脉直达叶边附近，顶端具纺锤形水囊。叶坚草质或草质，干后棕绿色或褐棕色，光滑。孢子囊群成 1 行位于主脉两侧，肾形，少有为圆肾形或近圆形，长 1.5mm，宽不及 1mm，生于每组侧脉的上侧小脉顶端，位于从叶边至主脉的 1/3 处；囊群盖肾形，褐棕色，边缘色较淡，无毛。

凭证标本 ①深圳杨梅坑，余欣繁（279）；王贺银，招康赛（339）。②深圳莲花山，邹雨锋（152）。

分布地 浙江、福建、台湾、湖南南部、广东、海南、广西、贵州、云南和西藏。

本研究种类分布地 深圳杨梅坑、莲花山。

主要经济用途 药用，观赏。

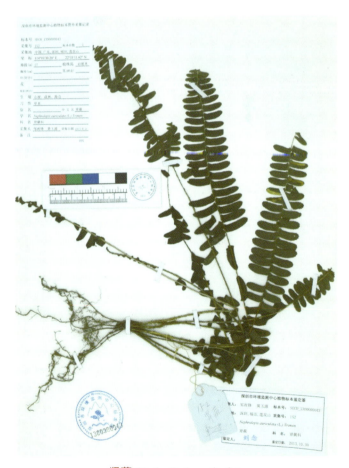

肾蕨 *Nephrolepis auriculata*

水龙骨科 Polypodiaceae

攀援星蕨（星蕨属）

Microsorium brachylepis (Baker) Nakaike. 中国景观植物.
上册: 104. 2009.

别名　波氏星蕨、东南星蕨、一枝旗、灯火草

主要形态特征　植株高 20 ～ 50cm。根状茎攀援，
略呈扁平状，疏生披针形鳞片，上部长渐尖头，
基部卵圆形，边缘有疏齿。叶远生；叶柄长 3 ～
7cm，基部疏生鳞片。

凭证标本　深圳小南山，邹雨锋，招康赛（313）。

分布地　浙江、江西、福建、台湾、湖北、湖南、
广东、广西、四川、贵州等地。

本研究种类分布地　深圳小南山。

主要经济用途　药用，苦、涩、凉。入肝、胆、
膀胱三经，清热利湿，舒筋活络。可治湿热内
壅肝胆，胆液外泛三身黄、目黄、尿黄三阳
黄症；或湿热结于膀胱，小便不利，涩滞尿赤
者。用于跌仆闪挫，局部青紫疼痛，活动障碍。
亦可治疗风湿热痹，肢节屈伸不利，疼痛挛急
等症。

攀援星蕨 *Microsorium brachylepis*

裸 子 植 物

松科 Pinaceae

马尾松（松属）

Pinus massoniana Lamb. Descr. Gen. Pinus 1: 17. t. 12. 1803, ed. 2. 2. 16. t. 8. 1828, ed. 8. 2: 20. t. 8. 1832; Debx. in Acta Soc. Linn. Bordeaux 30: 109. 1875; 中国植物志 7: 263. 1978.

别名 青松、山松、枞松（广东、广西）

主要形态特征 乔木，高达 45m，胸径 1.5m；树皮红褐色，下部灰褐色，裂成不规则的鳞状块片；枝平展或斜展，树冠宽塔形或伞形，枝条每年生长一轮，但在广东南部则通常生长两轮，淡黄褐色，无白粉，稀有白粉，无毛；冬芽卵状圆柱形或圆柱形，褐色，顶端尖，芽鳞边缘丝状，先端尖或成渐尖的长尖头，微反曲。针叶 2 针一束，稀 3 针一束，长 12～20cm，细柔，微扭曲，两面有气孔线，边缘有细锯齿；横切面皮下层细胞单型，第一层连续排列，第二层由个别细胞断续排列而成，树脂道 4～8 个，在背面边生，或腹面也有 2 个边生；叶鞘初呈褐色，后渐变成灰黑色，宿存。雄球花淡红褐色，圆柱形，弯垂，长 1～1.5cm，聚生于新枝下部苞腋，穗状，长 6～15cm；雌球花单生或 2～4 个聚生于新枝近顶端，淡紫红色，一年生小球果圆球形或卵圆形，径约 2cm，褐色或紫褐色，上部珠鳞的鳞脐具向上直立的短刺，下部珠鳞的鳞脐平钝无刺。球果卵圆形或圆锥状卵圆形，长 4～7cm，径 2.5～4cm，有短梗，下垂，成熟前绿色，熟时栗褐色，陆续脱落；中部种鳞近矩圆状倒卵形，或近长方形，长约 3cm；鳞盾菱形，微隆起或平，横脊微明显，鳞脐微凹，无刺，生于干燥环境者常具极短的刺；种子长卵圆形，长 4～6mm，连翅长 2～2.7cm；子叶 5～8 枚；长 1.2～2.4cm；初生叶条形，长 2.5～3.6cm，叶缘具疏生刺毛状锯齿。花期 4～5 月，球果第二年 10～12 月成熟。

特征差异研究 深圳七娘山：叶长 7～25cm，宽 0.1cm。与上述特征描述相比，叶长的最小值偏小 5cm，叶长的最大值偏大 5cm。

凭证标本 ①深圳七娘山，黄启聪（014）；李志伟（012）。②深圳小南山，林仕珍，招康赛（206）；刘浩，招康赛（076）；邹雨锋，招康赛（311）。③深圳莲花山，余欣繁（122）；邹雨锋，招康赛（150）。④深圳马峦山，陈志洁（035）。

分布地 河南西部峡口、陕西汉水流域以南、长江中下游各省区，南达福建、广东、台湾北部低山及西海岸。

本研究种类分布地 深圳七娘山、小南山、莲花山、马峦山。

主要经济用途 药用，化工原料。

马尾松 *Pinus massoniana*

杉科 Taxodiaceae

杉木（杉木属）

Cunninghamia lanceolata (Lamb.) Hook. in Cultis's Bot. Mag. 54: t. 2743. 1827; Rehd. et Wils. in Sarg. Pl. Wilson. 2: 50. 1914; Chun, Chinese Econ. Trees 31. t. 11. 1921; Rehd. in Journ. Arn. Arb. 4: 125. 1923, Man. Cult. Trees and Shrubs 27. 1927, ed. 2. 51. 1940, et Bibliogr. 44. 1949; Pilger in Engler u. Prantl, Pflanzenfam. ed. 2. 13: 360. t. 189. 1926; Wils. in Journ. Arn. Arb. 9: 16. 1928; Hand.-Mzt. Symb. Sin. 7. 17. 1929; Beissn. u. Fitsch. Handb. Nadelh: ed. 3. 467. f. 125. 1930; 郑万钧, 中研丛刊 2: 106. 1931; Bailey, Cult. Conif. 144. f. 66. 1933; Merr. in Trans. Amer. Philos. Soc. 24. 65. 1935; 钱崇澍, 中国森林植物志 1: 图版4. 1937; A. Chev. in Rev. Bot. Appl. Agr. Trop. nos. 269-270-271: 21. 1944; 郝景盛, 中国裸子植物志 100. 1945, 再版84. 1951, 均不包括台湾的植物; 刘玉壶, 中研汇报 1(2): 158. 1947; Dallimore and Jackson, Handb. Conif. ed. 3. 258. f. 43. 1948, rev. Harrison, Handb. Conif. and Ginkgo. ed. 4. 190. f. 38. 1966; 中国植物志 7: 285. 1978.

别称 杉木（通用名），沙木、沙树（西南各省区），正杉、正木（浙江），木头树、刺杉（江西、安徽），杉（经济植物手册）

主要特征 乔木，高达 30m，胸径可达 2.5～3m；幼树树冠尖塔形，大树树冠圆锥形，树皮灰褐色，裂成长条片脱落，内皮淡红色；大枝平展，小枝近对生或轮生，常成二列状，幼枝绿色，光滑无毛；冬芽近圆形，有小型叶状的芽鳞，花芽圆球形、较大。叶在主枝上辐射伸展，侧枝之叶基部扭转成二列状，披针形或条状披针形，通常微弯、呈镰状、革质、坚硬，长 2～6cm，宽 3～5mm，边缘有细缺齿，先端渐尖，稀微钝，上面深绿色，有光泽，除先端及基部外两侧有窄气孔带，微具白粉或白粉不明显，下面淡绿色，沿中脉两侧各有 1 条白粉气孔带；老树之叶通常较窄短、较厚，上面无气孔线。雄球花圆锥状，长 0.5～1.5cm，有短梗，通常 40 余个簇生枝顶；雌球花单生或 2～3（～4）个集生，绿色，苞鳞横椭圆形，先端急尖，上部边缘膜质，有不规则的细齿，长宽几相等，3.5～4mm。球果卵圆形，长 2.5～5cm，径 3～4cm；熟时苞鳞革质，棕黄色，三角状卵形，长约 1.7cm，宽 1.5cm，先端有坚硬的刺状尖头，边缘有不规则的锯齿，向外反卷或不反卷，背面的中肋两侧有 2 条稀疏气孔带；种鳞很小，先端三裂，侧裂较大，裂片分离，先端有不规则细锯齿，腹面着生 3 粒种子；种子扁平，遮盖着种鳞，长卵形或矩圆形，暗褐色，有光泽，两侧边缘有窄翅，长 7～8mm，宽 5mm；子叶 2 枚，发芽时出土。花期 4 月，球果 10 月下旬成熟。

特征差异研究 深圳小南山：叶长 1～3.3cm，宽 0.15～0.3cm；无叶柄；雄球花圆锥状，长 0.8～1cm。与上述特征描述相比，叶长的最小值偏小 1cm；叶宽的最小值偏小 0.15cm。

凭证标本 深圳小南山，洪继猛、黄玉源（008）；吴凯涛（021）；温海洋（034）。

分布地 为我国长江流域、秦岭以南地区栽培最广、生长快、经济价值高的用材树种。栽培区北起秦岭南坡、河南桐柏山、安徽大别山、江苏句容和宜兴，南至广东信宜，广西玉林、龙津，云南广南、麻栗坡、屏边、昆明、会泽、大理，东自江苏南部、浙江、福建西部山区，西至四川大

杉木 Cunninghamia lanceolata

渡河流域（泸定磨西面以东地区）及西南部安宁河流域。垂直分布的上限常随地形和气候条件的不同而有差异。在东部大别山区海拔 700m 以下，福建戴云山区 1000m 以下，在四川峨眉山海拔 1800m 以下，云南大理海拔 2500m 以下。越南也有分布。模式标本采自浙江舟山。

本研究种类分布地　深圳小南山。
主要经济用途　木材黄白色，有时心材带淡红褐色，质较软，细致，有香气，纹理直，易加工，比重 0.38，耐腐力强，不受白蚁蛀食。供建筑、桥梁、造船、矿柱、木桩、电杆、家具及木纤维工业原料等用。树皮含单宁。

柏科 Cupressaceae

龙柏（圆柏属）

Sabina chinensis (L.) Ant. cv. 'Kaizuca'——*Juniperus chinensis* Linn. var. *kaizuca* Hort. 陈嵘，中国树木分类学 66. 1937. ——*Sabina chinensis* (Linn.) Ant. var. *kaizuca* Cheng et W. T. Wang, 郑万钧等，中国树木学 1: 253. 1961; 中国植物志 7: 364. 1978.

别名　圆柏（通用名），桧（诗经），刺柏、红心柏（北京），珍珠柏（云南）
主要形态特征　乔木，高达 20m，胸径达 3.5m；树皮深灰色，纵裂，成条片开裂；树冠圆柱状或柱状塔形；树皮灰褐色，纵裂，裂成不规则的薄片脱落；枝条向上直展，常有扭转上升之势，小枝密、在枝端成几相等长之密簇，生鳞叶的小枝近圆柱形或近四棱形，径 1～1.2mm。叶二型，即刺叶及鳞叶；刺叶生于幼树之上，老龄树则全为鳞叶，壮龄树兼有刺叶与鳞叶；生于一年生小枝的一回分枝的鳞叶三叶轮生，排列紧密，幼嫩时淡黄绿色，后呈翠绿色，近披针形，先端微渐尖，长 2.5～5mm，背面近中部有椭圆形微凹的腺体；刺叶三叶交互轮生，斜展，疏松，披针形，先端渐尖，长 6～12mm，上面微凹，有两条白粉带。雌雄异株，稀同株，雄球花黄色，椭圆形，长 2.5～3.5mm，雄蕊 5～7 对，常有 3～4 花药。球果蓝色，微被白粉，近圆球形，径 6～8mm，两年成熟，有 1～4 粒种子；种子卵圆形，扁，顶端钝，有棱脊及少数树脂槽；子叶 2 枚，出土，条形，长 1.3～1.5cm，宽约 1mm，先端锐尖，下面有两条白色气孔带，上面则不明显。
凭证标本　杨梅坑，余欣繁，招康赛（347）。
分布地　长江流域及华北各大城市庭园有栽培。
本研究种类分布地　深圳杨梅坑。
主要经济用途　心材淡褐红色，边材淡黄褐色，有香气，坚韧致密，耐腐力强。可作房屋建筑、家具、文具及工艺品等用材；树根、树干及枝叶可提取柏木脑的原料及柏木油；枝叶入药，能祛风散寒、活血消肿、利尿；种子可提取润滑油；为普遍栽培的庭院树种。

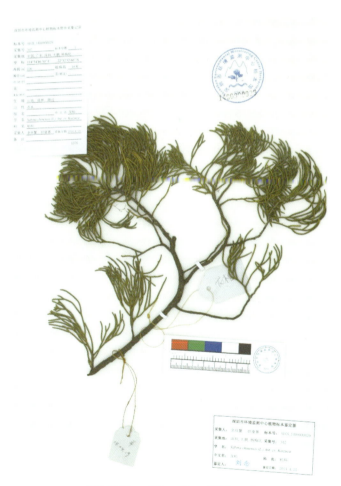

龙柏 *Sabina chinensis* cv. 'Kaizuca'

南洋杉科 Araucariaceae

南洋杉（南洋杉属）

Araucaria cunninghamii Sweet, Hort. Brit. ed. 2. 475. 1830; Kent, Veitch's Man. Conif. ed. 2. 303. 1900; Pilger in Engler u. Prantl, Pflanzenfam. ed. 2. 13: 265. 1926; Bailey, Cult. Conif. 150. 1933; Clinton-Baker and Jackson, Illustr. New Conif. 22. t. 33. 34. 1935; Dallimore and Jackosn, Handb. Conif. ed. 2. 155. 1931, ed. 3. 109. 1948, rev. Harrison, Handb. Conif. and Ginkgo. ed. 4. 113. 1966; 侯宽昭等, 广州植物志 68. 1956; 郑万钧等, 中国树木学 1: 227. 1961; 陈焕镛等, 海南植物志 1: 214. 1964; 中国科学院植物研究所, 中国高等植物图鉴 1: 316. 图631. 1972; 中国植物志 7: 28. 1978.

主要形态特征 乔木，在原产地高达 60～70m，胸径达 1m 以上，树皮灰褐色或暗灰色，粗糙，横裂；大枝平展或斜伸，幼树冠尖塔形，老则成平顶状，侧生小枝密生，下垂，近羽状排列。叶二型：幼树和侧枝的叶排列疏松，开展，钻状、针状、镰状或三角状，长 7～17mm，基部宽约 2.5mm，微弯，微具四棱或上（腹）面的棱脊不明显，上面有多数气孔线，下面气孔线不整齐或近于无气孔线，上部渐窄，先端具渐尖或微急尖的尖头；大树及花果枝上之叶排列紧密而叠盖，斜上伸展，微向上弯，卵形，三角状卵形或三角状，无明显的背脊或下面有纵脊，长 6～10mm，宽约 4mm，基部宽，上部渐窄或微圆，先端尖或钝，中脉明显或不明显，上面灰绿色，有白粉，有多数气孔线，下面绿色，仅中下部有不整齐的疏生气孔线。雄球花单生枝顶，圆柱形。球果卵形或椭圆形，长 6～10cm，径 4.5～7.5cm；苞鳞楔状倒卵形，两侧具薄翅，先端宽厚，具锐脊，中央有急尖的长尾状尖头，尖头显著的向后反曲；舌状种鳞的先端薄，不肥厚；种子椭圆形，两侧具结合而生的膜质翅。

凭证标本 深圳莲花山，林仕珍，招康赛（151）；王贺银，招康赛（095）。

分布地 原产大洋洲东南沿海地区。我国广州、海南、厦门等地有栽培，作庭院树，生长快，已

南洋杉 *Araucaria cunninghamii*

开花结实；长江以北有盆栽。

本研究种类分布地 深圳莲花山。

主要经济用途 木材可供建筑、器具、家具等用。

罗汉松科 Podocarpaceae

竹柏（罗汉松属）

Podocarpus nagi (Thunb.) Zoll. et Mor. ex Zoll. Syst. Verz. Ind. Arch. 2: 82. 1854; Pilger in Engler u. Prantl, Pflanzenfam. ed. 2. 13: 245. 1926; 郑万钧, 科学社生物所论文集 8: 299. 1933, 中国树木学 1: 271. 图126. 1964; 陈嵘, 中国树木分类学 13. 图9. 1937; 陈焕镛等, 海南植物志 1: 217. 1964; S. Y. Hu in Taiwania 10: 35. 1964; Ohwi, Fl. Jap. 110. 1965; 中国植物志 7: 404. 1978.

别名 椰树（浙江平阳），罗汉柴（福建南平），椤树、山杉（台湾），糖鸡子（江西），船家树（广东增城），宝芳、铁甲树（海南岛），猪肝树（广西临桂）

主要形态特征　乔木，高达 20m，胸径 50cm；树皮近于平滑，红褐色或暗紫红色，成小块薄片脱落；枝条开展或伸展，树冠广圆锥形。叶对生，革质，长卵形、卵状披针形或披针状椭圆形，有多数并列的细脉，无中脉，长 3.5～9cm，宽 1.5～2.5cm，上面深绿色，有光泽，下面浅绿色，上部渐窄，基部楔形或宽楔形，向下窄成柄状。雄球花穗状圆柱形，单生叶腋，常呈分枝状，长 1.8～2.5cm，总梗粗短，基部有少数三角状苞片；雌球花单生叶腋，稀成对腋生，基部有数枚苞片，花后苞片不肥大成肉质种托。种子圆球形，径 1.2～1.5cm，成熟时假种皮暗紫色，有白粉，梗长 7～13mm，其上有苞片脱落的痕迹；骨质外种皮黄褐色，顶端圆，基部尖，其上密被细小的凹点，内种皮膜质。花期 3～4 月，种子10 月成熟。

特征差异研究　深圳莲花山：叶长 2.7～6.5cm，宽 1.3～2.7cm，叶柄长 0.1～0.5cm。与上述特征描述相比，叶长的最小值偏小 0.8cm；叶宽的最小值偏小 0.2cm，叶宽的最大值偏大 0.2cm。

凭证标本　深圳莲花山，余欣繁（112）；邹雨锋，招康赛（127）；林仕珍（122）。

分布地　浙江、福建、江西、湖南、广东、广西、四川。

竹柏 *Podocarpus nagi*

本研究种类分布地　深圳莲花山。

主要经济用途　为优良的建筑、造船、家具、器具及工艺用材。种仁油供食用及工业用油。

买麻藤科 Gnetaceae

买麻藤（买麻藤属）

Gnetum montanum Markgr. in Bull. Jard. Bot. Buitenz. ser. 3. 10 (4): 406. t. 8, f. 5-8. 1930; Leandri in Lec. Fl. Gen. Indo-Chine 5: 1057. f.120 (5-8). 1931; 侯宽昭等，广州植物志 78. 1956; 中国植物志　7: 492. 1978.

别名　倪藤

主要形态特征　大藤本，高达 10m 以上，小枝圆或扁圆，光滑，稀具细纵皱纹。叶形大小多变，通常呈矩圆形，稀矩圆状披针形或椭圆形，革质或半革质，长 10～25cm，宽 4～11cm，先端具短钝尖头，基部圆或宽楔形，侧脉 8～13 对，叶柄长 8～15mm。雄球花序一至二回三出分枝，排列疏松，长 2.5～6cm，总梗长 6～12mm，雄球花穗圆柱形，长 2～3cm，径 2.5～3mm，具 13～17 轮环状总苞，每轮环状总苞内有雄花 25～45，排成两行，雄花基部有密生短毛，假花被稍肥厚成盾形筒，顶端平，不规则的多角形或扁圆形，花丝连合，约 1/3 自假花被顶端伸出，花药椭圆形，花穗上端具少数不育雌花排成一轮；

雌球花序侧生老枝上，单生或数序丛生，总梗长 2～3cm，主轴细长，有 3～4 对分枝，雌球花穗长 2～3cm，径约 4mm，每轮环状总苞内有雌花 5～8，胚珠椭圆状卵圆形，先端有胚珠被管，管口深裂成条状裂片，基部有少量短毛；雌球花穗成熟时长约 10cm。种子矩圆状卵圆形或矩圆形，长 1.5～2cm，径 1～1.2cm，熟时黄褐色或红褐色，光滑，有时被亮银色鳞斑，种子柄长 2～5mm。花期 6～7 月，种子 8～9 月成熟。

特征差异研究　①深圳杨梅坑：叶长 3.8～17.7cm，叶宽 2.1～6.7cm，叶柄长 0.7～1.3cm，与上述特征描述相比，叶长的最小值偏小，小6.2cm；叶宽的最小值偏小，小 1.9cm。②深圳小南山，叶长 6.5～14.4cm，叶宽 2.9～4.6cm，叶柄长 0.6 ～ 1cm，与上述特征描述相比，叶长的最小值偏小，小 3.5cm；叶宽的最小值偏小，小 1.1cm；叶柄的最小值偏小，小 0.2cm。

凭证标本 ①深圳杨梅坑，林仕珍，许旺（014）；陈永恒，招康赛（024）；林仕珍，黄玉源（015）；洪继猛（052）。②深圳小南山，邹雨锋，周志彬（117）；林仕珍，明珠（207）；邹雨锋（218）；邹雨锋，招康赛（219）。

分布地 海拔 1600 ～ 2000m 地带的森林中，缠绕于树上。产于云南南部北纬 25° 以南（庐西、景东、思茅、西双版纳、屏边）及广西（上思、容县、罗城）、广东（云雾山、罗浮山及海南岛）。印度、缅甸、泰国、老挝及越南也有分布。

本研究种类分布地 深圳杨梅坑、小南山。

主要经济用途 茎皮含韧性纤维，可织麻袋、渔网、绳索等，又供制人造棉原料。种子可炒食或榨油，供食用或作润滑油。亦可酿酒，树液为清凉饮料。

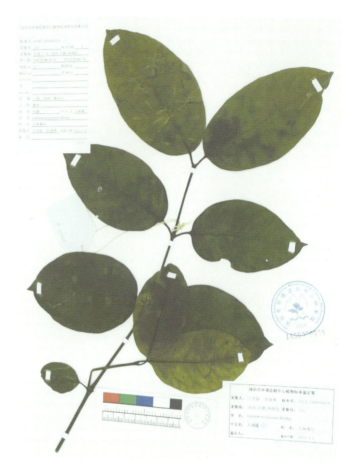

买麻藤 *Gnetum montanum*

小叶买麻藤（买麻藤属）

Gnetum parvifolium (Warb.) C. Y. Cheng ex Chun,植物分类学报9: 386. 1964, 一部分, 海南植物志1: 221. 1964, 一部分, 不包括图. ——*Gnetum scandens* auct. non Roxb.: Benth. Fl. Hongkong. 336. 1861; Dunn et Tutch. in Kew Bull. 1912: 255. 1912. ——*Gnetum scandens* Roxb. var. *parvifolium* Warb. Monsunia 1: 196. 1900. ——*Gnetum montanum* Markgr. f. *parvifolium* (Warb.) Markgr. in Bull. Jard. Bot. Buitenz. ser. 3. 10 (4): 468. t. 8. f. 3. 1930. ——*Gnetum indicum* auct. non Merr.: Merr. in Lingnan Sci. Journ. 6 (2): 22. 1927; 侯宽昭等, 广州植物志 78. 图19. 1956; 中国植物志 7: 498. 1978.

主要形态特征 缠绕藤本，高 4 ～ 12m，常较细弱；茎枝圆形，皮土棕色或灰褐色，皮孔常较明显。叶椭圆形、窄长椭圆形或长倒卵形，革质，长 4 ～ 10cm，宽 2.5cm，先端急尖或渐尖而钝，稀钝圆，基部宽楔形或微圆，侧脉细，一般在叶面不甚明显，在叶背隆起，长短不等，不达叶缘即弯曲前伸，小脉在叶背形成明显细网，网眼间常呈极细的皱突状，叶柄较细短，长 5 ～ 8（～ 10）mm。雄球花序不分枝或一次分枝，分枝三出或成两对，总梗细弱，长 5 ～ 15mm，雄球花穗长 1.2 ～ 2cm，径 2 ～ 3.5mm，具 5 ～ 10 轮环状总苞，每轮总苞内具雄花 40 ～ 70，雄花基部有不显著的棕色短毛，假花被略成四棱状盾形，

小叶买麻藤 *Gnetum parvifolium*

基部细长，花丝完全合生，稍伸出假花被，花药 2，合生，仅先端稍分离，花穗上端有不育雌花 10 ～ 12，扁宽三角形；雌球花序多生于老枝上，一次三出分枝,总梗长 1.5 ～ 2cm,雌球花穗细长，每轮总苞内有雌花 5 ～ 8，雌花基部有不甚明显的棕色短毛，珠被管短，先端深裂。雌球花序成熟时长 10 ～ 15cm，轴较细，径 2 ～ 3mm；成熟

种子假种皮红色，长椭圆形或窄矩圆状倒卵圆形，长 1.5～2cm，径约 1cm，先端常有小尖头，种脐近圆形，径约 2mm，干后种子表面常有细纵皱纹，无种柄或近无柄。

凭证标本 深圳小南山，温海洋，黄玉源（001）。

分布地 生于海拔较低的干燥平地或湿润谷地的森林中，缠绕在大树上。产于福建、广东、广西及湖南等省区。以福建和广东最为常见，北界约在北纬 26.6° 之处（福建南平），为现知买麻藤属分布的最北界线。模式标本采自福建。

本研究种类分布地 深圳小南山。

主要经济用途 广东常用皮部纤维作编制绳索的原料，其质地坚韧，性能良好。种子炒后可食，亦可榨油供食用。

被 子 植 物

木兰科 Magnoliaceae

白兰（含笑属）

Michelia alba DC. Syst. 1: 449. 1818; Dandy in Not. Bot. Gard. Edinb. 16: 129. 1928; 广州植物志 81. 图23. 1956; 江苏南部种子植物手册 296. 图470. 1959; 海南植物志 1: 226. 1964; 中国高等植物图鉴 793. 图1585. 江苏植物志. 下册: 200. 图1040. 1977; 中国树木志 484. 图153. 1983; 广东植物志 1: 12. 图9: 8-9. 1987. ——*Michelia chanmpaca* auct. non Linn.: 陈嵘, 中国树木分类学 299. 1937; 中国植物志 30(1): 157. 1996.

别名 白兰花、白玉兰

主要形态特征 常绿乔木，高达 17m，枝广展，呈阔伞形树冠；胸径 30cm；树皮灰色；揉枝叶有芳香；嫩枝及芽密被淡黄白色微柔毛，老时毛渐脱落。叶薄革质，长椭圆形或披针状椭圆形，长 10～27cm，宽 4～9.5cm，先端长渐尖或尾状渐尖，基部楔形，上面无毛，下面疏生微柔毛，干时两面网脉均很明显；叶柄长 1.5～2cm，疏被微柔毛；托叶痕几达叶柄中部。花白色，极香；花被片 10 片，披针形，长 3～4cm，宽 3～5mm；雄蕊的药隔伸出长尖头；雌蕊群被微柔毛，雌蕊群柄长约 4mm；心皮多数，通常部分不发育，成熟时随着花托的延伸，形成蓇葖疏生的聚合果；蓇葖熟时鲜红色。花期 4～9 月，夏季盛开，通常不结实。

特征差异研究 深圳莲花山：叶长 18.5～25cm，宽 8～9.6cm，叶柄长 2～2.5cm。与上述特征描述相比，叶柄长的最大值偏大 0.5cm。

凭证标本 深圳莲花山，余欣繁（067）；刘浩，邓嘉豪（051）。

分布地 原产印度尼西亚爪哇，现广植于东南亚。我国福建、广东、广西、云南等省区栽培极盛，长江流域各省区多盆栽，在温室越冬。

本研究种类分布地 深圳莲花山。

主要经济用途 花洁白清香、夏秋间开放，花期长，叶色浓绿，为著名的庭院观赏树种，多栽为行道树。花可提取香精或薰茶，也可提制浸膏供药用，有行气化浊、治咳嗽等效。鲜叶可提取香油，称"白兰叶油"，可供调配香精；根皮入药：治便秘。

白兰 *Michelia alba*

黄兰（含笑属）

Michelia champaca Linn. Sp. Pl. 536. 1753; Lour. Fl. Cochinch. 348. 1790; Finet et Gagnep. in Lecomte, Fl. Gen. Indo-Chine 1: 38. 1907; 中国植物志 30(1): 157. 1996.

别名 黄玉兰、黄缅桂、大黄桂、黄葛兰

主要形态特征 常绿乔木，高达 10 余米；枝斜上展，呈狭伞形树冠；芽、嫩枝、嫩叶和叶柄均被淡黄色的平伏柔毛。叶薄革质，披针状卵形或

披针状长椭圆形，长 10 ～ 20（～ 25）cm，宽
4.5 ～ 9cm，先端长渐尖或近尾状，基部阔楔形
或楔形，下面稍被微柔毛；叶柄长 2 ～ 4cm，托
叶痕长达叶柄中部以上。花黄色，极香，花被
片 15 ～ 20 片，倒披针形，长 3 ～ 4cm，宽 4 ～
5mm；雄蕊的药隔伸出成长尖头；雌蕊群具毛；
雌蕊群柄长约 3mm。聚合果长 7 ～ 15cm；蓇葖
倒卵状长圆形，长 1 ～ 1.5cm，有疣状凸起；种
子 2 ～ 4 枚，有皱纹。花期 6 ～ 7 月，果期 9 ～
10 月。

特征差异研究　深圳莲花山：叶柄长 1.4 ～
2.5cm。与上述特征描述相比，叶柄长的最小值
偏小 0.6cm。

凭证标本　深圳莲花山，林仕珍，周志彬（094）。

分布地　福建、台湾、广东、海南、广西。

本研究种类分布地　深圳莲花山。

主要经济用途　香料、造船、药用。

保护级别　国家二级保护植物。

乐昌含笑（含笑属）

Michelia chapensis Dandy in Journ. Bot. 67: 222. 1929; 中
国树木志 1: 494. 图159. 1983; 广东植物志 1: 17. 图16.
1987. ——*M. tsoi* Dandy in Journ. Bot. 68: 213. 1930; 中国
植物志 30(1): 170. 1996.

别名　南方白兰花、广东含笑、景烈白兰、景烈
含笑

主要形态特征　乔木，高 15 ～ 30m，胸径 1m，
树皮灰色至深褐色；小枝无毛或嫩时节上被灰
色微柔毛。叶薄革质，倒卵形、狭倒卵形或长圆
状倒卵形，长 6.5 ～ 15（～ 16）cm，宽 3.5 ～
6.5（～ 7）cm，先端骤狭短渐尖，或短渐尖，
尖头钝，基部楔形或阔楔形，上面深绿色，有光
泽，侧脉每边 9 ～ 12（～ 15）条，网脉稀疏；叶
柄长 1.5 ～ 2.5cm，无托叶痕，上面具张开的沟，
嫩时被微柔毛，后脱落无毛。花梗长 4 ～ 10mm，
被平伏灰色微柔毛，具 2 ～ 5 苞片脱落痕；花被
片淡黄色，6 片，芳香，2 轮，外轮倒卵状椭圆形，
长约 3cm，宽约 1.5cm；内轮较狭；雄蕊长 1.7 ～
2cm，花药长 1.1 ～ 1.5cm，药隔伸长成 1mm 的尖
头；雌蕊群狭圆柱形，长约 1.5cm，雌蕊群柄长约
7mm，密被银灰色平伏微柔毛；心皮卵圆形，长
约 2mm，花柱长约 1.5mm；胚珠约 6 枚。聚合果
长约 10cm，果梗长约 2cm；蓇葖长圆体形或卵圆
形，长 1 ～ 1.5cm，宽约 1cm，顶端具短细弯尖头，

黄兰 *Michelia champaca*

乐昌含笑 *Michelia chapensis*

基部宽；种子红色，卵形或长圆状卵圆形，长约 1cm，宽约 6mm。花期 3～4 月，果期 8～9 月。

特征差异研究　深圳莲花山：叶长 5.5～13cm，宽 2.3～5.1cm，叶柄长 1～1.5cm。与上述特征描述相比，叶长的最小值偏小 1cm；叶宽的最小值偏小 1.2cm。

凭证标本　深圳莲花山，林仕珍，周志彬（097）。

分布地　江西南部、湖南西部及南部、广东西部及北部、广西东北部及东南部。

本研究种类分布地　深圳莲花山。

主要经济用途　从乐昌含笑种子含油量和油脂成分综合来看，乐昌含笑种子具有发开价值，可加工制成商品。其耐腐性较强，易于干燥，少开裂，少反张翘曲，加工易，剖面光滑，油漆后光亮性好，胶黏容易，握钉力强，不劈裂，是高级家具、车厢、工艺品、胶合板、房屋门窗、室内装饰等用材。

保护级别　国家二级保护植物。

醉香含笑（含笑属）

Michelia macclurei Dandy in Journ. Bot. 66: 360. 1928, et in Lingnan Sci. Journ. 7: 144. 1929; Tanaka et Odashima in Journ. Soc. Trop. Agr. 10: 366. 1938; 中国植物志 30(1): 173. 1996.

别名　火力楠

主要形态特征　乔木，高达 30m，胸径 1m 左右；树皮灰白色，光滑不开裂；芽、嫩枝、叶柄、托叶及花梗均被紧贴而有光泽的红褐色短茸毛。叶革质，倒卵形、椭圆状倒卵形、菱形或长圆状椭圆形，长 7～14cm，宽 5～7cm，先端短急尖或渐尖，基部楔形或宽楔形，上面初被短柔毛，后脱落无毛，下面被灰色毛，杂有褐色平伏短绒毛，侧脉每边 10～15 条，纤细，在叶面不明显，网脉细，蜂窝状；叶柄长 2.5～4cm，上面具狭纵沟，无托叶痕。花蕾内有时包裹不同节上 2～3 小花蕾，形成 2～3 朵的聚伞花序，花梗直径 3～4mm，长 1～1.3cm，具 2～3 苞片脱落痕，花被片白色，通常 9 片，匙状倒卵形或倒披针形，长 3～5cm，内面的较狭小；雄蕊长 1～2cm，花药长 0.8～1.4cm，药隔伸出成 1mm 的短尖头，花丝红色，长约 1mm；雌蕊群长 1.4～2cm，雌蕊群柄长 1～2cm，密被褐色短绒毛；心皮卵圆形或狭卵圆形、长 4～5mm。聚合果长 3～7cm；蓇葖长圆体形、倒卵状长圆体形或倒卵圆形，长 1～3cm，宽约 1.5cm，顶端圆，基部宽阔着生于果托上，疏生白色皮孔；沿腹背二瓣开裂；种子 1～3 颗，扁卵圆形，长 8～10mm，宽 6～8mm。花期 3～4 月，果期 9～11 月。

特征差异研究　深圳小南山：叶片长 8.5～21.7cm，宽 4.1～8.4cm，叶柄长 1.1～2.5cm。与上述特征描述相比，叶长的最大值偏大 7.7cm；叶宽的最小值偏小 0.9cm，最大值偏大 1.4cm；叶柄长的最小值偏小 1.4cm。

凭证标本　深圳小南山，洪继猛，黄玉源（006）。

分布地　生于海拔 500～1000m 的密林中。产于广东东南部（雷州半岛）、北部、中南部，海南、广西北部。湖南南部已引种栽培。越南北部也有分布。

本研究种类分布地　深圳小南山。

主要经济用途　木材易加工，切面光滑，美观耐用，是供建筑、家具的优质用材。花芳香、可提取香精油。树冠宽广、伞状，整齐壮观，是美丽的庭院和行道树种。

醉香含笑 *Michelia macclurei*

深山含笑 （含笑属）

Michelia maudiae Dunn in Journ. Linn. Soc. Bot. 38: 353. 1908; Dunn et Tutch. in Kew Bull. Misc. Inf. Add. Ser. 10: 28. 1912; Dandy in Lingnan Sci. Journ. 7: 144. 1922; Hu et Chun, Icon. Pl. Sin. 4: Pl. 157. 1935; 中国高等植物图鉴　1: 794. 图1587. 1972; 广东植物志　1: 14. 图12. 1987. ——*M. chingii* W. C. Cheng in Contr. Biol. Lab. Sci. Soc. China Bot. Ser. 10: 110. 1936; 中国植物志　30(1): 179. 1996.

别名　光叶白兰花、莫夫人含笑花

主要形态特征　乔木，高达20m，各部均无毛；树皮薄，浅灰色或灰褐色；芽、嫩枝、叶下面、苞片均被白粉。叶革质，长圆状椭圆形，很少卵状椭圆形，长7～18cm，宽3.5～8.5cm，先端骤狭短渐尖或短渐尖而尖头钝，基部楔形，阔楔形或近圆钝，上面深绿色，有光泽，下面灰绿色，被白粉，侧脉每边7～12条，直或稍曲，至近叶缘开叉网结、网眼致密。叶柄长1～3cm，无托叶痕。花梗绿色具3环状苞片脱落痕，佛焰苞状苞片淡褐色，薄革质，长约3cm；花芳香，花被片9片，纯白色，基部稍呈淡红色，外轮的倒卵形，长5～7cm，宽3.5～4cm，顶端具短急尖，基部具长约1cm的爪，内两轮则渐狭小；近匙形，顶端尖；雄蕊长1.5～2.2cm，药隔伸出长1～2mm的尖头，花丝宽扁，淡紫色，长约4mm；雌蕊群长1.5～1.8cm；雌蕊群柄长5～8mm。心皮绿色，狭卵圆形、连花柱长5～6mm。聚合果长7～15cm，蓇葖长圆体形、倒卵圆形、卵圆形、顶端圆钝或具短突尖头。种子红色，斜卵圆形，长约1cm，宽约5mm，稍扁。花期2～3月，果期9～10月。

凭证标本　深圳小南山，邹雨锋，黄玉源（228）；邹雨锋，黄玉源（229）；邹雨锋，黄玉源（230）；林仕珍（234）。

分布地　生于海拔600～1500m的密林中。产于浙江南部、福建、湖南、广东（北部、中部及南部沿海岛屿）、广西、贵州。

深山含笑 *Michelia maudiae*

本研究种类分布地　深圳小南山。

主要经济用途　木材纹理直，结构细，易加工，供家具、板料、绘图版、细木工用材。叶鲜绿；花纯白艳丽，为庭院观赏树种，可提取芳香油，亦供药用。

番荔枝科 Annonaceae

鹰爪花 （鹰爪花属）

Artabotrys hexapetalus (L. f.) Bhandari in Baileya 12: 149. 1964; 中国高等植物图鉴 1: 805, 图1610. 1972. ——*Annona hexapetala* Linn. f. Suppl. 270. 1781. ——*Anona uncinata* Lamk. Enc. 2: 127. 1786. ——*Uvaria uncata* Lour. Fl. Cochinch. 349. 1790, non Vahl. ——*U. esculenta* Roxb. ex Rottl. in Ges. Nat. Freund. Neue Schr. 4: 201. 1803. ——*Artabotrys odoratissimus* R. Br. ex Ker in Bot. Reg. 5: tab. 423. 1819, non Bl. (1830). ——*U. odoratissima* Roxb. Fl. Ind. 2: 666. 1824. ——*Artabotrys uncatus* (Lour.) Baill. Hist. Pl. 1: 232. 1868. ——*Artabotrys uncinatus* (Lamk.) Merr. in Philip. Journ. Sci. Bot. 7: 234. 1912, et in Trans. Am. Philos. Soc. 24: 162. 1935; 蒋英, 中国植物学杂志2 (3): 696, 图10. 1935; 侯宽昭, 广州植物志　86, 图26. 1956; 蒋英、李秉滔, 海南植物志　1: 238, 图115. 1964; 刘业经, 台湾木本植物志　125. 1972; 中国植物志　30(2): 122. 1979.

别名 鹰爪花、莺爪、鹰爪、鹰爪兰、五爪兰

主要形态特征 攀援灌木，高达4m，无毛或近无毛。叶纸质，长圆形或阔披针形，长6～16cm，顶端渐尖或急尖，基部楔形，叶面无毛，叶背沿中脉上被疏柔毛或无毛。花1～2朵，淡绿色或淡黄色，芳香；萼片绿色，卵形，长约8mm，两面被稀疏柔毛；花瓣长圆状披针形，长3～4.5cm，外面基部密被柔毛，其余近无毛或稍被稀疏柔毛，近基部收缩；雄蕊长圆形，药隔三角形，无毛；心皮长圆形，柱头线状长椭圆形。果卵圆状，长2.5～4cm，直径约2.5cm，顶端尖，数个群集于果托上。花期5～8月，果期5～12月。

凭证标本 深圳莲花山，陈永恒，招康赛（081）；王贺银，招康赛（106）；余欣繁，招康赛（111）；邹雨锋，黄玉源（126）。

分布地 浙江、台湾、福建、江西、广东、广西和云南等省区，多见于栽培，少数为野生。印度、斯里兰卡、泰国、越南、柬埔寨、马来西亚、印度尼西亚和菲律宾等国也有栽培或野生。

本研究种类分布地 深圳莲花山。

主要经济用途 绿化植物，花极香，常栽培于公园或屋旁。鲜花含芳香油0.75%～1.0%，可提制鹰爪花浸膏，用于高级香水化妆品和皂用的香精原料，亦供熏茶用。根可药用，治疟疾。

鹰爪花 *Artabotrys hexapetalus*

假鹰爪（假鹰爪属）

Desmos chinensis Lour. Fl. Cochinch. 352. 1790; Safford, Bull. Torr. Club, 39: 55. 1912; L. A. Lauener in Not. Bot. Gard. Edinb. 24 (1): 73. 1963; 吴征镒、王文采, 植物分类学报 6: 202. 1957; 中国植物志 30(2): 50. 1979.

别名 山指甲（中国植物学杂志），狗牙花（经济植物手册），酒饼叶、酒饼藤（海南），鸡脚趾（广东东莞、惠阳），鸡爪枝（广东阳春），爪芋根（广东英德），鸡爪叶（广东高要），鸡爪笼（广东惠来），鸡爪木（广西桂平、平南），鸡爪风（广西陆川、博白），鸡爪枝（广西北流、陆川），鸡爪根、鸡爪香（广西桂林），鸡爪珠（广西南宁）

主要形态特征 直立或攀援灌木，有时上枝蔓延，除花外，全株无毛；枝皮粗糙，有纵条纹，有灰白色凸起的皮孔。叶薄纸质或膜质，长圆形或椭圆形，少数为阔卵形，长4～13cm，宽2～5cm，顶端钝或急尖，基部圆形或稍偏斜，上面有光泽，下面粉绿色。花黄白色，单朵与叶对生或互生；花梗长2～5.5cm，无毛；萼片卵圆形，长3～5mm，外面被微柔毛；外轮花瓣比内轮花瓣大，长圆形或长圆状披针形，长达9cm，宽达2cm，顶端钝，两面被微柔毛，内轮花瓣长圆状披针形，长达7cm，宽达1.5cm，两面被微毛；花托凸起，顶端平坦或略凹陷；雄蕊长圆形，药隔顶端截形；心皮长圆形，长1～1.5mm，被长柔毛，柱头近头状，向外弯，顶端2裂。果有柄，念珠状，长2～5cm，内有种子1～7颗；种子球状，直径约5mm。花期夏至冬季，果期6月至翌年春季。

特征差异研究 ①深圳杨梅坑：叶长6.5～14.5cm，宽2.5～4cm。与上述特征描述相比，叶长的最大值偏大1.5cm。②深圳赤坳：叶长4.3～14.5cm，宽2.7～4.3cm。与上述特征描述相比，叶长的最大值偏大1.5cm。③深圳小南山：叶长4～13.8cm，宽1.4～5.3cm；果念珠状，长3cm；花黄白色，花梗长2cm。与上述特征描

述相比，叶长的最大值偏大 0.8cm；叶宽的最小值偏小 0.6cm，最大值偏大 0.3cm。④深圳莲花山：叶长 15 ～ 18cm，宽 4.4 ～ 5.5cm。与上述特征描述相比，其叶长的最小值大 2cm。

形态特征增补 ①深圳杨梅坑：叶柄长 0.5 ～ 0.6cm。②深圳赤坳：叶柄长 0.3 ～ 0.4cm。③深圳小南山：叶柄长 0.4 ～ 0.7cm。④深圳莲花山：叶柄长 0.5 ～ 0.7cm。

凭证标本 ①深圳杨梅坑，邹雨锋（352）；陈永恒，赖标汶（124）；陈永恒（037）。②深圳赤坳，王贺银（043）；陈惠如，招康赛（044）。③深圳小南山，邹雨锋，黄玉源（306）；邹雨锋（307）；刘浩（071）；陈永恒，招康赛（105）；王贺银（280）；王贺银，招康赛（281）；洪继猛，黄玉源（001）；温海洋（024）。④深圳莲花山，林仕珍（096）。

分布地 生于丘陵山坡、林缘灌木丛中或低海拔旷地、荒野及山谷等地。产于广东、广西、云南和贵州。印度、老挝、柬埔寨、越南和马来西亚、新加坡、菲律宾和印度尼西亚也有分布。

本研究种类分布地 深圳杨梅坑、赤坳、小南山、莲花山。

假鹰爪 *Desmos chinensis*

主要经济用途 根、叶可药用，主治风湿骨痛、产后腹痛、跌打、皮癣等；兽医用作治牛膨胀、肠胃积气、牛伤食宿草不转等。茎皮纤维可作人造棉和造纸原料，亦可代麻制绳索。海南民间有用其叶制酒饼，故有"酒饼叶"之称。

瓜馥木（瓜馥木属）

Fissistigma oldhamii (Hemsl.) Merr. in Philip. Journ. Sci. Bot. 15: 134. 1919, et in Lingnan Sci. Journ. 5: 78. 1927; 蒋英，中国植物学杂志 2 (3): 692. 1935, Mas. Short Fl. Formosa 70. 1936; Kan. Form. Trees 193. 1936; 陈嵘，中国树木分类学 316. 1937; H. L. Li. Woody Fl. Taiwan 191, fig. 70.1963, et Fl. Taiwan 2: 392, Pl. 347. 1976; 蒋英、李秉滔，植物分类学报 9: 378. 1964, et 10: 320. 1965, 海南植物志 1: 250. 1964; 刘业经，台湾木本植物志 126. 1972; 中国高等植物图鉴 1: 809, 图1618. 1972. ——*Melodorum oldhamii* Hemsl. in Journ. Linn. Soc. Bot. 23: 27. 1886. ——*F. lanugirtosum* auctt., C. Y. Wu et W. T. Wang, 植物分类学报 6: 204. 1957, quoad C. W. Wang 88759, non (Hook. f. et Thoms.) Merr; 中国植物志 30(2): 162. 1979.

别名 山龙眼藤（广东梅县），狗夏茶（广东乐昌），飞杨藤（广东从化），钻山风、铁钻、小香藤、香藤风、古风子（广西），降香藤、火索藤、笼藤（广西融水），狐狸桃（江西龙南），藤龙眼（台湾），毛瓜馥木（中国树木分类学）

主要形态特征 攀援灌木，长约 8m；小枝被黄褐色柔毛。叶革质，倒卵状椭圆形或长圆形，长 6 ～ 12.5cm，宽 2 ～ 5cm，顶端圆形或微凹，有

瓜馥木 *Fissistigma oldhamii*

时急尖，基部阔楔形或圆形，叶面无毛，叶背被短柔毛，老渐几无毛；侧脉每边 16 ～ 20 条，上面扁平，下面凸起；叶柄长约 1cm，被短柔毛。花长约 1.5cm，直径 1 ～ 1.7cm，1 ～ 3 朵集成聚伞花序；总花梗长约 2.5cm；萼片阔三角形，长约 3mm，顶端急尖；外轮花瓣卵状长圆形，长 2.1cm，宽 1.2cm，内轮花瓣长 2cm，宽 6mm；雄蕊长圆形，长约 2mm，药隔稍偏斜三角形；心皮被长绢质柔毛，花柱稍弯，无毛，柱头顶端 2 裂，每心皮有胚珠约 10 颗，2 排。果圆球状，直径约 1.8cm，密被黄棕色绒毛；种子圆形，直径约 8mm；果柄长不及 2.5cm。花期 4 ～ 9 月，果期 7 月至翌年 2 月。

凭证标本 深圳小南山，邹雨锋，招康赛（255）；邹雨锋，许旺（257）；陈永恒，黄玉源（164）；邹雨锋，黄玉源（256）。

分布地 生于低海拔山谷水旁灌木丛中。越南也有。产于浙江、江西、福建、台湾、湖南、广东、广西、云南。

本研究种类分布地 深圳小南山。

主要经济用途 茎皮纤维可编麻绳、麻袋和造纸；花可提制瓜馥木花油或浸膏，用于调制化妆品、皂用香精的原料；种子油供工业用油和调制化妆品。根可药用，治跌打损伤和关节炎。果成熟时味甜，去皮可吃。

香港瓜馥木（瓜馥木属）

Fissistigma uonicum (Dunn) Merr. in Philip. Journ. Sci. Bot. 15: 137. 1919; *Melodorum uonicum* Dunn in Journ. Bot. 48: 323. 1910; 海南植物志 1: 251. 1964; 中国植物志 30(2): 136. 1979.

别名 港瓜馥木、角洛子藤、大酒饼子、打鼓藤、山龙眼藤

主要形态特征 攀援灌木。除果实和叶背被稀疏柔毛外无毛。叶纸质，长圆形，长 4 ～ 20cm，宽 1 ～ 5cm，顶端急尖，基部圆形或宽楔形，叶背淡黄色，干后呈红黄色；侧脉在叶面稍凸起，在叶背凸起。花黄色，有香气，1 ～ 2 朵聚生于叶腋；花梗长约 2cm；萼片卵圆形；外轮花瓣比内轮花瓣长，无毛，卵状三角形，长 2.4cm，宽 1.4cm，厚，顶端钝，内轮花瓣狭长，长 1.4cm，宽 6mm；药隔三角形；心皮被柔毛，柱头顶端全缘，每心皮有胚珠 9 颗。果圆球状，直径约 4cm，成熟时黑色，被短柔毛。花期 3 ～ 6 月，果期 6 ～ 12 月。

特征差异研究 深圳小南山：叶长 9 ～ 18.3cm，宽 2.9 ～ 5.6cm，叶柄长 0.3 ～ 0.5cm；幼果近球形，直径为 0.6 ～ 1.5cm。与上述特征描述相比，叶宽的最大值偏大 0.6cm。

凭证标本 ①深圳赤坳，李志伟（024）。②深圳小南山，余欣繁，许旺（210）；王贺银（248）。

分布地 生于丘陵山地林中。产于广西、广东、湖南和福建等省区。

本研究种类分布地 深圳赤坳、小南山。

主要经济用途 叶可制酒饼药。果味甜，可食。

香港瓜馥木 *Fissistigma uonicum*

山椒子（紫玉盘属）

Uvaria grandiflora Roxb. Fl. Ind. 2: 665. 1824; Wall. Pl. Rar. As. 2: tab. 121. 1830; Sincl. in Gard, Bull. Singap. 14: 202, fig. 6. 1955; 李秉滔, 植物分类学报 14 (1): 98. 1976. ——*Uv. purpurea* Bl. Bijdr. 11. 1825, et in Fl. Jav. Anon. 13, tab. 1, et 13A. 1828; Benth. Fl. Hongkong. 9. 1861; Merr. in Lingnan Sci. Journ. 5: 77. 1927; 蒋英, 中国植物学杂志 2 (3): 1861. 1935; 蒋英、李秉滔, 海南植物志 1: 235. 1964. ——*Uv. platypetala* Champ. ex Benth. in Hook. Kew Journ. Bot. 3: 257. 1851. ——*Uv. rhodantha* Hance in Walp. Ann. Bot. Syst. 2: 19. 1851. ——*Unona grandiflora* DC. Prodr. 1: 90. 1824; 中国植物志 30(2): 26. 1979.

别名 川血乌、红肉梨、葡匐木、葡萄木、山芭蕉罗、细藤周

主要形态特征 攀援灌木，长 3m；全株密被黄褐色星状柔毛至绒毛。叶纸质或近革质，长圆状倒卵形，长 7～30cm，宽 3.5～12.5cm，顶端急尖或短渐尖，有时有尾尖，基部浅心形；侧脉每边 10～17 条，在叶面扁平，在叶背凸起；叶柄粗壮，长 5～8mm。花单朵，与叶对生，紫红色或深红色，大形，直径达 9cm；花梗短，长约 5mm；苞片 2，大型，卵圆形，长 3cm，宽 2.5cm；萼片膜质，宽卵圆形，长 2～2.5cm，宽 2.5～3.5cm，顶端钝或急尖；花瓣卵圆形或长圆状卵圆形，长和宽为萼片的 2～3 倍，内轮比外轮略为大些，两面被微毛；雄蕊长圆形或线形，长 7mm，药隔顶端截形，无毛；心皮长圆形或线形，长 8mm，柱头顶端 2 裂而内卷，每心皮有胚珠 30 颗以上，2 排。果长圆柱状，长 4～6cm，直径 1.5～2cm，顶端有尖头；种子卵圆形，扁平，种脐圆形；果柄长 1.5～3cm。花期 3～11 月，果期 5～12 月。

凭证标本 深圳杨梅坑，陈永恒（014）。

分布地 广东南部及其沿海岛屿。印度、缅甸、泰国、越南、马来西亚、菲律宾和印度尼西亚。

本研究种类分布地 深圳杨梅坑。

山椒子 *Uvaria grandiflora*

紫玉盘（紫玉盘属）

Uvaria microcarpa Champ. ex Benth. in Hook. Kew Journ. Bot. 3: 256. 1851; Benth. Fl. Hongkong. 10. 1861; Merr. in Lingnan Sci. Journ. 5: 77. 1927, et in Sunyatsenia 1: 18. 1930; 陈嵘, 中国树木分类学 327, 图250. 1937; 陈焕镛、侯宽昭, 植物分类学报 7: 2. 1958. ——*U. badiiflora* Hance in Walp. Ann. Bot. Syst. 2: 119. 1851. ——*U. macrophylla* Roxb. var. *microcarpa* (Champ. ex Benth.) Finet et Gagnep. in Bull. Soc. Bot. France 53, Mem. 4: 67. 1906, et in Lec. Fl. Gen. Indo-Chine 1: 51. 1907; 蒋英, 中国植物学杂志 2 (3): 679, 彩色图1935; 蒋英、李秉滔, 海南植物志 1: 236, 图114. 1964; 中国高等植物图鉴 1: 805, 图1609. 1972. ——*U. obovatifolia* Hayata, Icon. Pl. Forms. 3: 11. 1913; 中国植物志 30(2): 22. 1979.

别名 油椎、香蕉、酒饼子、牛刀树、牛葱子、牛头罗

主要形态特征 直立灌木，高约 2m，枝条蔓延性；幼枝、幼叶、叶柄、花梗、苞片、萼片、花瓣、心皮和果均被黄色星状柔毛，老渐无毛或几无毛。叶革质，长倒卵形或长椭圆形，长 10～23cm，宽 5～11cm，顶端急尖或钝，基部近心形或圆形；侧脉每边约 13 条，在叶面凹陷，叶背凸起。花 1～2 朵，与叶对生，暗紫红色或淡红褐色，直径 2.5～3.5cm；花梗长 2cm 以下；

萼片阔卵形，长约 5mm，宽约 10mm；花瓣内外轮相似，卵圆形，长约 2cm，宽约 1.3cm，顶端圆或钝；雄蕊线形，长约 9mm，药隔卵圆形，无毛，最外面的雄蕊常退化为倒披针形的假雄蕊；心皮长圆形或线形，长约 5mm，柱头马蹄形，顶端 2 裂而内卷。果卵圆形或短圆柱形，长 1～2cm，直径 1cm，暗紫褐色，顶端有短尖头；种子圆球形，直径 6.5～7.5mm。花期 3～8 月，果期 7 月至翌年 3 月。

特征差异研究 ①深圳杨梅坑：叶长 2.6～21.1cm，宽 1.7～8.5cm，叶柄长 0.3～0.8cm；果卵圆形，长 1～2cm，直径 0.8～1.1cm。与上述特征描述相比，叶长的最小值小 7.4cm；叶宽的最小值小 3.3cm；果实直径最小值偏小 0.2cm。②深圳七娘山：叶长 7.6～11cm，宽 3.5～5.6cm，叶柄长 0.3～0.4cm。与上述特征描述相比，叶长的最小值偏小 2.4cm；叶宽的最小值偏小 1.5cm。③深圳小南山：叶长 12.1～18.5cm，宽 4.7～7.3cm，叶柄长 0.4～0.6cm。与上述特征描述相比，叶宽的最小值小 0.3cm。

凭证标本 ①深圳杨梅坑，王贺银，许旺（121）；王贺银，招康赛（023）；余欣繁，明珠（023）；邹雨锋，招康赛（67）；邹雨锋，明珠（106）；陈惠如（171）；林仕珍，黄玉源（207）；林仕珍，周志彬（226）；廖栋耀（047）。②深圳七娘山，

紫玉盘 *Uvaria microcarpa*

黄启聪（019）。③深圳小南山，林仕珍，明珠（220）；邹雨锋，许旺（296）；黄启聪（020）。

分布地 生于低海拔灌木丛中或丘陵山地疏林中。产于广西、广东和台湾。越南和老挝也有。本种模式标本采自广东南部岛屿。

本研究种类分布地 深圳杨梅坑、七娘山、小南山。

主要经济用途 茎皮纤维坚韧，可编织绳索或麻袋。根可药用。

樟科 Lauraceae

无根藤（无根藤属）

Cassytha filiformis Linn. Sp. Pl. 1: 35. 1753; Nees, Syst. Laur. 642. 1836; Meissn. in DC. Prodr. 15 (1): 255. 1864; Hook. f. Fl. Brit. India 5: 188. 1886; Matsum、& Hayata in Journ. Coll. Sci. Univ. Tokyo 22: 353. 1906; Gamble in Journ. Asiat. Soc. Bengal 75: 202. 1912; Lec. in Nouv. Arch. Mus. Hist. Nat. Paris, 5e Ser. 5: 118. 1913; et Fl. Gen. Indoch. 5: 158. 1914; Ridley, Fl. Malay Pen. 3: 137. 1924; Chun in Contr. Biol. Lab. Sci. Soc. China1 (5): 68. 1925; Hosok. in Trans. Nat. Hist. Soc. Form. 23: 216. 1933; Liou Ho, Laur. Chine et Indoch. 117. 1932 et 1934; 广州植物志 94. 1956; 海南植物志 1: 301. 图147. 1964; 中国高等植物图鉴 864. 图1727. 1972; C. E. Chang in Fl. Taiwan 2: 409. Pl. 354. 1976; 中国植物志 31: 463. 1982.

别名 无头草、无爷藤

主要形态特征 寄生缠绕草本，借盘状吸根攀附于寄主植物上。茎线形，绿色或绿褐色，稍木质，幼嫩部分被锈色短柔毛，老时毛被稀疏或变无毛。叶退化为微小的鳞片。穗状花序长 2～5cm，密被锈色短柔毛；苞片和小苞片微小，宽卵圆形，长约 1mm，褐色，被缘毛。花小，白色，长不及 2mm，无梗。花被裂片 6，排成二轮，外轮 3 枚小，圆形，有缘毛，内轮 3 枚较大，卵形，外面有短柔毛，内面几无毛。能育雄蕊 9，第一轮雄蕊花丝近花瓣状，其余的为线状，第一、二轮雄蕊花丝无腺体，花药 2 室，室内向，第三轮雄蕊花丝基部有一对无柄腺体，花药 2 室，室外向。退化雄蕊 3，位于最内轮，三角形，具柄。子房卵珠形，几无毛，花柱短，略具棱，柱头小，头状。果小，卵球形，包藏于花后增大的肉质果托内，但彼此

分离，顶端有宿存的花被片。花、果期5～12月。

凭证标本 深圳杨梅坑，陈惠如，黄玉源（080）；陈惠如，明珠（079）。

分布地 云南、贵州、广西、广东、湖南、江西、浙江、福建及台湾。

本研究种类分布地 深圳杨梅坑。

主要经济用途 造纸，药用。

猴樟（樟属）

Cinnamomum bodinieri Levl. in Fedde, Repert. Sp. Nov. 10: 369. 1912; Fl. Kouy-Tcheou 218. 1914; Cat. Ill. Pl. Seu-Tcheou 96, t, 45. 1918; Rev. Ann. Chine 1916; 21. 1916; Allen in Journ. Arn. Arb. 17: 324. 1936; 中国高等植物图鉴 1: 817, 图1633. 1972. ——*C. glanduliferum* (Wall.) Nees var. *longipaniculata* Lec. in Nouv. Arch. Mus. Hist. Nat. Paris 5e Ser. 5: 74. 1913, syn. nov. ——*C. hupehanum* Gamble in Sargent, Pl. Wils. 2: 69. 1914; Chung in Mem. Sci. Soc. China 1 (1): 58. 1924; Chun in Contr. Biol. Lab. Sci. Soc. China 1 (5): 18. 1925; Liou Ho, Laur. Chine et Indoch. 26. 1932 et 1934; 陈嵘, 中国树木分类学 338. 1937. ——*C. parthenoxylon* auct. non Nees; Hemsl. in Journ. Linn. Soc. Bot. 26: 372. 1891, p.p. quoad Henry 3936; Diels in Engler, Bot. Jahrb. 29, 349. 1901, quoad specim. Nanto. ——*C. inunctum* (Nees)Meissn. var. *fulvipilosum* Y. C. Yang in Journ. West. China Bord. Res. Soc. 15, Ser. B; 73. 1945; 中国植物志 31: 174. 1982.

别名 香樟、香树、楠木、猴挟木、樟树、大胡椒树

主要形态特征 乔木，高达16m，胸径30～80cm；树皮灰褐色。枝条圆柱形，紫褐色，无毛，嫩时多少具棱角。芽小，卵圆形，芽鳞疏被绢毛。叶互生，卵圆形或椭圆状卵圆形，长8～17cm，宽3～10cm，先端短渐尖，基部锐尖、宽楔形至圆形，坚纸质，上面光亮，幼时被极细的微柔毛，老时变无毛，下面苍白，极密被绢状微柔毛，中脉在上面平坦下面凸起，侧脉每边4～6条，最基部的一对近对生，其余的均为互生，斜生，两面近明显，侧脉脉腋在下面有明显的腺窝，上面相应处明显呈泡状隆起，横脉及细脉网状，两面不明显，叶柄长2～3cm，腹凹背凸，略被微柔毛。圆锥花序在幼枝上腋生或侧生，同时亦有近侧生，有时基部具苞叶，长（5～）10～15cm，多分枝，分枝两歧状，具棱角，总梗圆柱形，长4～6cm，与各级序轴均无毛。花绿白色，长约

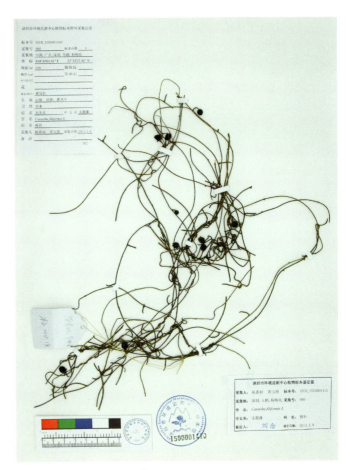

无根藤 *Cassytha filiformis*

猴樟 *Cinnamomum bodinieri*

2.5mm，花梗丝状，长 2～4mm，被绢状微柔毛。花被筒倒锥形，外面近无毛，花被裂片 6，卵圆形，长约 1.2mm，外面近无毛，内面被白色绢毛，反折，很快脱落。能育雄蕊 9，第一、二轮雄蕊长约 1mm，花药近圆形，花丝无腺体，第三轮雄蕊稍长，花丝近基部有一对肾形大腺体。退化雄蕊 3，位于最内轮，心形，近无柄，长约 0.5mm。子房卵珠形，长约 1.2mm，无毛，花柱长 1mm，柱头头状。果球形，直径 7～8mm，绿色，无毛；果托浅杯状，顶端宽 6mm。花期 5～6 月，果期 7～8 月。

特征差异研究　①深圳小南山：叶柄长 1.7～2.5cm。与上述特征描述相比，叶柄长的最小值偏小 0.3cm。②深圳莲花山：叶柄长 1.5～2.1cm。

与上述特征描述相比，叶柄长的最小值偏小 0.5cm。

凭证标本　①深圳小南山，陈永恒，黄玉源（089）；王贺银（221）；林仕珍（226）；余欣繁，刘念（176）；李志伟（019）；邱小波（019）。②深圳莲花山，邹雨锋，招康赛（110）。

分布地　生于路旁、沟边、疏林或灌丛中，海拔 700～1480m。产贵州、四川东部、湖北、湖南西部及云南东北和东南部。

本研究种类分布地　深圳小南山、莲花山。

主要经济用途　猴樟果：散寒行气止痛。主主治虚寒胃痛；腹痛。治疝气疼痛，香樟果实三颗研末，开水吞服。枝叶含芳香油。果仁含脂肪。

阴香（樟属）

Cinnamomum burmannii (C. G. & Th. Nees) Bl. Bijdr. 569. 1826; Nees et Eberm. Handb. Med.-Pharm. Bot. 3: 525. 1832; Nees in Wall. Pl. Asiat. Rar. 2: 25. 1831; Miq. Fl. Ind. Bat. 1 (1): 901. 1858; Ann. Mus. Bot. Lugd. Bat. 1: 266 et 270. 1864; Meissn. in DC. Prodr. 15 (1): 16. 1864; Hance, Suppl. Fl. Hongkong. 31. 1872; in Journ. Linn. Soc. 13: 119. 1872; Fr. et .Sav. Enum. Pl. Japon. 1: 410. 1875; 中国植物志 31: 202. 1982.

别名　桂树、山肉桂、香胶叶、山玉桂、野玉桂树、假桂树、野桂树、野樟树、山桂、香桂、香柴、八角（海南），大叶樟（广东茂名），炳继树（广东惠东），桂秧（海南苗语），阿尼茶（云南玉溪），小桂皮（广西）

主要形态特征　乔木，高达 14m，胸径达 30cm；树皮光滑，灰褐色至黑褐色，内皮红色，味似肉桂。枝条纤细，绿色或褐绿色，具纵向细条纹，无毛。叶互生或近对生，稀对生，卵圆形、长圆形至披针形，长 5.5～10.5cm，宽 2～5cm，先端短渐尖，基部宽楔形，革质，上面绿色，光亮，下面粉绿色，晦暗，两面无毛，具离基三出脉，中脉及侧脉在上面明显，下面十分凸起，侧脉自叶基 3～8mm 处生出，向叶端消失，横脉及细脉两面微隆起，多少呈网状；叶柄长 0.5～1.2cm，腹平背凸，近无毛。圆锥花序腋生或近顶生，比叶短，长（2～）3～6cm，少花，疏散，密被灰白微柔毛，最末分枝为 3 花的聚伞花序。花绿白色，长约 5mm；花梗纤细，长 4～6mm，被灰白微柔毛。花被内外两面密被灰白微柔毛，花被筒短小，倒锥形，长约 2mm，花被裂片长圆状卵圆形，先端锐尖。能育雄蕊 9，花丝全长及花药背面被微柔毛，第一、二轮雄蕊长 2.5mm，花丝稍长于花药，无腺体，花药长圆形，4 室，室内向，第

三轮雄蕊长 2.7mm，花丝稍长于花药，中部有一对近无柄的圆形腺体，花药长圆形，4 室，室外向。退化雄蕊 3，位于最内轮，长三角形，长约 1mm，具柄，柄长约 0.7mm，被微柔毛。子房近球形，长约 1.5mm，略被微柔毛，花柱长 2mm，具棱角，略被微柔毛，柱头盘状。果卵球形，长约 8mm，宽 5mm；果托长 4mm，顶端宽 3mm，具齿裂，齿顶端截平。花期主要在秋、冬季，果期主要在冬末及春季。

阴香 *Cinnamomum burmannii*

特征差异研究　①深圳杨梅坑：叶长 5.5 ～ 11.4cm，宽 2 ～ 3.8cm，叶柄 0.5 ～ 1.2cm；绿色球状果实，直径约 3mm。与上述特征描述相比，叶长最大值偏大 0.9cm。②深圳赤坳：叶长 7.5 ～ 11cm，宽 2.9 ～ 4cm。与上述特征描述相比，叶长的最大值偏大 0.5cm。③深圳小南山：叶长 5.5 ～ 11.4cm，宽 2.0 ～ 3.9cm。叶柄 0.5 ～ 1.2cm；幼果绿色球形，直径约 3mm。与上述特征描述相比，叶长最大值偏大 0.9cm。④深圳应人石：叶长 5.7 ～ 16cm，宽 2.3 ～ 5.5cm。与上述特征描述相比，叶长最大值明显偏大 5.5cm；叶宽的最大值偏大 0.5cm。⑤深圳莲花山，叶长 7 ～ 11.5cm，叶宽 3 ～ 4cm，叶柄 1cm，与上述特征描述相比，叶长的最大值偏大 1cm。

凭证标本　①深圳杨梅坑，刘浩，黄玉源（028）；洪继猛（050）。②深圳赤坳，陈惠如，黄玉源（052）；邹雨锋，黄玉源（060）。③深圳小南山，邹雨锋，许旺（292）；洪继猛，黄玉源（007）；温海洋（006）。④深圳应人石，王贺银，招康赛（167）；林仕珍，明珠（171）。⑤深圳莲花山，邹雨锋，黄玉源（103）；林仕珍，黄玉源（119）；陈永恒，招康赛（077）。

分布地　生于疏林、密林或灌丛中，或溪边路旁等处，海拔 100 ～ 1400m（在云南境内海拔可高达 2100m）。产广东、广西、云南及福建。印度，经缅甸和越南，至印度尼西亚和菲律宾也有。

本研究种类分布地　深圳杨梅坑、赤坳、小南山、应人石、莲花山。

主要经济用途　树皮作肉桂皮代用品。其皮、叶、根均可提制芳香油，从树皮提取的芳香油称广桂油，含量 0.4% ～ 0.6%，从枝叶提取的芳香油称广桂叶油，含量 0.2% ～ 0.3%，广桂油可用于食用香精，广桂叶油则用于化妆品香精。果核亦含脂肪，可榨油供工业用；本种也为优良的行道树和庭院观赏树；木材硬度及比重中等，易于加工，干燥后不开裂，但会变形，含油及黏液丰富，能耐腐，适于建筑、枕木、桩木、矿柱、车辆等用材，供上等家具及其他细工用材尤佳。本种的广州商品材名为九春，别称桂木，为良好家具材之一。

沉水樟（樟属）

Cinnamomum micranthum (Hay.) Hay. Icon. Pl. Formos. 3: 160 et 246. 1913, 5: 158, f. 54a et 55. 1915; Kanehira, Formos. Trees 34. 1940; Petyaev in Bull. Appl. Bot. Leningrad 24 (4): 279. 1930; Sasaki, Catal. Gvt. Herb. Taihoku 221. 1930; List Fl. Formosa 193. 1928; Makino & Nemoto, Fl. Jap. ed.2, 366. 1931: Kudo & Masamune in Ann. Rep. Bot. Gard. Taihoku Imp. Univ. 2: 92. 1932; Fujita in Bot. Mag. Tokyo 65: 246. 1952; et in Act. Phytotax. et Geobot. 18 (6): 178-179. 1960; Liu, Ill. Nat. Intr, Lign. Pl. Taiwan 1: 102. f. 85. 1960, H. L. Li, Woody Fl. Taiwan 203. 1963; Liu et Ou in Quart. Journ.Chinese Forest. 2 (3): 5. 1969; C. E. Chang in Bull. Taiwan Prov. Pingt. Inst. Agr. 11: 52. 1970; et in Fl. Taiwan 2: 416. 1976; Liu, Lign. Pl. Taiwan 135. 1972. ——*Machilus micranthum* Hay. Icon. Formos. 2: 130. 1912. ——*Cinnamomum kanahirai* Hay. Icon. Formos. 3: 159. 1913, 5: 157. f. 54d. ——f. 1925; Kanehira, Formos, Trees 424, fig. 1917, 203. 1936, Atlas Formos. Timb. 34. 1940; Petyaev in Bull. Appl. Bot. Leningrad 24 (4): 279. 1930; Ginkul in Subtrop. 21 (102): 31-37. 1930; Makino & Nemoto, Fl. Jap. ed. 2, 365. 1931; Suzuki in Ann. Bot. Gard. Taihoku Imp. Univ. 2: 92. 1932; Y. Kudo, List Cult. Pl. Dept. For. Report. 7: 64. 1934; Fujita in Bot. Mag. Tokyo 65: 245. 1952; et in Act. Phytotax. et Geobot. 18 (6): 178-179. 1960. ——*C. xanthophyllum* H. W. Li in Act. Phytotax. Sin. 13 (4): 47. 1975, syn. nov. e typo; 中国植物志 31: 180. 1982.

别名　水樟、臭樟（广东始兴），冇樟、牛樟（台湾），黄樟树（江西）

主要形态特征　乔木，高 14 ～ 20（～ 30）m，胸径（25 ～）40 ～ 50（～ 65）cm；树皮坚硬，厚达 4mm，黑褐色或红褐灰色，内皮褐色，外有不规则纵向裂缝。顶芽大，卵球形，长 6mm，宽 5mm，芽鳞覆瓦状紧密排列，宽卵圆形，先端钝或具小突尖头，褐色，外被褐色绢状短柔毛。枝条圆柱形，干时有纵向细条纹，茶褐色，疏布有凸起的圆形皮孔，幼枝无皮孔，多少呈压扁状，无毛。叶互生，常生于幼枝上部，长圆形、椭圆形或卵状椭圆形，长 7.5 ～ 9.5（～ 10）cm，宽 4 ～ 5（～ 6）cm，先端短渐尖，基部宽楔形至近圆形，两侧常多少近不对称，坚纸质或近革质，叶缘呈软骨质而内卷，干时上面黄绿色，下面黄褐色，两侧无毛，羽状脉，侧脉每边 4 ～ 5 条，弧曲上升，在叶缘之内网结，与中脉两面明显，侧脉脉腋在上面隆起，下面具小腺窝，窝穴中有微柔毛，细脉和小脉网结，两面呈蜂巢状小窝穴；叶柄长 2 ～ 3cm，腹平背凸，茶褐色，无毛。圆锥花序顶生及腋生，短促，长 3 ～ 5cm，干时茶褐色，近无毛或基部略被微柔毛，几自基部分枝，分枝开展，长 2cm，末端为聚伞花序。花白色或紫红色，具香气，长约 2.5mm；花梗长约 2mm，基部稍增粗，无毛。花被外面无毛，内面密被柔毛，花被筒钟形，长约 1.2mm，花被裂片 6，长卵圆形，长约 1.3mm，先端钝。能育雄蕊 9，长约 1mm，花丝基部被柔毛，花药宽长圆形，第一、二轮雄蕊花丝扁平，稍长于花药，无腺体，花药 4 室，上 2 室较小，内向，下 2 室较大，侧内向，第三轮雄蕊长于花药，近基部有一对具短柄的近圆状肾形腺体，花药 4 室，上 2 室较小，外向，下 2 室较大，侧外向。退化雄蕊 3，位于最内轮，连柄长 0.8mm，三角状钻形，柄长约 0.4mm。子房卵球形，长约 0.6mm，向上骤然狭长成长 0.6mm 的花柱，柱头头状。果椭圆形，长 1.5 ～ 2.2cm，直径 1.5 ～ 2cm，鲜时淡绿色，具斑点，光亮，无毛；果托壶形，长 9mm，自长宽约 2mm 的圆柱体基部向上骤然喇叭状增大，顶端宽达 9 ～ 10mm，边缘全缘或具波齿。花期 7 ～ 8（～ 10）月，果期 10 月。

特征差异研究　深圳莲花山：叶长 6.2 ～ 11cm，宽 2.5 ～ 5cm，叶柄长 1 ～ 2cm。与上述特征描述相比，叶长的最大值偏大 1cm；叶宽的最小值偏小 1.5cm；叶柄长的最小值小 1cm。

凭证标本　深圳莲花山，王贺银，招康赛（081）。

分布地　生于山坡或山谷密林中或路边或河旁水边，海拔 300 ～ 650（台湾达 1800）m。产广西、

沉水樟 *Cinnamomum micranthum*

广东、湖南、江西、福建及台湾等省区。越南北部也有。

本研究种类分布地　深圳莲花山。

黄樟（樟属）

Cinnamomum porrectum (Roxb.) Kosterm. in Journ. Sci. Res. Indone sia 1: 126. 1952; in Commum. For. Res. Inst. Bogor 57: 24. 1957; et in Reinwardtia 8: 60. 1970, p. p. excl. syn. *C. glanduliferum* (Wall.) Nees et C. simondii Lec. ——*Laurus porrecta* Roxb. Hort. Beng. 30. 1814; Meissn. in DC. Prodr, 15 (1): 26. 1864; Kurz, For. Fl. Burma 2: 289. 1877: Hook. f. Fl. Brit. India 5: 135. 1886; Hemsl. in Journ. Linn. Soc. Bot. 26: 372. 1891, excl. Henry 3936; Diels in Engler, Bot. Jahrb. 29: 347. 1901, quoad nom.; Kawakami, List Pl. Formosa 95. 1910; Ridley, Fl. Malay. Penins. 3; 96. 1924; Chung in Mem. Sci. Soc. China 1: 58. 1924; Chun in Contr. Biol. Lab. Sci. Soc. China 1 (5): 18. 1925; Merr. in Lingnan Sci. Journ. 5: 79. 1927; et in Journ. Arn. Arb. 33: 230. 1954; Allen in Journ. Arn. Arb. 17, 325. 1936, 20: 47. 1939; Liou Ho, Laur. Chine et Indoch. 28. 1932 et 1934, excl. syn.;陈嵘, 中国树木分类学 337. 1937; Masamune, Fl. Kainant. 911. 1943; 海南植物志 1: 261. 1964; 海南主要经济树木 122, f. 26. 1964; 中国高等植物图鉴 1: 818. 图1635. 1972; 云南经济植物 271, f.205. 1973. ——*Phoebe latifolia* Champ. Hook. Kew Journ. Bot. 5: 197. 1853; Benth. Fl. Hongkong. 291. 1861. ——*C. barbatoaxillatum* N. Chao in Fl. Sichuan. 1: 36, 459. 1981, syn. nov. e typo; 中国植物志 31: 186. 1982.

别名　樟木、山椒、油樟、大叶樟、臭樟、冰片树

主要形态特征　常绿乔木，树干通直，高 10 ～ 20m，胸径达 40cm 以上；树皮暗灰褐色，上部为灰黄色，深纵裂，小片剥落，厚 3 ～ 5mm，内皮带红色，具有樟脑气味。枝条粗壮，圆柱形，绿褐色，小枝具棱角，灰绿色，无毛。芽卵形，鳞片近圆形，被绢状毛。叶互生，通常为椭圆状卵形或长椭圆状卵形，长 6 ～ 12cm，宽 3 ～ 6cm，在花枝上的稍小，先端通常急尖或短

渐尖，基部楔形或阔楔形，革质，上面深绿色，下面色稍浅，两面无毛或仅下面腺窝具毛簇，羽状脉，侧脉每边 4 ～ 5 条，与中脉两面明显，侧脉脉腋上面不明显凸起，下面无明显的腺窝，细脉和小脉网状；叶柄长 1.5 ～ 3cm，腹凹背凸，无毛。圆锥花序于枝条上部腋生或近顶生，长 4.5 ～ 8cm，总梗长 3 ～ 5.5cm，与各级序轴及花梗无毛。花小，长约 3mm，绿带黄色；花梗纤细，长达 4mm。花被外面无毛，内面被短柔毛，花被筒倒锥形，长约 1mm，花被裂片宽长椭圆形，长约 2mm，宽约 1.2mm，具点，先端钝形。能育雄蕊 9，花丝被短柔毛，第一、二轮雄蕊长约 1.5mm，花药卵圆形，与扁平的花丝近相等，第三轮雄蕊长约 1.7mm，花药长圆形，长 0.7mm，花丝扁平，近基部有一对具短柄的近心形腺体。退化雄蕊 3，位于最内轮，三角状心形，连柄长不及 1mm，柄被短柔毛。子房卵珠形，长约 1mm，无毛，花柱弯曲，长约 1mm，柱头盘状，不明显三浅裂。果球形，直径 6 ～ 8mm，黑色；果托狭长倒锥形，长约 1cm 或稍短，基部宽 1mm，红色，有纵长的条纹。花期 3 ～ 5 月，果期 4 ～ 10 月。

特征差异研究 深圳杨梅坑：叶长 5.6 ～ 12.2cm，宽 3 ～ 7.5cm，叶柄长 0.9 ～ 2.4cm。与上述特征描述相比，叶长的最大值偏大 0.2cm，最小值小 0.4cm；叶宽的最大值偏大 1.5cm；叶柄长的最小值小 0.6cm。

凭证标本 深圳杨梅坑，余欣繁，招康赛（271）；王贺银，黄玉源（364）。

黄樟 *Cinnamomum porrectum*

分布地 生于海拔 1500m 以下的常绿阔叶林或灌木丛中，生境中多呈矮生灌木型，云南南部有利用野生乔木辟为栽培。广东、广西、福建、江西、湖南、贵州、四川、云南。

本研究种类分布地 深圳杨梅坑。

主要经济用途 药用、制肥皂、家具。

厚壳桂（厚壳桂属）

Cryptocarya chinensis (Hance) Hemsl. in Journ. Linn. Soc. 26: 370. 1891; Hay. in Journ. Coll. Sci. Tokyo 30: 236. 1911; Dunn et Tutch. in Kew Bull. Misc. Inf. Add. Ser. 10: 222. 1912, Lec. in Nouv. Arch. Mus. Hist. Nat. Paris 5e Ser. 5: 94. 1913; Kanehira, Formos. Trees 432, fig. 1917, ibid. 211, f. 155. 1936; Atlas Formos. Timb. 35. 1940; Chung in Mem. Sci. Soc. China 1 (1): 61. 1924; Chun in Contr. Biol. Lab. Sci. Soc. China 1 (5): 4. 1925; Makino et Nemoto, Fl. Japan 925. 1925, ed. 2, 367. 1931; Merr. in Lingnan Sci. Journ. 5: 82. 1927; Ito, Taiwan Shokubutsu Dzusetsu 517. 1927; Sasaki, List Pl. Formosa 193. 1928; Catal. Gvt. Herb. Taihoku 222. 1930, Kudo et Sasaki. in Ann. Rep. Bot. Gard. Taihoku Imp. Univ. 1: 28. 1931; Suzuki in ibid. 143. 1931; 中国植物志 31: 443. 1982.

别名 香果、硬壳槁、香花桂（海南），铜锣桂（广东高要），山饼斗（广东惠东）

主要形态特征 乔木，高达 20m，胸径达 10cm；树皮暗灰色，粗糙。老枝粗壮，多少具棱角，淡褐色，疏布皮孔；小枝圆柱形，具纵向细条纹，初时被灰棕色小绒毛，后毛被逐渐脱落。叶互生或对生，长椭圆形，长 7 ～ 11cm，宽（2）3.5 ～ 5.5cm，先端长或短渐尖，基部阔楔形，革质，两面幼时被灰棕色小绒毛，后毛被逐渐脱落，上面光亮，下面苍白色，具离基三出脉，中脉在上面凹陷，下面凸起，基部的一对侧脉对生，自叶基 2 ～ 5mm 处生出，中脉上部有互生的侧脉 2 ～ 3 对，横脉纤细，近波状，细脉网状，两面均明显；叶柄长约 1cm，腹凹背凸。圆锥花序腋生及顶生，长 1.5 ～ 4cm，具梗，被黄色小绒毛。花淡黄色，长约 3mm；花梗极短，长约 0.5mm，被黄色小绒毛。花被两面被黄色小绒毛，花被筒陀螺形，短小，长 1 ～ 1.5mm，花被裂片近倒卵形，长约 2mm，先端急尖。能育雄蕊 9，花丝被柔毛，略长于花药，花药 2 室，第一、二轮雄蕊长约 1.5mm，花药药室内向，第三轮雄蕊长约 1.7mm，花丝基部有一对棒形腺体，花药药室侧外向。退化雄蕊位于最内轮，钻状箭头形，被柔毛。子房棍棒状，长约 2mm，花柱线形，柱头不明显。果球形或扁球形，长 7.5 ～ 9mm，直径 9 ～ 12mm，熟时紫黑色，有纵棱 12 ～ 15 条。花期 4 ～ 5 月，果期 8 ～ 12 月。

特征差异研究　深圳小南山：叶长 8.2 ～ 9.8cm，宽 2.3 ～ 3cm，叶柄 0.9 ～ 1.1cm。与上述特征描述相比，叶长的最大值偏大 1.2cm。

凭证标本　深圳小南山，邹雨锋，周志彬（263）。

分布地　生于山谷阴蔽的常绿阔叶林中，海拔 300 ～ 1100m。产四川、广西、广东、福建及台湾。

本研究种类分布地　深圳小南山。

主要经济用途　本种木材纹理通直，结构细致，材质稍硬和稍重，加工容易，干燥后少开裂，不变形，不很耐腐，色泽鲜淡调和，薄壁组织带和宽射线呈现花纹，颇雅致，适于上等家具、高级箱盒、工艺等用材，亦可作天花板、门、窗、桁、椽、车辆、农具等用材。

厚壳桂 *Cryptocarya chinensis*

黑壳楠（山胡椒属）

Lindera megaphylla Hemsl. in Journ. Linn. Soc. Bot. 26: 389. 1891; Liou Ho, Laur. Chine et Indoch. 124. 1932 et 1934; Cheng in Contr. Biol. Lab. Sci. Soc. China 9: 298. 1934; 陈嵘, 中国树木分类学 365. f. 267. 1937; Y. C. Yang in.Contr. Biol. Lab. Sci. Soc. China 13 (1): 56. 1948; H. L: Li, Woody Fl. Taiwan 213. f. 76. 1963. p. p.; 中国高等植物图鉴 1: 857, 图1714. 1972; 秦岭植物志 1 (2): 346. t. 295. 1974; C. E. Chang in Fl. Taiwan 2: 430. Pl. 362. 1976, p.p.——*Lindera oldhami* Hemsl. in Journ. Linn. Soc. Bot. 26: 390. 1891; Hay. Mat. Fl. Forms. 255. 1911; Icon. Pl. Formos. 5: 178. f. 62. d. 1915, Kanehira, Formos. Trees 457. 1917. ——*Lindera pricei* Hay. Icon. 5: 178. 1915. ——*Benzoin pricei* Kamikati in Ann. Rept. Taihoku Bot. Gard. 3: 79. 1933. ——*Benzoin oldhami* (Hemsl.) Rehd. in Journ. Ann. Arb. 1: 145. 1919. ——*Benzoin grandifolium* Rehd. in Journ. Arn. Arb. 1: 145. 1919. ——*Actinodaphne crassa* Hand.-Mazz. in Anz. Akad. Wiss. Wien. Math. Nat. 146. 1921. ——*Benzoin touyunensis* (Levl.) Rehd. in Journ. Arn. Arb. 10: 194. 1929. p. p. ——*Benzoin touyunense* (Levl.) Rehd. f. *megaphyllum* (Hemsl.) Rehd. in Journ Arn. Arb. 11: 158. 1930; 中国植物志 31: 384. 1982.

别名　楠木（陕西西南部、湖北宜昌、四川），八角香、花兰（四川），猪屎楠（湖北兴山），鸡屎楠、大楠木、批把楠（湖北）

主要形态特征　常绿乔木，高 3 ～ 15（～ 25）m，胸径达 35cm 以上。枝条圆柱形，紫黑色，无毛，散布有木栓质凸起的近圆形纵裂皮孔。叶互生，倒披针形至倒卵状长圆形，有时长卵形，长 10 ～ 23cm，先端急尖或渐尖，基部渐狭，革质，上面深绿色，有光泽，下面淡绿苍白色，两面无毛；羽状脉，侧脉每边 15 ～ 21 条；叶柄长 1.5 ～ 3cm，无毛。伞形花序多花，雄的多达 16 朵，雌的 12 朵，通常着生于叶腋长 3.5mm 具顶芽的短枝上，两侧各 1，具总梗；雄花序总梗长 1～1.5cm，雌花序总梗长 6mm。雄花具梗；花梗长约 6mm，密被黄褐色柔毛；花被片 6，椭圆形，外轮长 4.5mm，宽 2.8mm，外面仅下部或背部略被黄褐色小柔毛，第三轮的基部有两个长达 2mm 具柄的三角漏斗形腺体；退化雌蕊长约 2.5mm，无毛；子房卵形，花柱纤细，柱头不明显。雌花黄绿色，花梗长 1.5～3mm，密被黄褐色柔毛；花被片 6，线状匙形，长 2.5mm，宽仅 1mm，外面仅下部或略沿脊部被黄褐色柔毛；退化雄蕊 9，线形或棍棒形，基部具髯毛，第三轮的中部有两个具柄三角漏斗形腺体；子房卵形，长 1.5mm，花柱极纤细，长 4.5mm，柱头盾形，具乳突。果椭圆形至卵形，长约 1.8cm，宽约 1.3cm，花期 2～4 月，果期 9～12 月。

特征差异研究　深圳杨梅坑：叶长 6.9～12.1cm，宽 2.6～5.3cm，叶柄长 1.1～2.4cm。与上述特征描述相比，叶长的最小值偏小 3.1cm；叶柄长的最小值偏小 0.2cm。

凭证标本　深圳杨梅坑，余欣繁，许旺（017）。

分布地　分布于甘肃、安徽、福建、台湾、湖北、湖南、广东、广西、四川、贵州、云南等地。

本研究种类分布地　深圳杨梅坑。

主要经济用途　种仁含油近 50%，油为不干性油，为制皂原料；果皮、叶含芳香油，油可作调香原料；木材黄褐色，纹理直，结构细，可作装饰薄木、家具及建筑用材。

黑壳楠 *Lindera megaphylla*

山鸡椒（木姜子属）

Litsea cubeba (Lour.) Pers. Syn. 2: 4. 1807; Chun in Contr. Biol. Lab. Sci. Soc. China, 1 (5): 57. 1925; Liou Ho, Laurac. Chine Indoch. 184. 1932 et 1934; Allen in Ann. Miss. Bot. Gard. 25: 368. 1938; 陈嵘, 中国树木分类学(第二版), 363. 1957; H. L. Li, Woody Fl. Taiwan 216. 1964; 海南植物志 1: 289. 1964; 中国高等植物图鉴 1: 840. 图1680. 1972; C. E. Chang in Fl. Taiwan 2; 439. pl. 360. 1976. ——*Laurus cubeba* Lour. Fl. Cochinch. 252. 1790; 中国植物志 31: 271. 1982.

别名　山苍树、木姜子、毕澄茄、澄茄子豆豉姜、山姜子、臭樟子、赛梓树、臭油果树、山胡椒

主要形态特征　落叶灌木或小乔木，高达 8～10m；小枝细长，绿色，无毛，枝、叶具芳香味。叶互生，披针形或长圆形，长 4～11cm，宽 1.1～2.4cm，先端渐尖，基部楔形，纸质，上面深绿色，下面粉绿色，两面均无毛，羽状脉，侧脉每边 6～10 条，纤细，中脉、侧脉在两面均凸起；叶柄长 6～20mm，纤细，无毛。伞形花序单生或簇生，总梗细长，长 6～10mm；苞片边缘有睫毛；每一花序有花 4～6 朵，花被裂片 6，宽卵形；能育雄蕊 9，花丝中下部有毛，第 3 轮基部的腺体具短柄；退化雌蕊无毛；雌花中退化雄蕊中下部具柔毛；子房卵形，花柱短，柱头头状。果近球形，直径约 5mm，无毛，果梗长 2～4mm，花期 2～3 月，果期 7～8 月。

特征差异研究　①深圳杨梅坑：叶长 5.5～10.7cm，宽 1.2～3.1cm，叶柄长 0.5～1.5cm；果近球形，直径 0.2cm，果梗长 1.4cm。与上述特征描述相比，叶宽的最大值偏大 0.7cm；果实的直径偏小 0.3cm。②深圳应人石：叶长 6.6～10.3cm，宽 1.8～3cm。与上述特征描述相比，叶宽的最大值偏大 0.6cm。③深圳马峦山：叶柄长 1～1.3cm。与上述特征相比，叶宽的最大值偏大 0.6cm。

凭证标本　①深圳杨梅坑，邹雨锋，招康赛（131）；

林仕珍，明珠（019）；李志伟（037）。②深圳应人石，王贺银（159）。③深圳马峦山，邱小波（038）；李志伟（041）

分布地 生于向阳的山地、灌丛、疏林或林中路旁、水边，海拔 500 ～ 3200m。产广东、广西、福建、台湾、浙江、江苏、安徽、湖南、湖北、江西、贵州、四川、云南、西藏。东南亚各国也有分布。

本研究种类分布地 深圳杨梅坑、应人石、马峦山。

主要经济用途 本种木材材质中等，耐湿不蛀，但易劈裂，可供普通家具和建筑等用。花、叶和果皮主要是提制柠檬醛的原料，供医药制品和配制香精等用。核仁含油率 61.8%，油供工业上用。根、茎、叶和果实均可入药，有祛风散寒、消肿止痛之效。果实入药，上海、四川、昆明等地中药业称之为"毕澄茄"（学名为 *Piper cubeba* Linn.）。多年来应用"毕澄茄"治疗血吸虫病，效果良好。台湾太耶鲁族群众利用果实有刺激性

山鸡椒 *Litsea cubeba*

以代食盐。江西兴国群众反映，山苍树与油茶树混植，可防治油茶树的煤黑病（烟煤病）。

潺槁木姜子（木姜子属）

Litsea glutinosa (Lour.) C. B. Rob. in Philip. Journ. Sci. Bot. 6: 321. 1911; Chun in Contr. Biol. Lab.Sci. Soc. China 1 (5): 62.1925; Liou Ho, Laur. Chine et Indoch. 196. 1932 et 1934; Allen in Ann. Miss, Bot. Gard. 25: 384. 1938; 广州植物志92. t. 29. 1956; 陈嵘, 中国树木分类学(第二版), Suppl 25. 1957; 海南植物志 1: 291. f. 144. 1964; 中国高等植物图鉴 1: 846. 图 1692. 1972. ——*Sebifera glutinosa* Lour.Fl. Cochinch. 638. 1790. ——*Litsea sebifero* Pers. Syn. 2: 4. 1807; 中国植物志 31: 285. 1982.

别名 青胶木、树仲、油槁树、胶樟、青野槁、潺槁木

主要形态特征 常绿小乔木或乔木，高 3 ～ 15m；树皮灰色或灰褐色，内皮有黏质。小枝灰褐色。叶互生，倒卵形、倒卵状长圆形或椭圆状披针形，长 6.5 ～ 10（26）cm，宽 5 ～ 11cm，先端钝或圆，基部楔形，钝或近圆，革质，幼时两面均有毛，老时上面仅中脉略有毛，下面有灰黄色绒毛或近于无毛，羽状脉，侧脉每边 8 ～ 12 条，直展；叶柄长 1 ～ 2.6cm，有灰黄色绒毛。伞形花序生于小枝上部叶腋，单生或几个生于短枝上，短枝长达 2 ～ 4cm 或更长；每一伞形花序梗长 1 ～ 1.5cm，均被灰黄色绒毛；苞片 4；每一花序有花数朵；花梗被灰黄色绒毛；花被不完全或缺；能育雄蕊通常 15，或更多，花丝长，腺体有长柄，柄有毛；退化雌蕊椭圆，无毛；雌花中子房近于圆形，无毛，花柱粗大，柱头漏斗形。果球形，直径约 7mm，果梗长 5 ～ 6mm，先端略增大。花期 5 ～ 6 月，果期 9 ～ 10 月。

特征差异研究 ①深圳赤坳，叶长 4 ～ 9cm，叶宽 2 ～ 3.5cm，叶柄 1 ～ 2.3cm，与上述特征描述相比，叶宽的整体范围偏小，叶宽的最大值比上述数据的叶宽最小值小 1.5cm。②深圳小南山，叶长 5.5 ～ 15.5cm，叶宽 2.4 ～ 7cm，叶柄 1 ～ 3cm，与上述特征描述相比，叶长的最小值偏小，

潺槁木姜子 *Litsea glutinosa*

小于 1cm；叶宽的最小值偏小，小于 2.6cm；叶柄长的最大值偏大，大于 0.4cm。③深圳应人石，叶长 6 ～ 12cm，叶宽 2 ～ 5cm，叶柄 1 ～ 2.3cm，与上述特征描述相比，叶长的最小值偏小 0.5cm；叶宽的最小值偏小 3cm。④深圳莲花山，叶长 7 ～ 13cm，叶宽 2.5 ～ 4.5cm，叶柄 1 ～ 2cm，与上述特征描述相比，叶宽的最小值偏小 2.5cm；叶柄长的最大值偏大 0.6cm。⑤深圳马峦山，叶长 11.4 ～ 14cm，叶宽 3.2 ～ 5.3cm，叶柄长 2.5 ～ 2.7cm；花苞黄绿色，长 8mm，宽 5mm，高 4mm；果球形，直径 0.4cm，果梗长 0.2cm，与上述特征描述相比，叶宽的最小值偏小 1.8cm；果梗长的最小值偏小 0.3cm。

凭证标本　①深圳赤坳，林仕珍（037）。②深圳小南山，陈永恒，黄玉源（109）；林仕珍，许旺（188）；余欣繁，黄玉源（154）；温海洋（032）；吴凯涛（023）。③深圳应人石，王贺银（170）；邹雨锋（182）。④深圳莲花山，林仕珍，周志彬（080）。⑤深圳马峦山，洪继猛（016）；赵顺（031）；李志伟（030）。

分布地　云南、广西、广东、福建。印度、缅甸、菲律宾等地。

本研究种类分布地　深圳赤坳、小南山、应人石、莲花山、马峦山。

主要经济用途　清湿热，消肿毒，止血，止痛。根：内服治腹泻，跌打损伤，腮腺炎，糖尿病。皮、叶：外用治腮腺炎，疮疖痈肿，乳腺炎初起，跌打损伤，外伤出血。

假柿木姜子（木姜子属）

Litsea monopetala (Roxb.) Pers. Syn. 2: 4. 1807: Allen in Ann. Miss.Bot. Gard. 25: 387. 1938: 广州植物志 92. 1956: 海南植物志 1: 292. 1964: 中国高等植物图鉴 1: 845. 图1689. 1972. ——*Tetranthera monopetala* Roxb. Pl. Corom. 2: 26. Pl. 148. 1798. ——*Litsea polyantha* Juss. Ann. Mus. Hist. Nat. Paris 6: 211. 1805; Chun in Contr. Biol. Lab. Sci. Soc. China 1 (5): 63. 1925: Liou Ho, Laur. Chine et Indoch. 192. 1932 et 1934; 中国植物志 31: 302. 1982.

别名　毛腊树（云南泸水）、毛黄木、水冬瓜、木浆子（云南、河口）、假柿树（广东）、假沙梨（广东琶江）、山菠萝树、山口羊（广东澄迈）、纳槁（海南嘉积、南桥）、猪母槁（广东尖峰岭、吊罗山）

主要形态特征　常绿乔木，高达 18m，直径约 15cm。小枝淡绿色，密被锈色短柔毛。叶互生，宽卵形、倒卵形至卵状长圆形，长 8 ～ 20cm，宽 4 ～ 12cm，先端钝或圆，偶有急尖，基部圆或急尖，薄革质，幼叶上面沿中脉有锈色短柔毛，老时渐脱落变无毛，下面密被锈色短柔毛，羽状，侧脉每边 8 ～ 12 条，有近平行的横脉相连，侧脉较直，中脉、侧脉在叶上面均下陷，在下面凸起；叶柄长 1 ～ 3cm，密被锈色短柔毛。伞形花序簇生叶腋，总梗极短；每一花序有花 4 ～ 6 朵或更多；花序总梗长 4 ～ 6mm；苞片膜质；花梗长 6 ～ 7mm，有锈色柔毛；雄花花被片 5 ～ 6，披针形，长 2.5mm，黄白色；能育雄蕊 9，花丝纤细，有柔毛，腺体有柄；雌花较小；花被裂片长圆形，长 1.5mm，退化雄蕊有柔毛；子房卵形，无毛。果长卵形，长约 7mm，直径 5mm；果托浅碟状。花期 11 月至翌年 5 ～ 6 月，果期 6 ～ 7 月。

凭证标本　深圳小南山，温海洋，黄玉源（002）。

分布地　生于阳坡灌丛或疏林中，海拔可至 1500m，但多见于低海拔的丘陵地区。产广东、广西、贵州西南部、云南南部。东南亚各国及印度、巴基斯坦也有分布。

本研究种类分布地　深圳小南山。

主要经济用途　木材可作家具等用。种仁含脂肪油 30.33%，供工业用。叶民间用来外敷治关节脱臼。本种为紫胶虫的寄主植物之一。

假柿木姜子 Litsea monopetala

豺皮樟（木姜子属）

Litsea rotundifolia Hemsl. var. *oblongifolia* (Nees) Allen in Ann. Miss. Bot. Gard. 25: 386. 1938; 广州植物志 93. 1956; 海南植物志 1: 293. 1964; 刘业经, 台湾木本植物志 151. 1972; C. E. Chang in Fl. Taiwan 2: 447. 1976. ——*Litsea chinensis* Bl. Bijdr. 565. 1825, non Lam. ——*Lozoste rotundifolia* Nees var. *oblongifocia* Nees in Hook.f. et Arnott, Bot. Bdechey Voy. 209. 1836 (based on *Litsea chinensis* Bl.) ——*Actinodaphne chinensis* var. *oblongifolia* Nees, Syst. Laur. 600. 1836 (based on *Litsea chinensis* Bl.) ——*Lozoste chinensis* Bl. Mus. Bot. Lugd. Bat. 1: 364-1851 (based on *Litsea chinensis* Bl.) ——*Actinodaphne chinensis* Nees, Syst. Laur. 600. 1836, 中国高等植物图鉴 1: 847. 图 1694. 1972. *Actinodaphne hypoleucophylla* Hay. Icon, Pl. Formos. 5: 169. f. 60e. 1915.

别称　白叶仔、硬钉树、假面果、嗜喳木（广东）、圆叶木姜子（台湾植物志）

主要形态特征　常绿灌木或小乔木，高可达 3m，树皮灰色或灰褐色，常有褐色斑块。小枝灰褐色，纤细，无毛或近无毛。顶芽卵圆形，鳞片外面被丝状黄色短柔毛。叶散生，叶片卵状长圆形，长 2.5～5.5cm，宽 1～2.2cm，先端钝或短渐尖，基部楔形或钝，薄革质，上面绿色，光亮，无毛，下面粉绿色，无毛，羽状脉，侧脉每边通常 3～4 条，中脉、侧脉在叶上面下陷，下面凸起；叶柄粗短，长 3～5mm，初时有柔毛，以后毛脱落变无毛。伞形花序常 3 个簇生叶腋，几无总梗；每一花序有花 3～4 朵，花小，近于无梗；花被筒杯状，被柔毛；花被裂片 6，倒卵状圆形，大小不等，能育雄蕊 9，花丝有稀疏柔毛，腺体小，圆形；退化雌蕊细小，无毛。果球形，直径约 6mm，几无果梗，成熟时灰蓝黑色。花期 8～9 月，果期 9～11 月。

特征差异研究　①深圳杨梅坑，叶长 3.9～5.7cm，叶宽 1.4～3cm，叶柄 0.2～0.4cm，与上述特征描述，杨梅坑标本叶片长度偏大。②深圳赤坳，叶长 3.3～6.6cm，叶宽 1～2.2cm，叶柄 0.2～0.6cm，与上述特征描述，深圳赤坳标本叶片长稍偏大，叶柄偏小。③深圳应人石，叶长 1～4.5cm，叶宽 1.2～2.4cm，叶柄 0.1～0.4cm，与上述特征描述，应人石的标本叶片、叶柄均偏小。④深圳小南山，叶长 3.6～6.6cm，叶宽 1.4～2.5cm，叶柄 0.2～0.6cm；花冠直径 0.4cm，与上述特征描述，叶长的最大值偏大 1.1cm；叶宽的最大值偏大 0.3cm。⑤深圳莲花山，叶长 3.7～7.8cm，叶宽 1.4～3.1cm，叶柄 0.2～0.4cm，与上述特征描述，叶长的最大值偏大 2.3cm；叶宽的最大值偏大 0.9cm。

凭证标本　①深圳杨梅坑，刘浩，黄玉源（005）；陈永恒，招康赛（029）；陈永恒（019）；林仕珍，黄玉源（061）；邹雨锋（005）；陈惠如，招康赛（002）；林仕珍，许旺（002）；陈永恒，许旺（004）；余欣繁，招康赛（028）；陈志洁（017）。②深圳赤坳，邹雨锋，黄玉源（041）；陈惠如（033）；王贺银，招康赛（062）；刘浩，黄玉源（036）；林仕珍（036）。③深圳应人石，王贺银，招康赛（147）；邹雨锋（181）。④深圳小南山，温海洋（019）。⑤深圳莲花山，王贺银（131）；余欣繁，许旺（069）；陈永恒，招康赛（062）；林仕珍，王贺银（138）；陈永恒，明珠（048）。

分布地　生于丘陵地下部的灌木林中或疏林中或山地路旁，海拔 800m 以下。产广东、广西、湖南、江西、福建、台湾、浙江（平阳）。越南也有分布。

本研究种类分布地　深圳杨梅坑、赤坳、应人石、小南山、莲花山。

主要经济用途　种子含脂肪油 63%～80%，可供工业用。叶、果可提芳香油，根含生物碱、酚类、氨基酸，叶含黄酮苷、酚类、氨基酸、糖类等，可入药。

豺皮樟 *Litsea rotundifolia* var. *oblongifolia*

木姜子（木姜子属）

Litsea pungens Hemsl. in Journ. Linn. Soc. Bot. 26: 384. 1891. 中国高等植物图鉴 1: 842. 图1683. 1972; 中国植物志 31: 282. 1982.

别名　木香子、山胡椒、猴香子、陈茄子、兰香树、生姜材（四川），香桂子（云南），黄花子、辣姜子（陕西）

主要形态特征　落叶小乔木，高 3 ～ 10m；树皮灰白色。幼枝黄绿色，被柔毛，老枝黑褐色，无毛。顶芽圆锥形，鳞片无毛。叶互生，常聚生于枝顶，披针形或倒卵状披针形，长 4 ～ 15cm，宽 2 ～ 5.5cm，先端短尖，基部楔形，膜质，幼叶下面具绢状柔毛，后脱落渐变无毛或沿中脉有稀疏毛，羽状脉，侧脉每边 5 ～ 7 条，叶脉在两面均凸起；叶柄纤细，长 1 ～ 2cm，初时有柔毛，后脱落渐变无毛。伞形花序腋生；总花梗长 5 ～ 8mm，无毛；每一花序有雄花 8 ～ 12 朵，先叶开放；花梗长 5 ～ 6mm，被丝状柔毛；花被裂片 6，黄色，倒卵形，长 2.5mm，外面有稀疏柔毛；能育雄蕊 9，花丝仅基部有柔毛，第 3 轮基部有黄色腺体，圆形；退化雌蕊细小，无毛。果球形，直径 7 ～ 10mm，成熟时蓝黑色；果梗长 1 ～ 2.5cm，先端略增粗。花期 3 ～ 5 月，果期 7 ～ 9 月。

特征差异研究　深圳杨梅坑：叶长 5.5 ～ 10.5cm，宽 2.1 ～ 2.8cm，叶柄长 0.6 ～ 1.5cm；果梗长 0.4cm。与上述特征描述相比，叶片的长、宽及叶柄长偏小；果梗长偏小。

凭证标本　深圳杨梅坑，邱小波（038）；李志伟（037）。

分布地　生于溪旁和山地阳坡杂木林中或林缘，海拔 800 ～ 2300m。产湖北、湖南、广东北部、广西、四川、贵州、云南、西藏、甘肃、陕西、河南、山西南部、浙江南部。

本研究种类分布地　深圳杨梅坑。

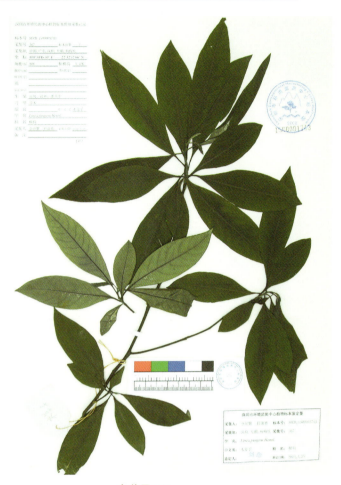

木姜子 *Litsea pungens*

主要经济用途　果含芳香油，据四川资料，干果含芳香油 2% ～ 6%，鲜果含 3% ～ 4%，主要成分为柠檬醛 60% ～ 90%，香叶醇 5% ～ 19%，可作食用香精和化妆香精，现已广泛用于高级香料、紫罗兰酮和维生素 A 的原料；种子含脂肪油 48.2%，可供制皂和工业用。

华润楠（润楠属）

Machilus chinensis (Champ. ex Benth.) Hemsl. in Journ. Linn. Soc. Bot. 26: 374. 1891; 中国植物志 31: 59. 1982.

别名　黄槁、八角楠、荔枝槁

主要形态特征　乔木，高 8 ～ 11m，无毛。芽细小，无毛或有毛。叶倒卵状长椭圆形至长椭圆状倒披针形，长 5 ～ 8（～ 10）cm，宽 2 ～ 3（～ 4）cm，先端钝或短渐尖，基部狭，革质，干时下面稍粉绿色或褐黄色，中脉在上面凹下，下面凸起，侧脉不明显，每边约 8 条，网状小脉在两面上形成蜂巢状浅窝穴；叶柄长 6 ～ 14mm。圆锥花序顶生，2 ～ 4 个聚集，常较叶为短，长约 3.5cm，在上部分枝，有花 6 ～ 10 朵，总梗约占全长的 3/4；花白色，花梗长约 3mm；花被裂片长椭圆状披针形，外面有小柔毛，内面或内面

基部有毛，内轮的长约 4mm，宽 1.8～2.5mm，
外轮的较短；雄蕊长 3～3.5mm，第三轮雄蕊腺
体几无柄，退化雄蕊有毛；子房球形。果球形，
直径 8～10mm；花被裂片通常脱落，间有宿存。
花期 11 月，果期次年 2 月。

特征差异研究　深圳杨梅坑：叶长 7.7～11.1cm，
宽 2.2～4.4cm，叶柄长 1.5～2.8cm。与上述描
述相比，叶长的最大值偏大 1.1cm；叶宽的最大
值偏大 0.4cm。

凭证标本　深圳杨梅坑，林仕珍，许旺（013）。

分布地　生于山坡阔叶混交疏林或矮林中。产广
东、广西。越南也有分布。

本研究种类分布地　深圳杨梅坑。

主要经济用途　木材坚硬，可作家具。

宜昌润楠（润楠属）

Machilus ichangensis Rehd. et Wils. in Sarg. Pl. Wils. 2: 621.
1916; Chun, Chinese Econ. Trees 159. 1921; et in Contr. Biol.
Lab. Sci. Soc. China 1 (5): 24.1925; Ip in Trop. Woods 15: 13.
1928; Hand.-Mazz. Simb. Sin. 7:252. 1931; Liou Ho, Laur.
Chine et Indoch. 60. 1932 et 1934; 唐耀，中国木材学228，
t. 16. f. 189. 1936; 陈嵘，中国树木分类学(第二版)，343.
1957; Steward, Man. vasc. Pl. Lower Yangtze Valley 134.
1958; 中国高等植物图鉴 1: 826, 图1651, 1972. ——*Persea
ichangenszs* (Rehd. et tails.) Kosterm. in Reinwardtia 6: 192.
1962; 中国植物志 31: 45. 1982.

别名　竹叶楠（湖北）

主要形态特征　乔木，高 7～15m，很少较高，
树冠卵形。小枝纤细而短，无毛，褐红色，极少
褐灰色。顶芽近球形，芽鳞近圆形，先端有小
尖，外面有灰白色很快脱落的小柔毛，边缘常有
浓密的缘毛。叶常集生当年生枝上，长圆状披
针形至长圆状倒披针形，长 10～24cm，宽 2～
6cm，通常长约 16cm，宽约 4cm，先端短渐尖，
有时尖头稍呈镰形，基部楔形，坚纸质，上面无
毛，稍光亮，下面带粉白色，有贴伏小绢毛或变
无毛，中脉上面凹下，下面明显凸起，侧脉纤细，
每边 12～17 条，上面稍凸起，下面较上面为明
显，侧脉间有不规则的横行脉连接，小脉很纤细，
结成细密网状，两面均稍凸起，有时在上面构成
蜂巢状浅窝穴；叶柄纤细，长 0.8～2cm，很少
有长达 2.5cm。圆锥花序生自当年生枝基部脱落
苞片的腋内，长 5～9cm，有灰黄色贴伏小绢毛
或变无毛，总梗纤细，长 2.2～5cm，带紫红色，

华润楠 *Machilus chinensis*

宜昌润楠 *Machilus ichangensis*

约在中部分枝，下部分枝有花 2～3 朵，较上部的有花 1 朵；花梗长 5～7（～9）mm，有贴伏小绢毛；花白色，花被裂片长 5～6mm，外面和内面上端有贴伏小绢毛，先端钝圆，外轮的稍狭；雄蕊较花被稍短，近等长，花丝长约 2.5mm，无毛；花药长圆形，长约 1.5mm，第三轮雄蕊腺体近球形，有柄；退化雄蕊三角形，稍尖，基部平截，连柄长约 1.8mm；子房近球形，无毛；花柱

长 3mm，柱头小，头状。果序长 6～9cm；果近球形，直径约 1cm，黑色，有小尖头；果梗不增大。花期 4 月，果期 8 月。

凭证标本　深圳杨梅坑，林仕珍，明珠（296）。
分布地　生于海拔 560～1400m 的山坡或山谷的疏林内。产湖北、四川、陕西南部、甘肃西部。
本研究种类分布地　深圳杨梅坑。

大叶楠（润楠属）

Machilus kusanoi Hay. in Journ. Coll. Sci. Univ. Tokyo 30 (1): 241. 1911; Kanehira, Form. Trees 220, f. 164. 1936; 中国植物志 31: 21. 1982.

主要形态特征　高大乔木，直径可达 1m；树皮灰褐色，稍平滑。枝粗壮，紫灰色，最末小枝直径 4～5mm，当年及一年生枝下的鳞片脱落的紧密疤痕十多环或更远较多，新芽及新叶淡红色。叶长圆状卵形、长圆状椭圆形至倒披针形，长 12～20（～22）cm，宽 5～6.5cm，先端凸尖或短尾状，尖头钝，基部楔形，革质，上面无毛，有光泽，下面初时有小柔毛，后变无毛，侧脉每边 7～11 条，中脉上面凹陷，下面明显凸起，小脉结成细网状，上面微凹，下面微凸起；叶柄黑紫色，长 2～2.5（～5）cm。聚伞状圆锥花序生于新枝下端，无毛，长达 15cm，约在中部分枝，分枝长 4～20mm，花梗长 5～6mm；花直径 7mm，花被裂片外轮较小，外面无毛，内面有小柔毛，先端钝，边缘有睫毛；花丝基部有髯状毛，第三轮花丝基部两侧具有近熊头状三角形腺体，腺体柄有柔毛，子房球形，花柱比子房长 1 倍。果球形，直径 10～12mm，花被片花后增大。

特征差异研究　深圳杨梅坑：叶长 11.5～17.5cm，宽 3.4～6.1cm，叶柄长 2.1～2.5cm；比上述特征叶长的最小值小 0.5cm；而叶宽的最大值则偏大 0.4cm。

凭证标本　深圳杨梅坑，王贺银（303）；王贺银（304）。
分布地　生低海拔的阔叶混交林中。产台湾。
本研究种类分布地　深圳杨梅坑。

大叶楠 *Machilus kusanoi*

主要经济用途　木材淡红褐色，坚软中庸，气干比重 0.57，纹理细致，加工易，耐久用，为我国台湾全岛阔叶林中最主要和优良用材树种之一，可供建筑、车辆、家具、乐器等用材。

绒毛润楠（润楠属）

Machilus velutina Champ. ex Benth. in Journ. Bot. Kew Misc. 5:198. 1853; Fl. Hongkong 291. 1861; Meissn. in DC. Prodr. 15 (1): 39. 1864; Pax in Engl. u Prantl, Nat. Pflanzenfam. 3: 115. 1889; Hemsl. in Journ. Linn. Soc. 26: 378. 1891; Dunn et Tutch. in Kew Bull. Add.Ser. 10: 224. 1912; Lee. in Nouv. Arch. Mus. Hist. Nat. Paris, 5e Ser. 5: 99. 1913; Fl. Gen. Indoch. 5: 121. 1914; Chun, Chinese Econ. Trees 160. 1921; et in Contr. Biol. Lab. Sci. Soc. China 1 (5): 25. 1925; Liou Ho, Laur. Chine et Indoch. 49. 1932 et 1934; 侯宽昭等, 广州植物志　89, 1965; 陈嵘, 中国树木分类学, ed. 2, 341, 1957; 海南植物志　1: 268, 1964; 中国高等植物图鉴　1: 825, 图1650, 1972. ——*Persea velutina* (Champ. ex Benth.) Kosterm. in Reinwardtia 6: 194. 1962; 中国植物志　31: 31. 1982.

别称　猴高铁、香胶木

主要形态特征　乔木，高可达 18m，胸径 40cm。树皮灰褐色，老枝褐色，小枝灰绿色。枝、芽、叶下面和花序均密被锈色绒毛。叶狭倒卵形、椭圆形或狭卵形，长 5 ～ 11（～ 18）cm，宽 2 ～ 5（～ 5.5）cm，先端渐狭或短渐尖，基部楔形，革质，上面有光泽，中脉上面稍凹下，下面很凸起，侧脉每边 8 ～ 11 条，下面明显凸起，小脉很纤细，不明显；叶柄长 1 ～ 2.5（～ 3）cm。花序单独顶生或数个密集在小枝顶端，近无总梗，分枝多而短，近似聚伞花序；花黄绿色，有香味，被锈色绒毛；内轮花被裂片卵形，长约 6mm，宽约 3mm，外轮的较小且较狭，雄蕊长约 5mm，第三轮雄蕊花丝基部有绒毛，腺体心形，有柄，退化雄蕊长约 2mm，有绒毛；子房淡红色。果球形，直径约 4mm，紫红色。花期 10 ～ 12 月，果期次年 2、3 月。

特征差异研究　①深圳杨梅坑：叶长 5.2 ～ 14.4cm，宽 1.4 ～ 4.8cm，叶柄长 0.7 ～ 1.6cm。与上述特征描述相比，叶宽的最小值偏小 0.6cm；叶柄的最小值偏小 0.3cm。②深圳赤坳：叶长 3.7 ～ 8.0cm，宽 1 ～ 2.5cm，叶柄长 0.8 ～ 1.5cm。与上述特征描述相比，叶长的最小值偏小 1.3cm；叶宽的最小值偏小 1cm；叶柄长的最

绒毛润楠 *Machilus velutina*

小值偏小 0.2cm。

凭证标本　①深圳杨梅坑，邹雨锋（366）；陈惠如，招康赛（091）；刘浩，招康赛（018）；王贺银（026）；陈永恒（127）；陈惠如，招康赛（011）。②深圳赤坳，王贺银（047）。

分布地　产广东、广西、福建、江西、浙江。中南半岛也有。

本研究种类分布地　深圳杨梅坑、赤坳。

主要经济用途　本种材质坚硬，耐水湿，可作家具和薪炭等用材。

鸭公树（新木姜子属）

Neolitsea chuii Merr. in Lingnan Sci. Journ. 7: 306. 1929; 中国高等植物图鉴 1: 852, 图1704. 1972; 中国植物志 31: 372. 1982.

别名　青胶木、大叶樟、大香籽

主要形态特征　乔木，高 8 ～ 18m，胸径达 40cm；树皮灰青色或灰褐色。小枝绿黄色，除花序外，其他各部均无毛。顶芽卵圆形。叶互生或聚生枝顶呈轮生状，椭圆形至长圆状椭圆形或卵状椭圆形，长 8 ～ 16cm，宽 2.7 ～ 9cm，先端渐尖，基部尖锐，革质，上面深绿色，有光泽，下面粉绿色，离基三出脉，侧脉每边 3 ～ 5 条，最下一对侧脉离叶基 2 ～ 5mm 处发出，近叶缘处弧曲，其余侧脉自叶片中部和中部以上发出，横脉明显，中脉与侧脉于两面凸起；叶柄长 2 ～ 4cm。伞形花序腋生或侧生，多个密集；总梗极短或无；苞片 4，宽卵形，长约 3mm，外面有稀疏短柔毛；每一花序有花 5 ～ 6 朵；花梗长 4 ～ 5mm，被灰色柔毛；花被裂片 4，卵形或长圆形，外面基部及中肋被柔毛，内面基部有柔毛；雄花：能育雄

蕊 6，花丝长约 3mm，基部有柔毛，第三轮基部的腺体肾形，退化子房卵形，无毛，花柱有稀疏柔毛；雌花：退化雄蕊基部有柔毛，子房卵形，无毛，花柱有稀疏柔毛。果椭圆形或近球形，长约 1cm，直径约 8mm；果梗长约 7mm，略增粗。花期 9 ～ 10 月，果期 12 月。

特征差异研究　深圳杨梅坑：叶柄长 1.4 ～ 2.1cm。与上述特征描述相比，叶柄长的最小值偏小 0.6cm。

凭证标本　深圳杨梅坑，陈永恒，赖标汶（154）。

分布地　生于山谷或丘陵地的疏林中，海拔 500 ～ 1400m。产广东、广西、湖南、江西、福建、云南东南部。

本研究种类分布地　深圳杨梅坑。

主要经济用途　果核含油量 60% 左右，油供制肥皂和润滑等用。医药用途：种子用于治疗胃脘胀痛、水肿。

鸭公树 *Neolitsea chuii*

短序楠（楠属）

Phoebe brachythyrsa H. W. Li in Act. Phytotax. Sin. 17 (2): 59, Pl. 9, f. 2. 1979; 中国植物志 31: 105. 1982.

主要形态特征　小灌木，高约 2m。芽被短柔毛。小枝细，直径 2 ～ 3mm，被短柔毛。叶革质，长圆形或椭圆状长圆形，长 3 ～ 6cm，宽 1.5 ～ 2cm，先端短渐尖，基部楔形，上面无毛，发亮，下面被贴生短柔毛，中脉细，两面凸起，侧脉每边 6 ～ 8 条，极纤细，上面通常不明显，下面略明显，横脉及小脉极模糊；叶柄长 2 ～ 4mm，被短柔毛。果序短，长约 3.5cm，近总状，少果，被短柔毛。果卵形，长约 1.1cm，直径约 7mm；果梗微增粗，长约 6mm；宿存花被片坚硬，近卵形，被短柔毛，紧贴于果的基部。果期 9 月。

特征差异研究　深圳杨梅坑：叶互生，叶长 3.5 ～ 10cm，宽 1.5 ～ 3.5cm，叶柄长 1.4 ～ 2.1cm。与上述特征描述相比，叶长的最大值偏大 4cm；叶宽的最大值偏大 1.5cm。

凭证标本　深圳杨梅坑，王贺银（008）；余欣繁（016）。

分布地　生于低海拔山坡灌丛中。产云南东北部。

本研究种类分布地　深圳杨梅坑。

主要经济用途　种子油作润滑油；果实、树皮及叶可合成黄色染料。

短序楠 *Phoebe brachythyrsa*

莲叶桐科 Hernandiaceae

三叶青藤（青藤属）

Illigera trifoliata (Griff.) Dunn in Journ. Linn. Soc. Bot. 38: 294. 1908; *Coryzadenia trifoliata* Griff. in Not. Pl. Asiat. 4: 356. 1854; 中国植物志 31: 477. 1982.

别名　蛇附子、三叶青、石老鼠、石猴子

主要形态特征　草质藤本。小枝纤细，有纵棱纹，无毛或被疏柔毛。卷须不分枝，相隔 2 节间断与叶对生。叶为 3 小叶，小叶披针形、长椭圆披针形或卵披针形，长 3 ~ 10cm，宽 1.5 ~ 3cm，顶端渐尖，稀急尖，基部楔形或圆形，侧生小叶基部不对称，近圆形，边缘每侧有 4 ~ 6 个锯齿，锯齿细或有时较粗，上面绿色，下面浅绿色，两面均无毛；侧脉 5 ~ 6 对，网脉两面不明显，无毛；叶柄长 2 ~ 7.5cm，中央小叶柄长 0.5 ~ 1.8cm，侧生小叶柄较短，长 0.3 ~ 0.5cm，无毛或被疏柔毛。花序腋生，长 1 ~ 5cm，比叶柄短、近等长或较叶柄长，下部有节，节上有苞片，或假顶生而基部无节和苞片，二级分枝通常 4，集生成伞形，花二歧状着生在分枝末端；花序梗长 1.2 ~ 2.5cm，被短柔毛；花梗长 1 ~ 2.5mm，通常被灰色短柔毛；花蕾卵圆形，高 1.5 ~ 2mm，顶端圆形；萼碟形，萼齿细小，卵状三角形；花瓣 4，卵圆形，高 1.3 ~ 1.8mm，顶端有小角，外展，无毛；雄蕊 4，花药黄色；花盘明显，4 浅裂；子房陷在花盘中呈短圆锥状，花柱短，柱头 4 裂。果实近球形或倒卵球形，直径约 0.6cm，有种子 1 颗；种子倒卵椭圆形，顶端微凹，基部圆钝，表面光滑，种脐在种子背面中部向上呈椭圆形，腹面两侧洼穴呈沟状，从下部近 1/4 处向上斜展直达种子顶端。花期 4 ~ 6 月，果期 8 ~ 11 月。

特征差异研究　深圳杨梅坑：叶长 7 ~ 10.5cm，宽 3 ~ 4.3cm，叶柄长 0.5 ~ 2.2cm。与上述特征描述相比，叶长的最大值偏大 0.5cm；叶宽的最大值偏大 1.3cm；叶柄的最小值偏小 1.5cm。

凭证标本　深圳杨梅坑，林仕珍（048）。

三叶青藤 *Illigera trifoliata*

分布地　生山坡灌丛、山谷、溪边林下岩石缝中，海拔 300 ~ 1300m。产江苏、浙江、江西、福建、台湾、广东、广西、湖北、湖南、四川、贵州、云南、西藏。

本研究种类分布地　深圳杨梅坑。

主要经济用途　全株供药用，有活血散瘀、解毒、化痰的作用，临床上用于治疗病毒性脑膜炎、乙型脑炎、病毒性肺炎、黄胆性肝炎等，特别是块茎对小儿高烧有特效。

毛茛科 Ranunculaceae

厚叶铁线莲（铁线莲属）

Clematis crassifolia Benth. Fl. Hongk. 7. 1861; Kuntze in Verh. Bot. Ver. Bbrand. 152. 1885; Forbes et Hemsl. in Journ. Linn. Soc. Bot. 23: 3. 1886; Finet et Gagnep. in Bull. Soc. Bot. Fr. 50: 531. 1903; Hay. Ic. pl. Formos. 1: 17. 1911; Pei in Sinensia 7: 472. 1936; Hand.-Mazz. in Act. Hort. Gothob. 13: 209 1939; 陈焕镛、侯宽昭, 植物分类学报 7 (1): 3. 1958; 海南植物志 1: 307. 1964; 台湾植物志 2: 483. 1976; 中国植物志 28: 178. 1980.

主要形态特征 藤本，全株除心皮及萼片外，其余无毛。茎紫红色，圆柱形，有纵条纹。三出复叶；小叶片革质，长椭圆形、椭圆形或卵形，长 5～12cm，宽 2.5～6.5cm，顶端锐尖或钝，基部楔形至近圆形，全缘，上面深绿色，下面浅绿色。圆锥状聚伞花序腋生或顶生，多花，长而疏展；花直径 2.5～4cm；萼片 4，开展，白色或略带粉红色，披针形或倒披针形，长 1.2～2cm，外面近无毛，边缘密生短绒毛，内面有较密短柔毛；雄蕊无毛，花药椭圆形或长椭圆形，长 1～2mm，花丝干时明显皱缩，比花药长 3～5 倍。瘦果镰刀状狭卵形，有柔毛，长 4～6mm。花期 12 月至第二年 1 月，果期 2 月。

凭证标本 深圳小南山，余欣繁（401）。

分布地 生山地、山谷、平地、溪边、路旁的密林或疏林中。分布于广西（海拔 300～500m）、广东（300～1100m）、湖南南部、福建、台湾。

厚叶铁线莲 *Clematis crassifolia*

日本九州也有。模式标本采自中国香港。

本研究种类分布地 深圳小南山。

柱果铁线莲（铁线莲属）

Clematis uncinata Champ. in Kew Journ. Bot. 3: 255. 1851; Finet et Gagnep. in Bull. Soc. Bot. Fr. 50: 523. 1903, p. p.; Rehd. et Wils. in Sarg. pl. Wils. 1: 327. 1913, p.p.; Rehd. in Journ. Arn. Arb. 8: 106. 1927, excl. Syn.; Pei in Contr. Biol. Lab. Sci. Soc. China 10: 108. 1936, et in Sunyatsenia 4: 162. 1940, excl. syn. C. leiocarpa Oliv.; W. T. Wang, 植物分类学报 6(4): 373. 1957; 中国高等植物图鉴 1: 747, 图1493. 1972. ——C. recta L. ssp. *chinensis* 4. uncinata (Champ.) Kuntze in Verh. Bot. Ver. Brand. 26: 115. 1885. ——C. drakeana Levl. et Vant. in Bull. Acad. Intern. Geogr. Bot. 11: 168. 1902. ——C. gagnepainiana Levl. et Vant. in Bull. Soc. Bot. Fr. 51: 219. 1904. ——C. uncinata var. *floribunda* Hay. in Journ. Coll. Sci. Univ. Tokyo 30: 18. 1911, et Icon. pl. Formos. 7: 20. 1911; 台湾植物志 2: 493. 1976. ——C. floribunda (Hay.) Yamamoto in Journ. Soc. Trop. Agric. 4: 188. 1932. ——C. uncinata var. *biternata* W. T. Wang, 1. c. 374.

别名 小叶光板力刚、花木通、猪娘藤、钩铁线莲、癫子藤

主要形态特征 藤本，干时常带黑色，除花柱有羽状毛及萼片外面边缘有短柔毛外，其余光滑。茎圆柱形，有纵条纹。一至二回羽状复叶，有 5～15 小叶，基部两对常为 2～3 小叶，茎基部为单叶或三出叶；小叶片纸质或薄革质，宽卵形、卵形、长圆状卵形至卵状披针形，长 3～13cm，宽 1.5～7cm，顶端渐尖至锐尖，偶有微凹，基

柱果铁线莲 *Clematis uncinata*

部圆形或宽楔形，有时浅心形或截形，全缘，上面亮绿，下面灰绿色，两面网脉突出。圆锥状聚

伞花序腋生或顶生，多花；萼片4，开展，白色，干时变褐色至黑色，线状披针形至倒披针形，长1～1.5cm；雄蕊无毛。瘦果圆柱状钻形，干后变黑，长5～8mm，宿存花柱长1～2cm。花期6～7月，果期7～9月。

特征差异研究　深圳七娘山：叶长6.5～9.4cm，叶宽3～4cm，与上述特征描述相比，叶长的最小值偏大，大3.5cm，叶宽的最小值偏大，大1.5cm。

凭证标本　深圳七娘山，招康赛（035）。

分布地　生山地、山谷、溪边的灌丛中或林边，或石灰岩灌丛中。分布于云南东南部（海拔300～1700m）、贵州（600～1300m）、四川（600～1800m）、甘肃南部、陕西南部、广西（250～1100m）、广东（200～1000m）、湖南（100～1050m）、福建、台湾（1500～2000m）、江西、安徽南部（200～1000m）、浙江（100～1000m）、江苏（宜兴200m左右）。越南也有分布。

本研究种类分布地　深圳七娘山。

主要经济用途　根入药，能祛风除湿、舒筋活络、镇痛，治风湿性关节痛、牙痛、骨鲠喉；叶外用治外伤出血。

毛柱铁线莲（铁线莲属）

Clematis meyeniana Walp. in Nov. Act. Nat. Cur. Misc. 19 (suppl. 1): 297. 1843; Benth. Fl. Hongk. 6. 1861; Maxim. in Bull. Acad. Sci. St.-Petersb. 22: 220. 1876; 中国植物志 28: 171. 1980.

别名　吹风藤、老虎须藤

主要形态特征　木质藤本。老枝圆柱形，有纵条纹，小枝有棱。三出复叶；小叶片近革质，卵形或卵状长圆形，有时为宽卵形，长3～9（～12）cm，宽2～5（7.5）cm，顶端锐尖、渐尖或钝急尖，基部圆形、浅心形或宽楔形，全缘，两面无毛。圆锥状聚伞花序多花，腋生或顶生，常比叶长或近等长；通常无宿存芽鳞，偶尔有；苞片小，钻形；萼片4，开展，白色，长椭圆形或披针形，顶端钝、凸尖有时微凹，长0.7～1.2cm，外面边缘有绒毛，内面无毛；雄蕊无毛。瘦果镰刀状狭卵形或狭倒卵形，长约4.5mm，有柔毛，宿存花柱长达2.5cm。花期6～8月，果期8～10月。

凭证标本　深圳杨梅坑，邹雨锋（361）。

分布地　生山坡疏林及路旁灌丛中或山谷、溪边。分布于云南（海拔1100～1850m）、四川、贵州南部（700～1250m）、广西（480～1400m）、广东（250～1000m）、湖南南部（300～1200m）、福建、台湾、江西（600～1300m）、浙江（龙泉）。老挝、越南、日本也有分布。

本研究种类分布地　深圳杨梅坑。

主要经济用途　全株能破血通经、活络止痛，治风寒感冒、胃痛、闭经、跌打瘀肿、风湿麻木、腰痛（云南药用植物名录）。茎皮纤维为造纸、搓绳等的原料。

毛柱铁线莲 *Clematis meyeniana*

防已科 Menispermaceae

木防已（木防已属）

Cocculus orbiculatus (Linn.) DC. Syst. 1; 523.1817; Forbes et Hemsl. in Journ. Linn. Soc. Bot. 23: 28. 1886; 中国植物志30(1): 32. 1996.

主要形态特征　木质藤本；小枝被绒毛至疏柔毛，或有时近无毛，有条纹。叶片纸质至近革质，形状变异极大，自线状披针形至阔卵状近圆形、狭椭圆形至近圆形、倒披针形至倒心形，有时卵状心形，顶端短尖或钝而有小凸尖，有时微缺或 2 裂，边全缘或 3 裂，有时掌状 5 裂，长通常 3 ～ 8cm，很少超过 10cm，宽不等，两面被密柔毛至疏柔毛，有时除下面中脉外两面近无毛；掌状脉 3 条，很少 5 条，在下面微凸起；叶柄长 1 ～ 3cm，很少超过 5cm，被稍密的白色柔毛。聚伞花序少花，腋生，或排成多花，狭窄聚伞圆锥花序，顶生或腋生，长可达 10cm 或更长，被柔毛；雄花：小苞片 2 或 1，长约 0.5mm，紧贴花萼，被柔毛；萼片 6，外轮卵形或椭圆状卵形，长 1 ～ 1.8mm，内轮阔椭圆形至近圆形，有时阔倒卵形，长达 2.5mm 或稍过之；花瓣 6，长 1 ～ 2mm，下部边缘内折，抱着花丝，顶端 2 裂，裂片叉开，渐尖或短尖；雄蕊 6，比花瓣短；雌花：萼片和花瓣与雄花相同；退化雄蕊 6，微小；心皮 6，无毛。核果近球形，红色至紫红色，径通常 7 ～ 8mm；果核骨质，径 5 ～ 6mm，背部有小横肋状雕纹。

凭证标本　①深圳杨梅坑，陈惠如，黄玉源（090）；林仕珍（278）；余欣繁，招康赛（350）。②深圳马峦山，黄启聪（034）；陈志洁（033）。

分布地　生于灌丛、村边、林缘等处。我国大部分地区都有分布（西北和西藏尚未见过），以长江中下游及其以南各省区常见。广布东亚和东南亚及夏威夷群岛。

木防已 *Cocculus orbiculatus*

本研究种类分布地　深圳杨梅坑、马峦山。

主要经济用途　藤可编织；根含淀粉，可酿酒，入药可祛风止痛，行水清肿，利尿解毒，降血压。用于治疗风湿痹痛、神经痛、肾炎水肿、尿路感染；外治跌打损伤、蛇咬伤。

细圆藤（细圆藤属）

Pericampylus glaucus (Lam.) Merr. Interpr. Rumph. Herb. Amboin. 219. 1917. *Menispermum glaucum* Lam. Dict. 4: 100. 1797; 海南植物志 1: 319, 图158. 1964; 广东植物志 1: 34, 图35. 1987; 中国植物志 30(1): 28. 1996.

别名　广藤

主要形态特征　木质藤本，长达 10 余米或更长，小枝通常被灰黄色绒毛，有条纹，常长而下垂，老枝无毛。叶纸质至薄革质，三角状卵形至三角状近圆形，很少卵状椭圆形，长 3.5 ～ 8cm，很少超过 10cm，顶端钝或圆，很少短尖，有小凸尖，基部近截平至心形，很少阔楔尖，边缘有圆齿或近全缘，两面被绒毛或上面被疏柔毛至近无毛，很少两面近无毛；掌状脉 5 条，很少 3 条，网状小脉稍明显；叶柄长 3 ～ 7cm，被绒毛，通常生叶片基部，极少稍盾状着生。聚伞花序伞房状，长 2～10cm，被绒毛；雄花萼片背面多少被毛，最外轮的狭，长 0.5mm，中轮倒披针形，长 1～1.5mm，内轮稍阔；花瓣 6，楔形或有时匙形，长 0.5～0.7mm，边缘内卷；雄蕊 6，花丝分离，聚合上升，或不同程度地黏合，长 0.75mm；雌花萼片和花瓣与雄花相似；退化雄蕊 6；子房长 0.5～0.7mm，柱头 2 裂。核果红色或紫色，果核径 5～6mm。花期 4～6 月，果期 9～10 月。

特征差异研究　深圳杨梅坑：叶长 3～8.9cm，宽 2.8～6.9cm，叶柄长 1～3.5cm。与上述特征描述相比，其叶长的最小值偏小 0.5cm，叶长的最大值偏大 0.9cm。

凭证标本　深圳杨梅坑，王贺银（017）；林仕珍，许旺（025）；邹雨锋（028）。

分布地　生于林中、林缘和灌丛中。广布长江流域以南各地，东至台湾，尤以广东、广西和云南三省区之南部常见。广布东南亚。

本研究种类分布地　深圳杨梅坑。

主要经济用途　其枝条在四川等地用于制作藤椅等藤器。

细圆藤 *Pericampylus glaucus*

粉防己（千金藤属）

Stephania tetrandra S. Moore in Journ. Bot. 13: 225. 1875, Diels in Engler, Pflanzenreich IV. 94: 282. 1910; 中国高等植物图鉴　1: 784, 图1568. 1372; Lo in Acta Phytotax. Sin. 16: 40, fig. 7 (7-9). 1978; 广东植物志　1: 42, 图43. 1987; 中国植物志　30(1): 52. 1996.

别名　汉防己、白木香

主要形态特征　草质藤本，高 1～3m；主根肉质，柱状；小枝有直线纹。叶纸质，阔三角形，有时三角状近圆形，长通常 4～7cm，宽 5～8.5cm 或过之，顶端有凸尖，基部微凹或近截平，两面或仅下面被贴伏短柔毛；掌状脉 9～10 条，较纤细，网脉甚密，很明显；叶柄长 3～7cm。花序头状，于腋生、长而下垂的枝条上作总状式排列，苞片小或很小；雄花萼片 4 或有时 5，通常倒卵状椭圆形，连爪长约 0.8mm，有缘毛；花瓣 5，肉质，长 0.6mm，边缘内折；聚药雄蕊长约 0.8mm；雌花萼片和花瓣与雄花的相似。核果成熟时近球形，红色；果核径约 5.5mm，背部鸡冠状隆起，两侧各有约 15 条小横肋状雕纹。花期夏季，果期秋季。

特征差异研究　深圳杨梅坑：叶长 5～8.2cm，

粉防己 *Stephania tetrandra*

宽 4.8 ～ 7.2cm，叶柄长 2.5 ～ 4.7cm。与上述特征描述相比，叶长的最大值偏大 1.2cm；叶宽的最小值偏小 0.2cm；叶柄长的最小值偏小 0.5cm。

凭证标本　深圳杨梅坑，林仕珍（312）。

分布地　浙江、安徽、福建、台湾、湖南、江西、广西、广东和海南。

本研究种类分布地　深圳杨梅坑。

主要经济用途　药用。

金粟兰科 Chloranthaceae

草珊瑚（草珊瑚属）

Sarcandra glabra (Thunb.) Nakai Fl. Sylv. Koreana 18: 17. t. 2. 1930; *Bladhia glabra* Thunb. in Trans. Linn. Soc. 2: 331. 1794. Swamy et Bailey in Journ. Arn. Arb. 31: 128. 1950; 中国科学院植物研究所, 中国高等植物图鉴1: 349. 图697. 1972; 中国植物志 20(1): 79. 1982.

别名　接骨金粟兰（通称），肿节风、九节风（江西），九节茶（浙江），满山香、九节兰（湖南），节骨茶（广西），竹节草，九节花，接骨莲，竹节茶

主要形态特征　常绿半灌木，高 50 ～ 120cm；茎与枝均有膨大的节。叶革质，椭圆形、卵形至卵状披针形，长 6 ～ 17cm，宽 2 ～ 6cm，顶端渐尖，基部尖或楔形，边缘具粗锐锯齿，齿尖有一腺体，两面均无毛；叶柄长 0.5 ～ 1.5cm，基部合生成鞘状；托叶钻形。穗状花序顶生，通常分枝，多少成圆锥花序状，连总花梗长 1.5 ～ 4cm；苞片三角形；花黄绿色；雄蕊 1 枚，肉质，棒状至圆柱状，花药 2 室，生于药隔上部之两侧，侧向或有时内向；子房球形或卵形，无花柱，柱头近头状。核果球形，直径 3 ～ 4mm，熟时亮红色。花期 6 月，果期 8 ～ 10 月。

凭证标本　①深圳杨梅坑，王贺银（004）；邹雨锋，招康赛（004）；陈永恒，许旺（15）；刘浩（352）；余欣繁（355）。②深圳赤坳，林仕珍（156）；赵顺（026）；赵顺（027）；李志伟（025）；李志伟（027）。

分布地　生于山坡、沟谷林下阴湿处，海拔 420 ～ 1500m。产安徽、浙江、江西、福建、台

草珊瑚 *Sarcandra glabra*

湾、广东、广西、湖南、四川、贵州和云南。朝鲜、日本、马来西亚、菲律宾、越南、柬埔寨、印度、斯里兰卡也有。

本研究种类分布地　深圳杨梅坑、赤坳。

主要经济用途　全株供药用，能清热解毒、祛风活血、消肿止痛、抗菌消炎。主治流行性感冒、流行性乙型脑炎、肺炎、阑尾炎、盆腔炎、跌打损伤、风湿性关节痛、闭经、创口感染、菌痢等。

远志科 Polygalaceae

黄花倒水莲（远志属）

Polygala fallax Hemsl. in Journ. Linn. Soc. Bot. 23: 59. 1886; Hand.-Mazz. Symb. Sin. 7: 633. 1933; 中国高等植物图鉴 2: 577. 1972; 云南植物志 3: 271. 图版75: 10-19. 1983; 云南种子植物名录. 上册: 211. 1984; 陈书坤, 植物分类学报 29 (3): 203. 1991; 广东植物志 2: 53. 1991. ——*P. forbesii* Chodat in Bull. Herb. Boiss. 4: 234. 1896. ——*P. aureocauda* Dunn in Kew Bull. 188. 1911; 中国植物志 43(3): 151. 1997.

别名　假黄花远志（中国高等植物图鉴），黄花远志（中国经济植物志），倒吊黄（福建），黄金印、念健（江西），黄花参、鸡仔树、吊吊黄（广东），白马胎、一身保暖（广西），鸭仔兜（广西恭城

瑶语）

主要形态特征 灌木或小乔木，高 1～3m；根粗壮，多分枝，表皮淡黄色。枝灰绿色，密被长而平展的短柔毛。单叶互生，叶片膜质，披针形至椭圆状披针形，长 8～17（～20）cm，宽 4～6.5cm，先端渐尖，基部楔形至钝圆，全缘，叶面深绿色，背面淡绿色，两面均被短柔毛，主脉上面凹陷，背面隆起，侧脉 8～9 对，背面凸起，于边缘网结，细脉网状，明显；叶柄长 9～14mm，上面具槽，被短柔毛。总状花序顶生或腋生，长 10～15cm，直立，花后延长达 30cm，下垂，被短柔毛；花梗基部具线状长圆形小苞片，早落；萼片 5，早落，具缘毛，外面 3 枚小，不等大，上面 1 枚盔状，长 6～7mm，其余 2 枚卵形至椭圆形，长 3mm，里面 2 枚大，花瓣状，斜倒卵形，长 1.5cm，宽 7～8mm，先端圆形，基部渐狭；花瓣正黄色，3 枚，侧生花瓣长圆形，长约 10mm，2/3 以上与龙骨瓣合生，先端几截形，基部向上盔状延长，内侧无毛，龙骨瓣盔状，长约 12mm，鸡冠状附属物具柄，流苏状，长约 3mm；雄蕊 8，长 10～11mm，花丝 2/3 以下连合成鞘，花药卵形；子房圆形，压扁，径 3～4mm，具缘毛，基部具环状花盘，花柱细，长 8～9mm，先端略呈 2 浅裂的喇叭形，柱头具短柄。蒴果阔倒心形至圆形，绿黄色，径 10～14mm，具半同心圆状凸起的棱，无翅及缘毛，顶端具喙状短尖头，具短柄。种子圆形，径约 4mm，棕黑色至黑色，密被白色短柔毛，种阜盔状，顶端凸起。花期 5～8 月，果期 8～10 月。

黄花倒水莲 *Polygala fallax*

凭证标本 深圳小南山，余欣繁，黄玉源（402）。
分布地 生于山谷林下水旁阴湿处，海拔（360～）1150～1650m。产江西、福建、湖南、广东、广西和云南。模式标本采自福建厦门。
本研究种类分布地 深圳小南山。
主要经济用途 本种之根入药，有补气血、健脾利湿、活血调经的功能。

堇菜科 Violaceae

蔓茎堇菜（堇菜亚属）

Viola diffusa Ging. in DC. Prodr. 1: 298. 1824; Benth. Fl. Hongk. 20. 1861; Hook. f. et Thoms. Fl. Brit. Ind. 1: 183. 1872; Maxim. in Mel. Biol. 9: 735. 1876, et in Bull. Acad. Sci. St. Petersb. 23: 325. 1877; Franch. Pl. David. 1: 43. 1884, et l. c. 2: 20. 1888, Pl. Delav. 72. 1889; Forbes et Hemsl. in Journ. Linn. Soc. Bot. 23: 52. 1886; Diels in Engler Bot. Jahrb. 29: 477. 1901; H. de Boiss. in Bull. Herb. Boss. 1077. 1901; Hayata, Icon. Pl. Form. 1: 60. 1911; W. Beck. in Beih. Bot. Centralbl. 40(2): 114. 1923; Merr. et Chun in Sunyatsenia 5: 129. 1940; Cnang in Bull. Fan Mem. Inst. Biol. n. s. 1(3): 249, 261. 1949; Lin in Taiwania 1: 271. 1950; 海南植物志 1: 360. 1964; Hara, Fl. East. Himal. 212. 1966; Jacobs et D. M. Moore in Fl. Males. 7: 202. 1971; 中国高等植物图鉴 2: 907. 图3543. 1972; Hsieh Changfu in Fl. Taiwan 3: 773. excl. Pl. 811. 1977; 秦岭植物志 1(3): 315. 图274. 1981; 西藏植物志 3: 292. 1986. ——*V. tenuis* Benth. in Hook. Lond. Journ. Bot. 1: 482. 1842. ——*V. kiusiana* Makino in Bot. Mag. Tokyo 16: 138. 1902, et l. c. 19: 73. 1905. ——*V. diffusa* Ging. var. *tomentosa* W. Beck. l. c. 20(2): 127. 1906. ——*V. diffuse* Ging. subsp. *tenuis* W. Beck. in Philip. Journ. Sci. 19: 714. 1921, p.p. ——*V. wilsonii* W. Beck. in Kew Bull. Misc. Inf. 6: 251. 1928, syn. nov. ——*V. diffuse* Ging. var. *brevisepala* W. Beck. l. c. 6: 251. 1928, syn. nov.

别名　七星莲、茶匙黄

主要形态特征　一年生草本，全体被糙毛或白色柔毛，或近无毛，花期生出地上葡萄枝。葡萄枝先端具莲座状叶丛，通常生不定根。根状茎短，具多条白色细根及纤维状根。基生叶多数，丛生呈莲座状，或于葡萄枝上互生；叶片卵形或卵状长圆形，长 1.5～3.5cm，宽 1～2cm，先端钝或稍尖，基部宽楔形或截形，稀浅心形，明显下延于叶柄，边缘具钝齿及缘毛，幼叶两面密被白色柔毛，后渐变稀疏，但叶脉上及两侧边缘仍被较密的毛；叶柄长 2～4.5cm，具明显的翅，通常有毛；托叶基部与叶柄合生，2/3 离生，线状披针形，长 4～12mm，先端渐尖，边缘具稀疏的细齿或疏生流苏状齿。花较小，淡紫色或浅黄色，具长梗，生于基生叶或葡萄枝叶丛的叶腋间；花梗纤细，长 1.5～8.5cm，无毛或被疏柔毛，中部有 1 对线形苞片；萼片披针形，长 4～5.5mm，先端尖，基部附属物短，末端圆或具稀疏细齿，边缘疏生睫毛；侧方花瓣倒卵形或长圆状倒卵形，长 6～8mm，无须毛，下方花瓣连距长约 6mm，较其他花瓣显著短；距极短，长仅 1.5mm，稍露出萼片附属物之外；下方 2 枚雄蕊背部的距短而宽，呈三角形；子房无毛，花柱棍棒状，基部稍膝曲，上部渐增粗，柱头两侧及后方具肥厚的缘边，中央部分稍隆起，前方具短喙。蒴果长圆形，直径约 3mm，长约 1cm，无毛，顶端常具宿存的花柱。花期 3～5 月，果期 5～8 月。

特征差异研究　深圳杨梅坑，植株高 6.5cm，叶长 1.2～4.5cm，叶宽 0.6～1.4cm，叶柄长 0.8～2.4cm，与上述描述相比，叶长最大值偏大，

蔓茎堇菜 *Viola diffusa*

大 1cm，叶宽最大值偏小，小 0.6cm，叶柄长最大值偏小，小 2.1cm。

凭证标本　深圳杨梅坑，王思琦（012）。

分布地　生于山地林下、林缘、草坡、溪谷旁、岩石缝隙中。产浙江、台湾、四川、云南、西藏。印度、尼泊尔、菲律宾、马来西亚、日本也有分布。

本研究种类分布地　深圳杨梅坑。

主要经济用途　全草入药，能清热解毒；外用可消肿、排脓。

蓼科 Polygonaceae

火炭母（蓼属）

Polygonum chinense L. Sp. Pl. 363. 1753; Benth. Fl. Hongk. 289. 1891; Forb. et Hemsl. in Journ. Linn. Soc. Bot. 26: 335. 1891; Stew. in Contr. Gray Herb. 88: 70. 1930. p.p.; 广州植物志 135. 1956; 湖北植物志 1: 225. 图298. 1976; 西藏植物志 1: 616. 1983. ——*P. sinense* J. F. Gmel. Syst. 2: 639. 1791. ——*P. brachiatum* Poir. in Lam. Encyc. 6: 150. 1804——*P. adenopodum* Sam. in Hand.-Mazz. Symb. Sin. 7: 181. 1929. syn. nov. ——*Ampelygonum chinense* (L.) Lindl. in Bot. Reg. 24: Misc. 62. 1832. ——*Persicaria chinensis* (L.) H. Gross in Bot. Jahrb. 49: 269. 1913. ——*P. chinensis* (L.) H. Gross var. *siamensis* Levl. in Fedde, Repert. Sp. Nov. 11: 496. 1913; 中国植物志 25(1): 55. 1998.

别名　翅地利、火炭星、火炭藤、白饭藤、信饭藤

主要形态特征　多年生草本，基部近木质。根状茎粗壮。茎直立，高 70～100cm，通常无毛，具纵棱，多分枝，斜上。叶卵形或长卵形，长 4～10cm，宽 2～4cm，顶端短渐尖，基部截形或宽心形，边缘全缘，两面无毛，有时下面沿叶脉疏生短柔毛，下部叶具叶柄，叶柄长 1～2cm，通常基部具叶耳，上部叶近无柄或抱茎；

托叶鞘膜质，无毛，长 1.5 ～ 2.5cm，具脉纹，顶端偏斜，无缘毛。花序头状，通常数个排成圆锥状，顶生或腋生，花序梗被腺毛；苞片宽卵形，每苞内具 1 ～ 3 花；花被 5 深裂，白色或淡红色，裂片卵形，果时增大，呈肉质，蓝黑色；雄蕊 8，比花被短；花柱 3，中下部合生。瘦果宽卵形，具 3 棱，长 3 ～ 4mm，黑色，无光泽，包于宿存的花被。花期 7 ～ 9 月，果期 8 ～ 10 月。

特征差异研究 ①深圳杨梅坑：叶长 6.7 ～ 7cm，宽 3 ～ 5cm，叶柄长 0.8 ～ 1.7cm。与上述特征描述相比，叶宽的最大值偏大 1cm；叶柄长的最小值偏小 0.2cm。②深圳赤坳：叶长 2.5 ～ 9.1cm，宽 1.9 ～ 4.7cm，叶柄长 0.8 ～ 1.1cm。与上述特征描述相比，叶长的最小值偏小 1.5cm；叶宽的最大值偏大 0.7cm；叶柄长的最小值偏小 0.2cm。③深圳小南山：叶长 3.8 ～ 7.6cm，宽 1.7 ～ 5cm，叶柄长 0.3 ～ 1cm。与上述特征描述相比，叶长的最小值小 0.2cm；叶宽的最小值小 0.3cm，最大值偏大 1cm；叶柄长的最小值偏小 0.7cm。④深圳莲花山：叶长 7.4 ～ 9.9cm，叶宽 4 ～ 5.6cm，叶柄长 0.8 ～ 1.5cm。与上述特征描述相比，叶宽的最大值偏大 1.6cm；叶柄长的最小值小 0.2cm。

火炭母 *Polygonum chinense*

凭证标本 ①深圳杨梅坑，余欣繁，黄玉源（273）。②深圳赤坳，陈惠如，招康赛（041）；余欣繁，招康赛（037）。③深圳小南山，王贺银，招康赛（278）；刘浩，招康赛（069）。④深圳莲花山，余欣繁，招康赛（077）。

分布地 陕西南部、甘肃南部、华东、华中、华南和西南。

本研究种类分布地 深圳杨梅坑、赤坳、小南山、莲花山。

主要经济用途 药用。

苋科 Amaranthaceae

土牛膝（牛膝属）

Achyranthes aspera L. Sp. Pl. 204. 1753; Moq. in DC. Prodr. 13 (2): 314. 1849; Wight, Icon. Pl. Ind. Orient. 5: t. 1777. 1852; Hook. f. Fl: Brit. Ind. 4: 730. 1885; Gagn. in Lecte. Fl. Gener. Indo-Chine 4: 1071. 1936; Becker in Van Steenis, Fl. Males. ser. 1, 4: 88. 1949; 广州植物志 148. 1959; 海南植物志 1: 407. 1964; 中国高等植物图鉴 1: 609. f. 1217. 1972; 中国植物志 25(2): 227. 1979.

别名 倒钩草、倒梗草

主要形态特征 多年生草本，高 20 ～ 120cm；根细长，直径 3 ～ 5mm，土黄色；茎四棱形，有柔毛，节部稍膨大，分枝对生。叶片纸质，宽卵状倒卵形或椭圆状矩圆形，长 1.5 ～ 7cm，宽 0.4 ～ 4cm，顶端圆钝，具突尖，基部楔形或圆形，全缘或波状缘，两面密生柔毛，或近无毛；叶柄长 5 ～ 15mm，密生柔毛或近无毛。穗状花序顶生，直立，长 10 ～ 30cm，花期后反折；总花梗具棱角，粗壮，坚硬，密生白色伏贴或开展柔毛；花长

土牛膝 *Achyranthes aspera*

3～4mm，疏生；苞片披针形，长3～4mm，顶端长渐尖，小苞片刺状，长2.5～4.5mm，坚硬，光亮，常带紫色，基部两侧各有1个薄膜质翅，长1.5～2mm，全缘，全部贴生在刺部，但易于分离；花被片披针形，长3.5～5mm，长渐尖，花后变硬且锐尖，具1脉；雄蕊长2.5～3.5mm；退化雄蕊顶端截状或细圆齿状，有具分枝流苏状长缘毛。

胞果卵形，长2.5～3mm。种子卵形，不扁压，长约2mm，棕色。花期6～8月，果期10月。

凭证标本　深圳马峦山，李佳婷（030）。

分布地　湖南、江西、福建、台湾、广东、广西、四川、云南、贵州。

本研究种类分布地　深圳马峦山。

主要经济用途　根入药。

锦绣苋（莲子草属）

Alternanthera bettzickiana (Regel) Nichols. Gard. Dict. ed. 1. 59. 1884; *Telanthera bettzickiana* Regel, Ind. Sem. Hort. Petrop. 862: 28. —*A. ficoides* (L.) R. Br. var. *versicolor* Lem. Illustr. Hort. t. 444. 1865; 中国植物志 25(2): 237. 1979.

别名　五色草、红草、红节节草、红莲子草

主要形态特征　多年生草本，高20～50cm；茎直立或基部匍匐，多分枝，上部四棱形，下部圆柱形，两侧各有一纵沟，在顶端及节部有贴生柔毛。叶片矩圆形、矩圆倒卵形或匙形，长1～6cm，宽0.5～2cm，顶端急尖或圆钝，有凸尖，基部渐狭，边缘皱波状，绿色或红色，或部分绿色，杂以红色或黄色斑纹，幼时有柔毛后脱落；叶柄长1～4cm，稍有柔毛。头状花序顶生及腋生，2～5个丛生，长5～10mm，无总花梗；苞片及小苞片卵状披针形，长1.5～3mm，顶端渐尖，无毛或脊部有长柔毛；花被片卵状矩圆形，白色，外面2片长3～4mm，凹形，背部下半密生开展柔毛，中间1片较短，稍凹或近扁平，疏生柔毛或无毛，内面2片极凹，稍短且较窄，疏生柔毛或无毛；雄蕊5，花丝长1～2mm，花药条形，其中1～2个较短且不育；退化雄蕊带状，高达花药的中部或顶部，顶端裂成3～5极窄条；子房无毛，花柱长约0.5mm。果实不发育。花期8～9月。

特征差异研究　深圳杨梅坑：叶长2～6.2cm，宽0.9～2.6cm，叶柄长0.3～1.2cm；与上述特征描述相比，叶长的最大值偏大0.2cm；叶宽的最小值偏小0.2cm；叶柄的最小值偏小0.7cm。

凭证标本　深圳杨梅坑，余欣繁（275）。

分布地　原产巴西，现我国各大城市栽培。

本研究种类分布地　深圳杨梅坑。

锦绣苋 *Alternanthera bettzickiana*

主要经济用途　由于叶片有各种颜色，可用作布置花坛，排成各种图案，全植物入药，有清热解毒、凉血止血、清积逐瘀功效。

青葙（青葙属）

Celosia argentea L. Sp. Pl. 205. 1753; 中国北部植物图志 4: 7, pl. 1. 1935; 中国药用植物志 1: f. 11, 1939; 广州植物志 145. f. 58. 1956; 江苏南部种子植物手册 252. f. 395. 1959; 中药志 2: 230. 彩图 12. 1959; 北京植物志. 上册：227, f. 171. 1962; 海南植物志 1: 402. f. 214. 1964; 中国高等植物图鉴 1: 603. f. 1205. 1972; 秦岭植物志 1(2): 185. f. 157. 1974; 中国植物志 25(2): 200. 1979.

别名 野鸡冠花、鸡冠花、百日红、狗尾草

主要形态特征 一年生草本，高 0.3～1m，全体无毛；茎直立，有分枝，绿色或红色，具明显条纹。叶片矩圆披针形、披针形或披针状条形，少数卵状矩圆形，长 5～8cm，宽 1～3cm，绿色常带红色，顶端急尖或渐尖，具小芒尖，基部渐狭；叶柄长 2～15mm，或无叶柄。花多数，密生，在茎端或枝端成单一、无分枝的塔状或圆柱状穗状花序，长 3～10cm；苞片及小苞片披针形，长 3～4mm，白色，光亮，顶端渐尖，延长成细芒，具 1 中脉，在背部隆起；花被片矩圆状披针形，长 6～10mm，初为白色顶端带红色，或全部粉红色，后成白色，顶端渐尖，具 1 中脉，在背面凸起；花丝长 5～6mm，分离部分长 2.5～3mm，花药紫色；子房有短柄，花柱紫色，长 3～5mm。胞果卵形，长 3～3.5mm，包裹在宿存花被片内。种子凸透镜状肾形，直径约 1.5mm。花期 5～8 月，果期 6～10 月。

凭证标本 深圳小南山，温海洋（073）。

分布地 野生或栽培，生于平原、田边、丘陵、山坡，高达海拔 1100m。分布几遍全国。朝鲜、

青葙 *Celosia argentea*

日本、俄罗斯、印度、越南、缅甸、泰国、菲律宾、马来西亚及非洲热带均有分布。

本研究种类分布地 深圳小南山。

主要经济用途 种子供药用，有清热明目作用；花序宿存经久不凋，可供观赏；种子炒熟后，可加工各种糖食；嫩茎叶浸去苦味后，可作野菜食用；全植物可作饲料。

千屈菜科 Lythraceae

大花紫薇（紫薇属）

Lagerstroemia speciosa (Linn.) Pers., Synops 2: 72. 1807; Koehne in Engl., Bot. Jahrb. 4: 28. 1883 et in Engl., Pflanzenr. 17 (IV-216): 261. f. 5fib. 1903; 广州植物志 161. 1956; Furtado et Montien in Gard. Bull. Sing. 24: 264-8, f. 29A. 1969. ——*Munchausia speciosa* Linn. in Munch. Hausv. 5: 357. 1770. ——*Lagerstroemia flos-regircae* Retz., Obs. 5: 25. 1789; Forb. et Hemsl. in Journ. Linn. Soc. Bot. 23: 305. 1887; 中国植物志 25(2): 97. 1983.

别名 大叶紫薇、百日红

主要形态特征 大乔木，高可达 25m；树皮灰色，平滑；小柱圆柱形，无毛或微被糠秕状毛。叶革质，矩圆状椭圆形或卵状椭圆形，稀披针形，甚大，长 10～25cm，宽 6～12cm，顶端钝形或短尖，基部阔楔形至圆形，两面均无毛，侧脉 9～17 对，在叶缘弯拱连接；叶柄长 6～15mm，粗壮。花淡红色或紫色，直径 5cm，顶生圆锥花序长 15～25cm，有时可达 46cm；花梗长 1～1.5cm，花轴、花梗及花萼外面均被黄褐色糠秕状的密毡毛；花萼有棱 12 条，被糠秕

大花紫薇 *Lagerstroemia speciosa*

状毛，长约 13mm，6 裂，裂片三角形，反曲，内面无毛，附属体鳞片状；花瓣 6，近圆形至矩圆状倒卵形，长 2.5 ~ 3.5cm，几不皱缩，有短爪，长约 5mm；雄蕊多数，达 100 ~ 200；子房球形，4 ~ 6 室，无毛，花柱长 2 ~ 3cm。蒴果球形至倒卵状矩圆形，长 2 ~ 3.8cm，直径约 2cm，褐灰色，6 裂；种子多数，长 10 ~ 15mm。花期 5 ~ 7 月，果期 10 ~ 11 月。

特 征 差 异 研 究　深圳马峦山：叶长 5.3 ~ 18.5cm，宽 1.2 ~ 8.0cm，叶柄长 0.2 ~ 0.7cm。与上述特征描述相比，叶长的最小值小 4.7cm；叶宽的最小值小 4.8cm；叶柄长的最小值偏小 0.4cm。

形态特征增补　深圳马峦山：花淡红色或紫色，花冠长 4.5cm；雄蕊长 1.1cm。

凭证标本　深圳马峦山，李志伟（039）；李佳婷（015）。

分布地　广东、广西及福建有栽培。分布于斯里兰卡、印度、马来西亚、越南及菲律宾。

本研究种类分布地　深圳马峦山

主要经济用途　观赏，树皮及叶可作泻药；种子具有麻醉性；根含单宁，可作收敛剂。

瑞香科 Thymelaeaceae

土沉香（沉香属）

Aquilaria sinensis (Lour.) Spreng. Syst. 2: 356. 1825. *Ophiospermum sinense* Lour. Fl. Cochinch. 1: 281. 1790: 海南植物志1: 434. 图238. 1964; 中国植物志 52(1): 290. 1999.

别名　香材（海南植物志），白木香（广州，云南双江、思茅），牙香树、女儿香（广东），栈香（本草纲目拾遗），青桂香、崖香、芄香（广东），沉香

主要形态特征　乔木，高 4 ~ 20m，树皮暗灰色，几平滑，外皮层易剥落；小枝密被平伏的长柔毛。叶柄长 4 ~ 5mm，与叶片下面均疏被长柔毛；叶片近革质，椭圆形、长圆形、倒卵形至倒卵状椭圆形，长 5 ~ 10cm，宽 2 ~ 5cm，基部宽楔形或楔形，先端渐尖或骤尖，侧脉 15 ~ 20 对。伞形花序腋生或顶生，单 1 或 2 个排成伞形的圆锥花序，长 1.2 ~ 1.6cm，有 3 ~ 8 朵花；花序梗长 2 ~ 3mm，与花梗、被丝托和萼片的两面均密被黄白色的茸毛；花梗长 0.7 ~ 1cm；被丝托钟形，黄白色，芳香，长 6 ~ 9mm；萼片 5，卵形，与被丝托近等长；鳞片状花瓣密被茸毛；雄蕊 10，一轮，花丝长约 1mm；子房卵形，密被短柔毛，2 室，每室有 1 颗胚珠，花柱极短，柱头头状。蒴果倒卵形，长 2.5 ~ 3.5cm，宽 1.5 ~ 2cm，基部收窄，先端圆，具短尖，密被黄褐色短柔毛，成熟时室背开裂，裂瓣木质。种子 1 或 2 颗，倒卵球形，长 7 ~ 8mm，黑褐色，顶端具短尖，基部有 1.5 ~ 1.8cm 长的尾状附属体，在附属体的顶端有一根细长的丝状物与果瓣顶端相连，使种子悬于果瓣而不脱落。花期 3 ~ 5 月，果期 6 ~ 10 月。

特征差异研究　深圳小南山：叶长 8.5 ~ 11.5cm，宽 2.3 ~ 5cm，叶柄长 0.4 ~ 0.6cm。与上述特征描述相比，叶长的最大值偏大 1.5cm；叶柄长的最大值偏大 0.1cm。

凭证标本　①深圳杨梅坑，王贺银，招康赛（119）；邹雨锋，招康赛（080）；余欣繁，招康赛（109）；余欣繁，黄玉源（048）；余欣繁，许旺（022）；邹雨锋，招康赛（134）；陈永恒，招康赛（027）；邹雨锋（026）。②深圳小南山，邹雨锋，黄玉源（321）；余欣繁，黄玉源（207）。③深圳，应人石，王贺银（178）；邹雨锋（175）。

土沉香 Aquilaria sinensis

分布地　生于山坡林中和边缘，海拔 20 ～ 500m。园林中常有栽培。笔架山、梧桐山、仙湖植物园，深圳市各地普遍有分布。分布于台湾、福建、广东、香港、澳门、海南、广西。

本研究种类分布地　深圳杨梅坑、小南山、应人石。

主要经济用途　土沉香木材受伤后，被真菌侵入寄生，菌体酶与薄壁细胞内的淀粉发生一系列化学变化，形成香脂，凝结于木材内，再经多年沉积，便是"沉香"。沉香为名贵香料，又可药用，有镇静、止痛、祛风等功效。

保护级别　国家二级保护植物。

了哥王（荛花属）

Wikstroemia indica (Linn.) C. A. Mey in Bull. Acad. Sci. St. Petersb. 2 (1): 357. 1843; Benth. in Hook. Journ. Bot. Kew. Gard. Misc. 5: 195. 1853; 中国植物志 52(1): 300. 1999.

别名　南岭荛花（中山大学学报），地棉皮（广西植物名录），山棉皮（江西石城），黄皮子（江西），地棉根、山豆了（常用中草药手册），小金腰带（江西草药），桐皮子（中国药用植物志），哥春光（上思），雀儿麻（容县、苍梧）

主要形态特征　灌木，高 0.5 ～ 2m 或过之；小枝红褐色，无毛。叶对生，纸质至近革质，倒卵形、椭圆状长圆形或披针形，长 2 ～ 5cm，宽 0.5 ～ 1.5cm，先端钝或急尖，基部阔楔形或窄楔形，干时棕红色，无毛，侧脉细密，极倾斜；叶柄长约 1mm。花黄绿色，数朵组成顶生头状总状花序，花序梗长 5 ～ 10mm，无毛，花梗长 1 ～ 2mm，花萼长 7 ～ 12mm，近无毛，裂片 4；宽卵形至长圆形，长约 3mm，顶端尖或钝；雄蕊 8，2 列，着生于花萼管中部以上，子房倒卵形或椭圆形，无毛或在顶端被疏柔毛，花柱极短或近于无，柱头头状，花盘鳞片通常 2 枚或 4 枚。果椭圆形，长 7 ～ 8mm，成熟时红色至暗紫色。花果期夏秋间。

凭证标本　深圳杨梅坑，余欣繁，招康赛（236）；余欣繁，黄玉源（343）。

分布地　喜生于海拔 1500m 以下地区的开旷林下或石山上。产广东、海南、广西、福建、台湾、湖南、四川、贵州、云南、浙江等省区。越南、印度、菲律宾也有分布。

本研究种类分布地　深圳杨梅坑。

了哥王 *Wikstroemia indica*

主要经济用途　全株有毒，可药用；茎皮纤维可作造纸原料。

北江荛花（荛花属）

Wikstroemia monnula Hance in Journ. Bot. 16: 13. 1878; Maxim. in Bull. Acad. Sci. St. Petersb. 31: 98. 1886; Forb. et Hemsl. in Journ. Linn. Soc. Bot. 26: 399. 1894; Dunn et Tutcher in Kew Bull. Misc, Inform. add. ser. 10: 227. 1912; 蔡少兰，中山大学学报 5(2): 104. 1956; 中国高等植物图鉴 2: 959, 图3648. 1972; 贵州植物志 3: 184. 1986. 广西植物志 1: 620, pl. 256, fig. 5-6. 1991. ——*W. stenantha* Hemsl. in Journ. Linn. Soc. Bot. 26: 400. 1894; Dunn et Tutcher in Kew Bull. Misc. Inform. Add. Ser. 10: 227. 1912. ——*W. nutans* auct. non Champ.: 蔡少兰，中山大学学报 5(2): 104. 1956, quoad W. T. Tsang 20554; 中国植物志 52(1): 312. 1999.

别名　黄皮子、土坝天（江西大余），地棉根、山谷麻（江西寻乌、广西大瑶山），山谷皮（江西遂川），山花皮（湖北武岗），山棉皮（广西资源、龙胜）

主要形态特征　灌木，高 0.5～0.8m；枝暗绿色，无毛，小枝被短柔毛。叶对生或近对生，纸质或坚纸质，卵状椭圆形至椭圆形或椭圆状披针形，长 1～3.5cm，宽 0.5～1.5cm，先端尖，基部宽楔形或近圆形，上面干时暗褐色，无毛，下面色稍淡，在脉上被疏柔毛，侧脉纤细，每边 4～5 条；叶柄短，长 1～1.5mm。总状花序顶生，有（8～）12 花；花细瘦，黄带紫色或淡红色，花萼外面被白色柔毛，长 0.9～1.1cm，顶端 4 裂，裂片先端微钝；雄蕊 8，2 列，上列 4 枚在花萼筒喉部着生，下列 4 枚在花萼筒中部着生；子房具柄，顶端密被柔毛；花柱短，柱头球形，顶基压扁，花盘鳞片 1～2 枚，线状长圆形或长方形，顶端啮蚀状。果干燥，卵圆形，基部为宿存花萼所包被。4～8 月开花，随即结果。

凭证标本　深圳小南山，余欣繁（403）。

分布地　喜生于海拔 650～1100m 的山坡、灌丛中或路旁。产广东、广西、贵州、湖南、浙江。模式标本采自广东北江。

北江荛花 *Wikstroemia monnula*

本研究种类分布地　深圳小南山。

主要经济用途　韧皮纤维可作人造棉及高级纸的原料。

细轴荛花 （荛花属）

Wikstroemia nutans Champ. ex Benth. in Hook. Journ. Bot. Kew Gard. Misc. 5: 195. 1853; Meisn. in DC. Prodr. 14: 545. 1857; 海南植物志 1: 436. 1964; 中国植物志 52(1): 298. 1999.

别名　野棉花（广东、广西），地棉麻（广西），野发麻（福建），狗颈树（浪头岛），石棉麻、山皮棉（广西博白）

主要形态特征　灌木，高 1～2m 或过之，树皮暗褐色；小枝圆柱形，红褐色，无毛。叶对生，膜质至纸质，卵形、卵状椭圆形至卵状披针形，长 3～6（～8.5）cm，宽 1.5～2.5（～4）cm，先端渐尖，基部楔形或近圆形，上面绿色，下面淡绿白色，两面均无毛，侧脉每边 6～12 条，极纤细；叶柄长约 2mm，无毛。花黄绿色，4～8 朵组成顶生近头状的总状花序，花序梗纤细，俯垂，无毛，长 1～2cm，萼筒长 1.3～1.6cm，无毛，4 裂，裂片椭圆形，长约 3mm；雄蕊 8，2 列，上列着生在萼筒的喉部，下列着生在花萼筒中部以上，花药线形，长约 1.5mm，花丝短，长约 0.5mm；子房具柄，倒卵形，长约 1.5mm，顶端被毛，花柱极短，柱头头状，花盘鳞片 2 枚，

细轴荛花 *Wikstroemia nutans*

每枚的中间有 1 隔膜，故很像有 4 枚。果椭圆形，长约 7mm，成熟时深红色。花期春季至初夏，果期夏秋间。

特征差异研究 深圳杨梅坑：叶长 2.3 ～ 5cm，宽 0.8 ～ 2.2cm，叶柄长 0.1 ～ 0.3cm。与上述特征描述相比，叶长的最小值偏小 0.7cm；叶宽的最小值偏小 0.7cm。

凭证标本 深圳杨梅坑，陈惠如，黄玉源（095）；余欣繁（283）；王贺银（378）；林仕珍，招康赛（332）；廖栋耀（073）。

分布地 常见于海拔（300 ～）800 ～ 1650m 的常绿阔叶林中。产广东、海南、广西、湖南、福建、台湾。越南也有分布。

本研究种类分布地 深圳杨梅坑。

主要经济用途 药用祛风、散血、止痛。纤维可制高级纸及人造棉。

紫茉莉科 Nyctaginaceae

簕杜鹃（叶子花属）

Bougainvillea glabra Choisy in DC. Prodr. 13 (2): 437. 1849; 广州植物志 170. 图74. 1956; 海南植物志 1: 439. 1964; 中国植物志 26: 298. 1996.

别名 宝巾、小叶九重葛、三角花、紫三角、紫亚兰、三角梅

主要形态特征 藤状灌木。茎粗壮，枝下垂，无毛或疏生柔毛；刺腋生，长 5 ～ 15mm。叶片纸质，卵形或卵状披针形，长 5 ～ 13cm，宽 3 ～ 6cm，顶端急尖或渐尖，基部圆形或宽楔形，上面无毛，下面被微柔毛；叶柄长 1cm。花顶生枝端的 3 个苞片内，花梗与苞片中脉贴生，每个苞片上生一朵花；苞片叶状，紫色或洋红色，长圆形或椭圆形，长 2.5 ～ 3.5cm，宽约 2cm，纸质；花被管长约 2cm，淡绿色，疏生柔毛，有棱，顶端 5 浅裂；雄蕊 6 ～ 8；花柱侧生，线形，边缘扩展成薄片状，柱头尖；花盘基部合生呈环状，上部撕裂状。花期冬春间（广州、海南、昆明），北方温室栽培 3 ～ 7 月开花。

特征差异研究 ①深圳杨梅坑：叶长 4.6 ～ 7.2cm，宽 1.9 ～ 3.2cm，叶柄长 0.4 ～ 0.7cm；花苞片长 2.8 ～ 3.1cm，宽 1.5 ～ 2.1cm。与上述特征描述相比，叶长的最小值偏小 0.4cm；叶宽的最小值小 1.1cm；叶柄长的最小值也偏小 0.6cm；花苞片宽的最小值偏小 0.5cm。②深圳莲花山：叶长 5 ～ 7cm，叶宽 3.1 ～ 4cm，叶柄长 0.6 ～ 1.1cm。与上述特征描述相比，叶柄的长度小 0.4cm。

凭证标本 ①深圳杨梅坑，林仕珍，招康赛（302）。②深圳莲花山，余欣繁（074）。

分布地 原产巴西。我国南方栽植于庭院、公园，北方栽培于温室，是美丽的观赏植物。

本研究种类分布地 深圳杨梅坑、莲花山。

主要经济用途 观赏价值：光叶子花苞片大，色彩鲜艳如花，且持续时间长，宜庭院种植或盆栽观赏。还可作盆景、绿篱及修剪造型。在中国南方用作围墙的攀援花卉栽培。每逢新春佳节，格外璀璨夺目。北方盆栽，置于门廊、庭院和厅堂入口处，十分醒目。欧美常用作切花。药用价值：叶可作药用，捣烂敷患处，有散淤消肿的效果，活血调经，化湿止带。治血瘀经闭、月经不调、赤白带下。光叶子花的茎、叶有毒，食用 12 ～ 20 片可导致腹泻、血便等。

簕杜鹃 *Bougainvillea glabra*

山龙眼科 Proteaceae

银桦（银桦属）

Grevillea robusta A. Cunn. ex R. Br. Prot. Nov. 24. 1830; Sleum. in Fl. Malesiana 5 (1): 156, f. 5. 1955; 广州植物志 173, 图 76. 1956; 海南植物志 1: 442, 图243. 1964; 中国高等植物图鉴 1: 526, 图1051. 1972; 云南植物志 1: 28, pl. 8, 2-4. 1977; 中国植物志 24: 7. 1988.

别名 绢柏、丝树、银橡树

主要形态特征 乔木，高 10 ~ 25m；树皮暗灰色或暗褐色，具浅皱纵裂；嫩枝被锈色绒毛。叶长 15 ~ 30cm，二次羽状深裂，裂片 7 ~ 15 对，上面无毛或具稀疏丝状绢毛，下面被褐色绒毛和银灰色绢状毛，边缘背卷；叶柄被绒毛。总状花序，长 7 ~ 14cm，腋生，或排成少分枝的顶生圆锥花序，花序梗被绒毛；花梗长 1 ~ 1.4cm；花橙色或黄褐色，花被管长约 1cm，顶部卵球形，下弯；花药卵球状，长 1.5mm；花盘半环状，子房具子房柄，花柱顶部圆盘状，稍偏于一侧，柱头锥状。果卵状椭圆形，稍偏斜，长约 1.5cm，径约 7mm，果皮革质，黑色，宿存花柱弯；种子长盘状，边缘具窄薄翅。花期 3 ~ 5 月，果期 6 ~ 8 月。

凭证标本 深圳莲花山，邹雨锋（154）；王贺银，招康赛（145）。

分布地 云南、四川西南部、广西、广东、福建、江西南部、浙江、台湾。

本研究种类分布地 深圳莲花山。

主要经济用途 家具，药用，观赏。

银桦 *Grevillea robusta*

第伦桃科 Dilleniaceae

大花第伦桃（第伦桃属）

Dillenia turbinata Finet et Gagnep. in Bull. Soc. Bot. France, Mem. 4: 11. pl. 1. 1906; Merr. in Lingn. Sci. Journ. 5: 128, 1937; 海南植物志 1: 447. 1964; 中国植物志 49(2): 195. 1984.

主要形态特征 常绿乔木，高达 30m；嫩枝粗壮，有褐色绒毛；老枝秃净，干后暗褐色。叶革质，倒卵形或长倒卵形，长 12 ~ 30cm，宽 7 ~ 14cm，先端圆形或钝，有时稍尖，基部楔形，不等侧，幼嫩时上下两面有柔毛，老叶上面变秃净，干后稍有光泽，下面被褐色柔毛；侧脉 16 ~ 27 对，脉间相隔 6 ~ 15mm，在上面很明显，在下面强烈凸起，第二次支脉及网脉在下面凸起，边

大花第伦桃 *Dillenia turbinata*

缘有锯齿，叶柄长 2 ～ 6cm，粗壮，有窄翅被褐色柔毛，基部稍膨大。总状花序生枝顶，有花 3 ～ 5 朵，花序柄长 3 ～ 5cm，粗大，有褐色长绒毛，花梗长 5 ～ 10mm，被毛，无苞片及小苞片。花大，直径 10 ～ 12cm，有香气；萼片厚肉质，干后厚革质，卵形，大小不相等，外侧的最大，长 2.5 ～ 4.5cm，宽 2 ～ 3cm，被褐毛；花瓣薄，黄色，有时黄白色或浅红色，倒卵形，长 5 ～ 7cm，先端圆，基部狭窄；雄蕊 2 轮，外轮无数，长 1.5 ～ 2cm，内轮较少数，比外轮为长，向外弯，

花丝带红色，花药延长，线形，生于花丝侧面，比花丝长 2 ～ 4 倍，顶孔裂开；心皮 8 ～ 9 个，长约 1cm，每个心皮有胚珠多个。果实近于圆球形，不开裂，直径 4 ～ 5cm，暗红色，每个成熟心皮有种子 1 至多个，种子倒卵形，长 6mm，无毛也无假种皮。花期 4 ～ 5 月。

凭证标本　深圳小南山，余欣繁（404）。

分布地　常见于常绿林里。分布于海南、广西及云南。越南。

本研究种类分布地　深圳小南山、莲花山。

锡叶藤（锡叶藤属）

Tetracera asiatica (Lour.) Hoogland in van Steenis Fl. Malesiana 1 (4): 143. 1951; 海南植物志 1: 446. 1964. ——*Segnieria asiatica* Lour. Fl. Cochinch. 341. 1790. ——*Tetracera sarmentosa* auct. non vahl: Finetet Gagnep. in Lecte. Fl. Indo-chine 1: 15. 1947. ——*Actaea aspera* Lour. Fl. Cochinch. 332. 1790. ——*Tetracera levinei* Merr. in Philip. Journ. Sci. 13C (3): 147. 1918, syn. nov. ——*Tetracera scandens* sensu Merr. in Lingn. Sci. Journ. 5: 128. 1928, non Merr. 1917; 中国植物志 49(2): 191. 1984.

别名　涩藤、涩沙藤、涩叶藤、大涩沙、涩谷藤、水车藤

主要形态特征　常绿木质藤本，长达 20m 或更长，多分枝，枝条粗糙，幼嫩时被毛，老枝秃净。叶革质，极粗糙，矩圆形，长 4 ～ 12cm，宽 2 ～ 5cm，先端钝或圆，有时略尖，基部阔楔形或近圆形，常不等侧，上下两面初时有刚毛，不久脱落，留下刚毛基部矽化小凸起，侧脉 10 ～ 15 对，在下面显著地凸起，侧脉之间相隔 3 ～ 6mm，全缘或上半部有小钝齿；叶柄长 1 ～ 1.5cm，粗糙，有毛。圆锥花序顶生或生于侧枝顶，长 6 ～ 25cm，被贴生柔毛，花序轴常为"之"字形屈曲；苞片 1 个，线状披针形，长 4 ～ 6mm，被柔毛；小苞片线形，长 1 ～ 2mm；花多数，直径 6 ～ 8mm；萼片 5 个，离生，宿存，广卵形，大小不相等，长 4 ～ 5mm，先端钝，无毛或偶有疏毛，边缘有睫毛；花瓣通常 3 个，白色，卵圆形，约与萼片等长；雄蕊多数，比萼片稍短，花丝线形，干后黑色，花药"八"字形排在膨大药隔上，干后灰色；心皮 1 个，无毛，花柱突出雄蕊之外。果实长约 1cm，成熟时黄红色，干后果皮薄革质，稍发亮，有残存花柱；种子 1 个，黑色，基部有黄色流苏状的假种皮。花期 4 ～ 5 月。

特征差异研究　①深圳杨梅坑：叶长 3.2 ～ 9.5cm，宽 1.6 ～ 4.3cm，叶柄长 1.2 ～ 1.4cm。与上述特征描述相比，叶长的最小值偏小 0.8cm；

叶长的最小值偏小 0.4cm。②深圳小南山：叶长 3.7 ～ 12.9cm，宽 1.3 ～ 5.8cm，叶柄长 1.2 ～ 1.4cm。与上述特征描述相比，叶长的最小值偏小 0.3cm，最小值偏大 0.9cm；叶宽的最小值偏小 0.7cm。

凭证标本　①深圳杨梅坑，林仕珍，许旺（024）；余欣繁，许旺（010）；王贺银，周志彬（028）。②深圳小南山，邹雨锋，周志彬（288）。

分布地　分布于广东及广西。同时见于中南半岛、印度、斯里兰卡及印度尼西亚等地。

本研究种类分布地　深圳杨梅坑、小南山。

主要经济用途　药用治疗肠炎，痢疾，脱肛，遗精，跌打。

锡叶藤 *Tetracera asiatica*

大风子科 Flacourtiaceae

天料木（天料木属）

Homalium cochinchinense (Lour.) Druce in Rept. Bot. Exch. Club. Brit. Isles 4: 628. 1917; Merr. in Lingn. Sci. Journ. 14: 40. 1936, et in Trans. Am. Philos. Soc. New. Ser. 24 (2): 272. 1938; Hand. -Mazz. in Beih. Bot. Centralbl. 48: 306. 1931; et in Osterr. Bot. Zeitschr. 35: 308. 1936; How et Ko in Acta Bot. Sin. 8 (1): 41. 1959; Li, Woody Fl. Taiwan 605. 1963; 海南植物志 1: 461. 1964; 中国高等植物图鉴 2: 921, 图3572. 1972; M. Lescot in Fl. Cambodge Laos et Vietnam 11: 84. 1970; Li, in Fl. Taiwan 3: 763. 1977; 台湾树木志 403. 1988; 台湾高等植物彩色图志 3: 520. 1988; 福建植物志 4: 17. 1989; G. S. Fan in Journ. Wuhan Bot. Res. 8 (2): 132. 1990; 广东植物志 2: 114. 1991; 广西植物志 1: 669. 1991. ——*Astranthus cochinchinensis* Lour. Fl. Cochinchin. 222. 1790. ——*Blackwellia fagifolia* Lindl. in Trans. Hort. Soc. Bot. London 6: 269. 1826. ——*B. padiflora* Lindl. in Bot. Regist. t. 1308. 1830. ——*Homalium fagifolium* Benth. in Journ. Linn. Soc. Bot. 36: 312. 1904; Gagnep. in Lecomte, Fl. Gen. Indo-Chine 2: 1008. 1921; Kanehira Form. Trees ed. 2, 476. 1936; 陈嵘, 中国树木分类学 (第二版) 860. 1953. ——*H. digynum* Gagnep. in Lecomte, Not. Syst. 3: 247. 1914. et in Lecomte, Fl. Gen. Indo-Chine 2: 1009. 1921, syn. nov; 中国植物志 52(1): 30. 1999.

主要形态特征　小乔木或灌木，高 2～10m；树皮灰褐色或紫褐色；小枝圆柱形，幼时密被带黄色短柔毛，逐渐脱落，老枝无毛，有明显纵棱。叶纸质，宽椭圆状长圆形至倒卵状长圆形，长 6～15cm，宽 3～7cm，先端急尖至短渐尖，基部楔形至宽楔形，边缘有疏钝齿，两面沿中脉和侧脉被短柔毛，偶在下面有疏短柔毛，中脉在上面凹，在下面凸起，侧脉 7～9 对，在边缘处网结；叶柄短，长 2～3mm，被黄色短柔毛。花多数，单个或簇生排成总状，总状花序长（5～）8～15cm，有时略有分枝，被黄色短柔毛；花梗丝状，长 2～3mm，被开展黄色短柔毛；花直径 8～9mm；萼筒陀螺状，长 2～3mm，被开展疏柔毛，具纵槽；萼片线形或倒披针状线形，长约 3mm，宽约 0.3mm，先端微钝，外面近无毛，内面近基部有疏长柔毛，边缘有睫毛；花瓣匙形，长 3～4mm，宽约 1mm，外面近无毛或微被疏毛，内面中部以下有疏柔毛，边缘有睫毛；花丝长于花瓣；花盘腺体近方形，有毛；子房有毛，花柱通常 3，丝状，长约 3mm，近基部有毛；侧膜胎座 3，每胎座有胚珠 2～4 颗。蒴果倒圆锥状，长 5～6mm，近无毛。花期全年，果期 9～12 月。

凭证标本　深圳杨梅坑，王贺银，招康赛（321）。

分布地　湖南、江西、福建、台湾、广东、海南、广西。

天料木 *Homalium cochinchinense*

本研究种类分布地　深圳杨梅坑。

主要经济用途　可供家具、雕刻。

广南天料木（天料木属）

Homalium paniculiflorum How et Ko in Acta Bot. Sin. 8 (1): 36, fig. 3, Pl. 2: 1. 1959; 海南植物志 1: 460. 1964; 广东植物志 2: 113. 1991; 中国植物志 52(1): 23. 1999.

别名 红皮

主要形态特征 乔木或灌木，高 8～12m；树皮灰色或黑灰色，不裂；小枝圆柱形，暗褐色，幼时密被短柔毛，不久脱落近无毛或无毛，有不规则棱条。叶薄革质，椭圆形或卵状长圆形，偶宽椭圆形，长 5～10cm，宽 3～6cm，先端尾尖至短尾尖，基部近圆形或宽楔形，边缘有钝的疏齿，齿尖有腺体，腺体在下面明显，呈圆形，微下陷，两面无毛，或下面脉腋内有髯毛，干后呈淡褐色，中脉和侧脉在两面均凸起，侧脉 5～8 对；叶柄长 4～6mm，被短柔毛。花多数，以 2～4 朵簇生或单个生于分枝上而组成圆锥状，圆锥花序顶生或腋生，长 9～11cm，密被短茸毛；花梗丝状，长 2～3.5mm，密被短茸毛，中部以上具节；花直径 4～6mm；萼筒短，倒圆锥形，长 2～2.5mm，直径约 1mm，被短茸毛，干时有明显纵槽纹；萼片狭长圆形，长 2～3.5mm，宽约 0.5mm，先端钝，两面近无毛，边缘有长睫毛；花瓣狭长圆形或倒披针形，边缘有长睫毛，比萼片稍长而宽；雄蕊长于花被，长约 4mm，下部有开展疏长毛或近无毛；花盘的腺体与雄蕊互生，呈宽圆锥形，长约 1mm，宽约 1.3mm，先端平坦；子房被开展疏柔毛；花柱长于雄蕊，通常 3，稀 2，略叉开，被开展疏毛；侧膜胎座 3，每个有倒垂的胚珠 4～5 颗。蒴果倒圆锥状，长 6～7mm，直径 1.5～2mm。花期秋季，果期冬季至春季。

凭证标本 深圳杨梅坑，余欣繁（291）；余欣繁（292）。

分布地 生于密林中、溪边灌丛中或海岸灌丛中，海拔 100～400m。产广东、海南。

本研究种类分布地 深圳杨梅坑。

主要经济用途 木材作家具和器具等的用材。

广东箣柊（箣柊属）

Scolopia saeva (Hance) Hance in Ann. Sci. Nat. Bot. ser. 4, 8: 217. 1862; *Phoberos saeva* Hance in Walp. Ann. Bot. Syst. 3: 825. 1852; 海南植物志 1: 452. 1964; 中国植物志 52(1): 18. 1999.

别名 箣血、箣子、红箣、箣咸

主要形态特征 常绿小乔木或灌木，高 4～8m；树皮浅灰色，不裂，树干有硬刺；幼枝无毛。叶革质，卵形、椭圆形或椭圆状披针形，长 6～8cm，宽 3～5cm，先端渐尖，基部楔形，两侧无腺体，边缘有疏离的浅波状锯齿，上面绿色，

广南天料木 *Homalium paniculiflorum*

广东箣柊 *Scolopia saeva*

有光泽，下面淡绿色，两面无毛，近三出脉，侧脉纤细，网脉明显；叶柄长约1cm。总状花序腋生或顶生，长为叶的一半；花小；萼片5，卵形，长约1.2mm，边缘有睫毛；花瓣5片，倒卵状长圆形，长约2mm，仅边缘有睫毛；雄蕊多数，花丝丝状，长约6mm，花药卵形，药隔顶端有三角状的附属物，无毛；花盘8裂，在雄蕊的外围；子房1室，侧膜胎座2～3个，每个胎座上有胚珠2颗；花柱粗壮，比雄蕊短。浆果红色，卵圆形，长约8mm，顶端有宿存花柱，基部有宿存的花被；种子卵状长圆形，有棱角。花期夏秋，果期秋冬。

特征差异研究　深圳杨梅坑：叶长7.5～11.5cm，宽4～5.3cm，叶柄长0.8～1.8cm。与上述特征描述相比，叶长的最大值偏大，长3.5cm；叶宽的最大值偏大，宽0.3cm；叶柄长偏大0.8cm。

凭证标本　深圳杨梅坑，邹雨锋（346）。

分布地　生于干燥的平原区或山坡杂木林中。产福建、广东等省区。越南也有分布。

本研究种类分布地　深圳杨梅坑。

主要经济用途　材质优良，供家具、农具、器具等用材，庭院供观赏。

柞木 （柞木属）

Xylosma racemosum (Sieb. et Zucc.) Miq. in Ann. Mus. Lugd. -Bot. 2: 155. 1866; Hemsl. in Journ. Linn. Soc. Bot. 23: 57. 1886; tails. in Sarg. Pl. tails. 1: 287. 1912; Levl. Fl. Kouy-Tcheou 52. 1914; Rehd. in Journ. Am. Arb. 15: 101. 1934. ——*Hisingera racemosa* Sieb. et Zucc. in Jap. 1: 169, 189, t. 88, 100, fig. III. 1-14. 1835. ——*Hisingrea japonica* Sieb. et Zucc. in Abh. Akad. Munch. 4(2): 168. 1845. ——*Xylosma japonicum* A. Gray in Mem. Am. Acad. Sci. Art. N. ser. 2, 6: 381. 1859; Qhwi , Fl. Japon 799. 1953; 中国高等植物图鉴 2: 923, 图3575. 1972; 江苏植物志. 下册: 519. 1982; 安徽植物志 3: 469. 1988; 贵州植物志 5: 173. 1988. ——*Flacourtia chinensis* Clos in Ann. Sci. Nat. Bot. ser. 4, 8: 219. 1857. ——*Xylosma apactis* Koidz. in Bot. Mag. Tokyo 39: 316. 1925; 中国植物志 52(1): 37. 1999.

别名　凿子树、蒙子树、葫芦刺、红心刺

主要形态特征　常绿大灌木或小乔木，高4～15m；树皮棕灰色，不规则从下面向上反卷呈小片，裂片向上反卷；幼时有枝刺，结果株无刺；枝条近无毛或有疏短毛。叶薄革质，雌雄株稍有区别，通常雌株的叶有变化，菱状椭圆形至卵状椭圆形，长4～8cm，宽2.5～3.5cm，先端渐尖，基部楔形或圆形，边缘有锯齿，两面无毛或在近基部中脉有污毛；叶柄短，长约2mm，有短毛。花小，总状花序腋生，长1～2cm，花梗极短，长约3mm；花萼4～6片，卵形，长2.5～3.5mm，外面有短毛；花瓣缺；雄花有多数雄蕊，花丝细长，长约4.5mm，花药椭圆形，底着药；花盘由多数腺体组成，包围着雄蕊；雌花的萼片与雄花同；子房椭圆形，无毛，长约4.5mm，1室，有2侧膜胎座，花柱短，柱头2裂；花盘圆形，边缘稍波状。浆果黑色，球形，顶端有宿存花柱，直径4～5mm；种子2～3粒，卵形，长2～3mm，鲜时绿色，干后褐色，有黑色条纹。花期春季，果期冬季。

特征差异研究　深圳杨梅坑：叶长5.2～9.6cm，宽2.8～5.7cm，叶柄长0.4～0.6cm。与上述特征描述相比，叶长的最大值偏大1.6cm；叶宽的最大值偏大2.2cm；叶柄长偏大0.2～

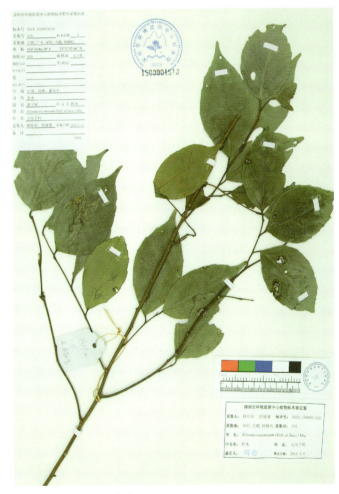

柞木 *Xylosma racemosum*

0.4cm。

凭证标本 深圳杨梅坑，林仕珍，招康赛（336）；
林仕珍，招康赛（335）。

分布地 秦岭以南和长江以南各省区。
本研究种类分布地 深圳杨梅坑。
主要经济用途 药用，家具农具。

西番莲科 Passifloraceae

龙珠果（西番莲属）

Passiflora foetida Linn. Sp. Pl. 2: 959. 1753; Harms in Engl. u. Prantl, Nat. Pflanzenfam. 3 (6a): 69. 1893; 广州植物志 182. 1956; 海南植物志 1: 466. 1964; G. Cusset in Fl. Cambodge Laos Vietnam 5: 111. 1967; 云南植物志 1: 48. 1977; S. Y. Bao in Acta Phytotax. Sin. 22 (1): 61. 1984. ——*P. hispida* DC. ex Triana et Planch. in Ann. Soc. Nat. Bot. 17: 172. 1873; C. Y. Wu et W. T. Wang in Acta Phytotax. Sin. 6: 236. 1957. ——*Dysosrrtia foetida* (Linn.) M. Roem. in Fam. Nat. Syn. 2: 150. 1846. ——*Passiflora hirsuta* auct. non Linn.: Lodd. in Bot. Cab. 2, f. 138. 1818; 中国植物志 52(1): 111. 1999.

别名 香花果、天仙果、野仙桃、肉果（云南），龙珠草、龙须果、假苦果（广东），龙眼果（广西）

主要形态特征 草质藤本，长数米，有臭味；茎具条纹并被平展柔毛。叶膜质，宽卵形至长圆状卵形，长 4.5 ～ 13cm，宽 4 ～ 12cm，先端 3 浅裂，基部心形，边缘呈不规则波状，通常具头状缘毛，上面被丝状伏毛，并混生少许腺毛，下面被毛且其上部有较多小腺体，叶脉羽状，侧脉 4 ～ 5 对，网脉横出；叶柄长 2 ～ 6cm，密被平展柔毛和腺毛，不具腺体；托叶半抱茎，深裂，裂片顶端具腺毛。聚伞花序退化仅存 1 花，与卷须对生。花白色或淡紫色，具白斑，直径 2 ～ 3cm；苞片 3 枚，一至三回羽状分裂，裂片丝状，顶端具腺毛；萼片 5 枚，长 1.5cm，外面近顶端具 1 角状附属器；花瓣 5 枚，与萼片等长；外副花冠裂片 3 ～ 5 轮，丝状，外 2 轮裂片长 4 ～ 5mm，内 3 轮裂片长约 2.5mm；内副花冠非褶状，膜质，高 1 ～ 1.5mm；具花盘，杯状，高 1 ～ 2mm；雌雄蕊柄长 5 ～ 7mm；雄蕊 5 枚，花丝基部合生，扁平；花药长圆形，长约 4mm；子房椭圆球形，长约 6mm，具短柄，被稀疏腺毛或无毛；花柱 3（～ 4)枚，长 5 ～ 6mm，柱头头状。浆果卵圆球形，直径 2 ～ 3cm，无毛；种子多数，椭圆形，长约 3mm,草黄色。花期 7 ～ 8 月，果期翌年 4 ～ 5 月。

特征差异研究 深圳莲花山：叶长 10.8 ～ 12.3cm，宽 11.3 ～ 12.7cm，叶柄长 3 ～ 10.4cm。与上述特征描述相比，叶宽的最大值偏大 0.7cm；叶柄长的最大值偏大 4.4cm。

凭证标本 深圳莲花山，邹雨锋，招康赛（113）；林仕珍，黄玉源（099）；王贺银，招康赛（093）。

龙珠果 *Passiflora foetida*

分布地 常见逸生于海拔 120 ～ 500m 的草坡路边。栽培于广西、广东、云南、台湾。原产西印度群岛，现为泛热带杂草。
本研究种类分布地 深圳莲花山。
主要经济用途 果味甜可食。广东兽医用果治猪、牛肺部疾病；叶外敷痈疮。

葫芦科 Cucurbitaceae

绞股蓝（绞股蓝属）

Gynostemma pentaphyllum (Thunb.) Makino in Bot. Mag. Tokyo 16: 179. 1902; Hand. -Mazz., Symb. Sin. 7 (4-6): 1066. 1936. Back. et Bakh. f., Fl. Java 1: 306. 1963; 陈焕镛等, 海南植物志 1: 183, 图266. 1964; Hara, Fl. E. Himal. 323. 1966; 中国高等植物图鉴 4: 349, 图6112. 1975; Keraudren in Aurevilie et Leroy, Fl. Cambodge Laos Vietnam 15: 25, fig. 5. 1975; 吴征镒, 陈书坤, 植物分类学报 21 (4): 360. 1983. ——*Vitis pentaphylla* Thunb., Fl. Jap. 105. 1784. ——*Gynostemma pedata* Bl., Bijdr. 23. 1825; C. B. Clarke in Hook. f., Fl. Brit. Ind. 2: 633. 1879; Cogn. in DC., Mon. Phan. 3: 913. 1881; Gagnep. in Lecomte, Fl. Gen. Indo-Chine 2: 1080. fig. 123. 1921; Chakr. in Rec. Bot. Surv. Ind. 17 (1): 188. 1959. ——*Enkylia trigyna* Griff., Pl. Cantor. 27. 1837. ——*E. digyna* Griff., l. c. ——*Alsomitra cissoides* Roem., Fam. Syn. Mon. 2: 118. 1846. ——*Pestalozzia pedata* (Bl.) Zoll. et Mor., Syst. Verz. Zoll. Pfl. 31. 1846. ——*Zanonia pelota* (Bl.) Miq., Fl. Tnd. Bat. 1: 683. 1856. ——*Vitis martini* Levl. et Vaniot in Bull. Soc. Agric. Sci. Sarthe 40: 41. 1905. ——*V. quelpaertensis* Levl. in Fedde, Rep. Sp. Nov. 10: 351. 1912. ——*V. mairei* Levl. in Op. Cit. 11: 299. 1912, non Levl. 1909. ——*G. pedatum* Bl. var. *hupehense* Pamp. in Nuov. Giorn. Bot. Ital. new ser. 17: 730. 1918. ——*G. pedatum* Bl. var. *trifoliatum* Hayata, Ic. Pl. Formos. 10: 5. fig. 3. 1921; 中国植物志 73(1): 269. 1986.

主要形态特征　草质攀援植物；茎细弱，具分枝，具纵棱及槽，无毛或疏被短柔毛。叶膜质或纸质，鸟足状，具 3 ～ 9 小叶，通常 5 ～ 7 小叶，叶柄长 3 ～ 7cm，被短柔毛或无毛；小叶片卵状长圆形或披针形，中央小叶长 3 ～ 12cm，宽 1.5 ～ 4cm，侧生小叶较小，先端急尖或短渐尖，基部渐狭，边缘具波状齿或圆齿状牙齿，上面深绿色，背面淡绿色，两面均疏被短硬毛，侧脉 6 ～ 8 对，上面平坦，背面凸起，细脉网状；小叶柄略叉开，长 1 ～ 5mm。卷须纤细，2 歧，稀单一，无毛或基部被短柔毛。花雌雄异株。雄花圆锥花序，花序轴纤细，多分枝，长 10 ～ 15（～ 30）cm，分枝广展，长 3 ～ 4（～ 15）cm，有时基部具小叶，被短柔毛；花梗丝状，长 1 ～ 4mm，基部具钻状小苞片；花萼筒极短，5 裂，裂片三角形，长约 0.7mm，先端急尖；花冠淡绿色或白色，5 深裂，裂片卵状披针形，长 2.5 ～ 3mm，宽约 1mm，先端长渐尖，具 1 脉，边缘具缘毛状小齿；雄蕊 5，花丝短，联合成柱，花药着生于柱之顶端。雌花圆锥花序远较雄花之短小，花萼及花冠似雄花；子房球形，2 ～ 3 室，花柱 3 枚，短而叉开，柱头 2 裂；具短小的退化雄蕊 5 枚。果实肉质不裂，球形，径 5 ～ 6mm，成熟后黑色，光滑无毛，内含倒垂种子 2 粒。种子卵状心形，径约 4mm，灰褐色或深褐色，顶端钝，基部心形，压扁，两面具乳突状凸起。花期 3 ～ 11 月，果期 4 ～ 12 月。

凭证标本　深圳杨梅坑，林仕珍（273）。

分布地　生于海拔 300 ～ 3200m 的山谷密林中、山坡疏林、灌丛中或路旁草丛中。产陕西南部和长江以南各省区。分布于印度、尼泊尔、孟加拉国、斯里兰卡、缅甸、老挝、越南、马来西亚、印度尼西亚（爪哇）、新几内亚，北达朝鲜和日本。

绞股蓝 *Gynostemma pentaphyllum*

本研究种类分布地　深圳杨梅坑。
主要经济用途　本种入药，有消炎解毒、止咳祛痰的功效。降血脂，调血压，防治血栓，防治心血管疾患，调节血糖，促睡眠，缓衰老，抗癌，提高免疫力，调节人体生理机能。绞股蓝能保护肾上腺和胸腺及内分泌器官随年龄的增长而不致萎缩，维持内分泌系统的机能，并具有降血糖和改善糖代谢作用。

山茶科 Theaceae

长梗杨桐（杨桐属）

Adinandra elegans How et Ko ex H. T. Chang in Sunyatsenia 1: 27, 1960; 中国高等植物图鉴补编 2: 477, 1983; 广东植物志 2: 156, 1991; 中国植物志 50(1): 26. 1998.

别名　狭叶杨桐（广东植物志）
主要形态特征　灌木，高约 1.5m。小枝圆筒形，灰褐色，无毛，一年生新枝圆筒形，稀稍具二棱，淡红褐色，疏被短柔毛或几无毛；顶芽细小，细锥形，被平伏短柔毛。叶互生，薄革质，窄披针形或窄倒披针形，长 4 ～ 6（～ 7）cm，宽 1 ～ 1.5cm，通常中部以上最宽，顶端尖、短尖、尖头钝或近钝形，有微凹，基部楔形，边缘有疏细齿，上面深绿色，略有光泽，无毛，下面浅绿色，幼时沿中脉疏被平伏短柔毛，迅即脱落变无毛；侧脉约 10 对，干后两面均不明显或在下面隐约可见；叶柄长约 1mm，几无毛。花单朵腋生，花梗长 2 ～ 3cm，纤细而下垂，无毛；小苞片 2，早落，线形，长约 3mm，无毛；萼片 5，卵状披针形，长约 5mm，顶端尖，边缘常具腺点或纤毛，外面无毛；花瓣 5，白色，长圆状卵形，长 8 ～ 10mm，宽约 4mm，外面中间部分被平伏绢毛；雄蕊约 25 枚，长 4 ～ 6mm，花丝无毛，花药线状长圆形，较花丝短，有丝毛；子房卵形，3 室，无毛，胚珠每室多数，花柱长约 3mm，被长柔毛，顶端 3 分叉。果卵球形，熟时黑色，直径 6 ～ 7mm，宿存花柱长约 5mm，被长柔毛，宿存萼片直伸或斜展；果梗纤细，下垂，长 3 ～ 4cm；种子多数，扁肾形，褐色，表面具网纹并有光泽。花期 6 ～ 7 月，果期 9 ～ 10 月。
特征差异研究　深圳小南山：叶长 2 ～ 6cm，宽 1 ～ 2.8cm，叶柄 0.2cm。与上述特征描述相比，叶长的最小值偏小 2cm；叶宽的最大值偏大 1.3cm；叶柄长偏大 0.1cm。

长梗杨桐 *Adinandra elegans*

凭证标本　深圳小南山，林仕珍，招康赛（242）。
分布地　特产于广东阳春县八甲河尾山；生于海拔 400 ～ 500m 的山坡路旁水沟边灌丛中或石隙间。
本研究种类分布地　深圳小南山。

杨桐（杨桐属）

Adinandra millettii（Hook. et Arn.）Benth. et Hook. f. ex Hance in Journ. Bot. 16: 9, 1878 *Cleyera millettii* Hook. et Arn, Bot. Beechey Voy. 171, t. 33, 1841. 广州植物志 199, 1957; 广东植物志 2: 158, 图104, 1991; 中国植物志 50(1): 48. 1998.

别名　黄瑞木、毛药红淡

主要形态特征　灌木或小乔木，高2～10（～16）m，胸径10～20（～40）cm，树皮灰褐色，枝圆筒形，小枝褐色，无毛，一年生新枝淡灰褐色，初时被灰褐色平伏短柔毛，后变无毛，顶芽被灰褐色平伏短柔毛。叶互生，革质，长圆状椭圆形，长4.5～9cm，宽2～3cm，顶端短渐尖或近钝形，稀可渐尖，基部楔形，边全缘，极少沿上半部疏生细锯齿，上面亮绿色，无毛，下面淡绿色或黄绿色，初时疏被平伏短柔毛，迅即脱落变无毛或几无毛；侧脉10～12对，两面隐约可见；叶柄长3～5mm，疏被短柔毛或几无毛。花单朵腋生，花梗纤细，长约2cm，疏被短柔毛或几无毛；小苞片2，早落，线状披针形，长2～3mm，宽约1mm；萼片5，卵状披针形或卵状三角形，长7～8mm，宽4～5mm，顶端尖，边缘具纤毛和腺点，外面疏被平伏短柔毛或几无毛；花瓣5，白色，卵状长圆形至长圆形，长约9mm，宽4～5mm，顶端尖，外面全无毛；雄蕊约25枚，长6～7mm，花丝长约3mm，分离或几分离，着生于花冠基部，无毛或仅上半部被毛；花药线状长圆形，长1.5～2.5mm，被丝毛，顶端有小尖头；子房圆球形，被短柔毛，3室，胚珠每室多数，花柱单一，长7～8mm，无毛。果圆球形，疏被短柔毛，直径约1cm，熟时黑色，宿存花柱长约8mm；种子多数，深褐色，有光泽，表面具网纹。花期5～7月，果期8～10月。

特征差异研究　①深圳杨梅坑：叶长4～5.1cm，宽1.9～2cm，叶柄长0.3～0.4cm。与上述特征描述相比，叶长的最小值偏小0.5cm。②深圳小南山：叶长3～9.4cm，宽1.1～3.1cm，叶柄长0.2～0.4cm；果圆球形，直径约0.8cm。与上述特征描述相比，叶长的最小值偏小1.5cm，最大

杨桐 *Adinandra millettii*

值偏大0.4cm；叶宽的最小值偏小0.9cm，最大值偏大0.1cm；叶柄长的最小值偏小0.1cm；果实直径偏小0.2cm。

凭证标本　①深圳杨梅坑，王贺银，黄玉源（120）；余欣繁，黄玉源（363）；刘浩（027）；②深圳小南山，邹雨锋，黄玉源（235）；刘浩（090）；温海洋（017）。

分布地　多生于海拔100～1300m，最高可上达1800m，常见于山坡路旁灌丛中或山地阳坡的疏林中或密林中，也往往见于林缘沟谷地或溪河路边。产于安徽（歙县、休宁、祁门）、浙江（龙泉、遂昌、丽水、泰顺、平阳、西天目山）、江西、福建、湖南（宁远、长沙、宜章、雪峰山、新宁、汝桂、鄳县、东安、莽山、城步）、广东、广西（西部山区除外）、贵州（黎平）等地区。

本研究种类分布地　深圳杨梅坑、小南山。

香港毛蕊茶（山茶属）

Camellia assimilis Champ. ex Benth. in Hook. Kew. Journ. Bot. 3: 309. 1851；Benth. Fl. Hongkong. 30, 1861；中国植物志 49(3): 193. 1998.

别名　尖叶茶

主要形态特征　灌木或小乔木，高2～4m，嫩枝纤细，有短柔毛。叶革质，椭圆形或长圆形，长4～8cm，宽1.2～2.4cm，先端渐尖或尾状渐尖，基部楔形或钝，上面干后橄榄绿色，发亮，中脉有短柔毛，下面同色，无毛，表面有多数小瘤状凸起，侧脉在上下两面均不明显，边缘有相隔1.5～2.5mm的细锯齿，叶柄长3～4mm，有短粗毛。花顶生及腋生，花柄长6mm，上部增粗；苞片5～6片，半圆形，长0.5～2mm，有毛，宿存；花萼杯状，萼片5片，近圆形，长4～5mm，有毛，宿存；花冠白色，长3cm，花瓣7片，基部略与雄蕊相连生，外侧2片长18～20mm，革质，中部增厚，背面有毛，内侧

5片，长20～30mm，背面有毛；雄蕊长2.8cm，花丝管长为花丝的4/5，上部分离的花丝有毛；子房有毛，花柱长2～2.5cm，有毛，先端3浅裂。蒴果球形，直径1.5～2cm，3室，每室有种子1粒，果壳厚于1.5mm，果柄粗大，上部宽2mm。花期1月。

特征差异研究　深圳杨梅坑：叶长3.2～6cm，宽1.4～2.3cm，叶柄长0.3～0.5cm。与上述特征描述相比，叶长的最小值偏小0.8cm；叶柄长的最大值偏大0.1cm。

凭证标本　深圳杨梅坑，陈永恒（131）；陈永恒（132）。

分布地　产广东及广西（容县）。

本研究种类分布地　深圳杨梅坑。

毛柄连蕊茶（山茶属）

Camellia fraterna Hance in Ann. Sci. Nat. Paris 18: 219. 1862; 中国植物志 49(3): 170. 1998.

别名　连蕊茶

主要形态特征　灌木或小乔木，高1～5m，嫩枝密生柔毛或长丝毛。叶革质，椭圆形，长4～8cm，宽1.5～3.5cm，先端渐尖而有钝尖头，基部阔楔形，上面干后深绿色，发亮，下面初时有长毛，以后变秃，仅在中脉上有毛，侧脉5～6对，在上下两面均不明显，边缘有相隔1.5～2.5mm的钝锯齿，叶柄长3～5mm，有柔毛。花常单生于枝顶，花柄长3～4mm，有苞片4～5片；苞片阔卵形，长1～2.5mm，被毛；萼杯状，长4～5mm，萼片5片，卵形，有褐色长丝毛；花冠白色，长2～2.5cm，基部与雄蕊连生达5mm，花瓣5～6片，外侧2片革质，有丝毛，内侧3～4片阔倒卵形，先端稍凹入，背面有柔毛或稍秃净；雄蕊长1.5～2cm，无毛，花丝管长为雄蕊的2/3；子房无毛，花柱长1.4～1.8cm，先端3浅裂，裂片长仅1～2mm。蒴果圆球形，直径1.5cm，1室，种子1个，果壳薄革质。花期4～5月。

特征差异研究　深圳杨梅坑：叶长3.5～6cm，宽1.1～3.5cm，叶柄长0.3～0.8cm。与上述特征描述相比，叶长的最小值偏小0.5cm，叶宽的最小值偏小0.4cm，叶柄长的最大值偏大0.3cm。

凭证标本　深圳杨梅坑，王贺银（346）；陈惠如，招康赛（089）；陈惠如，招康赛（088）。

分布地　浙江、江西、江苏、安徽、福建。

本研究种类分布地　深圳杨梅坑。

香港毛蕊茶 *Camellia assimilis*

毛柄连蕊茶 *Camellia fraterna*

米碎花（柃木属）

Eurya chinensis R. Br. in Abel, Narr. Journ. China 379, t. 1818; DC., Prodr. 1: 525, 1824; 广东植物志 2: 175, 图113, 1991.

别名 矮婆茶、岗茶、米碎柃木、虾辣眼、叶柃、华柃、山茶叶

主要形态特征 灌木，高 1 ～ 3m，多分枝；茎皮灰褐色或褐色，平滑；嫩枝具 2 棱，黄绿色或黄褐色，被短柔毛，小枝梢具 2 棱，灰褐色或浅褐色，几无毛；顶芽披针形，密被黄褐色短柔毛。叶薄革质，倒卵形或倒卵状椭圆形，长 2 ～ 5.5cm，宽 1 ～ 2cm，顶端钝而有微凹或略尖，偶有近圆形，基部楔形，边缘密生细锯齿，有时稍反卷，上面鲜绿色，有光泽，下面淡绿色，无毛或初时疏被短柔毛，后变无毛，中脉在上面凹下，下面凸起，侧脉 6 ～ 8 对，两面均不甚明显；叶柄长 2 ～ 3mm。花 1 ～ 4 朵簇生于叶腋，花梗长约 2mm，无毛。雄花：小苞片 2，细小，无毛；萼片 5，卵圆形或卵形，长 1.5 ～ 2mm，顶端近圆形，无毛；花瓣 5，白色，倒卵形，长 3 ～ 3.5mm，无毛；雄蕊约 15 枚，花药不具分格，退化子房无毛。雌花的小苞片和萼片与雄花同，但较小；花瓣 5，卵形，长 2 ～ 2.5mm，子房卵圆形，无毛，花柱长 1.5 ～ 2mm，顶端 3 裂。果实圆球形，有时为卵圆形，成熟时紫黑色，直径 3 ～ 4mm；种子肾形，稍扁，黑褐色，有光泽，表面具细蜂窝状网纹。花期 11 ～ 12 月，果期次年 6 ～ 7 月。

特征差异研究 ①深圳杨梅坑：叶长 3.6 ～ 4.9cm，宽 1.1 ～ 1.7cm，叶柄长 0.1 ～ 0.2cm。与上述特征描述相比，叶柄长的最小值偏小 0.1cm。②深圳赤坳：叶长 3 ～ 5.1cm，宽 1.1 ～ 2cm，叶柄长 0.3 ～ 0.4cm。与上述特征描述相比，叶柄长的最大值偏大 0.1cm。③深圳小南山：叶长 2.5 ～ 8.5cm，宽 1 ～ 2.5cm，叶柄长 0.2 ～ 0.5cm；果实圆球形，直径 1.5 ～ 4mm。与上述特征描述相比，叶长的最大值偏大 3cm；叶宽的最大值偏大 0.5cm；叶柄长的最大值偏大 0.2cm。

米碎花 *Eurya chinensis*

凭证标本 ①深圳杨梅坑，邹雨锋（362）；刘浩，黄玉源（078）。②深圳赤坳，邹雨锋（051）。③深圳小南山，邹雨锋，黄玉源（220）；邹雨锋，黄玉源（220）；邹雨锋，黄玉源（221）；邹雨锋，黄玉源（222）；林仕珍，明珠（208）；陈永恒，明珠（173）；王贺银，黄玉源（197）；余欣繁，招康赛（196）；吴凯涛，黄玉源（006）。

分布地 多生于海拔 800m 以下的低山丘陵山坡灌丛路边或溪河沟谷灌丛中。广泛分布于江西南部、福建与海南沿海及西南部、台湾（台北、台中、台东、南投、高雄）、湖南（宜章）、广东、广西南部等地。

本研究种类分布地 深圳杨梅坑、赤坳、小南山。

主要经济用途 药用，清热解毒，除湿敛疮。用于预防流行性感冒；外用治烧烫伤，脓胞疮。蛇虫咬伤；外伤出血。在园林绿化中可作绿篱栽培。

厚叶柃（柃木属）

Eurya crassilimba H. T. Chang, Fl. Xizangic. 3: 267, 图110: 2-5, 1986; 中国植物志 50(1): 172. 1998.

主要形态特征 灌木，高 1.5 ～ 4m；全株无毛；嫩枝圆柱形，深褐色或褐色，小枝灰褐色；顶芽披针形，渐尖，长 6 ～ 9mm，无毛。叶厚革质，长圆形，长 9 ～ 12cm，宽 3 ～ 4cm，顶端锐尖，尖头钝，基部近圆形，边缘密生细锯齿，干后上面黄绿色，具金黄色腺点，发亮，下面黄绿色，两面无毛，中脉在上面凹下，下面凸起，侧脉 10 ～ 13 对，连同网脉在上面凹下，下面凸起；叶柄长 4 ～ 6mm，无毛。雄花：1 ～ 2 朵腋生，花梗稍粗壮，长 2 ～ 3mm，无毛；小苞片 2，卵

形，细小，无毛；萼片5，革质，稍厚，近圆形，长约2mm，无毛，花瓣5，卵形，长3～4mm，基部稍合生；雄蕊5枚，花药不具分格，退化子房无毛。雌花及果实均未见。花期9～10月。

凭证标本 深圳杨梅坑，陈永恒（033）。

分布地 西藏墨脱一带。

本研究种类分布地 深圳杨梅坑。

岗柃（柃木属）

Eurya groffii Merr. in Philip. Journ. Sci. Bot. 25: 247, 1919; 钟心煊，中国木本植物目录 173, 1924; Melchior in Engler, Nat. Pflanzenfam. 2 Aufl. 21: 148, 1925; Kobuski in Journ. Arn. Arb. 21: 155, 1940; H. T. Chang in Act. Phytotax. Sin.3: 28, 1954; Hsu in Act. Phytotax. Sin. 9: 90, 1964; 海南植物志 1: 507, 1964; L. K. Ling in Act. Phytotax. Sin. 11: 304, 1966; 中国高等植物图鉴 2: 869, 图3467, 1972; 中国高等植物图鉴补编 2: 485, 1983; 云南种子植物名录. 上册: 360, 1984; 福建植物志 3: 499, 图351, 1987; 贵州植物志 5: 77, 图版 25: 3-4, 1988; 四川植物志 8: 208, 1989; 广东植物志 2: 170, 图111, 1991; 广西植物志 1: 835, 图版 330: 3-4, 1991; 横断山区维管植物. 上册: 1193, 1993. ——*Eurya acuminata* DC. var. *groffii* (Merr.) Kobuski in Ann. Miss. Bot. Gard. 25: 325, 1937. ——*Myrsine cavaleriei* Levl. in Fedde Rep. Soc. Nov. 10: 376, 1912. ——*Eurya acuminata* DC. var. *multiflora* auct. non Blume: Rehd. et Wils. in Sarg., Pl. Wils. 2: 401, 1915, p.p.; 中国植物志 50(1): 119. 1998.

主要形态特征 灌木或小乔木，高2～7m，有时可达10m；树皮灰褐色或褐黑色，平滑；嫩枝圆柱形，密被黄褐色披散柔毛，小枝红褐色或灰褐色，被短柔毛或几无毛；顶芽披针形，密被黄褐色柔毛。叶革质或薄革质，披针形或披针状长圆形，长4.5～10cm，宽1.5～2.2cm，顶端渐尖或长渐尖，基部钝或近楔形，边缘密生细锯齿，上面暗绿色，稍有光泽，无毛，下面黄绿色，密被贴伏短柔毛，中脉在上面凹下，下面凸起，侧脉10～14对，在上面不明显，偶有稍凹下，在下面通常纤细而隆起；叶柄极短，长约1mm，密被柔毛。花1～9朵簇生于叶腋，花梗长1～1.5mm，密被短柔毛。雄花：小苞片2，卵圆形；萼片5，革质，干后褐色，卵形，长1.5～2mm，顶端钝，并有小突尖，外面密被黄褐色短柔毛；花瓣5，白色，长圆形或倒卵状长圆形，长约3.5mm；雄蕊约20枚，花药不具分格，退化子房无毛。雌花的小苞片和萼片与雄花相间，但较

厚叶柃 *Eurya crassilimba*

岗柃 *Eurya groffii*

小；花瓣 5，长圆状披针形，长约 2.5mm；子房卵圆形，3 室，无毛，花柱长 2 ～ 2.5mm，3 裂或 3 深裂几达基部。果实圆球形，直径约 4mm，成熟时黑色；种子稍扁，圆肾形，深褐色，有光泽，表面具密网纹。花期 9 ～ 11 月，果期次年 4 ～ 6 月。

特征差异研究　①深圳杨梅坑：叶长 1.5 ～ 4.5cm，宽 1.4 ～ 2.5cm，叶柄长 0.2cm。与上述特征描述相比，叶长的最小值小 3cm；叶宽的最小值小 0.1cm，而最大值则偏大 0.3cm；叶柄长的最大值偏大 0.1cm。②深圳七娘山：叶长 2.1 ～ 4.7cm，宽 1.2 ～ 2.3cm，叶柄长 0.1 ～ 0.3cm；果实绿色，球形，直径 0.4cm，比上述特征描述叶长的最小值偏小 2.4cm；叶宽的最小值偏小 0.3cm，比其最大值偏大 0.1cm；叶柄长的最大值大 0.2cm。③深圳小南山，叶长 4.6 ～ 6.3cm，宽 2.1 ～ 2.3cm，叶柄长 0.6 ～ 0.7cm；果球形，有刺，直径 0.3cm。与上述特征描述相比，叶宽的最大值偏大 0.1cm；叶柄长度偏大 0.5cm；果实直径偏小 0.1cm。

凭证标本　①深圳杨梅坑，余欣繁（264）。②深圳七娘山，陈志洁（003）；陈志洁（010）。③深圳小南山，温海洋（010）。

分布地　多生于海拔 300 ～ 2700m 的山坡路旁林中、林缘及山地灌丛中。产于福建西（南靖、龙岩、上杭、永定、连城）、广东、海南（东方尖峰岭）、广西、四川（峨眉、叙永、嘉定、乐山）、重庆、贵州（安龙、册亨、赤水、罗甸、荔波、独山、望谟、兴仁、兴义）及云南等地。

本研究种类分布地　深圳杨梅坑、七娘山、小南山。

微毛柃（柃木属）

Eurya hebeclados Ling in Act. Phytotax. Sin. 1: 208, 1951；中国植物志 50(1): 160. 1998.

主要形态特征　灌木或小乔木，高 1.5 ～ 5m，树皮灰褐色，稍平滑；嫩枝圆柱形，黄绿色或淡褐色，密被灰色微毛，小枝灰褐色，无毛或几无毛；顶芽卵状披针形，渐尖，长 3 ～ 7mm，密被微毛。叶革质，长圆状椭圆形、椭圆形或长圆状倒卵形，长 4 ～ 9cm，宽 1.5 ～ 3.5cm，顶端急窄缩呈短尖，尖头钝，基部楔形，边缘除顶端和基部外均有浅细齿，齿端紫黑色，上面浓绿色，有光泽，下面黄绿色，两面均无毛，中脉在上面凹下，下面凸起，侧脉 8 ～ 10 对，纤细，在离叶缘处弧曲且联结，在上面不明显，有时可稍明显，下面略隆起，网脉不明；叶柄长 2 ～ 4mm，被微毛。花 4 ～ 7 朵簇生于叶腋，花梗长约 1mm，被微毛。雄花：小苞片 2，极小，圆形；萼片 5，近圆形，膜质，长 2.5 ～ 3mm，顶端圆，有小突尖，外面被微毛，边缘有纤毛；花瓣 5，长圆状倒卵形，白色，长约 3.5mm，无毛，基部稍合生；雄蕊约 15 枚，花药不具分格，退化子房无毛。雌花的小苞片和萼片与雄花同，但较小；花瓣 5，倒卵形或匙形，长约 2.5mm；子房卵圆形，3 室，无毛，花柱长约 1mm，顶端 3 深裂。果实圆球形，直径 4 ～ 5mm，成熟时蓝黑色，宿存萼片几无毛，边有纤毛；种子每室 10 ～ 12 个，肾形，稍扁而有棱，种皮深褐色，表面具细蜂窝状网纹。花期 12 月至次年 1 月，果期 8 ～ 10 月。

特征差异研究　深圳应人石：叶长 1.2 ～ 8cm，宽 0.5 ～ 3cm，叶柄长 0.3 ～ 0.5cm。与上述特征

微毛柃 *Eurya hebeclados*

描述相比，叶长的最小值小 2.8cm；叶宽的最小值小 1cm；叶柄长的最大值则偏大 0.1cm。

凭证标本 深圳应人石，林仕珍，明珠（179）；王贺银（164）。

分布地 江苏、安徽、广东、广西、四川、湖南、湖北。

本研究种类分布地 深圳应人石。

主要经济用途 药用。

细枝柃（柃木属）

Eurya loquaiana Dunn in Journ. Linn. Soc. Bot. 38: 355, 1908, 钟心煊, 中国木本植物目录 173, 1924; Melchior in Engler, Nat. Pflanzenfam. 2 Aufl. 21: 148 , 1925; Kobuski in Ann. Miss. Bot. Gard. 25: 326, 1937, P. P. min.; Ling in Act. Phytotax. Sin. 1: 199, 1951; H. T. Chang in Act. Phytotax. Sin. 3: 32, 1954; Hsu in Act. Phytotax. Sin. 9: 92, 1964; 海南植物志 1: 508, 1964; L. K. Ling in Act. Phytotax. Sin. 11: 308, 1966; 中国高等植物图鉴 2: 870, 图3469, 1972; 中国高等植物图鉴补编 2: 487, 1983; 云南种子植物名录. 上册: 361, 1984; 福建植物志 3: 501, 1987; 贵州植物志 5: 78, 1988; 四川植物志 8: 215, 图版86, 1989; 广东植物志 2: 171, 图112, 1991; 广西植物志 1: 839, 图版332: 1-2, 1991; 浙江植物志 4: 207, 图264, 1993. ——*Eurya matsudai* Hayata, Icon. Pl. Formos. 9: 6, f. 5, 1920; 中国植物志 50(1): 124. 1998.

主要形态特征 灌木或小乔木，高 2～10m；树皮灰褐色或深褐色，平滑；枝纤细，嫩枝圆柱形，黄绿色或淡褐色，密被微毛，小枝褐色或灰褐色，无毛或几无毛；顶芽狭披针形，除密被微毛外，其基部和芽鳞背部的中脉上还被短柔毛。叶薄革质，窄椭圆形或长圆状窄椭圆形，有时为卵状披针形，长 4～9cm，宽 1.5～2.5cm，顶端长渐尖，基部楔形，有时为阔楔形，上面暗绿色，有光泽，无毛，下面干后常变为红褐色，除沿中脉被微毛外，其余无毛，中脉在上面凹下，下面凸起，侧脉约 10 对，纤细，两面均稍明显；叶柄长 3～4mm，被微毛。花 1～4 朵簇生于叶腋，花梗长 2～3mm，被微毛。雄花：小苞片 2，极小，卵圆形，长约 1mm；萼片 5，卵形或卵圆形；长约 2mm，顶端钝或近圆形，外面被微毛或偶有近无毛；花瓣 5，白色，倒卵形；雄蕊 10～15 枚，花药不具分格，退化子房无毛。雌花的小苞片和萼片与雄花同；花瓣 5，白色，卵形，长约 3mm；子房卵圆形，无毛，3 室，花柱长 2～3mm，顶端 3 裂。果实圆球形，成熟时黑色，直径 3～4mm;种子肾形，稍扁，暗褐色，有光泽，表面具细蜂窝状网纹。花期 10～12 月，果期次年 7～9 月。

凭证标本 深圳马峦山，李志伟（034）。

分布地 产安徽南部、浙江南部和东南部、江西、福建、台湾、湖北西部、湖南西部和西南部、广东、

细枝柃 *Eurya loquaiana*

海南、广西、四川中部以南、贵州及云南东南部等地。

本研究种类分布地 深圳马峦山。

黑柃（柃木属）

Eurya macartneyi Champ. in Proc. Linn. Soc. Lond. 2: 99, 1850; 中国植物志 50(1): 144. 1998.

主要形态特征 灌木或小乔木，高 2～7m；树皮黑褐色，稍平滑；嫩枝粗壮，圆柱形，淡红褐色，无毛，小枝灰褐色或褐色；顶芽披针形，渐尖，无毛。叶革质，长圆状椭圆形或椭圆形，长

6～14cm，宽2～4.5cm，顶端短渐尖，基部近钝形或阔楔形，边缘几全缘，或上半部密生细微锯齿，干后上面暗黄绿色，略有光泽，下面红褐色，两面无毛，中脉在上面凹下，下面稍凸起，侧脉12～14对，纤细，在两面均明显；叶柄长3～4mm。花1～4朵簇生于叶腋，花梗长1～1.5mm，无毛。雄花：小苞片2，近圆形，长约1mm，无毛；萼片5，革质，圆形，长约3mm，顶端圆，有腺状小突尖或微凹；花瓣5，长圆状倒卵形，长4～5mm；雄蕊17～24枚，花药不具分格，退化子房无毛。雌花的小苞片与雄花同；萼片5，卵形或卵圆形，长2～2.5mm，无毛；花瓣5，倒卵状披针形，长约4mm；子房卵圆形，3室，无毛，花柱3枚，离生，长1.5～2mm。果实圆球形，直径约5mm，成熟时黑色；种子肾形，稍扁，暗褐色，有光泽，表面具细密蜂窝状网纹。花期11月至次年1月，果期6～8月。

特征差异研究　①深圳赤坳：叶长3.1～6.2cm，叶宽1.1～2cm，叶柄长0.1～0.3cm，与上述特征描述相比，叶长的最小值偏小2.9cm；叶宽的最小值小0.9cm；叶柄长的最小值偏小0.2cm。②深圳杨梅坑：叶长1.6～2.9cm，叶宽1.1～1.6cm，叶柄长0.1～0.2cm，与上述特征描述相比，叶长的整体范围偏小，最大值比上述特征描述叶长的最小值小3.1cm；叶宽的整体范围偏小，最大值比上述特征描述叶宽的最小值小0.4cm。

凭证标本　①深圳杨梅坑，邹雨锋（347）；陈永恒（146）。②深圳赤坳，邹雨锋（011）。

分布地　江西东北部和南部、福建北部、广东、海南、湖南中部和南部、广西南部。

本研究种类分布地　深圳杨梅坑、赤坳。

细齿叶柃（柃木属）

Eurya nitida Korthals in Temminck, Verh. Nat. Gesch. Bot. 3: 115, t. 17, 1840; 中国植物志 50(1): 133. 1998.

主要形态特征　灌木或小乔木，高2～5m，全株无毛；树皮灰褐色或深褐色，平滑；嫩枝稍纤细，具2棱，黄绿色，小枝灰褐色或褐色，有时具2棱；顶芽线状披针形，长达1cm，无毛。叶薄革质，椭圆形、长圆状椭圆形或倒卵状长圆形，长4～6cm，宽1.5～2.5cm，顶端渐尖或短渐尖，尖头钝，基部楔形，有时近圆形，边缘密生锯齿或细钝齿，上面深绿色，有光泽，下面淡绿色，两面无毛，中脉在上面稍

黑柃 *Eurya macartneyi*

细齿叶柃 *Eurya nitida*

凹下，下面凸起，侧脉 9 ～ 12 对，在上面不明显，下面稍明显；叶柄长约 3mm。花 1 ～ 4 朵簇生于叶腋，花梗较纤细，长约 3mm。雄花：小苞片 2，萼片状，近圆形，长约 1mm，无毛；萼片 5，几膜质，近圆形，长 1.5 ～ 2mm，顶端圆，无毛；花瓣 5，白色，倒卵形，长 3.5 ～ 4mm，基部稍合生；雄蕊 14 ～ 17 枚，花药不具分格，退化子房无毛。雌花的小苞片和萼片与雄花同；花瓣 5，长圆形，长 2 ～ 2.5mm，基部稍合生；子房卵圆形，无毛，花柱细长，长约 3mm，顶端 3 浅裂。果实圆球形，直径 3 ～ 4mm，成熟时蓝黑色；种子肾形或圆肾形，亮褐色，表面具细蜂窝状网纹。花期 11 月至次年 1 月，果期次年 7 ～ 9 月。

特征差异研究 ①深圳赤坳：叶长 1.7 ～ 6.1cm，宽 1.3 ～ 2.4cm，叶柄长 0.1 ～ 0.3cm。与上述特征描述相比，叶长的最小值偏小 2.3cm，最大值偏大 0.1cm；叶宽的最小值则偏小 0.2cm。②深圳应人石：叶长 3 ～ 5.8cm，宽 1.3 ～ 2.2cm，叶柄长 0.2 ～ 0.4cm。与上述特征描述相比，叶长的最小值偏小 1cm。③深圳杨梅坑：叶长 1.1 ～ 4.5 cm，宽 1.1 ～ 2.3 cm；叶柄长 0.1 ～ 0.3 cm。与上述特征描述相比，叶长的最小值偏小 2.9cm；叶宽的最小值偏小 0.4cm。

凭证标本 ①深圳杨梅坑，洪继猛（051）。②深圳赤坳，林仕珍（055）；林仕珍（054）。③深圳小南山，王贺银（203）；刘浩，黄玉源（084）。④深圳应人石，林仕珍，明珠（180）。

分布地 江西，湖南，福建，湖北，四川。

本研究种类分布地 深圳杨梅坑、赤坳、小南山、应人石。

主要经济用途 染料。

大头茶（大头茶属）

Gordonia axillaris (Roxb.) Dietr. Syn. Pl. 4: 863. 1847. ——*Camellia axillaries* Roxb. ex Ker-Gawl. in Bot. Reg. t. 349. 1818; Sims Bot. Mag. t. 2047. 1819. ——*Gordonia anomala* Spreng. Syst. 3: 126. 1826. ——*Polyspora axillaris* Sweet Hort. Brit. 1: 61. 1826; Icon. Cormophyt. Sin. 2: 857. 1980; 中国植物志 49(3): 207. 1998.

别名 大山皮、楠木树

主要形态特征 常绿乔木或小乔木，高 5 ～ 15m；顶芽大，紫色，无毛或有微毛幼枝粗壮，无毛。叶革质，长圆状椭圆形至长圆形，长 10 ～ 18（～ 22）cm，宽 3 ～ 6（～ 7）cm，先端短渐尖至渐尖，基部楔形下延，边缘上半部具粗钝锯齿，下部全缘，多少反卷，叶面深绿色，略具光泽，干后常变黄绿色，背面淡绿色，两面无毛，中脉在叶面凹陷，在背面极隆起，侧脉两面均不显或纤细略突；叶柄长 1.5 ～ 2cm，无毛，常带紫色。花单生小枝上部叶腋，白色，径 8 ～ 10cm；花梗短，长约 3mm，被灰黄色绒毛；小苞片 5，早落；萼片 5，卵圆形，径约 1cm，外面近基部被灰黄色细绢毛，其余无毛，紫褐色；花瓣 5，阔倒卵形，长和宽约 5cm，先端凹入，基部合生成长约 3mm 的短管；雄蕊长 2 ～ 2.5cm，无毛，基部与花瓣贴生；子房卵球形，长约 3mm，密被灰白色绒毛，花柱长约 2cm，密被白色柔毛，柱头 5，略叉开。蒴果圆柱形，长 3 ～ 3.5cm，宽约 1.5cm，具 5 棱，先端尖，5 瓣裂，每室有 5 颗种子，果梗长约 1cm；种子连翅长约 2cm，宽约 5mm。

特征差异研究 深圳杨梅坑：叶长 5 ～ 10cm，

大头茶 *Gordonia axillaris*

宽 2.2～3cm，叶柄长 0.9～1.5cm。与上述特征描述相比，叶长的最小值偏小 5cm；叶宽的最小值偏小 0.8cm；叶柄长的最小值则偏小 0.6cm。

凭证标本　深圳杨梅坑，林仕珍，黄玉源（262）；王贺银（302）；邹雨锋（342）；余欣繁，招康赛（230）；余欣繁，黄玉源（327）。

分布地　香港、广东、福建、云南、海南、广西和台湾。中南半岛。

本研究种类分布地　深圳杨梅坑。

主要经济用途　园林，药用。

银木荷（木荷属）

Schima argentea Pritz. ex Diels in Engl. Jahrb. 29: 473. 1900; Icon. Cormophyt. Sin. 2: 860. ——*Schima mairei* Hochr. in Ann. Conserv. et Jard. Bot. Geneve 211:190. 1917; 中国植物志　49(3): 215. 1998.

主要形态特征　乔木，嫩枝有柔毛，老枝有白色皮孔。叶厚革质，长圆形或长圆状披针形，长 8～12cm，宽 2～3.5cm，先端尖锐，基部阔楔形，上面发亮，下面有银白色蜡被，有柔毛或秃净，侧脉 7～9 对，在两面明显，全缘；叶柄长 1.5～2cm。花数朵生枝顶，直径 3～4cm，花柄长 1.5～2.5cm，有毛；苞片 2，卵形，长 5～7mm，有毛；萼片圆形，长 2～3mm，外面有绢毛；花瓣长 1.5～2cm，最外 1 片较短，有绢毛；雄蕊长 1cm；子房有毛，花柱长 7mm。蒴果直径 1.2～1.5cm。花期 7～8 月。

特征差异研究　深圳小南山：叶长 6～10.2cm，宽 1.2～3.6cm，叶柄 0.6～1.5cm。与上述特征描述相比，叶长的最小值偏小，小 2cm；叶宽的最小值偏小 0.8cm；叶柄长的最小值偏小 0.9cm。

凭证标本　深圳小南山，陈鸿辉（018）；温海洋（012）。

分布地　产四川、云南、贵州、湖南。模式标本采自四川南川金佛山雷家坪。

本研究种类分布地　深圳小南山。

银木荷 *Schima argentea*

木荷（木荷属）

Schima superba Gardn. et Champ. in Hook. Kew Journ. 1: 246. 1849; 中国植物志　49(3): 224. 1998.

别名　荷树、荷木

主要形态特征　乔木，高 8～18m；幼小枝无毛，或近顶端有细毛。叶革质，卵状椭圆形至矩圆形，长 10～12cm，宽 2.5～5cm，两面无毛；叶柄长 1.4～1.8cm。花白色，单独腋生或顶生成短总状花序；花梗长 1.2～4cm，通常直立；萼片 5，边缘有细毛；花瓣 5，倒卵形；子房基部密生细毛。蒴果直径约 1.5cm，5 裂。

特征差异研究　①深圳赤坳：叶长 4.1～13cm，宽 1.1～3.5cm，叶柄长 1～2cm。与上述特征描述相比，叶长的最小值小 5.9cm，最大值大 1cm；叶宽的最小值小 1.4cm；叶柄长的最小值偏小 0.4cm，最大值偏大 0.2cm。②深圳莲花山：叶长 6.2～10.3cm，宽 1.8～3.7cm，叶柄长 1～2cm。与上述特征描述相比，叶长的最小值偏小 3.8cm；叶宽的最小值偏小 0.7cm。

凭证标本　①深圳赤坳，林仕珍（100）；余欣繁，明珠（065）；②深圳莲花山，陈永恒（080）。

分布地 安徽、浙江、福建、江西、湖南、广东、台湾、贵州、四川。

本研究种类分布地 深圳赤坳、莲花山。

主要经济用途 建筑材料。

厚皮香（厚皮香属）

Ternstroemia gymnanthera (Wight et Arn.) Beddome, Fl. Sylv. 19, 1871; H. Keng, Fl. Thailand 2 (2): 154, 1972, et in Griers. et Long, Fl. Bhutan 1 (2): 364, 1984. ——*T. gymnanthera* (Wight et Arn.) Sprague in Journ. Bot. 61: 18, 1923, s. str.; Merr., Enum. Philip. 3: 71, 1923, p.p. ; Merr. in Lingn. Sci. Journ. 5: 129, 1927, p. p.; Hand.-Mazz. in Symb. Sin. 7 (1-2): 397, 1929; 中国高等植物图鉴 2: 286, 图3454, 1972; 中国高等植物图鉴补编 2: 475, 1983; 云南种子植物名录. 上册: 365, 1984; 福建植物志 3: 589, 图343, 1987; 贵州植物志 5: 57, 图版19: 2, 1988; 四川植物志 8: 198, 图版78, 1989; 广东植物志 2: 161, 图105, 1991; 广西植物志 1: 817, 图版322: 2, 1991; 横断山区维管植物. 上册: 1191, 1993; 浙江植物志 4: 201, 图4-257, 1993; H. Koba, S. Akiyama, Y. Endo et H. Ohba Name List Fl. Pl. Gymnosp. 513. 1994. ——*Cleyera gymnanthera* Wight et Arn., Prodr. Pi. Ind. Occ. 87, 1834, p.p. ——*Ternstroemia japonica* var. *wightii* Dyer in Hook. f. in Fl. Brit. Ind. 1: 281, 1874; Wils., Pl. Wils. 2: 397, 1916 p.p.; 钟心煊, 中国木本植物目录 173,1924; 陈嵘, 中国树木分类学 (第二版) 824, 1957. ——*T. japonica* auct. non. Thunb.: 钟心煊, 中国木本植物目录 173, 1924 (仅包括广东标本); Fl. Assam 1: 116, 1934, p.p.; Gagnep., Fl. Gen. Indochine Suppl. 279, 1943, p.p.; 陈嵘, 中国树木分类学(第二版) 824, 1957, p. p. ——*T. gmnanthera* var. *wightii* (Choisy) auct. non Hand.-Mazz: 中国高等植物图鉴补编 2: 475, 1983; 广西植物志 1: 817, 1991; 贵州植物志 5: 57, 图版19: 1, 1988. ——*Ternstroemia parvifolia* Hu in Fan Mem. Inst. Biol. Bot. 8: 144, 1938, syn. nov. ——*Ternstroemia pseudomicrophylla* H. T. Chang in journ. Sun Yatsen Univ. Not. Sci. (Sunyatsenia) 2: 26, 1959; 广东植物志 2: 163, 1991. syn. nov. ——*Hoferia japonica* Franch., Pl. Dalav. 105. 1889.

主要形态特征 灌木或小乔木，高 1.5～10m，有时达 15m，胸径 30～40cm，全株无毛；树皮灰褐色，平滑；嫩枝浅红褐色或灰褐色，小枝灰褐色。叶革质或薄革质，通常聚生于枝端，呈假轮生状，椭圆形、椭圆状倒卵形至长圆状倒卵形，长 5.5～9cm，宽 2～3.5cm，顶端短渐尖或急窄缩成短尖，尖头钝，基部楔形，边全缘，稀有上半部疏生浅疏齿，齿尖具黑色小点，上面深绿

木荷 *Schima superba*

厚皮香 *Ternstroemia gymnanthera*

色或绿色，有光泽，下面浅绿色，干后常呈淡红褐色，中脉在上面稍凹下，在下面隆起，侧脉5～6对，两面均不明显，少有在上面隐约可见；叶柄长7～13mm。花两性或单性，开花时直径1～1.4cm，通常生于当年生无叶的小枝上或生于叶腋，花梗长约1cm，稍粗壮；两性花：小苞片2，三角形或三角状卵形，长1.5～2mm，顶端尖，边缘具腺状齿突；萼片5，卵圆形或长圆卵形，长4～5mm，宽3～4mm，顶端圆，边缘通常疏生线状齿突，无毛；花瓣5，淡黄白色，倒卵形，长6～7mm，宽4～5mm，顶端圆，常有微凹；雄蕊约50枚，长4～5mm，长短不一，花药长圆形，远较花丝为长，无毛；子房圆卵形，2室，胚珠每室2个，花柱短，顶端浅2裂。果实圆球形，长8～10mm，直径7～10mm，小苞片和萼片均宿存，果梗长1～1.2cm，宿存花柱长约1.5mm，顶端2浅裂；种子肾形，每室1

个，成熟时肉质假种皮红色。花期5～7月，果期8～10月。

凭证标本 深圳小南山，余欣繁（418）。

分布地 多生于海拔200～1400m（云南可分布于2000～2800m）的山地林中、林缘路边或近山顶疏林中。广泛分布于安徽（休宁）、浙江、江西、福建、湖北（巴东、利川）、湖南（新宁、衡山、南岳、莽山、永顺、沅陵）、广东、广西（龙胜、罗城、大苗山、临桂、环江、象州、金秀、上林）、云南、贵州（松桃、施秉、遵义、毕节）及四川（南川、马边）等省区。分布于越南、老挝、泰国、柬埔寨、尼泊尔、不丹及印度。模式标本采自印度南部。

本研究种类分布地 深圳小南山。

主要经济用途 木质坚硬致密，可供制家具、车辆等用。种子油可制润滑油、油漆、肥皂，树皮可提取栲胶。

猕猴桃科 Actinidiaceae

黄毛猕猴桃（猕猴桃属）

Actinidia fulvicoma Hance in Journ. Bot. 23: 321. 1885; Dunn in Journ. Linn. Soc. Bot. 39: 409. 1911, quoad Ford 109, excl. specim. Guizhou; 中国植物志 49(2): 251. 1984.

主要形态特征 中型半常绿藤本；着花小枝一般长10～15cm，径约3mm，密被黄褐色绵毛或锈色长硬毛，有稀疏细小皮孔，隔年枝灰褐色，直径3～5mm或稍大，一般多少有毛被残迹，皮孔小且疏，很不显著；髓白色，片层状。叶纸质至亚革质，卵形、阔卵形、长卵形至披针状长卵形、或卵状长圆形，长8～18cm，宽4.5～10cm，顶端渐尖至短尖或钝，基部通常浅心形，偶见钝形，边缘具睫状小齿，腹面绿色，密被糙伏毛或蛛丝状长柔毛，或被短糙伏毛而毛易断损成颗粒状，或仅中脉和侧脉被或长或短的糙伏毛，背面淡绿色，密被或深或浅的黄褐色星状绒毛，大小叶脉上的毛颜色较深，因此从中脉至网状小脉都十分显著易见，侧脉9～10对；叶柄较粗厚，长1～3cm，密被黄褐色绵毛或锈色长硬毛。聚伞花序密被黄褐色绵毛，通常3花；花序柄4～10mm，花柄7～20mm；苞片钻形，长2～6mm；花白色，半开展，径约17mm；萼片5片，卵形至长方长卵形，长4～9mm，外面被绵毛，内面无毛或中部薄被绒毛；花瓣5片，无毛，倒卵形至倒长卵形，长6～17mm；花丝长3～

黄毛猕猴桃 *Actinidia fulvicoma*

7mm，花药黄色，卵状箭头形，长 1 ～ 1.2mm；子房球形，径约 3.5mm，密被黄褐色绒毛，花柱斜举，长约 4 mm。果卵珠形至卵状圆柱形，幼时被绒毛，成熟后秃净，暗绿色，长 1.5 ～ 2cm，具斑点，宿存萼片反折；种子纵径 1mm。花期 5 月中旬至 6 月下旬，果熟期 11 月中旬。

特征差异研究 深圳杨梅坑：叶长 11 ～ 15cm，宽 4.2 ～ 5.8cm，叶柄长 0.7 ～ 1.7cm。与上述特征描述相比，叶宽的最小值偏小 0.3cm；叶柄长的最小值偏小 0.3cm。

凭证标本 深圳杨梅坑，陈惠如，招康赛（006）。

分布地 广东中部至北部、湖南、江西南部。

本研究种类分布地 深圳杨梅坑。

保护级别 国家二级保护植物。

小叶猕猴桃（猕猴桃属）

Actinidia lanceolata Dunn in Journ. Linn. Soc. Sot. 38: 356. 1908; 39: 408. 1911; Li in Journ. Arn. Arb. 33: 58-59. 1952; Icon. Corm. Sin. 2: 839, fig. 3408. 1972; 中国植物志 49(2): 258. 1984.

主要形态特征 小型落叶藤本；着花小枝一般长 10 ～ 15cm，距状枝 5 ～ 7cm，径约 2mm，密被锈褐色短茸毛，皮孔可见；隔年枝灰褐色，秃净无毛，皮孔小，不很显著；髓褐色，片层状。叶纸质，卵状椭圆形至椭圆披针形，长 4 ～ 7cm，宽 2 ～ 3cm，顶端短尖至渐尖，基部钝形至楔尖，边缘的上半部有小锯齿，腹面绿色，散被粉末状微毛或完全无毛，背面粉绿色，密被短小且密致的灰白色星状茸毛，星状毛在一般放大镜下不易观察，侧脉 5 ～ 6 对，横脉和网状小脉肉眼下不易观察；叶柄长 8 ～ 20mm，密被锈褐色茸毛。聚伞花序二回分歧，有花 7 朵或少于 7 朵，密被锈褐色茸毛，花序柄长 3 ～ 6mm，花柄长 2 ～ 4mm；苞片钻形，长 1 ～ 1.5mm；花淡绿色，直径约 1cm；萼片 3 ～ 4 片，卵形或长圆形，长约 3mm，3 枚的萼片中 1 或 2 枚的顶端有楔状浅裂，内外面均被茸毛，内面的毛被较薄；花瓣 5 片，条状长圆形或瓢状倒卵形，长 4 ～ 5.5mm，雄花的稍较长；花丝 1 ～ 4mm，花药长圆形，长 1 ～ 1.5mm，雄花的均稍较长，子房球形或卵形，径约 1.5mm，密被茸毛，花柱下部 1/3 或基部小部分粘连，粘连部分有毛或无毛，不育子房卵形，被毛。果小，绿色，卵形，长 8 ～ 10mm，秃净，有显著的浅褐色斑点，宿存萼片反折，种子纵径 1.5 ～ 1.8mm。花期 5 月中旬至 6 月中旬。果熟期 11 月。

小叶猕猴桃 *Actinidia lanceolata*

特征差异研究 深圳杨梅坑：叶长 3.7 ～ 11.5cm，宽 2.1 ～ 4.1cm，叶柄长 0.1 ～ 0.2cm。与上述特征描述相比，叶长的最小值小 0.3cm，最大值大 4.5cm；叶宽的最大值偏大 1.1cm；叶柄长的整体范围偏小，其最大值比上述特征叶柄长的最小值小 0.6cm。

凭证标本 深圳杨梅坑，李志伟（007）。

分布地 生于海拔 200 ～ 800m 山地上的高草灌丛中或疏林中和林缘等环境。浙江、江西、福建、湖南、广东等省区。模式标本采自福建南平。

本研究种类分布地 深圳杨梅坑。

保护级别 国家二级保护植物。

阔叶猕猴桃（猕猴桃属）

Actinidia latifolia (Gardn. & Champ.) Merr. in Journ. Roy. As. Soc. Strait. Br. 86: 330. 1922; Nakai in Bot. Mag. Tokyo 41: 521. 1927; Sasaki in Trans. Nat. Hist. Soc. Formosa 19: 480. 1929; Hand.-Mazz., Symb. Sin. 7: 391. 1933; 中国植物志 49(2): 255. 1984.

别名 多果猕猴桃、多花猕猴桃

主要形态特征 攀援灌木，高 8m。枝淡红褐色，幼枝被锈色绒毛，具淡色长圆形至披针形皮孔；髓实心，淡白色，老时变空。叶坚纸质，阔卵形或近圆形至长圆状卵形，长 8～14cm，宽 4.5～10cm，先端渐尖，基部圆形至心形，边缘近全缘或疏生骨质细锯齿；叶面无毛，或幼时仅沿主脉被绒毛，背面密生白色星状毛，沿主脉、侧脉及第三次脉被锈色绒毛，侧脉每边 6～7，网结，细脉为毛被覆盖；柄长 2～8cm，密被浅褐色短绒毛。聚伞花序腋生，具多花，长达 11cm，密被锈色绒毛；总花梗长达 5cm，花梗长约 2cm，果时延长并变粗；苞片小，线形；萼片 5，卵形，长 4～5mm，宽 3～4mm，先端钝，外面密被锈色绒毛；花瓣 5，淡黄褐色，长圆状倒卵形，长 7mm，宽 4mm，先端钝至圆形；花丝长 3mm，花药箭头形；子房近球形，密生长柔毛，花柱长 1.5mm。果球形至长圆形，长 1.5～2cm，直径约 1.5cm，成熟时无毛或仅果基部被柔毛，具斑点。花期 5～6 月，果期 8～9 月。

特征差异研究　深圳杨梅坑：叶长 6～11.1cm，宽 3.2～6.4cm，叶柄长 1.5～4.7cm。与上述特征描述相比，叶长的最小值偏小，小 2cm；叶宽的最小值偏小，小 1.3cm；叶柄长的最小值偏小 0.5cm。

凭证标本　深圳杨梅坑，余欣繁（020）；陈惠如（008）；陈永恒，明珠（008）。

分布地　生长于海拔 450～800m 山地的山谷或山沟地带的灌丛中或森林迹地上。四川、云南、贵州、安徽、浙江、台湾、福建、江西、湖南、广西、广东等省区。越南、老挝、柬埔寨、马来西亚有分布。

本研究种类分布地　深圳杨梅坑。
主要经济用途　药用。
保护级别　国家二级保护植物。

阔叶猕猴桃 *Actinidia latifolia*

水东哥（水东哥属）

Saurauia tristyla DC., Mem. Ternstroem. 31. t. 4. 1822, Prodr. 1: 526. 1824; Benth., Fl. Hongk. 27. 1861; Dyer in Hook. f., Fl. Brit. Ind. 1: 287. 1874; Fin. & Gagn., Contr. Fl. As. Or: 2: 14. 1905, Lec., Fl. Gen. L' Ind-Chin. 1: 25. 1907; Gagn. in Humbert, Suppl. Fl. Gen. L' Ind.-Chin. 1; 27. 1938; 海南植物志 1: 512. 1964; 高等植物图鉴 2: 844. 图3418. 1972; 中国植物志 49(2): 296. 1984.

主要形态特征　灌木或小乔木，高 3～6m，稀达 12m；小枝无毛或被绒毛，被爪甲状鳞片或钻状刺毛。叶纸质或薄革质，倒卵状椭圆形、倒卵形、长卵形、稀阔椭圆形，长 10～28cm，宽 4～11cm，顶端短渐尖至尾状渐尖，基部楔形，稀钝，叶缘具刺状锯齿，稀为细锯齿，侧脉 8～20 对，两面中、侧脉具钻状刺毛或爪甲状鳞片，腹面侧脉内具 1～3 行偃伏刺毛或无；叶柄具钻状刺毛，有绒毛或无。花序聚伞式，1～4 枚簇生于叶腋或老枝落叶叶腋，被毛和鳞片，长 1～5cm，分枝处具苞片 2～3 枚，苞片卵形，花柄基部具 2 枚近对生小苞片；小苞片披针形或卵形，长 1～

水东哥 *Saurauia tristyla*

5mm；花粉红色或白色，小，直径 7～16mm；萼片阔卵形或椭圆形，长 3～4mm；花瓣卵形，长8mm，顶部反卷；雄蕊 25～34 枚；子房卵形或球形，无毛，花柱 3～4，稀 5，中部以下合生。果球形，白色、绿色或淡黄色，直径 6～10mm。

特征差异研究　深圳马峦山：叶长 7.6～11.5cm，宽 3.8～4.4cm，叶柄长 1.2～1.6cm；果球形，直径 0.8cm，果梗长 0.7cm。与上述特征描述相比，叶长的最小值小 2.4cm；叶宽的最小值小 0.2cm。

凭证标本　①深圳赤坳，温海洋（45）。②深圳马峦山，邱小波（037）。

分布地　产广西、云南、贵州、广东。印度、马来西亚也有分布。

本研究种类分布地　深圳赤坳、马峦山。

主要经济用途　根、叶入药。

桃金娘科 Myrtaceae

肖蒲桃（肖蒲桃属）

Acmena acuminatissima (Blume) Merr. et Perry in Journ. Arn. Arb. 19: 205. 1938; 海南植物志 2: 11. 图295. 1965; 中国高等植物图鉴 2: 995. 图3720. 1972 ——*Myrtus acuminatissima* Blume Bijdr. 1088. 1826 ——*Eugenia subdecurrens* Merr. et Chun in Synyatsenia 2: 289. 1835; 中国植物志 53(1): 60. 1984.

主要形态特征　乔木，高20m；嫩枝圆形或有钝棱。叶片革质，卵状披针形或狭披针形，长5～12cm，宽 1～3.5cm，先端尾状渐尖，尾长2cm，基部阔楔形，上面干后暗色，多油腺点，侧脉多而密，彼此相隔3mm，以 65°～70° 开角缓斜向上，在上面不明显，在下面能见，边脉离边缘 1.5mm；叶柄长 5～8mm。聚伞花序排成圆锥花序，长 3～6cm，顶生，花序轴有棱；花 3 朵聚生，有短柄；花蕾倒卵形，长 3～4mm，上部圆，下部楔形；萼管倒圆锥形，萼齿不明显，萼管上缘向内弯；花瓣小，长 1mm，白色；雄蕊极短。浆果球形，直径 1.5cm，成熟时黑紫色；种子 1 个。花期 7～10 月。

特征差异研究　①深圳杨梅坑，叶长 7.5～8.8cm，宽 2～2.5cm，叶柄长 0.1～0.2cm。与上述特征描述相比，叶柄长的整体范围偏小，其最大值比上述特征描述叶柄长的最小值小 0.3cm。②深圳赤坳，叶柄长 0.3～0.5cm。与上述特征描述相比，叶柄长的最小值偏小 0.2cm。③深圳小南山，叶柄长 0.1～0.2cm。叶柄长的整体范围偏小，最大值比上述特征描述叶柄长的最小值小 0.3cm。

凭证标本　①深圳杨梅坑，王贺银，招康赛（342）。②深圳赤坳，余欣繁，黄玉源（319）。③深圳小南山，余欣繁（211）。

分布地　生于低海拔至中海拔林中。产广东、广西等省区。分布至中南半岛、印度、印度尼西亚、菲律宾等地。

本研究种类分布地　深圳杨梅坑、赤坳、小南山。

主要经济用途　枝繁叶茂，嫩叶变红，具较高观赏价值。可作庭院树及风景树。

肖蒲桃 *Acmena acuminatissima*

岗松（岗松属）

Baeckea frutescens Linn. Sp. Pl. 358. 1753; 广州植物志　207. 1956; 海南植物志　2: 2. 图286. 1965; 中国高等植物图鉴　2: 1000. 图3730. 1972; 中国植物志　53(1): 57. 1984.

主要形态特征　灌木，有时为小乔木；嫩枝纤细，多分枝。叶小，无柄，或有短柄，叶片狭线形或线形，长 5～10mm，宽 1mm，先端尖，上面有沟，下面凸起，有透明油腺点，干后褐色，中脉 1 条，无侧脉。花小，白色，单生于叶腋内；苞片早落；花梗长 1～1.5mm；萼管钟状，长约 1.5mm，萼齿 5，细小三角形，先端急尖；花瓣圆形，分离，长约 1.5mm，基部狭窄成短柄；雄蕊 10 枚或稍少，成对与萼齿对生；子房下位，3 室，花柱短，宿存。蒴果小，长约 2mm；种子扁平，有角。花期夏秋。

凭证标本　①深圳杨梅坑，余欣繁，周志彬（034）；余欣繁，明珠（055）；林仕珍，许旺（009）；刘浩，招康赛（009）；陈永恒，招康赛（022）；刘浩，黄玉源（010）；邹雨锋（010）；陈惠如，招康赛（020）。②深圳赤坳，陈永恒（049）；刘浩，招康赛（039）；余欣繁，明珠（063）。③深圳小南山，赵顺（012）。④深圳马峦山，赵顺（036）；邱小波（030）；温海洋（037）。

分布地　喜生于低丘及荒山草坡与灌丛中，是酸性土的指示植物，原为小乔木，因经常被砍伐或火烧，多呈小灌木状。产福建、广东、广西及江西等省区。分布于东南亚各地。在我国海南东南部直至加里曼丹的沼泽地中常形成优势群落。

本研究种类分布地　深圳杨梅坑、赤坳、小南山、马峦山。

主要经济用途　叶含小茴香醇等，供药用，治黄

岗松 *Baeckea frutescens*

疸、膀胱炎，外洗治皮炎及湿疹。根：用于感冒高烧，黄疸，胃痛，风湿关节痛，脚气痛，小便淋痛。全株：外用于湿疹，天疱疮，脚癣。用于制药。

红千层（红千层属）

Callistemon rigidus R. Br. in Bot. Reg. t. 393. 1819; 中国植物志 53(1): 53. 1984.

别名　瓶刷木、金宝树

主要形态特征　小乔木；树皮坚硬，灰褐色；嫩枝有棱，初时有长丝毛，不久变无毛。叶片坚革质，线形，长 5～9cm，宽 3～6mm，先端尖锐，初时有丝毛，不久脱落，油腺点明显，干后凸起，中脉在两面均凸起，侧脉明显，边脉位于边上，凸起；叶柄极短。穗状花序生于枝顶；萼管略被毛，萼齿半圆形，近膜质；花瓣绿色，卵形，长 6mm，宽 4.5mm，有油腺点；雄蕊长 2.5cm，鲜红色，花药暗紫色，椭圆形；花柱比雄蕊稍长，先端绿色，其余红色。蒴果半球形，长 5mm，宽 7mm，先端平截，萼管口圆，果瓣稍下陷，3 爿裂开，果爿脱落；种子条状，长 1mm。花期 6～8 月。

特征差异研究　①深圳小南山：叶长 1.8～2.2cm，宽 0.4～0.7cm，无叶柄。与上述特征描述相比，叶长的最大值比上述特征描述叶长的最小值小 2.8cm；叶宽的最大值偏大 0.7cm。②深

圳杨梅坑：叶长 3.7 ～ 8cm，宽 0.7 ～ 1.4cm，无叶柄。与上述特征描述相比，叶长的最小值偏小1.3cm；叶宽的最大值偏大 0.8cm。③深圳莲花山：叶长 3.7 ～ 9.3cm，宽 0.5 ～ 0.7cm，叶柄长0.1 ～ 0.4cm。与上述特征描述相比，叶长的最小值偏小 1.3cm，最大值偏大 0.3cm；叶宽的最大值偏大 0.1cm。

凭证标本 ①深圳杨梅坑，余欣繁，黄玉源（269）；林仕珍，招康赛（303）；洪继猛（053）。②深圳小南山，王贺银，招康赛（274）。③深圳莲花山，邹雨锋（142）；林仕珍（142）。

分布地 广东，广西。

本研究种类分布地 深圳杨梅坑、小南山、莲花山。

主要经济用途 园林应用。

垂枝红千层（红千层属）

Callistemon viminalis G. Don ex Lond. 施振周等，北京林业大学学报 23 (S): 32-33. 2001；陈定如，广东园林 5: 75-76. 2009；黎兆海和何志红，广西林业科学 41 (3): 252-259. 2012.

主要形态特征 常绿小乔木，高 5 ～ 8m。树皮灰褐色，皱纵裂；小枝细长而弯垂。嫩枝和幼叶被柔毛，老时秃净。树冠垂柳形。叶螺旋状互生，革质，披针形，长 3 ～ 11cm，宽 3 ～ 10cm，先端渐尖，基部渐狭，老叶边缘略反卷，羽状脉及边脉明显，有透明的油腺点，揉搓有芳香油气味。花稠密单生于枝顶部叶腋，无柄，在细枝上排成穗状花序状，悬垂；花瓣 5 片，卵形，淡黄色，宽 3mm；雄蕊多数，花丝及花柱伸长突出，长1.5 ～ 2.0cm，红色，于枝轴上排成圆柱状，状似试管刷；花后顶端延生新枝叶。蒴果碗状半球形，直径约 5mm，在细枝上紧密排列成串，又因其枝叶似垂柳，故俗称串钱柳。种子细小。花期 3 ～5 月及 10 月；果熟期 8 月及 12 月。

凭证标本 深圳小南山，温海洋（075）。

分布地 原产澳大利亚。中国中亚热带以南常见栽培。

红千层 *Callistemon rigidus*

垂枝红千层 *Callistemon viminalis*

本研究种类分布地 深圳小南山。

主要经济用途 园林应用。

美花红千层（红千层属）

Callistemon citrinus，南方园艺 25 (1): 48-50. 2014.

别名 硬枝红千层

主要形态特征 常绿灌木，高 2 ～ 3m。树冠卵形或广卵形，枝条刚硬竖直，成熟枝条棕褐色，有白色相间的斑驳条纹，自然生长枝条紧密；单叶互生披针形，与枝条呈 45° 角上竖，全缘革质羽状脉，有透明腺点，长 4 ～ 6cm，宽1.0 ～ 1.4cm，富含芳香气味，寿命长，新老叶片聚生，成熟叶翠绿，穗状花序着生于枝顶或近顶端，长度 7～10cm，似瓶刷状，花鲜红色；花后枝条仍能继续生长成为带叶枝。萼管钟形，基部与子房合生，裂片 5，脱落早；单朵花径 2.0～3.0cm，花无柄，花瓣 5 枚，单朵花离瓣轮生状、圆形，脱落；雄蕊多数，分离，比花瓣长，鲜红色；子房 3～4 室，每室包含多数胚珠；蒴果包于萼管内，顶端开裂，宿存于枝条，单果直径 0.5～0.8cm，钟状半球状，顶部平。

特征差异研究 深圳杨梅坑，叶长 4.5～7.5cm，叶宽 1～1.5cm，也上述描述相比，叶长最大值偏大，大 1.5cm，叶宽基本相同。

凭证标本 深圳杨梅坑，洪继猛（053）；深圳杨梅坑，王思琦（021）。

分布地 原产大洋洲东部地区，在珠三角地区盛花期为 3～5 月，其余季节有零星开放。在岭南地区具有广泛适应性。

本研究种类分布地 深圳杨梅坑。

主要经济用途 适合庭院美化，为高级庭院美化观花树、行道树、风景树，还可作防风林、切花或大型盆栽，并可修剪整枝成为高贵盆景。在抗盐碱生态植物品种中，红千层是首选的优良观花树种。

美花红千层 *Callistemon citrinus*

水翁（水翁属）

Cleistocalyx operculatus (Roxb.) Merr. & Perry in Journ. Arn. Arb. 18: 337. 1937; *Eugenia operculata* Roxb. Hort. Bengal. 37. 1814; 广州植物志 206. 1956; 海南植物志 2: 22. 1965; 中国植物志 53(1): 118. 1984.

别名 水榕

主要形态特征 乔木，高 15m；树皮灰褐色，颇厚，树干多分枝；嫩枝压扁，有沟。叶片薄革质，长圆形至椭圆形，长 11～17cm，宽 4.5～7cm，先端急尖或渐尖，基部阔楔形或略圆，两面多透明腺点，侧脉 9～13 对，脉间相隔 8～9mm，以 45°～65° 开角斜向上，网脉明显，边脉离边缘 2mm；叶柄长 1～2cm。圆锥花序生于无叶的老枝上，长 6～12cm；花无梗，2～3 朵簇生；花蕾卵形，长 5mm，宽 3.5mm；萼管半球形，长 3mm，帽状体长 2～3mm，先端有短喙；雄蕊长 5～8mm；花柱长 3～5mm。浆果阔卵圆形，长 10～12mm，直径 10～14mm，成熟时紫黑色。花期 5～6 月。

特征差异研究 ①深圳杨梅坑：叶长 12.5～16.5cm，宽 3.4～4.6cm，叶柄长 0.3～0.5cm。与上述特征描述相比，叶宽的最小值偏小 1.1cm；叶柄长的整体范围偏小，最大值比上述叶柄长的最小值小 0.5cm。②深圳马峦山：叶长 14.3～16.1cm，宽 3.2～5.1cm，叶柄长 0.4～1cm。与

水翁 *Cleistocalyx operculatus*

上述特征描述相比，叶宽的最小值偏小 1.3cm；叶柄长的最小值偏小 0.6cm。

形态特征增补　深圳杨梅坑，花冠长 1.7cm，花梗长 0.5cm。

凭证标本　①深圳杨梅坑，邹雨锋，招康赛（024）。②马峦山，陈志洁（032）

分布地　喜生水边。产广东、广西及云南等省区。

分布于中南半岛、印度、印度尼西亚及大洋洲等地。

本研究种类分布地　深圳杨梅坑、马峦山。

主要经济用途　具药用价值。花蕾：感冒发热，细菌性痢疾，急性胃肠炎，消化不良。根：黄疸型肝炎。树皮：外用治烧伤，麻风，皮肤瘙痒，脚癣。叶：外用治急性乳腺炎。

广叶桉（桉属）

Eucalyptus amplifolia Naud. Descr. Emploi Eucalypt. 28. 1891; Penfold & Willis The Eucalypts 875. 1961; 中国植物志　53(1): 43. 1984.

主要形态特征　乔木；树皮平滑，逐年脱落，有斑块；嫩枝圆形。幼态叶对生，叶片卵形至圆形，长 7～14cm，宽 6～12cm；过渡型叶片阔披针形，宽 4～5cm；成熟叶片披针形，长 10～25cm，宽 2.5～3.5cm，稍弯曲，两面有细腺点，侧脉以 45° 角斜向上，边脉离叶缘 0.7mm，叶柄长 1.5～2.5cm。伞形花序有花 7～20 朵，总梗扁平或有棱，长 10～20mm；花梗长 3～4mm；花蕾长卵形，长 10～15mm，宽 4～5mm；萼管半球形，长 3mm；帽状体比萼管长 3～4 倍，长锥形，渐尖；雄蕊长 1cm，花药倒卵形，纵裂，背部有大腺体。蒴果半球形或截头状球形，长 4～6mm，宽 5～7mm，果缘突出萼管 1～1.5mm，果瓣 3～4。花期 8 月。

特征差异研究　深圳杨梅坑：叶长 5.5～13cm，宽 2.5～4.2cm，叶柄长 0.5～1.5cm。与上述特征描述相比，叶长的最小值偏小 1.5cm；叶宽的最小值偏小 1.5cm；叶柄长的最小值偏小 1cm。

凭证标本　深圳杨梅坑，余欣繁，招康赛（098）。

分布地　原产地在澳大利亚东部沿海地区，常见于冲积的重黏土上，从平地分布到海拔 700m；木材红色，松软不耐腐。广东栽种有 40 年历史，生长不理想；广西柳州及南宁栽种，生长较良好。

本研究种类分布地　深圳杨梅坑。

广叶桉 *Eucalyptus amplifolia*

尾叶桉（桉属）

Eucalyptus urophylla S. T. Blake, 中国景观植物. 上册: 503, 2011.

主要形态特征　常绿乔木，高达 30m。茎干上部树皮平滑，淡紫红色；基部树皮粗糙纵裂，灰褐色。叶互生，革质，卵状披针形或长卵形，长 10～24cm，揉之具有红花油气味。伞形花序腋生；花白色。蒴果半球形。花期 10～11 月；果期翌年 6 月。

特征差异研究　深圳赤坳，叶长 10～20cm，与上述描述相比，叶长最大值偏小 4cm。

凭证标本 深圳赤坳，刘浩，招康赛（045）。
分布地 原产印度尼西亚。中国广东、广西、海南等地有引种栽植。
本研究种类分布地 深圳赤坳。
主要经济用途 枝叶含油，木材可制人造板、纸浆，叶可提取芳香油，树木可美化环境，是集经济、生态、社会效益为一体的速生经济树种。为速生用材林、荒山绿化和行道绿化树种。

红果仔（番樱桃属）

Eugenia uniflora Linn. Sp. Pl. 1: 470. 1753; Miq. Fl. Ind. Bat. 1 (1): 440. 1855; 中国植物志 53(1): 58. 1984.

别名 巴西红果
主要形态特征 灌木或小乔木，高可达5m，全株无毛。叶片纸质，卵形至卵状披针形，长3.2～4.2cm，宽2.3～3cm，先端渐尖或短尖，钝头，基部圆形或微心形，上面绿色发亮，下面颜色较浅，两面无毛，有无数透明腺点，侧脉每边约5条，稍明显，以近45°开角斜出，离边缘约2mm处汇成边脉；叶柄极短，长约1.5mm。花白色，稍芳香，单生或数朵聚生于叶腋，短于叶；萼片4，长椭圆形，外反。浆果球形，直径1～2cm，有8棱，熟时深红色，有种子1～2颗。花期春季。
特征差异研究 深圳莲花山：叶长2.1～4.9cm，宽1.3～3.2cm，对生，近全缘，少数叶片顶端内凹，近无叶柄。与上述特征描述相比，叶长的最小值偏小1.1cm，最大值偏大0.7cm；叶宽的最小值小1cm，最大值偏大0.2cm。
凭证标本 深圳莲花山，林仕珍，许旺（141）；林仕珍，黄玉源（140）。
分布地 原产巴西。华南有少量栽培。
本研究种类分布地 深圳莲花山。
主要经济用途 食用品，绿化，盆栽。

千层金（白千层属）

Melaleuca bracteata F. Muell. var. *revolution* Gold. 中国景观植物. 上册: 504. 2009.

别名 黄金香柳
主要形态特征 常绿小乔木，高可达6～8m，胸径可达15～20cm。主干直立，树冠塔形；材质坚硬，树干暗灰色，树皮不易剥落；叶革质互生，披针形或狭长圆形，长1～2cm，宽2～3mm，

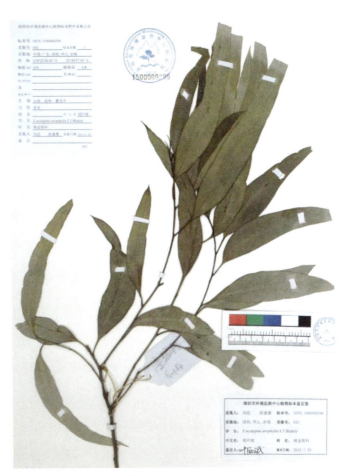
尾叶桉 *Eucalyptus urophylla*

红果仔 *Eugenia uniflora*

两端尖，基出脉 5 条，具油腺点，香味浓郁，叶色全年金黄色至鹅黄色；枝条细长柔软且韧性好，嫩枝微红；穗状花序生于枝顶，花后花序轴能继续伸长；花白色，萼卵形，先端 5 小圆齿裂，花瓣 5 片，雄蕊 5 束，花柱略长于雄蕊；蒴果近球形，3 裂。

特征差异研究 深圳莲花山：叶长 0.9 ～ 2.1cm，宽 0.1 ～ 0.2cm，无叶柄。与上述特征描述相比，叶长的最小值小 0.1cm，最大值大 0.1cm；叶宽的最小值小 0.1cm。

凭证标本 深圳莲花山，林仕珍，招康赛（144）；王贺银，招康赛（135）；余欣繁，许旺（117）。

分布地 原产新西兰、荷兰等濒海国家。现中国南方大部分地区栽培。

本研究种类分布地 深圳莲花山。

主要经济用途 黄金香柳具有极高的观赏价值和经济效益，枝叶可提取具有浓郁香气和强活性的精油，是世界上珍贵的化妆品香料之一，具有广谱抗微生物、抑菌和消炎等特性，被广泛应用于化妆品、医药、日用化工等领域。叶片含有舒缓精神压力的物质，有一定药用价值，并具有杀螨驱蚊的功效。

千层金 *Melaleuca bracteata* var. *revolution*

桃金娘（桃金娘属）

Rhodomyrtus tomentosa (Ait.) Hassk. Fl. Beibl. 2: 1842; Wight Spicil. Neilgher. 1: 60, t. 71. 1845; Miq. Fl. Ind. Bat. 1 (1): 477. 1855; Benth. Fl. Hongk. 121. 1861; Forbes & Hemsl. in Journ. Linn. Soc. Bot. 23: 295. 1877; Nied. in Engl. u. Prantl Nat. Pflanzenfam. 3 (7): 70, f. 37. 1893; Henry in Trans. As. Soc. Japan 24 (Suppl.): 43. 1896; Matsum. in Bot. Mag. Tokyo 12: 68. 1898; Matsum & Hayata Enum. Pl. Formos. 142. 1906; Gagnep. in Lecte. Fl. Gen. Indo-Chine 2: 794. f. 85. 1920; Merr. Enum. Born. Pl. 425. 1921; Ridley Fl. Mal. Penin. 1: 717. 1922; Merr. Fnum. Philip. 3: 156. 1923; Groff in Lingnan Univ. Sci. Bull. 2: 76. 1930; McClure in Lingnan Univ. Sci. Bull. 3: 29. 1931; Merr. in Trans. Amer. Philos. Soc. 24 (2): 283. 1935; 广州植物志 201. 1956; 海南植物志 2: 7. 图291 1965; 中国高等植物图鉴 2: 991. 图3712. 1972; 中国植物志 53(1): 121. 1984.

别名 岗稔

主要形态特征 灌木，高 1 ～ 2m；嫩枝有灰白色柔毛。叶对生，革质，叶片椭圆形或倒卵形，长 3 ～ 8cm，宽 1 ～ 4cm，先端圆或钝，常微凹入，有时稍尖，基部阔楔形，上面初时有毛，以后变无毛，发亮，下面有灰色茸毛，离基三出脉，直达先端且相结合，边脉离边缘 3 ～ 4mm，中脉有侧脉 4 ～ 6 对，网脉明显；叶柄长 4 ～ 7mm。花有长梗，常单生，紫红色，直径 2 ～ 4cm；萼管倒卵形，长 6mm，有灰茸毛，萼裂片 5，近圆形，长 4 ～ 5mm，宿存；花瓣 5，倒卵形，长 1.3 ～ 2cm；雄蕊红色，长 7 ～ 8mm；子房下位，3 室，花柱长 1cm。浆果卵状壶形，长 1.5 ～ 2cm，宽 1 ～ 1.5cm，熟时紫黑色；种子每室 2 列。花期 4 ～ 5 月。

特征差异研究 ①深圳杨梅坑：叶长 4 ～ 10.2cm，叶宽 1.5 ～ 4.4cm，叶柄长 0.3 ～ 0.6cm。与上述特征描述相比，叶长的最大值偏大 2.2cm；叶宽的最大值偏大 0.4cm；叶柄长的最大值偏大 0.1cm。②深圳赤坳：叶长 3 ～ 8cm，叶宽 2 ～ 4.5cm，叶柄长 0.5 ～ 1cm。与上述特征描述相比，叶宽的最大值偏大 0.5cm；叶柄长的最大值偏大

0.3cm。③深圳应人石：叶长 3 ～ 7.5cm，叶宽 1.2 ～ 3.1cm，叶柄长 0.3 ～ 0.7cm。与上述特征描述相比，叶柄长的最小值小 0.1cm。④深圳莲花山，叶柄长 0.5 ～ 0.9cm，与上述特征描述相比，叶柄长的最大值偏大 0.2cm。

凭证标本 ①深圳杨梅坑，陈永恒，黄玉源（24）；陈惠如，黄玉源（029）；廖栋耀（018）。②深圳七娘山，陈鸿辉（016）。③深圳赤坳，邹雨锋，黄玉源（056）；黄启聪（032）。④深圳应人石，邹雨锋，招康赛（190）。⑤深圳莲花山，邹雨锋，招康赛（124）。

分布地 台湾、福建、广东、广西、云南、贵州及湖南最南部。

本研究种类分布地 深圳杨梅坑、七娘山、赤坳、应人石、莲花山。

主要经济用途 药用。

桃金娘 *Rhodomyrtus tomentosa*

线枝蒲桃（蒲桃属）

Syzygium araiocladum Merr. et Perry in Journ. Arn. Arb. 19: 225. 1938; 海南植物志 2: 17. 1965; 中国植物志 53(1): 107. 1984.

主要形态特征 小乔木，高 10m；嫩枝极纤细，圆形，干后褐色。叶片革质，卵状长披针形，长 3 ～ 5.5cm，宽 1 ～ 1.5cm，先端长尾状渐尖，尾部的长度约 2cm，尖细而弯斜，基部宽而急尖，阔楔形，上面干后橄榄绿色，下面多细小腺点，侧脉多而密，相隔约 1.5mm，以 70° 开角缓斜向边缘，离边缘 1mm 处相结合成边脉，在上下两面均不明显；叶柄长 2 ～ 3mm。聚伞花序顶生或生于上部叶腋内，长 1.5cm，有花 3 ～ 6 朵；花蕾短棒状，长 7 ～ 8mm，花梗长 1 ～ 2mm；萼管长 7mm，粉白色，干后直向皱缩，萼齿 4 ～ 5，三角形，长 0.8mm，先端尖；花瓣 4 ～ 5，分离，卵形，长 2mm；雄蕊长 3 ～ 4mm；花柱长 5mm。果实近球形，长 5 ～ 7mm，宽 4 ～ 6mm。花期 5 ～ 6 月。

特征差异研究 深圳杨梅坑，叶长 4 ～ 9.6cm，叶宽 1.5 ～ 3.5cm，叶柄长约 0.2cm。与上述特征描述相比，叶长的最大值偏大 4.1cm；叶宽的最大值偏大 2cm。

凭证标本 深圳杨梅坑，王贺银，招康赛（018）。

分布地 在海南岛雨林中常见。产海南、广西。分布于越南。

本研究种类分布地 深圳杨梅坑。

线枝蒲桃 *Syzygium araiocladum*

海南蒲桃（蒲桃属）

Syzygium hainanense Chang et Miau in Act. Bot. Yunnan. 4 (1): 20. 1982. ——*S. brachythyrsum* Merr. et Perry in Journ. Arn. Arb. 19: 239. 1938, p. p.; 海南植物志 2: 20. 1965; 中国植物志 53(1): 107. 1984.

主要形态特征 小乔木，高 5m；嫩枝圆形，干后褐色，老枝灰白色。叶片革质，椭圆形，长 8 ～ 11cm，宽 3.5 ～ 5cm，先端急长尖，尖尾长 1.5 ～ 2cm，基部阔楔形，上面干后褐色，稍有光泽，多腺点，下面红褐色，侧脉多而密，彼此相隔 1 ～ 1.5mm，在上面能见，在下面凸起，以 75° ～ 80° 开角斜向上，离边缘 1mm 处结合成边脉；叶柄长 1 ～ 1.5cm。花未见。果序腋生；果实椭圆形或倒卵形，长 1.2 ～ 1.5cm，宽 8 ～ 9mm，萼檐长 0.5mm，宽 4mm；种子 2 个，上下叠置，长与宽各 6 ～ 7mm。

特征差异研究 ①深圳小南山：叶长 6 ～ 9cm，宽 2.5 ～ 5cm，叶柄长 0.5 ～ 1.5cm。与上述特征描述相比，叶长的最小值偏小 2cm；叶宽的最小值小 1cm；叶柄长的最小值小 0.5cm。②深圳莲花山：叶长 6 ～ 14cm，宽 1.5 ～ 6cm，叶柄长 0.5 ～ 1.5cm。与上述特征描述相比，叶长的最小值偏小 2cm，最大值偏大 3cm；叶宽的最小值小 2cm，最大值大 1cm；叶柄长的最小值小 0.5cm。

凭证标本 ①深圳小南山，林仕珍，招康赛（244）；邹雨锋，许旺（258）；王贺银，招康赛（273）。②深圳莲花山，邹雨锋，招康赛（109）；刘浩，招康赛（055）；王贺银，招康赛（123）；余欣繁，招康赛（099）。

海南蒲桃 *Syzygium hainanense*

分布地 见于低地森林中。产海南昌江。

本研究种类分布地 深圳小南山、莲花山。

钟花蒲桃（蒲桃属）

Syzygium campanulatum Korth., 中国景观植物. 上册: 508, 2011.

主要形态特征 常绿灌木，高 2 ～ 6m。枝条柔软下垂。叶对生，纸质，长圆状卵形；嫩叶亮红色或稍带橙黄色。聚伞花序具细长的总花梗；花冠白色，钟形，芳香。浆果球形，成熟后变成黑色。夏季至秋季边开花边结果。

凭证标本 深圳杨梅坑，温海洋（270）。

分布地 原产东南亚各国。中国南方地区有栽培。

本研究种类分布地 深圳杨梅坑。

主要经济用途 株形美观，枝繁叶茂，嫩叶亮红色，极富色彩美，为良好的园林风景树。

钟花蒲桃 *Syzygium campanulatum*

香蒲桃（蒲桃属）

Syzygium odoratum (Lour.) DC. Prodr. 3: 260. 1828. *Opa odorata* Lour. F1. Cochinch. 1: 309. 1790; 中国植物志 53(1): 94. 1984.

别名 白兰、白赤榔

主要形态特征 常绿乔木，高达 20m；嫩枝纤细，圆形或略压扁，干后灰褐色。叶片革质，卵状披针形或卵状长圆形，长 3～7cm，宽 1～2cm，先端尾状渐尖，基部钝或阔楔形，上面干后橄榄绿色，有光泽，多下陷的腺点，下面同色，侧脉多而密，彼此相隔约 2mm，在上面不明显，在下面稍凸起，以 45° 开角斜向上，在靠近边缘 1mm 处结合成边脉；叶柄长 3～5mm。圆锥花序顶生或近顶生，长 2～4cm；花梗长 2～3mm，有时无花梗；花蕾倒卵圆形，长约 4mm；萼管倒圆锥形，长 3mm，有白粉，干后皱缩，萼齿 4～5 短而圆；花瓣分离或帽状；雄蕊长 3～5mm；花柱与雄蕊同长。果实球形，直径 6～7mm，略有白粉。花期 6～8 月。

特征差异研究 深圳杨梅坑：叶长 6～16cm，叶宽 2～4.8cm，叶柄长 0.2～1cm。与上述特征描述相比，叶长的最大值偏大，大 9cm；叶宽的最小值偏小，小 1cm；叶柄长的最小值偏小 0.1cm，最大值偏大 0.5cm。

凭证标本 深圳杨梅坑，邹雨锋，招康赛（029）；王贺银，黄玉源（019）；余欣繁，招康赛（011）；林仕珍（133）。

分布地 常见于平地疏林或中山常绿林中。产广东、广西等省区。分布于越南。

本研究种类分布地 深圳杨梅坑。

主要经济用途 园林用作观赏植物，防风固堤，

香蒲桃 *Syzygium odoratum*

果实可食，有香味，与其他原料制作果酱蜜饯等。花、种子和树皮药用治疗糖尿病、痢疾。木材用于制作家具。

红枝蒲桃（蒲桃属）

Syzygium rehderianum Merr. et Perry in Journ. Arn. Arb. 19: 243. 1938; 中国植物志 53(1): 99. 1984.

主要形态特征 灌木至小乔木，嫩枝红色，干后褐色，圆形，稍压扁，老枝灰褐色。叶片革质，椭圆形至狭椭圆形，长 4～7cm，宽 2.5～3.5cm，先端急渐尖，尖尾长 1cm，尖头钝，基部阔楔形，上面干后灰黑色或黑褐色，不发亮，多细小腺点，下面稍浅色，多腺点，侧脉相隔 2～3.5mm，在上面不明显，在下面略凸起，以 50° 开角斜向边缘，边脉离边缘 1～1.5mm；叶柄长 7～9mm。聚伞花序腋生，或生于枝顶叶腋内，长 1～2cm，通常有 5～6 条分枝，每分枝顶端有无梗的花 3 朵；花蕾长 3.5mm；萼管倒圆锥形，长 3mm，上部平截，萼齿不明显；花瓣连成帽状；雄蕊长 3～4mm；花柱纤细，与雄蕊等长。果实椭圆状卵形，长 1.5～2cm，宽 1cm。花期 6～8 月。

特征差异研究 深圳杨梅坑：叶长 4～9.4cm，宽 1.3～3.7cm，叶柄长 0.3～0.6cm。与上述特征描述相比，叶长的最大值偏大 2.4cm；叶宽的最小值小 1.2cm，最大值大 0.2cm；叶柄长的整体范围偏小，最大值比上述特征叶柄长的最小值小 0.1cm。

凭证标本　深圳杨梅坑，王贺银，黄玉源（114）；邹雨锋（348）。

分布地　分布于广东、福建、广西等地。

本研究种类分布地　深圳杨梅坑。

主要经济用途　园林、大型办公室、厅堂、会议场所的装饰。

乌墨（蒲桃属）

Syzygium cumini (Linn.) Skeels in U. S. Dept. Agric. Bur. Pl. Ind. Bull. 248: 25. 1912; Alston Handb. Fl. Ceyl. 6 (Suppl.): 116. 1931; Merr. et Perry in Journ. Arn. Arb. 19: 108, 230. 1938; 广州植物志　204. 1956; 海南植物志　2: 18. 1965; 中国高等植物图鉴　2: 994. 图3717. 1972——*Myrtus cumini* Linn. Sp. Pl. 471. 1753.

别名　乌楣，海南蒲桃

主要形态特征　乔木，高 15m；嫩枝圆形，干后灰白色。叶片革质，阔椭圆形至狭椭圆形，长 6 ～ 12cm，宽 3.5 ～ 7cm，先端圆或钝，有一个短的尖头，基部阔楔形，稀为圆形，上面干后褐绿色或为黑褐色，略发亮，下面稍浅色，两面多细小腺点，侧脉多而密，脉间相隔 1 ～ 2mm，缓斜向边缘，离边缘 1mm 处结合成边脉；叶柄长 1 ～ 2cm。圆锥花序腋生或生于花枝上，偶有顶生，长可达 11cm；有短花梗，花白色，3 ～ 5 朵簇生；萼管倒圆锥形，长 4mm，萼齿很不明显；花瓣 4，卵形略圆，长 2.5mm；雄蕊长 3 ～ 4mm；花柱与雄蕊等长。果实卵圆形或壶形，长 1 ～ 2cm，上部有长 1 ～ 1.5mm 的宿存萼筒；种子 1 颗。花期 2 ～ 3 月。

特征差异研究　深圳杨梅坑：叶长 7.7 ～ 12.6cm，叶宽 4.7 ～ 7.4cm，叶柄长 0.2 ～ 1.5cm，与上述特征描述相比，叶长的最小值偏大 1.7cm，叶宽的最大值偏大 0.4cm，叶柄的最小值偏小，小 0.8cm。

凭证标本　深圳杨梅坑，林仕珍，明珠（289）。

分布地　常见于平地次生林及荒地上。产台湾、福建、广东、广西、云南等省区。分布于中南半岛、印度、印度尼西亚、澳大利亚等地。

本研究种类分布地　深圳杨梅坑。

主要经济用途　为优良的庭院绿阴树和行道树种，也可作营造混交林树种。利尿消肿：能清除体内毒素和多余的水分，促进血液和水分新陈代谢。有补血益气、益肝补肾、强筋壮骨作用。

红枝蒲桃 *Syzygium rehderianum*

乌墨 *Syzygium cumini*

洋蒲桃（蒲桃属）

Syzygium samarangense (Blume) Merr. & Perry in Journ. Arn. Arb. 19: 115, 216. 1938; *Myrtus samarangensis* Blume Bijdr. 1084. 1926; 广州植物志 203. 1956; 中国植物志 53(1): 69. 1984.

别名 莲雾

主要形态特征 乔木，高 12m；嫩枝压扁。叶片薄革质，椭圆形至长圆形，长 10 ～ 22cm，宽 5 ～ 8cm，先端钝或稍尖，基部变狭，圆形或微心形，上面干后变黄褐色，下面多细小腺点，侧脉 14 ～ 19 对，以 45° 开角斜行向上，离边缘 5mm 处互相结合成明显边脉，另在靠近边缘 1.5mm 处有 1 条附加边脉，侧脉间相隔 6 ～ 10mm，有明显网脉；叶柄极短，长不过 4mm，有时近于无柄。聚伞花序顶生或腋生，长 5 ～ 6cm，有花数朵；花白色，花梗长约 5mm；萼管倒圆锥形，长 7 ～ 8mm，宽 6 ～ 7mm，萼齿 4，半圆形，长 4mm，宽加倍；雄蕊极多，长约 1.5cm；花柱长 2.5 ～ 3cm。果实梨形或圆锥形，肉质，洋红色，发亮，长 4 ～ 5cm，顶部凹陷，有宿存的肉质萼片；种子 1 颗。花期 3 ～ 4 月，果实 5 ～ 6 月成熟。

凭证标本 深圳莲花山，王贺银，招康赛（079）；邹雨锋，招康赛（081）；余欣繁（086）；陈永恒，许旺（076）。

分布地 原产马来西亚及印度。广东、台湾及广西有栽培。

本研究种类分布地 深圳莲花山。

主要经济用途 热带果树，又可栽作园林风景树、行道树和观果树种。果实色泽鲜艳，外形美观，果品汁多味美，营养丰富，含少量蛋白质、脂肪、矿物质，不但风味特殊，而且是清凉解渴的圣品。同时，还具有开胃、爽口、利尿、清热及安神等食疗功能。

洋蒲桃 *Syzygium samarangense*

野牡丹科 Melastomataceae

多花野牡丹（野牡丹属）

Melastoma affine D. Don in Mem. Wern. Soc. 4: 288. 1823; Back. et Bakh. van Brink Fl. Java 1: 358. 1963; Hatusima in Mem. Fac. Agr. Kagoshima Univ. 7: 318. 1970; H. Keng et H. L. Li in Fl. Taiwan 3: 854. 1977——*M. polyanthum* Blume Flora 2: 481. 1831 et Mus. Bot. Lugd.-Bat. 1: 52. t. 6. 1849; C. B. Clarke in Hook. f. Fl. Brit. Ind. 2: 523. 1879; Cogn. in DC. Monogr. Phan. 7: 354. 1891; Guillaum. in Lecte. Fl. Gen. Indo-Chine 2: 893. fig. 97, 9. 1921; Craib Fl. Siam. Enum. 1: 682. 1931; H. L. Li in Journ. Arn. Arb. 25: 9. 1944, excl. pl. Szechuan.; H. Keng in Quart. Journ. Taiwan Mus. 8: 28. 1955; 侯宽昭等，广州植物志 223. 1956; 海南植物志 2: 28. 1965; 中国高等植物图鉴 2: 1003. 图3736. 1972; 云南植物志 2: 88. 1979; C. Chen 1. c. 33; 中国植物志 53(1): 156. 1984.

别名 花野牡丹（广州植物志），酒瓶果、催生药、野广石榴（云南），乌提子、瓮登木、山甜娘（广东），老鼠丁根（福建），基尖叶野牡丹（台湾）

主要形态特征 灌木，高约 1m；茎钝四棱形或近圆柱形，分枝多，密被紧贴的鳞片状糙伏毛，毛扁平，边缘流苏状。叶片坚纸质，披针形、卵状披针形或近椭圆形，顶端渐尖，基部圆形或近楔形，长 5.4～13cm，宽 1.6～4.4cm，全缘，5 基出脉，叶面密被糙伏毛，基出脉下凹，背面被糙伏毛及密短柔毛，基出脉隆起，侧脉微隆起，脉上糙伏毛较密；叶柄长 5～10mm 或略长，密被糙伏毛。伞房花序生于分枝顶端，近头状，有花 10 朵以上，基部具叶状总苞 2；苞片狭披针形至钻形，长 2～4mm，密被糙伏毛；花梗长 3～8（～10）mm，密被糙伏毛；花萼长约 1.6cm，密被鳞片状糙伏毛，裂片广披针形，与萼管等长或略长，顶端渐尖，具细尖头，里面上部、外面及边缘均被鳞片状糙伏毛及短柔毛，裂片间具 1 小裂片，稀无；花瓣粉红色至红色，稀紫红色，倒卵形，长约 2cm，顶端圆形，仅上部具缘毛；雄蕊长者药隔基部伸长，末端 2 深裂，弯曲，短者药隔不伸长，药室基部各具 1 小瘤；子房半下位，密被糙伏毛，顶端具 1 圈密刚毛。蒴果坛状球形，顶端平截，与宿存萼贴生；宿存萼密被鳞片状糙伏毛；种子镶于肉质胎座内。花期 2～5 月，果期 8～12 月，稀 1 月。

特征差异研究　①深圳赤坳：叶长 7.4～12cm，宽 3.2～4.5cm，叶柄长 1.5～3cm。与上述特征描述相比，赤坳标本叶宽偏大。②深圳杨梅坑：叶长 6～16.9cm，宽 3.5～7.7cm，叶柄长 1～1.5cm。与上述特征描述相比，杨梅坑标本叶宽偏大。③深圳小南山：叶长 5.2～14.8cm，宽 1.6～6.6cm，叶柄长 0.8～2cm，与上述特征描述相比，小南山标本叶子整体偏大。

形态特征增补　深圳赤坳，花长 2～3cm，花冠直径 2～4cm。

凭证标本　①深圳杨梅坑，王贺银，招康赛（009）；邹雨锋，招康赛（008）；林仕珍，黄玉源（006）；林仕珍，许旺（007）；廖栋耀，黄玉源（009）。②深圳赤坳，林仕珍，周志彬（043）；③廖栋耀（028）；④邹雨锋，许旺（168）。

多花野牡丹 *Melastoma affine*

分布地　生于海拔 300～1830m 的山坡、山谷林下或疏林下，湿润或干燥的地方，或刺竹林下灌草丛中，路边、沟边。产云南、贵州、广东至台湾以南等地。中南半岛至澳大利亚，菲律宾以南等地也有。

本研究种类分布地　深圳杨梅坑、赤坳、小南山、应人石。

主要经济用途　果可食；全草消积滞，收敛止血，散瘀消肿，治消化不良，肠炎腹泻，痢疾；捣烂外敷或研粉撒布，治外伤出血，刀枪伤。又用根煮水内服，以胡椒作引子，可催生，故又名催生药。

野牡丹（野牡丹属）

Melastoma candidum D. Don in Mem. Wern. Soc. 4: 288. 1823; Forbes et Hemsl. in Journ. Linn. Soc. Bot. 23: 299. 1887; 海南植物志 2: 27. 图300.1965; 中国植物志 53(1): 157. 1984.

别名　山石榴、大金香炉、猪古稔、豹牙兰、金石榴、金榭榴

主要形态特征　常绿灌木，高 0.5～1.5m，分枝多；茎钝四棱形或近圆柱形，密被紧贴的鳞片状糙伏毛，毛扁平边缘流苏状。叶片坚纸质，卵形或广卵形，顶端急尖，基部浅心形或近圆形，长 4～10cm，宽 2～6cm，全缘，7 基出脉，两面被糙伏毛及短柔毛，背面基出脉隆起，被鳞片状糙伏毛，侧脉隆起，密被长柔毛；叶柄长 5～15mm，密被鳞片状糙伏毛。伞房花序生于分枝顶端，近

头状，有花 3～5 朵，稀单生，基部具叶状总苞 2；苞片披针形或狭披针形，密被鳞片状糙伏毛；花梗长 3～20mm，密被鳞片状糙伏毛；花萼长约 2.2cm，密被鳞片状糙伏毛及长柔毛，裂片卵形或略宽，与萼管等长或略长，顶端渐尖，具细尖头，两面均被毛；花瓣玫瑰红色或粉红色，倒卵形，长 3～4cm，顶端圆形，密被缘毛；雄蕊长者药隔基部伸长，弯曲，末端 2 深裂，短者药隔不伸延，药室基部具 1 对小瘤；子房半下位，密被糙伏毛，顶端具 1 圈刚毛。蒴果坛状球形，与宿存萼贴生，长 1～1.5cm，直径 8～12mm，密被鳞片状糙伏毛；种子镶于肉质胎座内。花期 5～7 月，果期 10～12 月。

特征差异研究　①深圳杨梅坑：叶长 7～10cm，宽 2.1～3.2cm，叶柄长 0.3～1.1cm；蒴果长约 1.6cm，直径约 1.6cm。与上述特征描述相比，叶柄长的最小值小 0.2cm；蒴果直径偏大 0.4cm。②深圳赤坳：叶长 5.4～12cm，宽 1.9～6.7cm，叶柄长 0.6～1.8cm。与上述特征描述相比，叶长的最大值偏大 2cm；叶宽的最小值小 0.1cm，最大值偏大 0.7cm；叶柄长的最大值大 0.3cm。

凭证标本　①深圳杨梅坑，陈惠如，黄玉源（096）；邱小波（005）；温海洋（047）。②深圳赤坳，王贺银（055）；洪继猛，黄玉源（010）；廖栋耀（035）；

野牡丹 *Melastoma candidum*

李志伟（020）；赵顺（023）；温海洋（038）。

分布地　生于海拔约 120m 以下的山坡松林下或开朗的灌草丛中，是酸性土常见的植物。产于云南、广西、广东、福建、台湾。中南半岛也有分布。

本研究种类分布地　深圳杨梅坑、赤坳。

主要经济用途　根、叶可消积滞、收敛止血，治消化不良、肠炎腹泻、痢疾便血等症；叶捣烂外敷或用干粉，作外伤止血药。园林应用：野牡丹是美丽的观花植物，可孤植或片植、或丛植布置园林。

地菍（野牡丹属）

Melastoma dodecandrum Lour. Fl. Cochinch. 274. 1790, ed. Willd. 336. 1793; Hand.-Mazz. Symb. Sin. 7: 597. 1933; Merr. in Trans. Am. Philos. Soc. ii. 24: 287. 1935; H. L. Li in Journ. Arn. Arb. 25: 6. 1944; 广州植物志 221. 图103. 1956; 中国高等植物图鉴 2: 1002. 图3733.1972; C. Chen in Journ. South China Agr. Coll. 4 (1): 32. fig. 1-3. 1983; 中国植物志 53(1): 154. 1984.

别名　铺地锦（岭南采药录），山地菍（生草药性备要），紫茄子、山辣茄（浙江），库卢子（江西），土茄子、地蒲根（湖南），地脚菍（广东），地樱子、地枇杷（广西）

主要形态特征　小灌木，长 10～30cm；茎匍匐上升，逐节生根，分枝多，披散，幼时被糙伏毛，以后无毛。叶片坚纸质，卵形或椭圆形，顶端急尖，基部广楔形，长 1～4cm，宽 0.8～2（～3）cm，全缘或具密浅细锯齿，3～5 基出脉，叶面通常仅边缘被糙伏毛，有时基出脉行间被 1～2 行疏糙伏毛，背面仅沿基部脉上被极疏糙伏毛，侧脉互相平行；叶柄长 2～6mm，有时长达 15mm，被糙伏毛。聚伞花序，顶生，有花（1～）3 朵，基部有叶状总苞 2，通常较叶小；花梗长 2～10mm，被糙伏毛，

地菍 *Melastoma dodecandrum*

上部具苞片2；苞片卵形，长2～3mm，宽约1.5mm，具缘毛，背面被糙伏毛；花萼管长约5mm，被糙伏毛，毛基部膨大呈圆锥状，有时2～3簇生，裂片披针形，长2～3mm，被疏糙伏毛，边缘具刺毛状缘毛，裂片间具1小裂片，较裂片小且短；花瓣淡紫红色至紫红色，菱状倒卵形，上部略偏斜，长1.2～2cm，宽1～1.5cm，顶端有1束刺毛，被疏缘毛；雄蕊长者药隔基部延伸，弯曲，末端具2小瘤，花丝较伸延的药隔略短，短者药隔不伸延，药隔基部具2小瘤；子房下位，顶端具刺毛。果坛状球状，平截，近顶端略缢缩，肉

质，不开裂，长7～9mm，直径约7mm；宿存萼被疏糙伏毛。花期5～7月，果期7～9月。

凭证标本 深圳小南山，余欣繁（405）。
分布地 生于海拔1250m以下的山坡矮草丛中，为酸性土壤常见的植物。产贵州、湖南、广西、广东、江西、浙江、福建。越南也有。
本研究种类分布地 深圳小南山。
主要经济用途 果可食，亦可酿酒；全株供药用，有涩肠止痢，舒筋活血，补血安胎，清热燥湿等作用；捣碎外敷可治疮、痈、疽、疖；根可解木薯中毒。

展毛野牡丹（野牡丹属）

Melastoma normale D. Don Prodr. Fl. Nepal. 220. 1825; Guillaum. in Lecte. Fl. Gen. Indo-Chine 2: 889. 1921; 广州植物志 222. 1956; 海南植物志 2: 27. 1965; 中国植物志 53(1): 155. 1984.

别名 老虎杆、喳吧叶、张口叭、灌灌黄（四川）、黑口莲（广西），肖野牡丹（广州植物志），猪姑稔、鸡头肉（海南岛），麻叶花、洋松子、炸腰花、毡帽泡花（云南），暴牙郎（云南、广西）

主要形态特征 灌木，高0.5～1m，稀2～3m，茎钝四棱形或近圆柱形，分枝多，密被平展的长粗毛及短柔毛，毛常为褐紫色，长不过3mm。叶片坚纸质，卵形至椭圆形或椭圆状披针形，顶端渐尖，基部圆形或近心形，长4～10.5cm，宽1.4～3.5（～5）cm，全缘，5基出脉，叶面密被糙伏毛，基出脉下凹，侧脉不明显，背面密被糙伏毛及密短柔毛，基出脉隆起，侧脉微隆起，细脉不明显；叶柄长5～10mm，密被糙伏毛。伞房花序生于分枝顶端，具花3～7（～10）朵，基部具叶状总苞片2；苞片披针形至钻形，长2～5mm，密被糙伏毛；花梗长2～5mm，密被糙伏毛，毛扁平，边缘流苏状，有时分枝，裂片披针形，稀卵状披针形，与萼管等长或较萼管略长，顶端渐尖，里面上部、外面及边缘具鳞片状糙伏毛及短柔毛，裂片间具1小裂片；花瓣紫红色，倒卵形，长约2.7cm，顶端圆形，仅具缘毛；雄蕊长者药隔基部伸长，末端2裂，常弯曲，短者药隔不伸长，花药基部两侧各具1小瘤，子房半下位，密被糙伏毛，顶端具1圈密刚毛。蒴果坛状球形，顶端平截，宿存萼与果贴生，长6～8mm，直径5～7mm，密被鳞片状糙伏毛。花期春至夏初（云南南部有时9～11月），果期秋季（云南南部有时5～6月）。

特征差异研究 ①深圳小南山：叶长7.5～14cm，宽2.8～6.4cm，叶柄长0.5～2.5cm。与上述特征描述相比，叶长的最大值大3.5cm；叶宽的最大值大1.4cm；叶柄长的最大值偏大1.5cm。②深圳杨梅坑：叶长8.5～14cm，叶宽2.5～6.2cm，叶柄长1～4cm。与上述特征描述相比，叶长的最大值偏大3.5cm；叶宽的最大值

展毛野牡丹 *Melastoma normale*

偏大 1.2cm；叶柄长的最大值偏大 3cm。

凭证标本　①深圳杨梅坑，陈永恒，赖标汶，陈惠如，黄玉源（134）。②深圳小南山，陈永恒，黄玉源，陈惠如，黄玉源（100）。

分布地　生于海拔 150 ～ 2800m 的开朗山坡灌草丛中或疏林下，为酸性土常见植物。产西藏、四川、福建至台湾以南各省区。尼泊尔、印度、缅甸、马来西亚及菲律宾等地也有，爪哇不产。

本研究种类分布地　深圳杨梅坑、小南山。

主要经济用途　果可食；全株有收敛作用，可治消化不良、腹泻、肠炎、痢疾等症，也用于利尿；外敷可止血；治疗慢性支气管炎有一定的疗效。

毛菍（野牡丹属）

Melastoma sanguineum Sims. in Bot. Mag. 48: t. 2241. 1821; 中国植物志 53(1): 161. 1984.

别名　毛棯、毛稔

主要形态特征　大灌木，高 1.5 ～ 3m；茎、小枝、叶柄、花梗及花萼均被平展的长粗毛，毛基部膨大。叶片坚纸质，卵状披针形至披针形，顶端长渐尖或渐尖，基部钝或圆形，长 8 ～ 15（～ 22）cm，宽 2.5 ～ 5（～ 8）cm，全缘，基出脉 5，两面被隐藏于表皮下的糙伏毛，通常仅毛尖端露出，叶面基出脉下凹，侧脉不明显，背面基出脉隆起，侧脉微隆起，均被基部膨大的疏糙伏毛；叶柄长 1.5 ～ 2.5（～ 4）cm。伞房花序，顶生，常仅有花 1 朵，有时 3（～ 5）朵；苞片戟形，膜质，顶端渐尖，背面被短糙伏毛，以脊上为密，具缘毛；花梗长约 5mm，花萼管长 1 ～ 2cm，直径 1 ～ 2cm，有时毛外反，裂片 5（～ 7），三角形至三角状披针形，长约 1.2cm，宽 4mm，较萼管略短，脊上被糙伏毛，裂片间具线形或线状披针形小裂片，通常较裂片略短，花瓣粉红色或紫红色，5（～ 7）枚，广倒卵形，上部略偏斜，顶端微凹，长 3 ～ 5cm，宽 2 ～ 2.2cm；雄蕊长者药隔基部伸延，末端 2 裂，花药长 1.3cm，花丝较伸长的药隔略短，短者药隔不伸延，花药长 9mm，基部具 2 小瘤；子房半下位，密被刚毛。果杯状球形，胎座肉质，为宿存萼所包；宿存萼密被红色长硬毛，长 1.5 ～ 2.2cm，直径 1.5 ～ 2cm。花果期几乎全年，通常在 8 ～ 10 月。

特征差异研究　①深圳小南山：叶长 6.0 ～ 13.5cm，宽 3.0 ～ 5.5cm，叶柄长 1.2 ～ 3.2cm。与上述特征描述相比，叶长的最小值偏小，小 2cm；叶柄长的最小值偏小，小 0.3cm。②深圳赤坳：叶长 7 ～ 16.5cm，叶宽 2.5 ～ 5.7cm，叶柄长 1 ～ 4cm。与上述特征描述相比，叶长的最小值偏小 1cm；叶柄长的最小值偏小 0.5cm；③深圳杨梅坑：叶长 6.7 ～ 17.5cm，宽 1.3 ～ 7cm，叶柄长 0.5 ～ 2.1cm。与上述特征描述相比，叶长的最小值小 1.3cm；叶宽的最小值小 1.2cm；叶柄长的最小值小 1cm。

凭证标本　①深圳杨梅坑，刘浩（016）；邹雨锋，招康赛（019）；余欣繁（091）；余欣繁（004）；陈永恒，招康赛（038）；刘浩，黄玉源（017）；黄启聪（009）；吴凯涛（017）；廖栋耀，黄玉源（005）；廖栋耀（042）。②深圳赤坳，余欣繁（042）；深圳赤坳，邹雨锋（050）；深圳赤坳，邱小波（023）。③深圳小南山，邹雨锋，黄玉源（279）。

分布地　华南地区。

本研究种类分布地　深圳杨梅坑、赤坳、小南山。

主要经济用途　药用、食品、观赏品。

毛菍 *Melastoma sanguineum*

角茎野牡丹（蒂牡花属）

Tibouchina granulosa (Desr.) Gogn. 陆璃等，热带农业工程 36(2): 32-35. 2012; 聂磊等, 湖南农业科学 (11): 46-50. 2013.

主要形态特征 株高 3 ～ 5m，株型紧凑，全株密被短刚毛。叶对生，长椭圆形，先端渐尖，近全缘或具细锯齿，厚纸质，5 基出脉，聚伞花序顶生；花紫红色，花瓣 5 ～ 6 枚，花径 8 ～ 10cm；雄蕊细长，萼宿存。夏秋开花，花期持久，可从 7 月底到次年 3 月持续开花。

凭证标本 深圳小南山，温海洋，黄玉源（076）。

本研究种类分布地 深圳小南山。

分布地 广州白云山、肇庆鼎湖山、惠州罗浮山、从化大岭山等地均发现其野生种。

主要经济用途 园林绿化植物。

角茎野牡丹 *Tibouchina granulosa*

巴西野牡丹（蒂牡花属）

Tibouchina semidecandra (Schrank & Mar. ex DC.) Cogn. 中国景观植物. 上册: 520. 2009.

主要形态特征 常绿灌木，高 0.6 ～ 1.5m。茎四棱形，分枝多，枝条红褐色，株型紧凑美观；茎、枝几乎无毛。叶革质，披针状卵形，顶端渐尖，基部楔形，长 3 ～ 7cm，宽 1.5 ～ 3cm，全缘，叶表面光滑，无毛，5 基出脉，背面被细柔毛，基出脉隆起。伞形花序着生于分枝顶端，近头状，有花 3 ～ 5 朵；花瓣 5 枚；花萼长约 8mm，密被较短的糙伏毛，顶端圆钝，背面被毛；花瓣紫色，雄蕊白色且上曲；雌蕊明显比雄蕊伸长膨大。蒴果坛状球形。花多且密，单朵花的开花时间长达 4 ～ 7 天；周年几乎可以开花，8 月始进入盛花期，一直到冬季，谢花后又陆续抽蕾开花，可至翌年 4 月。

凭证标本 ①深圳杨梅坑，余欣繁，招康赛（225）。②深圳莲花山，余欣繁，招康赛（077）。

分布地 广泛分布于南美的巴西和哥伦比亚等国。华南常见栽培。

本研究种类分布地 深圳杨梅坑、莲花山。

主要经济用途 园林绿化植物。

巴西野牡丹 *Tibouchina semidecandra*

谷木（谷木属）

Memecylon ligustrifolium Champ. in Journ. Bot. Kew Misc. 4: 117. 1852; 海南植物志 2: 40. 1965; 中国高等植物图鉴 2: 1011. 图3752. 1972; 中国植物志 53(1): 288. 1984.

别名 角木、鱼木、子楝树、山梨子（海南）、山稔仔（广东大陆）、子陵木（广西）、壳木（中国高等植物图鉴）

主要形态特征 大灌木或小乔木，高 1.5 ～ 5

（～7）m；小枝圆柱形或不明显的四棱形，分枝多。叶片革质，椭圆形至卵形，或卵状披针形，顶端渐尖，钝头，基部楔形，长 5.5～8cm，宽 2.5～3.5cm，全缘，两面无毛，粗糙，叶面中脉下凹，侧脉不明显，背面中脉隆起，侧脉与细脉均不明显；叶柄长 3～5mm。聚伞花序，腋生或生于落叶的叶腋，长约 1cm，总梗长约 3mm；苞片卵形，长约 1mm；花梗长 1～2mm，基部及节上具髯毛；花萼半球形，长 1.5～3mm，边缘浅波状 4 齿；花瓣白色或淡黄绿色，或紫色，半圆形，顶端圆形，长约 3mm，宽约 4mm，边缘薄；雄蕊蓝色，长约 4.5mm，药室及膨大的圆锥形药隔长 1～2mm；子房下位，顶端平截。浆果状核果球形，直径约 1cm，密布小瘤状凸起，顶端具环状宿存萼檐。花期 5～8 月，果期 12 月至翌年 2 月。广东 1 月或 7 月均有，海南岛约 10 月。

特征差异研究　深圳莲花山：叶长 8.6～9.5cm，宽 2.3～2.7cm，叶柄长 0.4～0.6cm。与上述特征描述相比，叶长的整体范围偏大，最小值比上述特征描述叶长的最大值大 0.6cm；叶宽的最小值偏小，比上述特征描述叶宽的最小值小 0.2cm；叶柄长的最大值偏大 0.1cm。

凭证标本　深圳莲花山，林仕珍（139）。

分布地　生于海拔 160～1540m 的密林下。产云南、广西、广东、福建。

本研究种类分布地　深圳莲花山。

棱果谷木（谷木属）

Memecylon octocostatum Merr. et Chun in Sunyatsenia 2: 294. pl. 66. 193; H. L. Li in Journ. Arn. Arb. 25: 41. 1944; 海南植物志 2: 39. 1965; 中国植物志 53(1): 291. 1984.

主要形态特征　灌木，高 1～3m，分枝多，树皮灰褐色；小枝四棱形，棱上略具狭翅，以后渐钝。叶片坚纸质或近革质，椭圆形或广椭圆形，顶端广钝急尖，具小尖头，基部广楔形，长 1.5～3.5cm，宽 7～18mm，全缘，两面无毛，干时叶面黑褐绿色，略具光泽，中脉下凹，背面浅褐色，中脉隆起，侧脉两面微隆起；叶柄长 1～2mm。聚伞花序，腋生，极短，长 6～8mm，花少，无毛，总梗长 2～4mm，苞片钻形，长约 1mm；花梗长 1～2mm，无毛；花萼钟状杯形，四棱形，长 2～2.8mm，无毛，裂片三角形或卵状三角形，长约 0.8mm；花瓣淡紫色，卵形，顶

谷木 *Memecylon ligustrifolium*

棱果谷木 *Memecylon octocostatum*

端渐尖，近基部具不规则的小齿，长约 3mm，宽约 1.5mm；雄蕊 2.5 ～ 3mm，药室与膨大的圆锥形药隔长约 1.2mm，脊上具 1 环状体；花丝长约 2.5mm。果扁球形，直径约 7mm，有 8 条隆起且极明显的纵肋，肋粗达 1mm，顶端冠以明显的宿存萼檐。花期 5 ～ 6 月或 11 月，果期 11 月至翌年 1 月。

特征差异研究　深圳小南山：叶长 2.5 ～ 10.6cm，宽 2.3 ～ 4.9cm，叶柄长 0.4 ～ 0.7cm。与上述特征描述相比，叶长的最大值偏大 7.1cm；叶宽的整体范围偏大，最小值比上述特征描述的最大值大 0.5cm；叶柄长的整体范围偏大，最小值比上述特征描述叶柄长的最大值大 0.2cm。

凭证标本　深圳小南山，林仕珍（202）。

分布地　广东南部。

本研究种类分布地　深圳小南山。

使君子科 Combretaceae

榄仁树（诃子属）

Terminalia catappa Linn. Mant. Pl. Gen. 1: 128. 1767, et 2: 519, 1771; Gagnep. in Lecte. Fl. Gen. Indo-Chine 2: 750. 1920; Exell in Fl. Males. 1 (4): 566. 1954; 赵爱真，植物分类学报　7 (3): 231. 1958; 海南植物志　2: 42. 图311. 1965; H. L. Li in Fl. Taivwan 3: 878. Pl. 851. 1977; 中国植物志　53(1): 10. 1984.

别名　山枇杷树

主要形态特征　大乔木，高 15m 或更高，树皮褐黑色，纵裂而剥落状；枝平展，近顶部密被棕黄色的绒毛，具密而明显的叶痕。叶大，互生，常密集于枝顶，叶片倒卵形，长 12 ～ 22cm，宽 8 ～ 15cm，先端钝圆或短尖，中部以下渐狭，基部截形或狭心形，两面无毛或幼时背面疏被软毛，全缘，稀微波状，主脉粗壮，上面下陷而成一浅槽，背面凸起，且于基部近叶柄处被绒毛，侧脉 10 ～ 12 对，网脉稠密；叶柄短而粗壮，长 10 ～ 15mm，被毛。穗状花序长而纤细，腋生，长 15 ～ 20cm，雄花生于上部，两性花生于下部；苞片小，早落；花多数，绿色或白色，长约 10mm；花瓣缺；萼筒杯状，长 8mm，外面无毛，内面被白色柔毛，萼齿 5，三角形，与萼筒几等长；雄蕊 10 枚，长约 2.5mm，伸出萼外；花盘由 5 个腺体组成，被白色粗毛；子房圆锥形，幼时被毛，成熟时近无毛；花柱单一，粗壮；胚珠 2 颗，倒悬于室顶。果椭圆形，常稍压扁，具 2 棱，棱上具翅状的狭边，长 3 ～ 4.5cm，宽 2.5 ～ 3.1cm，厚约 2cm，两端稍渐尖，果皮木质，坚硬，无毛，成熟时青黑色；种子一颗，矩圆形，含油质。花期 3 ～ 6 月，果期 7 ～ 9 月。

特征差异研究　①深圳杨梅坑：叶长 10.7 ～ 25.5cm，叶宽 6.6 ～ 13.7cm，叶柄长 1.0 ～ 1.5cm。与上述特征描述相比，叶长的最小值偏小 1.3cm，最大值偏大 3.5cm；叶宽的最小值偏小，小 1.4cm。②深圳小南山：叶长 21.1 ～ 28.2cm，叶宽 12 ～ 15.5cm，叶柄长 1.2 ～ 1.3cm；未成熟果椭圆形，长 1.9cm，宽 1.5cm。与上述特征描述相比，叶长的最大值偏大 6.2cm；叶宽的最大值偏大 0.5cm。

凭证标本　深圳杨梅坑，廖栋耀（049）；陈志洁（042）。

分布地　常生于气候湿热的海边沙滩上，多栽培

榄仁树 *Terminalia catappa*

作行道树。产广东（徐闻）、海南、台湾、云南东南部。马来西亚、越南及印度、大洋洲均有分布，南美热带海岸也很常见。

本研究种类分布地　深圳杨梅坑。

红树科 Rhizophoraceae

竹节树（竹节属）

Carallia brachiata (Lour.) Merr. Merr. in Philipp. J. Sci. 15: 249. 1920; *Diatoma brachiata* Lour. Fl. Cochinch. 1: 296. 1790; 中国植物志 52(2): 139. 1983.

别名　胭脂果、弯心果、鹅肾木、鹅山木、气管木

主要形态特征　乔木，高 7 ～ 10m，胸径 20 ～ 25cm，基部有时具板状支柱根；树皮光滑，很少具裂纹，灰褐色。叶形变化很大，矩圆形、椭圆形至倒披针形或近圆形，顶端短渐尖或钝尖，基部楔形，全缘，稀具锯齿；叶柄长 6 ～ 8mm，粗而扁。花序腋生，有长 8 ～ 12mm 的总花梗，分枝短，每一分枝有花 2 ～ 5 朵，有时退化为 1 朵；花小，基部有浅碟状的小苞片；花萼 6 ～ 7 裂，稀 5 或 8 裂，钟形，长 3 ～ 4mm，裂片三角形，短尖；花瓣白色，近圆形，连柄长 1.8 ～ 2mm，宽 1.5 ～ 1.8mm，边缘撕裂状；雄蕊长短不一；柱头盘状，4 ～ 8 浅裂。果实近球形，直径 4 ～ 5mm，顶端冠以短三角形萼齿。花期冬季至次年春季，果期春夏季。

形态特征增补　①深圳杨梅坑：叶长 4 ～ 9.4cm，叶宽 2 ～ 2.6cm，叶柄长 0.6 ～ 0.8cm。②深圳赤坳：叶长 3.4 ～ 12.1cm，叶宽 2.2 ～ 5.5cm；叶柄长 0.6 ～ 0.8cm。

凭证标本　①深圳杨梅坑，陈永恒，赖标汶（135）。②深圳赤坳，林仕珍，招康赛（076）。

分布地　生于低海拔至中海拔的丘陵灌丛或山谷杂木林中，有时村落附近也有生长。产广东、广西及沿海岛屿。分布于马达加斯加、斯里兰卡、印度、缅甸、泰国、越南、马来西亚至澳大利亚北部。

本研究种类分布地　深圳杨梅坑、赤坳。

主要经济用途　可作乐器、饰木、门窗、器具。

竹节树 *Carallia brachiata*

藤黄科 Guttiferae

薄叶红厚壳（红厚壳属）

Calophyllum membranaceum Gardn. et Champ. in Hook. Journ. Bot. Ke Gard. Misc. 1: 309. 1849. ——Planck. et Triana in Ann. Sci. Nat. ser. 4, 14: 149. 1860: Benth. Fl. Hongk: 25. 1860; Vesque in DC. Monogr. Phanerog. 8: 551. 1893; Merr. in Journ. Sci. Lingn. 5: 130. 1927; 广州植物志 229. 1956; 海南植物志 2: 56. 1965; 中国高等植物图鉴 2: 883. 1972, in not; 中国植物志 50(2): 83. 1990.

别名　薄叶胡桐、小果海棠木、横经席、独筋猪尾、跌打将军

主要形态特征　灌木至小乔木，高1～5m。幼枝四棱形，具狭翅。叶薄革质，长圆形或长圆状披针形，长6～12cm，宽1.5～3.5cm，顶端渐尖、急尖或尾状渐尖，基部楔形，边缘反卷，两面具光泽，干时暗褐色；中脉两面隆起，侧脉纤细，密集，成规则的横行排列，干后两面明显隆起；叶柄长6～10mm。聚伞花序腋生，有花1～5（通常为3），长2.5～3cm，被微柔毛；花两性，白色略带浅红；花梗长5～8mm，无毛；花萼裂片4枚，外方2枚较小，近圆形，长约4mm，内方2枚较大，倒卵形，长约8mm；花瓣4，倒卵形，等大，长约8mm；雄蕊多数，花丝基部合生成4束；子房卵球形，花柱细长，柱头钻状。果卵状长圆球形，长1.6～2cm，顶端具短尖头，柄长10～14mm，成熟时黄色。花期3～5月，果期8～10（～12）月。

特征差异研究　深圳杨梅坑：叶长5.8～9.8cm，叶宽1.5～3.1cm，小柄长0.6～1cm。与上述特征描述相比，叶长的最小值偏小0.2cm。

凭证标本　深圳杨梅坑，林仕珍，黄玉源（309）。

分布地　广东南部、海南、广西南部及沿海部分地区。

本研究种类分布地　深圳杨梅坑。

主要经济用途　药用。

薄叶红厚壳 *Calophyllum membranaceum*

黄牛木（黄牛木属）

Cratoxylum cochinchinense (Lour.) Bl. Mus. Bot. Lugd. Bat. 2: 17. 1852 *Hypericum cochinchinense* Lour. Fl. Cochinch. 471. 1790; 海南植物志 2, 53. 1965；中国高等植物图鉴 2: 8 81, f. 3492. 1972；中国植物志 50(2): 76. 1990.

别名　黄牛茶、雀笼木、黄芽木、梅低优

主要形态特征　落叶灌木或乔木，高1.5～18（～25）m，全体无毛，树干下部有簇生的长枝刺；树皮灰黄色或灰褐色，平滑或有细条纹。枝条对生，幼枝略扁，无毛，淡红色，节上叶柄间线痕连续或间有中断。叶片椭圆形至长椭圆形或披针形，长3～10.5cm，宽1～4cm，先端骤然锐尖或渐尖，基部钝形至楔形，坚纸质，两面无毛，上面绿色，下面粉绿色，有透明腺点及黑点，中脉在上面凹陷，下面凸起，侧脉每边8～12条，两面凸起，斜展，末端不呈弧形闭合，小脉网状，两面凸起；叶柄长2～3mm，无毛。聚伞花序腋生或腋外生及顶生，有花（1～）2～3朵，具梗；总梗长3～10mm或以上。花直径1～1.5cm；花梗长2～3mm。萼片椭圆形，长5～7mm，宽2～5mm，先端圆形，全面有黑色纵腺条，果

黄牛木 *Cratoxylum cochinchinense*

时增大。花瓣粉红、深红至红黄色，倒卵形，长5～10mm，宽2.5～5mm，先端圆形，基部楔形，脉间有黑腺纹，无鳞片。雄蕊束3，长4～8mm，柄宽扁至细长。下位肉质腺体长圆形至倒卵形，盔状，长达3mm，宽1～1.5mm，顶端增厚反曲。子房圆锥形，长3mm，无毛，3室；花柱3，线形，自基部叉开，长2mm。蒴果椭圆形，长8～12mm，宽4～5mm，棕色，无毛，被宿存的花萼包被达2/3以上。种子每室（5～）6～8颗，倒卵形，长6～8mm，宽2～3mm，基部具爪，不对称，一侧具翅。花期4～5月，果期6月以后。

特征差异研究 ①深圳杨梅坑，叶长2.8～11.6cm，叶宽1.3～3cm，叶柄长0.3～0.4cm，与上述特征描述相比，叶长的最小值偏小0.2cm，最大值大1.1cm；叶柄长的最大值偏大0.1cm。②深圳莲花山，叶长4.2～10cm，宽2～2.9cm，叶柄长0.3～0.4cm，与上述特征描述相比，叶柄长的最大值偏大，大0.1cm。

凭证标本 ①深圳杨梅坑，王贺银，招康赛（011）；余欣繁，许旺（002）；陈惠如，明珠（064）；陈惠如，明珠（022）。②深圳莲花山，王贺银（126）。

分布地 生于丘陵或山地的干燥阳坡上的次生林或灌丛中，海拔1240m以下，能耐干旱，萌发力强。产广东、广西及云南南部。缅甸、泰国、越南、马来西亚、印度尼西亚至菲律宾也有。

本研究种类分布地 深圳杨梅坑、莲花山。

主要经济用途 本种材质坚硬，纹理精致，供雕刻用；幼果作烹调香料；根、树皮及嫩叶入药，治感冒、腹泻；嫩叶尚可作茶叶代用品。

木竹子（藤黄属）

Garcinia multiflora Champ. ex Benth. in Journ. Bot. Kew. yard. Misc. 3: 310. 1851; Planch. et Traana in Ann. Sc:. Nat. ser. 4, 14: 331. 1860; Benth. Fl. Hongk. 25. 1861: Benemerito in Journ. Sci. Lingn. 15: 62. 1936: Gagnep. in Humb. Suppl. Fl. Gen. Indo-Chine 1: 258. 1943; 广州植物志: 228. 1956; 中国树木分类学: 847, 图742. 1960; H. L. Li, Woody Fl. Taiwan 601. 1963. p.p. excl. sp. cit.; 海南植物志 2: 54. 1965; 中国高等植物图鉴 2: 883, 图3496. 1972; 云南经济植物: 85, 图66. 1972; 台湾植物志2: 624. 1976. ——*G. hainanensis* Merr. in Journ. Sci. Philipp. 22: 253. 1923; Gagnep. in Humb. Suppl. Fl. Gen. Indo-Chine 1: 259. 1943, syn. nov. e typo; 中国植物志 50(2): 92. 1990.

别名 多花山竹子

主要形态特征 常绿乔木，高5～17m。叶对生，革质，倒卵状矩圆形或矩圆状倒卵形，长7～15cm，宽2～5cm，顶端短渐尖或急尖，基部楔形，全缘，两面无毛，中脉在上面微凸起，侧脉在近叶缘处网结，不达叶缘；叶柄长1～2cm。花数朵组成聚伞花序再排成总状或圆锥花序；花橙黄色，单性，少杂性，基数4。浆果近球形，长3～4cm，青黄色，顶端有宿存的柱头。分布于云南、广西、广东、福建、江西。生于山地。种子榨油，供制皂和润滑油；果可食；根、果及树皮入药，能消肿收敛、止痛；木材供建筑、雕刻等；果皮、树皮含有鞣质。

特征差异研究 深圳小南山，叶长6.7～10.9cm，叶宽1.4～5.3cm，叶柄长0.4～1cm，与上述特征描述相比，叶长的最小值偏小0.3cm；叶宽的最小值小0.6cm，最大值偏大0.3cm；叶柄长的最小值偏小0.6cm。

凭证标本 ①深圳杨梅坑，余欣繁，招康赛（092）；王贺银，招康赛（014）；邹雨锋（363）。②深圳小南山，陈永恒（174）。

分布地 江西、福建、台湾、湖北、湖南、海南、广东、广西、贵州、云南。越南也有分布。

本研究种类分布地 深圳杨梅坑、小南山。

主要经济用途 药用。

木竹子 *Garcinia multiflora*

菲岛福木（藤黄属）

Garcinia subelliptica Merr. in Philipp. Journ. Sci. 3: 261. 1908 et Enum. Philipp. Fl. Pl. 3: 8 6. 192 3; 台湾植物志 2: 625, tab. 428. 1976. ——*G. spscata* auct. non Hook. f.: Liou, Ill, Nat. Intr. Lien. Pl. Taiwan 1: 300, tab. 257. 1960; 中国树木分类学 845, 图739. 1960; H. L. Li, Woody Fl. Taiwan 601, tab. 236. 1963; 中国植物志 50(2): 92. 1990.

别名　福木、福树

主要形态特征　乔木，高可达 20 余米，小枝坚韧粗壮，具 4～6 稜。叶片厚革质，卵形，卵状长圆形或椭圆形，稀圆形或披针形，长 7～14（～20）cm，宽 3～6（～7）cm，顶端钝、圆形或微凹，基部宽楔形至近圆形，上面深绿色，具光泽，下面黄绿色，中脉在下面隆起，侧脉纤细，微拱形，12～18 对，两面隆起，至边缘处联结，网脉明显；叶柄粗壮，长 6～15mm。花杂性，同株，5 数；雄花和雌花通常混合在一起，簇生或单生于落叶腋部，有时雌花成簇生状，雄花成假穗状，长约 10cm；雄花萼片近圆形，革质，边缘有密的短睫毛，内方 2 枚较大，外方 3 枚较小；花瓣倒卵形，黄色，长为萼片的 2 倍多，雄蕊合生成 5 束，每束有 6～10 枚，束柄长约 2mm，花药双生；雌花通常具长梗，退化雄蕊合生成 5 束，花药萎缩状，副花冠上半部具不规则的啮齿；子房球形，外面有棱，3～5 室，花柱极短，柱头盾形，5 深裂，无瘤突。浆果宽长圆形，成熟时黄色，外面光滑，种子 1～3（～4）枚。

凭证标本　①深圳应人石，林仕珍（159）；②深圳莲花山，邹雨锋（185）。

分布地　生于海滨的杂木林中。产台湾高雄和火烧岛，台北市亦见栽培。琉球群岛、菲律宾、斯里兰卡、印度尼西亚（爪哇）也有。

菲岛福木 *Garcinia subelliptica*

本研究种类分布地　深圳应人石、莲花山。

主要经济用途　本种能耐暴风和怒潮的侵袭，根部巩固，枝叶茂盛，是我国沿海地区营造防风林的理想树种。

金丝桃（金丝桃属）

Hypericum monogynum Linn. Sp. Pl. ed. 2. : 1107. 1763: Mill. Gard. Dict. eds, no. 11. 1768: N. Robson in Blumea 20, 251. 1973, in Nasir & Ali, Fl. W. Paistan 32: 3. 1973, 台湾植物志 2: 635. 1977 et in Bull. Brit. Mus. Nat. Hist. Bot, 12(4): 231, f. 15. 1985. ——*H. chinense* Linn. Syst. Nat. ed. 10, 2: 118 4. 1759; N. Robson in Journ. Ro. Hort. Soc. 95Y: 489. 1970, non Osbeck, Dagbok Ostind. Resa 244. 1757, nec Retz., Observ. 5: 27. 1789——*H. aureum* Lour. Fl. Cochinch. 2: 472. 179 0. ——*H. salicifolium* Sieb. et Zucc. in Abh. Bayer. Acad. wiss., Miinchen 4 (2): 162. 843: Y. Kimura in Bot. Mag., Tokyo 54: 88. 1940. ——*H. chinense* Linn. var. *salicifolium* (Sieb. et Zucc.) Choisy in Zoll. Syst. Verz. Ind. Archip. 1: 150. 1854. ——*H. chinense* Linn. a obtusifolium et γ latifolium Kuntze, Rev. Gen. Pl. 1: 60. 1891. ——*Norysca chinensis* (Linn.) Spach, Hist. veg. Phan. 5: 427. 1836, in Ann. Sci. Nat. ser. 2, Bot. 5: 364. 1836; Y. Kimura in Nakai & Honda, Nova Fl. Japon 10: 1 03. 1951. ——*N. aurea* (Lour.) Bl. Mus. Bot. Lugd.-Bat. 2: 22. 1856. ——*N. puctata* Bl. l. c. 23. ——*N. salicifolia* Bl. l. c. 23. ——*N. chinensis* (Linn.) Spach var. *salicifolia* (Sneb. et Zucc.) Y. Kimura l. c: 107, f. 42. ——*H. pratttii* auct. non Hemsl.: Rehd. in Sarg. Pl. Wils. 2: 404.1915, pro parte quoad Wilson 1604, 2420; 中国植物志 50(2): 12. 1990.

别名 狗胡花（安徽霍山），金线蝴蝶（四川南川，浙江乐清），过路黄（四川奉节），金丝海棠（山东崂山），金丝莲（陕西石泉）

主要形态特征 灌木，高 0.5～1.3m，丛状或通常有疏生的开张枝条。茎红色，幼时具 2（4）纵线棱及两侧压扁，很快为圆柱形；皮层橙褐色。叶对生，无柄或具短柄，柄长达 1.5mm；叶片倒披针形或椭圆形至长圆形，或较稀为披针形至卵状三角形或卵形，长 2～11.2cm，宽 1～4.1cm，先端锐尖至圆形，通常具细小尖突，基部楔形至圆形或上部者有时截形至心形，边缘平坦，坚纸质，上面绿色，下面淡绿但不呈灰白色，主侧脉 4～6 对，分枝，常与中脉分枝不分明，第三级脉网密集，不明显，腹腺体无，叶片腺体小而点状。花序具 1～15（～30）花，自茎端第 1 节生出，疏松的近伞房状，有时亦自茎端 1～3 节生出，稀有 1～2 对次生分枝；花梗长 0.8～2.8（～5）cm；苞片小，线状披针形，早落。花直径 3～6.5cm，星状；花蕾卵珠形，先端近锐尖至钝形。萼片宽或狭椭圆形或长圆形至披针形或倒披针形，先端锐尖至圆形，边缘全缘，中脉分明，细脉不明显，有或多或少的腺体，在基部的线形至条纹状，向顶端的点状。花瓣金黄色至柠檬黄色，无红晕，开张，三角状倒卵形，长 2～3.4cm，宽 1～2cm，长为萼片的 2.5～4.5 倍，边缘全缘，无腺体，有侧生的小尖突，小尖突先端锐尖至圆形或消失。雄蕊 5 束，每束有雄蕊 25～35 枚，最长者长 1.8～3.2cm，与花瓣几等长，花药黄至暗橙色。子房卵珠形或卵珠状圆锥形至近球形，长 2.5～5mm，宽 2.5～3mm；花柱长 1.2～2cm，长为子房的 3.5～5 倍，合生几达顶

金丝桃 *Hypericum monogynum*

端然后向外弯或极偶有合生至全长之半；柱头小。蒴果宽卵珠形或稀为卵珠状圆锥形至近球形，长 6～10mm，宽 4～7mm。种子深红褐色，圆柱形，长约 2mm，有狭的龙骨状凸起，有浅的线状网纹至线状蜂窝纹。染色体 $2n$=42。花期 5～8 月，果期 8～9 月。

凭证标本 深圳赤坳，余欣繁，黄玉源（308）。

分布地 生于山坡、路旁或灌丛中，沿海地区海拔 0～150m，但在山地上升至 1500m。产河北、陕西、山东、江苏、安徽、浙江、江西、福建、台湾、河南、湖北、湖南、广东、广西、四川及贵州等省区。日本也有引种。

本研究种类分布地 深圳赤坳。

主要经济用途 花美丽，供观赏；果实及根供药用，果作连翘代用品，根能祛风、止咳、下乳、调经补血，并可治跌打损伤。

椴树科 Tiliaceae

节花蚬木（蚬木属）

Excentrodendron tonkinense (A. Chev.) H. T. Chang et R. H. Miau in Acta Sci. Nat. Univ. Sunyatsen. 3: 23. 1978. —— *Pentace sonkinensis* A. Chev. in Bull. Econ Indo-Chine 20: 803. 1918. —— *Parapentace sonkinensis* (A. Chev.) Gagnep. in Bull. Soc. Bot. Fr. 90: 70. 1943, et in Humbert, Suppl. Fl. Gen. Indo-Chine 1: 443. 1945. —— *Burretiodendron hsienmu* Chun et How in Acta Phytotax. Sin. 5: 9. 1956, pro parte. —— *B. tonkinensis* Kosterm. in Rcinwardtia 5: 239. 1960; 中国植物志 40(1): 115. 1989.

主要形态特征 常绿乔木；嫩枝及顶芽均无毛。叶革质，卵形，长 14～18cm，宽 8～10cm，先端渐尖，基部圆形，上面绿色，发亮，下面同色，脉腋有囊状腺体及毛丛，无毛，基出脉 3 条，两侧脉上行达叶片长度的 1/2，且各有第二次分枝侧脉 5～6 条，离边缘 1～1.2cm，基部无明显的边脉，中脉有侧脉 3～4 对，全缘；叶柄长 3～6cm，圆柱形，无毛。圆锥花序或总状花序

长 4～5cm，有花 3～6 朵；花柄有节，被星状柔毛；苞片早落；萼片长圆形，长约 1cm，外面有星状柔毛，内面无毛，基部无腺体或内侧数片，每片有 2 个球形腺体；花瓣倒卵形，长 5～6mm，无柄；雄蕊 18～35 枚，长 5～6mm，花丝基部略相连，分为 5 组，各组雄蕊不等数，花药长 3mm；子房 5 室，每室有胚珠 2 颗，具中轴胎座，花柱 5 条，离生，极短。蒴果纺锤形，长 3.5～4cm；果柄有节。

凭证标本 深圳小南山，温海洋，黄玉源（077）。

分布地 常见于石灰岩的常绿林里。越南北部有分布。产于广西。模式标本采自广西隆安。

本研究种类分布地 深圳小南山。

节花蚬木 *Excentrodendron tonkinense*

扁担杆（扁担杆属）

Grewia biloba G. Don Gen. Syst. 1:549. 1831; Burret in Notizbl. Bot. Gart. Mus. Berlin. 9:708. 1926: Hand. -Mazz. Symb. Sin. 7: 612. 1933: H. L. Li, Woody Fl. Taiwan 539. 1963——*G. glabrescens* Benth. Fl. Hongk. 42. 1861——*G. parviflora* Bunge var. *glabrescens* Rebd. et Wils. in Sarg. Pl. Wils. 2: 371. 1916——*G. esquirolii* Levl. Fl. Kouy-Tcheou 419. 1915——*Celostrus euonymoidea* Levl. l. c.——*Grewia tenuifolia* Kanehira et Sasaki in Trans. Nat. Hist. Soc. Form. 13: 377. 1928; 中国植物志 49(1): 49. 1989.

别名 柏麻、版筒柴、扁担杆子、二裂解宝木

主要形态特征 灌木或小乔木，高 1～4m，多分枝；嫩枝被粗毛。叶薄革质，椭圆形或倒卵状椭圆形，长 4～9cm，宽 2.5～4cm，先端锐尖，基部楔形或钝，两面有稀疏星状粗毛，基出脉 3 条，两侧脉上行过半，中脉有侧脉 3～5 对，边缘有细锯齿；叶柄长 4～8mm，被粗毛；托叶钻形，长 3～4mm。聚伞花序腋生，多花，花序柄长不到 1cm；花柄长 3～6mm；苞片钻形，长 3～5mm；萼片狭长圆形，长 4～7mm，外面被毛，内面无毛；花瓣长 1～1.5mm；雌雄蕊柄长 0.5mm，有毛；雄蕊长 2mm；子房有毛，花柱与萼片平齐，柱头扩大，盘状，有浅裂。核果红色，有 2～4 颗分核。花期 5～7 月。

特征差异研究 ①深圳杨梅坑：叶长 8.4～14.5cm，叶宽 2.7～7.2cm，叶柄 0.8～1.5cm，与上述特征描述相比，叶长的最大值偏大 5.5cm；叶宽的最大值偏大 3.2cm；叶柄长的最大值偏大 0.7cm。②深圳赤坳：叶长 5～7cm，叶宽 3～5cm，叶柄长 0.3～0.8cm，与上述特征描述相比，叶宽的最大值偏大 1cm；叶柄长偏小 0.1cm。③深圳莲花山：叶长 6～9cm，叶宽 2～4.4cm，叶柄约 1cm，与上述特征描述相比，叶宽的最小值偏小，小 0.5cm，最大值偏大 0.4cm。④深圳小南山，叶长 4～13.5cm，叶宽 2～7cm，叶柄 0.5～1cm。与上述特征描述相比，叶长的最大值偏大 4.5cm；叶宽的最小值偏小 0.5cm，最大值偏大 3cm；叶柄长的最大值偏大 0.2cm。

凭证标本 ①深圳杨梅坑，邹雨锋，招康赛（003）；王贺银，周志彬（003）；王贺银（112）。②深圳赤坳，林仕珍，招康赛（070）；王贺银（061）；邱小波（021）。③深圳小南山，林仕珍，招康赛（243）；邹雨锋，黄玉源（299）；廖栋耀（026）；李志伟（017）。④深圳莲花山，林仕珍，黄玉源

扁担杆 *Grewia biloba*

（125）。

分布地　产于江西、湖南、浙江、广东、台湾、安徽、四川等省区。

本研究种类分布地　深圳杨梅坑、赤坳、小南山、莲花山。

主要经济用途　枝叶药用，可治小儿疳积等症；茎皮纤维色白、质地软，可作人造棉，宜混纺或单纺；去皮茎杆可作编织用。

破布叶（破布叶属）

Microcos paniculata Linn. Sp. Pl. 1: 514. 1753; Burret in Notizbl. Bot. Cart. Mus. Beirl. 9:773. 1926, pro parte; 海南植物志 2: 58. 1965; 中国高等植物图鉴　2: 799, 图3329. 1972——*Grewia microcos* Linn. Syst. ed. 12. 2:602. 1767; DC. Prodr. l: 510. 1824; Masters in Hook. f. Fl. Brit. Ind. 1: 392. 1874, pro parte; Gagnep. in Lecomte, Fl. Gen. Indo-Chine 1:543. 1911, pro parte; Merr. in Lingo. Sci. Journ. 5: 124. 1927. ——*Grewia affinis* Lindl. in Transect. Linn. Soc. 13: 265. 1826; 中国植物志　49(1): 87. 1989.

主要形态特征　灌木或小乔木，高 3 ～ 12m，树皮粗糙；嫩枝有毛。叶薄革质，卵状长圆形，长 8 ～ 18cm，宽 4 ～ 8cm，先端渐尖，基部圆形，两面初时有极稀疏星状柔毛，以后变秃净，三出脉的两侧脉从基部发出，向上行超过叶片中部，边缘有细钝齿；叶柄长 1 ～ 1.5cm，被毛；托叶线状披针形，长 5 ～ 7mm。顶生圆锥花序长 4 ～ 10cm，被星状柔毛；苞片披针形；花柄短小；萼片长圆形，长 5 ～ 8mm，外面有毛；花瓣长圆形，长 3 ～ 4mm，下半部有毛；腺体长约 2mm；雄蕊多数，比萼片短；子房球形，无毛，柱头锥形。核果近球形或倒卵形，长约 1cm；果柄短。花期 6 ～ 7 月。

破布叶 *Microcos paniculata*

特征差异研究　深圳小南山：叶长 18 ～ 20cm，叶宽 7.9 ～ 8.3cm，与上述特征描述相比，叶长的最大值偏大 2cm；叶宽的最大值偏大 0.3cm。

形态特征增补　花淡黄色，花瓣 5 枚，长 0.6cm，花冠 0.8cm，雄蕊多数，长约 0.3cm。

凭证标本　深圳小南山，廖栋耀（024）；温海洋（020）；温海洋（021）。

分布地　产于广东、广西、云南。中南半岛、印度及印度尼西亚有分布。

本研究种类分布地　深圳小南山。

主要经济用途　本种叶供药用，味酸，性平无毒，可清热毒，去食积。

杜英科 Elaeocarpaceae

长芒杜英（杜英属）

Elaeocarpus apiculatus Masters in Hook. f. Fl. Brit. Ind. 1: 407. 1874; Merr. in Lingn. sci. Journ. 5: 123. 1927. ——*Elaeocarpus apiculatus* Mast. var. *annamensis* Gagnep. in Humbert, Suppl. Fl. Gen. Indo-Chine 1:479. 1945, syn. nov; 中国植物志　49(1): 10. 1989.

别名　尖叶杜英

主要形态特征　常绿乔木，高达 30m。小枝粗大，有灰褐色柔毛。叶革质，倒卵状披针形，长 11 ～ 30cm。总状花序生于枝顶腋内，花瓣白色，倒披针形，先端 7 ～ 8 裂。核果近圆球形。花期为 4 ～ 5 月。根基部有板根，枝条层层伸展，整个株形如高耸的尖塔，巍峨壮观；开花时节，有如悬挂了层层白色的流苏，迎风摇曳，并散发着奶油味的香气，惹人喜爱。

特征差异研究　①深圳莲花山：叶长 8.3 ～ 20cm，叶宽 2.7 ～ 6.5cm，叶柄长 1 ～ 2.5cm，与上述特征描述相比，叶长的最小值偏小，小 2.7cm。

②深圳杨梅坑：叶长 8.0 ～ 18.7cm，叶宽 2.4 ～ 5.8cm，叶柄长 1 ～ 1.5cm，与上述特征描述相比，叶长的最小值小 3cm。

凭证标本 ①深圳杨梅坑，陈永恒，明珠（016）。②深圳莲花山，林仕珍，周志彬（12）；王贺银，招康赛（108）。

本研究种类分布地 深圳杨梅坑、莲花山。

分布地 根系发达，萌芽力强，生长快速，喜温暖湿润环境，常生于雨林山地中。原产我国海南、云南、广东，中南半岛。

主要经济用途 园林用途，长芒杜英树冠圆整，枝叶稠密而部分叶色深红，红绿相间，颇引人入胜，在园林中常丛植于草坪、路口、林缘等处；也可列植，起遮挡及隔音作用，或作为花灌木或雕塑等的背景树，具有很好的烘托效果。还可作为厂区的绿化树种。有些地区已应用为行道树。

中华杜英（杜英属）

Elaeocarpus chinensis (Gardn. et Chanp.) Hook. f. ex Benth. Fl. Hongk. 43. 1861. ——*Friesia chinensis* Gardn, et Champ. in Journ. Bot. 1: 243. 1849, 3: 264. 1851. ——*Elaeocarpus insegripetalus* Gagnep. in Lecomte, Not. Syst. 11: 6. 1943, et in Suppl. Fl. Indo-Chine 1:493. 1945; 中国植物志 49(1): 22. 1989.

别名 桃榅、羊屎乌

主要形态特征 常绿小乔木，高 3 ～ 7m；嫩枝有柔毛，老枝秃净，干后黑褐色。叶薄革质，卵状披针形或披针形，长 5 ～ 8cm，宽 2 ～ 3cm，先端渐尖，基部圆形，稀为阔楔形，上面绿色有光泽，下面有细小黑腺点，在芽体开放时上面略有疏毛，很快上下两面变秃净，侧脉 4 ～ 6 对，在上面隐约可见，在下面稍凸起，网脉不明显，边缘有波状小钝齿；叶柄纤细，长 1.5 ～ 2cm，幼嫩时略被毛。总状花序生于无叶的去年枝条上，长 3 ～ 4cm，花序轴有微毛；花柄长 3mm；花两性或单性。两性花：萼片，5 片，披针形，长 3mm，内外两面有微毛；花瓣 5 片，长圆形，长 3mm，不分裂，内面有稀疏微毛；雄蕊 8 ～ 10 枚，长 2mm，花丝极短，花药顶端无附属物；子房 2 室，胚珠 4 颗，生于子房上部。雄蕊的萼片与花瓣和两性花的相同，雄蕊 8 ～ 10 枚，无退化子房。核果椭圆形，长不到 1cm。花期 5 ～ 6 月。

特征差异研究 ①深圳杨梅坑：叶长 6.5 ～

长芒杜英 *Elaeocarpus apiculatus*

中华杜英 *Elaeocarpus chinensis*

10.1cm，叶宽 1.4 ～ 2cm，叶柄长 1.9 ～ 2.5cm；花白色，花瓣 5，长 0.2 ～ 0.3cm，花梗长 0.3cm。与上述特征描述相比，叶长的最大值偏大 2.1cm；叶宽的最小值偏小，小 0.6cm；叶柄长的最大值偏大 0.5cm。②深圳莲花山：叶长 4.1 ～ 12.4cm，叶宽 1.5 ～ 3.5cm，叶柄长 0.5 ～ 1.2cm。与上述特征描述相比，叶长的最大值偏大 4.4cm；叶宽的最小值偏小 0.5cm，最大值偏大 0.5cm。

凭证标本　①深圳杨梅坑，赵顺（006）；邱小波（006）。②深圳莲花山，邹雨锋（106）。

分布地　广东、广西、浙江、福建、江西、贵州、云南。

本研究种类分布地　深圳杨梅坑、莲花山。

水石榕（杜英属）

Elaeocarpus hainanensis Oliver in Hook. Ic. Pl. tab. 2462. 1896; Gagnep. in Lecomte, Fl. Gen. Indo-Chine 1: 567. 1911; Merr. in Lingn. Sci. Journ. 5: 123. 1927; 海南植物志 2: 67. 1965; 中国植物志 49(1): 8. 1989.

别名　海南胆八树、水柳树

主要形态特征　小乔木，具假单轴分枝，树冠宽广；嫩枝无毛。叶革质，狭窄倒披针形，长 7 ～ 15cm，宽 1.5 ～ 3cm，先端尖，基部楔形，幼时上下两面均秃净，老叶上面深绿色，干后发亮，下面浅绿色，侧脉 14 ～ 16 对，在上面明显，在下面凸起，网脉在下面稍凸起，边缘密生小钝齿；叶柄长 1 ～ 2cm。总状花序生当年枝的叶腋内，长 5 ～ 7cm，有花 2 ～ 6 朵；花较大，直径 3 ～ 4cm；苞片叶状，无柄，卵形，长 1cm，宽 7 ～ 8mm，两面有微毛，边缘有齿突，基部圆形或耳形，有网状脉及侧脉，宿存；花柄长约 4cm，有微毛；萼片 5 片，披针形，长约 2cm，被柔毛；花瓣白色，与萼片等长，倒卵形，外侧有柔毛，先端撕裂，裂片 30 条，长 4 ～ 6mm；雄蕊多数，约和花瓣等长，有微毛，药隔突出成芒刺状，长 4mm；花盘多裂而连续，围着子房基部；子房 2 室，无毛，花柱长 1cm，有毛；胚珠每室 2 颗。核果纺锤形，两端尖，长约 4cm，中央宽 1 ～ 1.2cm；内果皮坚骨质，表面有浅沟，腹缝线 2 条，厚 1.5mm，1 室；种子长 2cm。花期 6 ～ 7 月。

特征差异研究　深圳莲花山：叶长 5.5 ～ 15cm，叶宽 1.5 ～ 2.5cm，叶柄长 0.6 ～ 2.1cm。核果纺锤形，长 1.6 ～ 2.5cm，中间宽 0.8 ～ 1.2cm。与上述特征描述相比，叶长的最小值偏小 1.5cm；叶柄长的最小值偏小 0.4cm，最大值偏大 0.1cm；核果长偏小，小 1.5cm，核果中央宽的最小值偏小，小 0.2cm。

凭证标本　深圳莲花山，邹雨锋，招康赛（121）；王贺银（099）；陈永恒，招康赛（072）；林仕珍，周志彬（111）。

分布地　喜生于低湿处及山谷水边。产海南、广西南部及云南东南部。在越南、泰国也有分布。

本研究种类分布地　深圳莲花山。

主要经济用途　分枝多而密，形成圆锥形的树冠。花期长，花冠洁白淡雅，为常见的木本花卉，适宜作庭院风景树。为雅致小乔木，状态婀娜动人，可观花、观叶，是上乘的观赏树种。宜于草坪、坡地、林缘、庭前、路口丛植，也可栽作其他花木的背景树。

水石榕 *Elaeocarpus hainanensis*

日本杜英（杜英属）

Elaeocarpus japonicus Sieb. et Zucc. in Abh: Akad. Munch. 4:pt. 2. 165 (Fl. Jap. Fam, Nat. 1:57). 1845; Chun in Sun-yatsenia 1: 267. 1934; 中国植物志 49(1): 20. 1989.

别名 薯豆

主要形态特征 乔木；嫩枝秃净无毛；叶芽有发亮绢毛。叶革质，通常卵形，亦有为椭圆形或倒卵形，长 6 ~ 12cm，宽 3 ~ 6cm，先端尖锐，尖头钝，基部圆形或钝，初时上下两面密被银灰色绢毛，很快变秃净，老叶上面深绿色，发亮，干后仍有光泽，下面无毛，有多数细小黑腺点，侧脉 5 ~ 6 对，在下面凸起，网脉在上下两面均明显；边缘有疏锯齿；叶柄长 2 ~ 6cm，初时被毛，不久完全秃净。总状花序长 3 ~ 6cm，生于当年枝的叶腋内，花序轴有短柔毛；花柄长 3 ~ 4mm，被微毛；花两性或单性。两性花：萼片 5 片，长圆形，长 4mm，两面有毛；花瓣长圆形，两面有毛，与萼片等长，先端全缘或有数个浅齿；雄蕊 15 枚，花丝极短，花药长 2mm，有微毛，顶端无附属物；花盘 10 裂，连合成环；子房有毛，3 室，花柱长 3mm，有毛。雄花：萼片 5 ~ 6 片，花瓣 5 ~ 6 片，均两面被毛；雄蕊 9 ~ 14 枚；退化子房存在或缺。核果椭圆形，长 1 ~ 1.3cm，宽 8mm，1 室；种子 1 颗，长 8mm。花期 4 ~ 5 月。

特征差异研究 ①深圳杨梅坑，叶长 6.2 ~ 11.3cm，叶宽 1.7 ~ 3cm，叶柄长 1.1 ~ 2.9cm，与上述特征描述相比，叶宽的最小值偏小 1.3cm；叶柄长的最小值偏小 0.9cm。②深圳小南山，叶长 11.5 ~ 16cm，叶宽 4 ~ 5.5cm，叶柄长 1.1 ~ 2.3cm；与上述特征描述相比，叶长的最大值偏大 4cm；叶柄长的最小值偏小 0.9cm。

凭证标本 ①深圳杨梅坑，王贺银（348）。②深圳小南山，陈永恒，周志彬（176）。

分布地 南至海南。生于海拔 400 ~ 1300m 的常

日本杜英 *Elaeocarpus japonicus*

绿林中。产长江以南各省区，东起台湾，西至四川及云南最西部，越南、日本也有分布。

本研究种类分布地 深圳杨梅坑、小南山。

主要经济用途 本种木材可制家具，又是放养香菇的理想木材。宜于草坪、坡地、林缘、庭前、路口丛植。

山杜英（杜英属）

Elaeocarpus sylvestris (Lour.) Poir. in Lamk. Encycl. Suppl. 11:704. 1811; Merr. et Chun in Sunyatsenia 2:278. 1935, pro parte; Metcalf in Sunyatsenia 6: 181. 1941, pro parte. excl. the type of E. glabripetala Merr. ——*Adenodus sylvestris* Lour. Fl. Cochinch. 294. 1790. ——*Elaeocarpus henryi* Hance in Journ. Bot. 23: 312. 1885. ——*E. decipiens* Hemsl. in Journ. Lion. Soc. Bot. 23: 94. 1886, pro parte; Merr. in Lingn. Sci. Journ. 5: 123. 1928. ——*E. glabripetalus* Merr. in Lingo. Sci. Journ. 5: 123. 1928. non Merr. in Philip. Journ. Sci. 21: 501. 1922. ——*E. omeiensis* Rehd. et Wils. in Sarg. Pl. Wils. 2: 360. 1916. ——*E. kwangtungensis* Hu in Journ. Arn. Arb. 5: 229. 1924; 中国植物志 49(1): 24. 1989.

主要形态特征 小乔木，高约 10m；小枝纤细，通常秃净无毛；老枝干后暗褐色。叶纸质，倒卵形或倒披针形，长 4 ~ 8cm，宽 2 ~ 4cm，幼态叶长达 15cm，宽达 6cm，上下两面均无毛，干

后黑褐色，不发亮，先端钝，或略尖，基部窄楔形，下延，侧脉 5 ~ 6 对。在上面隐约可见，在下面稍凸起，网脉不大明显，边缘有钝锯齿或波状钝齿；叶柄长 1 ~ 1.5cm，无毛。总状花序生于枝顶叶腋内，长 4 ~ 6cm，花序轴纤细，无毛，有时被灰白色短柔毛；花柄长 3 ~ 4mm，纤细，通常秃净；萼片 5 片，披针形，长 4mm，无毛；花瓣倒卵形，上半部撕裂，裂片 10 ~ 12 条，外侧基部有毛；雄蕊 13 ~ 15 枚，长约 3mm，花药有微毛，顶端无毛丛，亦缺附属物；花盘 5 裂，圆球形，完全分开，被白色毛；子房被毛，2 ~ 3 室，花柱长 2mm。核果细小，椭圆形，长 1 ~ 1.2cm，内果皮薄骨质，有腹缝沟 3 条。花期 4 ~ 5 月。

山杜英 *Elaeocarpus sylvestris*

特征差异研究　①深圳赤坳：叶长 4.7 ~ 9cm；叶宽 1.6 ~ 3.1 cm；叶柄长 0.2 ~ 0.5cm，与上述特征描述相比，叶长的最大值偏大 1cm；叶宽的最小值小 0.4cm；叶柄长的整体范围偏小，最大值比上述特征描述叶柄长的最小值小 0.5cm。②深圳小南山：叶长 5.1 ~ 10.2cm，叶宽 1.5 ~ 3cm，叶柄长 0.2 ~ 0.4cm。与上述特征描述相比，叶长的最大值偏大 2.2cm；叶宽的最小值偏小 0.5cm；叶柄长的整体范围偏小，最大值比上述特征描述叶柄长的最小值小 0.6cm。③深圳莲花山：叶长 4 ~ 11.6cm，叶宽 2 ~ 4.7cm，叶柄长 0.3 ~ 0.5cm；与上述特征描述相比，叶长的最大值偏大 3.6cm；叶宽的最大值偏大 0.7cm；最大值比上述特征描述叶柄长的最小值小 0.5cm。

凭证标本　①深圳赤坳，洪继猛，黄玉源（009）。②深圳小南山，林仕珍（250）；林仕珍，招康赛（249）。③深圳莲花山，王贺银（074）；余欣繁（106）。

分布地　广东、海南、广西、福建、浙江、江西、湖南、贵州、四川及云南。

本研究种类分布地　深圳赤坳、小南山、莲花山。

主要经济用途　药用。

猴欢喜（猴欢喜属）

Sloanea sinensis (Hance) Hemsl. in Hook. Ic. Pl. t. 2628. 1900. M. J. E. Coode l. c. 392. 1983.——*Echinocarpus sinensis* Hance in Journ. Bot. 22: 103. 1884. *S. hongkangensis* Hemsl. l. c.; Hayata, Fl. Form. 49. 1911. ——*S. chinensis* Hu in Contr. Biol. Lab. Sci. Soc. China 1: 4. 1925. ——*S. kweichowensis* Hu in Sinensia 5: 84. 1932——*Sloanea* sp. Hu l. c.——*S. oligophlebia* Chun et Ting in Acta Phytotax. Sin. 8: 269. 1963, syn. nov. ——*S. oligophlebia* Merr. et Chun ex Gagnep. in Humbert, Suppl Fl. Gen. Indo-Chine 1: 473. 1945, syn. nov. ——*S. parvifolia* Chun et How in Acta Phytotax. Sin. 7: 14. pl. 5. 1965: 海南植物志 2:65. 1965, syn. nov. ——*S. sigun* auct. non. K. Schum. et Chun in Sunyatsenia 5: 121. 1940; 中国植物志 49(1): 43. 1989.

主要形态特征　乔木，高 20m；嫩枝无毛。叶薄革质，形状及大小多变，通常为长圆形或狭窄倒卵形，长 6 ~ 9cm，最长达 12cm，宽 3 ~ 5cm，先端短急尖，基部楔形，或收窄而略圆，有时为圆形，亦有为披针形的，宽不过 2 ~ 3cm，通常全缘，有时上半部有数个疏锯齿，上面干后暗晦无光泽，下面秃净无毛，侧脉 5 ~ 7 对；叶柄长 1 ~ 4cm，无毛。花多朵簇生于枝顶叶腋；花柄长 3 ~ 6cm，被灰色毛；萼片 4 片，阔卵形，长 6 ~ 8mm，两侧被柔毛；花瓣 4 片，长 7 ~ 9mm，白色，外侧有微毛，先端撕裂，有齿刻；雄蕊与花瓣等长，花药长为花丝的 3 倍；子房被毛，卵形，长 4 ~ 5mm，花柱连合，长 4 ~ 6mm，下半部有微毛。蒴果的大小不一，宽 2 ~ 5cm，3 ~ 7 片裂开；果爿长短不一，长 2 ~ 3.5cm，厚 3 ~ 5mm；针刺长 1 ~ 1.5cm；内果皮紫红色；种子长 1 ~ 1.3cm，黑色，有光泽，假种皮长 5mm，黄色。花期 9 ~ 11 月，果期翌年 6 ~ 7 月。

凭证标本　深圳杨梅坑，陈鸿辉（013）；陈鸿辉

(014)。

分布地　生长于海拔 700 ～ 1000m 的常绿林里。产于广东、海南、广西、贵州、湖南、江西、福建、台湾和浙江。越南有分布。

本研究种类分布地　深圳杨梅坑。

主要经济用途　猴欢喜生长较快，木材光泽美丽，强韧硬重，耐水湿，材质优良，是优良的硬阔叶树种。由于其纹理通直，结构细密，质地轻软，硬度适中，容易加工，干燥后不易变形，色泽艳丽，花纹美观等特点，可作材用，是我国建筑桥梁家居胶合板等良才。

梧桐科 Sterculiaceae

刺果藤（刺果藤属）

Byttneria aspera Colebr. in Roxb. Fl. Ind. ed. Carey, 2: 283. 1824; Benth. Fl. Hongk. 39. 1861; Mast. in Hook. f. Fl. Brit. Ind. 1: 377. 1874; Forbes & Hemsl. in Journ. Linn. Soc. Bot. 23: 92. 1896; Gagnep. in Lecte. Fl. Gen. Indo-Chine 1: 519. 1911; Dunn & Tutch. in Kew Bull. Misc. Inf. Add. Ser. 10: 50. 1912; Merr. in Lingn. Sci. Journ. 5 (1-2): 127. 1927; Tardieu-Blot in Humbert Suppl. Fl. Gen. Indo-Chine 1: 439. 1945; 侯宽昭等，广州植物志 240. 1956; 陈焕镛等, 海南植物志 2: 86, 图335. 1965; 中国高等植物图鉴 2: 835, 图 3399. 1972. ——*Buettneria grandifolia* DC. Prodr. 1: 486. 1824; 中国植物志 49(2): 186. 1984.

主要形态特征　木质大藤本，小枝的幼嫩部分略被短柔毛。叶广卵形、心形或近圆形，长 7 ～ 23cm，宽 5.5 ～ 16cm，顶端钝或急尖，基部心形，上面几无毛，下面被白色星状短柔毛，基生脉 5 条；叶柄长 2 ～ 8cm，被毛。花小，淡黄白色，内面略带紫红色；萼片卵形，长 2mm，被短柔毛，顶端急尖；花瓣与萼片互生，顶端 2 裂并有长条形的附属体，约与萼片等长；具药的雄蕊 5 枚，与退化雄蕊互生；子房 5 室，每室有胚珠两个。蒴果圆球形或卵状圆球形，直径 3 ～ 4cm，具短而粗的刺，被短柔毛；种子长圆形，长约 12mm，成熟时黑色。花期春夏季。

特征差异研究　①深圳杨梅坑：叶长 9 ～ 23.5cm，叶宽 6 ～ 17.8cm，叶柄长 1.5 ～ 9cm，与上述特征描述，叶长的最大值偏大 0.5cm；叶宽的最大值偏大 1.8cm；叶柄长的最小值小 0.5cm，最大值大 1cm。②深圳小南山：叶长 14.4 ～ 22.5cm，叶宽 6.5 ～ 11.4cm，叶柄长 3.3 ～ 5.1cm；果实

猴欢喜 *Sloanea sinensis*

刺果藤 *Byttneria aspera*

卵状圆球形，直径 4.4cm，与上述特征描述相比，果实的直径偏大 0.4cm。

凭证标本　①深圳杨梅坑，陈惠如，黄玉源（018）；陈永恒，招康赛（005）；林仕珍，黄玉源（127）；陈惠如，招康赛（003）；陈惠如，招康赛（004）。②深圳小南山，陈志洁（037）。

分布地　生于疏林中或山谷溪旁。产广东、广西、

云南三地的中部和南部。印度、越南、柬埔寨、老挝、泰国等地也有分布。

本研究种类分布地 深圳杨梅坑、小南山。
主要经济用途 本种的茎皮纤维可以制绳索。

山芝麻（山芝麻属）

Helicteres angustifolia Linn. Sp. Pl. 963. 1753, ed. 2. 1366. 1763; Benth. Fl. Hongk. 37. 1861; Mast. in Hook. f. Fl. Brit. Ind. 1: 365. 1874; Forbes & Heinsl. in Journ. Linn. Soc. Bot. 23: 91. 1886; Gagnep. in Lecte. Fl. Gen. Indo-Chine 1: 495. 1911; Hayata Ic. Pl. Form. 1: 104. 1911; Dunn & Tutcher in Kew Bull. Misc. Irif. Add. Ser. 10: 50. 1912; Merr. in Lingn. Sci. Journ: 5 (1-2): 127. 1927; Hu, Wang & Hsia in Bull. Fan Mem. Inst. Biol. Bot. 8. 340. 1938; 侯宽昭等，广州植物志: 241-242, 图119. 1956; Li Woody Fl. Taiw. 559. fig. 217. 1963; 陈焕镛等，海南植物志 2: 80, 图331. 1965; 中国高等植物图鉴 2: S29, 图3387. 1972; 中国植物志 49(2): 156. 1984.

别名 山油麻、坡油麻
主要形态特征 小灌木，高达 1m，小枝被灰绿色短柔毛。叶狭矩圆形或条状披针形，长 3.5～5cm，宽 1.51～2.5cm，顶端钝或急尖，基部圆形，上面无毛或几无毛，下面被灰白色或淡黄色星状茸毛，间或混生刚毛；叶柄长 5～7mm。聚伞花序有 2 至数朵花；花梗通常有锥尖状的小苞片 4 枚；萼管状，长 6mm，被星状短柔毛，5 裂，裂片三角形；花瓣 5 片，不等大，淡红色或紫红色，比萼略长，基部有 2 个耳状附属体；雄蕊 10 枚，退化雄蕊 5 枚，线形，甚短；子房 5 室，被毛，较花柱略短，每室有胚珠约 10 个。蒴果卵状矩圆形，长 12～20mm，宽 7～8mm，顶端急尖，密被星状毛及混生长绒毛；种子小，褐色，有椭圆形小斑点。花期几乎全年。
特征差异研究 ①深圳赤坳：叶长 3.4～8.8cm，叶宽 0.6～2.5cm，叶柄长 0.3～0.7cm；蒴果青绿色，长圆柱形，长 1～1.5cm，宽 0.5～0.8cm，与上述特征描述相比，叶长的最小值偏小 0.1cm，最大值偏大 3.8cm；叶宽的最小值偏小 0.91cm；蒴果长的最小值偏小 0.2cm；蒴果宽的最小值偏小 0.2cm。②深圳应人石：叶长 3.9～7.4cm，叶宽 0.9～1.5cm，叶柄长 0.5～0.9cm；蒴果长圆柱形，长 0.9～1.5cm，宽 0.5～0.8cm，与上述特征描述相比，叶长的最大值偏大 2.4cm；叶宽的最小值偏小，小 0.61cm；叶柄长的最大值偏大 0.2cm；蒴果长的最小值偏小，小 0.3cm；蒴果宽的最小值偏小 0.2cm。③马峦山：叶长 3.3～4.6cm，叶宽 1.2～1.5cm，叶柄长 0.1～0.2cm，与上述特征描述相比，叶长的最小值小 0.2cm；叶宽的最小值偏小 0.31cm；叶柄长的整体范围偏小，最大值比上述特征描述叶柄长最小值小 0.3cm。
凭证标本 ①深圳赤坳，陈永恒，周志彬（054）；林仕珍（050）；邹雨锋，黄玉源（055）；余欣繁，黄玉源（045）；洪继猛（014）；吴凯涛（012）。②深圳应人石，林仕珍（166）；林仕珍，黄玉源（167）；余欣繁，周志彬（136）；邹雨锋（161）。③深圳马峦山，温海洋（042）。
分布地 为华南山地和丘陵地常见的小灌木，常生于草坡上。产湖南、江西南部、广东、广西中部和南部、云南南部、福建南部、台湾。印度、缅甸、马来西亚、泰国、越南、老挝、柬埔寨、

山芝麻 *Helicteres angustifolia*

印度尼西亚、菲律宾等地有分布。

本研究种类分布地 深圳赤坳、应人石、马峦山。

主要经济用途 茎皮纤维可做混纺原料，根可药

用，清热解毒，止咳。用于治疗感冒高烧，扁桃体炎，咽喉炎，腮腺炎，麻疹，咳嗽，疟疾。叶捣烂敷患处可治疮疖。

两广梭罗（梭罗树属）

Reevesia thyrsoidea Lindley in Quart. Journ. Sci. Lit. Arts. 2 (2): 112. 1827; Benth. Fl. Hong. 37. 1861; Forbes & Hemsl. in Journ. Linn. Soc. Bot. 23: 91. 1886; Gagnep. in Lecte. Fl. Gen. Indo-Chine 1: 486-487. fig. 46. 1911; Dunn & Tutcher in Kew Bull. Misc. Inf. Add. Ser. 10: 49. 1912; Merr. in. Lingnan Sci. Journ. 5 (1-2): 127. 1927; Hu, Wang & Hsia in Bull. Fan Mem. Inst. Biol. Ser. 8: 341. 1938; Tardieu-Blot in Humbert Suppl. Fl. G6n. Indo-Chine 1: 414. 1945; 陈焕镛等, 海南植物志 2: 79. 1965; 中国高等植物图鉴 2: 827. 图3383. 1972; 中国植物志 49(2): 150. 1984.

别名 变序利未花、油在麻

主要形态特征 常绿乔木，树皮灰褐色；幼枝干时棕黑色，略被稀疏的星状短柔毛。叶革质，矩圆形、椭圆形或矩圆状椭圆形，长 5 ～ 7cm，宽 2.5 ～ 3cm，顶端急尖或渐尖，基部圆形或钝，两面均无毛；叶柄长 1 ～ 3cm，两端膨大。聚伞状伞房花序顶生，被毛，花密集；萼钟状，长约 6mm，5 裂，外面被星状短柔毛，内面只在裂片的上端被毛，裂片长约 2mm，顶端急尖；花瓣 5 片，白色，匙形，长 1cm，略向外扩展；雌雄蕊柄长约 2cm，顶端约有花药 15 个；子房圆球形，5 室，被毛。蒴果矩圆状梨形，有 5 棱，长约 3cm，被短柔毛；种子连翅长约 2cm。花期 3 ～ 4 月。

特征差异研究 ①深圳杨梅坑：叶长 10.5 ～ 21.5cm，叶宽 2.3 ～ 3.5cm，叶柄长 1.2 ～ 3cm，与上述特征描述相比，叶长的整体范围偏大，最小值比上述特征描述叶长的最大值大 3.5cm；叶宽的最小值偏小 0.2cm，最大值偏大 0.5cm。②深圳赤坳：叶长 12.1 ～ 21.5cm，叶宽 2 ～ 3.4cm，叶柄长 1.1 ～ 2.1cm，与上述特征描述相比，叶长的整体范围偏大，最小值比上述特征描述叶长的最大值大 5.1cm；叶宽的最小值偏小，小 0.5cm，最大值偏大 0.4cm。

凭证标本 ①深圳杨梅坑，王贺银，招康赛（116）；邹雨锋，招康赛（128）。②深圳赤坳，余欣繁，

两广梭罗 *Reevesia thyrsoidess*

招康赛（052）。

分布地 生于海拔 500 ～ 1500m 的山坡上或山谷溪旁。产云南南部。广东中部、东部、南部，海南，广西南部（上林、十万大山）也有。

本研究种类分布地 深圳杨梅坑、赤坳。

主要经济用途 枝叶茂密，春夏间花开，芳香，可作为园景树或行道树。

假苹婆（苹婆属）

Sterculia lanceolata Cav. Diss. 5: 287. Pl. 143. fig. 1. 1788; Gagnep. in Lecte. Fl. Gen. Indo-Chine 1: 470-471. 1911; Merr. in Lingn. Sci. Journ. 5: 128. 1927; 陈嵘, 中国树木分类学: 793-794, 图688, 1937; Tardieu-Blot in Humbert Suppl. Fl. Gen. Indo-Chine 1: 405-406. 1945; 侯宽昭等, 广州植物志: 237, 图114, 1956; 陈焕镛等, 海南植物志 2. 73. 1965; 中国高等植物图鉴 2: 824, 图3378. 1972; 云南省植物研究所, 云南经济植物: 90-91, 图70. 1972; 中国植物志 49(2): 130. 1984.

别名 鸡冠木（茂名），赛苹婆（中国树木分类学）

主要形态特征 乔木，小枝幼时被毛。叶椭圆

形、披针形或椭圆状披针形，长 9 ～ 20cm，宽 3.5 ～ 8cm，顶端急尖，基部钝形或近圆形，上

面无毛,下面几无毛,侧脉每边 7 ~ 9 条,弯拱,在近叶缘不明显连接;叶柄长 2.5 ~ 3.5cm。圆锥花序腋生,长 4 ~ 10cm,密集且多分枝;花淡红色,萼片 5 枚,仅于基部连合,向外开展如星状,矩圆状披针形或矩圆状椭圆形,顶端钝或略有小短尖突,长 4 ~ 6mm,外面被短柔毛,边缘有缘毛;雄花的雌雄蕊柄长 2 ~ 3mm,弯曲,花药约 10 个;雌花的子房圆球形,被毛,花柱弯曲,柱头不明显 5 裂。蓇葖果鲜红色,长卵形或长椭圆形,长 5 ~ 7cm,宽 2 ~ 2.5cm,顶端有喙,基部渐狭,密被短柔毛;种子黑褐色,椭圆状卵形,直径约 1cm。每果有种子 2 ~ 4 个。花期 4 ~ 6 月。

特征差异研究 ①深圳杨梅坑:叶长 6 ~ 22cm,叶宽 2.5 ~ 8cm,叶柄长 1.5 ~ 3.5cm。圆锥花序腋生,长 1.1 ~ 4cm,与上述特征描述相比,叶长的最小值偏小,小 3cm,最大值偏大,大 2cm;叶宽的最小值偏小,小 1cm;叶柄长的最小值偏小 1cm。圆锥花序长度的最小值偏小 2.9cm。②深圳小南山:叶长 4 ~ 22cm,叶宽 2 ~ 7.5cm,叶柄长 1 ~ 3.5cm;蓇葖果橘红色,长椭圆形,长 7cm,宽 2.7cm。与上述特征描述相比,叶长的最小值偏小 5cm,最大值偏大 2cm;叶宽的最小值偏小 1.5cm;叶柄长的最小值偏小,小 1.5cm;蓇葖果宽度大 0.2cm。③深圳莲花山:叶长 8 ~ 23.5cm,叶宽 4 ~ 10cm,叶柄 1.5 ~ 5cm,与上述特征描述相比,叶长的最小值偏小 1cm,最大值偏大 3.5cm;叶宽的最大值偏大 2cm;叶柄长的最小值偏小 1cm,最大值偏大 1.5cm。

假苹婆 *Sterculia lanceolata*

凭证标本 ①深圳杨梅坑,刘浩,黄玉源（013）;林仕珍,招康赛（272）;余欣繁,招康赛（297）;黄启聪（012）;邱小波（003）。②深圳小南山,余欣繁,招康赛（182）。③深圳莲花山,余欣繁,招康赛（078）;陈永恒,招康赛（050）;邹雨锋,招康赛（137）。

分布地 喜生于山谷溪旁,为我国产苹婆属中分布最广的一种,在华南山野间很常见。产广东、广西、云南、贵州和四川南部,缅甸、泰国、越南、老挝也有分布。

本研究种类分布地 深圳杨梅坑、小南山、莲花山。

主要经济用途 种的茎皮纤维可作麻袋的原料,也可造纸;种子可食用,也可榨油。

木棉科 Bombacaceae

美丽异木棉（美人树属）

Chorisia speciosa (St. Hill) Gibbs et Semir. 中国景观植物. 上册: 550. 2011.

别名 美人树、美丽木棉、丝木棉

主要形态特征 落叶大乔木,高 10 ~ 15m,树干下部膨大,幼树树皮浓绿色,密生圆锥状皮刺,侧枝放射状水平伸展或斜向伸展。掌状复叶有小叶 5 ~ 9 片;小叶椭圆形,长 11 ~ 14cm。花单生,花冠淡紫红色,中心白色;花瓣 5,反卷,花丝合生成雄蕊管,包围花柱。冬季为开花期。蒴果椭圆形。种子次年春季成熟。

特征差异研究 深圳莲花山:叶卵状椭圆形,先端渐尖,基部楔形,边缘具细锯齿,两面无毛,叶长 5 ~ 9.3cm,宽 1.9 ~ 2.7cm,叶柄长 0.4 ~ 0.6cm,与上述特征描述相比,莲花山的标本叶片长度差异较大,整体偏小。

凭证标本 深圳莲花山,林仕珍,明珠（150）。

分布地 原产南美。广东、福建、广西、海南、云南、四川等南方城市广泛栽培。

本研究种类分布地 深圳莲花山。
主要经济用途 树干直立，主干有突刺，树冠层呈伞形，叶色青翠，成年树树干呈酒瓶状；冬季盛花期满树婀紫，秀色照人，人称"美人树"，是优良的观花乔木，是庭院绿化和美化的高级树种。也可作为高级行道树。

吉贝（吉贝属）

Ceiba pentandra (L.) Gaertn. Fruct. 2: 244, t. 133. 1791; 海南植物志 2: 88. 1965. ——*Borrzbax pentandrum* L. Sp. Pl. ed. 1: 511. 1753. ——*Eriodendron anfractuosum* DC. Prodr. 1: 479. 1824; Mast. in Hook. f., Fl. Brit. Ind. 1: 350. 1874; Lour. Fl. Cochinch. 415. 1790; Gagen. in Lecte. Fl. Gen. Indo-Chine: 446, fig. 42, 2-6. 1910; 中国植物志 49(2): 109. 1984.

别名 美洲木棉、爪哇木棉
主要形态特征 落叶大乔木，板状根小或不存在，高达30m，有大而轮生的侧枝；幼枝平伸，有刺。小叶5～9，长圆披针形，短渐尖，基部渐尖，长5～16cm，宽1.5～4.5cm，全缘或近顶端有极疏细齿，两面均无毛，背面带白霜；叶柄长7～14cm，比小叶长；小叶柄极短，长仅3～4mm。花先叶或与叶同时开放，多数簇生于上部叶腋间，花梗长2.5～5cm，无总梗，有时单生；萼高1.25～2cm，内面无毛；花瓣倒卵状长圆形，长2.5～4cm，外面密被白色长柔毛；雄蕊管上部花丝不等高分离，不等长，花药肾形；子房无毛，花柱长2.5～3.5cm，柱头棒状，5浅裂。蒴果长圆形，向上渐狭，长7.5～15cm，粗3～5cm，果梗长7～25cm，5裂，果爿内面密生丝状绵毛，种子圆形，种皮革质、平滑。花期3～4月。
特征差异研究 深圳马峦山：叶柄长4～9cm，小叶7～8，小叶长4.5～11.2cm，小叶宽1.5～3cm，小叶柄长0.2～0.3cm。与上述特征描述相比，小叶长的最小值偏小0.5cm。
凭证标本 深圳马峦山，李志伟（032）。
分布地 云南，广西，广东热带地区栽培。原产美洲热带，现广泛引种于亚洲、非洲热带地。
本研究种类分布地 深圳马峦山。
主要经济用途 果内绵毛是救生圈、救生衣、床垫、枕头等的优良填充物；又可作飞机上防冷、隔音的绝缘材料。种子供点灯、制皂用。木材可用作木箱、火柴梗等。

美丽异木棉 *Chorisia speciosa*

吉贝 *Ceiba pentandra*

锦葵科 Malvaceae

朱槿（木槿属）

Hibiscus rosa-sinensis Linn. Sp. Pl. 694. 1753; DC. Prodr. 1: 448. 1824, descr.; Masters in Hook. f. Fl. Brit. Ind. 1: 344. 1874; Lour. Fl. Cochinch. 419. 1790; Curtis's Bot. Mag. 5: t. 158. 1792; Lindl. in Bot. Reg. 21: t. 1826. 1836; Forbes & Hemsl. in Jour. Linn. Soc. Bot. 23: 87. 1886 (Ind. Fl. Sin. 1); Gagnep. in Lecte. Fl. Gen. Indo-Chine 1: 429. 1910; Dunn & Tutch. in Fl. Kwangt. Hongk. 7 : 609. 1933; 陈嵘, 中国树木分类学 765, 图652. 1937; 贾祖璋, 中国植物图鉴 436, 图741. 1937; Merr. in Trans. Am. Philip. Soc. n. s. 24: 260. 1935; 崔友文, 华北经济植物志要 314. 1953; S. Y. Hu. Fl. China Family 153: 47. pl. 20-6. 1955; 侯宽昭, 广州植物志 252. 1956; 陈焕镛, 海南植物志 2: 98. 1965; 昆明植物研究所, 云南植物志 2: 225. 1979; 中国植物志49(2): 69. 1984.

别名 扶桑（本草纲目），佛桑（南越笔记），大红花（汉英韵府），桑模（酉阳杂俎），状元红（云南）

主要形态特征 常绿灌木，高 1～3m；小枝圆柱形，疏被星状柔毛。叶阔卵形或狭卵形，长 4～9cm，宽 2～5cm，先端渐尖，基部圆形或楔形，边缘具粗齿或缺刻，两面除背面沿脉上有少许疏毛外均无毛；叶柄长 5～20mm，上面被长柔毛；托叶线形，长 5～12mm，被毛。花单生于上部叶腋间，常下垂，花梗长 3～7cm，疏被星状柔毛或近平滑无毛，近端有节；小苞片 6～7，线形，长 8～15mm，疏被星状柔毛，基部合生；萼钟形，长约 2cm，被星状柔毛，裂片 5，卵形至披针形；花冠漏斗形，直径 6～10cm，玫瑰红色或淡红、淡黄等色，花瓣倒卵形，先端圆，外面疏被柔毛；雄蕊柱长 4～8cm，平滑无毛；花柱 5。蒴果卵形，长约 2.5cm，平滑无毛，有喙。花期全年。

特征差异研究 深圳杨梅坑：叶长 3.5～11.5cm，叶宽 1.5～7cm，叶柄长 2～5.3cm。与上述特征描述相比，叶长的最小值偏小 0.5cm，最大值偏大 2.5cm；叶宽的最小值小 0.5cm，最大值偏大 2cm；叶柄长的最大值偏大 3.3cm。

凭证标本 深圳杨梅坑，余欣繁，招康赛（286）；王贺银（343）。

分布地 广东、云南、台湾、福建、广西、四川

朱槿 *Hibiscus rosa-sinensis*

等省区栽培。

本研究种类分布地 深圳杨梅坑。

主要经济用途 园林观赏。

花叶扶桑（木槿属）

Hibiscus rosa-sinensis L. var. *variegata*, 中国景观植物. 上册: 560, 2011.

主要形态特征 常绿灌木，高1～3m。小枝圆柱形，疏被星状柔毛。叶阔卵形或狭卵形，长4～9cm，宽2～5cm，先端渐尖，基部圆形或楔形，边缘具粗齿或缺刻。叶有黄、白、红等色。花单生于上部叶腋间，常下垂，花梗长3～7cm；苞片6～7片，线形，长8～15cm；花萼钟形，长约

2cm；花冠漏斗形，直径6～10cm，红色。硕果
卵形，平滑无毛，有喙。花期全年。

凭证标本 深圳杨梅坑，温海洋（271）。

分布地 广东、广西、福建、台湾、四川、云南
等省区广泛栽培。

本研究种类分布地 深圳杨梅坑。

主要经济用途 常见的园林观叶植物，可修剪成
不同造型，在庭院中可单植、列植和群植，也可
做道路分隔带植物。

花叶扶桑 *Hibiscus rosa-sinensis* var. *variegate*

重瓣朱槿（木槿属）

Hibiscus roses-sinensis Linn. var. *rubro-plenus* Sweet Hort.
Brit. 51. 1826; S. Y. Hu Fl. China Family 153: 48, pl. 21-5.
1955. ——*Hibiscus rosasinensis* Linn. var. *carnea-plenus*
Sweet l. c. ——*Hibiscus rasa-sinensis* Linn. var. *floreplena*
Seem Fl. vit. 17. 1873; 中国植物志 49(2): 70. 1984.

主要形态特征 常绿灌木，高 1m 左右，叶互生，
广卵形或狭卵形，先端渐尖，基部钝形，边缘有
锯齿。花腋生，形大，花瓣倒卵形，端圆向外扩展，
花重瓣，有红、粉红、黄、白等色。5 ～ 11 月开花。

凭证标本 深圳小南山，余欣繁（407）。

分布地 原产我国广东、云南，栽培历史悠久，
现南方各地都有种植。

本研究种类分布地 深圳小南山。

主要经济用途 园林观赏。

重瓣朱槿 *Hibiscus rosa-sinensis* var. *rubro-plenus*

黄槿（木槿属）

Hibiscus tiliaceus Linn. Sp. Pl. 694. 1753; Lour. Fl. Cocninch. ed. Willd. 509. 1793; Benth. Fl. Hongk. 35. 1861; Masters in
Hook. f. , Fl. Brit. Ind. 1: 343. 1874; Kurz Forest Fl. Brit. Burma: 126. 1877; Forbes & Hemsl. in Jour. Linn. Soc, Bot. 23:
88. 1886 (Ind. Fl. Sin.); Maxim. in Mel. Biol. 12: 427. 1886; Matsum. & Hayata in Jour. Coll. Sci. Univ. Tokyo 22: 56. 1906
(Enum. Pl. Formosa.); Gagnep. in Lecte. Fl. Gen. Indo-Chine 1: 431. 1910; Hayata.Ic. Pl. Formosa 1: 100. 1911; Dunn & Tutch.
in Kew Bull. add. ser. 10, 48. 1912 (Fl. Kwangt. Hongk.); Merr. in Lingn. Sci. Jour. 5: 125. 1928; T. Itot Ill. Fl. Formosa ed.
2, 1005, f. 1003. 1928; 陈嵘, 中国树木分类学: 766, 图653. 1937; Hara Enum. Sperm. Jap. 3: 149. 1954; S. Y. Hu Fl. China
Family 153: 44, Pl. 19-6. 1955; 侯宽昭, 广州植物志: 253. 1956; 陈焕镛, 海南植物志 2: 99, 图343. 1965. ——*Hibiscus
tiliaefolius* Salisb. Prodr. 383. 1796. ——*Hibiscus tortuosus* Roxb. Hort. Beng. 51. 1814, nom. nud. ; Fl. Ind. ed. 2, 3: 192.
1832. ——*Hibiscus tiliaceus* var. *tortuosus* (Roxb.) Masters in Hook. f. l. c. ——*Hibiscus tiliaceus* var. *genuinus* Hochr.
in Ann. Cons. Jard. Bot. Gen6ve 4: 63. 1900. ——*Paritium tiliafolium* (Salisp.) Nakai Fl. Sylv. Korea 21: 101. 1936. ——
Paritium tiliaceus Wight & Arn. in DC. Prodr. 1: 52. 1834. ——*Hibiscus tiliaceus* Linn. var. *hirsutus* auct. non Hochr.: S. Y. Hu
l: c. 45. 1955; 中国植物志49(2): 64. 1984.

别名 糕仔树、桐花

主要形态特征 常绿灌木或乔木，高 4 ～ 10m，胸
径粗达 60cm；树皮灰白色；小枝无毛或近于无毛，
很少被星状绒毛或星状柔毛。叶革质，近圆形或
广卵形，直径 8 ～ 15cm，先端突尖，有时短渐尖，
基部心形，全缘或具不明显细圆齿，上面绿色，嫩

时被极细星状毛，逐渐变平滑无毛，下面密被灰白色星状柔毛，叶脉 7 或 9 条；叶柄长 3～8cm；托叶叶状，长圆形，长约 2cm，宽约 12mm，先端圆，早落，被星状疏柔毛。花序顶生或腋生，常数花排列成聚散花序，总花梗长 4～5cm，花梗长 1～3cm，基部有一对托叶状苞片；小苞片 7～10，线状披针形，被绒毛，中部以下连合成杯状；萼长 1.5～2.5cm，基部 1/4～1/3 处合生，萼裂 5，披针形，被绒毛；花冠钟形，直径 6～7cm，花瓣黄色，内面基部暗紫色，倒卵形，长约 4.5cm，外面密被黄色星状柔毛；雄蕊柱长约 3cm，平滑无毛；花柱 5，被细腺毛。蒴果卵圆形，长约 2cm，被绒毛，果爿 5，木质；种子光滑，肾形。花期 6～8 月。

特征差异研究　①深圳杨梅坑：叶长 9～12.2cm，叶宽 8.4～11.3cm，叶柄长 1.5～6.2cm，叶柄长的最小值偏小，小 1.5cm。②深圳小南山：叶长 15～24.3cm，叶宽 9.5～14.5cm，叶柄长 5.2～10.5cm；花冠钟形，直径 2.9cm，与上述特征描述相比，叶长最大值偏大，大 9.3cm；叶柄长的最大值大 2.5cm；花冠直径偏小，小 3.1cm。③深圳莲花山：叶长 6.3～13.2cm，叶宽 5.3～11.2cm，叶柄长 3.5～13.5cm，与上述特征描述相比，叶长的最小值小 1.7cm；叶宽的最小值偏小，小 2.7cm；叶柄长的最大值偏大 5.5cm。

凭证标本　①深圳杨梅坑，余欣繁，赖标汶（233）。②深圳小南山，陈志洁（043）；黄启聪（043）。

黄槿 *Hibiscus tiliaceus*

③深圳莲花山，王贺银（088）；陈永恒，许旺（065）；林仕珍（093）；刘浩（056）。

分布地　产台湾、广东、福建等省。分布于越南、柬埔寨、老挝、缅甸、印度、印度尼西亚、马来西亚及菲律宾等热带国家。

本研究种类分布地　深圳杨梅坑、小南山、莲花山。

主要经济用途　树皮纤维供制绳索，嫩枝叶供蔬食；木材坚硬致密，耐朽力强，适于建筑、造船及家具等用。

黄花稔（黄花稔属）

Sida acuta Burm. f. Fl. Ind. 147. 1768; Forbes & Hemsl. in Jour. Linn. Soc. Bot. 23: 84. 1886 (Ind. Fl. Sin. 1); Matsum. & Hayata in Jour. Coll. Sci. Univ. Tokyo 22: 51. 1906 (Enum. Pl. Formosa); Gagnep. in Lect. , Fl. Gen. Indo-Chine 1: 402. 1910; Hayata Ic. Pl. Formosa: 96. 1911; Dunn & Tutch. in Kew Bull. add. ser. 5, 47. 1912 (Fl. Kwangt. Hongk.); Merr. in Lingn. Sci. Jour. 5: 125. 1928; Masamune & al. in Trans. Nat. Hist. Soc. Formosa 22: 32. 1932; Tanaka & Odashima in Jour. Soc. Trop. Agr. Formosa 5: 374. 1928; Merr. in Trans. Am. Philip. Soc. n. s. 24: 259. 1935; Masam. Fl. Kain. 198. 1943; S. Y. Hu Fl. China Family 153: 18, pl. 16-3. 1955; 侯宽昭, 广州植物志: 246. 1956; 陈焕镛, 海南植物志 2: 91. 1965; 昆明植物研究所, 云南植物志 2: 193. 1979. ——*Sida carpinifolia* auct. non Linn. f. : Masters in Hook. f., Fl. Brit. Ind. 1: 323. 1874. ——*Sida scoparia* Lour. Fl. Cochinch. 414. 1790; ed. Willd. 504. 1793. ——*Sida stauntoniana* DC. Prodr. 1: 460. 1824. ——*Sida lanceolata* Retz. Obs. Bot. 4: 28. 1786. ——*Sida acuta* var. *intermedia* S. Y. Hu Pl. China Family 153: 19. 1955; 陈焕镛, 海南植物志 2: 91. 1965; 中国植物志 49(2): 19. 1984.

别名　扫把麻（海南），"亚罕闷"（云南西双版纳傣语）

主要形态特征　直立亚灌木状草本，高 1～2m；分枝多，小枝被柔毛至近无毛。叶披针形，长 2～5cm，宽 4～10mm，先端短尖或渐尖，基部圆或钝，具锯齿，两面均无毛或疏被星状柔毛，上面偶被单毛；叶柄长 4～6mm，疏被柔毛；托叶线形，与叶柄近等长，常宿存。花单朵或成对生于叶腋，花梗长 4～12mm，被柔毛，中部具节；萼浅杯状，无毛，长约 6mm，下半部合生，裂片 5，尾状渐尖；花黄色，直径 8 ～ 10mm，花瓣倒卵形，先端圆，基部狭，长 6 ～ 7mm，被纤毛；雄蕊柱长约 4mm，疏被硬毛。蒴果近圆球形，分果爿 4 ～ 9，但通常为 5 ～ 6，长约 3.5mm，顶端具 2 短芒，果皮具网状皱纹。花期冬春季。

凭证标本 深圳小南山，温海洋（085）。

分布地 常生于山坡灌丛间、路旁或荒坡。产台湾、福建、广东、广西和云南。原产印度，分布于越南和老挝。

本研究种类分布地 深圳小南山。

主要经济用途 其茎皮纤维供绳索料；根叶作药用，有抗菌消炎之功。

黄花稔 *Sida acuta*

地桃花（梵天花属）

Urena lobata Linn. Sp. Pl. 692. 1753; 侯宽昭, 广州植物志 248, f. 121. 1956; 陈焕镛, 海南植物志 2: 96, 图341. 1965; 中国植物志 49(2): 43. 1984.

别名 肖梵天花（广州植物志），野棉花（浙江、湖北、四川、广西），田芙蓉（贵州），虉（刺、痴）头婆、大叶马松子（海南），粘油子、厚皮草（四川峨眉），野鸡花（云南），迷（尼）马桩（棵）（贵州西南至云南东南），半边月（广西），千下槌（江西），红孩儿、石松毛、牛毛七、毛桐子（四川）

主要形态特征 直立亚灌木状草本，高达 1m，小枝被星状绒毛。茎下部的叶近圆形，长 4 ～ 5cm，宽 5 ～ 6cm，先端浅 3 裂，基部圆形或近心形，边缘具锯齿；中部的叶卵形，长 5 ～ 7cm，宽 3 ～ 6.5cm；上部的叶长圆形至披针形，长 4 ～ 7cm，宽 1.5 ～ 3cm；叶上面被柔毛，下面被灰白色星状绒毛；叶柄长 1 ～ 4cm，被灰白色星状毛；托叶线形，长约 2mm，早落。花腋生，单生或稍丛生，淡红色，直径约 15mm；花梗长约 3mm，被绵毛；小苞片 5，长约 6mm，基部 1/3 合生；花萼杯状，裂片 5，较小苞片略短，两者均被星状柔毛；花瓣 5，倒卵形，长约 15mm，外面被星状柔毛；雄蕊柱长约 15mm，无毛；花柱枝 10，微被长硬毛。果扁球形，直径约 1cm，分果爿被星状短柔毛和锚状刺。花期 7 ～ 10 月。

特征差异研究 ①深圳应人石：中部的叶卵形，叶长 6.5 ～ 8cm，叶宽 6 ～ 7.5cm，叶柄长 3.5 ～ 5.9cm。与上述特征描述相比，叶长的最大值偏大，大 1cm；叶宽的最大值偏大，大 1cm；叶

地桃花 *Urena lobata*

柄长的最大值偏大，大 1.9cm。②深圳小南山：中部的叶卵形，叶长 5.8 ～ 7cm，叶宽 6.2 ～ 7.2cm，叶柄长 3.1 ～ 7.1cm；与上述特征描述相比，叶宽的最大值偏大 0.7cm；叶柄长的最大值偏大 3.1cm。③深圳莲花山：叶长 2.6 ～ 4.6cm，叶宽 2.2 ～ 5cm，叶柄长 1.5 ～ 3.1cm，与上述特征描述相比，小叶长的最小值偏小 1.4cm；叶宽的最小值偏小 2.8cm。④马峦山：中部的叶卵形，叶长 7.5 ～ 13cm，叶宽 4.3 ～ 7.2cm，叶柄长 2.9 ～ 7cm，与上述特征描述相比，叶长的整体范围偏大，最小值比上述叶长的最小值偏大 4.5cm；叶宽的最大值大 0.7cm。

凭证标本 ①深圳应人石，王贺银（331）。②深圳小南山，陈永恒，招康赛（110）；③深圳莲花山，邹雨锋（091）；余欣繁，招康赛（096）；王贺银，

招康赛（083）；林仕珍，黄玉源（084）。④深圳马峦山，邱小波（033）。

分布地 喜生于干热的空旷地、草坡或疏林下。产长江以南各省区。分布于越南、柬埔寨、老挝、泰国、缅甸、印度和日本等地区。

本研究种类分布地 深圳小南山、应人石、马峦山、莲花山。

主要经济用途 茎皮富含坚韧的纤维，供纺织和搓绳索，常用为麻类的代用品；根作药用，煎水点酒服可治疗白痢。

大戟科 Euphorbiaceae

红桑（铁苋菜属）

Acalypha wilkesiana Muell. Arg. in DC. Prodr. 15 (2): 817. 1866; Pax et Hoffm. in Engl. Pflanzenr. 85 (IV. 147. XVI): 153. 1924; 广州植物志: 277. 1956; Airy Shaw in Kew Bull. 26: 208. 1972, et in Kew Bull. Add. Ser. IV. 24. 1975.

主要形态特征 灌木，高 1～4m；嫩枝被短毛。叶纸质，阔卵形，古铜绿色或浅红色，常有不规则的红色或紫色斑块，长 10～18cm，宽 6～12cm，顶端渐尖，基部圆钝，边缘具粗圆锯齿，下面沿叶脉具疏毛；基出脉 3～5 条；叶柄长 2～3cm，具疏毛；托叶狭三角形，长约 8mm，基部宽 2～3mm，具短毛。雌雄同株，通常雌雄花异序，雄花序长 10～20cm，各部均被微柔毛，苞片卵形，长约 1mm，苞腋具雄花 9～17 朵，排成团伞花序；雌花序长 5～10cm，花序梗长约 2cm，雌花苞片阔卵形，长 5mm，宽约 8mm，具粗齿 7～11 枚，苞腋具雌花 1（～2）朵；花梗无；雄花：花萼裂片 4 枚，长卵形，长约 0.7mm；雄蕊 8 枚；花梗长约 1mm；雌花：萼片 3～4 枚，长卵形或三角状卵形，长 0.5～1mm，具缘毛；子房密生毛，花柱 3，长 6～7mm，撕裂 9～15 条。蒴果直径约 4mm，具 3 个分果爿，疏生具基的长毛；种子球形，直径约 2mm，平滑。花期几全年。

凭证标本 深圳杨梅坑，余欣繁（419）。

分布地 原产于太平洋岛屿（波利尼西亚或斐济）；现广泛栽培于热带、亚热带地区，为庭院赏叶植物。我国台湾、福建、广东、海南、广西和云南的公园和庭院有栽培。

本研究种类分布地 深圳杨梅坑。

主要经济用途 园林观赏植物。

红桑 *Acalypha wilkesiana*

山麻杆（山麻杆属）

Alchornea davidii Franch. Pl. David. 1: 264, t. 6. 1884; Forb. et Hemsl. in Journ.Linn. Soc. Bot. 26: 438. 1894; Pax et Hoffm. in Engl. Pflanzenr. 63 (IV. 147. VII.) 249. 1914; 陈嵘, 中国树木分类学: 617; 图513. 1937; 中国高等植物图鉴 2: 602, 图2934. 1972; 中国植物志 44(2): 69. 1996.

别名 荷包麻

主要形态特征 落叶灌木，高 1～4（～5）m；嫩枝被灰白色短绒毛，一年生小枝具微柔毛。叶薄纸质，阔卵形或近圆形，长 8～15cm，宽 7～14cm，顶端渐尖，基部心形、浅心形或近截平，边缘具粗锯齿或具细齿，齿端具腺体，上面沿叶脉具短柔毛，下面被短柔毛，基部具斑状腺体 2 或 4 个；基出脉 3 条；小托叶线状，长 3～4mm，具短毛；叶柄长 2～10cm，具短柔毛，托叶披针形，长 6～8mm，基部宽 1～

1.5mm，具短毛，早落。雌雄异株，雄花序穗状，1～3 个生于一年生枝已落叶腋部，长 1.5～2.5（～3.5）cm，花序梗几无，呈葇荑花序状，苞片卵形，长约 2mm，顶端近急尖，具柔毛，未开花时覆瓦状密生，雄花 5～6 朵簇生于苞腋，花梗长约 2mm，无毛，基部具关节；小苞片长约 2mm；雌花序总状，顶生，长 4～8cm，具花 4～7 朵，各部均被短柔毛，苞片三角形，长 3.5mm，小苞片披针形，长 3.5mm；花梗短，长约 5mm；雄花：花萼花蕾时球形，无毛，直径约 2mm，萼片 3（～4）枚；雄蕊 6～8 枚；雌花：萼片 5 枚，长三角形，长 2.5～3mm，具短柔毛；子房球形，被绒毛，花柱 3 枚，线状，长 10～12mm，合生部分长 1.5～2mm。蒴果近球形，具 3 圆棱，直径 1～1.2cm，密生柔毛；种子卵状三角形，长约 6mm，种皮淡褐色或灰色，具小瘤体。花期 3～5 月，果期6～7 月。

特征差异研究 深圳杨梅坑：叶长 4.2～12.7cm，叶宽 2.8～8.3cm，叶柄长 1.4～9.3cm。与上述特征描述相比，叶长的最小值偏小 3.8cm；叶宽的最小值偏小 4.2cm；叶柄长的最小值偏小 0.6cm。

凭证标本 深圳杨梅坑，林仕珍，招康赛（132）。

分布地 陕西南部、四川东部和中部、云南东北部、贵州、广西北部、河南、湖北、湖南、江西、江苏。

本研究种类分布地 深圳杨梅坑。

主要经济用途 茎皮纤维为制纸原料；叶可作饲料。

红背山麻杆（山麻杆属）

Alchornea trewioides (Benth.) Muell. Arg. in Linnaea 34: 168. 1865, et in DC. Prodr. 15 (2): 901. 1866; Forb. et Hemal. in Journ. Linn. Soc. Bot. 26: 438. 1894; Pax et Hoffm. in Engl. Pflanzenr. 63 (IV. 147. VII): 248. 1914; 海南植物志 2: 157, 图372. 1965; 中国高等植物图鉴 2: 603, 图2935. 1972; Airy Shaw in Kew Bull. 26: 212. 1972. ——*Stipellaria tmwioid* Benth. in Journ. But. Kew Misc. 6: 3. 1854, et Fl. Hongk. 305. 1861. ——*Alchornea liukiaensis* Hayata in Journ. Coll. Sci. Tokyo 30: 268. 1911; Hurusawa in Journ. Fac. Sci. Univ. Tokyo. Sect. II. But. 6 303. 1954; 中国植物志 44(2): 70. 1996.

山麻杆 *Alchornea davidii*

红背山麻杆 *Alchornea trewioides*

别名　红帽顶树、红背娘

主要形态特征　灌木，高 1～2m；小枝被灰色微柔毛，后变无毛。叶薄纸质，阔卵形，长 8～15cm，宽 7～13cm，顶端急尖或渐尖，基部浅心形或近截平，边缘疏生具腺小齿，上面无毛，下面浅红色，仅沿脉被微柔毛，基部具斑状腺体 4 个；基出脉 3 条；小托叶披针形，长 2～3.5mm；叶柄长 7～12mm；托叶钻状，长 3～5mm，具毛，凋落。雌雄异株，雄花序穗状，腋生或生于一年生小枝已落叶腋部，长 7～15cm，具微柔毛，苞片三角形，长约 1mm，雄花（3～5）11～15 朵簇生于苞腋；花梗长约 2mm，无毛，中部具关节；雌花序总状，顶生，长 5～6cm，具花 5～12 朵，各部均被微柔毛，苞片狭三角形，长约 4mm，基部具腺体 2 个，小苞片披针形，长约 3mm；花梗长 1mm；雄花：花萼花蕾时球形，无毛，直径 1.5mm，萼片 4 枚，长圆形；雄蕊（7～）8 枚；雌花：萼片 5（～6）枚，披针形，长 3～4mm，被短柔毛，其中 1 枚的基部具 1 个腺体；子房球形，被短绒毛，花柱 3 枚，线状，长 12～15mm，合生部分长不及 1mm。蒴果球形，具 3 圆棱，直径 8～10mm，果皮平坦，被微柔毛；种子扁卵状，长 6mm，种皮浅褐色，具瘤体。花期 3～5 月，果期 6～8 月。

特征差异研究　深圳杨梅坑，叶长 4.5～12.5cm，叶宽 3.3～9cm，叶柄长 2.2～8.9cm；与上述特征描述相比，叶长的最小值偏小 3.5cm；叶宽的最小值偏小 3.7cm；叶柄长的最小值偏小，小 4.8cm。

凭证标本　深圳杨梅坑，余欣繁，黄玉源（268）；余欣繁，招康赛（293）；余欣繁，招康赛（294）；余欣繁，招康赛（295）。

分布地　福建南部和西部、江西南部、湖南南部、广东、广西、海南。

本研究种类分布地　深圳杨梅坑。

主要经济用途　枝、叶煎水，外洗治风疹。

五月茶（五月茶属）

Antidesma bunius (Linn.) Spreng. Syst. Veg. 1: 8 26. 1825; Benth. Fl. Hongkong. 318. 1861; Muell. Arg. in DC. Prodr. 15(2): 262. 1866; Hook. f. Fl Brit. Ind. 5: 358. 1887; Pax et Hoffm. in Enbl. Pflanzenr. 81 (IV. 147. XV): 160, fig. 12E, G. 1921; 陈嵘, 中国树木分类学: 264. 1937; Back. et Bakh, f. Fl. Java 1: 458, 460. 1963: 海南植物志2: 120, fig. 354. 1965: Airy Shaw in Kew Bull. 26(2): 353. 1972, 35 (3): 693. 1980, et in Kew Bull. Add. Ser. 4: 209. 1975, 8: 211. 1980; 中国高等植物图鉴2: 583, 图28950. 1972; Mandal et Panigrahi in Journ. Econ. Tax. Bot. 4 (1): 258. 1983; 中国植物志 44(1): 64. 1994.

别名　污槽树

主要形态特征　乔木，高达 10m；小枝有明显皮孔；除叶背中脉、叶柄、花萼两面和退化雌蕊被短柔毛或柔毛外，其余均无毛。叶片纸质，长椭圆形、倒卵形或长倒卵形，长 8～23cm，宽 3～10cm，顶端急尖至圆，有短尖头，基部宽楔形或楔形，叶面深绿色，常有光泽，叶背绿色；侧脉每边 7～11 条，在叶面扁平，干后凸起，在叶背稍凸起；叶柄长 3～10mm；托叶线形，早落。雄花序为顶生的穗状花序，长 6～17cm；雄花：花萼杯状，顶端 3～4 分裂，裂片卵状三角形；雄蕊 3～4，长 2.5mm，着生于花盘内面；花盘杯状，全缘或不规则分裂；退化雌蕊棒状；雌花序为顶生的总状花序，长 5～18cm，雌花：花萼和花盘与雄花的相同；雌蕊稍长于萼片，子房宽卵圆形，花柱顶生，柱头短而宽，顶端微凹缺。核果近球形或椭圆形，长 8～10mm，直径 8mm，成熟时红色；果梗长约 4mm。染色体基数

x=13。花期 3～5 月，果期 6～11 月。

凭证标本　余欣繁（408）。

五月茶 *Antidesma bunius*

分布地　生于海拔 200～1500m 山地疏林中。产江西、福建、湖南、广东、海南、广西、贵州、云南和西藏等省区。广布于亚洲热带地区直至澳大利亚昆士兰。模式标本采自菲律宾马尼拉。

本研究种类分布地　深圳小南山。

主要经济用途　散孔材，木材淡棕红色，纹理直至斜，结构细，材质软，适于作箱板用料。果微酸，供食用及制果酱。叶供药用，治小儿头疮；根叶可治跌打损伤。叶深绿，红果累累，为美丽的观赏树。

银柴（银柴属）

Aporusa dioica (Roxb.) Muell. Arg. in DC. Pro dr. 15(2): 472. 1866; Pax et Hoffm. in Engl. Pflanzenr. 81 (IV. 147. XV): 103. 1921; Airy Shaw in Kew Bull. 23: 3. 1969, in obs, 26: 215. 1972, et in Kew Bull. Add. Ser. 4: 35. 1975: Wbitmore, Tree Fl. Malaya 2: 60. 1973. ——*Alnus dioica* Roxb. Fl. Ind. 3: 580. 1832. Scepa chinensis Champ.ex Benth. in Hook. Journ. Bot. & Kew Gaed. disc. 6: 72. 1854. ——*Aporosa roxburghii* Baill. Etud. Gen. Eupbarb. 645. 1858. ——*A. microcalyx* (Hassk.) Hassk. in Bull. Soc. Bot. France 6: 714. 1859. ——*A. leptostachya* Bentb. Fl. Hongkong. 317. 1861. *A. frutescens* auct. non Bl.: Benth. Fl. Hongkong. 317. 1861. ——*A. microcalyx* (Hassk.) Hassk. var. *chinensis* (Champ. ex Benth.) Muell. Arg. in DC. Prodr. 15(2): 472. 1866. ——*A. microcalyx* (Hassk.) Hassk. var. *intermedia* Pax et Hoffm. in Engl. Pflanzenr. 81 (IV. 147. XV): 102. 1921. ——*A. chinensis* (Champ. ex Benth.) Merr. in Lingnan Sci. Journ. 13: 34. 1934; 海南植物志 2: 117, 图. 353. 1965; 中国高等植物图鉴 2: 582, 图2894. 1972; 中国植物志 44(1): 126. 1994.

别名　大沙叶（海南东方），甜糖木（海南那大），山咖啡（海南儋县），占米赤树（广西上思），厚皮稳（广西玉林），香港银柴，异叶银柴（拉汉种子植物名称）

主要形态特征　乔木，高达 9m，在次生森林中常呈灌木状，高约 2m；小枝被稀疏粗毛，老渐无毛。叶片革质，椭圆形、长椭圆形、倒卵形或倒披针形，长 6～12cm，宽 3.5～6cm，顶端圆至急尖，基部圆或楔形，全缘或具有稀疏的浅锯齿，上面无毛而有光泽，下面初时仅叶脉上被稀疏短柔毛，老渐无毛；侧脉每边 5～7 条，未达叶缘而弯拱联结；叶柄长 5～12mm，被稀疏短柔毛，顶端两侧各具 1 个小腺体；托叶卵状披针形，长 4～6mm。雄穗状花序长约 2.5cm，宽约 4mm；苞片卵状三角形，长约 1mm，顶端钝，外面被短柔毛；雌穗状花序长 4～12mm；雄花：萼片通常 4，长卵形；雄蕊 2～4，长过萼片；雌花：萼片 4～6，三角形，顶端急尖，边缘有睫毛；子房卵圆形，密被短柔毛，2 室，每室有胚珠 2 颗。蒴果椭圆状，长 1～1.3cm，被短柔毛，内有种子 2 颗，种子近卵圆形，长约 9mm，宽约 5.5mm。花果期几乎全年。

特征差异研究　深圳杨梅坑：叶长 4.3～9.9cm，叶宽 1.5～3.3cm，叶柄长 0.5～1.0cm；未成熟果椭圆状，长 4～6mm，直径 2～3mm。与上述特征描述相比，叶长的最小值偏小 1.7cm；叶宽的最小值偏小 2cm。

凭证标本　深圳杨梅坑，洪继猛（056）；廖栋耀，黄玉源（009，010）；邱小波（011）。

分布地　生于海拔 1000m 以下山地疏林中和林缘

银柴 *Aporusa dioica*

或山坡灌木丛中。产广东、海南、广西、云南等省区。分布于印度、缅甸、越南和马来西亚等。模式标本采自印度东部。

本研究种类分布地　深圳杨梅坑。
主要经济用途　可药用，具有清热解毒、活血化瘀的作用。

秋枫（秋枫属）

Bischofia javangca Bl. Bijdr. Fl. Nederl Ind. 1168. 1825; Benth. Fl. Hongkong. 316. 1861; Muell. Arg. in DC. Prodr. 15(2): 478. 1866; Hook. f. Fl. Brit. Ind. 5: 3450. 1887: Hemsl. in Journ. Linn. Soc. 26: 428. 1894; Hutch. in Sarg. Pl. Wilson. 2: 521. 1916; 中国植物志 44(1): 185. 1994.

别名　万年青树（云南元谋），赤木（山东，安徽怀宁），茄冬，加冬（福建、台湾），秋风子（江苏），木梁木（广西苍梧），加当（南京）

主要形态特征　常绿或半常绿大乔木，高达40m，胸径可达 2.3m；树干圆满通直，但分枝低，主干较短；树皮灰褐色至棕褐色，厚约1cm，近平滑，老树皮粗糙，内皮纤维质，稍脆；砍伤树皮后流出汁液红色，干凝后变瘀血状；木材鲜时有酸味，干后无味，表面槽棱凸起；小枝无毛。三出复叶，稀5小叶，总叶柄长 8～20cm；小叶片纸质，卵形、椭圆形、倒卵形或椭圆状卵形，长 7～15cm，宽 4～8cm，顶端急尖或短尾状渐尖，基部宽楔形至钝，边缘有浅锯齿，每1cm长有 2～3 个，幼时仅叶脉上被疏短柔毛，老渐无毛；顶生小叶柄长 2～5cm，侧生小叶柄长 5～20mm；托叶膜质，披针形，长约8mm，早落。花小，雌雄异株，多朵组成腋生的圆锥花序；雄花序长 8～13cm，被微柔毛至无毛；雌花序长 15～27cm，下垂；雄花：直径达 2.5mm；萼片膜质，半圆形，内面凹成勺状，外面被疏微柔毛；花丝短；退化雌蕊小，盾状，被短柔毛；雌花：萼片长圆状卵形，内面凹成勺状，外面被疏微柔毛，边缘膜质；子房光滑无毛，3～4室，花柱 3～4，线形，顶端不分裂。果实浆果状，圆球形或近圆球形，直径 6～13mm，淡褐色；种子长圆形，长约 5mm。花期 4～5 月，果期 8～10 月。

凭证标本　①深圳杨梅坑，王贺银，招康赛（338）。②深圳小南山，陈永恒，明珠（175）；刘浩，黄玉源（080）。

分布地　常生于海拔 800m 以下山地潮湿沟谷林中或平原栽培，尤以河边堤岸或行道树为多。幼树稍耐阴，喜水湿，为热带和亚热带常绿季雨林中的主要树种。在土层深厚、湿润肥沃的砂质壤土生长特别良好。产陕西、江苏、安徽、浙江、江西、福建、台湾、河南、湖北、湖南、广东、海南、广西、四川、贵州、云南等省区。分布于印度、缅甸、泰国、老挝、柬埔寨、越南、马来西亚、印度尼西亚、菲律宾、日本、澳大利亚和波利尼西亚等。

本研究种类分布地　深圳杨梅坑、小南山。
主要经济用途　散孔材，导管管孔较大，直径115～250μm，管孔每平方毫米平均11～12个。木材红褐色，心材与边材区别不甚明显，结构细，质重、坚韧耐用、耐腐、耐水湿，气干比重0.69，可供建筑、桥梁、车辆、造船、矿柱、枕木等用。果肉可酿酒。种子含油量30%～54%，供食用，也可作润滑油。树皮可提取红色染料。叶可作绿肥，也可治无名肿毒。根有祛风消肿作用，主治风湿骨痛、痢疾等。

秋枫 *Bischofia javangca*

黑面神（黑面神属）

Breynia fruticosa (Linn.) Hook. f. Fl. Brit. Ind. 5: 331. 1887, in obs., Forb. et Hemsl. in Journ. Linn. Soc. Bot. 26: 427. 1894:
Beille in El. Gen. Indo-Chine 5: 632. 1927. ——Merr. in Sunyatsenia 1: 21. 1930: 广州植物志 268. 1956: 海南植物志 2;
127, fig. 356. 1965;中国高等植物图鉴 2; 586, fig. 2902. 1972. ——*Andrachne fruticosa* Linn. Sp. Pl. 1014. 1753. ——
Phyllanthus lucens Poir. Eucycl. Meth. Bot. 5: 296. 1804——*Melanthesa chinensis* Bl. Bijdr. 592. 1825. ——*P. iurbinatus* Sims
in Bot. Mag. 44: tab. 1862. 1826. ——*Melanthesopsis lucens* (Poir.) Muell. Arg. in Linnaea 32: 75. 1863. ——*Melanthesopsis*
fruticosa (Linn.) Muell. Arg. in DC. Prodr. 15(2): 437. 1866; 中国植物志 44(1): 181. 1994.

别名 狗脚刺（生草药性备要），田中（岭南采药录），四眼叶（南京市药材志），夜兰茶（岭南草药志），蚁惊树（岭南杂记），山夜兰（本草求原），鬼画符（华南），黑面叶（常用中药手册），锅盖木（海南澄迈），漆鼓（广东陆丰），细青七树（广西上思），青丸木（广西中草药）

主要形态特征 灌木，高 1～3m；茎皮灰褐色；枝条上部常呈扁压状，紫红色；小枝绿色；全株均无毛。叶片革质，卵形、阔卵形或菱状卵形，长 3～7cm，宽 1.8～3.5cm，两端钝或急尖，上面深绿色，下面粉绿色，干后变黑色，具有小斑点；侧脉每边 3～5 条；叶柄长 3～4mm；托叶三角状披针形，长约 2mm。花小，单生或 2～4 朵簇生于叶腋内，雌花位于小枝上部，雄花则位于小枝的下部，有时生于不同的小枝上；雄花：花梗长 2～3mm；花萼陀螺状，长约 2mm，厚，顶端 6 齿裂；雄蕊 3，合生呈柱状；雌花：花梗长约 2mm；花萼钟状，6 浅裂，直径约 4mm，萼片近相等，顶端近截形，中间有突尖，结果时约增大 1 倍，上部辐射张开呈盘状；子房卵状，花柱 3，顶端 2 裂，裂片外弯。蒴果圆球状，直径 6～7mm，有宿存的花萼。花期 4～9 月，果期 5～12 月。

凭证标本 ①深圳杨梅坑，洪继猛（057）。②深圳小南山，陈永恒，许旺（112）；陈永恒，明珠（165）；王贺银，黄玉源（220）。③深圳应人石，王贺银（174）；邹雨锋，招康赛（186）；林仕珍，周志彬（174）。

分布地 散生于山坡、平地旷野灌木丛中或林缘。产浙江、福建、广东、海南、广西、四川、贵州、云南等省区。越南也有。

本研究种类分布地 深圳杨梅坑、小南山、应人石。

主要经济用途 枝、叶和茎皮均含鞣质，茎皮中含量为 12.02％。叶含酚类与三萜。种子含脂肪油。根、叶供药用，可治肠胃炎、咽喉肿痛、风湿骨痛、湿疹、高血脂病等；全株煲水外洗可治疮疖、皮炎等。

黑面神 *Breynia fruticosa*

禾串树（土蜜树属）

Bridelia insulana Hance in Journ. Bot. 15: 337. 1877; Jabl. in Engl. Pflanzenr. 65(IV. 147. VIII): 63. 1915; P. T. Li in Acta Phytotax. Sin. 26: 63. 1988. ——*Bridelis penangiana* Hook. f. Fl. Brit. Ind. 5: 272. 1887; Jabl in Engl. Pflanzenr. 65 (IV. 147. VIII): 75, 1915; Ridl, in Fl. Malaya Penins. 4: 185. 1924; Gage in Journ. As. Soc. Bengal 75 (5): 492. 1936; Airy Shaw in Kew Bull. 26 (2): 229. 1972, et Kew Bull. Add. Ser. 4: 64. 1975. ——*B. minutiflora* Hook. f. l. c. 273; Jabl. in l. c. 76; Merr. Ehum. Philipp. Fl. Pl. 2: 423, 1923, et Pl. Elmer. 155. 1929; Gagnep. in Lec. Fe. Gen Indo-Chine 5: 493. 1926; Holth, et Lam. in Blumea 5: 200. 1942; Back. et Bakh. f. Fl. Java 1: 475. 1963. ——*B. balansae* Tutch, in Journ. Llnn. Soc. Bot. 37: 66. 1905; Jabl. in l. c. 72; Merr. in Lingnan Sci. Journ. 5: 108. 1927; H. Keng in Taiwania 6: 38. 1955; Li, Woody Fl. Taiwan 419. 1963; Y. C. Liu, Ligneous Pl. Taiwan 403, fig. 94(8). 1976; C. F. Hsieh in Li, Fl. Taiwan 3: 452, Pl. 683. 1977. ——*B. pachinensis* Hayata ex Matsumura et Hayata in Journ. Coll. Sci. Univ. Tokyo 22: 362. 1906: nom. nud. ——*B. griffithii* Hook. f. var. *penangiana* (Hook. f.) Gehrm in Engl. Bot. Jahrb. 41, Beibl. 95: 38. 1908. ——*B. platyphylla* err. in Philipp. Journ. Sci. Bot. 7: 384. 1912. ——*B. ovata* auct. non Decne. : Kane hira, Form. Trees rev. ed. 333, fig. 288. 1936; 中国植物志 44(1): 37. 1994.

别名　大叶逼迫子（广东高要），禾串土蜜树（植物分类学报），刺杜密（台湾）

主要形态特征　乔木，高达 17m，树干通直，胸径达 30cm，树皮黄褐色，近平滑，内皮褐红色；小枝具有凸起的皮孔，无毛。叶片近革质，椭圆形或长椭圆形，长 5～25cm，宽 1.5～7.5cm，顶端渐尖或尾状渐尖，基部钝，无毛或仅在背面被疏微柔毛，边缘反卷；侧脉每边 5～11 条；叶柄长 4～14mm；托叶线状披针形，长约 3mm，被黄色柔毛。花雌雄同序，密集成腋生的团伞花序；除萼片及花瓣被黄色柔毛外，其余无毛；雄花：直径 3～4mm，花梗极短；萼片三角形，长约 2mm，宽 1mm；花瓣匙形，长约为萼片的 1/3；花丝基部合生，上部平展；花盘浅杯状；退化雌蕊卵状锥形；雌花：直径 4～5mm，花梗长约 1mm；萼片与雄花的相同；花瓣棱状圆形，长约为萼片之半；花盘坛状，全包子房，后期由于子房膨大而撕裂；子房卵圆形，花柱 2，分离，长约 1.5mm，顶端 2 裂，裂片线形。核果长卵形，直径约 1cm，成熟时紫黑色，1 室。花期 3～8 月，果期 9～11 月。

特征差异研究　深圳小南山：叶长 3～10cm，叶宽 2～4.5cm，叶柄长 0.2～1cm。与上述特征描述相比，叶长的最小值偏小，小 2cm；叶柄长的最小值偏小 0.2cm。

凭证标本　深圳小南山，余欣繁，招康赛（167）；邹雨锋，黄玉源（211）；林仕珍，许旺（196）；陈永恒，招康赛（104）；邹雨锋，招康赛（210）；余欣繁，许旺（166）。

分布地　生于海拔 300～800m 山地疏林或山谷密林中。产福建、台湾、广东、海南、广西、四川、贵州、云南等省区。分布于印度、泰国、越南、印度尼西亚、菲律宾和马来西亚等。

本研究种类分布地　深圳小南山。

主要经济用途　散孔材，边材淡黄棕色，心材黄棕色，纹理稍通直，结构细致，材质稍硬，较轻，气干比重 0.6，干燥后不开裂，不变形，耐腐，加工容易，可作建筑、家具、车辆、农具、器具等材料。树皮含鞣质，可提取栲胶。

禾串树 *Bridelia insulana*

土蜜树（土蜜树属）

Bridelia tomentosa Bl. Bijdr: 597. 1825; Benth. Fl. Hongkong. 309. 1861; Muell. Arg. in DC. Prodr. 15 (2): 501. 1866; Kurz, For. Fl. Brit. Brurma 2 (5): 367. 1877. Hook. f. Fl. Brit. Ind. 5: 271. 1887; Hayata in Journ. Coll. Tokyo 20 (3): 30, tab. IIIA. 1904; Jabl. in Engl. Pflanzenr. 65 (IV. 147. VIII): 58, fig. 11A. 1915; Ridl. in Fl. Malay Penins. 3: 184. 1924; Gagnep. in Lec. Fl. Gin. Indo-Chine 5: 489. 1926; Hsieh in Li, Fl. Taiwan 3: 452. 197fi; P. T. Li in Acta Phytotax. Sin. 26: 64. 1988; 中国植物志 44(1): 30. 1994.

别名　逼迫子（广东五华），夹骨木（广东高要），猪牙木（广西博白）

主要形态特征　直立灌木或小乔木，通常高为 2～5m，稀达 12m；树皮深灰色；枝条细长；除幼枝、叶背、叶柄、托叶和雌花的萼片外面被柔毛或短柔毛外，其余均无毛。叶片纸质，长圆形、长椭圆形或倒卵状长圆形，稀近圆形，长 3～9cm，宽 1.5～4cm，顶端锐尖至钝，基部宽楔形至近圆，叶面粗涩，叶背浅绿色；侧脉每边 9～12 条，与支脉在叶面明显，在叶背凸起；叶柄长 3～5mm；托叶线状披针形，长约 7mm，顶端刚毛状渐尖，常早落。花雌雄同株或异株，簇生于叶腋；雄花：花梗极短；萼片三角形，长约 1.2mm，宽约 1mm；花瓣倒卵形，膜质，顶端 3～5 齿裂；花丝下部与退化雌蕊贴生；退化雌蕊倒圆锥形；花盘浅杯状；雌花：几无花梗；通常 3～5 朵簇生；萼片三角形，长和宽约 1mm；花瓣倒卵形或匙形，顶端全缘或有齿裂，比萼片短；花盘坛状，包围子房；子房卵圆形，花柱 2 深裂，裂片线形。核果近圆球形，直径 4～7mm，2 室；种子褐红色，长卵形，长 3.5～4mm，宽约 3mm，腹面压扁状，有纵槽，背面稍凸起，有纵条纹。花果期几乎全年。

特征差异研究　深圳赤坳：叶长 3.5～6.5cm，叶宽 1.5～4cm，叶柄长 0.5～0.7cm；与上述特征描述相比，叶柄长的最大值偏大 0.2cm。

凭证标本　①深圳赤坳，邹雨锋（058）；王贺银

土蜜树 *Bridelia tomentosa*

（052）；②深圳小南山，陈永恒，黄玉源（182）；邹雨锋，招康赛（322）。③ 深圳应人石，邹雨锋（191）。④ 深圳莲花山，林仕珍，招康赛（116）；林仕珍，王贺银（115）。

分布地　福建、台湾、广东、海南、广西和云南。

本研究种类分布地　深圳赤坳、小南山、应人石、莲花山。

主要经济用途　药用。叶治外伤出血、跌打损伤；根治感冒、神经衰弱、月经不调等。树皮可提取栲胶，含鞣质 8.08%。

黄桐（黄桐属）

Endospermum chinense Benth. Fl. Hongk. 304. 1861; Muell. Arg. in DC. Prodr. 15 (2): 1131. 1866; Pax et Hofim. in Engl. Pflanzenr. 52 (IV. 147. IV): 35. 1912; 海南植物志 2: 178, 图392. 1965; Airy Shaw in Kew Bull. 26: 258. 1972; 中国高等植物图鉴 2: 613, 图2956. 1972; 中国植物志 44(2): 183. 1996.

主要形态特征　乔木，高 6～20m，树皮灰褐色；嫩枝、花序和果均密被灰黄色星状微柔毛；小枝的毛渐脱落，叶痕明显，灰白色。叶薄革质，椭圆形至卵圆形，长 8～20cm，宽 4～14cm，顶端短尖至钝圆形，基部阔楔形、钝圆、截平至浅心形，全缘，两面近无毛或下面被疏生微星状毛，基部有 2 枚球形腺体；侧脉 5～7 对；叶柄长 4～9cm；托叶三角状卵形，长

3 ～ 4mm，具毛。花序生于枝条近顶部叶腋，雄花序长 10 ～ 20cm，雌花序长 6 ～ 10cm，苞片卵形，长 1 ～ 2mm；雄花花萼杯状，有 4 ～ 5 枚浅圆齿；雄蕊 5 ～ 12 枚，2 ～ 3 轮，生于长约 4mm 的凸起花托上，花丝长约 1mm；雌花：花萼杯状，长约 2mm，具 3 ～ 5 枚波状浅裂，被毛，宿存；花盘环状，2 ～ 4 齿裂；子房近球形，被微绒毛，2 ～ 3 室，花柱短，柱头盘状。果近球形，直径约 10mm，果皮稍肉质；种子椭圆形，长约 7mm。花期 5 ～ 8 月，果期 8 ～ 11 月。

凭证标本 深圳杨梅坑，王贺银，黄玉源（345）。

分布地 福建南部、广东、海南、广西和云南南部。

本研究种类分布地 深圳杨梅坑。

主要经济用途 用于轻型结构、室内装修、细木工制品、旋切单板、胶合板、家具、木屐、包装箱、木模、玩具、卫生筷等。

紫锦木（大戟属）

Euphorbia cotinifolia Linn. Sp. Pl. 1: 453. 1753; Boiss. in DC. Prodr. 15 (2): 60. 1862; 杨氏园艺植物大辞典 5: 498. 1984; J. S. Ma & C. Y. Wu in Acta Bot. Yunnan. (in press); 中国植物志 44(3): 57. 1997.

主要形态特征 常绿乔木，高 13 ～ 15（19）m，直径 12 ～ 17cm。叶 3 枚轮生，圆卵形，长 2 ～ 6cm，宽 2 ～ 4cm，先端钝圆，基部近平截；主脉于两面明显，侧脉数对，生自主脉两侧，近平行，不达叶缘而网结；边缘全缘；两面红色；叶柄长 2 ～ 9cm，略带红色。花序生于二歧分枝的顶端，具长约 2cm 的柄；总苞阔钟状，高 2.5 ～ 3mm，直径约 4mm，边缘 4 ～ 6 裂，裂片三角形，边缘具毛；腺体 4 ～ 6 枚，半圆形，深绿色，边缘具白色附属物，附属物边缘分裂。雄花多数；苞片丝状；雌花柄伸出总苞外；子房三棱状，纵沟明显。蒴果三棱状卵形，高约 5mm，直径约 6mm，光滑无毛。种子近球状，直径约 3mm，褐色，腹面具暗色沟纹；无种阜。

凭证标本 深圳小南山，余欣繁（408）。

分布地 原产热带美洲。福建、台湾近年有栽培。

本研究种类分布地 深圳小南山。

主要经济用途 叶红色可观赏。

黄桐 *Endospermum chinense*

紫锦木 *Euphorbia cotinifolia*

飞扬草（大戟属）

Euphorbia hirta Linn. Sp. Pl. 454. 1753; H. Keng in Taiwania 6: 44. 1955;海南植物志 2: 185. 1965; 中国高等植物图鉴 2: 620. 图2970. 1972;台湾植物志 3: 462.1972; Ohwi, Fl. Jap. 840. 1978; 湖北植物志 2: 387. 图1294. 1979; 云南种子植物名录 1: 440. 1984; 福建植物志 3: 227. 1987; J. S. Ma & C. Y. Wu in Collect. Bot. 21: 104. 1992. ——*E. pilulifera* Linn. Sp. Pl. 454. 1753; Boiss. in DC. Prod, 15 (2): 21. 1862; Hook. 1. Fl. Brit. Ind. 5: 250. 1825; Forb. & HemA. in Journ. Linn. Soc. Bot. 26: 416. 1894; 1evl. in Bull. Herb. Boiss. 2, 6: 764. 1906; Dunn & Tutcher in Kew Bull. Misc. Inform., add. Ser. 10: 232. 1912; Gagnep. in Lecomte, Fl. Gen. Indo-Chine 5: 246. 1925, T. N. Liou in Contrib. Lab. Bot. Nat. Acad. Peiping 1 (1): 7. 1931, 横断山维管植物 1: 1065, 1993. ——*Chamaesyce hirta* (Linn.) Mill. Spaugh in Field Mus. Pub. Bot. 2: 303. 1909; Lin et al. in Bull. Bot. Acad. Sin. 32: 230. 1991; 台湾植物志 2, 3, 436, pl. 226. 1993. ——*E. hirta* Linn. var. *typica* L. C. Wheeler in Rhodora 43: 170. 1941.

别名 乳籽草（台湾植物志），飞相草（四川）

主要形态特征 一年生草本。根纤细，长 5 ～ 11cm，直径 3 ～ 5mm，常不分枝，偶 3 ～ 5 分枝。茎单一，自中部向上分枝或不分枝，高 30 ～ 60（70）cm，直径约 3mm，被褐色或黄褐色的多细胞粗硬毛。叶对生，披针状长圆形、长椭圆状卵形或卵状披针形，长 1 ～ 5cm，宽 5 ～ 13mm，先端极尖或钝，基部略偏斜；边缘于中部以上有细锯齿，中部以下较少或全缘；叶面绿色，叶背灰绿色，有时具紫色斑，两面均具柔毛，叶背面脉上的毛较密；叶柄极短，长 1 ～ 2mm。花序多数，于叶腋处密集成头状，基部无梗或仅具极短的柄，变化较大，且具柔毛；总苞钟状，高与直径各约 1mm，被柔毛，边缘 5 裂，裂片三角状卵形；腺体 4，近于杯状，边缘具白色附属物；雄花数枚，微达总苞边缘；雌花 1 枚，具短梗，伸出总苞之外；子房三棱状，被少许柔毛；花柱 3，分离；柱头 2 浅裂。蒴果三棱状，长与直径均 1 ～ 1.5mm，被短柔毛，成熟时分裂为 3 个分果爿。种子近圆状四棱，每个棱面有数个纵槽，无种阜。花果期 6 ～ 12 月。

特征差异研究 深圳马峦山，植株高 18cm，叶片长 1.7 ～ 3.7cm，叶宽 7 ～ 12mm，与上述描述相比，叶长最大值偏小，小 1.3cm，叶宽最小值偏大，大 2mm。

凭证标本 深圳马峦山，林炎芬，许立聪（084）。

分布地 生于路旁、草丛、灌丛及山坡，多见于砂质土。产江西、湖南、福建、台湾、广东、广西、海南、四川、贵州和云南。分布于世界热带和亚热带。模式标本采自印度。

本研究种类分布地 深圳马峦山。

主要经济用途 全草入药，可治痢疾、肠炎、皮肤湿疹、皮炎、疖肿等；鲜汁外用治癣类。

飞扬草 *Euphorbia hirta*

通奶草（大戟属）

Euphorbia hypericifolia Linn. Sp. Pl. 454. 1753; Boiss. in DC. Prodr. 15 (2): 23. 1862; Hook. f. Fl. Brit. Ind. 5: 249. 1887; Forb. & Hemsl. in Journ. Linn. Soc. Bot. 26: 415. 1891; Levl. in Bull. Herb. Boiss. 2, 6: 763. 1906; Dunn&Tutcher in Kew Bull. Misc. Inform., add. Set. 10: 232. 1912; T. N. Liou in Contrib. Lab. Bot. Nat. Acad. Peiping 1 (1): 5. 1931; Airy-Shaw in Kew Bull. 26 (2): 263, 1971; 云南种子植物名录 1: 440. 1984; A. Radcliffe-Smith in Nasir & Ali, Fl. Pakist. 172; 98. fig. 17; E-G. 1986; J. S. Ma & C. Y. Wu in Acta Bot. Yunnan. 14 (4): 365. 1992; et in Collect. Bot. 21; 104. 1992; 横断山维管植物 1: 1064, 1993. ——E. indica Lam. Encycl. Meth. Bot. 2: 423. 1788; Boiss. in DC. Prodr. 15 (2): 22. 1862; Gagnep. in Lecomte, Fl. Gen. Indo-Chine 5: 248. 1925; Merr. in Lingn. Sc. Journ. 5: 113. 1927; Hand.-Mazz: Symb. Sin., (2): 225. 1931; Chun in Sunyatsenia 2: 64. 1934; Prokh. in Kom. Fl. URSS 14: 486. 1949; 海南植物志 2: 185. 1965; 中国高等植物图鉴 2; 620. 图2969. 1972; 湖北植物志 2: 387. 图1293. 1979; 北京植物志 1: 526. 1984; A. Radcliffe-Smith in Nasir & Ail, Fl. Pakist. 172: 76. fig. 17: H-J. 1986; 福建植物志 3: 224. 图154. 1987; 贵州植物志 6: 139. 1989.

主要形态特征　一年生草本，根纤细，长 10～15cm，直径2～3.5mm，常不分枝，少数由末端分枝。茎直立，自基部分枝或不分枝，高 15～30cm，直径1～3mm，无毛或被少许短柔毛。叶对生，狭长圆形或倒卵形，长1～2.5cm，宽4～8mm，先端钝或圆，基部圆形，通常偏斜，不对称，边缘全缘或基部以上具细锯齿，上面深绿色，下面淡绿色，有时略带紫红色，两面被稀疏的柔毛，或上面的毛早脱落；叶柄极短，长 1～2mm；托叶三角形，分离或合生。苞叶2枚，与茎生叶同形。花序数个簇生于叶腋或枝顶，每个花序基部具纤细的柄，柄长3～5mm；总苞陀螺状，高与直径各约1mm或稍大；边缘5裂，裂片卵状三角形；腺体4，边缘具白色或淡粉色附属物。雄花数枚，微伸出总苞外；雌花1枚，子房柄长于总苞；子房三棱状，无毛；花柱3，分离；柱头2浅裂。蒴果三棱状，长约1.5mm，直径约2mm，无毛，成熟时分裂为3个分果爿。种子卵棱状，长约1.2mm，直径约0.8mm，每个棱面具数个皱纹，无种阜。花果期8～12月。

特征差异研究　深圳七娘山：叶片长0.8～1.5cm，叶宽4～6mm，与上述描述相比，叶长最大值偏小1cm，叶宽最大值偏小2mm。

凭证标本　深圳七娘山，招康赛（029）。

分布地　生于旷野荒地，路旁，灌丛及田间。产

通奶草 *Euphorbia hypericifolia*

长江以南的江西、台湾、湖南、广东、广西、海南、四川、贵州和云南；近年北京发现逸为野生的现象。广布世界热带和亚热带。

本研究种类分布地　深圳七娘山

主要经济用途　全草入药，通奶。

红背桂花（海漆属）

Excoecaria cochinchinensis Lour. Fl. Cochinch. 612. 1790; Merr. in Trans. Amer. Philos. Soc. n. s. 24(2): 241. 1935; Airy Shaw in Kew Bull. 26(2): 269. 1972. ——Antidesma bicolor Hassk. Cat. Bogor. 81. 1844. ——Excoecaria bicolor (Hassk.) Zoll. ex Hassk. Retzia 1: 158. 1855; Miq. Fl. Ind. Bat. 1(2): 416. 1859; Muell. Arg. in DC. Prodr. 15: 1220. 1866; Pax et Hoffm. in Engl. Pflanzenr. 52 (IV. 147. V.): 159. 1912; Gagnep. in Lecomte, Fl. Gen. Indo-Chine 5: 404. 1926 (excl. syn. Excoecaria orientalis Pax et Hoffm.). ——Excoecaria bicolor (Hassk.) Zoll. ex Hassk. var. purpurascens Pax et Hoffm. in Engl. Pflanzenr. 52(IV. 147. V.): 159. 1912; 中国植物志 44(3): 7. 1997.

别名 红紫木、紫背桂

主要形态特征 常绿灌木，高达 1m 许；枝无毛，具多数皮孔。叶对生，稀兼有互生或近 3 片轮生，纸质，叶片狭椭圆形或长圆形，长 6～14cm，宽 1.2～4cm，顶端长渐尖，基部渐狭，边缘有疏细齿，齿间距 3～10mm，两面均无毛，腹面绿色，背面紫红或血红色；中脉于两面均凸起，侧脉 8～12 对，弧曲上升，离缘弯拱连接，网脉不明显；叶柄长 3～10mm，无腺体；托叶卵形，顶端尖，长约 1mm。花单性，雌雄异株，聚集成腋生或稀兼有顶生的总状花序，雄花序长 1～2cm，雌花序由 3～5 朵花组成，略短于雄花序。雄花：花梗长约 1.5mm；苞片阔卵形，长和宽近相等，约 1.7mm，顶端凸尖而具细齿，基部于腹面两侧各具 1 腺体，每一苞片仅有 1 朵花；小苞片 2，线形，长约 1.5mm，顶端尖，上部具撕裂状细齿，基部两侧亦各具 1 腺体；萼片 3，披针形，长约 1.2mm，顶端有细齿；雄蕊常伸出于萼片之外，花药圆形，略短于花丝。雌花：花梗粗壮，长 1.5～2mm，苞片和小苞片与雄花的相同；萼片 3，基部稍连合，卵形，长 1.8mm，宽近 1.2mm；子房球形，无毛，花柱 3，分离或基部多少合生，长约 2.2mm。蒴果球形，直径约 8mm，基部截平，顶端凹陷；种子近球形，直径

红背桂花 *Excoecaria cochinchinensis*

约 2.5mm。花期几乎全年。

特征差异研究 深圳莲花山：叶长 6.9～16.1cm，叶宽 2.4～5.3cm，与上述特征描述相比，叶长的最大值偏大 2.1cm；叶宽的最大值偏大 1.3cm。

凭证标本 ①深圳杨梅坑，陈惠如，明珠（103）；余欣繁（267）；刘浩，招康赛（100）。②深圳莲花山，余欣繁，招康赛（100）；王贺银（087）；陈永恒，招康赛（060）；林仕珍，黄玉源（090）。

分布地 广东、广西、云南。

本研究种类分布地 深圳杨梅坑，莲花山。

毛果算盘子（算盘子属）

Glochidion eriocarpum Champ. ex Benth. in Hook. Journ. Bot. & Kew Gard. Misc. 6: 6. 1854, et Fl. Hongkong. 314. 1861: Merr. in Lingnan Sci. Journ. 6: 281. 1929; Croiz. in Journ. Arn. Arb. 21: 493. 1940; 广州植物志: 267. 1956; 海南植物志 2: 125. 1965; Airy Shaw in Kew Bull. 26 (2): 274. 1972, et 32 (1): 77. 1977; 中国高等植物图鉴 2: 584, 图2898. 1972; Lauener in Not. Roy. Bot. Gard. Endinb. 40 (3): 481. 1983: non Zipp. ex Span. (1841), nom. nud. ——*Phyllanthus eriacarpus* (Champ. ex Benth.) Muell. Arg. in Linnaea 32: 67. 1863, et in Flora 48: 387. 1865, et in DC. Prodr. 15 (2): 306. 1866. ——*Glochidion villicaule* Hook. f. Fl. Brit. Ind. 5: 326. 1887: Levl. Cat. Yunn-Nan 97. 1915; Hand.-Mazz. Symb. Sin. 7: 225. 1929;Rehd. in Journ. Arn. Arb. 14: 231. 1933. ——*G. esquirolii* Levl. in Fedde, Rep. Sp.Nov. 12: 186. 1913. et Fl. Kouy-Tcheou 163. 1914; Croiz. in Journ. Arn. Arb. 21: 493. 1940; 中国植物志 44(1): 150. 1994.

别名 漆大姑（广西），磨子果（云南河口）

主要形态特征 灌木，高达 5m，小枝密被淡黄色、扩展的长柔毛。叶片纸质，卵形、狭卵形或宽卵形，长 4～8cm，宽 1.5～3.5cm，顶端渐尖或急尖，基部钝、截形或圆形，两面均被长柔毛，下面毛被较密；侧脉每边 4～5 条；叶柄长 1～2mm，被柔毛；托叶钻状，长 3～4mm。花单生或 2～4 朵簇生于叶腋内；雌花生于小枝上部，雄花则生于下部；雄花：花梗长 4～6mm；萼片 6，长倒卵形，长 2.5～4mm，顶端急尖，外面被疏柔毛；雄蕊 3；雌花：几无花梗；萼片 6，长圆形，长 2.5～3mm，其中 3 片较狭，两面均被长柔毛；子房扁球状，密被柔毛，4～5 室，花柱合生呈圆柱状，直立，长约 1.5mm，顶端 4～5 裂。蒴果扁球状，直径 8～10mm，具 4～5 条纵沟，密被长柔毛，顶端具圆柱状稍伸长的宿存花柱。花果期几乎全年。

凭证标本 ①深圳小南山，温海洋（004）。②深圳应人石，林仕珍，明珠（177）；邹雨锋（098）；王贺银（176）。

分布地　生于海拔 130～1600m 山坡、山谷灌木丛中或林缘。产江苏、福建、台湾、湖南、广东、海南、广西、贵州和云南等省区。越南也有。模式标本采自香港。

本研究种类分布地　深圳小南山、应人石。

主要经济用途　全株或根、叶供药用，有解漆毒、收敛止泻、祛湿止痒的功效。治漆树过敏、剥脱性皮炎、麻疹、肠炎、痢疾、脱肛、牙痛、咽喉炎、乳腺炎、白带、月经过多、皮肤湿疹、稻田性皮炎等。

算盘子（算盘子属）

Glochidion puberum (Linn.) Hutch. in Sarg. Pl. Wilson. 2: 518. 1916: Hand.-Mazz. Symb. Sin. 7: 224. 1929, excl. syn., et in Beih. Bot. Centr. Bd. 48: 301. 1931, excl. syn.: PLehd. in Journ. Arn. Arb. 14: 231. 1933; Merr. in Trans. Am. Philos. Soc. new ser. 24 (2): 232. 1935; Hara in Enum. Sperm. Japon. 3: 47. 1954; 广州植物志: 267, fig. 133. 1956; 中国植物志 44(1): 151. 1994.

别名　红毛馒头果（台湾木本植物志），野南瓜、柿子椒（植物名实图考），狮子滚球（岭南草药志），百家橘（中国土农药志），美省榜（广西侗语），加播该迈（广西苗语），棵杯墨（广西壮语），矮子郎（湖北）

主要形态特征　直立灌木，高 1～5m，多分枝；小枝灰褐色；小枝、叶片下面、萼片外面、子房和果实均密被短柔毛。叶片纸质或近革质，长圆形、长卵形或倒卵状长圆形，稀披针形，长 3～8cm，宽 1～2.5cm，顶端钝、急尖、短渐尖或圆，基部楔形至钝，上面灰绿色，仅中脉被疏短柔毛或几无毛，下面粉绿色；侧脉每边 5～7 条，下面凸起，网脉明显；叶柄长 1～3mm；托叶三角形，长约 1mm。花小，雌雄同株或异株，2～5 朵簇生于叶腋内，雄花束常着生于小枝下部，雌花束则在上部，或有时雌花和雄花同生于一叶腋内；雄花：花梗长 4～15mm；萼片 6，狭长圆形或长圆状倒卵形，长 2.5～3.5mm；雄蕊 3，合生呈圆柱状；雌花：花梗长约 1mm；萼片 6，与雄花的相似，但较短而厚；子房圆球状，5～10 室，每室有 2 颗胚珠，花柱合生呈环状，长宽与子房几相等，与子房接连处缢缩。蒴果扁球状，直径 8～15mm，边缘有 8～10 条纵沟，成熟时带红色，顶端具有环状而稍伸长的宿存花柱；种子近肾形，具三棱，长约 4mm，朱红色。花期 4～8 月，果

毛果算盘子 *Glochidion eriocarpum*

算盘子 *Glochidion puberum*

期 7 ～ 11 月。

特征差异研究 ①深圳杨梅坑，叶长 3.5 ～ 9cm，叶宽 1.8 ～ 3.5cm，叶柄长约 0.2cm，与上述特征描述相比，叶长的最大值偏大 1cm；叶宽的最大值偏大 1cm。②深圳小南山，叶长 5.8 ～ 12cm，叶宽 2.5 ～ 4.3cm，叶柄长 3 ～ 4mm，与上述特征描述相比，叶长的最大值偏大 4cm；叶宽的最大值偏大 1.8cm。③深圳应人石，叶长 4.8 ～ 11.5cm，叶宽 2.1 ～ 4.1cm，叶柄长约 0.5cm，与上述特征描述相比，叶长的最大值偏大 3.5cm；叶宽的最大值偏大 1.6cm。④深圳莲花山，叶长 4.8 ～ 10cm，叶宽 2 ～ 3.4cm，叶柄长约 0.2cm，与上述特征描述相比，叶长的最大值偏大 2cm；叶宽的最大值偏大 0.9cm。

形态特征增补 深圳小南山，叶芽处有花蕾，长圆形，长 0.2 ～ 0.3cm。

凭证标本 ①深圳杨梅坑，陈惠如（012）。②深圳小南山，廖栋耀（030）。③深圳应人石，邹雨锋，许旺（163）。④深圳莲花山，林仕珍，黄玉源（133）；林仕珍，黄玉源（113）；邹雨锋，许旺（122）。

分布地 生于海拔 300 ～ 2200m 山坡、溪旁灌木丛中或林缘。产陕西、甘肃、江苏、安徽、浙江、江西、福建、台湾、河南、湖北、湖南、广东、海南、广西、四川、贵州、云南和西藏等省区。模式标本采自中国南部。

本研究种类分布地 深圳杨梅坑、小南山、应人石、莲花山。

主要经济用途 种子可榨油，含油量20%，供制肥皂或作润滑油。根、茎、叶和果实均可药用，有活血散瘀、消肿解毒之效，治痢疾、腹泻、感冒发热、咳嗽、食滞腹痛、湿热腰痛、跌打损伤、氙气（果）等；也可作农药。全株可提制栲胶；叶可作绿肥，置于粪池可杀蛆。本种在华南荒山灌丛极为常见，为酸性土壤的指示植物。

白背算盘子（算盘子属）

Glochidion wrightii Benth. Fl. Hongkong. 313. 1861; Merr. et Chun in Sunyatsenia 2: 259. 1935. 广州植物志: 266. 1956. 海南植物志 2: 126, 图355. 1965; 中国植物志 44(1): 158. 1994.

主要形态特征 灌木或乔木，高 1 ～ 8m；全株无毛。叶片纸质，长圆形或长圆状披针形，常呈镰刀状弯斜，长 2.5 ～ 5.5cm，宽 1.5 ～ 2.5cm，顶端渐尖，基部急尖，两侧不相等，上面绿色，下面粉绿色，干后灰白色；侧脉每边 5 ～ 6 条；叶柄长 3 ～ 5mm。雌花或雌雄花同簇生于叶腋内；雄花：花梗长 2 ～ 4mm；萼片 6，长圆形，长约 2mm，黄色；雄蕊 3，合生；雌花：几无花梗；萼片 6，其中 3 片较宽而厚，卵形、椭圆形或长圆形，长约 1mm；子房圆球状，3 ～ 4 室，花柱合生呈圆柱状，长不及 1mm。蒴果扁球状，直径 6 ～ 8mm，红色，顶端有宿存的花柱。花期 5 ～ 9 月，果期 7 ～ 11 月。

特征差异研究 深圳杨梅坑，叶长 2.3 ～ 10.6cm，叶宽 1.7 ～ 4.1cm，叶柄长 0.2 ～ 0.3cm，与上述特征描述相比，叶长的最大值大 5.1cm；叶宽的最大值偏大 1.6cm。

凭证标本 深圳杨梅坑，邹雨锋，招康赛（062）；陈惠如，黄玉源（100）；邹雨锋（337）。

分布地 生于海拔 240 ～ 1000m 山地疏林中或灌木丛中。产福建、广东、海南、广西、贵州和云南等省区。

本研究种类分布地 深圳杨梅坑。

白背算盘子 *Glochidion wrightii*

主要经济用途 根、叶用于痢疾、湿疹、小儿麻疹。

香港算盘子（算盘子属）

Glochidion zeylanicum (Gaertn.) A. Juss. Tent. Euphorb. 107. 1824; Hook. f. Fl. Brit. Ind. 5: 310. 1887; Hayata in Journ. Coll. Sci. Univ. Tokyo 20: 17.1904; Hsieh in Li, Fl. Taiwan 3: 474. 1977. ——*Bradleia zeylanica* Gaertn. Fruct.2: 128. 1791. ——*Glochidion hongkongense* Muell. Arg. in Linnaea 32: 60. 1863; Kanehira, Formos. Trees rev. ed. 346, fig. 300. 1936; 陈嵘, 中国树木分类学: 632. 1937; H. Keng in Taiwania 6: 52. 1955; 广州植物志: 268. 1956; Li, Woody Fl. Taiwan 428. 1963, et Fl. Taiwan 2: 124. 1965; Airy Shaw in Kew Bull. 26 (2): 276. 1972; Liu, Ligneous Pl. Taiwan 404. 1976; Ohwi, Fl. Japan. new ed. rev. enl. 835. 1978.

别名 金龟树

主要形态特征 灌木或小乔木，高 1～6m；全株无毛。叶片革质，长圆形、卵状长圆形或卵形，长 6～18cm，宽 4～6cm，顶端钝或圆形，基部浅心形、截形或圆形，两侧稍偏斜；侧脉每边 5～7 条；叶柄长约 5mm。花簇生呈花束，或组成短小的腋上生聚伞花序；雌花及雄花分别生于小枝的上下部，或雌花序内具 1～3 朵雄花；雄花：花梗长 6～9mm；萼片 6，卵形或阔卵形，长约 3mm；雄蕊 5～6，合生；雌花：萼片与雄花的相同；子房圆球状，5～6 室，花柱合生呈圆锥状，顶端截形。蒴果扁球状，直径 8～10mm，高约 5mm，边缘具 8～12 条纵沟。花期 3～8 月，果期 7～11 月。

凭证标本 ①深圳赤坳，陈惠如，黄玉源（051）。②深圳小南山，刘浩，招康赛（085）；林仕珍，许旺（217）；陈永恒，明珠（185）。

分布地 生于低海拔山谷、平地潮湿处或溪边湿土上灌木丛中。产福建、台湾、广东、海南、广西、云南等省区。分布于印度东部、斯里兰卡、

香港算盘子 *Glochidion zeylanicum*

越南、日本、印度尼西亚等。模式标本采自斯里兰卡。

本研究种类分布地 深圳赤坳、小南山。

主要经济用途 药用，根皮可治咳嗽、肝炎；茎、叶可治腹痛、衄血、跌打损伤。茎皮含鞣质 6.43%，可提取栲胶。

变叶珊瑚花（麻疯树属）

Jatropha integerrima Jacq. 中国景观植物. 上册: 598. 2009; 中国植物志 44(2): 147. 1996.

别名 琴叶珊瑚、日日樱、火漆木

主要形态特征 株高 1～2m。单叶互生，倒阔披针形，常丛生于枝条顶端。叶基有 2～3 对锐刺，叶端渐尖，叶面为浓绿色，叶背为紫绿色，叶柄具茸毛，叶面平滑。叶纸质，互生，叶形多样，卵形、倒卵形、长圆形或提琴形，长 4～8cm，宽 2.5～4.5cm，顶端急尖或渐尖，基部钝圆，近基部叶缘常具数枚疏生尖齿，幼叶下面紫红色；托叶小，早落。雌雄异株。聚伞花序顶生，红色，花单性，雌雄同株，自着生于不同的花序上；萼裂片 5，花瓣长椭圆形，具花盘；雄花：雄蕊 10，两轮，外轮花丝稍合生，内轮花丝合生至中部。雌花较雄花稍大，子房无毛，花柱 3，基部合生，柱头 2 裂。花期：春季至秋季。

变叶珊瑚花 *Jatropha integerrima*

蒴果成熟时呈黑褐色。

特征差异研究 ①深圳杨梅坑，叶长 4.5 ～ 14.6cm，叶宽 1.7 ～ 5.1 cm，叶柄长 3.6 ～ 4cm，与上述特征描述相比，叶长的最大值偏大 6.6cm；叶宽的最小值偏小，小 0.8cm，最大值大 0.6cm。②深圳小南山，叶长 11 ～ 16cm，叶宽 3.7 ～ 4.5cm，叶柄长 3 ～ 4.5cm，与上述特征描述相比，叶长的整体范围偏大，最小值比上述特征描述叶长的最大值大 3cm。

形态特征增补 深圳杨梅坑，花红色，花冠直径约为 1.7cm，花瓣 5 片，长约 1.2cm，宽约 0.7cm。

凭证标本 ①深圳杨梅坑，林仕珍（301）；余欣繁，黄玉源（260）；洪继猛（025）。②深圳小南山，邱小波（018）。③深圳莲花山，王贺银（355）；林世珍（137）；余欣繁，招康赛（113）；邹雨锋，招康赛（140）；王贺银（130）。

分布地 原产中美洲。华南南方多有栽培。

本研究种类分布地 深圳杨梅坑、小南山、莲花山。

珊瑚花（麻疯树属）

Jatropha multifida L. Sp. Pl. 1006. 1753; Muell. Arg. in DC. Prodr. 15(2):1089. 1866; Hook. f. Fl. Brit. Ind. 5: 383. 1887; Pax in Engl. Pflanzenr. 42 (N. 147. I): 40. 1910; Gagnep. in Lec. Fl. Gen. Indo-Chine 5: 325. 1925; 广州植物志: 272. 1956, indic. in nota.

别名 琴叶珊瑚

主要形态特征 灌木或小乔木，高 2 ～ 3（～ 6）m；茎枝具乳汁，无毛。叶轮廓近圆形，宽 10 ～ 30cm，掌状 9 ～ 11 深裂，裂片线状披针形，长 8 ～ 18cm，宽 1 ～ 5cm，全缘、浅裂至羽状深裂，上面绿色，下面灰绿色，两面无毛；掌状脉 9 ～ 11 条，各自延伸至掌状裂片顶端，裂片的羽状脉纤细；叶柄长 10 ～ 25cm；托叶细裂成分叉的刚毛状，长达 2cm 花序顶生，总梗长 13 ～ 20cm，花梗短，花密集；雄花花萼长 2 ～ 3mm，裂片 5 枚，近圆形，无毛；花瓣 5 枚，匙形，红色，长约 4mm；雄蕊 8 枚，花丝仅基部合生，花药伸长；雌花：花萼如雄花；花瓣长 6 ～ 7mm，红色；子房无毛，花柱 3 枚，下半部合生。蒴果椭圆状至倒卵状，长约 3cm，无毛。花期 7 ～ 12 月。

特征差异研究 深圳小南山，叶片长 7.1 ～ 16.6cm，叶宽 2 ～ 4.9cm，叶柄长 1.4 ～ 4.8cm，与上述描述相比，叶长最大值偏小，小 1.4cm，叶宽最小值偏大，大 1cm，叶柄最大值偏小，小 20.2cm。

凭证标本 深圳小南山，邱小波（018）。

分布地 原产美洲热带和亚热带地区；现栽培作观赏植物。华南各省区的园林有栽培

本研究种类分布地 深圳小南山。

主要经济用途 珊瑚花夏、秋季开花，红色花序在艳阳照射下格外柔美，是园林中常见的盆栽观赏花卉。珊瑚花花期长，又较耐阴，盆栽十分适合室内装饰布置，并且适合布置阳台、客厅、卧室及书房等处；园林中常用于路边或花坛栽培观赏。

珊瑚花 Jatropha multifida

中平树（血桐属）

Macaranga denticulata (Bl.) Muell. Arg. in DC. Prodr. 15(2): 1000. 1866; 中国植物志 44(2): 53. 1996.

别名 牢麻

主要形态特征 乔木，高 3～10（～15）m；嫩枝、叶、花序和花均被锈色或黄褐色绒毛；小枝粗壮，具纵棱，绒毛呈粉状脱落。叶纸质或近革质，三角状卵形或卵圆形，长 12～30cm，宽 11～28cm，盾状着生，顶端长渐尖，基部钝圆或近截平，稀浅心形，两侧通常各具斑状腺体 1～2 个，下面密生柔毛或仅脉序上被柔毛，具颗粒状腺体，叶缘微波状或近全缘，具疏生腺齿；掌状脉 7～9 条，侧脉 8～9 对；叶柄长 5～20cm，被毛或无毛；托叶披针形，长 7～8mm，被绒毛，早落。雄花序圆锥状，长 5～10cm，苞片近长圆形，长 2～3mm，被绒毛，边缘具 2～4 个腺体，或呈鳞片状，长 1mm，苞腋具花 3～7 朵；雄花：花萼（2～）3 裂，长约 1mm，雄蕊 9～16（～21）枚，花药 4 室；花梗长 0.5mm。雌花序圆锥状，长 4～8cm，苞片长圆形或卵形、叶状，长 5～7mm，边缘具腺体 2～6 个，或呈鳞片状；雌花：花萼 2 浅裂，长 1.5mm；子房 2 室，稀 3 室，沿背缝线具短柔毛，花柱 2（～3）枚，长

中平树 *Macaranga denticulata*

1mm；花梗长 1～2mm。蒴果双球形，长 3mm，宽 5～6mm，具颗粒状腺体；宿萼 3～4 裂；果梗长 3～5mm。花期 4～6 月，果期 5～8 月。

凭证标本 深圳小南山，邹雨锋，明珠（240）；王贺银（260）。

分布地 海南、广西南部至西北部、贵州。

本研究种类分布地 深圳小南山。

主要经济用途 树皮纤维可编绳。

鼎湖血桐（血桐属）

Macaranga sampsonii Hance in J. Bot. 9: 134. 1871; 中国植物志 44(2): 53. 1996.

别名 流血桐、毛桐

主要形态特征 灌木或小乔木，高 2～7m；嫩枝、叶和花序均被黄褐色绒毛，小枝无毛，有时被白霜。叶薄革质，三角状卵形或卵圆形，长 12～17cm，宽 11～15cm，顶端骤长渐尖，基部近截平或阔楔形，浅盾状着生，有时具斑状腺体 2 个，下面具柔毛和颗粒状腺体，叶缘波状或具腺的粗锯齿；掌状脉 7～9 条，侧脉约 7 对；叶柄长 5～13cm，具疏柔毛或近无毛；托叶披针形，长 7～10mm，宽 2～3mm，具柔毛，早落。雄花序圆锥状，长 8～12cm；苞片卵状披针形，长 5～12mm，顶端尾状，边缘具 1～3 枚长齿，苞腋具花 5～6 朵；雄花：萼片 3 枚，长约 1mm，具微柔毛；雄蕊 4（3～5）枚，花药 4 室；花梗长 1mm。雌花序圆锥状，长 7～11cm；苞片形状如同雄花序的苞片，长 4～8mm；雌花：萼片 4（～3）枚，卵形，长 1.5mm，具短柔毛；

鼎湖血桐 *Macaranga sampsonii*

子房 2 室，花柱 2 枚，长约 2mm。蒴果双球形，长 5mm，宽 8mm。具颗粒状腺体；果梗长 2 ～ 4mm。花期 5 ～ 6 月，果期 7 ～ 8 月。

特征差异研究 深圳杨梅坑，叶长 9.9 ～ 25.5cm，叶宽 8.2 ～ 20.4cm，叶柄长 5.8 ～ 12.2cm，与上述特征描述相比，叶长的最小值偏小 2.1cm，最大值偏大 8.5cm；叶宽的最小值偏小，小 2.8cm，最大值偏大 5.4cm。

凭证标本 ①深圳杨梅坑，王贺银（007）；林仕珍（004）；陈永恒，明珠（007）；林仕珍，黄玉源（005）；陈永恒，招康赛（031）；余欣繁（015）；邹雨锋，招康赛（068）；陈鸿辉（012）；洪继猛（019）；邱小波（004）。②深圳赤坳，赵顺（037）。③深圳小南山，黄启聪（037）；吴凯涛（022）。④深圳莲花山，余欣繁，许旺（071）。

分布地 生于海拔 200 ～ 500（～ 800）m 山地或山谷常绿阔叶林中。产福建西部和南部、广东、广西中部和南部。越南北部也有分布。

本研究种类分布地 深圳杨梅坑、赤坳、小南山、莲花山。

主要经济用途 保持水土功能。

血桐（血桐属）

Macaranga tanarius (L.) Muell. Arg. in DC. Prodr. 15 (2): 997. 1866; *Ricinus tanarius* L. in Stickm. Herb. Amboin. 14. 1754et in Amo en. Acad. 4: 125. 1759; 中国植物志 44 (2): 50. 1996.

别名 流血桐、帐篷树

主要形态特征 乔木，高 5 ～ 10m；嫩枝、嫩叶、托叶均被黄褐色柔毛或有时嫩叶无毛；小枝粗壮，无毛，被白霜。叶纸质或薄纸质，近圆形或卵圆形，长 17 ～ 30cm，宽 14 ～ 24cm，顶端渐尖，基部钝圆，盾状着生，全缘或叶缘具浅波状小齿，上面无毛。下面密生颗粒状腺体，沿脉序被柔毛；掌状脉 9 ～ 11 条，侧脉 8 ～ 9 对；叶柄长 14 ～ 30cm；托叶膜质，长三角形或阔三角形，长 1.5 ～ 3cm，宽 0.7 ～ 2cm，稍后凋落。雄花序圆锥状，长 5 ～ 14cm，花序轴无毛或被柔毛；苞片卵圆形，长 3 ～ 5mm，宽 3 ～ 4.5mm，顶端渐尖，基部兜状，边缘流苏状，被柔毛，苞腋具花约 11 朵；雄花：萼片 3 枚，长约 1mm，具疏生柔毛；雄蕊（4 ～）5 ～ 6（～ 10）枚，花药 4 室；花梗长不及 1mm，近无毛。雌花序圆锥状，长 5 ～ 15cm，花序轴疏生柔毛；苞片卵形、叶状，长 1 ～ 1.5cm，顶端渐尖，基部骤狭呈柄状，边缘篦齿状条裂，被柔毛；雌花：花萼长约 2mm，2 ～ 3 裂，被短柔毛；子房 2 ～ 3 室，近脊部具软刺数枚，花柱 2 ～ 3 枚，长约 6mm，稍舌状，疏生小乳头。蒴果具 2 ～ 3 个分果爿，长 8mm，宽 12mm，密被颗粒状腺体和数枚长约 8mm 的软刺；果梗长 5 ～ 7mm，具微柔毛。种子近球形，直径约 5mm。花期 4 ～ 5 月，果期 6 月。

凭证标本 深圳杨梅坑，邹雨锋（031）。

分布地 生于沿海低山灌木林或次生林中。产台湾、广东（珠江口岛屿）。分布于琉球群岛、越南、泰国、缅甸、马来西亚、印度尼西亚、澳大利亚北部。

本研究种类分布地 深圳杨梅坑。

主要经济用途 速生树种，木材轻软，可供建筑用材及制造箱、板；现栽植于广东珠江口沿海地区作行道树或住宅旁遮荫树；通常其雌株的嫩叶无毛。树皮及叶子的粉末可充当防腐剂，树叶可当羊、牛或鹿的饲草。药用，泻下通便；抗癌。

注 图 片 引 自 http://www.goodall.org.tw/about_greenthumb/pgcontent/tree/28.html.

血桐 *Macaranga tanarius*

白背叶（野桐属）

Mallotus apelta (Lour.) Muell. Arg. in Linnaea 34: 189. 1865, et in DC. Prodr. 15(2): 963. 1866; Hance in Journ. Linn. Soc. Bot. 13: 122. 1873; Forb. et Hemsl. in Journ. Linn. Soc. Bot. 26: 439. 1894; Pax et Hoffm. in Engl. Pflanzenr. 63(IV. 147. VII): 171. 1914; Gagnep. in Lee. Fl. Gen. Indo-Chine 5: 354. 1925; Merr. In Trans. Am. Philos. Soc. new ser. 24(2): 237. 1935; Croiz. in Journ. Arn. Arb. 19:142. 1938, pro parte; 广州植物志: 278, 图141. 1956; 海南植物志 2: 154, 图371. 1965; 中国高等植物图鉴 2: 599, 图2927. 1972, pro parte. ——*Ricinus apelta* Lour.Fl. Cochinch. 589. 1790. ——*Rottlera chineis* A. Juss. Euphorb. Gen. Tent. 33. 1824; Hook. et Arn. Bot. Beech. Voy. 212. 1836; Benth. Fl. Hongk. 306. 1861. ——*R. carztoniensis* Spreng. Syst. Veg. 3: 878. 1826; 中国植物志 44(2): 39. 1996.

别名　白背叶（广州植物志），酒药子树（植物名实图考），野桐（海南），白背桐、吊粟（广东）

主要形态特征　灌木或小乔木，高1～3（～4）m；小枝、叶柄和花序均密被淡黄色星状柔毛和散生橙黄色颗粒状腺体。叶互生，卵形或阔卵形，稀心形，长和宽均6～16（～25）cm，顶端急尖或渐尖，基部截平或稍心形，边缘具疏齿，上面干后黄绿色或暗绿色，无毛或被疏毛，下面被灰白色星状绒毛，散生橙黄色颗粒状腺体；基出脉5条，最下一对常不明显，侧脉6～7对；基部近叶柄处有褐色斑状腺体2个；叶柄长5～15cm。花雌雄异株，雄花序为开展的圆锥花序或穗状，长15～30cm，苞片卵形，长约1.5mm，雄花多朵簇生于苞腋；雄花：花梗长1～2.5mm；花蕾卵形或球形，长约2.5mm，花萼裂片4枚，卵形或卵状三角形，长约3mm，外面密生淡黄色星状毛，内面散生颗粒状腺体；雄蕊50～75枚，长约3mm；雌花序穗状，长15～30cm，稀有分枝，花序梗长5～15cm，苞片近三角形，长约2mm；雌花：花梗极短；花萼裂片3～5枚，卵形或近三角形，长2.5～3mm，外面密生灰白色星状毛和颗粒状腺体；花柱3～4枚，长约3mm，基部合生，柱头密生羽毛状凸起。蒴果近球形，密生被灰白色星状毛的软刺，软刺线形，黄褐色或浅黄色，长5～10mm；种子近球形，直径约3.5mm，褐色或黑色，具皱纹。花期6～9月，果期8～11月。

特征差异研究　①深圳小南山，叶长14.4～17.1cm，叶宽4.9～6.8cm，叶柄长5.4～6.3cm，花苞绿色，椭球形，花苞长0.6cm，宽0.4cm，高0.3cm，与上述形态特征描述相比，叶宽的

白背叶 *Mallotus apelta*

最小值偏小1.1cm。②深圳应人石，叶长8.4～22.8cm，叶宽7.2～9.2cm，叶柄长4.8～9.3cm，与上述形态特征描述相比，叶柄长的最小值偏小，小0.2cm。

凭证标本　①深圳杨梅坑，邹雨锋（102）。②深圳小南山，温海洋（022）；邱小波（015）。③深圳应人石，邹雨锋（156）；林仕珍，招康赛（157）；余欣繁，招康赛（147）；王贺银，招康赛（146）。④深圳莲花山，邹雨锋（063）；余欣繁（066）；王贺银，招康赛（065）；林仕珍，黄玉源（078）。

分布地　生于海拔30～1000m山坡或山谷灌丛中。产云南、广西、湖南、江西、福建、广东和海南。分布于越南。模式标本采自广东。

本研究种类分布地　深圳杨梅坑、小南山、应人石、莲花山。

主要经济用途　城市绿化物、药用，制作麻袋、肥皂、润滑油。

白楸（野桐属）

Mallotus paniculatus (Lam.) Muell. Arg. in Linnaea 34: 189. 1865. et in DC. Prodr. 15 (2): 965. 1866; Hayata in Journ. Coll. Sci. Tokyo 30: 271. 1911; Merr. in Philipp. Journ. Sci. Bot. 7: 400. 1912, et in Lingnan Sci. Journ. 5: 110. 1927, et in Trans. Amer. Philos. Soc. 24 (2): 237. 1935; 海南植物志2: 153. 1965; Airy Shaw in Kew Bull. 26: 298. 1972; C. F. Hsieh in Fl. Taiwan 3: 482. 1977. ——*Croton paniculatus* Lam. Encycl. Meth. Bot. 2: 207. 1786. ——*Echinus trisulcus* Lour. Fl. Cochinch. 633. 1790; Hook. f. F1. Brit. Ind. 5: 430. 1887. ——*Rottlera alba* Rush. ex Jack Malaya Misc. 1: 26. 1820; Roxb. Fl. Ind. 3: 829. 1832. ——*R. paniculata* (Lam.) A. Juss. Euphorb. Gen. Tent. 33. 1824; Benth. F1. Hongk. 307. 1861. ——*Mallotus albus* (Rosh. ex Jack) Muell. Arg. in Linnaea 34: 188. 1865, et in DC. Prodr. 15(2): 965. 1866. ——*M. chinensis* Lour. ex Muell. Arg. in DC. Prodr. l. c., in syn. sphalm. ——*M. formosanus* Hayata in Journ. Coll. Sci. Tokyo 30: 269. 1911. ——*M. pantculatus* Muell. Arg. var. *formosanus* (Hayata) Hurusawa in Journ. Fac. Sci. Univ. Tokyo Sect. III 6 (6): 307. 1954. ——*M. cochinchinensis* Lour. Fl. Cochinch. 635. 1790; Forb. et Hemsl. in journ. Linn. Soc. Bot. 26: 439. 1894; Pax et Hoffm. in Engl. Pflanzenr. 63 (IV. 147. VII) 166. 1914; Gagnep. in Lec. F1. Gen. Indo-Chine 5: 355. 1925; 陈嵘, 中国树木分类学 619, 图516. 1937; 中国植物志 44(2): 35. 1996.

别名 力树（海南），黄背桐（广西临桂），白叶子（台湾）

主要形态特征 乔木或灌木，高 3 ～ 15m；树皮灰褐色，近平滑；小枝被褐色星状绒毛。叶互生，生于花序下部的叶常密生，卵形、卵状三角形或菱形，长 5 ～ 15cm，宽 3 ～ 10cm，顶端长渐尖，基部楔形或阔楔形，边缘波状或近全缘，上部有时具 2 裂片或粗齿；嫩叶两面均被灰黄色或灰白色星状绒毛，成长叶上面无毛；基出脉 5 条，基部近叶柄处具斑状腺体 2 个，叶柄稍盾状着生，长 2 ～ 15cm。花雌雄异株,总状花序或圆锥花序，分枝广展，顶生，雄花序长 10 ～ 20cm；苞片卵状披针形，长约 2mm，渐尖，苞腋有雄花 2 ～ 6 朵，雄花：花梗长约 2mm；花蕾卵形或球形；花萼裂片 4 ～ 5，卵形，长 2 ～ 2.5mm，外面密被星状毛；雄蕊 50 ～ 60 枚。雌花序长 5 ～ 25cm；苞片卵形，长不及 1mm，苞腋有雌花 1 ～ 2 朵；雌花：花梗长约 2mm；花萼裂片 4 ～ 5，长卵形，长 2 ～ 3mm，常不等大，外面密生星状毛；花柱 3，基部稍合生，柱头长 2 ～ 3mm，密生羽毛状凸起。蒴果扁球形，具 3 个分果爿，直径 1 ～ 1.5cm，被褐色星状绒毛和疏生钻形软刺，长 4 ～ 5mm，具毛；种子近球形，深褐色，常具皱纹。花期 7 ～ 10 月，果期 11 ～ 12 月。

特征差异研究 ①深圳杨梅坑，叶长 7.5 ～ 19.6cm，叶宽 4.4 ～ 11cm，叶柄长 1 ～ 8.1cm。与上述特征描述相比，叶长的最大值偏大 4.6cm；叶宽的最大值偏大 1cm。②深圳小南山，叶长

白楸 *Mallotus paniculatus*

4 ～ 20.2cm，叶宽 3.3 ～ 11.5cm，叶柄长 1.8 ～ 10.5cm，与上述特征描述相比，叶长的最小值偏小 1cm，最大值偏大 5.2cm；叶宽的最大值偏大 1.5cm。

凭证标本 ①深圳小南山,邹雨锋,黄玉源（245）；邹雨锋，黄玉源（246）。②深圳杨梅坑，余欣繁，明珠（041）；廖栋耀，黄玉源（006）。

分布地 生于海拔 50 ～ 1300m 林缘或灌丛中。分布于东南亚各国。产云南、贵州、广西、广东、海南、福建和台湾。模式标本采自印度尼西亚爪哇。

本研究种类分布地 深圳杨梅坑、小南山。

主要经济用途 木材质地轻软；种子油可作工业用油。

红叶野桐（野桐属）

Mallotus paxii Pamp. Nuov. Giorn. Bot. Ital. 171414. 1910; Croiz. in Journ. Arn. Arb. 19: 143. 1938. ——*M. apelta* (Lour.) Muell. Arg. var. *chinensis* (Geisel) Pax et Hoffm. in Engl. Pflanzenr. 63 (IV, 147. VII): 171. 1914, Hand. ——Mazz. Symb. Sin.7: 214. 1931. ——*Croton chineis* Geisel. Croton Monogr. 24. 1807——*Mallotas stewardii* Merr. ex Mete. in Lingnan Sci. Journ. 10: 488. 1931. ——*M. apelta* auct. non Muell. Arg.: Hutch. in Sargent, Pl. Wils. 2: 525. 1916; 湖北植物志 2: 376, 图 1280. 1979; 秦岭植物志 1 (3); 176. 1981; 江苏植物志. 下册: 421, 图1424. 1982; 中国植物志 44(2): 40. 1996.

别名 山桐子（四川）

主要形态特征 灌木，高 1 ～ 3.5m；嫩枝、叶柄和花序梗均被黄色星状短绒毛或间生星状长柔毛。叶互生，纸质，卵状三角形，稀卵形或心形，长 6 ～ 12（～ 18）cm，宽 5 ～ 12cm，顶端渐尖，基部圆形或截平，稀心形，边缘具不规则锯齿，上部常有 1 ～ 2 个裂片或粗齿，上面干后暗褐色或红褐色，疏生白色星状柔毛，下面被灰白色星状绒毛和散生橘红色颗粒状腺体；基出脉 5 条，近基部两条常纤细，侧脉 4 ～ 6 对；基部近叶柄外常具褐色斑状腺体 2 个；叶柄长 8 ～ 10cm。花雌雄异株，花序总状，下部常分枝，雄花序顶生，长 5 ～ 20cm；苞片钻形，长 3 ～ 4mm，苞腋有雄花 3 ～ 8 朵；雄花：花梗长达 4mm；花萼裂片 5，卵状披针形，长约 3.5mm，外面密被淡黄色星状毛和红色颗粒状腺体，内面无毛；雄蕊 40 ～ 55 枚，长约 3mm。雌花序长 5 ～ 16cm；苞片卵形或卵状披针形，长约 3mm；苞腋有雌花 1（～ 3）朵；雌花：花梗长 1 ～ 2mm；花萼裂片卵状披针形，长 3 ～ 3.5mm，被淡黄色星状毛和颗粒状腺体，花柱 3 ～ 4，基部稍合生，柱头长 2 ～ 3mm，密生羽毛状凸起。蒴果球形，稀疏排列，直径约 1.5cm，具 3 ～ 4 个分果爿，被星状毛和散生橙红色颗粒状腺体；软刺紫红色或红棕色，长 6 ～ 8mm；种子卵球形，长约 3mm，黑色，具光泽。花期 6 ～ 8 月，果期 10 ～ 11 月。

特征差异研究 深圳杨梅坑，叶长 3.5 ～ 15.6cm，叶宽 2.5 ～ 7cm，叶柄长 1.5 ～ 5.5cm。与上述特

红叶野桐 *Mallotus paxii*

征描述相比，叶长的最小值偏小 2.5cm；叶宽的最小值偏小 2.5cm。

凭证标本 深圳杨梅坑，王贺银（113）。

分布地 生于海拔 100 ～ 1200m 山坡、路旁灌丛中。陕西，四川，湖北，湖南，广西，广东，江苏，安徽，江西，福建，浙江均有分布。

本研究种类分布地 深圳杨梅坑。

越南叶下珠（叶下珠属）

Phyllanthus cochinchinensis (Lour.) Spreng. Syst. Veg. 3: 21. 1826: Merr. et Chun in Sunyatsenia 5: 93. 1940; 海南植物志 2: 132. 1965; Chin in Acta Phytotax. Sin. 190 346. 1981. ——*Cathetus cochinchinensis* Lour. Fl. Cochinch. 608. 1790. ——*Phyllanthus cinerascens* Hook. et Arn. in Bot. Beech. 211. 1836. ——*P. roeperianus* Muell. ——Arg. in Linnaea 32: 28. 1863, et in DC. Prodr. 15 (2): 385. 1866. ——*P. cochinchinensis* Muell. Arg. in DC. Prodr. 15 (2): 417. 1866. ——*P. fasciculatus* Muell. Arg. in DC. Prodr. 15 (2): 350. 1866; 中国植物志 44(1): 96. 1994.

主要形态特征 灌木，高达 3m；茎皮黄褐色或灰褐色；小枝具棱，长 10 ～ 30 cm，直径 1 ～ 2mm，与叶柄幼时同被黄褐色短柔毛，老时变无毛。叶互生或 3 ～ 5 枚着生于小枝极短的凸

起处，叶片革质，倒卵形、长倒卵形或匙形，长 1 ~ 2cm，宽 0.6 ~ 1.3cm，顶端钝或圆，少数凹缺，基部渐窄，边缘干后略背卷；中脉两面稍凸起，侧脉不明显；叶柄长 1 ~ 2mm；托叶褐红色，卵状三角形，长约 2mm，边缘有睫毛。花雌雄异株，1 ~ 5 朵着生于叶腋垫状凸起处，凸起处的基部具有多数苞片；苞片干膜质，黄褐色，边缘撕裂状；雄花：通常单生；花梗长约 3mm；萼片 6，倒卵形或匙形，长约 1.3mm，宽 1 ~ 1.2mm，不相等，边缘膜质，基部增厚；雄蕊 3，花丝合生成柱，花药 3，顶部合生，下部叉开，药室平行，纵裂；花粉粒球形或近球形，有 6 ~ 10 个散孔；花盘腺体 6，倒圆锥形；雌花：单生或簇生，花梗长 2 ~ 3mm；萼片 6，外面 3 枚为卵形，内面 3 枚为卵状菱形，长 1.5 ~ 1.8mm，宽 1.5mm，边缘均为膜质，基部增厚；花盘近坛状，包围子房约 2/3，表面有蜂窝状小孔；子房圆球形，直径约 1.2mm，3 室，花柱 3，长 1.1mm，下部合生成长约 0.5mm 的柱，上部分离，下弯，顶端 2 裂，裂片线形。蒴果圆球形，直径约 5mm，具 3 纵沟，成熟后开裂成 3 个 2 瓣裂的分果爿；种子长和宽约 2mm，外种皮膜质，橙红色，易剥落，上面密被稍凸起的腺点。花果期 6 ~ 12 月。

特征差异研究 深圳杨梅坑，叶长 0.6 ~ 1.4cm，叶宽 0.3 ~ 0.7cm，叶柄长 0.1 ~ 0.2cm，与上述

越南叶下珠 *Phyllanthus cochinchinensis*

特征描述相比，叶长的最小值偏小 0.4cm；叶宽的最小值偏小 0.3cm。

形态特征增补 深圳杨梅坑，花冠直径 0.2cm。

凭证标本 ①深圳杨梅坑，廖栋耀（072）。②深圳小南山，林仕珍，黄玉源（219）。③深圳马峦山，洪继猛（018）；邱小波（029）。

分布地 生于旷野、山坡灌丛、山谷疏林下或林缘。产福建、广东、海南、广西、四川、云南、西藏等省区。分布于印度、越南、柬埔寨和老挝等。

本研究种类分布地 深圳杨梅坑、小南山、马峦山。

余甘子（叶下珠属）

Phyllanthus emblica Linn. Sp. Pl. 982. 1753; Muell. Arg. in DC. Prodr. 15 (2): 352. 1866; Hook. f. Fl. Brit. Ind. 5: 289. 1887; Beille in Lec. Fl. Gen. Indo-Chine 5: 580. 1927; Hand.-Mazz. Symb. Sin. 7: 222. 1931; Rehd. in Journ. Arn. Arb. 14: 230. 1933; Webster in Journ. Arn. Arb. 38: 76, Pl. 15, fig. J-L. 1957: 海南植物志 2: 131. 1965; 中国高等植物图鉴 2: 587, 图2904. 1972; Airy Shaw in Kew Bull. 26: 319. 1972, 36: 337. 1981, et Kew Bull. Add. Ser. 4: 183. 1975; Chin in Acta Phytotax. Sin. 19: 346. 1981; Leuener in Not. Roy. Gard. Edinb. 40 (3): 484. 1983. ——*Emblica officinalis* Gaertn. Fruct. 2: 122. 1791. ——*Dichelactina nodicaulis* Hance in Walp. Ann. 3: 376. 1852. ——*Diasperus emblica* (Linn.) Kuntze Rev. Gen. 2: 599. 1891. ——*Phyllanthus mairei* Levl. in Bull. Geogr. Bot. 25: 23. 1915; 中国植物志 44(1): 87. 1994.

别名 庵摩勒（南方草木状），米舍（广西隆安），望果（云南文山），木波（云南傣语），七察哀喜（云南哈尼族），噜公膘（云南瑶族），油甘子（华南）

主要形态特征 乔木，高达 23m，胸径 50cm；树皮浅褐色；枝条具纵细条纹，被黄褐色短柔毛。叶片纸质至革质，二列，线状长圆形，长 8 ~ 20mm，宽 2 ~ 6mm，顶端截平或钝圆，有锐尖头或微凹，基部浅心形而稍偏斜，上面绿色，下面浅绿色，干后带红色或淡褐色，边缘略背卷；侧脉每边 4 ~ 7 条；叶柄长 0.3 ~ 0.7mm；

托叶三角形，长 0.8 ~ 1.5mm，褐红色，边缘有睫毛。多朵雄花和 1 朵雌花或全为雄花组成腋生的聚伞花序；萼片 6；雄花：花梗长 1 ~ 2.5mm；萼片膜质，黄色，长倒卵形或匙形，近相等，长 1.2 ~ 2.5mm，宽 0.5 ~ 1mm，顶端钝或圆，边缘全缘或有浅齿；雄蕊 3，花丝合生成长 0.3 ~ 0.7mm 的柱，花药直立，长圆形，长 0.5 ~ 0.9mm，顶端具短尖头，药室平行，纵裂；花粉近球形，直径 17.5 ~ 19μm，具 4 ~ 6 孔沟，内孔多长椭圆形；花盘腺体 6，近三角形；

雌花：花梗长约 0.5mm；萼片长圆形或匙形，长 1.6～2.5mm，宽 0.7～1.3mm，顶端钝或圆，较厚，边缘膜质，多少具浅齿；花盘杯状，包藏子房达一半以上，边缘撕裂；子房卵圆形，长约 1.5mm，3 室，花柱 3，长 2.5～4mm，基部合生，顶端 2 裂，裂片顶端再 2 裂。蒴果呈核果状，圆球形，直径 1～1.3cm，外果皮肉质，绿白色或淡黄白色，内果皮硬壳质；种子略带红色，长 5～6mm，宽 2～3mm。花期 4～6 月，果期 7～9 月。

凭证标本　①深圳杨梅坑，林仕珍，明珠（297）；邹雨锋，招康赛（082）；陈永恒，招康赛（047）；林仕珍，黄玉源（069）；洪继猛（054）。②深圳赤坳，刘浩，招康赛（046）；黄启聪（030）；陈志洁（031）。③深圳应人石，王贺银，招康赛（179）；邹雨锋，许旺（192）。④深圳小南山，邹雨锋，许旺（293）；廖栋耀（031）。

分布地　生于海拔 200～2300m 山地疏林、灌丛、荒地或山沟向阳处。产江西、福建、台湾、广东、海南、广西、四川、贵州和云南等省区。分布于印度、斯里兰卡、中南半岛、印度尼西亚和菲律宾等，南美有栽培。

本研究种类分布地　深圳杨梅坑、赤坳、应人石、小南山。

主要经济用途　余甘子为常见的散生树种，一般树高为 1～3m，而在四川省金阳县金沙江河谷

余甘子 *Phyllanthus emblica*

地带，海拔 600～1000m 的向阳干旱山坡地，仍保存着大片余甘子天然林，林高 8～10m。极喜光，耐干热瘠薄环境，萌芽力强，根系发达，可保持水土，可作产区荒山荒地酸性土造林的先锋树种。树姿优美，可作庭院风景树，亦可栽培为果树。果实富含丰富的维生素，供食用，可生津止渴，润肺化痰，治咳嗽、喉痛，解河豚鱼中毒等。初食味酸涩，良久乃甘，故名"余甘子"。树根和叶供药用，能解热清毒，治皮炎、湿疹、风湿痛等。叶晒干供枕芯用料。种子含油量 16%，供制肥皂。树皮、叶、幼果可提制栲胶。木材棕红褐色，坚硬，结构细致，有弹性，耐水湿，供农具和家具用材，又为优良的薪炭柴。

小果叶下珠（叶下珠属）

Phyllanthus reticulatus Poir. in Lam. Encycl. Meth. 5: 298. 1804: Muell. Arg. in DC. Prodr. 15(2): 344. 1866; Hook. f. Fl. Brit. Ind. 5: 288. 1887; Beille in Lec. Fl. Gen. Indo-Chine 5: 575. 1927: Kanehira, Formos. Trees rev. ed. 357, fig. 312. 1936; H. Keng in Taiwania 6: 62. 1955; Webster in Journ. Arn. Arb. 38: 57, textfig. 7. 1957; Back. et Bakh. f. Fl. Java 1: 467. 1963; Li, Woody Fl. Taiwan 436. 1963; 海南植物志 2: 128. 1965: Airy Shaw in Kew Bull. 26: 322. 19720, 36: 338. 1981, et in Kew Bull. Add. Ser. 4: 185. 1975; Chin in Acta Phytotax. Sin. 19: 346. 1981: P. T. Li in Acta Phytotax. Sin. 25(5): 374. 1987. ——*P. hyllanthus multiflorus* Willd. Sp. Pl. 4: 581. 1804; Hsieh in Li, Fl. Taiwan 3: 491, Pl.699. 1977. ——*P. multiflorus* Poir. in l. c. ——*Kirganelis sinensis* Baill. Etud. Gen. Euphorb. 614. 1858, nomen. ——*K. multiflora* Baill. l. c. ——*K. reticulata* Baill. l. c. 613. ——*Cicca microcarpa* Benth. Fl. Hongk ong. 312. 1861. ——*Pllyllsishus sinensis* Muell. Arg. in Linnaea 32: 12. 863. ——*P. microcarpus* (Benth.) Muell. Arg. in Linnaea 32: 51. 1863, et in DC. Prodr. 15(2): 343. 1866. ——*Cicca reticulata* Kurz, For. Fl. 354. 1877. ——*Phyllanthus takaoensis* Haayata, Icon. Pl. Formos. 9: 94. 1920; Kanehira, Formos. Trees rev. ed. 57. 1936; H. Keng in Taiwania 6: 62. 1955: Li, Woody Fl. Taiwan 437. 1963; Hsieh in Li, Fl. Taiwan 3: 491. 1977; 中国植物志 44(1): 82. 1994.

别名　龙眼睛（广东），通城虎（广西北流），山丘豆（云南玉溪），飞榴木（海南澄迈），白仔（台湾），烂头钵（广州），多花油柑（台湾植物志）

主要形态特征　灌木，高达 4m；枝条淡褐色；幼枝、叶和花梗均被淡黄色短柔毛或微毛。叶片膜质至纸质，椭圆形、卵形至圆形，长 1～5cm，宽 0.7～3cm，顶端急尖、钝至圆，基部钝至圆，下面有时灰白色；叶脉通常两面明显，

侧脉每边 5 ~ 7 条；叶柄长 2 ~ 5 mm；托叶钻状三角形，长达 1.7mm，干后变硬刺状，褐色。通常 2 ~ 10 朵雄花和 1 朵雌花簇生于叶腋，稀组成聚伞花序；雄花：直径约 2mm；花梗纤细，长 5 ~ 10mm；萼片 5 ~ 6，2 轮，卵形或倒卵形，不等大，长 0.7 ~ 1.5mm，宽 0.5 ~ 1.2mm，全缘；雄蕊 5，直立，其中 3 枚较长，花丝合生，2 枚较短而花丝离生，花药三角形，药室纵裂；花粉粒球形，具 3 沟孔；花盘腺体 5，鳞片状，宽 0.5mm；雌花：花梗长 4 ~ 8mm，纤细；萼片 5 ~ 6，2 轮，不等大，宽卵形，长 1 ~ 1.6mm，宽 0.9 ~ 1.2mm，外面基部被微柔毛；花盘腺体 5 ~ 6，长圆形或倒卵形；子房圆球形，4 ~ 12 室，花柱分离，顶端 2 裂，裂片线形卷曲平贴于子房顶端。蒴果呈浆果状，球形或近球形，直径约 6mm，红色，干后灰黑色，不分裂，4 ~ 12 室，每室有 2 颗种子；种子三棱形，长 1.6 ~ 2mm，褐色。染色体基数 x=13。花期 3 ~ 6 月，果期 6 ~ 10 月。

凭证标本 深圳杨梅坑，王贺银（380）。

分布地 生于海拔 200 ~ 800m 山地林下或灌木丛中。产江西、福建、台湾、湖南、广东、海南、广西、四川、贵州和云南等省区。广布热带西非至印度、斯里兰卡、中南半岛、印度尼西亚、菲律宾和澳大利亚。

本研究种类分布地 深圳杨梅坑。

主要经济用途 根、叶供药用：接骨、跌打，祛风除湿、清热消肿、健脾止泻、活血。

蓖麻（蓖麻属）

Ricinus communis L. Sp. Pl. 1007. 1753; Benth. Fl. Hongk. 307. 1861; Forb. et Hemsl. in Journ. Linn. Soc. Bot. 26: 443. 1894; Pax et Hoffm. in Engl. Pflanzenr. 68 (IV. 147. XI): 119. f. 29. 1919; 广州植物志: 279, 图143. 1956; 中国高等植物图鉴 2, 606, 图2942. 1972; 中国植物志 44(2): 88. 1996.

别名 大麻子、老麻子、草麻

主要形态特征 一年生粗壮草本或草质灌木，高达 5m；小枝、叶和花序通常被白霜，茎多液汁。叶轮廓近圆形，长和宽达 40cm 或更大，掌状 7 ~ 11 裂，裂缺几达中部，裂片卵状长圆形或披针形，顶端急尖或渐尖，边缘具锯齿；掌状脉 7 ~ 11 条。网脉明显；叶柄粗壮，中空，长可达 40cm，顶端具 2 枚盘状腺体，基部具盘状腺体；托叶长三角形，长 2 ~ 3cm，早落。总状花序或

小果叶下珠 *Phyllanthus reticulatus*

蓖麻 *Ricinus communis*

圆锥花序，长 15～30cm 或更长；苞片阔三角形，膜质，早落；雄花：花萼裂片卵状三角形，长 7～10mm；雄蕊束众多；雌花：萼片卵状披针形，长 5～8mm，凋落；子房卵状，直径约 5mm，密生软刺或无刺，花柱红色，长约 4mm，顶部 2 裂，密生乳头状凸起。蒴果卵球形或近球形，长 1.5～2.5cm，果皮具软刺或平滑；种子椭圆形，微扁平，长 8～18mm，平滑，斑纹淡褐色或灰白色；种阜大。花期几全年或 6～9 月（栽培）。

凭证标本　深圳杨梅坑，王贺银（353）；陈永恒（139）；余欣繁（258）；王贺银，黄玉源（354）；余欣繁，黄玉源（324）。

分布地　中国蓖麻引自印度，华南和西南地区居多，海拔 20～500m（云南海拔 2300m）村旁疏林或河流两岸冲积地常有逸为野生，呈多年生灌木。

研究种类分布地　深圳杨梅坑。

主要经济用途　蓖麻油在工业上用途广，在医药上作缓泻剂。

山乌桕（乌桕属）

Sapium discolor (Champ. ex Benth.) Muell. Arg. in Linnaea 32: 121. 1863; Hook. f. Fl. Brit. Ind. 5: 469. 1888; Forb. et Hemsl. in Journ. Linn. Soc. Bot. 26: 445. 1894; Pax et Hoffm. in Engl. Pflanzenr. 52 (IV. 147. V.): 239. 1912; Dunn et Tutcher in Kew Bull. Misc. Inform. add. ser. 10: 241. 1912; Gagnep. in Lecomte, Fl. Gen. Indo-Chine 5: 399. fig. 46. 2-8, 1926; Merr. in Lingnan Sci. Journ. 5: 113. 1927; Hand.-Mazz. symb. sin. 7: 212. 1931; S. K. Lee in Acta Phytotax. Sin. 5: 123. 1956; Li, Woody Fl. Taiwan 438. 1963; 海南植物志 3: 182. 1965; 中国高等植物图鉴 2: 616. 图2961, 1972; Airy Shaw in Kew Bull. 26: (2): 329. 1972, et l. c. add. ser. 4: 192. 1975; 台湾植物志 3: 494. 1977. ——*Stillingia discolor* Champ. ex Benth. in Hook. Kew Journ. Bot, 6: 1. 1856; Benth. Fl. Hongk. 303. 1861. ——*Excoecaria discolor* (Champ. ex Benth.) Muell. Arg. in DC. Prodr. 15: 1210. 1866. ——*Sapium laui* Croizat in Journ. Arn. Arb. 21: 505. 1940; S. K. Lee in Acta Phytotax. Sin. 5: 125. 1956. syn. nov. ——*Sapium eugeniaefolium* auct. non Hamilt. ex Hook. f.: Pax et Hoffm. in Engl. Pflanzenr. 52 (IV. 147. V.): 240. 1912. p. p. (quoad. specim. A. Henry 11942, 11942A); S. K. Lee in Acta Phytotax Sin. 5: 124. 1956; 中国植物志 44(3): 18. 1997.

别名　山乌桕、红心乌桕（广东）

主要形态特征　乔大或灌木，高 3～12m，罕有达 20m 者，各部均无毛；小枝灰褐色，有皮孔。叶互生，纸质，嫩时呈淡红色，叶片椭圆形或长卵形，长 4～10cm，宽 2.5～5cm，顶端钝或短渐尖，基部短狭或楔形，背面近缘常有数个圆形的腺体；中脉在两面均凸起，于背面尤著，侧脉纤细，8～12 对，互生或有时近对生，略呈弧状上升，离缘 1～2mm 弯拱网结，网脉很柔弱，通常明显；叶柄纤细，长 2～7.5cm，顶端具 2 毗连的腺体；托叶小，近卵形，长约 1mm，易脱落。花单性，雌雄同株，密集成长 4～9cm 的顶生总状花序，雌花生于花序轴下部，雄花生于花序轴上部或有时整个花序全为雄花。雄花：花梗丝状，长 1～3mm；苞片卵形，长约 1.5mm，宽近 1mm，顶端锐尖，基部两侧各具一长圆形或肾形、长约 2mm、宽近 1mm 的腺体，每一苞片内有 5～7 朵花；小苞片小，狭，长 1～1.2mm；花萼杯状，具不整齐的裂齿；雄蕊 2 枚，少有 3 枚，花丝短，花药球形。雌花：花梗粗壮，圆柱形，长约 5mm；苞片几与雄花的相似，每一苞片内仅有 1 朵花；花萼 3 深裂几达基部，裂片三角形，

长 1.8～2mm，宽约 1.2mm，顶端短尖，边缘有疏细齿；子房卵形，3 室，花柱粗壮，柱头 3，外反。蒴果黑色，球形，直径 1～1.5cm，分果片脱落后而中轴宿存，种子近球形，长 4～5mm，直径 3～4mm，外薄被蜡质的假种皮。花期 4～6 月。

凭证标本　①深圳杨梅坑，陈永恒，招康赛（039）；刘浩，招康赛（021）。②深圳七娘山，黄启聪（018）。③深圳赤坳，邹雨锋，黄玉源（054）；

山乌桕 *Sapium discolor*

林仕珍，周志彬（049）；林仕珍，招康赛（073）。④深圳小南山，邹雨锋，黄玉源（315）；洪继猛，黄玉源（002）；吴凯涛，洪继猛（003）；李佳婷（010）；赵顺（014）；温海洋（009）；温海洋（026）。⑤深圳应人石，邹雨锋，招康赛（174）。⑥深圳莲花山，林仕珍，黄玉源（106）；邹雨锋，许旺（101）。

分布地　生于山谷或山坡混交林中。广布云南、四川、贵州、湖南、广西、广东、江西、安徽、福建、浙江、台湾等省区。印度、缅甸、老挝、越南、马来西亚及印度尼西亚也有。

本研究种类分布地　深圳杨梅坑、七娘山、赤坳、小南山、应人石、莲花山。

主要经济用途　木材可制火柴枝和茶箱。根皮及叶药用，治跌打扭伤、痈疮、毒蛇咬伤及便秘等。种子油可制肥皂。

守宫木（守宫木属）

Sauropus androgynus (Linn.) Merr. in Philipp. Bur. For. Bull. 1: 30. 1903, in Journ. Str. Br. Roy. As. Soc. 76: 92. 1917, et Enum. Philipp. Fl. Pl. 2: 405. 1923; Pax et Hoffm. in Engl. Pflanzenr. 81 (IV. 147. XV): 217. 1921; Beille in Lec. Fl. Gen. Indo-Chine 5: 645. 1927; Back. et Bakh. f. Fl. Java 1: 471. 1963; Airy Shaw in Kew lull. 26 (2): 333. 1972, et Kew Bull. Add. Ser. 4: 193. 1975; 中国高等植物图鉴 2: 591. fig. 2911. 1972; Whitmore, Tree Fl. Malaya 2: 131. 1973; P. T. Li in Acta Phytotax. Sin. 25: 136. 1987. ——*Clutia androgyna* Linn. Mant. Pl. 1: 128. 1767. ——*Sauropus albicans* Bl. Bijdr. 596. 1825. ——*S. sumatranus* Miq. Fl. Ind. Bat. Suppl. 446. 1861. ——*S. parviflorus* Pax et Hoffm. in Engl. Pflanzenr. 81 (IV. 47. XV): 218. 1921; 中国植物志 44(1): 175. 1994.

别名　同序守宫木（拉汉种子植物名称），树仔菜（海南），越南菜（云南河口），帕汪（云南傣语），甜菜（西双版纳植物名录）

主要形态特征　灌木，高1～3m；小枝绿色，长而细，幼时上部具棱，老渐圆柱状；全株均无毛。叶片近膜质或薄纸质，卵状披针形、长圆状披针形或披针形，长3～10cm，宽1.5～3.5cm，顶端渐尖，基部楔形、圆或截形；侧脉每边5～7条，上面扁平，下面凸起，网脉不明显；叶柄长2～4mm；托叶2，着生于叶柄基部两侧，长三角形或线状披针形，长1.5～3mm。雄花：1～2朵腋生，或几朵与雌花簇生于叶腋，直径2～10mm；花梗纤细，长5～7.5mm；花盘浅盘状，直径5～12mm，6浅裂，裂片倒卵形，覆瓦状排列，无退化雌蕊；雄花3，花丝合生呈短柱状，花药外向，2室，纵裂；花盘腺体6，与萼片对生，上部向内弯而将花药包围；雌花：通常单生于叶腋；花梗长6～8mm；花萼6深裂，裂片红色，倒卵形或倒卵状三角形，长5～6mm，宽3～5.5mm，顶端钝或圆，基部渐狭而成短爪，覆瓦状排列；无花盘；雌蕊扁球状，直径约1.5mm，高约0.7mm，子房3室，每室2颗胚珠，花柱3，顶端2裂。蒴果扁球状或圆球状，直径约1.7cm，高1.2cm，乳白色，宿存花萼红色；果梗长5～10mm；种子三棱状，长约7mm，宽约5mm，黑色。花期4～7月，果期7～12月。

凭证标本　深圳应人石，王贺银（160）。

分布地　海南、广东（高要、揭阳、饶平、佛山、中山、新会、珠海、深圳、信宜、广州）和云南（河口、西双版纳等地）均有栽培。分布于印度、斯里兰卡、老挝、柬埔寨、越南、菲律宾、印度尼西亚和马来西亚等。

本研究种类分布地　深圳应人石。

主要经济用途　嫩枝和嫩叶可作蔬菜食用。

守宫木 *Sauropus androgynus*

油桐（油桐属）

Vernicia fordii (Hemsl.) Airy Shaw in Kew Bull. 20：394. 1966; 秦岭植物志　1(3): 170, 图146. 1981. ——*Aleurites fordii* Hemsl. in Hook. Ic. Pl. tt. 2801, 2802. 1906; 钱崇澎, 中国森林植物志　1: 图版35. 1937; 陈嵘, 中国树木分类学: 607, 图503. 1937; 广州植物志: 274, 图139. 1956; 海南植物志　2: 149. 1965; 中国植物志　44(2): 143. 1996.

别名　桐油树、桐子树、罂子桐（本草拾遗），荏桐（本草衍义）

主要形态特征　落叶乔木，高达 10m；树皮灰色，近光滑；枝条粗壮，无毛，具明显皮孔。叶卵圆形，长 8～18cm，宽 6～15cm，顶端短尖，基部截平至浅心形，全缘，稀 1～3 浅裂，嫩叶上面被很快脱落微柔毛，下面被渐脱落棕褐色微柔毛，成长叶上面深绿色，无毛，下面灰绿色，被贴伏微柔毛；掌状脉 5（～7）条；叶柄与叶片近等长，几无毛，顶端有 2 枚扁平、无柄腺体。花雌雄同株，先叶或与叶同时开放；花萼长约 1cm，2（～3）裂，外面密被棕褐色微柔毛；花瓣白色，有淡红色脉纹，倒卵形，长 2～3cm，宽 1～1.5cm，顶端圆形，基部爪状；雄花：雄蕊 8～12 枚，2 轮；外轮离生，内轮花丝中部以下合生；雌花：子房密被柔毛，3～5（～8）室，每室有 1 颗胚珠，花柱与子房室同数，2 裂。核果近球状，直径 4～6（～8）cm，果皮光滑；种子 3～4（～8）颗，种皮木质。花期 3～4 月，果期 8～9 月。

凭证标本　深圳小南山，邹雨锋，黄玉源（333）。

分布地　通常栽培于海拔 1000m 以下丘陵山地。产陕西、河南、江苏、安徽、浙江、江西、福建、湖南、湖北、广东、海南、广西、四川、贵州、云南等省区。越南也有分布。

本研究种类分布地　深圳小南山。

油桐 *Vernicia fordii*

主要经济用途　本种是我国重要的工业油料植物；桐油是我国的外贸商品；此外，其果皮可制活性炭或提取碳酸钾。

木油桐（油桐属）

Vernicia montana Lour. Fl. Cochinch. 586. 1790; Airy Shaw in Kew Bull. 20: 394. 1966, et 26 (2): 349. 1972. ——*Aleurites montana* (Lour.) Wils. in Bull. Imp. Inst. 11: 460, 1913: Pax et Hoffm. in Engl. Pflanzenr. 68 (IV. 147. XIV): 8. 1919; 陈嵘, 中国树木分类学: 608, 图504. 1937; 广州植物志　274, 图140. 1956; 海南植物志　2: 149, 图367. 1965; 中国高等植物图鉴　2: 596, 图2922. 1972; 中国植物志 44(2): 143. 1996.

别名　千年桐、皱果桐

主要形态特征　落叶乔木，高达 20m。枝条无毛，散生凸起皮孔。叶阔卵形，长 8～20cm，宽

木油桐 *Vernicia montana*

6～18cm，顶端短尖至渐尖，基部心形至截平，全缘或2～5裂。裂缺常有杯状腺体，两面初被短柔毛，成长叶仅下面基部沿脉被短柔毛，掌状脉5条；叶柄长7～17cm，无毛，顶端有2枚具柄的杯状腺体。花序生于当年生已发叶的枝条上，雌雄异株或有时同株异序；花萼无毛，长约1cm，2～3裂；花瓣白色或基部紫红色且有紫红色脉纹，倒卵形，长2～3cm，基部爪状，雄花：雄蕊8～10枚，外轮离生，内轮花丝下半部合生，花丝被毛；雌花：子房密被棕褐色柔毛，3室，花柱3枚，2深裂。核果卵球状，直径3～5cm，具3条纵棱，棱间有粗疏网状皱纹，有种子3颗，种子扁球状，种皮厚，有疣突。花期4～5月。

凭证标本　深圳七娘山，陈志洁（003）。

分布地　生于海拔1300m以下的疏林中。分布于浙江、江西、福建、台湾、湖南、广东、海南、广西、贵州、云南等省区。越南、泰国、缅甸也有分布。

本研究种类分布地　深圳七娘山。

主要经济用途　本种是我国重要的工业油料植物；桐油是我国的外贸商品；此外，其果皮可制活性炭或提取碳酸钾。

交让木科 Daphniphyllaceae

牛耳枫（虎皮楠属）

Daphniphyllum calycinum Benth. Fl. Hongk. 316. 1861; Mull.-Arg. in DC. Prodr. 16 (1): 4. 1869; Forb. et Hemsl. in Journ. Linn. Soc. 26: 429. 1894; Rosenth. in Engl. Pflanzenr. 68 (IV. 147a): 6. 1919; Merr. in Lingn Sci. Journ. 5: 109. 1927; S. S. Chien in Cont. Biol. Lab. Sci. Soc. China 8: 235. 1933; 陈嵘，中国树木分类学: 627. 1937; Croiz. et Metc. in Lingn. Sci. Journ. 20 (1): 109. 1941; 广州植物志: 284. 1956; 海南植物志 2: 187, 图296. 1965; 中国高等植物图鉴 2: 626, 图2981. 1972; 中国植物志 45(1): 8. 1980.

别名　南岭虎南楠

主要形态特征　常绿灌木，高1～5m。单叶互生，革质，宽椭圆形至倒卵形，长10～15cm，宽3.5～9cm，先端钝或近圆形，有时急尖，基部宽楔形，边全缘，下面有白色细小乳头状凸起；叶柄长3～15cm。花小，雌雄异株，排成腋生的总状花序；花被萼状，宿存；雄花花梗长1.2cm，花被片3～4，雄蕊9～10，长约4mm，花丝极短，药隔发达，大于花药；雌花花梗长5～6mm，花被片同雄花，子房为不完全的2室，花柱短，柱头2，核果卵圆形，长约1cm，被白粉。

特征差异研究　深圳杨梅坑，叶长4.8～16.8cm，叶宽1.7～5.9cm，叶柄长5.2～8.5cm，与上述特征描述相比，叶长的最小值偏小，小5.2cm，最大值偏大，大1.8cm；叶宽的最小值偏小，小1.8cm。

凭证标本　深圳杨梅坑，林仕珍（066）；邹雨锋（020）；陈惠如，黄玉源（028）；陈永恒，明珠（011）；邹雨锋，招康赛（078）；王贺银，周志彬（031）。

分布地　江西、广东、广西、云南。越南。

本研究种类分布地　深圳杨梅坑。

主要经济用途　药用，还可用于制作肥皂、润滑油。

牛耳枫 *Daphniphyllum calycinum*

假轮叶虎皮楠（虎皮楠属）

Daphniphyllum subverticillatum Merr. in Lingn. Sci. Journ. 13: 34. 1934; Croiz. et Metc. in Lingn. Sci. Journ. 20 (1): 123. 1941; 中国植物 45(1): 10. 1980.

主要形态特征 灌木，高约 1.4m；小枝暗褐色。叶在小枝先端近轮生，厚革质，长圆形或长圆状披针形，长 6 ～ 9cm，宽 2 ～ 2.5cm，先端急尖，基部圆形或截形，叶干后变暗褐色或黑色，上面具光泽，叶背无粉，无乳突体，侧脉 5 ～ 10 对，两面清晰；叶柄较短，长 5 ～ 7mm，上面具槽。花未见。果较小，卵圆形，长约 7mm，径约 5mm，先端具宿存柱头，基部具宿萼，萼片钝三角形，长约 1mm，果皮暗褐色，具皱纹；果梗长约 2mm。果期 11 月。

特征差异研究 深圳杨梅坑，叶长 2.5 ～ 9cm，叶宽 1 ～ 4cm，叶柄长 0.5 ～ 0.7cm，与上述特征描述相比，叶长的最小值偏小 3.5cm；叶宽的最小值偏小 1cm，最大值偏大 1.5cm。

凭证标本 深圳杨梅坑，余欣繁，招康赛（339）；余欣繁，招康赛（235）。

分布地 生于海拔 450 ～ 500m 的林中。产广东东部。

本研究种类分布地 深圳杨梅坑。

虎耳草科 Saxifragaceae

鼠刺（鼠刺属）

Itea chinensis Hook. et Arn. Bot. Beech. Voy, 189, tab. 39. 1833; Benth., Fl. Hongk. 129. 1861; C. B. Clarke in Hook. f., Fl. Brit. Ind. 2: 408. 1879; Gagnep. in Lecomte, Fl. Gen. Indo-Chine 2: 686. 1920; Chung in Mem. Sci. Soc. China 1 (1): 69. 1924; Rehd. et Wils. in Journ. Arn. Arb. 8: 115. 1927; Hand.-Mazz.Symb. Sin. 7: 436. 1931; Yamamoto in Acta Phytotax. Geobot. 6: 245. 1937; H. T. Chang in Acta Phytotax. Sin. 2 (2): 123, pl. 17. fig. 3. 1953; 侯宽昭，广州植物志: 285. 1956; Lecomte, Fl. Camb. Laos et Vietnam. 4: 38. pl. 17. fig. 3. 1965; 中国高等植物图鉴 2: 120. 图1970. 1972; 云南植物志 1: 105. 图版27. 图4, 5. 1977; 中国植物志 35(1): 271. 1995.

别名 老鼠刺（中国树木分类学），中国拟铁（峨眉植物图志）

主要形态特征 灌木或小乔木，高 4 ～ 10m，稀更高；幼枝黄绿色，无毛；老枝棕褐色，具纵棱条。

假轮叶虎皮楠 *Daphniphyllum subverticillatum*

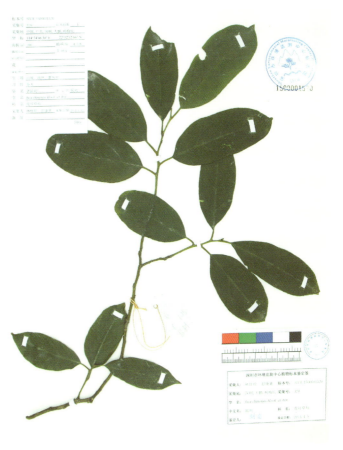

鼠刺 *Itea chinensis*

叶薄革质，倒卵形或卵状椭圆形，长 5～12（～15）cm，宽 3～6cm，先端锐尖，基部楔形，边缘上部具不明显圆齿状小锯齿，呈波状或近全缘，上面深绿色，下面淡绿色；中脉下陷，下面明显凸起，侧脉 4～5 对，弧状上弯，在近缘处相连接，两面无毛；叶柄长 1～2cm，无毛，上面有浅槽沟。腋生总状花序，通常短于叶，长 3～7（～9）cm，单生或稀 2～3 束生，直立；花序轴及花梗被短柔毛；花多数，2～3 个簇生，稀单生；花梗细，长约 2mm，被短毛；苞片线状钻形，长 1～2mm；萼筒浅杯状，被疏柔毛，萼片三角状披针形，长 1.5mm，被微毛；花瓣白色，披针形，长 2.5～3mm，花时直立，顶端稍内弯，无毛；雄蕊与花瓣近等长或稍长于花瓣；花丝有微毛；子房上位，被密长柔毛；柱头头状。蒴果长圆状披针形，长 6～9mm，被微毛，具纵条纹。花期

3～5 月，果期 5～12 月。

特征差异研究 ①深圳杨梅坑，叶长 5.2～10.7cm，叶宽 1.7～3.6cm，叶柄长 0.7～1.0cm，与上述特征描述相比，叶宽的最小值偏小 1.3cm；叶柄长的最小值偏小 0.3cm。②深圳小南山，叶长 9.3～16cm，叶宽 3.7～6.3cm，叶柄长 0.7～1.0cm。与上述特征描述相比，叶长的最大值偏大 1cm；叶宽的最大值偏大 0.3cm；叶柄长的最小值偏小 0.3cm。

凭证标本 ①深圳杨梅坑，王贺银，周志彬（027）。②深圳小南山，邹雨锋，黄玉源（319）。

分布地 常见于海拔 140～2400m 的山地、山谷、疏林、路边及溪边。产广东、广西、福建、湖南、云南西北部及西藏东南部。印度东部、不丹、越南和老挝也有分布。

本研究种类分布地 深圳杨梅坑、小南山。

蔷薇科 Rosaceae

石斑木（石斑木属）

Raphiolepis indica (L.) Lindl.in Bot. Reg. 6: t. 468. 1820 & in Trans. Linn. Soc. 13: 105. 1822; Forbes & Hemsl.in Journ. Linn. Soc. Bot. 23: 264. 1887; Hayata, Ic. Pl. Formos.1: 248. 1911; Card. in Lecomte, Fl. Gen. Indo-Chine 2: 680. 1920; Nakai in Journ. Arn. Arb. 5: 65. 1924; Rehd. & Wils. in Journ. Arn. Arb. 8: 121. 1927; Hand.-Mazz. Symb. Sin. 7: 475. 1933; Merr. in Trans. Amer. Philos. Soc. 24: 2. 179, 1935; 陈嵘, 中国树木分类学: 423. 图322. 1937; 侯宽昭等, 广州植物志: 299. 图155. 1956; Li, Woody Fl. Taiwan: 292. 1963. ——陈焕镛等, 海南植物志 2: 200. 图405. 1965; Vidal in Fl. Camb. Laos et View. 6: 84. Pl. 14: 1-8. 1968; 中国高等植物图鉴 2: 218. 图2165. 1972. ——*Crataegus indica* L. Sp. Pl. 477. 1753; Lour. Fl. Cochin. 319. 1790; Sims in Curtis's Bot. Mag. 41: t. 1726. 1815. ——*Crataegus rubra* Lour. Fl. Cochin. 320. 1790. ——*Mespilus sinensis* Poir. in Lamk. Encycl. Meth. Bot. Suppl. 4: 70. 1816. ——*R. rubra* (Lour.) Lindl. Collect. Bot. t. 3. 1821 & in Bot. Reg. 17: t. 1400. 1831. ——*R. sinensis* Roem. Fam. Nat. Reg. Veg. Syn. 3: 114. 1847. ——*R. parvibracteolata* Merr. in Philip. Journ. Sci. 21: 344. 1922. ——*R. rugosa* Nakai in Journ. Arn. Arb. 5: 62. 1924; 中国高等植物图鉴 2: 218. 图2166. 1972. ——*R. gracilis* Nakai l. c. 5: 64; 中国植物志 36: 276. 1974.

别名 车轮梅（植物学大辞典），春花、凿角（广东土名），雷公树（福建土名），白杏花（台湾土名），山花木、石棠木（广西土名）

主要形态特征 常绿灌木，稀小乔木，高可达4m；幼枝初被褐色绒毛，以后逐渐脱落近于无毛。叶片集生于枝顶，卵形、长圆形，稀倒卵形或长圆披针形，长（2～）4～8cm，宽 1.5～4cm，先端圆钝，急尖、渐尖或长尾尖，基部渐狭连于叶柄，边缘具细钝锯齿，上面光亮，平滑无毛，网脉不显明或显明下陷，下面色淡，无毛或被稀疏绒毛，叶脉稍凸起，网脉明显；叶柄长 5～18mm，近于无毛；托叶钻形，长 3～4mm，脱落。顶生圆锥花序或总状花序，总花梗和花梗被锈色

绒毛，花梗长 5～15mm；苞片及小苞片狭披针形，长 2～7mm，近无毛；花直径 1～1.3cm；萼筒筒状，长 4～5mm，边缘及内外面有褐色绒毛，或无毛；萼片 5，三角披针形至线形，长 4.5～6mm，先端急尖，两面被疏绒毛或无毛；花瓣 5，白色或淡红色，倒卵形或披针形，长 5～7mm，宽 4～5mm，先端圆钝，基部具柔毛；雄蕊 15，与花瓣等长或稍长；花柱 2～3，基部合生，近无毛。果实球形，紫黑色，直径约 5mm，果梗短粗，长 5～10mm。花期 4 月，果期 7～8 月。

特征差异研究 深圳杨梅坑，叶长 3～5.5cm，叶宽 1.1～2.8cm，叶柄长 0.2cm。与上述特征描述

相比，叶宽的最小值小 0.4cm；叶柄长偏小 0.3cm。

凭证标本　深圳杨梅坑，王贺银，招康赛（291）；深圳七娘山，李志伟（011）。

本研究种类分布地　深圳杨梅坑、七娘山。

主要经济用途　木材带红色，质重坚韧，可作器物；果实可食。

白花悬钩子（悬钩子属）

Rubus leucanthus Hance in Walp. Ann. Bot. Syst. 2: 468. 1852; Benth. Fl. Hongk. 105. 1861; Focke, Bibl. Bot. 72 (2): 148. 1911; Card. in Fl. Gen. lndo-Chine 2: 642. 1920; Hand.-Mazz. Symb. Sin. 7: 499. 1933; 广州植物志: 291. 1956; 中国高等植物图鉴 2: 273. 图2276. 1972. —— *R. glaberrimus* Champ. in Hook. Kew. Journ. Bot. 4: 80: 1852. ——*R. paradoxus* Moore in Journ. Bot. 7: 132. 1878. ——*R. leucanthus* Hance var. *villosulus* Card. in Lecomte, Not. Syst. 3: 306. 1914. ——*R. leucanthus* Hance var. *paradoxus* (Moore) Metc. in Lingn. Sci. Journ. 19: 30. 1940. syn. nov; 中国植物志 37: 103. 1985.

别名　白钩簕藤、南蛇簕（海南）

主要形态特征　攀援灌木，高 1～3m；枝紫褐色，无毛，疏生钩状皮刺。小叶 3 枚，生于枝上部或花序基部的有时为单叶，革质，卵形或椭圆形，顶生小叶比侧生者稍长大或几相等，长 4～8cm，宽 2～4cm，顶端渐尖或尾尖，基部圆形，两面无毛，侧脉 5～8 对，或上面稍具柔毛，边缘有粗单锯齿；叶柄长 2～6cm，顶生小叶柄长 1.5～2cm，侧生小叶具短柄，均无毛，具钩状小皮刺；托叶钻形，无毛。花 3～8 朵形成伞房状花序，生于侧枝顶端，稀单花腋生；花梗长 0.8～1.5cm，无毛；苞片与托叶相似；花直径 1～1.5cm；萼片卵形，顶端急尖并具短尖头，内萼片边缘微被绒毛，在花果时均直立开展；花瓣长卵形或近圆形，白色，基部微具柔毛，具爪，与萼片等长或稍长；雄蕊多数，花丝较宽扁；雌蕊通常 70～80，有时达 100 或更多，花柱和子房无毛或仅于子房顶端及花柱基部具柔毛；花托中央凸起部分近球形，基部无柄或几无柄。果实近球形，直径 1～1.5cm，红色，无毛，萼片包于果实；核较小，具洼穴。花期 4～5 月，果期 6～7 月。

特征差异研究　①深圳杨梅坑，叶柄长 3～4cm，小叶长 3～9cm，小叶宽 2～4cm，小叶柄长 0.3～2.5cm。与上述特征描述相比，小叶长的最小值偏小 1cm，最大值偏大 1cm。②深圳小南山，

石斑木 *Raphiolepis indica*

白花悬钩子 *Rubus leucanthus*

叶柄长 1.5 ～ 4.5cm，小叶长 1.5 ～ 6.5cm，小叶宽 1 ～ 4cm，小叶柄长 0.2 ～ 1.2cm。与上述特征描述相比，小叶长的最小值小 2.5cm。

形态特征增补 ①深圳杨梅坑，叶长 9 ～ 12cm，叶宽 9 ～ 13cm。②深圳小南山，叶长 3 ～ 7cm，叶宽 3 ～ 8cm。

凭证标本 ①深圳杨梅坑，陈永恒，招康赛（002）；

刘浩（001）；②深圳小南山，陈永恒，黄玉源（160）；邹雨锋（244）；陈永恒，周志彬（161）。

分布地 在低海拔至中海拔疏林中或旷野常见。产湖南、福建、广东、广西、贵州、云南。越南、老挝、柬埔寨、泰国也有分布。

本研究种类分布地 深圳杨梅坑、小南山。

主要经济用途 果可供食用；根治腹泻、赤痢。

高砂悬钩子（悬钩子属）

Rubus nagasawanus Koidz. in Acta Phytotax. Geobot. 8: 108. 1939: Liu et Yang in Ann. Journ. Sci. Taiwan Mus. 121. 1969: 刘业经, 台湾木本植物志: 191. 1972; Liu et Su in Fl. Taiwan 3: 118. 1977. ——*R. formosensis* sensu Matsum. in Bot. Mag. Tokyo 15: 156. 1901. non Ktze. 1879. ——*R. alceaefolius* Poir. var. *emigratus* sensu Koidz. in Journ. Coll. Sci. Univ. Tokyo 34 (2): 161. 1913. non Focke 1804; Focke, Bibl. Bot. 72 (1): 79. 1910 (quoad plant. ex Formosa); Koidz. Consp. Rosac. Jap. 161. 1913. ——*R. tephrodes* Hance var. *setosissimus* sensu Koidz. in Aeta phytotax. Geobot. 8: 262. 1939. non Hand.-Mazz. 1933. ——*R. polyanthus* Li, Woody Fl. Taiwan: 305. 1963; 中国植物志 37: 160. 1985.

别名 粗毛悬钩子（台湾木本植物志）

主要形态特征 蔓性灌木，全株密被粗腺毛；枝粗壮，具长柔毛和绒毛，疏生黄褐色皮刺。单叶，近圆形或宽卵形，长 4 ～ 6cm，宽 4.5 ～ 7cm，顶端急尖或圆钝，基部深心形，上面被柔毛或近无毛，下面有灰白色或灰黄色绒毛，边缘 5 浅裂，顶生裂片较宽大，有不整齐锐锯齿，基部具 5 出脉；叶柄长 1 ～ 2cm，被绒毛和小皮刺；托叶离生，长约 1cm，羽状深裂，裂片线形，有柔毛。圆锥花序顶生，长 8 ～ 10cm，多花；总花梗和花梗均密被绒毛；花梗长 1 ～ 2cm；苞片和小苞片羽状深裂，裂片线形或线状披针形，微被柔毛；花直径约 1cm；花萼外面被浅黄色绒毛；萼筒杯状，长约 3mm，无刺；萼片三角状卵形，长约 6mm，宽 3mm，顶端短尖，通常不分裂；花瓣短，长 3 ～ 4mm，宽 2 ～ 3mm，倒卵形，白色，基部具爪；雄蕊多数；花药无毛；心皮多数。成熟果实未见。

凭证标本 深圳赤坳，陈惠如（039）。

分布地 生高海拔丛林内。产台湾。菲律宾、印度尼西亚爪哇和苏门答腊也有分布。

本研究种类分布地 深圳杨梅坑。

高砂悬钩子 *Rubus nagasawanus*

梨叶悬钩子（悬钩子属）

Rubus pirifolius Smith, Plant. Icon. Ined. 3: t. 161. 1791; 海南植物志 2: 196. 1965; Thuan in Fl. Camb. Laos et Vietn. 7:43. 1968: 中国高等植物图鉴 2: 264. 图 22557. 1972. ——*R. rotundifolius* Reinw. ex Miq. Fl. Ind. Bat. 1: 384. 1855. ——*R. brevipelalus* Elmer, Leaf. Phil. Bot. 2: 450. 1908. ——*R. philippinensis* Focke, apud Elmer in Merr. Leaf. Phil. Bot. 5: 1617. 913. ——*R. floribundo-paniculatus* Hayata, Icon. Pl. Formos. 3: 89. 1913. ——*R. hexagynus* sensu Merr. in Lingn. Sci. Journ. 5: 87. 1927. non Roxb. 1832. ——*R. parvipetalus* Odashima in Journ. Soc. Trop. Agr. 7: 81. 1935; 中国植物志 37: 132. 1985.

别名　太平悬钩子（台湾木本植物志），蛇泡

主要形态特征　攀援灌木；枝具柔毛和扁平皮刺。单叶，近革质，卵形、卵状长圆形或椭圆状长圆形，长 6～11cm，宽 3.5～5.5cm，顶端急尖至短渐尖，基部圆形，两面沿叶脉有柔毛，逐渐脱落至近无毛，侧脉 5～8 对，在下面凸起，边缘具不整齐的粗锯齿；叶柄长达 1cm，伏生粗柔毛，有稀疏皮刺；托叶分离，早落、条裂，有柔毛。圆锥花序顶生或生于上部叶腋内；总花梗、花梗和花萼密被灰黄色短柔毛，无刺或有少数小皮刺；花梗长 4～12mm；苞片条裂成 3～4 枚线状裂片，有柔毛，早落；花直径 1～1.5cm；萼筒浅杯状；萼片卵状披针形或三角状披针形，内外两面均密被短柔毛，顶端 2～3 条裂或全缘；花瓣小，白色，长 3～5mm，长椭圆形或披针形，短于萼片；雄蕊多数，花丝线形；雌蕊 5～10，通常无毛。果实直径 1～1.5cm，由数个小核果组成，带红色，无毛；小核果较大，长 5～6mm，宽 3～5mm，有皱纹。花期 4～7 月，果期 8～10 月。

特征差异研究　深圳赤坳，叶长 4～9cm，叶宽 2～5cm，叶柄长 1～2mm。与上述特征描述相比，叶长的最小值偏小 2cm；叶宽的最小值偏小

梨叶悬钩子 *Rubus pirifolius*

1.5cm。

凭证标本　深圳赤坳，余欣繁，黄玉源（312）；余欣繁，黄玉源（313）。

分布地　生低海拔至中海拔的山地较阴蔽处。产福建、台湾、广东、广西、贵州、四川、云南。泰国、越南、老挝、柬埔寨、印度尼西亚、菲律宾也有分布。

本研究种类分布地　深圳赤坳。

主要经济用途　全株入药，有强筋骨、去寒湿之效。

锈毛莓（悬钩子属）

Rubus reflexus Ker in Bot. Reg. 6: 461. 1820; DC. Prodr. 2: 566. 1825; Hance in Journ. Bot. 22: 42. 1884; Hook. in Curtis's Bot. Mag. 126: t. 7716. 1900; Focke, Bibl. Bot. 72(1): 85. f. 33. 1910; Metc. in Lingn. Sci. Journ. 11: 5. 1932; Hand.-Mazz. Symb. Sin. 7: 495. 1933; 中国高等植物图鉴 2: 266. 图2262. 1972. ——*R. esquirolii* Levl. in Fedde, Repert. sp. nov. 4: 333. 1907; Focke, Bibl. Bot. 72(1): 87. 1910; 中国植物志 37: 176. 1985.

别名　蛇包勒、大叶蛇勒（广东），山烟筒子（广西）

主要形态特征　攀援灌木，高达 2m。枝被锈色绒毛状毛，有稀疏小皮刺。单叶，心状长卵形，长 7～14cm，宽 5～11cm，上面无毛或沿叶脉疏生柔毛，有明显皱纹，下面密被锈色绒毛，沿叶脉有长柔毛，边缘 3～5 裂，有不整齐的粗锯齿或重锯齿，基部心形，顶生裂片长大，披针形或卵状披针形，比侧生裂片长很多，裂片顶端钝或近急尖；叶柄长 2.5～5cm，被绒毛并有稀疏小皮刺；托叶宽倒卵形，长宽各 1～1.4cm，被长柔毛，梳齿状或不规则掌状分裂，裂片披针形或线状披针形。花数朵团集生于叶腋或成顶生短总状花序；总花梗和花梗密被锈色长柔毛；花梗很短，长 3～6mm；苞片与托叶相似；花直径 1～1.5cm；花萼外密被锈色长柔毛和绒毛；萼片卵圆形，外萼片顶端常掌状分裂，裂片披针形，内萼片常全缘；花瓣长圆形至近圆形，白色，与萼片近等长；雄蕊短，花丝宽扁，花药无毛或顶端有毛；雌蕊无毛。果实近球形，深红色；核有皱纹。花期 6～7 月，果期 8～9 月。

特征差异研究　①深圳杨梅坑，叶长 6.5～10.5cm，叶宽 3.2～4.5cm，叶柄长 0.5～1 cm；花白色，花冠直径 2cm，花梗长 0.7cm；与上述特征描述相比，叶长的最小值偏小，小 0.5cm；叶宽的整体范围偏小，最大值比上述特征叶宽的最小值小 0.5cm。②深圳小南山，叶长 10.3～13.7cm，叶宽 4.9～6.2cm，叶柄长 1.4 cm，果实近椭球体，长约 7mm，直径约 4mm。与上述特征描述相比，叶柄较短。③深圳赤坳，叶长 13.4～17cm，叶宽 8～12cm，叶柄长 4～

5.2cm。与上述特征描述相比，叶长的最大值偏大 3cm；叶宽的最大值偏大 1cm。

凭证标本 ①深圳杨梅坑，陈鸿辉（001）；陈鸿辉（002）；李佳婷（023）。②深圳小南山，陈鸿辉（020）；黄启聪（055）。③深圳赤坳，李志伟（211）。

分布地 生山坡、山谷灌丛或疏林中，海拔300～1000m。产江西、湖南、浙江、福建、台湾、广东、广西。

本研究种类分布地 深圳杨梅坑。

主要经济用途 果可食；根入药，有祛风湿、强筋骨之效。叶：止血，消炎。

空心泡（悬钩子属）

Rubus rosaefolius Smith, Plant. Icon. Hact. Ined. 3:60. 1791: Kurz, For. Fl. Brit. Burm. 1: 439. 1877; Hook. f. Fl. Brit. Ind. 2: 341. 1878: Hook. in Curtis's Bot. Mag. 113: t. 6970. 1887; Diels in Engler, Bot. Jahrb. 29: 399. 1910; Focke, Bibl. But. 72(2): 153. f. 65. 1911; Card. in Fl. Gen. Indo-Chine 2:644. 1920: 广州植物志: 291. 1956; 中国高等植物图鉴 2: 274. 图2277, 1972. ——*R. minusculus* Levl. et Vant. in Bull. Soc. Agric. Sci. Arts Sarthe 40: 63. 1905: Levl. in Bull. Acad. Geog. Bot. 20 (Mem.): 129. 1909; Focke, Bibl. Bot. 72 (1): 29. 1910 et l. c. 83: 18. f. 1. 1914; Card: in Bull. Mus. Hist. Nat. Paris 23: 295. 1917; Rehd: in Journ. Arn: Arb. 18: 41. 1937; Ohwi, Fl. Jap. 643. 1953 et Fl. Jap. (Engl. ed.) 534. 1965. syn. nov. ——*R. thunbergii* Sieb. et Zucc. var. *glabellus* Focke in Sarg. Pl. Wils. 1: 52. 1911; Chun in Sunyatsenia 4 (3-4): 212. 1940. syn. nov. ——*R. glandulosopunctatus* Hayata in Icon. Pl. Formos. 4: 5. 1914. syn. nov. ——*R. parvirosaefolius* Hayata in l. c. 5: 54. 1915; 中国植物志 37: 96. 1985.

别名 蔷薇莓、三月泡、划船泡、龙船泡、倒触伞、七时饭消扭

主要形态特征 直立或攀援灌木，高 2～3m；小枝圆柱形，具柔毛或近无毛，常有浅黄色腺点，疏生较直立皮刺。小叶 5～7 枚，卵状披针形或披针形，长 3～5（7）cm，宽 1.5～2cm，顶端渐尖，基部圆形，两面疏生柔毛，老时几无毛，有浅黄色发亮的腺点，下面沿中脉有稀疏小皮刺，边缘有尖锐缺刻状重锯齿；叶柄长 2～3cm，顶生小叶柄长 0.8～1.5cm，和叶轴均有柔毛和小皮刺，有时近无毛，被浅黄色腺点；托叶卵状披针形或披针形，具柔毛；花常 1～2 朵，顶生或

锈毛莓 *Rubus reflexus*

空心泡 *Rubus rosaefolius*

腋生；花梗长 2～3.5cm，有较稀或较密柔毛，疏生小皮刺，有时被腺点；花直径 2～3cm；花萼外被柔毛和腺点；萼片披针形或卵状披针形，顶端长尾尖，花后常反折；花瓣长圆形、长倒卵形或近圆形，长 1～1.5cm，宽 0.8～1cm，白色，基部具爪，长于萼片，外面有短柔毛，逐渐脱落；花丝较宽；雌蕊很多，花柱和子房无毛；花托具短柄。果实卵球形或长圆状卵圆形，长 1～

1.5cm，红色，有光泽，无毛；核有深窝孔。花期 3 ～ 5 月，果期 6 ～ 7 月。

特征差异研究　深圳赤坳，叶柄长 1.2 ～ 2.2cm；小叶长 1.5 ～ 5.5cm，小叶宽 0.8 ～ 3cm，顶生小叶柄长 0.5 ～ 2.3cm；侧生小叶柄长约 0.2cm；与上述特征描述相比，小叶长的最小值偏小 1.5cm；叶宽的整体范围偏大，最大值比上述特征叶宽的最大值大 1cm；叶柄长的最小值偏小 0.8cm；顶生小叶柄长的最小值偏小 0.3cm，最大

值偏大 0.8cm。

形态特征增补　深圳赤坳，叶长 6 ～ 10cm，叶宽 3 ～ 6cm。

凭证标本　深圳赤坳，余欣繁，黄玉源（311）；余欣繁，黄玉源（310）。

分布地　江西、湖南、安徽、浙江、福建、台湾、广东、广西、四川、贵州。

本研究种类分布地　深圳赤坳。

主要经济用途　药用。

豆科 Leguminosae

相思子（相思子属）

Abrus precatorius Linn. Syst. Nat. ed. 12, 2: 472. 1767; Roxb. Fl. Ind. 3: 258. 1832; 海南植物志 2: 297. 图444. 1965; 中国植物志 40: 123. 1994.

别名　相思豆、红豆、相思藤、猴子眼、鸡母珠

主要形态特征　藤本。茎细弱，多分枝，被锈疏白色糙伏毛。羽状复叶；小叶 8 ～ 13 对，膜质，对生，近长圆形，长 1 ～ 2cm，宽 0.4 ～ 0.8cm，先端截形，具小尖头，基部近圆形，上面无毛，下面被稀疏白色糙伏毛；小叶柄短。总状花序腋生，长 3 ～ 8cm；花序轴粗短；花小，密集成头状；花萼钟状，萼齿 4 浅裂，被白色糙毛；花冠紫色，旗瓣柄三角形，翼瓣与龙骨瓣较窄狭；雄蕊 9；子房被毛。荚果长圆形，果瓣革质，长 2 ～ 3.5cm，宽 0.5 ～ 1.5cm，成熟时开裂，有种子 2 ～ 6 粒；种子椭圆形，平滑具光泽，上部约 2/3 为鲜红色，下部 1/3 为黑色。花期 3 ～ 6 月，果期 9 ～ 10 月。

特征差异研究　深圳应人石，小叶长 0.8 ～ 1.2cm，小叶宽 0.4 ～ 0.5cm。与上述特征描述相比，小叶长的最小值小 0.2cm。

形态特征增补　深圳应人石，叶长 4.3 ～ 6cm，宽 2 ～ 2.3cm，叶柄长 0.5 ～ 1cm。

凭证标本　深圳应人石，王贺银，招康赛（165）。

分布地　生于山地疏林中。产台湾、广东、广西、云南。广布热带地区。

本研究种类分布地　深圳应人石。

主要经济用途　种子质坚，色泽华美，可作装饰

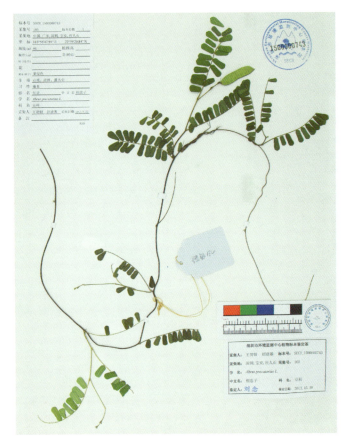

相思子 *Abrus precatorius*

品，但有剧毒，外用治皮肤病；根、藤入药，可清热解毒和利尿。

大叶相思（金合欢属）

Acacia auriculiformis A. Cunn. ex Benth. in London Journ. Bot. 1: 377. 1842; Rock, Legum. Fl. Hawaii 37. 1920; S. I. Ali in Nasir et al. Fl. W. Pakistan 36: 14. 1973; 中国植物志 39: 24. 1988.

别称　耳叶相思（广东）

主要形态特征　常绿乔木，枝条下垂，树皮平滑，灰白色；小枝无毛，皮孔显著。叶状柄镰状长圆形，长 10～20cm，宽 1.5～4（～6）cm，两端渐狭，比较显著的主脉有 3～7 条。穗状花序长 3.5～8cm，1 至数枝簇生于叶腋或枝顶；花橙黄色；花萼长 0.5～1mm，顶端浅齿裂；花瓣长圆形，长 1.5～2mm；花丝长 2.5～4mm。荚果成熟时旋卷，长 5～8cm，宽 8～12mm，果瓣木质，每一果内有种子约 12 颗；种子黑色，围以折叠的珠柄。

特征差异研究　①深圳杨梅坑，叶长 9.4～16.3cm，叶宽 1.2～2.6cm，叶柄长 0.5cm；荚果旋卷，边缘呈波浪状，宽 0.5～1.3cm。与上述特征描述相比，叶长的最小值偏小，小 0.6cm；叶宽的最小值小 0.3cm；荚果宽的最小值偏小 0.3cm，最大值大 0.1cm。②深圳赤坳，叶长 7～15cm，叶宽 1.3～2.8cm 叶柄长 0.2～0.5cm，与上述特征描述相比，叶长的最小值偏小，小 3cm；叶宽的最小值偏小 0.2cm。③深圳莲花山，叶长 7～13.5cm，叶宽 0.9～2.5cm，叶柄长 0.2～0.6cm，与上述特征描述相比，叶长的最小

大叶相思 *Acacia auriculiformis*

值偏小 3cm；叶宽的最小值偏小 0.6cm。

凭证标本　①深圳杨梅坑，廖栋耀（082）。②深圳赤坳，林仕珍（040）。③深圳莲花山，邹雨锋（135）；王贺银，招康赛（133）。

分布地　广东、广西、福建有引种。原产澳大利亚北部及新西兰。

本研究种类分布地　深圳杨梅坑、赤坳、莲花山。

主要经济用途　材用或绿化树种；生长迅速，萌生力极强。

台湾相思（金合欢属）

Acacia confusa Merr. in Philipp. Journ. Sci. Bot. 5: 27. 1910; 陈焕镛等, 海南植物志 2: 210. 1965; 中国高等植物图鉴 2: 324 图2378. 1972. ——*A. richii* Auct. non A. Gray: Hemsl. in Journ. Linn. Soc. Bot. 23: 215. 1887; 中国主要植物图说. 豆科 23, 图21. 1955; 胡先骕, 经济植物手册, 第一分册: 676. 1957; Isely in Mem. N. Y. Bot. Gard. 25: 71. 1973; 中国植物志 39: 24. 1988.

别名　相思树、台湾柳（福建），相思仔（台湾），洋桂花

主要形态特征　常绿乔木，高 10～20m，植物体无刺，枝条开展，无毛。托叶宽卵形，长约 1mm，宿存；叶状柄单生，条形，微呈镰形弯曲，长 6～10cm，宽 0.3～1cm，两面无毛，两端渐狭，在平行脉中有 3～5 条较为明显。头状花序球形，1～5 枚生于叶腋；总苞叶卵形，长约 1.5mm，生于花序梗的基部；花序梗纤细，长 0.8～1.2cm，无毛；花多而密生，小，有微香；花萼黄白色，浅钟形，长约 1mm，裂片 5，匙形；花冠钟状，淡黄绿色，长约 2mm，裂片 5，卵状披针形，与管部近等长；雄蕊多数，金黄色，长为花冠的 2 倍，花丝基部合生；子房无毛，具短柄，花柱丝状，长为花丝的 2 倍，柱头小。荚果带状长圆形，长 5～12cm，宽约 1cm，直，扁平，

无毛，背腹两缝于种子间微缢缩，成熟时开裂为 2 瓣，裂瓣革质。种子 5～10，椭圆形，长 6～

台湾相思 *Acacia confusa*

7mm，顶端有条形的珠柄。花期 3 ～ 12 月，果期 5 月至次年 2 月。

特征差异研究　①深圳杨梅坑，叶长 8.5 ～ 11.3cm，宽 1 ～ 1.2cm，叶柄约 1mm；与上述特征描述相比，叶长的最大值偏大 1.3cm；叶宽的最大值偏大 0.2cm。②深圳赤坳，叶长 2.3 ～ 10.1cm，宽 0.4 ～ 0.9cm，叶柄极短，约 1mm。与上述特征描述相比，叶长的最小值偏小 3.7cm。③深圳莲花山，叶长 4.2 ～ 7.8cm，宽 0.4 ～ 0.7cm，叶柄无腺体，长约 1mm；与上述特征描述相比，叶长的最小值小 1.8cm。

凭证标本　①深圳杨梅坑，陈永恒，许旺（015）；陈惠如，黄玉源（078）；邱小波（008）；赵顺（008）。②深圳赤坳，林仕珍，明珠（075）。③深圳莲花山，邹雨锋，周志彬（079）；王贺银，招康赛（076）。

分布地　浙江、台湾、江西、福建、广东、海南、香港、澳门、广西、四川和云南等地普遍栽培。马来西亚、菲律宾、印度尼西亚、斐济及毛里求斯等地亦广为栽培。

本研究种类分布地　深圳杨梅坑、赤坳、莲花山。

主要经济用途　材质坚硬，可为车轮、桨橹及农具等用；树皮含单宁；花含芳香油，可作调香原料。为华南地区荒山造林、水土保持和沿海防护林的重要树种。

马占相思（金合欢属）

Acacia mangium Willd. 中国景观植物. 上册: 675. 2009.

主要形态特征　常绿乔木，高达 15 ～ 25m，植物体无刺。枝条斜上伸展，幼枝绿色，三棱柱形，棱上有狭翅，老枝褐色，圆柱形，均无毛。树皮粗糙，主干通直，树型整齐，叶大，生长迅速。托叶卵形，长约 1mm，早落；叶状柄单生，斜椭圆形至斜宽椭圆形，两侧不对称，长 12 ～ 15cm，中部宽，两端收窄，两面无毛，基部楔形，先端急尖或钝，纵向平行脉 4 条。穗状花序腋生，长 8 ～ 12cm；总苞片褐色，生于花序梗基部，宽卵形，长约 1mm，早落；花序梗和花序轴均密被短柔毛；花淡黄白色，小，密生；花萼钟形，长约 0.5mm，密被短柔毛，先端有 5 小齿；花冠亦为钟形，长约 1.5mm，裂片 5，长圆状披针形，长约 1mm，开花时外反。花淡黄白色，荚果带形，旋卷，长 8 ～ 10cm，宽 6 ～ 7mm。无毛，成熟时 2 瓣裂，果瓣革质。种子椭圆形，长约 5mm，成熟时黑色，有光泽，顶端围以反复折叠的、橙红色的株柄。花期 10 月，果期 11 月至次年 6 月。

特征差异研究　①深圳杨梅坑，叶长 7.3 ～ 20cm，叶宽 1.9 ～ 6.4cm，叶柄长约 1.5cm；荚果宽 3 ～ 6mm，厚 1.5mm；与上述特征描述相比，叶长的最大值大 5cm；荚果宽的最小值小 3cm。②深圳赤坳，叶长 12.6 ～ 17.9cm，叶宽 2.8 ～ 5.6cm，叶柄长 0.5 ～ 1cm；与上述特征描述相比，叶长的最大值大 2.9cm。③深圳小南山，叶长 11 ～ 17cm，叶宽 1.9 ～ 4cm。荚果宽 3 ～ 4mm，厚 1.5mm。与上述特征描述相比，叶长的最小值偏小 1cm，最大值偏大 2cm；荚果宽度的范围明显偏小，最大值比上述特征描述荚果宽的最小值小 2mm。

凭证标本　①深圳杨梅坑，刘浩（007）；邹雨锋（007）；廖栋耀（011）。②深圳赤坳，林仕珍，招康赛（071）；余欣繁（062）。③深圳小南山，廖栋耀（029）。

分布地　海南、广东、广西、福建等。澳大利亚，巴布亚新几内亚，印度尼西亚。

本研究种类分布地　深圳杨梅坑、赤坳、小南山。

主要经济用途　马占相思木质坚硬、木材可作纸浆材、人造板、家具，树皮可提取栲胶，树叶可制作饲料。

马占相思 *Acacia mangium*

海红豆（海红豆属）

Adenanthera pavonina Linn. var. *microsperma* (Teijsm. et Binnend.) Nielsen in Adansonia ser. 2, 19 (3): 341. 1980, et in Aubrev. Fl. Camb. Laos Vietn. 19: 15. 1981. ——*Adenanthera microsperma* Teijsm. et Binnend. in Nat. Tijdschr. Nederl. Ind. 27: 58. 1864; 中国植物志 39: 5. 1988.

别名 红豆、孔雀豆、相思豆

主要形态特征 落叶乔木，高 5～20 余米；嫩枝被微柔毛。二回羽状复叶；叶柄和叶轴被微柔毛，无腺体；羽片 3～5 对，小叶 4～7 对，互生，长圆形或卵形，长 2.5～3.5cm，宽 1.5～2.5cm，两端圆钝，两面均被微柔毛，具短柄。总状花序单生于叶腋或在枝顶排成圆锥花序，被短柔毛；花小，白色或黄色，有香味，具短梗；花萼长不足 1mm，与花梗同被金黄色柔毛；花瓣披针形，长 2.5～3mm，无毛，基部稍合生；雄蕊 10 枚，与花冠等长或稍长；子房被柔毛，几无柄，花柱丝状，柱头小。荚果狭长圆形，盘旋，长 10～20cm，宽 1.2～1.4cm，开裂后果瓣旋卷；种子近圆形至椭圆形，长 5～8mm，宽 4.5～7mm，鲜红色，有光泽。花期 4～7 月；果期 7～10 月。

凭证标本 深圳莲花山，邹雨锋，招康赛（108）；邹雨锋（069）。

分布地 多生于山沟、溪边、林中或栽培于庭院。产云南、贵州、广西、广东、福建和台湾。缅甸、柬埔寨、老挝、越南、马来西亚、印度尼西亚也有分布。

本研究种类分布地 深圳莲花山。

主要经济用途 心材暗褐色，质坚而耐腐，可为支柱、船舶、建筑用材和箱板；种子鲜红色而光亮，甚为美丽，可作装饰品。药用价值：海红豆不含苷（含皂苷）、生物碱及相思子毒蛋白。根有催吐、泻下作用；叶则有收敛作用，可用于止泻。疏风清热，燥湿止痒，润肤养颜。

海红豆 *Adenanthera pavonina* var. *microsperma*

红花羊蹄甲（羊蹄甲属）

Bauhinia blakeana Dunn in Journ. Bot. 46: 325. 1908; 侯宽昭等，广州植物志: 314, 图168. 1956; de Wit in Reinwardtia 3: 397. 1956; 中国植物志 39: 156. 1988.

别名 红花紫荆、洋紫荆

主要形态特征 落叶乔木；树皮暗褐色，近光滑；幼嫩部分常被灰色短柔毛；枝广展，硬而稍呈之字曲折，无毛。叶近革质，广卵形至近圆形，宽度常超过长度，长 5～9cm，宽 7～11cm，基部浅至深心形，有时近截形，先端 2 裂达叶长的 1/3，裂片阔，钝头或圆，两面无毛或下面略被灰色短柔毛；基出脉（9～）13 条；叶柄长 2.5～3.5cm，被毛或近无毛。总状花序侧生或顶生，极短缩，多少呈伞房花序式，少花，被灰色短柔毛；总花梗短而粗；苞片和小苞片卵形，极早落；花大，近无梗；花蕾纺锤形；萼佛焰苞状，被短柔毛，一侧开裂为一广卵形、长 2～3cm 的裂片；花托长 12mm；花瓣倒卵形或倒披针形，长 4～5cm，具瓣柄，紫红色或淡红色，杂以黄绿色及暗紫色的斑纹，近轴一片较阔；能育雄蕊 5，花丝纤细，无毛，长约 4cm；退化雄蕊 1～5，丝状，较短；子房具柄，被柔毛，尤以缝线上被毛较密，柱头小。荚果带状，扁平，长15～25cm，宽1.5～2cm，具长柄及喙；种子10～15颗，近圆形，扁平，直径约1cm。花期全年，3月最盛。

凭证标本　①深圳小南山，邹雨锋，明珠（329）。②深圳莲花山，余欣繁，招康赛（101）。

分布地　易于种植，中国大部分地区都能种植。原产及分布于黄河流域。陕西、甘肃南部、新疆、四川、西藏、贵州、云南、广东、广西等地均有栽培。印度、中南半岛有分布。

本研究种类分布地　深圳小南山、莲花山。

主要经济用途　花美丽而略有香味，花期长，生长快，为良好的观赏及蜜源植物，在热带、亚热带地区广泛栽培。木材坚硬，可作农具；树皮含单宁；根皮用水煎服可治消化不良；花芽、嫩叶和幼果可食。

龙须藤（羊蹄甲属）

Bauhinia championii (Benth.) Benth. Fl. Hongk. 99. 1861; Hance in Joura. Bot. 21: 298. 1883; L. Chen in Lingnan Sct. Journ. 18: 276. 1939; 中国主要植物图说. 豆科: 52: 图47. 1955; 陈焕镛等, 海南植物志 2: 221. 1965. —— *Phanera championii* Benth. in Journ. Bot. Kew Misc. 4: 78. 1852.—— *B. hunanensis* Hand.-Mazz. Symb Sin. 7: 541. 1933. —— *B. championii* var. *acutifolra* L. Chen, op. cit. 278; 中国植物志 39: 172. 1988.

别名　菊花木、五花血藤、圆龙、蛤叶、乌郎藤、罗亚多藤（广东），百代藤（海南），乌皮藤、搭袋藤（广西），钩藤（湖南、台湾），田螺虎树（江西、植物名实图考）

主要形态特征　藤本，有卷须；嫩枝和花序薄被紧贴的小柔毛。叶纸质，卵形或心形，长3～10cm，宽2.5～6.5（～9）cm，先端锐渐尖、圆钝、微凹或2裂，裂片长度不一，基部截形、微凹或心形，上面无毛，下面被紧贴的短柔毛，渐变无毛或近无毛，干时粉白褐色；基出脉5～7条；叶柄长1～2.5cm，纤细，略被毛。总状花序狭长，腋生，有时与叶对生或数个聚生于枝顶而成复总状花序，长7～20cm，被灰褐色小柔毛；苞片与小苞片小，锥尖；花蕾椭圆形，长2.5～3mm，具凸头，与萼及花梗同被灰褐色短柔毛；花直径约8mm；花梗纤细，长10～15mm；花托漏斗形，长约2mm；萼片披针形，长约3mm；花瓣白色，具瓣柄，瓣片匙形，长约4mm，外面

红花羊蹄甲 *Bauhinia blakeana*

龙须藤 *Bauhinia championii*

中部疏被丝毛；能育雄蕊 3，花丝长约 6mm，无毛；退化雄蕊 2；子房具短柄，仅沿两缝线被毛，花柱短，柱头小。荚果倒卵状长圆形或带状，扁平，长 7 ～ 12cm，宽 2.5 ～ 3cm，无毛，果瓣革质；种子 2 ～ 5 颗，圆形，扁平，直径约 12mm。花期 6 ～ 10 月；果期 7 ～ 12 月。

特征差异研究 深圳杨梅坑，叶长 10 ～ 16cm，宽 7.5 ～ 13cm，叶柄长 4 ～ 7cm。与上述特征描述相比，叶长的最大值偏大 6cm；叶宽的最大值偏大 4cm；叶柄长的范围明显偏大，最小值比上述特征描述叶柄长的最大值大 1.5cm。

凭证标本 深圳杨梅坑，王贺银，招康赛（311）；余欣繁，招康赛（237）；邹雨锋，招康赛（356）；林仕珍，明珠（277）。

分布地 生于低海拔至中海拔的丘陵灌丛或山地疏林和密林中。产浙江、台湾、福建、广东、广西、江西、湖南、湖北和贵州。印度、越南和印度尼西亚有分布。

本研究种类分布地 深圳杨梅坑。

首冠藤（羊蹄甲属）

Bauhinia corymbosa Roxb. ex DC. in Mem. Leg. (Mem. 13) : 487, fig. 70. 1825, et Prodr. 2: 515. 1825; Hook. in Curtis's Bot. Mag. 38: tab. 6621. 1882; L. Chen in Lingnan Sci. Journ. 18: 273. 1939; 中国主要植物图说. 豆科: 47. 1955. ——*Phanera corymbosa* Benth. Pl. Jungh. 2: 264. 1854; 中国植物志 39: 196. 1988.

别名 深裂叶羊蹄甲

主要形态特征 木质藤本；嫩枝、花序和卷须的一面被红棕色小粗毛；枝纤细，无毛；卷须单生或成对。叶纸质，近圆形，长和宽 2 ～ 3（～ 4）cm，或宽度略超于长度，自先端深裂达叶长的 3/4，裂片先端圆，基部近截平或浅心形，两面无毛或下面基部和脉上被红棕色小粗毛；基出脉 7 条；叶柄纤细，长 1 ～ 2cm。伞房花序式的总状花序顶生于侧枝上，长约 5cm，多花，具短的总花梗；苞片和小苞片锥尖，长约 3mm；花芳香；花蕾卵形，急尖，与纤细的花梗同被红棕色小粗毛；花托纤细，长 18 ～ 25mm；萼片长约 6mm，外面被毛，开花时反折；花瓣白色，有粉红色脉纹，阔匙形或近圆形，长 8 ～ 11mm，宽 6 ～ 8mm，外面中部被丝质长柔毛，边缘皱曲，具短瓣柄；能育雄蕊 3 枚，花丝淡红色，长约 1cm；退化雄蕊 2 ～ 5 枚；子房具柄，无毛，柱头阔，截形。荚果带状长圆形，扁平，直或弯曲，长 10 ～ 16（～ 25）cm，宽 1.5 ～ 2.5cm，具果颈，果瓣厚革质；种子 10 余颗，长圆形，长 8mm，褐色。花期 4 ～ 6 月；果期 9 ～ 12 月。

特征差异研究 深圳杨梅坑，叶长 1.4 ～ 5.8cm，叶宽 1.8 ～ 6.8cm，叶柄长 1 ～ 3.7cm，与上述特

首冠藤 *Bauhinia corymbosa*

征描述相比，叶长的最小值偏小 0.6cm，最大值大 1.8cm；叶宽的最小值偏小 0.2cm，最大值大 2.8cm；叶柄长的最大值大 1.7cm。

凭证标本 深圳杨梅坑，余欣繁，黄玉源（046）；林仕珍，许旺（021）；邹雨锋（368）；洪继猛（060）；廖栋耀，黄玉源（007）。

分布地 生于山谷疏林中或山坡阳处。产广东（阳春）、海南。全球热带、亚热带地区有栽培供观赏。

本研究种类分布地 深圳杨梅坑。

主要经济用途 用作良好的藤本木花卉和垂直绿化植物。

羊蹄甲（羊蹄甲属）

Bauhinia purpurea Linn. Sp. Pl. 375. 1753; L. Chen in Lingnan Sci. Journ. 18: 477. 1939; 侯宽昭等，广州植物志: 312, 图166. 1956; 陈焕镛等, 海南植物志 2: 216. 1965; 中国植物志 39: 156. 1988.

别名 玲甲花

主要形态特征 乔木或直立灌木，高 7 ～ 10m；

树皮厚，近光滑，灰色至暗褐色；枝初时略被毛，毛渐脱落，叶硬纸质，近圆形，长10～15cm，宽9～14cm，基部浅心形，先端分裂达叶长的1/3～1/2，裂片先端圆钝或近急尖，两面无毛或下面薄被微柔毛；基出脉9～11条；叶柄长3～4cm。总状花序侧生或顶生，少花，长6～12cm，有时2～4个生于枝顶而成复总状花序，被褐色绢毛；花蕾多少纺锤形，具4～5棱或狭翅，顶钝；花梗长7～12mm；萼佛焰状，一侧开裂达基部成外反的2裂片，裂片长2～2.5cm，先端微裂，其中一片具2齿，另一片具3齿；花瓣桃红色，倒披针形，长4～5cm，具脉纹和长的瓣柄；能育雄蕊3，花丝与花瓣等长；退化雄蕊5～6，长6～10mm；子房具长柄，被黄褐色绢毛，柱头稍大，斜盾形。荚果带状，扁平，长12～25cm，宽2～2.5cm，略呈弯镰状，成熟时开裂，木质的果瓣扭曲将种子弹出；种子近圆形，扁平，直径12～15mm，种皮深褐色。花期9～11月；果期2～3月。

凭证标本　深圳杨梅坑，余欣繁（361）。

分布地　产华南。中南半岛、印度、斯里兰卡有分布。

本研究种类分布地　深圳杨梅坑。

主要经济用途　世界亚热带地区广泛栽培于庭院供观赏及作行道树，树皮、花和根供药用，为烫伤及脓疮的洗涤剂，嫩叶汁液或粉末可治咳嗽，但根皮剧毒，忌服。

华南云实（云实属）

Caesalpinia crista Linn. Sp. Pl. 380. 1753, pro parte, excl. syn. Pluk. et Breyn.; Dardy & Exell in Jcurn. Pot. 76: 179. 1938; Backer et Bakh. f. Fl. Java 1: 545. 1963; T. C. Huang in Li, Fl. Taiwan 3: 185. 1977. ——*Guilandina nuga* Linn. Sp. Pl. ed. 2. 1: 546. 1762. ——*Caesalpinia nuga* Ait. Hort. Kew. ed. 2, 3: 32. 1811；中国主要植物图说. 豆科: 91, 图91. 1955；中国高等植物图鉴 2: 350, 图2429. 1972. ——*C. szechuenensis* Craib in Sargent, Pl. Wils. 2: 92. 1914；中国主要植物图说. 豆科: 91. 1955, syn. nov. ——*C. kwangtungensis* Merr. in Journ. Arn. Arb. 8: 7. 1927；中国植物志 39: 102. 1988.

别名　假老虎簕

主要形态特征　木质藤本，长可达10m以上；树皮黑色，有少数倒钩刺。二回羽状复叶长

羊蹄甲 *Bauhinia purpurea*

华南云实 *Caesalpinia crista*

20～30cm；叶轴上有黑色倒钩刺；羽片2～3对，有时4对，对生；小叶4～6对，对生，具短柄，革质，卵形或椭圆形，长3～6cm，宽1.5～3cm，先端圆钝，有时微缺，很少急尖，基部阔楔形或钝，两面无毛，上面有光泽。总状花序长10～20cm，复排列成顶生、疏松的大型圆锥花序；花芳香；花梗纤细，长5～15mm；萼片5，披针形，长约6mm，无毛；花瓣5，不相等，其中4片黄色，卵形，无毛，瓣柄短，稍明显，上面一片具红色斑纹，向瓣柄渐狭，内面中部有毛；雄蕊略伸出，花丝基部膨大，被毛；子房被毛，有胚珠2颗。荚果斜阔卵形，革质，长3～4cm，宽2～3cm，肿胀，具网脉，先端有喙；种子1颗，扁平。花期4～7月；果期7～12月。

特征差异研究　深圳杨梅坑，小叶长3.8～12.4cm，小叶宽2.2～5cm。与上述特征描述相比，小叶长的最大值偏大6.4cm。

凭证标本　深圳杨梅坑，王贺银，周志彬（010）；邹雨锋（013）；余欣繁（035）。

分布地　生于海拔400～1500m的山地林中。产云南、贵州、四川、湖北、湖南、广西、广东、福建和台湾。印度、斯里兰卡、缅甸、泰国、柬埔寨、越南、马来半岛和波利尼西亚群岛及琉球群岛都有分布。

本研究种类分布地　深圳杨梅坑。

金凤花（云实属）

Caesalpinia pulcherrima (Linn.) Sw. Obs. 166. 1791; 中国主要植物图说. 豆科: 96, 图95. 1955; 侯宽昭等, 广州植物志: 317, 图172. 1956; 陈焕镛等, 海南植物志 2: 225. 1965; 中国高等植物图鉴 2: 351, 图2432. 1972. ——*Poinciana pulcherrima* Linn. Sp. Pl. 380. 1753.

别名　洋金凤、黄蝴蝶、蛱蝶花、红蝴蝶、黄金凤

主要形态特征　大灌木或小乔木；枝光滑，绿色或粉绿色，散生疏刺。二回羽状复叶长12～26cm；羽片4～8对，对生，长6～12cm；小叶7～11对，长圆形或倒卵形，长1～2cm，宽4～8mm，顶端凹缺，有时具短尖头，基部偏斜；小叶柄短。总状花序近伞房状，顶生或腋生，疏松，长达25cm；花梗长短不一，长4.5～7cm；花托凹陷成陀螺形，无毛；萼片5，无毛，最下一片长约14mm，其余的长约10mm；花瓣橙红色或黄色，圆形，长1～2.5cm，边缘皱波状，柄与瓣片几乎等长；花丝红色，远伸出于花瓣外，长5～6cm，基部粗，被毛；子房无毛，花柱长，橙黄色。荚果狭而薄，倒披针状长圆形，长6～10cm，宽1.5～2cm，无翅，先端有长喙，无毛，不开裂，成熟时黑褐色；种子6～9颗。花果期几乎全年。

金凤花 *Caesalpinia pulcherrima*

特征差异研究　深圳莲花山，小叶长4.5～5cm，小叶宽1～1.1cm，小叶柄长0.4～0.6cm。与上述特征描述相比，小叶长的范围明显偏大，最小值比上述特征小叶长的最大值大2.5cm；小叶宽的范围明显较大，最小值比上述特征小叶宽的最大值大0.2cm。

凭证标本　深圳莲花山，王贺银（091）。

分布地　云南、广西、广东和台湾均有栽培。原产地可能是西印度群岛。

本研究种类分布地　深圳莲花山。

主要经济用途　为热带地区有价值的观赏树木之一。

朱缨花（朱缨花属）

Calliandra haematocephala Hassk. Retzia 1: 216. 1855; Cown in Baileya 11: 94. 1963; Lorin et al. in Journ. Arn. Arb. 52: 81. 1971; S. I. Ali in Nasir et al. Fl. W. Pakistan 36: 33. 1973; 中国植物志 39: 38. 1988.

别名　美蕊花

主要形态特征　落叶灌木或小乔木，高 1 ～ 3m；枝条扩展，小枝圆柱形，褐色，粗糙。托叶卵状披针形，宿存。二回羽状复叶，总叶柄长 1 ～ 2.5cm；羽片 1 对，长 8 ～ 13cm；小叶 7 ～ 9 对，斜披针形，长 2 ～ 4cm，宽 7 ～ 15mm，中上部的小叶较大，下部的较小，先端钝而具小尖头，基部偏斜，边缘被疏柔毛；中脉略偏上缘；小叶柄长仅 1mm。头状花序腋生，直径约 3cm（连花丝），有花 25 ～ 40 朵，总花梗长 1 ～ 3.5cm；花萼钟状，长约 2mm，绿色；花冠管长 3.5 ～ 5mm，淡紫红色，顶端具 5 裂片，裂片反折，长约 3mm，无毛；雄蕊突露于花冠之外，非常显著，雄蕊管长约 6mm，白色，管口内有钻状附属体，上部离生的花丝长约 2cm，深红色。荚果线状倒披针形，长 6 ～ 11cm，宽 5 ～ 13mm，暗棕色，成熟时由顶至基部沿缝线开裂，果瓣外反；种子 5 ～ 6 颗，长圆形，长 7 ～ 10mm，宽约 4mm，棕色。花期 8 ～ 9 月；果期 10 ～ 11 月。

特征差异研究　深圳杨梅坑，小叶长 2.3 ～ 6cm，小叶宽 0.7 ～ 2.1cm，小叶柄长 0.1cm，与上述特征描述相比，小叶长的最大值偏大 2cm；小叶宽的最大值偏大 0.6cm。

形态特征增补　深圳杨梅坑，花冠直径 5.6cm，

朱缨花 *Calliandra haematocephala*

花梗长 4.5cm。

凭证标本　深圳杨梅坑，陈鸿辉（006）。

分布地　台湾、福建、广东有引种，栽培供观赏。原产南美，现热带、亚热带地区常有栽培。

本研究种类分布地　深圳杨梅坑。

主要经济用途　木材坚硬，可作农具；树皮含单宁；根皮用水煎服可治消化不良；花芽、嫩叶和幼果可食。

海刀豆（刀豆属）

Canavalia maritima (Aubl.) Thou. in Desv. Journ. de Bot. 1: 80. 1813; 海南植物志 2: 322. 1965; Sauer in Brittonia 16:163. 1964. ——*Dolichos maritimus* Aubl. Hist. Pl. Guiane Franc. 765. 1775. ——*D. obtusifolius* Lam. Dict. Encycl. Bot. 2:295. 1786. ——*D. roseus* Swartz, Prodr. Veg. Ind. Occ. 105. 1788. ——*Canavalia rosea* (Swartz) DC. Prodr. 2: 404. 1825. ——*C. obtusifolia* (Lam.) DC. Prodr. 2: 402. 1825; Gagnep. in Lecomte, Fl. Gen. Indo-Chine 2: 262. 1916. ——*Dolichos obcordatus* Roxb. Fl. Ind. 3: 303. 1832. ——*Canavalia obcordata* (Roxb.) Voigt Hort. Suburb. Calc. 235. 1845; Piper et Dunn in Kew Bull. 1922: 137. 1922.

主要形态特征　粗壮，草质藤本。茎被稀疏的微柔毛。羽状复叶具 3 小叶；托叶、小托叶小。小叶倒卵形、卵形、椭圆形或近圆形，长 5 ～ 8（～ 14）cm，宽 4.5 ～ 6.5（～ 10）cm，先端通常圆、截平、微凹或具小凸头，稀渐尖，基部楔形至近圆形，侧生小叶基部常偏斜，两面均被长柔毛，侧脉每边 4 ～ 5 条；叶柄长 2.5 ～ 7cm；小叶柄长 5 ～ 8mm。总状花序腋生，连总花梗长达 30cm；花 1 ～ 3 朵聚生于花序轴近顶部的每一节上；小苞片 2，卵形，长 1.5mm，着生在花梗的顶端；花萼钟状，长 1 ～ 1.2cm，被短柔毛，上唇裂齿半圆形，长 3 ～ 4mm，下唇 3 裂片小；花冠紫红色，旗瓣圆形，长约 2.5cm，顶端凹入，翼瓣镰状，具耳，龙骨瓣长圆形，弯曲，具线形的耳；子房被绒毛。荚果线状长圆形，长 8 ～ 12cm，宽 2 ～ 2.5cm，厚约 1cm，顶端具喙尖，离背缝线均 3mm 处的两侧有纵棱；种子椭圆形，长 13 ～ 15mm，宽 10mm，种皮褐色，种脐长约 1cm。花期 6 ～ 7 月。

特征差异研究　深圳马峦山，叶长 4.9 ～ 11.6cm，叶宽 3.2 ～ 5.9cm，叶柄长 3.7 ～ 4.1cm，与上述特征描述相比，偏小 2.4cm，叶宽的最大值偏小

4.1cm，叶柄长的最大值偏小 2.9cm。

凭证标本 深圳马峦山，廖栋耀（040）。

分布地 蔓生于海边沙滩上。产东南至华南。热带海岸地区广布。

本研究种类分布地 深圳马峦山。

主要经济用途 该物种为中国植物图谱数据库收录的有毒植物，其豆荚和种子有毒。人中毒后头晕、呕吐，严重者昏迷。豆荚和种子经水煮沸、清水漂洗可供食用，但常因加工不当而发生中毒。

双荚决明（决明属）

Cassia bicapsularis Linn. Sp. Pl. 376. 1753; Baker in Hook. f. Fl. Brit. Ind. 2: 263. 1878; 侯宽昭等, 广州植物志: 323. 1956; 陈焕镛等, 海南植物志 2: 231. 1965; 中国植物志 39: 134. 1988.

别名 腊肠仔树、双荚槐、金叶黄槐、金边黄槐

主要形态特征 直立灌木，多分枝，无毛。叶长 7 ~ 12cm，有小叶 3 ~ 4 对；叶柄长 2.5 ~ 4cm；小叶倒卵形或倒卵状长圆形，膜质，长 2.5 ~ 3.5cm，宽约 1.5cm，顶端圆钝，基部渐狭，偏斜，下面粉绿色，侧脉纤细，在近边缘处呈网结；在最下方的一对小叶间有黑褐色线形而钝头的腺体 1 枚。总状花序生于枝条顶端的叶腋间，常集成伞房花序状，长度约与叶相等，花鲜黄色，直径约 2cm；雄蕊 10 枚，7 枚能育，3 枚退化而无花药，能育雄蕊中有 3 枚特大，高出于花瓣，4 枚较小，短于花瓣。荚果圆柱状，膜质，直或微曲，长 13 ~ 17cm，直径 1.6cm，缝线狭窄；种子 2 列。花期 10 ~ 11 月；果期 11 月至翌年 3 月。

特征差异研究 深圳杨梅坑，叶长 4 ~ 8cm，叶柄长 2 ~ 3cm，小叶长 3.2 ~ 4.6cm，小叶宽 1.8 ~ 2.2cm，与上述特征描述相比，叶长的最小值偏小 3cm；叶柄长的最小值偏小 0.5cm；小叶长的最大值偏大 1.1cm；小叶宽偏大 0.3 ~ 0.7cm。

形态特征增补 深圳杨梅坑，叶宽 2.8 ~ 6.5cm；小叶柄长 0.1 ~ 0.2cm；未成熟果实呈绿色，椭圆形，长约 13.5cm，直径 1.0cm，果柄长 3.2cm。

凭证标本 深圳杨梅坑，余欣繁，招康赛（358）；洪继猛（027）；温海洋（050）；李佳婷（039）；温海洋（050）。

分布地 栽培于广东、广西等省区。原产美洲热带地区，现广布全世界热带地区。

本研究种类分布地 深圳杨梅坑。

海刀豆 Canavalia maritima

双荚决明 Cassia bicapsularis

主要经济用途 双荚决明开花、结果早，花期长，花色艳丽迷人，同时具有防尘、防烟雾的作用。观察发现，在南宁至友谊关高速沿路的两旁栽植了双荚决明，生长良好。其树姿优美，枝叶茂盛，夏秋季盛开的黄色花序布满枝头，成为一道优美的风景线。可作绿肥。药用可治便秘。

腊肠树（决明属）

Cassia fistula Linn. Sp. Pl. 377. 1753; DC. Prodr. 2: 490. 1825; Baker in ook. f. Fl. Brit. Ind. 2: 261. 1878; Gagnep. in Lecomte, Fl. Gen. Indo-Chine 2: 159. 1913; 中国主要植物图说. 豆科64, 图62. 1955; 陈焕镛等, 海南植物志2: 230, 1965; 中国高等植物图鉴2: 339, 图2407, 1972; 中国植物志39: 130. 1988.

别名　牛角树、波斯皂荚

主要形态特征　落叶小乔木或中等乔木，高可达15m；枝细长；树皮幼时光滑，灰色，老时粗糙，暗褐色。叶长30～40cm，有小叶3～4对，在叶轴和叶柄上无翅亦无腺体；小叶对生，薄革质，阔卵形，卵形或长圆形，长8～13cm，宽3.5～7cm，顶端短渐尖而钝，基部楔形，边全缘，幼嫩时两面被微柔毛，老时无毛；叶脉纤细，两面均明显；叶柄短。总状花序长达30cm或更长，疏散，下垂；花与叶同时开放，直径约4cm；花梗柔弱，长3～5cm，下无苞片；萼片长卵形，薄，长1～1.5cm，开花时向后反折；花瓣黄色，倒卵形，近等大，长2～2.5cm，具明显的脉；雄蕊10枚，其中3枚具长而弯曲的花丝，高出于花瓣，4枚短而直，具阔大的花药，其余3枚很小，不育，花药纵裂。荚果圆柱形，长30～60cm，直径2～2.5cm，黑褐色，不开裂，有3条槽纹；种子40～100颗，为横隔膜所分开。花期6～8月；果期10月。

特征差异研究　深圳莲花山，小叶长7.6～17.5cm，小叶宽5.2～7.4cm。与上述特征描述相比，小叶长的最小值偏小0.4cm，最大值偏大4.5cm；小叶宽的最大值偏大0.4cm。

形态特征增补　深圳莲花山，小叶柄长0.5～1cm。

凭证标本　深圳莲花山，林仕珍，招康赛（147）。

分布地　华南和西南各省区均有栽培。原产印度、

腊肠树 *Cassia fistula*

缅甸和斯里兰卡。

本研究种类分布地　深圳莲花山。

主要经济用途　可作支柱、桥梁、车辆及农具等用材。

黄槐决明（决明属）

Cassia surattensis Burm. f. Fl. Ind. 97. 1768; 陈焕镛等, 海南植物志 2: 232. 1965; 中国高等植物图鉴 2: 341, 图2412. 1972. ——*Cassia suffruticosa* Koen. ex Roth, Nov. Sp. Pl. 213. 1821; DC. Prodr. 2: 496. 1825; 中国主要植物图说. 豆科: 69, 图69. 1955. ——*Cassia glauca* Lam. var. *suffruticosa* (Koen. ex Roth) Baker in Hook. f. Fl. Brit. Ind. 2: 265. 1878; Gagnep. in Lecomte, Fl. Gen. Indo-Chine 2: 160. 1913. ——*Cassia surattensis* Burm. f. subsp. *surattensis* K. Larsen, S. S. Larsen Vid et al. in Aubrev. Fl. Camb. Laos Vietn. 18: 100. 1980; 中国植物志 39: 134. 1988.

主要形态特征　灌木或小乔木，高5～7m；分枝多，小枝有肋条；树皮颇光滑，灰褐色；嫩枝、叶轴、叶柄被微柔毛。叶长10～15cm；叶轴及叶柄呈扁四方形，在叶轴上面最下2或3对小叶之间和叶柄上部有棍棒状腺体2～3个；小叶7～9对，长椭圆形或卵形，长2～5cm，宽1～1.5cm，下面粉白色，被疏散、紧贴的长柔毛，边全缘；小叶柄长1～1.5mm，被柔毛；托叶线形，弯曲，长约1cm，早落。总状花序生于枝条上部的叶腋内；苞片卵状长圆形，外被微柔毛，长

5 ～ 8mm；萼片卵圆形，大小不等，内生的长6 ～ 8mm，外生的长 3 ～ 4mm，有 3 ～ 5 脉；花瓣鲜黄至深黄色，卵形至倒卵形，长 1.5 ～ 2cm；雄蕊 10 枚，全部能育，最下 2 枚有较长花丝，花药长椭圆形，2 侧裂；子房线形，被毛。荚果扁平，带状，开裂，长 7 ～ 10cm，宽 8 ～ 12mm，顶端具细长的喙，果颈长约 5mm，果柄明显；种子 10 ～ 12 颗，有光泽。花果期几全年。

特征差异研究　深圳杨梅坑，小叶长 1.7 ～ 4.2cm，小叶宽 1.3 ～ 2.4cm，小叶柄长 0.1 ～ 0.2cm；荚果扁平，长 8.5cm，宽 0.8cm。与上述特征描述相比，小叶长的最小值偏小 0.3cm；小叶宽的最大值偏大 0.9cm。

凭证标本　深圳杨梅坑，余欣繁（270）；邱小波（039）。

分布地　栽培于广西、广东、福建、台湾等省区。原产印度、斯里兰卡、印度尼西亚、菲律宾和澳

黄槐决明 *Cassia surattensis*

大利亚、波利尼西亚，目前世界各地均有栽培。

本研究种类分布地　深圳杨梅坑。

主要经济用途　本种常作绿篱和庭院观赏植物。

猪屎豆（猪屎豆属）

Crotalaria pallida Ait. Hort. Kew 3: 20. 1789; DC. Prodr. 2: 134. 1825; Polhill in Kew Bull. 22 (2): 262. 1968 et Fl. Trop. E. Mr. 5: 905. 1971; 台湾植物志　3: 112. 1977. ——*C. mucronata* Desv. in Journ. Bot. Appliq. 3: 76. 1814; 中国主要植物图说. 豆科: 181. 图172. 1955; Ohashi in Hats, Fl, E. Himal. 147. 1966. ——*C. striata* DC. Prodr. 2: 131. 1825; Baker in Hook. f. Fl. Brit. Ind. 2: 84. 1876. ——*C. saltiana* Prain ex King in Journ. As. Soc. Beng. 66 (2): 41. 1897 non Andr. 1811; 中国植物志 42(2): 349. 1988.

别名　圆叶猪屎豆

主要形态特征　多年生草本，或呈灌木状；茎枝圆柱形，具小沟纹，密被紧贴的短柔毛。托叶极细小，刚毛状，通常早落；叶三出，叶柄长2 ～ 4cm；小叶长圆形或椭圆形，长 3 ～ 6cm，宽 1.5 ～ 3cm，先端钝圆或微凹，基部阔楔形，上面无毛，下面略被丝光质短柔毛，两面叶脉清晰；小叶柄长 1 ～ 2mm。总状花序顶生，长达 25cm，有花 10 ～ 40 朵；苞片线形，长约 4mm；早落，小苞片的形状与苞片相似，长约 2mm，花时极细小，长不及 1mm，生萼筒中部或基部；花梗长 3 ～ 5mm；花萼近钟形，长 4 ～ 6mm，五裂，萼齿三角形，约与萼筒等长，密被短柔毛；花冠黄色，伸出萼外，旗瓣圆形或椭圆形，直径约 10mm，基部具胼胝体二枚，翼瓣长圆形，长约 8mm，下部边缘具柔毛，龙骨瓣最长，约 12mm，弯曲，几达 90°，具长喙，基部边缘具柔毛；子房无柄。荚果长圆形，长 3 ～ 4cm，径5 ～ 8mm，幼时被毛，成熟后脱落，果瓣开裂后扭转；种子 20 ～ 30 颗。花果期 9 ～ 12 月。

特征差异研究　深圳小南山，叶柄长 4 ～ 5.3cm；小叶长 5.5 ～ 6.5cm，小叶宽 2.2 ～ 3.3cm，小叶柄长 2 ～ 4mm，与上述特征描述相比，叶柄长的

猪屎豆 *Crotalaria pallida*

最大值偏大 1.3cm；小叶长的最大值偏大 0.5cm；小叶宽的最大值偏大 0.3cm；小叶柄长的最大值偏大 0.2cm。

特征描述增补　深圳小南山，三出复叶，复叶长 11.6 ～ 18.1cm。

凭证标本　深圳小南山，王贺银，黄玉源（169）。

分布地　福建、台湾、广东、广西、四川、云南、山东、浙江、湖南。

本研究种类分布地　深圳小南山。

主要经济用途　药用。

南岭黄檀（黄檀属）

Dalbergia balansae Prain in Journ. As. Soc. Beng. 70 (2): 54. 1901, et in Ann. Bot. Gard. Calc. 10: 90. f. 72. 1904; Gagnep. in Lecomte, Fl. Gen. Indo-Chine 2: 487. 1916; 中国主要植物图说. 豆科: 577. 图562. 1955; 海南植物志 2: 290. 1965. ——*D. lanceolaria* auct. non Linn. f.: Hemsl. in Journ. Linn. Soc. Bot. 23: 193. 1887; 中国植物志 40: 120. 1994.

别名　南岭檀（海南植物志），水相思（广州），黄类树（海南），茶丫藤

主要形态特征　乔木，高 6 ～ 15m；树皮灰黑色，粗糙，有纵裂纹。羽状复叶长 10 ～ 15cm；叶轴和叶柄被短柔毛；托叶披针形；小叶 6 ～ 7 对，皮纸质，长圆形或倒卵状长圆形，长 2 ～ 3（～ 4）cm，宽约 2cm，先端圆形，有时近截形，常微缺，基部阔楔形或圆形，初时略被黄褐色短柔毛，后变无毛。圆锥花序腋生，疏散，长 5 ～ 10cm，径约 5cm，中部以上具短分枝；总花梗、分枝和花序轴疏被黄褐色短柔毛或近无毛；基生小苞片卵状披针形，副萼状小苞片披针形，均早落；花长约 10mm；花梗长 1 ～ 2mm，与花萼同被黄褐色短柔毛；花萼钟状，长约 3mm，萼齿 5，最下 1 枚较长，先端尖，其余的三角形，先端钝，上方 2 枚近合生；花冠白色，长 6 ～ 7mm，各瓣均具柄，旗瓣圆形，近基部有 2 枚小附属体，先端凹缺，翼瓣倒卵形，龙骨瓣近半月形；雄蕊 10，合生为 5+5 的二体；子房具柄，密被短柔毛，有胚珠（1 ～）3（～ 5）粒，花柱短，柱头小，头状。荚果舌状或长圆形，长 5 ～ 6cm，宽 2 ～ 2.5cm，两端渐狭，通常有种子 1 粒，稀 2 ～ 3 粒，果瓣对种子部分有明显网纹。花期 6 月。

特征差异研究　深圳莲花山，叶长 5.8 ～ 15.3cm；小叶长 1.5 ～ 3.8cm，宽 0.7 ～ 2cm，叶柄长

南岭黄檀 *Dalbergia balansae*

0.2 ～ 0.4cm。与上述特征描述相比，叶长的最小值偏小 4.2cm；小叶长的最小值偏小 0.5cm；小叶宽的最小值偏小 1.3cm。

形态特征增补　深圳莲花山，叶柄长 0.8 ～ 1.4cm。

凭证标本　深圳莲花山，陈永恒，明珠（068）；王贺银，黄玉源（073）。

分布地　生于山地杂木林中或灌丛中，海拔 300 ～ 900m。产浙江、福建、广东、海南、广西、四川、贵州。越南北部也有分布。

本研究种类分布地　深圳莲花山。

主要经济用途　我国南方城市常植为蔽荫树或风景树，又为紫胶虫寄主植物。

藤黄檀（黄檀属）

Dalbergia hancei Benth. in Journ. Linn. Soc. Bot. 4: (Sappl.): 44. 1860, et Fl. Hongk. 93. 1861; Forb. et Hemsl. in Journ. Linn. Soc. Bot. 23: 198. 1887; Prain in Journ. As. Soc. Beng. 70 (2): 57. 1901, et in Ann. Bot. Gard. Calc. 10: 50. 1904; 中国主要植物图说. 豆科: 553. 图545. 1955; 海南植物志 2: 287. 1965; 中国植物志 40: 108. 1994.

别名　藤檀、梣果藤、橿树

主要形态特征　藤本。枝纤细，幼枝略被柔毛，小枝有时变钩状或旋扭。羽状复叶长 5 ～ 8cm；托叶膜质，披针形，早落；小叶 3 ～ 6 对，较

小，狭长圆或倒卵状长圆形，长 10～20mm，宽 5～10mm，先端钝或圆，微缺，基部圆或阔楔形，嫩时两面被伏贴疏柔毛，成长时上面无毛。总状花序远较复叶短，幼时包藏于舟状、覆瓦状排列、早落的苞片内，数个总状花序常再集成腋生短圆锥花序；花梗长 1～2mm，与花萼和小苞片同被褐色短茸毛；基生小苞片卵形，副萼状小苞片披针形，均早落；花萼阔钟状，长约 3mm，萼齿短，阔三角形，除最下 1 枚先端急尖外，其余的均钝或圆，具缘毛；花冠绿白色，芳香，长约 6mm，各瓣均具长柄，旗瓣椭圆形，基部两侧稍呈截形，具耳，中间渐狭下延而成一瓣柄，翼瓣与龙骨瓣长圆形；雄蕊 9，单体，有时 10 枚，其中 1 枚对着旗瓣；子房线形，除腹缝略具缘毛外，其余无毛，具短的子房柄，花柱稍长，柱头小。荚果扁平，长圆形或带状，无毛，长 3～7cm，宽 8～14mm，基部收缩为一细果颈，通常有 1 粒种子，稀 2～4 粒；种子肾形，极扁平，长约 8mm，宽约 5mm。花期 4～5 月。

特征差异研究　①深圳杨梅坑，小叶长 1～4cm，小叶宽 0.5～1.5cm，小叶柄长 0.2～0.4cm，与上述特征描述相比，小叶长的最大值偏大 2cm；小叶宽的最大值偏大 0.5cm。②深圳赤坳，小叶长 1～2cm，宽 0.3～0.5cm，小叶柄长 0.1～0.2cm，与上述特征描述相比，叶宽的最小值偏小 0.2cm。

藤黄檀 *Dalbergia hancei*

形态特征增补　深圳杨梅坑，荚果扁平，长 2.5～3cm，宽 0.2～0.3cm。

凭证标本　①深圳杨梅坑，林仕珍、黄玉源（022）；赵顺（007）；邱小波（007）。②深圳赤坳，邹雨锋（057）。

分布地　安徽、浙江、江西、福建、广东、海南、广西、四川、贵州。

本研究种类分布地　深圳杨梅坑、赤坳。

主要经济用途　茎皮含单宁；纤维供编织；根、茎入药，能舒筋活络，用于治风湿痛，有理气止痛、破积之效。

降香（黄檀属）

Dalbergia odorifera T. chen in Act. Phytotax. Sin. 8: 351. 1963; 海南植物志 2: 289. 图441. 1965——*D. hainanensis* auct. non Merr. et Chun: 广州植物志 344. 1955, p.p; 中国植物志 40: 114. 1994.

别名　降香檀（植物分类学报），花梨母（海南）

主要形态特征　乔木，高 10～15m；除幼嫩部分、花序及子房略被短柔毛外，全株无毛；树皮褐色或淡褐色，粗糙，有纵裂槽纹。小枝有小而密集皮孔。羽状复叶，复叶长 12～25cm；叶柄长 1.5～3cm；托叶早落；小叶（3～）4～5（～6）对，近革质，卵形或椭圆形，长（2.5）4～7（～9）cm，宽 2～3.5cm，复叶顶端的 1 枚小叶最大，往下渐小，基部 1 对长仅为顶小叶的 1/3，先端渐尖或急尖，钝头，基部圆或阔楔形；小叶柄长 3～5mm。圆锥花序腋生，长 8～10cm，径 6～7cm，分枝呈伞房花序状；总花梗长 3～5cm；基生小苞片近三角形，长 0.5mm，副萼状小苞片阔卵形，长约 1mm；花长约 5mm，初时密集于花序分枝顶端，后渐疏离；花梗长约 1mm；花萼长约 2mm，下方 1 枚萼齿较长，披针形，其余的阔卵形，急尖；花冠乳白色或淡黄色，各瓣近等长，均具长约 1mm 瓣柄，旗瓣倒心形，连柄长约 5mm，上部宽约 3mm，先端截平，微凹缺，翼瓣长圆形，龙骨瓣半月形，背弯拱；雄蕊 9，单体；子房狭椭圆形，具长柄，柄长约 2.5mm，有胚珠 1～2 粒。荚果舌状长圆形，长 4.5～8cm，宽 1.5～1.8cm，基部略被毛，顶端钝或急尖，基部骤然收窄与纤细的果颈相接，果颈长 5～10mm，果瓣革质，对种子的部分明显凸起，状如棋子，厚可达 5mm，有种子 1（～2）粒。

特征差异研究　①深圳杨梅坑，叶长 11.5～15.5cm，叶柄长 1.2～2.5cm；小叶长 3.9～8.3cm，小叶宽 1.7～3.7cm，小叶柄长 0.4～0.6cm，与上述特征描述相比，叶长的最小值小

0.5cm；叶柄长的最小值小 0.3cm；小叶宽的最小值偏小，小 0.3cm，最大值大 0.2cm；小叶柄长的最大值大 0.1cm。②深圳应人石，叶长 8.9～12.3cm，叶柄长 1.3～2cm；小叶长 2.6～7.1cm，小叶宽 1.5～3.5cm，小叶柄长 0.2～0.5cm，与上述特征描述相比，叶长的最小值偏小 3.1cm；叶柄长的最小值偏小 0.2cm；小叶宽的最小值偏小，小 0.5cm；小叶柄长的最小值偏小，小 0.1cm。③深圳莲花山，叶长 10.5～28.5cm，叶柄长 1.5～3.5cm；小叶长 4.6～10.5cm，宽 2.3～5.4cm，小叶柄长 0.4～0.6cm；与上述特征描述相比，莲花山标本叶片整体偏大。

形态特征增补　①深圳杨梅坑，叶宽 8.8～13.2cm，叶轴长 5.2～9.9cm。②深圳应人石，叶宽 8～8.6cm，叶轴长 4.3～5.5cm。③深圳莲花山，叶宽 9～15cm，叶轴长 4.4～19.5cm。

凭证标本　①深圳杨梅坑，邹雨锋，招康赛（014）；林仕珍，许旺（047）；陈惠如（007）。②深圳应人石，邹雨锋（188）；邹雨锋，招康赛（160）。③深圳莲花山，王贺银（071）；邹雨锋（096）；林仕珍（145）；林仕珍，周志彬（146）。

分布地　原产于中国海南岛，主要分布于中国海南（中部和南部）、广东、福建等地，越南，缅甸，巴基斯坦。生于中海拔有山坡疏林中、林缘或路旁旷地上。

本研究种类分布地　深圳杨梅坑、应人石、莲花山。

主要经济用途　降香黄檀的心材最具价值，栽植后 7～8 年后形成心材。心材显红褐色，材质致密硬重，纹理细密美观，自然形成天然图案（俗称"鬼脸"），木材质优，边材淡黄色，质略疏松，耐腐耐磨，不裂下翘，且散发芳香，经久不

降香 *Dalbergia odorifera*

退，是制作高级红木家具、工艺品、乐器和雕刻、镶嵌、美工装饰的上等材料，与进口的酸枝木齐名。有香味，可作香料；根部心材名降香，供药用。为良好的镇痛剂，又治刀伤出血。在广东、福建等地，作为绿化树使用，既可绿化，又可用材，一树多能，双重效益。但在作为绿化苗木培植时，要注意从小整枝，突出主杆，培养端庄树形。

保护级别　国家二级保护植物。

缅甸黄檀（黄檀属）

Dalbergia burmanica Prain in Journ. As. Soc. Beng. 66 (2): 448. 1879, 70 (2): 47. 1901, et in Ann. Bot. Gard. Calc. 10: 71. 1904; 中国主要植物图说. 豆科: 567. 图554. 1955; 中国植物志 40: 110. 1994.

主要形态特征　乔木，高 7～10m，枝开展，或为藤本。小枝密被锈色丝质短柔毛。羽状复叶长 12～17cm；托叶披针形，极早落；小叶 4～6 对，膜质，幼时卵形，先端急尖，成长后长圆形，长（2.5）4～6cm，宽 1.5～2cm，先端钝、圆或微缺，基部圆形，有时两侧略不等，复叶基部的小叶常较小，初时两面被锈色丝质柔毛，后上面近无毛，下面被疏柔毛；小叶柄长 2～3mm。

圆锥花序侧生，长 4～7cm，径 2.5～4cm，分枝呈伞房花序状；总花梗、分枝、花序轴、花梗和花萼均密被锈色丝质短柔毛；基生和副萼状小苞片披针形；花长 6～8mm，稍早于叶开放；花梗长约 2mm；花萼钟状，长约 3mm，萼齿近等长，先端急尖，上方 2 枚较其余的稍阔；花冠紫色或白色（据采集记录），各瓣均具长柄，旗瓣圆形，先端微缺，反折，翼瓣和龙骨瓣长圆形，内侧均

具向下的耳；雄蕊 9，单体；子房无毛，具长柄，有胚珠 1 ~ 3 粒，花柱纤细，柱头小。荚果很薄，舌状长圆形，无毛，长（5 ~）7 ~ 9cm，宽 1.5 ~ 2cm，初时顶端急尖，有细小尖头，后两端圆形，基部具 5 ~ 6mm 长的果颈，果瓣干时褐色，膜质，全部有纤细的网纹，有种子 1 ~ 2 粒；种子狭长圆形，扁平，长 10 ~ 12mm，宽 6 ~ 7mm。花期 4 月。

特征差异研究 深圳杨梅坑，小叶长 3.5 ~ 6.7cm，小叶宽 1.3 ~ 1.5cm；基部渐狭成果颈，长约 3mm，直径 3mm，有种子 1 ~ 2 粒，种子狭长圆形，长 1.2 ~ 1.5cm，宽 0.4 ~ 0.5cm。与上述特征描述相比，小叶长的最大值偏大 0.7cm；小叶宽的最小值偏小 0.2cm；种子长的最大值偏大 0.3cm；种子宽的范围偏小，最大值比上述特征种子宽的最小值小 0.1cm。

凭证标本 深圳杨梅坑，洪继猛（055）。

分布地 生于山地、沟边阔叶林中，海拔 650 ~ 1700m。产云南。缅甸也有分布。

本研究种类分布地 深圳杨梅坑。

缅甸黄檀 *Dalbergia burmanica*

凤凰木（凤凰木属）

Delonix regia (Boj.) Raf. Fl. Tellur. 2: 92. 1836; Merr. in Lingnan Sci. Journ. 5: 90. 1927, et 6: 93. 1928; 中国主要植物图说. 豆科 85, 图85. 1955; 侯宽昭等, 广州植物志 316, 图 170. 1956; 中国高等植物图鉴 2: 348, 图2426. 1980. —— *Poinciana regia* Boj. ex Hook. in Curtis's Bot. Mag. t. 2884. 1826; Gagnep. in Lecomte, Fl. Gen Indo-Chine 2: 171. 1913; 中国植物志 39: 95. 1988.

别名 凤凰花、红花楹（广州）、火树

主要形态特征 高大落叶乔木，无刺，高达 20 余米，胸径可达 1m；树皮粗糙，灰褐色；树冠扁圆形，分枝多而开展；小枝常被短柔毛并有明显的皮孔。叶为二回偶数羽状复叶，长 20 ~ 60cm，具托叶；下部的托叶明显地羽状分裂，上部的成刚毛状；叶柄长 7 ~ 12cm，光滑至被短柔毛，上面具槽，基部膨大呈垫状；羽片对生，15 ~ 20 对，长达 5 ~ 10cm；小叶 25 对，密集对生，长圆形，长 4 ~ 8mm，宽 3 ~ 4mm，两面被绢毛，先端钝，基部偏斜，边全缘；中脉明显；小叶柄短。伞房状总状花序顶生或腋生；花大而美丽，直径 7 ~ 10cm，鲜红至橙红色，具 4 ~ 10cm 长的花梗；花托盘状或短陀螺状；萼片 5，里面红色，边缘绿黄色；花瓣 5，匙形，红色，

凤凰木 *Delonix regia*

具黄及白色花斑，长 5 ～ 7cm，宽 3.7 ～ 4cm，开花后向花萼反卷，瓣柄细长，长约 2cm；雄蕊 10 枚；红色，长短不等，长 3 ～ 6cm，向上弯，花丝粗，下半部被绵毛，花药红色，长约 5mm；子房长约 1.3cm，黄色，被柔毛，无柄或具短柄，花柱长 3 ～ 4cm，柱头小，截形。荚果带形，扁平，长 30 ～ 60cm，宽 3.5 ～ 5cm，稍弯曲，暗红褐色，成熟时黑褐色，顶端有宿存花柱；种子 20 ～ 40 颗，横长圆形，平滑，坚硬，黄色染有褐斑，长约 15mm，宽约 7mm。花期 6 ～ 7 月，果期 8 ～ 10 月。

凭证标本 深圳莲花山，温海洋，黄玉源（086）。

分布地 原产马达加斯加，世界热带地区常栽种。云南、广西、广东、福建、台湾等省区栽培。

本研究种类分布地 深圳莲花山。

主要经济用途 树脂能溶于水，用于工艺；木材轻软，富有弹性和特殊木纹，可作小型家具和工艺原料。种子有毒，忌食。

假地豆（山蚂蝗属）

Desmodium heterocarpon (Linn.) DC. Prodr. 2: 337. 1825. ut heterocarpum; Merr. Enum. Philip. Fl. Pl. 2: 285. 1923; 中国主要植物图说. 豆科: 489. 图480. 1955. ut heterocarpum; 广州植物志 330. 1956. ut heterocarpum; 江苏南部种子植物手册 407. 图660. 1959. ut heterocarpum; van Meeuwen in Reinwardtia 6: 251. 1962; 海南植物志 2: 275. 图437. 1965; 中国高等植物图鉴 2: 449. 图2627. 1972; 台湾植物志 3: 261. 1977. ——*Hedysarum heterocarpon* Linn. Sp. Pl. 747. 1753. ——*Desmodium buergeri* Miq. in Ann. Mus. Bot. Lugd. Bat. 3: 45. 1867. ——*D. heterocarpon* (Linn.) DC. var. *buergeri* (Miq.) Hosokawa in Journ. Soc. Trop. Agr. 4:201. 1932; 中国植物志 41: 30. 1995.

别名 稗豆（海南）

主要形态特征 小灌木或亚灌木。茎直立或平卧，高 30 ～ 150cm，基部多分枝，多少被糙伏毛，后变无毛。叶为羽状三出复叶，小叶 3；托叶宿存，狭三角形，长 5 ～ 15mm，先端长尖，基部宽，叶柄长 1 ～ 2cm，略被柔毛；小叶纸质，顶生小叶椭圆形，长椭圆形或宽倒卵形，长 2.5 ～ 6cm，宽 1.3 ～ 3cm，侧生小叶通常较小，先端圆或钝，微凹，具短尖，基部钝，上面无毛，无光泽，下面被贴伏白色短柔毛，全缘，侧脉每边 5 ～ 10 条，不达叶缘；小托叶丝状，长约 5mm；小叶柄长 1 ～ 2mm，密被糙伏毛。总状花序顶生或腋生，长 2.5 ～ 7cm，总花梗密被淡黄色开展的钩状毛；花极密，每 2 朵生于花序的节上；苞片卵状披针形，被缘毛，在花未开放时呈覆瓦状排列；花梗长 3 ～ 4mm，近无毛或疏被毛；花萼长 1.5 ～ 2mm，钟形，4 裂，疏被柔毛，裂片三角开，较萼筒稍短，上部裂片先端微 2 裂；花冠紫红色、紫色或白色，长约 5mm，旗瓣倒卵状长圆形，先端圆至微缺，基部具短瓣柄，翼瓣倒卵形，具耳和瓣柄，龙骨瓣极弯曲，先端钝；雄蕊二体，长约 5mm；雌蕊长约 6mm，子房无毛或被毛，花柱无毛。荚果密集，狭长圆形，长 12 ～ 20mm，宽 2.5 ～ 3mm，腹缝线浅波状，腹背两缝线被钩状毛，有荚节 4 ～ 7，荚节近方形。花期 7 ～ 10 月，果期 10 ～ 11 月。

凭证标本 深圳莲花山，王贺银，招康赛（139）。

分布地 生于山坡草地、水旁、灌丛或林中，海拔 350 ～ 1800m。产长江以南各省区，西至云南，东至台湾。印度、斯里兰卡、缅甸、泰国、越南、柬埔寨、老挝、马来西亚、日本、太平洋群岛及大洋洲亦有分布。

本研究种类分布地 深圳莲花山。

主要经济用途 全株供药用，能清热，治跌打损伤。

假地豆 *Desmodium heterocarpon*

三点金（山蚂蝗属）

Desmodium triflorum (Linn.) DC. Prodr. 2: 334. 1825; excl. syn. cit. ——*Hedysarum biflorum* quae est non desmodiinae (fide Schindl. 1928); Benth. Fl. Hongk. 83. 1861; Hayata, Ic. Pl. Formos. 1: 187. 1911; Merr. Enum. Philip. Fl. Pl. 2: 286. 1923; 中国主要植物图说. 豆科: 494. 图488. 1955; van Meeuwen in Reinwardtia 6:261. 1962; 海南植物志 2: 278. 1965; 中国高等植物图鉴 2: 451. 图2632. 1972; Ohashi in Ginkgoana 1: 245. 1973; 台湾植物志 3: 268. Pl. 678. 1977. ——*Hedysarum triflorum* Linn. Sp. Pl. 749. 1753. pro parte excl. var. β et var. γ.

别名　三点金草、蝇翅草（台湾植物志）

主要形态特征　多年生草本，平卧，高 10 ～ 50cm。茎纤细，多分枝，被开展柔毛；根茎木质。叶为羽状三出复叶，小叶 3；托叶披针形，膜质，长 3 ～ 4mm，宽 1 ～ 1.5mm，外面无毛，边缘疏生丝状毛；叶柄长约 5mm，被柔毛；小叶纸质，顶生小叶倒心形，倒三角形或倒卵形，长和宽为 2.5 ～ 10mm，先端宽截平而微凹入，基部楔形，上面无毛，下面被白色柔毛，老时近无毛，叶脉每边 4 ～ 5 条，不达叶缘；小托叶狭卵形，长 0.5 ～ 0.8mm，被柔毛；小叶柄长 0.5 ～ 2mm，被柔毛。花单生或 2 ～ 3 朵簇生于叶腋；苞片狭卵形，长约 4mm，宽约 1.3mm，外面散生贴伏柔毛；花梗长 3 ～ 8mm，结果时延长达 13mm，全部或顶部有开展柔毛；花萼长约 3mm，密被白色长柔毛，5 深化裂，裂片狭披针形，较萼筒长；花冠紫红色，与萼近相等，旗瓣倒心形，基部渐狭，具长瓣柄，翼瓣椭圆形，具短瓣柄，龙骨瓣略呈镰刀形，较翼瓣长，弯曲，具长瓣柄；雄蕊二体；雌蕊长约 4mm，子房线形，多少被毛，花柱内弯，无毛。荚果扁平，狭长圆形，略呈镰刀状，长 5 ～ 12mm，宽 2.5mm，腹缝线直，背缝线波状，有荚节 3 ～ 5，荚节近方形，长 2 ～ 2.5mm，

三点金 *Desmodium triflorum*

被钩状短毛，具网脉。花、果期 6 ～ 10 月。

凭证标本　深圳杨梅坑，温海洋（272）。

分布地　生于旷野草地、路旁或河边沙土上，海拔 180 ～ 570m。产浙江（龙泉）、福建、江西、广东、海南、广西、云南、台湾等省区。印度、斯里兰卡、尼泊尔、缅甸、泰国、越南、马来西亚、太平洋群岛、大洋洲和美洲热带地区也有分布。

本研究种类分布地　深圳杨梅坑。

主要经济用途　全草入药，有解表、消食之效。

显脉山绿豆（山蚂蝗属）

Desmodium reticulatum Champ. ex Benth. in Journ. Bot. Kew Misc 4: 46. 1852; Benth. Fl. Hongk. 84. 1861; 海南植物志 2: 275. 1965; 中国植物志 41: 31. 1995.

别名　山地豆、假花生

主要形态特征　直立亚灌木，高 30 ～ 60cm，无毛或嫩枝被贴伏疏毛。叶为羽状三出复叶，小叶 3，或下部的叶有时只有单小叶；托叶宿存，狭三角形，长约 10mm，先端长尖；叶柄长 1.5 ～ 3cm，被疏毛；小叶厚纸质，顶生小叶狭卵形、卵状椭圆形至长椭圆形，长 3 ～ 5cm，宽 1 ～ 2cm，侧生小叶较小，两端钝或先端急尖，基部微心形，上面无毛，有光泽，下面被贴伏疏柔毛，全缘，侧脉每边 5 ～ 7 条，近叶缘处弯曲

联结，两面均明显；小托叶钻形，长约 5mm；小叶柄长 1 ～ 2mm，顶生小叶柄长约 1cm。总状花序顶生，长 10 ～ 15cm 或更长，总花梗密被钩状毛；花小，每 2 朵生于节上，节疏离；苞片卵状披针形，被缘毛，脱落；花梗长约 3mm，无毛；花萼钟形，长约 2mm，膜质，4 裂，疏被柔毛，裂片三角形，与萼筒等长，上部裂片先端微 2 裂；花冠粉红色，后变蓝色，长约 6mm，旗瓣卵状圆形，先端圆至微凹，翼瓣倒卵状长椭圆形，翼瓣与龙骨瓣明显弯曲，先端钝；雄蕊二体，长约 5mm，雌蕊长约

6mm，子房无毛或被毛，与花柱等长。荚果长圆形，长 10 ～ 20mm，宽约 2.5mm，腹缝线直，背缝线波状，近无毛或被钩状短柔毛，有荚节 3 ～ 7。花期 6 ～ 8 月，果期 9 ～ 10 月。

特征差异研究　深圳小南山，三出复叶，叶柄长 0.8 ～ 2.1cm；顶生小叶长 3.5 ～ 4.1cm，顶生小叶宽 1 ～ 1.3cm，顶生小叶柄长 0.3 ～ 0.6cm；花紫色，花冠直径 5mm；荚果绿色，长圆形，长 1.7cm，宽 0.3mm。与上述特征描述相比，叶柄长的最小值小 0.7cm；顶生小叶柄整体范围偏小，最大值比上述特征描述顶生小叶柄小 0.4cm；花冠直径偏小 0.1cm。

形态特征增补　深圳小南山，侧生小叶较小，长 2 ～ 3cm，侧生小叶宽 0.8 ～ 1.1cm，侧生小叶柄长 0.1 ～ 0.2cm。

凭证标本　①深圳小南山，洪继猛，黄玉源（005）；②深圳莲花山，林仕珍，黄玉源（117）。

分布地　生于山地灌丛间或草坡上，海拔 250 ～ 1300m。产广东、海南、广西、云南南部。缅甸、泰国、越南亦有分布。

本研究种类分布地　深圳小南山、莲花山。

显脉山绿豆 *Desmodium reticulatum*

鸡冠刺桐（刺桐属）

Erythrina crista-galli Linn. Mant. Pl. 1: 99. 1767; 台湾植物志 3: 280. pl. 586. 1977; 中国植物志 41: 166. 1995.

主要形态特征　落叶灌木或小乔木，茎和叶柄稍具皮刺。羽状复叶具 3 小叶；小叶长卵形或披针状长椭圆形，长 7 ～ 10cm，宽 3 ～ 4.5cm，先端钝，基部近圆形。花与叶同出，总状花序顶生，每节有花 1 ～ 3 朵；花深红色，长 3 ～ 5cm，稍下垂或与花序轴成直角；花萼钟状，先端二浅裂；雄蕊二体；子房有柄，具细绒毛。荚果长约 15cm，褐色，种子间缢缩；种子大，亮褐色。

特征差异研究　深圳赤坳水库，小叶长 7.2 ～ 10.3cm，小叶宽 2.7 ～ 5cm。与上述特征描述相比，小叶长的最大值偏大 0.3cm；小叶宽的最小值偏小，小 0.3cm，最大值偏大 0.5cm。

特征差异增补　深圳赤坳水库，叶长 15.8 ～ 21.8cm，叶宽 13.2 ～ 16.7cm，叶柄长 8.8 ～ 13.1cm；小叶柄长 0.9 ～ 1.3cm；花苞近球形，直径约 0.3cm，雄蕊 11 枚，雌蕊 1 枚。

凭证标本　深圳赤坳水库，陈志洁（026）；陈志洁（041）；黄启聪（042）。

分布地　台湾、云南西双版纳有栽培，可供庭院

鸡冠刺桐 *Erythrina crista-galli*

观赏。原产巴西。

本研究种类分布地　深圳赤坳水库。

胡枝子（胡枝子属）

Lespedeza bicolor Turcz. in Bull. Soc. Nat. Mosc. 13: 69. 1840; Schindl. in Sargent, Pl. Wils. 2: 112. 1916; Nakai in Bull. For. Exp. Stat. Chosen 6: 58. 1927: 陈嵘, 中国树木分类学: 550. 1937; Schischk. et Bob. in Kom. Fl. URSS 13: 379. 1948; 东北木本植物图志: 342. 图版116. 图225. 1955; 中国主要植物图说. 豆科: 519. 图510. 1955; 台湾植物志 3: 317. 1977; Ohwi, Fl. Jap. 790. 1978; 中国植物志 41: 143. 1995.

主要形态特征 直立灌木，高 1 ～ 3m，多分枝，小枝黄色或暗褐色，有条棱，被疏短毛；芽卵形，长 2 ～ 3mm，具数枚黄褐色鳞片。羽状复叶具 3 小叶；托叶 2 枚，线状披针形，长 3 ～ 4.5mm；叶柄长 2 ～ 7（～ 9）cm；小叶质薄，卵形、倒卵形或卵状长圆形，长 1.5 ～ 6cm，宽 1 ～ 3.5cm，先端钝圆或微凹，稀稍尖，具短刺尖，基部近圆形或宽楔形，全缘，上面绿色，无毛，下面色淡，被疏柔毛，老时渐无毛。总状花序腋生，比叶长，常构成大型、较疏松的圆锥花序；总花梗长 4 ～ 10cm；小苞片 2，卵形，长不到 1cm，先端钝圆或稍尖，黄褐色，被短柔毛；花梗短，长约 2mm，密被毛；花萼长约 5mm，5浅裂，裂片通常短于萼筒，上方 2 裂片合生成 2齿，裂片卵形或三角状卵形，先端尖，外面被白毛；花冠红紫色，极稀白色（var. *alba* Bean），长约 10mm，旗瓣倒卵形，先端微凹，翼瓣较短，近长圆形,基部具耳和瓣柄,龙骨瓣与旗瓣近等长，先端钝，基部具较长的瓣柄；子房被毛。荚果斜倒卵形，稍扁，长约 10mm，宽约 5mm，表面具网纹，密被短柔毛。花期 7 ～ 9月，果期 9 ～ 10月。

特征差异研究 深圳杨梅坑，叶柄长 2.7 ～ 3.3cm；小叶长 1.5 ～ 5.3cm，小叶宽 1.0 ～ 1.8cm，与上述特征描述相比，小叶宽的最大值偏小，小 1.7cm。

形态特征增补 深圳杨梅坑，叶长 5.5 ～ 8.2cm，叶宽 6.0 ～ 7.5cm；小叶柄长 0.1cm。

凭证标本 深圳杨梅坑，林仕珍（062）；邹雨锋，招康赛（072）。

胡枝子 *Lespedeza bicolor*

分布地 华北、东北、西北及湖北、浙江、江西、内蒙古、福建等。蒙古、俄罗斯、朝鲜、日本也有分布。

本研究种类分布地 深圳杨梅坑。

主要经济用途 薪炭树种，水土保持，生态固氮，工业原料，饲料资源，油料资源，园林绿化。药用。

香花崖豆藤（崖豆藤属）

Millettia dielsiana Harms in Bot. Jahrb. 29: 412. 1900; Dunn in Journ. Linn. Soc. Bot. 41: 160. 1912; Gagnep. in Lecomte, Fl. Gen. Indo-Chine 2: 373. 1916; Hand.-Mazz. in Beih. Bot. Centralb. 52: 158. 1934; 中国主要植物图说. 豆科: 282. 图278. 1955; 海南植物志 2: 263. 1965; Lauener in Not. Bot. Gard. Edinb. 30: 239. 1970. ——*M. duclouxii* Pamp. in Nuov. Giorn. Bot. Ital. 17: 25. 1910. ——*M. cinerea* Benth. var. *yunnanensis* Pamp. 1. c. ——*M. blinii* Levl. Fl. Kouy-Tcheou 238. 1914. ——*M. fragrantissima* Levl. 1. c. 239. ——*M. dunniana* Levl. Cat. Pl. Yunnan 159. 1916. ——*M. argyraea* T. Chen in Act. Phytotax. Sin. 3: 363. 1954. ——*M. cham putongensis* Hu in Act. Phytotax. Sin. 3: 358. 1954. ——*M. obtusifoliolata* Hu, 1. c; 中国植物志 40: 180. 1994.

别名　山鸡血藤

主要形态特征　攀援灌木，长 2 ～ 5m。茎皮灰褐色，剥裂，枝无毛或被微毛。羽状复叶长 15 ～ 30cm；叶柄长 5 ～ 12cm，叶轴被稀疏柔毛，后秃净，上面有沟；托叶线形，长 3mm；小叶 2 对，间隔 3 ～ 5cm，纸质，披针形，长圆形至狭长圆形，长 5 ～ 15cm，宽 1.5 ～ 6cm，先端急尖至渐尖，偶钝圆，基部钝圆，偶近心形，上面有光泽，几无毛，下面被平伏柔毛或无毛，侧脉 6 ～ 9 对，近边缘环结，中脉在上面微凹，下面甚隆起，细脉网状，两面均显著；小叶柄长 2 ～ 3mm；小托叶锥刺状，长 3 ～ 5mm。圆锥花序顶生，宽大，长达 40cm，生花枝伸展，长 6 ～ 15cm，较短时近直生，较长时成扇状开展并下垂，花序轴多少被黄褐色柔毛；花单生，近接；苞片线形，锥尖，略短于花梗，宿存，小苞片线形，贴萼生，早落，花长 1.2 ～ 2.4cm；花梗长约 5mm；花萼阔钟状，长 3 ～ 5mm，宽 4 ～ 6mm，与花梗同被细柔毛，萼齿短于萼筒，上方 2 齿几全合生，其余为卵形至三角状披针形，下方 1 齿最长；花冠紫红色，旗瓣阔卵形至倒阔卵形，密被锈色或银色绢毛，基部稍呈心形，具短瓣柄，无胼胝体，翼瓣甚短，约为旗瓣的 1/2，锐尖头，下侧有耳，龙骨瓣镰形；雄蕊二体，对旗瓣的 1 枚离生；花盘浅皿状；子房线形，密被绒毛，花柱长于子房，旋曲，柱头下指，胚珠 8 ～ 9 粒。荚果线形至长圆形，长 7 ～ 12cm，宽 1.5 ～ 2cm，扁平，密被灰色绒毛，果瓣薄，近木质，瓣裂，有种子 3 ～ 5 粒；种子长圆状凸镜形，长约 8cm，宽约 6cm，厚约 2cm。花期 5 ～ 9 月，果期 6 ～ 11 月。

特征差异研究　①深圳杨梅坑，叶长 12.7 ～ 16.5cm，叶柄长 2.8 ～ 9cm；小叶长 6.5 ～ 10.5cm，小叶宽 2.8 ～ 4.3cm，小叶柄长 0.3 ～ 0.4cm；与上述特征描述相比，叶长的最小值偏小 2.3cm；叶柄长的最小值偏小 2.2cm。②深圳小南山，叶长 23 ～ 26.5cm，叶柄长 4.5 ～ 5.8cm；小叶长 5.2 ～ 7.8cm，小叶宽 2.3 ～ 2.9cm，小叶柄长 0.2 ～ 0.3cm。与上述特征描述相比，叶柄

香花崖豆藤 *Millettia dielsiana*

长的最小值偏小 0.5cm。

形态特征增补　①深圳杨梅坑，叶宽 10 ～ 13.4cm，叶轴长 4.8 ～ 6cm。②深圳小南山，叶宽 9 ～ 14.9cm，叶轴长 15.5 ～ 17.4cm。

凭证标本　①深圳杨梅坑，邹雨锋（372）；林仕珍，明珠（294）。②深圳小南山，王贺银，招康赛（204）。

分布地　生于山坡杂木林与灌丛中，或谷地、溪沟和路旁，海拔 2500m。产陕西（南部）、甘肃（南部）、安徽、浙江、江西、福建、湖北、湖南、广东、海南、广西、四川、贵州、云南。越南、老挝也有分布。

本研究种类分布地　深圳杨梅坑、小南山。

主要经济用途　医用，藤、茎枝治气血两亏，肺虚劳热，阳痿遗精，白浊带腥，月经不调，疮疡肿毒，腰膝酸痛，麻木瘫痪，老茎治风湿关节炎。

美丽崖豆藤（崖豆藤属）

Millettia speciosa Champ. in Kew Journ. Bot. Misc. 4: 73. 1852; Forb. et Hemsl. in Journ. Linn. Soc, Bot. 23: 159. 1886; Dunn in Journ. Linn. Soc. Bot. 41: 155. 1912; 中国主要植物图说. 豆科: 278. 1955; 海南植物志 2: 261. 1965; 中国植物志 40: 162. 1994.

别名　牛大力藤（海南植物志），山莲藕（广西）

主要形态特征　藤本，树皮褐色。小枝圆柱形，初被褐色绒毛，后渐脱落。羽状复叶长 15 ～ 25cm；叶柄长 3 ～ 4cm，叶轴被毛，上面有沟；

托叶披针形，长 3～5mm，宿存；小叶通常 6 对，间隔 1.5～2cm，硬纸质，长圆状披针形或椭圆状披针形，长 4～8cm，宽 2～3cm，先端钝圆，短尖，基部钝圆。边缘略反卷，上面无毛，干后粉绿色，光亮，下面被锈色柔毛或无毛，干后红褐色，侧脉 5～6 对，二次环结，细脉网状，上面平坦，下面略隆起；小叶柄长 1～2mm，密被绒毛；小托叶针刺状，长 2～3mm，宿存。圆锥花序腋生，常聚集枝梢成带叶的大型花序，长达 30cm，密被黄褐色绒毛，花 1～2 朵并生或单生密集于花序轴上部呈长尾状；苞片披针状卵形，长 4～5mm，脱落；小苞片卵形，长约 4mm，离萼生；花大，长 2.5～3.5cm，有香气；花梗长 8～12mm，与花萼、花序轴同被黄褐色绒毛；花萼钟状，长约 1.2cm，宽约 1.2cm；萼齿钝圆头，短于萼筒；花冠白色、黄色至淡红色，花瓣近等长，旗瓣无毛，圆形，径约 2cm，基部略呈心形，具 2 枚胼胝体，翼瓣长圆形，基部具钩状耳，龙骨瓣镰形；雄蕊二体，对旗瓣的 1 枚离生；花盘筒状，深 1～2mm；子房线形，密被绒毛，具柄，花柱向上旋卷，柱头下指。荚果线状，伸长，长 10～15cm，宽 1～2cm，扁平，顶端狭尖，具喙，基部具短颈，密被褐色绒毛，果瓣木质，开裂，有种子 4～6 粒；种子卵形。花期 7～10 月，果期次年 2 月。

凭证标本　深圳杨梅坑，陈惠如（104）；陈惠如，明珠（027）。

分布地　生于灌丛、疏林和旷野，海拔 1500m 以下。产福建、湖南、广东、海南、广西、贵州、云南。越南也有分布。

本研究种类分布地　深圳杨梅坑。

主要经济用途　根含淀粉甚丰富，可酿酒，又可入药，有通经活络，补虚润肺和健脾的功能。用于肺虚咳嗽，腰肌劳伤，溃疡，跌打损伤等。

光荚含羞草（含羞草属）

Mimosa sepiaria Benth. in London Journ. Bot. 4: 395. 1845; Baker in Hook. f. Fl. Brit. Ind. 2: 291. 1878; 中国植物志 39: 16. 1988.

别名　簕仔树

主要形态特征　落叶灌木，高 3～6m；小枝无刺，密被黄色茸毛。二回羽状复叶，羽片 6～7 对，长 2～6cm，叶轴无刺，被短柔毛，小叶 12～16 对，线形，长 5～7mm，宽 1～1.5mm，革质，

美丽崖豆藤 *Millettia speciosa*

光荚含羞草 *Mimosa sepiaria*

先端具小尖头，除边缘疏具缘毛外，余无毛，中脉略偏上缘。头状花序球形；花白色；花萼杯状，极小；花瓣长圆形，长约 2mm，仅基部连合；雄蕊 8 枚，花丝长 4～5mm。荚果带状，劲直，长 3.5～4.5cm，宽约 6mm，无刺毛，褐色，通常有 5～7 个荚节，成熟时荚节脱落而残留荚缘。

凭证标本 ①深圳杨梅坑，洪继猛（024）。②深圳莲花山，邹雨锋（094）；余欣繁，招康赛（097）；王贺银（086）。

分布地 产广东南部沿海地区。逸生于疏林下。原产热带美洲。

本研究种类分布地 深圳杨梅坑、莲花山。

软荚红豆（红豆属）

Ormosia semicastrata Hance in Journ. Bot. 20: 78. 1882; Prain in Journ. As. Soc. Beng. 69: 180. 1900; Dunn et Tutch. in Kew Bull. Misc. Inf. Add. ser. 10: 88. 1912; Merr. in Lingnan Sci. Journ. 5: 91. 1928. Chun in Sci. Journ. Coll. Sci. Sunyatsen Univ. 2: 50. 1930; Merr. et L. Chen in Sargentia 3: 111. 1943; How in Act. Phytotax. Sin. 1: 234. 1951; 中国主要植物图说. 豆科: 125. 图115. 1955; 海南植物志 2: 243. 1965. ——*O. cathayensis* L. Chen in Sargentia 3: 112. 1943.

别名 相思子，黄姜树

主要形态特征 常绿乔木，高达 12m；树皮褐色。皮孔凸起并有不规则的裂纹。小枝具黄色柔毛。奇数羽状复叶，长 18.5～24.5cm；叶轴在最上部一对小叶处延长 1.2～2cm 生顶小叶；小叶 1～2 对，革质，卵状长椭圆形或椭圆形，长 4～14.2cm，宽 2～5.7cm，先端渐尖或急尖，钝头或微凹，基部圆形或宽楔形，两面无毛或有时下面有白粉，沿中脉被柔毛，侧脉 10～11 对，与中脉成 60° 角，边缘弧曲相接，但不明显；叶轴、叶柄及小叶柄有灰褐色柔毛，后渐尖脱落。圆锥花序顶生，在下部的分枝生于叶腋内，约与叶等长；总花梗、花梗均密被黄褐色柔毛；花小，长约 7mm，花萼钟状，长 4～5mm，萼齿三角形，近相等，外面密被锈褐色绒毛，内面疏被锈褐色柔毛；花冠白色，比萼约长 2 倍，旗瓣近圆形，连柄长约 4mm，宽 4mm，翼瓣线状倒披针形，连柄长 4.5mm，宽 2mm，龙骨瓣长圆形，长 4mm，宽 2mm，柄长 2mm；雄蕊 10，5 枚发育，5 枚短小退化而无花药，交互着生于花盘边缘，花丝无毛；花盘与萼筒贴生；雄蕊花柱下部腹面及子房背腹缝密被黄褐色短柔毛，尤以腹缝最密，内有胚珠 2 粒。荚果小，近圆形，稍肿胀，革质，光亮，干时黑褐色，长 1.5～2cm，顶端具短喙，果颈长 2～3mm，有种子 1 粒；种子扁圆形，鲜红色，长和宽约 9mm，厚 6mm，种脐长 2mm，珠柄纤细，长约 3mm，灰色。花期 4～5 月。

特征差异研究 深圳杨梅坑，复叶长 21.5～23cm，复叶宽 15～18cm，小叶长 9.2～15.4cm，小叶宽 4～5cm，与上述描述相比，复叶长度最小值偏大 3cm，小叶片长度最小值偏大 5.2cm，小叶片宽度最小值偏大 2cm。

凭证标本 深圳杨梅坑，林仕珍，招康赛（017）。

分布地 生于山地、路旁、山谷杂木林中，海拔 240～910m。产江西南部、福建东南部、广东、海南、广西东部。

本研究种类分布地 深圳杨梅坑。

主要经济用途 韧皮纤维可作人造棉和编绳原料。

软荚红豆 *Ormosia semicastrata*

排钱树（排钱树属）

Phyllodium pulchellum (Linn.) Desv. in Journ. de Bot. ser. 2. 1: 124. t. 5. f 24. 1815; et in Mem. Soc. Linn. Paris 4: 324. 1825; Benth. in Miq. PL. Jungh. 217. 1852; Schindl. in Fedde, Repert. Sp. Nov. 20: 270. 1924; 广州植物志 333. 1956; Ohashi in Hara, Fl. E. Himal. 161. 1966, et in Ginkgoana 1: 276. 1973; 台湾植物志 3: 353. pl. 627. 1977. ——*Hedysarum pulchellum* Linn. Sp. Pl. 747. 1753. ——*Desmodium pulchellu* (Linn.) Benth. Fl. Hongk. 83. 1861; 中国主要植物图说. 豆科: 480. 图467. 1955; 海南植物志 2: 272. 1965; 中国高等植物图鉴 2: 445. 图2620. 1972; 中国植物志 41: 11. 1995.

别名 圆叶小槐花（台湾植物志），龙鳞草（生草药性备要），排钱草（广东），尖叶阿婆钱、午时合、笠碗子树（海南），亚婆钱（江西寻乌）

主要形态特征 灌木，高 0.5～2m。小枝被白色或灰色短柔毛。托叶三角形，长约 5mm，基部宽 2mm；叶柄长 5～7mm，密被灰黄色柔毛；小叶革质，顶生小叶卵形、椭圆形或倒卵形，长 6～10cm，宽 2.5～4.5cm，侧生小叶约比顶生小叶小 1 倍，先端钝或急尖，基部圆或钝，侧生小叶基部偏斜，边缘稍呈浅波状，上面近无毛，下面疏被短柔毛，侧脉每边 6～10 条，在叶缘处相连接，下面网脉明显；小托叶钻形，长 1mm；小叶柄长 1mm，密被黄色柔毛。伞形花序有花 5～6 朵，藏于叶状苞片内，叶状苞片排列成总状圆锥花序状，长 8～30cm 或更长；叶状苞片圆形，直径 1～1.5cm，两面略被短柔毛及缘毛，具羽状脉；花梗长 2～3mm，被短柔毛；花萼长约 2mm，被短柔毛；花冠白色或淡黄色旗瓣长 5～6mm，基部渐狭，具短宽的瓣柄，翼瓣长约 5mm，宽约 1mm，基部具耳，具瓣柄，龙骨瓣长约 6mm，宽约 2mm，基部无耳，但具瓣柄；雌蕊长 6～7mm，花柱长 4.5～5.5mm，近基部处有柔毛。荚果长 6mm，宽 2.5mm，腹、背两缝线均稍缢缩，通常有荚节 2，成熟时无毛或有疏短柔毛及缘毛；种子宽椭圆形或近圆形，长 2.2～2.8mm，宽 2mm。花期 7～9 月，果期 10～11 月。

特征差异研究 深圳应人石，枝干上有两种形状不同的叶子，枝干下部为三出复叶，小叶长椭圆形，顶生小叶长 7.8～11cm，顶生小叶柄长 1.1～1.9cm；与上述特征描述相比，顶生小叶长的最大值偏大 1cm；顶生小叶宽的最大值偏大 0.6cm。

排钱树 *Phyllodium pulchellum*

形态特征增补 深圳应人石，枝干上部为三出复叶，顶生小叶宽 2.7～5.1cm；侧生小叶长 1.7～5.4cm，侧生小叶宽 1.3～3.2cm，侧生小叶柄长 1～2mm；枝干上部叶子为羽状复叶，小叶圆形，复叶长 12.3～22cm，小叶圆形，长 1.4～2.3（～3.2）cm，宽 1.3～1.7（～2.9）cm，叶柄长约 1mm。

凭证标本 深圳应人石，林仕珍（163）；王贺银（158）。

分布地 生于丘陵荒地、路旁或山坡疏林中，海拔 160～2000m。产福建、江西南部、广东、海南、广西、云南南部及台湾。印度、斯里兰卡、缅甸、泰国、越南、老挝、柬埔寨、马来西亚、澳大利亚北部也有分布。

本研究种类分布地 深圳应人石。

主要经济用途 根、叶供药用，有解表清热、活血散瘀之效。

猴耳环（猴耳环属）

Pithecellobium clypearia (Jack) Benth. in London Journ. Bot. 3: 209. 1844; *Inga clypearia* Jack in Malay. Misc. 2 (7): 78. 1822; 陈焕镛等，海南植物志 2: 206. 1965; 中国植物志 39: 53. 1988.

别名 围涎树、鸡心树

主要形态特征 乔木，高可达 10m；小枝无刺，有明显的棱角，密被黄褐色绒毛。托叶早落；二回羽状复叶；羽片 3 ～ 8 对，通常 4 ～ 5 对；总叶柄具四棱，密被黄褐色柔毛，叶轴上及叶柄近基部处有腺体，最下部的羽片有小叶 3 ～ 6 对，最顶部的羽片有小叶 10 ～ 12 对，有时可达 16 对；小叶革质，斜菱形，长 1 ～ 7cm，宽 0.7 ～ 3cm，顶部的最大，往下渐小，上面光亮，两面稍被褐色短柔毛，基部极不对等，近无柄。花具短梗，数朵聚成小头状花序，再排成顶生和腋生的圆锥花序；花萼钟状，长约 2mm，5 齿裂，与花冠同密被褐色柔毛；花冠白色或淡黄色，长 4 ～ 5mm，中部以下合生，裂片披针形；雄蕊长约为花冠的 2 倍，下部合生；子房具短柄，有毛。荚果旋卷，宽 1 ～ 1.5cm，边缘在种子间缢缩；种子 4 ～ 10 颗，椭圆形或阔椭圆形，长约 1cm，黑色，种皮皱缩。花期 2 ～ 6 月；果期 4 ～ 8 月。

特征差异研究 ①深圳杨梅坑，小叶长 2.1 ～ 6cm，小叶宽 1 ～ 2.5cm，小叶柄长 0.1cm。②深圳应人石，小叶长 3.9 ～ 8cm，小叶宽 1.3 ～ 3.3cm，近无柄。与上述特征描述相比，小叶长的最大值偏大 1cm；小叶宽的最大值偏大 0.3cm。③深圳小南山，小叶长 4 ～ 10cm，小叶宽 2.2 ～ 3.5cm，小叶柄长 0.1 ～ 0.2cm。与上述特征描述相比，小叶长的最大值偏大 3cm；小叶宽的最大值偏大 0.5cm。

形态特征增补 深圳杨梅坑，叶长 7 ～ 18.3cm，叶宽 3.9 ～ 10cm，叶柄长 3.7 ～ 11.8cm。

凭证标本 ①深圳杨梅坑，林仕珍（011）；邹雨锋（358）。②深圳赤坳，王贺银（041）。③深圳

猴耳环 *Pithecellobium clypearia*

应人石，王贺银，黄玉源（124）。④深圳小南山，邹雨锋，黄玉源（261）；林仕珍，招康赛（245）；余欣繁，黄玉源（170）；陈永恒，招康赛（088）。

分布地 生于林中。产浙江、福建、台湾、广东（粤北山区）、广西、云南。热带亚洲广布。

本研究种类分布地 深圳杨梅坑、赤坳、应人石、小南山。

主要经济用途 药用价值，猴耳环性味苦涩寒，功效清热解毒、收湿敛疮，是治疗多种热毒症候独特的南方药材，有清热解毒、凉血消肿、去腐生新的极佳疗效；猴耳环清热泻火、解毒祛湿作用强劲，既能上清咽、肺之火毒，又能下清大肠之湿热，临床应用于咽喉肿痛，包括咽喉炎、急性扁桃体炎；肺热咳嗽，包括上呼吸道感染、肺炎；以及湿热泻，包括急性肠炎、痢疾等，每每疗效显著。树皮含单宁，可提制烤漆。

亮叶猴耳环（猴耳环属）

Pithecellobium lucidum Benth. in London Journ. Bot. 3: 207. 1844, et Fl. Hongk. 102. 1861; 陈焕镛等, 海南植物志 2: 205. 1965; 中国高等植物图鉴 2: 320. 1972. ——*Abarema lucida* (Benth.) Kosterm. in Bull. Org. Sci. Res. Indonesia 20 (11): 38. 1954, et in Adansonia ser. 2, 6 (3): 356. 1966. ——*Archidendron lucidum* (Benth.) Nielsen in Adansonia ser. 2, 19 (1): 19. 1979, et in Aubrev. Camb. Laos Vietn. 19: 120. 1981, et in Acta Phytotax. Sin. 21: 168. 1983; 中国植物志 39: 52. 1988.

别名 亮叶围诞树、雷公凿

主要形态特征 乔木，高 2 ～ 10m；小枝无刺，嫩枝、叶柄和花序均被褐色短茸毛。羽片 1 ～ 2 对；总叶柄近基部、每对羽片下和小叶片下的叶轴上均有圆形而凹陷的腺体，下部羽片通常具 2 ～ 3 对小叶，上部羽片具 4 ～ 5 对小叶；小叶斜卵形或长圆形，长 5 ～ 9（～ 11）cm，宽 2 ～ 4.5cm，顶生的一对最大，对生，余互生且较小，先端渐尖而具钝小尖头，基部略偏斜，两面无毛或仅在

叶脉上有微毛，上面光亮，深绿色。头状花序球形，有花 10 ～ 20 朵，总花梗长不超过 1.5cm，排成腋生或顶生的圆锥花序；花萼长不及 2mm，与花冠同被褐色短茸毛；花瓣白色，长 4 ～ 5mm，中部以下合生；子房具短柄，无毛。荚果旋卷成环状，宽 2 ～ 3cm，边缘在种子间缢缩；种子黑色，长约 1.5cm，宽约 1cm。花期 4 ～ 6 月；果期 7 ～ 12 月。

特征差异研究 深圳七娘山，小叶长 3.1 ～ 7cm，

小叶宽 1.5 ～ 2.7cm，小叶柄长 0.1 ～ 0.3cm，与上述特征描述相比，小叶长的最小值偏小 1.9cm；小叶宽的最小值偏小 0.5cm。

凭证标本 深圳七娘山，陈志洁（012）；陈志洁（014）。

分布地 生于疏或密林中或林缘灌木丛中。产浙江、台湾、福建、广东、广西、云南、四川等省区。印度和越南亦有分布。

本研究种类分布地 深圳七娘山。

主要经济用途 木材用作薪炭；枝叶入药，能消肿祛湿；果有毒。

亮叶猴耳环 *Pithecellobium lucidum*

水黄皮（水黄皮属）

Pongamia pinnata (Linn.) Pierre, Fl. For. Cochinch. t. 385. 1899; Merr. Interpr. Rumph. Herb. Amb. 271. 1917; Kanehira Form. Trees rev. ed. 305. 1936;中国主要植物图说. 豆科: 586. 图567. 1955; 海南植物志 2: 291. 图442. 1965; 台湾植物志 3: 358. 1977. ——*Cytisus pinnatus* Linn. Sp. Pl. 741. 1753. ——*Pongamia glabra* Vent. Jard. Malm. t. 28. 1803; DC. Prodr. 2: 416. 1825; Baker in Hook. f. Fl. Brit. Ind. 2: 240. 1878; Gagnep. in Lectomte, Fl. Gen. Indo-Chine 2: 441. 1916; 中国植物志 40: 183. 1994.

水黄皮 *Pongamia pinnata*

别名 水流豆、野豆

主要形态特征 乔木，高 8 ～ 15m。嫩枝通常无毛，有时稍被微柔毛，老枝密生灰白色小皮孔。羽状复叶长 20 ～ 25cm；小叶 2 ～ 3 对，近革质，卵形、阔椭圆形至长椭圆形，长 5 ～ 10cm，宽 4 ～ 8cm，先端短渐尖或圆形，基部宽楔形、圆形或近截形；小叶柄长 6 ～ 8mm。总状花序腋生，长 15 ～ 20cm，通常 2 朵花簇生于花序总轴的节上；花梗长 5 ～ 8mm，在花萼下有卵形的小苞片 2 枚；花萼长约 3mm，萼齿不明显，外面略被锈色短柔毛，边缘尤密；花冠白色或粉红色，长 12 ～ 14mm，各瓣均具柄，旗瓣背面被丝毛，边缘内卷，龙骨瓣略弯曲。荚果长 4 ～ 5cm，宽 1.5 ～ 2.5cm，表面有不甚明显的小疣凸，顶端有微弯曲的短喙，不开裂，沿缝线处无隆起的边或翅，有种子 1 粒；种子肾形。花期 5 ～ 6 月，果期 8 ～ 10 月。

特征差异研究 深圳杨梅坑，小叶长 9.5 ～ 12.5cm，小叶宽 5 ～ 6.5cm，小叶柄长 1 ～ 1.6cm，与上述特征描述相比，小叶长的最大值偏大 2.5cm；小叶柄长范围明显偏大，最小值比上述特征描述的小叶柄长的最大值大 0.2cm。

凭证标本 深圳杨梅坑，陈惠如，招康赛（093）。

分布地 福建、广东、海南。

本研究种类分布地 深圳杨梅坑。

主要经济用途 木材纹理致密美丽，可制作各种器具；种子油可作燃料；药用。

中国无忧花（无忧花属）

Saraca dives Pierre, Fl. For. Cochinch. 5: t. 386B. 1899; Gagnep. in Lecomte, Fl. Gen. Indo-Chine 2: 211. 1913; Zuijderh. op. cit. 421. 1967; K. et S. S. Larsen in Aubrev. Fl. Camb. Laos Vietn. 18: 138. 1980. ——*S. chinensis* Merr. et Chun (ms.); 侯宽昭, 中国种子植物科属辞典: 385. 1958; 中国高等植物图鉴 2: 331. 1972. ——*S. indica* auct. non Linn.: 侯宽昭, 中国种子植物科属辞典: 385. 1958; 中国高等植物图鉴 2: 331. 图2391. 1972.

别名　火焰花

主要形态特征　乔木，高 5～20m；胸径达 25cm。叶有小叶 5～6 对，嫩叶略带紫红色，下垂；小叶近革质，长椭圆形、卵状披针形或长倒卵形，长 15～35cm，宽 5～12cm，基部 1 对常较小，先端渐尖、急尖或钝，基部楔形，侧脉 8～11 对；小叶柄长 7～12mm。花序腋生，较大，总轴被毛或近无毛；总苞大，阔卵形，被毛，早落；苞片卵形、披针形或长圆形，长 1.5～5cm，宽 6～20mm。下部的 1 片最大，往上逐渐变小，被毛或无毛，早落或迟落；小苞片与苞片同形，但远较苞片为小；花黄色，后部分（萼裂片基部及花盘、雄蕊、花柱）变红色，两性或单性；花梗短于萼管，无关节；萼管长 1.5～3cm，裂片长圆形，4 片，有时 5～6 片，具缘毛；雄蕊 8～10 枚，其中 1～2 枚常退化呈钻状，花丝突出，花药长圆形，长 3～4mm；子房微弯，无毛或沿两缝线及柄被毛。荚果棕褐色，扁平，长 22～30cm，宽 5～7cm，果瓣卷曲；种子 5～9 颗，形状不一，扁平，两面中央有一浅凹槽。花期 4～5 月；果期 7～10 月。

特征差异研究　深圳莲花山，叶片长 30.2～33cm，叶宽 9.5～10.5cm，叶柄长 7～10mm，与上述描述相比，叶片长最小值偏大 15.2cm，叶宽最大值偏大 4.5cm，叶柄最大值偏小 2mm。

凭证标本　深圳莲花山，邹雨锋，黄玉源（153）

分布地　普遍生于海拔 200～1000m 的密林或疏林中，常见于河流或溪谷两旁。产云南东南部至广西西南部、南部和东南部。广州华南植物园有

中国无忧花 *Saraca dives*

少量栽培。越南、老挝也有分布。

本研究种类分布地　深圳莲花山。

主要经济用途　本种可放养紫胶虫，且是一优良的紫胶虫寄主；树皮入药，可治风湿和月经过多。由于花大而美丽，又是一良好的庭院绿化和观赏树种。

槐（槐属）

Sophora japonica Linn. Mant. 1: 68. 1767; DC. Prodr. 2: 95. 1825; Forb. et Hemsl. in Journ. Linn. Soc. Bot. 23: 202. 1887; Levl. Fl. Kouy-Tcheou 243. 1914, et Cat. Pl. Yunnan 161. 1916; Rehd. in Journ. Arn. Arb. 7: 155. 1926; Merr. Comm. Lour. Fl. Cochinch. 193. 1935; 陈嵘，中国树木分类学: 524. 1937; 中国主要植物图说. 豆科: 134. 图125. 1955; 中国高等植物图鉴 2: 356. 图2441. 1972. ——*Styphnolobium japonicum* Schott in Wien Zeit. 3: 844, 1831; Lauener in Not. Bot. Gard. Edinb. 30: 252. 1970; Yakovl. in Nov. Syst. Pl. Vasc. 12: 228. 1975. ——*S. sinensis* Forrest in Rev. Hort. 157. 1899. ——*S. mairei* Levl. in Bull. Acad. Geog. Bot. 25: 48. 1915, non Pamp. 1910, et Cat. Pl. Yunnan 161. 1916; 中国植物志 40: 92. 1994.

别名　守宫槐、槐花木、槐花树、豆槐、金药树

主要形态特征　乔木，高达 25m；树皮灰褐色，具纵裂纹。当年生枝绿色，无毛。羽状复叶长达 25cm；叶轴初被疏柔毛，旋即脱净；叶柄基部膨大，包裹着芽；托叶形状多变，有时呈卵形、叶状，有时线形或钻状，早落；小叶 4～7 对，对生或近互生，

纸质，卵状披针形或卵状长圆形，长 2.5～6cm，宽 1.5～3cm，先端渐尖，具小尖头，基部宽楔形或近圆形，稍偏斜，下面灰白色，初被疏短柔毛，旋变无毛；小托叶 2 枚，钻状。圆锥花序顶生，常呈金字塔形，长达 30cm；花梗比花萼短；小苞片 2 枚，形似小托叶；花萼浅钟状，长约 4mm，萼齿 5，

近等大，圆形或钝三角形，被灰白色短柔毛，萼管近无毛；花冠白色或淡黄色，旗瓣近圆形，长和宽约11mm，具短柄，有紫色脉纹，先端微缺，基部浅心形，翼瓣卵状长圆形，长10mm，宽4mm，先端浑圆，基部斜戟形，无皱褶，龙骨瓣阔卵状长圆形，与翼瓣等长，宽达6mm；雄蕊近分离，宿存；子房近无毛。荚果串珠状，长2.5～5cm或稍长，径约10mm，种子间缢缩不明显，种子排列较紧密，具肉质果皮，成熟后不开裂，具种子1～6粒；种子卵球形,淡黄绿色,干后黑褐色。花期7～8月，果期8～10月。

凭证标本 深圳杨梅坑，余欣繁，黄玉源（337）。

分布地 原产中国，现南北各省区广泛栽培，华北和黄土高原地区尤为多见。日本、越南也有分布，朝鲜并见有野生，欧洲、美洲各国均有引种。

本研究种类分布地 深圳杨梅坑。

主要经济用途 树冠优美，花芳香，是行道树和

槐 *Sophora japonica*

优良的蜜源植物；花和荚果入药，有清凉收敛、止血降压作用；叶和根皮有清热解毒作用，可治疗疮毒；木材供建筑用。

蔓茎葫芦茶（葫芦茶属）

Tadehagi pseudotriquetrum (DC.) Yang et Huang, comb. nov. ——*Desmodium pseudotriquetrum* DC. in Ann. Sci. Nat. Bot. 4: 100 et Prodr. 2: 326. 1825; 中国主要植物图说. 豆科: 482. 图471. 1955. ——*D. triquetrum* subsp. *pseudotriquetrum* (DC.) Prain in Journ. Asiat Soc. Bengal 66(2): 390. 1897; van Meeuwen in Reinwardtia 6: 263. 1962. ——*Pteroloma pseudotriquetrum* (DC.) Schindl. in Fedde, Repert. Sp. Nov. 20: 272. 1924. ——*P. triquetrum* subsp. *pseudotriquetrum* (DC.) Obashi in Journ Jap. Bot. 41: 96. 1966. ——*Tadehagi triquetrum* subsp. *pseudotriquetrum* (DC.) Ohashi in Ginkgoana 1: 295. 1973; 中国植物志 41: 65. 1995.

别名 一条根、龙舌黄、葫芦茶

主要形态特征 亚灌木，茎蔓生，长30～60cm。幼枝三棱形,棱上疏被短硬毛,老时变无毛。叶仅具单小叶；托叶披针形，长达1.5cm，有条纹；叶柄长0.7～3.2cm，两侧有宽翅，翅宽3～7mm，与叶同质；小叶卵形，有时为卵圆形，长3～10cm，宽1.3～5.2cm，先端急尖，基部心形，上面无毛，下面沿脉疏被短柔毛，侧脉每边约8条，近叶缘处弧曲联结，网脉在下面明显。总状花序顶生和腋生，长达25cm，被贴伏丝状毛和小钩状毛；花通常2～3朵簇生于每节上；苞片狭三角形或披针形，长达10mm，花梗长约5mm，被丝状毛和小钩状毛；花萼长5mm，疏被柔毛，萼裂片披针形，稍长于萼筒；花冠紫红色，长7mm，伸出萼外；旗瓣近圆形，先端凹入，翼瓣倒卵形，基部具钝而向下的耳，龙骨瓣镰刀状，无耳，有瓣柄，瓣柄长略与瓣片相等；子房被毛，花柱无毛。荚果长2～4cm，宽约5mm，仅背腹缝线密被白色柔毛，果皮无毛，具网脉，腹缝线直，背缝线稍缢缩，有荚节5～8。花期8月，果期

蔓茎葫芦茶 *Tadehagi pseudotriquetrum*

10～11月。

特征差异研究　深圳杨梅坑，叶全缘，叶长 9.1～16.4cm，叶宽 1.6～1.9cm，叶柄长 0.8～3.2cm。与上述特征描述相比，叶长的最大值偏大 6.4cm。

凭证标本　深圳杨梅坑，王贺银，周志彬（117）。
分布地　江西、湖南、广东、广西、四川、贵州、云南、台湾。印度、尼泊尔也有分布。
本研究种类分布地　深圳杨梅坑。

葫芦茶（葫芦茶属）

Tadehagi triquetrum (Linn.) Ohashi in Ginkgoana 1: 290. 1973. ——*Hedysarum triquetrum* Linn. Sp. Pl. 746. 1753. ——*Pteroloma triquetrum* (Linn.) Desv. ex Benth. in Miq. Pl. Jungh. 220. 1852; 广州植物志: 332. 1956. ——*Desmodium triquetrum* (Linn.) DC. Prodr. 2: 326. 1825; Benth. Fl. Hongk. 83. 1861; 中国主要植物图说. 豆科: 482. 图470. 1955; 海南植物志 2: 281. 1965; 中国高等植物图鉴 2: 446. 图2621. 1972; 中国植物志 41: 63. 1995.

别名　百劳舌（广东梅县），牛虫草（海南澄迈），懒狗舌（江西寻乌）

主要形态特征　灌木或亚灌木，茎直立，高 1～2m。幼枝三棱形，棱上被疏短硬毛，老时渐变无。叶仅具单小叶；托叶披针形，长 1.3～2cm，有条纹；叶柄长 1～3cm，两侧有宽翅，翅宽 4～8mm，与叶同质；小叶纸质，狭披针形至卵状披针形，长 5.8～13cm，宽 1.1～3.5cm，先端急尖，基部圆形或浅心形，上面无毛，下面中脉或侧脉疏被短柔毛，侧脉每边 8～14 条，不达叶缘，叶下面网脉明显。总状花序顶生和腋生，长 15～30cm，被贴伏丝状毛和小钩状毛；花 2～3 朵簇生于每节上；苞片钻形或狭三角形，长 5～10mm；花梗开花时长 2～6mm，结果时延长到 5～8mm，被小钩状毛和丝状毛；花萼宽钟形，长约 3mm，萼筒长 1.5mm，上部裂片三角形，先端微 2 裂或有时全缘，侧裂片披针形，下部裂片线形；花冠淡紫色或蓝紫色，长 5～6mm，伸出萼外，旗瓣近圆形，先端凹入，翼瓣倒卵形，基部具耳，龙骨瓣镰刀形，弯曲，瓣柄与瓣片近等长；雄蕊二体；子房被毛，有 5～8 胚珠，花柱无毛。荚果长 2～5cm，宽 5mm，全部密被黄色或白色糙伏毛，无网脉，腹缝线直，背缝线稍缢缩，有荚节 5～8，荚节近方形；种子宽椭圆形或椭圆形，长 2～3mm，宽 1.5～2.5mm。花期 6～10 月，果期 10～12 月。

特征差异研究　①深圳杨梅坑，叶长 11～16.5cm，叶宽 1.8～2.3cm，叶柄长 1.5～3.5cm；荚果长 2～3.5cm，宽 0.3～0.7cm，与上述特征描述相比，叶长的最大值偏大 3.5cm；荚果宽的最大值偏大 0.2cm。②深圳马峦山，叶纸质，叶长 3.8～13cm，叶宽 1.6～3.2cm，叶柄长 1～5cm；两侧有宽翅，翅宽 1.5～7mm；托叶披针形，长 1.3～2.1cm，与上述特征描述相比，叶长的

葫芦茶 *Tadehagi triquetrum*

最小值偏小 2cm；叶柄长的最大值偏大 2cm；托叶翅宽的最小值偏小 2.5mm。

形态特征增补　托叶宽 1～4mm。

凭证标本　①深圳杨梅坑，陈惠如，明珠（062）；陈惠如，明珠（063）；林仕珍，招康赛（128）。②深圳马峦山，洪继猛（017）。

分布地　生于荒地或山地林缘，路旁，海拔 1400m 以下。产福建、江西、广东、海南、广西、贵州及云南。印度、斯里兰卡、缅甸、泰国、越南、老挝、柬埔寨、马来西亚、太平洋群岛、新喀里多尼亚和澳大利亚北部也有分布。

本研究种类分布地　深圳杨梅坑、马峦山。

主要经济用途　全株供药用，能清热解毒、健脾消食和利尿。

白灰毛豆（灰毛豆属）

Tephrosia candida DC Prodr. 2: 249. 1825; Baker in Hook. f. Fl. Brit. Ind. 2: 111. 1876; 广州植物志: 341. 1956; Ohasi in Fl. E. Himal. 164. 1966; 中国高等植物图鉴 2: 391. 图2512. 1972. ——*Robinia candida* Roxb. Hort. Beng. 56: 1814, nom. nud. et Fl. Ind. ed. 2, 3: 327. 183; 中国植物志 40: 215. 1994.

别名　短萼灰叶

主要形态特征　灌木状草本，高 1 ～ 3.5m。茎木质化，具纵棱，与叶轴同被灰白色茸毛，毛长 0.75 ～ 1mm。羽状复叶长 15 ～ 25cm；叶柄长 1 ～ 3cm，叶轴上面有沟；托叶三角状钻形，刚毛状直立，长 4 ～ 7mm，被毛，宿存；小叶 8 ～ 12 对，长圆形，长 3 ～ 6cm，宽 0.6 ～ 1.4cm，先端具细凸尖，上面无毛，下面密被平伏绢毛，侧脉 30 ～ 50 对，纤细，稍隆起；小叶柄长 3 ～ 4mm，密被茸毛；总状花序顶生或侧生，长 15 ～ 20cm，疏散多花，下部腋生的花序较短；苞片钻形，长约 3mm，脱落；花长约 2cm；花梗长约 1cm；花萼阔钟状，长宽各约 5mm，密被茸毛，萼齿近等长，三角形，圆头，长约 1mm；花冠淡黄色或淡红色，旗瓣外面密被白色绢毛，翼瓣和龙骨瓣无毛；子房密被绒毛，花柱扁平，直角上弯，内侧有稀疏柔毛，柱头点状，胚珠多数。荚果直，线形，密被褐色长短混杂细绒毛，长 8 ～ 10cm，宽 7.5 ～ 8.5mm，顶端截尖，喙直，长约 1cm，有种子 10 ～ 15 粒；种子榄绿色，具花斑，平滑，椭圆形，长约 5mm，宽约 3.5mm，厚约 2mm，种脐稍偏，种阜环形，明显。花期 10 ～ 11 月，果期 12 月。

特征差异研究　①深圳杨梅坑，叶长 7.5 ～ 15cm，叶柄长 1.9 ～ 3cm；小叶长 2.5 ～ 4.3cm，小叶宽 0.4 ～ 0.9cm，小叶柄长 0.3 ～ 0.4cm；与上述特征描述相比，叶长的最小值偏小，小 7.5cm；小叶长的最小值偏小，小 0.5cm，小叶宽的最小值偏小，小 0.2cm。②深圳小南山，叶长 14.7 ～ 20.5cm，叶柄长 1.7 ～ 3.5cm；小叶长 2.9 ～ 4.2cm，小叶宽 0.6 ～ 0.9cm，小叶柄长 0.2 ～ 0.3cm；与上述特征描述相比，叶长的最小值偏小 0.3cm；叶柄长的最大值偏大 0.5cm；小叶长的最小值偏小

白灰毛豆 *Tephrosia candida*

0.1cm；小叶柄长的最小值偏小 0.1cm。

形态特征增补　①深圳杨梅坑，叶宽 4.6 ～ 8.7cm，叶轴长 4 ～ 11.5cm。②深圳小南山，叶宽 5.5 ～ 9.5cm，叶轴长 14 ～ 19cm。

凭证标本　①深圳杨梅坑，陈惠如，黄玉源（055）。②深圳小南山，邹雨锋，黄玉源（298）；余欣繁，招康赛（220）。

分布地　原产印度东部和马来半岛。福建、广东、广西、云南有种植，并逸生于草地、旷野、山坡。

本研究种类分布地　深圳杨梅坑、小南山。

猫尾草（猫尾豆属）

Uraria crinita (Linn.) Desv. ex DC. Prodr. 2: 324. 1825: Baker in Hook. f. Fl. Brit. Ind. 2: 155. 1879; Matsumura et Hayata in Journ. Coll. Sci. Univ. Tokyo 22: 108. 1906; Hayata, Ic. Pl. Formos. 1: 188. 1911; Gagnep. in Lecomte, Fl. Gen. Indo-Chine 2: 546. 1920; Merr. in Lingnan Sci. Journ. 5: 95. 1927; 中国主要植物图说. 豆科: 509. 图504. 1955; Steen. in Reinwardtia 5: 452. 1960; 海南植物志 2: 284. 1965; 台湾植物志 3: 399. pl. 657. 1977. ——*Hedysarum crinitum* Linn. Mant. 1: 102. 1767. ——*Uraria crinita* var. *macrostachya* Wall. Pl. As. Rar. 2: 8. t. 110. 1813. ——*Doodia crinita* Roxb. Fl. Ind. 3: 369. 1832. ——*Uraria macrostachya* (Wall.) Schindl. in Fedde, Repert. Sp. Nov. 49: 364. 1928; 中国植物志 41: 68. 1995.

别名　猫尾豆、兔尾草、土狗尾、牛春花、猫尾射

主要形态特征　亚灌木；茎直立，高 1 ～ 1.5m。分枝少，被灰色短毛。叶为奇数羽状复叶，茎下部小叶通常为 3，上部为 5，少有为 7；托叶长三角形，长 6 ～ 10mm，先端细长而尖，基部宽 2mm，边缘有灰白色缘毛；叶柄长 5.5 ～ 15cm，被灰白色短柔毛；小叶近革质，长椭圆形、卵状披针形或卵形，顶端小叶长 6 ～ 15cm，宽 3 ～ 8cm，侧生小叶略小，先端略急尖、钝或圆形，基部圆形至微心形，上面无毛或于中脉上略被灰色短柔毛，下面沿脉上被短柔毛，侧脉每边 6 ～ 9 条，在两面均凸起，下面网脉明显；小托叶狭三角形，长 5mm，基部宽 1.5mm，有稀疏缘毛；小叶柄长 1 ～ 3mm，密被柔毛。总状花序顶生，长 15 ～ 30cm 或更长，粗壮，密被灰白色长硬毛；苞片卵形或披针形，长达 2cm，宽达 7mm，具条纹，被白色平展缘毛；花梗长约 4mm，花后伸长至 10 ～ 15mm，弯曲，被短钩状毛和白色长毛；花萼浅杯状，被白色长硬毛，5 裂，上部 2 裂长约 3mm，下部 3 裂长 3.5mm；花冠紫色，长 6mm。荚果略被短柔毛；荚节 2 ～ 4，椭圆形，具网脉。花、果期 4 ～ 9 月。

特征差异研究　深圳小南山，顶生小叶长 15.0 ～ 16.0cm，顶生小叶宽 5.6 ～ 6.5cm。与上述特征描述相比，顶生小叶长的最大值偏大 1cm。

凭证标本　深圳小南山，李志伟（015）。

分布地　福建、江西、广东、海南、广西、云南

猫尾草 *Uraria crinita*

及台湾等省区。

本研究种类分布地　深圳小南山。

主要经济用途　全草供药用，有散瘀止血、清热止咳之效。

金缕梅科 Hamamelidaceae

枫香树（枫香树属）

Liquidambar formosana Hance in Ann. Sci. Nat. ser. 5, 5: 215, 1866; in Journ. Bot. 5: 110, 1867; 8: 274, 1870; Oliver in Hook. f. Ic. Pl. 11: 14, t. 1020; Guillaumin in Fl. Gen. Indo-Chine, 2: 712, 1920. *Liquidambar acerifolia* Maxim.in Bull. Acad. Sci. St. Petersb. 10: 386, 1866. Liquidambar sp. Hemsl.in Journ. Bot. 14: 207, 1876. *Liquidambar maximowiczii* Miquel in Ann. Mus. Lugd.-Bat. 3: 290, 1877. *Liquidambar tonkinensis* Cheval.in Bull. Econ. Indo-Chine, 20: 839, 1918; 中国植物志 35(2): 55. 1979.

主要形态特征　落叶乔木，高达 30m，胸径最大可达 1m，树皮灰褐色，方块状剥落；小枝干后灰色，被柔毛，略有皮孔；芽体卵形，长约 1cm，略被微毛，鳞状苞片敷有树脂，干后棕黑色，有光泽。叶薄革质，阔卵形，掌状 3 裂，中央裂片较长，先端尾状渐尖；两侧裂片平展；基部心形；上面绿色，干后灰绿色，不发亮；下面有短柔毛，或变秃净仅在脉腋间有毛；掌状脉 3 ～ 5 条，在上下两面均显著，网脉明显可见；边缘有锯齿，齿尖有腺状突；叶柄长达 11cm，常有短柔毛；托叶线形，游离，或略与叶柄连生，长 1 ～ 1.4cm，红褐色，被毛，早落。雄性短穗状花序常多个排成总状，雄蕊多数，花丝不等长，花药比花丝略短。雌性头状花序有花 24 ～ 43 朵，花序柄长 3 ～ 6cm，偶有皮孔，无腺体；萼齿 4 ～ 7 个，针形，长 4 ～ 8mm，子房下半部藏

在头状花序轴内，上半部游离，有柔毛，花柱长
6～10mm，先端常卷曲。头状果序圆球形，木质，
直径3～4cm；蒴果下半部藏于花序轴内，有宿
存花柱及针刺状萼齿。种子多数，褐色，多角形
或有窄翅。

特征差异研究　深圳小南山，叶柄4.8cm。与上
述特征描述相比，叶柄长偏小6.2cm。

形态特征增补　深圳小南山，叶长11.9cm，叶宽
13.5cm。

凭证标本　深圳小南山，陈志洁（027）。

分布地　性喜阳光，多生于平地，村落附近，以
及低山的次生林。在海南岛常组成次生林的优势
种，性耐火烧，萌生力极强。产秦岭及淮河以南
各省，北起河南、山东，东至台湾，西至四川、
云南及西藏，南至广东。亦见于越南北部、老挝
及朝鲜南部。

本研究种类分布地　深圳小南山。

枫香树 *Liquidambar formosana*

主要经济用途　树脂供药用，能解毒止痛，止血
生肌；根、叶及果实亦入药，有祛风除湿，通络
活血功效。木材稍坚硬，可制家具及贵重商品的
装箱。

檵木（檵木属）

Loropetalum chinense (R. Br.) Oliver in Trans. Linn. Soc. 23: 459, f. 4. 1862; Hayata Ic. Pl. Form. 5: 71, f. 13. 1915. *Hamamelis chinensis* R. Br. in Abel, Narr. Journ. China: 375. 1818; 中国植物志 35(2): 70. 1979.

别名　白花檵木

主要形态特征　灌木，有时为小乔木，多分枝，
小枝有星毛。叶革质，卵形，长2～5cm，宽
1.5～2.5cm，先端尖锐，基部钝，不等侧，上
面略有粗毛或秃净，干后暗绿色，无光泽，下面
被星毛，稍带灰白色，侧脉约5对，在上面明
显，在下面凸起，全缘；叶柄长2～5mm，有星
毛；托叶膜质，三角状披针形，长3～4mm，宽
1.5～2mm，早落。花3～8朵簇生，有短花梗，
白色，比新叶先开放，或与嫩叶同时开放，花序
柄长约1cm，被毛；苞片线形，长3mm；萼筒杯状，
被星毛，萼齿卵形，长约2mm，花后脱落；花瓣
4片，带状，长1～2cm，先端圆或钝；雄蕊4个，
花丝极短，药隔突出成角状；退化雄蕊4个，鳞
片状，与雄蕊互生；子房完全下位，被星毛；花
柱极短，长约1mm；胚珠1个，垂生于心皮内上角。
蒴果卵圆形，长7～8mm，宽6～7mm，先端圆，
被褐色星状绒毛，萼筒长为蒴果的2/3。种子圆卵
形，长4～5mm，黑色，发亮。花期3～4月。

特征差异研究　①深圳小南山，叶长1.8～
2.8cm，宽1.2～2.6cm，叶柄长0.1～0.3cm，与
上述特征描述相比，叶长的最大值小2.2cm；叶
宽的最小值小0.3cm；叶柄长的最小值则偏小

0.1cm。②深圳莲花山，叶长1.6～5.4cm，叶宽
1.3～3.4cm，叶柄长2～4mm；与上述特征描

檵木 *Loropetalum chinense*

述相比，叶长的最小值偏小，小 0.4cm，最大值偏大 0.4cm；叶宽的最小值则偏小 0.2cm，最大值偏大 0.9cm。

凭证标本　①深圳小南山，林仕珍，招康赛（197）；余欣繁，黄玉源（1621）；邹雨锋（267）；邹雨锋（266）；邹雨锋（265）；陈永恒，黄玉源（166）。②深圳莲花山，邹雨锋，招康赛（146）；林仕珍，

黄玉源（095）；陈永恒，招康赛（066）；王贺银（090）；邹雨锋（095）；王贺银（070）。

分布地　分布于华中、华南及西南各省。亦见于日本及印度。

本研究种类分布地　深圳小南山、莲花山。

主要经济用途　本种植物可供药用。叶用于止血，根及叶用于治疗跌打损伤，有祛瘀生新功效。

壳菜果（壳菜果属）

Mytilaria laosensis Lec. l. c.; Chun in Sunyatsenia 1: 244, 1934; H. L. Li in Journ. Arn. Arb. 25: 300, 1944; H. T. Chang l. c; 中国植物志 35(2): 50. 1979.

别名　鹤掌叶

主要形态特征　常绿乔木，高达 30m；小枝粗壮，无毛，节膨大，有环状托叶痕。叶革质，阔卵圆形，全缘，或幼叶先端 3 浅裂，长 10～13cm，宽 7～10cm，先端短尖，基部心形；上面干后橄榄绿色，有光泽；下面黄绿色，或稍带灰色，无毛；掌状脉 5 条，在上面明显，在下面凸起，网脉不大明显；叶柄长 7～10cm，圆筒形，无毛。肉穗状花序顶生或腋生，单独，花序轴长 4cm，花序柄长 2cm，无毛。花多数，紧密排列在花序轴；萼筒藏在肉质花序轴中，与子房壁连生，萼片 5～6 个，卵圆形，长 1.5mm，先端略尖，外侧有毛；花瓣带状舌形，长 8～10mm，白色；雄蕊 10～13 个，花丝极短，花药藏在稍为扩大的药隔里；子房下位，2 室，每室有胚珠 6 个，花柱长 2～3mm，柱头有乳状突。蒴果长 1.5～2cm，外果皮厚，黄褐色，松脆易碎；内果皮木质或软骨质，较外果皮为薄。种子长 1～1.2cm，宽 5～6mm，褐色，有光泽，种脐白色。

特征差异研究　深圳小南山，叶长 14～18.5cm，叶宽 11.6～17.5cm，叶柄长 5～10.8cm。与上述特征描述相比，叶长整体范围明显偏大，其最小值比上述特征的最大值还长 1cm；叶宽的整体范围也明显偏大，最小值比上述特征叶宽的最大值大 1.6cm；叶柄长度最小值则偏小 2cm，而最大值偏大 0.8cm。

凭证标本　深圳小南山，林仕珍，招康赛（228）；余欣繁（186）；邹雨锋，黄玉源（272）；陈永恒，周志彬（106）。

壳菜果 *Mytilaria laosensis*

分布地　云南东南部、广西西部及广东西部。

本研究种类分布地　深圳小南山。

主要经济用途　作箱柜、家具、房屋板料、造船等用材。

杨梅科 Myricaceae

杨梅（杨梅属）

Myrica rubra (Lour.) Sieb. et Zucc. in Abh. Muench. Akad. 4(3): 230. 1846; *Morelta rubra* Lour., Fl. Cochinch. 548. 1790. ——*Myrica rubra* (Lour.) Sieb. et Zucc. var. *acuminata* Nakai, Fl. Sylva. Korea 20: 64. 1933. ——*M. nagi* auct. non Thunb.: C. DC. in DC. Prodr. 16 (2): 151. 1864; Hook. f. in Curtis, Bot. Mag. t. 5727. 1868; 中国植物志 21: 4. 1979.

别名 山杨梅（浙江），朱红、珠蓉、树梅（福建）

主要形态特征 常绿乔木，高可达 15m 以上，胸径达 60 余厘米；树皮灰色，老时纵向浅裂；树冠圆球形。小枝及芽无毛，皮孔通常少而不显著，幼嫩时仅被圆形而盾状着生的腺体。叶革质，无毛，生存至 2 年脱落，常密集于小枝上端部分；多生于萌发条上者为长椭圆状或楔状披针形，长达 16cm 以上，顶端渐尖或急尖，边缘中部以上具稀疏的锐锯齿，中部以下常为全缘，基部楔形；生于孕性枝上者为楔状倒卵形或长椭圆状倒卵形，长 5～14cm，宽 1～4cm，顶端圆钝或具短尖至急尖，基部楔形，全缘或偶有在中部以上具少数锐锯齿，上面深绿色，有光泽，下面浅绿色，无毛，仅被有稀疏的金黄色腺体，干燥后中脉及侧脉在上下两面均显著，在下面更为隆起；叶柄长 2～10mm。花雌雄异株。雄花序单独或数条丛生于叶腋，圆柱状，长 1～3cm，通常不分枝呈单穗状，稀在基部有不显著的极短分枝现象，基部的苞片不孕，孕性苞片近圆形，全缘，背面无毛，仅被有腺体，长约 1mm，每苞片腋内生 1 雄花。雄花具 2～4 枚卵形小苞片及 4～6 枚雄蕊；花药椭圆形，暗红色，无毛。雌花序常单生于叶腋，较雄花序短而细瘦，长 5～15mm，苞片和雄花的苞片相似，密接而成覆瓦状排列，每苞片腋内生 1 雌花。雌花通常具 4 枚卵形小苞片；子房卵形，极小，无毛，顶端极短的花柱及 2 鲜红色的细长的柱头，其内侧为具乳头状凸起的柱头面。每一雌花序仅上端 1（稀 2）雌花能发育成果实。核果球状，外表面具乳头状凸起，径 1～1.5cm，栽培品种可达 3cm 左右，外果皮肉质，多汁液及树脂，味酸甜，成熟时深红色或紫红色；核常为阔椭圆形或圆卵形，略成压扁状，长 1～1.5cm，宽 1～1.2cm，内果皮极硬，木质。4 月

杨梅 *Myrica rubra*

开花，6～7 月果实成熟。

凭证标本 深圳小南山，邹雨锋，黄玉源（328）；陈永恒，周志彬（099）。

分布地 生长在海拔 125～1500m 的山坡或山谷林中，喜酸性土壤。产江苏、浙江、台湾、福建、江西、湖南、贵州、四川、云南、广西和广东。日本、朝鲜和菲律宾也有分布。

本研究种类分布地 深圳小南山、杨梅坑。

主要经济用途 杨梅是我国江南的著名水果；树皮富含单宁，可用作赤褐色染料及医药上的收敛剂。

桦木科 Betulaceae

西桦 （桦木属）

Betula alnoides Buch.-Ham. ex D. Don, Prod. Fl. Nepal. 58. 1825.; Hook. f., Fl. Brit. Ind. 5: 599. 1888. p.p.;. Burk. in Journ. Linn. Soc. Bot. 26: 497. 1899. excl. specim. Farges. et var.; Schneid., Ill. Handb. Laubholzk. 2: 882. fig. 5529. 553 e-f. 1912. et in Sarg., Pl. Wils. 2: 467. 1916; Chun, Econ. Trees China 78. 1921; A. Camus in Lecomte, Fl. Gen. Indo-Chine 5: 1039. fig. 118. 1. 1931; 胡先骕, 中国植物图谱 3: 图版101. 1933. 中国森林树木图志 2: 7. 图版1. 1948; 陈嵘, 中国树木分类学: 155. 1937; Rehd., Man. Cult. Trees and Shrubs ed. 2. 126. 1940; 中国高等植物图鉴 1: 387. 图773. 1972. ——*Betula acuminate* Wall., Pl. As. Ra. 2: 7. t. 109. 1831. non Ehrhart (1791). ——*Betulaster acuminate* Spach in Ann. Sci. Nat. ser. 2. 15: 199. 1841. —— *Betula acuminata* Wall. var. *aglabra, pilosa, argula, landfolia* Regel in: Nouv. Mem. Soc. Nat. Moscou 13 (2): 129-130. t. 6. fig. 29-31. t. 13. fig. 29. 1861. ——*Betula cylindrostachys* Lindl. var., 8 pilosa, ysubglabra Regel in IBC. Brodr. 16 (2): 189. 1868. ——*Betula alnoidea* Buch.-Ham. var. *acuminata* (Wall.) H. Winkl. In Engler, Pflanzenreich 19 (IV-61): 89. fig. 22 A-C. 1904. ——*Betula alnoades* var. *cylindrostachya* (Lindl.) H. Winkl., l. c. 19 (IV-61): 91. 1904. p. p. min; 中国植物志 21: 108. 1979.

别名　西南桦木（中国树木分类学）

主要形态特征　乔木，高达 16m；树皮红褐色；枝条暗紫褐色，有条棱，无毛；小枝密被白色长柔毛和树脂腺体。叶厚纸质，披针形或卵状披针形，长 4 ～ 12cm，宽 2.5 ～ 5.5cm，顶端渐尖至尾状渐尖，基部楔形、宽楔形或圆形，少有微心形，边缘具内弯的刺毛状的不规则重锯齿，上面无毛，下面的脉上疏被长柔毛，脉腋间具密髯毛，其余无毛，密生腺点；侧脉 10 ～ 13 对；叶柄长 1.5 ～ 3 （～ 4）cm，密被长柔毛及腺点。果序长圆柱形，（2 ～）3 ～ 5 枚排成总状，长 5 ～ 10cm，直径 4 ～ 6mm；总梗长 5 ～ 10mm，序梗长 2 ～ 3mm，均密被黄色长柔毛；果苞甚小，长约 3mm，背面密被短柔毛，边缘具纤毛，基部楔形，上部具 3 枚裂片，侧裂不甚发育，呈耳突状，中裂片矩圆形，顶端钝。小坚果倒卵形，长 1.5 ～ 2mm，背面疏被短柔毛，膜质翅大部分露于果苞之外，宽为果的两倍。

凭证标本　深圳赤坳，陈永恒，周志彬（055）。

西桦 *Betula alnoides*

分布地　生于海拔 700 ～ 2100m 山坡杂林中。产云南南部、海南尖峰岭。越南、尼泊尔也有。

本研究种类分布地　深圳赤坳。

主要经济用途　药用解毒敛疮，树皮可提取栲胶。

壳斗科 Fagaceae

米槠 （锥属）

Castanopsis carlesii (Hemsl.) Hayata, Gen. Ind. Fl. Form. 72. 1917;Chun, Ic. Pl. Sin. 2, t. 59. 1929; A. Camus, Chatiag. 486. 1929; 中国高等植物图鉴 1: 416. 图823. 1972. ——*Quercus carlesii* Hemsl. in Hook. Ic. Pl. 26, pl. 2591. 1899. ——*Synaedrys carlesii* (Hemsl.) Koidz. in Bot. Mag. Tokyo 30: 186. 1916. ——*Shiia carlesii* (Hemsl.) Kudo in Journ. Soc. Trop. Agr. 3: 17. 1931. —— *Q. longicaudata* Hayata, Ic. Pl. Form. 3: 182, f. 29. 1913; *Pasania longicaudata* (Hayata) Hayata, l. c.; *Lithocarpus longicaudata* (Hayata) Hayata, Gen. Ind. Fl. Form. 72. 1917. ——*Shiia longicaudata* (Hayata) Kudo et Masamune ex Masamune in Bot. Mag. Tokyo 44: 405. 1930. ——*Castanopsis longicaudata* (Hayata) Nakai in Journ. Jap. Bot. 15: 266. 1939. 台湾植物志 2: 55. 1976. ——*Q. cuspidata* auct. non (Thunb.) Schott.: Henry, List. Pl. Form. 90. 1896; Rehd. et Wils. in Sarg. Pl. Wils. 3: 204. 1916 et auctt. plur. ——*Q. junghuhnii* auct. non Miq.: Hayata in Journ. Coll. Sci. Univ. Tokyo 25: 203. 1908; 中国植物志 22: 66. 1998.

别名 米锥、白栲、石槠、小叶槠、米子子槠、细米槠，白橼（广东），米锥（广西），长尾栲、锯叶长尾栲（台湾）

主要形态特征 乔木，高达 20m，胸径 80cm。芽小，两侧压扁状，新生枝及花序轴有稀少的红褐色片状蜡鳞，二及三年生枝黑褐色，皮孔甚多，细小。叶披针形，长 6～12cm，宽 1.5～3cm，或长 4～6cm，宽 1～2cm，或卵形，长 6～9cm，宽 3～4.5cm，顶部渐尖或渐狭长尖，基部有时一侧稍偏斜，叶全缘，或兼有少数浅裂齿，鲜叶的中脉在叶面平坦或微凸起，压干后常变凹陷，侧脉每边 8～13 条，稀较少，在叶面微凸，在叶缘附近上下联结，支脉纤细，嫩叶叶背有红褐色或棕黄色稍紧贴的细片状蜡鳞层，成长叶呈银灰色或多少带灰白色；叶柄长通常不到 10mm，基部增粗呈枕状。雄圆锥花序近顶生，花序轴无毛或近无毛，雌花的花柱 3 或 2 枚，长约 0.5mm；果序轴横切面径 2～3mm，无毛，壳斗近圆球形或阔卵形，长 10～15mm，顶部短狭尖或圆，基部圆或近于平坦，或突然收窄而又稍微延长呈短柄状，外壁有疣状体，或甚短的钻尖状，或部分横向连生成脊肋状，有时位于顶部的为长 1～2mm 的短刺，被棕黄或锈褐色毡毛状微柔毛及蜡鳞；坚果近圆球形或阔圆锥形，顶端短狭尖，顶部近花柱四周及近基部被疏伏毛，熟透时变无毛，果脐位于坚果底部。花期 3～6 月，果次年 9～11 月成熟。

凭证标本 深圳莲花山，王贺银（127）。

米槠 *Castanopsis carlesii*

分布地 见于海拔 1500m 以下山地或丘陵常绿或落叶阔叶混交林中。产长江以南各地。常为主要树种，有时成小片纯林。

本研究种类分布地 深圳莲花山。

主要经济用途 作为风景林树种。

罗浮锥（锥属）

Castanopsis fabri Hance in Journ. Bot. 22: 230. 1884; Dunn et Tutch. in Kew Bull. add. ser. 10: 254. 1912; 陈嵘, 中国树木分类学: 184. 1937; 海南植物志2: 346. 1965; 中国高等植物图鉴 1: 415. 图829. 1972. ——*Castanopsis kusanoi* Hayata in Journ. Coll. Sci. Univ. Tokyo 30: 302. 1911; A. Camus, Chataig. 381. 1929, Atlas pl. 47, f. 6. 1928; Kanehira, Form. Trees ed. 2, 94, f. 48. 1936; Nakai in Journ. Jap. Bot. 15: 260. 1939; 台湾植物志 2: 61. 1976. ——*C. brevispina* Hayata in l. c. 300. 1911; A. Camus, Chataig. 373, 1929, Atlas pl. 46, f. 14. 1928. ——*C. brevistella* Hayata & Kanehira ex A. Camus, Chataig. 373. 1929, Atlas pl. 46, f. 14. 1928. ——*C. semiserata* Hick. et A. Camus in Bull. Soc. Bot. Fr. 68: 397. 1921. ——*C. ceratacantha* var. *semiserrata* (Hick. et A. Camus) A. Camus, Chataig. 373. 1929, Atlas pl. 51, f. 7-2. 1928. ——*C. hickehi* A. Camus in Bull. Soc. Bot. Fr. 75: 390. 1928 et Chataig. 419. 1929, Atlas pl. 54, f. 511. 1928; Metc. Fl. Fukien 61. 1942. ——*C. ninbiensis* Hick. et A. Camus in Not. Syst. 4: 124. 1928; A. Camus, l. c. 379. 1929, Atlas pl. 40. 1928. ——*C. tenuispinula* Hick. et A. Camus in Not. Syst. 4: 124. 1928; A. Camus, Chataig, 325. 1929, Atlas pl. 32, f. 14-16. 1928. ——*C. tranninhensis* Hick. et A. Camus in Bull. Soc. Bot. Fr. 68: 391. 1921; A. Camus, l. c. 394. 1929, Atlas pl. 52, f. 1-6. 1928. ——*C. brevistella* Hayata & Kanehira ex A. Camus, Chataig. 481. 1929. ——*C. sinsuiensis* Kanehira, Form. Trees ed. 2, 94 f. 49. 1936. ——*C. quangtriensis* Hick. et A. Camus in Bull. Mus. Paris 398. 1926; A. Camus, l. c. 348. 1929, Atlas pl. 41. 1928. ——*C. matsudae* Hayata ex A. Camus, Chataign. Monogr. Gen. Castanea et Castanopsis 482, photo 15. 1929 "matsudai"; 中国植物志 22: 71. 1998.

俗名　酒枹（江西）、白橡、三棯锥、白锥、狗牙锥（广东）、罗浮栲

主要形态特征　乔木，高 8 ～ 20m。树皮灰褐色，粗糙。叶革质，卵形、椭圆形至披针形，叶缘有裂齿，亦有全缘叶。花雌雄异株；雄花序单穗腋生或多穗排成圆锥花序，雄蕊 10 ～ 12 枚；每个壳斗内有雌花 2 ～ 3 朵。壳斗圆球形或阔椭圆形，有坚果 2 个，坚果圆锥形。花期 4 ～ 5 月；果期翌年 9 ～ 11 月。

特征差异研究　深圳莲花山，叶长 3.9 ～ 12.8cm，宽 1.5 ～ 4.8cm，叶柄长 0.7 ～ 1.6cm，与上述特征描述相比，叶长的最小值偏小 4.1cm；叶宽的最小值偏小 1cm。

凭证标本　深圳莲花山，林仕珍（149）；邹雨锋（097）；陈永恒，周志彬（067）；邹雨锋（077）；邹雨锋，招康赛（149）；王贺银（072）。

分布地　生于约 2000m 以下疏或密林中，有时成小片纯林。产长江以南大多数省区。越南、老挝也有分布。

本研究种类分布地　深圳莲花山。

罗浮锥 *Castanopsis fabri*

栲（锥属）

Castanopsis fargesii Franch. in Journ. de Bot. 13: 195. 1899; Skan in Journ. Linn. Soc. Bot. 26: 523. 1899; Rehd. et Wils. in Sarg. Pl. Wils. 3: 198. 1916; Chun, Chinese Econ. Trees 87. 1921; Hand.-Mazz. Symb. Sin. 7: 27. 1929; A. Camus, Chatiag. 373. 1929, Atlas. pl. 47, f. 7-9. 1928, exclud. pl. Yunnan; 中国高等植物图鉴, 补编 1: 107, 110. 1982; Lauener in Not. Bot. Gand. Edinb. 41: 168. 1983. ——*Castanopsis taiwaniana* Hayata in Journ. Coll. Sci. Univ. Tokyo 25: 205. 1908; Kanehira, Form. Trees 554. 1917, rev. ed. 97. f. 52. 1936; A. Camus, Chataig. 369. 1929, Atlas pl. 45, f. 10-11. 1928; Cheng in Sci. Silv. 8(1): 7. 1963. ——*C. pinfaensis* Levl. in Fedde, Rep. Sp. Nov. 12: 364. 1913 et Fl. Kouy-Tcheou. 128. 1914. ——*Pasania ischnostachya* Hu in Acta Phytotax. Sin. 1: 110. 1951. ——*C. argyracantha* A. Camus in Not. Syst. 6: 178. 1938; Metc. Fl. Fukien 58. 1942. ——*C. hystrix* auct. non A. DC.: Dunn in Journ. Linn. Soc. Bot. 38: 367. 1908; Rehd. et Wils. in Sarg. Pl. Wils. 3: 197. 1916, pro parte; Chun, Chinese Econ. Trees 87. 1921; Chung in Mem. Sci. Soc. China 1: 25. 1924; Hand.-Mazz. Symb. Sin. 7: 27. 1929, pro parte; A. Camus, Chataig. 290. 1929, proparte; Cheng in Contr. Biol. Lab. Sci. Soc. China 9: 78. 1933; Metc. Fl. Fukien 58. 1942, pro parte; Fang, Ic. Pl. Omei. 2(1): pl. 113. 1945; 台湾植物志 2: 59, pl. 211. 1976; Liu, Trees Taiwan 335, pl. 143. 1988; 中国植物志 22: 55. 1998.

别名　红栲、红叶栲、红背槠、火烧柯（台湾）

主要形态特征　乔木，高 10 ～ 30m，胸径 20 ～ 80cm，树皮浅纵裂。芽鳞、嫩枝顶部及嫩叶叶柄均被与叶背相同但较早脱落的红锈色细片状蜡鳞，枝、叶均无毛。叶长椭圆形或披针形，稀卵形，长 7 ～ 15cm，宽 2 ～ 5cm，稀更短或较宽，顶部短尖或渐尖，基部近于圆或宽楔形，有时一侧稍短且偏斜，全缘或有时在近顶部边缘有少数浅裂齿，或二者兼有，中脉在叶面凹陷或上半段凹陷，下半段平坦，侧脉每边 11 ～ 15 条，支脉通常不显，或隐约可见，叶背的蜡鳞层颇厚且呈粉末状，嫩叶的为红褐色，成长叶的为黄棕色或淡棕黄色，很少因蜡鳞早脱落而呈淡黄绿色；叶柄长 1 ～ 2cm，嫩叶叶柄长约 5mm。雄花穗状或圆锥花序，花单朵密生于花序轴上，雄蕊 10 枚；雌花序轴通常无毛，亦无蜡鳞，雌花单朵散生于长有时达 30cm 的花序轴上，花柱长约 0.5mm。果序轴横切面径 1.5 ～ 3mm。壳斗通常圆球形或宽卵形，连刺径 25 ～ 30mm，稀更大，不规则瓣裂，壳壁厚约 1mm，刺长 8 ～ 10mm，基部合生或很

少合生至中部成刺束，若彼此分离，则刺粗而短且外壁明显可见，壳壁及刺被白灰色或淡棕色微柔毛，或被淡褐红色蜡鳞及甚稀疏微柔毛，每壳斗有1坚果；坚果圆锥形，高略过于宽，高1～1.5cm，横径8～12mm，或近于圆球形，径8～14mm，无毛，果脐在坚果底部。花期4～6月，也有8～10月开花的，果次年同期成熟。

凭证标本　深圳莲花山，刘浩，招康赛（049）。

分布地　生于海拔200～2100m坡地或山脊杂木林中，有时成小片纯林。产长江以南各地，西南至云南东南部，西至四川西部。

本研究种类分布地　深圳莲花山。

主要经济用途　药用，主清热，消肿止痛。

栲 *Castanopsis fargesii*

黧蒴锥（锥属）

Castanopsis fissa (Champ. ex Benth.) Rehd. et Wils. in Sarg. Pl. Wils. 3: 203. 1916; Hu et Chun, Ic. Pl. Sin. t. 60. 1929; Hand.-Mazz. Symb. Sin. 7: 29. 1929; Merr. in Lingn. Sci. Journ. 11: 41. 1932; 海南植物志 2: 346. 1965; 中国高等植物图鉴 1: 412, 图824. 1972; 云南植物志 2: 271.图78(7-10). 1979. ——*Ouercus fissa* Champ. ex Benth. in Hook. Journ. Bot. et Kew Misc. 6: 114. 1854; Benth. Fl. Hongk. 320. 1861; Hance in Journ. Bot. 1; 175. 1863 et 13: 37. 1875; DC.Prodr. 16 (2): 104. 1864; Skan in Journ. Linn. Soc. Bot. 26: 512. 1899. ——*Pasania fissa* (Champ. ex Benth.) Oerst.in Kjoeb. vid. Medd. 18: 76. 1866. ——*Lithocarpus fissa* (Champ. ex Benth.) A. Camus in Rev. Bot. Appl. 15: 24. 1935 et Chenes 3: 1145. 1954, Atlas pl. 514. 1948. ——*O. tunkinensis* Drake in Journ. de Bot. 4: 153, Pl. 4, f. 8-10. 1890. ——*Castanopsis tunkinensis* (Drake) Barn. in Trans. & Proc. Bot. Soc. Edinb. 34: 183. 1944, non *Castanopsis tonkinensis* Seem. 1897. ——*Synaedrys tunkinensis* (Drake) Koidz. in Bot. Mag. Tokyo 30: 187. 1916. ——*L. fissa* subsp. *tunkinensis* (Drake) A. Camus, Chenes 3: 1148. 1954, Expl.Pl. 114. ——*P. fissa* var. *tunkinensis* (Drake) Hick.et A. Camus in Fl. Gen. Indo-Chine 5: 1006, f. 9. 1930. ——*C. fissoides* Chun et Huang ex Luong in Bot. Zhurn. USSR 50: 1000. 1965; 中国植物志 22: 21. 1998.

别名　裂壳锥，大叶槠栗（江西），大叶栎，大叶锥，大叶枹（广西、云南）

主要形态特征　高约10m稀达20m的乔木，胸径达60cm。芽鳞、新生枝顶段及嫩叶背面均被红锈色细片状蜡鳞及棕黄色微柔毛，嫩枝红紫色，纵沟棱明显。叶形、质地及其大小均与丝锥类同。雄花多为圆锥花序，花序轴无毛。果序

黧蒴锥 *Castanopsis fissa*

长 8 ~ 18cm。壳斗被暗红褐色粉末状蜡鳞，小苞片鳞片状，三角形或四边形，幼嫩时覆瓦状排列，成熟时多退化并横向连接成脊肋状圆环，成熟壳斗圆球形或宽椭圆形，顶部稍狭尖，通常全包坚果，壳壁厚 0.5 ~ 1mm，不规则的 2 ~ 3（~ 4）瓣裂，裂瓣常卷曲；坚果圆球形或椭圆形，高 13 ~ 18mm，横径 11 ~ 16mm，顶部四周有棕红色细伏毛，果脐位于坚果底部，宽 4 ~ 7mm。花期 4 ~ 6 月，果当年 10 ~ 12 月成熟。

特征增补研究　深圳小南山：叶长 12.8 ~ 20.6cm，宽 3.6 ~ 6.4cm，叶柄长 1.3 ~ 2.1cm。

凭证标本　深圳小南山，陈志洁（025）。

分布地　生于海拔 1600m 以下山地疏林中，阳坡较常见，为森林砍伐后萌生林的先锋树种之一。产福建、江西、湖南、贵州四省南部，广东、海南、香港、广西、云南东南部。越南北部也有分布。模式标本采自香港。

本研究种类分布地　深圳小南山。

主要经济用途　适作一般的门、窗、家具与箱板材，山区群众有的用以放养香菇及其他食用菌类，木材属白锥类。子叶味涩。

红锥（锥属）

Castanopsis hystrix Miq.in Ann. Mus. Bot. Lugd.-Bat. 1: 119. 1863; A. DC. in Journ. Bot. 1: 182. 1863, nom. nud. et Prodr. 16 (2): 111. 1864; Hook. f. Fl. Brit. Ind. 5: 620. 1888; King in Ann. Roy. Bot. Gard. Calc. 2: 95. 1889; Brandis, Ind. Trees 634. 1906; Levl. Cat. Pl. Yunnan 66. 1916; Rehd. et Wils. in Sarg. Pl. Wils. 3: 197. 1916, pro parte; Hand.-Mazz. Symb. Sin. 7: 27. 1929; A. Camus, Chataig. 290. 1929, exclud. Pl. e. Tche-kiang, Setchouen et Fokien, Atlas pl. 27, f. 1-5. 1928; Rehd. in Journ. Arn. Arb. 10: 118. 1929 et 17: 68. 1936; Hu in Bull. Fan. Mem. Inst. Biol. Bot. ser. 10: 85. 1940; 中国高等植物图鉴1: 421. 图847. 1972; 云南植物志 2: 254. 图70(1-5). 1979; Grierson et Long, Fl. Bhutan 1: 81. 1983; Lauener in Not. Roy. Bot. Gard. Edinb. 41: 168. 1983. ——*Ouercus brunnea* Levl. in Fedde, Rep. Sp. Nov. 12: 364. 1913. ——*Castanopsis brunnea* (Levl.) A. Camus, Chataig. 482. 1929, Atlas pl. 28. 1928. ——*C. tapuensis* Hu in Bull. Fan. Mem. Inst. Biol. n. s. 1 (3): 219. 1948. ——*C. lohfauensis* Hu in l. c. 1 (3): 224. 1948. ——*C. pseudoconcinna* Cheng et C. S. Chao in Cheng, 树木学 1: 372, f. 251. 1961, nom. nud; 中国植物志 22: 28. 1998.

别名　红椆（广东、广西），锥栗，刺锥栗，红锥栗，锥丝栗，椆栗（云南）

主要形态特征　乔木，高达 25m，胸径 1.5m，当年生枝紫褐色，纤细，与叶柄及花序轴相同，均被或疏或密的微柔毛及黄棕色细片状蜡鳞，二年生枝暗褐黑色，无或几无毛及蜡鳞，密生几与小枝同色的皮孔。叶纸质或薄革质，披针形，有时兼有倒卵状椭圆形，长 4 ~ 9cm，宽 1.5 ~ 4cm，稀较小或更大，顶部短至长尖，基部甚短尖至近于圆，一侧略短且稍偏斜，全缘或有少数浅裂齿，中脉在叶面凹陷，侧脉每边 9 ~ 15 条，甚纤细，支脉通常不显，嫩叶背面至少沿中脉被脱落性的短柔毛兼有颇松散而厚、或较紧实而薄的红棕色或棕黄色细片状蜡鳞层；叶柄长很少达 1cm。雄花序为圆锥花序或穗状花序；雌穗状花序单穗位于雄花序之上部叶腋间，花柱 3 或 2 枚，斜展，长 1 ~ 1.5mm，通常被甚稀少的微柔毛，柱头位于花柱的顶端，增宽而平展，干后中央微凹陷。果序长达 15cm；壳斗有坚果 1 个，连刺径 25 ~ 40mm，稀较小或更大，整齐的 4 瓣开裂，刺长 6 ~ 10mm，数条在基部合生成刺束，间有单生，

红锥 *Castanopsis hystrix*

将壳壁完全遮蔽，被稀疏微柔毛；坚果宽圆锥形，高 10～15mm，横径 8～13mm，无毛，果脐位于坚果底部。花期 4～6 月，果翌年 8～11 月成熟。

特征差异研究　深圳莲花山，叶长 6.2～10.1cm，宽 1.5～4cm；与上述特征描述相比，叶长的最大值大 1.1cm。

形态特征增补　深圳莲花山，叶柄长 1～4mm。

凭证标本　深圳莲花山，邹雨锋（071）；王贺银，招康赛（069）；余欣繁（076）。

分布地　福建东南、湖南西南、广东、海南、广西、贵州及云南南部、西藏东南。

本研究种类分布地　深圳莲花山。

主要经济用途　车、船、梁、柱、建筑及家具的优质材。

福建青冈（青冈属）

Cyclobalanopsis chungii (Metc.) Y. C. Hsu et H. W. Jen ex Q. F. Zhang in Fl. Fu jian. 1: 405. pl. 362. 1982; 中国树木志　2: 2302. 1985; Y. C. Hsu et H. W. Jen in Journ. Beij. Forest. Univ. 15(4): 45. 1993. ——*Quercus chungii* Metc. in Lingn. Sci. Journ. 10: 481. 1931; 中国高等植物图鉴, 补编　1: 114. 1982; 中国植物志　22: 282. 1998.

主要形态特征　常绿乔木，高达 15m。小枝密被褐色短绒毛，后渐脱落。叶片薄革质，椭圆形稀为倒卵状椭圆形，长 6～10（～12）cm，宽 1.5～4cm，顶端突尖或短尾状，基部宽楔形或近圆形，叶缘不反曲，顶端有数对不明显浅锯齿，稀全缘，中脉、侧脉在叶面均平坦，在叶背显著凸起，侧脉每边 10～15 条，叶密生灰褐色星状短绒毛，星状毛 8～10 分叉；叶柄长（0.5～）1～2cm，被灰褐色短绒毛；托叶早落。雌花序长 1.5～2cm，有花 2～6 朵，花序轴及苞片均密被褐色绒毛。果序长 1.5～3cm。壳斗盘形，包着坚果基部，直径 1.5～2.3cm，高 5～8cm，被灰褐色绒毛；小苞片合生成 6～7 条同心环带，除下部 2 环具裂齿外均全缘。坚果扁球形，直径 1.4～1.7cm，高约 1.5cm，顶端平圆，微有细绒毛，果脐平坦或微凹陷，直径约 1cm。

特征差异研究　深圳莲花山：叶长 10.5～12.9cm，宽 3.7～5.9cm，叶柄长 0.9～1.5cm。与上述特征描述相比，叶长的最大值偏大，大 0.9cm；叶宽的最大值也偏大 1.9cm。

凭证标本　深圳莲花山，邹雨锋，招康赛（141）。

分布地　生于海拔 200～800m 的背阴山坡、山谷疏或密林中。本种在广东封开通常生长在山谷土壤湿润的密林中，在湖南有时生长在石山上，与青冈、化香树组成常绿落叶混交林。产江西、福建、湖南、广东、广西等省区。

本研究种类分布地　深圳莲花山。

福建青冈 *Cyclobalanopsis chungii*

主要经济用途　木材红褐色，心边材区别不明显，材质坚实，硬重，耐腐，供造船、建筑、桥梁、枕木、车辆等用材。

小叶青冈（青冈属）

Cyclobalanopsis myrsinaefolia (Blume) Oerst. in Vid. Selsk. 9, 6: 387. 1871; Schott. in Bot. Jahrb. 47: 656. 1912; 云南植物志2: 327. 图100, 10-12. 1979; 江苏植物志. 下册: 45. 图791. 1982; 福建植物志　1: 407. 1982; 贵州植物志　1: 111. 1982; 中国树木志　2: 2320. 1985. ——*Quercus myrsinaefolia* Blume in Mus. Bot. Lugd.-Bat. 1: 305. 1850; A. Camus, Chenes 1: 264. 1936-38, Atlas 1. Pl. 16. f. 7-21. 1934; 陈嵘, 中国树木分类学: 204. 图143. 1937; 中国高等植物图鉴　1: 439. 图878. 1972; 河南植物志　1: 257. 图316. 1981. ——*Q. glauca* Thunb. var. *gracilis* (Rehd. et Wils.) A. camus f. *subintegrifolia* Ling, 福州大学自然科学研究汇报　3: 99. 1952; 中国植物志　22: 325. 1998

别名　青栲（中国树木分类学），青桐（中国高等植物图鉴）

主要形态特征　常绿乔木，高 20m，胸径达 1m。小枝无毛，被凸起淡褐色长圆形皮孔。叶卵状披针形或椭圆状披针形，长 6～11cm，宽 1.8～4cm，顶端长渐尖或短尾状，基部楔形或近圆形，叶缘中部以上有细锯齿，侧脉每边 9～14 条，常不达叶缘，叶背支脉不明显，叶面绿色，叶背粉白色，干后为暗灰色，无毛；叶柄长 1～2.5cm，无毛。雄花序长 4～6cm；雌花序长 1.5～3cm。壳斗杯形，包着坚果 1/3～1/2，直径 1～1.8cm，高 5～8mm，壁薄而脆，内壁无毛，外壁被灰白色细柔毛；小苞片合生成 6～9 条同心环带，环带全缘。坚果卵形或椭圆形，直径 1～1.5cm，高 1.4～2.5cm，无毛，顶端圆，柱座明显，有 5～6 条环纹；果脐平坦，直径约 6mm。花期 6 月，果期 10 月。

凭证标本　深圳莲花山，刘浩，招康赛（050）；陈永恒，招康赛（056）；余欣繁（085）。

分布地　生于海拔 200～2500m 的山谷、阴坡杂木林中。产区很广，北自陕西、河南南部，东自福建、台湾，南至广东、广西，西南至四川、贵州、云南等省区。越南、老挝、日本均有分布。

本研究种类分布地　深圳莲花山。

小叶青冈 *Cyclobalanopsis myrsinaefolia*

主要经济用途　木材用于制作枕木。

木麻黄科 Casuarinaceae

木麻黄（木麻黄属）

Casuarina equisetifolia Forst. Gen. Pl. Austr. 103. f. 52. 1776; 中国植物志 20(1): 2. 1982.

别名　驳骨树（广州），马尾树（中国种子植物分类学）

主要形态特征　乔木，高可达 30m，大树根部无萌蘖；树干通直，直径达 70cm；树冠狭长圆锥形；树皮在幼树上的赭红色，较薄，皮孔密集排列为条状或块状，老树的树皮粗糙，深褐色，不规则纵裂，内皮深红色；枝红褐色，有密集的节；最末次分出的小枝灰绿色，纤细，直径 0.8～0.9mm，长 10～27cm，常柔软下垂，具 7～8 条沟槽及棱，初时被短柔毛，渐变无毛或仅在沟槽内略有毛，节间长（2.5～）4～9mm，节脆易抽离。鳞片状叶每轮通常 7 枚，少为 6 或 8 枚，披针形或三角形，长 1～3mm，紧贴。花雌雄同株或异株；雄花序几无总花梗，棒状圆柱形，长1～4cm，有覆瓦状排列、被白色柔毛的苞片；小苞片具缘毛；花被片2；花丝长2～2.5mm，花药两端深凹入；雌花序通常顶生于近枝顶的侧生短枝上。球果状果序椭圆形，长1.5～2.5cm，直径1.2～1.5cm，两端近截平或钝，幼嫩时外被灰绿色或黄褐色茸毛，成长时毛常脱落；小苞片变木质，阔卵形，顶端略钝或急尖，背无隆起的棱脊；小坚果连翅长4～7mm，宽2～3mm。花期4～5月，果期7～10月。

凭证标本　深圳杨梅坑，林仕珍，招康赛 (307)。

分布地　广西、广东、福建、台湾沿海地区普遍栽植，已渐驯化。原产澳大利亚和太平洋岛屿，现美洲热带地区和东南亚沿海地区广泛栽植。

本研究种类分布地　深圳杨梅坑。

主要经济用途　本种生长迅速，萌芽力强，对立地条件要求不高，由于它的根系深广，具有耐干旱、抗风沙和耐盐碱的特性，因此成为热带海岸防风固沙的优良先锋树种，其木材坚重，但在南

木麻黄 *Casuarina equisetifolia*

方易受虫蛀，且有变形、开裂等缺点，经防腐防虫处理后，可作枕木、船底板及建筑用材。本种又为优良薪炭材；树皮含单宁11%～18%，为栲胶原料和医药上收敛剂；枝叶药用，治疝气、阿米巴痢疾及慢性支气管炎；幼嫩枝叶可为牲畜饲料。

榆科 Ulmaceae

朴树（朴属）

Celtis sinensis Pers. Syn. 1: 292. 1805; Schneid. in Sarg. Pl. Wilson. 3: 277. 1916;中国高等植物图鉴 1: 470.图940.1972; 秦岭植物志 1(2): 89. 1974; 湖北植物志 1: 136. 图169. 1976; 台湾植物志 2: 109. 1976; 江苏植物志. 下册: 60. 图812. 1982; 广东植物志 2: 220. 1991. ——*C. nervosa* Hemsl. in Journ. Linn. Soc. Bot. 26: 450. 1894; 台湾植物志 2: 109. 1976. ——*C. bodinieri* Levl. in Fedde, Rep. Sp. Nov. 13: 265. 1914; Schneid. l. c. 276. 1916. ——*C. labilis* Schneid. l. c. 267. 1916. ——*C. cercidifolia* Schneid. l. c. 276. 1916.——*C. hunanensis* Hand.-Mazz. in Anzieg. Akad. Wiss. Wien, Math.-Nat. Kl. 59: 53. 1922. et Symb. Sin. 7(1): 102. Taf. III. Abb. l. 1929. ——*C. tetrandra* Roxb. subsp. *sinensis* (Pers.) Y. C. Tang in Acta Phytotax. Sin. 17(1): 51. 1979. nom. illeg; 浙江植物志 2: 80. 图2-104. 1992; 中国植物志 22: 410. 1998.

别名　黄果朴（中国高等植物图鉴），紫荆朴（湖北植物志），小叶朴（台湾植物志）

主要形态特征　落叶乔木，高达20m。树冠近椭圆状伞形。叶多而密，多为卵形或卵状椭圆形，先端尖至渐尖。春季于叶腋生出黄绿色的花朵。核果秋季成熟，近球形，成熟时红褐色，一般直径5～7mm，常可吸引鸟类采食。花期3～4月，果期9～10月。

特征差异研究　①深圳莲花山，叶长3.6～9.4cm，宽1.9～5cm；与上述特征描述相比，叶长的最小值小1.4cm；叶宽的最小值小0.1cm。②深圳小南山，叶长3.9～8.5cm，叶宽2～4cm；与上述特征描述相比，叶长的最小值小1.1cm。

朴树 *Celtis sinensis*

形态特征增补　①深圳莲花山：叶柄长 3 ～ 5mm。②深圳小南山：叶柄长 5 ～ 8mm；果实圆球形，直径 5 ～ 7mm，果柄长 5 ～ 7mm。

凭证标本　①深圳小南山，吴凯涛，黄玉源（007）。②深圳莲花山，王贺银（096）；余欣繁，邓嘉豪

（104）。

分布地　山东（青岛、崂山）、河南、江苏、安徽、浙江、福建、江西、湖南、湖北、四川、贵州、广西、广东、台湾。

本研究种类分布地　深圳小南山、莲花山。

白颜树（白颜树属）

Gironniera subaequalis Planch.in Ann. Sci. Nat. ser. 3, Bot. 10: 339, 1848, P. P., excl. var. *ceylanica*, et in DC. Prodr.17: 206.1873; Hook. f. Fl. Brit. Ind. 5: 485. 1888; Hemsl.in Journ. Linn. Soc. Bot. 26: 452. 1894; Gagnep. Fl. Gen. Indo-Chine 5: 678. 1927; 陈嵘 , 中国树木分类学 : 226. 图 164. 1937; 广州植物志 : 388. 1956; 海南植物志 2: 371. 1965; 中国高等植物图鉴 1: 470. 图 939. 1972; Soepadmo in van Steenis, Fl. Males.ser. 1. 8 (2): 75: f. 26. 1977. ——*G. chinensis* Benth. Fl. Hongk. 325. 1861. ——*G. nervosa* Planch. var. *subaequalis* (Planck.) Kurz, For. Fl. Burma 2: 470. 1877; 中国植物志 22: 386. 1998.

别名　大叶白颜树（中国树木分类学），黄机树（海南），寒虾子（云南河口）

主要形态特征　乔木，高 10 ～ 20m，稀达 30m，胸径 25 ～ 50cm，稀达 100cm；树皮灰或深灰色，较平滑；小枝黄绿色，疏生黄褐色长粗毛。叶革质，椭圆形或椭圆状矩圆形，长 10 ～ 25cm，宽 5 ～ 10cm，先端短尾状渐尖，基部近对称，圆形至宽楔形，边缘近全缘，仅在顶部疏生浅钝锯齿，叶面亮绿色，平滑无毛，叶背浅绿，稍粗糙，在中脉和侧脉上疏生长糙伏毛，在细脉上疏生细糙毛，侧脉 8 ～ 12 对；叶柄长 6 ～ 12mm，疏生长糙伏毛；托叶成对，鞘包着芽，披针形，长 1 ～ 2.5cm，外面被长糙伏毛，脱落后在枝上留有一环托叶痕。雌雄异株，聚伞花序成对腋生，序梗上疏生长糙伏毛，雄的多分枝，雌的分枝较少，成总状；雄花直径约 2mm，花被片 5，宽椭圆形，中央部分增厚，边缘膜质，外面被糙毛，花药外面被细糙毛。核果具短梗，阔卵状或阔椭圆状，直径 4 ～ 5mm，侧向压扁，被贴生的细糙毛，内果皮骨质，两侧具 2 钝棱，熟时橘红色，具宿存的花柱及花被。花期 2 ～ 4 月，果期 7 ～ 11 月。

特征差异研究　深圳杨梅坑：叶长 7.4 ～ 22.7cm，宽 3.7 ～ 8.1cm，叶柄长 0.8 ～ 2.6cm，与上述特征描述相比，叶长的最小值小 2.6cm；叶宽的最小值小 1.3cm。

凭证标本　深圳杨梅坑，林仕珍，招康赛（256）；邹雨锋，招康赛（339）。

分布地　生于山谷、溪边的湿润林中，海拔 100 ～ 800m。产广东、海南、广西和云南。印度、斯里兰卡、缅甸、中南半岛、马来半岛及印度尼西亚也有分布。

本研究种类分布地　深圳杨梅坑。

白颜树 *Gironniera subaequalis*

山黄麻 （山黄麻属）

Trema tomentosa (Roxb.) Hara, Fl. East. Himal.2nd. rep. 19. 1971; Soepadmo in whitmore, Tree Fl. Mal. 2: 423. 1973, et in van Steenis, Fl. Males. ser. 1, 8(2): 53. f. 16(left.). 1977, excl. syn. T. dielsiana; 云南种子植物名录. 上册: 696. 1984. ——*Celtis tomentosa* Roxb. Fl. Ind. ed. Carey 2: 66. 1832. ——*Sponia amboinensis* (Willd.) Decne. in Nouv. Ann. Mus. Paris 3: 498. 1834, quoad specim.; Miq. Fl. Ind. Bat. 1: 216. 1859; Planch. in DC. Prodr. 17: 198. 1873. ——*S. tomentosa* (Roxb.) Planch. in Ann. Sci. Nat. Bot. 10: 326. 1848. ——*S. velutina* Planch. l. c. 327. pro pate, exclud. specim. Cuming 1232. ——*Trema velutina* (Planch.) Bl. Mus. Bot. Lugd.-Bat. 2: 62. 1852; Gagnep. Fl. Gen. Indo-Chine 5: 689. 1927. ——*T. amboinensis* (Willd.) Bl. l. c. 61, quoad specim. : Hook. f. Fl. Brit. Ind. 5: 484. 1888; Rild. Fl. Mal. Pen. 3: 319. 1924. ——*T. dunniana* Levl. in Repert. Spec. Nov. Regni Veg. 10: 146. 1911. ——*T. orientalis* auct. non (L.) Bl.: Merr. Sp. Blanc. 121. 1918; 陈嵘, 中国树木分类学: 224. 图162. 1937, p. max. p.; Li, Woody Fl. Taiwan 107. 1963, p.p., et Fl. Taiwan 2: 111. pl. 230. 1976, pro. parte; 海南植物志 2: 369. 1965, pro parte; 中国高等植物图鉴 1: 475. 图949. 1972, p. max. p.; 贵州植物志 1: 128. 图117. 1982, pro parte; 福建植物志 1: 422. 1982; 西藏植物志 1: 507. 图161(4-10). 1983; 四川植物志 3: 166. 图51(3-4). 1985; 中国植物志 22: 393. 1998.

别名　麻桐树、麻络木（广东），山麻、母子树（海南），麻布树（台湾）

主要形态特征　小乔木，高达10m，或灌木；树皮灰褐色，平滑或细龟裂；小枝灰褐至棕褐色，密被直立或斜展的灰褐色或灰色短绒毛。叶纸质或薄革质，宽卵形或卵状矩圆形，稀宽披针形，长7～15（～20）cm，宽3～7（～8）cm，先端渐尖至尾状渐尖，稀锐尖，基部心形，明显偏斜，边缘有细锯齿，两面近于同色，干时常灰褐色至棕褐色，叶面极粗糙，有直立的基部膨大的硬毛，叶背有密或较稀疏直立的或稀斜展的灰褐色或灰色短绒毛（茸毛），有时稀疏地混生褐红色（干时）串珠毛，基出脉3，侧生的一对达叶片中上部，侧脉4～5对；叶柄长7～18mm，毛被同幼枝；托叶条状披针形，长6～9mm。雄花序长2～4.5cm，毛被同幼枝；雄花直径1.5～2mm，几乎无梗，花被片5，卵状矩圆形，外面被微毛，边缘有缘毛，雄蕊5，退化雌蕊倒卵状矩圆形，压扁，透明，在其基部有一环细曲柔毛。雌花序长1～2cm；雌花具短梗，在果时增长，花被片4～5，三角状卵形，长1～1.5mm，外面疏生细毛，在中肋上密生短粗毛，子房无毛；小苞片卵形，长约1mm，具缘毛，在背面中肋上有细毛。核果宽卵珠状，压扁，直径2～3mm，表面无毛，成熟时具不规则的蜂窝状皱纹，褐黑色或紫黑色，具宿存的花被。种子阔卵珠状，压扁，直径1.5～2mm，两侧有棱。花期3～6月，果期9～11月，在热带地区，几乎四季开花。

山黄麻 *Trema tomentosa*

特征差异研究　深圳小南山：叶长6～12.5cm，宽3～6.6cm，叶柄长0.5～1.1cm；与上述特征描述相比，叶长的最小值小1cm。

凭证标本　①深圳杨梅坑，刘浩，招康赛（020）；陈惠如，明珠（073）。②深圳小南山，余欣繁，黄玉源（201）；陈永恒（094）。

分布地　福建南部、台湾、广东、海南、广西、四川西南部和贵州、云南和西藏东南部至南部。

本研究种类分布地　深圳杨梅坑、小南山。

主要经济用途　人造棉、麻绳和造纸原料，木材供建筑、器具及薪炭用。

桑科 Moraceae

高山榕（榕属）

Ficus altissima Bl. Bijdr. 444. 1825; King in Ann. Bot. Gard. Calcutta 1: 56. t. 30. 30a. 31. 825. 1888; Hook. f. Fl. Brit. Ind. 5: 504. 1888; Merr. in Lingn. Sci. Journ. 5: 64.1927; Gagnep. in Lecomte, Fl. Gen. Indo-Chine 5: 780. 1928; Hand.-Mazz.Symb. Sin. 7: 92. 1929; 陈嵘, 中国树木分类学: 235. 1937; Corner in Dansk Bot. Ark. 23 (1): 22. 1963; et in Gard. Bull. Sing. 21: 15. 1965; 海南植物志 2: 391. 1965; 中国高等植物图鉴 1: 486. f. 972. 1972; 中国高等植物图鉴, 补编 1: 151. 1982, in clavi; Grier.et Long, Fl. Bhutan 1 (1): 97. 1983; 云南种子植物名录. 上册: 699. 1984; H. Koba et al., Name List Fl. Pl. Gymnosp. Nepal. 209. 1994; Nguyen T. Hiep in Tap chi SINN HOC 16 (4): 57. 1994; 中国植物志 23(1): 107. 1998.

别名　鸡榕（广西），大叶榕（海南植物志），大青树（云南），万年青（屏边）

主要形态特征　大乔木，高 25～30m，胸径 40～90cm；树皮灰色，平滑；幼枝绿色，粗约 10mm，被微柔毛。叶厚革质，广卵形至广卵状椭圆形，长 10～19cm，宽 8～11cm，先端钝，急尖，基部宽楔形，全缘，两面光滑，无毛，基生侧脉延长，侧脉 5～7 对；叶柄长 2～5cm，粗壮；托叶厚革质，长 2～3cm，外面被灰色绢丝状毛。榕果成对腋生，椭圆状卵圆形，直径 17～28mm，幼时包藏于早落风帽状苞片内，成熟时红色或带黄色，顶部脐状凸起，基生苞片短宽而钝，脱落后环状；雄花散生榕果内壁，花被片 4，膜质，透明，雄蕊一枚，花被片 4，花柱近顶生，较长；雌花无柄，花被片与瘿花同数。瘦果表面有瘤状凸体，花柱延长。花期 3～4 月，果期 5～7 月。

特征差异研究　深圳莲花山：叶长 18～20cm，宽 8.5～12cm，叶柄长 4.5～6cm。与上述特征描述相比，叶长的最大值偏长 1cm；叶柄长最大值偏大 1cm。

凭证标本　深圳莲花山，余欣繁，明珠（073）。

分布地　生于海拔 100～1600（～2000）m 山地或平原。产海南，广西，云南南部至中部、西北、四川。尼泊尔、不丹、印度（安达曼群岛、锡金）、缅甸、越南、泰国、马来西亚、印度尼西亚、菲律宾也有分布。

高山榕 *Ficus altissima*

本研究种类分布地　深圳莲花山。

水同木（榕属）

Ficus fistulosa Reinw.ex Bl. Bijdr. 442. 1825; Hook. f. Fl. Brit. Ind. 5: 525. 1888; Craib, Contr. Fl. Siam. Dicots. 196. 1912; Ridl. Fl. Mal. Pen. 3: 343. 1942; Gagnep. in Lecomte, Fl. Gen. Indo-Chine 5. 817. 1928; Corner in Dansk Bot. Ark. 23 (1): 23. 1963; et in Gard. Bull. Sing. 21: 93. 1965; 中国高等植物图鉴, 补编 1: 157. 1982, in clavi; Griers. et Long, Fl. Bhutan 1 (1): 99. 1983; 云南种子植物名录. 上册: 702. 1984; 横断山区维管植物. 上册: 305. 1993. Nguyen T. Hiep in Tap chi SINN HOC 16 (4): 58. 1994. ——*F. harlandii* Benth. Fl. Hongk. 336. 1861; 海南植物志 2: 388. 1965; 中国高等植物图鉴 1: 498, f. 995. 1972; 中国植物志 23(1): 195. 1998.

主要形态特征 常绿小乔木，树皮黑褐色，枝粗糙，叶互生，纸质，倒卵形至长圆形，长10～20cm，宽4～7cm，先端具短尖，基部斜楔形或圆形，全缘或微波状，表面无毛，背面微被柔毛或黄色小凸起；基生侧脉短，侧脉6～9对；叶柄长1.5～4cm；托叶卵状披针形，长约1.7cm。榕果簇生于老干发出的瘤状枝上，近球形，直径1.5～2cm，光滑，成熟橘红色，不开裂，总梗长8～24mm，雄花和瘿花生于同一榕果内壁；雄花，生于其近口部，少数，具短柄，花被片3～4，雄蕊1枚，花丝短；瘿花，具柄，花被片极短或不存，子房光滑，倒卵形，花柱近侧生，纤细，柱头膨大；雌花，生于另一植株榕果内，花被管状，围绕果柄下部。瘦果近斜方形，表面有小瘤体，花柱长，棒状。花期5～7月。

特征差异研究 ①深圳杨梅坑：叶长23～25.5cm，宽9.5～10cm，叶柄长2.5～4.3cm，与上述特征描述相比，叶长的整体范围偏大，最小值比上述特征描述叶长的最大值大3cm；叶宽值的整体范围也偏大，最小值比上述特征描述叶宽的最大值大2.5cm；叶柄长的最大值偏大0.3cm。②深圳小南山：叶长16～23cm，宽6.8～10cm，叶柄长2～3.5cm，与上述特征描述相比，叶长的最大值偏大3cm；叶宽的最大值大3cm。

凭证标本 ①深圳杨梅坑，邹雨锋，招康赛（023）。②深圳小南山，邹雨锋，招康赛（231）。

分布地 生于溪边岩石上或森林中。产广东（茂名）、香港、广西、云南（西双版纳、红河、弥勒、河口、金屏、麻栗坡）等地。印度东北部、孟加拉国、缅甸、泰国、越南、马来西亚西部、印度尼西亚（广布）、菲律宾、加里曼丹也有。

水同木 *Ficus fistulosa*

本研究种类分布地 深圳杨梅坑、小南山。

主要经济用途 树皮含丰富乳汁，可以制胶；溪、水池边及庭院优势树种，果为鸟雀所喜食，庭院绿化观景用；药用，隐头果味酸，性寒，和猪肉煎煮后食用，可以治疗小肠疝气；隐头果及叶捣烂，外敷可以医治腋疮。根：清热利湿，活血止痛。治湿热小便不利，腹泻，跌打肿痛。

山榕（榕属）

Ficus heterophylla Linn.f. Suppl. 442. 1781; Roxb. Fl. Ind. 3: 531. 1832; King in Ann. Bot. Gard. Calcutta 1: 75. t. 94. 1888; Corner in Gard. Bull. Sing. 21: 73. 1965; 海南植物志 2: 396. 1965; 中国高等植物图鉴, 补编 1: 149. 1982, in clavi; Griers. et Long, Fl. Bhutan 1 (1): 92. 1983; 云南种子植物名录. 上册: 703. 1984; Koba et al., Name List Fl. Pl. Gymnosp. Nepal 211. 1994. ——*F. scabrella* Roxb. Fl. Ind. 3: 531. 1832. ——*F. heterophylla* Linn. f. var. *scabrella* (Roxb.) King in Ann. Bot. Gard. Calcutta 1: 75. 1888; 中国植物志 23(1): 182. 1998.

别名 羊乳子、奇叶榕

主要形态特征 灌木或为匍匐状植物；枝被短柔毛。叶互生，纸质，叶型变异大，幼植物通常羽裂，卵状披针形或为卵状椭圆形，长7～10cm，宽2.5～4cm，顶端微渐尖，基部钝，圆形或心形，边缘具粗齿，分裂或不分裂，两面粗糙，被短硬毛，侧脉4～8条；叶柄长7～10mm；托叶成对，近卵形，膜质。榕果单生叶腋或落叶枝上，球形至梨形，直径1～2cm，被粗毛和小瘤体，成熟橙黄色，平滑，顶端脐状凸起，基部收狭成短柄，基生苞片细小，三角形，总梗长4～6mm，被毛；雄花，具柄，生榕果内壁近口部，花被 3～4 深裂，雄蕊 1 枚；瘿花具柄，花被片与雄花相同，子房卵圆形，花柱侧生，短，柱头粗大；雌花，生于另一植株榕果内壁，具柄，花被片 4，白色。瘦果短椭圆形，表面被透明薄膜，花柱侧生，长，柱头圆柱形。花期 7～11 月。

凭证标本 ①深圳杨梅坑，邹雨锋（021）。②深圳小南山，陈永恒，周志彬（095）。

分布地 多生于中海拔山谷或溪边潮湿地带。产海南和云南（西双版纳）。斯里兰卡、印度、中南半岛、印度尼西亚爪哇、加里曼丹等地也有分布。

本研究种类分布地 深圳杨梅坑，小南山。

主要经济用途 药用，治疗过敏，湿疹，鹅口疮等。

粗叶榕（榕属）

Ficus hirta Vahl, Enum. 2: 201.1806; Benth. Fl. Hongk. 320. 1861; King in Ann. Bot. Gard. Calcutta 1: 149. t. 189. 1888; Hook. f. Fl. Brit. Ind. 5: 531. 1888; Craib. Contr. Fl. Siam. Dicots. 196. 1913; Levl. Fl. Kouy-Tcheou 430. 1915; Gagnep. in Lecomte, Fl.Gen. Indo-Chine 5: 803.1928; Rehd. in Journ. Arn. Arb. 10: 126. 1929; et 17: 77. 1936; 中国植物志 23(1): 160. 1998.

别名 五指毛桃

主要形态特征 灌木或小乔木，嫩枝中空，小枝、叶和榕果均被金黄色开展的长硬毛。叶互生，纸质，多型，长椭圆状披针形或广卵形，长 10～25cm，边缘具细锯齿，有时全缘或 3～5 深裂，先端急尖或渐尖，基部圆形、浅心形或宽楔形，表面疏生贴伏粗硬毛，背面密或疏生开展的白色或黄褐色绵毛和糙毛，基生脉 3～5 条，侧脉每边 4～7 条；叶柄长 2～8cm；托叶卵状披针形，长 10～30mm，膜质，红色，被柔毛。榕果成对腋生或生于已落叶枝上，球形或椭圆球形，无梗或近无梗，直径 10～15mm，幼时顶部苞片形成脐状凸起，基生苞片卵状披针形，长 10～30mm，膜质，红色，被柔毛；雌花果球形，雄花及瘿花果卵球形，无柄或近无柄，直径 10～15mm，幼嫩时顶部苞片形成脐状凸起，基生苞片早落，卵状披针形，先端急尖，外面被贴伏柔毛；雄花生于榕果内壁近口部，有柄，花被片 4，披针形，红色，雄蕊 2～3 枚，花药椭圆形，长于花丝；瘿花花被片与雌花同数，子房球形，光滑，花柱侧生，短，柱头漏斗形；雌花生雌株

山榕 *Ficus heterophylla*

粗叶榕 *Ficus hirta*

榕果内，有梗或无梗，花被片 4。瘦果椭圆球形，表面光滑，花柱贴生于一侧微凹处，细长，柱头棒状。

凭证标本 ①深圳七娘山，陈志洁（021）。②深圳应人石，余欣繁，招康赛（128）；邹雨锋，招康赛（158）。

分布地 中国只有海南产。越南、柬埔寨有分布。

本研究种类分布地 深圳七娘山、应人石。
主要经济用途 药用治风气，去红肿（《植物名 实图考》）。《浙江植物志》称根、果祛风湿，益 气固表。茎皮纤维制麻绳、麻袋。

对叶榕（榕属）

Ficus hispida Linn. f. Suppl. 442. 1781; Benth. Fl. Hongk. 329. 1861; King in Ann. Bot. Gard. Calcutta 1: 116. t. 154. 1888; Hook. f. Fl. Brit. Ind. 5: 522. 1888; Hemsl. in Journ. Linn. Soc. Bot. 26: 403. 1899; Craib, Contr. Fl. Siam. Dicotyl. 196. 1912; Ridl. Fl. Mal. Pen. 3; 342. 1924; Gagnep. in Lecomte, Fl. Gen. Indo-Chine 5: 810. 1928; Rehd. in Journ. Arn. Arb. 10: 126. 1929; Corner in Dansk Bot. Ark. 23 (1): 25. 1963, et in Gard. Bull. Sing. 21: 89. 1965; 中国高等植物图鉴 2: 497. f. 994. 1972; 中国高等植物图鉴补编1: 154. 1982, in clavi; Griers. et Long, Fl. Bhutan 1 (1): 89. 1983; Lauener in Not. Bot. Gard. Edinb. 40 (3): 494. 1983; 云南种子植物名录. 上册: 704. 1984; H. Koba et al., Name List Fl. Pl. Gymnosp. Nepal: 211. 1994. ——*Covellia hispida* (L. f.) Miq. in Hook. Journ. Bot. 7: 462. 1848. ——*Ficus letaqui* Levl. et Vant. in Fedde, Rep. Sp. Nov. 8: 550. 1910; Levl. Fl. Kouy-Tcheou 431. 1915; Rehd. in Journ. Arn. Arb. 10: 130. 1929, et ibid. 17: 82. 1936. ——*F. sambucixylon* Levl. in Fedde, Sp. Nov. 4: 444. 1907, et Fl. Kouy-Tcheou 433. 1915; 中国植物志 23(1): 191. 1998.

主要形态特征 灌木或小乔木，被糙毛，叶通常 对生，厚纸质，卵状长椭圆形或倒卵状矩圆形， 长 10～25cm，宽 5～10cm，全缘或有钝齿， 顶端急尖或短尖，基部圆形或近楔形，表面粗糙， 被短粗毛，背面被灰色粗糙毛，侧脉 6～9 对； 叶柄长 1～4cm，被短粗毛；托叶 2，卵状披针 形，生无叶的果枝上，常 4 枚交互对生，榕果腋 生或生于落叶枝上，或老茎发出的下垂枝上，陀 螺形，成熟黄色，直径 1.5～2.5cm，散生侧生 苞片和粗毛，雄花生于其内壁口部，多数，花被 片 3，薄膜状，雄蕊 1；瘿花无花被，花柱近顶生， 粗短；雌花无花被，柱头侧生，被毛。花果期 6～7 月。

凭证标本 ①深圳小南山，王贺银，黄玉源（188）。 ②深圳应人石，王贺银（173）。

分布地 喜生于沟谷潮湿地。产广东、海南、广 西、云南西部和南部（海拔 120～1600m）、贵州。 尼泊尔、不丹、印度、泰国、越南、马来西亚至 澳大利亚也有分布。

本研究种类分布地 深圳小南山、应人石。
主要经济用途 疏风解热，消积化痰，行气散瘀。 治感冒发热，支气管炎，消化不良，痢疾，跌打 肿痛。

对叶榕 *Ficus hispida*

舶梨榕（榕属）

Ficus pyriformis Hook. et Arn. Bot. Beech. Voy. 216. 1836; 海南植物志 2: 396. 1965; 中国高等植物图鉴 1: 492. f. 984. 1972; 中国高等植物图鉴, 补编 1: 156. 1982, in clavi; 中国植物志 23(1): 136. 1998.

别名 梨状牛奶子（广东）
主要形态特征 灌木，高 1～2m；小枝被糙 毛。叶纸质，倒披针形至倒卵状披针形，长 4～ 11（～14）cm，宽 2～4cm，先端渐尖或锐尖 而为尾状，基部楔形至近圆形，全缘稍背卷，表 面光绿色，背面微被柔毛和细小疣点，侧脉 5～

9 对，很不明显，基生侧脉短；叶柄被毛，长
1～1.5cm；托叶披针形，红色，无毛，长约
1cm。榕果单生叶腋，梨形，直径 2～3cm，无
毛，有白斑；雄花生内壁口部，花被片 3～4，
披针形，雄蕊 2，花药卵圆形；瘿花花被片 4，
线形，子房球形，花柱侧生；雌花生于另一植
株榕果内壁，花被片 3～4，子房肾形，花柱侧
生，细长。瘦果表面有瘤体。花期 12 月至翌年
6 月。

特征差异研究　深圳杨梅坑：叶长 5.5～9cm，
叶宽 2.6～3.1cm，叶柄长 0.5～1cm，果球形，
直径 1.1cm。与上述特征描述相比，叶柄长的最
小值偏小，小 0.5cm；果实直径的最小值偏小，
小 0.9cm。

凭证标本　深圳杨梅坑，王贺银（356）。

分布地　常生于溪边林下潮湿地带。产广东（沿
海岛屿）、福建。越南北部也有。

本研究种类分布地　深圳杨梅坑。

舶梨榕 *Ficus pyriformis*

极简榕（榕属）

Ficus simplicissima Lour.Fl. Cochinch. 667. 1790; Gagnep. in
Lecomte, Fl. Gen. Indo-Chine 5: 791. 1928; Corner in Gard.
Bull. Sing. 21: 46. 1965; 海南植物志 2: 390, 1965; 中国植
物志 23(1): 165. 1998.

别名　粗叶榕

主要形态特征　灌木状，高 1～2.5m，茎不分
枝或稀分枝，圆柱形，干后具槽纹，嫩枝薄被
钩状短粗毛。叶倒卵形至长圆形，长 5～16cm，
全缘或具疏浅锯齿，基生叶脉 3～5 条，侧脉
3～6 对；叶柄长 1～5cm，圆柱形，上面有沟槽，
密被钩状短粗毛；托叶披针形，长 1～2cm，红
色，薄被钩状毛。榕果成对腋生或簇生于无叶枝
上，无梗，球形，径 1～1.5cm，表面疏被钩状
短毛，基生苞片 3，卵状三角形，长约 1mm；雄
花花被片 4，倒卵状披针形，长约 1.5mm，红色，
雄蕊 2，花药椭圆形，长约 1mm，顶部具短尖头，
花丝极短；瘿花具长约 1.5mm 的梗，花被 4，倒
卵状披针形，顶端钝，子房近球形，花柱侧生，
短，漏斗形；雌花花被片 4，子房梨形。瘦果近
球形。本种比较特殊，毛全部为钩状。花果期
4～8 月。

凭证标本　深圳应人石，王贺银，招康赛（152）。

分布地　中国只有海南产。越南、柬埔寨有分布。

本研究种类分布地　深圳应人石。

极简榕 *Ficus simplicissima*

笔管榕（榕属）

Ficus superba Miq. var. *japonica* Miq. in Ann. Mus. Lugd.-Bat. 2: 200. (Prodr. Fl. Japon 132) 1866-7; Corner in Gard. Bull. Sing. 21: 7. 1965; Hill, Figs Hongkong 18, f. 3-9, pls. 7-10. 1967; Hatusima, Fl. Ryukyus. 228. 1971; Kitamura et and Taxon. 31 (1): 5. 1983; Nguyen T. Hiep in Tap chi SINN HOC 16 (4): 63. 1994. ——*F. geniculata* Kurz var. *abnormalis* Kurz in For. Fl. Brit. Burm. 2: 473. 1877. ——*F. wightiana* auct. non Wall. ex Miq.; Benth. Fl. Hongk. 327. 1861; Forbes et Hemsl. in Journ. Linn. Soc. Bot. 26: 496. 1899; Kanehira, Form. Trees. rev. ed.: 165, f. 116. 1936; Makino, New Ill. Fl. Japan; 98, f. 390. 1961; Ohwi. Fl. Japan rev. ed.: 504. 1965; 中国高等植物图鉴 1: 485, f. 970. 1972; Terasaki, Ill. Fl. Jap. 2 ed. 128, f. 493. 1979. ——*Ficus virens* auct. non Ait.: 浙江植物志 2: 88, f. 2: 114. 1992, excl. Syn; 中国植物志 23(1): 95. 1998.

别名　华丽榕

主要形态特征　落叶乔木，有时有气根；树皮黑褐色，小枝淡红色，无毛。叶互生或簇生，近纸质，无毛，椭圆形至长圆形，长 10～15cm，宽 4～6cm，先端短渐尖，基部圆形，边缘全缘或微波状，侧脉 7～9 对；叶柄长 3～7cm，近无毛；托叶膜质，微被柔毛，披针形，长约 2cm，早落。榕果单生或成对或簇生于叶腋或生无叶枝上，扁球形，直径 5～8mm，成熟时紫黑色，顶部微下陷，基生苞片 3，宽卵圆形，革质；总梗长 3～4mm；雄花、瘿花、雌花生于同一榕果内；雄花很少，生内壁近口部，无梗，花被片 3，宽卵形，雄蕊 1 枚，花药卵圆形，花丝短；雌花无柄或有柄，花被片 3，披针形，花柱短，侧生，柱头圆形；瘿花多数，与雌花相似，仅子房有粗长的柄，柱头线形。花期 4～6 月。

特征差异研究　深圳莲花山：叶长 12.7～14.2cm，宽 6～8.5cm，叶柄长 3.5～4.1cm。与上述特征描述相比，叶宽的最大值宽 2.5cm。

凭证标本　深圳莲花山，陈永恒，招康赛（057）。

分布地　常见于海拔 140～1400m 平原或村庄。

笔管榕 *Ficus superba* var. *japonica*

产台湾、福建、浙江（青田、永嘉以南栽培）、海南、云南南部（河口至勋海）。中南半岛至琉球群岛。主要分布沿海岸处。

本研究种类分布地　深圳莲花山。

主要经济用途　为良好蔽荫树，木材纹理细致，美观，可供雕刻。

变叶榕（榕属）

Ficus variolosa Lindl. ex Benth. in Hook. Lond. Journ. Bot. 1: 492. 1842; 中国植物志 23(1): 137. 1998.

别名　击常木（海南），赌博赖（植物名实图考，江西南安）

主要形态特征　灌木或小乔木，光滑，高 3～10m，树皮灰褐色；小枝节间短。叶薄革质，狭椭圆形至椭圆状披针形，长 5～12cm，宽 1.5～4cm，先端钝或钝尖，基部楔形，全缘，侧脉 7～11（15）对，与中脉略成直角展出；叶柄长 6～10mm；托叶长三角形，长约 8mm。榕果成对或单生叶腋，球形，直径 10～12mm，表面有瘤体，顶部苞片脐状凸起，基生苞片 3，卵状三角形，基部微合生，总梗长 8～12mm；瘿花子房球形，花柱短，侧生；雌花生另一植株榕果内壁，花被片 3～4，子房肾形，花柱侧生，细长。瘦果表面有瘤体。花期 12 月至翌年 6 月。

特征差异研究　①深圳杨梅坑：叶长 6.0～8.0cm，宽 2.0～4.0cm，叶柄长 1～2cm，与上述特征描述相比，叶柄长的最大值偏大 1cm。②深圳赤坳：叶长 5.4～11cm，宽 1～4cm，叶柄长 0.8～2cm，与上述特征描述相比，叶宽的最小值偏小 0.5cm；叶柄长的最大值偏大，长 1cm。③深圳小南山：叶长 5～15.3cm，宽 1.6～2.9cm，叶柄长 1～2.3cm，与上述特征描述相比，叶长的最大值偏大，长 3.3cm；叶柄长的最大值偏大，长 1.3cm。④深圳莲花山：叶长 3.1～8.7cm，宽 1.5～3.0cm，叶柄长 1～1.5cm，与上述特征描述相比，叶长的最小值偏小 1.9cm；叶柄长的最大值偏大，长 0.5cm。

形态特征增补 深圳小南山：瘦果球形，直径 0.4cm。

凭证标本 ①深圳杨梅坑，招康赛（016）；陈永恒，赖标汶（142）；陈永恒，赖标汶（140）；陈鸿辉（008）；赵顺（010）。②深圳赤坳，余欣繁（027）。③深圳小南山，余欣繁（152）；邹雨锋，黄玉源（199）；温海洋（014）。④深圳莲花山，邹雨锋，招康赛（065）。

分布地 常生于溪边林下潮湿处。产浙江、江西、福建、广东及其沿海岛屿、广西、湖南、贵州、云南东南部及南部。越南、老挝也有分布。

本研究种类分布地 深圳杨梅坑、赤坳、小南山、

变叶榕 _Ficus variolosa_

莲花山。

主要经济用途 其叶片的水煮液可杀虫，茎皮纤维可造纸、造棉，种子因含油脂可制皂，整株可作毒鱼药。

荨麻科 Urticaceae

苎麻（苎麻属）

Boehmeria nivea (L.) Gaudich.in Frey. Voy.Bot. 499.1830; Benth. Fl. Hongk. 331. 1861; Wedd. in DC. Prodr. 16(1): 206. 1869; C. H. Wright in Journ. Linn. Soc. Bot. 26: 486. 1899; Chien in Contr. Biol. Lab. Sci. Soc. China 8: 93. 1932 et 9: 267. 1934; 陈嵘，中国树木分类学：245. 1937；广州植物志 401. 1956；江苏南部种子植物手册：223，图 345. 1959；海南植物志 2: 414. 1965；中国高等植物图鉴 1: 517，图1034. 1972；福建植物志 1: 473. 1982；云南种子植物名录. 上册：714. 1984；贵州植物志 4: 67. 1989. ——_Urtica nivea_ L. Syst. 985. 1753；中国植物志 23(2): 327. 1995.

别名 野麻（广东、贵州、湖南、湖北、安徽），野苎麻（贵州、浙江、江苏、湖北、河南、陕西、甘肃），家麻（江西），苎仔（台湾），青麻（广西、湖北），白麻（广西）

主要形态特征 亚灌木或灌木，高 0.5～1.5m；茎上部与叶柄均密被开展的长硬毛和近开展和贴伏的短糙毛。叶互生；叶片草质，通常圆卵形或宽卵形，少数卵形，长 6～15cm，宽 4～11cm，顶端骤尖，基部近截形或宽楔形，边缘在基部之上有牙齿，上面稍粗糙，疏被短伏毛，下面密被雪白色毡毛，侧脉约 3 对；叶柄长

苎麻 _Boehmeria nivea_

2.5～9.5cm；托叶分生，钻状披针形，长 7～11mm，背面被毛。圆锥花序腋生，或植株上部的为雌性，其下的为雄性，或同一植株的全为雌性，长 2～9cm；雄团伞花序直径 1～3mm，有

少数雄花；雌团伞花序直径 0.5～2mm，有多数密集的雌花。雄花：花被片 4，狭椭圆形，长约 1.5mm，合生至中部，顶端急尖，外面有疏柔毛；雄蕊 4，长约 2mm，花药长约 0.6mm；退化雌蕊狭倒卵球形，长约 0.7mm，顶端有短柱头。雌花：花被椭圆形，长 0.6～1mm，顶端有 2～3 小齿，外面有短柔毛，果期菱状倒披针形，长 0.8～1.2mm；柱头丝形，长 0.5～0.6mm。瘦果近球形，长约 0.6mm，光滑，基部突缩成细柄。花期 8～10 月。

特征差异研究 深圳杨梅坑：叶长 1.9～5.4cm，宽 1.8～4.1cm，叶柄长 0.5～1cm。与上述特征描述相比，叶长的整体范围小 0.6cm；叶宽的最小值偏小，窄 2.2cm；叶柄长最小值也偏小 2cm。

凭证标本 深圳杨梅坑，余欣繁（287）。

分布地 云南、贵州、广西、广东、福建、江西、台湾、浙江、湖北、四川、甘肃、陕西、河南南部。

本研究种类分布地 深圳杨梅坑。

主要经济用途 可织成夏布、飞机的翼布、橡胶工业的衬布、电线包被、白热灯纱、渔网，制人造丝、人造棉等，与羊毛、棉花混纺可制高级衣料。

花叶冷水花（冰冷花属）

Pilea cadierei Gagnep. et Guill. in Bull. Mus. Hist. Nat. Paris. 1938, Ser. 2. 10: 629. 1939; C. J. Chen in Bull. Bot. Res. (Harbin) 2 (3): 53. 1982; 中国植物志23(2): 82. 1995.

别名 金边山羊血（福州）

主要形态特征 多年生草本；或半灌木，无毛，具匍匐根茎。茎肉质，下部多少木质化，高 15～40cm。叶多汁，干时变纸质，同对的近等大，倒卵形，长 2.5～6cm，宽 1.5～3cm，先端骤凸，基部楔形或钝圆，边缘自下部以上有数枚不整齐的浅牙齿或啮蚀状，上面深绿色，中央有 2 条（有时在边缘也有 2 条）间断的白斑，下面淡绿色，钟乳体梭形，长 0.3～0.5mm，两面明显，基出脉 3，其侧生 2 条稍弧曲，伸达上部与邻近的侧脉环结，二级脉在上部约 3 对，明显，下部的不明显，外向的二级脉数对，在近边缘处环结；叶柄长 0.7～1.5cm；托叶草质，淡绿色，干时变棕色，长圆形，长 1～1.3cm，早落。花雌雄异株；雄花序头状，常成对生于叶腋，花序梗长 1.5～4cm，团伞花簇径 6～10mm；苞片外层的扁圆形，长约 3mm，内层的圆卵形，稍小。雄花倒梨形，长约 2.5mm，梗长 2～3mm；花被片 4，合生至中部，近兜状，外面近先端处有长角状凸起，外面密布钟乳体，内面下部疏生绵毛；雄蕊 4；退化雌蕊圆锥形，不明显。雌花长约 1mm；花被片 4，近等长，略短于子房。花期 9～11 月。

特征差异研究 深圳莲花山：叶长 4.6～8.5cm，宽 2.5～4.6cm，叶柄长 0.7～3cm，与上述特征描述相比，叶长的最大值偏大 2.5cm；叶宽的最大值偏大，超出 1.6cm；叶柄长的最大值偏大，超出 1.5cm。

凭证标本 深圳莲花山，王贺银，招康赛（134）；林仕珍（143）。

分布地 原产越南中部山区、我国贵州东北部及云南东北部，广东亦有分布。

本研究种类分布地 深圳莲花山。

主要经济用途 我国各地温室与中美洲常有栽培，供观赏用。耐修剪，栽培容易，是耐阴性强的室内装饰植物。盆栽或吊盆栽培，又可在室内花园作带状或片状地栽布置。南方常作为地被植物。

花叶冷水花 *Pilea cadierei*

冬青科 Aquifoliaceae

秤星树（冬青属）

Ilex asprella (Hook. et Arn.) Champ. ex Benth. in Hook. Journ. Bot. KewGard. Misc. 4: 329. 1852; Benth. Fl. Hongkong 65. 1861; Maxim. in Mem. Acad. Sci. St. Petersb. VII, 29: 49. 1881; Forbes et Hemsl. in Journ. Linn. Soc. Bot. 23: 115. 1886; Henry in Transact. As. Soc. Jap. 24 (Suppl.): 26. 1896; Loes. in Nov. Acta Acad. Caes. Leop.-Carol. Nat. Cur. 78: 477 (Monog. Aquif. 1: 477). 1901; Dunn et Tutcher in Kew Bull. Misc. Inf. Add. Ser. 10: 60. 1912; Merr. in Sunyats. 1: 22. 1930; S. Y. Hu in Journ. Arn. Arb. 30 (3): 269. 1949, et 34: 144. 1953; Liu, Ill. Nat. Intr. Lign. Pl. Taiwan 2: 762, f. 614. 19621; Li, Woody Fl. Taiwan 454. 1963, et Fl. Taiwan 3: 607. 1977; 中国高等植物图鉴 2: 642, 图3013. 1972; 湖南植物名录: 218. 1987; 福建植物志 3: 274. 1987; 浙江植物志 4: 6, 图4-6. 1993; S. Y. Lu in T. C. Huang, Fl. Taiwan ed. 2, 3: 622. 1993. ——*Prinos asprellus* Hook. et Arn. Bot. Beech. Voy. 176, pl. 36, fig. 1, 2. 1833; Walp. Rep. 1: 541. 1842. ——*Ilex axyphylla* Miq. in Journ. Bot. Neerl. 1: 124. 1861; Forbes et Hemsl. in Journ. Linn. Soc. Bot. 23: 17. 1886. ——*I. gracilipes* Merr. in Philip. Journ. Sci. Bot. 3: 237. 1908, et 5: 358. 1901; Elm. Leafl. Philip. Bot. 5: 1664. 1913. ——*I. merrillii* Briq. in Ann. Conserv. Jard. Bot. Geneve 20: 421. 1919; 中国植物志 45(2): 258. 1999.

别名 假青梅（中国高等植物图鉴），灯花树（台湾植物志），梅叶冬青，岗梅、苦梅根（广东大埔），假秤星（广东东莞），秤星木、天星木、汀秤仔（香港），相星根（广西梧州）

主要形态特征 落叶灌木，可高达3m。有长枝及短枝，长枝纤细，小枝光滑无毛，绿色具明显的白色皮孔，干后褐色。叶卵状椭圆形或卵形，互生，膜质或纸质，表面绿、深绿至黄绿色，背面浅绿色，背有细腺点，基部宽楔形，先端渐尖成尾状，具细锯齿状叶缘，网脉不明显，羽状侧脉6～8对，中脉上部稍凹下，表面脉上披直毛，长3～7cm，宽1.5～3cm；叶柄长3～8mm。花为伞形花序，白色，雄花2～3朵，簇生或单生叶腋，4或5数，花萼圆形或裂片阔三角形，无毛，直径2.5～3mm，花冠直径约6mm，雄蕊着生于花冠上，与花瓣互生，花瓣近圆形，基部结合；雌花单生叶腋，无毛，4或6数，花萼4～5裂，直径2.5～3mm，花瓣4～5枚，基部结合，花梗长2～2.5cm，结果时可长达3cm，子房球状卵形，直径约1.5mm，花柱明显，柱头呈盘状。果为核果，球形或椭圆形，外有纵沟，成熟时黑色，内果皮石质，基部具宿存之萼，分核4～6粒，直径5～6mm，果梗长2～3cm。

特征差异研究 ①深圳杨梅坑：叶长2.3～7.5cm，宽1.6～6cm，叶柄长0.3～0.5cm，与上述特征描述相比，叶长的最小值偏小0.7cm，最大值偏大0.5cm；叶宽的最大值也偏大3cm。②深圳赤坳：叶长2.2～7.0cm，宽1.5～4.7cm，叶柄长0.3～0.7cm，与上述特征描述相比，叶长的最小值偏小0.8cm；叶宽的最大值偏大，超出1.7cm。

秤星树 *Ilex asprella*

③深圳应人石：叶长1.3～6.3cm，宽2.5～3.5cm，叶柄长0.4～0.7cm；与上述特征描述相比，叶长的最小值偏小1.7cm；叶宽的最大值偏大0.5cm。④深圳小南山：叶长2.2～4cm，宽0.7～1.8cm，叶柄长0.2～0.7cm；花冠直径0.2cm；核果浅绿色，近球形，直径约5mm。与上述特征描述相比，叶长的最小值偏小0.8cm；叶宽的最小值偏小0.8cm；花冠的直径偏小0.4cm。

凭证标本 ①深圳杨梅坑，王贺银，许旺（005）；王贺银（058）；余欣繁，许旺（054）；刘浩，招康赛（006）；林仕珍，黄玉源（059）；陈志洁（002）；李志伟（010）；李志伟（003）；李佳婷（011）。②深圳赤坳，邹雨锋（042）；林仕珍（038）；余欣繁（030）。黄启聪（028）；陈志洁(029)。③深圳应人石，林仕珍（158）；王贺银，招康赛（148）。④深圳小南山，温海洋（007）。

分布地　多生长于山坡草丛、路旁及次生林绿野径旁等环境，生长在海拔 400～1000m 的地区。性喜高温，全日照或半日照均可，以腐殖质土壤生长最佳，多以种子繁殖。分布于广东、广西、福建、台湾、江西、湖南等地。菲律宾吕宋、琉球群岛等地也有分布。

本研究种类分布地　深圳杨梅坑、赤坳、应人石、小南山。

主要经济用途　本种的根、叶入药，有清热解毒、生津止渴、消肿散瘀之功效。叶含熊果酸，对冠心病、心绞痛有一定疗效；根加水在锈铁上磨汁内服，能解砒霜和毒菌中毒。

榕叶冬青（冬青属）

Ilex ficoidea Hemsl. in Journ. Linn. Soc. Bot. 23: 116. 1886; Loes. in Nov. Act. Acad. Caes. Leop.-Carol. Nat. Cur. 78: 328 (Monog. Aquif. 1: 328). 1901; Dunn et Tutcher in Kew Bull. Misc. Inf. Add. Ser. 10: 59. 1912; Chung in Mem. Sci. Soc. China 1: 140. 1924; Rehd. in Journ. Arn. Arb. 8: 157. 1927, et 14: 345. 1933; Groff in Lingnan Sci. Bull. 2: 64. 1930; 中国植物志 45(2): 184. 1999.

别名　台湾糊樗（台湾植物志），仿腊树（广东），野香雪（浙江遂昌）

主要形态特征　常绿乔木，高 8～12m；幼枝具纵棱沟，无毛，二年生以上小枝黄褐色或褐色，平滑，无皮孔，具半圆形较平坦的叶痕。叶生于 1～2 年生枝上，叶片革质，长圆状椭圆形、卵状或稀倒卵状椭圆形，长 4.5～10cm，宽 1.5～3.5cm，先端骤然尾状渐尖，渐尖头长可达 15mm，基部钝、楔形或近圆形，边缘具不规则的细圆齿状锯齿，齿尖变黑色，干后稍反卷，叶面深绿色，具光泽，背面淡绿色，两面均无毛，主脉在叶面狭凹陷，背面隆起，侧脉 8～10 对，在叶面不明显，背面稍凸起，于边缘网结，细脉不明显；叶柄长 6～10mm，上面具槽，背面圆形，具横皱纹。聚伞花序或单花簇生于当年生枝的叶腋内，花 4 基数，白色或淡黄绿色，芳香；雄花序的聚伞花序具 1～3 花，总花梗长约 2mm，苞片卵形，长约 1mm，背面中央具龙骨凸起，急尖，具缘毛，基部具附属物；花梗长 1～3mm，基部或近基部具 2 枚小苞片；花萼盘状，直径 2～2.5mm，裂片三角形，急尖，具缘毛；花冠直径约 6mm，花瓣卵状长圆形，长约 3mm，宽约 1.5mm，上部具缘毛，基部稍合生；雄蕊长于花瓣，伸出花冠外，花药长圆状卵球形；退化子房圆锥状卵球形，直径约 1mm，顶端微 4 裂。雌花单花簇生于当年生枝的叶腋内，花梗长 2～3mm，基生小苞片 2 枚，具缘毛；花萼被微柔毛或变无毛，裂片常龙骨状；花冠直立，直径 3～4mm，花瓣卵形，分离，长约 2.5mm，具缘毛；退化雄蕊与花瓣等长，不育花药卵形，小；子房卵球形，长约 2mm，直径约 1.5mm，柱头盘状。果球形或近球形，直径 5～7mm，成熟后红色，在放大镜下可见小瘤，宿存花萼平展，四边形，直径约 2mm，宿存柱头薄盘状或脐状；分核 4，卵形或近圆形，长 3～4mm，宽 1.5～2.5mm，两端钝，背部具掌状条纹，沿中央具 1 稍凹的纵槽，两侧面具皱条纹及洼点，内果皮石质。花期 3～4 月，果期 8～11 月。

特征差异研究　①深圳莲花山：叶长 5.2～8.3cm，宽 2～2.6cm，叶柄长 1～1.6cm；与上述特征描述相比，叶柄长的最大值偏大 0.6cm。

榕叶冬青 *Ilex ficoidea*

②深圳七娘山：叶长 4.6 ～ 8.3cm，宽 1.9 ～ 3.6cm，叶柄长 0.5 ～ 0.7cm；花冠直径 0.2cm，果实浅绿色，近球形，长 0.5cm；与上述特征描述相比，叶宽的最大值偏大 0.1cm；叶柄长的最小值偏小。

凭证标本　①深圳七娘山，陈志洁（002）。②深圳莲花山，林仕珍，黄玉源（626）。

分布地　生于海拔（100 ～）300 ～ 1880m 的山地常绿阔叶林、杂木林和疏林内或林缘。产安徽南部、浙江、江西、福建、台湾（台北、台中、南投）、湖北、湖南、广东、广西、海南、香港、四川（筠连、南川）、重庆、贵州和云南东南部。分布于琉球群岛。

本研究种类分布地　深圳七娘山、莲花山。

主要经济用途　根解毒，消肿止痛。用于肝炎，跌打损伤。

伞花冬青（冬青属）

Ilex godajam (Colebr. ex Wall.) Wall. List. no. 4329. 1839; Hook. f. Fl. Brit. Ind. 1: 604. 1875; Maxim. in Men. Acad. Sci. St. Petersb. VII, 29 (3): 23. 1881; Loes. in Nov. Act. Acad. Caes. Leop.-Carol. Nat. Cur. 78: 101 (Monog. Aquif. 1: 101). 1901; 中国植物志　45(2): 50. 1999.

别名　米碎木（海南植物志）

主要形态特征　常绿灌木或乔木，高 5 ～ 13m；树皮灰白色，小枝之字形弯曲，近圆形，灰色，具圆形凸起的皮孔，叶痕近圆形，凸起，变无毛，当年生幼枝具纵条纹，密被微柔毛；顶芽卵形，小而不发育，密被微柔毛或无。叶生于 1 ～ 2 年生枝上，叶片幼时薄纸质，成熟时薄革质，卵形或长圆形，长 4.5 ～ 8cm，宽 2.5 ～ 4cm，先端钝圆或三角状短渐尖，基部圆形，全缘，叶面绿至深绿色，背面淡绿色，幼时叶面近基部及主脉被微柔毛，后变无毛，具光泽，主脉在叶面凹陷，背面隆起，侧脉 7 ～ 9 对，在叶面明显，背面凸起，于叶缘附近网结，网状脉在叶面不明显，背面明显；叶柄长 10 ～ 15mm，被微柔毛，上面具纵槽；托叶微小，钻状三角形，被微柔毛。伞状聚伞花序生于当年生枝的叶腋内，常因当年生枝发育不良，而呈圆锥花序状，总花梗及花梗均密被微柔毛；花 4 ～ 6 基数，白色带黄；雄花序之伞状聚伞花序具 8 ～ 23 花，总花梗长（10 ～）14 ～ 18mm，花梗长 2 ～ 4mm，小苞片钻形，基生，被微柔毛；花萼盘状，直径约 2.5mm，被微柔毛，4 或 5 深裂，裂片卵形，啮齿状，具缘毛；花冠辐状，花瓣 4，长圆形，长 2mm，基部稍合生；雄蕊与花瓣等长，花药卵球形；退化子房球形，具短喙。雌花序：伞形花序具 3 ～ 13 花，总花梗长 10 ～ 14mm，基生苞片三角形，密被微柔毛，花梗长 2 ～ 5mm，小苞片基生，三角形；花萼像雄花，花瓣长椭圆形，长约 2mm，柱头头形。果球形，直径 4mm，成熟时红色，宿存花萼平展，直径约 2.5mm，具缘毛；宿存柱头盘状，凸起；分核 5 或 6 枚，椭圆形，长 2.5mm，背部宽约 1.5mm，具 3 纵棱及 2 沟，内果皮木质。花期 4 月，果期 8 月。

特征差异研究　深圳赤坳，叶长 4 ～ 6.9cm，叶宽 1.4 ～ 2.6cm，叶柄长 0.3 ～ 1cm。与上述特征描述相比，叶长的最小值偏小 0.5cm；叶宽的最小值偏小 1.1cm；叶柄长的最小值偏小 0.7cm。

凭证标本　深圳赤坳，余欣繁（043）；余欣繁

伞花冬青 *Ilex godajam*

（315）。

分布地 生于海拔 300～1000m 的山坡疏林或杂木林中。产湖南（城步）、广西（南宁、龙州、博白）、海南（儋县、昌江、乐东、琼海崖县、万宁、琼中）和云南南部（思茅、西双版纳）等省区。分布于越南北部和印度东北部（阿萨姆）。

本研究种类分布地 深圳赤坳。

主要经济用途 树皮药用，主治蛔虫症、腹痛。

铁冬青（冬青属）

Ilex rotunda Thunb. Fl. Jap. 77. 1784; Willd. Sp. Pl. 1 (2): 711. 1797; Pers. Syst. Veg. 174. 1797, et Syn. Pl. 1: 151. 1805; Poir. in Lam. Encycl. Suppl. 3: 67. 1813; Roem. et Schult. Syst. 3: 492. 1818; DC. Prodr. 2: 16. 1825; Spreng. Syst. 1: 496. 1825; Dietr. Syn. Pl. 1: 555. 1839; Sieb. et Zucc. in Abh. Bay. Ak. Wiss. IV, 2: 149. 1845; Miq. Ann. Mus. Bot. Lugd.-Bat. 3: 106. (Prol. Fl. Jap. 106). 1867; Franch. et Sav. Enum. Pl. Jap. 1: 77. 1873; Maxim. in Mem. Acad. Sci. St. Petersb. VII, 29 (3): 23. 36, pl. 1, fig. 5. 1881; Hance in Journ. Bot. 21: 296. 1883; 中国植物志 45(2): 45. 1999.

别名 熊胆木（广东、广西）、白银香（广东）、白银木、过山风、红熊胆（广西）、羊不食、消癀药（贵州）

主要形态特征 常绿灌木或乔木，高可达 20m，胸径达 1m；树皮灰色至灰黑色。小枝圆柱形，挺直，较老枝具纵裂缝，叶痕倒卵形或三角形，稍隆起，皮孔不明显，当年生幼枝具纵棱，无毛，稀被微柔毛；顶芽圆锥形，小。叶仅见于当年生枝上，叶片薄革质或纸质，卵形、倒卵形或椭圆形，长 4～9cm，宽 1.8～4cm，先端短渐尖，基部楔形或钝，全缘，稍反卷，叶面绿色，背面淡绿色，两面无毛，主脉在叶面凹陷，背面隆起，侧脉 6～9 对，在两面明显，于近叶缘附近网结，网状脉不明显；叶柄长 8～18mm，无毛，稀多少被微柔毛，上面具狭沟，顶端具叶片下延的狭翅；托叶钻状线形，长 1～1.5mm，早落。聚伞花序或伞形花序具（2～）4～6（～13）花，单生于当年生枝的叶腋内。雄花序：总花梗长 3～11mm，无毛，花梗长 3～5mm，无毛或被微柔毛，基部卵状三角形，小苞片 1～2 枚或无；花白色，4 基数；花萼盘状，直径约 2mm，被微柔毛，4 浅裂，裂片阔卵状三角形，长约 0.3mm，无毛，亦无缘毛；花冠辐状，直径约 5mm，花瓣长圆形，长 2.5mm，宽约 1.5mm，开放时反折，基部稍合生；雄蕊长于花瓣，花药卵状椭圆形，纵裂；退化子房垫状，中央具长约 1mm 的喙，喙顶端具 5 或 6 细裂片。雌花序：具 3～7 花，总花梗长 5～13mm，无毛，花梗长（3～）4～8mm，无毛或被微柔毛。花白色，5（～7）基数；花萼浅杯状，直径约 2mm，无毛，5 浅裂，裂片三角形，啮齿状；花冠辐状，直径约 4mm，花瓣倒卵状长圆形，长约 2mm，基部稍合生；退化雄蕊长约为花瓣的 1/2，败育花药卵形；子房卵形，长约 1.5mm，柱头头状。果近球形或稀椭圆形，直径 4～6mm，成熟时红色，宿存花萼平展，直径约 3mm，浅裂片三角形，无缘毛，宿存柱头厚盘状，凸起，5～6 浅裂；分核 5～7，椭圆形，长约 5mm，背部宽约 2.5mm，背面具 3 纵棱及 2 沟，稀 2 棱单沟，两侧面平滑，内果皮近木质。花期 4 月，果期 8～12 月。

凭证标本 深圳七娘山，陈志洁（016）；廖栋耀（014）。

铁冬青 *Ilex rotunda*

分布地　生于海拔 400～1100m 的山坡常绿阔叶林中和林缘。产于江苏（宜兴）、安徽（泗溪）、浙江（杭州、昌化、顺溪、天目山）、江西（德兴、上饶、广丰、奉新、庐山、宜黄、南丰、井冈山、广昌、遂川、宁都、瑞金、会昌、赣县、上犹、崇义、南康、大余、龙南、寻乌）、福建（莆城、崇安、建阳、福州、仙游、莆田、德化、永春、南靖、诏安）、台湾、湖北（来凤、利川、通山、崇阳）、湖南（大庸、黔阳、祁阳、宜章、江华）、广东各地、香港、广西（龙胜、桂林、罗城、大苗山、苍梧、容县、博白、柳州、金秀、南宁、上思、防城、百色、德保等）、海南（临高、昌江、陵水、万宁、七指山）、贵州（梵净山、雷山、施秉、榕江、佛顶山）和云南（禄劝、蒙自、屏边、马关、西畴、砚山、双江、盈江）等省区。分布于朝鲜、日本和越南北部。

本研究种类分布地　深圳七娘山。

主要经济用途　本种叶和树皮入药，凉血散血，有清热利湿、消炎解毒、消肿镇痛之功效，治暑季外感高热、烫火伤、咽喉炎、肝炎、急性肠胃炎、胃痛、关节痛等；兽医用治胃溃疡，感冒发热和各种痛症，热毒，阴疮；枝叶作造纸糊料原料。树皮可提制染料和栲胶；木材作细工用材。

三花冬青（冬青属）

Ilex triflora Bl. Bijdr. 1150. 1826; Dietr. Syn. Pl. 1: 555. 1839; Miq. Fl. Ind. Bot. 1 (2): 594. 1859; Loes. in Nov. Act. Acad. Caes. Leop.-Carol. Nat. Cur. 78: 344 (Monog. Aquif. 1: 344) . 1901; Valeton in Med. Dep. Landb. 18: 25 (Koord. et Valeton Bijdr. Booms. Java 13). 1914; Groff. in Lingnan Sci. Bull. 2: 64. 1930; Pitard in Lecomte, Fl. Gen. Indo-Chine 1: 852. 1912; 中国植物志 45(2): 53. 1999.

主要形态特征　常绿灌木或乔木，高 2～10m；幼枝近四棱形，稀近圆形，具纵棱及沟，密被短柔毛，具稍凸起的半圆形叶痕，皮孔无。叶生于 1～3 年生的枝上，叶片近革质，椭圆形、长圆形或卵状椭圆形，长 2.5～10cm，宽 1.5～4cm，先端急尖至渐尖，渐尖头长 3～4mm，基部圆形或钝，边缘具近波状线齿，叶面深绿色，干时呈褐色或橄榄绿色，幼时被微柔毛，后变无毛或近无毛，背面具腺点，疏被短柔毛，主脉在叶面凹陷，背面隆起，两面沿脉毛较密，侧脉 7～10 对，两面略明显或不明显，网状脉两面不明显；叶柄长 3～5mm，密被短柔毛，具叶片下延而成的狭翅。雄花 1～3 朵排成聚伞花序，1～5 聚伞花序簇生于当年生或二三年生枝的叶腋内，花序梗长约 2mm，花梗长 2～3mm，两者均被短柔毛，基部或近中部具小苞片 1～2 枚；花 4 基数，白色或淡红色；花萼盘状，直径约 3mm，被微柔毛，4 深裂，裂片近圆形，具缘毛；花冠直径约 5mm，花瓣阔卵形，基部稍合生；雄蕊短于花瓣，花药椭圆形，黄色；退化子房金字塔形，顶端具短喙，分裂。雌花 1～5 朵簇生于当年生或二年生枝的叶腋内，总花梗几无，花梗粗壮，长 4～8（～14）mm，被微柔毛，中部或近中部具 2 枚卵形小苞片；花萼同雄花；花瓣阔卵形至近圆形，基部稍合生；退化雄蕊长约为花瓣的 1/3，不育花药心状箭形；子房卵球形，直径约 1.5mm，柱头厚盘状，4 浅裂；果球形，直径 6～7mm，成熟后黑色；果梗长 13～

三花冬青 *Ilex triflora*

18mm，被微柔毛或近无毛；宿存花萼伸展，直径约 4mm，具疏缘毛；宿存柱头厚盘状；分核 4，卵状椭圆形，长约 6mm，背部宽约 4mm，平滑，背部具 3 条纹，无沟，内果皮革质。花期 5～7 月，果期 8～11 月。

凭证标本 深圳杨梅坑，林仕珍（316）；余欣繁，招康赛（353）；余欣繁，招康赛（354）。

分布地 生于海拔（130～）250～1800（～2200）m 的山地阔叶林、杂木林或灌木丛中。产安徽、浙江、江西、福建、湖北西北部、湖南、广东、广西、海南、四川、贵州、云南等省区。分布于印度、孟加拉国、越南北部经马来半岛至印度尼西亚（爪哇、北加里曼丹）。

本研究种类分布地 深圳杨梅坑。

主要经济用途 三花冬青的根，清热解毒。用于疮疡肿毒。

卫矛科 Celastraceae

疏花卫矛（卫矛属）

Euonymus laxiflorus Champ. ex Benth. in Hook. Kew Journ. 3: 333. 1851; Pitard in Lecomte, Fl. Indochine 1: 874, 1912; 广州植物志: 410. 1956; 海南植物志 2: 435. 1965; 中国植物志 45(3): 60. 1999.

主要形态特征 灌木，高达 4m。叶纸质或近革质，卵状椭圆形、长方椭圆形或窄椭圆形，长 5～12cm，宽 2～6cm，先端钝渐尖，基部阔楔形或稍圆，全缘或具不明显的锯齿，侧脉多不明显；叶柄长 3～5mm。聚伞花序分枝疏松，5～9 花；花序梗长约 1cm；花紫色，5 数，直径约 8mm；萼片边缘常具紫色短睫毛；花瓣长圆形，基部窄；花盘 5 浅裂，裂片钝；雄蕊无花丝，花药顶裂；子房无花柱，柱头圆。蒴果紫红色，倒圆锥状，长 7～9mm，直径约 9mm，先端稍平截；种子长圆状，长 5～9mm，直径 3～5mm，种皮枣红色，假种皮橙红色，高仅 3mm 左右，呈浅杯状包围种子基部。花期 3～6 月，果期 7～11 月。

特征差异研究 深圳小南山，叶长 5～10.5cm，宽 1.2～4cm，叶柄长 0.4～1.1cm；蒴果，倒圆锥状，长 0.6～0.8cm。与上述特征描述相比，叶宽的最小值偏小 0.8cm；叶柄的最大值偏大 0.6cm；蒴果长的最大值偏小 0.1cm。

凭证标本 深圳小南山，余欣繁，招康赛（205）；廖栋耀（077）。

分布地 生长于山上、山腰及路旁密林中。产台湾、福建、江西、湖南、香港、广东及其沿海岛屿、广西、贵州、云南。分布达越南。

本研究种类分布地 深圳小南山。

疏花卫矛 *Euonymus laxiflorus*

主要经济用途 根、茎皮、叶（土杜仲）：甘、辛，微温。益肾气，健腰膝。根、茎皮：用于水肿，腰膝酸痛，跌打损伤，骨折。叶：用于骨折，跌打损伤。

中华卫矛（卫矛属）

Euonymus nitidus Benth. in Hook. Journ. Bot. 1: 483. 1842. et Fl. Hongk. 62. 1861; 中国植物志 45(3): 56. 1999.

主要形态特征 常绿灌木或小乔木，高 1～5m。叶革质，质地坚实，常略有光泽，倒卵形、长方椭圆形或长方阔披针形，长 4～13cm，宽 2～5.5cm，先端有长 8mm 渐尖头，近全缘；叶柄较粗壮，长 6 ～ 10mm，偶有更长者。聚伞花序 1 ～ 3 次分枝，3 ～ 15 花，花序梗及分枝均较细长，小花梗长 8 ～ 10mm；花白色或黄绿色，4 数，直径 5 ～ 8mm；花瓣基部窄缩成短爪；花盘较小，4 浅裂；雄蕊无花丝。蒴果三角卵圆状，4 裂较浅成圆阔 4 棱，长 8 ～ 14mm，直径 8 ～ 17mm；果序梗长 1 ～ 3cm；小果梗长约 1cm；种子阔椭圆状，长 6 ～ 8mm，棕红色，假种皮橙黄色，全包种子，上部两侧开裂。花期 3 ～ 5 月，果期 6 ～ 10 月。

特征差异研究 ①深圳杨梅坑：叶长 4.8 ～ 11.3cm，宽 1.5 ～ 4.4cm，叶柄长 0.7 ～ 1cm；与上述特征描述相比，宽的最小值偏小 0.5cm。②深圳小南山：叶长 4.5 ～ 10.5cm，宽 1.5 ～ 2.5cm，叶柄长 0.6 ～ 1.5cm。与上述特征描述相比，宽的最小值偏小 0.5cm；叶柄长的最大值偏大 0.5cm。

凭证标本 ①深圳杨梅坑，陈永恒（158）；②深圳小南山，陈永恒、黄玉源（188）；邹雨锋、黄玉源（295）。

分布地 广东、福建和江西南部。

本研究种类分布地 深圳杨梅坑、小南山。

中华卫矛 *Euonymus nitidus*

雷公藤（雷公藤属）

Tripterygium wilfordii Hook. f. in Benth. et Hook. Cen. Pl. 1: 368. 1862; Forb. et Hemsl. in Journ. Linn. Soc. 23: 125. 1986. excl. Pl. Corea; Loes. in Engl. et Prantl, Nat. Pflanzenfam. 3 (5): 213. 1897; et ed. 1942. 20B: 170. 1942; C. H. Wang in Contrib. Inst. Bot. Acad. Peiping 4 (7): 347. 1936; 陈嵘, 中国树木分类学: 672. 图564. 1937; 陈封怀等, 植物分类学报 4 (2): 233. 1954; H. L. Li, Woody Fl. Taiwan. 475. 1963; 中国高等植物图鉴 2: 686. 图3101. 1972. ——*T. bullockii* Hance in Journ. Bot. 18, n. ser. 9: 259. 1880. ——*T. wilfordii* Hook. f. var. *bullockii* (Hance) Matsuda in Bot. Mag. Tokyo 25: 286. 1910; 中国植物志 45(3): 178. 1999.

主要形态特征 藤本灌木，高 1 ～ 3m，小枝棕红色，具 4 细棱，被密毛及细密皮孔。叶椭圆形、倒卵椭圆形、长方椭圆形或卵形，长 4 ～ 7.5cm，宽 3 ～ 4cm，先端急尖或短渐尖，基部阔楔形或圆形，边缘有细锯齿，侧脉 4 ～ 7 对，达叶缘后稍上弯；叶柄长 5 ～ 8mm，密被锈色毛。圆锥聚伞花序较窄小，长 5 ～ 7cm，宽 3 ～ 4cm，通常有 3 ～ 5 分枝，花序、分枝及小花梗均被锈色毛，花序梗长 1 ～ 2cm，小花梗细长达 4mm；花白色，

雷公藤 *Tripterygium wilfordii*

直径 4～5mm；萼片先端急尖；花瓣长方卵形，边缘微蚀；花盘略 5 裂；雄蕊插生花盘外缘，花丝长达 3mm；子房具 3 棱，花柱柱状，柱头稍膨大，3 裂。翅果长圆状，长 1～1.5cm，直径 1～1.2cm，中央果体较大，占全长 1/2～2/3，中央脉及 2 侧脉共 5 条，分离较疏，占翅宽 2/3，小果梗细圆，长达 5mm；种子细柱状，长达 10mm。

特征差异研究　①深圳杨梅坑：叶长 4～9.5cm，宽 1.8～6cm，叶柄长 0.2～1cm。与上述特征描述相比，叶长的最大值偏大 2cm；叶宽的最小值偏小，小 1.2cm，最大值偏大 2cm；叶柄长的最小值偏小 0.3cm，最大值偏大 0.2cm。②深圳小南山：叶长 6.5～10cm，宽 3～6cm，叶柄长 0.2～1cm。与上述特征描述相比，叶长的最大值偏大 2.5cm；叶宽的最大值也偏大，超出 2cm；叶柄长的最小值偏小，小 0.3cm，最大值偏大 0.2cm。

凭证标本　①深圳杨梅坑，余欣繁，招康赛（344）。②深圳小南山，余欣繁，招康赛（189）；余欣繁，黄玉源（188）。

分布地　生长于山地林内阴湿处。产台湾、福建、江苏、浙江、安徽、湖北、湖南、广西。朝鲜、日本也有分布。

本研究种类分布地　深圳杨梅坑、小南山。

山柑科 Capparaceae

山柑（山柑属）

Capparis hainanensis Oliv. in Hook. Ic. Pl. 16, t. 1588. 1887; Merr. in Lingn. Sci. Journ. 5: 83. 1927; 陈嵘, 中国树木分类学: 367, 图275. 1937; 海南植物志 1: 351. 1964; 中国植物志 32: 505. 1999.

别名　海南槌果藤

主要形态特征　攀援灌木。小枝圆柱形，光滑无毛，基部周围常有钻形苞片状小鳞片；刺短，长约 2mm，尖端黄褐色，微外弯。叶革质，长圆状椭圆形或椭圆形，长 6～9（～12）cm，宽 2.5～5（～8.3）cm，两面均无毛，顶端钝形，常有小凸尖头，基部楔形或近圆形，有时微心形，干后淡黄色，两面均有水泡状的小点凸起，背面尤其明显，中脉表面平坦或微凸起，侧脉 5～8（～10）对，背面粗壮，凸起，网状脉稠密，两面微凹；叶柄长 5～12mm，无毛。花大型，开放时直径 4～5cm，单出腋生或 2 朵排成一纵列，腋上生；花梗粗壮，长 1～3cm，无毛，与叶柄之间常有 1～2 束钻形小刺，果时木化增粗，直径 3～5mm；萼片近相等，长圆状椭圆形，长 15～20mm，宽 5～6mm；顶端急尖，外轮无毛，内轮边缘淡白色，有毡状短绒毛；花瓣白色，倒卵状长圆形，长 20～30mm，最宽处约 15mm，无毛；雄蕊（50～）60～75，花丝长约 4cm；花药线形，长约 2mm；子房卵球形，长 5～7mm. 直径约 2.5mm，稍肉质，顶端渐狭延成花柱，胎座 4，胚珠多数；雌蕊柄长 3～4cm，无毛，果时木化增粗，直径达 3～5mm。果椭圆形或长圆形，长约 5cm，直径 2.5～3cm，顶端有不明显的短喙，干后黄色或橘红色，果皮近平滑。种子多数，长 6～8mm，宽 4～6mm，高

山柑 *Capparis hainanensis*

3～5mm，种皮平滑，干后暗红色。花期 7～12 月，果期 12 月至次年 3 月。

特征差异研究　深圳小南山：叶长 3.1～6.4cm，宽 2.1～3.5cm，叶柄长 2～3mm；与上述特征描述相比，叶长的最小值小 2.9cm；叶宽的最小值偏小 0.4cm；叶柄长度明显偏小，最大值比上述的最小值小 0.2cm。

凭证标本　深圳小南山，邹雨锋，招康赛（282）；王贺银，招康赛（234）。

分布地　海南。

本研究种类分布地　深圳小南山。

牛眼睛（山柑属）

Capparis zeylanica L. Sp. Pl. ed. 2. 720. 1762; DC. Prodr.1: 247.1824; Jacobs, Fl. Mal. Bull. I. 6 (1): 87, f. 5. 1960; Jacobs in Blumea 12 (3): 505, f. 33. 1965; 中国高等植物图鉴, 补编 1: 705, 图8761. 1982. ——*Capparis hastigera* Hance in Seem. Journ. Bot. 6: 296. 1868; Coll et Hemsl. in Journ. Linn. Soc. Lond. Bot. 28: 20. 1890; Merr.in Lingn. Sci. Journ. 5: 83. 1927; 植物分类学报 8 (4): 342. 1963; 海南植物志 1: 350. 1964. ——*Capparis swinhoei* Hance in Seem. Journ. Bot. 6: 296. 1868. ——*Capparis hastigera* Hance var. *obcordata* Merr. et Metc. in Lingn. Sci. Journ. 16: 192. 1939; 中国植物志 32: 504. 1999.

别名 槌果藤

主要形态特征 攀援或蔓性灌木，高 2 ～ 5m。新生枝密被红褐色至浅灰色星状绒毛，迟早变无毛；刺强壮，尖利，外弯，长达 5mm。叶亚革质，形状多变，常为椭圆状披针形或倒卵状披针形，有时卵形、线形或戟形，长 3 ～ 8cm，宽 1.5 ～ 4cm，基部急尖或圆形，少有近心形，顶端急尖或圆形，少有微渐尖，常有 2 ～ 3mm 革质外弯的凸尖头，幼时两面密被淡灰色易脱落星状毛，表面立即变无毛，稍有光泽，背面较迟才变无毛，中脉在表面平坦或微凹，背面凸起，侧脉 3 ～ 7 对，纤细，网状脉两面明显；叶柄长 5 ～ 12mm。花（1 ～）2 ～ 3（～ 4）朵排成一短纵列，腋上生，在幼枝上常在叶前开放，形成多花而美丽的花枝；花梗稍粗壮，长 5 ～ 18mm，密被红褐色星状短绒毛，果时木质化增粗，直径达 3 ～ 5mm；萼片略不相等，长 8 ～ 11mm，宽 6 ～ 8mm，背面多少被红褐色绒毛，外轮内凹，近圆形，其中 1 个稍大，顶端急尖或钝形，内轮椭圆形；花瓣白色，长圆形，长 9 ～ 15mm，宽 5 ～ 7mm，无毛，上面 1 对基部中央有淡红色斑点；雄蕊 30 ～ 45，花丝幼时白色，后转浅红色或紫红色；雌蕊柄花期时基部被灰色绒毛，果期时无毛，长 3 ～ 4.5cm，直径 3 ～ 6mm；子房椭圆形，长 1.5 ～ 2mm，柱头明显，胎座 4，胚珠多数。果球形或椭圆形，直径 2.5 ～ 4cm，果皮干后坚硬，表面有细疣状凸起，成熟时红色或紫红色。种子多数，长 5 ～ 8mm，宽 4 ～ 6mm，种皮赤褐色。花期 2 ～ 4 月，果期 7 月以后。

牛眼睛 *Capparis zeylanica*

凭证标本 深圳小南山，林仕珍，招康赛（231）。
分布地 生于海拔 700m 以下林缘或灌丛，也见于石灰岩山坡或稀树草原。产广东（雷州半岛）、广西（合浦）、海南。斯里兰卡、印度经中南半岛至印度尼西亚及菲律宾都有分布。
本研究种类分布地 深圳小南山。

鱼木（鱼木属）

Crateva formosensis (Jacobs) B. S. Sun grad. nov. ——*Crateva adansonii* ssp. *formosensis* Jacobs in Blumea 12 (2): 210. 1964; 台湾植物志 2: 671. pl. 422. 1976; ed. 2: 743, pl. 349. photo 330, 331. 1996; 中国高等植物图鉴, 补编 1: 700, 图8759. 1982. ——*Crateva religiosa* auct. non Forst. f.: Hayata, Ic. Pl. Formos. 1: 57. 1911; Kaneh., Formosan Trees p. 237. f. 178. 1936; H. L. Li, Woody Fl. Taiwan. p. 236. f. 87. 1863; 中国植物志 32: 489. 1999.

主要形态特征 灌木或乔木，高 2 ～ 20m，小枝与节间长度平均数均较其他种为大，有稍栓质化的纵皱肋纹。小叶干后淡灰绿色至淡褐绿色，质地薄而坚实，不易破碎，两面稍异色，侧生小叶基部两侧很不对称，花枝上的小叶长 10～11.5cm，宽 3.5～5cm，顶端渐尖至长渐尖，有急尖的尖头，侧脉纤细，4～6（～7）对，干后淡红色，叶柄长 5～7cm，干后褐色至浅黑色，腺体明显，营养枝上的小叶略大，长 13～15cm，宽 6cm，叶柄长 8～13cm。花序顶生，花枝长 10～15cm，花序长约 3cm，有花 10～15 朵；花梗长 2.5～4cm；花不完全；雌蕊柄长 3.2～4.5cm。果球形至椭圆形，（3～5）cm×3（～4)cm，红色。花期 6～7 月，果期 10～11 月。

凭证标本 深圳莲花山，林仕珍，招康赛（120）。

分布地 产台湾、广东北部、广西东北部、四川（仅见重庆附近有栽培），生于海拔 400m 以下的沟谷或平地、低山水旁或石山密林中。日本南部也有。

本研究种类分布地 深圳莲花山。

桑寄生科 Loranthaceae

鞘花（鞘花属）

Macrosolen cochinchinensis (Lour.) Van Tiegh. in Bull. Soc. Bot. France 41: 122. 1894; 中国植物志 24: 89. 1988.

别名 枫木鞘花

主要形态特征 灌木，高 0.5～1.3m，全株无毛；小枝灰色，具皮孔。叶革质，阔椭圆形至披针形，有时卵形，长 5～10cm，宽 2.5～6cm，顶端急尖或渐尖，基部楔形或阔楔形，中脉在上面扁平，在下面凸起，侧脉 4～5 对，在下面明显或两面均不明显；叶柄长 0.5～1cm。总状花序，1～3 个腋生或生于小枝已落叶腋部，花序梗长 1.5～2cm，具花 4～8 朵；花梗长 4～6mm，苞片阔卵形，长 1～2mm，小苞片 2 枚，三角形，长 1～1.5mm，基部彼此合生，花托椭圆状，长 2～2.5mm；副萼环状，长约 0.5mm；花冠橙色，长 1～1.5cm，冠管膨胀，具六棱，裂片 6 枚，披针形，长约 4mm，反折；花丝长约 2mm，花药长 1mm；花柱线状，柱头头状。果近球形，长约 8mm，直径 7mm，橙色，果皮平滑。花期 2～6 月，果期 5～8 月。

特征差异研究 深圳杨梅坑：叶长 2.5～5.5cm，宽 1～2.6cm，叶柄长 0.3～0.8cm。与上述特征描述相比，叶长的最小值小 2.5cm；叶宽的最小值小 1.5cm；叶柄长的最小值偏小 0.2cm。

凭证标本 深圳杨梅坑，邹雨锋，黄玉源（365）。

分布地 云南、四川、贵州、广西、广东、福建。

鱼木 *Crateva formosensis*

鞘花 *Macrosolen cochinchinensis*

本研究种类分布地　深圳杨梅坑。　　　　**主要经济用途**　药用。

桑寄生（钝果寄生属）

Taxillus sutchuenensis (Lecomte) Danser in Bull.Jard. Bot. Buitenzorg ser. 3, 10: 355. 1929, et in Blumea 2: 53. 1936; 中国高等植物图鉴, 补编　1: 225, 图8479. 1982; 丘华兴, 植物分类学报　21: 179. 1983; 云南植物志　3: 369. 1983. ——*Loranthus sutchuenensis* Lecomte, Not. Syst. 3: 167. 1915, et in Sargent, Pl. Wils. 3: 316. 1916. ——*L. seraggodostemon* Hayata, Ic. Pl. Formos. 5: 185. 1915; 中国植物志　24: 129. 1988.

别名　桑上寄生（本草纲目），寄生（四川），四川桑寄生（湖北植物志）

主要形态特征　灌木，高 0.5 ～ 1m；嫩枝、叶密被褐色或红褐色星状毛，有时具散生叠生星状毛，小枝黑色，无毛，具散生皮孔。叶近对生或互生，革质，卵形、长卵形或椭圆形，长 5 ～ 8cm，宽 3 ～ 4.5cm，顶端圆钝，基部近圆形，上面无毛，下面被绒毛；侧脉 4 ～ 5 对，在叶上面明显；叶柄长 6 ～ 12mm，无毛。总状花序，1 ～ 3 个生于小枝已落叶腋部或叶腋，具花（2 ～）3 ～ 4（～ 5）朵，密集呈伞形，花序和花均密被褐色星状毛，总花梗和花序轴共长 1 ～ 2（～ 3）mm；花梗长 2 ～ 3mm；苞片卵状三角形，长约 1mm；花红色，花托椭圆状，长 2 ～ 3mm；副萼环状，具 4 齿；花冠花蕾时管状，长 2.2 ～ 2.8cm，稍弯，下半部膨胀，顶部椭圆状，裂片 4 枚，披针形，长 6 ～ 9mm，反折，开花后毛变稀疏；花丝长约 2mm，花药长 3 ～ 4mm，药室常具横隔；花柱线状，柱头圆锥状。果椭圆状，长 6 ～ 7mm，直径 3 ～ 4mm，两端均圆钝，黄绿色，果皮具颗粒状体，被疏毛。花期 6 ～ 8 月。

特征差异研究　深圳小南山：叶长 4.6 ～ 5.7cm，叶宽 2.1 ～ 3cm，叶柄长 0.5 ～ 0.6cm。与上述特征描述相比，叶长的最小值偏小 0.4cm；叶宽的最小值偏小，小 0.9cm；叶柄长的最小值偏小 0.1cm。

凭证标本　深圳小南山，陈鸿辉（023）。

分布地　生于海拔 500 ～ 1900m 山地阔叶林中，寄生于桑树、梨树、李树、梅树、油茶、厚皮香、漆树、核桃或栎属、柯属、水青冈属、桦属、榛属等植物上。产云南、四川、甘肃、陕西、山西、

桑寄生 *Taxillus sutchuenensis*

河南、贵州、湖北、湖南、广西、广东、江西、浙江、福建、台湾。

本研究种类分布地　深圳小南山。

主要经济用途　本种在长江流域山地较常见，是《本草纲目》记载的桑上寄生原植物，即中药材桑寄生的正品；全株入药，有治风湿痹痛、腰痛、胎动、胎漏等功效。

瘤果槲寄生（槲寄生属）

Viscum ovalifolium DC. Prodr. 4: 278. 1830; Hook. f. Fl. Brit. Ind. 5: 225. 1886, pro parte; Danser in Blumea 4: 296. 1941; Sesh. Rao in Journ. Ind. Bot. Soc. 36: 146, f. 13. 1957; 中国高等植物图鉴, 补编　1: 227, 图 8480. 1982; 云南植物志　3: 379, pl. 110, 1-2. 1983. ——*V. orientale* auct. non Willd.: Benth. Fl. Hongk. 141. 1861; Forb. et Hemsl. in Journ. Linn. Soc. Bot. 26: 408. 1894; Merr. in Lingnan Sci. Journ. 5: 69. 1927; 海南植物志　2: 466. 1965; 中国植物志　24: 154. 1988.

别名　柚寄生（广西梧州），柚树寄生（生草药性备要）

主要形态特征　灌木，高约 0.5m；茎、枝圆柱状；枝交叉对生或二歧分枝，节间长 1.5～3cm，粗 3～4mm，干后具细纵纹，节稍膨大。叶对生，革质，卵形、倒卵形或长椭圆形，长 3～8.5cm，宽 1.5～3.5cm，顶端圆钝，基部骤狭或渐狭；基出脉 3～5 条；叶柄长 2～4mm。聚伞花序，一个或多个簇生于叶腋，总花梗长 1～1.5mm；总苞舟形，长约 2mm，具花 3 朵；中央 1 朵为雌花，侧生的 2 朵为雄花，或雄花不发育，仅具 1 朵雌花；雄花：花蕾时卵球形，长约 1.5mm，萼片 4 枚，三角形；花药椭圆形；雌花：花蕾时椭圆状，长 2.5～3mm，花托卵球形，长 1.5～2mm；萼片 4 枚，三角形，长约 1mm；柱头乳头状。果近球形，直径 4～6mm，基部骤狭呈柄状，长约 1mm，果皮具小瘤体，成熟时淡黄色，果皮变平滑。花果期几全年。

特征差异研究　深圳杨梅坑：叶长 1.5～4cm，宽 0.8～2.5cm，叶柄 0.2～0.5cm。与上述特征描述相比，叶长的最小值偏小，小 1.5cm；叶宽的最小值偏小，小 0.7cm。

凭证标本　深圳杨梅坑，林仕珍，明珠（276）。

分布地　生于海拔（5～）10～1100m 沿海红树林中或平原、盆地、山地亚热带季雨林中，寄生于柚树、黄皮、柿树、无患子、柞木、板栗或海桑、海莲等多种植物上。产云南南部、广西、广东。印度东北部、缅甸、泰国、老挝、柬埔寨、越南、

瘤果槲寄生 *Viscum ovalifolium*

马来西亚、印度尼西亚、菲律宾也有分布。

本研究种类分布地　深圳杨梅坑。

主要经济用途　枝、叶入药，有祛风、止咳、清热解毒等功效；民间草药以寄生于柚树上的为佳。

檀香科 Santalaceae

寄生藤（寄生藤属）

Dendrotrophe frutescens (Champ. ex Benth.) Danser in Nov. Guin. 4: 148. 1940. ——*Henslowia frutescens* Champ. ex Benth. in Hook. Journ. Bot. Kew Misc. 5: 194. 1853；海南植物志 2: 467 图524. 1965. ——*H. sessiliflora* Hemsl. in Journ. Linn. Soc. 26: 409. 1894. syn. Nov；中国植物志 24: 73. 1988.

别名　青藤公、左扭香、鸡骨香藤（广东），观音藤（广西）

主要形态特征　木质藤本，常呈灌木状；枝长 2～8m，深灰黑色，嫩时黄绿色，三棱形，扭曲。叶厚，多少软革质，倒卵形至阔椭圆形，长 3～7cm，宽 2～4.5cm，顶端圆钝，有短尖，基部收狭而下延成叶柄，基出脉 3 条，侧脉大致沿边缘内侧分出，干后明显；叶柄长 0.5～1cm，扁平。花通常单性，雌雄异株；雄花：球形，长约

2mm，5～6 朵集成聚伞花序；小苞片近离生，偶呈总苞状；花梗长约 1.5mm；花被 5 裂，裂片三角形，在雄蕊背后有疏毛一撮，花药室圆形；花盘 5 裂；雌花或两性花：通常单生；雌花：短圆柱状，花柱短小，柱头不分裂，锥尖形；两性花，卵形。核果卵状或卵圆形，带红色，长 1～1.2cm，顶端有内拱形宿存花被，成熟时棕黄色至红褐色。花期 1～3 月，果期 6～8 月。

特征差异研究　深圳杨梅坑：叶长 2.5～4.5cm，

宽 1～2cm，叶柄 0.2～0.5cm。与上述特征描述相比，叶长的最小值偏小 0.5cm；叶宽的最小值偏小 1cm；叶柄长的最小值偏小 0.3cm。

凭证标本 深圳杨梅坑，王贺银，招康赛（309）。

分布地 生长于海拔 100～300m 山地灌丛中，常攀援于树上。产福建、广东、广西、云南。越南也有分布。

本研究种类分布地 深圳杨梅坑。

主要经济用途 全株供药用，外敷治跌打刀伤。

鼠李科 Rhamnaceae

铁包金（勾儿茶属）

Berchemia lineata (L.) DC. Prodr. 2: 23. 1825; Benth. Fl. Hongk. 67. 1861; Forb. et Hemsl. in Journ. Linn. Soc. Bot. 23: 127. 1886; Metcalf in Pek. Nat. Hist. Bull. 16 (1): 24. 1941; 侯宽昭等，广州植物志: 418, 图221. 1956; H. L. Li, Woody Fl. Taiw. 568. 1963, et Fl. Taiw. 3: 651, Pl. 763. 1977; 中国高等植物图鉴 2: 764, 图3257. 1972. —— *Rhamnus lineata* L. Cent. Pl. 2: 11. 1756; 中国植物志 48(1): 111. 1982.

别名 老鼠耳（亨利氏植物汉名汇），米拉藤，小叶黄鳝藤（台湾植物志）

主要形态特征 藤状或矮灌木，高达 2m；小枝圆柱状，黄绿色，密被短柔毛。叶纸质，矩圆形或椭圆形，长 5～20mm，宽 4～12mm，顶端圆形或钝，具小尖头，基部圆形，上面绿色，下面浅绿色，两面无毛，侧脉每边 4～5，稀 6 条；叶柄短，长不超过 2mm，被短柔毛；托叶披针形，稍长于叶柄，宿存。花白色，长 4～5mm，无毛，花梗长 2.5～4mm，无毛，通常数个至 10 余个密集成顶生聚伞总状花序，或有时 1～5 个簇生于花序下部叶腋，近无总花梗；花芽卵圆形，长过于宽，顶端钝；萼片条形或狭披针状条形，顶端尖，萼筒短，盘状；花瓣匙形，顶端钝。核果圆柱形，顶端钝，长 5～6mm，直径约 3mm，成熟时黑色或紫黑色，基部有宿存的花盘和萼筒；果梗长 4.5～5mm，被短柔毛。花期 7～10 月，果期 11 月。

凭证标本 ①深圳杨梅坑：邹雨锋，招康赛（133）；王贺银，周志彬（118）。②深圳小南山，邹雨锋，黄玉源（234）；邹雨锋，黄玉源（233）。③深圳莲花山：王贺银（077）；林仕珍，黄玉源（114）。

寄生藤 *Dendrotrophe frutescens*

铁包金 *Berchemia lineata*

分布地 生于低海拔的山野、路旁或开旷地上。产广东、广西、福建、台湾。印度、越南和日本也有分布。

本研究种类分布地 深圳杨梅坑、小南山、莲花山。

主要经济用途 根、叶药用，有止咳、祛痰、散瘀之功效，治跌打损伤和蛇咬伤。

长叶冻绿（鼠李属）

Rhamnus crenata Sieb. et Zucc. in Abh. Akad. Munch. 4: (2) 146. 1843; Forb. et Hemal. in Journ. Linn. Soc. Bot. 23: 128. 1888; Schneid. in Sarg. Pl. Wils. 2: 232, 244. 1914; Hand.-Mazz. Symb. Sin. 7: 675. 1933; Rehd. in Journ. Arn Arb. 15: 13. 1934; 陈嵘, 中国树木分类学: 743. 1937; 侯宽昭, 广州植物志: 419, 1953; 中国高等植物图鉴 2: 754, 图3238. 1972. —— *Frangula crenata* (Sieb. et Zucc.) Miq. in Ann. Mus. Lugd.-Bat. 3: 32. 1867: Grub. in Act. Inst. Bot. Acad. Sci. URSS ser. 1, 8: 264. 1949. —— *Rhamnus oreigenes* Hance in Journ. Bot. 7: 114. 1869. syn. nov. —— *Rhamnus pseudo-frangula* Levl. in Fedde, Rep. Sp. Nov. 10: 473. 1912, et Fl. Kouy-Tcheou 343. 1915; Schneid. 1. c. 245. 1914. —— *Rhamnus cambodiana* Pierre ex Pitard in Lecomte Fl. Gen. Ind.-Chin. 1: 926. 1912. syn. nov. —— *Rhamnus acuminatifolia* Hayata, Ic. Pl. Formos. 3: 62. 1913. —— *Frangula crenata* Miq. var. *acuminatifolia* (Hayata) Hatusima in Journ. Jap Bot. 12: 876. 1936. —— *Celastrus kouytchensis* Levl. in. Fedde, Rep. Sp. Nov. 13: 263. 1914. —— *Celastrus esquirolianus* Levl. Fl. Kouy-Tcheou 69. 1914. —— *Rhamnus crenata* Sieb. et Zucc. var. *oreigenes* (Hance) Tard. in Not. Syst. 12: 169. 1946. quoad Chao et Cheo 442. —— *Rhamnus crenata* Sieb. et Zucc. var. *camhodiana* (Pierre ex Pitard) Tard. 1. c. 169. 1946. excl. Chiao et Cheo 377; 中国植物志 48(1): 23. 1982.

别名 黄药（开宝本草），长叶绿柴，冻绿，绿柴，山绿篱，绿篱柴，山黑子，过路黄（湖北），山黄（广州），水冻绿（江苏），苦李根（广西），钝齿鼠李（台湾植物志）

主要形态特征 落叶灌木或小乔木，高达 7m；幼枝带红色，被毛，后脱落，小枝被疏柔毛。叶纸质，倒卵状椭圆形、椭圆形或倒卵形，稀倒披针状椭圆形或长圆形，长 4～14cm，宽 2～5cm，顶端渐尖、尾状长渐尖或骤缩成短尖，基部楔形或钝，边缘具圆齿状齿或细锯齿，上面无毛，下面被柔毛或沿脉多少被柔毛，侧脉每边 7～12 条；叶柄长 4～10（12）mm，被密柔毛。花数个或 10 余个密集成腋生聚伞花序，总花梗长 4～10，稀 15mm，被柔毛，花梗长 2～4mm，被短柔毛；萼片三角形与萼管等长，外面有疏微毛；花瓣近圆形，顶端 2 裂；雄蕊与花瓣等长而短于萼片；子房球形，无毛，3 室，每室具 1 胚珠，花柱不分裂，柱头不明显。核果球形或倒卵状球形，绿色或红色，成熟时黑色或紫黑色，长 5～6mm，直径 6～7mm，果梗长 3～6mm，无或有疏短毛，具 3 分核，各有种子 1 个；种子无沟。花期 5～8 月，果期 8～10 月。

特征差异研究 深圳马峦山：叶长 3.4～5.2cm，宽 2～5cm，叶柄长 0.1cm。与上述特征描述相比，叶长的最小值偏小 0.6cm；叶柄长的最小值也偏小 0.3cm。

凭证标本 深圳马峦山，陈志洁（034）。

分布地 常生于海拔 2000m 以下的山地林下或灌

长叶冻绿 *Rhamnus crenata*

丛中。产陕西、河南、安徽、江苏、浙江、江西、福建、台湾、广东、广西、湖南、湖北、四川、贵州、云南。朝鲜、日本、越南、老挝、柬埔寨也有分布。

本研究种类分布地 深圳马峦山。

主要经济用途 根有毒。民间常用根、皮煎水或醋浸洗治顽癣或疖疮；根和果实含黄色染料。

冻绿（鼠李属）

Rhamnus utilis Decne. in Compt. Rend. Acad. Sci. Paris 44: 1141. 1857, et in Rondot, Vert de Chine 141, t. 1. 1875; Schneid. Ill. Handb. Laubholzk. 2: 289, 1. 197 t-w, 1991. 1909, et in Sarg. Pl. Wils. 2: 240. 1914; Rehd. et Wils. in Journ. Arn. Arb. 8: 167. 1927; Hand.-Mazz. Symb. Sin. 7: 677. 1933; Cheng in Contrib. Biol. Lab. Sci. Soc. China 9: 178. 1934; 陈嵘, 中国树木分类学: 740. 1937; Grub. in Act. Inst. Bot. Acad. Sci. URSS ser. 1, 8: 316. 1949; 中国高等植物图鉴 2: 758. 图3246. 1972. ——*R. davurica* auct. non Pall.: Forb. et Hemsl. in Journ. Linn. Soc. Bot. 23: 128. 1888. p. p. ——*R. utilis* f. *glaber* Rehd. in Journ. Arn. Arb. 14: 349. 1933; 中国植物志 48(1): 68. 1982.

别名　红冻（湖北），油葫芦子，狗李，黑狗丹，绿皮刺，冻木树，冻绿树，冻绿柴（浙江），大脑头（河南），鼠李（江苏）

主要形态特征　灌木或小乔木，高达 4m；幼枝无毛，小枝褐色或紫红色，稍平滑，对生或近对生，枝端常具针刺；腋芽小，长 2～3mm，有数个鳞片，鳞片边缘有白色缘毛。叶纸质，对生或近对生，或在短枝上簇生，椭圆形、矩圆形或倒卵状椭圆形，长 4～15cm，宽 2～6.5cm，顶端突尖或锐尖，基部楔形或稀圆形，边缘具细锯齿或圆齿状锯齿，上面无毛或仅中脉具疏柔毛，下面干后常变黄色，沿脉或脉腋有金黄色柔毛，侧脉每边通常 5～6 条，两面均凸起，具明显的网脉，叶柄长 0.5～1.5cm，上面具小沟，有疏微毛或无毛；托叶披针形，常具疏毛，宿存。花单性，雌雄异株，4 基数，具花瓣；花梗长 5～7mm，无毛；雄花数个簇生于叶腋，或 10～30 余个聚生于小枝下部，有退化的雌蕊；雌花 2～6 个簇生于叶腋或小枝下部；退化雄蕊小，花柱较长，2 浅裂或半裂。核果圆球形或近球形，成熟时黑色，具 2 分核，基部有宿存的萼筒；梗长 5～12mm，无毛；种子背侧基部有短沟。花期 4～6 月，果期 5～8 月。

特征差异研究　深圳赤坳：叶长 3～7cm，宽 1～3.5cm，叶柄长 0.5～1.0cm；与上述特征描述相比，叶长最小值小 1cm；叶宽的最小值小 1cm。

凭证标本　深圳赤坳，陈惠如，黄玉源（037）；余欣繁，招康赛（031）；林仕珍（041）；林仕珍（042）。

冻绿 *Rhamnus utilis*

分布地　常生于海拔 1500m 以下的山地、丘陵、山坡草丛、灌丛或疏林下。产甘肃、陕西、河南、河北、山西、安徽、江苏、浙江、江西、福建、广东、广西、湖北、湖南，四川、贵州。朝鲜、日本也有分布。

本研究种类分布地　深圳赤坳。

主要经济用途　种子油作润滑油；果实、树皮及叶含黄色染料。

葡萄科 Vitaceae

蓝果蛇葡萄（蛇葡萄属）

Ampelopsis bodinieri (Levl. & Vant.) Rehd. in Journ. Arn. Arb. 15: 23. 1934 et Rehd. Man. Cult. Trees & Shrubs 616. 1940; 中国植物志48(2): 35. 1998.

别名　闪光蛇葡萄

主要形态特征　木质藤本。小枝圆柱形，有纵棱纹，无毛。卷须 2 叉分枝，相隔 2 节间断与叶对生。叶片卵圆形或卵椭圆形，不分裂或上部微 3 浅裂，长 7 ～ 12.5cm，宽 5 ～ 12cm，顶端急尖或渐尖，基部心形或微心形，边缘每侧有 9 ～ 19 个急尖锯齿，上面绿色，下面浅绿色，两面均无毛；基出脉 5，中脉有侧脉 4 ～ 6 对，网脉两面均不明显突出；叶柄长 2 ～ 6cm，无毛。花序为复二歧聚伞花序，疏散，花序梗长 2.5 ～ 6cm，无毛；花梗长 2.5 ～ 3mm，无毛；花蕾椭圆形，高 2.5 ～ 3mm，萼浅碟形，萼齿不明显，边缘呈波状，外面无毛；花瓣 5，长椭圆形，高 2 ～ 2.5mm；雄蕊 5，花丝丝状，花药黄色，椭圆形；花盘明显，5 浅裂；子房圆锥形，花柱明显，基部略粗，柱头不明显扩大。果实近球圆形，直径 0.6 ～ 0.8cm，有种子 3 ～ 4 颗，种子倒卵椭圆形，顶端圆钝，基部有短喙，急尖，表面光滑，背腹微侧扁，种脐在种子背面下部向上呈带状渐狭，腹部中棱脊突出，两侧洼穴呈沟状，上部略宽，向上达种子中部以上。花期 4 ～ 6 月，果期 7 ～ 8 月。

特征差异研究　深圳赤坳：叶长 3.1 ～ 6.4cm，宽 1.2 ～ 3.1cm，叶柄长 0.2 ～ 1.3cm。与上述特征描述相比，叶长的整体范围偏小，最大值比上述特征描述叶长的最小值还小 0.6cm；叶宽的整体范围也偏小，最大值比前者的最小值还小 3.8cm；叶柄长的整体范围偏小，最大值比前者最小值小 0.7cm。

蓝果蛇葡萄 *Ampelopsis bodinieri*

凭证标本　深圳赤坳，余欣繁（038）。

本研究种类分布地　深圳赤坳。

主要经济用途　根（上山龙）：酸、涩、微辛、平。消肿解毒，止痛止血，排脓生肌，祛风除湿。用于治疗跌打损伤，骨折，风湿腿痛，便血，崩漏，带下病，慢性胃炎，胃溃疡等。

广东蛇葡萄（蛇葡萄属）

Ampelopsis cantoniensis (Hook. & Arn.) Planch. in DC. Monogr. Phan. 5: 460. 1887 p.p.; Rehd. in Journ. Arn. Arb. 18: 71. 1937 p.p.; 广州植物志: 422. 1956 p. p.; 中国高等植物图鉴 2: 781.图3291. 1972; 台湾植物志 3: 667. 1977; 福建植物志 3: 382. 1988. p.p. ——*Ampelopsis leeoides* (Maxim.) Planch. in DC. Monogr. Phan. 5: 462. 1887. ——*Cissus cantoniensis* Hook. & Arn. Bot. Beechey Voy. 175. 1833 p.p. ——*Vitis leeoides* Maxim. in Mel. Biol. Acad. Sci. St. Petersb. 9: 148. 1873; Veitch in Journ. Roy. Hort. Soc. 28: 395. 1904. ——*Vitis multijugata* Levl. & Vant. in Bull. Soc. Agric. Sci. Arts Sarthe. 40: 41. 1905 et in Fedde, Rep. Sp. Nov. 2: 159. 1906; Levl. Fl. Kouy-Tcheou. 28. 1914. ——*Leea theifera* Levl. in Fedde, Rep. Sp. Nov. 8: 58. 1910 et Fl. Kouy-Tcheou. 25. 1914. ——*Cissus diversifolia* Walp. Rept. 5: 317. 1843. non DC. (1825). ——*Vitis cantoniensis* auct. non Seem. (1857): Hemsl. in Journ. Linn. Soc. Bot. 23: 131. 1886 exel. syn p. p.; Gagnep. in Lecomte, Fl. Gen. Indo-Chine. 1: 986. f. 121: 8-13. 1912; Lauener in Notes Roy Bot. Gard. Edinb. 37 (3): 282. 1967; 云南种子植物名录. 上册: 790. 1984 excl. syn. p.p.; 中国植物志 48(2): 49. 1998.

别名　田浦茶（广东），粤蛇葡萄（广州植物志）

主要形态特征　木质藤本。小枝圆柱形，有纵棱纹，嫩枝或多或少被短柔毛。卷须 2 叉分枝，相隔 2 节间断与叶对生。叶为二回羽状复叶或小枝上部着生有一回羽状复叶，二回羽状复叶者基部一对小叶常为 3 小叶，侧生小叶和顶生小叶大多形状各异，侧生小叶大小和叶形变化较大，通常卵形、卵椭圆形或长椭圆形，长 3 ～ 11cm，宽 1.5 ～ 6cm，顶端急尖、渐尖或骤尾尖，基部多为阔楔形，上面深绿色，在放大镜下常可见有浅色小圆点，下面浅黄褐绿色，常在脉基部疏生短柔毛，以后脱落几无毛；侧脉 4 ～ 7 对，下面最后一级网脉显著但不突出，叶柄长 2 ～ 8cm，顶生小叶柄长 1 ～ 3cm，侧生小叶柄长 0 ～ 2.5cm，嫩时被稀疏短柔毛，以后脱落几无毛。花序为伞房状多歧聚伞花序，顶生或与叶对生；花序梗长 2 ～ 4cm，嫩时或多或少被稀疏短柔毛，花轴被短柔毛；花梗长 1 ～ 3mm，几无毛；花蕾卵圆形，高 2 ～ 3mm，顶端圆形；萼碟形，边缘呈波状，无毛；花瓣 5，卵椭圆形，高 1.7 ～ 2.7mm，无毛；雄蕊 5，花药卵椭圆形，长略甚于宽；花盘发达，边缘浅裂；子房下部与花盘合生，花柱明显，柱头扩大不明显。果实近球形，直径 0.6 ～ 0.8cm，有种子 2 ～ 4 颗；种子倒卵圆形，顶端圆形，基部喙尖锐，种脐在种子背面中部呈椭圆形，背部中棱脊突出，表面有肋纹凸起，腹部中棱脊突出，两侧洼穴外观不明显，微下凹，周围有肋纹突出。花期 4 ～ 7 月，果期 8 ～ 11 月。

凭证标本　深圳应人石，邹雨锋，招康赛（170）；王贺银，招康赛（151）。

分布地　生山谷林中或山坡灌丛，海拔 100 ～

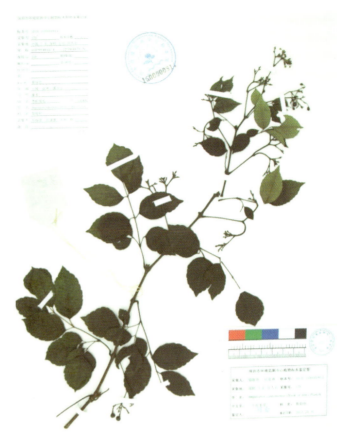

广东蛇葡萄 Ampelopsis cantoniensis

850m。产安徽、浙江、福建、台湾、湖北、湖南、广东、广西、海南、贵州、云南、西藏。

本研究种类分布地　深圳应人石。

角花乌蔹莓（乌蔹莓属）

Cayratia corniculata (Benth.) Gagnep. *Cayratia corniculata* (Benth.) Gagnep. In Notul. Syst. (Paris) 1: 347. 1911; *Vitis corniculata* Benth. Fl. Hongk. 54. 1861; 中国植物志 48(2): 84. 1998.

主要形态特征　草质藤本。小枝圆柱形，有纵棱纹，无毛。卷须 2 叉分枝，相隔 2 节间断与叶对生。叶为鸟足状 5 小叶，中央小叶长椭圆披针形，长 3.5 ～ 9cm，宽 1.5 ～ 3cm，顶端渐尖，基部楔形，边缘每侧有 5 ～ 7 个锯齿或细牙齿，侧生小叶卵状椭圆形，长 2 ～ 5cm，宽 1.5 ～ 2.5cm，顶端急尖或钝，基部楔形或圆形，边缘外侧有 5 ～ 6 个锯齿或细牙齿，上面绿色，下面浅绿色，两面均无毛；侧脉 5 ～ 7 对，网脉不明显，无毛；叶柄长 2 ～ 4.5cm，小叶有短柄或几无柄，侧生小叶总柄长 0.4 ～ 1.5cm，无毛；托叶早落。花序为复二歧聚伞花序，腋生；花序梗长 3 ～ 3.5cm，无毛；花梗长 1.5 ～ 2.5mm，无毛，花蕾卵圆形或卵椭圆形，高 2 ～ 3mm；萼碟形，全缘或有三角状浅裂，无毛；花瓣 4，三角状卵圆形，高

1.5 ～ 2.5mm，顶端有小角，外展，疏被乳突状毛；雄蕊 4，花药卵圆形，长宽近相等；花盘发达，4 浅裂；子房下部与花盘合生，花柱短，基部略粗，柱头微扩大。果实近球形，直径 0.8 ～ 1cm，有种子 2 ～ 4 颗；种子倒卵椭圆形，顶端微凹，基部有短喙，种脐在种子背面下部与种脊无异，种脊突出，两侧表面有横肋突出，腹部中棱脊突出，两侧洼穴呈沟状或倒卵狭椭圆形，从基部向上斜展达种子上部 1/3 处。花期 4 ～ 5 月，果期 7 ～ 9 月。

特征差异研究　①深圳杨梅坑：小叶长 2.8 ～ 11.3cm，宽 1.4 ～ 3.2cm，小叶柄长 0.8 ～ 3.3cm。与上述特征描述相比，小叶长的最小值偏小，小 0.7cm，最大值大 2.3cm；小叶宽最小值偏小 0.1cm，最大值则大 0.2cm；小叶柄长的最小值大 0.4cm，其最大值大 1.8cm。②深圳小南山：小叶

长 5.7～7.8cm，小叶宽 2.3～2.9cm，小叶柄长 0.9～1.7cm；与上述特征描述相比，小叶柄长的整体范围偏大，其最小值比上述特征描述小叶柄长的最小值大 0.5cm，最大值大 0.2cm。

形态特征增补 ①深圳杨梅坑：复叶长 8.5～16cm，宽 5.9～6.7cm，复叶叶柄长 0.9～3.1cm。②深圳小南山：花蕾绿色，卵圆形，长 0.7cm，直径 0.3cm；果柄长 0.9cm。

凭证标本 ①深圳杨梅坑，邹雨锋（038）；林仕珍，黄玉源（129）；邹雨锋，招康赛（015）；余欣繁，许旺（019）；王贺银，招康赛（012）。②深圳小南山，李志伟（018）；赵顺（019）；温海洋（031）。

分布地 生山谷溪边疏林或山坡灌丛。福建、广东。

本研究种类分布地 深圳杨梅坑、小南山。

主要经济用途 块茎入药，有清热解毒、祛风化痰的作用。

乌蔹莓（乌蔹莓属）

Cayratia japonica (Thunb.) Gagnep. in Lecomte, Not. Syst. 1: 349. 1911 et in Lecomte, Fl. Gen. Indo-Chine. 1: 983. 1912; 中国植物志 48(2): 78. 1998.

别名 五爪龙（广东），虎葛（台湾植物志）

主要形态特征 草质藤本。小枝圆柱形，有纵棱纹，无毛或微被疏柔毛。卷须 2～3 叉分枝，相隔 2 节间断与叶对生。叶为鸟足状 5 小叶，中央小叶长椭圆形或椭圆披针形，长 2.5～4.5cm，宽 1.5～4.5cm，顶端急尖或渐尖，基部楔形，侧生小叶椭圆形或长椭圆形，长 1～7cm，宽 0.5～3.5cm，顶端急尖或圆形，基部楔形或近圆形，边缘每侧有 6～15 个锯齿，上面绿色，无毛，下面浅绿色，无毛或微被毛；侧脉 5～9 对，网脉不明显；叶柄长 1.5～10cm，中央小叶柄长 0.5～2.5cm，侧生小叶无柄或有短柄，侧生小叶总柄长 0.5～1.5cm，无毛或微被毛；托叶早落。花序腋生，复二歧聚伞花序；花序梗长 1～13cm，无毛或微被毛；花梗长 1～2mm，几无毛；花蕾卵圆形，高 1～2mm，顶端圆形；萼碟形，边缘全缘或波状浅裂，外面被乳突状毛或几无毛；花瓣 4，三角状卵圆形，高 1～1.5mm，外面被乳突状毛；雄蕊 4，花药卵圆形，长宽近相等；花盘发达，4 浅裂；子房下部与花盘合生，花柱短，柱头微扩大。果实近球形，直径约 1cm，有种子 2～4 颗；种子三角状倒卵

角花乌蔹莓 *Cayratia corniculata*

乌蔹莓 *Cayratia japonica*

形，顶端微凹，基部有短喙，种脐在种子背面近中部呈带状椭圆形，上部种脊突出，表面有突出肋纹，腹部中棱脊突出，两侧洼穴呈半月形，从近基部向上达种子近顶端。花期 3 ～ 8 月，果期 8 ～ 11 月。

凭证标本　①深圳杨梅坑，王贺银（325）；王贺银（324）。②深圳赤坳，陈惠如（050）。③深圳小南山，邹雨锋，黄玉源（324）。④深圳应人石，余欣繁（141）。

分布地　陕西、河南、山东、安徽、江苏、浙江、湖北、湖南、福建、台湾、广东、广西、海南、四川、贵州、云南。

本研究种类分布地　深圳杨梅坑、赤坳、小南山、应人石。

主要经济用途　药用，清热利湿，解毒消肿。用于治疗痈肿，疔疮，痄腮，丹毒，风湿痛，黄疸，痢疾，尿血，白浊。咽喉肿痛、疖肿、痈疽、跌打损伤、毒蛇咬伤。

白粉藤（白粉藤属）

Cissus repens Lamk. Encycl. 1: 31. 1783; Planch. in DC. Monogr. Phan. 5: 504. 1887; Gagnep. in Lecomte, Not. Syst. 1: 354. 1911 et Gagnep. in Lecomte, Fl. Gen. Indo-Chine. 1: 970. 1912 et in Humbert, Suppl. Fl. Gen. Indo-Chine. 1: 887. 1950; Craib, Fl. Siam. Enum. 1: 308. 1926; Merr. in Lingn. Sci. Journ. 5: 121. 1927; 广州植物志423. 1956; 海南植物志 3: 18. 1974; 台湾植物志 3: 671. 1977; W. T. Wang in Acta Phytotax. Sin. 17 (3): 88. 1979 in clavi; Momiyama in Hara & Williams, Enum. Fl. Pl. Nep. 2: 94. 1979; 云南种子植物名录. 上册: 795. 1984; 福建植物志 3: 373. 1988. ——*Cissus cordata* Roxb. Fl. Ind. ed. 2. 1: 407. 1832; Benth. Fl. Honk. 54. 1861. ——*Vitis repens* Wight & Arn. Prodr. 1: 125. 1834; Laws. in Fl. Brit. Ind. 1: 646. 1875; 中国植物志 48(2): 58. 1998.

主要形态特征　草质藤本。小枝圆柱形，有纵棱纹，常被白粉，无毛。卷须 2 叉分枝，相隔 2 节间断与叶对生。叶心状卵圆形，长 5 ～ 13cm，宽 4 ～ 9cm，顶端急尖或渐尖，基部心形，边缘每侧有 9 ～ 12 个细锐锯齿，上面绿色，下面浅绿色，两面均无毛；基出脉 3 ～ 5，中脉有侧脉 3 ～ 4 对，网脉不明显；叶柄长 2.5 ～ 7cm，无毛；托叶褐色，膜质，肾形，长 5 ～ 6cm，宽 2 ～ 3cm，无毛。花序顶生或与叶对生，二级分枝 4 ～ 5 集生成伞形；花序梗长 1 ～ 3cm，无毛；花梗长 2 ～ 4mm，几无毛；花蕾卵圆形，高约 4mm，顶端圆钝；萼杯形，边缘全缘或呈波状，无毛；花瓣 4，卵状三角形，高约 3mm，无毛；雄蕊 4，花药卵椭圆形，长略甚于宽或长宽近相等；花盘明显，微 4 裂；子房下部与花盘合生，花柱近钻形，柱头不明显扩大。果实倒卵圆形，长 0.8 ～ 1.2cm，宽 0.4 ～ 0.8cm，有种子 1 颗，种子倒卵圆形，顶端圆形，基部有短喙，表面有稀疏突出棱纹，种脐在种子背面下面 1/4 处与种脊无异，种脊突出，腹部中棱脊突出，向上达种子上部 1/3 处，侧洼穴呈沟状，达种子上部。花期 7 ～ 10 月，果期 11 月至翌年 5 月。

特征差异研究　深圳杨梅坑：叶长 11.1 ～ 15.6cm，宽 7.8 ～ 7.9cm，叶柄长 3.6 ～ 4.2cm，与上述特征描述相比，叶长的最大值偏大 2.6cm。

凭证标本　深圳杨梅坑，陈永恒，赖标汶（017）。

分布地　生山谷疏林或山坡灌丛，海拔 100 ～ 1800m。产广东、广西、贵州、云南。越南、菲律宾、马来西亚和澳大利亚也有分布。

本研究种类分布地　深圳杨梅坑。

白粉藤 *Cissus repens*

主要经济用途　药用化痰散结，消肿解毒，祛风活络。用于颈淋巴结结核，扭伤骨折，腰肌劳损，风湿骨痛，坐骨神经痛，疮疡肿毒，毒蛇咬伤，小儿湿疹。

锦屏藤（白粉藤属）

Cissus sicyoides L. 中国景观植物. 上册: 858. 2009.

别名　蔓地榕、珠帘藤、一帘幽梦、富贵帘

主要形态特征　蔓性藤本。枝条纤细，具卷须。叶互生，长心形，叶缘有锯齿，背面有白粉。成株能自茎节处生长红褐色细长气根。花淡绿白色。花、果期夏至秋季。

凭证标本　深圳赤坳，余欣繁，黄玉源（309）。

分布地　原产于北美洲南部、南美洲中北部。现归化低海拔地区。

本研究种类分布地　深圳赤坳。

主要经济用途　景观用途，适合绿廊、绿墙或荫棚。

（仲恺农业工程学院硕士研究生　林亿雪）

锦屏藤 *Cissus sicyoides*

小果葡萄（葡萄属）

Vitis balanseana Planch. in DC. Monogr. Phan. 5: 612. 1887; Gagnep. in Lecomte, Fl. Gen. Indo-Chine. 1: 999. 1912; Merr. in Lingn. Sci. Journ. 5: 120. 1927; Craib et al. Fl. Siam. Enum. 315. 1931; Merr. & Chun in Sunyatsenia 1: 69. 1933; Suesseng. in Pflanzenfam. ed. 2. 20d: 294. 1953; 广州植物志: 422. 图223. 1956; 海南植物志　3: 15. 1974 excl. 图538; W. T. Wang in Acta Phytotax. Sin. 17 (3): 85. 1979 in clavi; 福建植物志　3: 367. 图256. 1988. ——*V. flexuosa* Thunb. var. *gaudichaudii* Planch. in DC. Monogr. Phan. 5: 348. 1887; 中国植物志 48(2): 144. 1998.

别名　小果野葡萄（广州植物志），小葡萄（海南植物志）

主要形态特征　木质藤本。小枝圆柱形，有纵棱纹，嫩时小枝疏被浅褐色蛛丝状绒毛，以后脱落无毛。卷须 2 叉分，每隔 2 节间断与叶对生。叶心状卵圆形或阔卵形，长 4 ~ 14cm，宽 3.5 ~ 9.5cm，顶端急尖或短尾尖，基部心形，基缺顶端呈钝角，边缘每侧有细牙齿 16 ~ 22 个，微呈波状，上面绿色，初时疏被蛛丝状绒毛，以后脱落无毛；基生脉 5 出，中脉有侧脉 4 ~ 6 对，网脉明显，两面突出；叶柄长 2 ~ 5cm，初时被蛛状丝绒毛，以后脱落无毛；托叶褐色，卵圆形至长圆形，长 2 ~ 4mm，宽 1.5 ~ 3mm，无毛或被蛛状丝绒毛。圆锥花序与叶对生，长

小果葡萄 *Vitis balanseana*

4～13cm，疏被蛛丝状绒毛或脱落无毛；花梗长1～1.5mm，无毛；花蕾倒卵圆形，高1～1.4mm，顶端圆形；萼碟形，边缘全缘，无毛；花瓣5，呈帽状黏合脱落；雄蕊5，在雄花内花丝细丝状，长0.6～1mm，花药黄色，椭圆形，长约0.4mm，在雌花内雄蕊比雌蕊短，败育；花盘发达，5裂，高0.3～0.4mm；雌蕊1，子房圆锥形，花柱短，柱头微扩大。果实球形，成熟时紫黑色，直径0.5～0.8cm；种子倒卵长圆形，顶端圆形，基部显著有喙，种脐在种子背面中部呈椭圆形，腹面中棱脊突出，两侧洼穴呈沟状下凹，向上达种子1/3处。花期2～8月，果期6～11月。

特征差异研究 深圳杨梅坑：叶长8.3～16cm，宽3.8～8.3cm，叶柄长2.5～7.2cm；与上述特征描述相比，叶长的最大值偏大2cm；叶柄长的最大值偏大2.2cm。

凭证标本 深圳杨梅坑，王贺银（053）；林仕珍，许旺（026）。

分布地 生沟谷阳处，攀援于乔灌木上，海拔250～800m。产广东、广西、海南。越南也有分布。

本研究种类分布地 深圳杨梅坑。

主要经济用途 藤和叶入药，有祛湿消肿之效。

芸香科 Rutaceae

山油柑（山油柑属）

Acronychia pedunculata (L.) Miq. Fl. Ned. Ind. Eerste. Bijv. 532. 1861; *Ambolifera pedunculata* L. Sp. Pl. 1: 349. 1753; 中国植物志 43(2): 106. 1997.

别名 石苓舅（台湾），山柑（台湾、广东），砂糖木（广西）

主要形态特征 树高5～15m。树皮灰白色至灰黄色，平滑，不开裂，内皮淡黄色，剥开时有柑橘叶香气，当年生枝通常中空。叶有时呈略不整齐对生，单小叶。叶片椭圆形至长圆形，或倒卵形至倒卵状椭圆形，长7～18cm，宽3.5～7cm，或有较小的，全缘；叶柄长1～2cm，基部略增大呈叶枕状。花两性，黄白色，径1.2～1.6cm；花瓣狭长椭圆形，花开放初期，花瓣的两侧边缘及顶端略向内卷，盛花时则向背面反卷且略下垂，内面被毛、子房被疏或密毛，极少无毛。果序下垂，果淡黄色，半透明，近圆球形而略有棱角，径1～1.5cm，顶部平坦，中央微凹陷，有4条浅沟纹，富含水分，味清甜，有小核4个，每核有1种子；种子倒卵形，长4～5mm，厚2～3mm，种皮褐黑色、骨质，胚乳小。花期4～8月，果期8～12月。

特征差异研究 ①深圳杨梅坑：叶长7.1～17.5cm，宽3.3～7.5cm，叶柄长1.7～3.2cm，与上述特征描述相比，叶柄长的最大值偏大1.2cm。②深圳小南山：叶长3.7～15cm，宽1.5～7.0cm，叶柄长0.5～2.2cm；花浅绿色，花冠直径仅1.2cm，与上述特征描述相比，叶长的最小值小3.3cm；叶宽的最小值小2cm。③深圳马峦山：叶长4～13cm，宽1.4～3.5cm，叶柄长0.6～1.6cm；未成熟果实绿色，直径7～9mm。与上述特征描述相比，叶长的最小值小3cm；叶宽的最小值小2.1cm；叶柄长的最小值小0.4cm。

形态特征增补 深圳小南山：花瓣4片，长5mm，宽1mm；雄蕊8枚，长7mm；雌蕊1枚，长2mm。

凭证标本 ①深圳杨梅坑，陈永恒，赖标汶（150）；陈永恒（149）；陈慧如，董安强（106）；刘浩（022）；林仕珍，黄玉源（067）；余欣繁（008）；余欣繁，许旺（059）；王贺银（060）；廖栋耀（043）；温海洋（046）。②深圳小南山，刘浩，黄玉源（081）；

山油柑 *Acronychia pedunculata*

陈永恒，招康赛（178）；陈永恒，许旺（108）；邹雨锋，招康赛（225）；邹雨锋，招康赛（227）；邹雨锋，招康赛（226）；洪继猛，黄玉源（004）；廖栋耀（032）；赵顺（018）。③深圳马峦山，廖栋耀（038）；赵顺（032）。

分布地　生于较低丘陵坡地杂木林中，为次生林常见树种之一，有时成小片纯林，在海南，可分布至海拔 900m 山地茂密常绿阔叶林中。产台湾、福建、广东、海南、广西、云南六省区南部。菲律宾、越南、老挝、泰国、柬埔寨、缅甸、印度、斯里兰卡、马来西亚、印度尼西亚、巴布亚新几内亚也有分布。

本研究种类分布地　深圳杨梅坑、小南山、马峦山。

主要经济用途　根、叶、果用作中草药，有柑橘叶香气。化气、活血、去瘀、消肿、止痛，治支气管炎、感冒、咳嗽、心气痛、疝气痛、跌打肿痛、消化不良。据实验，对于流感病毒（仙台株）有抑制作用。木材为散孔材，无心边材之区别，材色浅黄，纹理直行，不变形，易加工，在海南列为五类材。

酒饼簕（酒饼簕属）

Atalantia buxifolia (Poir.) Oliv. in Journ. Linn. Soc. Bot. 5, Suppl. 2: 26. 1861; Merr. in Trans. Amer. Philos. Soc. Philadelphia 223. 1935; Huang in Acta Phytotax. Sin. 8: 111. 1959; 海南植物志 3: 47. 图557. 1974. ——*Citrus buxifolia* Poir. in Lam. Encycl. 4: 580. 1797. ——*Limonia monophylla* Lour. Fl. Cochinch. 271. 1790, non L. nec Roxb. ——*Severinia buxifolia* Tenore, Ind. Sem. Hort. Bot. Neapol. 3. 1840; Swingle in Journ. Wash. Acad. Sci. 6: 655. f. 1-2. 1916; Swingle et Reece in Reuth. et al. Citrus Indust. 1: 284. f. 3-18. 1967; 台湾植物志 3: 525. 图712. 1977. ——*Dumula sinensis* Lour. ex Gomes in Mem. Acad. Sci. Lisb. Cl. Sci. Pol. Mor. Bel.-Let. n. s. 4: 29. 1868. ——*Severinia monophylla* Tan in Journ. de Bot. 68: 232. 1930. ——*A. hainanensis* Merr. et Chun ex Swingle in Journ. Arn. Arb. 21: 20. 1940, pro parte; 中国植物志 43(2): 156. 1997.

别名　山柑仔、乌柑（台湾），东风橘（增订岭南采药录），狗橘、蠔壳刺（广州）、儿针簕、山橘簕、牛屎橘、狗骨簕、梅橘、雷公簕、铜将军（广西）

主要形态特征　高达 2.5m 的灌木。分枝多，下部枝条披垂，小枝绿色，老枝灰褐色，节间稍扁平，刺多，劲直，长达 4cm，顶端红褐色，很少近于无刺。叶硬革质，有柑橘叶香气，叶面暗绿，叶背浅绿色、卵形、倒卵形、椭圆形或近圆形，长 2～6cm，很少达 10cm，宽 1～5cm，顶端圆或钝，微或明显凹入，中脉在叶面稍凸起，侧脉多，彼此近于平行，叶缘有弧形边脉，油点多；叶柄长 1～7mm，粗壮。花多朵簇生，稀单朵腋生，几无花梗；萼片及花瓣均 5 片；花瓣白色，长 3～4mm，有油点；雄蕊 10 枚，花丝白色，分离，有时有少数在基部合生；花柱约与子房等长，绿色。果圆球形，略扁圆形或近椭圆形，径 8～12mm，果皮平滑，有稍凸起油点，透熟时蓝黑色，果萼宿存于果梗上，有少数无柄的汁胞，汁胞扁圆、多棱、半透明、紧贴室壁，含黏胶质液，有种子 2 或 1 粒；种皮薄膜质，子叶厚，肉质，绿色，多油点，通常单胚，偶有 2 胚，胚根甚短，无毛。花期 5～12 月，果期 9～12 月，常在同一植株上花、果并茂。

凭证标本　深圳小南山，陈永恒、明珠（168）。

分布地　海南及台湾、福建、广东、广西四省区南部。

本研究种类分布地　深圳小南山。

主要经济用途　药用，雕刻材料。

酒饼簕 *Atalantia buxifolia*

假黄皮（黄皮属）

Clausena excavata Bum. f. Fl. Ind. 87. 1768; Merr. et Chun in Sunyatsenia 1: 196. 1934; Swingle in Webb. et Batc. Citrus Indus. 1: 165. f. 27a, b. 1943; Huang in Acta Phytotax. Sin. 8: 86. 1959; 海南植物志 3: 41. 1974; 台湾植物志 3: 512, 图 707. 1977; 福建植物志2: 368. 1985. ——*Lawsonia falcata* Lour. Fl. Cochinch. 229. 1790. ——*Clausena lunulata* Hayata, Ic. Pl. Form. 1: 123. 1911. ——*C. tetramera* Hayata, l. c. 6: 12. 1916. ——*C. moningerae* Merr. in Philip. Journ. Sci. 23: 247. 1923. ——*C. excavata* var. *lunulata* Tanaka in Journ. de Bot. 68: 228. 1930; 中国植物志 43(2): 128. 1997.

别名 山黄皮、鸡母黄、大棵（海南），臭皮树、野黄皮（云南）

主要形态特征 高 1～2m 的灌木。小枝及叶轴均密被向上弯的短柔毛且散生微凸起的油点。叶有小叶 21～27 片，幼龄植株的多达 41 片，花序邻近的有时仅 15 片，小叶甚不对称，斜卵形，斜披针形或斜四边形，长 2～9cm，宽 1～3cm，很少较大或较小，边缘波浪状，两面被毛或仅叶脉有毛，老叶几无毛；小叶柄长 2～5mm。花序顶生；花蕾圆球形；苞片对生，细小；花瓣白或淡黄白色，卵形或倒卵形，长 2～3mm，宽 1～2mm；雄蕊 8 枚，长短相间，花蕾时贴附于花瓣内侧，盛花时伸出于花瓣外，花丝中部以上线形，中部曲膝状，下部宽，花药在药隔上方有 1 油点；子房上角四周各有 1 油点，密被灰白色长柔毛，花柱短而粗。果椭圆形，长 12～18mm，宽 8～15mm，初时被毛，成熟时由暗黄色转为淡红至朱红色，毛尽脱落，有种子 1～2 颗。花期 4～5 月及 7～8 月，稀至 10 月仍开花（海南）。盛果期 8～10 月。

特征差异研究 深圳应人石：小叶长 1.7～4cm，宽 1～2cm，小叶柄长 0.1～0.2cm。与上述特征描述相比，小叶长的最小值偏小 0.3cm；小叶宽的最大值偏小 1cm。

凭证标本 深圳应人石，邹雨锋，招康赛 (187)。

分布地 见于平地至海拔 1000m 山坡灌丛或疏林中。产台湾、福建、广东、海南、广西、云南南部。越南、老挝、柬埔寨、泰国、缅甸、印度等地也有。

本研究种类分布地 深圳应人石。

主要经济用途 根皮泥黄色，内皮淡黄白色，有芳香气味。用作草药，多用其叶。行气，止痛，祛风，去湿。

假黄皮 *Clausena excavata*

柚（柑橘属）

Citrus maxima (Burm.) Merr. in Bur. Sci. Publ. Manil. (Interp. Rumph. Herb Amboin. 46) 296. 1917. —— *Aurantium maximum* Burm. Herb. Amboin. Auct. Index Univ. Sign. Z. l, Verso. 1755. ——*Citrus aurantium* var. *grandis* L. Sp. Pl. 2: 783. 1753. ——*C. grandis* (L.) Osbeck, Dagbok Ost. Resa 98. 1757; Swingle in Webb. et Batch. Citrus Indust. 1: 417. 1948 et in Reuth. et al., l. c. 1: 382. 1967; Tanaka, Sp. Probl. Citrus 117 1954; 广州植物志: 430. 图228. 1956; 中国高等植物图鉴 2: 559. 图2848. 1972; 海南植物志 3: 52. 1974. ——*C. aurantium* var. *decumana* L. Sp. Pl. ed. 2, 1101. 1763. ——*C. kwangsiensis* Hu in Journ. Arn. Arb. 12: 153. 1931. ——*Cephalocitrus grandis* Tseng, 中国果树 2: 34. 1960, nom. seminud.

别名 抛（五杂俎），文旦

主要形态特征 乔木。嫩枝、叶背、花梗、花萼及子房均被柔毛，嫩叶通常暗紫红色，嫩枝扁且有棱。叶质颇厚，色浓绿，阔卵形或椭圆形，连翼叶长 9 ～ 16cm，宽 4 ～ 8cm，或更大，顶端钝或圆，有时短尖，基部圆，翼叶长 2 ～ 4cm，宽 0.5 ～ 3cm，个别品种的翼叶甚狭窄。总状花序，有时兼有腋生单花；花蕾淡紫红色，稀乳白色；花萼不规则 3 ～ 5 浅裂；花瓣长 1.5 ～ 2cm；雄蕊 25 ～ 35 枚，有时部分雄蕊不育；花柱粗长，柱头略较子房大。果圆球形，扁圆形，梨形或阔圆锥状，横径通常 10cm 以上，淡黄或黄绿色，杂交种有朱红色的，果皮甚厚或薄，海绵质，油胞大，凸起，果心实但松软，瓢囊 10 ～ 15 或多至 19 瓣，汁胞白色、粉红或鲜红色，少有带乳黄色；种子多达 200 余粒，亦有无子的，形状不规则，通常近似长方形，上部质薄且常截平，下部饱满，多兼有发育不全的，有明显纵肋棱，子叶乳白色，单胚。花期 4 ～ 5 月，果期 9 ～ 12 月。

凭证标本 深圳小南山，温海洋（274）。

分布地 长江以南各地，最北限见于河南信阳及

柚 *Citrus maxima*

南阳一带，全为栽培。东南亚各国有栽种。

本研究种类分布地 深圳小南山。

主要经济用途 果肉含维生素 C 较高。有消食、解酒毒功效。

华南吴萸（吴茱萸属）

Evodia austrosinensis Hand.-Mazz. in Sinensia 5: 1. 1934; *Tetradium austrosinense* (Hand.-Mazz.) Hartley in Gard. Bull. Sing. 34: 120. 1981; 中国植物志 43(2): 69. 1997.

别名 枪椿（广西），大树椒（云南）

主要形态特征 乔木，高 6 ～ 20m。小枝的髓部大，嫩枝及芽密被灰或红褐色短绒毛。叶有小叶 5 ～ 13 片，小叶卵状椭圆形或长椭圆形，长 7 ～ 15cm，宽 3 ～ 7cm，生于叶轴基部的通常为卵形，对称或一侧略偏斜，叶缘有细钝裂齿或近全缘，叶面常有疏短毛，中脉毛较密，叶背灰绿色，被短柔毛，有干后褐或黑色细油点。花序顶生，多花；萼片及花瓣均 5 片；花瓣淡黄白色，长 2.5 ～ 3mm；雄花的退化雌蕊短棒状，5 浅裂；雌花的退化雄蕊甚短。分果瓣淡紫红至深红色，径 4 ～ 5.5mm，油点微凸起，内果皮薄壳质，蜡黄色，有成熟种子 1 粒；种子长约 3mm 或稍大，厚 2.5 ～ 2.8mm。花期 6 ～ 7 月，果期 9 ～ 11 月。

特征差异研究 深圳小南山：小叶长 8.5 ～ 12cm，宽 2.5 ～ 4.3cm；与上述特征描述相比，小叶宽的最小值小 0.5cm。

形态特征增补 小叶柄长 1 ～ 1.5cm；果近球形，直径 0.4 ～ 0.5cm。

凭证标本 深圳小南山，余欣繁（177）。

分布地 见于海拔 200 ～ 1800m 山地疏林或沟

华南吴萸 *Evodia austrosinensis*

谷中。产广东北江以西及西南部、广西、云南南部。

本研究种类分布地　深圳小南山。

主要经济用途　鲜果有香辣气味，但鲜叶无气味，嚼之有黏胶质液。云南屏边民间有用本种的果治疟疾。

楝叶吴茱萸（吴茱萸属）

Evodia glabrifolia (Champ. ex Benth.) Huang in Guihaia 11: 9. 1991. ——*Boymia glabrifolia* Champ. ex Benth. in Journ. Bot. Kew Misc. 3: 330. 1851. ——*Megabotrya meliaefolia* Hance ex Walp. Ann. Bot. Syst. 2: 259. 1852. ——*Evodia meliaefolia* (Hance ex Walp.) Benth. Fl. Hongk. 58. 1861; 中国植物志 43(2): 69. 1997.

别名　山漆（台湾），山苦楝、檫树、贼仔树、鹤木（广东），假茶辣（广西）

主要形态特征　树高达 20m，胸径 80cm。树皮灰白色，不开裂，密生圆或扁圆形、略凸起的皮孔。叶有小叶 7～11 片，很少 5 片或更多，小叶斜卵状披针形，通常长 6～10cm，宽 2.5～4cm，少有更大的，两侧明显不对称，油点不显或甚稀少且细小，在放大镜下隐约可见，叶背灰绿色，干后略呈苍灰色，叶缘有细钝齿或全缘，无毛；小叶柄长 1～1.5cm，很少短至 6mm 或长达 2cm。花序顶生，花甚多；萼片及花瓣均 5 片，很少同时有 4 片的；花瓣白色，长约 3mm；雄花的退化雌蕊短棒状，顶部 4～5 浅裂，花丝中部以下被长柔毛；雌花的退化雄蕊鳞片状或仅具痕迹。分果瓣淡紫红色，干后暗灰带紫色，油点疏少但较明显，外果皮的两侧面被短伏毛，内果皮肉质，白色，干后暗蜡黄色，壳质，每分果瓣径约 5mm，有成熟种子 1 粒；种子长约 4mm，宽约 3.5mm，褐黑色。花期 7～9 月，果期 10～12 月。

特征差异研究　①深圳杨梅坑：小叶长 3.8～17.6cm，小叶宽 1.2～3.6cm，小叶柄长 1～1.4cm；与上述特征描述相比，小叶长的最小值偏小 2.2cm，最大值却偏大 7.6cm；小叶宽的最小值偏小 1.3cm。②深圳小南山：小叶 5～13 片，小叶长 2.4～12.8cm，宽 1.2～5.6cm，小叶柄长 0.9～1.4cm；与上述特征描述相比，复叶的小叶数的最少值少 2 片，最多值多 2 片。小叶长的最小值小 3.6cm；小叶宽的最小值偏小 1.3cm，最大值偏大 1.6cm。

形态特征增补　①深圳杨梅坑，奇数羽状复叶，复叶长 7.4～31.3cm，叶柄长 2.3～4.9cm。②深圳小南山，奇数羽状复叶，复叶长 7.4～32cm，叶柄长 3～7.5cm。

楝叶吴茱萸 *Evodia glabrifolia*

凭证标本　①深圳杨梅坑，陈永恒，赖标汶（125）；陈永恒，赖标汶（147）。②深圳小南山，余欣繁，黄玉源（191）；林仕珍，招康赛（203）；邹雨锋，招康赛（213）；王贺银，招康赛（225）；王贺银，黄玉源（226）；林仕珍，招康赛（229）；邹雨锋，招康赛（309）。

分布地　生于海拔 500～800m 或平地常绿阔叶林中，在山谷较湿润地方常成为主要树种。产台湾、福建、广东、海南、广西及云南南部，约北纬 24° 以南地区。模式标本采自香港。

本研究种类分布地　深圳杨梅坑、小南山。

主要经济用途　树干通直，速生，成材快，抗旱，抗风，在土质较肥沃的地方，10 余年内可以成材。在广东西南部一些地区为营造速生杂木林及"四边地"的主要树种之一。鲜叶、树皮及果皮均有臭辣气味，以果皮的气味最浓。根及果用作草药。据载有健胃、祛风、镇痛、消肿之功效。

三桠苦（吴茱萸属）

Evodia lepta (Spreng.) Merr. in Trans. Amer. Philos. Soc. 23: 219. 1935; Huang in Acta Phytotax. Sin. 6: 91, Pl. 21, 1957; 中国高等植物图鉴 2: 547, 图2823. 1972; 海南植物志 3: 34. 图546. 1974; 台湾植物志 3: 514. 1977. ——*Ilex lepta* Spreng. Syst. Veg. 1: 496. 1825. ——*Lepta triphylla* Lour. Fl. Cochinch. 82. 1790. ——*Zanthoxylum pteleaefolium* Champ ex Benth. in Hook. Kew Journ. Bot. 3: 330. 1851, pro parte, quoad plantas Chinenses——*E. pteleaefolia* (Champ. ex Benth.) Merr. in Philip. Journ. Sci. 7: 377. 1912. ——*E. lamarckiana* Benth. Fl. Hongk. 59. 1861, pro parte, exclud. syn. Lamk. et Chamisso. ——*E. roxbourghiana* Benth. Fl. Hongk. 59. 1861; Pierre, Fl. For. Cochinchin. 4, pl. 286A. 1893. ——*E. chunii* Merr. in Journ. Arn. Arb. 6: 132. 1925. ——*E. lepta* var. *chunii* Huang, l. c. 6: 92. 1957. ——*E. triphylla* auct. non DC.: Hemsl. in Journ. Linn. Soc. Bot. 23:104. 1886; 中国植物志 43(2): 59. 1997.

别名　三脚鳖（台湾），三支枪、白芸香（广东），石蛤骨（广西），三岔叶、消黄散（云南），郎晚（云南傣语）

主要形态特征　乔木，树皮灰白或灰绿色，光滑，纵向浅裂，嫩枝的节部常呈压扁状，小枝的髓部大，枝叶无毛。3 小叶，有时偶有 2 小叶或单小叶同时存在，叶柄长 2.5～4cm，叶柄基部稍增粗，小叶长椭圆形，两端尖，有时倒卵状椭圆形，长 6～20cm，宽 2～8cm，全缘，油点多；小叶柄甚短。花序腋生，很少同时有顶生，长 4～12cm，花甚多；萼片及花瓣均 4 片；萼片细小，长约 0.5mm；花瓣淡黄或白色，长 1.5～2mm，常有透明油点，干后油点变暗褐至褐黑色；雄花的退化雌蕊细垫状凸起，密被白色短毛；雌花的不育雄蕊有花药而无花粉，花柱与子房等长或略短，柱头头状。分果瓣淡黄或茶褐色，散生肉眼可见的透明油点，每分果瓣有 1 种子；种子长 3～4mm，厚 2～3mm，蓝黑色，有光泽。花期 4～6 月，果期 7～10 月。在合适的自然条件下，本种可长至高约 20m，胸径 40cm。生于广东、海南及广西三省区沿海岸地区的其小叶最小，长 4～7cm，宽 1.5～2.5cm。生于云南南部的其小叶最大，长 11～20cm，宽 4～8cm，果及种子也较大，种子长 4.5～5mm。

特征差异研究　①深圳杨梅坑：小叶长 3.5～12.5cm，宽 2.1～4.9cm，小叶柄长 0.2～0.3cm；与上述特征描述相比，小叶长的最小值偏小 2.5cm。②深圳小南山：小叶长 5.2～11.5cm，宽 2.0～4.6cm，小叶柄长约 0.1cm。与上述特征描述相比，小叶长的最小值小 0.8cm。

三桠苦 *Evodia lepta*

形态特征增补　①深圳杨梅坑：羽状三出复叶，复叶长 12.2～15.4cm，宽 11.2～12.0cm。②深圳小南山：羽状三出复叶，叶长 9.6～11.0cm，宽 7.8～10.4cm。

凭证标本　①深圳杨梅坑，余欣繁，许旺（007）；陈永恒（012）；刘浩（019）；余欣繁，许旺（006）；吴凯涛（018）。②深圳小南山，陈永恒，招康赛（115）；邹雨锋，招康赛（314）。

分布地　产台湾、福建、江西、广东、海南、广西、贵州及云南南部，最北限约在北纬25°，西南至云南腾冲。

本研究种类分布地　深圳杨梅坑、小南山。

主要经济用途　枝、叶、树皮等都有类似柑橘叶的香气。树皮的韧皮纤维不甚发达，故剥离时不呈条状。散孔材，木材淡黄色，纹理通直，结构细致，材质稍硬而轻，干后稍开裂，但不变形，加工易，不耐腐，适作小型家具、文具或箱板材。药用，消热毒，治跌打。

大管（小芸木属）

Micromelum falcatum (Lour.) Tanaka in Bull. Mus. Hist. Nat. Paris, ser. 2, 2: 157. 1930 Swingle in Webb. et Batc. Cirtus Indust. 1: 146, f. 25c. 1943. 海南植物志3: 39, 图551. 1974; 中国植物志43(2): 114. 1997.

别名 白木、鸡卵黄、山黄皮、野黄皮

主要形态特征 树高 1～3m。小枝、叶柄及花序轴均被长直毛，小叶背面被毛较密，成长叶仅叶脉被毛，很少几无毛。羽状复叶，有小叶 5～11 片，小叶片互生，小叶柄长 0.3～0.7cm，小叶片镰刀状披针形，位于叶轴下部的有时为卵形，长 4～9cm，宽 2～4cm，顶部弯斜的长渐尖，基部一侧圆，另一侧偏斜，两侧甚不对称，叶缘锯齿状或波浪状，侧脉每边 5～7 条，与中脉夹成锐角斜向上伸展至几达叶缘，干后常微凹陷，花序顶生，多花，花白色，花蕾圆或椭圆形；花萼浅杯状，萼裂片阔三角形，长不及 1mm；花瓣长圆形，长约 4mm，外面被直毛，盛花时反卷；雄蕊 10 枚，长短相间，长的约与花瓣等长，另 5 枚约与子房等高；花柱圆柱状，比子房长，子房密被长直毛，柱头头状，花盘细小。浆果椭圆形或倒卵形，长 8～10mm，厚 7～9mm，成熟过程中由绿色转橙黄、最后朱红色，果皮散生透明油点，有种子 1 或 2 粒。花蕾期 10～12 月，盛花期 1～4 月，果期 6～8 月。

特征差异研究 深圳杨梅坑：小叶长 6.6～13.6cm，宽 2.6～5.4cm，小叶柄长 0.5～1.1cm；浆果椭圆形，长 0.6～1.1cm，厚 0.4～0.7cm。与上述特征描述相比，小叶长的最大值偏大 4.6cm；小叶宽的最大值偏大 1.4cm；小叶柄长的最大值大 0.4cm；浆果长的最小值则小 0.2cm；浆果厚的最小值小 0.3cm。

凭证标本 深圳杨梅坑，邹雨锋（006）；余欣繁，黄玉源（326）。

分布地 生于平地至海拔 500m 山地，常见于阳光充足的灌木丛中或阴生林中，树边及路旁也有。

大管 *Micromelum falcatum*

产广东西南部、海南、广西合浦至东兴一带、云南东南部。越南、老挝、柬埔寨、泰国也有。

本研究种类分布地 深圳杨梅坑。

主要经济用途 根的内皮淡茶褐色，嚼之有黏胶质液，味苦。根、叶用作草药。性凉。行气，散瘀，活血。治跌打扭伤（用根浸酒外擦）、胸痹（用根）、感冒（用叶）。

九里香（九里香属）

Murraya exotica L. Mant. Pl. 563. 1771; DC. Prodr. 1: 537. 1824; Li, Woody Fl. Taiwan 378, quoad f. 136. 1963, pro syn. M. paniculata; 台湾植物志 3: 522, quoad f. 710. 1977, pro syn. *M. paniculata.* ——*Murraya paniculata* var. *exotica* (L.) Huang in Acta Phytotax. Sin. 8: 100, Pl. 11, 12. 1959: 海南植物志 3: 44. 1974. ——*M. paniculata* auct. non (L.) Jack.: Swingle in Webb. et Batc. Citrus Indust. 1: 194, f. 29. 1943; Swingle. et Reece in Reuth. et al. Citrus Induct. 1: 233. 1967, f. dextra; 中国植物志43(2): 143. 1997.

别名 石桂树

主要形态特征 小乔木，高可达 8m。枝白灰或淡黄灰色，但当年生枝绿色。叶有小叶 3～5（～7）片，小叶倒卵形或倒卵状椭圆形，两侧常不对称，长 1～6cm，宽 0.5～3cm，顶端圆或钝，有时微凹，基部短尖，一侧略偏斜，边全缘，平展；小叶柄甚短。花序通常顶生，或顶生兼腋生，花多朵聚成伞状，为短缩的圆锥状聚伞花序；花白色，芳香；萼片卵形，长约 1.5mm；花瓣 5 片，长椭圆形，长 10～15mm，盛花时反折；雄蕊 10 枚，长短不等，比花瓣略短，花丝白色，花药背部有细油点 2 颗；花柱稍较子房纤细，与子房之间无

明显界限，均为淡绿色，柱头黄色，粗大。果橙黄至朱红色，阔卵形或椭圆形，顶部短尖，略歪斜，有时圆球形，长 8 ～ 12mm，横径 6 ～ 10mm，果肉有黏胶质液，种子有短的棉质毛。花期 4 ～ 8 月，也有秋后开花，果期 9 ～ 12 月。

凭证标本 深圳杨梅坑，余欣繁，黄玉源（121）。

分布地 台湾、福建、广东、海南、广西五省区南部。

本研究种类分布地 深圳杨梅坑。

主要经济用途 作围篱材料，或作花圃及宾馆的点缀品，亦作盆景材料。

九里香 *Murraya exotica*

飞龙掌血（飞龙掌血属）

Toddalia asiatica (L.) Lam. Tab. Encycl. Meth. 2: 116. 1793; Engl. Nat. Pflanzenfam. 19a: 307. 1931; Huang in Acta Phytotax. Sin. 7:339. 1958; 中国高等植物图鉴 2: 552, 图 2834. 1972; 海南植物志 3: 36, 图548. 1974; 台湾植物志 3: 529, 图714. 1977. ——*Paullinia asiatica* L. Sp. Pl. 365. 1753. ——*Toddalia aculeata* Person, Syn. Pl. 1: 249. 1805; Wight, Ill. t. 66. 1832. ——*Aralia labordei* Levl. in Bull. Acad. Geog Bot. 24: 144. 1914. ——*Toddalia tonkinensis* Guill. in Bull. Soc. Bot. Fr. 91: 215. 1945.

别名 黄肉树，三百棒、大救驾、三文藤、牛麻簕、鸡爪簕、黄大金根、簕钩、入山虎、小金藤、爬山虎、抽皮簕、油婆簕、画眉跳、散血飞、散血丹、烧酒钩、猫爪簕、温答、亦雷、八大王、见血飞、黄椒根、溪椒、刺米通

主要形态特征 老茎干有较厚的木栓层及黄灰色、纵向细裂且凸起的皮孔，三、四年生枝上的皮孔圆形而细小，茎枝及叶轴有甚多向下弯钩的锐刺，当年生嫩枝的顶部有褐或红锈色甚短的细毛，或密被灰白色短毛。小叶无柄，对光透视可见密生的透明油点，揉之有类似柑橘叶的香气，卵形、倒卵形、椭圆形或倒卵状椭圆形。长 5 ～ 9cm，宽 2 ～ 4cm，顶部尾状长尖或急尖而钝头，有时微凹缺，叶缘有细裂齿，侧脉甚多而纤细。花梗甚短，基部有极小的鳞片状苞片，花淡黄白色；萼片长不及 1mm，边缘被短毛；花瓣长 2 ～ 3.5mm；雄花序为伞房状圆锥花序；雌花序呈聚伞圆锥花序。果橙红或朱红色，径 8 ～ 10mm 或稍较大，有 4 ～ 8 条纵向浅沟纹，干后甚明显；种子长 5 ～ 6mm，厚约 4mm，种皮褐黑色，有极细小的窝点。花期几乎全年，在五岭以南各地，多于春季开花，沿长江两岸各地，多于夏季开花。

飞龙掌血 *Toddalia asiatica*

果期多在秋冬季。

凭证标本　深圳七娘山，余欣繁（385）。

分布地　从平地至海拔 2000m 山地，较常见于灌木、小乔木的次生林中，攀援于其他树上，石灰岩山地也常见。产秦岭南坡以南各地，最北限见于陕西西乡县，南至海南，东南至台湾，西南至西藏东南部。

本研究种类分布地　深圳七娘山。

主要经济用途　全株用作草药，多用其根。味苦，麻。性温，有小毒，活血散瘀，祛风除湿，消肿止痛。治感冒风寒、胃痛、肋间神经痛、风湿骨痛、跌打损伤、咯血等。成熟的果味甜，但果皮含麻辣成分。根皮淡硫磺色，剥皮后暴露于空气中不久变淡褐色。茎枝及根的横断面黄至棕色。木质坚实，髓心小，管孔中等大，木射线细而密。桂林一带用其茎枝制烟斗出售。根皮的煎煮液制成针剂肌注，或疼痛部位穴位注射，对慢性腰腿痛有良好疗效。

椿叶花椒（花椒属）

Zanthoxylum ailanthoides Sieb. et Zucc. in Abh. Akad. Mochen 4 (2): 138. 1846; Miq. in Ann. Mus. Bot. Lugd.-Bat. 3: 22. 1867; Hemsl. in Journ. Linn. Soc. Bot. 23: 105. 1886; Hayata, Ic. Pl. Form. 1: 119. 1911; Chun in Sunyatsenia 1(4): 155. 1934; Huang in Acta Phytotax. Sin. 6: 44. 1957; 中国高等植物图鉴 2: 542. 图2814. 1972; 台湾植物志 3: 531. 1977. —— *Fagara ailanthoides* (Sieb. et Zucc.) Engl. Nat. Pflanzenfam. 3 (4): 118. 1896 et 19a: 221. 1931; Li, Woody Fl. Taiwan 372. 1963. ——*Zanthoxylum emarginellum* Miq. in Ann. Mus. Bot. Lugd.-Bat. 3: 22. 1867. ——*F. emarginella* (Miq.) Engl. l. c. 3 (4): 118. 1896. ——*Z. hemsleyanum* Makino in Bot. Mag. Tokyo 21: 86. 1907. ——*F. hemsleyana* (Makino) Makino, l. c. 161; 中国植物志 43(2): 35. 1997.

别名　樗叶花椒、满天星（江西），刺椒（四川），食茱萸（台湾植物志）

主要形态特征　落叶乔木，高稀达 15m，胸径 30cm；茎干有鼓钉状、基部宽达 3cm、长 2～5mm 的锐刺，当年生枝的髓部甚大，常空心，花序轴及小枝顶部常散生短直刺，各部无毛。叶有小叶 11～27 片或稍多；小叶整齐对生，狭长披针形或位于叶轴基部的近卵形，长 7～18cm，宽 2～6cm，顶部渐狭长尖，基部圆，对称或一侧稍偏斜，叶缘有明显裂齿，油点多，肉眼可见，叶背灰绿色或有灰白色粉霜，中脉在叶面凹陷，侧脉每边 11～16 条。花序顶生，多花，几无花梗；萼片及花瓣均 5 片；花瓣淡黄白色，长约 2.5mm；雄花的雄蕊 5 枚；退化雌蕊极短，2～3 浅裂；雌花有心皮 3 个，稀 4 个，果梗长 1～3mm；分果瓣淡红褐色，干后淡灰或棕灰色，顶端无芒尖，径约 4.5mm，油点多，干后凹陷；种子径约 4mm。花期 8～9 月，果期 10～12 月。

特征差异研究　深圳马峦山：小叶长 2.9～7.8cm，宽 1.5～2.5cm，小叶柄长 0.3～1.1cm。与上述特征描述相比，小叶长的最小值小 4.1cm；小叶宽的最小值小 0.5cm。

形态特征增补　花苞绿色，近球形，直径大小约 1mm。

凭证标本　深圳马峦山，廖栋耀（039）。

分布地　除江苏、安徽未见记录，云南仅产富宁外，长江以南各地均有。见于海拔 500～1500m 山地杂木林中。在四川西部，本种常生于以山茶属及栎属植物为主的常绿阔叶林中。

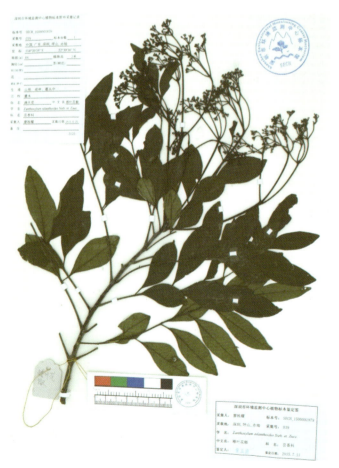

椿叶花椒 **Zanthoxylum ailanthoides**

本研究种类分布地 深圳马峦山。

主要经济用途 药用。树皮（浙桐皮），祛风通络，活血散瘀。用于治疗跌打损伤，风湿痹痛，蛇伤肿痛，外伤出血。果实（食茱萸），有毒。燥湿，杀虫，止痛。用于心腹冷痛，寒饮，泄泻，冷痢，湿痹，带下病，齿痛。

岭南花椒（花椒属）

Zanthoxylum austrosinense Huang in Acta Phytotax. Sin. 6: 53, Pl. 5. 1957 et in Cuihaia 7: 1. 1987. ——*Zanthoxylum austrosinense* var. *stenophyllum* Huang, l. c. 6: 54, Pl. 6. 1957; 中国植物志 43(2): 47. 1997.

别名 皮子药、山胡椒、总管皮、满山香（湖南）、搜山虎（广西）

主要形态特征 小乔木或灌木，高稀达 3m；枝褐黑色，少或多刺，各部无毛。川轴浑圆，叶有小叶 5～11 片；小叶除位于顶部中央的一片有长 1～3cm 的小川柄外其余无或几无柄，整齐对生，很少位于基部的 2 片为互生状，披针形，位于叶轴基部的通常卵形，长 6～11cm，宽 3～5cm，顶部渐尖，基部圆或近心脏形，或一侧圆而另一侧斜向上展，油点清晰，干后暗红褐至褐黑色，叶缘有裂齿，中脉在叶面稍凹陷或平坦，侧脉每边 11～15 条。花序顶生，通常生于侧枝之顶，有花稀超过 30 朵；花梗 5～8mm；花单性，有时两性（则杂性同株）；花被片 7～9 片，近似两轮排列，各片的大小稍有差异，披针形，有时倒披针形，长约 1.5mm，上半部暗紫红色，下半部淡黄绿色；两性花的雄蕊 3～4 枚；心皮 4 个；雄花有雄蕊 6～8 枚；雌花的心皮 3～4 个，花柱比子房长，稍向背弯，柱头头状。果梗暗紫红色，长 1～2cm；分果瓣与果梗同色，径约 5mm，有少数微凸起的油点，芒尖极短；种子长约 4mm，厚 3～4mm，顶端略尖。花期 3～4 月，果期 8～9 月。

特征差异研究 深圳杨梅坑：奇数羽状复叶，叶长 9～23.7cm，叶柄长 4～7.5cm，小叶长 3.1～8.2cm，宽 1.6～2.6cm，小叶柄长 1～3mm；与上述特征描述相比，小叶长的最小值偏小，小 2.9cm；小叶宽的整体范围偏小，其最大值比上述特征描述最小值小 0.4cm。

凭证标本 深圳杨梅坑，余欣繁，招康赛（346）。

分布地 见于海拔 300～900m 坡地疏林或灌木丛中。产江西（安远、大余、崇义）、湖南（湘

岭南花椒 *Zanthoxylum austrosinense*

南一带）、福建（武夷山、永泰）、广东（乳源）、广西（桂林附近）。生于石灰岩山地的植株常呈小灌木状。

本研究种类分布地 深圳杨梅坑。

主要经济用途 根及茎皮均用作草药。根的内皮黄色，味辛，甚麻辣，有香气。性温，有祛风、解毒、解表、散瘀消肿功效。用量适当不致中毒。

簕欓花椒（花椒属）

Zanthoxylum avicennae (Lam.) DC. Prdor. 1: 726. 1824; Berth. Fl. Hongk. 58. 1861: Hemsl. in Journ. Linn. Soc. Bot. 23: 105. 1886; 中国植物志 43(2): 34. 1997.

俗名 花椒簕、鸡咀簕、画眉簕、雀笼踏、搜山虎、鹰不泊（广东、广西）

主要形态特征　落叶乔木，高达 5～15m，全株无毛；树干有鸡爪状刺，刺基部扁圆而增厚，形似鼓钉，并有 1 至数条环纹，幼苗的小叶甚小，但多达 31 片，幼龄树的枝及叶密生刺，各部无毛。叶有小叶 11～21 片，稀较少；小叶通常对生或偶有不整齐对生，斜卵形，斜长方形或呈镰刀状，有时倒卵形，幼苗小叶多为阔卵形，长 2.5～7cm，宽 1～3cm，顶部短尖或钝，两侧甚不对称，全缘，或中部以上有疏裂齿，鲜叶的油点肉眼可见，也有油点不显的，叶轴腹面有狭窄、绿色的叶质边缘，常呈狭翼状。花序顶生，花多；花序轴及花梗有时紫红色；雄花梗长 1～3mm；萼片及花瓣均 5 片；萼片宽卵形，绿色；花瓣黄白色，雌花的花瓣比雄花的稍长，长约 2.5mm；雄花的雄蕊 5 枚；退化雌蕊 2 浅裂；雌花有心皮 2，很少 3 个；退化雄蕊极小。果梗长 3～6mm，总梗比果梗长 1～3 倍；分果瓣淡紫红色，果瓣球形，单个分果瓣直径 4～5mm，顶端无芒尖，油点大且多，微凸起；种子近圆球形，直径 3.5～4.5mm。花期 6～8 月，果期 10～12 月，也有 10 月开花的。

特征差异研究　①深圳杨梅坑：小叶长 1.1～2.5cm，宽 0.6～1.1cm，小叶柄长约 0.1cm；与上述特征描述相比，小叶长的最小值偏小 1.4cm；小叶宽的最小值小 0.4cm。②深圳小南山：小叶长 2.1～6.3cm，宽 1.2～2.0cm，小叶柄长 0.3～0.4cm，与上述特征描述相比，小叶长的最小值偏小 0.4cm。③深圳莲花山：小叶长 2.2～6.1cm，宽 1.3～2.1cm，小叶柄长 0.1～

籁楤花椒 *Zanthoxylum avicennae*

0.5cm；与上述特征描述相比，小叶长的最小值小 0.3cm。

凭证标本　①深圳杨梅坑，陈惠如，明珠（023）；王贺银（365）。②深圳赤坳，赵顺（025）；邱小波（025）；李志伟（031）；李佳婷（040）。③深圳小南山，余欣繁，招康赛（187）；陈永恒，周志彬（107）；刘浩（074）；邹雨锋（273）。④深圳莲花山，林仕珍，周志彬（098）；林仕珍，招康赛（148）；邹雨锋，招康赛（148）；邹雨锋（112）；余欣繁（039）。

分布地　产台湾、福建、广东、海南、广西、云南。
本研究种类分布地　深圳杨梅坑、赤坳水库、小南山、莲花山。
主要经济用途　民间用作草药。有祛风去湿、行气化痰、止痛等功效，治多类痛症，又作驱蛔虫剂。

两面针（花椒属）

Zanthoxylum nitidum (Roxb.) DC. Prod, 1: 727. 1824; Benth. Fl. Hongk. 58. 1861; Hemsl. in Journ. Linn. Soc. Bot. 23: 106. 1886; Pierre, Fl. For. Cochinchin. 4. pl. 29a, b. 1893; Merr. in Lingn. Sci. Journ. 5: 99. 1927 et Trans. Amer. Philos. Soc. 24 (2): 218. 1935; 中国植物志 43(2): 13. 1997.

别名　钉板刺（福州），入山虎、麻药藤、入地金牛、叶下穿针、红倒钩簕、大叶猫爪簕（广东、广西）
主要形态特征　幼龄植株为直立的灌木，成龄植株攀援于它树上的木质藤本。老茎有翼状蜿蜒而上的木栓层，茎枝及叶轴均有弯钩锐刺，粗大茎干上部的皮刺其基部呈长椭圆形枕状凸起，位于中央的针刺短且纤细。叶有小叶（3）5～11 片，萌生枝或苗期的叶其小叶片长可达 16～27cm，宽 5～9cm；小叶对生，成长叶硬革质，阔卵形或近圆形，或狭长椭圆形，长 3～12cm，宽

1.5～6cm，顶部长或短尾状，顶端有明显凹口，凹口处有油点，边缘有疏浅裂齿，齿缝处有油点，有时全缘；侧脉及支脉在两面干后均明显且常微凸起，中脉在叶面稍凸起或平坦；小叶柄长 2～5mm，稀近于无柄。花序腋生。花 4 基数；萼片上部紫绿色，宽约 1mm；花瓣淡黄绿色，卵状椭圆形或长圆形，长约 3mm；雄蕊长 5～6mm，花药在授粉期为阔椭圆形至近圆球形，退化雌蕊半球形，垫状，顶部 4 浅裂；雌花的花瓣较宽，无退化雄蕊或为极细小的鳞片状体；子房圆球形，

花柱粗而短，柱头头状。果梗长 2 ～ 5mm，稀较长或较短；果皮红褐色，单个分果瓣径 5.5 ～ 7mm，顶端有短芒尖；种子圆珠状，腹面稍平坦，横径 5 ～ 6mm。花期 3 ～ 5 月，果期 9 ～ 11 月。

凭证标本　①深圳杨梅坑，林仕珍，明珠（275）；王贺银，招康赛（310）；陈永恒，赖标汶（126）；邹雨锋，招康赛（355）。②深圳小南山，刘浩，黄玉源（075）；林仕珍，明珠（204）。

分布地　见于海拔 800m 以下的温热地方，山地、丘陵、平地的疏林、灌丛中、荒山草坡的有刺灌丛中较常见。产台湾、福建、广东、海南、广西、贵州及云南。

本研究种类分布地　深圳杨梅坑、小南山。

主要经济用途　根、茎、叶、果皮均用作草药。

花椒簕（花椒属）

Zanthoxylum scandens Bl. Bijdr. Nat. Wetens 249. 1825; Hartley in Journ. Arn. Arb. 47: 177. 1966, pro max. parte; 台湾植物志 3: 535. 1977. ——*Zanthoxylum cuspidatum* Champ. ex Benth. in Journ. Bot. Kew Misc. 3: 329. 1851; Benth. Fl. Hongk. 58. 1861; Merr. et Chun in Sunyatsenia 5: 86. 1940; Huang in Acta Phytotax. Sin. 6: 72. 1957; 中国高等植物图鉴 2: 545. 图 2819. 1972; 海南植物志 3: 32. 1974; 中国植物志 43(2): 20. 1997.

别名　藤花椒（台湾），花椒藤，乌口簕

主要形态特征　幼龄植株呈直立灌木状，其小枝细长而披垂，成龄植株攀援于它树上，枝干有短沟刺，叶轴上的刺较多。叶有小叶 5 ～ 25 片，近花序的叶有小叶较少，萌发枝上的叶有小叶较多；小叶互生或位于叶轴上部的对生，卵形、卵状椭圆形或斜长圆形，长 4 ～ 10cm，宽 1.5 ～ 4cm，稀较小，顶部短尖至长尾状尖，或突急尖至长渐尖，顶端常钝头且微凹缺，凹口处有一油点，基部短尖或宽楔形，或一侧近于圆，另一侧楔尖，两侧明显不对称或近于对称，全缘或叶缘的上半段有细裂齿，干后乌黑或黑褐色，叶面有光泽或老叶暗淡无光，中脉至少下半段凹陷且无毛，或有灰色粉末状微柔毛，则中脉近于平坦且叶有小叶较少，通常 5 ～ 11 片，质地也较厚而稍硬，油点不显，或少且小，仅在放大镜下可见。花序腋生或兼有顶生；萼片及花瓣均 4 片；萼片淡紫绿色，宽卵形，长约 0.5mm；花瓣淡黄绿色，长 2 ～ 3mm；雄花的雄蕊 4 枚，长 3 ～ 4mm，药隔顶部有 1 油点；退化雌蕊半圆形垫状凸起，

两面针 *Zanthoxylum nitidum*

花椒簕 *Zanthoxylum scandens*

花柱 2～4 裂；雌花有心皮 4 个或 3 个；退化雄蕊鳞片状。分果瓣紫红色，干后灰褐色或乌黑色，径 4.5～5.5mm，顶端有短芒尖，油点通常不甚明显，平或稍凸起，有时凹陷；种子近圆球形，两端微尖，径 4～5mm。花期 3～5 月，果期 7～8 月。

凭证标本　深圳小南山，邹雨锋，黄玉源（304）；邹雨锋，招康赛（1174）。

分布地　见于沿海低地至海拔 1500m 山坡灌木丛或疏林下。产长江以南。东南亚各地均有。

本研究种类分布地　深圳小南山。

主要经济用途　种子油可作润滑油和制肥皂。

苦木科 Simaroubaceae

鸦胆子（鸦胆子属）

Brucea javanica (Linn.) Merr. in Journ. Arn. Arb. 9: 3. 1928; 广州植物志: 437, 图232, 1956; 陈嵘, 中国树木分类学593, 图493, 1957; Nooteboom in Steen. Fl. Mal. ser. 1, 6: 211. 1962; 中国高等植物图鉴 2. 562, 图2854. 1972; 海南植物志 3: 55, 图561. 1974; 云南植物志 1: 186, 图版44: 1-3. 1977; H. L. Li, Fl. Taiwan 3: 540. 1977; 云南种子植物名录. 上册: 823. 1984. ——*Rhus javanica* Linn. Sp. Pl. 265. 1753. ——*Gonus amarissimus* Lour. Fl. Cochinch. 658. 1790. ——*Brucea sumatrana* Roxb. Hort. Beng. 12. 1814; DC. Prodr. 2: 88. 1825; Hook. f. Fl. Brit. Ind. 1: 521. 1875. ——*B. amarissima* (Lour.) Desv. ex Gomez in Mem. Acad. Sci. Lisb. n. ser. 4: 30. 1868; Merr. in Lingn. Sci. Journ. 5: 103. 1927; 中国植物志 43(3): 10. 1997.

别名　鸦蛋子（植物名实图考），苦参子（本草纲目），老鸦胆（海南）

主要形态特征　灌木或小乔木；嫩枝、叶柄和花序均被黄色柔毛。叶长 20～40cm，有小叶 3～15；小叶卵形或卵状披针形，长 5～10（～13）cm，宽 2.5～5（～6.5）cm，先端渐尖，基部宽楔形至近圆形，通常略偏斜，边缘有粗齿，两面均被柔毛，背面较密；小叶柄短，长 4～8mm。花组成圆锥花序，雄花序长 15～25（～40）cm，雌花序长约为雄花序的一半；花细小，暗紫色，直径 1.5～2mm；雄花的花梗细弱，长约 3mm，萼片被微柔毛，长 0.5～1mm，宽 0.3～0.5mm；花瓣有稀疏的微柔毛或近于无毛，长 1～2mm，宽 0.5～1mm；花丝钻状，长 0.6mm，花药长 0.4mm；雌花的花梗长约 2.5mm，萼片与花瓣与雄花同，雄蕊退化或仅有痕迹。核果 1～4，分离，长卵形，长 6～8mm，直径 4～6mm，成熟时灰黑色，干后有不规则多角形网纹，外壳硬骨质而脆，种仁黄白色，卵形，有薄膜，含油丰富，味极苦。花期夏季，果期 8～10 月。

特征差异研究　①深圳杨梅坑：复叶长 21.8～40cm；小叶长 3.2～10.2cm，宽 0.8～3.7cm，小叶柄长 0.1～0.5cm；与上述特征描述相比，小叶长的最小值小 1.8cm；小叶宽的最小值小 1.7cm。②深圳赤坳：叶长 22～36cm，有小叶 9～11 片，小叶长 5.3～8.3cm，宽 1.1～3.8cm，小叶柄长 0.3～1.0cm。与上述特征描述相比，小叶宽的最小值偏小 1.4cm。③深圳应人石：

叶长 24.87～27.8cm；小叶长 5～7.8cm，宽 1.5～2.8cm，小叶柄长 0.5～0.7cm。与上述特征描述相比，小叶宽最小值偏小 1cm。④深圳小南山：叶长 18.1～40.6cm，宽 9.9～18.4cm，叶柄长 7.8～10cm，有小叶 9～11 片，小叶长

鸦胆子 *Brucea javanica*

3.3 ～ 9.7cm，宽 2.2 ～ 5.4cm，小叶柄长 0.5 ～ 1.5cm；与上述特征描述相比，叶长的最小值偏小 1.9cm，最大值偏大 0.6cm；小叶长的最小值偏小 1.7cm；小叶宽的最小值偏小 0.3cm。⑤深圳莲花山：复叶长 21.8 ～ 39.4cm，宽 4.1 ～ 14.8cm，小叶长 7 ～ 9.2cm，小叶宽 2.8 ～ 4.4cm，小叶柄长 0.6 ～ 2.5cm；与上述特征描述相比，小叶柄长的最大值偏大 1.7cm。

形态特征增补 ①深圳杨梅坑：奇数羽状复叶，叶宽 6.4 ～ 15.2cm。②深圳赤坳：奇数羽状复叶，叶宽 8 ～ 10cm，叶柄长 9.3 ～ 10cm。③深圳应人石：奇数羽状复叶，叶宽 9.7 ～ 12.5cm。④深圳小南山，奇数羽状复叶，叶宽 9.9 ～ 18.4cm。

凭证标本 ①深圳杨梅坑，林仕珍，黄玉源（028）。②深圳赤坳，洪继猛（062）。③深圳小南山，陈永恒（117）；邹雨锋，黄玉源（289）；刘浩（087）；刘浩（088）；余欣繁，黄玉源（212）；林仕珍，招康赛（238）；余欣繁，黄玉源（213）；王贺银（250）；吴凯涛（040）。④深圳应人石，邹雨锋（165）；邹雨锋（176）；林仕珍，周志彬（181）；林仕珍，许旺（182）。⑤深圳莲花山，王贺银（101）；邹雨锋，招康赛（125）。

分布地 云南生于海拔 950 ～ 1000m 的旷野或山麓灌丛中或疏林中。产福建、台湾、广东、广西、海南和云南等省区。东南亚至大洋洲北部也有。

本研究种类分布地 深圳杨梅坑、赤坳、小南山、应人石、莲花山。

主要经济用途 种子称鸦胆子，作中药，味苦，性寒，有清热解毒、止痢疾等功效。

橄榄科 Burseraceae

橄榄（橄榄属）

Canarium album (Lour.) Rauesch. Nom. Bot. ed. 3: 287. 1797; DC. Prodr. 280. 1825; Engl. in DC. Monogr. Phan. 4: 149. 1883; Guill. in Lecomte, Fl. Gen. Indo-Chine 1: 714, fig. 76. 1911, p.p.; Hayata in Journ. Coll. Sci. Imp. Univ. Tokyo. 30: 52. 1911; Walker in Lingn. Sci. Journ. 6: 100, 102. 1928, et Spec. Bull. U. S. Civ. Adm. Ryukyu Isl. 3: 148, fig. 82. 1954; Merr. et Chun in Trans. Am. Phil. Soc., New Ser. 24: 226. 1935; 广州植物志: 438. 1956; Leenh. in Blumea 9(2): 402, fig. 24. 1959, p. p. maj.; 中国高等植物图鉴 2: 563, 图2855. 1972; 海南植物志 2: 57. 图562. 1974; 云南植物志 1: 197, 图版46: 1-10. 1977; 云南种子植物名录. 上册: 824. 1984. ——*Pimela alba* Lour. Fl. Cochinch. 408. 1790, et ed. 2: 495. 1793; 中国植物志 43(3): 25. 1997.

别名 黄榄（云南金平），青果（通称），山榄、白榄（广东、广西），红榄、青子（广东），谏果、忠果（古称）

主要形态特征 乔木，高 10 ～ 25（～ 35）m，胸径可达 150cm。小枝粗 5 ～ 6mm，幼部被黄棕色绒毛，很快变无毛；髓部周围有柱状维管束，稀在中央亦有若干维管束。有托叶，仅芽时存在，着生于近叶柄基部的枝干上。小叶 3 ～ 6 对，纸质至革质，披针形或椭圆形（至卵形），长 6 ～ 14cm，宽 2 ～ 5.5cm，无毛或在背面叶脉上散生刚毛，背面有极细小疣状凸起；先端渐尖至骤狭渐尖，尖头长约 2cm，钝；基部楔形至圆形，偏斜，全缘；侧脉 12 ～ 16 对，中脉发达。花序腋生，微被绒毛至无毛；雄花序为聚伞圆锥花序，长 15 ～ 30cm，多花；雌花序为总状，长 3 ～ 6cm，具花 12 朵以下。花疏被绒毛至无毛，雄花长 5.5 ～ 8mm，雌花长约 7mm；花萼长 2.5 ～ 3mm，在雄花上具 3 浅齿，在雌花上近截平；雄蕊 6，无毛，花丝合生 1/2 以上（在雌花中几全长合生）；花盘在雄花中球形至圆柱形，高 1 ～ 1.5mm，微 6 裂，中央有穴或无，上部有少许刚毛；在雌花中环状，略具 3 波状齿，高 1mm，厚肉质，内面有疏柔毛。雌蕊密被短柔毛；在雄花中细小或缺。果序长 1.5 ～ 15cm，具 1 ～ 6 果。果萼扁平，直径 0.5cm，萼齿外弯。果卵圆形至纺锤形，横切面近圆形，长 2.5 ～ 3.5cm，无毛，成熟时黄绿色；外果皮厚，干时有皱纹；果核渐尖，横切面圆形至六角形，在钝的肋角和核盖之间有浅沟槽，核盖有稍凸起的中肋，外面浅波状；核盖厚 1.5 ～ 2（～ 3）mm。种子 1 ～ 2，不育室稍退化。花期 4 ～ 5 月，果 10 ～ 12 月成熟。

凭证标本 深圳莲花山，林仕珍（160）。

分布地 野生于海拔 1300m 以下的沟谷和山坡杂木林中，或栽培于庭院、村旁。产福建、台湾、广东、广西、云南。分布于越南北部至中部。日本（长崎、冲绳）及马来半岛有栽培。

本研究种类分布地 深圳莲花山。

主要经济用途　为很好的防风树种及行道树。木材可造船，作枕木。制家具、农具及建筑用材等。果可生食或渍制；药用治喉头炎、咯血、烦渴、肠炎腹泻。核供雕刻，兼药用，治鱼骨鲠喉有效。种仁可食，亦可榨油，油用于制肥皂或作润滑油。

乌榄（橄榄属）

Canarium pimela Leenh. in Blumea 9 (2): 406, fig. 25. 1959; 海南植物志 2: 57. 1974; 云南植物志 1: 198, 图版46: 14-16. 1977, 云南种子植物名录. 上册: 825, 1984. ——*Pimela nigra* Lour. Fl. Cochinch. 407. 1790, ed. 2: 495. 1793, pro syn. ——*Canarium pimela* Konig, Ann. Bot. 1: 361, t. 7, fig. 1. 1805, nom. illeg.; Hance in Journ. Bot. 9: 38. 1871; Engl. in DC. Monogr. Phan. 4: 122. 1883; Merr. et Chun in Trans. Am. Phil. Soc., New. Ser. 24: 253. 1935; 广州植物志 439. 1956, 中国高等植物图鉴 2: 563, 图2856. 1972. non est *C. pimela* Blume, Bijdrag. Fl. Nederl. Ind. 17: 1162. 1826 (=*C. kipella*), nec *C. pimela* Spanoghe in Hook. Comp. Bot. Mag. 1: 3116. 1835 (=*C. oleosum*), nec *C. pimela* Blanco. Fl. Filipin. ed. 2: 545. 1845 (=*C. asperum*). ——*C. nigrum* (Lour.)Engl. in Engl. u Prantl, Nat. Pflan zen fam. 3 (4): 240. 1896 nom. illeg.; Guill. in Ann. Sc. Nat. Bot. 10: 238, fig. 22: 19. 1909. et in Lecomte, Fl. Gen. Indo-Chine 1: 710. 1911, et Suppl. Fl. Gen. Indo-Chine 1: 677. 1946, non est *C. nigrum* Roxb. Hort. Bengal. 49. 1844 (=*C. acutifolium*); 中国植物志 43(3): 27. 1997.

别名　木威子（金楼子，本草拾遗），黑榄（广东）
主要形态特征　乔木，高达20m，胸径达45cm。小枝粗10mm，干时紫褐色，髓部周围及中央有柱状维管束。无托叶。小叶4～6对，纸质至革质，无毛，宽椭圆形、卵形或圆形，稀长圆形，长6～17cm，宽2～7.5cm，顶端急渐尖，尖头短而钝；基部圆形或阔楔形，偏斜，全缘；侧脉（8～）11（～15）对，网脉明显。花序腋生，为疏散的聚伞圆锥花序（稀近总状花序），无毛；雄花序多花，雌花序少花。花几无毛，雄花长约7mm，雌花长约6mm。萼在雄花中长2.5mm，明显浅裂，在雌花中长3.5～4mm，浅裂或近截平；花瓣在雌花中长约8mm。雄蕊6，无毛（仅雄花花药有两排刚毛），在雄花中近1/2、在雌花中1/2以上合生。花盘杯状，高0.5～1mm，流苏状，边缘及内侧有刚毛，雄花中的肉质，中央有一凹穴；雌花中的薄，边缘有

橄榄 *Canarium album*

乌榄 *Canarium pimela*

6 个波状浅齿。雌蕊无毛，在雄花中不存在。果序长 8 ～ 35cm，有果 1 ～ 4 个；果具长柄（长约 2cm），果萼近扁平，直径 8 ～ 10mm，果成熟时紫黑色，狭卵圆形，长 3 ～ 4cm，直径 1.7 ～ 2cm，横切面圆形至不明显的三角形；外果皮较薄，干时有细皱纹。果核横切面近圆形，核盖厚约 3mm，平滑或在中间有 1 不明显的肋凸。种子 1 ～ 2；不育室适度退化。花期 4 ～ 5 月，果期 5 ～ 11 月。

特征差异研究　深圳莲花山：小叶长 4 ～ 10cm，宽 2.7 ～ 3.9cm，小叶柄长 0.3 ～ 0.5cm。与上述特征描述相比，小叶长的最小值偏小 2cm。

凭证标本　深圳莲花山，王贺银，招康赛（129）。

分布地　广东、广西、海南、云南。

本研究种类分布地　深圳莲花山。

主要经济用途　食用，药用。

楝科 Meliaceae

毛麻楝（麻楝属）

Chukrasia tabularis A. Juss. var. *velutina* (Wall.) King, in Journ. As. Soc. Bengal 64(2): 88. 1895 (Chickrassia); Pellegr. in Lecomte, Fl. Gen. Indo-Chine 1: 781. 1911; Merr. et Chun in Sunyatsenia 1: 61. 1930; 侯宽昭、陈德昭，植物分类学报 4: 32. 1955; 中国高等植物图鉴 2: 571. 1972; 云南植物志 1: 213. 1977; 云南种子植物名录，上册 829. 1984; 广东植物志 2: 298. 1991. ——*Plagiotaxis velutina* Wall. Syn. Monogr. 1: 135. 1846; C. DC. Monogr. Phan. 1: 727. 1878.

主要形态特征　乔木，高达 25m；老茎树皮纵裂，幼枝赤褐色，无毛，具苍白色的皮孔。叶轴密被黄色绒毛；叶通常为偶数羽状复叶，长 30 ～ 50cm，密被绒毛，小叶 10 ～ 16 枚；叶柄圆形柱形，长 4.5 ～ 7cm；小叶互生，纸质，卵形至长圆状披针形，长 7 ～ 12cm，宽 3 ～ 5cm，先端渐尖，基部圆形，偏斜，下侧常短于上侧，两面均密被黄色绒毛；侧脉每边 10 ～ 15 条，至边缘处分叉，背面侧脉稍明显突起；小叶柄长 4 ～ 8mm。圆锥花序顶生，长约为叶的一半，疏散，具短的总花梗，分枝无毛或近无毛；苞片线形，早落；花长 1.2 ～ 1.5cm，有香味；花梗短，具节；密被绒毛；萼浅杯状，高约 2mm，裂齿短而钝，外面被极短的微柔毛；花瓣黄色或略带紫色，长圆形，长 1.2 ～ 1.5cm，外面中部以上被稀疏的短柔毛；雄蕊管圆筒形，无毛，顶端近截平，花药 10，椭圆形，着生于管的近顶部；子房具柄，略被紧贴的短硬毛，花柱圆柱形，被毛，柱头头状，约与花药等高。蒴果灰黄色或褐色，近球形或椭圆形，长 4.5cm，宽 3.5 ～ 4cm，顶端有小凸尖，无毛，表面粗糙而有淡褐色的小疣点；种子扁平，椭圆形，直径 5mm，有膜质的翅，连翅长 1.2 ～ 2cm。花期 4 ～ 5 月，果期 7 月至翌年 1 月。

特征差异研究　深圳莲花山：偶数羽状复叶，复叶长 16.9 ～ 22.8cm；小叶长 2.9 ～ 9.8cm，小叶宽 1.4 ～ 4.5cm，小叶柄长 0.2 ～ 1cm。与上述特征描述相比，复叶长度最小值小 13.1cm，小叶长的最小值偏小 4.1cm；小叶宽的最小值也小 1.6cm。

形态特征增补　深圳莲花山，偶数羽状复叶，叶宽 6.9 ～ 14.2cm。

毛麻楝 *Chukrasia tabularis* var. *velutina*

凭证标本　深圳莲花山，邹雨锋，黄玉源（099）。

分布地　广东、广西、云南和西藏。

本研究种类分布地　深圳莲花山。

主要经济用途　木材黄褐色或赤褐色，芳香，坚硬，有光泽，易加工，耐腐，为建筑、造船、家具等良好用材。

樫木（樫木属）

Dysoxylum excelsum Bl., Bijdr. 176. 1825; Koord. et Valeton in Bijdr. Booms. Java 3: 56. 1896; Harms in Engl. a Prantl, Nat. Pflanzenfam. ed. 2. 19b (1): 160. 1940; 邹寿青，云南植物研究 11(2): 157. 1989. ——*Gaurea procerum* Wall. , Cat No. 1261. 1829, nom. nud. ——*G. gobara* Buch.-Ham. in Mem. Wern. Soc. 6: 306. 1832. ——*Dysoxylum procerum* (Wall.)Hiern. in Hook. f. Fl. Brit. Ind. 1: 547. 1875; C. DC. Monogr. Phan. 1: 486. 1878; Pellegr. in Lecomte, Fl. Gen. Indo-Chine 1: 744. 1911; Hand.-Mazz. Symb. Sin. 7: 632. 1933; 陈嵘，中国树木分类学: 599, 1957. ——*Epicharis procera* (Wall.) Pierre, Fl. For. Cochinch. t. 748. 1896. ——*Dysoxylum gobara* (Buch.-Ham.) Merr. in Journ. Arn. Arb. 23: 173. 1942; 侯宽昭、陈德昭，植物分类学报 4: 12. 1955; 云南植物志 1: 244. 1977. ——*D. binectariferum* auct. non Hook. f.: 侯宽昭、陈德昭, 植物分类学报 4: 3. 1955, p.p., quoad apecim. Yunnan C. W. Wang 79341, 80218, 81094; 中国植物志 43(3): 89. 1997.

别名　葱臭木（云南植物志）

主要形态特征　乔木，高可达 13m；小枝无毛，褐色或红褐色。叶长 40～60cm，通常具小叶 7～9 枚；小叶互生，厚纸质至薄革质，椭圆形至长椭圆形，长（9～）25～35cm，宽（5～）8～15cm，顶端急尖，基部楔形、宽楔形或稍带圆形，稍偏斜，两面均无毛，侧脉每边 11～16 条，上面稍下陷，背面隆起；小叶柄长约 1cm。圆锥花序腋生，约与叶等长，分枝广展，最下部的分枝长 20～35cm，无毛或被疏柔毛；花长 7～8mm，萼初时 4 齿裂，后深裂，外被微柔毛；花瓣 4，白色，线状长椭圆形，长 6～10mm，宽 2～3mm，外被微柔毛，内面无毛；雄蕊管圆柱状，顶端全缘或有短钝齿，两面均无毛，花药 8，长圆形；花盘圆柱状，长于子房 2 倍，顶端有 8 圆齿，具睫毛，外面无毛，内面有倒毛；子房圆锥状，被长粗毛，4 室，每室有胚珠 2 颗，花柱长于子房数倍，下部被长粗毛，上部无毛，柱头伸出于雄蕊管。蒴果球形至近梨形，无毛，长 3.5cm，直径 3.5～4cm，顶端下凹；种子有假种皮。花期 9～11 月，果期 4～6 月。

特征差异研究　深圳莲花山：小叶长 10～14.5cm，宽 4.5～5.5cm，小叶柄长 0.2cm。与上述特征描述相比，小叶宽最小值小 0.5cm；小叶柄长度小 0.8cm。

凭证标本　深圳莲花山，余欣繁，招康赛（079）。

分布地　生于海拔 130～1000m 的山地沟谷雨林、

樫木 *Dysoxylum excelsum*

常绿阔叶林或疏林中。产广西西南部及云南南部和东南部。分布于印度、中南半岛、印度尼西亚。

本研究种类分布地　深圳莲花山。

桃花心木（桃花心木属）

Swietenia mahagoni (Linn.) Jacq. Enum. Pl. Carib. 20. 1760; Linn. Sp. Pl. ed 2: 271. 1762.; Harms in Engl. u. Prantl, Nat. Pflanzenfam. 3 (4): 275, fig. 153. 1895, eted. 2, 19b(1): 71, fig.14, 1940; 广州植物志: 441. 1956; 中国高等植物图鉴 2: 571, 图2871. 1972; 云南植物志 1: 213, 图版49: 5-8. 1977; 云南种子植物名录. 上册: 832. 1984; 广东植物志 2: 296, 图191, 1991. ——*Cedrela mahagoni* Linn. Syst. ed. 10: 940. 1759. ——*Swietenia mahagoni* Lam. Encyc. 3: 678. 1791. ——*S. mahagoni* 'Linn.' DC. Prod, 1: 625. 1824; C. DC. Monogr. Phan. 1: 723. 1878; Bailay, Man. Cult. Pl. ed. 2. 613. 1949; 侯宽昭、陈德昭, 植物分类学报 4: 31. 1955; 中国植物志 43(3): 44. 1997.

主要形态特征　常绿大乔木，高达 25m 以上，径可达 4m，基部扩大成板根；树皮淡红色，鳞片状；枝条广展，平滑，灰色。叶长 35cm，有小叶 4～6 对，叶柄细长，基部略膨大，无毛；小叶片革质，斜披针形至斜卵状披针形，长 10～16cm，宽 4～6cm，先端长渐尖，基部明显偏斜，一侧楔形，另一侧近圆形，全缘或有时具 1～2 个浅波状钝齿，无毛而光亮，叶面深绿色，背面淡绿色，侧脉每边约 10 条，稍广展。圆锥花序腋生，长 6～15cm，无毛，具柄，有疏离而短的分枝；花具短柄，长约 3mm；萼浅杯状，5 裂，裂片短，圆形；花瓣白色，无毛，长 3～4mm，广展；雄蕊管无毛，裂齿短尖；子房圆锥状卵形，比花盘长，每室有胚珠 12 颗，花柱无毛，较子房为长，柱头盘状，5 出，放射状。蒴果大，卵状，木质，直径约 8cm，熟时 5 瓣裂；种子多数，长 18mm，连翅长 7cm。花期 5～6 月，果期 10～11 月。

特征差异研究　深圳莲花山：偶数羽状复叶，叶长 39.8～42.9cm；小叶长 8.5～15cm，宽 3.2～4cm，小叶柄长 0.5～0.9cm。与上述特征描述相比，叶长度大 4.8cm；小叶长的最小值偏小 1.5cm；小叶宽的最小值也偏小 0.8cm。

形态特征增补　深圳莲花山：偶数羽状复叶，叶宽 18.3～19.1cm。

凭证标本　深圳莲花山，邹雨锋，招康赛（123）；王贺银，招康赛（100）；余欣繁（108）。

分布地　栽培于福建（厦门）、台湾、广东、广西（南

桃花心木 *Swietenia mahagoni*

宁）、海南（尖峰岭）及云南等省区。原产南美洲，现各热带地区均有栽培。

本研究种类分布地　深圳莲花山。

主要经济用途　本种为世界上著名木料之一，色泽美丽，硬度适宜，易于打磨，且皱缩量少，能抗虫蚀，宜作装饰、家具、舟车等用。

无患子科 Sapindaceae

复羽叶栾树（栾树属）

Koelreuteria bipinnata Franch. in Bull. Soc. Bot. France 33: 463, Pl. 29, 30. 1886; Meyer in Journ. Arn. Arb. 57: 149. 1976; 云南植物志 1: 286. 1977; 中国植物志 47(1): 56. 1985.

主要形态特征　乔木，高可达 20 余米；皮孔圆形至椭圆形；枝具小疣点。叶平展，二回羽状复叶，长 45～70cm；叶轴和叶柄向轴面常有一纵行皱曲的短柔毛；小叶 9～17 片，互生，很少

对生，纸质或近革质，斜卵形，长 3.5～7cm，宽 2～3.5cm，顶端短尖至短渐尖，基部阔楔形或圆形，略偏斜，边缘有内弯的小锯齿，两面无毛或上面中脉上被微柔毛，下面密被短柔毛，有时杂以皱曲的毛；小叶柄长约 3mm 或近无柄。圆锥花序大型，长 35～70cm，分枝广展，与花梗同被短柔毛；萼 5 裂达中部，裂片阔卵状三角形或长圆形，有短而硬的缘毛及流苏状腺体，边缘呈啮蚀状；花瓣 4，长圆状披针形，瓣片长 6～9mm，宽 1.5～3mm，顶端钝或短尖，瓣爪长 1.5～3mm，被长柔毛，鳞片深 2 裂；雄蕊 8 枚，长 4～7mm，花丝被白色、开展的长柔毛，下半部毛较多，花药有短疏毛；子房三棱状长圆形，被柔毛。蒴果椭圆形或近球形，具 3 棱，淡紫红色，老熟时褐色，长 4～7cm，宽 3.5～5cm，顶端钝或圆；有小凸尖，果瓣椭圆形至近圆形，外面具网状脉纹，内面有光泽；种子近球形，直径 5～6mm。花期 7～9 月，果期 8～10 月。

凭证标本　深圳莲花山，刘浩（053）。

分布地　生于海拔 400～2500m 的山地疏林中。产云南、贵州、四川、湖北、湖南、广西、广东

复羽叶栾树 *Koelreuteria bipinnata*

等省区。

本研究种类分布地　深圳莲花山。

主要经济用途　速生树种，常栽培于庭院供观赏。木材可制家具；种子油工业用。根入药，有消肿、止痛、活血、驱蛔之功，亦治风热咳嗽，花能清肝明目，清热止咳，又为黄色染料。

栾树（栾树属）

Koelreuteria paniculata Laxm. in Nov. Comm. Akad. Sci. Petrop. 16: 561-564, t. 18. 1772; Radlk. in Engler, Pflanzenr. 99 (IV. 165): 1330. 1933; 陈嵘, 中国树木分类学: 687. 1937.

别名　木栾（救荒本草），栾华（植物名实图考），五乌拉叶（甘肃），乌拉（河北），乌拉胶、黑色叶树（河北），石栾树（浙江），黑叶树、木栏牙（河南）

主要形态特征　落叶乔木或灌木；树皮厚，灰褐色至灰黑色，老时纵裂；皮孔小，灰至暗褐色；小枝具疣点，与叶轴、叶柄均被皱曲的短柔毛或无毛。叶丛生于当年生枝上，平展，一回、不完全二回或偶有为二回羽状复叶，长可达 50cm；小叶（7～）11～18 片（顶生小叶有时与最上部的一对小叶在中部以下合生），无柄或具极短的柄，对生或互生，纸质，卵形、阔卵形至卵状披针形，长（3～）5～10cm，宽 3～6cm，顶端短尖或短渐尖，基部钝至近截形，边缘有不规则的钝锯齿，齿端具小尖头，有时近基部的齿疏离呈缺刻状，或羽状深裂达中肋而形成二回羽状复叶，上面仅中脉上散生皱曲的短柔毛，下面在脉腋具髯毛，有时小叶背面被茸毛。聚伞圆锥花序长 25～40cm，密被微柔毛，分枝长而广展，

在末次分枝上的聚伞花序具花 3～6 朵，密集呈头状；苞片狭披针形，被小粗毛；花淡黄色，稍芬芳；花梗长 2.5～5mm；萼片卵形，边缘具腺状缘毛，呈啮蚀状；花瓣 4，开花时向外反折，线状长圆形，长 5～9mm，瓣爪长 1～2.5mm，被长柔毛，瓣片基部的鳞片初时黄色，开花时橙红色，参差不齐的深裂，被疣状皱曲的毛；雄蕊 8 枚，在雄花中的长 7～9mm，雌花中的长 4～5mm，花丝下半部密被白色、开展的长柔毛；花盘偏斜，有圆钝小裂片；子房三棱形，除棱上具缘毛外无毛，退化子房密被小粗毛。蒴果圆锥形，具 3 棱，长 4～6cm，顶端渐尖，果瓣卵形，外面有网纹，内面平滑且略有光泽；种子近球形，直径 6～8mm。花期 6～8 月，果期 9～10 月。

特征差异研究　深圳莲花山：小叶长 6.5～11cm，宽 2～5cm，小叶柄长 0.2～0.5cm。与上述特征描述相比，小叶长的最大值偏大 1cm；小叶宽的最小值偏小 1cm。

凭证标本　深圳莲花山，邹雨锋，许旺（115）；

邹雨锋，许旺（116）。

分布地　产我国大部分省区，自东北辽宁起经华中至西南云南。世界各地有栽培。

本研究种类分布地　深圳莲花山。

主要经济用途　耐寒耐旱，常栽培作庭院观赏树。木材黄白色，易加工，可制家具；叶可作蓝色染料，花供药用，亦可作黄色染料。

荔枝（荔枝属）

Litchi chinensis Sonn. Voy. Ind. 2: 230. Pl. 129. 1782; Radlk. in Engler, Pflanzenr. 98 (IV. 165): 917. 1932; 陈嵘，中国树木分类学: 684. 图575. 1937; How et Ho in Acta Phytotax. Sinica 3: 391. 1955; 中国高等植物图鉴 2: 720. 图3169. 1972. ——*Nephelium litchi* Camb. in Mem. Mus. Hist. Nat. Paris 18: 30. 1829. ——*Litchi litchi* Britton, Fl. Bermuda 226. 1918; 中国植物志 47(1): 32. 1985.

主要形态特征　常绿乔木，高通常不超过10m，有时可达15m或更高，树皮灰黑色；小枝圆柱状，褐红色，密生白色皮孔。叶连柄长10～25cm或过之；小叶2或3对，较少4对，薄革质或革质，披针形或卵状披针形，有时长椭圆状披针形，长6～15cm，宽2～4cm，顶端骤尖或尾状短渐尖，全缘，腹面深绿色，有光泽，背面粉绿色，两面无毛；侧脉常纤细，在腹面不很明显，在背面明显或稍凸起；小叶柄长7～8mm。花序顶生，阔大，多分枝；花梗纤细，长2～4mm，有时粗而短；萼被金黄色短绒毛；雄蕊6～7，有时8，花丝长约4mm；子房密覆小瘤体和硬毛。果卵圆形至近球形，长2～3.5cm，成熟时通常暗红色至鲜红色；种子全部被肉质假种皮包裹。花期春季，果期夏季。

特征差异研究　①深圳七娘山：小叶长 9.8～13.5cm，宽2.8～3.8cm，小叶柄长0.6～1cm；果实绿色，椭球形，长1.5cm。与上述特征描述相比，小叶柄长的最小值偏小0.1cm，最大值偏大0.2cm。②深圳赤坳：小叶长4～9cm，小叶宽1.5～3cm，小叶柄长0.5～1cm。与上述特征描述相比，小叶长的最小值偏小2cm；小叶宽的最小值偏小0.5cm；小叶柄长的最小值小0.2cm，最大值偏大0.2cm。③深圳莲花山：小叶长6～10cm，宽2～3.5cm，小叶柄长0.5～1cm。与上述特征描述相比，小叶柄长的最小值小0.2cm，最大值偏大0.2cm。

凭证标本　①深圳七娘山，陈志洁（004）。②深

栾树 *Koelreuteria paniculata*

荔枝 *Litchi chinensis*

圳赤坳，邹雨锋（915）；余欣繁，董安强（1859）。
③莲花山，王贺银，招康赛（512）。

分布地　产华南、西南和东南，尤以广东和福建南部栽培最盛。东南亚也有栽培，非洲、美洲和大洋洲都有引种的记录。

本研究种类分布地　深圳七娘山、赤坳、莲花山。

主要经济用途　荔枝果实除食用外，核入药为收敛止痛剂，治心气痛和小肠气痛。木材坚实，深红褐色，纹理雅致、耐腐，历来为上等名材。广东将野生或半野生（均种子繁殖）的荔枝木材列为特级材，栽培荔枝木材列为一级材，主要作造船、梁、柱和上等家具用。花多富含蜜腺，是重要的蜜源植物，荔枝蜂蜜是品质优良的蜜糖之一，深受广大群众欢迎。

槭树科 Aceraceae

岭南槭（槭属）

Acer tutcheri Duthie in Kew Bull (1908): 16. 1908; Dunn in Journ. Linn. Soc. bot. ser. 39: 414. 1911 & in Kew Bull. Add. ser. 10: 67. 1912; Fang in Contrib. Biol. Lab. Sc. Soc. China Bot. ser. 11: 111. 1939. ——*Liquidambar edentata* Merr. in Journ. Arn. Arb. 8: 6. 1927. ——*A. oliverianum* var. *tutcheri* (Duthie) Metc. ex Kussm. Handb. Laubgeh. 1: 104. 1959; 中国植物志 46: 175. 1981.

主要形态特征　落叶乔木，高 5 ～ 10m。树皮褐色或深褐色。小枝细瘦，无毛，当年生枝绿色或紫绿色，多年生枝灰褐色或黄褐色。冬芽卵圆形，叶纸质，基部圆形或近于截形，外貌阔卵形，长 6 ～ 7cm，宽 8 ～ 11cm，常 3 裂稀 5 裂；裂片三角状卵形，稀卵状长圆形，先端锐尖，稀尾状锐尖，边缘具稀疏而紧贴的锐尖锯齿，稀近基部全缘，仅近先端具少数锯齿，裂片间的凹缺锐尖，深达叶片全长的 1/3，上面深绿色，下面淡绿色，无毛，稀在脉腋被丛毛；叶柄长 2 ～ 3cm，细瘦，无毛。花杂性，雄花与两性花同株，常生成仅长 6 ～ 7cm 的短圆锥花序，总花梗长约 3cm，顶生于着叶的小枝上，叶已长大后花始开放；萼片 4，黄绿色，卵状长圆形，先端钝形，长约 2.5mm；花瓣 4，淡黄白色，倒卵形，长约 2mm；雄蕊 8，花丝无毛；花盘微被长柔毛，微裂，位于雄蕊外侧；子房密被白色的疏柔毛，花柱无毛，2 裂，柱头反卷；花梗细瘦，长 5 ～ 8mm，翅果嫩时淡红色，成熟时淡黄色；小坚果凸起，脉纹显著，直径约 6mm；翅宽 8 ～ 10mm，连同小坚果长 2 ～ 2.5cm，张开成钝角。花期 4 月，果期 9 月。

凭证标本　深圳小南山，余欣繁，黄玉源（409）。

分布地　生于海拔 300 ～ 1000m 的疏林中。产浙江南部、江西南部、湖南南部、福建、广东和广西东部。模式标本采自广东。

本研究种类分布地　深圳小南山。

岭南槭 *Acer tutcheri*

清风藤科 Sabiaceae

泡花树（泡花树属）

Meliosma cuneifolia Franch. in Nouv. Arch. Mus. Hist. Nat. Paris ser. 2, 8: 211. 1886, et Pl. David. 2: 29. 1888; Diels Engler, in Bot. Jahrb. 29: 452. 1900; Pampan. in Nuov. Giorn. Bot. Ital. n. ser. 18: 127. 1911; Hutch. in Bot. Mag. 137. t. 8357. 1911; Rehd. et Wils. in Sargent, Pl. Wils. 2: 199. 1914; Hand. -Mazz. Symb. Sin. 7: 644. 1933; Chun in Sunystsenia 1: 266. 1934; Cufod. in Oesterr. Bot. Zeit. 88: 256. 1939; Rehd. Man. Cult. Trees et Shrubs 594. 1940; How in Acta Phytotax. Sinica 3: 437. 1955; Steward, Man. Vasc. Pl. Low. Yangtze China 235. 1958. p. p.; 中国高等植物图鉴 2: 732. 图3193. 1972. ——*M. platypoda* Rehd. et Wils. in Sargent, Pl. Wils. 2: 201. 1914; Cufod. op. cit. 258. 1939; How op. cit. 436. 1955. ——*M. dilleniifolia* (Wall. ex Wight et Arn.) Walp. subsp. *cuneifolia* (Franch.) Beus. Blumea 19: 442. fig. 21, 22, Dl, 2. p.p.——*M. myriamha* auct. non Sieb. et Zucc.; Diels in Engler, Bot. Jahrb. 29: 451. 1900. p.p.; 中国植物志 47(1): 101. 1985.

别名　黑黑木（四川）、山漆槁（四川峨眉）

主要形态特征　落叶灌木或乔木，高可达 9m，树皮黑褐色；小枝暗黑色，无毛。叶为单叶，纸质，倒卵状楔形或狭倒卵状楔形，长 8 ～ 12cm，宽 2.5 ～ 4cm，先端短渐尖，中部以下渐狭，约 3/4 以上具侧脉伸出的锐尖齿，叶面初被短粗毛，叶背被白色平伏毛；侧脉每边 16 ～ 20 条，劲直达齿尖，脉腋具明显髯毛；叶柄长 1 ～ 2cm。圆锥花序顶生，直立，长和宽 15 ～ 20cm，被短柔毛，具 3（4）次分枝；花梗长 1 ～ 2mm；萼片 5，宽卵形，长约 1mm，外面 2 片较狭小，具缘毛；外面 3 片花瓣近圆形，宽 2.2 ～ 2.5mm，有缘毛，内面 2 片花瓣长 1 ～ 1.2mm，2 裂达中部，裂片狭卵形，锐尖，外边缘具缘毛；雄蕊长 1.5 ～ 1.8mm；花盘具 5 细尖齿；雌蕊长约 1.2mm，子房高约 0.8mm。核果扁球形，直径 6 ～ 7mm，核三角状卵形，顶基扁，腹部近三角形，具不规则的纵条凸起或近平滑，中肋在腹孔一边显著隆起延至另一边，腹孔稍下陷。花期 6 ～ 7 月，果期 9 ～ 11 月。

特征差异研究　①深圳杨梅坑：叶长 9.3 ～ 26.6cm，宽 3.8 ～ 6.9cm，叶柄长 1.5 ～ 3.3cm，与上述特征描述相比，叶长的最大值偏大 14.6cm；叶宽的最大值也偏大 2.9cm；叶柄长的最大值偏大 1.3cm。②深圳莲花山：叶长 11.1 ～ 16.8cm，宽 4 ～ 6.2cm，叶柄长 0.5 ～ 1.1cm；与上述特征描述相比，叶长的最大值偏大 4.8cm；叶宽的最大值偏大 2.2cm；叶柄长的最小值偏小 0.5cm。

凭证标本　①深圳杨梅坑，余欣繁（005）；林仕珍，黄玉源（016）；余欣繁，招康赛（241）。②深圳莲花山，林仕珍，黄玉源（101）。

泡花树 *Meliosma cuneifolia*

分布地　生于海拔 650 ～ 3300m 的落叶阔叶树种或针叶树种的疏林或密林中。分布于甘肃东部、陕西南部、河南西部、湖北西部、四川、贵州、云南中部及北部、西藏南部。

本研究种类分布地　深圳杨梅坑、莲花山。

主要经济用途　木材红褐色，纹理略斜，结构细，质轻，可作家具及建筑用材。本种花序及叶俱美，适宜公园、绿地孤植或群植。药用，治痈疖肿毒、毒蛇咬伤等。

樟叶泡花树（泡花树属）

Meliosma squamulata Hance in Journ. Bot. 14: 364. 1876; Forb. et Hemsl. in Journ. Linn. Soc. Bot. 23: 146. 1886; Oliv. in Hook. Icon. Pl. 16: t. 1589. 1887; Hayata, Ic. Pl. Formos. 1: 161. 1911; Dunn et Tutch. in Kew Bull. add. ser. 10: 68. 1912; Groff in Lingnan Sci. Bull. 2: 67. 1930; Kaneh. Formos. Trees ed. 2: 418. fig. 373. 1936; 陈嵘, 中国树木分类学: 732-733. 1937; Cufod. in Oesterr. Bot. Zeit. 88: 261; 1939. Merr. et Chun in Sunyatsenia 5: 115. 1940; Li, Woody Fl. Taiwan: 503. fig. 194. 1963; et Fl. Taiwan 3: 594. 1977. How in Acta Phytotax. Sinica 3: 426. 1955; 中国高等植物图鉴 2: 728. 图3185. 1972; 海南植物志 3: 94. 图591. 1974. ——M. lepidota Bl. subsp. squamulata (Hance) Beus. in Blumea 19: 454. fig. 22, Jl, 2, fig. 24. 1971; 中国植物志 47(1): 111. 1985.

别名 绿樟、秤先树、野木棉、饼汁树（广东）

主要形态特征 小乔木，高可达 15m；幼枝及芽被褐色短柔毛，老枝无毛。单叶，具纤细、长 2.5～6.5（～10）cm 的叶柄，叶片薄革质，椭圆形或卵形，长 5～12cm，宽 1.5～5cm，先端尾状渐尖或狭条状渐尖，尖头钝，基部楔形，稍下延，全缘，叶面无毛，有光泽，叶背粉绿色，密被黄褐色、极微小的鱼鳞片（在放大镜下可见）；侧脉每边 3～5 条，与中脉交成锐角向上弯拱环结。圆锥花序顶生或腋生，单生或 2～8 个聚生，长 7～20cm，总轴、分枝、花梗、苞片均密被褐色柔毛；花白色，直径约 3mm；萼片 5，卵形，有缘毛；外面 3 片花瓣近圆形，宽约 2.5mm，内面 2 片花瓣约与花丝等长，2 裂至中部以下，裂片狭尖，广叉开；雌蕊长约 2mm，子房无毛，与花柱近等长。核果球形，直径 4～6mm；核近球形，顶基扁，稍偏斜，具明显凸起的不规则细网纹，中肋稍钝隆起，从腹孔一边延至另一边，腹孔小，具 8～10 条射出棱。花期夏季，果期 9～10 月。

特征差异研究 深圳小南山：叶长 7.5～28cm，宽 2.5～6cm，叶柄长 0.5～3.5cm。与上述特征描述相比，叶长的最大值大 16cm；叶宽的最大值偏大 1cm。

凭证标本 深圳小南山，王贺银，黄玉源（258）；王贺银，招康赛（259）。

分布地 生于海拔 1800m 以下的常绿阔叶林中。

樟叶泡花树 Meliosma squamulata

产贵州、湖南南部、广西、广东、江西南部、福建南部、台湾。也分布于琉球群岛。

本研究种类分布地 深圳小南山。

主要经济用途 木材供建筑用。

省沽油科 Staphyleaceae

野鸦椿（野鸦椿属）

Euscaphis japonica (Thunb.) Dippel in Termeszet. Fuzet. 3:157. 1878; Dippel Laubholzk. 2, 480. fig. 229. 1892; Hand.-Mazz. Symb. Sin. 7; 665 1933; 中国高等植物图鉴 2: 690. 1972; 云南植物志 2: 354. 1979. ——Sambucus japonica Thunb. Fl. Jap. 125. 1784. ——Euscaphis ataphyleoides Sieb. et Zucc. Fl. Jap. 1: 124. f. 67. 1835. ——Euscaphis konishii Hayata in Ic. Pl. Formos 3: 67. 1913. ——Evodia chaffanjonii Levl. in Fedde, Rep. 13: 265. 1914. ——Euscaphis japonica var. ternata Rehd. in Journ. Arn. Arb. 3: 215. 1922. ——Euscaphis chinensis Gagn. in Not. Syst. Paris 13: 191. 1948; 中国植物志 46: 24. 1981.

别名 酒药花、鸡肾果（广西），鸡眼睛（四川），小山辣子、山海椒（云南），芽子木（湖南），红椋（湖北、四川）

主要形态特征 落叶小乔木或灌木，高（2～3）～6（～8）m，树皮灰褐色，具纵条纹，小枝及芽红紫色，枝叶揉碎后发出恶臭气味。叶对生，奇数羽状复叶，长（8～）12～32cm，叶轴淡绿色，小叶5～9，稀3～11，厚纸质，长卵形或椭圆形，稀为圆形，长4～6（～9）cm，宽2～3（～4）cm，先端渐尖，基部钝圆，边缘具疏短锯齿，齿尖有腺休，两面除背面沿脉有白色小柔毛外余无毛，主脉在上面明显，在背面突出，侧脉8～11，在两面可见，小叶柄长1～2mm，小托叶线形，基部较宽，先端尖，有微柔毛。圆锥花序顶生，花梗长达21cm，花多，较密集，黄白色，径4～5mm，萼片与花瓣均5，椭圆形，萼片宿存，花盘盘状，心皮3，分离。蓇葖果长1～2cm，每一花发育为1～3个蓇葖，果皮软革质，紫红色，有纵脉纹，种子近圆形，径约5mm，假种皮肉质，黑色，有光泽。花期5～6月，果期8～9月。

凭证标本 深圳杨梅坑，邹雨锋，赖标汶（374）；陈惠如，黄玉源（108）；陈惠如，招康赛（097）；

野鸦椿 *Euscaphis japonica*

王贺银，黄玉源（381）。

分布地 除西北各省外，全国均产，主产江南各省，西至云南东北部。日本、朝鲜也有。

本研究种类分布地 深圳杨梅坑。

主要经济用途 木材可为器具用材，种子油可制皂，树皮提栲胶，根及干果入药，用于祛风除湿。也栽培作观赏植物。

漆树科 Anacardiaceae

黄栌（黄栌属）

Cotinus coggygria Scop. Fl. Carn. ed. 2, 1: 220. 1772; Engl. in DC. Monog. Phan. 4: 360. 1883; Schneid. Ill. Handb. Laubhaulzk. 2: 146, f. 97. a-g. 1907; Rehd. et Wils. in Sarg. Pl. Wils. 2: 175. 1914; Rehd. in Journ. Arn. Arb. 3: 225-227. 1922; I. Linzevski in Fl. URSS. 14: 526. 1949; A. Penzes, 植物学报 7 (3): 168. 1958; 云南植物志 2: 386. 1979. ——*Rhus cotinus* L. Sp. Pl. 267. 1753; DC. Prodr. 2: 67. 1825; Hook. f. Fl. Brit. Ind. 2: 9. 1876; Franch. Pl. David. 1: 78. 1883; Hemsl. in Journ. Linn. Soc. 22: 146. 1886; 中国植物志 45(1): 96. 1980.

别名 黄道栌、黄栌材

主要形态特征 灌木，高3～5m。叶倒卵形或卵圆形，长3～8cm，宽2.5～6cm，先端圆形或微凹，基部圆形或阔楔形，全缘，两面或尤其叶背显著被灰色柔毛，侧脉6～11对，先端常叉开；叶柄短。圆锥花序被柔毛；花杂性，径约3mm；花梗长7～10mm，花萼无毛，裂片卵状三角形，长约1.2mm，宽约0.8mm；花瓣卵形或卵状披针形，长2～2.5mm，宽约1mm，无毛；雄蕊5，长约1.5mm，花药卵形，与花丝等长，花盘5裂，紫褐色；子房近球形，径约0.5mm，花柱3，分离，不等长，果肾形，长约4.5mm，宽约2.5mm，无毛。

（仲恺农业工程学院硕士研究生 张瑞真）

黄栌 *Cotinus coggygria*

凭证标本 深圳杨梅坑，林仕珍，招康赛（304）；余欣繁，黄玉源（234）；邱小波（040）；邱小波（043）。

分布地 河北、山东、河南、湖北、四川。
本研究种类分布地 深圳杨梅坑。
主要经济用途 调香原料、药用、园林应用。

人面子（人面子属）

Dracontomelon duperreanum Pierre, Fl. For. Cochinch. 5: pl. 374. 1898; Lecte. Fl. Gen. Indo-Chine 2: 11. 1908; Tard.-Blot in Aubr. Fl. Comb. Laos et Vietn. 2: 147, pl. 11, 1-5. 1962; 云南植物志 2: 375. 1979. ——*D. sinense* Stapf in Hook. Ic. Pl. 27: pl. 2641. 1900; 陈嵘，中国树木分类学: 649. 图541. 1937. ——*D. mangiferum* auct. non Bl.: Forb. et Hemsl. in Journ. Linn. Soc. 23: 149. 1886. ——*D. dao* auct. non (Blanco) Merr. et Rolfe: 广州植物志: 449, 图212. 1956; 中国高等植物图鉴 2: 637, 图3004. 1972; 海南植物志 3: 104. 图600. 1974; 中国植物志 45(1): 83. 1980.

别名 人面树（中国树木分类学），银莲果（云南河口）

主要形态特征 常绿大乔木，高达 20 余米；幼枝具条纹，被灰色绒毛。奇数羽状复叶长 30～45cm，有小叶 5～7 对，叶轴和叶柄具条纹，疏被毛；小叶互生，近革质，长圆形，自下而上逐渐增大，长 5～14.5cm，宽 2.5～4.5cm，先端渐尖，基部常偏斜，阔楔形至近圆形，全缘，两面沿中脉疏被微柔毛，叶背脉腋具灰白色髯毛，侧脉 8～9 对，近边缘处弧形上升，侧脉和细脉两面凸起；小叶柄短，长 2～5mm。圆锥花序顶生或腋生，比叶短，长 10～23cm，疏被灰色微柔毛；花白色，花梗长 2～3mm，被微柔毛；萼片阔卵形或椭圆状卵形，长 3.5～4mm，宽约 2mm，先端钝，两面被灰黄色微柔毛，花瓣披针形或狭长圆形，长约 6mm，宽约 1.7mm，无毛，芽中先端彼此黏合，开花时外卷，具 3～5 条暗褐色纵脉；花丝线形，无毛，长约 3.5mm，花药长圆形，长约 1.5mm；花盘无毛，边缘浅波状；子房无毛，长 2.5～3mm，花柱短，长约 2mm。核果扁球形，长约 2cm，径约 2.5cm，成熟时黄色，果核压扁，径 1.7～1.9cm，上面盾状凹入，5 室，通常 1～2 室不育；种子 3～4 颗。

凭证标本 深圳莲花山，余欣繁，招康赛（105）；王贺银（097）；刘浩（058）；林仕珍，黄玉源（103）。

分布地 生于海拔（93～）120～350m 的林中。产云南东南部、广西、广东。广西和广东亦有引种栽培。分布于越南。

本研究种类分布地 深圳莲花山。

人面子 *Dracontomelon duperreanum*

主要经济用途 果肉可食或盐渍做菜或制其他食品，入药能醒酒解毒，又可治风毒痒痛、喉痛等。木材致密而有光泽，耐腐力强，适供建筑和家具用材。种子油可制皂或作润滑油。树冠宽广浓绿，甚为美观，是"四旁"和庭院绿化的优良树种，也适合作行道树。

杠果（杠果属）

Mangifera indica L. Sp. Pl. 200. 1753; DC. Prodr. 2: 63. 1825; Wight et Arn. Prodr. Penin. Ind.-Or. 1: 170. 1834; Hook. f. Fl. Brit. Ind. 2: 13. 1876; Kurz, For. Fl. Brit. Burm. 1: 304. 1877; Engl. in DC. Monog. Phan. 4: 198. 1883, et in Engl. u. Prantl, Nat. Pflanzenfam. 3 (5): 146. 1896; King in Journ. As. Soc. Beng. 65: 472. 1896; Pierre, Fl. For. Cochinch. 5: Pl. 361. 1897; Lecte. Fl. Gen. Indo-Chine 2: 18. 1908; Craib, Fl. Siam. Enum. 1 (2): 344. 1926; 中国树木分类学: 652, 图544. 1937; Mukherji in Lloydia 12 (2) 83. 1949; 广州植物志: 446, 图240. 1956; Tard.-Blot in Aubr. Fl. Camb. Laos et Vietn. 2: 90. 1962; 中国高等植物图鉴 2: 640, 图3010. 1972; 海南植物志 3: 102, 图597. 1974; 云南植物志 2: 367. 1979. ——*Mangifera austro-yunnanensis* Hu in Bull. Fan. Mem. Inst. Biol. 10: 160. 1940; 中国植物志 45(1): 74. 1980.

别名 马蒙（云南傣语），抹猛果（云南志），莽果、望果、蜜望（粤志交广录、本草纲目拾遗），蜜望子、莽果（肇庆志）

主要形态特征 常绿大乔木，高 10～20m；树皮灰褐色，小枝褐色，无毛。叶薄革质，常集生枝顶，叶形和大小变化较大，通常为长圆形或长圆状披针形，长 12～30cm，宽 3.5～6.5cm，先端渐尖、长渐尖或急尖，基部楔形或近圆形，边缘皱波状，无毛，叶面略具光泽，侧脉 20～25 对，斜升，两面凸起，网脉不显，叶柄长 2～6cm，上面具槽，基部膨大。圆锥花序长 20～35cm，多花密集，被灰黄色微柔毛，分枝开展，最基部分枝长 6～15cm；苞片披针形，长约 1.5mm，被微柔毛；花小，杂性，黄色或淡黄色；花梗长 1.5～3mm，具节；萼片卵状披针形，长 2.5～3mm，宽约 1.5mm，渐尖，外面被微柔毛，边缘具细睫毛；花瓣长圆形或长圆状披针形，长 3.5～4mm，宽约 1.5mm，无毛，里面具 3～5 条棕褐色凸起的脉纹，开花时外卷；花盘膨大，肉质，5 浅裂；雄蕊仅 1 个发育，长约 2.5mm，花药卵圆形，不育雄蕊 3～4，具极短的花丝和疣状花药原基或缺；子房斜卵形，径约 1.5mm，无毛，花柱近顶生，长约 2.5mm。核果大，肾形（栽培品种其形状和大小变化极大），压扁，长 5～10cm，宽 3～4.5cm，成熟时黄色，中果皮肉质，肥厚，鲜黄色，味甜，果核坚硬。

特征差异研究 深圳莲花山：叶长 12～26cm，宽 3～6cm，叶柄长 1.5～3.8cm；与上述特征描述相比，叶宽的最小值偏小 0.5cm；叶柄长的

杠果 *Mangifera indica*

最小值偏小 0.5cm。

凭证标本 深圳莲花山，余欣繁，招康赛（080）。

分布地 云南、广西、广东、福建、台湾。

本研究种类分布地 深圳莲花山。

主要经济用途 食用，药用，酿酒。

盐肤木（盐肤木属）

Rhus chinensis Mill. Gard. Dict. ed. 8, 7. 1768; Merr. in Contr. Arn. Arb. 8: 91. 1934; J. Ohwi, Fl. Jap. 729. 1956; Tard.-Blot in Aubr. Fl. Camb. Laos et Vietn. 2: 182. 1962; 中国高等植物图鉴 2: 632, 图2994. 1972; 海南植物志 3: 109. 1974; Engl. in DC. Monog. Phan. 4: 380. 1883; Forb. et Hemsl. in Journ. Linn. Soc. 23: 146. 1886; Engl. in Bot. Jahrb. 29: 433. 1901; Hand.-Mazz. Symb. Sin. 7: 635. 1933; 陈嵘, 中国树木分类学: 646, 图539. 1937. ——*R. semialata* var. *osbeckii* DC. Prodr. 2: 67. 1825; Engl. in DC. Monog. Phan. 4: 380. 1883; Schirasawa, Ic. Ess. For. Jap. 1: 96, t. 58, f. 18-34. 1900. ——*R. osbeckii* Decaisne ex Steud. Nom. Bot. ed. 2, 2: 452. 1841; Schneid. Ill. Handb. Laubholzk. 2: 156, f. 102, d. 1907. ——*R. javanica* auct. non L.: Thunb. Fl. Jap. 121. 1785; Lour. Fl. Cochinch. 183. 1790; Rehd. et Wils. in Sarg. Pl. Wils. 2: 178. 1914; Bl. in Not. Roy. Bot. Gard. Edinb. 14: 383. 1924, et l. c. 17: 171. 1930; Craib, Fl. Siam. Enum. 1(2): 342. 1926; 中国植物志 45(1): 100. 1980.

别名　五倍子树（通称），五倍柴（湖南），五倍子（四川、湖南），山梧桐（辽宁），木五倍子（四川），乌桃叶、乌盐泡、乌烟桃（武汉），乌酸桃、红叶桃、盐树根（浙江），土椿树、酸酱头（山东），红盐果、倍子柴（江西），角倍（四川），肤杨树（湖南），盐肤子，盐酸白（广东、福建）

主要形态特征　落叶小乔木或灌木，高2～10m；小枝棕褐色，被锈色柔毛，具圆形小皮孔。奇数羽状复叶有小叶（2～）3～6对，叶轴具宽的叶状翅，小叶自下而上逐渐增大，叶轴和叶柄密被锈色柔毛；小叶多形，卵形或椭圆状卵形或长圆形，长6～12cm，宽3～7cm，先端急尖，基部圆形，顶生小叶基部楔形，边缘具粗锯齿或圆齿，叶面暗绿色，叶背粉绿色，被白粉，叶面沿中脉疏被柔毛或近无毛，叶背被锈色柔毛，脉上较密，侧脉和细脉在叶面凹陷，在叶背凸起；小叶无柄。圆锥花序宽大，多分枝，雄花序长30～40cm，雌花序较短，密被锈色柔毛；苞片披针形，长约1mm，被微柔毛，小苞片极小，花白色，花梗长约1mm，被微柔毛；雄花：花萼外面被微柔毛，裂片长卵形，长约1mm，边缘具细睫毛；花瓣倒卵状长圆形，长约2mm，开花时外卷；雄蕊伸出，花丝线形，长约2mm，无毛，花药卵形，长约0.7mm；子房不育；雌花：花萼裂片较短，长约0.6mm，外面被微柔毛，边缘具细睫毛；花瓣椭圆状卵形，长约1.6mm，边缘具细睫毛，里面下部被柔毛；雄蕊极短；花盘无毛；子房卵形，长约1mm，密被白色微柔毛，花柱3，柱头头状。核果球形，略压扁，径4～5mm，被具节柔毛和腺毛，成熟时红色，果核径3～4mm。花期8～9月，果期10月。

特征差异研究　①深圳赤坳：小叶长5.3～10cm，宽2.5～5.4cm，小叶柄长0.1～0.2cm；与上述特征描述相比，小叶长的最小值偏小0.7cm；小叶宽的最小值偏小0.5cm。②深圳应人石：小叶长5.5～9.6cm，宽2.5～5.2cm，几无叶柄；与上述特征描述相比，小叶长的最小值偏小0.5cm；小叶宽的最小值偏小0.5cm。③深圳小南山：小叶长3.9～7.5cm，宽2.3～3.5cm，小叶柄长0.1cm；与上述特征描述相比，小叶长的最小值小2.1cm；小叶宽的最小值小0.7cm。④深圳莲花山：小叶长5.5～9.5cm，宽2.5～4.5cm，小叶柄长0.1～0.2cm。与上述特征描述相比，小叶长的最小值偏小0.5cm；小叶宽的最小值偏小0.5cm。

形态特征增补　①深圳赤坳：奇数羽状复叶，

盐肤木 *Rhus chinensis*

叶长 17 ～ 26cm，宽 9 ～ 14.5cm，叶柄长 5 ～ 7cm。②深圳应人石：奇数羽状复叶，叶长 21 ～ 22.5cm，宽 9 ～ 17cm，叶柄长 5 ～ 6.4cm。③深圳小南山：奇数羽状复叶，叶长 12.6 ～ 16.6cm，宽 8 ～ 10.5cm，叶柄长 4.1 ～ 5.7cm。④深圳莲花山，奇数羽状复叶，叶长 14 ～ 26cm，宽 9 ～ 14.5cm，叶柄长 6 ～ 7.6cm。

凭证标本　①深圳赤坳，余欣繁（049）；邹雨锋（059）；王贺银（054）；陈志洁（030）。②深圳应人石，余欣繁，招康赛（001）；邹雨锋（177）。③深圳小南山，邹雨锋，招康赛（327）。④深圳莲花山，余欣繁（110）；陈永恒，招康赛（074）；

林仕珍，黄玉源（118）；王贺银（103）。

分布地　生于海拔 170 ～ 2700m 的向阳山坡、沟谷、溪边的疏林或灌丛中。我国除东北、内蒙古和新疆外，其余省区均有。分布于印度、中南半岛、印度尼西亚、日本和朝鲜。

本研究种类分布地　深圳赤坳、小南山、应人石、莲花山。

主要经济用途　本种为五倍子蚜虫寄主植物，在幼枝和叶上形成虫瘿，即五倍子，可供鞣革、医药、塑料和墨水等工业上用。幼枝和叶可作土农药。果泡水代醋用，生食酸咸止渴。种子可榨油。根、叶、花及果均可供药用。

野漆（漆属）

Toxicodendron succedaneum (L.) O. Kuntze, Rev. Gen. Pl. 154. 1891; Moldenke in Phytologia 2: 142. 1946; Tard.-Blot in Aubr., Fl. Camb. Laos et Vietn. 2: 185. 1962; 云南植物志2: 403. 1979. ——*Rhus succedanea* L. Mant. 2: 221. 1771; DC., Prod. 2: 68. 1825; Benth., Fl. Hongk. 69. 1861; Hook. f. Fl. Brit. Ind. 2: 12. 1876; Engl. in DC. Monog. Phan. 4: 399. 1883; Hemsl. in Journ. Linn. Soc. 23: 147. 1886; Shirasawa, Ic. Ess. For. Jap. 1: 95, t. 57, 1-6. 1900; Hayata, Ic. Pl. Form. 1: 163. 1911; Rehd. et Wils. in Sarg. Pl. Wils. 2: 182. 1914; Rehd. in Journ. Arn. Arb. 7: 199. 1926, et l. c. 8: 155. 1927; Edinb. Staff in Not. Roy. Bot. Gard. Edinb. 17: 212. 1930; Hand.-Mazz., Symb. Sin. 7: 636. 1933; Kanehira, Form. Trees. rev. ed. 366, f. 321. 1936; 陈嵘, 中国树木分类学644, 图538. 1937; 广州植物志447. 1956; H. L. Li, Wood. Fl. Taiw. 449, f. 174. 1963, et; in Fl. Taiw. 3: 570, Pl. 732. 1977. 中国高等植物图鉴2: 635, 图3000. 1972; 海南植物志3: 108, 图605. 1974; ——*R. succedanea* var. *japonica* Engl. in DC. Monog. Phan. 4: 399. 1883; Pierre, Fl. For. Cochinch. 5: t. 373. 1898; Lacte., Fl. Gen. Indo-Chine 2: 36. 1908. ——*Augia sinensis* Lour. Fl. Cochinch. 337. 1790, p. p. ——*Toxicodendron succedaneum* var. *acuminatum* (Hook. f.) C. Y. Wu et T. L. Ming, 云南植物志2: 403. 1979, p. p. excl. syn.; 中国植物志45(1): 120. 1980.

别名　野漆树，大木漆（湖北），山漆树（安徽），痒漆树（广西、四川、河南），漆木（广西），檫仔漆、山贼子（台湾）

主要形态特征　落叶乔木或小乔木，高达 10m；小枝粗壮，无毛，顶芽大，紫褐色，外面近无毛。奇数羽状复叶互生，常集生小枝顶端，无毛，长 25 ～ 35cm，有小叶 4 ～ 7 对，叶轴和叶柄圆柱形；叶柄长 6 ～ 9cm；小叶对生或近对生，坚纸质至薄革质，长圆状椭圆形、阔披针形或卵状披针形，长 5 ～ 16cm，宽 2 ～ 5.5cm，先端渐尖或长渐尖，基部多少偏斜，圆形或阔楔形，全缘，两面无毛，叶背常具白粉，侧脉 15 ～ 22 对，弧形上升，两面略突；小叶柄长 2 ～ 5mm。圆锥花序长 7 ～ 15cm，为叶长之半，多分枝，无毛；花黄绿色，径约 2mm；花梗长约 2mm；花萼无毛，裂片阔卵形，先端钝，长约 1mm；花瓣长圆形，先端钝，长约 2mm，中部具不明显的羽状脉或近无脉，开花时外卷；雄蕊伸出，花丝线形，长约 2mm，花药卵形，长约 1mm；花盘 5 裂；子房球形，

径约 0.8mm，无毛，花柱 1，短，柱头 3 裂，褐色。核果大，偏斜，径 7 ～ 10mm，压扁，先端偏离中心，外果皮薄，淡黄色，无毛，中果皮厚，蜡质，白色，果核坚硬，压扁。

特征差异研究　①深圳赤坳：复叶长 15 ～ 17.1cm，

野漆 *Toxicodendron succedaneum*

叶柄长 3.6～4.8cm；小叶长 7.5～9.5cm，小叶宽 1.5～2.7cm，小叶柄长 0.4～0.6cm；核果球状，淡黄色，直径 0.5cm。与上述特征描述相比，叶长的整体范围偏小，最大值比前者叶长的最小值小 7.9cm；叶柄长的整体范围偏小，最大值比前者最小值小 1.2cm；小叶宽最小值偏小 0.5cm；核果直径偏小 0.2cm。②深圳马峦山：复叶长 28～35cm；小叶长 5～9cm，小叶宽 2～3cm，小叶柄长 0.2～0.4cm；核果球形，直径 0.6cm。与上述特征描述相比，叶柄长大 2cm。

形态特征增补 ①深圳赤坳：复叶宽 13.2～13.8cm。②深圳马峦山：复叶柄长 11cm；果柄长 0.5～0.6cm。

凭证标本 ①深圳杨梅坑，余欣繁，招康赛（255）；余欣繁，招康赛（364）；温海洋（035）。②深圳赤坳，林仕珍（056）；温海洋（040）；温海洋（041）。③深圳小南山，黄启聪（022）；陈志洁（023）。④深圳马峦山，邱小波（030）。

分布地 生于海拔（150～）300～1500（～2500）m 的林中。华北至长江以南各省区均产。分布于印度、中南半岛、朝鲜和日本。

本研究种类分布地 深圳杨梅坑、赤坳、小南山、马峦山。

主要经济用途 根、叶及果入药，有清热解毒、散瘀生肌、止血、杀虫之效，治跌打骨折、湿疹疮毒、毒蛇咬伤，又可治尿血、血崩、白带、外伤出血、子宫下垂等症。种子油可制皂或掺和干性油作油漆。中果皮之漆蜡可制蜡烛、膏药和发蜡等。树皮可提栲胶。树干乳液可代生漆用。木材坚硬致密，可作细工用材。

牛栓藤科 Connaraceae

牛栓藤（牛栓藤属）

Connarus paniculatus Roxb. Hort. Beng.: 49. 1814; Fl. Ind. 3: 139. 1832; Hook. f. Fl. Brit. Ind. 2: 52. 1876; Schellenb.in Engl. Pflanzenr. H. 103: 260. 1938; Leenh.in Van Steenis Fl. Males. ser. 1.5: 533. 1958: Hutch. Gen. Flow. Pl. 1: 167. 1964: Vidal. in Fl. Camb. Laos et Vietn. 2: 55. Pl. 6. f. 1-9 1962; 中国高等植物图鉴 2: 318. 图2366. 1972; 陈焕镛等, 海南植物志 3: 311. 1974. ——*C. hainanensis* Merr. in Lingn. Sci. Journ. 13: 58. 1934: Chun in Sunyatsenia 4: 244. 1940. ——*C. tonkinensis* Lecomte in Bull. Soc. Bot. Fr. 55: 83. 1908, et Fl. Gen. Indoch. 2: 54. 1908; 中国植物志 38: 144. 1986.

主要形态特征 藤本或攀援灌木，幼枝被锈色绒毛，老枝无毛。奇数羽状复叶，小叶 3～7 片，稀具 1 小叶，叶轴长 4～20cm；小叶革质，长圆形或长圆状椭圆形或披针形，长 6～20cm，宽 3～7.5cm，先端急尖，少有微缺，基部渐狭近楔形或略圆形，全缘，无毛；侧脉 5～9 对，细脉明显，在达边缘前会合，成不明显弓形；小叶柄粗壮，长达 4～7mm。圆锥花序顶生或腋生，长 10～40cm，总轴被锈色短绒毛，苞片鳞片状；萼片 5，披针形至卵形，长约 3mm，先端渐尖，外面被锈色短绒毛，稀疏，内面近无毛；花瓣 5，乳黄色，长圆形，长 5～7mm，先端圆钝，外面被短柔毛，内面被疏柔毛；雄蕊 10，全发育，长短不等；心皮 1，和雄蕊等长，密生短柔毛。果长椭圆形，稍胀大，长约 3.5cm，宽约 2cm，顶端有短喙，稍偏斜，基部渐狭成一短柄，果皮木质，外面无毛，有纵条纹，鲜红色，内面稍被柔毛。种子长圆形，长 1～1.7cm，宽 0.5～1.1cm，黑紫色，光亮，基部为二浅裂假种皮所包裹。

牛栓藤 *Connarus paniculatus*

凭证标本　①深圳杨梅坑，林仕珍，明珠（282）。②深圳赤坳，陈惠如，黄玉源（046）。③深圳小南山，邹雨锋，招康赛（223）。

分布地　生于山坡疏林或密林中。产海南。越南、柬埔寨、马来西亚、印度均有分布。

本研究种类分布地　深圳杨梅坑、赤坳、小南山。

小叶红叶藤（红叶藤属）

Rourea microphylla (Hook.& Arn.)Planch. Linnaea 23: 421. 1850; Lecoatte, Fl. Gen. Indoch. 2: 47. 1908; Chun in Sunyatsenia 1: 181. 1933; 侯宽昭等，广州植物志: 451. 1956; 中国高等植物图鉴 2: 318. 图2365. 1972; 陈焕镛等，海南植物志 3: 112. 1974. ——*Connarus microphyllus* Hook. & Arn. Bot. Beech. Voy. 179. 1833. ——*Santaloides microphyllum* Schellenb. in Engl. Pflanzenr. H. 103: 130. 1938. ——*Rourea minor* ssp. *microphylla* (Hook. & Arn.) Vidal in Fl. Carob. Laos et Vietn. 2: 28. 1962; 中国植物志 35(2): 140. 1979.

别名　荔枝藤、牛见愁（广东），铁藤（广西）

主要形态特征　攀援灌木，多分枝，无毛或幼枝被疏短柔毛，高 1 ～ 4m，枝褐色。奇数羽状复叶，小叶通常 7 ～ 17 片，有时多至 27 片，叶轴长 5 ～ 12cm，无毛，小叶片坚纸质至近革质，卵形、披针形或长圆披针形，长 1.5 ～ 4cm，宽 0.5 ～ 2cm，先端渐尖而钝，基部楔形至圆形，常偏斜，全缘，两面均无毛，上面光亮，下面稍带粉绿色；中脉在腹面凸起，侧脉细，4 ～ 7 对，开展，在未达边缘前会合；小叶柄极短，长 2mm，无毛。圆锥花序，丛生于叶腋内，通常长 2.5 ～ 5cm，总梗和花梗均纤细，苞片及小苞片不显著；花芳香，直径 4 ～ 5mm，萼片卵圆形，长 2.5mm，宽 2mm，先端急尖，内外两面均无毛，边缘被短缘毛；花瓣白色、淡黄色或淡红色，椭圆形，长 5mm，宽 1.5mm，先端急尖，无毛，有纵脉纹；雄蕊 10，花药纵裂，花丝长者 6mm，短者 4mm；雌蕊离生，长 3 ～ 5mm，子房长圆形。蓇葖果椭圆形或斜卵形，长 1.2 ～ 1.5cm，宽 0.5cm，成熟时红色，弯曲或直，顶端急尖，有纵条纹，沿腹缝线开裂，基部有宿存萼片。种子椭圆形，长约 1cm，橙黄色，为膜质假种皮所包裹。花期 3 ～ 9 月，果期 5 月至翌年 3 月。

特征差异研究　深圳杨梅坑：奇数羽状复叶，小叶长 2.0 ～ 4.3cm，小叶宽 1.0 ～ 1.8cm，小叶柄

小叶红叶藤 *Rourea microphylla*

长约 0.1cm。与上述特征描述相比，小叶长的最大值偏大 0.3cm。

形态特征增补　深圳杨梅坑：复叶长 12.3 ～ 20cm，宽 5 ～ 7cm，叶柄长 9.9 ～ 15cm。

凭证标本　深圳杨梅坑，林仕珍，黄玉源（027）；余欣繁，许旺（012）；吴凯涛（032）；赵顺（003）。

分布地　生于海拔 100 ～ 600m 的山坡或疏林中。产广东、广西、福建、云南等省区。越南、斯里兰卡、印度、印度尼西亚也有分布。

本研究种类分布地　深圳杨梅坑。

主要经济用途　茎皮含单宁，可提取栲胶；又可外敷药用。

红叶藤（红叶藤属）

Rourea minor (Gaerth.) Leenh.in Ven Steenis Fl. Males. ser. 1, 5 (4): 514. 1957; Vidal in Fl. Camb. Laos et Vietn 2: 34. 1962: Li. Woody Fl. Taiwan 329. f. 114. 1963. ——*Aegiceras minus* Gaertn. Fruct.1: 216 t. 46. 1788. excl. syn. ——*Rourea santaloides* Wight & Arn. Prod. Fl. Penins. 1: 144.1834; Benth. Fl. Hongk. 71. 1861; Hook. f. Fl. Brit. Ind. 2: 47. 1876; 陈焕镛等，海南植物志 3: 112. 1974. ——*Connarus roxburghii* Hook. & Arn. Bot. Beech. Voy. 179. 1833. ——*Rourea milletti* Planchon, Linnaea 23: 420. 1850. Merr. in Lingn. Sci. Journ. 5: 88. 1927. ——*Santaloides roxburghii* O. Ktze. Rev. Gen. 1: 155. 1891; Schellenh.in Engl. Pflanzenr. H. 103: 125. 1938; 中国植物志 35(2): 142. 1979.

主要形态特征 藤本或攀援灌木，高达 25m，枝圆柱形，深褐色，无毛或幼枝被疏短柔毛。奇数羽状复叶，连叶柄长 4～23cm，叶柄长 1～7cm，小叶片 3～7 片，通常 3 片，纸质，近圆形、卵圆形或披针形，顶端叶片稍大，卵圆形或长椭圆形，长 3～12cm，宽 2～5cm，先端急尖至短渐尖，基部阔楔形至圆形，两侧对称稍偏斜，全缘，上下两面均光滑，无毛，下面中脉突出，侧脉 5～10 对，网脉明显，未达边缘前即网结，小叶柄长，4～6mm，无毛。圆锥花序腋生，成簇，总梗 3～6，长 3～9cm，无毛；花芳香，直径 1cm；萼片卵形，长 2～3mm，宽 1.2～2mm，先端边缘常被缘毛；花瓣白色或黄色，长椭圆形，长 4～6mm，宽 1～1.5mm，有纵脉纹，无毛；雄蕊长 2～6mm；心皮离生，长 4mm，无毛。果实弯月形或椭圆形而稍弯曲，长 1.5～2.5cm，宽 0.7～1.5cm，顶端急尖，沿腹缝线开裂；深绿色，干时黑色，有纵条纹，具宿存萼。种子椭圆形，长 1.5cm，宽 0.6cm，红色，全部包以膜质假种皮。花期 4～10 月，果期 5 月至翌年 3 月。

特征差异研究 深圳小南山：复叶长 11.1～13cm，叶柄长 3.8～6.5cm，小叶长 1.5～4.1cm，小叶宽 1.0～2.0cm，叶柄无腺体，长约 0.2cm。与上述特征描述相比，小叶长的最小值偏小，小 1.5cm；小叶宽的最小值也偏小，小 1cm。

形态特征增补 叶宽 9.2～11.4cm。

凭证标本 深圳小南山，邹雨锋，黄玉源（270）；陈永恒（087）。

红叶藤 *Rourea minor*

分布地 生于丘陵、灌丛、竹林或密林中，可达海拔 800m。台湾、广东、云南。越南、老挝、柬埔寨、斯里兰卡、印度、澳大利亚的昆士兰等地均有分布。

本研究种类分布地 深圳小南山。

主要经济用途 药用。

胡桃科 Juglandaceae

少叶黄杞（黄杞属）

Engelhardia fenzelii Merr. in Lingnan Sci. Journ. 7: 300. 1929; 中国植物志 21: 13. 1979.

别名 黄榉

主要形态特征 小乔木，高 3～10m、有时达 18m，胸径达 30cm，全体无毛。枝条灰白色，被有锈褐色或橙黄色的圆形腺体。偶数羽状复叶长 8～16cm，叶柄长 1.5～4cm；小叶 1～2 对，对生或近对生或者明显互生，具长 0.5～1cm 的小叶柄，叶片椭圆形至长椭圆形，长 5～13cm，宽 2.5～5cm，全缘，基部歪斜，圆形或阔楔形，顶端短渐尖或急尖，两面有光泽，下面色淡，幼时被稀疏腺体，上面深绿，侧脉 5～7 对，稍成弧状弯曲。雌雄同株或稀异株。雌雄花序常生于枝顶端而成圆锥状或伞状花序束，顶端 1 条为雌花序，下方数条为雄花序，或雌雄花序分开则雌花序单独顶生而雄花序数条形成花序束，均为菜荑状，花稀疏散生。雄花无柄，苞片 3 裂，花被 4，兜状，雄蕊 10～12 枚，几乎无花丝。雌花有不到 1mm 长的柄，苞片 3 裂，不贴于子房，花被片 4 枚，贴生于子房，子房直径约 1mm，柱头 4 裂。果序长 7～12cm，俯垂，果序柄长 3～4cm。果实球形，直径 3～4mm，密被橙黄色腺体；

苞片托于果实，膜质，3裂，背面有稀疏腺体裂片长矩圆形，顶端钝，中间裂片长2～3.5cm，宽6～8mm，侧裂片长1.5～2.2cm。7月开花，9～10月果成熟。

凭证标本 深圳小南山，陈永恒，黄玉源（179）。

分布地 生于海拔400～1000m的林中或山谷。产于广东、福建、浙江、江西、湖南和广西。

本研究种类分布地 深圳小南山。

主要经济用途 树皮纤维质量好，可制人造棉，亦含鞣质可提栲胶；叶有毒，制成溶剂能防治农作物病虫害，亦可毒鱼；木材为工业用材和制造家具。

五加科 Araliaceae

常春藤（常春藤属）

Hedera nepalensis K. Koch var. *sinensis* (Tobl.) Rehd.in Journ. Arn.Arb. 4: 250. 1923; 陈焕镛, 中山大学农林植物所专刊 1: 280. 1924; Li in Sargentia 2: 49. 1942; 裴鉴等, 江苏南部种子植物手册 535. f. 870. 1959; 何景、曾沧江, 植物分类学报增刊 1: 147. 1965; 中国高等植物图鉴 2: 1031. f. 3791. 1972. ——*Hedera sinensis* Tobl. Gatt. Heder. 80. 1912; 钟心煊, 科学社丛刊 1: 186. 1924; Hand.-Mazz. Symb. Sin. 7: 693. 1933; 陈嵘, 中国树木分类学: 934. 1937——*Hedera himalaica* Tobl. var. *sinensis* Tobl. 1. c. 79. f. 39-42. 1912——*Hedera robusta* Pojark. in Notul. Syst. Lining. 14: 258. f. 1. 1951. ——*Hedera potaninii* Pojark. 1. c. 14: 260. f. 2. 1951——*Hedera shensiensis* Pojark. 1. c. 14: 261. f. 3. 1951——*Hedera helix* auctt. non Linn.: Hance in Journ. Bot. 20: 6. 1882; Franch.Pl. David.2: 67.1888; Forb.& Hemsl. in Journ. Linn. Soc. Bot. 23: 343. 1888; Harms ex Diels in Bot. Jahrb.29: 487.1900; Diels in Notes Bot. Gard.Edinb.7: 120.1912; Levl. Fl. Kouy-Tcheou 34. 1914 & Cat. Pl. Yunnan 11. 1915——*Hedera himalaica* auctt. non Tobl.: Harms & Rehd. in Sargent, Pl. Wils. 2: 555. 1916; 钟心煊, 同前刊 1: 186. 1924; 中国植物志 54: 74. 1978.

别名 爬树藤、爬墙虎（湖北兴山土名），三角枫（四川北碚土名），牛一枫（四川峨眉土名），山葡萄（福建土名），三角藤、狗姆蛇（广东土名），爬崖藤（陕西佛坪土名）

主要形态特征 常绿攀援灌木；茎长3～20m，灰棕色或黑棕色，有气生根；一年生枝疏生锈色鳞片，鳞片通常有10～20条辐射肋。叶片革质，在不育枝上通常为三角状卵形或三角状长圆形，

少叶黄杞 *Engelhardtia fenzelii*

常春藤 *Hedera nepalensis*

稀三角形或箭形，长5～12cm，宽3～10cm，先端短渐尖，基部截形，稀心形，边缘全缘或3裂，花枝上的叶片通常为椭圆状卵形至椭圆状披针形，略歪斜而带菱形，稀卵形或披针形，极稀为阔卵形、圆卵形或箭形，长5～16cm，宽1.5～10.5cm，先端渐尖或长渐尖，基部楔形或阔楔形，稀圆形，全缘或有1～3浅裂，上面深绿色，有光泽，下面淡绿色或淡黄绿色，无毛或

疏生鳞片，侧脉和网脉两面均明显；叶柄细长，长 2～9cm，有鳞片，无托叶。伞形花序单个顶生，或 2～7 个总状排列或伞状排列成圆锥花序，直径 1.5～2.5cm，有花 5～40 朵；总花梗长 1～3.5cm，通常有鳞片；苞片小，三角形，长 1～2mm；花梗长 0.4～1.2cm；花淡黄白色或淡绿白色，芳香；萼密生棕色鳞片，长 2mm，边缘近全缘；花瓣 5，三角状卵形，长 3～3.5mm，外面有鳞片；雄蕊 5，花丝长 2～3mm，花药紫色；子房 5 室；花盘隆起，黄色；花柱全部合生成柱状。果实球形，红色或黄色，直径 7～13mm；宿存花柱长 1～1.5mm。花期 9～11 月，果期次年 3～5 月。

特征差异研究 深圳莲花山：不育枝上叶片，叶长 6.9～12.8cm，宽 5.3～6cm，叶柄长 3.5～6.5cm；花枝上叶片，叶长 2～5.5cm，叶宽 1.3～5.5cm。与上述特征描述相比，不育枝上叶片，叶长的最大值偏大 0.8cm；花枝上叶片，叶长的最小值偏小 3cm，叶宽的最小值小 0.2cm。

凭证标本 深圳莲花山，王贺银（185）。

分布地 常攀援于林缘树木、林下路旁、岩石和房屋墙壁上，庭院中也常栽培。垂直分布海拔自数十米起至 3500m（四川大凉山、云南贡山）。分布地区广，北自甘肃东南部、陕西南部、河南、山东，南至广东（海南岛除外）、江西、福建，西自西藏波密，东至江苏、浙江的广大区域内均有生长。越南也有分布。

本研究种类分布地 深圳莲花山。

主要经济用途 常春藤全株供药用，有舒筋散风之效，茎叶捣碎治衄血，也可治痈疽或其他初起肿毒。枝叶供观赏用。茎叶含鞣酸，可提制栲胶。

鹅掌柴（鹅掌柴属）

Schefflera octophylla (Lour.) Harms in Engl. & Prantl, Nat. Pflanzenfam. 3 (8): 38. 1894; Vig.in Lecomte, Fl. Gen. Indo-Chine 2: 1178. pl. 139 no. 5-7. 1923; 钟心煊，科学社丛刊 1: 180. 1924; Merr. in Lingnan Sci. Journ. 5: 139.1927; Kanehira, Formos. Trees rev. ed. 527. f. 520. 1930; 陈嵘，中国树木分类学: 937. f. 830. 1937; Li in Sargentia 2: 20. 1942 & Woody Fl. Taiwan 671. f. 278. 1963; 侯宽昭等，广州植物志: 458. 1956; 林来官，福建师院学报第一期，下卷 143. 1959;中国高等植物图鉴 2: 1028. f. 3786. 1972——*Aralia octophylla* Lour. Fl. Cochinch. 187. 1790 & in ed. Willd. 233. 1793——*Paratropia cantoniensis* Hook. & Arn.Bot. Beechey Voy. 189. 1841; Bench. Fl. Hongk. 136. 1861——*Agalma octophyllum* Seem. in Journ. Bot. 2: 298 (Revis.Heder. 24. 1868) 1864——*Heptapleurum octophgllum* Benth. ex Hance in Journ. Linn. Soc. Bot. 13: 105. 1873; Forb.& Hemsl. in Journ. Linn. Soc. Bot. 23: 342. 1888; Dunn & Tutch. in Kew Bull. Misc. Inform. add. ser. 10: 119. 1912——*Agalma lutchuense* Nakai in Journ. Arn. Arb. 5: 20. 1924; Hutch. Gen. Fl. Pl. 2: 622. 1967; 中国植物志 54: 50. 1978.

别名 鸭脚木

主要形态特征 灌木或小乔木，高 2～8m。叶有小叶 12～14，稀 7～8；叶柄长达 50cm，无毛；小叶片纸质至薄革质，椭圆状长圆形，稀倒卵状长圆形，长 9～18cm，宽 3.5～5.5cm，先端渐尖，基部阔楔形至近圆形，稍下延，上面无毛，下面疏生星状细柔毛或无毛，边缘全缘，侧脉 8～15 对，上面略明显，下面隆起，网脉疏散，上面不明显，下面略明显；小叶柄不等长，中央的长约 7cm，两侧的长 0.5～2cm。圆锥花序顶生，长 40cm 以上，主轴和分枝均疏生星状细柔毛至几无毛；花长约 3mm；苞片小，长约 1mm；花梗长 1.5～3mm，扁平，疏生星状短柔毛；萼钟形，长 1.5mm，疏生星状短柔毛，边缘有 5 个三角形小齿；花瓣 5，三角状卵形，长约 2mm，无毛；雄蕊 5，比花瓣短；子房 5 室；花柱合生成柱状，长约 1mm。果实球形，有 5 棱，黑色，直径约 4mm；宿存花柱长约 1.5mm，柱头盘状，5 小裂；花盘扁平。花期 9 月，果期 11～12 月。

特征差异研究 ①深圳杨梅坑：小叶长 7.0～11.2cm，宽 2.5～4.0cm，小叶柄长 2～4.7cm。与上述特征描述相比，小叶长的最小值小 2cm；小叶宽的最小值偏小 1cm。②深圳赤坳，小叶长 5.5～12.5cm，宽 2.0～5.0cm，叶柄长 0.6～3.4cm。与上述特征描述相比，小叶长的最小值偏小 3.5cm；小叶宽的最小值偏小 1.5cm。③深圳小南山：小叶长 6.7～12.9cm，小叶宽 3.5～5.0cm，小叶柄长 1.2～3.4cm。与上述特征描述相比，小叶长的最小值偏小 2.3cm。

形态特征增补 ①深圳杨梅坑：复叶长 30.9～35.8cm，宽 14.4～26.7cm。②深圳赤坳：复叶长 21.9～25cm，宽 11.3～14.2cm。③深圳小南山：复叶长 31.4～34.6cm，宽 22.3～24.8cm。

凭证标本 ①深圳杨梅坑，王贺银，黄玉源（359）；余欣繁，招康赛（251）；余欣繁，招康赛（250）。②深圳赤坳，陈惠如，招康赛（038）；黄启聪（035）。

③深圳小南山，陈永恒（103）；余欣繁，黄玉源（161）；邹雨锋（208）；邹雨锋（207）；邹雨锋（206）；陈惠如，黄玉源（086）。④深圳应人石，余欣繁，黄玉源（129）。

分布地　生于疏林中湿地，海拔 1650m。产云南东南部。模式标本采自云南屏边。

本研究种类分布地　深圳杨梅坑、赤坳、小南山、应人石。

主要经济用途　药用。

异叶鹅掌柴（鹅掌柴属）

Schefflera diversifoliolata Li in Sargentia 2: 26. f. 3. 1942——*Schefflera pingpienensis* Tseng & Hoo, 植物分类学报增刊 1: 134. 1965, syn. nov. ——*Agalma diversifoliolatum* (Li) Hutch. Gen. Fl. Pl. 2: 622. 1967, syn. nov.

主要形态特征　灌木或小乔木，高 2～8m。叶有小叶 12～14，稀 7～8；叶柄长达 50cm，无毛；小叶片纸质至薄革质，椭圆状长圆形，稀倒卵状长圆形，长 9～18cm，宽 3.5～5.5cm，先端渐尖，基部阔楔形至近圆形，稍下延，上面无毛，下面疏生星状细柔毛或无毛，边缘全缘，侧脉 8～15 对，上面略明显，下面隆起，网脉疏散，上面不明显，下面略明显；小叶柄不等长，中央的长约 7cm，两侧的长 0.5～2cm。圆锥花序顶生，长 40cm 以上，主轴和分枝均疏生星状细柔毛至几无毛；花长约 3mm；苞片小，长约 1mm；花梗长 1.5～3mm，扁平，疏生星状短柔毛；萼钟形，长 1.5mm，疏生星状短柔毛，边缘有 5 个三角形小齿；花瓣 5，三角状卵形，长约 2mm，无毛；雄蕊 5，比花瓣短；子房 5 室；花柱合生成柱状，长约 1mm。果实球形，有 5 棱，黑色，直径约 4mm；宿存花柱长约 1.5mm，柱头盘状，5 小裂；花盘扁平。花期 9 月，果期 11～12 月。

特征差异研究　深圳杨梅坑，叶长 10.7～18cm，叶宽 4.7～5.3cm，小叶柄中央长约 7cm，两侧长 1.9～2.2cm，与上述特征描述相比，叶长的最小值偏大 1.7cm，叶宽的最小值偏大 1.2cm。

凭证标本　深圳杨梅坑，李佳婷，黄玉源（026）。

分布地　生于疏林中湿地，海拔 1650m。产云南东南部。

本研究种类分布地　深圳杨梅坑。

主要经济用途　异叶鹅掌柴大型盆栽植物，适用于宾馆大厅、图书馆的阅览室和博物馆展厅摆放，

鹅掌柴 *Schefflera octophylla*

异叶鹅掌柴 *Schefflera diversifoliolata*

呈现自然和谐的绿色环境。春、夏、秋也可放在庭院蔽荫处和楼房阳台上观赏。可庭院孤植，是南方冬季的蜜源植物。盆栽布置客室、书房和卧室，具有浓厚的时代气息。能给吸烟家庭带来新鲜的空气。叶片可以从烟雾弥漫的空气中吸收尼古丁和其他有害物质，并通过光合作用将之转换为无害的植物自有的物质。另外，它每小时能把甲醛浓度降低大约 9mg/m³。

金边鹅掌藤（鹅掌柴属）

Schefflera odorata 'Golden Marginata', 中国景观植物. 下册: 968, 2011.

主要形态特征　常绿乔木。掌状复叶互生；小叶 6～11 片，叶片具金黄色边缘。圆锥花序顶生；花白色，芳香。浆果球形。
凭证标本　深圳杨梅坑，温海洋（275）。
分布地　在中国广泛分布。
本研究种类分布地　深圳杨梅坑。
主要经济用途　株型优美，叶片有金黄色边缘，具有很高的观赏价值。常用于盆栽及城市绿化。

金边鹅掌藤 *Schefflera odorata* 'Golden Marginata'

伞形科 Umbelliferae

天胡荽（天胡荽属）

Hydrocotyle sibthorpioides Lam. Encycl. Meth. Bot. 3: 153. 1789; DC. Prodr. 4: 66. 1830; Hand. -Mazz. Symb. Sin. 7: 707. 1933; Shan in Sinensia 7: 479. 1936; Hiroe et Constance in Univ. Calif. Publ. Bot. 30 (1): 11. f. 4. 1958; 侯宽昭等，广州植物志: 460. 1956; 江苏南部种子植物手册: 541. 图878. 1959; 裴鉴、周太炎，中国药用植物志 8. 图 392. 1965; 中国高等植物图鉴 2: 1048, 图3825. 1972. *Hydrocotyle rotunalifolia* Roxb. Cat. Hort. Bengal. 21. 1814 et Fl. Ind. 2: 88. 1832. ——*Hydrocotyle formosana* Masamune in Journ. Soc. Trop. Agric. Taiw. 2: 51. 1930.

别名　石胡荽、鹅不食草、细叶钱凿口、小叶铜钱草、龙灯碗、圆地炮、满天星
主要形态特征　多年生草本，有气味。茎细长而匍匐，平铺地上成片，节上生根。叶片膜质至草质，圆形或肾圆形，长 0.5～1.5cm，宽 0.8～2.5cm，基部心形，两耳有时相接，不分裂或 5～7 裂，裂片阔倒卵形，边缘有钝齿，表面光滑，背面脉上疏被粗伏毛，有时两面光滑或密被柔毛；叶柄长 0.7～9cm，无毛或顶端有毛；托叶略呈半圆形，薄膜质，全缘或稍有浅裂。伞形花序与叶对生，单生于节上；花序梗纤细，长 0.5～3.5cm，短于叶柄 1～3.5 倍；小

天胡荽 *Hydrocotyle sibthorpioides*

总苞片卵形至卵状披针形，长 1 ～ 1.5mm，膜质，有黄色透明腺点，背部有 1 条不明显的脉；小伞形花序有花 5 ～ 18，花无柄或有极短的柄，花瓣卵形，长约 1.2mm，绿白色，有腺点；花丝与花瓣同长或稍超出，花药卵形；花柱长 0.6 ～ 1mm。果实略呈心形，长 1 ～ 1.4mm，宽 1.2 ～ 2mm，两侧扁压，中棱在果熟时极为隆起，幼时表面草黄色，成熟时有紫色斑点。花果期 4 ～ 9 月。

特征差异研究 深圳杨梅坑，植株高 7.2cm，叶长 0.4 ～ 2.4cm，叶宽 0.4 ～ 1.3cm，叶柄长 0.1 ～ 1.4cm，与上述描述相比，叶片长最大值偏大 0.9cm，叶宽最大值偏小 1.2cm，叶柄长最大值偏小，小 7.6cm。

凭证标本 深圳杨梅坑，王思琦（014）。

分布地 通常生长在湿润的草地、河沟边、林下；海拔 475 ～ 3000m。产于陕西、江苏、安徽、浙江、江西、福建、湖南、湖北、广东、广西、台湾、四川、贵州、云南等省区。朝鲜、日本、东南亚至印度也有分布。

本研究种类分布地 深圳杨梅坑。

主要经济用途 全草入药，清热、利尿、消肿、解毒，治黄疸、赤白痢疾、目翳、喉肿、痈疽疔疮、跌打瘀伤。

杜鹃花科 Ericaceae

锦绣杜鹃（杜鹃属）

Rhododendron pulchrum Sweet in Brit. Fl. Gard. ser. 2, 2: t. 117. 1832; Wils. in Wils. et Rehd. Monog. Azal. 62: 1921; Rehd. in Stevenson, Spec. Rhodod. 97. 1930; Fang in Journ. Bot. Soc. China 2 (2): 616. 1935; 陈嵘, 中国树木分类学: 951. 1937; 中国高等植物图鉴 3: 153. 图4259. 1974; 华南杜鹃花志 41. 1983. ——*R. indicum* var. *smithii* Sweet, Hort. Brit. ed. 2. 343. 1830. ——*R. indicum* var. *pulchrum* G. Don, Gen. Syst. 3: 845. 1834. ——*R. phoeniceum* f. *smithii* Wils. in Wils. et Rehd., Monog. Azal. 62. 1921; 中国植物志 57(2): 384. 1994.

别名 鲜艳杜鹃

主要形态特征 半常绿灌木，高 1.5 ～ 2.5m；枝开展，淡灰褐色，被淡棕色糙伏毛。叶薄革质，椭圆状长圆形至椭圆状披针形或长圆状倒披针形，长 2 ～ 5（～ 7）cm，宽 1 ～ 2.5cm，先端钝尖，基部楔形，边缘反卷，全缘，上面深绿色，初时散生淡黄褐色糙伏毛，后近于无毛，下面淡绿色，被微柔毛和糙伏毛，中脉和侧脉在上面下凹，下面显著凸出；叶柄长 3 ～ 6mm，密被棕褐色糙伏毛。花芽卵球形，鳞片外面沿中部具淡黄褐色毛，内有黏质。伞形花序顶生，有花 1 ～ 5 朵；花梗长 0.8 ～ 1.5cm，密被淡黄褐色长柔毛；花萼大，绿色，5 深裂，裂片披针形，长约 1.2cm，被糙伏毛；花冠玫瑰紫色，阔漏斗形，长 4.8 ～ 5.2cm，直径约 6cm，裂片 5，阔卵形，长约 3.3cm，具深红色斑点；雄蕊 10，近于等长，长 3.5 ～ 4cm，花丝线形，下部被微柔毛；子房卵球形，长 3mm，径 2mm，密被黄褐色刚毛状糙伏毛，花柱长约 5cm，比花冠稍长或与花冠等长，无毛。蒴果长圆状卵球形，长 0.8 ～ 1cm，被刚毛状糙伏毛，花萼宿存。花期 4 ～ 5 月，果期 9 ～ 10 月。

特征差异研究 ①深圳小南山：叶长 3 ～ 6cm，

锦绣杜鹃 *Rhododendron pulchrum*

叶宽 1.8 ～ 2.8cm，叶柄长 0.3 ～ 0.4cm；与上述特征描述相比，叶宽的最大值偏大 0.3cm。②深圳杨梅坑：叶长 4.5 ～ 7cm，叶宽 1.8 ～ 2.6cm，叶柄长 0.3 ～ 0.5cm。与上述特征描述相比，叶宽的最大值偏大 0.1cm。

凭证标本　①深圳杨梅坑，王贺银，招康赛（334）；②深圳小南山，邹雨锋，黄玉源（212）；邹雨锋，招康赛（308）。

分布地　产江苏、浙江、江西、福建、湖北、湖南、广东和广西。著名栽培种，传说产我国，但至今未见野生。

本研究种类分布地　深圳杨梅坑、小南山。

主要经济用途　成片栽植，开花时烂漫似锦，万紫千红，可增添园林的自然景观效果。也可在岩石旁、池畔、草坪边缘丛栽，增添庭院气氛。盆栽摆放宾馆、居室和公共场所，绚丽夺目。

毛叶杜鹃（杜鹃属）

Rhododendron radendum Fang in Contr. Biol. Lab. Sci. Soc. China Bot. 12: 62. 1939; Cullen in Not. Bot. Gard. Edinb. 39: 169. 1980; Davidian, Rhodod. Spec. 1: 62. 1982; 中国四川杜鹃花: 306. 1986; 中国植物志　57(1): 184. 1999.

别名　毛鹃、大叶杜鹃、春鹃大叶种

主要形态特征　常绿小灌木，高 0.5 ～ 1m，小枝细瘦，幼枝密被鳞片和刚毛；叶芽鳞早落。叶革质，长圆状披针形、倒卵状披针形至卵状披针形，长 1 ～ 1.8cm，宽 3 ～ 6mm，先端急尖或圆钝，基部圆钝，边缘反卷，上面绿色，有光泽，被鳞片，沿中脉有刚毛，下面密被淡黄褐色至深褐色具长短不等柄的多层屑状鳞片；叶柄长 2 ～ 3mm，被鳞片和刚毛。花序顶生，密头状，具花 8 ～ 10 朵，花芽鳞在花期宿存；花梗短，长 2 ～ 3mm，被鳞片和刚毛；花萼小，长 1 ～ 2mm，5 裂，裂片卵形，外面被鳞片和刚毛，边缘被缘毛；花冠狭管状，长 8 ～ 12mm，粉红至粉紫色，5 裂，裂片圆形，覆瓦状，开展，外面密被鳞片，花管长 6 ～ 10（～ 12）mm，内面被长髯毛；雄蕊 5，内藏，花丝光滑；子房卵圆形，长约 1mm，密被淡黄色鳞片，花柱很短，约与子房等长，光滑。花期 5 ～ 6 月。

特征差异研究　深圳莲花山：叶长 2.6 ～ 4.3cm，宽 1.1 ～ 1.7cm，叶柄长 0.3 ～ 0.6cm。与上述特征描述相比，叶长的整体范围偏大，最小值比上述特征描述叶长的最大值大 0.8cm；叶宽的整体范围也偏大，最小值比前者叶长的最大值大 0.5cm。

凭证标本　深圳莲花山，陈永恒，周志彬（172）。

分布地　生于山地灌丛中或华山松、云南松、高山栎林下，海拔 3000 ～ 4100m。产四川西部和西南部，广东。

本研究种类分布地　深圳莲花山、小南山。

毛叶杜鹃 *Rhododendron radendum*

主要经济用途　药用，清热解毒，治气血壅滞不行而致的疮疖疽痈。

杜鹃（杜鹃属）

Rhododendron simsii Planch.in Fl. des Serr. 9: 78.1854; Wils.in Wils. et Rehd. Monog.Azal. 45. 1921; Rehd. in Stevenson, Spec. Rhodod. 105. 1930; Fang in Journ. dot. Soc. China 2 (2): 611. 1935; 陈嵘, 中国树木分类学: 947. 1937; Fang in Contr. Biol. Lab. Sci. Soc. China Bot. 12: 8. 1939 et Icon. Pl. Omei. 1 (1): Pl. 17. 1947; 广州植物志: 465. 图254. 1956; 中国高等植物图鉴 3: 147. 图4274. 1974; 台湾植物志 4: 36. 1978; 华南杜鹃花志 43. 1983; 峨眉山杜鹃: 58. 图18. 1986; 云南植物志 4: 449. 1986; 中国四川杜鹃花: 331. 1986. ——*R. indicum* (Linn.) Sweet var. *ignescens* Sweet in Brit. Fl. Gard. ser. 2, 2: t. 128. 1833. ——*R. indicum* (Linn.) Sweet var. *puniceum* Sweet in ibid. ——*R. calleryi* Planch.in Fl. des Serr. 9: 81. 1854. ——*R. indicum* (Linn.) Sweet var. *simsii* Maxim.in Mem. Acad. Sci. St. Petersb. ser. 7, 16(9): 38. 1870. ——*Azal indica* Linn. var. *simsii* Rehd. in Bailey, Cycl. Amer. Hort. 1: 122. 1900. ——*R. indicum* (Linn.) Sweet var. *formosanum* Hayata, Icon.Pl. Form.3: 134. 1913. ——*R. bicolor* Tam, Survey Rhodod. South China 101. 1983, syn. nov. ——*R. viburnifolium* in Act.Phytotax.Sin.21: 469. 1983, syn. nov. ——*R. petilum* Tam, Survey Rhodod. South China 42 et 101, 1983, syn nov. ——*R. bellum* Fang et G. Z. Li in Bull. Bot. Res. 4 (1): 3. Pl. 3. 1984, syn. nov. ——*Azal indica* auct. non Linn.: Sims. in Curtis Bot. Mag. 36: t. 1480. 1812. ——*R. indicum* auct. non Sweet: Hemsl. in Journ. Linn. Soc. Bot. 26: 25. 1889; 中国植物志 57(2): 386. 1994.

别名 杜鹃花（涌幢小品），山踟躅、山石榴、映山红（本草纲目），照山红（河南），唐杜鹃（台湾植物志）

主要形态特征 落叶灌木，高2（～5）m；分枝多而纤细，密被亮棕褐色扁平糙伏毛。叶革质，常集生枝端，卵形、椭圆状卵形或倒卵形或倒卵形至倒披针形，长1.5～5cm，宽0.5～3cm，先端短渐尖，基部楔形或宽楔形，边缘微反卷，具细齿，上面深绿色，疏被糙伏毛，下面淡白色，密被褐色糙伏毛，中脉在上面凹陷，下面凸出；叶柄长2～6mm，密被亮棕褐色扁平糙伏毛。花芽卵球形，鳞片外面中部以上被糙伏毛，边缘具睫毛。花2～3（～6）朵簇生枝顶；花梗长8mm，密被亮棕褐色糙伏毛；花萼5深裂，裂片三角状长卵形，长5mm，被糙伏毛，边缘具睫毛；花冠阔漏斗形，玫瑰色、鲜红色或暗红色，长3.5～4cm，宽1.5～2cm，裂片5，倒卵形，长2.5～3cm，上部裂片具深红色斑点；雄蕊10，长约与花冠相等，花丝线状，中部以下被微柔毛；子房卵球形，10室，密被亮棕褐色糙伏毛，花柱伸出花冠外，无毛。蒴果卵球形，长达1cm，密被糙伏毛；花萼宿存。花期4～5月，果期6～8月。

特征差异研究 ①深圳杨梅坑：叶长3.1～7.5cm，宽1.3～2.2cm，叶柄长0.3～0.6cm；与上述特征描述相比，叶长的最小值偏小1.6cm。②深圳小南山，叶长3～5.5cm，宽1.1～2cm，叶柄长0.3～0.6cm；与上述特征描述相比，小南山的标本叶偏大。③深圳莲花山：叶长4.1～6.5cm，叶宽1.5～2cm，叶柄长0.5～0.7cm；与上述特征描述相比，叶长的最大值大1.5cm。

形态特征增补 ①深圳杨梅坑：花瓣5枚，长4～4.5cm，宽3.2～3.5cm。②深圳小南山：花瓣5枚，长1.8～2cm，宽1.5～1.8cm。

凭证标本 ①深圳杨梅坑，林仕珍，明珠（263）；余欣繁，黄玉源（328）。②深圳小南山，陈永恒，许旺（111）；邹雨锋，招康赛（204）；邹雨锋，招康赛（205）；王贺银，招康赛（213）；王贺银（214）；林仕珍（223）；余欣繁，招康赛（158）。③深圳莲花山，王贺银，招康赛（068）；林仕珍，黄玉源（085）。

分布地 生于海拔500～1200（～2500）m的山地疏灌丛或松林下，为我国中南及西南典型的酸性土指示植物。产江苏、安徽、浙江、江西、福建、台湾、湖北、湖南、广东、广西、四川、贵州和云南。

本研究种类分布地 深圳杨梅坑、小南山、莲花山。

主要经济用途 本种全株供药用：行气活血、补虚，治疗内伤咳嗽、肾虚耳聋、月经不调，风湿等疾病。又因花冠鲜红色，为著名的花卉植物，具有较高的观赏价值。

杜鹃 *Rhododendron simsii*

柿科 Ebenaceae

乌柿（柿属）

Diospyros cathapensis Steward in Journ. Arn. Arb. 35: 86. 1954; et Man. Vasc. Pls. Low. Yangt. Vall. 303. 1958; 中国高等植物图鉴 3: 302, 图4557. 1974. ——*D. sinensis* auct. non Bl. ex Naudin: Hemsl. in Journ. Linn. Soc. Bot. 26: 71. 1889; Diels in Bot. Jahrb. 29: 527. 1900; Hooker's Icon. 29: t. 2804. 1906; Rehd. et Wils. in Sarg. Pl. Wils. 2: 591. 1916; Hand.-Mazz. Symb. Sin. 7: 801. 1936. ——*D. armata* auct. non. Hemsl.: Diels, l. c. 29: 528. f. 4. 1900; 中国植物志 60(1): 92. 1987.

别名 山柿子（四川），丁香柿（浙江）

主要形态特征 常绿或半常绿小乔木，高 10m 左右，干短而粗，胸高直径可达 30 ～ 80cm，树冠开展，多枝，有刺；枝圆筒形，深褐色至黑褐色，有小柔毛，后变无毛，散生纵裂近圆形的小皮孔；小枝纤细，褐色至带黑色，平直，有短柔毛。冬芽细小，长约 2mm，芽鳞有微柔毛。叶薄革质，长圆状披针形，长 4 ～ 9cm，宽 1.8 ～ 3.6cm，两端钝，上面光亮，深绿色，下面淡绿色，嫩时有小柔毛，中脉在上面稍凸起，有微柔毛，在下面凸起，侧脉纤细，每边 5 ～ 8 条，小脉不甚明显，结成不规则的疏网状；叶柄短，长 2 ～ 4mm，有微柔毛。雄花生聚伞花序上，极少单生，花萼 4 深裂，裂片三角形，长 2 ～ 3mm，两面密被柔毛；花冠壶状，长 5 ～ 7mm，两面有柔毛，4 裂，裂片宽卵形，反曲；雄蕊 16 枚，分成 8 对，每对的花丝一长一短，有长粗毛，花药线形，短渐尖，退化子房有粗伏毛；花梗长 3 ～ 6mm，总梗长 7 ～ 12mm，均密生短粗毛；雌花单生，腋外生，白色，芳香；花萼 4 深裂，裂片卵形，长约 1cm，有短柔毛，先端急尖；花冠较花萼短，壶状，有短柔毛，管长约 5mm，4 裂，裂片覆瓦状排列，近三角形，长宽各约 2mm，反曲，退化雄蕊 6 枚，花丝有短柔毛；子房球形，有长柔毛，6 室，每室有 1 胚珠；花柱无毛，很短，柱头 6 浅裂，突出花冠外；花梗纤细，长 2 ～ 4cm。果球形，直径 1.5 ～ 3cm，嫩时绿色，熟时黄色，变无毛；种子褐色，长椭圆形，长约 2cm，宽约 7mm，侧扁；宿存萼 4 深裂，裂片革质，卵形，长 1.2 ～ 1.8cm，宽约 8mm，先端急尖，有纵脉 9 条；果柄纤细，长 3 ～ 4（6）cm。花期 4 ～ 5 月，果期 8 ～ 10 月。

特征差异研究 深圳杨梅坑：叶长 6 ～ 12.7cm，宽 2 ～ 4.2cm，叶柄长 0.2 ～ 0.4cm。与上述特征描述相比，叶长的最大值偏大 3.7cm；叶宽的最大值偏大 0.6cm。

凭证标本 深圳杨梅坑，陈永恒，赖标汶（153）。

分布地 四川西部、湖北西部、云南东北部、贵州、湖南、安徽南部。

本研究种类分布地 深圳杨梅坑。

主要经济用途 药用。

乌柿 *Diospyros cathapensis*

乌材（柿属）

Diospyros eriantha Champ. ex Benth. in Hook. Kew Journ. Bot. 4: 302. 1852; Benth. Fl. Hongkong 210. 1861; Hiern in Trans. Cambr. Phil. Soc. 12: 202. 1873 (Monogr. Ebenac.); Hemsl. in Journ. Linn. Soc. 26: 69. 1889; Matsum. in Tokyo Bot. Mag. 14: 102. 1900; Dunn and Tutch. Fl. Kwangtung and Hongkong 161. 1912; Merr. in Lingnan Sci. Journ. 5: 145. 1927; Bakh. in Gard. Bull. Str. Settlem. 7: 170. 1933; L. Chen in Lingnan Sci. Journ. 14: 677. 1935; Kanehira, Form. Trees rev. ed. 573. t. 531. 1936; 陈嵘, 中国树木分类学, 新一版: 983. 1959; Li, Woody Fl. Taiwan 730. 1963; 朱志淞等, 海南主要经济树木: 819-823. 1964; 中国高等植物图鉴 3: 304. 图4561. 1974; 海南植物志 3: 151. 1974; 中国植物志 60(1): 133. 1987.

别称 乌材仔、乌杆仔（台湾），小叶乌椿、乌蛇、乌木、乌眉（海南）

主要形态特征 常绿乔木或灌木，高可达16m，胸高直径可达50cm；树皮灰色，灰褐色至黑褐色，幼枝、冬芽、叶下面脉上、幼叶叶柄和花序等处有锈色粗伏毛。枝灰褐色，疏生纵裂的近圆形小皮孔，无毛。冬芽卵形，芽鳞约10片，下部的成两列，覆瓦状排列。叶纸质，长圆状披针形，长5～12cm，宽1.8～4cm，先端短渐尖，基部楔形或钝，有时近圆形，边缘微背卷，有时有睫毛，上面有光泽，深绿色，除中脉外余处无毛，下面绿色，干时上面灰褐色或灰黑色，下面带红色或浅棕色，中脉在上面微凸起，在下面明显凸起，侧脉每边通常4～6条，在上面略不明显，平坦或微凹，下面明显，斜向上方弯生，将近叶缘即逐渐隐没，小脉很纤细，结成疏网状，两面上均不明显；叶柄粗短，长5～6mm。花序腋生，聚伞花序式，基部有苞片数片，苞片覆瓦状排列，卵形，总梗极短或几无总梗；雄花1～3朵簇生，几无梗；花萼深4裂，两面有粗伏毛，裂片披针形；花冠白色，高脚碟状，外面密被粗伏毛，里面无毛，4裂，花冠管长约7mm，裂片覆瓦状排列，卵状长圆形或披针形，长约4mm，急尖，雄蕊14～16枚，着生在花冠管的基部，每2枚连生成对，腹面1枚较短，花药线形，顶端有小尖头，退化子房小。雌花单生，花梗极短，基部有小苞片数枚；花萼4深裂，裂片卵形，先端急尖，两面有粗伏毛；花冠淡黄色，4裂，外面有粗伏毛，里面无毛；退化雄蕊8枚；子房近卵形，密被粗伏毛，4室，每室有1胚珠；花柱2裂，基部有粗伏毛；柱头浅2裂。果卵形或长圆形，长1.2～1.8cm，直径约8mm，先端有小尖头，嫩时绿色，熟时黑紫色，初时有粗伏毛，成熟时除顶端外，余处近无毛，有种子1～4颗；种子黑色，其形状因果内所含种子多少而不同，单生时为椭圆形，长约1.3cm，直径约6mm，如含种子4颗时，则每颗呈近三棱形，背面呈拱形；宿存萼增大，4裂，裂片平而略开展，卵形，长约8mm，宽约6mm，疏被粗伏毛，近基部被毛较密。花期7～8月，果期10月至翌年1～2月。

特征差异研究 ①深圳杨梅坑：叶长3.5～12cm，宽1.5～3.1cm，叶柄长0.2～0.5cm；与上述特征描述相比，叶长的最小值偏小1.5cm；叶宽的最小值小0.3cm；叶柄长的最小值偏小0.3cm。②深圳赤坳：叶长4～8cm，宽1～2.5cm，叶柄长0.2～0.4cm；与上述特征描述相比，叶长的最小值小1cm；叶宽的最小值小0.8cm；叶柄长的整体范围偏小，其最大值比上述描述特征叶柄长的最小值小0.1cm。

凭证标本 ①深圳杨梅坑，陈永恒，招康赛（042）；王贺银，黄玉源（377）。②深圳赤坳，林仕珍（053）。

乌材 *Diospyros eriantha*

分布地 生于海拔 500m 以下的山地疏林、密林或灌丛中，或在山谷溪畔林中。产广东、广西、台湾。越南、老挝、马来西亚、印度尼西亚苏门答腊和爪哇、加里曼丹等地有分布。

本研究种类分布地 深圳杨梅坑、赤坳。

主要经济用途 本种未成熟果实可提取柿漆供涂雨具、渔网等用。木材材质硬重，耐腐，不变形，可作建筑、车辕、农具和家具等用材。

罗浮柿（柿属）

Diospyros morrisiana Hance in Walp. Ann. 3: 14. 1852-1853; et in Journ. Bot. 18: 299. 1880; Berth. in Hook. Kew Journ. Bot. 4: 302: et Fl. Hongkong 210. 1861; Hiern in Trans. Cambr. Phil. Soc. 23: 219 (Monogr. Ebenac.) 1873; Dunn and Tutch. Fl. Kwangtung and Hongkong 161. 1921; 中国植物志 60(1): 117. 1987.

别名 山榉树（广东惠阳），牛古柿（广东汕头），乌蛇木（广东新丰），山红柿、山柿（台湾）

主要形态特征 乔木或小乔木，高可达 20m，胸径可达 30cm；树皮呈片状剥落，表面黑色，除芽、花序和嫩梢外，各部分无毛。枝灰褐色，散生长圆形或线状长圆形的纵裂皮孔；嫩枝疏被短柔毛。冬芽圆锥状，长约 2mm，有短柔毛。叶薄革质，长椭圆形或下部的为卵形，长 5～10cm，宽 2.5～4cm，先端短渐尖或钝，基部楔形，叶缘微背卷，上面有光泽，深绿色，下面绿色，干时上面常呈灰褐色，下面常变为棕褐色，中脉上面平坦，下面凸起，侧脉纤细，每边 4～6 条，上面略明显，下面稍凸起，在老叶上的有时上面微凹下，斜向上生，梢端网结，小脉很纤细，结成疏网状，不明晰；叶柄长约 1cm，嫩时疏被短柔毛，先端有很狭的翅。雄花序短小，腋生，下弯，聚伞花序式，有锈色绒毛；雄花带白色，花萼钟状，有绒毛，4 裂，裂片三角形，花冠在芽时为卵状圆锥形，开放时近壶形，长约 7mm，4 裂，裂片卵形，长约 2.5mm，反曲；雄蕊 16～20 枚，着生在花冠管的基部，每 2 枚合生成对，腹面 1 枚较短；花药有毛；花梗短，长约 2mm，密生伏柔毛；雌花：腋生，单生；花萼浅杯状，外面有伏柔毛，内面密生棕色绢毛，4 裂，裂片三角形，长约 5mm；花冠近壶形，长约 7mm，外面无毛，内面有浅棕色绒毛；裂片 4，卵形，长约 3mm，先端急尖；退化雄蕊 6 枚；子房球形；花柱 4，通常合生至中部，有白毛；花梗长约 2mm。果球形，直径约 1.8cm，黄色，有光泽，4 室，每室有 1 种子；种子近长圆形，栗色，侧扁，长约 1.2cm，宽约 6mm，背较厚；宿存近平展，近方形，径约 8mm，外面近秃净，内面被棕色绢毛，4 浅裂；果柄长约 2mm。花期 5～6 月，果期 11 月。

特征差异研究 ①深圳应人石：叶长 3～8.5cm，宽 1.2～3.5cm，叶柄长 0.3～1cm。与上述特征描述相比，叶长最小值偏小，小 2cm；叶宽的最小值小 1.3cm；叶柄长的最小值小 0.7cm。②深圳莲花山：叶长 4～12.5cm，宽 3～5.5cm，叶柄长 0.2～0.3cm。与上述特征描述相比，叶长的最小值小 1cm，最大值偏大 2.5cm；叶柄长偏小 0.7cm。

凭证标本 ①深圳应人石，林仕珍，明珠（161）。②深圳莲花山，邹雨锋，黄玉源（139）。

分布地 生于山坡、山谷疏林或密林中，或灌丛中，或近溪畔、水边；垂直分布可达海拔 1100～1450m。产广东、广西、福建、台湾、浙

罗浮柿 *Diospyros morrisiana*

江、江西、湖南南部、贵州东南部、云南东南部、四川盆地等地。越南北部也有分布。

本研究种类分布地 深圳应人石、莲花山。

主要经济用途 成熟果实可提取柿漆，木材可制家具。茎皮、叶、果入药，有解毒消炎之效；鲜叶 1～2 两，水煎服，治食物中毒；绿果熬成膏，晒干，研粉，敷治水火烫伤；树皮 3～5 钱，水煎服，治腹泻、赤白痢。

老鸦柿（柿属）

Diospyros rhombifolia Hemsl. in Journ. Linn. Soc. 26: 70. 1889; Pei in Contr. Biol. Lab. Sci. Soc. china 10: 41. 1935; L. Chen, 1. c. 14: 673. 1935; Steward, Man. Vasc. Pls. Low. Yangt. Vall. 303. 1958; 陈嵘，中国树木分类学，新一版: 988. 1959; 裴鉴等，江苏南部种子植物手册: 575, 图928. 1959; 中国高等植物图鉴 3: 301. 1974; 中国植物志 60(1): 95. 1987.

别名 山柿子、野山柿、野柿子、丁香柿、苦梨等

主要形态特征 落叶小乔木，高可达 8m 左右；树皮灰色，平滑；多枝，分枝低，有枝刺；枝深褐色或黑褐色，无毛，散生椭圆形的纵裂小皮孔；小枝略曲折，褐色至黑褐色，有柔毛。冬芽小，长约 2mm，有柔毛或粗伏毛。叶纸质，菱状倒卵形，长 4～8.5cm，宽 1.8～3.8cm，先端钝，基部楔形，上面深绿色，沿脉有黄褐色毛，后变无毛，下面浅绿色，疏生伏柔毛，在脉上较多，中脉在上面凹陷，下面明显凸起，侧脉每边 5～6 条，上面凹陷，下面明显凸起，小脉纤细，结成不规则的疏网状；叶柄很短，纤细，长 2～4mm，有微柔毛。雄花生当年生枝下部；花萼 4 深裂，裂片三角形，长约 3mm，宽约 2mm，先端急尖，有髯毛，边缘密生柔毛，背面疏生短柔毛；花冠壶形，长约 4mm，两面疏生短柔毛，5 裂，裂片覆瓦状排列，长约 2mm，宽约 1.5mm，先端有髯毛，边缘有短柔毛，外面疏生柔毛，内面有微柔毛；雄蕊 16 枚，每 2 枚连生，腹面 1 枚较短，花丝有柔毛；花药线形，先端渐尖；退化子房小，球形，顶端有柔毛；花梗长约 7mm；雌花：散生当年生枝下部；花萼 4 深裂，几裂至基部，裂片披针形，长约 1cm，宽约 3mm，先端急尖，边缘有柔毛，外面上部和脊上疏生柔毛，内面无毛，有纤细而凹陷的纵脉；花冠壶形，花冠管长约 3.5mm，宽约 4mm，4 脊上疏生白色长柔毛，内面有短柔毛，4 裂，裂片长圆形，约和花冠管等长，向外反曲，顶端有髯毛，边缘有柔毛，内面有微柔毛，外面有柔毛；子房卵形，密生长柔毛，4 室；花柱 2，下部有长柔毛；柱头 2 浅裂；花梗纤细，长约 1.8cm，有柔毛。果单生，球形，直径约 2cm，嫩时黄绿色，有柔毛，后变橙黄色，熟时橘红色，有蜡样光泽，无毛，顶端有小突尖；有种子 2～4 颗；种子褐色，半球形或近三棱形，长约 1cm，宽约 6mm，背部较厚，宿存萼 4 深裂，裂片革质，长圆状披针形，长 1.6～2cm，宽 4～6mm，先端急尖，有明显的纵脉；果柄纤细，长 1.5～2.5cm。花期 4～5 月，果期 9～10 月。

凭证标本 ①深圳杨梅坑，余欣繁（276）。②深圳赤坳，邹雨锋（048）。

分布地 生于山坡灌丛或山谷沟畔林中。产浙江、江苏、安徽、江西、福建等地。

本研究种类分布地 深圳杨梅坑、赤坳。

主要经济用途 本种的果可提取柿漆，供涂漆渔网、雨具等用。实生苗可作柿树的砧木。

老鸦柿 *Diospyros rhombifolia*

岭南柿（柿属）

Diospyros tutcheri Dunn in Kew Bull. 9: 354. 1912-13; Chun in Sunyatsenia 1: 160. et 176. 1933; L. Chen, 1. c. 14: 668. 1935; 陈嵘, 中国树木分类学, 新一版: 989. 1959——*D. taamii* Merr. in Journ. Arn. Arb. 26: 166. 1945, syn, nov.; 中国植物志 60(1): 126. 1987.

主要形态特征 小乔木，高约6m，树皮粗糙。枝灰褐色或黑褐色，有不规则的裂纹，疏生纵裂的长椭圆形皮孔，无毛，嫩枝黄褐色，无毛或初时下部稍被毛。冬芽狭卵形，长约5mm，有鳞片约6片，鳞片外面密被紧贴的柔毛。叶薄革质，椭圆形，长8～12cm，宽2.4～4.5cm，先端渐尖，基部钝或近圆形，边缘微背卷，上面深绿色，有光泽，下面淡绿色，叶脉在两面均明显，中脉上面凹陷，下面明显凸起，侧脉每边5～6条，纤细，上面微凸起，下面明显凸起，小脉联结成细网状；叶柄略纤细，长5～10mm，上面先端有浅沟，嫩时有小柔毛。雄聚伞花序由3花组成，生当年生枝下部，长1～2cm，有长柔毛，总花梗长约5mm；雄花花萼长1～2mm，4深裂，裂片三角形，疏生小柔毛，花冠壶状，长7～8mm，外面密被绢毛，里面有小柔毛，裂片4，长约2mm，雄蕊16枚，每2枚连生成对，腹面1枚较短，花药长圆形，先端有小尖头，花丝有柔毛，退化子房小，密被柔毛；花梗纤细，长6～8mm；雌花生在当年生枝下部新叶叶腋，单生，花萼4深裂，裂片卵形，长4～8mm，花冠宽壶状，长5mm，口部收窄，4裂，裂片短于花冠管，两面均有毛，退化雄蕊4，线形，长3mm，子房扁球形，长3mm，8室；花梗长1～1.5cm，有毛。果球形，直径约2.5cm，初时密被粗伏毛，后变无毛；宿存萼增大，裂片卵形或卵状披针形，长约1.5cm，宽约1.1cm，变无毛，有纵脉7～11条，并有结成网状的小脉；果柄长1～1.8cm，很少有长至2.2cm的,有短柔毛。花期4～5月，果期8～10月。

特征差异研究 深圳应人石：叶长4～7cm，

岭南柿 *Diospyros tutcheri*

宽1.5～3cm，叶柄长0.1～0.2cm。与上述特征描述相比，叶长的整体范围偏小，其最大值比上述特征描述叶长的最小值小1cm；叶宽的最小值偏小0.9cm；叶柄长的整体范围偏小，最大值比上述特征描述叶柄长的最小值还小0.3cm。

凭证标本 深圳应人石，王贺银，招康赛（154）。

分布地 生于山谷水边或山坡密林中或在疏荫湿润处。产广东、广西南部及湖南西南部。

本研究种类分布地 深圳应人石。

小果柿（柿属）

Diospyros vaccinioides Lindl. in Hook. Exot. Fl. t. 139. 1823-1827; Lodd. Bot. Cab. t. 1549. 1829; Hiern in Trans. Cambr. Phil. Soc. 12: 230. 1873, partim et excl. hab. Ind. Or. (Monograph Ebenac.): Hemsl. in Journ. Linn. Soc. 26: 71. 1889; Dunn and Tutch. Fl. Kwangtung and Hongkong 161. 1912; L. Chen in Lingnan Sci, Journ. 14: 680. 1935; 陈嵘, 中国树木分类学, 新一版: 679. 1959. ——*Rospidios vaccinioides* A. DC. in DC. Prodr. 220. 1844; Benth. Fl. Hongkong 210. 1861; 中国植物志 60(1): 99. 1987.

别名 乌饭叶柿，枫港柿

主要形态特征 多枝常绿矮灌木；枝深褐色或黑褐色，嫩时纤细。嫩枝、嫩叶和冬芽有锈色柔毛。叶革质或薄革质，通常卵形，长 2 ～ 3cm，宽 9 ～ 12mm，较小的叶有时近圆形，先端急尖，有短针尖，基部钝或近圆形，叶边初时有睫毛，上面光亮，绿色，无毛，下面浅绿色，中脉上面初时有短柔毛，中脉在两面凸起，侧脉和小脉极不明显；叶柄很短，长约 1mm，有锈色毛，后变无毛。花雌雄异株，细小，腋生，单生，近无梗；雄花长约 5mm，花萼深 4 裂，几裂至基部；裂片披针形，有柔毛，先端急尖；花冠钟形，4 裂，裂片卵形，先端急尖；雄蕊 16 枚，每 2 枚合生成对，腹面 1 枚较短，无毛，退化子房近球形，细小；雌花：退化雌蕊 4 ～ 8 枚，线形，先端急尖，无毛；子房卵形，无毛。果小，球形，直径约 1cm，嫩时绿色，熟时黑色，除顶端外，平滑无毛，有种子 1 ～ 3 颗；种子黑褐色，椭圆形，长约 8mm，直径约 5mm；宿存萼 4 深裂，裂片披针形，长约 5mm，变无毛。花期 5 月，果期冬月。

特征差异研究 深圳杨梅坑：叶长 1.7 ～ 2.5cm，宽 1 ～ 1.2cm，叶柄长约 0.1cm。与上述特征描述相比，叶长的最小值小 0.3cm。

凭证标本 深圳杨梅坑，王贺银（379）。

分布地 生于灌丛或山谷灌丛中。产广东省珠江

小果柿 *Diospyros vaccinioides*

口岛屿。

本研究种类分布地 深圳杨梅坑。

山榄科 Sapotaceae

铁榄（铁榄属）

Sinosideroxylon pedunculatum (Hemsl.) H. Chuang in Guihaia 3(4): 312. 1983. ——*Sarcosperma pedunculata* Hemsl. in Journ. Linn. Soc. 26: 68. 1889; Chun et How, 植物分类学报 7(1): 74, 1958. ——*Planchonella peduncudata* (Hemsl.) Lam et Kerpel in Blumea 3: 285. f. 3. 1939; van Royen in ibid. 8: 359, 1957; 吴征镒等，云南热带亚热带植物区系研究报告 1: 26. 1965; 云南植物志 1: 311, 图版73, 图6. 1977——*Pouteria peduncutata* Baehni in Candollea 9: 286, 1942; 中国植物志 60(1): 78. 1987.

别名 假水石梓、山胶木

主要形态特征 乔木，高 (5) 9 ～ 12m；小枝圆柱形，径 2 ～ 4mm，被锈色柔毛，幼枝疏被、老枝密被皮孔。叶互生，密聚小枝先端，革质，卵形或卵状披针形，长 (5) 7 ～ 9 (15) cm，宽 3 ～ 4cm，先端渐尖，基部楔形，两面无毛，上面具光泽，下面色较淡，中脉在上面明显，稍凸起，下面凸起，侧脉 8 ～ 12 对，成 50° ～ 70° 上升，弧曲，两面均明显，网脉细；叶柄长 7 ～ 15mm，上面具窄沟，被锈色绒毛或近无毛。花浅黄色，1 ～ 3 朵簇生于腋生的花序梗上，组成总状花序，花序梗长 1 ～ 3cm，具纵棱，被锈色微柔毛；花梗长 2 ～ 4mm，被锈色微柔毛，基部具小苞片，卵状三角形，长约 1mm，密被锈色微柔毛；花萼基部联合成钟形，裂片 5，覆瓦状排列，三角形或近卵形，长 2 ～ 3mm，宽 1.5 ～ 2mm，外面被锈色微柔毛；花冠长 4 ～ 5mm，(4) 5 裂，裂片卵状长圆形，长 1.5 ～ 2.5mm，宽约 1mm，花开放时下部联合成管；能育雄蕊 (4) 5，与花冠裂片对生，长 2 ～ 2.5mm，花丝线形，长 1 ～ 1.5mm，花药卵状心形或箭形，长约 1mm，外向开裂；退化雄蕊 (4) 5，花瓣状，披针形，长

1～2mm，边缘条裂，与花冠裂片互生；子房近圆形，长约 1mm，无毛，4 或 5 室，先端渐窄而成花柱，花柱钻形，长 2～3mm。浆果卵球形，长约 2.5cm，宽约 1.5cm，具花后延长的花柱；种子，1 枚，椭圆形，两侧压扁，长约 1.6cm，宽约 9mm，褐色，具光泽，疤痕近圆形，近基生。

特征差异研究 深圳杨梅坑：叶长 5.6～14.3cm，宽 2.1～4.1cm，叶柄长 0.6～1.7cm。与上述特征描述相比，叶宽的最小值偏小 0.9cm，最大值偏大 0.1cm；叶柄长的最小值小 0.1cm，最大值偏大 0.2cm。

凭证标本 深圳杨梅坑，王贺银，黄玉源（375）。

分布地 湖南、广东、广西、云南。

本研究种类分布地 深圳杨梅坑。

主要经济用途 木材供制农具、农械、器具用。

紫金牛科 Myrsinaceae

少年红（紫金牛属）

Ardisia alyxiaefolia Tsiang ex C. Chen, 植物分类学报 16(3): 80. 1978 ——*A. affinis* auct. non Hemsl.: Walker in Philipp. Journ. Sci. 73: 99. 1940, quoad specim. C. Wang 39589, 40103, Y. Tsiang 5619, S. P. Ko 52621; 中国植物志 58: 81. 1979.

别名 念珠藤叶紫金牛

主要形态特征 小灌木，高约 50cm，具匍匐茎；茎纤细，具细纵纹，幼时密被锈色微柔毛，以后无毛。叶片厚坚纸质至革质，卵形、披针形至长圆状披针形，顶端渐尖，基部钝至圆形，长 3.5～6（～9.5）cm，宽 1.5～2.3（～3.2）cm，边缘具浅圆齿，齿间具边缘腺点，两面干时具皱纹，被疏微柔毛或小鳞片，尤以背面中脉为多，腺点微隆起，侧脉不明显，连成不明显的边缘脉；叶柄长 5～8mm，具沟。亚伞形花序或伞房花序，稀复伞形花序，侧生，稀腋生，密被微柔毛；总梗长 1～3cm，稀达 6cm，顶端下弯，长达 6cm 时，常具 1～2 片退化叶；花梗长 6～10mm，通常带红色；花长约 4mm，花萼仅基部连合，仅于连合处被细微柔毛，长 1～1.5mm，萼片三角状卵形，顶端钝或急尖，具腺点；花瓣白色，稀粉红色，卵形或卵状披针形，顶端渐尖，长约 4mm，外面无毛，里面中部以下多少具乳头状凸起，具疏腺点；雄蕊较花瓣略短，花药披针形，背部具疏腺点；雌蕊与花瓣等长，子房球形，无毛；胚珠 5 枚，

铁榄 *Sinosideroxylon pedunculatum*

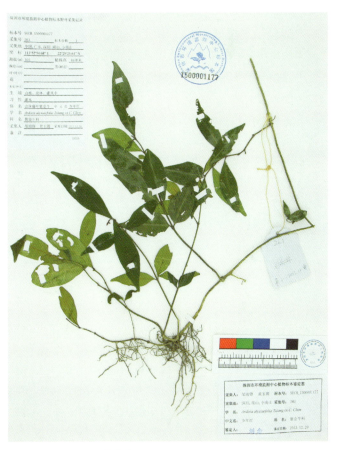

少年红 *Ardisia alyxiaefolia*

1 轮。果球形，直径约 5mm，红色，略肉质，具腺点。花期 6～7 月，果期 10～12 月，有时 5 月。

特征差异研究　深圳小南山：单叶对生，基部楔形至圆形，边缘全缘，两面无毛，叶长 3.6～6.8cm，宽 1.1～2.2cm，叶柄长 0.1～0.2cm。与上述特征描述相比，叶宽的最小值偏小。

凭证标本　深圳小南山，邹雨锋，黄玉源（283）。

分布地　生于海拔 600～1200m 的山谷疏、密林下或坡地。产湖南、贵州、广西、广东。

本研究种类分布地　深圳小南山。

主要经济用途　全株用于平喘止咳，亦用于治跌打损伤。

朱砂根（紫金牛属）

Ardisia crenata Sims in Curtis's, Bot. Mag. 45: pl. 1950. 1818; Roxb., Fl. Ind. ed. carey 2: 276. 1824; C. B. Clarke in Hook. f., Fl. Brit. Ind. 3: 524. 1882; 陈嵘, 中国树木分类学: 971. 图860. 1937; Walker in Philipp. Journ. Sci. 73: 112. 1940; 广州植物志: 471. 1956; H. L. Li, Woody Fl. Taiwan 712. 1963; 中国高等植物图鉴 3: 223. 图4400. 1974; 海南植物志 3: 171. 1974; 云南植物志 1: 347. 1977——*A. crenulata* Lodd. in Bot. Cab. 1: pl. 2. 1817, nom. nud. ——*A. lentiginosa* J. B. Ker in Bot. Reg. 7: pl. 533. 1821——*A. crispa* A. DC. in Trans. Linn. Soc. 17: 124. 1834 et in DC., Prodr. 8: 134. 1844, nom. comfus.; Mez in Engl., Pflanzenreich 9 (IV. 236): 144. fig. 22. 1902; Pitard in Lecte., Fl. Gen. Indo-Chine 3: 862. 1930, non est Bladhia crispa Thunb. (1784) ——*A. labordei* Levl. in Fedde, Repert. Sp. Nov. 10: 373. 1912——*A. crispa* var. *taquetii* Levl. in Fedde, Repert. Sp. Nov. 10: 374. 1912——*A. konishii* Hayata, Icon. Pl. Form. 5: 89. 1915——*A. kuskusensis* Hayata. l. c. 90——*Bladhia crispa* var. *taquetii* Nakai in Bot. Mag. Tokyo 35: (98). 1921, quoad pl. ex Taiwan——*Bladhia lentiginosa* Nakai, Trees & Shrubs Indig. Jap. ed. 2: 1: 283. 1927——*Bladhia lentiginosa* var. *taquetii* Nakai. l. c. ——*A. mouretii* Pitard in Lecte., Fl. Gen. Indo-Chine 3: 864. 1930——*A. lentiginosa* var. *rectangularis* Hatusima in Journ. Jap. Bot. 13: 681. 1937——*B. lentiginosa* var. *lanceolata* Masam. in Trans. Nat. Hist Soc. Form. 29: 344. 1939——*A. crispa* auct. non A. DC.: Merr. in Lingnan Sci. Journ. 5: 143. 1927——*A. macrocarpa* auct. non Wall.: Hand.-Mazz., Symb. Sin. 7: 756. 1936.——*B. crenata* Hara. Enum, sperm. Jap. 7: 75. 1948——*B. crenata* Hara var. *taquetii* Hara, l, c. 76——*A. crenata* sims f. *taguetii* Ohwi in Bull. Nat Sci. Mus. Tokyo 33: 82. 1953; 中国植物志 58: 68. 1979.

别名　凉伞遮金珠、平地木、石青子（植物名实图考），珍珠伞（江苏、浙江），大罗伞、郎伞树、龙山子（广东），山豆根、八爪金龙、豹子眼睛果（云南），万龙、万雨金（台湾）

主要形态特征　灌木，高 1～2m。除侧生特殊花枝外，无分枝。叶互生；叶柄长约 1cm；叶片革质或坚纸质，椭圆形、椭圆状披针形至倒披针形，先端急尖或渐尖，基部宽形，长 7～15cm，宽 2～4cm，边缘具皱波状或波状齿，具明显的边缘腺点，有时背面具极小的鳞片；侧脉 12～18 对，构成不规则的边缘脉。伞形花序或聚伞花序，着生于侧生特殊花枝顶端；花枝近顶端常具 2～3 片叶；花梗长 7～10mm；萼片长圆状卵形，长 1.5mm 或略短，稀达 2.5mm，具腺点；花瓣白色，稀略带粉红色，盛开时反卷，先端急尖，具腺点，里面有时近基部具乳头状凸起；雄蕊较花瓣短，花药三角状披针形，背面常具腺点；雌蕊与花瓣近等长或略长，子房具腺点。果球形，直径 6～8mm，鲜红色，具腺点。花期 5～6 月，果期 10～12 月，有时 2～4 月。

特征差异研究　①深圳杨梅坑：叶长 6.7～12cm，宽 1.9～3cm，叶柄长 0.5～1.3cm；与上述特征描述相比，叶长的最小值偏小 0.3cm；叶宽的最小值也偏小 0.1cm；叶柄长的最小值偏小 0.5cm，而其最大值偏大 0.3cm。②深圳应人石：叶长 5.8～11.8cm，宽 1.6～3.8cm，叶柄长 0.5～1cm；与上述特征描述相比，叶长的最小值小 1.2cm；叶宽的最小值小 0.4cm；叶柄长的

朱砂根 *Ardisia crenata*

最小值小 0.5cm。③深圳小南山：叶长 7.6 ～ 13.1cm，宽 3 ～ 3.8cm，叶柄长 1 ～ 1.5cm。与上述特征描述相比，叶柄长的最大值偏大 0.5cm。

凭证标本 ①深圳杨梅坑，陈永恒，招康赛（045）。②深圳小南山，陈永恒，许旺（121）。③深圳应

人石，王贺银，招康赛（168）。

分布地 西藏东南部至台湾，湖北至海南。

本研究种类分布地 深圳杨梅坑、小南山、应人石。

主要经济用途 药用，榨油，制肥皂。

大罗伞树（紫金牛属）

Ardisia hanceana Mez in Engl., Pflanzenreich 9 (IV. 236.): 149. 1902; Walker in Philipp. Journ. Sci. 73: 117. 1940; 中国植物志 58: 71. 1979.

主要形态特征 灌木，高 0.8 ～ 1.5m，极少达 6m；茎通常粗壮，无毛，除侧生特殊花枝外，无分枝。叶片坚纸质或略厚，椭圆状或长圆状披针形，稀倒披针形，顶端长急尖或渐尖，基部楔形，长 10 ～ 17cm，宽 1.5 ～ 3.5cm，近全缘或具边缘反卷的疏突尖锯齿，齿尖具边缘腺点，两面无毛，背面近边缘通常具隆起的疏腺点，其余腺点极疏或无，被细鳞片，侧脉 12 ～ 18 对，隆起，近边缘连成边缘脉，边缘通常明显反卷；叶柄长 1cm 或更长。复伞房状伞形花序，无毛，着生于顶端下弯的侧生特殊花枝尾端，花枝长 8 ～ 24cm，于 1/4 以上部位具少数叶；花序轴长 1 ～ 2.5cm；花梗长 1.1 ～ 1.7（～ 2）cm，花长 6 ～ 7mm，花萼仅基部连合，萼片卵形，顶端钝或近圆形，长 2mm 或略短，具腺点或腺点不明显；花瓣白色或带紫色，长 6 ～ 7mm；卵形，顶端急尖，具腺点，里面近基部具乳头状凸起；雄蕊与花瓣等长，花药箭状披针形，背部具疏大腺点；雌蕊与花瓣等长，子房卵珠形，无毛；胚珠 5 枚，1 轮。果球形，直径约 9mm，深红色，腺点不明显。花期 5 ～ 6 月，果期 11 ～ 12 月。

特征差异研究 深圳小南山：单叶互生，叶长 3.9 ～ 13.1cm，宽 1.6 ～ 3.4cm，叶柄长 0.7 ～ 1.2cm。与上述特征描述相比，小南山的标本叶长的最小值明显偏小。

凭证标本 深圳小南山，王贺银（187）。

分布地 生于海拔 430 ～ 1500m 的山谷、山坡林

大罗伞树 *Ardisia hanceana*

下荫湿的地方。产浙江、安徽、江西、福建、湖南、广东、广西。

本研究种类分布地 深圳小南山。

山血丹（紫金牛属）

Ardisia punctata Lindl., Bot. Reg. 10: pl. 827. 1824; Hance in Ann. Sci. Nat. v. Bot. 5: 225. 1866; Mez in Engl., Pflanzenreich 9 (IV. 236): 142. 1902; Walker in Philipp. Mourn. Sci. 73: 102. fig. 18. 1940; 中国高等植物图鉴 3: 221. 图4395. 1974——*Tinus punctata* O. Ktae., Rev., Gen. Pl. 2: 972. 1891——*Bladhia punctata* Nakai in Bot. Mag. Tokyo 35 (99). 1921; 中国植物志 58: 72. 1979.

别名 血党、活血胎

主要形态特征 灌木或小灌木，高 1 ～ 2m；茎

幼时被细微柔毛，无皱纹，除侧生特殊花枝外，无分枝。叶片革质或近坚纸质，长圆形至椭圆状披针形，顶端急尖或渐尖，稀钝，基部楔形，长10～15cm，宽2～3.5cm，近全缘或具微波状齿，齿尖具边缘腺点，边缘反卷，叶面无毛，中、侧脉微隆起，背面被细微柔毛，脉隆起，除边缘外其余无腺点或腺点极疏，侧脉8～12对，连成远离边缘的边缘腺；叶柄长1～1.5cm，被微柔毛。亚伞形花序，单生或稀为复伞形花序，着生于侧生特殊花枝顶端；花枝长3～11cm，顶端下弯，且具少数退化叶或叶状苞片，被细微柔毛；花梗长8～12mm；果时达2.5cm；花长约5mm，花萼仅基部连合，被微柔毛，萼片长圆状披针形或卵形，顶端急尖，长2～3mm，具缘毛或几无毛，具腺点；花瓣白色，椭圆状卵形，顶端圆形，具明显的腺点，里面被微柔毛，外面无毛；雄蕊较花瓣略短，花药披针形，顶端具小尖头，背部具腺点；雌蕊与花瓣等长，子房卵珠形，被微柔毛，具腺点；胚珠5枚，1轮。果球形，直径约6mm，深红色，微肉质，具疏腺点。花期5～7月，少数于4月、8月、11月，果期10～12月，有时有的植株上部枝条开花，下部枝条果熟。

特征差异研究　①深圳杨梅坑：叶长10～15cm，宽2～3.5cm，叶柄长0.5～1cm；与上述特征描述相比，杨梅坑的标本叶柄偏短。②深圳小南山，叶长8～13.5cm，宽1～2.9cm，叶柄长0.5～1.5cm。与上述特征描述相比，小南山的标本叶偏小。

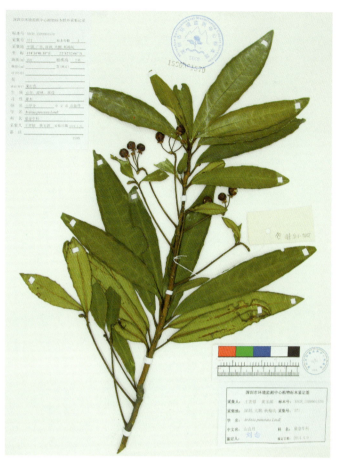

山血丹 *Ardisia punctata*

凭证标本　①深圳杨梅坑，陈惠如，黄玉源（105）。②深圳小南山，王贺银，黄玉源（371）。

分布地　浙江、江西、福建、湖南、广东。

本研究种类分布地　深圳杨梅坑、小南山。

主要经济用途　药用。

罗伞树（紫金牛属）

Ardisia quinquegona Bl., Bijdr. Fl. Nederl. Ind. 689. 1825; Mez in Engl., Pflanzenreich 9 (IV. 236): 108. 1902; Pitard in Lecte., Fl. Gen. Indo-Chine 3: 826. 1930; Walker in Philipp. Journ. Sci. 73: 73. fig. 12, a-c. 1940 et in Quert. Journ. Taiwan Mvs. 12: 170. fig. 4. 1959; 广州植物志 471. 1956; H. L. Li, Woody Fl. Taiwan 709. 1963; 中国高等植物图鉴 3: 217. 图4387. 1974; 海南植物志 3: 170. 1974; 云南植物志 1: 341. 图版80, 图1-2. 1977——*A. pentagona* A. DC. in Trans. Linn. Soc. 17: 124. 1835——*A. pauciflora* Heyne in Roxb., Fl. Ind. ed. Carer 2: 279. 1824; Berth., Fl. Hongk. 206. 1861——*Bladhia quinquegona* Nakai in Bot. Mag. Tokyo 35: (99). 1921——*B. pseudoquinquegona* Masam. in Trans. Nat. Hist. Soc. Form. 29: 28. 1939; 中国植物志 58: 54. 1979.

别名　五脚紫金牛铁罗伞、筷子根、高脚凉伞、火屎炭树、火泡树、鸡眼树、火炭树

主要形态特征　灌木或灌木状小乔木，高约2m，可达6m以上。小枝细，有纵纹，嫩时被锈色鳞片。叶互生；叶柄长5～10mm，幼时被鳞片；叶片坚纸质，长圆状披针形、椭圆状披针形至倒披针形，长8～16cm，宽2～4cm，先端渐尖，基部楔形，全缘，背面多少被鳞片，中脉明显，侧脉连成近边缘的边缘脉。聚伞花序或亚伞形花序，腋生，稀着生于侧生特殊花枝顶端，花枝长达8cm，多少被鳞片；花梗长5～8mm，多少被鳞片；花长约3mm或略短；萼片三角状卵形，先端急尖，长1mm，具疏微缘毛及腺点；花瓣白色，广椭圆状卵形，先端急尖或钝，具腺点，里面近

基部被细柔毛；雄蕊与花瓣几等长，花药卵形至肾形，背部多少具腺点；雌蕊常超出花瓣。果扁球形，具钝5棱，稀棱不明显，直径5～7mm，无腺点。花期5～6月，果期12月或2～4月。

特征差异研究　①深圳小南山：叶长4.5～12cm，宽1.4～3.1cm，叶柄长0.3～1cm，与上述特征描述相比，叶长的最小值偏小3.5cm；叶宽的最小值偏小0.6cm；叶柄长的最小值小0.2cm。②深圳应人石：叶长5.5～12.5cm，宽0.9～3.8cm，叶柄长0.6～1.6cm。与上述特征描述相比，叶长的最小值偏小2.5cm；叶宽的最小值偏小1.1cm。③深圳杨梅坑：叶长6～18.7cm，宽2～4.3cm，叶柄长0.7～1.3cm。比上述特征叶长的最小值偏小，小2cm，最大值大2.7cm；叶宽的最大值大0.3cm；叶柄长的最小值大0.2cm。

凭证标本　①深圳杨梅坑，王贺银，周志彬（025）；陈惠如，招康赛（009）；邹雨锋（357）；陈惠如，黄玉源（087）；陈惠如，黄玉源（024）。②深圳小南山，邹雨锋，招康赛（215）；邹雨锋，许旺（216）；邹雨锋，黄玉源（217）；陈永恒，黄玉源（114）。③深圳应人石，邹雨锋，招康赛（171）；林仕珍，明珠（162）；余欣繁，周志彬（132）。

分布地　分布于福建、台湾、广东、海南、广西、云南等地。

本研究种类分布地　深圳杨梅坑、小南山、应人石。

主要经济用途　清热解毒药；散瘀止痛药，用于制药。

罗伞树 *Ardisia quinquegona*

酸藤子（酸藤子属）

Embelia laeta (Linn.) Mez in Engl., Pflanzenreich 9 (IV. 236): 326. 1902; Pitard in Lecte., Fl. Gen. Indo-Chine 3: 798. 1930; Walker in Philipp. Journ. Sci. 73: 181. 1940 et in Quart. Journ. Taiwan Mus. 12: 186. 1959; 广州植物志：473. 图259. 1956; H. L. Li, Woody Fl. Taiwan 717. 1963; 中国高等植物图鉴 3. 230. 图4413. 1974; 海南植物志 3: 177. 图649. 1974; 云南植物志 1: 376. 图版89, 图4. 1977——*Samara laeta* Linn., Mant. Pl. ed. 2: 199. 1771——*Myrsine laeta* A. DC. in Trans. Linn. Soc. 17: 112. 1834——*Choripetalum obovatum* Benth. in Land. Journ. Bot. 1: 490. 1842——*C. benthayrcii* Hance in Walp., Ann. Bot. 3: 10. 1852——*Samara obovata* Benth. in Journ. Bot. Kew Miss. 4: 301. 1852——*E. obovata* Hemsl. in Journ. Linn. Soc. Bot. 28: 62. 1889——*Ribesiodes obovatum* O. Ktze., Rev. Gen. Pl. 2: 403. 1891——*Rapanea linearis* auct. non Moore: Walker, l. c. 200, quoad specim. C. I. Lei 301; 中国植物志 58: 120. 1979.

别名　信筒子（福建）,甜酸叶（海南岛）,鸡母酸、挖不尽、咸酸果（广西）,酸果藤

主要形态特征　攀援灌木或藤本，稀小灌木，长1～3m；幼枝无毛，老枝具皮孔。叶片坚纸质，倒卵形或长圆状倒卵形，顶端圆形、钝或微凹，基部楔形，长3～4cm，宽1～1.5cm，稀长达7cm，宽2.5cm，全缘，两面无毛，无腺点，叶面中脉微凹，背面常被薄白粉，中脉隆起，侧脉不明显；叶柄长5～8mm。总状花序，腋生或侧生，生于前年无叶枝上，长3～8mm，被细微柔毛，有花3～8朵，基部具1～2轮苞片；花梗长约1.5mm，无毛或有时被微柔毛，小苞片钻形或长圆形，具缘毛，通常无腺点；花4数，长约2mm，花萼基部连合达1/2或1/3，萼片卵形或三角形，顶端急尖，无毛，具腺点；花瓣白色或带黄色，分离，卵形或长圆形，顶端圆形或钝，长

约 2mm，具缘毛，外面无毛，里面密被乳头状凸起，具腺点，开花时强烈展开；雄蕊在雌花中退化，长达花瓣的 2/3，在雄花中略超出花瓣，基部与花瓣合生，花丝挺直，花药背部具腺点；雌蕊在雄花中退化或几无，在雌花中较花瓣略长，子房瓶形，无毛，花柱细长，柱头扁平或几成盾状。果球形，直径约 5mm，腺点不明显。花期 12 月至翌年 3 月，果期 4～6 月。

特征差异研究 ①深圳杨梅坑：叶长 2.5～8.1cm，宽 1.2～4.6cm，叶柄长 0.4～0.8cm。与上述特征描述相比，叶长的最小值偏小 0.5cm，最大值偏大 4.1cm；叶宽的最大值偏大 3.1cm；叶柄长的最小值偏小 0.1cm。②深圳赤坳：叶长 1.8～3.1cm，宽 1.2～2.1cm，叶柄长 0.4～0.8cm；与上述特征描述相比，叶长的最小值偏小 1.2cm；叶宽的最大值偏大 0.6cm；叶柄长的最小值偏小 0.1cm。③深圳应人石：叶长 2.0～5.9cm，宽 1.5～2.5cm，叶柄长 0.4～0.8cm，与上述特征描述相比，叶长的最小值偏小 1cm，最大值偏大 1.9cm；叶宽的最大值偏大 1cm；叶柄长的最小值偏小 0.1cm。

凭证标本 ①深圳杨梅坑，邹雨锋，明珠（064）；王贺银，周志彬（057）；王贺银，林仕珍（015）；余欣繁，许旺（226）；邹雨锋（370）；陈永恒（130）；温海洋（048）。②深圳赤坳，王贺银，招康赛（064）。③深圳应人石，王贺银，招康赛（162）；林仕珍，黄玉源（169）。

分布地 生于海拔 100～1500（～1850）m 的山坡疏、密林下或疏林缘或开阔的草坡、灌木丛中。产云南、广西、广东、江西、福建、台湾。

酸藤子 *Embelia laeta*

越南、老挝、泰国、柬埔寨均有生长。

本研究种类分布地 深圳杨梅坑、赤坳、应人石。

主要经济用途 根、叶可散瘀止痛、收敛止泻，治跌打肿痛、肠炎腹泻、咽喉炎、胃酸少、痛经闭经等症；叶煎水亦作外科洗药；嫩尖和叶可生食，味酸；果亦可食，有强壮补血的功效。兽用根、叶治牛伤食腹胀、热病口渴。

白花酸藤果（酸藤子属）

Embelia ribes Burm. f., Fl. Ind. 62. pl. 23. 1768; Benth., Fl. Hongk. 204. 1861; Kurz, For. Fl. Brit. Burma 2: 101. 1877; C. B. Clarke in Hook. f., Fl. Brit. Ind. 3: 513. 1882; Mez in Engl., Pflanzenriech 9 (IV. 236): 303. 1902; Walker, 静生汇报 9: 172. 1939 et in Philipp. Journ. Sci. 73: 159. 1940, excl. specim. H. T. Tsai 563358, 56664, 57116; 广州植物志: 473. 图258. 1956; 中国高等植物图鉴 3: 227. 图4407. 1974; 海南植物志 3: 176. 图648. 1974; 云南植物志 1: 363. 图版86, 图4-6. 1977—— *Samara ribes* Kurz in Journ. Asiat. Soc. Bengal 46: 222. 1887—— *Ribesiodes ribes* O. Ktze., Rev. Gen. Pl. 2: 403. 1891; 中国植物志 58: 104. 1979.

别名 入地龙、马桂郎、枪子果、牛脾蕊、百花酸藤子、酸味蓫

主要形态特征 攀援灌木，高 3～6m。叶柄长 5～10mm；叶片纸质或坚纸质，矩圆状椭圆形、椭圆形或卵形，长 3～8cm，渐尖，全缘，边里弯；侧脉不清楚。花序顶生，多少有叶，圆锥状，

有总状的枝，有褐色毛；花梗与花等长，花长 1～2mm，5 出，少有 4 出；萼片三角形，钝，有睫毛；花冠裂片分离，椭圆形或矩圆形，钝，长约 1mm，外面有稀疏微柔毛，里面和边缘有密毛；雄蕊着生在花冠裂片的中部，雌花则着生稍下，花药矩圆形或卵球形，背面有腺疣；雄花柱

头盾状或有不清楚的浅裂，雌花柱头头状，花柱短。果有柄，球形，直径 3mm，皱缩。

凭证标本 ①深圳杨梅坑，陈永恒，赖标汶（137）；林仕珍，许旺（060）。②深圳赤坳，刘浩，招康赛（034）。③深圳应人石，邹雨锋，许旺（167）。

分布地 福建、广东、广西、云南。国外斯里兰卡、印度、印度尼西亚也有分布。

本研究种类分布地 深圳杨梅坑、赤坳、应人石。

杜茎山（杜茎山属）

Maesa japonica (Thunb.) Moritzi. ex Zoll. in Syst. verz. Ind. Archip. 3: 61. 1855; *Doraena japonica* Thunb., Nov. Gen. Pl. 3: 59. 1783 et Fl. Jap. 84. 1784; 广州植物志: 470. 1956; 海南植物志 3: 165. 1974; 中国植物志 58: 27. 1979.

别名 金砂根、白茅茶、白花茶、野胡椒、山桂花、水光钟

主要形态特征 灌木，直立，有时外倾或攀援，高 1～3（～5）m；小枝无毛，具细条纹，疏生皮孔。叶片革质，有时较薄，椭圆形至披针状椭圆形，或倒卵形至长圆状倒卵形，或披针形，顶端渐尖、急尖或钝，有时尾状渐尖，基部楔形、钝或圆形，一般长约 10cm，宽约 3cm，也有长 5～15cm，宽 2～5cm，几全缘或中部以上具疏锯齿，或除基部外均具疏细齿，两面无毛，叶面中、侧脉及细脉微隆起，背面中脉明显，隆起，侧脉 5～8 对，不甚明显，尾端直达齿尖；叶柄长 5～13mm，无毛。总状花序或圆锥花序，单 1 或 2～3 个腋生，长 1～3（～4）cm，仅近基部具少数分枝，无毛；苞片卵形，长不到 1mm；花梗长 2～3mm，无毛或被极疏的微柔毛；小苞片广卵形或肾形，紧贴花萼基部，无毛，具疏细缘毛或腺点；花萼长约 2mm，萼片长约 1mm，卵形至近半圆形，顶端钝或圆形，具明显的脉状腺条纹，无毛，具细缘毛；花冠白色，长钟形，管长 3.5～4mm，具明显的脉状腺条纹，裂片长为管的 1/3 或更短，卵形或肾形，顶端钝或圆形，边缘略具细齿；雄蕊着生于花冠管中部略上，内藏；花丝与花药等长，花药卵形，背部具腺点；柱头分裂。果球形，直径 4～5mm，有时达 6mm，肉质，具脉状腺条纹，宿存萼包裹顶端，花冠宿存花柱。花期 1～3 月，果期 10 月或 5 月。

特征差异研究 深圳赤坳：叶宽 1.6～5.2cm，与上述特征描述相比，其最大值多 0.2cm。

形态特征增补 ①深圳杨梅坑：叶柄长 0.3～

白花酸藤果 *Embelia ribes*

杜茎山 *Maesa japonica*

0.5cm。②深圳赤坳：叶柄长 0.6～0.9cm。

凭证标本　①深圳杨梅坑，陈永恒（032）。②深圳赤坳，刘浩（038）。

分布地　海拔 300～2000m 的山坡或石灰山杂木林下阳处，或路旁灌木丛中。产我国西南至台湾以南各省区。日本及越南北部亦有。

本研究种类分布地　深圳杨梅坑、赤坳。

主要经济用途　果可食，微甜；全株供药用，有祛风寒、消肿之功，用于治腰痛、头痛、心燥烦渴、眼目晕眩等症；根与白糖煎服治皮肤风毒，亦治妇女崩带；茎、叶外敷治跌打损伤，止血。

鲫鱼胆（杜茎山属）

Maesa perlarius (Lour.) Merr. 中国植物志　58: 25. 1979.

别名　空心花（广西），冷饭果（云南）

主要形态特征　小灌木，高 1～3m；分枝多，小枝被长硬毛或短柔毛，有时无毛。叶片纸质或近坚纸质，广椭圆状卵形至椭圆形，顶端急尖或突然渐尖，基部楔形，长 7～11cm，宽 3～5cm，边缘从中下部以上具粗锯齿，下部常全缘，幼时两面被密长硬毛，以后叶面除脉外近无毛，背面被长硬毛，中脉隆起，侧脉 7～9 对，尾端直达齿尖，叶柄长 7～10mm，被长硬毛或短柔毛。总状花序或圆锥花序，腋生，长 2～4cm，具 2～3 分枝（为圆锥花序时），被长硬毛和短柔毛；苞片小，披针形或钻形，较花梗短，花梗长约 2mm，小苞片披针形或近卵形，均被长硬毛和短柔毛；花长约 2mm，萼片广卵形，较萼管长或几等长，具脉状腺条纹，被长硬毛，以后无毛；花冠白色，钟形，长约为花萼的 1 倍，无毛，具脉状腺条纹；裂片与花冠管等长，广卵形，边缘具不整齐的微波状细齿；雄蕊在雌花中退化，在雄花中着生于花冠管上部，内藏；花丝较花药略长；花药广卵形或近肾形，无腺点；雌蕊较雄蕊略短，花柱短且厚，柱头 4 裂。果球形，直径约 3mm，无毛，具脉状腺条纹；宿存萼片达果中部略上，即果的 2/3 处，常冠以宿存花柱。花期 3～4 月，果期 12 月至翌年 5 月。

凭证标本　深圳杨梅坑，陈永恒，赖标汶（123）。

分布地　海拔 150～1350m 的山坡、路边的疏林或灌丛中湿润的地方。产四川南部、贵州至台湾以南沿海各省区。越南、泰国亦有。

鲫鱼胆 *Maesa perlarius*

本研究种类分布地　深圳杨梅坑。

主要经济用途　全株供药用，有消肿去腐、生肌接骨的功效，用于跌打刀伤，亦用于疔疮、肺病。

密花树（密花树属）

Rapanea neriifolia (Sieb. et Zucc.) Mez in Engl., Pflanzenreich 9 (IV. 236): 361. 1902; Walker, 静生汇报, 9: 183. 1939 et in Philipp. Journ. Sci. 73: 202. 1940; 中国高等植物图鉴 3: 233. 图4419. 1974; 海南植物志 3: 180. 图651. 1974; 云南植物志 1: 384. 1977——*Myrsine neriifolia* Sieb. et Zucc. in Abh. Bayer. Akad. Math.-Phys. 4: 137. 1846——*R. yunnanensis* Mez, l. c., 358. fig. 60. 1902——*M. seguinii* Levl., Fl. Kouy-Tcheou 288. 1914-15; Walker in Bot. Mag. Tokyo 67: 252. 1954—— *M. thunbergii* Tanaka in Bult. Sci. Fak. Terk. Kjusu Univ. 1: 201. 1925——*R. walkeriana* Hand.-Mazz., Sym. Sin. 7: 760. 1936——*R. neriifolia* var. *yunnanensis* Walker in Philipp. Journ. Sci. 73: 205. 1940; 中国高等植物图鉴 3: 233. 1974—— *Athruphyllum taiwanianum* Nakai in Bot. Mag. Tokyo 55: 525. 527. 1941, in Nakai et Honda, Nov. Fl. Jap. 9: 139. 1943—— *A. seguinii* Nakai l. c. ——*M. capitellata* auct. non Wall.: Benth., Fl. Hongk. 205. 1861; 陈嵘, 中国树木分类学: 972. 图862. 1937——*R. playfairii* auct. non (Hemsl.) Mez: Masamune et Suzuki in Ann. Rep. Taihoku Bot. Gard. 3: 64. 1933; Kanehira, Form. Trees rev. ed. 570. 1936. ——*A. neriifolium* Hara, Enum. Sperm. Jap. 1: 74. 1948; 中国植物志 58: 132. 1979.

别名　狗骨头，哈雷（云南傣语译音），打铁树，大明橘

主要形态特征　大灌木或小乔木，高 2 ～ 7m，可达 12m；小枝无毛，具皱纹，有时有皮孔。叶片革质，长圆状倒披针形至倒披针形，顶端急尖或钝，稀突然渐尖，基部楔形，多少下延，长 7 ～ 17cm，宽 1.3 ～ 6cm，全缘，两面无毛，叶面中脉下凹，侧脉不甚明显，背面中脉隆起，侧脉很多，不明显；叶柄长约 1cm 或较长。伞形花序或花簇生，着生于具覆瓦状排列的苞片的小短枝上，小短枝腋生或生于无叶老枝叶痕上，有花 3 ～ 10 朵；苞片广卵形，具疏缘毛；花梗长 2 ～ 3mm 或略长，无毛，粗壮；花长（2 ～）3 ～ 4mm，花萼仅基部连合，萼片卵形，顶端钝或广急尖，稀圆形，长约 1mm，具缘毛，有时具腺点；花瓣白色或淡绿色，有时为紫红色，基部连合达全长的 1/4，花时反卷，长（2 ～）3 ～ 4mm，卵形或椭圆形，顶端急尖或钝，具腺点，外面无毛，里面和边缘密被乳头状凸起，中部以下无上述凸起；雄蕊在雌花中退化，在雄花中着生于花冠中部，花丝极短，花药卵形，略小于花瓣，无腺点，顶端常具乳头状凸起；雌蕊与花瓣等长或超过花瓣，子房卵形或椭圆形，无毛，花柱极短，柱头伸长，顶端扁平，基部圆柱形，长约为子房的 2 倍。果球形或近卵形，直径 4 ～ 5mm，灰绿色或紫黑色，有时具纵行腺条纹或纵肋，冠以宿存花柱基部，果梗有时长达 7mm。花期 4 ～ 5 月，果期 10 ～ 12 月。

特征差异研究　①深圳杨梅坑：叶长 4.5 ～ 7.5cm，宽 1.6 ～ 1.9cm，叶柄长 0.4 ～ 0.6cm。与上述特征描述相比，叶长的最小值偏小 2.5cm；叶柄长偏小 0.4cm。②深圳应人石：叶长 6.9 ～ 8.2cm，宽 1.9 ～ 2.1cm，叶柄长 0.3 ～ 0.6cm，比上述特征描述叶长的最小值小 0.1cm；叶柄长小 0.4cm。

密花树 *Rapanea neriifolia*

凭证标本　①深圳杨梅坑，林仕珍（325）。②深圳应人石，王贺银（157）。

分布地　海拔 650 ～ 2400m 的混交林中或苔藓林中，亦见于林缘、路旁等灌木丛中。产我国西南各省至台湾。缅甸、越南、日本亦有分布。

本研究种类分布地　深圳杨梅坑、应人石。

主要经济用途　用根煎水服，可治膀胱结石；树皮含鞣质 20.11%；叶可敷外伤；木材坚硬，可作车杆车轴，又是较好的薪炭柴。

安息香科 Styracaceae

赤杨叶（赤杨叶属）

Alniphyllum fortunei (Hemsl.) Makino in Bot. Mag. Tokyo 20: 93. 1906; Perk. in Engler, Pflanzenr. 30(IV-241): 91. f. 14. 1907: Rehd. in Sargent, Pl. Wils. 1: 294. 1912; Chun, Chinese Econ. Trees 277. 1922; Cheng in Mem. Sci. Soc. China 1: 209. 1924; Groff in Lingnan Air. Rev. 2 (1): 126. 1924; Merr. in Lingnan Agr. Rev. 4: 133. 1927 et in Lingnan Sci. Journ. 5: 146. 1927; Rehd. in Journ. Arn. Arb. 8: 187. 1927; Hu et Chun, Icon. Pl. Sin. 1: 45. Pl. 45. 1927 et in Bull. Fan Mem. Inst. Biol. 3: 319. Pl. 16. f. 63. 1932; Mori in Trans. Nat. Hist. Soc. Formos. 25: 415. 1935; Guill. in Lecomte, Fl. Gen. Indo-Chine 3: 990. 1933; Hand.-Mazz. Symb. Sin. 7: 804. 1936; 陈嵘, 中国树木分类学: 1009; 中国植物志 60(2): 122. 1987.

别名 红皮岭麻（海南），高山望（广东阳春），冬瓜木（广东英德），鹿食（广东澄迈），豆渣树（云南屏边），依果白（瑶语），拟赤杨（中国树木分类学），福氏赤杨叶（中国植物图谱），水冬瓜（广西），白花盏（广州），白苍木（广东封川）。

主要形态特征 乔木，高 15 ～ 20m，胸径达 60cm，树干通直，树皮灰褐色，有不规则细纵皱纹。不开裂；小枝初时被褐色短柔毛，成长后无毛，暗褐色。叶嫩时膜质，干后纸质，椭圆形、宽椭圆形或倒卵状椭圆形，长 8 ～ 15（～ 20）cm，宽 4 ～ 7（～ 11）cm，顶端急尖至渐尖，少尾尖，基部宽楔形或楔形，边缘具疏离硬质锯齿，两面疏生至密被褐色星状短柔毛或星状绒毛，有时脱落变为无毛，下面褐色或灰白色，有时具白粉，侧脉每边 7 ～ 12 条；叶柄长 1 ～ 2cm，被褐色星状短柔毛至无毛。总状花序或圆锥花序，顶生或腋生，长 8 ～ 15（～ 20）cm，有花 10 ～ 20 多朵；花序梗和花梗均密被褐色或灰色星状短柔毛；花白色或粉红色，长 1.5 ～ 2cm；花梗长 4 ～ 8mm；小苞片钻形，长约 3cm，早落；花萼杯状，连齿高 4 ～ 5mm，外面密被灰黄色星状短柔毛，萼齿卵状披针形，较萼筒长；花冠裂片长椭圆形，长 1 ～ 1.5cm，宽 5 ～ 7mm，顶端钝圆，两面均密被灰黄色星状细绒毛；雄蕊 10 枚，其中 5 枚较花冠稍长，花丝膜质，扁平，上部分离，下部联合成长约 8mm 的管，花药长卵形，长约 3mm；子房密被黄色长绒毛；花柱较雄蕊长，初被稀疏星状长柔毛，以后被毛脱落。果实长圆形或长椭圆形，长（～ 8）10 ～ 18（～ 25）mm，直径 6 ～ 10mm，疏被白色星状柔毛或无毛，外果皮肉质，干时黑色，常脱落，内果皮浅褐色，成熟时 5 瓣开裂；种子多数，长 4 ～ 7mm，两端有不等大的膜质翅。花期 4 ～ 7 月，果期 8 ～ 10 月。

特征差异研究 深圳杨梅坑：叶长 7 ～ 14cm，宽 4.2 ～ 7cm，叶柄 0.3 ～ 0.5cm。与上述特征描述相比，叶长的最小值偏小 1cm；叶柄长的整体

赤杨叶 *Alniphyllum fortunei*

范围偏小，最大值比上述特征描述叶柄长的最小值小 0.5cm。

凭证标本 深圳杨梅坑，余欣繁，招康赛（229）。

分布地 本种分布较广、适应性较强，生长迅速，阳性树种，常与山毛榉科和山茶科植物混生；生于海拔 200 ～ 2200m 的常绿阔叶林中。产安徽、江苏、浙江、湖南、湖北、江西、福建、台湾、广东、广西、贵州、四川和云南等。印度、越南和缅甸也有。

本研究种类分布地 深圳杨梅坑。

主要经济用途 本种木材纹理通直，结构致密，材质轻软，易于加工，旋刨性能较佳，干燥微裂，不变形，不耐腐，为一美观轻工木材，适于火柴工业，雕刻图章，轻巧的上等家具及各种板料、模型等用材，亦为一种放养白木耳的优良树种。

广东木瓜红（木瓜红属）

Rehderodendron kwangtungense Chun in Sunyatsenia 1 (4): 290. Pl. 38. (1-3): 1934 et 3 (1): 31. f. 5. 1935: Hu et Chun, Icon. Pl. Sin. 5: 47. Pl. 247. 1937; 陈嵘, 中国树木分类学: 1002. 图887. 1937; 中国高等植物图鉴 3: 333. 1974; S. M. Hwang in Acta Phytotax. Sin. 18(z): I66. 1980. ——*R. hui* Chun in op. cit. 1 (4): 291. Pl. 38 (4-6): 1934 et 3 (1): 29. f. 4. 1935; 陈嵘, 同上: 1002. 1937; Hu et Chun, op. cit. 5: 46. Pl. 246. 1937; 中国植物志 60(2): 136. 1987.

别名　岭南木瓜红（中国树木分类学），红木冬瓜木（湖南），粤芮德木（中国植物图谱）

主要形态特征　乔木，高达15m，胸径约20cm；小枝褐色或红褐色，有光泽，老枝灰褐色；冬芽红褐色，有数鳞片包裹，下部的鳞片宽卵形，顶端短尖，上部的鳞片卵状长圆形，顶端渐尖，最外面的鳞片常有缘毛。叶纸质至革质，长圆状椭圆形或椭圆形，长7～16cm，宽3～8cm，顶端短尖至短渐尖，基部宽楔形或楔形，边缘有疏离锯齿，两面均无毛，上面绿色，下面淡绿色，侧脉每边7～11条，和网脉在两面均明显隆起，紫红色；叶柄长1～1.5cm，上面有沟槽。总状花序长约7cm，有花6～8朵；花序梗、花梗、小苞片和花萼均密被灰黄色星状短柔毛；花白色，开于长叶之前；花梗长约1cm；花萼钟状，有5棱，高约6mm，宽约3.5mm，萼齿披针形；花冠裂片卵形，稍不等长，长20～25mm，宽10～14mm，两面均密被星状短柔毛；雄蕊长者与花冠相等，短者短于花冠，花药长约6mm；花柱比雄蕊长。果单生，长圆形、倒卵形或椭圆形，长4.5～8cm，直径2.5～4cm，熟时褐色或灰褐色，无毛或稍被短柔毛，有5～10棱，棱间平滑，顶端具脐状凸起，外果皮木质，厚约1mm，中果皮纤维状木栓质，厚8～12mm，内果皮木质，坚硬，向中果皮放射成许多间隙；种子长圆状线形，栗棕色，长2～2.5cm。花期3～4月，果期7～9月。

凭证标本　深圳杨梅坑，刘浩，招康赛（099）。

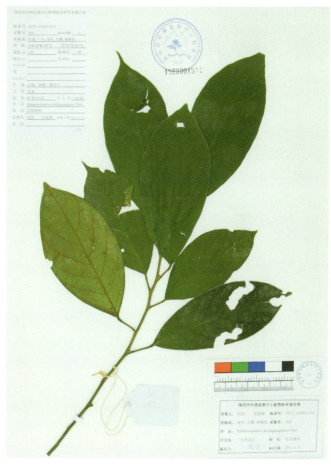

广东木瓜红 *Rehderodendron kwangtungense*

分布地　生于海拔100～1300m密林中。产湖南（宜章）、广东（乐昌、乳源、英德）、广西（苍梧、贺县、资源、兴安）和云南（屏边）。

本研究种类分布地　深圳杨梅坑。

栓叶安息香（安息香属）

Styrax suberifolius Hook. et Arn. Bot. Beech. Voy. 196. t. 40. 1841; DC. in DC. Prodr. 8: 261. 1844; Benth. in Journ. Bot. Kew Misc. 4: 304. 1852 et Fl. Hongk. 213. 1861; 侯宽昭, 广州植物志: 475. 1956; 中国植物志 60(2): 109. 1987.

别名　红皮树、红皮、赤血仔、叶下白、赤仔尾、铁甲子、稠树、狐狸公、赤皮

主要形态特征　乔木，高4～20m，胸径达40cm，树皮红褐色或灰褐色，粗糙；嫩枝稍扁，具槽纹，被锈褐色星状绒毛，老枝渐变无毛，圆柱形，紫褐色或灰褐色。叶互生，革质，椭圆形、长椭圆形或椭圆状披针形，长5～15（～18）cm，宽2～5（～8）cm，顶端渐尖，尖头有时稍弯，基部楔形，边近全缘，上面无毛或仅中脉疏被星状毛，下面密被黄褐色至灰褐色星状绒毛，侧脉每边5～12条，中脉在上面凹陷，下面隆起，第三级小脉近平行，下面较明显隆起；

叶柄长 1 ～ 1.5（～ 2）cm，上面具深槽或近四棱形，密被灰褐色或锈色星状绒毛。总状花序或圆锥花序，顶生或腋生，长 6 ～ 12cm；花序梗和花梗均密被灰褐色或锈色星状柔毛；花白色，长 10 ～ 15mm；花梗长 1 ～ 3mm；小苞片钻形或舌形，长 2 ～ 3cm，密被星状柔毛；花萼杯状，高 3 ～ 5（～ 7）mm，宽 2 ～ 4（～ 7）mm，萼齿三角形或波状，外面密被灰黄色星状绒毛和疏生褐棕色或黄褐色星状短柔毛，内面近顶端疏被白色长柔毛；花冠 4（～ 5）裂，裂片披针形或长圆形，长 8 ～ 10mm，宽 2 ～ 3mm，外面密被紧贴星状短柔毛，内面无毛，干时暗紫色或黄褐色，边缘常狭内褶，花蕾时作镊合状排列，花冠管短，无毛；雄蕊 8 ～ 10 枚，较花冠稍短，花丝扁平，下部联合成管，无毛，上部分离，被星状短柔毛，花药长圆形，长约 3mm；花柱与花冠近等长，无毛。果实卵状球形，直径 1 ～ 1.8cm，密被灰色至褐色星状绒毛，成熟时从顶端向下 3 瓣开裂；种子褐色，无毛，宿存，花萼包围果实的基部至一半。花期 3 ～ 5 月，果期 9 ～ 11 月。

特征差异研究　①深圳杨梅坑：叶长 3 ～ 6.5cm，宽 1 ～ 3.8cm，叶柄长 0.1 ～ 0.3cm；与上述特征描述相比，叶长的最小值小 2cm；叶宽的最小值小 1cm；叶柄长的整体范围偏小，最大值比上述特征描述叶柄长的最小值小 0.7cm。②深圳小南山：叶长 4.2 ～ 8cm，宽 2.6 ～ 3.5cm，叶柄长 0.1 ～ 0.2cm，与上述特征描述相比，叶长的最小值偏小 0.8cm；叶柄长的整体范围偏小，最大值比上述特征描述叶柄长的最小值小 0.8cm。

凭证标本　①深圳杨梅坑，余欣繁，黄玉源（357）。②深圳小南山，余欣繁，招康赛（224）。

栓叶安息香 *Styrax suberifolius*

分布地　生于海拔 100 ～ 3000m 山地、丘陵地常绿阔叶林中；属阳性树种，生长迅速，可用种子繁殖。产长江流域以南各省区。越南也有分布。

本研究种类分布地　深圳杨梅坑、小南山。

主要经济用途　本种木材坚硬，可供家具和器具用材；种子可制肥皂或油漆；根和叶可做药用，可祛风、除湿、理气止痛，治风湿关节痛等。

山矾科 Symplocaceae

三裂山矾（山矾属）

Symplocos fordii Hance in Journ. Bot. 20: 78. 1882; Forb. et Hemsl. in Journ., Linn. Soc. Bot. 26: 73. 1889; 中国植物志 60(2): 27. 1987.

主要形态特征　灌木，高约 2m；小枝黑褐色，圆柱形，细长；幼枝、叶背、叶柄均被展开的灰黄色长柔毛。叶薄革质，干后黄绿色，卵形或狭卵形，长 5 ～ 9cm，宽 2 ～ 3.5cm，先端长尾状渐尖，基部心形，稍偏斜，边缘具尖锯齿；中脉在叶面 1/3 以上凸起，2/3 以下凹下，侧脉和网脉在两面均明显凸起，侧脉每边 4 ～ 6 条；几无叶柄。

穗状花序短，有花 5 ～ 10 朵，花序轴长约 1cm，被柔毛；苞片阔卵形，长约 1mm，小苞片卵形，顶端尖；花萼长约 2mm，无毛，裂片 3，阔卵形，稍长于萼筒；花冠白色，长约 3.5mm，5 深裂几达基部，裂片长圆形；雄蕊 15 ～ 20 枚，花丝基部稍合生；花盘平坦，有柔毛；子房 3 室。核果狭卵形，长约 1cm，近顶端渐狭，宿萼裂片直立；

核具不规则的浅纵棱。花果期 5 ～ 11 月，边开花边结果。

特征差异研究　深圳小南山：叶长 4.5 ～ 5.5cm，宽 1.8 ～ 2.5cm，叶柄长 0.1 ～ 0.2cm。与上述特征描述相比，叶长的最小值小 0.5cm；叶宽的最小值小 0.2cm。

凭证标本　深圳小南山，王贺银，黄玉源（198）。

分布地　生于低海拔的林中。产广东南部。

本研究种类分布地　深圳小南山。

老鼠矢（山矾属）

Symplocos stellaris Brand in Bot. Jahrb. 29: 528. 1900, et in Engler, Pflanzenr. 6(IV. 242): 68. 1901; Rehd. in Sargent, Pl. Wils. 2: 597. 1916, et in Journ. Arn. Arb. 15: 301. 1934; 陈嵘, 中国树木分类学: 991. 1937; Merr. et Chun in Sunyatsenia 5: 166 1940; Hand.-Mazz. et Peter-Stibal in Beih. Bot. Centralbl. 62(B): 31. 1943; 裴鉴等, 江苏南部种子植物手册: 577. 932. 1959; Li, Woody Fl. Taiwan 744. 1963; 中国高等植物图鉴 3: 323. 图4600. 1974; Noot. Rev. Symplocac. 283. 1975. ——*S. wilsoni* Hemsl. in Kew Bull. 161. 1906. ——*S. dunniana* Levl. in Fedde, Repert Sp. Nov. 9: 445. 1911. ——*S. eriobotryaefolia* Hayata, Icon. Pl. Formos. 5: 98. f. 26. et Pl. 10. 1915. ——*S. limprichtii* H. Winkler. in Fedde, Repert. Sp. Nov. Beih. 12: 461. 1922. ——*Bobua stellaris* (Brand) Migo it Bot. Mag. Jap. 56: 269. 1942. ——*Dicalix stellaris* (Brand) Migo in Journ. Shanghai Sci. Inst. 13: 2060. 1943; 中国植物志 60(2): 64. 1987.

主要形态特征　常绿乔木，小枝粗，髓心中空，具横隔；芽、嫩枝、嫩叶柄、苞片和小苞片均被红褐色绒毛。叶厚革质，叶面有光泽，叶背粉褐色，披针状椭圆形或狭长圆状椭圆形，长 6 ～ 20cm，宽 2 ～ 5cm，先端急尖或短渐尖，基部阔楔形或圆，通常全缘，很少有细齿；中脉在叶面凹下，在叶背明显凸起，侧脉每边 9 ～ 15 条，侧脉和网脉在叶面均凹下，在叶背不明显；叶柄有纵沟，长 1.5 ～ 2.5cm。团伞花序着生于二年生枝的叶痕之上；苞片圆形，直径 3 ～ 4mm，有缘毛；花萼长约 3mm，裂片半圆形，长不到 1mm，有长缘毛；花冠白色，长 7 ～ 8mm，5 深裂几达基部，裂片椭圆形，顶端有缘毛，雄蕊 18 ～ 25 枚，花丝基部合生成 5 束；花盘圆柱形，无毛；子房 3 室；核果狭卵状圆柱形，长约 1cm，顶端宿萼裂片直立；核具 6 ～ 8 条纵棱。花期 4 ～ 5 月，果期 6 月。

凭证标本　深圳小南山，温海洋（033）。

三裂山矾 *Symplocos fordii*

老鼠矢 *Symplocos stellaris*

分布地　产长江以南及台湾各省区。
本研究种类分布地　深圳小南山。

主要经济用途　木材供作器具；种子油可制肥皂。

马钱科 Loganiaceae

白背枫（醉鱼草属）

Buddleja asiatica Lour. Fl. Cochinch. 72. 1790; Benth. in DC. Prodr. 10:446. 1846 et Fl. Hongkong. 231. 1861; Soler. in Engl. & Prantl, Nat. Pflanzenfam. 4 (2): 48, fig. 27, H. 1892: Gagnep. in Not. Syst. 2: 189. 1912; Dop in Lecomte, Fl. Gen. Indo-Chine 4: 160, fig. 20. 1912: Merr. Fl. Manila 367. 1912 et in Trans. Am. Philos. Soc. New Ser. 24(2): 310. 1935; Rehd. & Wilson in Sarg. Pl. Wilson. 1: 566. 1913; Rehd. in JourA. Arn. Arb. 15: 309. 1934; Kanehira, Formos. Trees rev. ed. 622, fig. 580. 1936; Hand.-Mazz. Symb. Sin. 7: 947. 1936; Merr. in Fl. Siam. En. 3(1): 53. 1951: Yamazaki in Hara, Fl. East. Himal. 253. 1966: Leeuwenberg, Vidal & Galibert in Fl. Camb. Laos Vietnam 13: 92, Pl. 15, 1-8. 1972: Abd. in Fl. West Pakistan 56: 3, fig. l, E-G. 1974; 中国高等植物图鉴 3:372, 图4698. 1974; 海南植物志 3: 198, 图658. 1974; 广西本草选编. 下册: 1746, 附图, 1974; 台湾木本植物志 594, 图134. 1976; 全国中草药汇编. 下册: 210, 图1309. 1978; 台湾植物志 4: 152, 图945. 1979; Leeuwenberg in Meded. Landbouwhogeschool Wageningen 79-6: 92, fig. 22. 1979; Lauener in Not: Bot. Gard. Edinb. 33(3): 453. 1980; P. T. Li in Acta Bot. Yunnan. 4 (3): 231. 1982; 中国植物志 61: 274. 1992.

别名　驳骨丹（海南），狭叶醉鱼草（广西木本选编），山埔姜（台湾植物志），七里香（云南沪水），驳骨丹醉鱼草（云南植物研究），王记叶（湖南），水黄花（广西凌云），黄合叶（湖北）

主要形态特征　直立灌木或小乔木，高 1 ～ 8m。嫩枝条四棱形，老枝条圆柱形；幼枝、叶下面、叶柄和花序均密被灰色或淡黄色星状短绒毛，有时毛被极密而成绵毛状。叶对生，叶片膜质至纸质，狭椭圆形、披针形或长披针形，长 6 ～ 30cm，宽 1 ～ 7cm，顶端渐尖或长渐尖，基部渐狭而成楔形，有时下延至叶柄基部，全缘或有小锯齿，上面绿色，干后黑褐色，通常无毛，稀有星状短柔毛，下面淡绿色，干后灰黄色；侧脉每边 10 ～ 14 条，上面扁平，干后凹陷，下面凸起；叶柄长 2 ～ 15mm。总状花序窄而长，由多个小聚伞花序组成，长 5 ～ 25cm，宽 0.7 ～ 2cm，单生或者 3 至数个聚生于枝顶或上部叶腋内，再排列成圆锥花序；花梗长 0.2 ～ 2mm；小苞片线形，短于花萼；花萼钟状或圆筒状，长 1.5 ～ 4.5mm，外面被星状短柔毛或短绒毛，内面无毛，花萼裂片三角形，长为花萼之半；花冠芳香，白色，有时淡绿色，花冠管圆筒状，直立，长 3 ～ 6mm，外面近无毛或被稀疏星状毛，内面仅中部以上被短柔毛或绵毛，花冠裂片近圆形，长 1 ～ 1.7mm，宽 1 ～ 1.5mm，广展，外面几无毛；雄蕊着生于花冠管喉部，花丝极短，花药长圆形，基部心形，花粉粒长球状，具 3 沟孔；雌蕊长 2 ～ 3mm，无毛，子房卵形或长卵形，长 1 ～ 1.5mm，宽

0.8 ～ 1mm，花柱短，柱头头状，2 裂。蒴果椭圆状，长 3 ～ 5mm，直径 1.5 ～ 3mm；种子灰褐色，椭圆形，长 0.8 ～ 1mm，宽 0.3 ～ 0.4mm，两端具短翅。花期 1 ～ 10 月，果期 3 ～ 12 月。

凭证标本　深圳小南山，温海洋（087）。

分布地　生海拔 200 ～ 3000m 向阳山坡灌木丛中或疏林缘。产陕西、江西、福建、台湾、湖北、湖南、广东、海南、广西、四川、贵州、云南和西藏等省区。分布于巴基斯坦、印度、不丹、尼泊尔、缅甸、泰国、越南、老挝、柬埔寨、马来西亚、巴布亚新几内亚、印度尼西亚和菲律宾等。模式标本采自越南。

本研究种类分布地　深圳小南山。

主要经济用途　根和叶供药用，有祛风化湿、行气活络之功效。花芳香，可提取芳香油。

白背枫 *Buddleja asiatica*

醉鱼草（醉鱼草属）

Buddleja lindleyana Fortune in Lindl. Bot. Reg. 30: Misc. 25. 844, 32: tab. 4. 1846; Benth. in DC. Prodr. 10: 446. 1846 et Fl. Hongkong. 231. 1861; 中国高等植物图鉴 3: 374, 图4702. 1974; 全国中草药汇编. 上册: 914, 图933. 1975; 中药大辞典. 下册: 2603, 2604, 图5457. 1977; Leeuwenberg in Meded. Landbouwhogeschool Wageningen 79-6: 129, fig. 34. 1979; P. T. Li in Acta Bot. Yunnan. 4(3): 239. 1982; 中国植物志 61: 308. 1992.

别名　闭鱼花（本草纲目），痒见消（植物名实图考长编），鱼尾草（履巉岩本），檓木（普济方），五霸蔷（中国树木分类学），阳包树（中国药用植物志），雉尾花（云南植物志），鱼鳞子（安徽药材），药杆子（江苏植物药材志），防痛树（广西中兽医药用植物），鲤鱼花草（中国土农药志），药鱼子（除害灭病爱国卫生运动手册），铁帚尾（湖南药物志），红鱼皂（闽东本草），楼梅草（南方主要有毒植物），鱼泡草（福建中草药），毒鱼草（广西本草选编），钱线尾（全国中草药汇编）

主要形态特征　灌木，高 1～3m。茎皮褐色；小枝具四棱，棱上略有窄翅；幼枝、叶片下面、叶柄、花序、苞片及小苞片均密被星状短绒毛和腺毛。叶对生，萌芽枝条上的叶为互生或近轮生，叶片膜质，卵形、椭圆形至长圆状披针形，长 3～11cm，宽 1～5cm，顶端渐尖，基部宽楔形至圆形，边缘全缘或具有波状齿，上面深绿色，幼时被星状短柔毛，后变无毛，下面灰黄绿色；侧脉每边 6～8 条，上面扁平，干后凹陷，下面略凸起；叶柄长 2～15mm。穗状聚伞花序顶生，长 4～40cm，宽 2～4cm；苞片线形，长达 10mm；小苞片线状披针形，长 2～3.5mm；花紫色，芳香；花萼钟状，长约 4mm，外面与花冠外面同被星状毛和小鳞片，内面无毛，花萼裂片宽三角形，长和宽约 1mm；花冠长 13～20mm，内面被柔毛，花冠管弯曲，长 11～17mm，上部直径 2.5～4mm，下部直径 1～1.5mm，花冠裂片阔卵形或近圆形，长约 3.5mm，宽约 3mm；雄蕊着生于花冠管下部或近基部，花丝极短，花药卵形，顶端具尖头，基部耳状；子房卵形，长 1.5～2.2mm，直径 1～1.5mm，无毛，花柱长 0.5～1mm，柱头卵圆形，长约 1.5mm。果序穗状；蒴果长圆状或椭圆状，长 5～6mm，直径 1.5～2mm，无毛，有鳞片，基部常有宿存花萼；种子淡褐色，小，无翅。花期 4～10 月，果期 8 月至翌年 4 月。

特征差异研究　深圳杨梅坑：叶长 3～11.2cm，宽 1～2.8cm，叶柄长 0.3～1cm。与上述特征描述相比，叶长的最大值偏大 0.2cm。

凭证标本　深圳杨梅坑，王贺银，招康赛（024）；陈惠如（77）。

分布地　生海拔 200～2700m 山地路旁、河边灌木丛中或林缘。产江苏、安徽、浙江、江西、福建、湖北、湖南、广东、广西、四川、贵州和云南等省区。马来西亚、日本、美洲及非洲均有栽培。

本研究种类分布地　深圳杨梅坑。

主要经济用途　全株有小毒，捣碎投入河中能使活鱼麻醉，便于捕捉，故有"醉鱼草"之称。花和叶含醉鱼草苷（buddleo-glucoside）、柳穿鱼苷（linarin）、刺槐素（acacetin）等多种黄酮类。花、叶及根供药用，有祛风除湿、止咳化痰、散瘀之功效。兽医用枝叶治牛泻血。全株可用作农药，专杀小麦吸浆虫、螟虫及灭孑孓等。花芳香而美丽，为公园常见优良观赏植物。

醉鱼草 *Buddleja lindleyana*

灰莉（灰莉属）

Fagraea ceilanica Thunb. Vet. Acad. Handl. Stockh. 3: 132, tab. 4. 1782 et Nov. Gen. Pl. 2: 35. 1782; Leenhouts in Bull. Jard. Bot. Etat. Brux. 32: 420. 1962 et in Fl. Malesiana Ser. 1, 6 (2): 315, fig. 13-15. 1962; Back. & Bakh. f. Fl. Java 2: 211. 1965; 中国高等植物图鉴 3: 375, 图4704. 1974; 中国植物志 61: 226. 1992.

别名　鲤鱼胆、灰刺木、箐黄果、小黄果、非洲茉莉、华灰莉

主要形态特征　乔木，高达 15m，有时附生于其他树上呈攀援状灌木；树皮灰色。小枝粗厚，圆柱形，老枝上有凸起的叶痕和托叶痕；全株无毛。叶片稍肉质，干后变纸质或近革质，椭圆形、卵形、倒卵形或长圆形，有时长圆状披针形，长 5～25cm，宽 2～10cm，顶端渐尖、急尖或圆而有小尖头，基部楔形或宽楔形，叶面深绿色，干后绿黄色；叶面中脉扁平，叶背微凸起，侧脉每边 4～8 条，不明显；叶柄长 1～5cm，基部具有由托叶形成的腋生鳞片，鳞片长约 1mm，宽约 4mm，常多少与叶柄合生。花单生或组成顶生二歧聚伞花序；花序梗短而粗，基部有长约 4mm 披针形的苞片；花梗粗壮，长达 1cm，中部以上有 2 枚宽卵形的小苞片；花萼绿色，肉质，干后革质，长 1.5～2cm，裂片卵形至圆形，长约 1cm，边缘膜质；花冠漏斗状，长约 5cm，质薄，稍带肉质，白色，芳香，花冠管长 3～3.5cm，上部扩大，裂片张开，倒卵形，长 2.5～3cm，宽达 2cm，上部内侧有凸起的花纹；雄蕊内藏，花丝丝状，花药长圆形至长卵形，长 5～7mm；子房椭圆状或卵状，长 5mm，光滑，2 室，每室有胚珠多颗，花柱纤细，柱头倒圆锥状或稍呈盾状。浆果卵状或近圆球状，长 3～5cm，直径

灰莉 *Fagraea ceilanica*

2～4cm，顶端有尖喙，淡绿色，有光泽，基部有宿萼；种子椭圆状肾形，长 3～4mm，藏于果肉中。染色体基数 $x=11$。花期 4～8 月，果期 7 月至翌年 3 月。

凭证标本　①深圳杨梅坑，王贺银（136）。②深圳小南山，余欣繁，招康赛（178）。

分布地　生海拔 500～1800m 山地密林中或石灰岩地区阔叶林中。产台湾、海南、广东、广西和云南南部，分布于印度、斯里兰卡、缅甸、泰国、老挝、越南、柬埔寨、印度尼西亚、菲律宾、马来西亚。

本研究种类分布地　深圳杨梅坑、小南山。

主要经济用途　景观用途。

蓬莱葛（蓬莱葛属）

Gardneria multiflora Makino in Bot. Mag. Tokyo 6:53. 1892, nom., 15: 103. 1901, descr.; Rehd. & Wilson in Sarg. Pl. Wilson. 1: 563. 1913; Rehd. in Journ. Arn. Arb. 15: 309. 1934; Hand.-Mazz. Symb. Sin. 7: 946. 1936; Ohwi, Fl. Japan 946. 1956, rev. ed. 1089. 1978; 江苏南部种子植物手册: 593, 图960. 1959; Leenhouts in Bull, Jard. Bot. Etat. Brux. 32: 433. 1962; Lauener in Not. Bot. Gard. Edinb. 27: 280. 291. 1967, 32: 97. 112. 1972, 38: 454. 1980; 中国高等植物图鉴 3: 376, 图4706. 1974; P. T. Li in Acta Phytotax. Sin. 17:116. 1979; 云南植物志 3: 448. 1983; 秦岭植物志 1 (4): 97, 图92. 1983; Li, Woody Fl. Taiwan 776, fig. 311. 1963; 台湾木本植物志: 595. 1976; 台湾植物志 4: 154. 1978. ——*G. nutans* Sieb. & Zucc. f. *multiflora* (Makino) Matsuda in Bot. Mag. Tokyo 32: 146. 1919. ——*G. hongkongensis* Hayata, Icon. Pl. Formos. 9: 75 1920; Merr. in Sunyatsenia 1: 204. 1934. ——*G. chinensis* Nakai, Trees Shrubs Japan 1: 316. 1922, nom. et in Bot. Mag. Tokyo 38: 45. 1924, descr; 中国植物志 61: 243. 1992.

别名　多花蓬莱葛（广西植物名录），清香藤（江西会昌），落地烘（广西大苗山），黄河江（湖南）

主要形态特征　木质藤本，长达 8m。枝条圆柱

形，有明显的叶痕；除花萼裂片边缘有睫毛外，全株均无毛。叶片纸质至薄革质，椭圆形、长椭圆形或卵形，少数披针形，长 5～15cm，宽

2 ～ 6cm，顶端渐尖或短渐尖，基部宽楔形、钝或圆，上面绿色而有光泽，下面浅绿色；侧脉每边 6 ～ 10 条，上面扁平，下面凸起；叶柄长 1 ～ 1.5cm，腹部具槽；叶柄间托叶线明显；叶腋内有钻状腺体。花很多而组成腋生的二至三歧聚伞花序，花序长 2 ～ 4cm；花序梗基部有 2 枚三角形苞片；花梗长约 5mm，基部具小苞片；花 5 数；花萼裂片半圆形，长和宽约 1.5mm；花冠辐状，黄色或黄白色，花冠管短，花冠裂片椭圆状披针形至披针形，长约 5mm，厚肉质；雄蕊着生于花冠管内壁近基部，花丝短，花药彼此分离，长圆形，长 2.5mm，基部 2 裂，4 室；子房卵形或近圆球形，2 室，每室有胚珠 1 颗，花柱圆柱状，长 5 ～ 6mm，柱头椭圆状，顶端浅 2 裂。浆果圆球状，直径约 7mm，有时顶端有宿存的花柱，果成熟时红色；种子圆球形，黑色。花期 3 ～ 7 月，果期 7 ～ 11 月。

蓬莱葛 *Gardneria multiflora*

凭证标本　深圳小南山，余欣繁（411）。

分布地　生海拔 300 ～ 2100m 山地密林下或山坡灌木丛中。产秦岭淮河以南，南岭以北。日本和朝鲜也有。模式标本采自日本。

本研究种类分布地　深圳小南山。

主要经济用途　根、叶可供药用，有祛风活血之效，主治关节炎、坐骨神经痛等。

钩吻（钩吻属）

Gelsemium elegans (Gardn. & Champ.) Benth. in Journ. Linn. Soc. Bot. 1: 90. 1856 et Fl. Hongkong. 229. 1861; Miq. in Fl. Ind. Bat. 2: 359. 1857: Kurz in For. Fl, Brit. Burma 2:249. 1877: Hemsl. in Journ. Linn. Soc. Bot. 26:117. 1889; Soler. in Engl. & Prantl, Nat. Pflanzenfam. 4 (2): 29. 1892; Brandis in Ind. Trees 476. 1906; Dop in Fl Gen. Indo-Chine 4: 162, fig. 21. 1914: Hu & Chun, Icon. Pl. Sin. tab. 97. 1929; Kanjilal & Das in Fl. Assam 3: 314. 1939: Merr. & Chun in Sunyatsenia 2: 305. 1935; 陈嵘，中国树木分类学：1069，图 954. 1937; Leenhouts in Fl. Malesiana Ser. 1, 6 (2): 343, fig. 27 1962; Ornd. in Journ. Arn. Arb. 51: 9, fig. 2. 1970; Tirel-Roudet in Fl. Camb. Laos Vietnam 13:69. 1972; 中国高等植物图鉴 3: 377, 图 4707. 1974; 海南植物志 3: 199, 图 659. 1974; 云南植物志 3: 449, 图版 129. 1983. ——*Medicia elegans* Gardn. & Champ in Hook. Journ. Bot. Kew Misc. 1:325. 1849; 中国植物志 61: 251. 1992.

别名　野葛（唐本草注），胡蔓藤（南方草本状），断肠草（梦溪笔谈），烂肠草（本草纲目），朝阳草（生草药性备要），大茶药（岭南采药集），大茶藤（中国药用植物图鉴），荷班药（岭南草药志），猪人参（广西中药志），狗向藤（广东大埔），柑毒草（福建），猪参（台湾），大茶叶（广西），文大海（云南傣语）

主要形态特征　常绿木质藤本，长 3 ～ 12m。小枝圆柱形，幼时具纵棱；除苞片边缘和花梗幼时被毛外，全株均无毛。叶片膜质，卵形、卵状长圆形或卵状披针形，长 5 ～ 12cm，宽 2 ～ 6cm，顶端渐尖，基部阔楔形至近圆形；侧脉每边 5 ～ 7 条，上面扁平，下面凸起；叶柄长 6 ～

12mm。花密集，组成顶生和腋生的三歧聚伞花序，每分枝基部有苞片 2 枚；苞片三角形，长 2 ～ 4mm；小苞片三角形，生于花梗的基部和中部；花梗纤细，长 3 ～ 8mm；花萼裂片卵状披针形，长 3 ～ 4mm；花冠黄色，漏斗状，长 12 ～ 19mm，内面有淡红色斑点，花冠管长 7 ～ 10mm，花冠裂片卵形，长 5 ～ 9mm；雄蕊着生于花冠管中部，花丝细长，长 3.5 ～ 4mm，花药卵状长圆形，长 1.5 ～ 2mm，伸出花冠管喉部之外；子房卵状长圆形，长 2 ～ 2.5mm，花柱长 8 ～ 12mm，柱头上部 2 裂，裂片顶端再 2 裂。蒴果卵形或椭圆形，长 10 ～ 15mm，直径 6 ～ 10mm，未开裂时明显地具有 2 条纵槽，成熟时

通常黑色，干后室间开裂为 2 个 2 裂果瓣，基部
有宿存的花萼，果皮薄革质，内有种子 20 ～ 40 颗；
种子扁压状椭圆形或肾形，边缘具有不规则齿裂
状膜质翅。花期 5 ～ 11 月，果期 7 月至翌年 3 月。

特征差异研究 ①深圳小南山：叶长 6 ～ 17cm，
宽 1.2 ～ 2.4cm。与上述特征相比，叶长最小值
多 1cm，最大值多 5cm；叶宽度则偏小。②深圳
莲花山：叶长 10 ～ 14cm，叶宽 1.2 ～ 1.7cm。
其长度值也明显高于上述特征，而宽度则偏小。

凭证标本 ①深圳小南山，邹雨锋，招康赛（303）；
王贺银（272）。②深圳莲花山，林仕珍，周志彬
（089）；邹雨锋，招康赛（093）。

分布地 生海拔 500 ～ 2000m 山地路旁灌木丛中
或潮湿肥沃的丘陵山坡疏林下。产江西、福建、
台湾、湖南、广东、海南、广西、贵州、云南等
省区。分布于印度、缅甸、泰国、老挝、越南、
马来西亚和印度尼西亚等。

本研究种类分布地 深圳小南山、莲花山。

主要经济用途 全株有大毒，根、茎、枝、叶含

钩吻 *Gelsemium elegans*

有钩吻碱甲、乙、丙、丁、寅、卯、戊、辰等 8
种生物碱。供药用，有消肿止痛、拔毒杀虫之效；
华南地区常用作中兽医草药，对猪、牛、羊有驱
虫功效；亦可作农药，防治水稻螟虫。

华马钱（马钱属）

Strychnos cathayensis Merr. in Lingnan Sci. Journ. 13: 44.
1934; Chun in Sunyatsenia 4: 258, Pl 42. 1940; 海南植物志
3: 201. 1974; 中国植物志 61: 237. 1992.

别名 三脉马钱、登欧梅罗、牛目椒、百节藤

主要形态特征 木质藤本。幼枝被短柔毛，老枝被
毛脱落；小枝常变态成为成对的螺旋状曲钩。叶
片近革质，长椭圆形至窄长圆形，长 6 ～ 10cm，
宽 2 ～ 4cm，顶端急尖至短渐尖，基部钝至圆，
上面有光泽，无毛，下面通常无光泽而被疏柔毛；
叶柄长 2 ～ 4mm，被疏柔毛至无毛。聚伞花序顶
生或腋生，长 3 ～ 4cm，着花稠密；花序梗短，
与花梗同被微毛；花 5 数，长 8 ～ 12mm；花梗长
2mm；小苞片卵状三角形，长约 1mm；花萼裂片
卵形，长约 1mm，宽 0.5mm，外面被微毛；花冠
白色，长约 1.2cm，无毛或有时外面有乳头状凸起，
花冠管远比花冠裂片长，长约 9mm，花冠裂片长
圆形，长达 3.5mm，稍厚；雄蕊着生于花冠管喉部，
长约 2mm，花丝比花药短，长 0.5mm，花药长圆形，
长 1.5 ～ 2mm，无毛；雌蕊长达 11mm，无毛，子
房卵形，长约 1mm，花柱伸长，长达 1cm，柱头
头状。浆果圆球状，直径 1.5 ～ 3cm，果皮薄而脆
壳质，内有种子 2 ～ 7 颗；种子圆盘状，宽 2 ～
2.5cm，被短柔毛。花期 4 ～ 6 月，果期 6 ～ 12 月。

华马钱 *Strychnos cathayensis*

凭证标本　深圳小南山，邹雨锋，招康赛（264）。

分布地　生山地疏林下或山坡灌丛中。产台湾、广东、海南、广西、云南。越南北部也有分布。

本研究种类分布地　深圳小南山。

主要经济用途　叶、种子含有马钱子碱。根、种子供药用，有解热止血的功效。果实可作农药，毒杀鼠类等。

牛眼马钱（马钱属）

Strychnos angustiflora Benth. in Journ Linn. Soc. Bot. 1: 102. 1856 et Fl. Hongkong. 232. 1861; Hill in Kew Bull. 1917: 182. 1917; Ding & Groff in Lingn. Rev. 2: 128. 1925; Merr. in Lingnan Sci. Journ. 5: 148. 1927; Herklots, Hong Kong Natur. 4: 108. 1934: Tirel-Roudet in Fl. Camb. Laos Vietnam 13: 33, Pl. 8, 1-5. 1972: Bisset & al. in Lloydia 36(2): 180. 1973; 海南植物志 3: 201. 1974; 中国高等植物图鉴　3: 379, 图4712. 1974; P. T. Li in Journ. South China Agr. Coll. 1: 124. 1980. ——*Strychnos usitata* Pierre ex Dop var. *cirrosa* Dop in Mem. Soc. Bot. France 19: 19. 1910; 中国植物志　61: 234. 1992.

别名　牛眼珠（海南），狭花马钱（广西植物名录），勾梗树（广东陆丰），车前树（云南）

主要形态特征　木质藤本，长达 10m；除花序和花冠以外，全株无毛。小枝变态成为螺旋状曲钩，钩长 2 ～ 5cm，上部粗厚，老枝有时变成枝刺。叶片革质，卵形、椭圆形或近圆形，长 3 ～ 8cm，宽 2 ～ 4cm，顶端急尖至钝，基部钝至圆，有时浅心形；基出脉 3 ～ 5 条，紧靠边缘的 2 条脉纤细；叶柄长 4 ～ 6mm。三歧聚伞花序顶生，长 2 ～ 4cm，被短柔毛；苞片小；花 5 数，长 8 ～ 11mm，具短花梗；花萼裂片卵状三角形，长约 1mm，外面被微柔毛；花冠白色，花冠管与花冠裂片等长或近等长，长 4 ～ 5mm，花冠裂片长披针形，近基部和花冠管喉部被长柔毛；雄蕊着生于花冠管喉部，长约 2mm，花丝丝状，比花药长，花药长圆形，顶端无尖头，伸出花冠管喉部之外，基部无毛；雌蕊长 1cm，无毛，子房卵形，长约 0.7mm，花柱伸长。浆果圆球状，直径 2 ～ 4cm，光滑，成熟时红色或橙黄色，内有种子 1 ～ 6 颗；种子扁圆形，宽 1 ～ 1.8cm。花期 4 ～ 6 月，果期 7 ～ 12 月。

凭证标本　深圳小南山，温海洋，黄玉源（111）。

分布地　产福建、广东、海南、广西、云南。生

牛眼马钱 *Strychnos angustiflora*

山地疏林下或灌木丛中。分布于越南、泰国和菲律宾等。模式标本采自中国香港。

本研究种类分布地　深圳小南山。

主要经济用途　茎皮、嫩叶、种子均有毒，含有马钱子碱和番木鳖碱，可供药用，能消肿毒；也可作兽药，治跌打损伤。

木犀科 Oleaceae

清香藤（素馨属）

Jasminum lanceolarium Roxb. Hort. Beng. 3. 1814, nom. nud., Fl. Ind. 1: 97. 1820; DC. Prodr. 8: 310. 1844; C. B. Clarke in Hook. f. Fl. Brit. Ind. 3: 601. 1882; Hemsl. in Journ. Linn. Soc. Boc. 26: 78. 1889; Levl. in Fedde, Rep. Sp. Nov. 13: 150. 1914; Rehd. in Sargent, Pl. Wils. 2: 612. 1916; 中国植物志　61: 197. 1992.

别名　川清茉莉（中国树木分类学），光清香藤（植物分类学报），北清香藤（中国高等植物图鉴）

主要形态特征　大型攀援灌木，高 10 ～ 15m。小枝圆柱形，稀具棱，节处稍压扁，光滑无毛或

被短柔毛。叶对生或近对生，三出复叶，有时花序基部侧生小叶退化成线状而成单叶；叶柄长（0.3～）1～4.5cm，具沟，沟内常被微柔毛；叶片上面绿色，光亮，无毛或被短柔毛，下面色较淡，光滑或疏被至密被柔毛，具凹陷的小斑点；小叶片椭圆形、长圆形、卵圆形、卵形或披针形，稀近圆形，长3.5～16cm，宽1～9cm，先端钝、锐尖、渐尖或尾尖，稀近圆形，基部圆形或楔形，顶生小叶柄稍长或等长于侧生小叶柄，长0.5～4.5cm。复聚伞花序常排列呈圆锥状，顶生或腋生，有花多朵，密集；苞片线形，长1～5mm；花梗短或无，果时增粗增长，无毛或密被毛；花芳香；花萼筒状，光滑或被短柔毛，果时增大，萼齿三角形，不明显，或几近截形；花冠白色，高脚碟状，花冠管纤细，长1.7～3.5cm，裂片4～5枚，披针形、椭圆形或长圆形，长5～10mm，宽3～7mm，先端钝或锐尖；花柱异长。果球形或椭圆形，长0.6～1.8cm，径0.6～1.5cm，两心皮基部相连或仅一心皮成熟，黑色，干时呈橘黄色。花期4～10月，果期6月至翌年3月。

凭证标本 ①深圳杨梅坑，王贺银，黄玉源（038）。②深圳赤坳，李志伟（023）。③深圳小南山，林仕珍，周志彬（210）；邹雨锋，招康赛（281）；黄启聪（039）。

分布地 生山坡、灌丛、山谷密林中，海拔2200m以下。产长江流域以南各省区及台湾、陕西、甘肃。印度、缅甸、越南等国也有分布。

本研究种类分布地 深圳杨梅坑、赤坳、小南山。

清香藤 Jasminum lanceolarium

小叶女贞（女贞属）

Ligustrum quihoui Carr. in Rev. Hort. Paris 1869: 377. 1869; Decne. in Nouv. Arch. Mus. Hist. Nat. Paris ser. 2, 2: 35. 1879; Hemsl. in Journ, Linn. Soc. Bot. 26: 92. 1889; Schneid. Ill. Handb. Laubh. 2:801, f. 502 k-l. 1911; Hofk. in Mitt. Deutsch. Dendr. Ges. 24: 60, t. 5. 1915; Rehd. in Sargent, Pl. Wils. 2: 607, 1916 et in Journ. Arn. Arb. 15: 305. 1934 et Bibl. Cult. Trees & Shrubs 573. 1949; Mansf. in Bot. Jahrb. 59, Beibl. 132: 63. 1924; O. Stapf in Curtis's Bot. Mag. 154: t. 9202. 1930; Hand. -Mazz. Symb. Sin. 7: 1011. 1936; 陈嵘, 中国树木分类学: 1027. 1937; Y. C. Yang in Contr. Biol. Lab. Sci. Soc. China Bot. Ser. 12: 111. 1939; 中国高等植物图鉴 3: 362, 图4678. 1974; Lauener & P. S. Green in Not. Bot. Gard. Edinb. 37 (1): 128. 1978; M. C. Chang & B. M. Miao in Investigat. Stud. Nat. 6: 41, pl. 1, f. 5-6. 1986; 云南植物志 4: 642, 图版181, 1-3. 1986; 西藏植物志3: 885, 图340, 1-5. 1986. ——*L. brachystachyum* Decne. l. c. ser. 2, 2: 34. 1879, "brachystachium"; Franch. Pl. David. 1: 205. 1883; Hemsl. l. c. 26: 89. 1889: Diels in Bot. Jahrb. 29: 533. 1900; Rehd. l. c. 2: 607. 1916. ——*L. argyi* Levl. in Mem. Acad. Ci. Art. Barcelona ser. 3, 12 (22): 557. 1916. ——*L. quihoui* var. *brachystachyum* (Decne.) Hand.-Mazz. l. c. 7: 1011. 1936. ——*L. quihoui* var. *trichopodum* Y. C. Yang, l. c. 12: 112. 1939; 中国植物志 61: 141. 1992.

主要形态特征 落叶灌木，高1～3m。小枝淡棕色，圆柱形，密被微柔毛，后脱落。叶片薄革质，形状和大小变异较大，披针形、长圆状椭圆形、椭圆形、倒卵状长圆形至倒披针形或倒卵形，长1～4（～5.5）cm，宽0.5～2（～3）cm，先端锐尖、钝或微凹，基部狭楔形至楔形，叶缘反卷，上面深绿色，下面淡绿色，常具腺点，两面无毛，稀沿中脉被微柔毛，中脉在上面凹入，下面凸起，侧脉2～6对，不明显，在上面微凹入，下面略凸起，近叶缘处网结不明显；叶柄长0～5mm，

无毛或被微柔毛。圆锥花序顶生，近圆柱形，长
4～15（～22）cm，宽2～4cm，分枝处常有1
对叶状苞片；小苞片卵形，具睫毛；花萼无毛，
长1.5～2mm，萼齿宽卵形或钝三角形；花冠长
4～5mm，花冠管长2.5～3mm，裂片卵形或椭
圆形，长1.5～3mm，先端钝；雄蕊伸出裂片外，
花丝与花冠裂片近等长或稍长。果倒卵形、宽椭
圆形或近球形，长5～9mm，径4～7mm，呈
紫黑色。花期5～7月，果期8～11月。

凭证标本　深圳赤坳，廖栋耀（034）。

分布地　生沟边、路旁或河边灌丛中，或山坡，
海拔100～2500m。产陕西南部、山东、江苏、
安徽、浙江、江西、河南、湖北、四川、贵州西
北部、云南、西藏察隅。

本研究种类分布地　深圳赤坳。

主要经济用途　叶入药，具清热解毒等功效，治
烫伤、外伤；树皮入药治烫伤。

小叶女贞 *Ligustrum quihoui*

小蜡（女贞属）

Ligustrum sinense Lour. Fl. Cochinch. 1: 19. 1790, ed. Willd.
23. 1793; DC. Prodr. 8: 294. 1844; Decne. in Nouv. Arch.
Mus. Hist. Nat. Paris ser. 2, 2: 36 1879; excl. specim. korea;
Hemsl. in Journ. Linn. Soc, Bot. 26: 92. 1889; Diels in Bot.
Jahrb. 29: 533. 1900; Schneid. Ill. Handb. Laubh. 2: 801, f.
502 m-n, 504 k-l, 505 a-d. 1911; Rehd. in Sargent, Pl. Wils.
2: 605. 1916 et Bibl. Cult. Trees & Shrubs 572. 1949; Mansf.
in Bot. Jahrb. 59, Beibl. 132: 60. 1924; Merr. in Trans. Amer.
Philos. Soc. n. ser. 24, 2: 307. 1935; Hand.-Mazz. Symb. Sin.
7: 1010. 1936; 陈嵘，中国树木分类学: 1026，图911. 1937;
中国高等植物图鉴 3: 362，图4677. 1974; 中国植物志 61:
158. 1992.

别名　黄心柳、水黄杨、千张树

主要形态特征　落叶灌木或小乔木，高2～4
（～7）m。小枝圆柱形，幼时被淡黄色短柔毛
或柔毛，老时近无毛。叶片纸质或薄革质，卵
形、椭圆状卵形、长圆形、长圆状椭圆形至披针
形，或近圆形，长2～7（～9）cm，宽1～3
（～3.5）cm，先端锐尖、短渐尖至渐尖，或钝
而微凹，基部宽楔形至近圆形，或为楔形，上面
深绿色，疏被短柔毛或无毛，或仅沿中脉被短柔
毛，下面淡绿色，疏被短柔毛或无毛，常沿中脉
被短柔毛，侧脉4～8对，上面微凹入，下面略
凸起；叶柄长28mm，被短柔毛。圆锥花序顶生
或腋生，塔形，长4～11cm，宽3～8cm；花

小蜡 *Ligustrum sinense*

序轴被较密淡黄色短柔毛或柔毛以至近无毛；花
梗长1～3mm，被短柔毛或无毛；花萼无毛，长
1～1.5mm，先端呈截形或呈浅波状齿；花冠长

3.5～5.5mm，花冠管长 1.5～2.5mm，裂片长圆状椭圆形或卵状椭圆形，长 2～4mm；花丝与裂片近等长或长于裂片，花药长圆形，长约 1mm。果近球形，径 5～8mm。花期 3～6 月，果期9～12 月。

特征差异研究 ①深圳赤坳：叶长 2.5～4.1cm，宽 1.5～2.1cm，叶柄长 0.3～0.5cm；花长约0.1cm，花冠约 0.1cm；与上述特征描述相比，叶柄长小 2.3cm；花冠直径偏小 2.5mm。②深圳杨梅坑：叶长 3.3～6.1cm，宽 1.3～2cm，叶柄长0.4～0.9cm；果实近球形，直径 0.5～0.7cm。与上述特征描述相比，叶柄长偏小 1.9cm。

凭证标本 ①深圳杨梅坑，洪继猛（059）。②深圳赤坳，余欣繁，黄玉源（320）；余欣繁，黄玉源（321）。

分布地 生山坡、山谷、溪边、河旁、路边的密林、疏林或混交林中，海拔 200～2600m。产江苏、浙江、安徽、江西、福建、台湾、湖北、湖南、广东、广西、贵州、四川、云南。西安有栽培。越南也有分布，马来西亚也栽培。

本研究种类分布地 深圳杨梅坑、赤坳。

主要经济用途 果实可酿酒；种子榨油供制肥皂；树皮和叶入药，具清热降火等功效，治吐血、牙痛、口疮、咽喉痛等；各地普遍栽培作绿篱。

木犀（木犀属）

Osmanthus fragrans (Thunb.) Lour. Fl. Cochinch. 1: 29. 1790., ed. Willd. 1: 35. 1793; Spach, Hist. Nat. Veg. Phan. 8: 268. 1839; DC. Prodr. 8: 291. 1844; Lavallee, Arb. Segrez. 169. 1877; 中国植物志 61: 107. 1992.

别名 桂花（通称）

主要形态特征 常绿乔木或灌木，高 3～5m，最高可达 18m；树皮灰褐色。小枝黄褐色，无毛。叶片革质，椭圆形、长椭圆形或椭圆状披针形，长 7～14.5cm，宽 2.6～4.5cm，先端渐尖，基部渐狭呈楔形或宽楔形，全缘或通常上半部具细锯齿，两面无毛，腺点在两面连成小水泡状凸起，中脉在上面凹入，下面凸起，侧脉 6～8 对，多达 10 对，在上面凹入，下面凸起；叶柄长 0.8～1.2cm，最长可达 15cm，无毛。聚伞花序簇生于叶腋，或近于帚状，每腋内有花多朵；苞片宽卵形，质厚，长 2～4mm，具小尖头，无毛；花梗细弱，长 4～10mm，无毛；花极芳香；花萼长约 1mm，裂片稍不整齐；花冠黄白色、淡黄色、黄色或橘红色，长 3～4mm，花冠管仅长 0.5～1mm；雄蕊着生于花冠管中部，花丝极短，长约0.5mm，花药长约 1mm，药隔在花药先端稍延伸呈不明显的小尖头；雌蕊长约 1.5mm，花柱长约0.5mm。果歪斜，椭圆形，长 1～1.5cm，呈紫黑色。花期 9～10 月上旬，果期翌年 3 月。

特征差异研究 深圳莲花山：叶长 6.1～7.5cm，宽 2～4cm，叶柄长 0.5cm。与上述特征相比，叶长最小值小 0.9cm；叶宽最小值偏小 0.6cm；叶柄长偏小 0.3cm。

凭证标本 深圳莲花山，陈永恒，招康赛（052）；余欣繁，招康赛（081）。

木犀 Osmanthus fragrans

分布地 原产中国西南。现各地广泛栽培。

本研究种类分布地 深圳莲花山。

主要经济用途 花为名贵香料，并作食品香料。

牛矢果（木犀属）

Osmanthus matsumuranus Hayata in Journ. Coll. Sci. Univ. Tokyo 30: 192. 1911; Matsumura, Index Pl. Jap. 2: 496. 1912; Kanehira, Formos. Trees 368. 1917. rev. ed. 622. 1936; Makino & Nemoro, Fl. Jap. ed. 2, 940. 1931; Merr. & Metcalf in Lingnan Sci. Journ. 16: 397. 1937; 中国植物志　61: 89. 1992.

主要形态特征　常绿灌木或乔木，高 2.5～10m；树皮淡灰色，粗糙。小枝扁平，黄褐色或紫红褐色，无毛。叶片薄革质或厚纸质，倒披针形，稀为倒卵形或狭椭圆形，长 8～14（～19）cm，宽 2.5～4.5（～6）cm，先端渐尖，具尖头，基部狭楔形，下延至叶柄，全缘或上半部有锯齿，两面无毛，具针尖状凸起腺点，腺点干时呈灰白色或淡黄色，中脉在上面稍凹入，下面明显凸起，侧脉（7～）10～12（～15）对，纤细，在上面略凹入，下面凸起；叶柄长 1.5～3cm，无毛，上面有浅沟。聚伞花序组成短小圆锥花序，着生于叶腋，长 1.5～2cm，苞片宽卵形，长 1～1.5mm，质硬，具小尖头，无毛，或边缘具短睫毛，花后脱落，小苞片三角状卵形，长 1.5～2mm，边缘通常具睫毛；花梗长 2～3mm，无毛或被毛；花芳香；花萼长 1.5～2mm，裂片长 0.5～1mm，边缘具纤毛；花冠淡绿白色或淡黄绿色，长 3～4mm，花冠管与裂片几等长，裂片反折，边缘具极短的睫毛；雄蕊着生于花冠管上部，花丝长 1～1.5mm，花药椭圆形，长约 0.5mm，药隔不延伸；雌蕊长约 4mm，子房长约 1mm，柱头头状，极浅 2 裂。果椭圆形，长 1.5～3cm，直径 0.7～1.5cm，绿色，成熟时紫红色至黑色。花期 5～6 月，果期 11～12 月。

凭证标本　深圳杨梅坑，余欣繁，招康赛（240）。

分布地　生海拔 800～1500m 山坡密林、山谷林中和灌丛中。产安徽、浙江、江西、台湾、广东、广西、贵州、云南等省区。越南、老挝、柬埔寨、印度等地也有分布。

本研究种类分布地　深圳杨梅坑。

牛矢果 *Osmanthus matsumuranus*

夹竹桃科 Apocynaceae

黄蝉（黄蝉属）

Allemanda neriifolia Hook. in Curtis's. Bot. Mag. 77: t. 4594. 1851; 侯宽昭等，广州植物志: 488. 1956; 海南植物志　3: 220, 1974; 中国植物志 63: 75. 1977.

别名　黄兰蝉

主要形态特征　直立灌木，高 1～2m，具乳汁；枝条灰白色。叶 3～5 枚轮生，全缘，椭圆形或倒卵状长圆形，长 6～12cm，宽 2～4cm，先端渐尖或急尖，基部楔形，叶面深绿色，叶背浅绿色，除叶背中脉和侧脉被短柔毛外，其余无毛；叶脉在叶面扁平，在叶背凸起，侧脉每边 7～12 条，未达边缘即行网结；叶柄极短，基部及腋间具腺体；聚伞花序顶生；总花梗和花梗被秕糠状小柔毛；花橙黄色，长 4～6cm，张口直径约 4cm；苞片披针形，着生在花梗的基部；花萼深 5 裂，裂片披针形，内面基部具少数腺体；

花冠漏斗状，内面具红褐色条纹，花冠下部圆筒状，长不超过 2cm，直径 2～4mm，基部膨大，花喉向上扩大成冠檐，长约 3cm，直径约 1.5cm，冠檐顶端 5 裂，花冠裂片向左覆盖，裂片卵圆形或圆形，先端钝，长 1.6～2.0cm，宽约 1.7cm；雄蕊 5 枚，着生在花冠筒喉部，花丝短，基部被柔毛，花药卵圆形，顶端钝，基部圆形；花盘肉质全缘，环绕子房基部；子房全缘，1 室，花柱丝状，柱头顶端钝，基部环状。蒴果球形，具长刺，直径约 3cm；种子扁平，具薄膜质边缘，长约 2cm，宽 1.5cm。花期 5～8 月，果期 10～12 月。

特征差异研究 深圳杨梅坑：叶长 5.5～10.5cm，宽 2.5～4.2cm，叶柄长 0.1cm；蒴果球形，直径 2.3～2.5cm。与上述特征描述相比，叶宽的最大值大 0.2cm；蒴果的直径小 0.5cm。

凭证标本 深圳杨梅坑，陈永恒（035）；余欣繁，黄玉源（338）。

分布地 广西、广东、福建、台湾及北京（温室内）的庭院间均有栽培。本种原产巴西，现广泛栽培

黄蝉 *Allemanda neriifolia*

于热带地区。

本研究种类分布地 深圳杨梅坑。

主要经济用途 花黄色，大形，庭院及道路旁作观赏用。植株乳汁有毒，人畜中毒会刺激心脏，循环系统及呼吸系统受障碍，妊娠动物误食会流产。

紫蝉花（黄蝉属）

Allamanda violacea Gardn. &Field. 中国景观植物. 下册: 1038. 2009.

主要形态特征 常绿藤本，高达 40cm。全株有白色汁液。茎呈蔓性。叶 4 片轮生，长椭圆形或倒卵状披针形。花腋生，漏斗形；花冠 5 裂，暗桃红色或淡紫红色。春末至秋季开花，花期长达 3～4 个月。

凭证标本 深圳小南山，温海洋（167）。

分布地 原产巴西。华南有栽培。

本研究种类分布地 深圳小南山。

主要经济用途 常用作园林观赏，适合大型盆栽、围篱或小花棚美化。

紫蝉花 *Allamanda violacea*

糖胶树（鸡骨常山属）

Alstonia scholaris (L.) R. Br. in Mem. Wern. Soc. 1: 76. 1810; Tsiang in Sunyatsenia 2: 97. 1934; Pichon in Bull. Mus. Nat. Hist. 2 (19): 296. 1947; Monachino in Pacific Sci. 3: 146. 1949; Tsiang in Acta Phytotax. Sinica 10: 33. 1965; 海南植物志 3: 233, 图681. 1974; 中国高等植物图鉴 3: 431, 图4815. 1974. ——*Echites scholaris* Linn. Mant. 53. 1767. ——*Pala scholaris* Roberty in Bull. Inst. France Afr. Noire 15: 1426. 1953; 中国植物志 63: 90. 1977.

别名 灯架树（广东），鹰爪木、象皮木、九度叶、英台木、金瓜南木皮、面架木、肥猪叶（广西），吃力秀（云南少数民族语），阿根木、鸭脚木、灯台树、理肺散、大树理肺散、大矮陀陀、大树矮陀陀（云南），买担别（傣语）；大枯树（广西、云南），面条树（云南、广西、广东）

主要形态特征 乔木，高达 20m，直径约 60cm（在国外有记载高可达 40m，直径 1.25m）；枝

轮生，具乳汁，无毛。叶 3 ～ 8 片轮生，倒卵状长圆形、倒披针形或匙形，稀椭圆形或长圆形，长 7 ～ 28cm，宽 2 ～ 11cm，无毛，顶端圆形，钝或微凹，稀急尖或渐尖，基部楔形；侧脉每边 25 ～ 50 条，密生而平行，近水平横出至叶缘联结；叶柄长 1.0 ～ 2.5cm。花白色，多朵组成稠密的聚伞花序，顶生，被柔毛；总花梗长 4 ～ 7cm；花梗长约 1mm；花冠高脚碟状，花冠筒长 6 ～ 10mm，中部以上膨大，内面被柔毛，裂片在花蕾时或裂片基部向左覆盖，长圆形或卵状长圆形，长 2 ～ 4mm，宽 2 ～ 3mm；雄蕊长圆形，长约 1mm，着生在花冠筒膨大处，内藏；子房由 2 枚离生心皮组成，密被柔毛，花柱丝状，长 4.5mm，柱头棍棒状，顶端 2 深裂；花盘环状。蓇葖 2，细长，线形，长 20 ～ 57cm，外果皮近革质，灰白色，直径 2 ～ 5mm；种子长圆形，红棕色，两端被红棕色长缘毛，缘毛长 1.5 ～ 2cm。花期 6 ～ 11 月，果期 10 月至翌年 4 月。

特征差异研究　深圳小南山：叶长 6 ～ 22cm，宽 12 ～ 15cm。叶宽度较明显高于上述特征值。

凭证标本　①深圳杨梅坑；林仕珍，黄玉源（319）；刘浩，招康赛（101）。②深圳小南山，林仕珍，许旺（213）；余欣繁，招康赛（206）；刘浩，招康赛（083）。③深圳莲花山，陈永恒，明珠（181）。

分布地　生于海拔 650m 以下的低丘陵山地疏林中、路旁或水沟边。喜湿润肥沃土壤，在水边生长良好，为次生阔叶林主要树种。广西南部、西部和云南南部野生。广东、湖南和台湾有栽培。尼泊尔、印度、斯里兰卡、缅甸、泰国、越南、柬埔寨、马来西亚、印度尼西亚、菲律宾和澳大

糖胶树 *Alstonia scholaris*

利亚热带地区也有分布。

本研究种类分布地　深圳杨梅坑、小南山、莲花山。

主要经济用途　本种根、树皮、叶均含多种生物碱，供药用。在印度用其树皮、叶及乳汁来提炼药物治疟疾和发汗。在我国民间则用其树皮来治头痛、伤风、痧气、肺炎、百日咳、慢性支气管炎；外用可治外伤止血、接骨、消肿、疮节及配制杀虫剂等。树形美观，我国广东和台湾等省常作行道树或公园栽培观赏。乳汁丰富，可提制口香糖原料，故有称"糖胶树"。

链珠藤（链珠藤属）

Alyxia sinensis Champ. ex Benth. in Hook. Kew Journ. 4: 334. 1852; Benth. Fl. Hongkong. 219. 1861; Hemsl. in Journ. Linn. Soc. Bot. 24: 95. 1889; Dunn et Tutcher in Kew Bull. Misc. Inf. Add. Ser. 10: 168. 1912; Merr. In Lingnan Sci. Journ. 5: 149. 1927; Tsiang in Sunyatsenia 2: 104. 1934; 中国高等植物图鉴 3: 426, 图4806. 1974; 中国植物志 63: 65. 1977.

别名　阿利藤（中国树木分类学）；满山香、鸡骨香、过山香、春根藤（广东）；过滑边、山红来、瓜子英（福建），瓜子藤（广东、广西）

主要形态特征　藤状灌木，具乳汁，高达 3m；除花梗、苞片及萼片外，其余无毛。叶革质，对生或 3 枚轮生，通常圆形或卵圆形、倒卵形，顶端圆或微凹，长 1.5 ～ 3.5cm，宽 8 ～ 20mm，边缘反卷；侧脉不明显；叶柄长 2mm。聚伞花序腋生或近顶生；总花梗长不及 1.5cm，被微毛；花小，长 5 ～ 6mm；小苞片与萼片均有微毛；花萼裂片卵圆形，近钝头，长 1.5mm，内面无腺体；花冠先淡红色后退变白色，花冠筒长 2.3mm，内面无毛，近花冠喉部紧缩，喉部无鳞片，花冠裂片卵圆形，长 1.5cm；雌蕊长 1.5mm，子房具长柔毛。核果卵形，长约 1cm，直径 0.5cm，2 ～ 3 颗组成链珠状。花期 4 ～ 9 月，果期 5 ～ 11 月。

特征差异研究　①深圳杨梅坑：叶长 1 ～ 6.5cm，宽 0.8 ～ 2cm，叶柄长 0.2 ～ 0.3cm。与上述特征

描述相比，叶长的最小值偏小，小 0.5cm，最大值则偏大 3cm。②深圳小南山：叶长 6 ～ 10cm，宽 1.2 ～ 2.5cm，叶柄长 0.2 ～ 0.5cm。比上述特征描述叶长的整体范围偏大，最小值比其最大值还多 2.5cm；叶宽的最大值也偏大，多 0.5cm。

凭证标本 ①深圳杨梅坑，陈惠如，明珠（070）；陈惠如，明珠（071）。②深圳小南山，余欣繁，许旺（190）。

分布地 常野生于矮林或灌木丛中。分布于浙江、江西、福建、湖南、广东、广西、贵州等省区。

本研究种类分布地 深圳杨梅坑、小南山。

主要经济用途 根有小毒，具有解热镇痛、消痈解毒作用。民间常用于治风火、齿痛、风湿性关节痛、胃痛和跌打损伤等。全株可作发酵药。

海杧果（海杧果属）

Cerbera manghas Linn. Sp. Pl. 208. 1753; Tsiang in Sunyatsenia 2: 114. 1934, op. cit. 3: 137. 1936; 陈嵘, 中国树木分类学: 1079, 插图966. 1937; 侯宽昭等, 广州植物志: 487, 插图268. 1956; 中国高等植物图鉴 3: 420, 图4793. 1974; 海南植物志 3: 228, 图677. 1974; 中国植物志 63: 33. 1977.

别名 海杧果（种子植物名称），黄金茄、牛金茄、牛心荔、黄金调、山杭果（海南），香军树（广东），山样子、猴欢喜（台湾）

主要形态特征 乔木，高 4 ～ 8m，胸径 6 ～ 20cm；树皮灰褐色；枝条粗厚，绿色，具不明显皮孔，无毛；全株具丰富乳汁。叶厚纸质，倒卵状长圆形或倒卵状披针形，稀长圆形，顶端钝或短渐尖，基部楔形，长 6 ～ 37cm，宽 2.3 ～ 7.8cm，无毛，叶面深绿色，叶背浅绿色；中脉和侧脉在叶面扁平，在叶背凸起，侧脉在叶缘前网结；叶柄长 2.5 ～ 5cm，浅绿色，无毛；花白色，直径约 5cm，芳香；总花梗和花梗绿色，无毛，具不明显的斑点；总花梗长 5 ～ 21cm；花梗长 1 ～ 2cm；花萼裂片长圆形或倒卵状长圆形，顶端短渐尖或钝，长 1.3 ～ 1.6cm，宽 4 ～ 7mm，不等大，向下反卷，黄绿色，两面无毛；花冠筒圆筒形，上部膨大，下部缩小，长 2.5 ～ 4cm，直径：上部 7 ～ 10mm，下部约 3mm，外面黄绿色，无毛，内面被长柔毛，喉部染红色，具 5 枚被柔毛的鳞片，花冠裂片白色，背面左边染淡红色，倒卵状镰刀形，顶端具短尖头，长 1.5 ～ 2.5cm，宽：上面 1.5 ～ 2.5cm，下面约 8mm，两面无毛，水平张开；雄蕊着生在花冠筒喉部，花丝短，黄色，基

链珠藤 *Alyxia sinensis*

海杧果 *Cerbera manghas*

部肋状凸起，花药卵圆形，顶端具短尖，基部圆形，向内弯；无花盘；心皮 2，离生，无毛，花柱丝状，长 2.3 ～ 2.8cm，柔弱，无毛，柱头球形，基部环状，顶端浑圆而 2 裂。核果双生或单个，阔卵形或球形，长 5 ～ 7.5cm，直径 4 ～ 5.6cm，顶端钝或急尖，外果皮纤维质或木质，未成熟绿色，成熟时橙黄色；种子通常 1 颗。花期 3 ～ 10 月，果期 7 月至翌年 4 月。

特征差异研究 深圳杨梅坑：叶柄长 2.0 ～ 2.4cm ；与上述特征描述相比，叶柄长度最小值小 0.5cm。

凭证标本 深圳杨梅坑，洪继猛（028）。

分布地 生于海边或近海边湿润的地方。产广东南部、广西南部和台湾，以广东分布为多。亚洲和澳大利亚热带地区也有分布。模式标本采自印度。

本研究种类分布地 深圳杨梅坑。

主要经济用途 果皮含海杧果碱、毒性苦味素、生物碱、氰酸，毒性强烈，人、畜误食能致死。树皮、叶、乳汁能制药剂，有催吐、下泻、堕胎效用，但用量需慎重，多服能致死。喜生于海边，是一种较好的防潮树种。花多、美丽而芳香，叶深绿色，树冠美观，可作庭院、公园、道路绿化、湖旁周围栽植观赏。

狗牙花（狗牙花属）

Ervatamia divaricata (L.) Burk. in Rec. Bot. Surv. India 10: 320. 1924; 蒋英, 静生汇报 9: 209. 1939, Tsiang in Acta Phytotax. Sinica 8: 248. 1963. ——*Nerium divaricatum* Linn. Sp. Pl. 209. 1753. ——*Tabernaemontana coronaria* R. Br. in Aiton Hort. Kew. ed. 2(2): 72. 1811. ——*Ervatamia coronaria* Stapf in This.-Dyer Fl. Trop. Afr. 4(1): 127. 1902; 中国植物志 63: 101. 1977.

主要形态特征 灌木，通常高达 3m，除萼片有缘毛外，其余无毛；枝和小枝灰绿色，有皮孔，干时有纵裂条纹；节间长 1.5 ～ 8cm。腋内假托叶卵圆形，基部扩大而合生，长约 2mm。叶坚纸质，椭圆形或椭圆状长圆形，短渐尖，基部楔形，长 5.5 ～ 11.5cm，宽 1.5 ～ 3.5cm，叶面深绿色，背面淡绿色；侧脉 12 对，在叶面扁平，在背面略为凸起；叶柄长 0.5 ～ 1cm。聚伞花序腋生，通常双生，近小枝端部集成假二歧状，着花 6 ～ 10 朵；总花梗长 2.5 ～ 6cm；花梗长 0.5 ～ 1cm；苞片和小苞片卵状披针形，长 2mm，宽 1mm；花蕾端部长圆状急尖；花萼基部内面有腺体，萼片长圆形，边缘有缘毛，长 3mm，宽 2mm；花冠白色，花冠筒长达 2cm；雄蕊着生于花冠筒中部之下；花柱长 11mm，柱头倒卵球形。蓇葖长 2.5 ～ 7cm，极叉开或外弯；种子 3 ～ 6 个，长圆形。花期 6 ～ 11 月，果期秋季。

凭证标本 深圳小南山，温海洋（120）。

分布地 云南南部野生。广西、广东和台湾等省

狗牙花 *Ervatamia divaricata*

区栽培。印度也有，现广泛栽培于亚洲热带和亚热带地区。模式标本采自印度。

本研究种类分布地 深圳小南山。

主要经济用途 叶可药用，有降低血压效能，民间称可清凉解热利水消肿，治眼病、疮疖、乳疮、癫狗咬伤等症；根可治头痛和骨折等。

尖山橙（山橙属）

Melodinus fusiformis Champ. ex Benth. in Hook. Kew Bull. Bot. 4: 332. 1852; Benth. Fl. Hongkong. 218. 1861; Hemsl. in Journ. Linn. Soc. Bot. 26: 93. 1889; Dunn et Tutch. in Kew Bull. Misc. Inf. Add. Ser. 10: 167. 1912; Tsiang in Sonyatsenia 3: 132. 1936; 中国高等植物图鉴 3: 419, 图47791. 1974. ——*M. seguini* Lev. in Fedde Repert. Sp. Nov. 2: 114. 1906, et Fl. Kouy-Tcheou 30. 1914; Hand.-Mazz. Symb. Sin. 7: 989. 1936; Tsiang in Sunyatsenia 3: 131. 1936. ——*M. fluvus* Lev. l. c. 11: 548. 1913. ——*M. esquirolii* Lev. l. c. 549. ——*M. edulis* Lev. l. c. 549, et Fl. Kouy-Tcheou 30. 1914. ——*M. wrightioides* Hand.-Mazz. in Beih. Centr. 56: Abt. B. 460. 1937; 中国植物志 63: 29. 1977.

别名 竹藤、藤皮黄、鸡腿果、石芽枫（广西）

主要形态特征 粗壮木质藤本，具乳汁；茎皮灰

褐色；幼枝、嫩叶、叶柄、花序被短柔毛，老渐无毛；节间长 2.5～11cm。叶近革质，椭圆形或长椭圆形，稀椭圆状披针形，长 4.5～12cm，宽 1～5.3cm，端部渐尖，基部楔形至圆形；中脉在叶面扁平，在叶背略为凸起，侧脉约 15 对，向上斜升到叶缘网结；叶柄长 4～6mm。聚伞花序生于侧枝的顶端，着花 6～12 朵，长 3～5cm，比叶为短；花序梗、花梗、苞片、小苞片、花萼和花冠均疏被短柔毛；花梗长 0.5～1cm；花萼裂片卵圆形，边缘薄膜质，端部急尖，长 4～5mm；花冠白色，花冠裂片长卵圆形或倒披针形，偏斜不正；副花冠呈鳞片状在花喉中稍为伸出，鳞片顶端 2～3 裂；雄蕊着生于花冠筒的近基部。浆果橙红色，椭圆形，顶端短尖，长 3.5～5.3cm，直径 2.2～4cm；种子压扁，近圆形或长圆形，边缘不规则波状，直径 0.5cm。花期 4～9 月，果期 6 月至翌年 3 月。

特征差异研究　深圳小南山：叶柄长 0.3～1cm。比上述特征叶柄长的最小值小 0.1cm，最大值偏大，多 0.4cm。

凭证标本　深圳小南山，王贺银，招康赛（224）。

分布地　生于海拔 300～1400m 山地疏林中或山坡路旁、山谷水沟旁。产广东、广西和贵州等省区。

本研究种类分布地　深圳小南山。

尖山橙 *Melodinus fusiformis*

主要经济用途　全株供药用，民间称可活血、祛风、补肺、通乳和治风湿性心脏病等。

山橙（山橙属）

Melodinus suaveolens Champ. ex Benth. in Kew Bull. Bot. 4: 333. 1852; 侯宽昭等, 广州植物志: 3489. 1956; 海南植物志 3: 221, 图671. 1974; 中国植物志 63: 22. 1977.

别名　马骝藤、马骝橙藤、猴子果、屈头鸡、山大哥

主要形态特征　攀援木质藤本，长达 10m，具乳汁，除花序被稀疏的柔毛外，其余无毛；小枝褐色。叶近革质，椭圆形或卵圆形，长 5～9.5cm，宽 1.8～4.5cm，顶端短渐尖，基部渐尖或圆形，叶面深绿色而有光泽；叶柄长约 8mm。聚伞花序顶生和腋生；花蕾顶端圆形或钝；花白色；花萼长约 3mm，被微毛，裂片卵圆形，顶端圆形或钝，边缘膜质；花冠筒长 1～1.4cm，外披微毛，裂片约为花冠筒的 1/2，或与之等长，基部稍狭，上部向一边扩大而成镰刀状或成斧形，具双齿；副花冠钟状或筒状，顶端成 5 裂片，伸出花冠喉外；雄蕊着生在花冠筒中部。浆果球形，顶端具钝头，直径 5～8cm，成熟时橙黄色或橙红色；种子多数，犬齿状或两侧扁平，长约 8mm，干时棕褐色。花期 5～11 月，果期 8 月至翌年 1 月。

特征差异研究　①深圳杨梅坑：叶长 3～8.5cm，宽 1.2～3.8cm，叶柄长 0.4～0.9cm；浆果球形，直径 5.5cm。与上述特征描述相比，叶长的最小值偏小，小 2cm；叶宽的最小值偏小 0.6cm。②深圳小南山，叶长 2.6～9.4cm，叶宽 2～4.5cm，叶柄长 0.3～1cm；浆果球形，直径 4.7cm；与上述特征描述相比，叶长的最小值小 2.4cm；浆果直径偏小，小 0.3cm。

凭证标本　①深圳杨梅坑，邹雨锋，招康赛（129）；林仕珍（018）；陈惠如，黄玉源（092）。②深圳小南山，陈惠如，王贺银（113）；陈永恒（177）。

分布地　常生于丘陵、山谷，攀援树木或石壁上。

产广东、广西等省区。模式标本采自广东南部岛屿。

本研究种类分布地　深圳杨梅坑、小南山。

主要经济用途　果实可药用，治疝气、腹痛、小儿疳积，消化不良、睾丸炎等。藤皮纤维可编制麻绳、麻袋。

夹竹桃（夹竹桃属）

Nerium indicum Mill. Gard. Dict. ed. 8, no. 2. 1786; Tsiang in Sunyatsenia 2: 163. 1934, in Acta hhytotax. Sinica 10: 33. 1965; 中国高等植物图鉴 3: 441, 图4836. 1974; 海南植物志 3: 248, 图696. 1974. ——*N. odorum* Soland in Aiton Hort. Kew 1: 297. 1789. ——*N. oleander* Linn. var. *indicum* Degener et Greenwell in Degener Fl. Hawaii Family 305. 1952; 中国植物志 63: 147. 1977.

别名　夹竹桃（李卫竹谱），红花夹竹桃（广东广州），柳叶桃树（河北），洋桃（河南开封），叫出冬（东北），柳叶树（山东），洋桃梅（山西），枸那（花镜）

主要形态特征　常绿直立大灌木，高达5m，枝条灰绿色，含水液；嫩枝条具棱，被微毛，老时毛脱落。叶3～4枚轮生，下枝为对生，窄披针形，顶端急尖，基部楔形，叶缘反卷，长11～15cm，宽2～2.5cm，叶面深绿，无毛，叶背浅绿色，有多数洼点，幼时被疏微毛，老时毛渐脱落；中脉在叶面陷入，在叶背凸起，侧脉两面扁平，纤细，密生而平行，每边达120条，直达叶缘；叶柄扁平，基部稍宽，长5～8mm，幼时被微毛，老时毛脱落；叶柄内具腺体。聚伞花序顶生，着花数朵；总花梗长约3cm，被微毛；花梗长7～10mm；苞片披针形，长7mm，宽1.5mm；花芳香；花萼5深裂，红色，披针形，长3～4mm，宽1.5～2mm，外面无毛，内面基部具腺体；花冠深红色或粉红色，栽培演变有白色或黄色，花冠为单瓣呈5裂时，其花冠为漏斗状，长和直径约3cm，其花冠筒圆筒形，上部扩大呈钟形，长1.6～2cm，花冠筒内面被长柔毛，花冠喉部具5片宽鳞片状副花冠，每片其顶端撕裂，并伸出花冠喉部之外，花冠裂片倒卵形，顶端圆形，长1.5cm，宽1cm；花冠为重瓣呈15～18枚时，裂片组成三轮，内轮为漏斗状，外面两轮为辐状，分裂至基部或每2～3片基部连合，裂片长2～3.5cm，宽1～2cm，每花冠裂片基部具长圆形而顶端撕裂的鳞片；雄蕊着生在花冠筒

山橙 *Melodinus suaveolens*

夹竹桃 *Nerium indicum*

中部以上，花丝短，被长柔毛，花药箭头状，内藏，与柱头连生，基部具耳，顶端渐尖，药隔延长呈丝状，被柔毛；无花盘；心皮2，离生，被柔毛，花柱丝状，长7～8mm，柱头近球圆形，顶端凸尖；每心皮有胚珠多颗。蓇葖2，离生，平行或并连，长圆形，两端较窄，长10～23cm，直径6～10mm，绿色，无毛，具细纵条纹；种子长圆形，基部较窄，顶端钝、褐色，种皮被锈色短柔毛，顶端具黄褐色绢质种毛；种毛长约1cm。

花期几乎全年，夏秋为最盛；果期一般在冬春季，栽培很少结果。

特征差异研究 ①深圳杨梅坑：叶长 7.7 ～ 20.6cm，宽 1.0 ～ 3.8cm，叶柄长 0.4 ～ 1.2cm。与上述特征描述相比，叶长的最小值偏小 3.3cm，最大值偏大 5.6cm；叶宽的最小值小 1cm，最大值宽 1.3cm；叶柄长最小值小 0.1cm，最大值长 0.4cm。②深圳小南山：叶长 7.3 ～ 17.2cm，宽 1.5 ～ 3cm，叶柄长 0.5 ～ 0.7cm。与上述特征描述相比，叶长的最小值小 3.7cm，最大值大 2.2cm；叶宽的最小值小 0.5cm，最大值宽 0.5cm。

凭证标本 ①深圳杨梅坑，廖栋耀（048）。②深圳小南山，吴凯涛，黄玉源（001）。

分布地 全国各省区有栽培，尤以南方为多，常在公园、风景区、道路旁或河旁、湖旁周围栽培。长江以北栽培者须在温室越冬。野生于伊朗、印度、尼泊尔。现广植于世界热带地区。

本研究种类分布地 深圳杨梅坑、小南山。

主要经济用途 花大、艳丽、花期长，常作观赏；用插条、压条繁殖，极易成活。茎皮纤维为优良混纺原料；种子含油量约为 58.5%，可榨油供制润滑油。叶、树皮、根、花、种子均含有多种糖苷，毒性极强，人、畜误食能致死。叶、茎皮可提制强心剂，但有毒，用时需慎重。

鸡蛋花（鸡蛋花属）

Plumeria rubra Linn. cv. 'Acutifolia'; 中国高等植物图鉴 3: 429, 图4811. 1974; 海南植物志 3: 223, 图673. 1974. —— *Plumeria acutifolia* Poir. in Lamk. Encycl. Suppl. 2: 667. 1811. —— *Plumeria acuminata* Ait. Hort. Kew ed. 2, 2: 70. 1811. —— *Plumeria rubra* L. form. *acutifolia* Woods. in Ann. Missouri Bot. Gard. 25: 211. 1938. —— *Plumeria rubra* L. var. *acutifolia* (Poir.) Bailey, Man. Cult. Pl. 810. 1949; 中国植物志 63: 79. 1977.

主要形态特征 小乔木，高达 5m；枝条粗壮，带肉质，无毛，具丰富乳汁。叶厚纸质，长圆状倒披针形，顶端急尖，基部狭楔形，长 14 ～ 30cm，宽 6 ～ 8cm，叶面深绿色；中脉凹陷，侧脉扁平，叶背浅绿色，中脉稍凸起，侧脉扁平，仅叶背中脉边缘被柔毛，侧脉每边 30 ～ 40 条，近水平横出，未达叶缘网结；叶柄长 4 ～ 7cm，被短柔毛。聚伞花序顶生，长 22 ～ 32cm，直径 10 ～ 15cm，总花梗三歧，长 13 ～ 28cm，肉质，被老时逐渐脱落的短柔毛；花梗被短柔毛或毛脱落，长约 2cm；花萼裂片小，阔卵形，顶端圆，不张开而压紧花冠筒；花冠深红色，花冠筒圆筒形，长 1.5 ～ 1.7cm，直径约 3mm；花冠裂片狭倒卵圆形或椭圆形，比花冠筒长，长 3.5 ～ 4.5cm，宽 1.5 ～ 1.8cm；雄蕊着生在花冠筒基部，花丝短，花药内藏；心皮 2，离生；每心皮有胚珠多颗。蓇葖双生，广歧，长圆形，顶端急尖，长约 20cm，淡绿色；种子长圆形，扁平，长约 1.5cm，宽 7 ～ 9mm，浅棕色，顶端具长圆形膜质的翅，翅的边缘具不规则的凹缺，翅长 2 ～ 2.8cm，宽约 8mm。花期 3 ～ 9 月，果期栽培极少结果，一般为 7 ～ 12 月。

凭证标本 深圳小南山，温海洋（163）。

分布地 原产于南美洲，现广植于亚洲热带和亚热带地区。华南有栽培，常见于公园、植物园栽培观赏。

本研究种类分布地 深圳小南山。

主要经济用途 花鲜红色，枝叶青绿色，树形美观，为一种很好的观赏植物。

鸡蛋花 *Plumeria rubra* cv. 'Acutifolia'

羊角拗（羊角拗属）

Strophanthus divaricatus (Lour.) Hook. et Arn. Bot. Capt. Beech. voy. 199. 1836: Merr. in Trans. Amer. Philos. Soc. n. s. 24 (2): 314. 1935; 中国高等植物图鉴 3: 442, 图4838. 1974; 海南植物志 3: 249, 图697. 1974. ——*Pergularis divaricata* Lour. Fl. Cochinch. 169. 1790, ed. 210. 1793. ——*Nerium chinense* Hunter in Roxb. Hort. Beng. 84. 1814, nom. nud. ——*Emericia divaricata* Roem. et Schult. Syst. 4: 401. 1819. ——*Strophanthus dichotomus* DC. β chinensis Ker in Bot. Reg. 6: Pl. 469. 1820. ——*Periploca divaricata* Spreng. Syst. 1: 836. 1825. ——*Strophanthus divergens* Grah. in Edinb. New Philos. Journ. 179. 1827. ——*Vallaris divaricata* G. Don, Gen. Hist. 4: 79. 1837. ——*Strophanthus chinensis* G. Don, op. cit. 85. ——*Streptocaulon divaricata* G. Don, op. cit. 162; 中国植物志 63: 152. 1977.

别名 羊角扭（广东、广西、贵州），羊角藕、羊角树、羊角果、菱角扭、沥口花、布渣叶、羊角墓、羊角、山羊角（广东），阳角右藤、牛角橹、断肠草、羊角藤、大羊角扭蔃（广西），鲤鱼橄榄（厦门），羊角黎、黄葛扭、猪屎壳

主要形态特征 灌木，高达2m，全株无毛，上部枝条蔓延，小枝圆柱形，棕褐色或暗紫色，密被灰白色圆形的皮孔。叶薄纸质，椭圆状长圆形或椭圆形，长3～10cm，宽1.5～5cm，顶端短渐尖或急尖，基部楔形，边缘全缘或有时略带微波状，叶面深绿色，叶背浅绿色，两面无毛；中脉在叶面扁平或凹陷，在叶背略凸起，侧脉通常每边6条，斜曲上升，叶缘前网结；叶柄短，长5mm。聚伞花序顶生，通常着花3朵，无毛；总花梗长0.5～1.5cm；花梗长0.5～1cm；苞片和小苞片线状披针形，长5～10mm；花黄色；花萼筒长5mm，萼片披针形，长8～9mm，基部宽2mm，顶端长渐尖，绿色或黄绿色，内面基部有腺体；花冠漏斗状，花冠筒淡黄色，长1.2～1.5cm，下部圆筒状，上部渐扩大呈钟状，内面被疏短柔毛，花冠裂片黄色外弯，基部卵状披针形，顶端延长成一长尾带状，长达10cm，基部宽0.4～0.5cm，裂片内面具由10枚舌状鳞片组成的副花冠，高出花冠喉部，白黄色，鳞片每2枚基部合生，生于花冠裂片之间，顶部截形或微凹，长3mm，宽1mm；雄蕊内藏，着生在冠檐基部，花丝延长至花冠筒上呈肋状凸起，被短柔毛，花药箭头形，基部具耳，药隔顶部渐尖成一尾状体，不伸出花冠喉部，各药相连，腹部粘于柱头上；子房半下位，由2枚离生心皮组成，无毛，花柱圆柱状，柱头棍棒状，顶端浅裂，每心皮有胚珠多颗；无花盘。蓇葖广叉开，木质，椭圆状长圆形，顶端渐尖，基部膨大，长10～15cm，直径2～3.5cm，外果皮绿色，干时黑色，具纵条纹；种子纺锤形、扁平，长1.5～2cm，宽3～5mm，中部略宽，上部渐狭而延长成喙，喙长2cm，轮生着白色绢质种毛；种毛具光泽，长2.5～3cm。花期3～7月，果期6月至翌年2月。

特征差异研究 ①深圳杨梅坑：叶长8～10.5cm，叶柄长0.5～0.9cm。与上述特征描述相比，叶长最大值多0.5cm，叶柄长度最大值多0.4cm。②深圳应人石：叶长12～16.3cm，宽4.2～6.1cm，叶柄长1.1～1.3cm。与上述特征描述相比，叶长的整体范围偏大，最小值比上述特征叶长的最大值还多2cm；叶宽的最大值偏大1.1cm；叶柄长偏大0.6cm。③深圳莲花山：叶长6.5～12.3cm，叶柄长0.3～0.6cm；比上述特征叶长的最大值偏大2.3cm，而叶柄长度最小值和最大值均超出前者的范围。

凭证标本 ①深圳杨梅坑，廖栋耀（019）。②深圳小南山，林仕珍（254）；林仕珍（255）；刘浩，招康赛（089）；邱小波（014）。③深圳应人石，林仕珍，明珠（170）。④深圳莲花山，王贺银（078）；陈永恒，招康赛（075）；王贺银，招康赛（104）。

分布地 野生于丘陵山地、路旁疏林中或山坡灌木丛中。产贵州、云南、广西、广东和福建等省区。

羊角拗 *Strophanthus divaricatus*

越南、老挝也有分布。

本研究种类分布地 深圳杨梅坑、小南山、应人石、莲花山。

主要经济用途 全株植物含毒,尤以种子,含有

毒毛旋花子配基,其毒性能刺激心脏,误食致死。药用强心剂,治血管硬化、跌打、扭伤、风湿性关节炎、蛇咬伤等症;农业上用作杀虫剂及毒雀鼠,羊角拗制剂可作浸苗和拌种用。

盆架树(盆架树属)

Winchia calophylla A. DC. Prodr. 8: 326. 1844; Kurz, Fl. Brit. Burma 2: 170. 1877; Hook. f. Fl. Brit. Ind. 3: 630. 1882; Brandis, Ind. Trees 456. 1921; 中国高等植物图鉴 3: 432, 图4818. 1974; 海南植物志 3: 234, 图682. 1974. ——*Alyxia glaucescens* auct., non Wall.: G. Don, Gen. Hist. 4: 97. 1837. ——*Winchia glaucescens* K. Schum. in Engl. u. Prantl, Nat. Pflanzenfam. 4, 2: 125. 1895; Pichon in Bull. Mus. Hist. Nat. 3: 299. 1947. ——*Alstonia pachycarpa* Merr. et Chun in Sunyatsenia 2: 310, f. 42. 1935; 蒋英, 静生汇报 9: 18. 1939, in Sunyatsenia 6: 114. 1941. ——*Alstonia glaucescens* Monachino in Pac. Sci. 3: 144. 1949; 中国植物志 63: 95. 1977.

别名 岭刀柄、灯架、山苦常、鸭脚常、阿斯通木、粉叶鸭脚树、白叶糖胶、摩那、列驼牌(海南);马灯盆(云南);亮叶面盆架子(海南主要经济树木)

主要形态特征 常绿乔木,高达30m,直径达1.2m;枝轮生,树皮淡黄色至灰黄色,具纵裂条纹,内皮黄白色,受伤后流出大量白色乳汁,有浓烈的腥甜味;小枝绿色,嫩时棱柱形,具纵沟,老时成圆筒形,落叶痕明显。叶3～4片轮生,间有对生,薄草质,长圆状椭圆形,顶端渐尖呈尾状或急尖,基部楔形或钝,长7～20cm、宽2.5～4.5cm,叶面亮绿色,叶背浅绿色稍带灰白色,两面无毛;侧脉每边20～50条,横出近平行,叶缘网结,两面凸起;叶柄长1～2cm。花多朵集成顶生聚伞花序,长约4cm;总花梗长1.5～3cm;花萼裂片卵圆形,长0.7～1.5mm,外面无毛或被微柔毛,具缘毛;花冠高脚碟状,花冠筒圆筒形,长5～6mm,外面被柔毛,内面被长柔毛,喉部更密,花冠裂片广椭圆形,白色,长3～6mm,宽约2.5mm,外面被微毛,内面被柔毛;雄蕊着生在花冠筒中部,花药长1～1.5mm,顶端不伸出花冠喉外,花丝丝状,短;无花盘;子房由2枚合生心皮组成,无毛,花柱圆柱状,长约3mm,柱头棍棒状,顶端2裂,每心皮胚珠多数。蓇葖合生,长18～35cm,直径1～1.2cm,外果皮暗褐色,有纵浅沟,种子长椭圆形,扁平,长约1cm,宽约4mm,两端被棕黄色的缘毛。花期4～7月,果期8～12月。

凭证标本 ①深圳杨梅坑,余欣繁,招康赛(352)。②深圳小南山,王贺银,招康赛(287)。

分布地 生于热带和亚热带山地常绿林中或山

谷热带雨林中,也有生于疏林中,垂直分布可至1100m,常以海拔500～800m的山谷和山腰静风湿度大缓坡地环境为多,常呈群状分布。产云南及海南。分布于印度、缅甸、印度尼西亚。

本研究种类分布地 深圳杨梅坑、小南山。

主要经济用途 木材淡黄色、纹理通直、结构细致、质软而轻,适于作文具、小家具、木展等用材。树形美观,公园及路旁有栽培观赏。

盆架树 *Winchia calophylla*

倒吊笔（倒吊笔属）

Wrightia pubescens R. Br. in Mem. Wern. Soc. 1: 73. 1810; Merr. in Lingnan Sci. Journ. 5: 151. 1927; 陈嵘, 中国树木分类学: 1076, 插图960. 1937; Tsiang in Sunyatsenia 4: 49, Pl. 15. 1939; Ngan in Ann. Missouri Bot. Gard. 52: 150. 1965; 中国高等植物图鉴 3: 437, 图4827. 1974; Tsiang et P. T. Li in Acta Phytotax. Sinica 11: 372. 1973; 海南植物志 3: 249. 1974. —— *Anasser laniti* Blanco, Fl. Filip. 112. 1837. —— *W. laniti* (Blanco) Merr. in Govt. Lab. Publ. 27: 59. 1905. —— *W. pubescens* R. Br. ssp. *laniti* (Blanco) Ngan in Ann. Missouri Bot. Gard. 52: 153. f. 9. 1965; 中国植物志 63: 123. 1977.

别名　常子（广东海康）；九浓木（广东兴宁）；枝桐木、猪松木（广东茂名）；屐木（广东廉江）；神仙蜡烛（广东广州）；刀柄（海南尖峰岭、黄流、三亚）；苦常（海南吊罗山、五指山、陵水、澄迈、嘉积）；细姑木（海南五指山）；马凌（海南临高）；乳酱树（海南儋县）；猪菜母（海南白沙）；苦杨（海南兴隆）

主要形态特征　乔木，高8～20m，胸径可达60cm，含乳汁；树皮黄灰褐色，浅裂；枝圆柱状，小枝被黄色柔毛，老时毛渐脱落，密生皮孔。叶坚纸质，每小枝有叶片3～6对，长圆状披针形、卵圆形或卵状长圆形，顶端短渐尖，基部急尖至钝，长5～10cm，宽3～6cm，叶面深绿色，被微柔毛，叶背浅绿色，密被柔毛；叶脉在叶面扁平，在叶背凸起，侧脉每边8～15条；叶柄长0.4～1cm。聚伞花序长约5cm；总花梗长0.5～1.5cm；花梗长约1cm；萼片阔卵形或卵形，顶端钝，比花冠筒短，被微柔毛，内面基部有腺体；花冠漏斗状，白色、浅黄色或粉红色，花冠筒长5mm，裂片长圆形，顶端钝，长约1.5cm，宽7mm；副花冠分裂为10鳞片，呈流苏状，比花药长或等长，其中5枚鳞片生于花冠裂片上，与裂片对生，长8mm，顶端通常有3个小齿，其余5枚鳞片生于花冠筒顶端与花冠裂片互生，长6mm，顶端2深裂；雄蕊伸出花喉之外，花药箭头状，被短柔毛；子房由2枚合生心皮组成，无毛，花柱丝状，向上逐渐增大，柱头卵形。蓇葖2个合生，线状披针形，灰褐色，斑点不明显，长15～30cm，直径1～2cm；种子线状纺锤形，黄褐色，顶端具淡黄色绢质种毛；种毛长2～3.5cm。花期4～8月，果期8月至翌年2月。

凭证标本　深圳莲花山，邹雨锋（067）。

分布地　散生于低海拔热带雨林中和干燥稀树林中。阳性树，常见于海拔300m以下的山麓疏林中，在密林中不常见。适生于土壤深厚、肥沃、湿润而无风的低谷地或平坦地，生长良好。产广东、广西、贵州和云南等省区。分布于印度、泰国、越南、柬埔寨、马来西亚、印度尼西亚、菲律宾和澳大利亚。

本研究种类分布地　深圳莲花山。

主要经济用途　木材纹理通直，结构细致，材质稍软而轻，加工容易，干燥后不开裂、不变形，适于作轻巧的上等家具、铅笔杆、雕刻图章、乐器用材。树皮纤维可制人造棉及造纸。树形美观，庭院中有作栽培观赏。根和茎皮可药用，广西民间有用来治颈淋巴结、风湿性关节炎。

倒吊笔 *Wrightia pubescens*

萝藦科 Asclepiadaceae

徐长卿（鹅绒藤属）

Cynanchum paniculatum (Bunge) Kitagawa in Journ. Jap. Bot. 16: 20. 1940; *Asclepias paniculata* Bunge in Mem. Acad. Sci. St. Petersb. Sav. Etrang. 2: 117 (Enum. Pl. China Bor.). 1832; 中国植物志 63: 351. 1977.

别名 尖刀儿苗（救荒本草），铜锣草、黑薇（辽宁），了刁竹、蛇利草、药王（广东、广西），线香草、牙蛀消、一枝香（江苏），土细辛（东北），柳叶细辛（四川），竹叶细辛（浙江、广西），钩鱼竿、逍遥竹、一枝箭（江西），白细辛、对节莲（云南），獐耳草（本草纲目拾遗），对月莲（贵州）

主要形态特征 多年生直立草本，高约 1m；根须状，多至 50 余条；茎不分枝，稀从根部发生几条，无毛或被微毛。叶对生，纸质，披针形至线形，长 5～13cm，宽 5～15mm（最大达 13cm×1.5cm），两端锐尖，两面无毛或叶面具疏柔毛，叶缘有边毛；侧脉不明显；叶柄长约 3mm，圆锥状聚伞花序生于顶端的叶腋内，长达 7cm，着花 10 余朵；花萼内的腺体或有或无；花冠黄绿色，近辐状，裂片长达 4mm，宽 3mm；副花冠裂片 5，基部增厚，顶端钝；花粉块每室 1 个，下垂；子房椭圆形；柱头 5 角形，顶端略为凸起。蓇葖单生，披针形，长 6cm，直径 6mm，向端部长渐尖；种子长圆形，长 3mm；种毛白色绢质，长 1cm。花期 5～7 月，果期 9～12 月。

凭证标本 深圳杨梅坑，王贺银（327）。

分布地 生长于向阳山坡及草丛中。产辽宁、内蒙古、山西、河北、河南、陕西、甘肃、四川、贵州、云南、山东、安徽、江苏、浙江、江西、湖北、湖南、广东和广西等省区。日本和朝鲜也有分布。

徐长卿 *Cynanchum paniculatum*

本研究种类分布地 深圳杨梅坑。

主要经济用途 全草可药用，祛风止痛、解毒消肿，治胃气痛、肠胃炎、毒蛇咬伤、腹水等。

匙羹藤（匙羹藤属）

Gymnema sylvestre (Retz.) Schult. Syst. Veg. 6: 57. 1820; 中国高等植物图鉴 3: 494, 图4941. 1974; Tsiang et P. T. Li in Acta Phytotax. Sinica 12: 114. 1974. ——*Periploca sylvestris* Retz. Obs. 2: 15. 1781. ——*Periploca sylvestris* Willd. Sp. Pl. 1: 1252. 1797. ——*Gymnema sylvestre* (Willd.) R. Br. in Mem. Wern. Soc. 1: 33. 1810. ——*Gymnema affine* Decne. in DC. Prodr. 8: 622. 1844; Benth. Hong-kong. 227. 1861; Merr. in Lingnan Sci. Journ. 5: 152. 1927; Tsiang in Sunyatsenia 2: 196. 1933. ——*Gylnnema sylvestre* Hook. et Arn. var. *chinense* Benth. in Hook. Kew Journ. Bot. 5: 54. 1853. ——*Gymnema formosanum* Warb. in Fedde, Rep. Sp. Nov. 3: 307. 1907. ——*Gymnema sylvestre* (Willd.) R. Br. var. *affine* (Decne.) Tsiang in Sunyatsenia 2: 197. 1933, in obs. ——*Gymnema alterniflorum* Merr. in Trans. Amer. Philos Soc. new ser. 24（2）: 318. 1935, et in Journ. Arn. Arb. 23: 192. 1942; 侯宽昭等, 广州植物志: 497. 1956, non *Apocynum alterniflorum* Lour. (1790); 中国植物志 63: 418. 1977.

别名 狗屎藤、羊角藤（广东），金刚藤、蛇天角、　饭杓藤、小羊角扭（广西），武靴藤、乌鸦藤（福建）

主要形态特征　木质藤本，长达 4m，具乳汁；茎皮灰褐色，具皮孔，幼枝被微毛，老渐无毛。叶倒卵形或卵状长圆形，长 3～8cm，宽 1.5～4cm，仅叶脉上被微毛；侧脉每边 4～5 条，弯拱上升；叶柄长 3～10mm，被短柔毛，顶端具丛生腺体。聚伞花序伞形，腋生，比叶为短；花序梗长 2～5mm，被短柔毛；花梗长 2～3mm，纤细，被短柔毛；花小，绿白色，长和宽约 2mm；花萼裂片卵圆形，钝头，被缘毛，花萼内面基部有 5 个腺体；花冠绿白色，钟状，裂片卵圆形，钝头，略向右覆盖；副花冠着生于花冠裂片弯缺下，厚而成硬条带；雄蕊着生于花冠筒的基部；花药长圆形，顶端具膜片；花粉块长圆形，直立；柱头宽而短圆锥状，伸出花药之外。蓇葖卵状披针形，长 5～9cm，基部宽 2cm，基部膨大，顶部渐尖，外果皮硬，无毛；种子卵圆形，薄而凹陷，顶端截形或钝，基部圆形，有薄边，顶端轮生的种毛白色绢质；种毛长 3.5cm。花期 5～9 月，果期 10 月至翌年 1 月。

凭证标本　深圳小南山，林仕珍（235）；邹雨锋，招康赛（318）。

分布地　生长于山坡林中或灌木丛中。产于云南、广西、广东、福建、浙江和台湾等省区。分布于印度、越南、印度尼西亚、澳大利亚和热带非洲。

匙羹藤 *Gymnema sylvestre*

本研究种类分布地　深圳小南山。

主要经济用途　全株可药用，民间用来治风湿痹痛、脉管炎、毒蛇咬伤；外用治痔疮、消肿、枪弹创伤，也可杀虱。植株有小毒。

夜来香（夜来香属）

Telosma cordata (Burm. f.) Merr. in Philip. Journ. Sci. 19: 372. 1921; 侯宽昭等，广州植物志: 497. 1956; 中国高等植物图鉴 3: 497, 图4947. 1974.——*Asclepias cordata* Burm. f. Fl. Ind. 72, fig. 2. 1768.——*Cynanchum odoratissimum* Lour. Fl. Cochinch. 166. 1790.——*Pergularia odoratissima* Sm. Ic. Pict. Pl. 16. 1793.——*Pergularia minor* Andr. Bot. Repos. t. 184. 1797.——*Telosma odoratissima* Coville in U. S. Dept. Agric. Contrib. Nat. Herb 9: 384. 1905.——*Telosma minor* Craib in Kew Bull. 1911: 418. 1911; 中国植物志 63: 438. 1977.

别名　夜香花、夜兰香（广州）

主要形态特征　柔弱藤状灌木；小枝被柔毛，黄绿色，老枝灰褐色，渐无毛，略具有皮孔。叶膜质，卵状长圆形至宽卵形，长 6.5～9.5cm，宽 4～8cm，顶端短渐尖，基部心形；叶脉上被微毛；基脉 3～5 条，侧脉每边约 6 条，小脉网状；叶柄长 1.5～5cm，被微毛或脱落，顶端具丛生 3～5 个小腺体。伞形聚伞花序腋生，着花多达 30 朵；花序梗长 5～15mm，被微毛，花梗长 1～1.5mm，被微毛；花芳香，夜间更盛；花萼裂片长圆状披针形，外面被微毛，花萼内面基部具有 5 个小腺体；花冠黄绿色，高脚碟状，花冠筒圆筒形，喉部被长柔毛，裂片长圆形，长 6mm，宽 3mm，具缘毛，干时不折皱，向右覆盖；副花冠 5 片，膜质，着生于合蕊冠上，腹部与花药合生，下部卵形，顶端舌状渐尖，背部凸起有凹刻；花药顶端具内弯的膜片；花粉块长圆形，直立；子房无毛，心皮离生，每室有胚珠多个，花柱短柱状，柱头头状，基部五棱。蓇葖披针形，长 7～10cm，渐尖，外果皮厚，无毛；种子宽卵形，长约 8mm，顶端具白色绢质种毛。花期 5～8 月，极少结果。

凭证标本　①深圳杨梅坑，林仕珍，招康赛（333）。②深圳赤坳，林仕珍，黄玉源（382）。③深圳应人石，林仕珍，明珠（183）。

分布地　生长于山坡灌木丛中，现南方各省区均有栽培。原产于我国华南地区。亚洲热带和亚热带及欧洲、美洲均有栽培。

本研究种类分布地 深圳杨梅坑、赤坳、应人石。

主要经济用途 花芳香，尤以夜间更盛，常栽培供观赏。华南地区有取其花与肉类煎炒作馔。花可蒸香油。花、叶可药用，有清肝、明目、去翳之效，华南地区民间有用作治结膜炎、疳积上眼症等。

弓果藤（弓果藤属）

Toxocarpus wightianus Hook. et Arn. Bot. Beech, Voy. 200. 1836: Benth. Fl. Hongkong. 224. 1861: Merr. in Lingnan Sci. Journ. 5: 152. 1927; Tsiang in Sunyatsenia, 2: 195. 1934, op. cit. 4: 68, Pl. 17. fig. 19. 1939; 中国高等植物图鉴 3: 469, 图4891. 1974; 海南植物志 3: 258. 1974. ——*Schistocodon meyenii* Schauer, Nova Acta Acad. Leop.-Carol. Nat. Cur. 19: Suppl. 1: 363. 1843. ——*Secamone wightiana* K. Schum. in Engl. u. Prantl, Naturl. Pflanzenfam. 4, 2: 263. 1895; 中国植物志 63: 282. 1977.

主要形态特征 柔弱攀援灌木；小枝被毛。叶对生，除叶柄有黄锈色绒毛外，其余无毛，近革质，椭圆形或椭圆状长圆形，长 2.5 ~ 5cm，宽 1.5 ~ 3cm，顶端具锐尖头，基部微耳形；侧脉 5 ~ 8 对，在叶背略为隆起；叶柄长约 1cm。二歧聚伞花序腋生，具短花序梗，较叶为短；花萼外面有锈色绒毛，裂片内面的腺体或有或无；花冠淡黄色，无毛，裂片狭披针形，长约 3mm，宽 1mm；副花冠顶高出花药；花粉块每室 2 个，直立；柱头粗纺锤形，高出花药。蓇葖叉开成 180° 或更大，狭披针形，长约 9cm，直径 1cm，向顶部渐狭，基部膨大，外果皮被锈色绒毛；种子有边缘；种毛白色绢质，长约 3cm。花期 6 ~ 8 月，果期 10 月至翌年 1 月。

特征差异研究 深圳小南山：叶长 4.9 ~ 10.8cm，宽 2.4 ~ 3.9cm，叶柄长 0.6 ~ 0.7cm，与上述特征描述相比，叶长的最大值偏大 5.8cm；叶宽的最大值宽出 0.9cm；叶柄长度则偏小。

凭证标本 深圳小南山，邹雨锋，许旺（254）；邹雨锋，黄玉源（253）。

分布地 生长于低丘陵山地、平原灌木丛中。产贵州、广西、广东及沿海各岛屿。分布于印度、越南。

本研究种类分布地 深圳小南山。

主要经济用途 药用全株，华南地区民间作兽医药，有化气祛风，治牛食欲不振，宿草不转；去瘀止痛，外敷治跌打；消肿解毒，外敷治疮痈肿毒等。

夜来香 *Telosma cordata*

弓果藤 *Toxocarpus wightianus*

娃儿藤（娃儿藤属）

Tylophora ovata (Lindl.) Hook. ex Steud. Nomencl. ed. 2, 2: 726. 1841; Merr. in Lingn. Sci. Journ. 13: 45. 1934; Tsiang in Sunyatsenia 3: 223. 1936, op. cit. 4: 129. 1939; 中国高等植物图鉴 3: 515, 图4983. 1974; 海南植物志 3: 280. 1974. ——*Diplolepis ovata* Lindl. in Trans. Hort. Soc. London 6: 286. 1826. ——*Tylophora hispida* Decne. in DC., Prodr. 8: 610. 1844; Metc. in Lingn. Sci. Journ. 11: 266, fig. 2-3. 1932; 中国植物志 63: 533. 1977.

别名　落地金瓜、关腰草、藤细辛、落地蜘蛛、土细辛

主要形态特征　攀援灌木；须根丛生；茎上部缠绕；茎、叶柄、叶的两面、花序梗、花梗及花萼外面均被锈黄色柔毛。叶卵形，长 2.5 ～ 6cm，宽 2 ～ 5.5cm，顶端急尖，具细尖头，基部浅心形；侧脉明显，每边约 4 条。聚伞花序伞房状，丛生于叶腋，通常不规则两歧，着花多朵；花小，淡黄色或黄绿色，直径 5mm；花萼裂片卵形，有缘毛，内面基部无腺体；花冠辐状，裂片长圆状披针形，两面被微毛；副花冠裂片卵形，贴生于合蕊冠上，背部肉质隆肿，顶端高达花药一半；花药顶端有圆形薄膜片，内弯向柱头；花粉块每室 1 个，圆球状，平展；子房由 2 枚离生心皮组成，无毛；柱头五角状，顶端扁平。蓇葖双生，圆柱状披针形，长 4 ～ 7cm，径 0.7 ～ 1.2cm，无毛；种子卵形，长 7mm，顶端截形，具白色绢质种毛；种毛长 3mm。花期 4 ～ 8 月，果期 8 ～ 12 月。

特征差异研究　①深圳杨梅坑：叶长 13.8 ～ 15cm，宽约 7cm。与上述特征描述相比，叶长的整体范围偏大，最小值比上述特征的最大值大 7.8cm；叶宽偏大，多 1.5cm。②深圳应人石：叶长 5 ～ 7.3cm，宽 3 ～ 4.8cm。与上述特征描述相比，叶长的最大值偏大，多 1.3cm。

形态特征增补　①深圳杨梅坑：叶柄长 2.2 ～ 3cm。②深圳应人石：叶柄长 1 ～ 1.7cm。

凭证标本　①深圳杨梅坑，王贺银（323）。②深

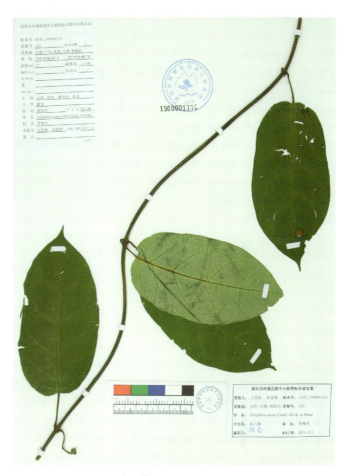

娃儿藤 *Tylophora ovata*

圳应人石，余欣繁，许旺（140）。

分布地　云南、广西、广东、湖南和台湾。

本研究种类分布地　深圳杨梅坑、应人石。

主要经济用途　药用。

茜草科 Rubiaceae

水团花（水团花属）

Adina pilulifera (Lam.) Franch. ex Drake in Morot, Journ. de Bot. 9: 207. 1895; Rehd. et Wils. in Journ. Arn. Arb. 8: 196. 1927; S. C. Lee, For. Bot. China 949. 1935; Hand.-Mazz. Symb. Sin. 8: 1018. 1936; How in Sunyatsenia 6: 242. 1946; Ohwi, Fl. Japan 823. 1965; 海南植物志3: 288, 图727. 1974; 中国高等植物图鉴4: 185, 图5783. 1975; Ridsd. in Blumea 24 (2): 357, f. 1 (d), 3 (h). 1978; 徐祥浩等, 华南农学院学报　2 (4): 38. 1981. ——*Cephalanthu spilulifera* Lam. in Encycl. 1: 678. 1785. ——*Adina globiflora* Salisb. Parad. Lond. t. 115. 1807; Benth. Fl. Hongk. 146. 1861; Havil. in Journ. Linn. Soc. Bot. 33: 44. 1897; Chung in Mem. Sci. Soc. China 1: 235. 1924; 陈嵘, 中国树木分类学: 1127. 1937. ——*A. pubicostata* Merr. in Journ. Arn. Arb. 21: 385. 1940; 中国植物志　71(1): 274. 1999.

别名　水杨梅、假马烟树

主要形态特征　常绿灌木至小乔木，高达 5m；顶芽不明显，由开展的托叶疏松包裹。叶对生，厚纸质，椭圆形至椭圆状披针形，或有时倒卵状长圆形至倒卵状披针形，长 4～12cm，宽 1.5～3cm，顶端短尖至渐尖而钝头，基部钝或楔形，有时渐狭窄，上面无毛，下面无毛或有时被稀疏短柔毛；侧脉 6～12 对，脉腋窝陷有稀疏的毛；叶柄长 2～6mm，无毛或被短柔毛；托叶 2 裂，早落。头状花序明显腋生，极稀顶生，直径不计花冠 4～6mm，花序轴单生，不分枝；小苞片线形至线状棒形，无毛；总花梗长 3～4.5cm，中部以下有轮生小苞片 5 枚；花萼管基部有毛，上部有疏散的毛，萼裂片线状长圆形或匙形；花冠白色，窄漏斗状，花冠管被微柔毛，花冠裂片卵状长圆形；雄蕊 5 枚，花丝短，着生花冠喉部；子房 2 室，每室有胚珠多数，花柱伸出，柱头小，球形或卵圆球形。果序直径 8～10mm；小蒴果楔形，长 2～5mm；种子长圆形，两端有狭翅。花期 6～7 月。

特征差异研究　①深圳小南山，叶长 4～10cm，叶宽 1.2～3.2cm，叶柄长 0.2～0.3cm。与上述特征描述相比，叶宽的最小值小 0.3cm，最大值偏大 0.2cm。②深圳应人石，叶长 4.3～8.6cm，叶宽 1.4～3.3cm，叶柄长 0.5～0.8cm；与上述特征描述相比，叶宽的最小值小 0.1cm，最大值大 0.3cm；叶柄长的最大值偏大 0.2cm。

凭证标本　①深圳杨梅坑，王贺银（320）；林仕珍（330）。②深圳小南山，刘浩，招康赛（082）；

水团花 *Adina pilulifera*

邹雨锋，黄玉源（232）；邹雨锋，明珠（284）；陈永恒，招康赛（097）；王贺银（243）；王贺银（244）；林仕珍（212）；林仕珍，招康赛（237）；王贺银（245）；林仕珍，招康赛（236）；邹雨锋，招康赛（369）。③深圳应人石，王贺银（178）；邹雨锋（162）；林仕珍，明珠（168）。④深圳莲花山，陈永恒，周志彬（180）。

分布地　生于海拔 200～350m 山谷疏林下或旷野路旁、溪边水畔。产长江以南各省区；国外分布于日本和越南。

本研究种类分布地　深圳杨梅坑、小南山、应人石、莲花山。

主要经济用途　全株可治家畜瘰疬热症。木材供雕刻用。根系发达，是很好的固堤植物。

细叶水团花（水团花属）

Adina rubella Hance in Journ. Bot. 6: 114. 1868; Havil. in Journ. Linn. Soc. Bot. 33: 44. 1897; Hutchins. in Sargent, Pl. Wils. 3: 390. 1916; Chung in Mem. Sci. Soc. China 1: 235. 1924; Rehd. et Wils. in Journ. Arn. Arb. 8: 196. 1927; S. C. Lee, For. Bot. China 950. 1935; Hand.-Mazz. Symb. Sin. 7: 1018. 1936; 陈嵘，中国树木分类学: 1128. 1937; Rehd. in Journ. Arn. Arb. 18: 247. 1937; How in Sunyatsenia 6: 248. 1946; 中国高等植物图鉴 4: 186, 图5786. 1975; 徐祥浩等，华南农学院学报 2 (4): 39. 1981; 江苏植物志. 下册: 782. 1982; 中国植物志 71(1): 275. 1999.

别名　水杨梅

主要形态特征　落叶小灌木，高 1～3m；小枝延长，具赤褐色微毛，后无毛；顶芽不明显，被开展的托叶包裹。叶对生，近无柄，薄革质，卵状披针形或卵状椭圆形，全缘，长 2.5～4cm，宽 8～12mm，顶端渐尖或短尖，基部阔楔形或近圆形；侧脉 5～7 对，被稀疏或稠密短柔毛；托叶小，早落。头状花序不计花冠直径 4～5mm，单生，顶生或兼有腋生，总花梗略被柔毛；小苞片线形或线状棒形；花萼管疏被短柔毛，萼裂片匙形或匙状棒形；花冠管长 2～3mm，5 裂，花冠裂片三角状，紫红色。果序直径 8～12mm；小蒴果长卵状楔形，长 3mm。花、果期 5～12 月。

特征差异研究　①深圳杨梅坑：叶长 3.1～9.5cm，宽 1.2～2.6cm，叶柄长 0.4～0.6cm。

与上述特征描述相比，叶长的最大值偏大，长5.5cm；叶宽的最大值偏大，宽1.4cm。②深圳小南山：叶长1.1～8.4cm，宽0.7～2.5cm，叶柄长0.1～0.6mm；花冠直径1.6cm，花冠管长0.4cm。与上述特征描述相比，叶长的最小值偏小，小1.4cm，最大值偏大4.4cm；叶宽的最小值偏小0.1cm，最大值偏大1.3cm；花冠管长偏大，多0.1cm。

形态特征增补　深圳小南山，花冠直径1.6cm。

凭证标本　①深圳杨梅坑，林仕珍，明珠（291）。②深圳小南山，吴凯涛，黄玉源（008）。

分布地　广东、广西、福建、江苏、浙江、湖南、江西和陕西。

本研究种类分布地　深圳杨梅坑、小南山。

主要经济用途　茎纤维为绳索、麻袋、人造棉和纸张等原料，药用。

鱼骨木（鱼骨木属）

Canthium dicoccum (Gaertn.) Teysmann et Binnedijk, Cat. H. Bog. 113. 1866; Hara et Gould in Hara et al. Enum. Flow. Pl. Nepal 2: 200. 1979; 云南种子植物名录. 下册: 1248. 1984. ——*Psydrax dicoccos* Gaertn. Fruct. 1: 125, t. 26. 1788. ——*C. didymum* Gaertn. f. Fruct. 3: 94, t. 196. 1806; Roxb. Fl. Ind. 2: 171. 1824; Hook. f. Fl. Brit. Ind. 3: 132. 1880; 陈嵘, 中国树木分类学: 1133. 1937. ——*C. dicoccum* (Gaertn.) Merr. in Philip. Journ. Sci. 35: 8. 1928; 海南植物志 3: 355, 图768. 1974; 中国高等植物图鉴 4: 267, 图5948. 1975; 中国植物志 71(2): 11. 1999.

别名　步散

主要形态特征　无刺灌木至中等乔木，高13～15m，全部近无毛；小枝初时呈压扁形或四棱柱形，后变圆柱形，黑褐色。叶革质，卵形，椭圆形至卵状披针形，长4～10cm，宽1.5～4cm，顶端长渐尖或钝或钝急尖，基部楔形，干时两面极光亮，上面深绿，下面浅褐色，边微波状或全缘，微背卷；侧脉每边3～5条，两面略明显，小脉稀疏，不明显；叶柄扁平，长8～15mm；托叶长3～5mm，基部阔，上部收狭成急尖或渐尖。聚伞花序具短总花梗，比叶短，偶被微柔毛；苞片极小或无；萼管倒圆锥形，长1～1.2mm，萼檐顶部截平或为不明显5浅裂；花冠绿白色或淡黄色，冠管短，圆筒形，长约3mm，喉部具绒毛，顶部5裂，偶有4裂，裂片近长圆形，略比冠管短，顶端急尖，开放后外反；

细叶水团花 *Adina rubella*

鱼骨木 *Canthium dicoccum*

花丝短，花药长圆形，长约 1.5mm；花柱伸出，无毛，柱头全缘，粗厚。核果倒卵形，或倒卵状椭圆形，略扁，多少近孪生，长 8～10mm，直径 6～8mm；小核具皱纹。花期 1～8 月。

特征差异研究 ①深圳小南山：叶长 3.7～8.8cm，宽 1.3～2.5cm，叶柄长 0.5～0.8cm。与上述特征描述相比，叶长的最小值小 0.3cm；叶宽的最小值小 0.2cm；叶柄长的最小值也偏小，小 0.3cm。②深圳莲花山，叶长 4.8～9.8cm，宽 1.7～3.1cm，叶柄长 0.4～0.6cm。与上述特征描述相比，叶柄长的整体范围偏小，最大值比上述特征叶柄长的最小值小 0.2cm。

凭证标本 ①深圳杨梅坑，陈永恒，招康赛（028）；刘浩，黄玉源（029）；余欣繁，招康赛（051）；林仕珍，许旺（029）；陈惠如，黄玉源（109）。②深圳小南山，王贺银，招康赛（257）。③深圳莲花山，余欣繁，招康赛（088）。

分布地 常见于低海拔至中海拔疏林或灌丛中。产广东、香港、海南、广西、云南、西藏墨脱。印度、斯里兰卡、中南半岛、印度尼西亚、菲律宾及澳大利亚也有分布。

本研究种类分布地 深圳杨梅坑、小南山、莲花山。

主要经济用途 本种木材暗红色，坚硬而重，纹理密致，适宜为工业用材和艺术雕刻品用。

流苏子（流苏子属）

Coptosapelta diffusa (Champ. ex Benth.) Van Steenis in Amer. Journ. Bot. 56 (7): 806. 1969; J. M. Chao in Li, Fl. Taiwan 4: 255. 1978. ——*Thysanospermum diffusum* Champ. ex Benth. in Journ. Bot. Kew Misc. 4: 168. 1852; Benth. Fl. Hongk. 146. 1861; Hemsl. in Journ. Linn. Soc. Bot. 23: 371. 1888; 中国植物志 71(1): 236. 1999.

别名 牛老药、牛老药藤（广东），凉藤（广东和平），棉陂藤、臭沙藤（广东龙门），上树逼（广东大埔），乌龙藤（广西），伤药藤（福建龙岩），苧丝藤（福建上杭），棉丝藤（福建武平），千叶藤、棉藤（浙江），棉絮藤（浙江、福建、江西），棉花藤（江西）

主要形态特征 藤本或攀援灌木，长通常 2～5m；枝多数，圆柱形，节明显，被柔毛或无毛，幼嫩时密被黄褐色倒伏的硬毛。叶坚纸质至革质，卵形、卵状长圆形至披针形，长 2～9.5cm，宽 0.8～3.5cm，顶端短尖、渐尖至尾状渐尖，基部圆形，干时黄绿色，上面稍光亮，两面无毛或稀被长硬毛，中脉在两面均有疏长硬毛，边缘无毛或有疏睫毛；侧脉 3～4 对，纤细，在下面明显或稍明显；叶柄长 2～5mm，有硬毛，稀无毛；托叶披针形，长 3～7mm，脱落。花单生于叶腋，常对生；花梗纤细，长 3～18mm，无毛或有柔毛，常在上部有 1 对长约 1mm 的小苞片；花萼长 2.5～3.5mm，无毛或有柔毛，萼管卵形，檐部 5 裂，裂片卵状三角形，长 0.8～1mm；花冠白色或黄色，高脚碟状，外面被绢毛，长 1.2～2cm，冠管圆筒形，长 0.8～1.5cm，宽约 1.5mm，内面上部有柔毛，裂片 5，长圆形，长 4～6mm，宽约 1.5mm，内面中部有柔毛，开放时反折；雄蕊 5 枚，花丝短，花药线状披针形，长 3.5～4mm，伸出；花柱长约 13mm，无毛，柱头纺锤形，长 2.5～3mm，伸出。蒴果稍扁球形，中间有 1 浅

沟，直径 5～8mm，长 4～6mm，淡黄色，果皮硬，木质，顶有宿存萼裂片，果柄纤细，长可达 2cm；种子多数，近圆形，薄而扁，棕黑色，直径 1.5～2mm，边缘流苏状。花期 5～7 月，

流苏子 Coptosapelta diffusa

果期 5 ～ 12 月。

特征差异研究　深圳小南山：叶宽 2.5 ～ 4cm；
与上述特征描述相比，叶宽的最大值高 0.5cm。

凭证标本　深圳小南山，邹雨锋，招康赛（214）。

分布地　生于海拔 100 ～ 1450m 处的山地或丘陵
的林中或灌丛中。产安徽、浙江、江西、福建、
台湾、湖北、湖南、广东、香港、广西、四川、
贵州、云南。

本研究种类分布地　深圳小南山。

主要经济用途　根辛辣，可治皮炎。

狗骨柴（狗骨柴属）

Diplospora dubia (Lindl.) Masam. in Trans. Nat. Hist. Soc. Formosa. 29: 269. 1939; Ali et Robbrecht in Blumea 35 (2): 297. 1991. ——*Canthium dubium* Lindl. in Bot. Reg. 12: t. 1026. 1826. ——*Tricalysia dubia* (Lindl.) Ohwi in Acta Phytotax. Geohot. 10: 137. 1941; Li, Woody Fl. Taiwan 875, fig. 355. 1963; 海南植物志 3: 328, 图750: 1974; 中国高等植物图鉴 4: 240, 图5893. 1975; J. M. Chao in Li, Fl. Taiwan 4: 340, Pl. 1030. 1978. ——*D. viridiflora* DC. Prodr. 4: 477. 1830; Benth. Fl. Hongk. 157. 1861; Hemsl. in Journ. Linn. Soc. Bot. 23: 383. 1888; Kanehira, Formos. Trees ed. 2. 665, fig. 619. 1936; 陈嵘, 中国树木分类学: 1123. 1937. ——*Tricalysia viridiflora* (DC.) Matsum. Ind. Pl. Jap. 2 (2): 596. 1912; 广州植物志: 509. 1956. ——*D. tanakai* Hayata, Ic. Pl. Formos. 5: 77, fig. a-f. 1915. ——*D. buisanensis* Hayata, Ic. Pl. Formos. 9: 59, fig. 24. 1920. ——*Tricalysia viridilora* (DC.) Matsum. var. *tanakai* (Hayata) Yamamoto in Journ. Soc. Trop. Agr. 12: 65. 1936. ——*Triclysia viridiflora* (DC.) Matsum. var. *buisanensis* (Hayata) Yamamoto in Journ. Soc. Trop. Agr. 12: 65. 1936. ——*Tricalysia lutea* Hand.-Mazz. in Sitzgsanz. Akad. Wiss. Wien 58: 232. 1921 et Symb. Sin. 7 (4): 1021. 1936, syn. Nov; 中国植物志 71(1): 364. 1999.

别名　狗骨仔（台湾）、青凿树（海南临高）、三
萼木（广西植物名录）、观音茶（江西）

主要形态特征　灌木或乔木，高 1 ～ 12m。叶革
质，少为厚纸质，卵状长圆形、长圆形、椭圆形
或披针形，长 4 ～ 19.5cm，宽 1.5 ～ 8cm，顶端
短渐尖、骤然渐尖或短尖，尖端常钝，基部楔形
或短尖、全缘而常稍背卷，有时两侧稍偏斜，两
面无毛，干时常呈黄绿色而稍有光泽；侧脉纤
细，5 ～ 11 对，在两面稍明显或稀在下面稍凸
起；叶柄长 4 ～ 15mm；托叶长 5 ～ 8mm，下部
合生，顶端钻形，内面有白色柔毛。花腋生密集
成束或组成具总花梗、稠密的聚伞花序；总花梗
短，有短柔毛；花梗长约 3mm，有短柔毛；萼管
长约 1mm，萼檐稍扩大，顶部 4 裂，有短柔毛；
花冠白色或黄色，冠管长约 3mm，花冠裂片长
圆形，约与冠管等长，向外反卷；雄蕊 4 枚，花
丝长 2 ～ 4mm，与花药近等长；花柱长约 3mm，
柱头 2 分枝，线形，长约 1mm。浆果近球形，直
径 4 ～ 9mm，有疏短柔毛或无毛，成熟时红色，
顶部有萼檐残迹；果柄纤细，有短柔毛，长 3 ～
8mm；种子 4 ～ 8 颗，近卵形，暗红色，直径
3 ～ 4mm，长 5 ～ 6mm。花期 4 ～ 8 月，果期 5
月至翌年 2 月。

凭证标本　①深圳杨梅坑，林仕珍，招康赛（324）；
陈惠如，黄玉源（102）；陈惠如，黄玉源（021）；
林仕珍，明珠（266）；王贺银，招康赛（307）；
王贺银，黄玉源（361）；王贺银，黄玉源（360）；
陈永恒，招康赛（023）；邹雨锋，招康赛（344）；
邹雨锋，招康赛（343）；林仕珍，明珠（267）；

狗骨柴 *Diplospora dubia*

余欣繁，黄玉源（331）。②深圳小南山，林仕珍，许旺（194）；余欣繁，黄玉源（163）。③深圳莲花山，林仕珍，招康赛（136）；王贺银，招康赛（122）。

分布地　生于海拔 40 ～ 1500m 处的山坡、山谷沟边、丘陵、旷野的林中或灌丛中。产江苏、安

徽、浙江、江西、福建、台湾、湖南、广东、香港、广西、海南、四川、云南。国外分布于日本、越南。

本研究种类分布地　深圳杨梅坑、小南山、莲花山。

主要经济用途　本材致密强韧，加工容易，可为器具及雕刻细工用材。

栀子（栀子属）

Gardenia jasminoides Ellis in Philos. Trans. 51 (2): 935, t. 23. 1761; Sprague in Kew Bull. 16. 1929; Merr. in Trans. Amer. Philos. Soc. new ser. 24 (2): 367. 1935; 广州植物志: 508. 1956; 中国植物志 71(1): 332. 1999.

别名　水横枝、黄果子（广东），黄叶下（福建），山黄枝（台湾），黄栀子、黄栀、山栀子、山栀、水栀子、林兰、越桃、木丹、山黄栀

主要形态特征　灌木，高 0.3 ～ 3m；嫩枝常被短毛，枝圆柱形，灰色。叶对生，革质，稀为纸质，少为 3 枚轮生，叶形多样，通常为长圆状披针形、倒卵状长圆形、倒卵形或椭圆形，长 3 ～ 25cm，宽 1.5 ～ 8cm，顶端渐尖、骤然长渐尖或短尖而钝，基部楔形或短尖，两面常无毛，上面亮绿，下面色较暗；侧脉 8 ～ 15 对，在下面凸起，在上面平；叶柄长 0.2 ～ 1cm；托叶膜质。花芳香，通常单朵生于枝顶，花梗长 3 ～ 5mm；萼管倒圆锥形或卵形，长 8 ～ 25mm，有纵棱，萼檐管形，膨大，顶部 5 ～ 8 裂，通常 6 裂，裂片披针形或线状披针形，长 10 ～ 30mm，宽 1 ～ 4mm，结果时增长，宿存；花冠白色或乳黄色，高脚碟状，喉部有疏柔毛，冠管狭圆筒形，长 3 ～ 5cm，宽 4 ～ 6mm，顶部 5 ～ 8 裂，通常 6 裂，裂片广展，倒卵形或倒卵状长圆形，长 1.5 ～ 4cm，宽 0.6 ～ 2.8cm；花丝极短，花药线形，长 1.5 ～ 2.2cm，伸出；花柱粗厚，长约 4.5cm，柱头纺锤形，伸出，长 1 ～ 1.5cm，宽 3 ～ 7mm，子房直径约 3mm，黄色，平滑。果卵形、近球形、椭圆形或长圆形，黄色或橙红色，长 1.5 ～ 7cm，直径 1.2 ～ 2cm，有翅状纵棱 5 ～ 9 条，顶部的宿存萼片长达 4cm，宽达 6mm；种子多数，扁，近圆形而稍有棱角，长约 3.5mm，宽约 3mm。花期 3 ～ 7 月，果期 5 月至翌年 2 月。

特征差异研究　深圳杨梅坑：叶长 2.7 ～ 12.6cm，宽 0.8 ～ 4.5cm，叶柄长 0.3 ～ 0.4cm；果椭圆形，长 1.6 ～ 2.3cm，直径 1.3 ～ 1.8cm。与上述特征描述相比，叶长的最小值偏小，小 0.3cm；叶宽的最小值小 0.7cm。

凭证标本　①深圳杨梅坑，余欣繁，招康赛（245）；

陈惠如，明珠（099）；陈永恒，赖标汶（157）；林仕珍，明珠（299）；林仕珍，明珠（300）。②深圳小南山，邹雨锋，招康赛（336）；刘浩（095）。③深圳莲花山，陈永恒，招康赛（187）。

分布地　生于海拔 10 ～ 1500m 处的旷野、丘陵、山谷、山坡、溪边的灌丛或林中。产山东、江苏、安徽、浙江、江西、福建、台湾、湖北、湖南、广东、香港、广西、海南、四川、贵州和云南，河北、陕西和甘肃有栽培。国外分布于日本、朝鲜、越南、老挝、柬埔寨、印度、尼泊尔、巴基斯坦、太平洋岛屿和美洲北部，野生或栽培。

本研究种类分布地　深圳杨梅坑、小南山、莲花山。

主要经济用途　本种作盆景植物，称"水横枝"；花大而美丽、芳香，广植于庭院供观赏。干燥成熟果实是常用中药，其主要化学成分有去羟栀子苷，又称京尼平苷（geniposide）、栀子苷（gardenoside）、黄酮类栀子素（gardenin）、山栀苷（shanzhjside）等；能清热利尿、泻火除烦、凉血解毒、散瘀。叶、花、根亦可作药用。从成

栀子 *Gardenia jasminoides*

熟果实亦可提取栀子黄色素，在民间作染料应用，在化妆品等工业中用作天然着色剂原料，又是一种品质优良的天然食品色素，没有人工合成色素的副作用，且具有一定的医疗效果；它着色力强，颜色鲜艳，具有耐光、耐热、耐酸碱性、无异味

等特点，可广泛应用于糕点、糖果、饮料等食品的着色上。花可提制芳香浸膏，用于多种花香型化妆品和香皂香精的调合剂。本种在我国广泛种植，全国种植面积 20 多万亩[①]，其中湖南、江西两省种植最多，且栀子的质量最好。

金草（耳草属）

Hedyotis acutangula Champ. ex Benth. in Hook. Kew Journ. 4: 171. 1852; Seem. Bot. Voy. Herald 382, t. 85. 1856; Benth. Fl. Hongk. 148. 1861; Maxim Mel. Biol. Acad. Sci. St. Petersb. 11: 782. 1883; Hemsl. in Journ. Linn. Soc. Bot. 23: 372. 1888; Dunn et Tutch. in Kew Bull. Misc. Inf. Add. Ser. 10: 127. 1912; Merr. in Lingnan Sci. Journ. 9: 44. 1930; 海南植物志 3: 303. 1974; 中国高等植物图鉴 4: 216, 图5845. 1975. ——*Oldenlandia acutangula* (Champ. ex Benth.) Kuntze, Rev. Gen. Pl. 1: 292. 1891; 中国植物志 71(1): 46. 1999.

别名　金线兰、金草、鸟人参、少年红、金线虎头蕉

主要形态特征　直立、无毛、通常亚灌木状草本，高 25～60cm，基部木质；茎方柱形，有 4 棱或具翅。叶对生，无柄或近无柄，革质，卵状披针形或披针形，长 5～12cm，宽 1.5～2.5cm，顶端短尖或短渐尖，基部圆形或楔形；中脉明显，侧脉和网脉均不明显；托叶卵形或三角形，长 3～5mm，干后常外反，全缘或具小腺齿。聚伞花序复作圆锥花序式或伞房花序式排列，顶生，分枝具棱或具翅；苞片披针形，广展；花 4 数，白色，无梗，萼管陀螺形，长约 1mm，萼檐裂片卵形，比萼管短；花冠长约 5mm，冠管长 2.2～3mm，喉部略扩大，中部以上被绒毛；花冠裂片卵状披针形，稍短于管或与管等长；雄蕊生于冠管喉部，内藏，无花丝或花丝极短，花药线状长圆形，两端截平；花柱与花冠近等长，被粉状柔毛，柱头 2 裂，裂片近椭圆形，粗糙。蒴果倒卵形，长 2～2.5mm，直径 1～1.2mm，顶部平或微凸，宿存萼檐裂片长约 0.5mm，成熟时开裂为 2 个果爿，果爿腹部直裂，内有种子数粒；种子近圆形，具棱，干后黑色。花期 5～8 月。

特征差异研究　①深圳杨梅坑：叶长 3～6.2cm，宽 1～2cm，比上述特征叶长的最小值小 2cm；其叶宽的最小值则比前者小 0.5cm。②深圳赤坳：叶长 3～7.5cm，宽 0.8～2cm。与上述特征描述相比，叶长的最小值小 2cm；叶宽的最小值小 0.7cm。③深圳应人石：叶长 3.3～6.8cm，宽 1～1.6cm。与上述特征描述相比，叶长的最小值小 1.7cm；叶宽的最小值小 0.5cm。④深圳莲花山：叶长 2.5～4.2cm，宽 0.6～1.1cm。与上述特征描述相比，叶长的整体范围偏小，最大值

比上述特征叶长的最小值小 0.8cm；叶宽最大值比上述特征叶宽最小值小 0.4cm。

凭证标本　①深圳杨梅坑，邹雨锋（073）；王贺银，周志彬（030）。②深圳赤坳，林仕珍，明珠（072）；余欣繁，明珠（064）；廖栋耀，黄玉源（001）。③深圳应人石，王贺银，招康赛（153）。④深圳莲花山，邹雨锋（138）。

分布地　生于低海拔的山坡或旷地上。产广东、海南和香港等地。本种在广东和香港极为常见，在海南则只见于万宁县，植株不多。国外分布于越南。模式标本采自香港。

本研究种类分布地　深圳杨梅坑、赤坳、应人石、莲花山。

主要经济用途　全株入药，有清热解毒和利水之效，对淋病、赤浊亦有一定疗效。据 1967 年再版的《中兽医常用手册》记载，本植物治疗猪丹毒效果良好。

金草 *Hedyotis acutangula*

① 1 亩≈666.7m²。

剑叶耳草（耳草属）

Hedyotis caudatifolia Merr. et Metcalf in Journ. Arn. Arb. 23: 228. 1942. ——*H. hui* Diels in Notzbl. Bot. Gart. 9: 1032. 1926, syn. nov. ——*H. lancea* auct. non Thunb. ex Maxim.: Dunn et Tutch. in Kew Bull. Misc. Inf. Add. Ser. 10: 127. 1912. pro parte; 中国高等植物图鉴 4: 221, 图5856. 1975; 浙江植物志 6: 122, 图154. 1993; 中国植物志 71(1): 47. 1999.

主要形态特征 直立灌木，全株无毛，高 30 ～ 90cm，基部木质；老枝干后灰色或灰白色，圆柱形，嫩枝绿色，具浅纵纹。叶对生，革质，通常披针形，上面绿色，下面灰白色，长 6 ～ 13cm，宽 1.5 ～ 3cm，顶部尾状渐尖，基部楔形或下延；叶柄长 10 ～ 15mm；侧脉每边 4 条，纤细，不明显；托叶阔卵形，短尖，长 2 ～ 3mm，全缘或具腺齿。聚伞花序排成疏散的圆锥花序式；苞片披针形或线状披针形，短尖；花 4 数，具短梗；萼管陀螺形，长约 3mm，萼檐裂片卵状三角形，与萼等长，短尖；花冠白色或粉红色，长 6 ～ 10mm，里面被长柔毛，冠管管形，喉部略扩大，长 4 ～ 8mm，裂片披针形，无毛或里面被硬毛；花柱与花冠等长或稍长，伸出或内藏，无毛，柱头 2，略被细小硬毛。蒴果长圆形或椭圆形，连宿存萼檐裂片长 4mm，直径约 2mm，光滑无毛，成熟时开裂为 2 果爿，果爿腹部直裂，内有种子数粒；种子小，近三角形，干后黑色。花期 5 ～ 6 月。

特征差异研究 深圳杨梅坑：叶长 4.2 ～ 7.4cm，宽 1 ～ 2cm，叶柄长约 0.5cm。与上述特征描述相比，叶长的最小值偏小 1.8cm；叶宽的最小值偏小 0.5cm；叶柄长小 0.5cm。

凭证标本 深圳杨梅坑，陈惠如（067）；林仕珍，招康赛（305）。

分布地 常见于丛林下比较干旱的砂质土壤上或见于悬崖石壁上，有时亦见于黏质土壤的草地上。

剑叶耳草 *Hedyotis caudatifolia*

产广东、广西、福建、江西、浙江南部、湖南等省区。模式标本采自广东鼎湖山。

本研究种类分布地 深圳杨梅坑。

主要经济用途 药用价值。

牛白藤（耳草属）

Hedyotis hedyotidea (DC.) Merr. in Lingnan Sci. Journ. 13: 48. 1934; 中国高等植物图鉴 4: 220, 图5854. 1975; J. M. Chao in Li, Fl. Taiwan 4: 274. 1978. ——*Spermacoce hedyotidea* DC. Prodr. 4: 555. 1830. ——*Hedyotis fruticosa* Kuntze, Obs. 2: 8. 1781, non Linn. ——*H. macrostemon* Hook. et Arn. Bot. Beech. Voy. 192. 1833; Hemsl. in Journ. Linn. Soc. Bot. 23: 374. 1888; Dunn et Tutch. in Kew Bull. Misc. Inf. Add. Ser 10: 128. 1912; Hutchins. in Sargent, Pl. Wils. 3: 408. 1916; Levl. Cat. Pl. Yunnan 245. 1917. ——*H. recurva* Benth. in Lond. Journ. Bot. 1: 486. 1842; Benth. Fl. Hongk. 148. 1861. ——*Oldenlandia macrostemon* Kuntze, Rev. Gen. Pl. 1: 292. 1891; Pitard in Lecomte, Fl. Gen. Indo-Chine 3: 138. 1922. ——*H. esquirolii* Levl. in Fedde Repert. Sp. Nov. 13: 176. 1914; Chun in Sunyatsenia 1: 311, 1934; 中国植物志 71(1): 67. 1999.

别名 大叶龙胆草、土加藤、甜茶

主要形态特征 藤状灌木，长 3 ～ 5m，触之有粗糙感；嫩枝方柱形，被粉末状柔毛，老时圆柱形。叶对生，膜质，长卵形或卵形，长 4 ～ 10cm，宽 2.5 ～ 4cm，顶端短尖或短渐尖，基部楔形或钝，上面粗糙，下面被柔毛；侧脉每边

4～5 条，柔弱斜向上伸，在上面下陷，在下面微凸；叶柄长 3～10mm，上面有槽；托叶长 4～6mm，顶部截平，有 4～6 条刺状毛。花序腋生和顶生，由 10～20 朵花集聚而成一伞形花序；总花梗长 2.5cm 或稍过之，被微柔毛；花 4 数，有长约 2mm 的花梗；花萼被微柔毛，萼管陀螺形，长约 1.5mm，萼檐裂片线状披针形，长约 2.5mm，短尖，外反，在裂罅处常有 2～3 条不很明显的刺毛；花冠白色，管形，长 10～15mm，裂片披针形，长 4～4.5mm，外反，外面无毛，里面被疏长毛；雄蕊二型，内藏或伸出，在长柱花中内藏，在短柱花中突出；花丝基部具须毛，花药线形，基部 2 裂；柱头 2 裂，裂片长 1mm，被毛。蒴果近球形，长约 3mm，直径 2mm，宿存萼檐裂片外反，成熟时室间开裂为 2 果爿，果爿腹部直裂，顶部高出萼檐裂片；种子数粒，微小，具棱。花期 4～7 月。

特征差异研究 ①深圳杨梅坑：叶长 3.5～11.4cm，宽 1.3～4.4cm，叶柄长 0.4～1.4cm；花白色，花冠管形，长 1～1.2cm。与上述特征描述相比，叶长的最小值偏小，小 0.5cm，最大值偏大，长 1.4cm；叶宽的最小值偏小，小 1.2cm，最大值偏大，宽 0.4cm；叶柄长的最大值偏大，长 0.4cm。②深圳赤坳：叶长 4～10cm，宽 1.8～3cm，叶柄长 0.4～0.6cm；与上述特征描述相比，叶宽的最小值偏小 0.7cm。

凭证标本 ①深圳杨梅坑，王贺银，周志彬（059）；余欣繁（058）；林仕珍，明珠（065）；廖栋耀（080）。②深圳赤坳，刘浩，招康赛（043）；邹雨锋（052）。

牛白藤 *Hedyotis hedyotidea*

分布地 生于低海拔至中海拔沟谷灌丛或丘陵坡地。产广东、广西、云南、贵州、福建和台湾等省区。国外分布于越南。

本研究种类分布地 深圳杨梅坑、赤坳。

主要经济用途 药用，治疗风湿、感冒咳嗽和皮肤湿疹等疾病有一定疗效。

龙船花（龙船花属）

Ixora chinensis Lam. Encycl, 3: 344. 1789; Hemsl. in Journ. Linn. Soc. Bot. 23: 385. 1888; Dunn et Tutch. in Kew Bull. Misc. Inf. add. ser. 10: 132. 1912; Merr. in Sunyatsenia 1: 38. 1930. et in Trans. Amer. Philos. Soc. new ser. 24 (2): 370. 1935; 广州植物志: 511. 1956; 中国高等植物图鉴 4: 260, 图5933. 1975. ——*I. stricta* Roxb. Hort. Beng. 10. 1814, nom. nud. et Fl. Ind. ed Carey 1: 388. 1820; DC. Prodr. 4: 486. 1830; Hook. f. Fl. Brit. Ind. 3: 148. 1880. ——*I. crocata* Lindl. Bot. Reg. t. 782. 1824; DC. Prodr. 4: 486. 1830. ——*I. stricta* Roxb. var. *incarnata* Benth. in Hook's Kew Journ. Bot. 4: 198. 1852. ——*Pavaetta kroneana* Miq. Journ. Bot. Neerl. 1: 107. 1861; 中国植物志 71(2): 37. 1999.

别名 卖子木（唐本草），山丹（学圃杂疏）

主要形态特征 灌木，高 0.8～2m，无毛；小枝初时深褐色，有光泽，老时呈灰色，具线条。叶对生，有时由于节间距离极短几成 4 枚轮生，披针形、长圆状披针形至长圆状倒披针形，长 6～13cm，宽 3～4cm，顶端钝或圆形，基部短尖或圆形；中脉在上面扁平略凹入，在下面凸起，侧脉每边 7～8 条，纤细，明显，近叶缘处彼此联结，横脉松散，明显；叶柄极短而粗或无；托叶长 5～7mm，基部阔，合生成鞘形，顶端长渐尖，渐尖部分成锥形，比鞘长。花序顶生，多花，具短总花梗；总花梗长 5～15mm，与分枝均呈红色，罕有被粉状柔毛，基部常有小型叶 2 枚承托；苞片和小苞片微小，生于花托基部的成对；

花有花梗或无；萼管长 1.5～2mm，萼檐 4 裂，裂片极短，长 0.8mm，短尖或钝；花冠红色或红黄色，盛开时长 2.5～3cm，顶部 4 裂，裂片倒卵形或近圆形，扩展或外反，长 5～7mm，宽 4～5mm，顶端钝或圆形；花丝极短，花药长圆形，长约 2mm，基部 2 裂；花柱短伸出冠管外，柱头 2，初时靠合，盛开时叉开，略下弯。果近球形，双生，中间有 1 沟，成熟时红黑色；种子长、宽 4～4.5mm，上面凸，下面凹。花期 5～7 月。

特征差异研究 ①深圳杨梅坑：叶长 3～10.5cm，宽 1.6～5cm，叶柄长 0.2cm。与上述特征描述相比，叶长的最小值偏小 3cm；叶宽的最小值偏小 1.4cm，最大值偏大，宽 1cm。②深圳小南山：叶长 5～15cm，宽 2～6cm，叶柄长 0.2～0.3cm；花冠直径 0.6cm。与上述特征描述相比，叶长的最小值偏小，小 1cm，最大值偏大，长 2cm；叶宽的最小值小 1cm，最大值偏大，宽 2cm；花冠的直径偏小，小 1.9cm。

凭证标本 ①深圳杨梅坑，王贺银，招康赛（335）；赵顺（005）；李志伟（004）。②深圳小南山，王贺银，招康赛（284）；王贺银，招康赛，（283）；余欣繁，招康赛（223）；余欣繁，许旺（192）；邹雨锋，黄玉源（274）；陈永恒，招康赛（113）；吴凯涛，黄玉源（005）。

分布地 生于海拔 200～800m 山地灌丛中和疏林下，有时村落附近的山坡和旷野路旁亦有生长。产福建、广东、香港、广西。分布于越南、菲律宾、

龙船花 Ixora chinensis

马来西亚、印度尼西亚等热带地区。

本研究种类分布地 深圳杨梅坑、小南山。

主要经济用途 龙船花在我国南部颇普遍，现广植于热带城市作庭院观赏。

粗叶木（粗叶木属）

Lasianthus chinensis (Champ.) Benth. Fl. Hongk. 160. 1861; Hook. f. Fl. Brit. Ind. 3: 187. 1880; Hemsl. in Journ. Linn. Soc. Bot. 23: 388. 1888; Dunn & Tutch. in Kew Bull. Misc. Inf. add. ser. 10: 134. 1912; Merr. in Lingnan Sci. Journ. 5: 176. 1927; Hand.-Mazz. in Beih. Bot. Centralbl. LVI, Abt. B: 465. 1937; Liu & Chao in Taiwania 10: 124, fig. 4. 1964; 海南植物志 3: 337. 1974; 中国高等植物图鉴 4: 247, 图5908. 1975; 台湾植物志 4: 286, 图1005. 1978; 中国植物志 71(2): 84. 1999.

别名 白果鸡屎树

主要形态特征 灌木，高通常 2～4m，有时为高达 8m 的小乔木；枝和小枝均粗壮，小枝圆柱形，被褐色短柔毛。叶对生，叶薄革质或厚纸质，通常为长圆形或长圆状披针形，很少椭圆形，长 12～25cm，宽 2.5～6cm 或稍过之，顶端常骤尖或有时近短尖，基部阔楔形或钝，上面无毛或近无毛，干时变黑色或黑褐色，微有光泽，下面中脉、侧脉和小脉上均被较短的黄色短柔毛；中脉粗大，上面近平坦，下面凸起，侧脉每边 9～14 条，以大于 45° 角自中脉开出，斜上升，三级

小脉分枝联结成网状，通常两面均微凸起或上面近平坦；叶柄粗壮，长 8～12mm，被黄色绒毛；托叶三角形，长约 2.5mm，被黄色绒毛。花无梗，常 3～5 朵簇生叶腋，无苞片；萼管卵圆形或近阔钟形，长 4～4.5mm，密被绒毛，萼檐通常 4 裂，裂片卵状三角形，长约 1mm，很少达 1.5mm，下弯，边缘内折，里面无毛；花冠通常白色，有时带紫色，近管状，被绒毛，管长 8～10mm，喉部密被长柔毛，裂片 6（或有时 5），披针状线形，长 4～5mm，顶端内弯，有一长约 1mm 的刺状长喙；雄蕊通常 6，生冠管喉部，花丝极短，花药线形，

长约 1.8mm；子房通常 6 室，花柱长 6 ～ 7mm，柱头线形，长 1.5 ～ 2mm。核果近卵球形，径 6 ～ 7mm，成熟时蓝色或蓝黑色，通常有 6 个分核。花期 5 月，果期 9 ～ 10 月。

凭证标本　深圳赤坳，刘浩（037）；余欣繁，明珠（061）。

分布地　福建、台湾、广东、香港、广西、云南。越南、泰国和马来半岛。

本研究种类分布地　深圳赤坳。

主要经济用途　药用。

巴戟天（巴戟天属）

Morinda officinalis How in Acta Phytotax. Sinica 7: 325. 1958; 海南植物志 3: 332. 1974; 中国高等植物图鉴 4: 243, 图5899. 1975; 中国植物志 71(2): 199. 1999.

别名　大巴戟（中国通邮地方物产志），巴戟、巴吉、鸡肠风（广东）

主要形态特征　藤本；肉质根不定位肠状缢缩，根肉略紫红色，干后紫蓝色；嫩枝被长短不一粗毛，后脱落变粗糙，老枝无毛，具棱，棕色或蓝黑色。叶薄或稍厚，纸质，干后棕色，长圆形、卵状长圆形或倒卵状长圆形，长 6 ～ 13cm，宽 3 ～ 6cm，顶端急尖或具小短尖，基部钝、圆或楔形，边全缘，有时具稀疏短缘毛，上面初时被稀疏、紧贴长粗毛，后变无毛，中脉线状隆起，多少被刺状硬毛或弯毛，下面无毛或中脉处被疏短粗毛；侧脉每边（4 ～）5 ～ 7 条，弯拱向上，在边缘或近边缘处相联结，网脉明显或不明显；叶柄长 4 ～ 11mm，下面密被短粗毛；托叶长 3 ～ 5mm，顶部截平，干膜质，易碎落。花序 3 ～ 7 伞形排列于枝顶；花序梗长 5 ～ 10mm，被短柔毛，基部常具卵形或线形总苞片 1；头状花序具花 4 ～ 10 朵；花（2 ～）3（～ 4）基数，无花梗；花萼倒圆锥状，下部与邻近花萼合生，顶部具波状齿 2 ～ 3，外侧一齿特大，三角状披针形，顶尖或钝，其余齿极小；花冠白色，近钟状，稍肉质，长 6 ～ 7mm，冠管长 3 ～ 4mm，顶部收狭而呈壶状，檐部通常 3 裂，有时 4 或 2 裂，裂片卵形或长圆形，顶部向外隆起，向内钩状弯折，外面被疏短毛，内面中部以下至喉部密被髯毛；雄蕊与花冠裂片同数，着生于裂片侧基部，花丝极短，花药背着，长约 2mm；花柱外伸，柱头长圆形或花柱内藏，柱头不膨大，2 等裂或 2 不等裂，子房（2 ～）3（～ 4）室，每室胚珠 1

粗叶木 *Lasianthus chinensis*

巴戟天 *Morinda officinalis*

颗，着生于隔膜下部。聚花核果由多花或单花发育而成，熟时红色，扁球形或近球形，直径 5 ～ 11mm；核果具分核（2 ～）3（～ 4）；分核三棱形，外侧弯拱，被毛状物，内面具种子 1，果柄极短；种子熟时黑色，略呈三棱形，无毛。花期 5 ～ 7 月，果熟期 10 ～ 11 月。

特征差异研究 ①深圳小南山：叶长 4.8 ～ 6.5cm，宽 1 ～ 2cm，叶柄长 0.3 ～ 1cm。与上述特征描述相比，叶长的最小值偏小 1.2cm；叶宽的整体范围偏小，最大值比上述特征叶宽的最小值小 1cm；叶柄长的最小值偏小 0.1cm。②深圳莲花山：叶长 2 ～ 6cm，宽 1 ～ 2cm，叶柄长 0.3 ～ 1cm。与上述特征描述相比，叶长的最小值小 4cm；叶宽的整体范围偏小，最大值比上述特征叶宽的最小值小 1cm；叶柄长的最小值小 0.1cm。

凭证标本 ①深圳小南山，邹雨锋，黄玉源（193）。②深圳莲花山，陈永恒，周志彬（061）。

分布地 生于山地疏、密林下和灌丛中，常攀于灌木或树干上，亦有引作家种。产福建、广东、海南、广西等省区的热带和亚热带地区。中南半岛也有分布。

本研究种类分布地 深圳小南山、莲花山。

主要经济用途 本种是中药巴戟天的原植物，其肉质根的根肉晒干即成药材"巴戟天"。

保护级别 国家二级保护植物。

鸡眼藤（巴戟天属）

Morinda parvifolia Bartl. ex DC. Prodr. 4: 499. 1830; Merr. in Philip. Journ. Sci. 3 (Bot. 438): 160. 1908. et 13 (c): 160. 1918 et in Lingnan Sci. Journ. 5: 178. 1927 et in Trans. Amer. Philos. Soc. new ser. 24 (2): 373. 1935; 海南植物志 3: 333. 1974; 中国高等植物图鉴 4: 243, 图5900. 1975; 台湾植物志 4: 308. 1978; 中国植物志 71(2): 194. 1999.

别名 小叶羊角藤（广州植物志），细叶巴戟天（海南植物志），百眼藤（中国高等植物图鉴），土藤、糠藤（海南）

主要形态特征 攀援、缠绕或平卧藤本；嫩枝密被短粗毛，老枝棕色或稍紫蓝色，具细棱。叶形多变，生旱阳裸地者叶为倒卵形，具大、小二型叶，生疏阴旱裸地者叶为线状倒披针形或近披针形，攀援于灌木者叶为倒卵状倒披针形、倒披针形、倒卵状长圆形，长 2 ～ 5（～ 7）cm，宽 0.3 ～ 3cm，顶端急尖、渐尖或具小短尖，基部楔形，边全缘或具疏缘毛，上面初时被稍密粗毛，后变被疏粒状短粗毛（糙毛）或无毛，中脉通常被粒状短毛，下面初时被柔毛，后变无毛，中脉通常被短硬毛；侧脉在上面不明显，下面明显，每边 3 ～ 4（～ 6）条，脉腋有毛；叶柄长 3 ～ 8mm，被短粗毛；托叶筒状，干膜质，长 2 ～ 4mm，顶端截平，每侧常具刚毛状伸出物 1 ～ 2，花序（2 ～）3 ～ 9 伞状排列于枝顶；花序梗长 0.6 ～ 2.5cm，被短细毛，基部常具钻形或线形总苞片 1 枚；头状花序近球形或稍呈圆锥状，罕呈柱状，直径 5 ～ 8mm，具花 3 ～ 15（～ 17）朵；花 4 ～ 5 基数，无花梗；花萼下部各花彼此合生，上部环状，顶截平，常具 1 ～ 3 针状或波状齿，有时无齿，背面常具毛状或钻状苞片 1 枚；花冠白色，长 6 ～ 7mm，管部长约 2mm，直径 2 ～ 3mm，略呈 4 ～ 5 棱形，棱处具裂缝，顶部稍收狭，内面无毛，檐部 4 ～ 5 裂，裂片长圆形，顶部向外隆出和向内钩状弯折，内

鸡眼藤 *Morinda parvifolia*

面中部以下至喉部密被髯毛；雄蕊与花冠裂片同数，着生于裂片侧基部，花药长圆形，长 1.5 ～ 2mm，外露，花丝长 1.8 ～ 3mm；花柱外伸，柱头长圆形，二裂，外反，或无花柱，柱头圆锥状，二裂或不裂，直接着生于子房顶或其凹洞内，子房下部与花萼合生，2 ～ 4 室，每室胚珠 1 颗；胚珠扁长圆形，着生子房隔侧基部。聚花核果近球形，直径 6 ～ 10（～ 15）mm，熟时橙红至橘红色；核果具分核 2 ～ 4；分核三棱形，外侧弯拱，具种子 1 颗。种子与分核同形，角质，无毛。花期 4 ～ 6 月，果期 7 ～ 8 月。

特征差异研究 ①深圳杨梅坑：叶长 7 ～ 12cm，宽 3 ～ 5cm，叶柄长 0.5 ～ 1cm。与上述特征描述相比，叶长的最大值偏大，长 5cm；叶宽最大值宽 2cm；叶柄长的最大值偏大，长 0.2cm。②深圳应人石：叶柄长 0.2 ～ 0.5cm。与上述特征描述相比，叶柄长的最小值偏小 0.1cm。③深圳莲花山：叶柄长 0.2 ～ 0.5cm。与上述特征描述相比，叶柄长的最小值小 0.1cm。④深圳赤坳：叶柄长 0.1 ～ 0.3cm。与上述特征描述相比，叶柄长的最小值偏小 0.2cm。

凭证标本 ①深圳杨梅坑，王贺银（308）。②深圳赤坳，陈慧如，招康赛（042）。③深圳应人石，林仕珍，周志彬（175）；王贺银，招康赛（175）。④深圳莲花山，王贺银，招康赛（089）。

分布地 生于平原路旁、沟边等灌丛中或平卧于裸地上；丘陵地的灌丛中或疏林下亦常见，但通常不分布至山地林内。产江西、福建、台湾、广东、香港、海南、广西等省区。分布于菲律宾和越南。

本研究种类分布地 深圳杨梅坑、赤坳、应人石、莲花山。

主要经济用途 据载全株药用，有清热利湿、化痰止咳等药效。

粉叶金花（玉叶金花属）

Mussaenda hybrida Hort cv. 'Alicia'. 中国景观植物.下册：1083. 2009.

别名 粉萼花、粉纸扇

主要形态特征 株高 1 ～ 2m，生性强健，喜高温，耐旱。半落叶灌木，叶对生，长椭圆形，全缘，叶面粗，尾锐尖，叶柄短，小花金黄色，高杯形合生呈星形，花小很快掉落，经常只看到其萼片，且萼片肥大，盛开时满株粉红色，非常醒目。花期夏至秋冬，聚散花序顶生，很少结果。

形态特征增补 深圳莲花山，叶长 4.6 ～ 19cm，宽 2.8 ～ 8.2cm，叶柄长 0.6 ～ 2.4cm；花瓣长 3.4 ～ 5.2cm，宽 2.3 ～ 4.6cm。

凭证标本 深圳莲花山，余欣繁（116）。

分布地 非洲、亚洲。

本研究种类分布地 深圳莲花山。

主要经济用途 园林。

粉叶金花 *Mussaenda hybrida* cv. 'Alicia'

玉叶金花（玉叶金花属）

Mussaenda pubescens Ait. f. Hort. Kew. ed. 2, 1: 372. 1810; DC. Prodr. 4: 371. 1830; Benth. Fl. Hongk. 153. 1861; Hemsl. in Journ. Linn. Boc. Bot. 23: 379. 1888; Matsum. et Hayata, Enum. Pl. Formosa. 188. 1906; Hayata, Ic. Pl. Formos. 2: 94. 1912; Rehd. in Journ. Arn. Arb. 16: 320. 1935; Kanehira, Formos. Trees ed. 2, 674, t. 628. 1936; Masam. in Trans. Nat. Hist. Soc. Formosa. 28: 117. 1938; 广州植物志 506. 1956; Li, Woody Fl. Taiwan 863, fig. 348. 1963; 海南植物志 3: 314. 1974; Ferguson in Not. Roy. Bot. Gard. Edinb. 32 (1): 110. 1972; 中国高等植物图鉴 4: 195, 图5804. 1975; 云南种子植物名录. 下册: 1263. 1984. ——*M. bodinieri* Levl. in Bull. Soc. Bot. France 55: 59. 1908; Hutchins. in Sargent, Pl. Wils. 3: 396. 1916; 中国植物志71(1): 296. 1999.

别名 野白纸扇（广州）、良口茶（广东）

主要形态特征 攀援灌木，嫩枝被贴伏短柔毛。叶对生或轮生，膜质或薄纸质，卵状长圆形或卵状披针形，长 5～8cm，宽 2～2.5cm，顶端渐尖，基部楔形，上面近无毛或疏被毛，下面密被短柔毛；叶柄长 3～8mm，被柔毛；托叶三角形，长 5～7mm，深 2 裂，裂片钻形，长 4～6mm。聚伞花序顶生，密花；苞片线形，有硬毛，长约 4mm；花梗极短或无梗；花萼管陀螺形，长 3～4mm，被柔毛，萼裂片线形，通常比花萼管长 2 倍以上，基部密被柔毛，向上毛渐稀疏；花叶阔椭圆形，长 2.5～5cm，宽 2～3.5cm，有纵脉 5～7 条，顶端钝或短尖，基部狭窄，柄长 1～2.8cm，两面被柔毛；花冠黄色，花冠管长约 2cm，外面被贴伏短柔毛，内面喉部密被棒形毛，花冠裂片长圆状披针形，长约 4mm，渐尖，内面密生金黄色小疣突；花柱短，内藏。浆果近球形，长 8～10mm，直径 6～7.5mm，疏被柔毛，顶部有萼檐脱落后的环状疤痕，干时黑色，果柄长 4～5mm，疏被毛。花期 6～7 月。

特征差异研究 ①深圳杨梅坑：叶长 4～10.3cm，宽 1.5～3.9cm，叶柄长 0.2～0.6cm；花叶阔椭圆形，长 4～5.5cm，宽 2～2.7cm，柄长 1.5～2cm。与上述特征描述相比，叶长的最小值偏小，小 1cm，最大值偏大 2.3cm；叶宽的最小值偏小 0.5cm，最大值偏大 1.4cm；叶柄长的最小值偏小 0.1cm；花叶长的最大值偏大 0.5cm。②深圳赤坳：叶长 2.5～10.5cm，宽 0.7～3.2cm，叶柄长 0.3～1.5cm。与上述特征描述相比，叶长的最小值偏小 2.5cm，最大值偏大 2.5cm；叶宽的最小值小 1.3cm，最大值大 0.7cm；叶柄长的最大值偏大，长 0.7cm。③深圳小南山：叶长 4～10.2cm，宽 1～2.6cm，叶柄长 0.5～1.2cm。与上述特征描述相比，叶长的最小值偏小 1cm，最大值大 2.2cm；叶宽的最小值偏小 1cm，最大值偏大 0.1cm；叶柄长的最大值偏大，大 0.4cm。

④深圳应人石：叶长 3.7～7.9cm，宽 1.5～3cm，叶柄长 0.2～0.5cm。与上述特征描述相比，叶宽的最小值偏小 0.5cm，最大值偏大 0.5cm；叶柄长的最小值偏小，小 0.1cm。⑤深圳莲花山，叶长 3.5～8cm，宽 2～3.8cm，叶柄长 0.4～1.6cm。与上述特征描述相比，叶柄长的最大值偏大 0.8cm。

形态特征增补 深圳杨梅坑：花冠长 0.8cm，雄蕊多数，长约 0.3cm。

凭证标本 ①深圳杨梅坑，王贺银（022）；邹雨锋（035）；陈惠如，招康赛（013）；陈永恒（133）；廖栋耀（079）；李志伟（001）；李志伟（003）。②深圳赤坳，廖栋耀（033）；温海洋（039）。③深圳小南山，邹雨锋，黄玉源（294）。④深圳应人石，林仕珍，黄玉源（186）；邹雨锋（179）；林仕珍，明珠（185）。⑤深圳莲花山，余欣繁，招康赛（089）；邹雨锋，招康赛（085）；刘浩，招康赛（048）。

分布地 产广东、香港、海南、广西、福建、湖南、江西、浙江和台湾。

本研究种类分布地 深圳杨梅坑、赤坳、小南山、应人石、莲花山。

主要经济用途 药用。

玉叶金花 *Mussaenda pubescens*

鸡爪簕（鸡爪簕属）

Oxyceros sinensis Lour. Fl. Cochinch. 151. 1790, ed. Willd. 187. 1793; Yamazaki in Journ. Jap. Bot. 45: 340. 1970. ——*Randia sinensis* (Lour.) Schult. in Roem. et Schult. Syst. Veg. 5: 248. 1819; Benth. Fl. Hongk. 155. 1861; Hemsl. in Journ. Linn. Soc. Bot. 23: 382, 1888; Kanehira, Formos. Trees ed. 2. 681, fig. 636. 1936; 广州植物志: 508. 1956; Li, Woody Fl. Taiwan 871. 1963; 海南植物志 3: 321. 1974; 中国高等植物图鉴 4: 237, 图5888. 1975; J. M. Chao in Li, Fl. Taiwan 4: 332. 1978. ——*Fagerlindia sinensis* (Lour.) Tirveng. in Nord. Journ. Bot. 3 (4): 458. 1983. ——*Oxyceros bispinosus* auct. non (Griff.) Tirveng. (1983): C. Y. Wu et H. Chu in Acta Bot. Yunnanica 12 (4): 380. 1990; 中国植物志 71(1): 354. 1999.

别名 鸡槌簕（广州）、猫簕、凉粉木

主要形态特征 有刺灌木或小乔木，有时攀援状，多分枝，高1～7m；枝粗壮，灰白色，小枝被黄褐色短硬毛或柔毛；刺腋生，成对或单生，劲直或稍弯，长4～15mm。叶对生，纸质，卵状椭圆形、长圆形或卵形，长2～21cm，宽1.5～9.5cm，顶端锐短尖或短渐尖，稀稍钝，基部楔形或稍圆形，两面无毛，或下面密或疏被柔毛，或仅沿中脉和侧脉或脉腋内被柔毛；侧脉6～8对，在下面凸起，在上面平或稍凸起；叶柄长5～15mm，有黄褐色短硬毛或变无毛；托叶三角形，顶端长尖，被柔毛，长3～5mm，脱落。聚伞花序顶生或生于上部叶腋，多花而稠密，呈伞形状，长2.5～4cm，宽3～4.5cm，总花梗长约5mm或极短，密被黄褐色短硬毛；花梗长1～1.5mm或近无花梗，被黄褐色短硬毛；花萼外面被黄褐色短硬毛，萼管杯形，长4～6mm，宽3～4mm，檐部稍扩大，顶端5裂，裂片狭三角形或卵状三角形，长1～4mm，顶端尖；花冠白色或黄色，高脚碟状，冠管细长，长12～24mm，宽1～4mm，喉部被柔毛，花冠裂片5，长圆形，长5～9mm，宽约4mm，开放时反折；雄蕊5枚，花丝极短，花药伸出，线状长圆形，长4～5.5mm；子房2室，每室有胚珠数颗，花柱长12～18mm，柱头纺锤形，长3～5.5mm，顶端短2裂，伸出。浆果球形，直径8～12mm，黑色，有疏柔毛或无毛，顶部有环状的萼檐残迹，常多个聚生成球状，果柄长不及5mm；种子约9颗。花期3～12月，果期5月至翌年2月。

特征差异研究 深圳小南山：叶长4.5～7.5cm，宽2～3.5cm，叶柄长0.3cm。与上述特征描述

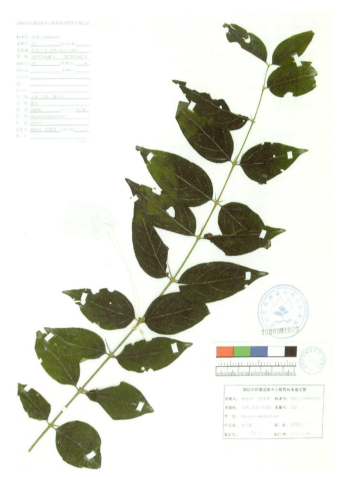

鸡爪簕 *Oxyceros sinensis*

相比，叶柄长偏小0.2cm。

凭证标本 深圳小南山，林仕珍，招康赛（227）；王贺银，招康赛（222）。

分布地 生于海拔20～1200m处的旷野、丘陵、山地的林中、林缘或灌丛。产福建、台湾、广东、香港、广西、海南、云南。国外分布于越南、日本。

本研究种类分布地 深圳小南山。

主要经济用途 本植物常栽植作绿篱。

九节（九节属）

Psychotria rubra (Lour.) Poir. in Lam. Encycl. Suppl. 4: 597. 1816; Merr. in Trans. Amer. Philos. Soc. new ser. 24 (2): 371. 1935; Rehd. in Journ. Arn. Arb. 16: 322. 1935; Kanehira, Formos. Trees rev. ed. 678, fig, 632. 1936; 陈嵘, 中国树木分类学: 1136. 1937; 广州植物志: 516. 1956; Li, Woody Fl. Taiwan 867, fig. 350. 1963; Ferguson in Not. Roy. Bot. Gard. Edinb. 32 (1): 114. 1972; 海南植物志 3: 352, 图766. 1974; 中国高等植物图鉴 4: 264, 图5941. 1975; 台湾植物志 4: 327, 图1025. 1978; 云南种子植物名录. 下册: 1269. 1984. ——*Antherura rubra* Lour. Fl. Cochinch. 144. 1790. ——*P. elliptica* Ker-Gawl. in Bot. Reg. t. 607. 1822; DC. Prodr. 4: 509. 1830; Benth. in Hook. Kew Journ. Bot. 4: 198. 1852; Benth. Fl. Hongk. 161. 1861; Maxim. in Bull. Acad. Imp. Sci. St.-Petersb. 29: 172. 1883; Hemsl. in Journ. Linn. Soc. Bot. 23: 387. 1888; Hayata, Ic. Pl. Formos. 2: 97. 1912; Kanehira, Formos. Trees 306. 1918. ——*P. reevesii* Wall. in Roxb. Fl. Ind. 2: 164. 1824; DC. Prodr. 4: 519. 1830; Pitard in Lecomte, Fl. Gen. Indo-Chine 3: 361. 1924; Merr. in Lingnan Sci. Journ. 5: 176. 1927. ——*P. esquirolii* Levl. in Fedde, Repert. Sp. Nov. 10: 435. 1912 et Fl. Kouy-Tcheou 371. 1915; 中国植物志 71(2): 58. 1999.

别名 山打大刀、大丹叶、暗山公（生草药性备要），暗山香、山大颜、吹筒管（岭南采药录），刀伤木（常用中草药手册），牛屎乌、青龙吐雾（台湾植物志），九节木（广东）

主要形态特征 灌木或小乔木，高 0.5～5m。叶对生，纸质或革质，长圆形、椭圆状长圆形或倒披针状长圆形，稀长圆状倒卵形，有时稍歪斜，长 5～23.5cm，宽 2～9cm，顶端渐尖、急渐尖或短尖而尖头常钝，基部楔形，全缘，鲜时稍光亮，干时常暗红色或在下面褐红色而上面淡绿色，中脉和侧脉在上面凹下，在下面凸起，脉腋内常有束毛，侧脉 5～15 对，弯拱向上，近叶缘处不明显联结；叶柄长 0.7～5cm，无毛或极稀有极短的柔毛；托叶膜质，短鞘状，顶部不裂，长 6～8mm，宽 6～9mm，脱落。聚伞花序通常顶生，无毛或极稀有极短的柔毛，多花，总花梗常极短，近基部三分歧，常成伞房状或圆锥状，长 2～10cm，宽 3～15cm；花梗长 1～2.5mm；萼管杯状，长约 2mm，宽约 2.5mm，檐部扩大，近截平或不明显的 5 齿裂；花冠白色，冠管长 2～3mm，宽约 2.5mm，喉部被白色长柔毛，花冠裂片近三角形，长 2～2.5mm，宽约 1.5mm，开放时反折；雄蕊与花冠裂片互生，花药长圆形，伸出，花丝长 1～2mm；柱头 2 裂，伸出或内藏。核果球形或宽椭圆形，长 5～8mm，直径 4～7mm，有纵棱，红色；果柄长 1.5～10mm；小核背面凸起，具纵棱，腹面平而光滑。花果期全年。

特征差异研究 ①深圳小南山：叶长 6～16.7cm，宽 1.7～4.9cm，叶柄长 0.3～2cm；核果球形，直径 0.3～0.5cm。与上述特征描述相比，叶宽的最小值偏小 0.3cm；核果直径的最小值小 0.1cm。②深圳莲花山：叶长 11.5～19cm，宽 4.3～6.0cm，叶柄长 1.2～2.2cm；核果球形，直径 0.3～0.5cm，与上述特征描述相比，核果直径的最小值偏小，小 0.1cm。

凭证标本 ①深圳杨梅坑，余欣繁，黄玉源（342）；李志伟（013）。②深圳小南山，陈永恒，明珠（167）；邹雨锋，黄玉源（270）；邹雨锋，黄玉源（271）；林仕珍，招康赛（248）；林仕珍，招康赛（201）；林仕珍，许旺（200）；刘浩，黄玉源（072）；王贺银（194）；王贺银（282）；余欣繁，招康赛（184）；余欣繁，招康赛（185）；吴凯涛，黄玉源（002）；廖栋耀（027）；温海洋（018）。③深圳莲花山，邹雨锋（075）。

分布地 生于平地、丘陵、山坡、山谷溪边的灌丛或林中，海拔 20～1500m。产浙江、福建、台湾、湖南、广东、香港、海南、广西、贵州、云南。分布于日本、越南、老挝、柬埔寨、马来西亚、印度等地。

本研究种类分布地 深圳杨梅坑、小南山、莲花山。

九节 *Psychotria rubra*

主要经济用途　嫩枝、叶、根可作药用，清热解毒、消肿拔毒、祛风除湿；治扁桃体炎、白喉、疮疡肿毒、风湿疼痛、跌打损伤、感冒发热、咽喉肿痛、胃痛、痢疾、痔疮等。

蔓九节（九节属）

Psychotria serpens Linn. Mant. 204. 1771; DC. Prodr. 4: 519. 1830; Benth. in Hook. Kew Journ. Bot. 4: 198. 1852; Benth. Fl. Hongk. 161. 1861; Maxim. in Bull. Acad. Imp. Sci. St.-Petersb. 29: 172. 1883; Hemsl. in Journ. Linn. Soc. Bot. 23: 387. 1888; Hayata, Ic. Pl. Formos. 2: 97. 1912; Pitard in Lecomte, Fl. Gen. Indo-Chine 3: 352. 1924; Merr. in Lingnan Sci. Journ. 6; 287. 1928; Kanehira, Formos. Trees rev. ed. 679, fig. 633. 1936; 广州植物志: 516. 1956; Li, Woody Fl. Taiwan 867. 1963; 海南植物志 3: 353. 1974; 中国高等植物图鉴 4: 266, 图5946. 1975; 台湾植物志 4: 329. 1978; C. E. Chang in Journ. Phytogeography taxon. 29 (1): 19. 1981. ——*P. scandens* Hook. et Arn. Bot. Beech. Voy. 193. 1836. ——*P. ixoroides* auct. non Bartl, ex DC.: Merr. in Lingnan Sci. Journ. 5: 176. 1927; 中国植物志 71(2): 60. 1999.

别名　拎壁龙、风不动藤（台湾植物志）、穿根藤（潮州志）、蜈蚣藤（海南儋县）、崧筋藤

主要形态特征　多分枝、攀缘或匍匐藤本，常以气根攀附于树干或岩石上，长可达 6m 或更长；嫩枝稍扁，无毛或有秕糠状短柔毛，有细直纹，老枝圆柱形，近木质，攀附枝有一列短而密的气根。叶对生，纸质或革质，叶形变化很大，年幼植株的叶多呈卵形或倒卵形，年老植株的叶多呈椭圆形、披针形、倒披针形或倒卵状长圆形，长 0.7～9cm，宽 0.5～3.8cm，顶端短尖、钝或锐渐尖，基部楔形或稍圆，边全缘而有时稍反卷，干时苍绿色或暗红褐色，下面色较淡，侧脉 4～10 对，纤细，不明显或在下面稍明显；叶柄长 1～10mm，无毛或有秕糠状短柔毛；托叶膜质，短鞘状，顶端不裂，长 2～3mm，宽 2～5mm，脱落。聚伞花序顶生，有时被秕糠状短柔毛，常三歧分枝，圆锥状或伞房状，长 1.5～5cm，宽 1～5.5cm，总花梗长达 3cm，少至多花；苞片和小苞片线状披针形，苞片长达 2mm，小苞片长约 0.7mm，常对生；花梗长 0.5～1.5mm；花萼倒圆锥形，长约 2.5mm，与花冠外面有时被秕糠状短柔毛，檐部扩大，顶端 5 浅裂，裂片三角形，长约 0.5mm；花冠白色，冠管与花冠裂片近等长，长 1.5～3mm，花冠裂片长圆形，喉部被白色长柔毛；花丝长约 1mm，花药长圆形，长约 0.8mm。浆果状核果球形或椭圆形，具纵棱，常呈白色，长 4～7mm，直径 2.5～6mm；果柄长 1.5～5mm；小核背面凸起，具纵棱，腹面平而光滑。花期 4～6 月，果期全年。

凭证标本　①深圳杨梅坑，陈惠如，招康赛（026）；陈永恒，招康赛（148）；陈永恒，招康赛（010）；邹雨锋（360）；余欣繁（239）；余欣繁，招康赛（238）；陈永恒，许旺（009）；陈惠如，招康赛（010）。

蔓九节 *Psychotria serpens*

②深圳小南山，陈永恒，黄玉源（170）；邹雨锋，明珠（276）；陈永恒，明珠（171）；黄启聪（040）。③深圳应人石，王贺银（155）。

分布地　生于平地、丘陵、山地、山谷水旁的灌丛或林中，海拔 70～1360m。产浙江、福建、台湾、广东、香港、海南、广西。分布于日本、朝鲜、越南、柬埔寨、老挝、泰国。模式标本采于广州。

本研究种类分布地　深圳杨梅坑、小南山、应人石。

主要经济用途　全株药用，舒筋活络、壮筋骨、祛风止痛、凉血消肿；治风湿痹痛、坐骨神经痛、痈疮肿毒、咽喉肿痛。

鸡仔木（鸡仔木属）

Sinoadina racemosa (Sieb. et Zucc.) Ridsd. in Blumea 24 (2): 352, 1978; 徐祥浩等, 华南农学院学报 2 (4): 34. 1981. —— *Nauclea racemosa* Sieb. et Zucc. in Abh. Bayer Akad. Wiss. Math. Phys. Cl. 4: 178. 1846. ——*Adina racemosa* (Sieb. et Zucc.) Miq. in Ann. Mus. Bot. Lugd. Bat. 3: 184. 1867; Havil. in Journ. Linn. Soc. Bot. 33: 43. 1897; Makino in Bot. Mag. Tokyo 14: 127. 1900; Hutchins. in Sargent, Pl. Wils. 3: 390. 1916; Chung in Mem. Sci. Soc. China 1: 235. 1924; Rehd. in Journ. Arn. Arb. 16: 319. 1935; S. C. Lee, For. Bot. China 905, pl. 271. 1935; Hand.-Mazz. Symb. Sin. 7: 1017. 1936; 陈嵘, 中国树木分类学: 1127. 1937; How in Sunyatsenia 6: 240. 1946; Li, Woody Fl. Taiwan 846, f. 340. 1963; 中国高等植物图鉴 4: 184, 图5782. 1975; 中国植物志 71(1): 270. 1999.

别名 水冬瓜（中国树木分类学）

主要形态特征 半常绿或落叶乔木，高 4 ～ 12m；未成熟的顶芽金字塔形或圆锥形；树皮灰色，粗糙；小枝无毛。叶对生，薄革质，宽卵形、卵状长圆形或椭圆形，长 9 ～ 15cm，宽 5 ～ 10cm，顶端短尖至渐尖，基部心形或钝，有时偏斜，上面无毛，间或有稀疏的毛，下面无毛或有白色短柔毛；侧脉 6 ～ 12 对，无毛或有稀疏的毛，脉腋窝陷无毛或有稠密的毛；叶柄长 3 ～ 6cm，无毛或有短柔毛；托叶 2 裂，裂片近圆形，跨褶，早落。头状花序不计花冠直径 4 ～ 7mm，常约 10 个排成聚伞状圆锥花序式；花具小苞片；花萼管密被苍白色长柔毛，萼裂片密被长柔毛；花冠淡黄色，长 7mm，外面密被苍白色微柔毛，花冠裂片三角状，外面密被细绵毛状微柔毛。果序直径 11 ～ 15mm；小蒴果倒卵状楔形，长 5mm，有稀疏的毛。花、果期 5 ～ 12 月。

凭证标本 深圳小南山，陈永恒，周志彬（092）。

分布地 喜生于向阳处，多生长于海拔 330 ～ 950m（云南可达 1300 ～ 1500m）处的山林中或水边。产四川、云南、贵州、湖南、广东、广西、台湾、浙江、江西、江苏和安徽。国外分布于日本、泰国和缅甸。

本研究种类分布地 深圳小南山。

主要经济用途 木材褐色，供制家具、农具、火

鸡仔木 *Sinoadina racemosa*

柴杆、乐器等。树皮纤维可制麻袋、绳索及人造棉等。

白花苦灯笼（乌口树属）

Tarenna mollissima (Hook. et Arn.) Rob. in Proc. Amer. Acad. 45: 405. 1910; Merr. in philip. Journ. Sci. Bot. 13: 160. 1918; Metcalf in Journ. Arn. Arb. 13: 297. 1932; Rehd. in Journ. Arn. Arb. 16: 320. 1935; Hand.-Mazz. Symb. Sin. 7 (4): 1020. 1936; Li in Journ. Arn. Arb. 25: 428. 1944; Ferguson in Not. Roy. Bot. Gard. Edinb. 32 (1): 115. 1972; 海南植物志 3: 318, 图745. 1974; 中国高等植物图鉴 4: 232, 图5878. 1975; 浙江植物志 6: 102, 图6-129. 1993. *Cupia mollissima* Hook. et Arn. Bot. Beech. Voy. 192. 1833; 中国植物志 71(1): 376. 1999.

别名 乌口树（植物名实图考）、密毛乌口树（海南植物志）、小肠枫（广东梅县）、青作树（广东曲江）、乌木（广西陆川）、鸡公辣（福建龙岩）、黑虎（福建）、白青乌心（浙江平阳）、密毛蒿香（浙江）

主要形态特征 灌木或小乔木，高 1 ～ 6m，全

株密被灰色或褐色柔毛或短绒毛，但老枝毛渐脱落。叶纸质，披针形、长圆状披针形或卵状椭圆形，长 4.5～25cm，宽 1～10cm，顶端渐尖或长渐尖，基部楔尖、短尖或钝圆，干后变黑褐色；侧脉 8～12 对；叶柄长 0.4～2.5cm；托叶长5～8mm，卵状三角形，顶端尖。伞房状的聚伞花序顶生，长 4～8cm，多花；苞片和小苞片线形；花梗长 3～6mm；萼管近钟形，长约 2mm，裂片 5，三角形，长约 0.5mm；花冠白色，长约1.2cm，喉部密被长柔毛，裂片 4 或 5，长圆形，与冠管近等长或稍长，开放时外反；雄蕊 4 或 5 枚，花丝长 1～1.2mm，花药线形，长约 5mm；花柱中部被长柔毛，柱头伸出，胚珠每室多颗。果近球形，直径 5～7mm，被柔毛，黑色，有种子7～30 颗。花期 5～7 月，果期 5 月至翌年 2 月。

特征差异研究　①深圳杨梅坑：叶长 8.5～12cm，宽 3～4.5cm，叶柄长 0.2～0.5cm。与上述特征相比，叶柄长的最小值偏小，小 0.2cm。②深圳小南山：叶长 4.5～10cm，宽 2～5cm，叶柄长 0.2～0.5cm。与上述特征描述相比，叶柄长的最小值偏小 0.2cm。

凭证标本　①深圳杨梅坑，陈永恒（136）。②深圳小南山，陈永恒，黄玉源（159）；邹雨锋，董安强（195）；邹雨锋，黄玉源（194）。

分布地　生于海拔 200～1100m 处的山地、丘陵、沟边的林中或灌丛中。产浙江、江西、福建、湖南、广东、香港、广西、海南、贵州、云南。国外分布于越南。

白花苦灯笼 *Tarenna mollissima*

本研究种类分布地　深圳杨梅坑、小南山。
主要经济用途　根和叶入药，有清热解毒、消肿止痛之功效；治肺结核咯血、感冒发热、咳嗽、热性胃痛、急性扁桃体炎等。

水锦树（水锦树属）

Wendlandia uvariifolia Hance in Journ. Bot. 8; 73. 1870; Cowan in Not. Roy. Bot. Gard. Edinb. 16: 286, Pl. 235. fig. 1. 1932 et 18: 185. 1934; How in Sunyatsenia 7 (1-2): 47. 1948; 海南植物志 3: 291. 1974; 中国高等植物图鉴 4: 203, 图5820. 1975; J. M. Chao in Li, Fl. Taiwan 4: 346. 1978, excl. syn. *W. erythroxylon* Cowan; W. C. Chen in Acta Phytotax. Sinica 21 (4): 391. 1983. ——*W. uvariifolia* Hance subsp. *dunniana* (Levl.) Cowan in Not. Roy. Bot. Gard. Edinb. 16: 287. 1932 et 18: 185. 1934; Hand.-Mazz. Symb. Sin. 7 (4): 1016. 1936; How in Sunyatsenia 7 (1-2): 49. 1948; Ferguson in Not. Roy. Bot. Gard. Edinb. 32 (1): 115. 1972; 云南种子植物名录. 下册: 1278. 1984. ——*W. uvariifolia* Hance subsp. *yunnanensis* Cowan in Not. Roy, Bot. Gard. Edinb. 16: 288. 1932; How in Sunyatsenia 7 (1-2): 49. 1948; 中国植物志 71(1): 208. 1999.

别名　猪血木、饭汤木、双耳蛇、牛伴木
主要形态特征　灌木或乔木，高 2～15m；小枝被锈色硬毛。叶纸质，宽椭圆形、长圆形、卵形或长圆状披针形，长 7～26cm，宽 4～14cm，顶端短渐尖或骤然渐尖，基部楔形或短尖，上面散生短硬毛，稍粗糙，在脉上有锈色短柔毛，下面密被灰褐色柔毛；侧脉 8～12 对，弯拱向上，近边缘处消失或与小横脉联结，在下面凸起；叶柄长 0.5～3.5cm，密被锈色短硬毛；托叶宿存，有硬毛，基部宽，上部扩大呈圆形，反折，宽约 2 倍于小枝。圆锥状的聚伞花序顶生，被灰褐色硬毛，分枝广展，多花；小苞片线状披针形，约与花萼等长或稍短，被柔毛；花小，无花梗，常数朵簇生；花萼长 1.5～2mm,密被灰白色长硬毛，

萼裂片卵状三角形，与萼管等长或近等长；花冠漏斗状，白色，长 3.5 ～ 4mm，外面无毛，喉部有白色硬毛，裂片长约 1mm，开放时外反，远比冠管短；花药椭圆形，长约 0.8mm，稍伸出，花丝很短；花柱与花冠近等长或稍长，柱头 2 裂，常伸出。蒴果小，球形，直径 1 ～ 2mm，被短柔毛。花期 1 ～ 5 月，果期 4 ～ 10 月。

特征差异研究　深圳杨梅坑：叶长 5.2 ～ 25.2cm，宽 1.4 ～ 5.6cm，叶柄长 1 ～ 1.5cm。与上述特征描述相比，叶长的最小值偏小 1.8cm；叶宽的最小值偏小 2.6cm。

凭证标本　深圳杨梅坑，刘浩，黄玉源（023）。
分布地　台湾、广东、广西、海南、贵州、云南。
本研究种类分布地　深圳杨梅坑。
主要经济用途　药用。

草海桐科 Goodeniaceae

草海桐（草海桐属）

Scaevola sericea Vahl, Symb. Bot. 2: 37. 1791; P. W. Leenh. in Fl. Males. ser. 1, 5 (3): 339. 1957; 中国高等植物图鉴 4: 399. 图6212. 1975. ——*S. futescens* (non *Lobelia frutescens* Mill.) Krause, Pfl. R. Heft 54: 125. f. 25. 1912; Merr., Philip. Journ. Sc. 7: 353. 1912——*S. frutescens* var. *sericea* (Forst.) Merr., l. c. ——*S. koenigii* Vahl, l. c., 36. ——*S. lobelia* Murr., Syst. Veg. ed. 13. 178. 1774, p.p., nom. illeg.; Benth., Fl. Hongk. 198. 1861.

主要形态特征　直立或铺散灌木，有时枝上生根，或为小乔木，高可达 7m，枝直径 0.5 ～ 1cm，中空通常无毛，但叶腋里密生一簇白色须毛。叶螺旋状排列，大部分集中于分枝顶端，颇像海桐花，无柄或具短柄，匙形至倒卵形，长 10 ～ 22cm，宽 4 ～ 8cm，基部楔形，顶端圆钝，平截或微凹，全缘，或边缘波状，无毛或背面有疏柔毛，稍稍肉质。聚伞花序腋生，长 1.5 ～ 3cm。苞片和小苞片小，腋间有一簇长须毛；花梗与花之间有关节；花萼无毛，筒部倒卵状，裂片条状披针形，长 2.5mm；花冠白色或淡黄色，长约 2cm，筒部细长，后方开裂至基部，内密被白色长毛，檐部开展，裂片中间厚，披针形，中部以上每边有宽而膜质的翅，翅常内叠，边缘疏生缘毛；花药在花蕾中围着花柱上部，和集粉杯下部粘成一管，花开放后分离，药隔超出药室，顶端成片状。核果卵球状，白色而无毛或有柔毛，

水锦树 *Wendlandia uvariifolia*

草海桐 *Scaevola sericea*

直径 7～10mm，有两条径向沟槽，将果分为两片，每片有 4 条棱，2 室，每室有一颗种子。花果期 4～12 月。

特征差异研究 深圳七娘山，叶片长 4.5～6.4cm，叶宽 2.2～3.3cm，与上述特征描述相比，叶长最大值偏小，小 15.6cm，叶宽最大值偏小，小 4.7cm。

凭证标本 深圳七娘山，招康赛（007）

分布地 生于海边，通常在开旷的海边砂地上或海岸峭壁上。产台湾、福建、广东、广西。琉球群岛、东南亚、马达加斯加、大洋洲热带、密克罗尼西亚、夏威夷也有。

本研究种类分布地 深圳七娘山。

主要经济用途 常见的海岸树种，常在海岸林前线丛生，也常和露兜、黄槿等树种混生。可作海岸防风林、行道树、庭院美化；可单植、列植、丛植。

忍冬科 Caprifoliaceae

忍冬（忍冬属）

Lonicera japonica Thunb. Fl. Jap. 89. 1784; 中药志 3: 36, 506, 彩图12. 1960; H. L. Li, Woody Fl. Taiwan 886. 1953; 中国高等植物图鉴 4: 297, 图6008. 1975; 全国中草药汇编. 上册: 540, 图556. 1975; Lauener et Ferguson in Notes Bot. Gard. Edinb. 32(1): 99. 1972. ——*Caprifolium Japonicum* Dum. Cour. Bot. Cult. ed. 2, 7: 209. 1814. ——*Nintooa japonica* Sweet, Hort. Brit. ed. 2, 258. 1830. ——*L. fauriei* Levl. et Vant. in Fedde. Repert. Sp. Nov. 5: 100. 1908. ——*L. japonaca* Thunb. var. *sempervillosa* Hayara. Ic. Fl. Formos. 9: 47. 1920.

别名 金银花，金银藤，银藤，二色花藤，二宝藤，右转藤，子风藤，蜜桷藤，鸳鸯藤，老翁须

主要形态特征 半常绿藤本；幼枝洁红褐色，密被黄褐色、开展的硬直糙毛、腺毛和短柔毛，下部常无毛。叶纸质，卵形至矩圆状卵形，有时卵状披针形，稀圆卵形或倒卵形，极少有 1 至数个钝缺刻，长 3～5（～9.5）cm，顶端尖或渐尖，少有钝、圆或微凹缺，基部圆或近心形，有糙缘毛，上面深绿色，下面淡绿色，小枝上部叶通常两面均密被短糙毛，下部叶常平滑无毛而下面多少带青灰色；叶柄长 4～8mm，密被短柔毛。总花梗通常单生于小枝上部叶腋，与叶柄等长或稍较短，下方者则长达 2～4cm，密被短柔毛，并夹杂腺毛；苞片大，叶状，卵形至椭圆形，长达 2～3cm，两面均有短柔毛或有时近无毛；小苞片顶端圆形或截形，长约 1mm，为萼筒的 1/2～4/5，有短糙毛和腺毛；萼筒长约 2mm，无毛，萼齿卵状三角形或长三角形，顶端尖而有长毛，外面和边缘都有密毛；花冠白色，有时基部向阳面呈微红，后变黄色，长（2～）3～4.5（～6）cm，唇形，筒稍长于唇瓣，很少近等长，外被多少倒生的开展或半开展糙毛和长腺毛，上唇裂片顶端钝形，下唇带状而反曲；雄蕊和花柱均高出花冠。果实圆形，直径 6～7mm，熟时蓝黑色，有光泽；种子卵圆形或椭圆形，褐色，长约 3mm，中部有 1 凸起的脊，两侧有浅的横沟纹。花期 4～6 月（秋季亦常开花），果熟期 10～11 月。

特征差异研究 深圳七娘山，叶长 2.1～4.5cm，叶宽 0.7～2.1cm，叶柄长 3～6mm，与上述特征描述相比，叶长的最大值偏小，小 0.5cm，叶

忍冬 *Lonicera japonica*

柄长的最大值偏小，小 2mm。

凭证标本　深圳杨梅坑，余欣繁，招康赛（341）。

分布地　生于山坡灌丛或疏林中、乱石堆、山足路旁及村庄篱笆边，海拔最高达 1500m。也常栽培。除黑龙江、内蒙古、宁夏、青海、新疆、海南和西藏无自然生长外，全国各省均有分布。日本和朝鲜也有分布。在北美洲逸生成为难除的杂草。

本研究种类分布地　深圳杨梅坑。

主要经济用途　忍冬是一种具有悠久历史的常用中药，始载于《名医别录》，列为上品。"金银花"一名始见于李时珍《本草纲目》，在"忍冬"项下提及，因近代文献沿用已久，现已公认为该药材的正名，并收入我国药典。此外，尚有"银花"、"双花"、"二花"、"二宝花"、"双宝花"等药材名称。目前，全国作为商品出售的金银花原植物总数不下 17 种（包括亚种和变种），而以本种分布最广，销售量也最大。商品药材主要来源于栽培品种，以河南的"南银花"或"密银花"和山东的"东银花"或"济银花"产量最高，品质也最佳，供销全国并出口。野生品种来自华东、华中和西南各省区，总称"山银花"或"上银花"，一般自产自销，亦有少量外调。

菰腺忍冬（忍冬属）

Lonicera hypoglauca Miq. in Ann. Mus. Bot. Lugd.-Bat. 2: 270. 1866; Kaneh. Formos. Trees rev. ed. 692, fig. 647. 1936; 中国高等植物图鉴 4: 298, 图 6009. 1975; 中国植物志 72: 239. 1988.

别名　山银花、红腺忍冬、大银花、大金银花、大叶金银花

主要形态特征　落叶藤本；幼枝、叶柄、叶下面和上面中脉及总花梗均密被上端弯曲的淡黄褐色短柔毛，有时还有糙毛。叶纸质，卵形至卵状矩圆形，长 6 ～ 9（～ 11.5）cm，顶端渐尖或尖，基部近圆形或带心形，下面有时粉绿色，有无柄或具极短柄的黄色至橘红色蘑菇形腺；叶柄长 5 ～ 12mm。双花单生至多朵集生于侧生短枝上，或于小枝顶集合成总状，总花梗比叶柄短或有时较长；苞片条状披针形，与萼筒几等长，外面有短糙毛和缘毛；小苞片圆卵形或卵形，顶端钝，很少卵状披针形而顶渐尖，长约为萼筒的1/3，有缘毛；萼筒无毛或有时略有毛，萼齿三角状披针形，长为筒的 1/2 ～ 2/3，有缘毛；花冠白色，有时有淡红晕，后变黄色，长 3.5 ～ 4cm，唇形，筒比唇瓣稍长，外面疏生倒微伏毛，并常具无柄或有短柄的腺；雄蕊与花柱均稍伸出，无毛。果实熟时黑色，近圆形，有时具白粉，直径 7 ～ 8mm；种子淡黑褐色，椭圆形，中部有凹槽及脊状凸起，两侧有横沟纹，长约 4mm。花期 4 ～ 5（～ 6）月，果熟期 10 ～ 11 月。

凭证标本　①深圳杨梅坑：邹雨锋（345）；陈永恒（145）；余欣繁，黄玉源（332）。②深圳小南山：陈永恒，黄玉源（163）；王贺银（218）；邹雨锋，招康赛（209）；余欣繁，黄玉源（164）。

分布地　生于灌丛或疏林中，海拔 200 ～ 700m（西南可达 1500m）。产安徽南部、浙江、江西、福建、台湾北部和中部、湖北西南部、湖南西部至南部、广东南部除外、广西、四川东部和东南部、贵州北部、东南部至西南部及云南西北部至南部。日本也有分布。

本研究种类分布地　深圳杨梅坑、小南山。

主要经济用途　本种的花蕾供药用，在浙江、江西、福建、湖南、广东、广西、四川和贵州等省区均作"金银花"收购入药。

菰腺忍冬 *Lonicera hypoglauca*

金腺荚蒾（荚蒾属）

Viburnum chunii Hsu in Acta Phytotax. Sinica 11 (1): 82. 1966. ——*V. chunii* Hsu subsp. *chengii* Hsu, ibid. 83, syn. nov.; 中国植物志　72: 72. 1988.

别名　陈氏荚蒾（植物分类学报）

主要形态特征　常绿灌木，高 1 ～ 2m；当年小枝四角状，无毛，二年生小枝灰褐色。叶厚纸质至薄革质，卵状菱形至菱形或椭圆状矩圆形，长 5 ～ 7（～ 11）cm，顶端尾状渐尖，基部楔形；边缘通常中部以上有 3 ～ 5 对疏锯齿，上面常散生金黄色及暗色腺点，无毛或至多仅中脉疏被短糙毛，下面无毛或脉腋有时集聚簇状毛，腺点较密，侧脉 3 ～ 5 对，下面略凸起，近缘前内弯而互相网结，最下一对有时伸长至叶中部以上而作离基 3 出脉状；叶柄长 4 ～ 8mm，初时疏被黄褐色短伏毛，后变无毛；托叶缺。复伞形式聚伞花序顶生，直径 1.5 ～ 2cm，疏被黄褐色简单或叉状短糙伏毛和腺点，总花梗长 5 ～ 18mm，花生于第一级辐射枝上，有短梗；苞片和小苞片宿存；萼筒钟状，无毛，萼齿卵状三角形，顶钝，有缘毛；花冠蕾时带红色。果实红色，圆形，直径（7 ～）8 ～ 9（～ 10）mm；核卵圆形，扁，长 5 ～ 8（～ 9）mm，直径 5 ～ 6mm，背、腹沟均不明显。花期 5 月，果熟期 10 ～ 11 月。

特征差异研究　深圳杨梅坑：叶长 5.5 ～ 15.1cm，叶宽 2 ～ 6.2cm，叶柄长 0.5 ～ 1cm。与上述特征描述相比，叶长的最大值偏大 4.1cm；叶柄长的最大值偏大 0.2cm。

凭证标本　深圳杨梅坑，林仕珍，招康赛（130）。

分布地　生于山谷密林中或疏林下蔽荫处及灌丛中，海拔 140 ～ 1300m。产安徽南部、浙江东部

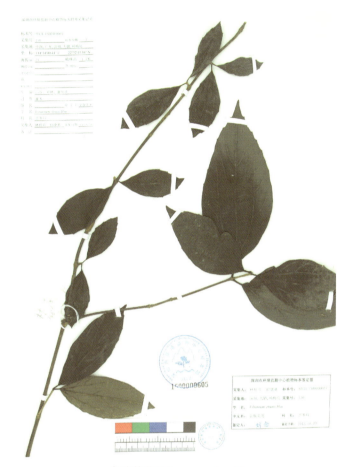

金腺荚蒾 *Viburnum chunii*

至南部、江西南部和西部、福建北部、湖南、广东、广西及贵州东南部（榕江）。模式标本采自广西陆川以北。

本研究种类分布地　深圳杨梅坑。

荚蒾（荚蒾属）

Viburnum dilatatum Thunb. Fl. Jap. 124. 1784; Chun in Sunyatsenia 4: 263. 1940; 中国高等植物图鉴　4: 319, 图6052. 1975. ——*V. erosum* Thunb. var. *hirsutum* Pamp. in Nuov. Giorn. Bot. Ital. 17: 726. 1910. ——*V. dilatatum* Thunb. var. *macrophyllum* Hsu in Acta Phytotax. Sinica 11 (1): 78. 1966, syn. nov.; 中国植物志 72: 88. 1988.

主要形态特征　落叶灌木，高 1.5 ～ 3m；当年小枝连同芽、叶柄和花序均密被土黄色或黄绿色开展的小刚毛状粗毛及簇状短毛，老时毛可弯伏，毛基有小瘤状凸起，二年生小枝暗紫褐色，被疏毛或几无毛，有凸起的垫状物。叶纸质，宽倒卵形、倒卵形或宽卵形，长 3 ～ 10（～ 13）cm，顶端急尖，基部圆形至钝形或微心形，有时楔形，边缘有牙齿状锯齿，齿端突尖，上面被叉状或简单伏毛，下面被带黄色叉状或簇状毛，脉上毛尤密，脉腋集聚簇状毛，有带黄色或近无色的透亮腺点，虽脱落仍留有痕迹，近基部两侧有少数腺体，侧脉 6 ～ 8 对，直达齿端，上面凹陷，下面明显凸起；叶柄长（5 ～）10 ～ 15mm；无托叶。复伞形式聚伞花序稠密，生于具 1 对叶的短枝之顶，直径 4 ～ 10cm，果时毛多少脱落，总花梗长 1 ～ 2（～ 3）cm，第一级辐射枝 5 条，花生

于第三级至第四级辐射枝上，萼和花冠外面均有簇状糙毛；萼筒狭筒状，长约 1mm，有暗红色微细腺点，萼齿卵形；花冠白色，辐状，直径约 5mm，裂片圆卵形；雄蕊明显高出花冠，花药小，乳白色，宽椭圆形；花柱高出萼齿。果实红色，椭圆状卵圆形，长 7 ～ 8mm；核扁，卵形，长 6 ～ 8mm，直径 5 ～ 6mm，有 3 条浅腹沟和 2 条浅背沟。花期 5 ～ 6 月，果熟期 9 ～ 11 月。

特征差异研究　深圳杨梅坑：叶长 6.5 ～ 14cm，宽 2.8 ～ 6cm，叶柄长 0.5 ～ 1cm。与上述特征描述相比，叶长的最大值多 1cm。

凭证标本　深圳杨梅坑，王贺银，周志彬（115）。

分布地　陕西、河南、河北三省南部及长江以南诸省区。

本研究种类分布地　深圳杨梅坑。

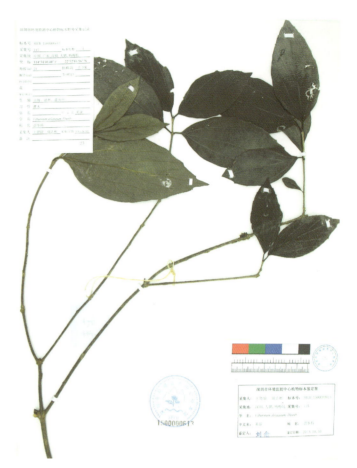

荚蒾 *Viburnum dilatatum*

珊瑚树（荚蒾属）

Viburnum odoratissimum Ker-Gawl. in Bot. Reg. 6: t. 456. 1820; Dunn et Tutch. in Kew Bull. add. ser. 10: 122. 1912; 侯宽昭等, 广州植物志: 519, 图282. 1956; 海南植物志 3: 365. 1974; 徐炳声, 植物分类学报 13 (1): 112. 1975; 中国高等植物图鉴 4: 308, 图6029. 1975. ——*Thyrsosma chinensis* Rafin. Sylv. Tellur. 130. 1838. ——*Microtinus odoratissimus* (Ker-Gawl.) Oerst. in Vidensk. Meddel. Naturh. For. Rjobenh. 12 (Viburni Gen. Adumb. 29. 1861): 294, t. 6, fig. 7-10. 1860. ——*V. odoranssimum* Ker-Gawl. var. *conspersum* W. W. Smith in Notes Bot. Gard. Edinb. 9: 140. 1916; 中国植物志 72: 56. 1988.

别名　极香荚蒾（拉汉种子植物名称），早禾树（广东惠阳、广州）

主要形态特征　常绿灌木或小乔木，高达 10（～ 15）m；枝灰色或灰褐色，有凸起的小瘤状皮孔，无毛或有时稍被褐色簇状毛。冬芽有 1 ～ 2 对卵状披针形的鳞片。叶革质，椭圆形至矩圆形或矩圆状倒卵形至倒卵形，有时近圆形，长 7 ～ 20cm，顶端短尖至渐尖而钝头，有时钝形至近圆形，基部宽楔形，稀圆形，边缘上部有不规则浅波状锯齿或近全缘，上面深绿色有光泽，两面无毛或脉上散生簇状微毛，下面有时散生暗红色微腺点，脉腋常有集聚簇状毛和趾蹼状小孔，侧脉 5 ～ 6 对，弧形，近缘前互相网结，连同中脉下面凸起而显著；叶柄长 1 ～ 2（～ 3）cm，无毛或被簇状微毛。圆锥花序顶生或生于侧生短枝上，宽尖塔形，长（3.5 ～）6 ～ 13.5cm，宽

珊瑚树 *Viburnum odoratissimum*

（3～）4.5～6cm，无毛或散生簇状毛，总花梗长可达10cm，扁，有淡黄色小瘤状凸起；苞片长不足1cm，宽不及2mm；花芳香，通常生于序轴的第二至第三级分枝上，无梗或有短梗；萼筒筒状钟形，长2～2.5mm，无毛，萼檐碟状，齿宽三角形；花冠白色，后变黄白色，有时微红，辐状，直径约7mm，筒长约2mm，裂片反折，圆卵形，顶端圆，长2～3mm；雄蕊略超出花冠裂片，花药黄色，矩圆形，长近2mm；柱头头状，不高出萼齿。果实先红色后变黑色，卵圆形或卵状椭圆形，长约8mm，直径5～6mm；核卵状椭圆形，浑圆，长约7mm，直径约4mm，有1条深腹沟。花期4～5月（有时不定期开花），果熟期7～9月。

特征差异研究 ①深圳莲花山：叶长5.5～10.5cm，宽2.5～5cm，叶柄长1～2cm，与上述特征描述相比，叶长的最小值偏小，小1.5cm。②深圳杨梅坑：叶长6.5～10.5cm，宽3.2～4.5cm，叶柄长0.5～1cm；花冠白色，直径0.6cm。比上述特征叶长最小值小0.5cm；比前者的花冠直径小

0.1cm。③深圳小南山：叶长10.3～13.7 cm，宽4.9～6.2cm，叶柄长1.4cm；果实卵圆形，长约0.7cm，直径约0.4cm。与上述特征描述相比，果实偏小，长和直径均小0.1cm。

形态特征增补 深圳杨梅坑，花梗长0.7cm。
凭证标本 ①深圳杨梅坑，陈鸿辉（001）；陈鸿辉（002）；赵顺（002）。②深圳小南山，陈鸿辉（020）；黄启聪（055）。③深圳莲花山，王贺银，招康赛（387）。

分布地 生于山谷密林中溪涧旁蔽荫处、疏林中向阳地或平地灌丛中，海拔200～1300m。也常有栽培。产福建东南部、湖南南部、广东、海南和广西。印度东部、缅甸北部、泰国和越南也有分布。

本研究种类分布地 深圳杨梅坑、小南山、莲花山。

主要经济用途 为一习见栽培的绿化树种，木材可供细工的原料。根和叶入药，广东民间以鲜叶捣烂外敷治跌打肿痛和骨折；亦作兽药，治牛、猪感冒发热和跌打损伤。

常绿荚蒾（荚蒾属）

Viburnum sempervirens K. Koch, Hort. Dendr. 300. 1853; Maxim. in Bull. Acad. Sci. St. Petersb. 26 (in Mel. Biol. 10: 651): 479. 1880; Dunn et Tutch. in Kew Bull. add. ser. 10: 121. 1912; 海南植物志 3: 367. 1974; 中国高等植物图鉴 4: 317, 图6047. 1975. ——*V. nervosum* Hook. et Arn. Bot. Beech. Voy. 190. 1833, non D. Don (1825) ——*V. venulosum* Benth. Fl. Hongk. 142. 1861; 中国植物志 72: 74. 1988.

别名 坚荚蒾
主要形态特征 常绿灌木；高可达4m；当年小枝淡黄色或灰黄色，四角状，散生簇状短糙毛或近无毛，二年生小枝紫褐色或灰褐色，近圆柱状。叶革质，干后上面变黑色至黑褐色或灰黑色，椭圆形至椭圆状卵形，较少宽卵形，有时矩圆形或倒披针形，长4～12（～16）cm，顶端尖或短渐尖，基部渐狭至钝形，有时近圆形，全缘或上部至近顶部具少数浅齿，上面有光泽，下面全面有微细褐色腺点，中脉及侧脉常有疏伏毛，侧脉3～4（～5）对，近缘前互相网结或达至齿端，最下一对伸长而多少呈离基3出脉状，上面深凹陷，下面明显凸起；叶柄带红紫色，长5～15mm，无毛或散生少数簇状毛。复伞形式聚伞花序顶生，无毛或近无毛，直径3～5cm，有红褐色腺点，

常绿荚蒾 *Viburnum sempervirens*

总花梗长不到1cm，四角状，或几无，第一级辐射枝（4～）5条，中间者最短，花生于第三至第四级辐射枝上，有短梗或无梗；萼筒筒状倒圆锥形，长约1mm，萼齿宽卵形，顶钝形，比萼筒短；花冠白色，辐状，直径约4mm，长约2mm，裂片近圆形，约与筒等长；雄蕊稍高出花冠，花药宽椭圆形；花柱稍高出萼齿。果实红色，卵圆形，长约8mm；核扁圆形，腹面深凹陷，背面凸起，其形如枸，直径3～5mm。花期5月，果熟期10～12月。

凭证标本　①深圳杨梅坑，林仕珍（260）。②深圳赤坳，余欣繁，黄玉源（306）；余欣繁，黄玉源（304）；余欣繁，黄玉源（305）。③深圳小南山，王贺银，黄玉源（186）。

分布地　生于山谷密林或疏林中，溪涧旁或丘陵地灌丛中，海拔100～1800m。产江西南部、广东和广西南部。

本研究种类分布地　深圳杨梅坑、赤坳、小南山。

菊科 Compositae

下田菊（下田菊属）

Adenostemma lavenia (L.) O. Kuntze, Rev. Gen. Pl. 304, 1891; Ling in Contr. Bot. Nat. Acad. Peip. 3: 210, 1935; Forbes et Hemsl. in Journ. Linn. Soc. Bot. 23: 403, 1888. ——*Spilanthes tinctorius* Lour., Fl. Cochinch, 484, 2790, ed. Willd. 590, 2793. ——*Adenostemma tinctorius* (Lour.) Cass. in Dict. Sci. Nat. 25: 364, 1882. ——*Anisopappus candelabrum* Levl. in Fedde, Repert., Sp. Nov. 81: 451, 1910. ——*Myriactis candelabrum* Levl. in Fedde, Repert. Sp. Nov. 11: 303, 1912; 中国植物志 74: 48. 1985.

别名　猪耳朵叶、白龙须、胖婆娘、风气草、汗苏麻、水胡椒、牙桑西哈（傣语）

主要形态特征　一年生草本，高30～100cm。茎直立，单生，基部直径0.5～1cm，坚硬，通常自上部叉状分枝，被白色短柔毛，下部或中部以下光滑无毛，全株有稀疏的叶。基部的叶花期生存或凋萎；中部的茎叶较大，长椭圆状披针形，长4～12cm，宽2～5cm，顶端急尖或钝，基部宽或狭楔形，叶柄有狭翼，长0.5～4cm，边缘有圆锯齿，叶两面有稀疏的短柔毛或脱毛，通常沿脉有较密的毛；上部和下部的叶渐小，有短叶柄。头状花序小，少数稀多数在假轴分枝顶端排列成松散伞房状或伞房圆锥状花序。花序分枝粗壮；花序梗长0.8～3cm，被灰白色或锈色短柔毛。总苞半球形，长4～5mm，宽6～8mm，果期变宽，宽可达10mm。总苞片2层，近等长，狭长椭圆形，质地薄，几膜质，绿色，顶端钝，外层苞片大部合生，外面被白色稀疏长柔毛，基部的毛较密。花冠长约2.5mm，下部被黏质腺毛，上部扩大，有5齿，被柔毛。瘦果倒披针形，长约4mm，宽约1mm，顶端钝，基部收窄，被腺点，熟时黑褐色。冠毛约4枚，长约1mm，棒状，基部结合成环状，顶端有棕黄色的黏质的腺体分泌物。花果期8～10月。

及山坡灌丛中。海拔460～2000m。产江苏、浙江、安徽、福建、台湾、广东、广西、江西、湖南、

下田菊 *Adenostemma lavenia*

凭证标本　深圳杨梅坑，余欣繁（360）。

分布地　生长于水边、路旁、柳林沼泽地、林下

贵州、四川、云南等地。印度、中南半岛、菲律宾、琉球群岛、朝鲜及澳大利亚均有分布。

本研究种类分布地 深圳杨梅坑。

主要经济用途 药用，清热利湿，解毒消肿。用于治疗感冒高热、支气管炎、咽喉炎、扁桃体炎、黄疸型肝炎；外用治痈疖疮疡、蛇咬伤。

藿香蓟（藿香蓟属）

Ageratum conyzoides L., Sp. Pl. 839, 1753; Kitam., in Act. Phytotax. Geobot. 10: 71, 1941; S. Y. Hu in Quart. Journ. Taiwan Mus. 18: 93, 1965; 中国高等植物图鉴 4: 408, 1975, quoad descrip., excl. tab. ——*Ageratum ciliare* auct., non L.: Lour., Fl. Cochinch. 484, 1790, ed. Willd. 591, 1793; 中国植物志 74: 53. 1985.

别名 胜红蓟、一枝香

主要形态特征 一年生草本，高 50 ～ 100cm，有时又不足 10cm。无明显主根。茎粗壮，基部径 4mm，或少有纤细的，而基部径不足 1mm，不分枝或自基部或自中部以上分枝，或下基部平卧而节常生不定根。全部茎枝淡红色，或上部绿色，被白色尘状短柔毛或上部被稠密开展的长绒毛。叶对生，有时上部互生，常有腋生的不发育的叶芽。中部茎叶卵形或椭圆形或长圆形，长 3 ～ 8cm，宽 2 ～ 5cm；自中部叶向上向下及腋生小枝上的叶渐小或小，卵形或长圆形，有时植株全部叶小形，长仅 1cm，宽仅达 0.6mm。全部叶基部钝或宽楔形，基出三脉或不明显五出脉，顶端急尖，边缘圆锯齿，有长 1 ～ 3cm 的叶柄，两面被白色稀疏的短柔毛且有黄色腺点，上面沿脉处及叶下面的毛稍多有时下面近无毛，上部叶的叶柄或腋生幼枝及腋生枝上的小叶的叶柄通常被白色稠密开展的长柔毛。头状花序 4 ～ 18 个在茎顶排成通常紧密的伞房状花序；花序径 1.5 ～ 3cm，少有排成松散伞房花序式的。花梗长 0.5 ～ 1.5cm，被尘球短柔毛。总苞钟状或半球形，宽 5mm。总苞片 2 层，长圆形或披针状长圆形，长 3 ～ 4mm，外面无毛，边缘撕裂。花冠长 1.5 ～ 2.5mm，外面无毛或顶端有尘状微柔毛，檐部 5 裂，淡紫色。瘦果黑褐色，5 棱，长 1.2 ～ 1.7mm，有白色稀疏细柔毛。冠毛膜片 5 或 6 个，长圆形，顶端急狭或渐狭成长或短芒状，或部分膜片顶端截形而无芒状渐尖；全部冠毛膜片长 1.5 ～ 3mm。花果期全年。

特征差异研究 ①深圳杨梅坑，叶长 2 ～ 3.8cm，叶宽 1.2 ～ 2.2cm，叶柄长 0.3 ～ 0.8cm。与上述特征描述相比，叶长的最小值偏小，小 1cm；叶宽的最小值偏小，小 0.8cm。②深圳赤坳，叶长 3 ～ 5.6cm，叶宽 2 ～ 3.4cm；花紫色，花冠

藿香蓟 *Ageratum conyzoides*

直径 0.1cm，花瓣长 0.5mm，宽 0.2mm，雄蕊长 0.7cm，与上述特征描述相比，花冠直径偏小，小 0.5mm。

凭证标本 ①深圳杨梅坑，陈惠如，明珠（065）。②深圳赤坳，赵顺（028）；邱小波（028）。③深圳莲花山，邹雨锋，招康赛（145）；余欣繁，明珠（120）。

分布地 广东、广西、云南、贵州、四川、江西、福建。

本研究种类分布地 深圳杨梅坑、赤坳、莲花山。

主要经济用途 药用。

熊耳草（藿香蓟属）

Ageratum houstonianum Miller, Gard, Dict. ed. 8. 1768; Kitam. in A. ct. Phytotax. Geobot. 1: 282, 1932; 中国高等植物图鉴 4: 408, 1975, quoad tabulam 6230, excl. descrip. ——*Ageratum mexicanum* Sims in Bot. Mag. 52: t. 2524, 1825; 中国植物志 74: 51. 1985.

别名 大花藿香蓟

主要形态特征 一年生草本，高 30 ～ 70cm 或有时达 1m。无明显主根。茎直立，不分枝，或自中上部或自下部分枝而分枝斜生，或下部茎枝平卧而节生不定根。茎基部径达 6mm。全部茎枝淡红色或绿色或麦秆黄色，被白色绒毛或薄棉毛，茎枝上部及腋生小枝上的毛常稠密，开展。叶对生，有时上部的叶近互生，宽或长卵形，或三角状卵形，中部茎叶长 2 ～ 6cm，宽 1.5 ～ 3.5cm，或长宽相等。自中部向上及向下和腋生的叶渐小或小。全部叶有叶柄，柄长 0.7 ～ 3cm，边缘有规则的圆锯齿，齿大或小，或密或稀，顶端圆形或急尖，基部心形或平截，三出基脉或不明显五出脉，两面被稀疏或稠密的白色柔毛，下面及脉上的毛较密，上部叶的叶柄、腋生幼枝及幼枝叶的叶柄通常被开展的白色长绒毛。头状花序 5 ～ 15 或更多在茎枝顶端排成直径 2 ～ 4cm 的伞房或复伞房花序；花序梗被密柔毛或尘状柔毛。总苞钟状，径 6 ～ 7mm；总苞片 2 层，狭披针形，长 4 ～ 5mm，全缘，顶端长渐尖，外面被较多的腺质柔毛。花冠长 2.5 ～ 3.5mm，檐部淡紫色，5 裂，裂片外面被柔毛。瘦果黑色，有 5 纵棱，长 1.5 ～ 1.7mm。冠毛膜片状，5 个，分离，膜片长圆形或披针形，全长 2 ～ 3mm，顶端芒状长渐尖，有时冠毛膜片顶端截形，而无芒状渐尖，长仅 0.1 ～ 0.15mm。花果期全年。

特征差异研究 深圳应人石，叶长 2.1 ～ 3.7cm，叶宽 0.9 ～ 2.1cm，叶柄长 0.3 ～ 0.8cm；花长

熊耳草 *Ageratum houstonianum*

0.5 ～ 0.6cm，花冠直径 0.3 ～ 0.5cm。与上述特征描述相比，叶宽的最小值偏小 0.6cm；花冠直径的最大值偏大 0.15cm。

凭证标本 深圳应人石，余欣繁，黄玉源（142）。

分布地 原产墨西哥及毗邻地区。引种栽培有 150 年的历史。有许多栽培园艺品种。目前，非洲、亚洲（印度、老挝、柬埔寨、越南等）、欧洲广布。全系栽培或栽培逸生种。广东、广西、云南、四川、江苏、山东、黑龙江都有栽培或栽培逸生。

本研究种类分布地 深圳应人石。

主要经济用途 全草药用，性味微苦、凉，有清热解毒之效。在美洲（危地马拉）居民中，用全草以消炎，治咽喉痛。

鬼针草（鬼针草属）

Bidens pilosa L, Sp. Pl. 832. 1753; Hook. f. Fl. Brit. Ind. 3: 309. 1881; 侯宽昭等，广州植物志: 543. 1956; 中国植物志 75: 377. 1979.

别名 三叶鬼针草、虾钳草、蟹钳草（广东、广西），对叉草、粘人草、粘连子（云南），一包针、引线包（江苏、浙江），豆渣草、豆渣菜（四川、陕西），盲肠草（福建、广东、广西）

主要形态特征 一年生草本，茎直立，高 30 ～ 100cm，钝四棱形，无毛或上部被极稀疏的柔毛，基部直径可达 6mm。茎下部叶较小，3 裂或不分裂，通常在开花前枯萎，中部叶具长 1.5 ～ 5cm 无翅的柄，三出，小叶 3 枚，很少为具 5（～ 7）小叶的羽状复叶，两侧小叶椭圆形或卵状椭圆形，长 2 ～ 4.5cm，宽 1.5 ～ 2.5cm，先端锐尖，基部近圆形或阔楔形，有时偏斜，不对称，具短柄，边缘有锯齿、顶生小叶较大，长椭圆形或卵状长圆形，长 3.5 ～ 7cm，先端渐尖，

基部渐狭或近圆形，具长 1 ～ 2cm 的柄，边缘有锯齿，无毛或被极稀疏的短柔毛，上部叶小，3 裂或不分裂，条状披针形。头状花序直径 8 ～ 9mm，有长 1 ～ 6（果时长 3 ～ 10）cm 的花序梗。总苞基部被短柔毛，苞片 7 ～ 8 枚，条状匙形，上部稍宽，开花时长 3 ～ 4mm，果时长至 5mm，草质，边缘疏被短柔毛或几无毛，外层托片披针形，果时长 5 ～ 6mm，干膜质，背面褐色，具黄色边缘，内层较狭，条状披针形。无舌状花，盘花筒状，长约 4.5mm，冠檐 5 齿裂。瘦果黑色，条形，略扁，具棱，长 7 ～ 13mm，宽约 1mm，上部具稀疏瘤状凸起及刚毛，顶端芒刺 3 ～ 4 枚，长 1.5 ～ 2.5mm，具倒刺毛。

特征差异研究　深圳杨梅坑，小叶长 3.6 ～ 5.1cm，小叶宽 2.2 ～ 3.1cm，小叶柄长 2 ～ 3cm，与上述特征描述相比，小叶长的最大值偏大 0.6cm；小叶宽的最大值偏大 0.6cm；小叶柄长的最大值偏大 1cm。

形态特征增补　深圳杨梅坑，大叶长 7.5 ～ 10.3cm，大叶宽 5.6 ～ 8.9cm，大叶柄长 1.5 ～ 3cm。

凭证标本　深圳杨梅坑，余欣繁，招康赛（265）；陈惠如（060）。

分布地　产华东、华中、华南、西南各省区。生于村旁、路边及荒地中。广布亚洲和美洲的热带和亚热带地区。

本研究种类分布地　深圳杨梅坑。

主要经济用途　为我国民间常用草药，有清热解

鬼针草 *Bidens pilosa*

毒、散瘀活血的功效，主治上呼吸道感染、咽喉肿痛、急性阑尾炎、急性黄疸型肝炎、胃肠炎、风湿关节疼痛、疟疾，外用治疮疖、毒蛇咬伤、跌打肿痛。

小蓬草（白酒草属）

Ageratum houstonianum Miller, Gard, Dict. ed. 8. 1768; Kitam. in A. ct. Phytotax. Geobot. 1: 282, 1932; 中国高等植物图鉴 4: 408, 1975, quoad tabulam 6230, excl. descrip. ——*Ageratum mexicanum* Sims in Bot. Mag. 52: t. 2524, 1825; 中国植物志 74: 348. 1985.

别名　小白酒、加拿大蓬、飞蓬、小飞蓬

主要形态特征　一年生草本，根纺锤状，具纤维状根。茎直立，高 50 ～ 100cm 或更高，圆柱状，多少具棱，有条纹，被疏长硬毛，上部多分枝。叶密集，基部叶花期常枯萎，下部叶倒披针形，长 6 ～ 10cm，宽 1 ～ 1.5cm，顶端尖或渐尖基部渐狭成柄，边缘具疏锯齿或全缘，中部和上部叶较小，线状披针形或线形，近无柄或无柄，全缘或少有具 1 ～ 2 个齿，两面或仅上面被疏短毛，边缘常被上弯的硬缘毛。头状花序多数，小，径 3 ～ 4mm，排列成顶生多分枝的大圆锥花序；花序梗细，长 5 ～ 10mm，总苞近圆柱状，长 2.5 ～ 4mm；总苞片 2 ～ 3 层，淡绿色，线状披针形或线形，顶端渐尖，外层约短于内层之半背面被疏毛，内层长 3 ～ 3.5mm，宽约 0.3mm，边缘干膜质，无毛；花托平，径 2 ～ 2.5mm，具不明显的凸起；雌花多数，舌状，白色，长 2.5 ～ 3.5mm，舌片小，稍超出花盘，线形，顶端具 2 个钝小齿；两性花淡黄色，花冠管状，长 2.5 ～ 3mm，上端具 4 或 5 个齿裂，管部上部被疏微毛；瘦果线状披针形，长 1.2 ～ 1.5mm，稍扁压，被贴微毛；冠毛污白色，1 层，糙毛状，长 2.5 ～ 3mm。花期 5 ～ 9 月。

特征差异研究　深圳杨梅坑，叶长 3.6 ～ 7.1cm，

叶宽 0.3～0.6cm；花冠管长 0.4～0.5cm，花冠直径 0.5～0.8cm，与上述特征描述相比，叶长的最小值偏小，小 2.4cm；叶宽的整体范围偏小，最大值比上述特征描述叶宽的最小值小 0.4cm；花冠直径偏大，最小值比上述特征描述花冠直径最大值小 0.2cm。

凭证标本 深圳杨梅坑，陈惠如，黄玉源（081）。

分布地 中国各省区均有分布。原产北美洲，现在各地广泛分布。常生长于旷野、荒地、田边和路旁，为一种常见的杂草。

本研究种类分布地 深圳杨梅坑。

主要经济用途 嫩茎、叶可作猪饲料；全草入药消炎止血、祛风湿，治血尿、水肿、肝炎、胆囊炎、小儿头疮等症。据国外文献记载，北美洲用作治痢疾、腹泻、创伤及驱蛲虫；中部欧洲，常用新鲜的植株作止血药，但其液汁和捣碎的叶有刺激皮肤的作用。

小蓬草 *Ageratum houstonianum*

野茼蒿（野茼蒿属）

Crassocephalum crepidioides (Benth.) S. Moore in Journ. Bot. Btit. For. 50: 211. 1912; *Gynura crepidioides* Benth. in Hook. f. Fl. Niger. 438. 1849.; 海南植物志 3: 417. 1974; 中国植物志 77(1): 304. 1999.

别名 革命菜、野塘蒿、野地黄菊、安南菜

主要形态特征 直立草本，高 20～120cm，茎有纵条棱，无毛叶膜质，椭圆形或长圆状椭圆形，长 7～12cm，宽 4～5cm，顶端渐尖，基部楔形，边缘有不规则锯齿或重锯齿，或有时基部羽状裂，两面无或近无毛；叶柄长 2～2.5cm。头状花序数个在茎端排成伞房状，直径约 3cm，总苞钟状，长 1～1.2cm，基部截形，有数枚不等长的线形小苞片；总苞片 1 层，线状披针形，等长，宽约 1.5mm，具狭膜质边缘，顶端有簇状毛，小花全部管状，两性，花冠红褐色或橙红色，檐部 5 齿裂，花柱基部呈小球状，分枝，顶端尖，被乳头状毛。瘦果狭圆柱形，赤红色，有肋，被毛；冠毛极多数，白色，绢毛状，易脱落。花期 7～12 月。

特征差异研究 ①深圳杨梅坑，叶长 5.5～9cm，叶宽 2.5～4.5cm，叶柄长 0.5～1.5cm，与上述特征描述相比，叶长的最小值偏小，小 1.5cm；叶宽的最小值偏小，小 1.5cm；叶柄长的整体范围偏小，最大值比上述特征描述叶柄长的最小值小 0.5cm。②深圳小南山，叶长 8～9.5cm，叶宽 3.7～4.3cm，叶柄长 1～2cm。与上述特征描述相比，叶宽的最小值小 0.3cm；叶柄长的最

野茼蒿 *Crassocephalum crepidioides*

小值小 1cm。

凭证标本　①深圳杨梅坑，陈惠如，黄玉源（082）；陈惠如，黄玉源（083）。②深圳小南山，邹雨锋，陈惠如，黄玉源（290）。

分布地　山坡路旁、水边、灌丛中常见，海拔 300～1800m。产江西、福建、湖南、湖北、广东、广西、贵州、云南、四川、西藏。泰国、东南亚和非洲也有。是一种在泛热带广泛分布的杂草。

本研究种类分布地　深圳杨梅坑、小南山。

主要经济用途　全草入药，有健脾、消肿之功效，治消化不良、脾虚水肿等症。嫩叶是一种味美的野菜。

黄瓜假还阳参（假还阳参属）

Crepidiastrum denticulatum (Houttuyn) Pak & Kawano Mem. Fac. Sci. Kyoto Univ., Ser. Biol. 15: 56. 1992; Flora of China. 20-21: 267. 2011.

主要形态特征　草本，一年生或二年生草本，高 30～120cm。根垂直直伸，生多数须根。茎单生，直立，基部直径达 8mm，上部或中部伞房花序状分支，全茎枝无毛。基生叶及下部茎叶花期枯萎脱落；中下部茎叶卵形，琴状卵形、椭圆形、长椭圆形或披针形，不分裂，长 3～10cm，宽 1～5cm，顶端急尖或钝，有宽翼柄，基部圆形，圆耳状扩大抱茎，或无柄，边缘大锯齿或重锯齿或全缘。上部及最上部茎叶与中下部茎叶相似，但较小，全部叶两面无毛。头状花序多数，在茎枝顶端排成伞房花序或伞房圆锥状花序，含 12～20 枚舌状小花。总苞圆柱状，长 6～9mm，总苞片 2 层，外层极小，卵形，长宽不足 0.5mm，顶端急尖，内层苞片长 7～8mm，披针形或长椭圆形，顶端钝，有时在外面顶端之下有角状凸起，背面沿中脉海绵状加厚，全部总苞片外面无毛。舌状小花黄色。瘦果长椭圆形，压扁，黑色或黑褐色，长 2.5～4.5mm，有 10～15 条高起的钝肋，向上渐尖成粗喙，占整个叶片的 1/5～1/3。冠毛白色，糙毛状，长 3～5.5mm。

凭证标本　深圳小南山，余欣繁（419）。

黄瓜假还阳参 *Crepidiastrum denticulatum*

分布地　生于山坡林缘、林下、田边、岩石上或岩石缝隙中，海拔 100m 及以上。分布于黑龙江、吉林、辽宁、河北、山西、山东、甘肃、江苏、安徽、浙江、江西、河南、湖北、广东、四川、贵州。俄罗斯远东地区、蒙古、朝鲜、日本也有分布。

本研究种类分布地　深圳小南山。

主要经济用途　有一定的药用价值，具有通节气、利肠胃的功效。

一点红（一点红属）

Emilia sonchifolia (L.) DC. in Wight, Contr. Ind. Bot. 24. 1834, et Prodr. 6: 302. 1838; Forbes et Hemsl. in Journ. Linn. Soc. Bot. 23: 449. 1888; Garabedian in Kew Bull. 1924; 141. 1924; Merr. in Lingn. Sci. Journ. 5: 185. 1927; Ling in Contr. Inst. Bot. Nat. Acad. Peiping 2: 525. 1935; Hand.-Mazz. Symb. Sin. 7: 1119. 1936 et in Acta Hort. Gorthob. 12: 285. 1938; Chang in Sunyatsenia 3: 300. 1937; Kitam. in Mem. Coll. Sci. Kyoto Univ. Ser. B16: 178. 1942; 侯宽昭，广州植物志: 529. 1956; S. Y. Hu in Quart. Journ. Taiwan Mus. 19: 244. 1966; Koyama in Mem. Fac. Sci. Kyoto Univ. Ser. Biol. 2: 158. 1969; 海南植物志 3: 418.1974; 中国高等植物图鉴 4: 551. 图6515. 1975; Lauener in Not. Bot. Gard. Edinb. 34: 360. 1976; 李惠林，台湾植物志 4: 853, pl. 1224. 1978; 江苏植物志. 下册: 880. 1982; 贵州植物志 9: 225.1989; 安徽植物志 4: 604.1991; 河北植物志 3: 128.1991; 福建植物志 5: 296. 1992. ——*Cacalia sonchifolia* L. Sp. Pl. 835. 1753. ——*Senecio sonchifolius* (L.) Moench. Meth. Suppl. 231. 1802. ——*Crassocephalum sonchifolium* (L.) Less. in Linneae 6: 252. 1831. ——*Emilia sinica* Miq. in Journ. Bot. Neerl. L: 105. 1861; 中国植物志 77(1): 324. 1999.

别名 红背叶、羊蹄草、野木耳菜、花古帽、牛奶奶、红头草、叶下红、片红青、红背果、紫背叶

主要形态特征 一年生草本，根垂直。茎直立或斜升，高 25～40cm，稍弯，通常自基部分枝，灰绿色，无毛或被疏短毛。叶质较厚，下部叶密集，大头羽状分裂，长 5～10cm，宽 2.5～6.5cm，顶生裂片大，宽卵状三角形，顶端钝或近圆形，具不规则的齿，侧生裂片通常 1 对，长圆形或长圆状披针形，顶端钝或尖，具波状齿，上面深绿色，下面常变紫色，两面被短卷毛；中部茎叶疏生，较小，卵状披针形或长圆状披针形，无柄，基部箭状抱茎，顶端急尖，全缘或有不规则细齿；上部叶少数，线形。头状花序长 8mm，后伸长达 14mm，在开花前下垂，花后直立，通常 2～5，在枝端排列成疏伞房状；花序梗细，长 2.5～5cm，无苞片，总苞圆柱形，长 8～14mm，宽 5～8mm，基部无小苞片；总苞片 1 层，8～9，长圆状线形或线形，黄绿色，约与小花等长，顶端渐尖，边缘窄膜质，背面无毛。小花粉红色或紫色，长约 9mm，管部细长，檐部渐扩大，具 5 深裂。瘦果圆柱形，长 3～4mm，具 5 棱，肋间被微毛；冠毛丰富，白色，细软。花果期 7～10 月。

特征差异研究 深圳杨梅坑，叶长 10～12.3cm，叶宽 1.9～2.5cm，叶柄长 0.8～0.9cm，与上述特征描述相比，叶长的最大值偏大，大 2.3cm；

一点红 *Emilia sonchifolia*

叶宽的最小值偏小，小 0.6cm。

凭证标本 深圳杨梅坑，温海洋（003）。

分布地 云南（昆明、大姚、楚雄、广通、开远、峨山、玉溪、易门）、贵州（绥阳、兴义、安龙、册亨、赤水）、四川、湖北、湖南、江苏（宜兴）、浙江（杭州、宁波）、安徽（舒城、霍山、金寨及皖南山区）、广东（汕头、广州）、海南（儋县、安定、崖县、陵水、琼中）、福建、台湾。

本研究种类分布地 深圳杨梅坑。

飞蓬（飞蓬草属）

Erigeron acer L., Sp. Pl. 863. 1753; DC., Prodr. 5: 290. 1836. ; Ledeb., Fl. Ross. 2: 488. 1846. p.p.; Maxim., Prim. Fl. Amur. 147. 1859; Boiss., Fl. orient. 3: 166. 1875. p. p.; Franch., Pl. David. 1: 162. 1884; Diels in Engl., Bot. Jahrb. 29: 1901, et in Fedde, Repert. Sp. Nov. Beih. 12: 504. 1922; Rehd. et Kobusk. in Journ. Arn. Arb. 14: 37. 1933; Chen in Bull. Fan. Mem. Inst. Biol. 5: 48. 1934. p. p.; Ling in Contr. Inst. Bot. Nat. Ac. Peip. 2: 473. 1934; Hand.-Mazz., Symb. Sin. 7: 1094. 1936, et in Act. Hort. Goth. 12: 227. 1938; Kitag., Lineam. Fl. Manch. 449. 1939; 刘慎谔等，东北植物检索表: 376. 1959; Botsch., Fl. URSS 25: 246. 1959. ——*Trimorphea vulgaris* Cass. in Dict. Sc. Nat 37: 246. 1825. ——*Trimorpha acris* vierh. in Beih. Bot. Centralbl. 19: 2: 423. 1906. ——*Erigeron kamtschaticus* DC. var. *hirsutus* Ling, l. c. 473. 1934; 中国植物志 74: 327. 1985.

别名 狼尾巴棵

主要形态特征 二年生草本。茎直立，高 5～60cm，上部分枝，带紫色，有棱条，密生粗毛。叶互生，两面被硬毛，基生叶和下部茎生叶倒披针形，长 1.5～10cm，宽 3～12cm，全缘或具少数小尖齿，基部渐狭成叶柄，中部和上部叶披针形，无叶柄，长 0.5～8cm，宽 1～8mm。头状花序密集成伞房状或圆锥状；总苞半球形；总苞片 3 层，条状披针形，短于筒状花，背上密生粗毛；雌花二型：外围小花舌状，淡紫红色，内层小花细筒状，无色；两性花筒状，黄色。瘦果矩圆形，压扁；冠毛 2 层，污白色。

特征差异研究 深圳杨梅坑，叶长 5.6～12.2cm，叶宽 3.5～4.4cm，叶柄长 2～2.5cm。与上述特征描述相比，叶长的最大值偏大 2.2cm。

凭证标本 深圳杨梅坑，王贺银（268）；余欣繁、招康赛（263）。

分布地 生山坡草地、牧场或林缘。广布于新疆、内蒙古、黑龙江、吉林、辽宁、河北、山西、甘肃、陕西、青海、四川、西藏、河南、山东、浙

江、江西、湖北、台湾。欧洲西部、俄罗斯、蒙古、日本、北美也有。

本研究种类分布地　深圳杨梅坑。

主要经济用途　以全草或鲜叶入药。清热利湿；散瘀消肿。主治痢疾、肠炎、肝炎、胆囊炎、跌打损伤、风湿骨痛、疮疖肿痛、外伤出血、银屑病。

马兰（马兰属）

Kalimeris indica (L.) Sch.-Bip., Zoll. Syst. Verz. Ind. Archip. 125. 1854-55; Kitam. in Act. Phytotax. Geobot. 6: 50. 1937; 江苏南部种子植物手册: 749. 1959; 中国高等植物图鉴 4: 419. 图6252. 1975. ——*Aster indicus* L., Sp. Pl. ed. 876. 1753. ——*Aster yangtzensis* Migo in Tokyo Bot. Mag. 56: 300. 1942.

别名　马兰头（救荒本草）、鸡儿肠（误用名）、田边菊、路边菊、鱼鳅串、蓑衣莲

主要形态特征　根状茎有匍枝，有时具直根。茎直立，高 30～70cm，上部有短毛，上部或从下部起有分枝。基部叶在花期枯萎；茎部叶倒披针形或倒卵状矩圆形，长 3～6cm 稀达 10cm，宽 0.8～2cm 稀达 5cm，顶端钝或尖，基部渐狭成具翅的长柄，边缘从中部以上具有小尖头的钝或尖齿或有羽状裂片，上部叶小，全缘，基部急狭无柄，全部叶稍薄质，两面或上面有疏微毛或近无毛，边缘及下面沿脉有短粗毛，中脉在下面凸起。头状花序单生于枝端并排列成疏伞房状。总苞半球形，径 6～9mm，长 4～5mm；总苞片 2～3 层，覆瓦状排列；外层倒披针形，长 2mm，内层倒披针状矩圆形，长达 4mm，顶端钝或稍尖，上部草质，有疏短毛，边缘膜质，有缘毛。花托圆锥形。舌状花 1 层，15～20 个，管部长 1.5～1.7mm；舌片浅紫色，长达 10mm，宽 1.5～2mm；管状花长 3.5mm，管部长 1.5mm，被短密毛。瘦果倒卵状矩圆形，极扁，长 1.5～2mm，宽 1mm，褐色，边缘浅色而有厚肋，上部被腺及短柔毛。冠毛长 0.1～0.8mm，弱而易脱落，不等长。花期 5～9 月，果期 8～10 月。

特征差异研究　深圳七娘山，叶长 2.9～5.5cm，叶宽 0.7～1.9cm，与上述特征描述相比，叶长的最大值偏小，小 0.5cm，叶宽的最大值偏小，小 0.1cm。

凭证标本　深圳七娘山，招康赛（027）。

分布地　广泛分布于东亚及南亚。

本研究种类分布地　深圳七娘山。

主要经济用途　全草药用，有清热解毒、消食积、

飞蓬 *Erigeron acer*

马兰 *Kalimeris indica*

利小便、散瘀止血之效，在福建、广东通称田边菊、路边菊，湖北、四川、贵州、广西通称鱼鳅串、泥鳅串、泥鳅菜，云南称蓑衣莲。幼叶通常作蔬菜食用，俗称"马兰头"。

假泽兰（假泽兰属）

Mikania cordata (Burm. f.) B. L. Robinson in Contr. Gray Herb. 104: 65, 1934; Hand.-Mazz., Symb. Sin. 7: 1887, 1936; Kitam. in Mem. Coll. Sci. Kyoto Univ. 13: 282, 1937; S. Y. Hu in Quart. Journ. Taiwan Mus. 19: 287, 1966. —— *Eupatorium cordatum* Burm. f., Fl. Ind. 176, 1768. —— *Mikania volubills* Willd., Sp. Pl. 3: 1743, 1804; DC., Prodr. 5: 199, 1836. ——*Mikania scandens* auct., non Willd.: Forbes et Hemsl. in Journ. Linn. Soc. 23: 405, 1888; Hayata, Comp. Formos. 45, 1919; Chang in Sunyats. 3: 279, 1935; 中国植物志 74: 69. 1985.

假泽兰 *Mikania cordata*

主要形态特征　攀援草本。茎细长，多分枝，有稀疏的短柔毛或几无毛。中部茎叶三角状卵形、卵形，长 4 ～ 10cm，宽 2 ～ 7cm，基部心形，全缘或浅波状圆锯齿，两面有稀疏的短柔毛，花期脱毛或无毛，叶柄长 2.5 ～ 6cm。上部的叶渐小，三角形或披针形，基部平截或楔形，叶柄短。头状花序多数在枝端排成伞房花序或复伞房花序，全株有多数伞房或复伞房花序。各级花序梗纤细，被柔毛或无毛，有线状披针形的小苞叶。总苞片 4 个，狭长椭圆形，长 5 ～ 7mm，有明显的三脉，顶端钝或稍尖，外面有稀柔毛和腺点。花冠长 3.5 ～ 5mm，檐部钟状，5 齿裂，管部细，被稀疏短柔毛。瘦果长椭圆形，有 4 纵棱，长 3.5mm，有腺点。冠毛污白色或微红色，长 3.5 ～ 4mm。花果期 8 ～ 11 月。

凭证标本　深圳杨梅坑，招康赛，陈惠如（002）。

分布地　产于台湾、海南、云南东南部和屏边。山坡灌木林下。海拔 80 ～ 100m。印度尼西亚爪哇、老挝、柬埔寨、越南也有分布。

本研究种类分布地　深圳杨梅坑。

翅果菊（翅果菊属）

Pterocypsela indica (L.) Shih in Act. Phytotax. Sin. 26: 387. 1988; 安徽植物志 4: 637. 1991. ——*Lactuca indica* L., Mant. 278. 1771; DC., Prodr. 7: 136. 1838; Gagnep. in Lecomte, Fl. Gen. Indo-Chine. 3: 654. 1924; Ling in Contr. Inst. Bot. Nat. Acad. Peiping 3: 187. 1935, p.p.; Merrill in Bot. Mag. Tokyo 51: 192-196. 1937 et in Journ. Arn. Arb. 19: 373. 1938; Nakai in Bull. Nat. Sci. Mus. Tokyo 31: 121. 1952; Kitam. in Mem. Coll. Sci. Univ. Kyoto Ser B. 23: 136. 1956; 中国植物志 80(1): 229. 1997.

别名　山莴苣，苦莴苣（江西），山马草（广东），野莴苣（海南植物志）

主要形态特征　一年生或二年生草本，根垂直直伸，生多数须根。茎直立，单生，高 0.4 ～ 2m，基部直径 3 ～ 10mm，上部圆锥状或总状圆锥状分枝，全部茎枝无毛。全部茎叶线形，中部茎叶长达 21cm 或过之，宽 0.5 ～ 1cm，边缘大部全缘或仅基部或中部以下两侧边缘有小尖头或稀疏细锯齿或尖齿，或全部茎叶线状长椭圆形、长椭圆形或倒披针状长椭圆形，中下部茎叶长 13 ～ 22cm，宽 1.5 ～ 3cm，边缘有稀疏的尖齿或几全缘或全部茎叶椭圆形，中下部茎叶长

15～20cm，宽6～8cm，边缘有三角形锯齿或偏斜卵状大齿；全部茎叶顶端长渐急尖或渐尖，基部楔形渐狭，无柄，两面无毛。头状花序果期卵球形，多数沿茎枝顶端排成圆锥花序或总状圆锥花序。总苞长1.5cm，宽9mm，总苞片4层，外层卵形或长卵形，长3～3.5mm，宽1.5～2mm，顶端急尖或钝，中内层长披针或线状披针形，长1cm或过之，宽1～2mm，顶端钝或圆形，全部苞片边缘染紫红色。舌状小花25枚，黄色。瘦果椭圆形，长3～5mm，宽1.5～2mm，黑色，压扁，边缘有宽翅，顶端急尖或渐尖成0.5～1.5mm，细或稍粗的喙，每面有1条细纵脉纹。冠毛2层，白色，几单毛状，长8mm。花果期4～11月。

凭证标本　深圳杨梅坑，陈惠如，明珠（058）。

分布地　生于山谷、山坡林缘及林下、灌丛中或水沟边、山坡草地或田间。分布于北京、吉林（安图）、河北（具体地点不详）、陕西（略阳）、山东（烟台）、江苏（无锡）、安徽（全椒、舒城）、浙江（杭州、昌化）、江西（遂川）、湖北（合丰）、湖南（保靖、新宁、武岗、宜章）、广东（乐昌）、海南（保亭、澄迈）、四川（广汉、绵阳、万源）、贵州（习水、遵义、江口、兴义、贵阳）、云南（金屏、西畴）、西藏（墨脱）。俄罗斯东西伯利及远东地区、日本、菲律宾、印度尼西亚与印

翅果菊 *Pterocypsela indica*

度西北部有分布。

本研究种类分布地　深圳杨梅坑。

千里光（千里光属）

Senecio scandens Buch.-Ham. ex D. Don, Prodr. Fl. Nepal. 178. 1825; Hook. f. Fl. Brit. Ind. 3: 352. 1881; Forbes et Hemsl. in Journ. Linn. Soc. Bot. 23: 457. 1888; Diels in Bot. Jarhrb. 29: 620. 1901; Merr. in Lingnan. Sc. Journ. 5: 186. 1927; Ling in Contr. Inst. Bot. Nat. Acad. Peiping 3: 129. 1935; Hand.-Mazz. Symb. Sin. 7: 1124. 1936, et in Acta Hort. Gothob. 12: 289. 1938; Chang in Sunyatsenia 3: 301. 1937; S. Y. Hu in Quart. Journ. Taiwan Mus. 21: 143. 1968; 海南植物志　3: 419. 图822. 1974; 中国高等植物图鉴　4: 572.图6558. 1975; 李惠林，台湾植物志　4: 933. 1978; Kitam. et Gould in Hara, Enumer. Flower. Pl. Nepal 3: 42. 1982; C. Jeffrey et Y. L. Chen in Kew Bull. 39 (2): 419. 1984; 秦岭植物志　1 (5): 311. 1985; 西藏植物志　4: 809. 1985; 贵州植物志　9: 249. fig. 57: 5-7. 1989; 黄土高原植物志　5: 362. 1989; 安徽植物志　4: 594. 1991; 福建植物志　5: 401. 1992; 横断山区维管植物. 下册: 2101. 1994; 中国植物志　77(1): 294. 1999.

别名　九里明

主要形态特征　多年生攀援草本，根状茎木质，粗，径达1.5cm。茎伸长，弯曲，长2～5m，多分枝，被柔毛或无毛，老时变木质，皮淡色。叶具柄，叶片卵状披针形至长三角形，长2.5～12cm，宽2～4.5cm，顶端渐尖，基部宽楔形、截形、戟形或稀心形，通常具浅或深齿，稀全缘，有时具细裂或羽状浅裂，至少向基部具1～3对较小的侧裂片，两面被短柔毛至无毛；羽状脉，侧脉7～9对，弧状，叶脉明显；叶柄长0.5～1（～2）cm，具柔毛或近无毛，无耳或基部有小耳；上部叶变小，披针形或线状披针形，长渐尖。头状花序有舌状花，多数，在茎枝端排列成顶生复聚伞圆锥花序；分枝和花序梗被密至疏短柔毛；花序梗长1～2cm，具苞片，小苞片通常1～10，线状钻形。总苞圆柱状钟形，长5～8mm，宽3～6mm，具外层苞片；苞片约8，线状钻形，长2～3mm。总苞片12～13，线状披

针形，渐尖，上端和上部边缘有缘毛状短柔毛，草质，边缘宽干膜质，背面有短柔毛或无毛，具3脉。舌状花8～10，管部长4.5mm；舌片黄色，长圆形，长9～10mm，宽2mm，钝，具3细齿，具4脉；管状花多数；花冠黄色，长7.5mm，管部长3.5mm，檐部漏斗状；裂片卵状长圆形，尖，上端有乳头状毛。花药长2.3mm，基部有钝耳；耳长约为花药颈部1/7；附片卵状披针形；花药颈部伸长，向基部略膨大；花柱分枝长1.8mm，顶端截形，有乳头状毛。瘦果圆柱形，长3mm，被柔毛；冠毛白色，长7.5mm。

特征差异研究 深圳小南山：叶宽1.6～3.8cm；与上述特征描述相比，叶宽的最小值偏小0.4cm。

凭证标本 深圳小南山，余欣繁，招康赛（199）。

分布地 西藏、陕西、湖北、四川、贵州、云南、安徽、浙江、江西、福建、湖南、广东、广西、台湾。

千里光 *Senecio scandens*

本研究种类分布地 深圳小南山。

主要经济用途 药用。

斑鸠菊（斑鸠菊属）

Vernonia esculenta Hemsl. in Journ. Linn. Soc. Bot. 23: 401. 1888; Hand.-Mazz., Symb. Sin. 7: 1095. 1936; Chang in Sunyats. 3: 274. 1937. in nota; S. Y. Hu in Quart. Journ. Taiw. Mus. 22, 1-2: 19. 1969. ——*V. papillosa* Franch. in Journ. Bot. 10: 368. 1896; Hand.-Mazz., Symb. Sin. 7: 1085. 1936; Rehd. in Journ. Arb. Arn. 18: 251. 1937; S. Y. Hu, l. c. 21. 1969. ——*V. monosis* sensu Franch in Nouv. Arch. Mus. Hist. Nat. Paris 2, 10: 34. 1887, non DC. ex Wight. ——*V. arbor* Levl. in Fedde, Repert. Sp. Nov. 11: 304. 1912, et Fl. Kouy-Tcheou 109. 1914; 中国植物志 74: 18. 1985.

别名 鸡菊花，大藤菊（广西），火烧叶、火炭叶、火烫叶、火炭树

主要形态特征 灌木或小乔木，高2～6m。枝圆柱形，多少具棱，具条纹，被灰色或灰褐色绒毛；叶具柄，硬纸质，长圆状披针形或披针形，长10～23cm，宽3～8cm，顶端尖或渐尖，基部楔尖，稀近圆形，边缘具有小尖的细齿，波状或全缘，侧脉9～13对，弧状向边缘，细脉网状，叶脉在下面明显凸起，上面暗绿色，稍粗糙，被乳头状凸起，下面稍淡，特别在脉上被灰色密短柔毛或短绒毛，两面均有亮腺点；叶柄长5～20mm，密被灰色短绒毛；头状花序多数，径2～4mm，具5～6个花，在枝端或上部叶腋排列成密或较密的宽圆锥花序；花序梗细，长2～5mm，或近无柄，被密绒毛；总苞倒锥状，径2～3mm，基部尖，总苞片少数，革质，约4层，卵状或卵状长圆形或长圆形，全部或上部暗绿色，顶端尖或稍尖，具小尖头，背面及边缘灰色短柔毛；花托小，具窝孔；花淡红紫色，花冠管状，长约7mm，具腺，向上部稍扩大，

斑鸠菊 *Vernonia esculenta*

裂片线状披针形,顶端外面具腺;瘦果淡黄褐色,近圆柱状,长 3mm,稍具棱,被疏短毛和腺点;冠毛白色或污白色,2 层,外层短,内层糙毛状,长 6 ~ 7mm。花期 7 ~ 12 月。

特征差异研究　深圳杨梅坑:叶长 6.7 ~ 14cm,宽 3.2 ~ 8.3cm。与上述特征描述相比,叶长的最小值偏小 3.3cm,叶宽最大值多 0.3cm。

凭证标本　深圳杨梅坑,陈惠如,黄玉源(001);王贺银(299);王贺银,明珠(300);余欣繁,黄玉源(323);余欣繁,黄玉源(256)。

分布地　产于四川(泸定、康定、汉源、石棉、西昌、米易、盐源、九龙、冕宁、普格、泸沽等),云南西北部、中部、东部和南部,贵州(册亨),广西(隆林、百色、靖西、那坡、都安等)。生于山坡阳处,草坡灌丛,山谷疏林或林缘,海拔 1000 ~ 2700m。

本研究种类分布地　深圳杨梅坑。

主要经济用途　髓部可吃;叶可治烫火伤。

蟛蜞菊（蟛蜞菊属）

Wedelia chinensis (Osbeck.) Merr. in Philip. Journ. Sci. Bot. 12: 111: 1917; Kitam. in Mem. Coll. Sci. Kyoto Univ. ser. B. 16: 257. 1942; Chang in Sunyats. 3: 293. 1937; 中国高等植物图鉴　4: 492. 图6397. 1975. ——*Solidago chinensis* Osbeck, Dagbok Ostind. Resa 241. 1757. ——*Verbesina calendulacea* Linn., Sp. Pl. 902. 1753. ——*Wedelia calendulacea* (Linn.) Less., Syn. Compos. 222. 1832, non Pers. 1807; DC. in Wight, Contrib. Bot. Ind. 17. 1834, et Prodr. 5: 539. 1836; Benth., Fl. Hongk. 182. 1861; Forb. et Hemsl. in Journ. Linn. Soc. Bot. 23: 434. 1888; 中国植物志　75: 354. 1979.

主要形态特征　多年生草本。茎匍匐,上部近直立,基部各节生出不定根,长 15 ~ 50cm,基部径约 2mm,分枝,有阔沟纹,疏被贴生的短糙毛或下部脱毛。叶无柄,椭圆形、长圆形或线形,长 3 ~ 7cm,宽 7 ~ 13mm,基部狭,顶端短尖或钝,全缘或有 1 ~ 3 对疏粗齿,两面疏被贴生的短糙毛,中脉在上面明显或有时不明显,在下面稍凸起,侧脉 1 ~ 2 对,通常仅有下部离基发出的 1 对较明显,无网状脉。头状花序少数,径 15 ~ 20mm,单生于枝顶或叶腋内;花序梗长 3 ~ 10cm,被贴生短粗毛;总苞钟形,宽约 1cm,长约 12mm;总苞 2 层,外层叶质,绿色,椭圆形,长 10 ~ 12mm,顶端钝或浑圆,背面疏被贴生短糙毛,内层较小,长圆形,长 6 ~ 7mm,顶端尖,上半部有缘毛;托叶折叠成线形,长约 6mm,无毛,顶端渐尖,有时具 3 浅裂。舌状花 1 层,黄色,舌片卵状长圆形,长约 8mm,顶端 2 ~ 3 深裂,管部细短,长为舌片的 1/5。管状花较多,黄色,长约 5mm,花冠近钟形,向上渐扩大,檐部 5 裂,裂片卵形,钝。瘦果倒卵形,长约 4mm,多疣状凸起,顶端稍收缩,舌状花的瘦果具 3 边,边缘增厚。无冠毛,而有具细齿的冠毛环。花期3 ~ 9月。

蟛蜞菊 *Wedelia chinensis*

凭证标本　深圳小南山,王贺银,招康赛(288)。

分布地　生于路旁、田边、沟边或湿润草地上。广布东北(辽宁)、华东和华南各省区及其沿海岛屿。也分布于印度、中南半岛、印度尼西亚、菲律宾至日本。

本研究种类分布地　深圳小南山。

南美蟛蜞菊（蟛蜞菊属）

Wedelia trilobata (L.) Hitchc., 从引进到潜在入侵的植物——南美蟛蜞菊. 广西植物 25(5): 413-418, 2005.

别名　三裂叶蟛蜞菊、穿地龙、地锦花

主要形态特征　多年生草本，茎匍匐，上部茎近直立，节间长 5 ～ 14cm，光滑无毛或微被柔毛，茎可长达 180cm；叶对生、具齿，椭圆形、长圆形或线形，长 4 ～ 9cm，宽 2 ～ 5cm，呈三浅裂，叶面富光泽，两面被贴生的短粗毛，几近无柄；头状花序中等大小，花序宽约 2cm，连柄长达 4cm，花黄色，小花多数；假舌状花呈放射状排列于花序四周，筒状花紧密生于内部，单生的头状花序生于从叶腋处伸长的花序轴上；瘦果倒卵形或楔状长圆形，长约 4mm，宽近 3mm，具 3 ～ 4 棱，基部尖，顶端宽，截平，被密短柔毛，无冠毛及冠毛环。花期极长、终年可见花，以夏至秋季盛开为主，瘦果主要在夏秋季采到。

凭证标本　深圳杨梅坑，温海洋（277）。

分布地　原产南美洲及中美洲地区，其环境适应性强，繁殖快，易形成覆盖植被而许多国家将其作为地被绿化植物频繁地引进，现已广泛分布于东南亚和太平洋许多国家和地区，定居后很快逃逸为野生。

本研究种类分布地　深圳杨梅坑。

主要经济用途　作为地被植物栽植。

南美蟛蜞菊 *Wedelia trilobata*

紫草科 Boraginaceae

破布木（破布木属）

Cordia dichotoma Forst. f. Prodr. 18. 1786; Johnst. in Journ. Arn. Arb. 32: 8. 1951; 中国植物志 64(2): 9. 1989.

主要形态特征　乔木，高 3 ～ 8m。叶卵形、宽卵形或椭圆形，长 6 ～ 13cm，宽 4 ～ 9cm，先端钝或具短尖，基部圆形或宽楔形，边缘通常微波状或具波状牙齿，稀全缘，两面疏生短柔毛或无毛；叶柄细弱，长 2 ～ 5cm。聚伞花序生具叶的侧枝顶端，二叉状稀疏分枝，呈伞房状，宽 5 ～ 8cm；花二型，无梗；花萼钟状，5 裂，长 5 ～ 6mm，裂片三角形，不等大；花冠白色，与花萼略等长，裂片比筒部长；雄花花丝长约 3.5mm；退化雌蕊圆球形；两性花花丝长 1 ～ 2mm，花柱合生部分长 1 ～ 1.5mm，第一次分枝长约 1mm，第二次分枝长 2 ～ 3mm，柱头匙形。核果近球形，黄色或带红色，直径 10 ～ 15mm，具多胶质的中果皮，被宿存的花萼承托。花期 2 ～ 4 月，果期 6 ～ 8 月。

特征差异研究　①深圳小南山：叶长 10 ～ 21.9cm，宽 4 ～ 9.5cm，叶柄长 1 ～ 1.3cm；与上述特征描述相比，叶长的最大值偏大 8.9cm；叶宽的最大值偏大 0.5cm；叶柄长的整体范围偏

破布木 *Cordia dichotoma*

小，其最大值比上述特征描述叶柄长的最小值小0.7cm。②深圳莲花山：叶长 8.6 ～ 15.1cm，宽4.1 ～ 9cm，叶柄长 1 ～ 1.2cm。与上述特征描述相比，叶长的最大值偏大 2.1cm；叶柄长的最大值比上述特征描述叶柄长的最小值小 0.8cm。

凭证标本 ①深圳小南山，刘浩（079）；邹雨锋（280）。②深圳莲花山，余欣繁（102）；陈永恒（053）。

分布地 西藏东南部、云南、贵州、广西、广东、福建及台湾。

本研究种类分布地 深圳小南山、莲花山。

主要经济用途 榨油，药用，木材可供建筑及农具用材。

长花厚壳树（厚壳树属）

Ehretia longiflora Champ. ex Benth. in Hook. Kew Journ. Bot 5: 58. 1853; Hemsl. in Journ. Linn. Soc. Bot. 26: 145. 1890; Gagnep. et Cour. in Lecomte Fl. Gen. Indo-Chine 4: 210. 1941; Johnst. in Journ. Arn. Arb. 32: 105. 1951; Li, Wood. Fl. Taiwan 812. 1963; *中国高等植物图鉴* 3: 456. 图5046. 1974; *海南植物志* 3: 455. 1974; J. Y. Hsiao in Fl. Taiwan 4: 490. 1978. —— *Ehretia glaucescens* Hayata, Icon. Pl. Form. 3: 153. 1913; *中国植物志* 64(2): 18. 1989.

主要形态特征 乔木，高 5 ～ 10m，胸高直径10 ～ 15cm；树皮深灰色至暗褐色，片状剥落；枝褐色，小枝紫褐色，均无毛。叶椭圆形、长圆形或长圆状倒披针形，长 8 ～ 12cm，宽 3.5 ～ 5cm，先端急尖，基部楔形，稀圆形，全缘，无毛，侧脉 4 ～ 7 对，小脉不明显；叶柄长 1 ～ 2cm，无毛。聚伞花序生侧枝顶端，呈伞房状，宽 3 ～ 6cm，无毛或疏生短柔毛；花无梗或具短梗；花萼长 1.5 ～ 2mm，无毛，裂片卵形，有不明显的缘毛；花冠白色，筒状钟形，长 10 ～ 11mm，基部直径 1.5mm，喉部直径 4 ～ 5mm，裂片卵形或椭圆状卵形，长 2 ～ 3mm，伸展或稍弯，明显比筒部短；花药长 1mm，花丝长 8 ～ 10mm，着生花冠筒基部以上 3.5 ～ 5mm 处；花柱长 7 ～ 8mm，分枝长约 1mm。核果淡黄色或红色，直径8 ～ 15mm，核具棱，分裂成 4 个具单种子的分核。花期 4 月，果期 6 ～ 7 月。

特征差异研究 深圳杨梅坑：叶长 4 ～ 16cm，宽 1.5 ～ 6.5cm，叶柄长 1 ～ 2cm。与上述特征描述相比，叶长的最小值小 4cm，最大值偏大 4cm；叶宽的最小值偏小 2cm，最大值偏大1.5cm。

凭证标本 深圳杨梅坑，王贺银（330）。

分布地 生海拔 300 ～ 900m 山地路边、山坡疏林及湿润的山谷密林。产广西、广东及其沿海岛屿、福建、台湾。越南有分布。

长花厚壳树 *Ehretia longiflora*

本研究种类分布地 深圳杨梅坑。

主要经济用途 嫩叶可代茶用。

厚壳树（厚壳树属）

Ehretia thyrsiflora (Sieb. et Zucc.) Nakai, Trees et Shrub. Ind. Jap. 1: 327. pl. 179. 1922, et Fl. Sylva. Korea. 14: 20. pl. 4. 1923, et in Journ. Arn. Arb. 5: 38. 1924; *广州植物志*: 567. 1956; *海南植物志* 3: 454. 1974; *中国植物志* 64(2): 12. 1989.

别名 大岗茶、松杨

主要形态特征 落叶乔木，高达 15m，具条裂的黑灰色树皮；枝淡褐色，平滑，小枝褐色，无毛，有明显的皮孔；腋芽椭圆形，扁平，通常单一。叶椭圆形、倒卵形或长圆状倒卵形，长5～13cm，宽4～6cm，先端尖，基部宽楔形，稀圆形，边缘有整齐的锯齿，齿端向上而内弯，无毛或被稀疏柔毛；叶柄长1.5～2.5cm，无毛。聚伞花序圆锥状，长8～15cm，宽5～8cm，被短毛或近无毛；花多数，密集，小形，芳香；花萼长1.5～2mm，裂片卵形，具缘毛；花冠钟状，白色，长3～4mm，裂片长圆形，开展，长2～2.5mm，较筒部长；雄蕊伸出花冠外，花药卵形，长约1mm，花丝长2～3mm，着生花冠筒基部以上0.5～1mm处；花柱长1.5～2.5mm，分枝长约0.5mm。核果黄色或橘黄色，直径3～4mm；核具皱褶，成熟时分裂为2个具2粒种子的分核。

特征差异研究   深圳杨梅坑：叶柄长0.2～0.4cm。与上述特征描述相比，叶柄长的整体范围偏小，其最大值比上述特征叶柄长最小值小1.1cm。

凭证标本   深圳杨梅坑，邹雨锋（350）。

分布地   生于海拔100～1700m丘陵、平原疏林、山坡灌丛及山谷密林，为适应性较强的树种。产西南、华南、华东及台湾、山东、河南等省区。日本、越南有分布。

本研究种类分布地   深圳杨梅坑。

主要经济用途   可作行道树，供观赏；木材供建筑及家具用；树皮作染料；嫩芽可供食用；叶、心材、树枝入药。叶性甘，微苦，可清热祛暑，

厚壳树 *Ehretia thyrsiflora*

去腐生肌，主治感冒及偏头痛；心材性甘，咸，平，可破瘀生新，止痛生肌，主治跌打损伤、肿痛、骨折、痛疮红肿；树枝性苦，可收敛止泻，主治肠炎腹泻。

茄科 Solanaceae

颠茄（颠茄属）

Atropa belladonna L., Sp. Pl. 181. 1753; acuminata Royce ex Lindi. in Journ. Hort. Soc. Lond. 1: 306. 1846; 中国植物志 67(1): 19. 1978.

别名   颠茄草

主要形态特征   多年生草本，或因栽培为一年生，高0.5～2m。根粗壮，圆柱形。茎下部单一，带紫色，上部叉状分枝，嫩枝绿色，多腺毛，老时逐渐脱落。叶互生或在枝上部大小不等2叶双生，叶柄长达4cm，幼时生腺毛；叶片卵形、卵状椭圆形或椭圆形，长7～25cm，宽3～12cm，顶端渐尖或急尖，基部楔形并下延到叶柄，上面暗绿色或绿色，下面淡绿色，两面沿叶脉有柔毛。花俯垂，花梗长2～3cm，密生白色腺毛；花萼长约为花冠之半，裂片三角形，长1～1.5cm，

顶端渐尖，生腺毛，花后稍增大，果时成星芒状向外开展；花冠筒状钟形，下部黄绿色，上部淡紫色，长2.5～3cm，直径约1.5cm，筒中部稍膨大，5浅裂，裂片顶端钝，花开放时向外反折，外面纵脉隆起，被腺毛，内面筒基部有毛；花丝下端生柔毛，上端向下弓曲，长约1.7cm，花药椭圆形，黄色；花盘绕生于子房基部；花柱长约2cm，柱头带绿色。浆果球状，直径1.5～2cm，成熟后紫黑色，光滑，汁液紫色。种子扁肾脏形，褐色，长1.5～2mm，宽1.2～1.8mm。花果期6～9月。

凭证标本   深圳小南山，邹雨锋，招康赛（302）。

分布地　原产欧洲中部、西部和南部。我国南北药物种植场有引种栽培。

本研究种类分布地　深圳小南山。

主要经济用途　药用，根和叶含有莨菪碱（hyoscyamine）、阿托品（atropine）、东莨菪碱（scopolamine）、颠茄碱（belladonin）等。叶作镇痉及镇痛药；根治盗汗，并有散瞳的效能。

鸳鸯茉莉（鸳鸯茉莉属）

Brunfelsia latifolia Benth. 中国景观植物. 下册: 1194. 2009.

主要形态特征　植株高70～150cm，盆栽经矮化后，株高可降低到30～60cm。茎皮呈深褐色或灰白色，分枝力强，周皮纵裂。单叶互生，长披针形或椭圆形，先端渐尖，具短柄，叶面草绿色；叶长5～7cm，宽1.7～2.5cm，纸质，腹面绿色，背面黄绿色，叶缘略波皱。花单朵或数朵簇生，有时数朵组成聚伞花序；花冠呈高脚碟状，有浅裂；花冠直径4～5cm，花萼呈筒状，雄蕊和雌蕊坐落在花冠中心的小孔上；花单生或2～3朵簇生于叶腋，高脚碟状花，花冠五裂，花瓣锯齿明显；花初含苞待放时为蘑菇状、深紫色，初开时蓝紫色，以后渐成淡雪青色，最后变成白色，单花可开放3～5天；花香浓郁，香味也不同于普通的茉莉花香。

凭证标本　深圳小南山，余欣繁（412）。

分布地　茉莉花原产于中国江南地区及西部地区；印度、阿拉伯一带，中心产区在波斯湾附近，现广泛植栽于亚热带地区。主要分布在伊朗、埃及、土耳其、摩洛哥、阿尔及利亚、突尼斯，以及西班牙、法国、意大利等地中海沿岸国家，印度及东南亚各国均有栽培。

本研究种类分布地　深圳小南山。

主要经济用途　鸳鸯茉莉花色艳丽且具芳香，适宜在园林绿地中种植，也可置于盆栽观赏。

颠茄 *Atropa belladonna*

鸳鸯茉莉 *Brunfelsia latifolia*

红丝线（红丝线属）

Lycianthes biflora (Lour.) Bitter in Abh. Naturw Ver. Bremen 25: 461. 1919. ——*Solanum biflorum* Lour. , Fl. Cochin. 1: 129. 1790, et 159. 1793; Dunal, Hist. Sol. 177. 1813, et in DC. Prodr. 13(1): 178. 1852; Masamune, Mem. Fac. Sic. Agr. Tashoku Univ. 11: 400. 1934, et Fl. Kainant. 294. 1943. ——*S. decemdentatum* Roxb., Hort. Beng. 16. 1814, et Fl. Ind. 2: 247. 1824; Dunal in DC. Prodr. 13(1): 179. 1852; Benth. Fl. Hongk. 242. 1861; Warb. in Engl. Bot. Jahrb. 13: 415. 1891. ——*S. decemfidum* Nees in Trans. Linn. Soc. 17: 43. 1837. ——*S. calleryanum* Dunal. in DC. Prodr. 13(1): 178. 1852; 中国植物志 67(1): 122. 1978.

别名　十萼茄（广州植物志），衫钮子（广西临桂），　野灯笼花（广西大苗山），血见愁（植物名实图考），

野花毛辣角（贵州独山）

主要形态特征 灌木或亚灌木，高 0.5～1.5m，小枝、叶下面、叶柄、花梗及萼的外面密被淡黄色的单毛及 1～2 分枝或树枝状分枝的绒毛。上部叶常假双生，大小不相等；大叶片椭圆状卵形，偏斜，先端渐尖，基部楔形渐窄至叶柄而成窄翅，长（9～）13～15cm，宽（3.5～）5～7cm；叶柄长 2～4cm；小叶片宽卵形，先端短渐尖，基部宽圆形而后骤窄下延至柄而成窄翅，长 2.5～4cm，宽 2～3cm；叶柄长 0.5～1cm，两种叶均膜质，全缘，上面绿色，被简单具节分散的短柔毛；下面灰绿色。花序无柄，通常 2～3 朵少 4～5 朵花着生于叶腋内；花梗短，5～8mm；萼杯状，长约 3mm，直径约 3.5mm，萼齿 10，钻状线形，长约 2mm，两面均被有与萼外面相同的毛被；花冠淡紫色或白色，星形，直径 10～12mm，顶端深 5 裂，裂片披针形，端尖，长约 6mm，宽约 1.5mm，外面在中上部及边缘被有平伏的短而尖的单毛；花冠筒隐于萼内，长约 1.5mm，冠檐长约 7.5mm，基部具深色（干时黑色）的斑点，花丝长约 1mm，光滑，花药近椭圆形，长约 3mm，宽约 1mm，在内面常被微柔毛，顶孔向内，偏斜；子房卵形，长约 2mm，宽约 1.8mm，光滑；花柱纤细，长约 8mm，光滑，柱头头状。果柄长 1～1.5cm，浆果球形，直径 6～8mm，成熟果绯红色，宿萼盘形，萼齿长

红丝线 *Lycianthes biflora*

4～5mm，与果柄同样被有与小枝相似的毛被；种子多数，淡黄色，近卵形至近三角形，水平压扁，约长 2mm，宽 1.5mm，外面具凸起的网纹。花期 5～8 月，果期 7～11 月。

凭证标本 深圳小南山，余欣繁，黄玉源（413）。

分布地 生长于荒野阴湿地、林下、路旁、水边及山谷中，海拔 150～2000m。产云南、四川南部、广西、广东、江西、福建、台湾。分布于印度、马来西亚、印度尼西亚爪哇至琉球群岛。

本研究种类分布地 深圳小南山。

少花龙葵（茄属）

Solanum photeinocarpum Nakamura et Odashima in Journ. Soc. Trop. Agric. Taiwan 8: 54. 1936; Nakai in Journ. Tap. Bot. 13: 853. 1937 pro syn.; Ohwi, Fl. Jap. 1028. 1956, cf 709. 1965. ——*S. nigrum* L. var. *pauciflorum* Liou in Contr. Inst. Bot. Nat. Acad. Peiping 3: 454. 1935; 中国植物志 67(1): 77. 1978.

别名 白花菜（广州、云南河口），古钮菜（广州），扣子草（广东梅县、惠州），打卜子（海南），古钮子

主要形态特征 纤弱草本，茎无毛或近于无毛，高约 1m。叶薄，卵形至卵状长圆形，长 4～8cm，宽 2～4cm，先端渐尖，基部楔形下延至叶柄而成翅，叶缘近全缘，波状或有不规则的粗齿，两面均具疏柔毛，有时下面近于无毛；叶柄纤细，长 1～2cm，具疏柔毛。花序近伞形，腋外生，纤细，具微柔毛，着生 1～6 朵花，总花梗长 1～2cm，花梗长 5～8mm，花小，直径约 7mm；萼绿色，直径约 2mm，5 裂达中部，裂片卵形，先端钝，长约 1mm，具缘毛；花冠白色，

筒部隐于萼内，长不及 1mm，冠檐长约 3.5mm，5 裂，裂片卵状披针形，长约 2.5mm；花丝极短，花药黄色，长圆形，长 1.5mm，为花丝长度的 3～4 倍，顶孔向内；子房近圆形，直径不及 1mm，花柱纤细，长约 2mm，中部以下具白色绒毛，柱头小，头状。浆果球状，直径约 5mm，幼时绿色，成熟后黑色；种子近卵形，两侧压扁，直径 1～1.5mm。几全年均开花结果。

特征差异研究 ①深圳杨梅坑：叶长 1.3～4cm，宽 0.9～1.4cm，叶柄长 0.4～0.6cm；与上述特征描述相比，叶长的最小值偏小 2.7cm；叶宽的整体范围偏小，最大值比上述特征叶宽的最小值小 0.6cm；叶柄长的整体范围偏小，其最大值

比上述特征叶柄的最小值小 0.4cm。②深圳马峦山：叶长 1.3 ～ 2.9cm，宽 0.5 ～ 1.6cm，叶柄长 0.5 ～ 1cm；浆果球形，直径 0.6 ～ 1cm，与上述特征描述相比，叶长的整体范围偏小，其最大值比上述特征叶长的最小值小 1.1cm；叶宽最大值比上述特征叶宽的最小值还小 0.4cm；叶柄长的最小值偏小 0.5cm；浆果直径偏大 0.1 ～ 0.5cm。

凭证标本 ①深圳杨梅坑，陈惠如（076）；林仕珍（308）。②深圳马峦山，吴凯涛（015）。

分布地 生于溪边、密林阴湿处或林边荒地。产云南南部、江西、湖南、广西、广东、台湾等地。分布于马来群岛。

本研究种类分布地 深圳杨梅坑、马峦山。

主要经济用途 叶可供蔬食，有清凉散热之功效，并可兼治喉痛。

少花龙葵 *Solanum photeinocarpum*

水茄（茄属）

Solanum torvum Swartz, Prodr. Fl. Ind. Occ. 47. 1788, et Fl. Ind. Occ. 1: 456. 1787; Dunal, Solan. 263, f. 23. 1816, et in DC. Prodr. 13 (1): 260. 1852, excl. Var.; 中国植物志 67(1): 95. 1978.

别名 山颠茄（广东宝安），金衫扣（两广），野茄子（云南金平、河口），刺茄（金平），西好、青茄（河口），乌凉（云南思茅），木哈蒿（傣语），天茄子（贵州兴义），刺番茄（贵州独山）

主要形态特征 灌木，高 1 ～ 2（～ 3）m，小枝、叶下面、叶柄及花序柄均被具长柄、短柄或无柄稍不等长 5 ～ 9 分枝的尘土色星状毛。小枝疏具基部宽扁的皮刺，皮刺淡黄色，基部疏被星状毛，长 2.5 ～ 10mm，宽 2 ～ 10mm，尖端略弯曲。叶单生或双生，卵形至椭圆形，长 6 ～ 12（～ 19）cm，宽 4 ～ 9（～ 13）cm，先端尖，基部心脏形或楔形，两边不相等，边缘半裂或作波状，裂片通常 5 ～ 7，上面绿色，毛被较下面薄，分枝少（5 ～ 7）的无柄的星状毛较多，分枝多的有柄的星状毛较少，下面灰绿，密被分枝多而具柄的星状毛；中脉在下面少刺或无刺，侧脉每边 3 ～ 5 条，有刺或无刺；叶柄长 2 ～ 4cm，具 1 ～ 2 枚皮刺或不具。伞房花序腋外生, 2 ～ 3 歧，毛被厚，总花梗长 1 ～ 1.5cm，具 1 细直刺或无，花梗长 5 ～ 10mm，被腺毛及星状毛；花白色；萼杯状，长约 4mm,外面被星状毛及腺毛，端 5 裂，裂片卵状长圆形，长约 2mm，先端骤尖；花冠辐形，直径约 1.5cm，筒部隐于萼内，长约 1.5mm，冠檐长约 1.5cm，端 5 裂，裂片卵状披针形，先端渐尖，长 0.8 ～ 1cm，外面被星状毛；花丝长

约 1mm，花药长 4 ～ 7mm，为花丝长度的 4 ～ 7 倍，顶孔向上；子房卵形，光滑，不孕花的花柱短于花药，能孕花的花柱较长于花药；柱头截形。浆果黄色，光滑无毛，圆球形，直径 1 ～ 1.5cm，宿萼外面被稀疏的星状毛，果柄长约 1.5cm，上部膨大；种子盘状，直径 1.5 ～ 2mm。全年均开花结果。

特征差异研究 ①深圳杨梅坑：叶长 14 ～ 21cm，宽 6.5 ～ 11cm；浆果球形，直径 0.8cm。与上述特征描述相比，叶长的最大值偏大 2cm；浆果直径偏小 0.2cm。②深圳赤坳：叶长 6.2 ～ 17.3cm，宽 3.6 ～ 8.4cm，叶柄长 1.4 ～ 3.4cm；浆果球

水茄 *Solanum torvum*

形，直径 0.8～1.1cm。与上述特征描述相比，叶宽的最小值偏小 0.4cm；叶柄长的最小值偏小 0.6cm；浆果直径的最小值小 0.2cm。

凭证标本 ①深圳杨梅坑，李志伟（038）。②深圳赤坳水库，温海洋（035）。③深圳莲花山，邹雨锋（120）；林仕珍，周志彬（110）；陈永恒，招康赛（071）。

分布地 喜生长于热带地方的路旁，荒地，灌木丛中，沟谷及村庄附近等潮湿地方，海拔 200～1650m。产云南东南部、南部及西南部，广西，广东，台湾。普遍分布于热带印度，东经缅甸、泰国，南至菲律宾、马来西亚，也分布于热带美洲。

本研究种类分布地 深圳杨梅坑、赤坳水库、莲花山。

主要经济用途 果实可明目，叶可治疮毒，嫩果煮熟可供蔬食。

旋花科 Convolvulaceae

猪菜藤（猪菜藤属）

Hewittia sublobata (Linn. f.) O. Ktze. Rev. Gen. Pl. 441. 1891; Groff, Ding et Groff in Lingnan Agr. Rev. 2: 1132. 1924; Merr. in Lingnan Sci. Journ. 5: 154. 1927; v. Ooststr. in Fl. Males. ser. 1, 4(4): 438. f. 22. 1953; 吴征镒、李锡文，云南热带亚热带植物区系研究报告 1: 108. 1965; 海南植物志 3: 479. 图870. 1974; 中国高等植物图鉴 3: 529. 图5012. 1974. —— *Convolvulus sublobatus* Linn. f. Suppl. 135. 1781. ——*C. bracteatus* Vahl, Symb. Bot. 3: 25. 1794. ——*C. bicolor* Vahl, l. c. 25. ——*Shutereia bicolor* (Vahl) Choisy in Mem. Soc. Phys. Geneve 6: 485. f. 2. f. 11. 1833; id. in DC. Prodr. 9: 435. 1845. ——*Hewittia bicolor* (Vahl) Wight in Madras Journ. Lit. Sci. 1 (5): 22. 1837; id. Icon. Pl. Ind. Or. 3 (2): t. 835. 1844-45 ("Heivetia"); C. B. Clarke in Hook. f. Fl. Brit. Ind. 4: 216. 1883; Hance in Journ. Bot. Brit. et For. 16: 231. 1878; Forb. et Hemsl. in Journ. Linn. Soc. Bot. 26: 163. 1890; Gagn. et Courch. in Lecte. Fl. Gen. Indo-Chine 4: 298. f. 34. 1915; Chun in Sunyatsenia 1: 187. 1933. ——*Shutereia sublobata* (Linn. f.) House in Bull. Torr. Club 33: 318. 1906; v. Ooststr. in Blumea 3: 286. 1939; 中国植物志 64(1): 43. 1979.

别名 细样猪菜藤，野薯藤（广东、海南及其他沿海岛屿）

主要形态特征 缠绕或平卧草本；茎细长，径 1.5～3mm，有细棱，被短柔毛，有时节上生根。叶卵形、心形或戟形，长 3～6（～10）cm，宽 3～4.5（～8）cm，顶端短尖或锐尖，基部心形、戟形或近截形，全缘或 3 裂，两面被伏疏柔毛或叶面毛较少，有时两面有黄色小腺点；侧脉 5～7 对，与中脉在叶面平坦，背面凸起，网脉在叶面不显，背面微细；叶柄长 1～2.5cm，密被短柔毛。花序腋生，比叶柄长或短，花序梗长 1.5～5.5cm，密被短柔毛；通常 1 朵花；苞片披针形，长 7～8mm，被短柔毛；花梗短，长 2～4mm，密被短柔毛；萼片 5，不等大，在外 2 片宽卵形，长 9～10mm，宽 6～7mm，顶端锐尖，两面被短柔毛，结果时增大，长 1.9cm，内萼片较短且狭得多，长圆状披针形，被短柔毛，结果时长 1.4cm；花冠淡黄色或白色，喉部以下带紫色，钟状，长 2～2.5cm，外面有 5 条密被长柔毛的瓣中带，冠檐裂片三角形；雄蕊 5，内藏，长约 9mm，花丝基部稍扩大，具细锯齿状乳突，花药卵状三角形，基部箭形；子房被长柔毛，花柱丝

猪菜藤 *Hewittia sublobata*

状，柱头 2 裂，裂片卵状长圆形。蒴果近球形，为宿存萼片包被，具短尖，径 8 ～ 10mm，被短柔毛或长柔毛。种子 2 ～ 4，卵圆状三棱形，无毛，高 4 ～ 6mm。

特征差异研究　深圳杨梅坑：叶长 5.4 ～ 9.6cm，宽 3.3 ～ 5.2cm，叶柄长 1 ～ 2.8cm。与上述特征描述相比，叶柄长的最大值偏大，多 0.3cm。

凭证标本　深圳杨梅坑，陈惠如，黄玉源（084）。

分布地　台湾、广东、广西西南部、云南南部。

本研究种类分布地　深圳杨梅坑。

五爪金龙（番薯属）

Ipomoea cairica (Linn.) Sweet, Hort. Brit. ed. 1. 287. 1826; Merr. et Chun in Sunyatsenia 5: 173. 1940; id. in Journ. Arn. Arb. 23: 192. 1942; v. Ooststr. in Blumea 3: 542. 1940; id. in Fl. Males. ser. 1, 4(4): 478. 1953; 侯宽昭等, 广州植物志: 586. 图312; 吴征镒, 李锡文, 云南热带亚热带植物区系研究报告　1: 120. 1965; 中国高等植物图鉴　3: 531. 图5016. 1974; 海南植物志 3: 489. 图874. 1974. ——*Convolvulus cairicus* Linn. Syst. ed. 10. 922. 1759; Sims in Curtis's Bot. Mag. 19: t. 699. 1803. ——*Ipomoea patmata* Forsk. Fl. Aegypt-Arab. 43. 1775; Choisy in DC. Prodr. 9: 386. 1845; C. B. Clarke in Hook. f. Fl. Brit. Ind. 4: 214. 1883; Hance in Journ. Linn. Soc. Bot. 13: 113. 1872; Hemsl. in Journ. Linn. Soc. Bot. 26: 161. 1890; Dunn et Tutch. in Kew Bull. add. ser. 10: 181. 1912.

别名　五爪龙、上竹龙、牵牛藤、黑牵牛、假土瓜藤

主要形态特征　多年生缠绕草本，全体无毛，老时根上具块根。茎细长，有细棱，有时有小疣状凸起。叶掌状 5 深裂或全裂，裂片卵状披针形、卵形或椭圆形，中裂片较大，长 4 ～ 5cm，宽 2 ～ 2.5cm，两侧裂片稍小，顶端渐尖或稍钝，具小短尖头，基部楔形渐狭，全缘或不规则微波状，基部 1 对裂片通常再 2 裂；叶柄长 2 ～ 8cm，基部具小的掌状 5 裂的假托叶（腋生短枝的叶片）。聚伞花序腋生，花序梗长 2 ～ 8cm，具 1 ～ 3 花，或偶有 3 朵以上；苞片及小苞片均小，鳞片状，早落；花梗长 0.5 ～ 2cm，有时具小疣状凸起；萼片稍不等长，外方 2 片较短，卵形，长 5 ～ 6mm，外面有时有小疣状凸起，内萼片稍宽，长 7 ～ 9mm，萼片边缘干膜质，顶端钝圆或具不明显的小短尖头；花冠紫红色、紫色或淡红色、偶有白色，漏斗状，长 5 ～ 7cm；雄蕊不等长，花丝基部稍扩大下延贴生于花冠管基部以上，被毛；子房无毛，花柱纤细，长于雄蕊，柱头 2 球形。蒴果近球形，高约 1cm，2 室，4 瓣裂。种子黑色，

五爪金龙 *Ipomoea cairica*

长约 5mm，边缘被褐色柔毛。

凭证标本　深圳杨梅坑，温海洋（278）。

分布地　生于海拔 90 ～ 610m 的平地或山地路边灌丛，生长于向阳处。通常作观赏植物栽培。本种原产热带亚洲或非洲，现已广泛栽培或归化于全热带。产台湾、福建、广东及其沿海岛屿、广西、云南。

本研究种类分布地　深圳杨梅坑。

主要经济用途　块根供药用，外敷治热毒疮，有清热解毒之效。广西用叶治痈疮，果治跌打。

厚藤（番薯属）

Ipomoea pes-caprae (Linn.) Sweet, Hort. Suburb. Londin. 35. 1818; Choisy in DC. Prodr. 9: 349. 1845; Hall. f. in Engl. Bot. Jahrb. 18: 145. 1893; id. in Bull. Herb. Boiss. ser. 2. 1: 675. 1901; Merr. in Philip. Journ. Sci. l. Suppl. 120. 1906; id. Enum. Philip. Fl. Pl. 3: 366. 1923; Rendle in Journ. Bot. 58. Suppl. 71. 1925; Merr. in Lingnan Sci. Journ. 5: 154. 1927; v. Ooststr. in Blumea 3: 534. 1940, et in Fl. Males. ser. 1, 4(4): 475. f. 49. 1953; 中国高等植物图鉴 3: 532. 图 5018. 1974; 海南植物志 3: 488. 1974. ——*Convolvulus pes-caprae* Linn. Sp. Pl. 159. 1753; ibid. ed. 2. 226. 1762. ——*C. brasiliensis* Linn. Sp. Pl. 159. 1753. ——*Ipomoea biloba* Forsk. Fl. Aegypt.-Arab. 44. 1775; C. B. Clarke in Hook. f. Fl. Brit. Ind. 4: 212. 1883; Gagn. et Courch. in Lecte. Fl. Gen. Indo-Chine 4: 259. 1915.

别名 马鞍藤（福建、广东、广西），沙灯心（广东），马蹄草、鲎藤（福建），海薯、走马风、马六藤、白花藤（海南），沙藤（浙江）

主要形态特征 多年生草本，全株无毛；茎平卧，有时缠绕。叶肉质，干后厚纸质，卵形、椭圆形、圆形、肾形或长圆形，长 3.5～9cm，宽 3～10cm，顶端微缺或 2 裂，裂片圆，裂缺浅或深，有时具小凸尖，基部阔楔形、截平至浅心形；在背面近基部中脉两侧各有 1 枚腺体，侧脉 8～10 对；叶柄长 2～10cm。多歧聚伞花序，腋生，有时仅 1 朵发育；花序梗粗壮，长 4～14cm，花梗长 2～2.5cm；苞片小，阔三角形，早落；萼片厚纸质，卵形，顶端圆形，具小凸尖，外萼片长 7～8mm，内萼片长 9～11mm；花冠紫色或深红色，漏斗状，长 4～5cm；雄蕊和花柱内藏。蒴果球形，高 1.1～1.7cm，2 室，果皮革质，4 瓣裂。种子三棱状圆形，长 7～8mm，密被褐色茸毛。

凭证标本 深圳杨梅坑，温海洋（279）。

分布地 海滨常见，多生长在沙滩上及路边向阳

厚藤 *Ipomoea pes-caprae*

处。产浙江、福建、台湾、广东、广西。广布于热带沿海地区。

本研究种类分布地 深圳杨梅坑。

主要经济用途 茎、叶可做猪饲料；植株可作海滩固沙或覆盖植物。全草入药，有祛风除湿、拔毒消肿之效，治风湿性腰腿痛，腰肌劳损，疮疖肿痛等。

篱栏网（鱼黄草属）

Merremia hederacea (Burm. f.) Hall. f. in Engl. Bot. Jahrb. 18: 118. 1894, et in Beih. Bot. Centr. 27(2): 503. 1910; Merr. in Philip. Journ. Sci. Bot. 19: 374. 1921; v. Ooststr. in Blumea 3: 301. f. l e-f, m-n. 1939; id. in Fl. Males. ser. 1, 4(4): 441. f. 23 a-b. 1953; 侯宽昭等，广州植物志：584. 1956; 吴征镒、李锡文，云南热带亚热带植物区系研究报告 1: 1-09. 1965; 中国高等植物图鉴 3: 533 图 5020. 1974; 海南植物志 3: 480. 1974. ——*Evolvulus hederaceus* Burm. f. Fl. Ind. 77. t. 30. f. 2. 1768. ——*Ipomoea chryseides* Ker-Gawl. in Bot. Reg. t. 207. 1818; Choisy in Mem. Soc. Phys. Gen eve 6: 469. 1833, et in DC. Pro-dr. 9: 382. 1845; Benth. Fl. Hongk. 239. 1861; C. B. Clarke in Hook. f. Fl. Brit. Ind. 4: 206. 1883; Forb. et Hemsl. in Journ. Linn. Soc. Bot. 26: 158. 1890; Henry, List. Pl. Formos. 64. 1896; Dunn et Tutch. in Kew Bull. add. ser. 180. 1912; Gagn. et Courch. in Lecte. Fl. Gen. Indo-Chine 4: 254. 1915; Coll. Fl. Siml. 337. 1971. ——*Merremia chryseides* (Ker-Gawl.) Hall. f. in Engl. Bot. Jahrb. 16: 552. 1893. ——*Lepistemon glaber* Hand.-Mazz. in Sine-nsia 5: 7. 1934, syn. nov. ——*Merremia gemella* auct. non (Burm. f.) Hall. f.: Merr. et Chun in Sunyatsenia 2: 313. 1935; 侯宽昭等，广州植物志：584. 1956; 中国植物志 64(1): 61. 1979.

主要形态特征 草本或灌木，通常缠绕，但也有为匍匐或直立草本，或为下部直立的灌木。叶通

常具柄，大小形状多变，全缘或具齿，分裂或掌状三小叶或鸟足状分裂或复出（稀很小且钻状）。花腋生，单生或成腋生少花至多花的具各式分枝的聚伞花序；苞片通常小；萼片 5，通常近等大或外面 2 片稍短，椭圆形至披针形，锐尖或渐尖，或卵形至圆形，钝头或微缺，通常具小短尖头，有些种类结果时增大；花冠整齐，漏斗状或钟状，白色、黄色或橘红色，通常有 5 条明显有脉的瓣

篱栏网 *Merremia hederacea*

中带；冠檐浅 5 裂；雄蕊 5，内藏，花药通常旋扭，花丝丝状，通常不等，基部扩大；花粉粒无刺；子房 2 或 4 室，罕为不完全的 2 室，4 胚珠；花柱 1，丝状，柱头 2 头状；花盘环状。蒴果 4 瓣裂或多少成不规则开裂，4-1 室。种子 4 或因败育而更少，无毛或被微柔毛以至长柔毛，尤其在边缘处。

形态特征增补　深圳杨梅坑，叶长 2.2 ～ 7cm，叶宽 1.5 ～ 5cm，叶柄长 1.5 ～ 2cm。

凭证标本　深圳杨梅坑，陈惠如，明珠（069）；陈惠如，明珠（068）。

分布地　生于海拔 130 ～ 760m 的灌丛或路旁草丛。产台湾、广东、广西、江西、云南。

本研究种类分布地　深圳杨梅坑。

玄参科 Scrophulariaceae

毛麝香（毛麝香属）

Adenosma glutinosum (L.) Druce, Bot. Exch. Club Brit. Isles Rep. 3: 413. 1914; 广州植物志: 593. 1956; 海南植物志 3: 500. 1974; 中国高等植物图鉴 4: 20. 图5454. 1975. ——*Gerardia glutinosa* L. Sp. Pl. 611. 1753. ——*Digitalis sinensis* Lour. Fl. Cochinch. 378. 1790. ——*Pterostigma grandiflorum* Benth. in DC. Prodr. 10: 380. 1846, et Fl. Hongk. 247. 1861. ——*Adenosma glutinosum* (L.) Merr. Philip. Journ. Sci. 12: 109. 1917. ——*Adenosma caeruleum* R. Br. Prodr. 443. 1810; 白荫元，北研丛刊 2: 191. 1934; Merr. et Chun Sunyatsenia 2: 319. 1935. ——*A. glutinosum* (L.) Druce var. *caeruleum* (R. Br.) Tsoong, 海南植物志 3: 501. 1974; 中国植物志 67(2): 99. 1979.

主要形态特征　直立草本，密被多细胞长柔毛和腺毛，高 30 ～ 100cm。茎圆柱形，上部四方形，中空，简单或常有分枝。叶对生，上部的多少互生，有长 3 ～ 20mm 的柄；叶片披针状卵形至宽卵形，长 2 ～ 10cm，宽 1 ～ 5cm，其形状、大小均多变异，先端锐尖，基部楔形至截形或亚心形，边缘具不整齐的齿，有时为重齿，上面被平伏的多细胞长柔毛，沿中肋凹沟密生短毛；下面亦被多细胞长柔毛，尤以沿中肋及侧脉为多，并有稠密的黄色腺点，腺点脱落后留下褐色凹窝。花单生叶腋或在茎、枝顶端集成较密的总状花序；花梗长 5 ～ 15mm，在果中长可达 20mm；苞片叶状而较小，在花序顶端的几为条形而全缘；小苞片条形，长 5 ～ 9mm，贴生于萼筒基部；萼 5 深裂，长 7 ～ 13mm，在果时稍增大而宿存；萼齿全缘，与花梗、小苞片同被多细胞长柔毛及腺毛，并有腺点；花冠紫红色或蓝紫色，长 9 ～ 28mm，上唇卵圆形，先端截形至微凹，下唇三裂，有时偶有 4 裂，侧裂稍大于中裂，先端钝圆或微凹；雄蕊后方一对较粗短，药室均成熟；前方一对较长，花药仅一室成熟，另一室退化为腺状；花柱向上逐渐变宽而具薄质的翅。蒴果卵形，先端具喙，有 2 纵沟，长 5 ～ 9.5mm，宽 3 ～ 6mm；种子矩圆形，褐色至棕色，长约 0.7mm，宽 0.4mm，有网纹。花果期 7 ～ 10 月。

凭证标本　深圳小南山，温海洋（163）。

分布地　生于海拔 300 ～ 2000m 的荒山坡、疏林下湿润处。分布于江西南部、福建、广东、广西及云南等省区。南亚、东南亚及大洋洲也有。

本研究种类分布地　深圳小南山。

主要经济用途　全草药用。

毛麝香 *Adenosma glutinosum*

列当科 Orobanchaceae

野菰（野菰属）

Aeginetia indica L. Sp. Pl. 632. 1753; Roxb. Pl. Coromand. 1: 63, tab. 91. 1795; Hook. f. Fl. Brit. Ind. 4: 320. 1884; G. Beck in Engler, Pflanzenr. IV. 26 (Heft 96): 17, fig. 3 (A-D). 1930; Hand.-Mazz. Symb. Sin. 7: 874. 1936; 海南植物志 : 516, 图 894. 1974; 中国高等植物图鉴 4: 109, 图 5631. 1975; 台湾植物志 4: 689, pl. 1159. 1978. ——*Orobanche aeginetia* L. Sp. Pl. ed. 2. 883. 1763. ——*Aeginetia japonica* Sieb. et Zucc. Fl. Japon. sect. 1, 17. 1826-35. ——*Phelipaea indica* Spreng. ex Steud. Nomencl. ed. 2. 318. 1842; 中国植物志 69: 77. 1990.

别名 土灵芝草（南京），马口含珠、鸭脚板、烟斗花（广西）

主要形态特征 一年生寄生草本，高 15 ～ 40（～ 50）cm。根稍肉质，具树状细小分枝。茎黄褐色或紫红色，不分枝或自近基部处有分枝，偶尔自中部以上分枝。叶肉红色，卵状披针形或披针形，长 5 ～ 10mm，宽 3 ～ 4mm，两面均光滑无毛。花常单生茎端，稍俯垂；花梗粗壮，常直立，长 10 ～ 30（～ 40）cm，直径约 3mm，无毛，常具紫红色的条纹；花萼一侧裂开至近基部，长 2.5 ～ 4.5（～ 6.5）cm，紫红色、黄色或黄白色，具紫红色条纹，先端急尖或渐尖，两面无毛；花冠带黏液，常与花萼同色，或有时下部白色，上部带紫色，凋谢后变绿黑色，干时变黑色，长 4 ～ 6cm，不明显的二唇形，筒部宽，稍弯曲，在花丝着生处变窄，顶端 5 浅裂，上唇裂片和下唇的侧裂片较短，近圆形，全缘，下唇中间裂片稍大；雄蕊 4 枚，内藏，花丝着生于距筒基部 1.4 ～ 1.5cm 处，长 7 ～ 9mm，紫色，无毛，花药黄色，有黏液，成对黏合，仅 1 室发育，下方一对雄蕊的药隔基部延长成距。子房 1 室，侧膜胎座 4 个，横切面有极多分枝，花柱无毛，长 1 ～ 1.5cm，柱头膨大，肉质，淡黄色，盾状。蒴果圆锥状或长卵球形，长 2 ～ 3cm，2 瓣开裂。种子多数，细小，椭圆形，黄色，长约 0.04mm，种皮网状。花期 4 ～ 8 月，果期 8 ～ 10 月。

野菰 *Aeginetia indica*

凭证标本 深圳小南山，温海洋，黄玉源（164）。

分布地 喜生于土层深厚、湿润及枯叶多的地方，海拔 200 ～ 1800m；常寄生于芒属 *Miscanthus* Anderss. 和蔗属 *Saccharum* L. 等禾草类植物根上。产江苏、安徽、浙江、江西、福建、台湾、湖南、广东、广西、四川、贵州和云南。印度、斯里兰卡、缅甸、越南、菲律宾、马来西亚及日本也有分布。

本研究种类分布地 深圳杨梅坑。

主要经济用途 根和花可供药用，清热解毒，消肿，可治疗瘰、骨髓炎和喉痛；全株可用于妇科调经。

苦苣苔科 Gesneriaceae

大叶石上莲（马铃苣苔属）

Oreocharis benthamii Clarke in A. DC. Monogr. Phan. 5: 64, tab. 5. 1883; 中国高等植物图鉴 4: 126, 图 5665. 1975; K. Y. Pan in Acta Phytotax. Sin. 25(4): 288. 1987. ——*Didymocarpus oreocharis* Hance in Ann. Sci. Nat. ser. 5, 5: 230. 1866; 中国植物志 69: 165. 1990.

主要形态特征 多年生草本。根状茎长 2 ～ 7cm，直径 5 ～ 13mm。叶丛生，具长柄；叶片椭圆形或卵状椭圆形，长 6 ～ 12cm，宽 3 ～ 8cm，顶端钝或圆形，基部浅心形，偏斜或楔形，边缘具小锯齿或全缘，上面密被短柔毛，下面密被褐色绵毛，侧脉每边6～8条，不明显成网状；叶柄长2～8cm，密被褐色绵毛。聚伞花序2～3次分枝，2～4条，每花序具8～11花；花序梗长10～22cm，与花梗密被褐色绵毛；苞片2，线状钻形，长6～8mm，密被淡褐色绢状绵毛；花梗长9～15mm。花萼5裂至基部，裂片相等，线状披针形，长3～4mm，外面被绢状绵毛。花冠细筒状，长8～10mm，直径约5mm，淡紫色，外面被短柔毛；筒长5.5～6mm，直径约3mm，喉部不缢缩；檐部稍二唇形，长1.5～2.5mm，上唇2裂，裂片近圆形，长1.5～2mm，下唇3裂，裂片圆形，长1～2mm。雄蕊分生，与花冠等长或其中2枚伸出花冠外，花丝长6～7mm，花药宽长圆形，长约2.3mm，药室不汇合；退化雄蕊长0.2mm，着生于距花冠基部1mm处。花盘环状，高0.8mm，全缘。雌蕊无毛，子房线状长圆形，长约5mm，直径0.6mm，花柱长约1.7mm，柱头1，盘状。蒴果线形或线状长圆形，长2.2～3.5cm，顶端具短尖，外面无毛。花期8月，果期10月。

大叶石上莲 *Oreocharis benthamii*

凭证标本 深圳小南山，余欣繁，黄玉源（402）。
分布地 生于岩石上，海拔200～400m。产广东、广西、江西东南部及湖南西南部。模式标本采自广东鼎湖山。
本研究种类分布地 深圳小南山。
主要经济用途 全草供药用，治跌打损伤等症。

狸藻科 Lentibulariaceae

挖耳草（狸藻属）

Utricularia bifida L. Sp. Pl. 18, 1753; Oliv. in Journ. Linn. Soc. Bot. 3: 182. 1859; Merr. in Lingnan Sci. Journ. 5: 167. 1927; Hand.-Mazz. Symb. Sin. 7: 872. 1936; 中国植物志 69: 588. 1990.

别名 金耳挖
主要形态特征 陆生小草本。假根少数，丝状，基部增厚，具多数长0.5～1mm的乳头状分枝；匍匐枝少数，丝状，具分枝。叶器生于匍匐枝上，于开花前凋萎或于花期宿存，狭线形或线状倒披针形，顶端急尖或钝形，长7～30mm，宽1～4mm，膜质，无毛，具1脉。捕虫囊生于叶器及匍匐枝上，球形，侧扁，长0.6～1mm，具柄；口基生，上唇具2条钻形附属物，下唇钝形，无附属物。花序直立，长2～40cm，中部以上具1～16朵疏离的花，花序梗圆柱状，粗0.3～1mm，上部光滑，下部具细小的腺体，具1～5鳞片；苞片与鳞片相似，基部着生，宽卵状长圆形，顶端钝，长约1mm；小苞片线状披针形，长约0.5mm；花梗长2～5mm，丝状，具翅，于花期直立，花后伸长并下弯；花萼2裂达基部，上唇稍大，裂片宽卵形，顶端钝，基部下延，花期长3～4mm，果期增大，长5～6mm，无毛；

花冠黄色，长6～10mm，外面无毛，上唇狭长圆形或长卵形，顶端圆形，长3～4.5mm，宽2～3mm，下唇近圆形，长4～4.5mm，宽3.5～4mm，顶端圆形或具2～3浅圆齿，喉凸

挖耳草 *Utricularia bifida*

隆起呈浅囊状；距钻形，长 3～5mm，与下唇成锐角或钝角叉开；雄蕊无毛；花丝线形，长约 1mm，近伸直，上部略膨大；药室于顶端汇合。雌蕊无毛；子房卵球形；花柱短而显著；柱头下唇近圆形，反曲，上唇较短，钝形。蒴果宽椭圆球形，背腹扁，果皮膜质，长 2.5～3mm，室背开裂。种子多数，卵球形或长球形，长 0.4～0.6mm；种皮无毛，具网状凸起，网格纵向延长，多少扭曲。花期 6～12 月，果期 7 月至次年 1 月。

凭证标本 深圳小南山，邹雨锋，黄玉源（286）。
分布地 山东、江苏、安徽、浙江、江西、福建、台湾、河南、湖北、湖南、广东、海南、广西、四川和云南。
本研究种类分布地 深圳小南山。
主要经济用途 药用。

紫葳科 Bignoniaceae

海南菜豆树（菜豆树属）

Radermachera hainanensis Merr. in Philip. Journ. Sci. 21 (4): 353. 1922; Groff et al. in Lingnaam Agr. Rev. 3: 19. 1925; Merr. in Lingnan Sci. Journ. 5: 167. 1927; 海南植物志 3: 532, 图909. 1974; van Steenis in Blun. Lea 23 (1): 126. 1976; Santisuk et Vidal in Fl. Camb. Laos et Viet. 22: 21, pl. 3, fig. 9. 1985; 中国植物志 69: 31. 1990.

别名 大叶牛尾连、牛尾林、大叶牛尾林（海南）
主要形态特征 乔木，高 6～13（～20）m，除花冠筒内面被柔毛外，全株无毛；小枝和老枝灰色，无毛，有皱纹。叶为一至二回羽状复叶，有时仅有小叶 5 片；小叶纸质，长圆状卵形或卵形，长 4～10cm，宽 2.5～4.5cm，顶端渐尖，基部阔楔形，两面无毛，有时上面有极多数细小的斑点，侧脉每边 5～6 条，纤细，支脉稀疏，呈网状。花序腋生或侧生，少花，为总状花序或少分枝的圆锥花序，比叶短。花萼淡红色，筒状，不整齐，长约 1.8cm，3～5 浅裂。花冠淡黄色，钟状，长 3.5～5cm，直径约 15mm，最细部分直径达 5mm，内面被柔毛，裂片阔肾状三角形，宽 10mm。蒴果长达 40cm，粗约 5mm；隔膜扁圆形。种子卵圆形，连翅长 12mm，薄膜质。花期 4 月。
特征差异研究 深圳小南山：小叶长 5.5～11.5cm，宽 2.4～6cm。与上述特征描述相比，小叶长的最大值大 1.5cm；小叶宽的最大值大 1.5cm。
形态特征增补 深圳小南山：复叶长 10～20cm，叶宽 10～17cm，叶柄长 2.5～5.5cm；小叶柄长 0.2～0.3cm。
凭证标本 深圳小南山，林仕珍，招康赛（195）；余欣繁，招康赛（165）。
分布地 生于低山坡林中，少见，海拔 300～550m。产广东（阳江）、海南、云南（景洪）。
本研究种类分布地 深圳小南山。
主要经济用途 本种树干木材纹理通直，结构细致而均匀，加工容易，暗红棕色，材质硬而稍重，耐腐，干燥后稍开裂，但不变形，纵切面平滑而有明亮的光泽，色调鲜明，生长轮略现花纹，颇美观，适作农具、车辆、建筑材料，尤为优良的家具和美工材，当地多作楼板、家具；可作低海拔地区绿化树种；根、叶、花果均可入药。

海南菜豆树 *Radermachera hainanensis*

火焰树（火焰树属）

Spathodea campanulata Beauv. Fl. Oware Benin Afr. 1: 47, tab. 27. 1805; Hook. f. in Curtis's Bot. Mag. 85: tab. 5091. 1895; Merr. in Fl. Manila 429. 1912; van Steenis in Bull. Jard. Bot. Buit. 3 (10): 232. 1928; Back. et Bakh. f. Fl. Java 2: 540. 1965; van Steenis, Fl. Males., ser. 1, 8 (2): 185. 1977; Santisuk et Vidal in Fl. Camb. Laos et Viet. 22: 62. 1985; 中国植物志 69: 23. 1990.

别名　喷泉树（香港），火烧花（中国种子植物科属辞典）

主要形态特征　乔木，高 10m，树皮平滑，灰褐色。奇数羽状复叶，对生，连叶柄长达 45cm；小叶（0～）13～17 枚，叶片椭圆形至倒卵形，长 5～9.5cm，宽 3.5～5cm，顶端渐尖，基部圆形，全缘，背面脉上被柔毛，基部具 2～3 枚脉体；叶柄短，被微柔毛。伞房状总状花序，顶生，密集；花序轴长约 12cm，被褐色微柔毛，具有明显的皮孔；花梗长 2～4cm；苞片披针形，长 2cm；小苞片 2 枚，长 2～10mm；花萼佛焰苞状，外面被短绒毛，顶端外弯并开裂，基部全缘，长 5～6cm，宽 2～2.5cm；花冠一侧膨大，基部紧缩成细筒状，檐部近钟状，直径 5～6cm，长 5～10cm，橘红色，具紫红色斑点，内面有凸起条纹，裂片 5，阔卵形，不等大，具纵褶纹，长 3cm，宽 3～4cm，外面橘红色，内面橘黄色；雄蕊 4，花丝长 5～7cm，花药长约 8mm，"个"字形着生。花柱长 6cm，柱头卵圆状披针形，2 裂；花盘环状，高 4mm。蒴果黑褐色，长 15～25cm，宽 3.5cm。种子具周翅，近圆形，长和宽均为 1.7～2.4cm。花期 4～5 月。

特征差异研究　深圳莲花山：叶长 8.5～15cm，宽 4.5～6.5cm，叶柄 0.2～0.3cm。与上述特征描述相比，叶长的最大值偏大 5.5cm；叶宽的最大值偏大 1.5cm。

凭证标本　深圳莲花山，余欣繁，招康赛（118）；余欣繁，招康赛（119）；王贺银，招康赛（138）；王贺银，招康赛（137）；邹雨锋，招康赛（136）。

火焰树 *Spathodea campanulata*

分布地　原产非洲，现广泛栽培于印度、斯里兰卡。中国广东、福建、台湾、云南（西双版纳）均有栽培。花美丽，树形优美，是风景观赏树种。

本研究种类分布地　深圳莲花山。

主要经济用途　园林绿化。

爵床科 Acanthaceae

板蓝（板蓝属）

Baphicacanthus cusia (Nees) Bremek. in Verh. Ned Akad. Wetensch. Afd. Naturk. Sect. 2. 41(1): 59, 190. 1944; 海南植物志 3: 548. 1974; C. F. Hsieh et T. C. Huang in Fl. Taiwan. 4: 623. 1978. ——*Goldfussia cusia* Nees in Wall., Pl. As. Rar. 3: 38. 1832 et in DC. Prodr. 11: 175. 1847; 中国植物志 70: 113. 2002.

别名　马蓝

主要形态特征　草本，多年生一次性结实，茎直立或基部外倾，稍木质化，高约 1m，通常成对分枝，幼嫩部分和花序均被锈色、鳞片状毛。叶柔软，纸质，椭圆形或卵形，长 10～20（～25）cm，宽 4～9cm，顶端短渐尖，基部楔形，边缘有稍粗的锯齿，两面无毛，干时黑色；侧脉每边约 8 条，两面均凸起；叶柄长 1.5～2cm。穗状花序直立，长 10～30cm；苞片对生，长 1.5～2.5cm。蒴果长 2～2.2cm，无毛。种子卵形，长 3.5mm。花期 11 月。

特征差异研究 深圳莲花山：叶长 13～20cm，宽 7～8.6cm，叶柄长 1～2.9cm。与上述特征描述相比，叶柄长的最小值偏小 0.5cm，最大值偏大 0.9cm。

凭证标本 深圳莲花山，邹雨锋（107）。

分布地 常生于潮湿地方。产广东、海南、香港、台湾、广西、云南、贵州、四川、福建、浙江。孟加拉国、印度东北部、喜马拉雅等地至中南半岛均有分布。

本研究种类分布地 深圳莲花山。

主要经济用途 本种的叶含蓝靛染料，在合成染料发明以前，华中、华南和西南都栽培利用。因适应性强，现在上述地区多已还归野生。根、叶

板蓝 *Baphicacanthus cusia*

入药，有清热解毒、凉血消肿之效，可预防流脑、流感，治中暑、腮腺炎、肿毒、毒蛇咬伤、菌痢、急性肠炎、咽喉炎、口腔炎、扁桃体炎、肝炎、丹毒。

马鞭草科 Verbenaceae

尖尾枫（紫珠属）

Callicarpa longissima (Hemsl.) Merr. in Philip. Journ. Sci. Bot. 12: 108. 1917 et in Lingn. Sci. Journ. 6: 285. 1928; Chung in Mem. Sci. Soc. China 1 (1): 226. 1924; P'ei in Mem. Sci. Soc. China 1 (3): 49. 1932; P. Dop in Lecomte, Fl. Gen. L' Indo-Chine 4: 802. 1935; 张宏达, 植物分类学报 1 (1): 293. 1951; 侯宽昭等, 广州植物志 631. 1956; Li, Woody Fl. Taiwan 823. 1963; Moldenke in Phytologia 21 (4): 210-214. 1971, pro parte, excl. syn. "*C. longissima* (Hemsl.) Merr. f. *subglabra* P'ei"; 中国高等植物图鉴 3: 584, 图5121. 1974. ——*Callicarpa longifolia* Lamk. var. *longissima* Hemsl. in Journ. Linn. Soc. Bot. 26: 253. 1890; Hayata, Icon. Pl. Formos. 2: 125, f. 36. 1912; Kanehira, Formos. Trees ed. 2: 642. 1936; 中国植物志 65(1): 52. 1982.

别名 粘手风、穿骨枫（广西）、雪突、牛舌广（福建）

主要形态特征 灌木或小乔木，高 1～3（～7）m；小枝紫褐色，四棱形，幼嫩部分稍有多细胞的单毛，节上有毛环。叶披针形或椭圆状披针形，长 13～25cm，宽 2～7cm，顶端尖锐，基部楔形，表面仅主脉和侧脉有多细胞的单毛，背面无毛，有细小的黄色腺点，干时下陷成蜂窝状小洼点，边缘有不明显的小齿或全缘；侧脉

尖尾枫 *Callicarpa longissima*

12 ～ 20 对，在两面隆起，唯网脉在背面深下陷；叶柄长 1 ～ 1.5cm。花序被多细胞的单毛，宽 3 ～ 6cm，5 ～ 7 次分歧，花小而密集，花序梗长 1.5 ～ 3cm；花萼无毛，有腺点，萼齿不明显或近截头状；花冠淡紫色，无毛，长 2 ～ 5mm；雄蕊长约为花冠的 2 倍，药室纵裂；子房无毛。果实扁球形，径 1 ～ 1.5mm，无毛，有细小腺点。花期 7 ～ 9 月，果期 10 ～ 12 月。

特征差异研究 深圳杨梅坑：叶长 4 ～ 17cm，宽 1.2 ～ 5cm，叶柄长 0.5 ～ 2.5cm。与上述特征描述相比，叶长的最小值小 9cm；叶宽的最小值小 0.8cm；叶柄长的最小值小 0.5cm，最大值偏大 1cm。

凭证标本 深圳杨梅坑，邹雨锋，招康赛（353）；邹雨锋，招康赛（354）。

分布地 生于海拔 1200m 以下的荒野、山坡、谷地丛林中。产台湾、福建、江西、广东、广西、四川。越南也有分布。

本研究种类分布地 深圳杨梅坑。

主要经济用途 全株供药用，有止血镇痛、散瘀消肿、祛风湿的效用，治外伤出血、咯血、吐血、产后风痛、四肢瘫痪、风湿痹痛等。

枇杷叶紫珠（紫珠属）

Callicarpa kochiana Makino in Bot. Mag. Tokyo 28: 181. 1914; Nakai, Trees et Shrubs Jap. ed. 2: 458. f. 218. 1927; Ohwi, Fl. Jap. 990. 1953; Moldenke in Phytologia 21 (1): 46. 1971, pro parte, excl. syn. C. loureiri Hook. et Arn. var. *laxiflora* H. T. Chang. ——*Callicarpa loureiri* Hook. et Arn. Bot. Beechey's Voy. 205. 1836, nom. previs; Merr. in Trans. Amer. Philos. Soc. Philadelphia 24 (2): 332. 1935; Moldenke in Fedde, Repert. Sp. Nov. 40: 116. 1936; 张宏达，植物分类学报 1: 276. 1951; 侯宽昭等，广州植物志 629. 1956; Li, Woody Fl. Taiwan 819. 1963; 中国高等植物图鉴 3: 581. 图5116. 1974. 陈嵘，中国树木分类学: 1095. 图980. 1937; 中国植物志 65(1): 30. 1982.

别名 枇杷叶紫珠（新拟），劳来氏紫珠（植物分类学报），长叶紫珠（中国树木分类学），野枇杷、山枇杷（中国高等植物图鉴）

主要形态特征 灌木，高 1 ～ 4m；小枝、叶柄与花序密生黄褐色分枝茸毛。叶片长椭圆形、卵状椭圆形或长椭圆状披针形，长 12 ～ 22cm，宽 4 ～ 8cm，顶端渐尖或锐尖，基部楔形，边缘有锯齿，表面无毛或疏被毛，通常脉上较密，背面密生黄褐色星状毛和分枝茸毛，两面被不明显的黄色腺点；侧脉 10 ～ 18 对，在叶背隆起；叶柄长 1 ～ 3cm。聚伞花序宽 3 ～ 6cm，3 ～ 5 次分歧；花序梗长 1 ～ 2cm；花近无柄，密集于分枝的顶端；花萼管状，被茸毛，萼齿线形或为锐尖狭长三角形，齿长 2 ～ 2.5mm；花冠淡红色或紫红色，裂片密被茸毛；雄蕊伸出花冠管外，花丝长约 3.5mm，花药卵圆形，长约 1mm；花柱长过雄蕊，柱头膨大。果实圆球形，径约 1.5mm，几全部包藏于宿存的花萼内。花期 7 ～ 8 月，果期 9 ～ 12 月。

凭证标本 深圳杨梅坑，洪继猛（022）；赵顺（039）。

分布地 产台湾、福建、广东、浙江、江西、湖南、河南南部。生于海拔 100 ～ 850m 的山坡或谷地溪旁林中和灌丛中。越南也有分布。

本研究种类分布地 深圳杨梅坑。

主要经济用途 根治慢性风湿性关节炎及肌肉风湿症（《福建人民医院草药研究组报告》），叶可作外伤止血药并治风寒咳嗽、头痛（《福建中草药》），又可提取芳香油（《中国高等植物图鉴》）。

枇杷叶紫珠 *Callicarpa kochiana*

臭牡丹（大青属）

Clerodendrum bungei Steud. Nomencl. Bot. ed. 2. 1: 382. 1840; Rehd. in Journ. Arn. Arb. 15: 324. 1934; Hand.-Mazz. Symb. Sin. 7: 907. 1936; 裴鉴、周太炎, 中国药用植物志　3: 图133. 1953; 裴鉴等, 江苏南部种子植物手册: 629. 图1020. 1959; 中国高等植物图鉴　3: 601. 图1974; 云南植物志　1: 468. 图版112, 6-7. 1977. ——*Clerodendron foetidum* auct. non D. Don: Bunge in Mem. Acad. Sci. St. Petersb. 2: 126. 1833. Schauer in DC. Prodr. 11: 672. 1847; Maxim. in Bull. Acad. Sci. St. Petersb. 31: 84. 1886; Forbes et Hemsl. in Journ. Linn. Soc. Bot, 26: 259. 1890; Rehd. in Sargent Pl. Wils. 3: 375. 1916; Rehd. et Wils. in Journ. Arn. Arb. 8: 194. 1927; Chung in Mem. Sci. Soc. China 1 (1): 228. 1924; P'ei in Sinensia 2: 74. 1931. et in Mem. Sci. Soc. China 1 (3): 138. 1932; P. Dop in Ucomte, Gen. L' Indo-Chine 4: 858. 1935; 陈嵘, 中国树木分类学: 1099. 图986. 1937. ——*Pavetta esquirollii* Levl. in Fedde, Rep. Sp. Nov. 13: 178. 1914. et Fl. Kouy-Tcheou 371. 1915. ——*Clerodendron fragrans* (Vent.)Willd. var. *foetida* (Bunge) Bakh. in Bull. Jard. Bot. Buitenz. Ser. 3, 3: 88. 1921. ——*Clerodendron yatschuense* H. Winkl. in Fedde, Rep. Sp. nov. Beih. 12: 474 1922; 中国植物志　65(1): 176. 1982.

别名　臭枫根、大红袍（植物名实图考），矮桐子（四川），臭梧桐（江苏），臭八宝（河北）

主要形态特征　灌木，高 1 ～ 2m，植株有臭味，花序轴、叶柄密被褐色、黄褐色或紫色脱落性的柔毛；小枝近圆形，皮孔显著。叶片纸质，宽卵形或卵形，长 8 ～ 20cm，宽 5 ～ 15cm，顶端尖或渐尖，基部宽楔形、截形或心形，边缘具粗或细锯齿；侧脉 4 ～ 6 对，表面散生短柔毛，背面疏生短柔毛和散生腺点或无毛，基部脉腋有数个盘状腺体；叶柄长 4 ～ 17cm。伞房状聚伞花序顶生，密集；苞片叶状，披针形或卵状披针形，长约 3cm，早落或花时不落，早落后在花序梗上残留凸起的痕迹，小苞片披针形，长约 1.8cm；花萼钟状，长 2 ～ 6mm，被短柔毛及少数盘状腺体，萼齿三角形或狭三角形，长 1 ～ 3mm；花冠淡红色、红色或紫红色，花冠管长 2 ～ 3cm，裂片倒卵形，长 5 ～ 8mm；雄蕊及花柱均突出花冠外；花柱短于、等于或稍长于雄蕊；柱头 2 裂，子房 4 室。核果近球形，径 0.6 ～ 1.2cm，成熟时蓝黑色。花果期 5 ～ 11 月。

特征差异研究　深圳杨梅坑：叶长 3.2 ～ 9cm，宽 2.5 ～ 6.5cm，叶柄长 1 ～ 5cm。与上述特征描述相比，叶长的最小值偏小 4.8cm；叶宽的最

臭牡丹 *Clerodendrum bungei*

小值偏小 2.5cm；叶柄长的最小值偏小 3cm。

凭证标本　深圳杨梅坑，林仕珍，黄玉源（003）。

分布地　生于海拔 2500m 以下的山坡、林缘、沟谷、路旁、灌丛湿润处。产华北、西北、西南及江苏、安徽、浙江、江西、湖南、湖北、广西。印度北部、越南、马来西亚也有分布。

本研究种类分布地　深圳杨梅坑。

主要经济用途　根、茎、叶入药，有祛风解毒、消肿止痛之效，近来还用于治疗子宫脱垂。

灰毛大青（大青属）

Clerodendrum canescens Wall. Cat. No. 1804. 1829. nom. Und.; 中国植物志　65(1): 171. 1982.

别名　毛赪桐、狮子球、人瘦木

主要形态特征　灌木，高 1 ～ 3.5m；小枝略四棱形，具不明显的纵沟，全体密被平展或倒向灰褐色长柔毛，髓疏松，干后不中空。叶片心形或宽卵形，少为卵形，长 6 ～ 18cm，宽 4 ～ 15cm，顶端渐尖，基部心形至近截形，两面都有柔毛；脉上密被灰褐色平展柔毛，背面尤显著；叶柄长 1.5 ～ 12cm。聚伞花序密集成头状，通常 2 ～ 5 枝生于枝顶，花序梗较粗壮，长 1.5 ～ 11cm；苞片叶状，卵形或椭圆形，具短柄或近无柄，长 0.5 ～ 2.4cm；花萼由绿变红色，钟状，有 5 棱角，长约 1.3cm，有少数腺点，5 深裂至萼的中部，

裂片卵形或宽卵形，渐尖；花冠白色或淡红色，外有腺毛或柔毛，花冠管长约2cm，纤细，裂片向外平展，倒卵状长圆形，长5～6mm；雄蕊4枚，与花柱均伸出花冠外。核果近球形，径约7mm，绿色，成熟时深蓝色或黑色，藏于红色增大的宿萼内。花果期4～10月。

特征差异研究　深圳小南山：叶长3.8～16cm，宽2.7～15.9cm，叶柄长0.5～9cm。与上述特征描述相比，叶长的最小值偏小2.2cm；叶宽的最小值偏小1.3cm，最大值偏大0.9cm；叶柄长的最小值小1cm。

凭证标本　深圳小南山，余欣繁（179）。

分布地　浙江、江西、湖南、福建、台湾、广东、广西、四川、贵州、云南。

本研究种类分布地　深圳小南山。

主要经济用途　广西用全草治毒疮、风湿病，有退热止痛的功效。

大青（大青属）

Clerodendrum cyrtophyllum Turcz. in Pull. Soc. Nat. Mosc. 36(1): 222. 1863; 中国高等植物图鉴 3: 598. 图5149. 1974; 海南植物志 4: 24. 图955. 1977; 中国植物志 65(1): 164. 1982.

别名　边青（湖南、广东、广西、云南），土地骨皮（浙江、福建），山靛青（江苏、浙江），鸭公青（江西、广东），臭冲柴（湖南、江西），青心草（浙江），淡婆婆（湖南），山尾花（福建），山漆（台湾），牛耳青（江苏），野靛青（浙江），臭叶树（湖南），猪屎青（广东）、鸡屎青（广西）

主要形态特征　灌木或小乔木，高1～10m；幼枝被短柔毛，枝黄褐色，髓坚实；冬芽圆锥状，芽鳞褐色，被毛。叶片纸质，椭圆形、卵状椭圆形、长圆形或长圆状披针形，长6～20cm，宽3～9cm，顶端渐尖或急尖，基部圆形或宽楔形，通常全缘，两面无毛或沿脉疏生短柔毛，背面常有腺点；侧脉6～10对；叶柄长1～8cm。伞房状聚伞花序，生于枝顶或叶腋，长10～16cm，宽20～25cm；苞片线形，长3～7mm；花小，有橘香味；萼杯状，外面被黄褐色短绒毛和不明显的腺点，长3～4mm，顶端5裂，裂片三角状卵形，长约1mm；花冠白色，外面疏生细毛和腺点，花冠管细长，长约1cm，顶端5裂，裂片卵形，长约5mm；雄蕊4，花丝长约1.6cm，与花柱同伸出花冠外；子房4室，每室1胚珠，常不完全发育；柱头2浅裂。果实球形或倒卵形，径5～

灰毛大青 *Clerodendrum canescens*

大青 *Clerodendrum cyrtophyllum*

10mm，绿色，成熟时蓝紫色，为红色的宿萼所托。花果期6月至次年2月。

特征差异研究　①深圳莲花山：叶长7～15.5cm，宽3.7～9.8cm，叶柄长1.5～7.3cm。与上述特征描述相比，叶宽的最大值偏大0.8cm。②深圳杨梅坑：叶长10.5～12.4cm，宽6.5～9.2cm，叶柄长2.2～6.9cm。与上述特征描述相比，叶宽的最大值偏大0.2cm。

凭证标本　①深圳杨梅坑，余欣繁，招康赛（094）。②深圳莲花山，王贺银（082）；邹雨锋，招康赛（089）；陈永恒，招康赛（058）；刘浩，招康赛（052）。

分布地　生于海拔1700m以下的平原、丘陵、山地林下或溪谷旁。产华东、中南、西南（四川除外）各省区。朝鲜、越南和马来西亚也有分布。

本研究种类分布地　深圳杨梅坑、莲花山。

主要经济用途　药用，清热解毒；凉血止血。

鬼灯笼（大青属）

Clerodendrum fortunatum Linn. Sp. Pl. ed. 2. 889. 1753; Hook. et Arn. Bot. Beech. Voy 205. 1836; Schauer in DC. Prodr. 11: 671. 1847; Hance in Journ. Soc. Bot. 13: 117. 1873; C. B. Clarke in Hook. f. Fl. Brit. Ind. 4: 596. 1885; Maxim. in Bull. Acad. Sci. St. Petersb. 31: 84. 1886; Forbes et Hemsl. in Journ. Linn. Soc. Bot. 26: 260. 1890; Dunn et Tutch. in Kew Bull. Add. Ser 10: 205. 1912; Bakh. in Full. Jard. Bot. Buitenz, Ser. 3. 3(1): 84. 1921; Chung in Mem. Sci. Soc. China 1(1): 228. 1924; Merr. in Sunyats. 1: 30. 1930 et in Trans. Amer. Philos. Soc. Philadelphia 24(11): 336. 1935; P'ei in Mem. Sci. Soc. China 1(3): 160. 1932; P. Dop in Lecomte, Fl. Gen. L' Indo-Chine 9; 880. 1935; 侯宽昭等，广州植物志: 633. 图338. 1956; 陈焕镛、侯宽昭，植物分类学报　7(1): 77. 1958; 中国高等植物图鉴　3: 597. 图5148. 1974; 海南植物志　4: 23. 1977. ——*Volkameria pumila* Lour. Flor. Cochin. 388. 1790. ——*Clerodendron lividum* Lindl. Bot. Reg. 11: t. 945. 1825; Schauer in DC. Prodr. 11: 673. 1847; Benth. Fl. Hongk. 272. 1861. ——*Clerodendron pumilum* (Lour.) Spreng. Syst. Veg. 2: 759. 1825; Schauer in DC. Prodr. 11: 674. 1847; Maxim. in Bull. Acad. Sci. St. Petersb. 31: 86. 1886 & Mel. Biol. 12: 521. 1886. ——*Clerodendron castaneifolium* Hook. et Arn. Bot. Beech. Voy 205. 1836; Schauer in DC. Prodr. 11: 672. 1847. ——*Clerodendron pentagonum* Hance in Walper Ann. 3: 238. 1852-1853. ——*Clerodendron oxysepalum* Miq. in Journ. Bot. Neerl. 1: 114. 1861; Forbes et Hemsl. in Journ. Linn. Soc. Bot. 31: 261. 1890; 中国植物志 65(1): 156. 1982.

别名　白花灯笼（广东），灯笼草（中国高等植物图鉴），鬼灯笼（广东），苦灯笼（广西）

主要形态特征　灌木，高可达2.5m；嫩枝密被黄褐色短柔毛，小枝暗棕褐色，髓疏松，干后不中空。叶纸质，长椭圆形或倒卵状披针形，少为卵状椭圆形，长5～17.5cm，宽1.5～5cm，顶端渐尖，基部楔形或宽楔形，全缘或波状，表面被疏生短柔毛，背面密生细小黄色腺点，沿脉被短柔毛；叶柄长0.5～3cm，少可达4cm，密被黄褐色短柔毛。聚伞花序腋生，较叶短，1～3次分歧，具花3～9朵，花序梗长1～4cm，密被棕褐色短柔毛；苞片线形，密被棕褐色短柔毛；花萼红紫色，具5棱，膨大形似灯笼，长1～1.3cm，外面被短柔毛，内面无毛，基部连合，顶端5深裂，裂片宽卵形，渐尖；花冠淡红色或白色稍带紫色，外面被毛，花冠管与花萼等长或稍长，顶端5裂，裂片长圆形，长约6mm；雄蕊4，与花柱同伸出花冠外，柱头2裂，顶端尖。核果近球形，径约5mm，熟时深蓝绿色，藏于宿萼内。花果期6～11月。

特征差异研究　①深圳杨梅坑：叶长5.8～16cm，

鬼灯笼 *Clerodendrum fortunatum*

宽 1.8 ～ 4.8cm，叶柄长 0.8 ～ 4cm；花为红色，长约为 1.5cm，花冠直径 1cm。与上述特征描述相比，叶长的最大值偏小 1.5cm；叶柄长的最大值偏大 1cm；花冠的长度偏大 0.4cm。②深圳赤坳：叶长 6.5 ～ 14cm，宽 1.3 ～ 4cm，叶柄长 0.2 ～ 1.2cm。与上述特征描述相比，叶宽的最小值小 0.2cm；叶柄长的最小值小 0.3cm。

形态特征增补　深圳赤坳：花白色，花瓣 5，花瓣长 0.6cm，宽 0.6cm；花萼 5，花萼浅紫红色，花萼长 2.0cm，宽 0.7cm。

凭证标本　①深圳杨梅坑，王贺银，周志彬（001）；廖栋耀（044）。②深圳赤坳，余欣繁（025）；黄启聪（027）；洪继猛（011）；林仕珍（033）；林仕珍，周志彬（032）；刘浩（033）；邱小波（026）。

分布地　生于海拔 1000m 以下的丘陵、山坡、路边、村旁和旷野。产江西南部、福建、广东、广西；其他各地温室有栽培。模式标本采自华南。

本研究种类分布地　深圳杨梅坑、赤坳。

主要经济用途　根或全株入药，有清热降火、消炎解毒、止咳镇痛的功效；用鲜叶捣烂或干根研粉调剂外敷可散瘀、消肿、止痛。

苦郎树（大青属）

Clerodendrum inerme (Linn.) Gaertn. Fruct. 1: 271. t. 57. 1788; R. Br. in Ait. Hort. Kewen. ed. 2. 4: 65. 1812; Schauer in DC. Prodr. 11: 660. 1847; Benth. Fl. Hongk. 271. 1861; C. B. Clarke in Hook. f. Fl. Brit. Ind. 4: 589. 1885; Henriq. in Bol. Soc. Brot. 3: 144. 1885; Maxim. in Bull. Acad. Sci. St. Petersb. 31: 83. 1886; Forbes et Hemsl. in Journ. Linn. Soc. Bot. 24: 261. 1890; Dunn et Tutch. in Kew Bull. Add. Ser. 10: 204. 1912; Lam, Verb. Malay. Archip. 252. 1919 et in Bot. Jahrb. 69: 28. 1925; Bakh. in Bull. Jard. Boy. Buitenz. 3 (1): 77. 1921, et Journ. Ann. Arb. 16: 71. 1936; Merr. in Lingn. Sci. Journ. 5: 159. 1927; Rr. Kanehira in Bot. Mag. Tokyo 45: 347. 1931; P'ei in Mem. Sci. Soc. China (3): 127. 1932; P. Dop in Lecomte, Fl. Gen. L' Indo-Chine 4: 852. 1935; Merr. in Trans. Amer. Philos. Soc. Philadelphia. 24 (2): 337. 1935; 陈嵘，中国树木分类学: 1100. 图988. 1937; Fletch. in Kew Bull. 426, 1938; Meeuse in Blumea, 5: 74. 1942; 裴鉴、周太炎，中国药用植物志 3: 130. 1953; 侯宽昭等，广州植物志: 632. 1956; H. L. Li, Woody Fl. Taiwan 827. 1963;中国高等植物图鉴 3: 596. 图 5146. 1974; 海南植物志 4: 22. 1977. ——*Volkameria inermis* L. Sp. Pl. 637. 1753. ——*Clerodendron commersonii* auct. non Spreng: Chung in Mem. Sci. Soc. China 1（1）: 227. 1924. ——*Volkameria nereifolia* Roxb. Fl. Ind. ed. 2. 3: 64. 1832. ——*Clerodendron nerifolium* Wall. List. No. 1789. 1829; Schauer in DC. Prodr. 11: 660. 1847; 中国植物志 65(1): 154. 1982.

别名　苦蓝盘（中国树木分类学），许树（海南植物志），假茉莉（广州植物志），海常山（广西）

主要形态特征　攀援状灌木，直立或平卧，高可达 2m；根、茎、叶有苦味；幼枝四棱形，黄灰色，被短柔毛；小枝髓坚实。叶对生，薄革质，卵形、椭圆形或椭圆状披针形、卵状披针形，长 3 ～ 7cm，宽 1.5 ～ 4.5cm，顶端钝尖，基部楔形或宽楔形，全缘，常略反卷，表面深绿色，背面淡绿色，无毛或背面沿脉疏生短柔毛，两面都散生黄色细小腺点，干后褪色或脱落而形成小浅窝；侧脉 4 ～ 7 对，近叶缘处向上弯曲而相互汇合；叶柄长约 1cm。聚伞花序通常由 3 朵花组成，少为 2 次分歧，着生于叶腋或枝顶叶腋；花很香，花序梗长 2 ～ 4cm；苞片线形，长约 2mm，对生或近于对生；花萼钟状，外被细毛，顶端微 5 裂或在果时几平截，萼管长约 7mm；花冠白色，顶端 5 裂，裂片长椭圆形，长约 7mm，花冠管长 2 ～ 3cm，外面几无毛，有不明显的腺点，内面密生绢状柔毛;雄蕊 4，偶见 6，花丝紫红色，细长，与花柱同伸出花冠，花柱较花丝长或近等长，柱

苦郎树 *Clerodendrum inerme*

头2裂。核果倒卵形,直径7～10mm,略有纵沟,多汁液,内有4分核,外果皮黄灰色,花萼宿存。花果期3～12月。

特征差异研究 深圳小南山:叶长7.9～9.5cm,宽3.5～4.8cm,叶柄长1.2～1.9cm。与上述特征描述相比,叶长的整体范围偏大,最小值比上述特征描述的叶长最大值大0.9cm;叶宽的最大值偏大0.3cm。

形态特征增补 花冠直径1.2cm,花梗长1.1cm。

凭证标本 深圳小南山,陈鸿辉(022)。

分布地 常生长于海岸沙滩和潮汐能至的地方。产福建、台湾、广东、广西。印度、东南亚至大洋洲北部也有分布。

本研究种类分布地 深圳小南山。

重瓣臭茉莉（大青属）

Clerodendrum philippinum Schauer in DC. Prodr. 11: 666. 1847; Howard et Powell in Taxon 17 (1): 53-55. 1968; 云南植物志 1: 470. 图版112, 3-6. 1977. ——*Volkmannia japonica* auct. non Thunb.: Jacq. Hort. Schoenbs. 3: 48. t. 338. 1798. ——*Volkamaria fragrans* Vent. Jard. Malm. 2: t. 70. 1804. ——*Clerodendron fragrans* Hort. ex Vent. Jard. Malm. 2: t. 70. 1804. in syn.; P'ei in Mem. Sci. Soc. China 1 (3): 137. 1932: pro parte quoad "cultivated form"; 陈嵘, 中国树木分类学: 1099. 1937. 一部分, 包括图986. ——*Clerodendron fragrans* var. *multiplex* Sweet. Hort. Brit. 322. 1827. ——*Clerodendron fragrans* var. *pleniflora* Schauer in DC. Prodr. 11: 666. 1847; P. Dop in Lecomte, Fl. Gen. L' Indo-Chine 4: 858. 1935; 中国高等植物图鉴 3: 600. 1974. ——*Clerodendrum japonicum* (Thunb.) Sweet var. *pleniflorum* (Schauer) Maneshw. in Taxon 15: 43. 1966; 中国植物志 65(1): 172. 1982.

别名 大髻婆（云南植物志）,臭牡丹（云南）

主要形态特征 灌木,高50～120cm;小枝钝四棱形或近圆形,幼枝被柔毛。叶片宽卵形或近于心形,长9～22cm,宽8～21cm,顶端渐尖,基部截形,宽楔形或浅心形,边缘疏生粗齿,表面密被刚伏毛,背面密被柔毛,沿脉更密或有时两面毛较少;基部三出脉,脉腋有数个盘状腺体,叶片揉之有臭味;叶柄长3～17cm,被短柔毛,有时密似绒毛。伞房状聚伞花序紧密,顶生,花序梗被绒毛;苞片披针形,长1.5～3cm,被短柔毛并有少数疣状和盘状腺体;花萼钟状,长1.5～1.7cm,被短柔毛和少数疣状或盘状腺体,萼裂片线状披针形,长0.7～1cm;花冠红色、淡红色或白色,有香味,花冠管短,裂片卵圆形,雄蕊常变成花瓣而使花成重瓣。

凭证标本 深圳小南山,余欣繁(414)。

分布地 多栽培,供观赏。产福建、台湾、广东、广西、云南。老挝、泰国、柬埔寨以至亚洲热带

重瓣臭茉莉 *Clerodendrum philippinum*

地区常见栽培或逸生,毛里求斯、夏威夷等地也有归化。

本研究种类分布地 深圳小南山。

赪桐（大青属）

Clerodendrum japonicum (Thunb.) Sweet, Hort. Brit. 322. 1826; Makino in Bot. Mag. Tokyo 17: 91. 1903; Matsum. Ind. Pl. Jap. 2: 532. 1912; Rehd. in Sarg. Pl. will. 3: 377. 1916; Chung in Mem. Sci. Soc. China 1 (1): 228. 1924; P'ei in Mem. Sci. Soc. China 1(3): 141. 1932; Rehd. in Journ. Arn. Arb. 15: 325. 1934; Meeuse in Blumea 5: 77. 1942; P'ei in Bot. Bull. Acad. Sinica 1: 6. 1947; 陈嵘, 中国树木分类学, 增补版补编 19. 1953; Moldenke, Resume 169. 1959; 中国高等植物图鉴 3: 602. 图5158 1974; 海南植物志 4: 23. 1977; Hance in Journ. Bot. 17: 13. 1879; C. B. Clarke in Hook. f. Fl. Brit. Tnd. 4: 593. 1885; Maxim. in Bull. Acad. Sci. St. Petersb. 31: 86. 1886; Foebes et Hemsl. in Journ. Linn. Soc. Bot. 26: 262. 1890; Diels in Bot. Jahrb. 29: 550. 1901; Dunn et Tutch. in Kew Bull. Add. ser. 10: 205. 1912; Chung in Mem. Sci. Soc. China 1 (1): 228. 1924; Merr. in Lingn. Sci. Journ. 5: 159. 1927; P. Dop in Lecomte, Fl. Gen. L' Indo-Chine 4: 862. 1935. ——*Clerodendron esquirolii* Levl. in Fedde, Rep. Sp. Nov. 11: 302. 1912. non 298. ——*Clerodendron leveillei* Fedde ex Levl. Fl. Kouy-Cheou 442. 1914-15. ——*Clerodendron infortunatum* auct. non Linn.: Lour. Fl. Cochinch. 387. 1790 et ed. Willd. 471. 1793. ——*Clerodendron darrisii* Levl. in Fedde Rep. Sp. Nov. 11: 301. 1912. ——*Clerodendron kaempferi* (Jacq.) Sieb. in Verh. Bat. Genoots. 12: 31. 1830; Fisch. ex Steud. Nomencl. ed. 2, 1: 383. 1840; Merr. in Trans Amer. Philos. Soc. Philadelphia. 24 (2): 37. 1935; 侯宽昭等, 广州植物志: 634. 1956; Moldenke, Resume, 169. 1959. ——*Clerodedron japonicum* (Thunb.) Sweet var. *album* P'ei in Mem. Sci. Soc. China 1 (3): 144. 1932; 中国高等植物图鉴 3: 602. 1974. ——*Clerodendron kaempferi* var. *album* (P'ei) Moldenke, Resumw 169. 1959; 中国植物志 65(1): 187. 1982.

别名　百日红（四川），贞桐花、状元红、荷苞花（广东），红花倒血莲（湖南）

主要形态特征　灌木，高 1 ～ 4m；小枝四棱形，干后有较深的沟槽，老枝近于无毛或被短柔毛，同对叶柄之间密被长柔毛，枝干后不中空。叶片圆心形，长 8 ～ 35cm，宽 6 ～ 27cm，顶端尖或渐尖，基部心形，边缘有疏短尖齿，表面疏生伏毛；脉基具较密的锈褐色短柔毛，背面密具锈黄色盾形腺体，脉上有疏短柔毛；叶柄长 0.5 ～ 15cm，少可达 27cm，具较密的黄褐色短柔毛。二歧聚伞花序组成顶生，大而开展的圆锥花序，长 15 ～ 34cm，宽 13 ～ 35cm，花序的最后侧枝呈总状花序，长可达 16cm；苞片宽卵形、卵状披针形、倒卵状披针形、线状披针形，有柄或无柄，小苞片线形；花萼红色，外面疏被短柔毛，散生盾形腺体，长 1 ～ 1.5cm，深 5 裂，裂片卵形或卵状披针形，渐尖，长 0.7 ～ 1.3cm，开展，外面有 1 ～ 3 条细脉，脉上具短柔毛，内面无毛，有疏珠状腺点；花冠红色，稀白色，花冠管长 1.7 ～ 2.2cm，外面具微毛，里面无毛，顶端 5 裂，裂片长圆形，开展，长 1 ～ 1.5cm；雄蕊长约达花冠管的 3 倍；子房无毛，4 室，柱头 2 浅裂，与雄蕊均长突出于花冠外。果实椭圆状球形，绿色或蓝黑色，径 7 ～ 10mm，常分裂成 2 ～ 4 个分核，宿萼增大，初包被果实，后向外反折呈星状。花果期 5 ～ 11 月。

凭证标本　深圳小南山，余欣繁，黄玉源（415）。

分布地　通常生于平原、山谷、溪边或疏林中或栽培于庭院。产江苏、浙江南部、江西南部、湖南、福建、台湾、广东、广西、四川、贵州、云南。印度锡金、孟加拉国、不丹、中南半岛、日本也有分布。

本研究种类分布地　深圳小南山。

赪桐 *Clerodendrum japonicum*

花叶假连翘 （假连翘属）

Duranta repens L. var. *variegata* Baily. 朱鸿杰等. 广西科学院学报 23(1): 45-48, 2007; 中国植物志 65(1): 171. 1982.

主要形态特征 常绿灌木或小乔木；株高 1 ～ 3m，枝下垂或平展，茎四方，绿色至灰褐色。叶对生，卵状椭圆形或倒卵形，有黄色或白色斑，具短柄，有彩色斑纹，边缘具锯齿，长 2 ～ 6cm，中部以上有粗刺，纸质，绿色。总状花序排列成松散圆锥状，顶生；花小且通常着生在中轴的一侧，高脚碟状；花冠蓝紫色或白色；花期 5 ～ 10 月。核果肉质，卵形，金黄色，成串包在萼片内，有光泽，果实熟时橘黄色。

形态特征增补 深圳杨梅坑：叶长 5.6 ～ 9.7cm，宽 2.6 ～ 4.5cm，叶柄长 0.5 ～ 1.6cm。

凭证标本 深圳杨梅坑，余欣繁，许旺（232）；王贺银（333）；赵顺（041）；温海洋（051）。

分布地 原产墨西哥至巴西，华南广为栽培，华中和华北地区多为盆栽。

本研究种类分布地 深圳杨梅坑。

主要经济用途 在南方可修剪成形，丛植于草坪

花叶假连翘 *Duranta repens* var. *variegata*

或与其他树种搭配，也可做绿篱，还可与其他彩色植物组成模纹花坛。北方可以盆栽观赏，适宜布置会场等地。

假连翘 （假连翘属）

Duranta repens Linn. Sp. Pl. 637. 1753; Chung in Mem. Sci. Soc. China 1 (1): 225. 1924; P'ei in Mem. Sci. Soc. China 1 (3): 13. 1932; 侯宽昭等, 广州植物志: 626. 1956; 中国高等植物图鉴 3: 580, 图5113. 1974; 海南植物志 4: 5. 图947. 1977; 云南植物志 1: 399. 图版95, 3-4. 1977; 中国植物志 65(1): 22. 1982.

别名 莲荞（广东），番仔刺、洋刺、花墙刺（福建），篱笆树（中国高等植物图鉴）

主要形态特征 灌木，高 1.5 ～ 3m；枝条有皮刺，幼枝有柔毛。叶对生，少有轮生，叶片卵状椭圆形或卵状披针形，长 2 ～ 6.5cm，宽 1.5 ～ 3.5cm，纸质，顶端短尖或钝，基部楔形，全缘或中部以上有锯齿，有柔毛；叶柄长约 1cm，有柔毛。总状花序顶生或腋生，常排成圆锥状；花萼管状，有毛，长约 5mm，5 裂，有 5 棱；花冠通常蓝紫色，长约 8mm，稍不整齐，5 裂，裂片平展，内外有微毛；花柱短于花冠管；子房无毛。核果球形，无毛，有光泽，直径约 5mm，熟时红黄色，有增大宿存花萼包围。花果期 5 ～ 10 月，在南方可为全年。

凭证标本 深圳杨梅坑，廖栋耀（051）。

分布地 原产热带美洲。华南常见栽培，常逸为野生。

本研究种类分布地 深圳杨梅坑

主要经济用途 花期长而花美丽，是一种很好的绿篱植物。广西用根、叶止痛、止渴。福建用果治疟疾和跌打胸痛，叶治痛肿初起和脚底挫伤瘀血或脓肿。

假连翘 *Duranta repens*

马缨丹（马缨丹属）

Lantana camara Linn. Sp. Pl. 627. 1753; Schauer in DC. Prodr. 11: 598. 1847; Benth. Fl. Hongk. 268. 1861; Maxim. in Bull. Acad. Sci. St. P'etersb. 31: 73. 1886; Forbes et Hemsl. in Journ. Linn. Soc. Bot. 26: 351. 1890; Dunn et Tutch. in Kew Bull. Add. Ser. 10: 201. 1912; Chung in Mem. Sci. Soc. China 1(1): 225. 1924; Merr. in Lingn. Sci. Journ. 5: 157. 1927; P'ei in Mem. Sci. Soc. China 1(3): 9. 1932; 陈嵘, 中国树木分类学: 1102, 图990. 1937; 侯宽昭等, 广州植物志: 625, 图331. 1956; 中国高等植物图鉴 3: 578. 图5110. 1974; 海南植物 4: 3. 图944. 1977; 云南植物志 1: 394, 图版94, 1-3. 1977. ——*Lantana aculeata* Linn. Sp. Pl. 627. 1753. pro parte; 中国植物志 65(1): 71. 1982.

别名　五色梅（华北），五彩花（福建），臭草、如意草（广东、广西、福建），七变花（华北经济植物志要）

主要形态特征　直立或半藤状灌木，高 1 ～ 2m，有臭味；茎四方形，有糙毛，无刺或有下弯的钩刺。叶对生，有柄，卵形至卵状矩圆形，长 3 ～ 9cm，宽 1.5 ～ 5cm，边缘有锯齿，两面都有糙毛。头状花序腋生，总花梗长于叶柄 1 ～ 3 倍；苞片披针形，有短柔毛；花萼筒状，顶端有极短的齿；花冠黄色、橙黄色、粉红色以至深红色。果实圆球形，成熟时紫黑色。

特征差异研究　深圳杨梅坑，叶长 2.5 ～ 7.5cm，叶宽 1.6 ～ 4cm，叶柄长 0.5 ～ 2cm；与上述特征描述相比，叶长的最小值偏小，小 0.5cm。

形态特征增补　花黄色，簇生，花冠直径 0.6cm，花瓣 5 枚，长 0.4cm，宽 0.3cm，花梗长 0.8cm；未成熟果绿色，球形，直径 0.6cm。

凭证标本　①深圳杨梅坑，余欣繁，黄玉源（348）；廖栋耀，黄玉源（003）。②深圳小南山，赵顺（015）。

马缨丹 *Lantana camara*

③深圳应人石，余欣繁（133）；林仕珍，明珠（176）。

分布地　广东、海南、福建、台湾、广西。

本研究种类分布地　深圳杨梅坑、小南山、应人石。

主要经济用途　盆栽、药用。

山牡荆（牡荆属）

Vitex quinata (Lour.) Will. in Bull. Herb. Boiss. Ser. 2, 5: 431. 1905; Rehd. in Sarg. Pl. Wils. 3: 374. 1916. pro parte excl. specim. Szechuan et Yunnan; Merr. in Philip. Journ. Sci. Bot. 12: 108. 1917; et in Lingn. Sci. Journ. 5: 158. 1927; Chung in Mem. Sci. Soc. China 19(1): 227. 1924; P. Dop in Bull. Soc. Hist. Nat. Toulouse 57: 203. 1928; Walker in Lingn. Sci. Journ. 6: 147. 1930; P'ei in Mem. Sci. Soc. China 1(3): 94. 1932 pro Parte excl. specim. Hupeh et Yunnan; Hand.-Mazz. Symb. Sin. 7: 905. 1936; Fletch. in Kew Bull. 434. 1938; 海南植物志 4: 19. 1977. ——*Cornutia quinata* Lour. Fl. Cochinch. 387. 1790, ed. 2. 470. 1793. ——*Vitex heterophylla* Roxb. Hort. Beng. 46. 1814. nom. nud. et Fl. Ind. ed. 2, 3: 75. 1832. ——*Vitex loureiri* Hook. et Arn. Bot. Beech. Voy. 206. t. 48. 1841; 中国植物志 65(1): 135. 1982.

别名　莺歌（海南岛植物名录）

主要形态特征　常绿乔木，高 4 ～ 12m，树皮灰褐色至深褐色；小枝四棱形，有微柔毛和腺点，老枝逐渐转为圆柱形。掌状复叶，对生，叶柄长 2.5 ～ 6cm，有 3 ～ 5 小叶，小叶片倒卵形至倒卵状椭圆形，顶端渐尖至短尾状，基部楔形至阔楔形，通常全缘，两面除中脉被微柔毛外，其余均无毛，表面通常有灰白色小窝点，背面有金黄色腺点；中间小叶片长 5 ～ 9cm，宽 2 ～ 4cm，小叶柄长 0.5 ～ 2cm，两侧的小叶较小。聚伞花序对生于主轴上，排成顶生圆锥花序式，长 9 ～ 18cm，密被棕黄色微柔毛；苞片线形，早落；花萼钟状，长 2 ～ 3mm，顶端有 5 钝齿，外面密生棕黄色细柔毛和腺点，内面上部稍有毛；花冠淡黄色，长 6 ～ 8mm，顶端 5 裂，二唇形，下唇中间裂片较大，外面有柔毛和腺点；雄蕊 4，伸出花冠外，花丝基部变宽而无毛，子房顶端有腺点。核果球形或倒卵形，幼时绿色，成熟后呈黑色，宿萼呈圆盘状，顶端近截形。花期5～7月，果期8～9月。

凭证标本 ①深圳杨梅坑，林仕珍，黄玉源（317）。②深圳赤坳，李志伟（028）。

分布地 浙江、江西、福建、台湾、湖南、广东、广西。

本研究种类分布地 深圳杨梅坑、赤坳。

主要经济用途 木材适于作桁、桶、门、窗、天花板、文具、胶合板等用材。

黄荆（牡荆属）

Vitex negundo Linn. Sp. Pl. 638. 1753; Schauer in DC. Prodr. 11: 684. 1847; Benth. Fl. Hongk. 273. 1861, pro parte; C. B. Clarke in Hook. f. Fl. Brit. Ind. 4: 583. 1885; Maxim. in Bull. Acad. Sci. St. Petersb. 31: 82. 1886; Forbes et Hemsl. in Journ. Linn. Soc. Bot. 26: 258. 1896, pro parte; Diels in Bot. Jahrb. 29: 549. 1900; Dunn et Tutch. in Kew Bull. Add. Ser. 10: 204. 1912; Rehd. in Sarg. Pl. Wils. 3: 372. 1916; Lam in Bull. Jard. Bot. Buitenz. 3 (1): 55. 1921; Chung in Mem. Sci. Soc. China 1(1): 227. 1924; Merr. in Lingn. Sci. Journ. 5: 158. 1927; P'ei in Mem. Sci. Soc. China 1 (3): 101. 1932; Hard.-Mazz. Symb. Sin. 7: 905. 1936; 陈嵘，中国树木分类学: 1090. 1937.裴鉴，中国药用植物志 1: 图38. 1955; 侯宽昭等，广州植物志: 628. 1956; 裴鉴等，江苏南部种子植物手册: 627. 图1017. 1959. ——*Vitex bicolor* Willd. Enum. Hort. Berol. 660. 1809; Schauer in DC. Prodr. 11: 683. 1847. ——*Vitex arborea* Desf. Cat. Hort. Paris ed. 3: 391. 1829. ——*Vitex paniculata* Lamk. Encycl. Meth. 2: 612. 1786; Roxb. Fl. Ind. ed. 2, 3: 71. 1832. ——*Vitex negundo* Linn. var. *bicolor* Lam Verb. Malay. Archip. 191. 1919 et in Bull. Jard. Bot. Buitenz. Ser. 3, 3: 56. 1921 et in Bot. Jahrb. 69: 27. 1925; 中国植物志 65(1): 141. 1982.

主要形态特征 灌木或小乔木；小枝四棱形，密生灰白色绒毛。掌状复叶，小叶5，少有3；小叶片长圆状披针形至披针形，顶端渐尖，基部楔形，全缘或每边有少数粗锯齿，表面绿色，背面密生灰白色绒毛；中间小叶长4～13cm，宽1～4cm，两侧小叶依次递小，若具5小叶时，中间3片小叶有柄，最外侧的2片小叶无柄或近于无柄。聚伞花序排成圆锥花序式，顶生，长10～27cm，花序梗密生灰白色绒毛；花萼钟状，顶端有5裂齿，外有灰白色绒毛；花冠淡紫色，

山牡荆 *Vitex quinata*

黄荆 *Vitex negundo*

外有微柔毛，顶端5裂，二唇形；雄蕊伸出花冠管外；子房近无毛。核果近球形，径约2mm；宿萼接近果实的长度。花期4～6月，果期7～10月。

形态特征增补 花蓝紫色，花瓣5，其中一个花瓣较大，大花瓣长0.4cm，宽0.4cm，小花瓣长

0.2cm，宽 0.2cm；花长 0.8cm，花冠直径 0.5cm；二强雄蕊，长雄蕊长 0.4cm，短雄蕊长 0.2cm。

凭证标本　深圳赤坳，温海洋（040）。

分布地　产长江以南各省，北达秦岭淮河。

本研究种类分布地　深圳赤坳。

主要经济用途　茎皮可造纸及制人造棉；茎叶治久痢；种子为清凉性镇静、镇痛药；根可以驱烧虫；花和枝叶可提取芳香油。

鸭跖草科 Commelinaceae

穿鞘花（穿鞘花属）

Amischotolype hispida (Less. et A. Rich.) Hong in Act.Phytotax.Sin. 12 (4): 461. 1974. ——*Forrestia hispida* Less. et A. Rich., Sert. Astrolab. 2. tab. l. 1834; C. B. Clarke in DC. Monogr. Phanerog. 3: 236. 1881; 中国高等植物图鉴 5: 393. 图7616. 1975; 海南植物志 4: 80. 图997. 1977; 西藏植物志 5: 490. 1987; 中国植物志 13(3): 71. 1997.

别名　山襄荷、东陵草

主要形态特征　多年生粗大草本，根状茎长，节上生根，无毛。茎直立，直径 5 ～ 15mm，根状茎和茎总长可达 1m 多。叶鞘长达 4cm，密生褐黄色细长硬毛，口部有同样的毛；叶椭圆形，长15 ～ 50cm，宽 5 ～ 10.5cm，顶端尾状，基部楔状渐狭成带翅的柄，两面近边缘处及叶下面主脉的下半端密生褐黄色的细长硬毛。头状花序大，常有花数十朵，果期直径达 4 ～ 6cm；苞片卵形，顶端急尖，疏生睫毛；萼片舟状，顶端成盔状，花期长约 5mm，果期伸长至 13mm，背面中脉通常密生棕色长硬毛，少近无毛，别处无毛或少毛；花瓣长圆形，稍短于萼片。蒴果卵球状三棱形，顶端钝，近顶端疏被细硬毛，长约 7mm，比宿存的萼片短得多。种子长约 3mm，直径约 2mm，多皱。花期 7 ～ 8 月，果期 9 月以后。

特征差异研究　深圳小南山：叶长 8.3 ～ 16cm，宽 2.3 ～ 4.1cm。与上述特征描述相比，叶长的最小值偏小 6.7cm；叶宽的最小值偏小 2.7cm。

凭证标本　深圳小南山，邹雨锋，周志彬（247）；刘浩（065）。

分布地　生于海拔 2100m 以下的林下及山谷溪边。产台湾、福建南部、广东、海南、广西（融安、阳朔、贺县以南常见）、贵州（安龙、册亨）、云南（西畴、砚山、绿春、屏边、河口、金平、西双版纳、临沧、景东、福贡）和西藏（墨脱）。

穿鞘花 *Amischotolype hispida*

琉球群岛、巴布亚新几内亚、印度尼西亚至中南半岛也有分布。

本研究种类分布地　深圳小南山。

主要经济用途　可作马草。

大苞鸭跖草（鸭跖草属）

Commelina paludosa Bl., Enum. Pl. Jav. 3. 1827; Bakh f. in Blumea 6: 399. 1950; Rolla Rao in Not. Bot. Gard. Edinb. 25: 181.1964; Hong in Act. Phytotax. Sin. 12 (4): 481. 1974; 中国高等植物图鉴 5: 403. 图7636. 1975; 海南植物志 4: 78. 1977. ——*C. obliqua* Buch.-Ham. ex D. Don, Prodr. Fl. Nep al, 45. 1825, non Vahl (1806); C. B. Clarke in DC. Monogr. Phanerog. 3: 178. 1881.; N. E. Brown in Journ. Linn. Soc. Bot: 36: 157. 1903; 中国植物志 13(3): 129. 1997.

别名 大鸭跖草、凤眼灵芝、大竹叶菜

主要形态特征 多年生粗壮大草本；茎常直立，有时基部节上生根，高达1m，不分枝或有时上部分枝，无毛或疏生短毛（幼时一侧被一列棕色柔毛）。叶无柄；叶片披针形至卵状披针形，长7～20cm，宽2～7cm，顶端渐尖，两面无毛或有时上面生粒状毛而下面相当密地被细长硬毛；叶鞘长1.8～3cm，通常在口沿及一侧密生棕色长刚毛，但有时几乎无毛，仅口沿有几根毛，也有的全面被细长硬毛。总苞片漏斗状，长约2cm，宽1.5～2cm，无毛，无柄，常数个（4～10）在茎顶端集成头状，下缘合生，上缘急尖或短急尖；蝎尾状聚伞花序有花数朵，几不伸出，具长约1.2cm的花序梗；花梗短，长约7mm，折曲；萼片膜质，长3～6mm，披针形；花瓣蓝色，匙形或倒卵状圆形，长5～8mm，宽4mm，内面2枚具爪。蒴果卵球状三棱形，3室，3片裂，每室有1颗种子，长4mm。种子椭圆状，黑褐色，腹面稍压扁，长约3.5mm，具细网纹。花期8～10月，果期10月至次年4月。

凭证标本 深圳莲花山，王贺银，招康赛（132）；余欣繁，招康赛（114）；余欣繁，邓嘉豪（115）。

分布地 生于海拔2800m以下的林下及山谷溪边。产西藏南部、云南（贡山独龙江、福贡、邓川、漾濞、保山、凤庆、景东、思茅、西双版纳、沧源、绿春、金平、屏边、河口、西畴、麻栗坡、富宁）、四川（木里、马边、峨眉山、乐山、雷波、屏山）、贵州（册亨）、广西（东兴、大青山、扶绥、隆林、田林、靖西、梧州、大苗山、天峨、宁明、平南、浦北、容县天堂山、岭溪、昭平、大瑶山、

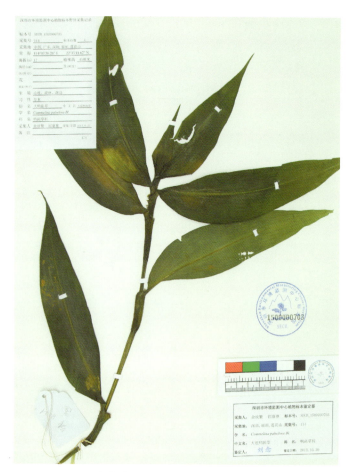

大苞鸭跖草 *Commelina paludosa*

平乐、贺县、恭城、临桂、桂林雁山、龙胜、三江）、湖南南部、江西（龙南）、广东、福建（南平、武平、德化、仙游、漳平、南靖、龙岩、福州鼓山）和台湾。尼泊尔、印度至印度尼西亚也有分布。

本研究种类分布地 深圳莲花山。

主要经济用途 药用。

饭包草（鸭跖草属）

Commelina bengalensis Linn., Sp. Pl. 1: 41. 1753; C. B. Clarke, Commel. et Cyrt. Beng. tab. 4. 1874; idem in DC. Monogr. Phanerog. 3: 159. 1881; 广州植物志: 656. 1956; Hong in Act. Phytotax. Sin. 12 (4): 481. 1974; 中国高等植物图鉴 5: 403. 图 6535. 1975. ——*C. covaleriei* Levl. in Mem. Soc. Nat. Math. Cherb. 35: 387. 1906.

别名 火柴头，竹叶菜，卵叶鸭跖草，圆叶鸭跖草

主要形态特征 多年生披散草本。茎大部分匍匐，节上生根，上部及分枝上部上升，长可达70cm，被疏柔毛。叶有明显的叶柄；叶片卵形，长3～7cm，宽1.5～3.5cm，顶端钝或急尖，近无毛；叶鞘口沿有疏而长的睫毛。总苞片漏斗状，与叶对生，常数个集于枝顶，下部边缘合生，长8～12mm，被疏毛，顶端短急尖或钝，柄极短；花序下面一枝具细长梗，具1～3朵不孕的花，伸出佛焰苞，上面一枝有花数朵，结实，不伸出佛焰苞；萼片膜质，披针形，长2mm，无毛；花瓣蓝色，圆形，长3～5mm；内面2枚具长爪。蒴果椭圆状，长4～6mm，3室，腹面2室，每室具2颗种子，开裂，后面一室仅有1颗种子，或无种子，不裂。种子长近2mm，多皱并有不规则网纹，黑色。花期夏秋。

特征差异研究 深圳小南山，叶长7.9～14.9cm，叶宽2.2～3.9cm，与上述特征描述相比，叶长

的最大值偏大，大 7.9cm，叶宽的最大值偏大，大 0.4cm。

凭证标本　深圳小南山，王贺银，招康赛（189）；林仕珍，招康赛（192）。

分布地　生于海拔 2300m 以下的湿地。亚洲和非洲的热带、亚热带广布。产山东（泰山）、河北（房山、易县、邢台）、河南（太行山）、陕西（山阳、略阳）、四川（沪定、绵阳、资阳）、云南（贡山、腾冲、福贡、鹤庆、丽江、西双版纳、蒙自）、广西（龙州、靖西、天峨、合浦、贵县、玉林、梧州、兴安）、海南（崖县、海口）、广东（罗浮山、和平）、湖南（保靖）、湖北（巴东、房县）、江西（遂川、上犹、黎川）、安徽（舒城、全椒）、江苏（淮安、高邮、扬州、镇江、南京）、浙江（杭州、镇海）、福建（无具体地点）和台湾。模式标本采自孟加拉国。

本研究种类分布地　深圳小南山。

主要经济用途　药用，有清热解毒、消肿利尿之效。

饭包草 *Commelina bengalensis*

芭蕉科 Musaceae

蝎尾蕉（蝎尾蕉属）

Heliconia metallica Planch. & Lind. ex Hook. f. in Bot. Mag. t. 315. 1862; K. Schum. in Engl. Pflanzenr. 1(IV. 45): 39. 1900; 正宗严敬, 最新台湾植物总目录: 279-1936 Bak., Fl. Java 3: 40. 1968; 中国植物志 16(2): 19. 1981.

主要形态特征　株高 35～260cm。叶片长圆形，长 25～110cm，宽 8～27cm，顶端渐尖，基部渐狭，叶面绿色，叶背亮紫色；叶柄长 1～40cm。花序顶生，直立，长 23～65cm，花序轴稍呈"之"字形弯曲，薄被短柔毛；苞片 4～7 枚，绿色，长 7～11cm，花在每一苞片内 1～3 朵或更多，开放时突露，花被片红色，顶端绿色，狭圆柱形，长 5.5cm，基部 4～5mm 处连合呈管状；退化雄蕊宽 4～5mm。果三棱形，灰蓝色，长 8～10mm，内有种子 1～3 颗。

凭证标本　深圳小南山，余欣繁（416）。

蝎尾蕉 *Heliconia metallica*

分布地　据记载，我国台湾有引种。原产委内瑞拉。

本研究种类分布地　深圳小南山。

主要经济用途　园林观赏植物。

姜科 Zingiberaceae

华山姜（山姜属）

Alpinia chinensis (Retz.) Rosc. in Trans. Linn. Soc. 8: 346. 1807; K. Schum. in Engl. Pflanzenr. 20 (IV. 46): 317. 1904; Gagnep. in Lecomte, Fl. Gen. Indo-Chine 6: 91. 1908; B. L. Burtt & R. M. Smith in Not. R. B. G. Edinb. 31 (2): 200. 1972; 中国科学院植物研究所编, 中国高等植物图鉴 5: 594. 图8018. 1976. ——*Heritieria chinensis* Retz., Obs. Bot. 6: 18. 1791. ——*Alpinia suishanensis* Hayata, Ic. Pl. Formos. 9: 123. 1919. ——*Languas chinensis* (Rose) Merr. in Lingnaam Agr. Rev. 1 (2): 64. 1923, et in Lingnan Sci. Journ. 5: 51. 1927. ——*L. suishanensis* (Hayata) Sasaki in Trans. Nat. His. Soc. Formos. 18: 175. 1928; 中国植物志 16(2): 77. 1981.

主要形态特征　株高约 1m。叶披针形或卵状披针形，长 20～30cm，宽 3～10cm，顶端渐尖或尾状渐尖，基部渐狭，两面均无毛；叶柄长约 5mm；叶舌膜质，长 4～10mm，2 裂，具缘毛。花组成狭圆锥花序，长 15～30cm，分枝短，长 3～10mm，其上有花 2～4 朵；小苞片长 1～3mm，花时脱落；花白色，萼管状，长 5mm，顶端具 3 齿；花冠管略超出，花冠裂片长圆形，长约 6mm，后方的 1 枚稍较大，兜状；唇瓣卵形，长 6～7mm，顶端微凹，侧生退化雄蕊 2 枚，钻状，长约 1mm；花丝长约 5mm，花药长约 3mm；子房无毛。果球形，直径 5～8mm。花期 5～7 月；果期 6～12 月。

凭证标本　深圳杨梅坑，邹雨锋（351）；余欣繁，许旺（018）。

分布地　为林荫下常见的一种草本；海拔 100～2500m。产东南至西南各省区。越南、老挝亦有分布。

本研究种类分布地　深圳杨梅坑。

主要经济用途　叶鞘纤维可制人造棉。根茎可供药用，能温中暖胃，散寒止痛，治胃寒冷痛、噎膈呕吐、腹痛泄泻、消化不良等症。又可提芳香油，作调香原料。

华山姜 *Alpinia chinensis*

草豆蔻（山姜属）

Alpinia katsumadai Hayata, Ic. Pl. Formos. 5: 224. 1915; 广东省植物研究所编, 海南植物志 4: 98. 1977. ——*Languas katsumadai* (Hayata) Merr. in Lingnaam Agr. Rev. 1 (2): 65. 1923, et Lingnan Sci. Journ. 5: 51. 1927; 中国植物志 16(2): 91. 1981.

别名　草蔻仁、偶子、草蔻

主要形态特征　株高达 3m。叶片线状披针形，长 50～65cm，宽 6～9cm，顶端渐尖，并有一短尖头，基部渐狭，两边不对称，边缘被毛，两面均无毛或稀可于叶背被极疏的粗毛；叶柄长 1.5～2cm；叶舌长 5～8mm，外被粗毛。总状花序顶生，直立，长达 20cm，花序轴淡绿色，被粗毛，小花梗长约 3mm；小苞片乳白色，阔椭圆形，长约 3.5cm，基部被粗毛，向上逐渐减少至无毛；花萼钟状，长 2～2.5cm，顶端不规则齿裂，复又一侧开裂，具缘毛或无，外被毛；花冠管长约 8mm，花冠裂片边缘稍内卷，具缘毛；无侧生退化雄蕊；唇瓣三角状卵形，长3.5～4cm，顶端微2裂，具自中央向边缘放射的彩色条纹；子房被毛，直径约5mm；腺体长1.5mm；花药室长1.2～1.5cm。果球形，直径约3cm，熟时金黄色。花期4～6月，果期5～8月。

凭证标本　①深圳杨梅坑，刘浩（003）。②深圳赤坳，王贺银（036）。

分布地　生于山地疏或密林中。产广东、广西。

本研究种类分布地　深圳杨梅坑、赤坳。

主要经济用途　化湿消痞，行气温中，开胃消食。

百合科 Liliaceae

蜘蛛抱蛋（蜘蛛抱蛋属）

Aspidistra elatior Bl. in Tijdschr. Nat. Gesch. Phys. 1: 76, t. 4. 1834; Yasuda in Bot. Mag. Tokyo, 8: 7 5. t. 2. 1894; Lawrence, in Baileya 3: 190, fig. 6 2. 1955. ——*Plectokyne variegata* Link in Otto et Dietr., Gartenz. 265. 1834. ——*Aspidistra punctata* Lindl. var. *albo-maculata* Hook. in Curtis's Bot. Mag. 89: t. 5386. 1863; 中国植物志 15: 20. 1978.

草豆蔻 *Alpinia katsumadai*

别名　一叶兰

主要形态特征　根状茎近圆柱形，直径5～10mm，具节和鳞片。叶单生，彼此相距1～3cm，矩圆状披针形、披针形至近椭圆形，长22～46cm，宽8～11cm，先端渐尖，基部楔形，边缘多少皱波状，两面绿色，有时稍具黄白色斑点或条纹；叶柄明显，粗壮，长5～35cm。总花梗长0.5～2cm；苞片3～4枚，其中2枚位于花的基部，宽卵形，长7～10mm，宽约9mm，淡绿色，有时有紫色细点；花被钟状，长12～18mm，直径10～15mm，外面带紫色或暗紫色，内面下部淡紫色或深紫色，上部（6～）8裂；花被筒长10～12mm，裂片近三角形，向外扩展或外弯，长6～8mm，宽3.5～4mm，先端钝，边缘和内侧的上部淡绿色，内面具条特别肥厚的肉质脊状隆起，中间的2条细而长，两侧的2条粗而短，中部高达1.5mm，紫红色；雄蕊（6～）8枚，生于花被筒近基部，低于柱头；花丝短，花药椭圆形，长约2mm；雌蕊高约8mm，子房几不膨大；花柱无关节；柱头盾状膨大，圆形，直径10～13mm，紫红色，上面具（3～）4深裂，裂缝两边多少向上凸

蜘蛛抱蛋 *Aspidistra elatior*

出，中心部分微凸，裂片先端微凹，边缘常向上反卷。

凭证标本　深圳杨梅坑，余欣繁，招康赛（246）。

分布地　中国各地都有栽培。

本研究种类分布地　深圳杨梅坑。

主要经济用途　室内绿化。

山菅（山菅属）

Dianella ensifolia (L.) DC. in Red. Lit. t. l. 1808; 中国高等植物图鉴 5: 430, 图7689. 1976.——*Dracaena ensifolia* L., Mant. 63. 1767.——*D. nemorosa* Lam., Encycl. 2: 276. 1786.

别名　山菅兰，山交剪，老鼠砒

主要形态特征　植株高可达 1 ～ 2m；根状茎圆柱状，横走，粗 5 ～ 8mm。叶狭条状披针形，长 30 ～ 80cm，宽 1 ～ 2.5cm，基部稍收狭成鞘状，套迭或抱茎，边缘和背面中脉具锯齿。顶端圆锥花序长 10 ～ 40cm，分枝疏散；花常多朵生于侧枝上端；花梗长 7 ～ 20mm，常稍弯曲，苞片小；花被片条状披针形，长 6 ～ 7mm，绿白色、淡黄色至青紫色，5 脉；花药条形，比花丝略长或近等长，花丝上部膨大。浆果近球形，深蓝色，直径约 6mm，具 5 ～ 6 颗种子。花果期 3 ～ 8 月。

特征差异研究　深圳杨梅坑，叶片长 45.8 ～ 66.8cm，叶宽 0.8 ～ 1.9cm，与上述描述相比，叶长最小值偏大，大 15.8cm，叶宽的最大值偏小，小 0.6cm。

凭证标本　①深圳杨梅坑，余欣繁，招康赛（242）；②深圳应人石，余欣繁，招康赛（134）；③深圳赤坳，邹雨锋，招康赛（053）。

分布地　生于海拔 1700m 以下的林下、山坡或草丛中。云南（漾濞、泸水以南）、四川（重庆、南川一带）、贵州东南部（榕江）、广西、广东南部、海南、江西南部（大庾）、浙江沿海地区（乐清、杭州）、福建和台湾。也分布于亚洲热带地区至非洲的马达加斯加岛。

本研究种类分布地　深圳杨梅坑、应人石、赤坳。

山菅 *Dianella ensifolia*

主要经济用途　有毒植物。根状茎磨干粉，调醋外敷，可治痈疮脓肿、癣、淋巴结炎等。

山麦冬（山麦冬属）

Liriope spicata (Thunb.) Lour., Fl. Cochinch. 201. 1790; 侯宽昭等, 广州植物志: 679, 图 557. 1956.——*Convallaria spicata* Thunb., Fl. Jap. 141. 1784.——*Ophiopogon spicatus* Ker-Gawl. in Bot. Reg. 7: t. 593. 1821.——*O. muscari* Decne. in Fl. Serr. Jard. 17: 181. 1867-68.——*Liriope graminifolia* Baker in Journ. Linn. Soc. Bot. 17: 499 1879, pro descript., auct. non (L.) Baker; 中国植物志 15: 128. 1978.

别名　大麦冬，土麦冬，鱼子兰，麦门冬

主要形态特征　植株有时丛生；根稍粗，直径 1 ～ 2mm，有时分枝多，近末端处常膨大成矩圆形、椭圆形或纺锤形的肉质小块根；根状茎短，木质，具地下走茎。叶长 25 ～ 60cm，宽 4 ～ 6（～ 8）mm，先端急尖或钝，基部常包以褐色的叶鞘，上面深绿色，背面粉绿色；具 5 条脉，中脉比较明显，边缘具细锯齿。花葶通常长于或几等长于叶，少数稍短于叶，长 25 ～ 65cm；总状花序长 6 ～ 15（～ 20）cm，具多数花；花通常

（2～）3～5 朵簇生于苞片腋内；苞片小，披针形，最下面的长 4～5mm，干膜质；花梗长约 4mm，关节位于中部以上或近顶端；花被片矩圆形、矩圆状披针形，长 4～5mm，先端钝圆，淡紫色或淡蓝色；花丝长约 2mm；花药狭矩圆形，长约 2mm；子房近球形，花柱长约 2mm，稍弯，柱头不明显。种子近球形，直径约 5mm。花期 5～7 月，果期 8～10 月。

凭证标本 ①深圳杨梅坑，邹雨锋（132）；陈惠如，明珠（075）；邱小波（002）。②深圳小南山，邹雨锋，黄玉源（224）。③深圳莲花山，陈永恒，招康赛（070）；余欣繁（107）；邹雨锋（118）；王贺银，招康赛（141）。

分布地 生于海拔 50～1400m 的山坡、山谷林下、路旁或湿地；为常见栽培的观赏植物。除东北、内蒙古、青海、新疆、西藏各省区外，其他地区广泛分布和栽培。也分布于日本、越南。

本研究种类分布地 深圳杨梅坑、小南山、莲花山。

主要经济用途 药用主治热病伤津、心烦、口渴、咽干肺热、咳嗽、肺结核，临床用于强心扩冠、抗心肌缺血，抗心律失常。烹调养生功效的汤类；毒性价值。

山麦冬 *Liriope spicata*

麦冬（沿阶草属）

Ophiopogon japonicus (L. f.) Ker-Gawl. in Curtis's Bot. Mag. 27: t. 1063. 1807; 侯宽昭等，广州植物志: 680. 1956. ——*Convallaria japonica* L. f., Suppl. Pl. 204. 1781. ——*C. japonica* L. f. var. *minor* Thunb., Fl. Jap. 139. 1784. ——*Flueggea japonica* Rich. in Neu. Journ. Bot. Schrad. 2, 1: 9, t. 1, A, 1807. ——*Slateria japonica* Desv. in Verh. Batav. Gen. Wet. 12: 15. 1830. ——*Ophiopogon stolonifer* Levl. Et Vnt. in Levl., Liliac. etc. Chine 16. 1905; 中国植物志 15: 163. 1978.

别名 沿阶草、书带草、麦门冬、寸冬

主要形态特征 多年生草本，成丛生长，高 30cm 左右。根较粗，中间或近末端常膨大成椭圆形或纺锤形的小块根；小块根长 1～1.5cm，或更长些，宽 5～10mm，淡褐黄色；地下走茎细长，直径 1～2mm，节上具膜质的鞘。茎很短，叶基生成丛，禾叶状，长 10～50cm，少数更长些，宽 1.5～3.5mm，具 3～7 条脉，边缘具细锯齿。花葶长 6～15（～27）cm，通常比叶短得多，总状花序长 2～5cm，或有时更长些，具

麦冬 *Ophiopogon japonicus*

几朵至十几朵花；花单生或成对着生于苞片腋内；苞片披针形，先端渐尖，最下面的长可达 7 ～ 8mm；花梗长 3 ～ 4mm，关节位于中部以上或近中部；花被片常稍下垂而不展开，披针形，长约 5mm，白色或淡紫色；花药三角状披针形，长 2.5 ～ 3mm；花柱长约 4mm，较粗，宽约 1mm，基部宽阔，向上渐狭。果为浆果，成熟后为深绿色或黑蓝色。种子球形，直径 7 ～ 8mm。花期 5 ～ 8 月，果期 8 ～ 9 月。

凭证标本　深圳小南山，邹雨锋，黄玉源（312）。

分布地　广东、广西、福建、台湾、浙江、江苏、江西、湖南、湖北、四川、云南、贵州、安徽、河南。

本研究种类分布地　深圳小南山。

主要经济用途　药用，本种小块根是中药麦冬，有生津解渴、润肺止咳之效。

银边沿阶草（沿阶草属）

Ophiopogon intermedius cv. 'Argenteo-marginatus' 谢昌平等，热带农业科学，25(3): 18-22. 2005; 陈莹等，福建林业科技，40(4): 105-107. 2013.

主要形态特征　多年生常绿草本。地下具细长的匍匐走茎，先端或中部膨大，成纺锤状块根。叶呈禾草状丛生，长 30 ～ 60cm，宽 1 ～ 1.5cm，带形，直立生长。叶片绿色，叶缘有纵长条白边。总状花序，浆果紫色。

特征差异研究　深圳莲花山，植株高 34cm，叶片长 19.5 ～ 34.8cm，叶宽 4 ～ 7mm，与上述描述相比，叶片长最大值偏小，小 20.2cm，叶宽最小值偏大，大 2mm。

凭证标本　深圳莲花山，余欣繁，明珠（125）。

分布地　生于海拔 1000 ～ 3000m 的山谷、林下阴湿处或水沟边。产西藏、云南、四川、贵州、陕西（秦岭以南）、河南、湖北、湖南、安徽、广西、广东和台湾。也分布于不丹、尼泊尔、印度、孟加拉国、泰国、越南和斯里兰卡。

本研究种类分布地　深圳莲花山。

主要经济用途　清心除烦、润肺止咳、养胃生津。

沿阶草（沿阶草属）

Ophiopogon bodinieri Levl., Liliac., etc. Chine 15. 1905. —— *O. filiformis* Levl. in Bull. G6ogr. Bot. 25: 25. 1915. —— *O. formosanus* Ohwi in Rep. Sp. Nov. Fedde 36: 45. 1934.

银边沿阶草 *Ophiopogon intermedius* cv. 'Argenteo-marginatus'

沿阶草 *Ophiopogon bodinieri*

主要形态特征　根纤细，近末端处有时具膨大成纺锤形的小块根；地下走茎长，直径 1 ～ 2mm，节上具膜质的鞘。茎很短。叶基生成丛，禾叶状，长 20 ～ 40cm，宽 2 ～ 4mm，先端渐尖，具 3 ～ 5 条脉，边缘具细锯齿。花葶较叶稍短或几等长，总状花序长 1 ～ 7cm，具几朵至十几朵花；花常单生或 2 朵簇生于苞片腋内；苞片条形或披针形，少数呈针形，稍带黄色，半透明，最下面的长约 7mm，少数更长些；花梗长 5 ～ 8mm，关节位于中部；花被片卵状披针形、披针形或近矩圆形，长 4 ～ 6mm，内轮三片宽于外轮三片，白色或稍带紫色；花丝很短，长不及 1mm；花药狭披针形，长约 2.5mm，常呈绿黄色；花柱细，长 4 ～ 5mm。种子近球形或椭圆形，直径 5 ～ 6mm。花期 6 ～ 8 月，果期 8 ～ 10 月。

特征差异研究　①深圳莲花山，植株高 20.7cm，叶片长 10 ～ 17cm，叶宽 3 ～ 4mm。②深圳七娘山，植株高 42cm，叶片长 23.5 ～ 43cm，叶宽 3 ～ 6mm，与上述描述相比，叶长最大值偏小，小 3cm，叶宽最大值偏大，大 2mm。

凭证标本　①深圳莲花山，王贺银，招康赛（102）。②深圳七娘山，招康赛（017）。

分布地　生于海拔 600 ～ 3400m 的山坡、山谷潮湿处、沟边、灌木丛下或林下。产云南、贵州、四川、湖北、河南、陕西（秦岭以南）、甘肃（南部）、西藏和台湾。

本研究种类分布地　深圳莲花山、七娘山。

主要经济用途　沿阶草再生能力强，耐修剪，修剪后应注意灌水和施肥。常用作观赏草坪或林缘镶边。治疗肺燥干咳、肺痈、阴虚劳嗽、津伤口渴、消渴、心烦失眠、咽喉疼痛、肠燥便秘、血热吐衄。

尖叶菝葜（菝葜属）

Smilax arisanensis Hay. in Journ. Coll. Sci. Univ. Tokyo 30: 356. 1911, et Icon. Pl. Form. 5: 234, f. 82. 1915, et 9: 127, f. 42, 1-6. 1920. ——*S. oxyphylla* auct. non Wall. ex Kunth: T. Koyama in Quart. Journ. Taiwan Mus. 13: 3 7. 1960; 中国植物志 15: 217. 1978.

主要形态特征　攀援灌木，具粗短的根状茎。茎长可达 10m，无刺或具疏刺。叶纸质，矩圆形、矩圆状披针形或卵状披针形，长 7 ～ 10（～ 15）cm，宽（1.5 ～）3 ～ 5（～ 5）cm，先端渐尖或长渐尖，基部圆形，干后常带古铜色；叶柄长 7 ～ 20mm，常扭曲，约占全长的 1/2，具狭鞘，一般有卷须，脱落点位于近顶端。伞形花序或生于叶腋，或生于披针形苞片的腋部，前者总花梗基部常有一枚与叶柄相对的鳞片（先出叶），较少不具；总花梗纤细，比叶柄长 3 ～ 5 倍；花序托几不膨大；花绿白色；雄花内外花被片相似，长 2.5 ～ 3mm，宽约 1mm；雄蕊长约为花被片的 2/3；雌花比雄花小，花被片长约 1.5mm，内花被片较狭，具 3 枚退化雄蕊。浆果直径约 8mm，熟时紫黑色。花期 4 ～ 5 月，果期 10 ～ 11 月。

凭证标本　深圳赤坳，林仕珍，周志彬（046）。

分布地　生于海拔 1500m 以下的林中、灌丛下或山谷溪边荫蔽处。产江西西南部、浙江南部、福建、台湾、广东中部至北部、广西东北部、四川、贵州中南部和云南东南部。也分布于越南。

本研究种类分布地　深圳赤坳。

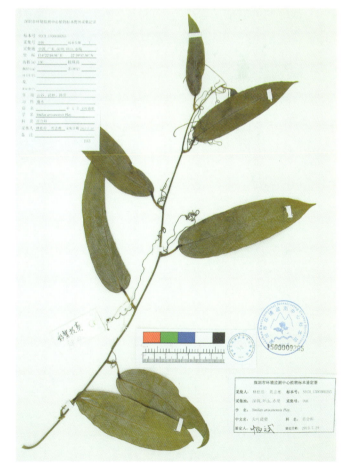

尖叶菝葜 *Smilax arisanensis*

菝葜（菝葜属）

Smilax china L., Sp. Pl. ed. 1, 1029. 1753；侯宽昭等, 广州植物志: 685. 1956. ——*Coprosmanthus japonicus* Kunth, Enum. Pl. 5: 268. 1850. ——*Smilax japonica* A. Gray in Mem. Amer. Acad. ns., 5: 412. 1857. ——*S. pteropus* Miq. in Journ. Bot. Neerl. 1: 89. 1861. ——*S. tequetii* Levl. in Rep. Sp. Nov. Fedde 10: 372. 1912. ——*S. taiheiensis* Hay., Icon. Pl. Form. 9: 134. 1920. ——*S. china* L. var. *taiheiensis* (Hay.) T. Koyama in Quart. Journ. Taiwan Mus. 10: 9. 1957. ——*S. sebeana* auct. non Miq.: T. Koyama, ibid. 10: 9, t. 1. 1957, et 13: 43. 1960; 中国植物志 15: 193. 1978.

别名 金刚兜（广西）

主要形态特征 攀援灌木；根状茎粗厚，坚硬，为不规则的块状，粗 2 ～ 3cm；茎长 1 ～ 3m，少数可达 5m，疏生刺。叶薄革质或坚纸质，干后通常红褐色或近古铜色，圆形、卵形或其他形状，长 3 ～ 10cm，宽 1.5 ～ 6（～ 10）cm，下面通常淡绿色，较少苍白色；叶柄长 5 ～ 15mm，占全长的 1/2 ～ 2/3 具宽 0.5 ～ 1mm（一侧）的鞘，几乎都有卷须，少有例外，脱落点位于靠近卷须处。伞形花序生于叶尚幼嫩的小枝上，具十几朵或更多的花，常呈球形；总花梗长 1 ～ 2cm；花序托稍膨大，近球形，较少稍延长，具小苞片；花绿黄色，外花被片长 3.5 ～ 4.5mm，宽 1.5 ～ 2mm，内花被片稍狭；雄花中花药比花丝稍宽，常弯曲；雌花与雄花大小相似，有 6 枚退化雄蕊。浆果直径 6 ～ 15mm，熟时红色，有粉霜。花期 2 ～ 5 月，果期 9 ～ 11 月。

凭证标本 ①深圳杨梅坑,邹雨锋,招康赛（001）；陈永恒，招康赛（001）；陈惠如（054）；邱小波（012）。②深圳赤坳，余欣繁，周志彬（024）。③深圳小南山，邹雨锋，黄玉源（297）；陈志洁（018）。④深圳应人石，林仕珍，黄玉源（173）；余欣繁，黄玉源（126）。

分布地 生于海拔 2000m 以下的林下、灌丛中、路旁、河谷或山坡上。产山东（山东半岛）、江苏、浙江、福建、台湾、江西、安徽南部、河南、湖北、四川中部至东部、云南南部、贵州、湖南、广西和广东。缅甸、越南、泰国、菲律宾也有分布。

本研究种类分布地 深圳杨梅坑、赤坳、小南山、应人石。

主要经济用途 根状茎可以提取淀粉和栲胶，或用来酿酒。有些地区作土茯苓或萆薢混用，也有祛风活血作用。菝葜果色红艳，可用于攀附岩石、假山，也可作地面覆盖。菝葜叶亦供药用。

菝葜 *Smilax china*

土茯苓（菝葜属）

Smilax glabra Roxb., Fl. Ind. ed.. 2, 3: 792. 1832; 侯宽昭等, 广州植物志: 685. 1956, 中药志 1: 35, 彩图2. 1959. ——*S. hookeri* Kunth, Enum. Pl. 5: 162. 1850. ——*S. trigona* Warb. in Bot. Jahrb. 29: 258. 1900. ——*S. calophylla* Wall. var. *concolor* C. H. Wright in Journ. Linn. Soc. Bot. 36: 96. 1903. ——*S. glabra* Roxb. var. *maculata* Bodinier ex Levl., Liliac. etc. Chine 23. 1905, non Roxb. ——*S. dunniana* Levl. in Rep. Sp. Nov. Fedde 9: 446. 1911. ——*S. blinii* Levl., Fl. Kouy-Tcheou 256. 1914; 中国植物志 15: 193. 1978.

别名　光叶菝葜（广州植物志）

主要形态特征　攀援灌木；根状茎粗厚，块状，常由匍匐茎相连接，粗 2 ～ 5cm。茎长 1 ～ 4m，枝条光滑，无刺。叶薄革质，狭椭圆状披针形至狭卵状披针形，长 6 ～ 12（15）cm，宽 1 ～ 4（～ 7）cm，先端渐尖，下面通常绿色，有时带苍白色；叶柄长 5 ～ 15（～ 20）mm，占全长的 1/4 ～ 3/5 具狭鞘，有卷须，脱落点位于近顶端。伞形花序通常具 10 余朵花；总花梗长 1 ～ 5（～ 8）mm，通常明显短于叶柄，极少与叶柄近等长；在总花梗与叶柄之间有一芽；花序托膨大，连同多数宿存的小苞片多少呈莲座状，宽 2 ～ 5mm；花绿白色，六棱状球形，直径约 3mm；雄花外花被片近扁圆形，宽约 2mm，兜状，背面中央具纵槽；内花被片近圆形，宽约 1mm，边缘有不规则的齿；雄蕊靠合，与内花被片近等长，花丝极短；雌花外形与雄花相似，但内花被片边缘无齿，具 3 枚退化雄蕊。浆果直径 7 ～ 10mm，熟时紫黑色，具粉霜。花期 7 ～ 11 月，果期 11 月至次年 4 月。

凭证标本　深圳杨梅坑，林仕珍，明珠（288）；林仕珍（287）。

分布地　甘肃南部和长江流域以南各省区，直到台湾、海南和云南。

本研究种类分布地　深圳杨梅坑。

主要经济用途　药用，制糕点，酿酒。

土茯苓 *Smilax glabra*

黑果菝葜（菝葜属）

Smilax glauco-china Warb. in Bot. Jahrb. 29: 255. 1900. ——*S. sebeana* Miq. var. *glauco-china* (Warb.) T. Koyama in Quart. Journ. Taiwan Mus. 13: 44. 1960; 中国植物志 15: 200. 1978.

别名　金刚藤头

主要形态特征　攀援灌木，具粗短的根状茎；茎长 0.5 ～ 4m，通常疏生刺。叶厚纸质，通常椭圆形，长 5 ～ 8（～ 20）cm，宽 2.5 ～ 5（～ 14）cm，先端微凸，基部圆形或宽楔形，下面苍白色，多少可以抹掉；叶柄长 7 ～ 15（25）mm，约占全长的一半具鞘，有卷须，脱落点位于上部。伞形花序通常生于叶梢幼嫩的小枝上，具几朵或 10 余朵花；总花梗长 1 ～ 3cm；花序托稍膨大，具小苞片；花绿黄色；雄花花被片长 5 ～ 6mm，宽 2.5 ～ 3mm，内花被片宽 1 ～ 1.5mm；雌花与雄花大小相似，具 3 枚退化雄蕊。

黑果菝葜 *Smilax glauco-china*

浆果直径 7 ～ 8mm，熟时黑色，具粉霜。花期 3 ～ 5 月，果期 10 ～ 11 月。

凭证标本 ①深圳杨梅坑，刘浩，黄玉源（011）。②深圳小南山，王贺银，黄玉源（219）。

分布地 生于海拔 1600m 以下的林下、灌丛中或山坡上。产甘肃南部、陕西（秦岭以南）、山西南部、河南、四川东部、贵州、湖北、湖南、江苏南部、浙江、安徽、江西、广东北部和广西东北部。

本研究种类分布地 深圳杨梅坑、小南山。

主要经济用途 根状茎（金刚藤头）性甘，平，具清热，除风毒功效，用于治疗崩漏带下病、血淋、瘰疬、跌打损伤，嫩叶用于治疗臁疮；根状茎富含淀粉，可以制糕点或加工食用。

粉背菝葜（菝葜属）

Smilax hypoglauca Benth., Fl. Hongk. 369. 1861. ——*S. corbularia* Kunth var. *hypoglauca* (Benth.) T. Koyama in Quart. Journ. Taiwan Mus. 13: 15. 1960; 中国植物志 15: 208. 1978.

主要形态特征 攀援灌木；茎长 3 ～ 9m，枝条有时稍带四棱形，无刺。叶革质，卵状矩圆形、卵形至狭椭圆形，长 5 ～ 14cm，宽 2 ～ 4.5（～ 7）cm，先端短渐尖，基部近圆形，边缘多少下弯，下面苍白色，主脉 5 条，网脉在上面明显；叶柄长 8 ～ 14mm，脱落点位于近顶端，枝条基部的叶柄一般有卷须，鞘占叶柄全长的一半，并向前（与叶柄近并行的方向）延伸成一对耳，耳披针形，长 2 ～ 4（～ 6）mm。伞形花序腋生，具 10 ～ 20 朵花；总花梗很短，长 1 ～ 5mm，通常不到叶柄长度的一半；花序托膨大，具多数宿存的小苞片；花绿黄色，花被片直立，不展开；雄花外花被片舟状，长 2.5 ～ 3mm，宽约 2mm，内花被片稍短，宽约 1mm，肥厚，背面稍凹陷；花丝很短，靠合成柱；雌花与雄花大小相似，但内花被片较薄，具 3 枚退化雄蕊。浆果直径 8 ～ 10mm。花期 7 ～ 8 月，果期 12 月。

凭证标本 ①深圳杨梅坑，余欣繁，周志彬（032）；林仕珍，黄玉源（185）；刘浩（008）；陈惠如，黄玉源（019）；陈永恒，黄玉源（020）；邹雨锋（009）；陈永恒（144）；王贺银（040）；廖栋耀（085）。②深圳赤坳，余欣繁（033）；林仕珍（044）。

分布地 生于海拔 1300m 以下的疏林中或灌丛边缘。产江西南部、福建中部至南部、广东（除雷州半岛）和贵州南部。

本研究种类分布地 深圳杨梅坑、赤坳。

粉背菝葜 *Smilax hypoglauca*

天南星科 Araceae

海芋（海芋属）

Alocasia macrorrhiza (L.) Schott in Osterr. Bot. Wochenbl. 4: 409. 1854; Engl. in DC., Monogr. Phan. 2: 502. 1879; Hook. f., Fl. Brit. Ind. 6: 526. 1893; Engl. et Krause in Engl., Pflanzenr. 71 (4, 23E): 84, fig. 15. 1920; Oagn. in Lecte. , Fl. Gen. Indo-Chine 6: 1145. 1942; Merr. et Chun in Synyatsen. 2 (3-4): 210. 1935; S. Y. Hu in Dansk Bot. Arkiv 23 (4): 432. 1968. ——*Arum macrorrhizum* L., Sp. Pl. ed. 1: 965. 1753, ed. 2: 1369. 1763. ——*Arum odorum* Roxb., Hort. Bengal. 765. 1814, nom. nud. Fl., Ind., 3: 499. 1832; Wight, Icon. Pl. 3: t. 797. 1843; Kunth, Enum. Pl. 3: 39. 1841; Hook. in Curtis, Bot. Mag. t. 3935. 1842. ——*Caladium odorum* Lindl. in Bot. Reg. 8: t. 641. 1822. ——*Colocasia macrorrhiza* Schott, Melet. 1: 18. 1832. ——*Colocasia mucronata* Kunth, Enum. Pl. 3: 40. 1841. ——*Alocasia odora* (Roxb.) Koch in Ind. Sem. Hort. Berol. App. p. 5. 1854; Engl. in DC., Monogr. Phan. 2: 503. 1879; Erigl. et Krause in Engl., Pflanzenr. 71 (4, 23E): 90. 1920; Gagn. in Lecte., Fl. Gen. Indo-Chine 6:147. 1942; 广州植物志: 692, 图364. 1956. ——*Colocasia odora* Brongn. in Nouv. Ann. Mus. Paris 3: 145. 1834; 中国植物志 13(2): 76. 1979.

别名 羞天草（庚辛玉册），隔河仙、天荷（本草纲目）、滴水芋、野芋（云南元江）、黑附子（云南富民）、麻芋头、野芋头（云南红河）、麻哈拉（哈尼语）、大黑附子（云南景洪）、天合芋（云南文山）、大麻芋（云南思茅）、坡扣（傣语）、天蒙、朴芋头（广西）、大虫楼、大虫芋（广西苍梧）、老虎芋（广西都安）、卜茹根（广西玉林）、野芋头（广西凌乐）、野芋头、痕芋头、广东狼毒、野山芋（广东）、尖尾野芋头（广东广州）、狼毒（广东、福建）、姑婆芋（福建）

主要形态特征 大型常绿草本植物；具匍匐根茎，有直立的地上茎，随植株的年龄和人类活动干扰的程度不同；茎高有不到10cm的，也有高达3～5m的，粗10～30cm，基部长出不定芽条。叶多数，叶柄绿色或污紫色，螺状排列，粗厚，长可达1.5m，基部连鞘宽5～10cm，展开；叶片亚革质，草绿色，箭状卵形，边缘波状，长50～90cm，宽40～90cm，有的长宽都在1m以上，后裂片联合1/10～1/5，幼株叶片联合较多；前裂片三角状卵形，先端锐尖，长胜于宽，Ⅰ级侧脉9～12对，下部的粗如手指，向上渐狭；后裂片多少圆形，弯缺锐尖，有时几达叶柄，后基脉互交成直角或不及90°的锐角；叶柄和中肋变黑色、褐色或白色。花序柄2～3枚丛生，圆柱形，长12～60cm，通常绿色，有时污紫色；佛焰苞管部绿色，长3～5cm，粗3～4cm，卵形或短椭圆形；檐部蕾时绿色，花时黄绿色、绿白色，凋萎时变黄色、白色，舟状，长圆形，略下弯，先端喙状，长10～30cm，周围4～8cm；肉穗花序芳香，雌花序白色，长2～4cm，不育雄花序绿白色，长（2.5～）5～6cm，能育雄

花序淡黄色，长3～7cm；附属器淡绿色至乳黄色，圆锥状，长3～5.5cm，粗1～2cm，圆锥状，嵌以不规则的槽纹。浆果红色，卵状，长8～10mm，粗5～8mm，种子1～2。花期四季，但在密阴的林下常不开花。

凭证标本 ①深圳小南山，邹雨锋，明珠（259）；刘浩（068）。②深圳莲花山，余欣繁，招康赛（075）；邹雨锋（070）；陈永恒，董安强（059）。

分布地 生于热带和亚热带地区，海拔1700m以下，常成片生长于热带雨林林缘或河谷野芭蕉林下。产江西、福建、台湾、湖南、广东、广西、四川、贵州、云南。国外自孟加拉国、印度东北

海芋 *Alocasia macrorrhiza*

部至马来半岛、中南半岛及菲律宾、印度尼西亚都有。也有栽培的。

本研究种类分布地 深圳小南山、莲花山。

主要经济用途 根茎供药用，对腹痛、霍乱、疝气等有良效。又可治肺结核、风湿关节炎、气管炎、流感、伤寒、风湿心脏病；外用治疗疮肿毒、蛇虫咬伤、烫火伤。调煤油外用治神经性皮炎。

兽医用以治牛伤风、猪丹毒。本品有毒，须久煎并换水 2～3 次后方能服用。鲜草汁液皮肤接触后搔痒，误入眼内可以引起失明；茎、叶误食后喉舌发痒、肿胀、流涎、肠胃烧痛、恶心、腹泻、惊厥，严重者窒息、心脏麻痹而死。民间用醋加生姜汁少许共煮，内服或含嗽以解毒。根茎富含淀粉，可作工业上代用品，但不能食用。

石柑子（石柑属）

Pothos chinensis (Raf.) Merr. in Journ. Arn. Arb. 19: 210. 1948. ——*Tapanava chinensis* Raf. , Fl. Tellur. 4: 14. 1838. —— *Pothos scandens* sensu Lindl. Bot. Reg. 16: Pl. 1337. 1830; Benth. , Fl. Hongk. 344. 1861, non L. ——*Pothos seemannii* Schott in Bonpl. 5: 45. 1857; Engl. in DC., Monogr. Phan.2: 83. 1879, in Engl. , Pflanzenr. 21 (4, 23B): 29, fig. 12. 1905; H. E. Brown in Journ. Linn. Soc. Bot. 36: 187. 1903; Matsum.et Hayata, in Journ. Coll. Sci. Univ. Tokyo 22: 460. 1906; Hayata, Icon. Pl. Forzmos. 5: 239, fig. 84. 1915; Merr.in Lingn. Sci. Journ. 5: 42. 1927; S. Y. Hu in Dansk Bot. Arkiv 23 (4): 414. 1958. ——*P. yunnanensis* Engl. in Engl., Pflanzenr. 21 (4, 23B): 28. 1905, Gagn.in Lecte., Fl. Gen. Indo-Chine 6: 1086. 1942; 中国植物志 13(2): 19. 1979.

别名 竹结草（广西上思），爬山虎（广西南宁），风瘫药、毒蛇上树、上树葫芦（广西金秀），六扑风（广西北流），巴岩香、青葫芦茶、石葫芦（广西苍梧），马连鞍（广西宁明），百步藤（广西田阳），石上蟾蜍草（广西昭平），大疮花、葫芦草、石百足（广西玉林），千年青（广西靖西），落山葫芦（广西凌乐、苍梧），小毛铜钱菜（贵州榕江），伸筋草、青竹标、岩石焦（贵州荔波），铁斑鸠、巴岩姜（贵州兴义）；石柑儿（贵州合江），关刀草（贵州峨山），猛药（广东英德），铁板草（云南沧源）

主要形态特征 附生藤本，长 0.4～6m；茎亚木质，淡褐色，近圆柱形，具纵条纹，粗约 2cm，节间长 1～4cm，节上常束生长 1～3cm 的气生根；分枝，枝下部常具鳞叶 1 枚；鳞叶线形，长 4～8cm，宽 3～7mm，锐尖，具多数平行纵脉。叶片纸质，鲜时表面深绿色，背面淡绿色，干后表面黄绿色，背面淡黄色，椭圆形、披针状卵形至披针状长圆形，长 6～13cm，宽 1.5～5.6cm，先端渐尖至长渐尖，常有芒状尖头，基部钝；中肋在表面稍下陷，背面隆起，侧脉 4 对，最下一对基出，弧形上升，细脉多数，近平行；叶柄倒卵状长圆形或楔形，长 1～4cm，宽 0.5～1.2cm，约为叶片大小的 1/6。花序腋生，基部具苞片 4～5（～6）枚；苞片卵形，长 5mm，上部的渐大，纵脉多数；花序柄长 0.8～1.8（～2）cm；佛焰苞卵状，绿色，长 8mm，展开宽 10（～15）mm，锐尖；肉穗花序短，椭

圆形至近圆球形，淡绿色、淡黄色，长 7～8（～11）mm，粗 5～6（～10）mm，花序梗长 3～5（～8）mm。浆果黄绿色至红色，卵形或长圆形，长约 1cm。花果期四季。

凭证标本 深圳杨梅坑，林仕珍，明珠（284）。

石柑子 *Pothos chinensis*

分布地　海拔 2400m 以下的阴湿密林中，常匍匐于岩石上或附生于树干上。产台湾、湖北、广东、广西、四川、贵州、云南。越南、老挝、泰国也有。

本研究种类分布地　深圳杨梅坑。
主要经济用途　茎叶供药用。能祛风解暑、消食止咳、镇痛；治风湿麻木、跌打损伤、骨折、咳嗽、气痛、小儿疳积。

狮子尾（崖角藤属）

Rhaphidophora hongkongensis Schott in Bonpl. 5: 45. 857; Engl. in DC. , Monogr. Phan.2: 240. 1879; Engl. et Krause in Engl., Pflanzenr. 37 (4, 23B): 35. 1908; Merr.in Lingn. Sci. Journ. 5: 42. 1927; Hand.-Mazt. , Symb. Sin.7: 1363. 1936; S. Y. Hu in Dansk Bot. Arkiv 23 (4): 422. 1968. ——*Rhaphidophora pelepla* auct. non Schott: Benth., Fl. Hongk. 344. 1861. *R. tonkinensis* Engl. et Krause in Engl., Pflanzenr. 37 (4, 23B): 34. 1908; Gagn.in Lecte., Fl. Gen. Indo-Chine 6: 1096, fig. 103, 5-10. 1942. ——*R. angustifolia* auct. non Schott: N. E. Brown in Journ. Linn. Soc. Bot. 36: 185. 1903; 中国植物志　13(2): 36. 1979.

别名　过山龙（云南河口），大青蛇、大青龙（广东高要），大蛇翁（广东新兴），右壁枫（广东茂名），厚叶藤（广东保亭），石风、上木蜈蚣（广西田林），百足草、小上石百足（广西玉林）

主要形态特征　附生藤本，匍匐于地面、石上或攀援于树上。茎稍肉质，粗壮，圆柱形，粗0.5～1cm，节间长1～4cm，生气生根；分枝常披散；幼株茎纤细，肉质，绿色，粗2～3mm，匍匐面扁平，背面圆形，节间伸长至6～8cm，气生根与叶柄对生，污黄色，肉质。叶柄长5～10cm，腹面具槽，两侧叶鞘达关节，关节长4～10mm；叶片纸质或亚革质，通常镰状椭圆形，有时为长圆状披针形或倒披针形，由中部向叶基渐狭，先端锐尖至长渐尖，长20～35cm，宽5～6（～14）cm，表面绿色，背面淡绿色，中肋表面平坦，背面隆起，基部宽可达3mm，I、II级侧脉多数，细弱，斜伸，与中肋成45°锐角，近边缘处向上弧曲；幼株叶片斜椭圆形，长4.5～9cm，宽2～4cm，先端锐尖，基部一侧狭楔形，另一侧圆形。花序顶生和腋生；花序柄圆柱形，长4～5cm，顶部粗达1cm；佛焰苞绿色至淡黄色，卵形，渐尖，长6～9cm，蕾时席卷，花时脱落；肉穗花序圆柱形，向上略狭，顶钝，长5～8cm，粗1.5～3cm，粉绿色或淡黄色；子房顶部近六边形，截平，长约4mm，宽2mm，柱头黑色，近头状，略凸起。浆果黄绿色。花期4～8月，果翌年成熟。

凭证标本　深圳杨梅坑，陈永恒（025）；林仕珍，许旺（020）。

分布地　海拔80～900（～2000贡山）m，常攀附于热带沟谷雨林内的树干上或石崖上。产福建南部，广东及其沿海岛屿，广西，贵州南部，

（南宁市青秀山风景名胜旅游区管理委员会　林士杰）
狮子尾 *Rhaphidophora hongkongensis*

云南东南部、南部、西北部。缅甸、越南、老挝、泰国以至加里曼丹均有分布。
本研究种类分布地　深圳杨梅坑。
主要经济用途　株供药用，可治脾大、高烧、风湿腰痛；外用治跌打损伤、骨折、烫火伤。本种有毒，内服仅能用微量，一般以1/4个叶片为限。

石蒜科 Amaryllidaceae

葱莲（葱莲属）

Zephyranthes candida (Lindl.) Herb. in Curtis's Bot. Mag. 53: t. 2607. 1826, et Amaryll. 176. 1837; Baker, Handb. Amaryll. 34. 1888; Bailey, Man. Cult. Pl. print. 2, 254. 1954; 广州植物志: 701. 1956; 北京地区植物志 (单子叶植物) 292, 图318. 1975; 中国高等植物图鉴 5: 552, 图7933. 1976; 江苏植物志. 上册: 386, 图696, 1977. ——*Amaryllis candida* Lindl. in Bot. Reg. 9: t. 724. 1823; 中国植物志 16(1): 5. 1985.

别名 玉帘（日本名），葱兰（江苏、安徽通称）

主要形态特征 多年生草本；鳞茎卵形，直径约 2.5cm，具有明显的颈部，颈长 2.5～5cm。叶狭线形，肥厚，亮绿色，长 20～30cm，宽 2～4mm。花茎中空；花单生于花茎顶端，下有带褐红色的佛焰苞状总苞，总苞片顶端 2 裂；花梗长约 1cm；花白色，外面常带淡红色；几无花被管，花被片 6，长 3～5cm，顶端钝或具短尖头，宽约 1cm，近喉部常有很小的鳞片；雄蕊 6，长约为花被的 1/2；花柱细长，柱头不明显 3 裂。蒴果近球形，直径约 1.2cm，3 瓣开裂。种子黑色，扁平。花期秋季。

凭证标本 深圳莲花山，余欣繁（417）。

分布地 原产南美。

本研究种类分布地 深圳莲花山。

葱莲 *Zephyranthes candida*

韭莲（葱莲属）

Zephyranthes grandiflora Lindl. in Bot. Reg. 11: t. 902. 1825; Bailey, Man. Cult. Pl. print. 2, 254. 1954; 广州植物志: 701. 1956; 北京地区植物志 (单子叶植物): 292, 图 317. 1975; 中国高等植物图鉴 5: 552, 图7934. 1976; 江苏植物志. 上册: 386; 图695. 1977. ——*Z. carinata* Herb. in Curtis's Bot. Mag. 52: t. 2594. 1825, et Amaryll. 173. 1837; Baker, Handb. Amaryll. 31. 1888; 中国植物志 16(1): 7. 1985.

别名 风雨花

主要形态特征 多年生草本。鳞茎卵球形，直径 2～3cm。基生叶常数枚簇生，线形，扁平，长 15～30cm，宽 6～8mm。花单生于花茎顶端，下有佛焰苞状总苞，总苞片常带淡紫红色，长 4～5cm，下部合生成管；花梗长 2～3cm；花玫瑰红色或粉红色；花被管长 1～2.5cm，花被裂片 6，裂片倒卵形，顶端略尖，长 3～6cm；雄蕊 6，长为花被的 2/3～4/5，花药丁字形着生；子房下位，3 室，胚珠多数，花柱细长，柱头深 3 裂。蒴果近球形；种子黑色。花期夏秋。

韭莲 *Zephyranthes grandiflora*

凭证标本 深圳莲花山，王贺银，招康赛（140）。 **本研究种类分布地** 深圳莲花山。

分布地 云南（昆明、绥江、屏边、富宁、鹤庆）。 **主要经济用途** 观赏，药用。

薯蓣科 Dioscoreaceae

黄独（薯蓣属）

Dioscorea bulbifera L. sp. Pl. 1033. 1753; Prain et Burkill in Journ. Asiat. Soc. Bengal. n. s. 10: 26. 1914; Merr. Interp. Rumph. Herb. Amb. 146. 1917; R. Knuth in Engl. Pflanzenr. 87 (4-43): 88. 1924; Burkill in Steenis, Fl. Malesiana ser. 1, 4: 311. 1954; 裴鉴等，中国药用植物志 7: 319. 1964; 中国高等植物图鉴 5: 565, 图7960. 1976; 海南植物志 4: 151. 1977. ——*D. sativa* auct. non L.: Thunb. Fl. Jap. 151. 1784; 中国植物志 16(1): 88. 1985.

别名 黄药（本草原始），山慈姑（植物名实图考），零余子薯蓣（俄拉汉种子植物名称），零余薯（广州植物志、海南植物志），黄药子（江苏、安徽、浙江、云南等省药材名），山慈姑（云南楚雄）

主要形态特征 缠绕草质藤本；块茎卵圆形或梨形，直径 4～10cm，通常单生，每年由去年的块茎顶端抽出，很少分枝，外皮棕黑色，表面密生须根；茎左旋，浅绿色稍带红紫色，光滑无毛。叶腋内有紫棕色，球形或卵圆形珠芽，大小不一，最重者可达300g，表面有圆形斑点；单叶互生；叶片宽卵状心形或卵状心形，长 15（～26）cm，宽 2～14（26）cm，顶端尾状渐尖，边缘全缘或微波状，两面无毛。雄花序穗状，下垂，常数个丛生于叶腋，有时分枝呈圆锥状；雄花单生，密集，基部有卵形苞片 2 枚；花被片披针形，新鲜时紫色；雄蕊 6 枚，着生于花被基部，花丝与花药近等长；雌花序与雄花序相似，常 2 至数个丛生叶腋，长 20～50cm；退化雄蕊 6 枚，长仅为花被片 1/4。蒴果反折下垂，三棱状长圆形，长 1.5～3cm，宽 0.5～1.5cm，两端浑圆；成熟时草黄色，表面密被紫色小斑点，无毛。种子深褐色，扁卵形，通常两两着生于每室中轴顶部，种翅栗褐色，向种子基部延伸呈长圆形。花期 7～10 月，果期 8～11 月。

凭证标本 ①深圳杨梅坑，陈永恒，招康赛（036）。②深圳赤坳，陈惠如，招康赛（040）。③深圳应人石，余欣繁，招康赛（131）。

本研究种类分布地 深圳杨梅坑、赤坳、应人石。

黄独 *Dioscorea bulbifera*

主要经济用途 块茎含呋喃去甲基二萜类化合物及黄药子萜 A（diosbulbin A）、黄药子萜 B（diosbulbin B）、黄药子萜 C（diosbulbin C），后三者均有苦味，主治甲状腺肿大、淋巴结核、咽喉肿痛、吐血、咯血、百日咳；外用治疮疖。

薯莨（薯蓣属）

Dioscorea cirrhosa Lour.Fl. Cochinch. 625. 1790; Prain et Burkill in Journ. Asiat. Soc. Bengal n. s. 10: 31. 1914; 中国植物志 16(1): 108. 1985.

别名 赭魁，薯良，鸡血莲，血母，朱砂七，红药子， 金花果，红孩儿，孩儿血，牛血莲，染布薯

主要形态特征　藤本，粗壮，长可达 20m 左右；块茎一般生长在表土层，为卵形、球形、长圆形或葫芦状，外皮黑褐色，凹凸不平，断面新鲜时红色，干后紫黑色，直径大的甚至可达 20 多厘米；茎绿色，无毛，右旋，有分枝，下部有刺。单叶，在茎下部的互生，中部以上的对生；叶片革质或近革质，长椭圆状卵形至卵圆形，或为卵状披针形至狭披针形，长 5～20cm，宽（1～）2～14cm，顶端渐尖或骤尖，基部圆形，有时呈三角状缺刻，全缘，两面无毛，表面深绿色，背面粉绿色；基出脉 3～5，网脉明显；叶柄长 2～6cm。雌雄异株；雄花序为穗状花序，长 2～10cm，通常排列呈圆锥花序，圆锥花序长 2～14cm 或更长，有时穗状花序腋生；雄花的外轮花被片为宽卵形或卵圆形，长约 2mm，内轮倒卵形，小；雄蕊 6，稍短于花被片；雌花序为穗状花序，单生于叶腋，长达 12cm；雌花的外轮花被片为卵形，厚，较内轮大。蒴果不反折，近三棱状扁圆形，长 1.8～3.5cm，宽 2.5～5.5cm；种子着生于每室中轴中部，四周有膜质翅。花期 4～6 月，果期 7 月至翌年 1 月仍不脱落。

凭证标本　深圳杨梅坑，陈惠如（107）；余欣繁（254）。

分布地　生于海拔 350～1500m 的山坡、路旁、河谷边的杂木林中、阔叶林中、灌丛中或林边。分布于浙江南部、江西南部、福建、台湾、湖南、广东、广西、贵州、四川南部和西部、云南、西藏墨脱。越南也有分布。

本研究种类分布地　深圳杨梅坑。

薯莨 *Dioscorea cirrhosa*

主要经济用途　块茎富含单宁，可提制栲胶，或用作染丝绸、棉布、渔网；也可作酿酒的原料；入药能活血、补血、收敛固涩，治跌打损伤、血瘀气滞、月经不调、妇女血崩、咳嗽咯血、半身麻木及风湿等症。

山薯（薯莨属）

Dioscorea fordii Prain et Burkill in Journ. Asiat. Soc. Bengal n. s. 4: 450. 1908 et 10: 36. 1914, et Ann. Bot. Gard. Calcutta 14 (2): 290, 1939, pl. 119. 1938; 中国植物志 16(1): 114. 1985.

主要形态特征　缠绕草质藤本；块茎长圆柱形，垂直生长，干时外皮棕褐色，不脱落，断面白色；茎无毛，右旋，基部有刺。单叶，在茎下部的互生，中部以上的对生；叶片纸质；宽披针形、长椭圆状卵形或椭圆状卵形，有时为卵形，长 4～14（～17）cm，宽 1.5～8（～13）cm，顶端渐尖或尾尖，基部变异大，近截形、圆形、浅心形、宽心形、深心形至箭形，有时为戟形，两耳稍开展，有时重叠，全缘，两面无毛；基出脉 5～7；雌雄异株，雄花序为穗状花序，长 1.5～3cm，2～4 个簇生或单生于花序轴上排列呈圆锥花序，

圆锥花序长可达 40cm，偶尔穗状花序腋生；花序轴明显地呈"之"字状曲折；雄花的外轮花被片为宽卵形，长 1.5～2mm，内轮较狭而厚，倒卵形；雄蕊 6；雌花序为穗状花序，结果时长可达 25cm，常单生于叶腋。蒴果不反折，三棱状扁圆形，长 1.5～3cm，宽 2～4.5cm。种子着生于每室中轴中部，四周有膜质翅。花期 10 月至翌年 1 月，果期 12 月至翌年 1 月。

凭证标本　①深圳小南山，王贺银（236）；②深圳应人石，王贺银（117）。

分布地　生于海拔 50～1150m 的山坡、山凹、

溪沟边或路旁的杂木林中。分布于浙江南部、福建、广东、广西、湖南南部。

本研究种类分布地 深圳小南山、应人石。

日本薯蓣（薯蓣属）

Dioscorea japonica Thunb. Fl. Jap. 151. 1784; Diels in Bot. Jahrb. 29: 261. 1900; C. H. Wright in Journ. Linn. Soc. Bot. 36: 92. 1903, excl. specim. guangdong. Ford. 330; Prain et Burkill in Journ. Asiat. Soc. Bengal n. s. 10: 28. 1914; Rehd. in Sargent, Pl. Wils. 3: 14. 1916; R. Knuth in Engl. Pflanzenr. 87 (4-43): 262. 1924; Court. Fl. Ngan-hoei 133. 1933; Prain et Burkill in Ann. Bot. Gard. Calcutta 14 (2): 257. 1939, pl. 105. 1938; 中国高等植物图鉴 5: 567, 图7963. 1976; T. S. Liou et T. C.Huang, Fl. Taiwan 5: 107. 1978; 中国植物志 16(1): 105. 1985.

别名 山蝴蝶、千斤拔（浙江天目山），野白菇（湖南南岳），风车子（江西广昌），土淮山（广东南崑山），千担苕（贵州印江）

主要形态特征 缠绕草质藤本；块茎长圆柱形，垂直生长，直径达 3cm 左右，外皮棕黄色，干时皱缩，断面白色，或有时带黄白色；茎绿色，有时带淡紫红色，右旋。单叶，在茎下部的互生，中部以上的对生；叶片纸质，变异大，通常为三角状披针形、长椭圆状狭三角形至长卵形，有时茎上部的为线状披针形至披针形，下部的为宽卵心形，长 3 ～ 11（～ 19）cm，宽（1 ～）2 ～ 5（～ 18）cm，顶端长渐尖至锐尖，基部心形至箭形或戟形，有时近截形或圆形，全缘，两面无毛；叶柄长 1.5 ～ 6cm；叶腋内有各种大小形状不等的珠芽。雌雄异株；雄花序为穗状花序，长 2 ～ 8cm，近直立，2 至数个或单个着生于叶腋；雄花绿白色或淡黄色，花被片有紫色斑纹，外轮为宽卵形，长约 1.5mm，内轮为卵状椭圆形，稍小；雄蕊 6；雌花序为穗状花序，长 6 ～ 20cm，1 ～ 3 个着生于叶腋；雌花的花被片为卵形或宽卵形，6 个退化雄蕊与花被片对生。蒴果不反折，三棱状扁圆形或三棱状圆形，长 1.5 ～ 2（～ 2.5）cm，宽 1.5 ～ 3（～ 4）cm；种子着生于每室中轴中部，四周有膜质翅。花期 5 ～ 10 月，果期 7 ～ 11 月。

凭证标本 深圳应人石，林仕珍，周志彬（164）；林仕珍，明珠（165）；邹雨锋（173）。

分布地 喜生于向阳山坡、山谷、溪沟边、路旁的杂木林下或草丛中。分布于安徽（淮河以南，海拔 300 ～ 800m）、江苏、浙江（150 ～ 1200m）、江西、

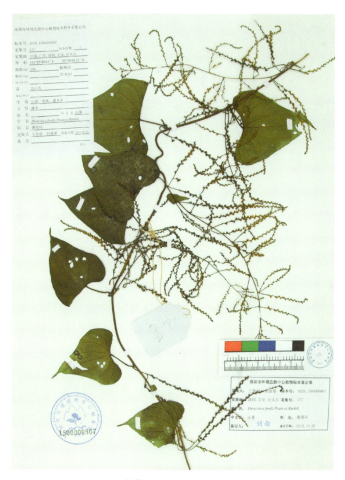

山薯 *Dioscorea fordii*

日本薯蓣 *Dioscorea japonica*

福建、台湾、湖北、湖南（600～1000m）、广东（500～700m）、广西、贵州东部（800～1200m）、四川。日本、朝鲜也有分布。

本研究种类分布地 深圳应人石。
主要经济用途 块茎入药，为强壮健胃药；也供食用。

薯蓣（薯蓣属）

Dioscorea opposita Thunb. Fl. Jap. 151. 1784; Prain et Burkill in Kew Bull. 349. 1919, et in Ann. Bot. Gard. Calcutta 14(2): 243. 1939, pl. 104. 1938; Burkill in Journ. Linn Soc. Bot. 56: 410. 1960; 中国植物志 16(1): 103. 1985.

别名 野山豆（江苏睢宁），野脚板薯（湖南南岳），面山药（甘肃徽县），淮山（贵州德江）

主要形态特征 缠绕草质藤本；块茎长圆柱形，垂直生长，长可达 1m 多，断面干时白色；茎通常带紫红色，右旋，无毛。单叶，在茎下部的互生，中部以上的对生，很少 3 叶轮生；叶片变异大，卵状三角形至宽卵形或戟形，长 3～9（～16）cm，宽 2～7（～14）cm，顶端渐尖，基部深心形、宽心形或近截形，边缘常 3 浅裂至 3 深裂，中裂片卵状椭圆形至披针形，侧裂片耳状，圆形、近方形至长圆形；幼苗时一般叶片为宽卵形或卵圆形，基部深心形；叶腋内常有珠芽。雌雄异株；雄花序为穗状花序，长 2～8cm，近直立，2～8 个着生于叶腋，偶尔呈圆锥状排列；花序轴明显地呈"之"字状曲折；苞片和花被片有紫褐色斑点；雄花的外轮花被片为宽卵形，内轮卵形，较小；雄蕊 6；雌花序为穗状花序，1～3 个着生于叶腋。蒴果不反折，三棱状扁圆形或三棱状圆形，长 1.2～2cm，宽 1.5～3cm，外面有白粉。种子着生于每室中轴中部，四周有膜质翅。花期 6～9 月，果期 7～11 月。

凭证标本 深圳小南山，陈永恒（096）。

分布地 生于山坡、山谷林下、溪边、路旁的灌丛中或杂草中；或为栽培。分布于东北、河北、山东、河南、安徽（淮河以南，海拔 150～850m）、江

（仲恺农业工程学院硕士研究生 林亿雪）

薯蓣 *Dioscorea opposita*

苏、浙江（450～1000m）、江西、福建、台湾、湖北、湖南、广西北部、贵州、海南北部、四川（700～500m）、甘肃东部（950～1100m）、陕西南部（350～1500m）等地。朝鲜、日本也有分布。

本研究种类分布地 深圳小南山。

主要经济用途 块茎为常用中药"淮山药"，有强壮、祛痰的功效；又能食用。在园林应用方面，薯蓣是藤本类观叶植物，可作绿篱及绿雕。

棕榈科 Palmae

杖藤（省藤属）

Chenopodium giganteum D. Don. Prodr.Fl. Nepal. 75. 1825; Moq. in DC. Prodr. 13(2): 70. 1894; Hand.-Mazz. Symb. Sin.7: 1372. 1936; 中国植物志 13(1): 81. 1991.

别名 红盐菜（广西）

主要形态特征 攀援藤本，丛生；带叶鞘茎粗 3～4cm，裸茎粗 1.8～2.5cm。叶羽状全裂，长 1.2～1.8m，顶端不具纤鞭；羽片整齐排列，等距或稍有间隔，线形，长 45～50cm，宽 1～2cm 或更宽，先端渐尖，具明显的 3 条叶脉，两面及边缘和先端均有刚毛状刺；叶轴具近成列的直刺或单生的爪；叶柄长 25～35cm，被黑褐色

鳞秕，具整齐成列的长短不等的长黑刺；叶鞘口的刺长达 5 ～ 10cm 或更长，叶鞘上密被红褐色或黑褐色鳞秕和成列的与叶柄上相似的黑褐色的刺，长刺之间混有较短的刚毛状黑刺。雌雄花序异型；雄花序长鞭状，三回分枝，长达 8m，具 3 ～ 4 个分枝，长 40cm，顶端有尾状附属物，分枝上约有 20 个二级分枝，长 7 ～ 15cm，其上约有 20 个小穗状花序，长 2 ～ 3cm，每侧有 5 ～ 15 朵花；下部的一级佛焰苞长管状，具成列或轮生的刺，二级佛焰苞管状或管状漏斗形，三级佛焰苞管状漏斗形，小佛焰苞为不对称漏斗形，以上各级佛焰苞均具条纹脉；总苞稍伸出于小佛焰苞，不规则杯状；雄花长圆形，长约 5mm，钝三棱；花萼管 3 齿裂；花冠长于花萼 2 倍；雌花序二回分枝，长 7 ～ 8m，顶端具纤鞭，有 7 个分枝花序，长 70 ～ 85cm，顶端有尾状附属物，每侧有 5 ～ 10 个小穗状花序，长 13 ～ 20cm，每侧有 20 ～ 25 朵花；一级、二级及小佛焰苞与雄的相似；总苞托半杯状；总苞半伸出总苞托，杯状；中性花的小窠深凹，卵形。果被平扁；果实椭圆形，长 10 ～ 12mm，直径 7 ～ 8mm，顶端具喙状尖头，鳞片 15 纵列，草黄色，中央有不明显的浅沟槽，顶端褐色，啮蚀状，边缘具稍宽的黄褐色的流苏状鳞毛。种子宽椭圆形，略扁，长 8mm，宽 6mm，厚 5mm，表面有瘤突，胚乳浅嚼烂状，胚基生。花果期 4 ～ 6 月。

特征差异研究 ①深圳莲花山，叶长 22.5 ～ 43.5cm，叶宽 0.5 ～ 1.2cm，与上述特征描述相比，叶长的整体范围偏小，最大值比上述特征描述叶长的最小值小 1.5cm；叶宽的最小值偏小，小 0.5cm。②深圳小南山，叶长 24 ～ 26.5cm，叶宽 1.3 ～ 1.5cm，与上述特征描述相比，叶长的整体范围偏小，最大值比上述特征描述叶长的最小值小 18.5cm。③深圳应人石，叶长 9.5 ～ 23.5cm，叶宽 1.6 ～ 1.8cm，与上述特征描述相比，叶长的整体范围偏小，最大值比上述特征描述叶长的最小值小 21.5cm。④深圳杨梅坑，叶长

杖藤 *Chenopodium giganteum*

14.5 ～ 25.5cm，叶宽 0.9 ～ 2.4cm；果实椭圆形，长约 0.4cm，宽约 0.3cm。与上述特征描述相比，叶长的整体范围偏小，最大值比上述特征描述叶长的最小值小 19.5cm。

凭证标本 ①深圳杨梅坑，余欣繁，招康赛（285）；刘浩（030）；邹雨锋（075）；陈惠如，黄玉源（110）；陈永恒，赖标汶（156）；王贺银（382），王贺银（384）。②深圳小南山，刘浩（094）。③深圳应人石，邹雨锋（180）。④深圳莲花山，邹雨锋（105）。

分布地 产福建、广东、海南、广西、贵州及云南等省区。

本研究种类分布地 深圳杨梅坑、小南山、应人石、莲花山。

主要经济用途 藤茎质地中等，坚硬，适宜作藤器的骨架，也可作手杖。

短穗鱼尾葵（鱼尾葵属）

Caryota mitis Lour. Fl. Cochinch. 2: 569. 1790; Back. et Bakh. f., Fl. Java 3: 224. 1968; 海南植物志 4: 164. 1977; 中国植物志13(1): 115. 1991.

别名 酒椰子

主要形态特征 丛生，小乔木状，高 5 ～ 8m，直径 8 ～ 15cm；茎绿色，表面被微白色的毡状绒毛。叶长 3 ～ 4m，下部羽片小于上部羽片；羽片呈楔形或斜楔形，外缘笔直，内缘 1/2 以上弧曲成不规则的齿缺，且延伸成尾尖或短尖，淡

绿色，幼叶较薄，老叶近革质；叶柄被褐黑色的毡状绒毛；叶鞘边缘具网状的棕黑色纤维。佛焰苞与花序被糠秕状鳞秕，花序短，长 25 ～ 40cm，具密集穗状的分枝花序；雄花萼片宽倒卵形，长约 2.5mm，宽 4mm，顶端全缘，具睫毛，花瓣狭长圆形，长约 11mm，宽 2.5mm，淡绿色，雄蕊 15 ～ 20（～ 25）枚，几无花丝；雌花萼片宽倒卵形，长约为花瓣的 1/3 倍，顶端钝圆，花瓣卵状三角形，长 3 ～ 4mm；退化雄蕊 3 枚，长约为花瓣的（1/3 ～）1/2 倍。果球形，直径 1.2 ～ 1.5cm，成熟时紫红色，具 1 颗种子。花期 4 ～ 6 月，果期 8 ～ 11 月。

凭证标本 深圳莲花山，王贺银，招康赛（084）；林仕珍，周志彬（086）；林仕珍（087）。

分布地 生于山谷林中或植于庭院。产海南、广西等省区。越南、缅甸、印度、马来西亚、菲律宾、印度尼西亚爪哇亦有分布。

本研究种类分布地 深圳莲花山。

主要经济用途 茎的髓心含淀粉，可供食用，花序液汁含糖分，供制糖或酿酒。

鱼尾葵（鱼尾葵属）

Caryota ochlandra Hance in Journ. Bot. 17: 176. 1879; C. H. Wright in Journ.Linn. Soc. Bot. 36: 167. 1903; Merr. et Chun in Sunyatsenia 2: 210. 1935; Burret in Notizbl. Bot. Gart. Berlin 13: 602. 1937; 中国高等植物图鉴 5: 345. 图7519. 1976; 海南植物志 4: 163-164. 图1064. 1977; 中国植物志 13(1): 115. 1991.

别名 青棕（云南）、假桃榔（拉汉种子植物名称）、果株（傣语）

主要形态特征 乔木状，高 10 ～ 15（～ 20）m，直径 15 ～ 35cm；茎绿色，被白色的毡状绒毛，具环状叶痕。叶长 3 ～ 4m，幼叶近革质，老叶厚革质；羽片长 15 ～ 60cm，宽 3 ～ 10cm，互生，罕见顶部的近对生，最上部的 1 羽片大，楔形，先端 2 ～ 3 裂，侧边的羽片小，菱形，外缘笔直，内缘上半部或1/4以上弧曲成不规则的齿缺，且延伸成短尖或尾尖。佛焰苞与花序无糠秕状的鳞秕；花序长 3 ～ 3.5（～ 5）m，具多数穗状的分枝花序，长 1.5 ～ 2.5m；雄花花萼与花瓣不被脱落性的毡状绒毛，萼片宽圆形，长约 5mm，宽 6mm，盖萼片小于被盖的侧萼片，表面具疣状凸起，边缘不具半圆齿，无毛，花瓣椭圆形，长约 2cm，宽 8mm，黄色，雄蕊（31 ～）50 ～ 111 枚，

短穗鱼尾葵 *Caryota mitis*

鱼尾葵 *Caryota ochlandra*

花药线形，长约 9mm，黄色，花丝近白色；雌花花萼长约 3mm，宽 5mm，顶端全缘，花瓣长约 5mm；退化雄蕊 3 枚，钻状，为花冠长的 1/3 倍；子房近卵状三棱形，柱头 2 裂。果实球形，成熟时红色，直径 1.5 ～ 2cm。种子 1 颗，罕为 2 颗，胚乳嚼烂状。花期 5 ～ 7 月，果期 8 ～ 11 月。

凭证标本　深圳莲花山，刘浩，邓嘉豪（060）。
分布地　生于海拔 450 ～ 700m 的山坡或沟谷林中。产福建、广东、海南、广西、云南等省区。亚热带地区有分布。
本研究种类分布地　深圳莲花山。
主要经济用途　本种树形美丽，可作庭院绿化植物；茎髓含淀粉，可作桄榔粉的代用品。

蒲葵（蒲葵属）

Livistona chinensis (Jacq.) R. Br. Prodr. Fl. Nov. Holl. 268. 1810; Mart. Hist. Nat. Palm. 3:240. et 319. t. 146. f. 1-3. 1849; Becc. in Ann. Roy. Bot. Gard. Calc. 13: 59-61. t. 4. f. 3. et 78. 1931; Gagnep. in Lecomte, Fl. Gen. Indo-Chine 6:982. 1937; 陈嵘, 中国树木分类学: 92. (不含图) 1937和1959; 中国高等植物图鉴 5: 340. 图7510. 1976. ——*Latania chinensis* Jacq. Fragm. Bot. 16. t. 11. f. l. 1809. ——*Saribus chinensis* Bl. Rumphia 2:49. 1836. ——*Livistona olivaeformis* Mart. l. c. 319. 1849. ——*L. sinensis* Griff. Palm. Brit. East Ind. 131. t. 236 D. 1850; 中国植物志 13(1): 26. 1991.

别名　扇叶葵、葵树
主要形态特征　乔木状，高 5 ～ 20m，直径 20 ～ 30cm，基部常膨大。叶阔肾状扇形，直径达 1m 余，掌状深裂至中部，裂片线状披针形，基部宽 4 ～ 4.5cm，顶部长渐尖，2 深裂成长达 50cm 的丝状下垂的小裂片，两面绿色；叶柄长 1 ～ 2m，下部两侧有黄绿色（新鲜时）或淡褐色（干后）下弯的短刺。花序呈圆锥状，粗壮，长约 1m，总梗上有 6 ～ 7 个佛焰苞，约 6 个分枝花序，长达 35cm，每分枝花序基部有 1 个佛焰苞，分枝花序具 2 次或 3 次分枝，小花枝长 10 ～ 20cm。花小，两性，长约 2mm；花萼裂至近基部成 3 个宽三角形近急尖的裂片，裂片有宽的干膜质的边缘；花冠约 2 倍长于花萼，裂至中部成 3 个半卵形急尖的裂片；雄蕊 6 枚，其基部合生成杯状并贴生于花冠基部，花丝稍粗，宽三角形，突变成短钻状的尖头，花药阔椭圆形；子房的心皮上面有深雕纹，花柱突变成钻状。果实椭圆形（如橄榄状），长 1.8 ～ 2.2cm，直径 1 ～ 1.2cm，黑褐色。种子椭圆形，长 1.5cm，直径 0.9cm，胚约位于种脊对面的中部稍偏下。花果期 4 月。

凭证标本　深圳莲花山，刘浩，招康赛（057）。
分布地　华南。中南半岛。

蒲葵 *Livistona chinensis*

本研究种类分布地　深圳莲花山。
主要经济用途　嫩叶编制葵扇；老叶制蓑衣等，叶裂片的肋脉可制牙签；果实及根入药。

刺葵（刺葵属）

Phoenix hanceana Naud.in Journ. Bot. 17: 174. 1879; Merr.in Lingnan Sci. Journ. 5 (1-2) , 41. 1927; Burret in Notizbl. Bot. Gart. Berlin 13: 5Merr. et Chun in Sunyatsenia 5: 26. 1940; 中国高等植物图鉴 5: 350. 图7530. 1976; 海南植物志 4: 165-166. 1977——*P. humilis* Royle var. *hanceana* Becc. in Males. 3: 392. 1890. p.p. quoad Syn. *Ph. hanceana* Naud. ——*P. hanceana* Naud. var. *formosana* Becc. in Philipp. Journ. Sci. 3: 339. 1908; 中国植物志 13(1): 103. 1985.

主要形态特征　茎丛生或单生，高 2～5m，直径达 30cm 以上。叶长达 2m；羽片线形，长 15～35cm，宽 10～15mm，单生或 2～3 片聚生，呈 4 列排列。佛焰苞长 15～20cm，褐色，不开裂为 2 舟状瓣；花序梗长 60cm 以上；雌花序分枝短而粗壮，长 7～15cm；雄花近白色；花萼长 1～1.5mm，顶端具 3 齿；花瓣 3，长 4～5mm，宽 1.5～2mm；雄蕊 6；雌花花萼长约 1mm，顶端不具三角状齿；花瓣圆形，直径约 2mm；心皮 3，卵形，长约 15mm，宽 8mm。果实长圆形，长 1.5～2cm，成熟时紫黑色，基部具宿存的杯状花萼。花期 4～5 月，果期 6～10 月。

凭证标本　①深圳小南山，邹雨锋，招康赛（203）。②深圳应人石，王贺银（172）。

分布地　生于海拔 800～1500m 的阔叶林或针阔混交林中。产台湾、广东、海南、广西、云南等省区。

本研究种类分布地　深圳小南山、应人石。

主要经济用途　树形美丽，可作庭院绿化植物，果可食，嫩芽可作蔬菜，叶可作扫帚。

棕竹（棕竹属）

Rhapis excelsa (Thunb.) Henry ex Rehd. in Journ. Arnold Arbor. 11: 153. 1930; Merr. in Lingnan Sci. Journ. 13:55. 1934; 中国高等植物图鉴 5: 341. 图7512. 1976; 海南植物志 4: 161. 图1062. 1977. ——*Chamaerops excelsa* Thunb. non Mart. (1849) Fl. Jap. 130. 1784. ——*Rhapis flabelliformis* L'Herit. ex Ait. Hort. Kew. 3: 473. 1789; Mart. Hist. Palm. 3: 253. t. 144. 1849; Becc. in Ann. Roy. Bot. Gard. Calc. 13: 244. t. 16. 1931; 陈嵘, 中国树木分类学: 93. 1959; 中国植物志 16(1): 10. 1991.

别名　棱竹（十道志），筋头竹（秘传花镜），观音竹（中国树木分类学），虎散竹（植物学大辞典）

主要形态特征　丛生灌木，高 2～3m；茎圆柱形，有节，直径 1.5～3cm，上部被叶鞘，但分解成稍松散的马尾状淡黑色粗糙而硬的网状纤维。叶掌状深裂，裂片 4～10 片，不均等，具 2～5 条肋脉，在基部（即叶柄顶端）1～4cm 处连合，长 20～32cm 或更长，宽 1.5～5cm，宽线形或线状椭圆形，先端宽，截状而具多对稍深裂的小裂片，边缘及肋脉上具稍锐利的锯齿，横小脉多而明显；叶柄两面凸起或上面稍平坦，边缘微粗糙，宽约 4mm，顶端的小戟突略呈半圆形或钝三角形，被毛。花序长约 30cm，总花序梗及分枝花序基部各有 1 枚佛焰苞包着，密被褐色弯卷绒毛；

刺葵 *Phoenix hanceana*

棕竹 *Rhapis excelsa*

2～3个分枝花序，其上有1～2次分枝小花穗，花枝近无毛，花螺旋状着生于小花枝上；雄花在花蕾时为卵状长圆形，具顶尖，在成熟时花冠管伸长，在开花时为棍棒状长圆形，长5～6mm，花萼杯状，深3裂，裂片半卵形，花冠3裂，裂片三角形，花丝粗，上部膨大具龙骨凸起，花药心形或心状长圆形，顶端钝或微缺；雌花短而粗，

长4mm。果实球状倒卵形，直径8～10mm。种子球形，胚位于种脊对面近基部。花期6～7月。

凭证标本 深圳莲花山，余欣繁，招康赛（090）；王贺银，招康赛（110）。

分布地 华南至西南。

本研究种类分布地 深圳莲花山。

主要经济用途 庭院绿化，药用。

露兜树科 Pandanaceae

露兜草（露兜树属）

Pandanus austrosinensis T. L. Wu., 海南植物志4: 535图1076. 1977; 中国植物志8: 20. 1992.

主要形态特征 多年生常绿草本；地下茎横卧，分枝，生有许多不定根，地上茎短，不分枝。叶近革质，带状，长达2m，宽约4cm，先端渐尖成三棱形、具细齿的鞭状尾尖，基部折叠，边缘具向上的钩状锐刺，背面中脉隆起，疏生弯刺，除下部少数刺尖向下外，其余刺尖多向上，沿中脉两侧各有1条明显的纵向凹陷。花单性，雌雄异株；雄花序由若干穗状花序所组成，长达10cm；雄花的雄蕊多为6枚，花丝下部联合成束，长约3.2mm，着生在穗轴上，花丝上部离生，长约1mm，伞状排列，花药线形，长约3mm，基部着生，内向，2室，背面中肋呈龙骨状凸起，有密集细刺，心皮多数，上端分离，下端与邻近的心皮彼此黏合；子房上位，1室，胚珠1颗，花柱短，柱头分叉或不分叉，角质，向上斜钩。聚花果椭圆状圆柱形或近圆球形，长约10cm，直径约5cm，由多达250余个核果组成，成熟核果的果皮变为纤维，核果倒圆锥状，5～6棱，宿存柱头刺状，向上斜钩。花期4～5月。

凭证标本 深圳莲花山，王贺银，招康赛（094）。

露兜草 *Pandanus austrosinensis*

分布地 生于林中、溪边或路旁。产广东、海南、广西等省区。

本研究种类分布地 深圳莲花山。

主要经济用途 在广东一些客家地区（云落）用它的叶子作为包粽子的叶片。

露兜树（露兜树属）

Pandanus tectorius Sol. in Journ.Voy. H. M. S. Endeav 46. 73; Warb, in Engl. Pflanzenr. 3 (IV 9): 46. 1900; 海南植物志 4: 176. 1977; 中国植物志 8: 18. 1992.

别名 林投（福建通志），露兜簕（广州植物志）

主要形态特征 常绿分枝灌木或小乔木，常左右扭曲，具多分枝或不分枝的气根。叶簇生于枝顶，三行紧密螺旋状排列，条形，长达80cm，宽4cm，先端渐狭成一长尾尖，叶缘和背面中脉均有粗壮的锐刺。雄花序由若干穗状花序组成，每一穗状花序长约5cm；佛焰苞长披针形，长

10～26cm，宽1.5～4cm，近白色，先端渐尖，边缘和背面隆起的中脉上具细锯齿；雄花芳香，雄蕊常为10余枚，多可达25枚，着生于长达9mm的花丝束上，呈总状排列，分离花丝长约1mm，花药条形，长3mm，宽0.6mm，基着药，药基心形，药隔顶端延长的小尖头长1～1.5mm；雌花序头状，单生于枝顶，圆球形；佛

焰苞多枚，乳白色，长 15～30cm，宽 1.4～
2.5cm，边缘具疏密相间的细锯齿，心皮 5～12
枚合为一束，中下部联合，上部分离，子房上位，
5～12 室，每室有 1 颗胚珠。聚花果大，向下悬垂，
由 40～80 个核果束组成，圆球形或长圆形，长
达 17cm，直径约 15cm，幼果绿色，成熟时橘红色；
核果束倒圆锥形，高约 5cm，直径约 3cm，宿存
柱头稍凸起呈乳头状、耳状或马蹄状。花期 1～
5 月。

凭证标本　①深圳杨梅坑，邹雨锋，招康赛（017）；
余欣繁，许旺（021）。②深圳小南山，陈永恒，
明珠（169）；余欣繁，黄玉源（193）；邹雨锋，
黄玉源（75）。③深圳莲花山，邹雨锋（114）。

分布地　福建，广东，广西，贵州，海南，台湾，
云南，澳门，香港。

本研究种类分布地　深圳杨梅坑、小南山、莲
花山。

主要经济用途　露兜树的叶片柔韧扁长，可以编
织成字台垫、帽子、草席、袋子、手提包及睡房

露兜树 *Pandanus tectorius*

拖鞋等，也宜制作童玩或盛器。鲜花可提取芳
香油。

兰科 Orchidaceae

苞舌兰（苞舌兰属）

Spathoglottis pubescens Lindl., Gen. Sp. Orch. Pl. 120. 1831, et in Bot. Reg. 8 (n. s.): sub. t. 19. 1845; Hook. f ., Fl. Brit. Ind. 5: 814. 1890; Rolfe in J. Linn. Soc. Bot. 36: 18. 1903; Hand.-Mazz., Symb. Sin. 7: 1358. 1936; 中国高等植物图鉴5: 727.图 8283. 1976; S. Y. Hu, Gen. Orch. Hong Kong 75, fig. 38. 1977; Seidenf. in Opera Bot. 89: 60, fig. 29. 1987, et 114: 88. 1992; Averyanov, Vasc. Pl. Syn. Vietnam. Fl. 1: 152. 1990; 浙江植物志 7: 536. 1993; Averyanov, Iden. Guide Vietnam. Orch. 96. 1994; 福建植物志 6: 608. 图529. 1995; Z. H. Tsi, S. C. Chen et K. Mori, Wild Orch. China: 112, Pl. 270. 1997. —— *Spathoglottis fortunei* Lindl. in Bot. Reg. 8 (n. s.): t. 19. 1845; Schltr. in Fedde Repert. Sp. Nov. Beih. 4: 244. 1919; S. Y. Hu, Gen. Orch. Hong Kong 71. 1977. ——*Eulophia sinensis* auct. non Bl.: Guill. in Bull. Mus. Hist. Nat. (Paris) ser. 2, 31 (1): 116. 1960; 中国植物志 18: 252. 1999.

主要形态特征　假鳞茎扁球形，通常粗 1～
2.5cm，被革质鳞片状鞘，顶生 1～3 枚叶。
叶带状或狭披针形，长达 43cm，宽 1～1.7
（～4～5）cm，先端渐尖，基部收窄为细柄，两
面无毛。花葶纤细或粗壮，长达 50cm，密布柔毛，
下部被数枚紧抱于花序柄的筒状鞘；总状花序长
2～9cm，疏生 2～8 朵花；花苞片披针形或卵
状披针形，长 5～9mm，被柔毛；花梗和子房长
2～2.5cm，密布柔毛；花黄色；萼片椭圆形，
通常长 12～17mm，宽 5～7mm，先端稍钝
或锐尖，具 7 条脉，背面被柔毛；花瓣宽长圆
形，与萼片等长，宽 9～10mm，先端钝，具
5～6 条主脉，外侧的主脉分枝，两面无毛；唇

瓣约等长于花瓣，3 裂；侧裂片直立，镰刀状长
圆形，长约为宽的 2 倍，先端圆形或截形，两侧
裂片之间凹陷而呈囊状；中裂片倒卵状楔形，长
约 1.3cm，先端近截形并有凹缺，基部具爪；爪
短而宽，上面具一对半圆形的、肥厚的附属物，
基部两侧有时各具 1 枚稍凸起的钝齿；唇盘上
具 3 条纵向的龙骨脊，其中央 1 条隆起而成肉质
的褶片；蕊柱长 8～10mm；蕊喙近圆形。花期
7～10 月。

凭证标本　深圳莲花山，温海洋（166）。

分布地　生于海拔 380～1700m 的山坡草丛中或
疏林下。产浙江（龙泉）、江西（武功山、安福、
井冈山、寻乌、石城）、福建（平和、龙岩、上杭、

永定、连城、泰宁、长汀）、湖南（宜章、黔阳）、广东（汕头、梅县、乳源、信宜、罗浮山、英德、肇庆等地）、香港、广西（融水、龙胜、贺县、金秀等地）、四川（乐山、天全、马边、布拖、峨眉山、峨边等地）、贵州（盘县、兴仁、兴义、梵净山等地）和云南（蒙自、勐海、思茅）。也分布于印度东北部、缅甸、柬埔寨、越南、老挝和泰国。模式标本采自印度东北部。

本研究种类分布地　深圳莲花山。

保护级别　国家二级保护植物。

香港带唇兰（带唇兰属）

Tainia hongkongensis Rolfe in Kew Bull. 195. 1896; Averyanov, Vasc. Pl. Syn. Vietnam. Fl. 1: 155. 1990; 中国高等植物图鉴 5: 726. 1976; 中国植物志 18: 240. 1999.

别名　香港安兰

主要形态特征　假鳞茎卵球形，粗 1～2cm，幼时被鞘，顶生 1 枚叶。叶长椭圆形，长约 26cm，中部宽 3～4cm，先端渐尖，基部渐狭为柄，具折扇状脉；叶柄纤细，长 13～16cm，粗 2～3mm，基部被 1 枚长约 6cm 的筒状鞘。花葶出自假鳞茎的基部，直立，不分枝，长达 50cm，粗约 3mm，在花序之下疏生 4 枚筒状鞘；总状花序长达 15cm，疏生数朵花；花苞片膜质，狭披针形，长 6～12mm，先端长渐尖；花梗和子房紫褐色，长约 15mm；花黄绿色带紫褐色斑点和条纹；萼片相似，长圆状披针形，长约 2cm，中部宽 2.2～3.5mm，先端渐尖，具 5 条脉；侧萼片贴生于蕊柱基部；花瓣倒卵状披针形，与萼片近等大，先端渐尖，基部收狭，具 5 条脉；唇瓣白色带黄绿色条纹，倒卵形，不裂，长 11mm，中部上方宽 6mm，先端具短尖，中部以下两侧多少围抱蕊柱，基部具距；唇盘具 3 条狭的褶片；距近长圆形，长约 3mm，粗 2.5mm，从两侧萼片基部之间伸出；蕊柱白色带淡紫色，长约 7mm，向上稍扩大；药帽顶端两侧各具 1 个紫色的角状物。花期 4～5 月。

凭证标本　深圳杨梅坑，林仕珍（293）。

分布地　通常生于海拔 150～500m 的山坡林下或山间路旁。产福建（云霄、厦门、南靖、漳州、平和）、广东（鼎湖山、潮安、大埔）和香港。越南也有分布。

本研究种类分布地　深圳杨梅坑。

保护级别　国家二级保护植物。

苞舌兰 *Spathoglottis pubescens*

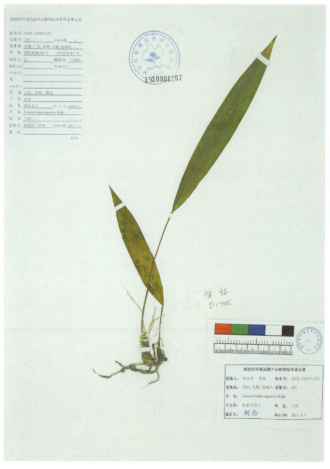

香港带唇兰 *Tainia hongkongensis*

绿花带唇兰（带唇兰属）

Tainia hookeriana King et Pantl. in J. Asiat Soc. Beng. 64: 336. 1896, et inAnn. Bot. Gard. Calcutta 8: 103, Pl. 143. 1898; Seidenf.in Opera Bot. 89: 32, fig. 13. 1986, et 114: 80. 1992; Averyanov, Vasc. Pl. Syn. Vietnam. Fl. 1: 155. 1990; Averyanov, Iden. Guide Vietnam. Orch. 83. 1994. ——*Ascotainia hookeriana* Ridl. in Mat. Fl. Malaya Penins 1: 116. 1907. ——*Ania hookeriana* (King et Pantl.) T. Tang et F. T. Wang ex Summerh. in Curtis's Bot. Mag. 161: t. 9553. 1939; T. Tang et F. T. Wang in Acta Phytotax. 1: 46, 89. 1951; S. Y. Hu in Quart. J. Taiwan Mus. 25: 120. 1972; 中国高等植物图鉴 5: 726. 图8282. 1976; 海南植物志 4: 233. 图1111. 1977; 台湾兰科植物 3: 38-40 (图). 1987; 中国兰花全书: 50. 1998. ——*Tainia taiwaniana* S. S. Ying in Quart. J. Chin. For. 20 (2): 55. 1987; 中国植物志18: 241. 1999.

绿花带唇兰 *Tainia hookeriana*

别名 绿花安兰（中国高等植物图鉴）

主要形态特征 假鳞茎卵球形，紫红色或暗褐绿色，粗达 3cm，在根状茎上彼此紧靠，被鞘，顶生 1 枚叶。叶长椭圆形，长约 35cm，宽 6～9cm，先端渐尖，基部具长 27～32cm 的柄，在背面具 5 条隆起的主脉。花葶长达 60cm，粗 4～5mm，基部具 2 枚套叠的鞘，向上疏生 2 枚较长的膜质鞘；总状花序长 15～20cm，疏生少数至 10 余朵花；花苞片膜质，狭披针形，通常长 6～7mm；花梗和子房长约 15mm；花黄绿色带橘红色条纹和斑点；萼片近相似，长圆状披针形，长 18～21mm，宽 3～5mm，先端渐尖，具 7 条脉；花瓣长圆形，比萼片稍短，宽 3～4mm，先端急尖，具 7 条脉；唇瓣白色带淡红色斑点和黄色先端，倒卵形，长约 15mm，上面多少被细乳突状毛，前部 3 裂；侧裂片近直立，卵状长圆形，先端钝并稍内弯；中裂片近心形或卵状三角形，先端急尖；唇盘从基部至中裂片先端纵贯 3 条褶片；褶片在中裂片上隆起，有时呈鸡冠状；距从两侧萼片基部之间伸出，长 3～5mm，末端钝；蕊柱半圆柱形，长约 1cm；蕊喙近舌状，向外伸，不裂；药帽顶端两侧无附属物。花期 2～3 月。

特征差异研究 深圳杨梅坑：叶长 19.5cm，宽 4.3cm。与上述特征描述相比，叶长的偏小 15.5cm；叶宽的最小值偏小 1.7cm。

凭证标本 深圳杨梅坑，王贺银，招康赛（314）。

分布地 生于海拔 700～1000m 的常绿阔叶林下或溪边。产台湾（台南等地）和海南（崖县、昌江）。也分布于印度锡金、泰国和越南。

本研究种类分布地 深圳杨梅坑。

保护级别 国家二级保护植物。

莎草科 Cyperaceae

黑穗莎草（莎草属）

Cyperus nigrofuscus L. K. Dai, sp. Nov.; 中国植物志 11: 150. 1961.

主要形态特征 一年生草本，无根状茎。秆丛生，稍柔弱，高 2～12cm，扁锐三棱形，棱呈翅状，平滑，基部具叶。叶短于或长于秆，宽 2～4mm，平张，背面中肋稍呈龙骨状隆起，平滑，无毛，或有时边缘稍有疏刺；叶鞘短，淡棕色。苞片 2～4 枚，叶状，长于花序；长侧枝聚伞花序简单，具 4～7 个辐射枝，密聚（或有时聚缩成头状），辐射枝最长仅 1.5cm；小穗 7～

15个呈指状排列于辐射枝顶端，线状长圆形或线形，长4～10mm，宽约1.8mm，具12～30朵花；小穗轴直，无翅；鳞片排列疏松，后期向外展开，膜质，圆卵形或近于圆形，顶端圆，具极短的短尖，长约1mm，暗紫红色或黑褐色，背面具3条脉，两侧脉之间常呈黄绿色，或有时基部为黄绿色，表面具显明的纵条纹；雄蕊2，花药短，长圆形，药隔突出成短尖；花柱短或中等长（花柱与子房顶端窄狭部分相连，因而显得较长些），柱头3。小坚果椭圆形或倒卵状椭圆形，顶端具较长的短尖，几与鳞片等长，初期淡黄色，后期淡棕色，平滑。花果期10月间。

凭证标本   深圳小南山，余欣繁（168）。

分布地   生长于潮湿处或浅水中。产于四川（松潘县南坪，模式产地）。

本研究种类分布地   深圳小南山。

三头水蜈蚣（水蜈蚣属）

Kyllinga triceps Rottb. Descr. et Ic. 14, t. 4, f. 6 (excl. tab. Rheediiet syn. cit.) (1773); C. B . Clarke in Hook. f. Fl. Brit. Ind. Ⅵ (1893) 587 et in Journ.Linn. Soc. Bot. XXXVI (1903) 225; E-G. Camus in Lecomte, Fl. Gen. Indo-Chine Ⅶ (1912) 24; 侯宽昭等，广州植物志: 737. 1956——*Kyllinga nana* Nees in Hook. et Arn. Bot. Beech. Voy. Ⅲ 224. 1834——*Kyllinga monocephala* Nees inHook. et Arn. Bot. Beech. Voy. 244. 1834, non Rottb. ——*Cyperus triceps* (Rottb.) Endl. Cat. Hort. Vindob. Ⅰ 94. 1842; Kukenth. in Engl. Pflanzenr. Heft 101, Ⅳ, 20 578. 1936; 中国植物志 11: 185. 1961.

主要形态特征   根状茎短。秆丛生，细弱，高8～25cm，扁三棱形，平滑，基部呈鳞茎状膨大，外面被覆以棕色、疏散的叶鞘。叶短于秆，宽2～3mm，柔弱，折合或平张，边缘具疏刺。叶状苞片2～3枚，长于花序，极展开，后期常向下反折；穗状花序3个（少1个或4～5个）排列紧密成团聚状，居中者宽圆卵形，较大，长5～6mm，侧生者球形，直径3～4mm，均具极多数小穗，小穗排列极密，辐射展开，长圆形，长2～2.5mm，具1朵花；鳞片膜质，卵形或卵状椭圆形，凹形，顶端具直的短尖，长2～2.5mm，淡绿黄色，具红褐色树脂状斑点，背面具龙骨状凸起，脉7条；雄蕊1～3个；花柱短，柱头2，长于花柱。小坚果长圆形，扁平凸状，

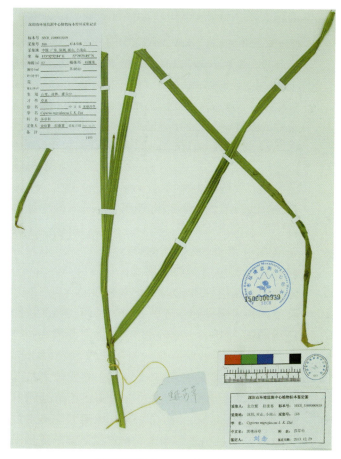

黑穗莎草 *Cyperus nigrofuscus*

三头水蜈蚣 *Kyllinga triceps*

长为鳞片的2/3～3/4，淡棕黄色，具微凸起细点。

凭证标本   深圳莲花山，温海洋，黄玉源（167）。

分布地   产广东。也分布于非洲、喜马拉雅、印度南部、缅甸、越南及澳大利亚。

本研究种类分布地   深圳莲花山。

二花珍珠茅（珍珠茅属）

Scleria biflora Roxb. Fl. Ind. ed. 3 573. 1874——*S. tessellata* C. B. Clarkein Journ. Linn.Soc. Bot. XXXVI 267. 1903, non Willd. ——*S. fenestrata* Franch. et Savat. Enum. Pl. Jap. Ⅱ 122 et 549. 1879; Ohwi, Cyper. Jap. Ⅱ 8. 1944; 中国植物志 11: 208. 1961.

主要形态特征　根状茎粗而短或不发达，具须根。秆丛生，纤细，三棱形，高 40～60cm，平滑，无毛。叶秆生，线形，向顶端渐狭，顶端略钝或急尖，宽 3.5～5.5mm，纸质，边缘粗糙，两面被毛或仅叶背两侧的脉上被疏短硬毛；叶鞘在秆基部的无毛，几无翅，无叶片或有短叶片，在秆中部以上的具狭翅，被长柔毛，尤以近叶舌处为密；叶舌半圆形，顶端钝圆。苞片叶状，具鞘，鞘口密被褐色微柔毛；小苞片刚毛状，与小穗等长或稍长；圆锥花序由 2～4 个顶生和侧生枝花序所组成，支花序互相远离，长 1.2～3cm，具少数小穗，支花序柄长短不一，长 0.5～5.5mm，上部通常具狭翅，被微柔毛；小穗披针形，长 4～5mm，多数为单性；雌小穗具 4～5 片鳞片和 1 朵雌花，雄小穗具 7～9 片或更多；鳞片卵形至披针形，深麦秆黄色或褐色而微带紫，顶端急尖，具短尖，背面具龙骨状凸起；雄花具雄蕊 2～3 个，花丝长短各花不一；子房近圆形，无毛，花柱不群。小坚果近球形或倒卵状圆球形，顶端具白色短尖，长 2.75～3mm，直径 1.75～2mm，无毛，表面具方格纹；下位盘黄白色，3 浅裂，裂片卵状三角形或近圆形，长为小坚果的 1/4～1/3,顶端急尖，边缘反折。花果期 7～10 月。
凭证标本　深圳应人石，余欣繁，周志彬（130）。
分布地　浙江、福建、湖南、广东、贵州、云南。印度、尼泊尔、越南、老挝、马来西亚、日本、朝鲜及澳大利亚。
本研究种类分布地　深圳应人石。

二花珍珠茅 *Scleria biflora*

黑鳞珍珠茅（珍珠茅属）

Scleria hookeriana Bocklr. in Linnaea XXXVIII 498. 1874; C. B. Clarke in Journ. Linn. Soc. Bot. XXXVI 265. 1903; Hand.-Mzt. Symb. Sin. Ⅶ 1253. 1936.

主要形态特征　匍匐根状茎短，木质，密被紫红色、长圆状卵形的鳞片。秆直立，三棱形，高 60～100cm,直径 2～4mm，有时被稀疏短柔毛，稍粗糙。叶线形，向顶端渐狭，顶端多少呈尾状，长 4～35cm，宽 4～8mm，纸质，无毛或多少被疏柔毛，稍粗糙；叶鞘纸质，长 1～10cm，有时被疏柔毛，在近秆基部的鞘钝三棱形，紫红色或淡褐色，鞘口具约 3 个大小不等的三角形齿，在秆中部的鞘锐三棱形，绿色，很少具狭翅；叶舌半圆形，被紫色髯毛。圆锥花序顶生，很少具 1 个相距稍远的侧生枝圆锥花序，长 4～7cm（连侧生枝圆锥花序在内可达 11cm），宽 2～4cm，分枝斜立，密或疏，具多数小穗；小苞片刚毛状，基部有耳，耳上具髯毛；小穗通常 2～4 个紧密排列，很少单生，长约 3mm，多数为单性，极少两性；雄小穗长圆状卵形，顶端截形或钝；鳞片卵状披针形或长圆状卵形，在下部的 3～4 片纸质，稍具龙骨状凸起，背面上半部常被糙伏毛，

有时具短尖，在小穗上部的质较薄而色浅；雌小
穗通常生于分枝的基部，披针形或窄卵形，顶端
渐尖，具较少鳞片；鳞片卵形、三角形或卵状披
针形，色较深；雄花具 3 个雄蕊，花药线形，长
2mm，药隔突出部分长为花药的 1/5 ～ 1/4；子
房被长柔毛，柱头 3。小坚果卵珠形，钝三棱形，
顶端具短尖，直径 2mm，白色，表面有不明显的
四至六角形网纹，部分横皱纹较明显，其上常常
呈锈色并疏被微硬毛；下位盘直径稍小于小坚果，
或多或少 3 裂，裂片半圆状三角形，顶端钝圆，
边缘反折，淡黄色。花果期 5 ～ 7 月。

特征差异研究　深圳杨梅坑，秆直径 3mm，叶长
28 ～ 45cm，与上述特征描述相比，叶长的最大
值偏大，大 10cm。

凭证标本　①深圳杨梅坑，赵顺（004）；②深圳
杨梅坑，王思琦（020）。

分布地　生长在无荫山坡、山沟、山脊灌木丛或
草丛中，海拔 450 ～ 2000m。产于福建、湖南、
湖北、贵州、四川、云南、广东、广西。也分布
于东喜马拉雅山地区，越南。

本研究种类分布地　深圳杨梅坑。

黑鳞珍珠茅 *Scleria hookeriana*

圆秆珍珠茅（珍珠茅属）

Scleria harlandii Hance in Ann. Sci. Nat. Ser. 5, V 248.
1866; C. B. Clarke in Journ. Linn. Soc. Bot. XXXVI 264.
1903——*Scleria purpurascens* Benth. Fl. Hongk. 400. 1861;
中国植物志11: 216. 1961.

主要形态特征　植株粗壮。秆近圆柱状，有时略
呈钝三棱形，高可达 1m 以上，直径约 6mm，无
毛，有光泽。叶线形，向顶端渐狭，顶端呈尾状，
长约 30cm，宽 6 ～ 8mm，薄革质，无毛，稍粗糙；
叶鞘紧抱秆，长 4 ～ 6cm，薄革质，金黄色而多
少具紫色条纹，有时被长柔毛，无翅，在近秆上
部的鞘常互相重叠；叶舌半圆形，紫色，具长
约 1mm 的缘毛。圆锥花序由顶生和 7 ～ 8 个相
距稍远的侧生枝圆锥花序组成，全长可达 40cm，
支圆锥花序呈金字塔状，长约 5cm，花序轴常被
微柔毛；小苞片刚毛状，几与小穗等长，基部有
耳，耳上具髯毛；小穗单生或 2 个生在一起，长
3 ～ 4mm，浅锈色或紫色，大部分单性；雄小穗
长圆状卵形或披针形，顶端截形或急尖；鳞片膜
质，长 1.35 ～ 3mm，具锈色条纹，有时上端被
疏柔毛，在下部的几片鳞片具龙骨状凸起，通常
具短尖，在上部的色浅而质薄；雌小穗通常生于

圆秆珍珠茅 *Scleria harlandii*

分枝的基部，披针形，顶端渐尖；鳞片宽卵形或卵状披针形，多少具龙骨状凸起，顶端具短尖，上端具缘毛；雄花具 3 个雄蕊，花药线形，长约 1mm，药隔突出部分长为花药的 1/4 ～ 1/3；柱头 3。小坚果近球形，钝三棱形，顶端具短尖，直径 2.5mm，白色，平滑，光亮，仅顶部被稀疏的微硬毛；下位盘直径略较小。坚果小，3 裂，裂片三角形，顶端急尖或渐尖，或有 2 ～ 3 个齿，边缘反折，金黄色，具浅锈色条纹。花果期 3 ～ 9 月。

凭证标本 深圳杨梅坑，陈惠如，黄玉源（089）。
分布地 长江流域及其以南省区，尤以广东、广西和海南最多。越南也有分布。
本研究种类分布地 深圳杨梅坑。

毛果珍珠茅（珍珠茅属）

Scleria herbecarpa Nees in Wight, Contrib. 117. 1834; C. B. Clarke in Journ. Linn. Soc. Bot. XXXVI 264. 1903; Ohwi, Cyper. Jap. II 6. 1944; 侯宽昭等, 广州植物志: 765. 1956; 中国植物志11: 150. 1961.

别名 割鸡刀，三稔草
主要形态特征 匍匐根状茎木质，被紫色的鳞片。秆疏丛生或散生，三棱形，高 70 ～ 90cm，直径 3 ～ 5mm，被微柔毛，粗糙。叶线形，向顶端渐狭，长约 30cm，宽 7 ～ 10mm，无毛，粗糙；叶鞘纸质，长 1 ～ 8cm，无毛，在近秆基部的翰褐色，无翅，鞘口具约 3 个大小不等的三角形齿，在秆中部以上的鞘绿色，具 1 ～ 3mm 宽的翅；叶舌近半圆形，稍短，具髯毛。圆锥花序由顶生和 1 ～ 2 个相距稍远的侧生枝圆锥花序组成；支圆锥花序长 3 ～ 8cm，宽 1.5 ～ 3cm，花序轴与分枝或多或少被微柔毛，有棱，有时还具短翅；小苞片刚毛状，基部有耳，耳上具髯毛；小穗单生或 2 个生在一起，无柄，长 3mm，褐色，全部单性；雄小穗窄卵形或长圆状卵形，顶端斜截形；鳞片厚膜质，长 1.5 ～ 3mm，具稀疏缘毛，在下部的几片具龙骨状凸起，顶端具短尖或芒，在上部的质较薄，色亦较浅；雌小穗通常生于分枝的基部，披针形或窄卵状披针形，顶端渐尖；鳞片长圆状卵形、宽卵形或卵状披针形，具龙骨状凸起，具锈色短条纹，上端常有紫色边缘，多少具缘毛，顶端具芒或短尖；雄花具 3 个雄蕊，花药线形，长 1.3mm，药隔突出部分长为花药的 1/3 ～ 1/2；柱头 3。小坚果球形或卵形，钝三棱形，顶端具短尖，直径约 2mm，白色，表面具隆起的横皱纹，略呈波状，其上或多或少被微硬毛；下位盘略较小，坚果窄，3 深裂，裂片披针状三角形，少有卵状三角形，顶端急尖或具 2 ～ 3 个小齿，边缘反折，淡黄色。花果期 6 ～ 10 月。
凭证标本 ①深圳赤坳水库，黄启聪（029）。②深圳小南山，王贺银（232）。

毛果珍珠茅 *Scleria herbecarpa*

分布地 生长在干燥处、山坡草地、密林下、潮湿灌木丛中，海拔 0 ～ 1500m。产于浙江、湖南、贵州、四川、云南、广西、广东、海南、福建、台湾。也分布于印度、斯里兰卡、马来西亚、越南、日本、印度尼西亚和澳大利亚。
本研究种类分布地 深圳赤坳、小南山。
主要经济用途 药用，消积和胃，消肿散毒，用治小儿消化不良、毒蛇咬伤。

高秆珍珠茅（珍珠茅属）

Scleria elata Thw. Enum. Pl. Zeyl. 353. 1864 (Twaites n. 825 excl.); C. B. Clarke in Journ. Linn. Soc. Bot. XXXVI 264. 1903——*Scleria doederleiniana* Bocklr.in Engl. Bot. Jahrb. V 512. 1884; Ohwi, Cyper. Jap. Ⅱ 5. 1944; 中国植物志11: 211. 1961.

主要形态特征 匍匐根状茎木质，被深紫色鳞片。秆散生，三棱形，高 60 ～ 100cm，直径 4 ～ 7mm，无毛，常粗糙。叶线形，向顶端渐狭，长 30 ～ 40cm，宽 6 ～ 10mm，纸质，无毛，稍粗糙；叶鞘纸质，长 1 ～ 8cm，在近秆基部的 2 ～ 3 个鞘紫红色，具约 3 个大小不等的三角形齿，无翅，在秆中部的具 1 ～ 3mm 宽的翅；叶舌半圆形，短，通常被紫色髯毛。圆锥花序由顶生和 1 ～ 3 个相距稍远的侧生枝圆锥花序组成；支圆锥花序长 3 ～ 8cm，宽 1.5 ～ 6cm，花序轴与分枝或多或少被疏柔毛；小苞片刚毛状，基部具耳，耳上被微硬毛；小穗单生，很少 2 个生在一起，长圆状卵形或披针形，顶端截形或渐尖，长 3 ～ 4mm，紫褐色或褐色，全部为单性；雄小穗鳞片长 2 ～ 3mm，厚膜质，在下部的几片具龙骨状凸起，具锈色短条纹，有时背面被微柔毛，顶端具短尖，在上部的干膜质，色亦较浅；雌小穗通常生于分枝的基部；鳞片宽卵形或卵状披针形，长 2 ～ 4mm，有时具锈色短条纹，具龙骨状凸起，背脊绿色，顶端具短尖；雄花具 3 个雄蕊，花药线形，长 1.2 ～ 1.8mm，药隔突出部分长为花药的 1/5 ～ 1/4；柱头 3。小坚果球形或近卵形，有时多少呈三棱形，顶端具短尖，直径 2.5mm，白色或淡褐色，表面具四至六角形网纹，横纹上断续被微硬毛；下位盘直径 1.8mm，3 浅裂或几不裂，裂片扁半圆形，顶端钝圆，边缘反折，黄色。花

高秆珍珠茅 *Scleria elata*

果期 5 ～ 10 月。

凭证标本 深圳小南山，余欣繁，黄玉源（418）。

分布地 生长在田边、路旁、山坡等干燥或潮湿的地方，海拔 0 ～ 2000m。产于广东、广西、海南、福建、台湾、云南、四川。也分布于印度、斯里兰卡、马来西亚、印度尼西亚、泰国、越南。

本研究种类分布地 深圳小南山。

禾本科 Gramineae

地毯草（地毯草属）

Axonopus compressus (Sw.) Beauv. Ess. Agrost. 12: 154. 1812; *Milium compressum* Sw. Prodr. Veg. Ind. Occ. 24. 1788; *Paspalum compressum* (Sw.) Raspai in Ann. Sci. Nat. Bot. 5: 301. 1825; 海南植物志 4: 424. 图1223. 1977; 中国植物志 10(1): 278. 1990.

别名 大叶油草

主要形态特征 多年生草本。具长匍匐枝。秆压扁，高 8 ～ 60cm，节密生灰白色柔毛。叶鞘松弛，基部者互相跨覆，压扁，呈脊，边缘质较薄，近鞘口处常疏生毛；叶舌长约 0.5mm；叶片扁平，质地柔薄，长 5 ～ 10cm，宽（2）6 ～ 12mm，两面无毛或上面被柔毛，近基部边缘疏生纤毛。总状花序 2 ～ 5 枚，长 4 ～ 8cm，最长两枚成对而生，呈指状排列在主轴上；小穗长圆状披针形，长 2.2 ～ 2.5mm，疏生柔毛，单生；第一颖缺；第二颖与第一外稃等长或第二颖稍短；第一内稃缺；第二外稃革质，短于小穗，具细点状横皱纹，

先端钝而疏生细毛，边缘稍厚，包着同质内稃；鳞片2，折叠，具细脉纹；花柱基分离，柱头羽状，白色。染色体2n=80。

凭证标本 深圳莲花山，余欣繁，许旺（095）。

分布地 生于荒野、路旁较潮湿处。原产热带美洲，世界各热带、亚热带地区有引种栽培。我国台湾、广东、广西、云南见有。

本研究种类分布地 深圳莲花山。

主要经济用途 该种的匍匐枝蔓延迅速，每节上都生根和抽出新植株，植物体平铺地面成毯状，故称地毯草，为铺建草坪的草种，根有固土作用，是一种良好的保土植物；又因秆叶柔嫩，为优质牧草。

淡竹叶（淡竹叶属）

Lophatherum gracile Brongn台湾植物志5: 393. pl. 1373. 1978. ——*Lophatherum gracile* Brongn. var. *pilosulum* Hack., Bull. Herb. Boiss. 708. 1899; 中国植物志 9(2): 35. 2002.

别名 竹叶、碎骨子

主要形态特征 多年生，具木质根头。须根中部膨大呈纺锤形小块根。秆直立，疏丛生，高40～80cm，具5～6节。叶鞘平滑或外侧边缘具纤毛；叶舌质硬，长0.5～1mm，褐色，背有糙毛；叶片披针形，长6～20cm，宽1.5～2.5cm，具横脉，有时被柔毛或疣基小刺毛，基部收窄成柄状。圆锥花序长12～25cm，分枝斜生或开展，长5～10cm；小穗线状披针形，长7～12mm，宽1.5～2mm，具极短柄；颖顶端钝，具5脉，边缘膜质，第一颖长3～4.5mm，第二颖长4.5～5mm；第一外稃长5～6.5mm，宽约3mm，具7脉，顶端具尖头，内稃较短，其后具长约3mm的小穗轴；不育外稃向上渐狭小，互相密集包卷,顶端具长约1.5mm的短芒；雄蕊2枚。颖果长椭圆形。花果期6～10月。

特征差异研究 深圳杨梅坑：叶长4.5～20.2cm，宽1～2.9cm，叶鞘3.3～8cm。与上述特征描述相比，叶长的最小值偏小1.5cm，叶长的最大值偏大0.2cm。

凭证标本 深圳杨梅坑，陈惠如，招康赛（005）；王贺银(006)；邹雨锋（066）。

分布地 生于山坡、林地或林缘、道旁蔽荫处。产江苏、安徽、浙江、江西、福建、台湾、湖南、广东、广西、四川、云南。印度、斯里兰卡、缅甸、马来西亚、印度尼西亚、新几内亚岛及日本均有分布。

本研究种类分布地 深圳杨梅坑。

主要经济用途 食疗，药用。

地毯草 *Axonopus compressus*

淡竹叶 *Lophatherum gracile*

柔枝莠竹（莠竹属）

Microstegium vimineum (Trin.) A. Camus in Ann. Soc. Linn. Lyon, n. s. 68: 201. 1921; *Andropogon vimineus* Trin. in Mem. Acad. Sci. Petersb. ser. 6. 2: 268. 1832; 中国植物志 10(2): 76. 1997.

主要形态特征 一年生草本。秆下部匍匐地面，节上生根，高达 1m，多分枝，无毛。叶鞘短于其节间，鞘口具柔毛；叶舌截形，长约 0.5mm，背面生毛；叶片长 4～8cm，宽 5～8mm，边缘粗糙，顶端渐尖，基部狭窄，中脉白色。总状花序 2～6 枚，长约 5cm，近指状排列于长 5～6mm 的主轴上，总状花序轴节间稍短于其小穗，较粗而压扁，生微毛，边缘疏生纤毛；无柄小穗长 4～4.5mm，基盘具短毛或无毛；第一颖披针形，纸质，背部有凹沟，贴生微毛，先端具网状横脉，沿脊有锯齿状粗糙，内折边缘具丝状毛，顶端尖或有时具二齿；第二颖沿中脉粗糙，顶端渐尖，无芒；雄蕊 3 枚，花药长约 1mm 或较长。颖果长圆形，长约 2.5mm。有柄小穗相似于无柄小穗或稍短，小穗柄短于穗轴节间。染色体 $2n=40$。花果期 8～11 月。

特征差异研究 深圳莲花山：叶披针形，两面无毛，叶长 6.6～12cm，宽 0.6～0.7cm。与上述特征描述相比，叶长的最大值偏大 4cm。

凭证标本 深圳莲花山，余欣繁（123）。

分布地 生于林缘与阴湿草地。产河北、河南、山西、江西、湖南、福建、广东、广西、贵州、四川及云南。也分布于印度、缅甸至菲律宾，北至朝鲜、日本。

柔枝莠竹 *Microstegium vimineum*

本研究种类分布地 深圳莲花山。

五节芒（芒属）

Miscanthus floridulus (Lab.) Warb. ex Schum. et Laut. Fl. Deutsch. Schutzg.Sudsee 166. 1901; Reed. in Journ. Arn. Arb. 29: 329. 1978; Hitchc. Man, Grass. U. S. 740. 1951; 广州植物志: 828. 1956; 苏南种子植物手册: 86. 1959; 中国主要植物图说. 禾本科: 749. 1959; Back. et al. Fl. Java 3: 584. 1969; H. B. Gill. et al. Fl. Malaya 3: 217. f. 47. 1971; Hsu in Taiwan. 16: 328. 1971; 台湾的禾草: 739, 图265. 1975; 海南植物志 4: 448. 1977; ——*Saccharum floridulum* Labill. Sert. Austr. Caled. 13. pl. 18. 1824. ——*Miscanthus japonicus* Anderss. Oefv. Svensk. Vet. Akad. Forh. Stockh. 11: 166. 1855; Hack. in DC. Monogr. Phan. 6: 107. 1889; Rendle in Journ. Linn. Soc. Bot. 36: 347. 1904; A. Camus in Lecomte, Fl. Gen. de L' Indo-Chine. 7: 235. 1922; Honda in Journ. Fac. Sci. Univ. Tokyo (Bot.) 3: 380: 1930; Ohwi in Acta Phytotax. Geobot. 11: 148. 1943; 中国植物志 10(2): 4. 1997.

别名 芒草、管芒、管草、寒芒

主要形态特征 多年生草本，具发达根状茎。秆高大似竹，高 2～4m，无毛，节下具白粉。叶鞘无毛，鞘节具微毛，长于或上部者稍短于其节间；叶舌长 1～2mm，顶端具纤毛；叶片披针状线形，长 25～60cm，宽 1.5～3cm，扁平，基部渐窄或呈圆形，顶端长渐尖，中脉粗壮隆起，两面无毛，或上面基部有柔毛，边缘粗糙。圆锥花序大型，稠密，长 30～50cm，主轴粗壮，延伸达花序的 2/3 以上，无毛；分枝较细弱，长 15～20cm，通常 10 多枚簇生于基部各节，具二至三回小枝，腋间生柔毛；总状花序轴的节间长 3～5mm，无毛，小穗柄无毛，顶端稍膨大，短柄长 1～1.5mm，长柄向外弯曲，长 2.5～3mm；小穗卵状披针形，长 3～3.5mm，黄色，基盘具较长于小穗的丝状柔毛；第一颖无毛，顶端渐尖或有 2 微齿，侧脉内折呈 2 脊，脊间中脉不明显，上部及边缘粗糙；第二颖等长于第一颖，顶端渐尖，具 3 脉，中脉呈脊，粗糙，边缘具短纤毛，第一外稃长圆状披针形，稍短于颖，顶端钝圆，边缘具纤毛；第二外稃卵状披针形，长约 2.5mm，顶端尖或具 2 微齿，无毛或下部边缘具少数短纤毛，芒长 7 ～ 10mm，微粗糙，伸直或下部稍扭曲；内稃微小；雄蕊 3 枚，花药长 1.2 ～ 1.5mm，橘黄色；花柱极短，柱头紫黑色，自小穗中部之两侧伸出。花果期 5 ～ 10 月。

特征差异研究 ①深圳小南山，叶长 28.8 ～ 33.8cm，宽 0.7 ～ 1cm，与上述特征描述相比，叶宽的最小值偏小 0.8cm。②深圳应人石，叶长 38 ～ 69cm，宽 1 ～ 1.9cm，无叶柄。与上述特征描述相比，叶长的最大值偏大 9cm；叶宽的最小值偏小，差 0.5cm。

凭证标本 ①深圳小南山，余欣繁，招康赛（209）；邹雨锋，周志彬（326）。②深圳应人石，邹雨锋（164）。

分布地 江苏、浙江、福建、台湾、广东、海南、广西。

本研究种类分布地 深圳小南山、应人石。

主要经济用途 幼叶作饲料，秆可作造纸原料。根状茎有利尿之效。

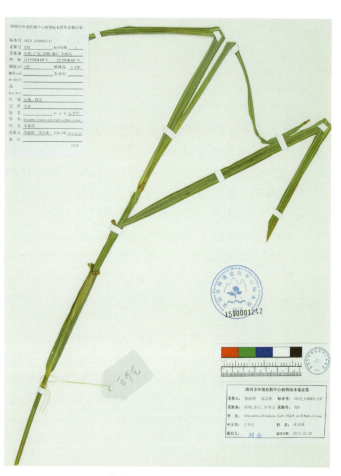

五节芒 *Miscanthus floridulus*

芒（芒属）

Miscanthus sinensis Anderss. Oefv. Svensk. Vet. Akad. Forh. 166. 1855; Hack. in DC. Monogr. Phan. 6: 105. 1889 et Bull. Herb. Boiss. 693. 1899, 601. 1903, 526. 1904; Aschers. et Graebn. Syn. Mitteleurop. Fl. 2 (1): 38. 1898; Rendle in Journ. Linn. Soc. Bot. 36: 348. 1904; Mats. Ind. Pl. Jap: 2(1): 65. 1905; Mori; Enum. Pl. Cor. 47. 1922; A. Camus in Lecomte, Fl. Gen. de L'Indo-Chin. 7: 236. 1922; Miura, Fl. Manch. Mongol. 1: 29. 1925; Roshev. in Komar. Fl. USSR. 2: 8. 1934; 广州植物志: 829. 1956; 江苏南部种子植物手册: 85. 1959; 中国主要植物图说. 禾本科: 749. 图692. 1959; 台湾植物志 5: 680. 1978. ——*Erianthus japonicus* Beauv. Ess. Agrost. 14. 1812; Roem. et Schult. Syst. Veg. 2: 324. 1817; Nees in Hook. et Arnott, Bot. Beech. voy. 242. 1841. ——*Ripidium japonicum* Trin. Fund. Agrost. 169. 1820. ——*Eulalia japonicum* Trin. in Mem. Acad. Sci. St. Petersb. Ser. 6. 2: 33. 1832; Steud. Syn. Glum. 1: 412. 1855; 中国植物志 10(2): 6. 1997.

主要形态特征 多年生苇状草本。秆高 1 ～ 2m，无毛或在花序以下疏生柔毛。叶鞘无毛，长于其节间；叶舌膜质，长 1 ～ 3mm，顶端及其后面具

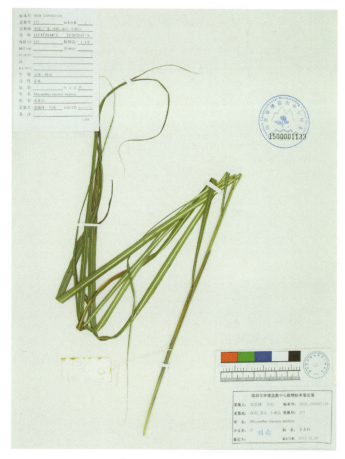

芒 *Miscanthus sinensis*

纤毛；叶片线形，长 20～50cm，宽 6～10mm，下面疏生柔毛及被白粉，边缘粗糙。圆锥花序直立，长 15～40cm，主轴无毛，延伸至花序的中部以下，节与分枝腋间具柔毛；分枝较粗硬，直立，不再分枝或基部分枝具第二次分枝，长 10～30cm；小枝节间三棱形，边缘微粗糙，短柄长 2mm，长柄长 4～6mm；小穗披针形，长 4.5～5mm，黄色有光泽，基盘具等长于小穗的白色或淡黄色的丝状毛；第一颖顶具 3～4 脉，边脉上部粗糙，顶端渐尖，背部无毛；第二颖常具 1 脉，粗糙，上部内折之边缘具纤毛；第一外稃长圆形，膜质，长约 4mm，边缘具纤毛；第二外稃明显短于第一外稃，先端 2 裂，裂片间具 1 芒，

芒长 9～10mm，棕色，膝曲，芒柱稍扭曲，长约 2mm，第二内稃长约为其外稃的 1/2；雄蕊 3 枚，花药长 2～2.5mm，稃褐色，先雌蕊而成熟；柱头羽状，长约 2mm，紫褐色，从小穗中部之两侧伸出。颖果长圆形，暗紫色。染色体 2n=35，36，38，40，41。花果期 7～12 月。

凭证标本 深圳小南山，邹雨锋（277）。

分布地 遍布海拔 1800m 以下的山地、丘陵和荒坡原野，常组成优势群落。产于江苏、浙江、江西、湖南、福建、台湾、广东、海南、广西、四川、贵州、云南等省区。也分布于朝鲜、日本。

本研究种类分布地 深圳小南山。

主要经济用途 秆纤维用途较广，作造纸原料等。

葫芦草（多裔草属）

Polytoca massii (Bal.) Schenck, Meded. Rijks Herb. Leiden. 67: 9. 1931; *Chionachne massii* Balansa in Morot. Journ. de Bot. 4: 78. 1890; 海南植物志 4: 487. 1977; 中国植物志 10(2): 284. 1997.

别名 龙舌红，龙舌茶，金葫芦，鲑虫草，田刀柄，百劳舌，咸鱼草

主要形态特征 一年生。秆具分枝，向上斜升，高 30～50cm，具多数节，节密生白色髯毛。叶鞘松弛，具横脉，疏生疣基毛；叶舌膜质，长约 1mm，顶端细裂；叶片披针形，长约 20cm，宽 8～14mm，两面疏生疣基毛或无毛，边缘软骨质，粗糙。总状花序 2～4 枚，位于主秆或分枝顶端，长 2～8cm，通常具 1～3 枚雌小穗和 2～3 枚雄小穗；雌小穗无柄，长约 1cm，小穗柄顶端膨大凹陷成喇叭形；第一颖草质，中部缢缩形似葫芦，具宽翼，顶端钝，无毛，中部具半月形内卷之边缘，拥抱序轴节间；第二颖嵌生于第一颖内，薄草质，顶端长渐尖，基部具一空腔；外稃厚膜质，卵状披针形，长约 5mm，具 5 脉；内稃较窄小，雌蕊头 2 枚褐色细长柱头，自小穗顶端伸出；雌穗部分的有柄小穗退化仅存一长约 4mm 之颖；无柄雄小穗长 4～5mm，含 2 小花；第一颖草质，具 10 脉及少数横脉，顶端钝或具 2 齿裂；第二颖具 7 脉；第一小花及第二小花之外稃与内稃均为膜质，先端尖，各含 3 雄蕊，花药长约 1.5mm；有柄雄小穗大都发育，与无柄者相似。颖果宽卵形，长短于宽。种脐大，位于颖果底部。

凭证标本 深圳杨梅坑，陈惠如，黄玉源（061）。

分布地 广东，海南。分布于中南半岛。

本研究种类分布地 深圳杨梅坑。

主要经济用途 内服清热解暑，利尿散气，化积杀虫。入肺脾经。主治伤风咳嗽，肺热咳嗽，伤暑口渴，预防中暑，远行口渴，喉痛，风湿疡痛，腰痛，水肿，小儿疳积。

葫芦草 *Polytoca massii*

金色狗尾草（狗尾草属）

Setaria glauca (L.) Beauv. Ess. Agrost. 51. 178. 1812: Roem. et Schult. Syst, Veg. 490. 1817; Franch. Pl. David. 1: 323. 1884: Hook. f. Fl. Brit. Ind. 7: 79. 1897. p.p.; Rendle in Journ. Linn. Soc. Bot. 36: 335. 1904; Hayata, Gen. Ind. Fl. Formosa 6: 99. 1916 et Ic. Pl. Formos. 7: 67. 1918; Hitchc. in Lingn. Sci. Journ. 7: 227. 1931: Stapf et Hubb. in Prain, Fl. Trop. Mr. 9: 815. 1930; Bor, Grass. Burm. Ceyl. Ind. Pakist. 360. 1960; I. C. Chung, Korea. Grass. 142. 1965; Bor in K. H. Rechinger, Fl. Iranica 496. 1970; 台湾的禾草: 615. 图203. 1975; 秦岭植物志 1: 161. 1976; Tzvel. in Fed. Poaceae URSS 679. 1976; 中国高等植物图鉴: 5: 174. 图7177. 1976; 江苏植物志. 上册: 228. 图391. 1976; 海南植物志 4 437. 1977; 中国植物志 10(1): 357. 1990.

主要形态特征　一年生；单生或丛生。秆直立或基部倾斜膝曲，近地面节可生根，高 20 ～ 90cm，光滑无毛，仅花序下面稍粗糙。叶鞘下部扁压具脊，上部圆形，光滑无毛，边缘薄膜质，光滑无纤毛；叶舌具一圈长约 1mm 的纤毛，叶片线状披针形或狭披针形，长 5 ～ 40cm，宽 2 ～ 10mm，先端长渐尖，基部钝圆，上面粗糙，下面光滑，近基部疏生长柔毛。圆锥花序紧密呈圆柱状或狭圆锥状，长 3 ～ 17cm，宽 4 ～ 8mm（刚毛除外），直立，主轴具短细柔毛，刚毛金黄色或稍带褐色，粗糙，长 4 ～ 8mm，先端尖，通常在一簇中仅具一个发育的小穗，第一颖宽卵形或卵形，长为小穗的 1/3 ～ 1/2，先端尖，具 3 脉；第二颖宽卵形，长为小穗的 1/2 ～ 2/3，先端稍钝，具 5 ～ 7 脉，第一小花雄性或中性，第一外稃与小穗等长或微短，具 5 脉，其内稃膜质，等长且等宽于第二小花，具 2 脉，通常含 3 枚雄蕊或无；第二小花两性，外稃革质，等长于第一外稃；先端尖，成熟时，背部极隆起，具明显的横皱纹；鳞被楔形；花柱基部联合；叶上表皮脉间均为无波纹的或微波纹的、有角棱的壁薄的长细胞，下表皮脉间均为有波纹的、壁较厚的长细胞，并有短细胞。染色体 2*n*=18, 36（Avdulov）。花果期 6 ～ 10 月。

凭证标本　深圳杨梅坑，林仕珍（306）。

分布地　生于林边、山坡、路边和荒芜的园地及荒野。产全国各地。分布于欧亚大陆的温暖地带，美洲、澳大利亚等国家和地区也有引入。

金色狗尾草 *Setaria glauca*

本研究种类分布地　深圳杨梅坑。

主要经济用途　为田间杂草、秆、叶可作牲畜饲料，可作牧草。药用：全草（金色狗尾草），淡，凉，清热明目，止泻。用于目赤肿痛，眼弦赤烂，痢疾。

棕叶狗尾草（狗尾草属）

Setaria palmifolia (Koen.) Stapf in Journ. Linn. Soc. Bot. 42: 186. 1914; E. G. Camus et A. Camus in Lecomte, Fl. Gen. L' Indo-Chine 7: 471-472. 1922; Merr. Enum. Philip. Fl. Pl. 1: 73, 1925; Hitchc. in Lingn. Sci. Journ. 7: 226. 1929; Merr. in Trans. Amer. Philos. Soc. Philadelphia 24(2): 77. 1935; Nemoto, Fl. Jap. Supp. 955. 1936; Hand.-Mazz. Symb. Sinic. 7(5): 1304. 1936; 广州植物志: 820. 1956; A. Chase in Steward, Man. Vasc. Pl. Lower Yangtze Vall. China 473. 1958; 中国主要植物图说. 禾本科: 706, 图652. 1959; Bor, Grass. Burm. Ceyl. Ind. akist. 363. 1960; 华东禾本科植物志: 207. 1962: H. B. Gill. et al. Fl. Malaya 3: 157-158. 1971; 台湾的禾草: 621. 图622. 1975; 中国高等植物图鉴 5: 172. 1976; 海南植物志 4: 436. 1977; 台湾植物志 5: 604-605. 1978; 中国植物志 10(1): 337. 1990.

别名 箬叶莘，雏茅（海南）、棕叶草（广西）

主要形态特征 多年生。具根茎，须根较坚韧。秆直立或基部稍膝曲，高 0.75 ～ 2m，直径 3 ～ 7mm，基部可达 1cm，具支柱根。叶鞘松弛，具密或疏疣毛，少数无毛，上部边缘具较密而长的疣基纤毛，毛易脱落，下部边缘薄纸质，无纤毛；叶舌长约 1mm，具长 2 ～ 3mm 的纤毛；叶片纺锤状宽披针形，长 20 ～ 59cm，宽 2 ～ 7cm，先端渐尖，基部窄缩呈柄状，近基部边缘有长约 5mm 的疣基毛，具纵深皱褶，两面具疣毛或无毛。圆锥花序主轴延伸甚长，呈开展或稍狭窄的塔形，长 20 ～ 60cm，宽 2 ～ 10cm，主轴具棱角，分枝排列疏松，甚粗糙，长达 30cm；小穗卵状披针形，长 2.5 ～ 4mm，紧密或稀疏排列于小枝的一侧，部分小穗下托以 1 枚刚毛，刚毛长 5 ～ 10（14）mm 或更短；第一颖三角状卵形，先端稍尖，长为小穗的 1/3 ～ 1/2，具 3 ～ 5 脉；第二颖长为小穗的 1/2 ～ 3/4 或略短于小穗，先端尖，具 5 ～ 7 脉；第一小花雄性或中性，第一外稃与小穗等长或略长，先端渐尖，呈稍弯的小尖头，具 5 脉，内稃膜质，窄而短小，呈狭三角形，长为外稃的 2/3；第二小花两性，第二外稃具不甚明显的横皱纹，等长或稍短于第一外稃，先端为小而硬的尖头，成熟小穗不易脱落；鳞被楔形微凹，基部沿脉色深；花柱基部联合。颖果卵状披针形，成熟时往往不带着颖片脱落，长 2 ～ 3mm，具不

棕叶狗尾草 *Setaria palmifolia*

甚明显的横皱纹。叶上下表皮脉间中央 3 ～ 4 行为深波纹的、壁较薄的长细胞，两边 2 ～ 3 行为深波纹的、壁较厚的长细胞，偶有短细胞。染色体 2*n*=36（Avdulov），54（Krishnaswamy）。花果期 8 ～ 12 月。

凭证标本 深圳杨梅坑，余欣繁（060）。

分布地 产浙江、江西、福建、台湾、湖北、湖南、贵州、四川、云南、广东、广西、西藏。

本研究种类分布地 深圳杨梅坑。

主要经济用途 食用、药用。

皱叶狗尾草（狗尾草属）

Setaria plicata (Lam.) T. Cooke, Fl. Bomb. 2: 919. 1908; Ridley, Fl. Malay penin. 5: 235. 1925; 中国植物志 10(1): 340. 1990.

别名 风打草

主要形态特征 多年生。须根细而坚韧，少数具鳞芽。秆通常瘦弱，少数径可达 6mm，直立或基部倾斜，高 45 ～ 130cm，无毛或疏生毛；节和叶鞘与叶片交接处，常具白色短毛。叶鞘背脉常呈脊，密或疏生较细疣毛或短毛，毛易脱落，边缘常密生纤毛或基部叶鞘边缘无毛而近膜质；叶舌边缘密生长 1 ～ 2mm 纤毛；叶片质薄，椭圆状披针形或线状披针形，长 4 ～ 43cm，宽 0.5 ～ 3cm，先端渐尖，基部渐狭呈柄状，具较浅的纵向皱褶，两面或一面具疏疣毛，或具极短毛而粗糙，或光滑无毛，边缘无毛。圆锥花序狭长圆形或线形，长 15 ～ 33cm，分枝斜向上升，长 1 ～ 13cm，上部者排列紧密，下部者具分枝，排列疏松而开展，主轴具棱角，有极细短毛而粗

糙；小穗着生小枝一侧，卵状披针状，绿色或微紫色，长 3 ～ 4mm，部分小穗下托以 1 枚细的刚毛，长 1 ～ 2cm 或有时不显著；颖薄纸质，第一颖宽卵形，顶端钝圆，边缘膜质，长为小穗的 1/4 ～ 1/3，具 3（5）脉，第二颖长为小穗的 1/2 ～ 3/4，先端钝或尖，具 5 ～ 7 脉；第一小花通常中性或具 3 雄蕊，第一外稃与小穗等长或稍长，具 5 脉，内稃膜质，狭短或稍狭于外稃，边缘稍内卷，具 2 脉；第二小花两性，第二外稃等长或稍短于第一外稃，具明显的横皱纹；鳞被 2；花柱基部联合。颖果狭长卵形，先端具硬而小的尖头。叶表皮细胞同棕叶狗尾类型。染色体 2*n*=36（Avdulov）。花果期 6 ～ 10 月。

凭证标本 ①深圳小南山，邹雨锋，招康赛（241）。②深圳应人石，余欣繁，黄玉源（146）。

分布地　江苏、浙江、安徽、江西、福建、台湾、湖北、湖南、广东、广西、四川、贵州、云南。
本研究种类分布地　深圳小南山、应人石。
主要经济用途　果实成熟时，可供食用。

粽叶芦（粽叶芦属）

Thysanolaena maxima (Roxb.) Kuntze, Rev. Gen. Pl. 2: 794. 1891; Hitchc. in Lign. Sci. Journ. 7: 207. 1931, et Man. Grass. U. S. 569. 1951; Ohwi in Acta Phytotax. Geobot. 10: 272. 1941; Bor, Grass. Burma Ceyl. Ind. Pakist. 650. 1960; Hsu in Fl. E. Himalaya 378. 1966; Back. et Van den Brink, Fl. Java 3: 528, 1968; Gill., Fl. Malaya 3: 45. 1971; 中国主要植物图说. 禾本科: 340, 图280. 1959; 台湾的禾草: 237. 图13. 1975; 海南植物志 4: 370, 图1180. 1977: 台湾植物志5: 393, Pl. 1374. 1978. ——*Agrostis maxima* Roxb. Fl. Ind. 1: 319. 1820. ——*Melica latifolia* Roxb. Fl. Ind. 1: 319. 1820. ——*Thysanolaena agrostis* Ness in Edinb, New Phil. Journ. 18: 180. 1835. ——*Thysanolaena latifolia* (Roxb.) Honda, in Journ. Fac. Sci. Imp. Univ. Tokyo Sect. III. Bot. 3(1): 312. 1930; 中国植物志 9(2): 30. 2002.

别名　莽草（海南），粽叶草（云南）
主要形态特征　多年生，丛生草本。秆高 2～3m，直立粗壮，具白色髓部，不分枝。叶鞘无毛；叶舌长 1～2mm，质硬，截平；叶片披针形，长 20～50cm，宽 3～8cm，具横脉，顶端渐尖，基部心形，具柄。圆锥花序大型，柔软，长达 50cm，分枝多，斜向上升，下部裸露，基部主枝长达 30cm；小穗长 1.5～1.8mm，小穗柄长约 2mm，具关节；颖片无脉，长为小穗的 1/4；第一花仅具外稃，约等长于小穗；第二外稃卵形，厚纸质，背部圆，具 3 脉，顶端具小尖头；边缘被柔毛；内稃膜质，较短小；花药长约 1mm，褐色。颖果长圆形，长约 0.5mm。一年有两次花果期，春夏或秋季。染色体 2n=24（Larsen，1963；Tateoka，1963）。

凭证标本　①深圳杨梅坑，刘浩（031）。②深圳小南山，刘浩（096）；邹雨锋，招康赛（242）。
分布地　生于山坡、山谷或树林下和灌丛中。产台湾、广东、广西、贵州。印度、中南半岛、印度尼西亚、新几内亚岛有分布。北美引种。模式标本采自印度。
本研究种类分布地　深圳杨梅坑、小南山。
主要经济用途　秆高大坚实，作篱笆或造纸，叶可裹粽，花序用作扫帚。栽培作绿化观赏用。

皱叶狗尾草 *Setaria plicata*

粽叶芦 *Thysanolaena maxima*

参 考 文 献

陈美高. 1998. 福建三明天然米槠林与米槠人工林群落学特征的比较研究[J]. 武汉植物研究, 16(2): 124-130

陈勇, 孙冰, 廖绍波, 等. 2013. 深圳市主要植被群落类型划分及物种多样性研究[J]. 林业科学研究, 26(5): 636-642

范慧芬, 汤仲之, 杨远悠. 1984. 深圳特区主要森林类型的垂直分布及其群落结构特征[J]. 热带地理, 4(2): 91-106

范京蓉. 2010-9-20. 深圳将建全国首个生态安全监测系统[N]. 深圳特区报, A04版

何东进, 洪滔, 胡海清, 等. 2007. 武夷山风景名胜区不同森林景观物种多样性特征研究[J]. 中国农业生态学报, 15(2): 9-13

何柳静, 黄玉源. 2009. 广州市道路植物群落结构分析[J]. 山东林业科技, 2013(2): 22-26

何柳静, 黄玉源. 2012. 城市植物群落结构及其与环境效益关系分析[J]. 中国城市林业, 10(4): 13-16

胡传伟, 孙冰, 陈勇, 等. 2009. 深圳次生林群落结构与植物多样性[J]. 南京林业大学学报(自然科学版), 33(5): 21-26

黄丹, 惠晓萍, 韩玉洁, 等. 2012. 不同强度间伐对奉贤区水源涵养林及其林下植物多样性的影响[J]. 上海交通大学学报(农业科学版), 30(6): 41-46

黄良美, 黄玉源, 黎桦, 等. 2008. 南宁市植物群落结构特征与局地小气候效应关系分析[J]. 广西植物, 28(2): 211-217

黄良美, 李建龙, 黄玉源, 等. 2006. 南宁市不同功能区绿地组成与格局分布特征的定量化分析[J]. 南京大学学报(自然科学版), 42(2): 190-198

黄玉源, 黄良美, 李建龙, 等. 2006. 南宁市几个功能区的植被群落结构特征分析[J]. 热带亚热带植物学报, 14(6): 492-498

黄玉源, 黄良美, 黎桦. 2003. 对我国城市绿化状况浅析[J]. 生态科学, 22(1): 90-92

黄玉源, 林仕珍, 招康赛, 等. 2014. 深圳七娘山杨梅坑与田心山赤坳水库山地植物多样性研究[J]. 第十三届中国生态学大会论文集: 101-102

黄玉源, 罗国良, 倪才英, 等. 2011. 广州部分城区绿地系统结构分析[J]. 中国城市林业, 9(5): 13-16

黄玉源, 农保选, 钟业聪, 等. 2012. 八种野生苏铁的分布、生境及多样性研究. 中国生态学学会2012学术年会论文集, 9: 51-53

黄玉源, 余欣繁, 梁鸿, 等. 2016a. 深圳莲花山植被组成及植物多样性研究[J]. 农业研究与应用, (2): 18-34

黄玉源, 余欣繁, 招康赛, 等. 2016b. 深圳小南山与应人石山地植物多样性比较研究[J]. 广西植物, 36(9): 12-18

黄志霖, 田耀武, 王俊青, 等. 2011. 人工干扰对三峡库区柏木人工林下植物物种多样性的影响[J]. 水土保持研究, 18(4): 132-139

江小蕾, 张卫国, 杨振宇, 等. 2003. 不同干扰类型对高寒草甸群落结构和植物多样性的影响[J]. 西北植物学报, 23(9): 1479-1485

蒋志刚, 马克平, 蒋兴国, 等. 1997. 保护生物学[M]. 杭州: 浙江科学技术出版社

金红喜. 2012. 生态恢复建植林(FPER)中植物物种多样性和生产力研究. 兰州大学博士学位论文

景丽, 朱志红, 王孝安, 等. 2008. 秦岭油松人工林与次生林群落特征比较[J]. 浙江林业学院学报, 25(5): 711-717

康杰, 刘蔚秋, 于法钦, 等. 2005. 深圳笔架山公园的植被类型及主要植物群落分析[J]. 中山大学学报(自然科学版), 44(S): 10-31

李博. 2000. 生态学[M]. 北京: 高等教育出版社

李虹锋. 2008. 翠湖公园陆生植物群落结构与景观评价研究[D]. 昆明: 西南林学院硕士学位论文

李佩琼, 等. 2011. 深圳植物志(第二卷)[M]. 北京: 中国林业出版社

李霞, 黄河, 彭映辉, 等. 2009. 湖南长沙高校校园绿化及植物多样性现状调查与分析[J]. 安徽农业科学, 37(27): 13067-13070, 13078.

李秀芹, 张国斌, 曹健康. 2007. 安徽岭南森林群落物种多样性的研究[J]. 江苏林业科技, 24(1): 28-31

李宗善, 唐建维, 郑征, 等. 2004. 西双版纳热带山地雨林的植物多样性研究[J]. 植物生态学报, 28(6): 833-843

梁英明, 王德荣, 蒋勇, 等. 2009. 亚高山3种森林的结构特征与物种多样性[J]. 四川林业科技, 30(4): 23-27.

廖文波, 刘蔚秋, 黄康有, 等. 2002. 深圳莲花山公园的主要植物群落分析[J]. 中山大学学报(自然科学版), S(2): 31-35

廖文波, 叶常镜, 王晓明, 等. 2007. 深圳马峦山郊野公园生物多样性及其可持续发展研究[M]. 北京: 科学出版社

刘灿然, 马克平. 1997. 生物群落多样性的测度方法[J]. 生态学报, 17(6): 601-610

刘慧. 2012. 华南树种新秀——角茎野牡丹[J]. 花木盆景(花卉园艺), (4): 14-15

刘晶, 马嵩. 2010-7-23. 深圳建生态安全监测系统[N]. 中国环境报, 4版

刘军, 罗连, 吴桂萍, 等. 2010. 深圳市大南山地区铁榄群落研究[J]. 热带亚热带植物学报, 18(5): 523 -529

刘敏, 邱治军, 周光益, 等. 2007. 深圳凤凰山马占相思林下植物多样性分析来[J]. 广东林业科技, 23(6): 26-31

刘兴跃 陆璃. 2014. 红美花红千层的生物学特性和种植技术要点[J]. 南方园艺, 25(1):48-50

刘晓红, 李校, 彭志杰. 2008. 生物多样性计算方法的探讨[J]. 河北林果研究, 23(2): 166-168

吕浩荣, 刘颂颂, 朱剑云, 等. 2009. 人为干扰对风水林群落林下木本植物组成和多样性的影响[J]. 生物多样性, 17(5): 458-467

鲁绍伟, 王雄宾, 余新晓, 等. 2008. 封育对人工针叶林林下植物多样性恢复的影响[J]. 东北林业大学学报, 30(S2): 121-126

马克平, 米湘成, 魏伟, 等. 2004. 生物多样性研究进展评述. 生态学研究回顾与展望[M]. 北京: 气象出版社: 110-125

毛志宏, 朱教君. 2006. 干扰对植物群落物种组成及多样性的影响[J]. 生态学报, 26(8): 2696-2701

牛翠娟, 娄安如, 孙儒泳, 等. 2007. 基础生态学[M]. 北京: 高等教育出版社: 160-162

欧阳志云, 李振新, 刘建国. 2002. 卧龙自然保护区大熊猫生境恢复过程研究[J]. 生态学报, 22(11): 1842-1849

钱宏. 1990. 长白山高山冻原植物群落的生态优势度[J]. 生态学杂志, 9(2): 24-27

覃光莲, 杜国祯, 李自珍, 等. 2002. 高寒草甸植物群落中物种多样性与生产力关系研究[J]. 植物生态学报, 26(S1): 57-62

深圳市城市管理局. 2007. 深圳市植物名录[M]. 北京: 中国林业出版社

深圳市人居环境委员会. 2014年度深圳市环境状况公报[OL]. http://www.szhec.gov.cn/xxgk/xxgkml/xxgk_7/xxgk_7_1/201503/t20150326_93804.html[2015-3-26]

宋永昌. 2001. 植被生态学[M]. 上海: 华东师范大学出版社

孙儒泳. 1999. 生物多样性保育[J]. 世界科技研究与发展, 21(2):19-23

汪殿蓓, 暨淑仪, 陈飞鹏, 等. 2003. 深圳市南山区天然森林群落多样性及演替现状[J]. 生态学报, 23(7): 1415-1422

王伯荪. 1987. 植物群落学[M]. 北京: 高等教育出版社

王伯荪, 余世孝, 彭少麟, 等. 1996. 植物群落学实验手册[M] . 广州: 广东高等教育出版社

王芸, 欧阳志云, 郑华. 2013. 南方红壤区3种典型森林恢复方式对植物群落多样性的影响[J]. 生态学报, 33(4): 1204-1211

王志高, 叶万辉, 曹洪麟, 等. 2008. 鼎湖山季风常绿阔叶林物种多样性指数空间分布特征[J] . 生物多样性, 16(5): 454-461

温远光, 陈放, 梁宏温, 等. 2006. 桉树人工林植物多样性与生态系统生产力功能关系的研究. 成都: 全国博士生学术论坛——中国生物多样性分论坛: 24-29

乌云娜, 张云飞. 1997. 草原植物群落物种多样性与生产力的关系[J]. 内蒙古大学学报(自然科学版), 28(5): 667-673

吴敏, 陈步峰, 潘勇军. 2007. 广州市城市道路绿化树种群落结构研究[J]. 林业调查规划, 32(4): 17-21

夏俊. 2014. 新优多花花灌木巴西野牡丹[J]. 福建热作科技, 39(4):48-49

邢福武, 余明恩, 张永夏. 2003. 深圳植物物种多样性及其保育[M]. 北京: 中国林业出版社

邢福武, 曾庆文, 陈红锋, 等. 2011. 中国景观植物(上、下册)[M]. 武汉: 华中科技大学出版社

许彬, 张金屯, 杨洪晓, 等. 2007. 百花山植物群落物种多样性研究[J]. 植物研究, 27(1): 112-118

许建新, 蓝颖, 刘永金, 等. 2009. 深圳梧桐山风景区人工林群落调查分析[J]. 广东林业科技, 25(2): 44-51

杨小波. 2016. 海南植物图志[M]. 北京: 科学出版社

伊贤贵, 张金鹤, 王贤荣, 等. 2010. 安徽马鞍山城市园林植物群落物种多样性调查[J]. 安徽农业科学, 38(1): 451-454

尹新新, 田学根, 王定跃, 等. 2013. 深圳公园绿地植物群落多样性特征研究[J]. 湖北民族学院学报(自然科学版), 31(4):366-376

于立忠, 朱教君, 孔祥文, 等. 2006. 人为干扰(间伐)对红松人工林下植物多样性的影响[J]. 生态学报, 26(11): 3757-3764

张峰, 张金屯. 2009. 历山自然保护区猪尾沟森林群落植被格局及环境解释[J]. 四川林业科技, 30(4): 23-27

张金屯. 1995. 植被数量生态学方法[M]. 北京: 中国科学技术出版社

张金屯. 2011. 数量生态学(第二版)[M]. 北京: 科学出版社

张金屯, 李素清. 2003. 应用生态学[M]. 北京: 科学出版社

张永夏, 陈红锋, 秦新生, 等. 2007. 深圳大鹏半岛"风水林"香蒲桃群落特征及物种多样性研究[J]. 广西植物, 27(4): 596-603

郑群瑞, 张兴正, 姚清潭, 等. 1995. 福建万木林观光木群落学特征研究[J]. 福建林学院学报, 15(1): 22-27

朱珠, 包维楷, 庞学勇, 等. 2006. 旅游干扰对九寨沟冷杉林下植物种类组成及多样性的影响[J]. 生物多样性, 14(4): 284-291

赵勃. 2005. 北京山区植物多样性研究[D]. 北京: 北京林业大学博士学位论文

中国科学院中国植物志编辑委员会. 2013. 中国植物志 [M]. 北京: 科学出版社

Bai Y. F., Li L. H., Huang J. H., et al. 2001.The influence of plant diversity and functional composition on ecosystem stability of four *stipa* communities in the Inner Mongolia plateau[J]. *Acta Botanica Sinica*, 43(3):280-287

Berger W. H., Parker F. L. 1970. Diversity of plantonik Foraminifera in deep sea sediments[J]. *Science*, 168:1345-1347.

Burton M. L., Samuelson L. J., Pan S. 2005. Riparian woody plant diversity and forest structure along an urban-rural gradient[J]. *Urban Ecosystems*, 8: 93-106

Clemants S., Moore G. 2003. Patterns of species richness in eight northeastern United States cities[J]. *Urban Habitats*, 1(1): 1541-7115

Ehrlich P. R., Wilson E. O. 1991. Biodiversity studies: science and policy[J]. *Science*, 253: 758-762

Huston M. A. 1997. Hidden treatments in ecological experiments: evaluating the ecosystem function of biodiversity[J]. *Oecologia (Berl.)*, 110: 449-460

Kareiva P. 1994. Diversity begets productivity[J]. *Nature*, 368: 686-689

Kareiva P. 1996. Diversity and sustainability on the prairie[J]. *Nature*, 379: 673-674

Karki U., Goodman M. S., Sladden S. E. 2013. Plant-community characteristics of bahiagrass pasture during conversion to longleaf-pine silvopasture[J]. *Agroforest Syst*, 87:611-619

Li X. H., Zhou Q., Zhang G. S. 2008. Effect of biodiversity on the services of urban ecosystem[J]. *Ecology, (Academic edition)*, (1): 409-415

Lotfalian M., Riahifar N., Fallah A., et al. 2012. Effects of roads on understory plant communities in a froadleaved forest in hyrcanian zone[J]. *Jonural of Forest Science*, 58(10): 446-455

Lloyd M. 1968. On the reptile and amphibian species in a Bomean rain forest[J]. *Amer Natur*, 102: 497-515

Magurran A. E. 1988. Ecological Diversity and Its Measurement[M]. London: Princeton University Press

Majumdar K., Shankar U., Datta B. K. 2012. Tree species diversity and stand structure along major community types in lowland primary and secondary moist deciduous forests in Tripura, Northeast India[J]. *Journal of Forestry Research*, 23(4): 553-568

Michele L. B., Lisa J.S., Shufen P. 2005. Riparian woody plant diversity and forest structure along an urban-rural gradient[J]. Urban Ecosystems, 8: 93-106

Naeem S., Thompson L.J., Lawton J.H., et al. 1995. Empirical evidence that declining species diversity may alter performance of terrestrial ecosystems[J]. *Proc R Soc Lond,* B 347: 249-262

Ortega-A'lvarez R., Rodrı'guez-Correa H. A., MacGregor-Fors I. 2011. Trees and the city: Diversity and composition along a neotropical gradient of Urbanization[J]. Hindawi Publishing Corporation, *International Journal of Ecology*, Vol. 2011: 1-8

Pielou P. C. 1975. Ecological Diversity[M]. New York: John Wiley & Sons Inc

Shang Z. H., Yao A. X., Long R. J. 2005. Analysis on the relationship between the species diversity and the productivity of plant communities in the arid mountainous regions in China[J]. *Arid Zone Research*, 22(1): 74-78

Tilman D., Downing J. A. 1994. Biodiversity and stability in grasslands[J]. *Nature*, 367: 363-365

Tilman D. 1996. Biodiversity: population versus ecosystem stability[J]. *Ecology*, 77: 350-363

Thompson K., Hodgson J. G., Smith R. M., et al. 2004. Urban domestic gardens (III): Composition and diversity of lawn floras[J]. *Journal of Vegetation Science*, 15: 373-378

Wale H. A., Bekele T., Dalle G. 2012. Plant community and ecological analysis of woodland vegetation in Metema Area, Amhara National Regional State, Northwestern Ethiopia[J]. *Journal of Forestry Research*, 23(4): 599-607

科中文名索引

种中文名索引

科拉丁名索引

种拉丁名索引